DICTIONNAIRE

CLASSIQUE

D'HISTOIRE NATURELLE.

Liste des lettres initiales adoptées par les auteurs.

MM.

AD. B.	Adolphe Brongniart.
A. D. J.	Adrien de Jussieu.
A. F.	Apollinaire Fée.
A. R.	Achille Richard.
AUD.	Audouin.
B.	Bory de Saint-Vincent.
CAMB.	Cambessèdes.
C. P.	Constant Prévost.
D.	Dumas.
D. C..E.	De Candolle.
D..H.	Deshayes.
DR..Z.	Drapiez.
E.	Edwards.

MM.

E. D..L.	Eudes Deslonchamps.
G.	Guérin.
G. DEL.	Gabriel Delafosse.
GEOF. ST.-H.	Geoffroy St.-Hilaire.
G..N.	Guillemin.
H.-M. E.	Henri-Milne Edwards.
ISID. B.	Isidore Bourdon.
IS. G. ST.-H.	Isidore Geoffroy Saint-Hilaire.
K.	Kunth.
LAT.	Latreille.
LESS.	Lesson.

La grande division à laquelle appartient chaque article, est indiquée par l'une des abréviations suivantes, qu'on trouve immédiatement après son titre.

ACAL.	Acalèphes.	INT.	Intestinaux.
ANNEL.	Annelides.	MAM.	Mammifères.
ARACHN.	Arachnides.	MICR.	Microscopiques.
BOT. CRYPT.	Botanique. Cryptogamie.	MIN.	Minéralogie.
BOT. PHAN.	Botanique. Phanérogamie.	MOLL.	Mollusques.
CHIM. ORG.	Chimie organique.	OIS.	Oiseaux.
CHIM. INORG.	Chimie inorganique.	POIS.	Poissons.
CIRRH.	Cirrhipèdes.	POLYP.	Polypes.
CONCH.	Conchifères.	PSYCH.	Psychodiaires.
CRUST.	Crustacés.	REPT. BAT.	Reptiles Batraciens.
ECHIN.	Echinodermes.	— CHÉL.	— Chéloniens
FOSS.	Fossiles.	— OPH.	— Ophidiens.
GÉOL.	Géologie.	— SAUR.	— Sauriens.
INS.	Insectes.	ZOOL.	Zoologie.

IMPRIMERIE DE J. TASTU, RUE DE VAUGIRARD, N° 36.

DICTIONNAIRE

CLASSIQUE

D'HISTOIRE NATURELLE,

PAR MESSIEURS

Audouin, Isid. Bourdon, Ad. Brongniart, Cambessèdes, De Candolle, G. Delafosse, Deshayes, E. Deslonchamps, Drapiez, Dumas, Edwards, H.-M. Edwards, A. Fée, Geoffroy Saint-Hilaire, Isid. Geoffroy Saint-Hilaire, Guérin, Guillemin, A. De Jussieu, Kunth, Latreille, Lesson, C. Prévost, A. Richard, et Bory de Saint-Vincent.

Ouvrage dirigé par ce dernier collaborateur, et dans lequel on a ajouté, pour le porter au niveau de la science, un grand nombre de mots qui n'avaient pu faire partie de la plupart des Dictionnaires antérieurs.

TOME QUINZIÈME.

RUA-S.

PARIS.

REY et GRAVIER, LIBRAIRES-ÉDITEURS,
Quai des Augustins, n° 55;

BAUDOUIN FRÈRES, LIBRAIRES-ÉDITEURS,
Rue de Vaugirard, n° 17.

MAI 1829.

DICTIONNAIRE

CLASSIQUE

D'HISTOIRE NATURELLE.

RUA-RUA. ois. Sous ce nom, sir Raffles mentionne une espèce de Râle, qu'il nomme *Rallus sumatranus* dans son Catalogue systématique d'une collection recueillie à Sumatra. (LESS.)

RUBACELLE ou RUBICELLE. MIN. Noms donnés à une Topase du Brésil, rougie par l'action du feu, ainsi qu'à une variété rouge jaunâtre du Spinelle. (A. R.)

RUBAN. REPT. OPH. Même chose que Rouleau, *Tortrix. V.* ce mot. (B.)

RUBAN. *Cepola.* POIS. Genre de la famille des Ténioïdes, de l'ordre des Acanthoptérygiens, dans la Méthode de Cuvier, que Duméril place parmi ses Pétalosomes, et de l'ordre des Thoraciques dans le *Systema naturæ* de Linné. Les Rubans ont, outre le corps allongé et aplati, avec cette longue dorsale, qui leur sont des caractères communs avec le reste de la famille, une caudale distincte et une anale très-longue et très-marquée. Il n'y a dans leur dorsale que deux ou trois rayons non articulés, en sorte qu'on pourrait presque les laisser parmi les Malacoptérygiens.

Leurs ventrales ont, comme à l'ordinaire, plusieurs rayons; mais ce qui les distingue le mieux, c'est leur mâchoire supérieure très-courte, et l'inférieure qui se redresse pour la rejoindre, en sorte que leur tête est obtuse, et l'ouverture de leur bouche dirigée vers le haut. Leurs dents sont fort aiguës, peu serrées, et leur cavité abdominale est fort courte, ainsi que leur estomac; ils ont quelques cœcums et une vessie aérienne qui s'étend dans la base de la queue. Le nom de Cépole qu'on leur donne dans la Méditerranée, et que Linné adopta comme scientifique, vient de ce que leur chair qui est mangeable, quoique médiocre, s'enlève par feuillets, ce qui la fit comparer à l'Ognon. Le *Systema naturæ* mentionne trois espèces dans ce genre; la dernière constitue maintenant un genre à part (*V.* TRACHYPTÈRE); les deux autres paraissent ne point différer l'une de l'autre, et seraient, selon Cuvier, le même Animal. Ainsi, l'espèce unique de Ruban connue, est le Tænia, *Cepola Tænia* et *rubescens*, L. La Cépole serpentiforme, Risso, Médit. T. III, p. 294, figurée par Rondelet, p. 261, et par Bloch, pl. 170. On peut juger par les deux figures données dans l'Encyclopédie du Tænia et du Serpent de mer (121 et 122 de la planche 55) combien Bonnaterre examinait peu les choses dont il écrivait. Après avoir, avant Cuvier, remarqué combien il est difficile de distinguer ces Poissons qu'il soupçonne être un double emploi de la même espèce, il choisit, pour les représenter, les originaux les plus disparates qu'on puisse imaginer, et qui n'appartiennent pas au même genre. Quoi qu'il en soit, la Cépole Tænia ou Ruban, qui a jusqu'à dix-huit pouces de longueur, a le corps comprimé, souple et délié. Ce Poisson serpente au milieu des eaux de la Méditerranée avec grâce et légèreté. La vivacité de ses nuances rouges et argentées, qui n'empêchent pas qu'il ne soit transparent, l'ont fait comparer par les pêcheurs aux flammes de couleur qu'on met à l'extrémité des mâts quand ces flammes y sont mollement agitées par les vents. Il se nourrit de Zoophytes et de Crustacés. (B.)

RUBAN. *Liguus*. MOLL. Genre établi par Montfort pour quelques Agathines de Lamarck, qui ont la coquille turriculée et l'ouverture très-courte, telles que l'*Achatina virginea*. Ce genre ne pouvait être adopté. *V.* AGATHINE.

On donne vulgairement le nom de RUBAN à d'autres Coquilles, et on a appelé :

RUBAN ou LIMAS RUBANNÉ, le *Turbo petholatus*.

RUBAN ou VIS BUCCIN RUBANNÉ, l'*Achatina virginea*, Lamk., type du genre Ruban de Montfort.

RUBAN RAYÉ, quelquefois le *Dolium maculatum*, Lamk.

GRAND RUBAN ou RUBAN PLAT, PETIT RUBAN ou RUBAN CONVEXE (Geoffroy), des Coquilles terrestres ; la première l'*Helix ericetorum*, la seconde l'*Helix striata*, etc. (D..H.)

RUBAN D'EAU ET RUBANNIER. BOT. PHAN. Noms vulgaires du genre *Sparganium*, qu'on doit franciser par Sparganie. *V.* ce mot. (B.)

RUBANNÉE. REPT. OPH. Espèce du genre Couleuvre. (B.)

RUBANNÉE. MOLL. Nom marchand du *Voluta mendicaria*, L., espèce du genre Colombelle. *V.* ce mot. (B.)

RUBANNIER. BOT. PHAN. *V.* RUBAN D'EAU et SPARGANIE.

RUBASSE. MIN. C'est le nom que l'on donne aux variétés de Quartz hyalin, teintées artificiellement par l'introduction de dissolutions colorées dans les fissures que l'on fait naître dans l'intérieur de leur masse, en la chauffant jusqu'au rouge et la plongeant subitement dans un bain d'eau froide. (G. DEL.)

RUBEA. BOT. PHAN. (Dictionnaire de Déterville.) Probablement pour *Jubæa*, genre de Palmiers proposé par Kunth. *V.* JUBÉE. (G..N.)

RUBECCIUS. OIS. Syn. de Bouvreuil. *V.* ce mot. (DR..Z.)

RUBECULA. OIS. Nom scientifique du Rouge-Gorge. *V.* SYLVIE. (DR..Z.)

RUBELINE. OIS. (Belon.) L'un des noms vulgaires du Rouge-Gorge. *V.* SYLVIE. (DR..Z.)

* RUBELLANE. MIN. Substance d'un brun rougeâtre, tendre, pesant spécifiquement 2,6 ; cristallisant en prismes à six faces ou en dodécaèdres bipyramidaux ; se divisant en feuillets à la flamme d'une bougie ; elle se rencontre mêlée avec du Mica et du Pyroxène dans une Wacke, à Schima dans le Mittelgebirge en Bohême. Elle a été décrite par Breithaupt, et analysée par Klaproth qui lui a trouvé la composition suivante : Silice, 45 ; Fer oxidé, 20 ; Alumine, 10 ; Magnésie, 10 ; Soude et Potasse, 10 ; parties volatiles, 5. (G. DEL.)

RUBELLION. POIS. Syn. de Pagel. *V.* ce mot. (B.)

RUBELLITE. MIN. C'est un des noms que l'on a donnés à la Tourmaline d'un rouge violet, à base de

Soude et de Lithine, et qui est très-difficile à fondre. On l'a appelée aussi Daourite, Sibérite, Apyrite, etc. *V*. TOURMALINE.   (G. DEL.)

RUBENTIA. BOT. PHAN. (Commerson.) Syn. d'*Elæodendrum*. *V*. ce mot.   (B.)

RUBEOLA. BOT. PHAN. (Tournefort.) *V*. CRUCIANELLE.

RUBÉOLE. BOT. PHAN. L'un des noms vulgaires de l'*Asperula Cynanchica*, L.   (D.)

RUBETA. REPT. BATR. La Rainette verte en divers cantons du Midi et jusqu'en Portugal.   (D.)

RUBETRA. OIS. Nom scientifique du Tarier. *V*. TRAQUET.   (B.)

RUBIA. BOT. PHAN. *V*. GARANCE.

RUBIACÉES. *Rubiaceæ*. BOT. PHAN. Famille de Plantes dicotylédones, monopétales, à étamines épigynes, qui se compose d'un très-grand nombre de Végétaux indigènes ou exotiques, et qui offrent pour caractères communs : un calice monosépale, adhérent avec l'ovaire infère ; très-rarement et comme par exception, libre, ayant son limbe à quatre ou cinq divisions persistantes ; une corolle monopétale régulière, de forme très-diverse, également à quatre ou cinq lobes, valvaires ou incombans, et quelquefois tordus ; des étamines en même nombre que les lobes de la corolle et alternant avec eux, très-rarement en nombre double ; elles sont insérées au haut du tube de la corolle, et sont incluses ou saillantes, à deux loges introrses ; un ovaire infère à deux ou cinq loges contenant chacune un ou plusieurs ovules ; le style est simple ou bifide, et chacune de ses divisions porte un stigmate ; sur le sommet de l'ovaire est un disque épigyne plus ou moins épais. Le fruit est tantôt sec et tantôt charnu. Dans le premier cas, c'est tantôt un diakène, tantôt une capsule à deux ou cinq loges contenant une ou plusieurs graines, et s'ouvrant en deux ou cinq valves qui emportent chacune une des cloisons sur le milieu de leur face interne ; dans le second cas, le fruit est une baie à deux ou cinq loges monospermes ou polyspermes, ou une drupe contenant un ou plusieurs noyaux. Les graines sont globuleuses, ovoïdes ou planes, et membraneuses et ailées dans leur contour. Elles se composent, outre leur tégument propre, d'un endosperme souvent dur et corné, dans l'intérieur duquel est un embryon cylindrique ou recourbé, ayant sa radicule longue et correspondant au hile. Les Rubiacées se présentent sous deux formes tout-à-fait différentes ; ce sont quelquefois des Plantes herbacées, annuelles ou vivaces, qui portent des feuilles verticillées ; ou bien ce sont des Arbrisseaux, des Arbres ou des Arbustes à feuilles toujours simples et entières, constamment opposées, et accompagnées à leur base de stipules intermédiaires et opposées, tantôt libres, tantôt soudées avec les pétioles, tantôt formant une sorte de gaîne, entières, ou diversement lobées. Les fleurs varient beaucoup dans leur grandeur et dans leur disposition. Elles sont quelquefois axillaires, solitaires, fasciculées ou en épis, ou bien elles terminent les rameaux et forment des grappes, des panicules, des corymbes ou enfin des capitules qui sont quelquefois accompagnés d'un involucre formé de plusieurs bractées.

La famille des Rubiacées se compose d'un très-grand nombre de genres que nous avons cru pouvoir distribuer de la manière suivante :

1. *Fruit à deux loges monospermes.*

A. Style bifide.

Iʳᵉ Tribu : ASPÉRULÉES.

Fruit sec ou légèrement charnu, à deux loges ou à une seule par avortement ; tiges herbacées, rarement frutescentes à leur base ; feuilles verticillées :

Galium, L. ; *Asperula*, L. ; *Crucianella*, L. ; *Anthospermum*, L. ;

Sherardia, L.; *Valantia*, Tournef.; *Phyllis*, L.; *Galopinia*, Thunb.

в. Style indivis.

a. Fleurs à quatre étamines.

† Fruit sec.

2e Tribu : SPERMACOCÉES.

Fruit sec et indéhiscent; quatre étamines; tige herbacée ou sous-frutescente; fleurs opposées ou verticillées.

Spermacoce, L.; *Knoxia*, L.; *Cephalanthus*, L.; *Diodia*, Gron., L.; *Putoria*, Persoon; *Richardsonia*, Kunth; *Hydrophilax*, L. fils.

†† Fruit charnu.

3e Tribu : PAVETTÉES.

Fruit charnu et à deux loges monospermes; quatre étamines; tige ligneuse; feuilles opposées.

Evea, Aublet; *Siderodendrum*, Schr.; *Tetramerium*, Gaertn.; *Scolosanthus*, Vahl; *Nertera*, Banks; *Pavetta*, Rheed; *Ixora*, L.; *Baconia*, De Cand.; *Faramea*, Aubl.; *Erneodea*, Sw.; *Polyosus*, Lour.; *Declieuxia*, Kunth; *Patabea*, Aubl.; *Frœlichia*, Vahl; *Coutarea*, Aubl.; *Malanea*, Aubl.

b. Fleurs à cinq étamines.

† Fruit sec.

4e Tribu : MACHAONIÉES.

Fruit sec, à deux loges monospermes; cinq étamines; tige ligneuse; feuilles opposées.

Nauclea, L.; *Disodia*, Pers.; *Chimarrhis*, Jacq.; *Machaonia*, Humb. et Bonpl.

†† Fruit charnu.

5e Tribu : PSYCHOTRIÉES.

Fruit charnu, à deux loges monospermes; cinq étamines; tige herbacée ou ligneuse; feuilles opposées.

Rutidea, De Cand.; *Stenostemum*, Gaertn.; *Psychotria*, L.; *Coffea*, L; *Canthium*, Jacq.; *Serissa*, Comm.; *Palicourea*, Aublet; *Chiococca*,

Browne; *Coprosma*, L. fils; *Cephaelis*, Swartz; *Stipularia*, Beauv.; *Morinda*, L.; *Plocama*, Aitou; *Rudgea*, Salisb.; *Chassalia*, Comm.

2. *Fruit renfermant un noyau.*

6e Tribu : PSATHURÉES.

Fruit charnu, renfermant un noyau à deux ou à un plus grand nombre de loges; étamines de quatre à cinq; tige ligneuse; feuilles opposées.

Myonima, Commers.; *Antirrhœa*, Comm.; *Psathura*, Comm.; *Chomelia*, Juss.; *Mathiola*, Plum.; *Cuviera*, De Cand.; *Laugeria*, Juss.

3. *Fruit renfermant plusieurs nucules.*

7e Tribu : VANGUÉRIÉES.

Fruit charnu, contenant plusieurs nucules monospermes; tige herbacée ou ligneuse; feuilles opposées.

Pyrostria, Comm.; *Hamelia*, Juss.; *Evosmia*, Humb. et Bonpl.; *Erithalis*, Browne; *Mitchella*, L.; *Vangueria*, Juss., *Nonatelia*, L.; *Sipanea*, Aubl.

4. *Fruit charnu, bacciforme.*

8e Tribu : BERTIÉRÉES.

Fruit charnu, à deux loges polyspermes; étamines de quatre à six; tige ligneuse; feuilles opposées.

§ I. Quatre étamines.

Fernelia, Comm.; *Gonzalia*, Pers.; *Coccocypsilum*, Browne; *Catesbœa*, Gron.; *Petesia*, Br.; *Tontanea*, Aubl.; *Higginsia*, Pers.

§ II. Cinq étamines.

Schradera, Vahl; *Tocoyena*, Aublet; *Gardenia*, L.; *Bertiera*, Aublet; *Zaluzania*, *Randia*, Houst.; *Genipa*, L.; *Posoqueria*, Aubl.; *Stigmanthus*, Loureiro; *Pomatium*, Gaert.; *Oxyanthus*, D. C.; *Amaioua*, Aubl.; *Stylocorina*, Cav.; *Hippotis*, R. et P.

§ III. Six étamines.

Cassupa, Humb. et Bonpl.; *Duroia*, L. fils.

9e Tribu : GUETTARDÉES.

Baie à plusieurs loges ; tige ligneuse ; feuilles opposées.

Guettarda, L. ; *Sabicea*, Aubl. ; *Ancylanthus*, Desf. ; *Isertia*, Schr. ; *Polyphragmon*, Desf.

5. *Fruit sec et capsulaire.*

10e Tribu : CINCHONÉES.

Capsule à deux loges polyspermes, s'ouvrant en deux valves ; étamines de quatre à cinq ; tige herbacée ou ligneuse ; feuilles opposées.

§ I. Quatre étamines.

Oldenlandia, Plum. ; *Hedyotis*, L.; *Polypremum*, L.; *Bouvardia*, Salisb.; *Carphalea*, Juss.; *Hoffmannia*, Sw.; *Houstonia*, L. ; *Ophiorhiza*, Rich. ; *Nacibea*, Aubl.

§ II. Cinq étamines.

Rondeletia, Plum.; *Macrocnemum*, Browne ; *Pinckneya*, Rich. *in Michaux*; *Mussænda*, L.; *Hillia*, Juss.; *Outarda*, L.; *Exostemma*, Pers. ; *Cinchona*, L.; *Cosmibuena*, R. et P.; *Danais*, Commers.; *Tula*, Adans.; *Dentella*, Juss.; *Virecta*, L. fils; *Sickingia*, Willd.; *Portlandia*, Br. ; *Stevensia*, Poit.

Cette classification, encore fort imparfaite, réunit dans chacun des groupes dont elle se compose, les genres qui ont entre eux le plus d'affinités. Le nombre des étamines, qui nous a servi à établir quelques subdivisions, ne doit être considéré que comme un caractère tout-à-fait artificiel, car souvent certains genres qui ont entre eux les plus grands rapports, ne diffèrent que par le nombre des étamines.

A la suite de ces différens genres on a placé les genres *Gaertnera* et *Pagamea* qui diffèrent de tous les autres par leur ovaire libre, mais qui, par tous leurs autres caractères, et surtout leurs feuilles opposées, entières, et leurs stipules intermédiaires appartiennent à la famille des Rubiacées. On doit également réunir à cette famille le genre *Opercularia* dont Jussieu a fait une

famille sous le nom d'Operculariées, mais qui, en réalité, ne diffère par aucun caractère des autres Rubiacées.

Les Rubiacées forment une famille bien distincte et bien limitée. Elle a des rapports intimes avec les Caprifoliacées et avec les Apocynées; mais ses feuilles verticillées avec un ovaire infère ou opposées avec des stipules intermédiaires, l'en distinguent facilement.
(A. R.)

RUBICELLE. MIN. (Stutz.) *V.* RUBACELLE.

* RUBICOND. BOT. PHAN. *Antirrhinum Orontium.* Espèce du genre Muflier. *V.* ce mot.
(B.)

RUBIENNE. OIS. L'un des noms de pays du *Motacilla erithacus.* (B.)

RUBIETTE. OIS. Nom français admis par Cuvier dans le Règne Animal, pour désigner le genre d'Oiseau correspondant aux *Ficedula* de Bechstein, et aux *Sylvia* de Wolff et de Meyer. Ce nom de Rubiette est donné dans quelques provinces de France à la Rouge-Gorge, type des Rubiettes ou Sylvies. *V.* ce mot.
(LESS.)

RUBIGO. BOT. CRYPT. (*Urédinées.*) Ce nom a été appliqué spécialement à quelques espèces d'*Uredo* connues vulgairement sous le nom de *Rouille*, espèces qui se développent souvent sur les feuilles des Plantes cultivées, et qui, par leur couleur, ressemblent à la rouille du fer. *V.* UREDO.
(AD. B.)

RUBIN. OIS. Espèce du genre Moucherolle. *V.* ce mot.
(DR..Z.)

* RUBIN. POIS. Syn. de Trigle-Grondin parmi les pêcheurs du golfe de Gênes.

RUBINE. MIN. Nom donné par les anciens minéralogistes à plusieurs Sulfures métalliques, naturels ou artificiels, de couleur rouge. Ainsi on a appelé :

RUBINE D'ARSENIC, l'Arsenic sulfuré rouge.

RUBINE BLENDE, le Sulfure de Zinc rouge.

RUBINE D'ARGENT, l'Argent rouge, etc., etc. (G. DEL.)

RUBIOIDES. BOT. PHAN. Solander avait d'abord donné ce nom à un genre qu'il nomma ensuite *Pomax*, mais que Gaertner a depuis désigné sous celui d'*Opercularia*. Ce dernier nom a prévalu. *V.* OPERCULAIRE. (G..N.)

RUBIS. OIS. Espèce du genre Colibri. *V.* ce mot. C'est aussi le nom d'une espèce de Sylvie et d'un Manakin. *V.* ces mots. On a encore appelé RUBIS EMERAUDE et RUBIS TOPAZE, des Colibris. (DR..Z.)

RUBIS. MIN. Ce nom a été donné à plusieurs substances pierreuses qui n'ont rien de commun que leur couleur rouge, et plus particulièrement à deux d'entre elles, savoir : au Corindon hyalin rouge, et au Spinelle. La première constitue, dans le langage des lapidaires, le Rubis oriental; et la seconde, le Rubis Spinelle. Dans l'Inde, ce nom de Rubis est généralement donné à toutes les Pierres, quelles que soient d'ailleurs leur nature et leur couleur. Ainsi, l'Emeraude est un Rubis vert, la Topaze un Rubis jaune, etc. Le Rubis oriental est une des gemmes les plus estimées après le Diamant. *V.* CORINDON. Le Rubis Spinelle n'est qu'une variété du Spinelle proprement dit. *V.* ce mot. Dans son état de perfection, il est d'un rouge pourpre. C'est aussi une Pierre d'une haute valeur. On en connaît, dans le commerce de la joaillerie, trois variétés, qui sont : le Rubis Spinelle ponceau, le Rubis balais, et le Rubis teinte de vinaigre. Un Rubis ponceau, d'une belle transparence, qui excède le poids de quatre carats, vaut moitié d'un Diamant du même poids. Le Rubis balais est d'un rose violet. C'est la variété la plus recherchée après les Rubis écarlates.

Outre les Corindons et les Spinelles rouges, il est beaucoup d'autres substances minérales qui ont aussi reçu le nom de Rubis. Ainsi l'on a nommé :

RUBIS D'ARSENIC ou RUBINE, l'Arsenic Réalgar.

RUBIS BLANC, le Corindon hyalin blanc.

RUBIS DE BOHÊME, le Grenat Pyrope et le Quartz hyalin rose.

RUBIS DU BRÉSIL, les Topazes rouges et les Topazes brûlées.

RUBIS DE HONGRIE, un Grenat rouge-violet des monts Krapacks.

RUBIS OCCIDENTAL, le Quartz hyalin rose.

RUBIS DE SIBÉRIE, la Tourmaline d'un rouge cramoisi. (G. DEL.)

*RUBISSO. BOT. PHAN. (Garidel.) L'un des noms vulgaires de l'*Adonis œstivalis*, L. (B.)

RUBLE. BOT. PHAN. L'un des synonymes vulgaires de Cuscute. (B.)

RUBRICA. OIS. (Gesner.) Le Bouvreuil. *V.* ce mot. (DR..Z.)

RUBRIQUE. MIN. L'Ocre rouge. (B.)

*RUBULE. *Rubula.* POLYP.? Defrance a donné ce nom à des petits corps calcaires fossiles que l'on rencontre à Hauteville dans le département de la Manche. Ils ont de deux à trois lignes de long, et leur forme est plus ou moins allongée. De petites aspérités irrégulières, quelquefois bifurquées, se voient à leur surface, et lorsqu'on les examine à la loupe, elles paraissent percées de très-petits trous. L'espèce unique qui ait été encore découverte, porte le nom de Soldani, *Rubula Soldani.* Elle est figurée dans l'Atlas du Dictionnaire des Sciences naturelles. (AUD.)

RUBUS. BOT. PHAN. *V.* RONCE.

RUCH. OIS. Même chose que Roc. *V.* ce mot. (B.)

RUCHE. OIS. L'un des noms vulgaires de Rouge-Gorge. *V.* SYLVIE. (DR..Z.)

RUCHIN. BOT. CRYPT. L'un des noms vulgaires des Champignons du genre Bolet. (B.)

RUCKAIA. MAM. Nom de pays du *Sciurus Macrourus.* *V.* ECUREUIL. (B.)

RUDBECKIE. *Rudbeckia*. BOT. PHAN. Genre de la famille des Synanthérées, type de la section des Rudbeckiées dans la tribu des Héliacthées de Cassini, et appartenant à la Syngénésie frustranée, L. Les auteurs, depuis Linné, en ont décrit un assez grand nombre d'espèces, dont quelques-unes ont été érigées en genres distincts; telles sont les *Rudbeckia purpurea*, *amplexicaulis* et *pinnata*, qui sont devenues les types des genres *Echinacea* de Mœnch, *Dracopis* et *Obeliscaria* de Cassini. Ce dernier auteur admet pour espèce fondamentale le *R. laciniata*, L., et il exprime de la manière suivante les caractères génériques : involucre plus long que les fleurs centrales, composé de folioles presque sur un seul rang, inégales, non appliquées, oblongues-lancéolées. Réceptacle conique-cylindracé, élevé, garni de paillettes plus courtes que les fleurs, demi-embrassantes, oblongues, à trois nervures. Calathide radiée, composée au centre de fleurons nombreux, réguliers, hermaphrodites, et à la circonférence de demi-fleurons sur une seule rangée, en languettes et stériles. Les fleurons du centre ont la corolle à tube extrêmement court et terminé par un limbe non renflé à sa base, mais se confondant avec le tube qui est élargi supérieurement; l'ovaire est oblong, tétragone, glabre, surmonté d'une aigrette en forme de couronne cartilagineuse, irrégulièrement crénelée. Les demi-fleurons de la circonférence n'ont presque pas de tube; ils se composent d'une languette longue, et d'un ovaire avorté privé de style et d'ovule. Les Rudbeckies sont indigènes de l'Amérique septentrionale. Ce sont de belles Plantes que l'on cultive en Europe dans les jardins d'agrément, et qui ont le port des *Helianthus*. En admettant l'exclusion des espèces que nous avons citées plus haut comme distinctes génériquement, le nombre des vraies Rudbeckies s'élève au moins à dix espèces parmi lesquelles nous citerons les principales, parce qu'elles sont cultivées, comme Plantes d'ornement, dans les jardins d'Europe, savoir : 1° *Rudbeckia laciniata*, L.; Morison, *Hist.*, 3, § VI, tab. 5, fig. 53; Cornuti, *Canad.*, t. 179. Ses tiges sont droites, glabres, striées, hautes de cinq à six pieds, rameuses à leur partie supérieure. Ses feuilles sont grandes, alternes, laciniées, presque ailées, à découpures irrégulières, ovales-lancéolées, d'un vert foncé, quelquefois marquées d'aspérités blanchâtres comme dans les Borraginées. Les calathides des fleurs sont portées sur de longs pédoncules et forment un corymbe lâche; leurs demi-fleurons sont jaunes, allongés, réfléchis, presque entiers au sommet. Cette Plante croît dans la Virginie, la Caroline et le Canada.—2°. *Rudbeckia triloba*, L.; Pluken., *Almag.*, tab. 22, fig. 2; *Botanical Regist.*, n. 525. Ses tiges sont lisses, cannelées, très-droites, rameuses, et ne s'élèvent qu'à deux ou trois pieds. Les feuilles inférieures sont rudes, pétiolées, trilobées, ou fortement tridentées, les supérieures entières, ovales, presque sessiles. Les calathides des fleurs sont terminales au sommet des nombreuses divisions de la tige, et forment, par leur rapprochement, un corymbe étalé. Les rayons de chaque calathide sont d'un beau jaune, et le centre d'un brun presque noir. On trouve cette Plante, à l'état sauvage, dans l'Amérique septentrionale.—3°. *Rudbeckia hirta*, L.; Dillen., *Hort. Elth.*, tab. 218, fig. 585. Ses tiges sont roides, très-rudes, un peu anguleuses, divisées en rameaux simples, longs et effilés; les feuilles sont alternes, presque sessiles, lancéolées, légèrement dentées, rudes, hérissées de poils roides, très-courts; les inférieures spathulées, les supérieures un peu atténuées à la base. Les fleurs sont terminales au sommet des ramuscules; elles ont des demi-fleurons linéaires, non réfléchis, d'un jaune plus foncé à la base, et bifides au sommet.—4°. *Rudbeckia spathulata*, Michx., *Flor. bor. Am.*, 2, p. 144.

Espèce fort petite, à tiges grêles, pubescentes, garnies de feuilles ovales, spathulées, entières, vertes des deux côtés; les fleurs sont terminales au sommet des rameaux. Elle croît dans les montagnes de la Caroline. — 5°.

Rudbeckia angustifolia, L.; Miller, *Icon.*, t. 224, fig. 2. Plante herbacée, à racine vivace, et dont la tige s'élève à trois ou quatre pieds. Ses feuilles sont opposées, lisses, étroites, linéaires, très-entières, atténuées en pétiole à la base. Les fleurs sont terminales, à demi-fleurons jaunes, et à fleurons d'un pourpre noirâtre. Cette espèce croît dans la Virginie.

Le genre *Rudbeckia* d'Adanson est synonyme de *Conocarpus*, Gaertn. *V*. ce mot. (G..N.)

* RUDBECKIÉES. bot. phan. H. Cassini a donné ce nom à la quatrième des cinq sections qu'il a établies dans la tribu des Hélianthées de la famille des Synanthérées. Les Hélianthées-Rudbeckiées ont l'ovaire tétragone, glabre, non sensiblement comprimé, comme tronqué au sommet; l'aigrette est en forme de petite couronne. Cette section est elle-même subdivisée en trois groupes, savoir:

1°. Les RUDBECKIÉES proprement dites, dont les fleurons du disque sont hermaphrodites (ou rarement mâles au centre); les demi-fleurons de la circonférence stériles. Cassini y place les genres *Tithonia*, Desf.; *Echinacea*, Mœnch; *Dracopis*, Cass.; *Obeliscaria*, Cass.; *Rudbeckia*, L.; *Heliophtalmum*, Rafinesque; *Gymnolomia*, Kunth; *Chaliakella*, Cass.; *Wulfia*, Necker; *Tilesia*, Meyer; et *Podanthus*, Lagasca.

2°. Les HÉLIOPSIDIÉES, dont les fleurons du disque sont hermaphrodites (rarement mâles au centre); les demi-fleurons de la circonférence femelles. Ce groupe se compose des genres *Ferdinanda*, Lagasca; *Diomedea*, Cass.; *Heliopsis*, Pers.; *Kallias*, Cass.; *Pascalia*, Ortega; *Helicta*, Cass.; *Stemmodontia*, Cassini; *Wedelia*, Jacquin; *Trichostemma*, Cass.; *Eclipta*, L.

5°. Les BALTIMORÉES, où les fleurons du disque sont mâles, et les demi-fleurons de la circonférence femelles. Ce groupe ne se compose que des genres *Baltimora*, L., et *Fougeria*, Mœnch. (G..N.)

* RUDBÈQUE. bot. phan. Pour Rudbeckie. *V*. ce mot. (G..N.)

* RUDDER-PERH. pois. (Mitchill.) *V*. Gastérostée, sous-genre Centronote. (B.)

RUDE. rept. oph. Espèce du genre Couleuvre. (B.)

RUDGEA. bot. phan. Genre de la famille des Rubiacées, et de la Pentandrie Monogynie, L., établi par Salisbury (*Transact. Soc. Linn. of London*, T. VIII, p. 325) qui l'a ainsi caractérisé: calice profondément divisé en cinq découpures. Corolle dont le tube est grêle, très-long; le limbe a cinq découpures terminées par un appendice dorsal en forme de crochet. Etamines dont les filets sont plus courts que les anthères, et insérées sur l'entrée du tube de la corolle. Style long, terminé par un stigmate à deux lamelles oblongues. Péricarpe (non mûr) biloculaire, à loges monospermes. Ce genre se rapproche du *Trælichia* et du *Schradera* par la forme des divisions du limbe de la corolle; mais il s'en éloigne sous tous les autres rapports. Salisbury place encore ce genre auprès du *Psychotria*. Il en a décrit et figuré avec soin deux espèces sous les noms de *Rudgea lanceæfolia*, et *R. ovalifolia*, qui ont entre elles une telle ressemblance, qu'on les prendrait volontiers pour deux variétés de la même Plante. Toutes les deux croissent à la Guiane; elles ont des tiges cylindracées ou légèrement tétragones; les feuilles sont grandes, opposées, lancéolées ou ovales, munies de stipules interpétiolaires grandes et pectinées, dont le sommet est caduc. Les fleurs forment des panicules serrées et terminales. (G..N.)

RUDGEOLE. pois. L'un des synonymes vulgaires de Cépole. (B.)

* RUDISTES. conch. La plupart des genres avec lesquels Lamarck a composé cette famille, dans son dernier ouvrage, étaient compris dans les Ostracées de ses Méthodes précédentes. En établissant cette famille, le savant auteur des Animaux sans vertèbres savait que la plupart des genres étaient incomplètement connus; aussi doit-on la considérer bien plutôt comme un *incertæ sedis* que comme une famille naturelle. Nous avons vu à l'article HIPPURITE combien Lamarck et tous les auteurs se sont mépris à l'égard de ce genre placé dans la classe des Céphalopodes. Cuvier avait exprimé un doute à ce sujet, et Férussac, à son imitation, l'avait exprimé de même dans ses Tableaux systématiques; mais peu conséquent avec lui-même, Férussac, à l'article BATOLITE de ce Dictionnaire, renvoie ce genre, ainsi que les Hippurites, aux Céphalopodes, ce qui prouve qu'il les regardait comme dépendant de ce groupe. Ceci paraît assez étonnant quand on le rapproche de ce que dit D'Orbigny fils dans une note de son Mémoire sur les Céphalopodes, publié, comme on sait, sous l'influence de Férussac. Ce voyageur annonce que, depuis long-temps, le rapprochement que nous avons fait, il l'avait opéré dans sa collection; qu'il l'avait établi par des envois au Jardin du Roi et à plusieurs savans de la capitale; comment se fait-il alors que Férussac ait ignoré tout cela en faisant son article BATOLITE, et qu'il vienne quelque temps après revendiquer pour lui et D'Orbigny la priorité de notre manière de voir, se faisant alors un mérite d'une phrase tellement dubitative et de si peu d'importance, qu'il ne la mentionne même pas à l'article BATOLITE dont nous venons de parler. Quoi qu'il en soit, en adoptant la famille des Rudistes, Férussac la réforma en éloignant les Discines et les Cranies qui appartiennent effectivement à une autre famille. Blainville opéra la même rectification dans son article *Mollusque* du Dictionnaire des Sciences naturelles, et ne mentionna nulle part le genre Hippurite. Eclairé par nos observations, il le rangea dans son ordre des Rudistes de son Traité de Malacologie, car, dans cet ouvrage, il fit un ordre de cette famille de Lamarck. Il le composa de cinq genres de la manière suivante : Sphérulite, Hippurite, Radiolite, Birostrite et Calcéole. De ces genres, trois doivent se confondre en un seul: ce sont les Sphérulites, les Radiolites et les Birostres, comme Charles Des Moulins l'a prouvé d'une manière incontestable dans une Dissertation très-approfondie qu'il a publiée en 1827 dans le Bulletin d'Histoire naturelle de la Société Linnéenne de Bordeaux. Ce travail considérable sur toute la famille des Rudistes mérite une mention toute particulière. Des Moulins propose de faire des Rudistes une classe à part au même degré que celle des Acéphalés, relativement aux Mollusques. Les faits nombreux qu'il a recueillis le déterminent, après un examen scrupuleux, à placer cette classe près des Tuniciers. Il a été conduit surtout à cette opinion par cette observation constante dans le genre le plus considérable de cette famille, les Sphérulites, de l'existence d'un espace vide entre un noyau interne (birostre), et la face interne et actuelle du test. Ce fait, insolite en apparence, que l'on a cru appartenir uniquement à ce genre et à cette famille, est devenu le sujet de plusieurs conjectures. On a supposé d'abord que le birostre était un os interne, contenu dans le milieu de l'Animal dont la partie charnue occupait l'espace actuellement vide de la coquille. Un birostre tronçonné a démontré qu'étant de la même pâte que la couche où est enfouie la coquille, ce ne pouvait être un os interne : comment le concilier d'ailleurs avec l'Animal d'une coquille bivalve? Alors on a conjecturé que cet Animal était formé de deux parties, l'une cartilagineuse, et l'autre molle; que le birostre avait été formé

à la place de la partie molle, et que l'autre, ayant disparu ensuite, avait laissé libre le birostre dans la coquille. Cette opinion a paru la plus plausible à Des Moulins; mais une objection se présentait; on ne connaît rien de semblable parmi les Acéphalés, aucun d'eux ne s'offre à nos yeux composé de deux substances de consistance différente. Il a fallu chercher des Animaux qui fussent dans ce cas, ou qui fussent pourvus de deux cavités distinctes; en parcourant la série des Animaux invertébrés, se sont présentés les Tuniciers. Il était bien difficile sans doute d'assimiler ces Animaux avec des Coquilles bivalves de la nature de celles des Rudistes. Cependant, le rapprochement que Cuvier, Savigny, etc., avaient fait des Biphores, des Ascidies et des autres Tuniciers, de la classe des Mollusques acéphalés, devenait un motif plausible à Des Moulins de proposer le sien, et d'établir avec les Rudistes une classe intermédiaire entre les Tuniciers et les Acéphalés proprement dits. L'adhérence des coquilles des Rudistes fut le sujet de quelques observations que Hœninghaus soumit verbalement à Des Moulins; admises trop légèrement, et pour ainsi dire d'enthousiasme, elles le portèrent à comparer aussi ces coquilles à celles des Balanes et des autres Cirrhipèdes, ce qui le conduisit à un autre rapprochement qu'aucun raisonnement ni aucun fait ne peuvent justifier.

Quand, pour établir une théorie générale, on n'a que des faits incomplets, que l'on entre dans le champ des suppositions, il est si vaste, qu'il n'est pas difficile de s'y égarer. Il n'est pas surprenant que cela soit arrivé à Des Moulins, et à l'exception de ce rapprochement avec les Balanes, qui ne vient pas de lui, nous nous plaisons à dire que l'état des observations le mettait presque dans la nécessité de raisonner comme il l'a fait, et qu'il n'a pas dépendu de lui, pour ainsi dire, en admettant les observations sous le même point de vue

que ses devanciers, d'arriver à d'autres résultats que ceux qu'il a obtenus. Aussi nous ferons observer que ce n'est pas dans un esprit de critique que nous avons examiné le travail de Des Moulins, mais pour mettre à même les observateurs de juger une question des plus intéressantes de la conchyliologie, en faisant cesser les conjectures qu'elle a fait naître.

Nous rejetons complétement et comme inutile la théorie de Des Moulins; nous n'admettons pas plus sa classe des Rudistes que l'ordre et la famille du même nom de Blainville et de Lamarck, et voici comment nous avons été conduit à un résultat si peu probable. Il n'est pas difficile de s'assurer que presque toutes les Coquilles bivalves ou univalves sont composées de deux couches, l'une interne et l'autre externe ou corticale, qui, quant à leur épaisseur, sont dans une relation inverse, c'est-à-dire que là où l'une est fort épaisse, l'autre y est très-mince, *et vice versâ*. On peut croire, puisque l'observation le prouve, que ces deux couches sont de nature différente, car l'une, l'interne, dans certaines circonstances de la fossilisation, est toujours dissoute, tandis que l'autre se conserve complétement dénudée. Nous avons mis ce fait hors de doute à l'article PODOPSIS auquel nous renvoyons, ainsi qu'à SPONDYLE, et nous avons, pour d'autres genres, un grand nombre d'autres observations qui coïncident parfaitement avec celle-ci. Il est à remarquer que presque tous les Rudistes et les Sphérulites spécialement, se trouvent dans les terrains où la décomposition des Coquilles a lieu constamment. Pour faire l'application de ce qui précède à ce genre, par exemple, nous raisonnons de cette manière : les Sphérulites étaient composées comme les Spondyles, les Cames, etc., etc., de deux couches distinctes, l'une interne, l'autre corticale; la première très-épaisse au sommet; l'autre, au contraire, fort mince, et réciproquement; c'est là la seule supposition que nous nous permettions, et l'on voit combien elle est fondée raisonnablement sur l'analogie. Lors de l'enfouissement, la Sphérulite a été remplie de la matière de la couche terreuse qui l'enveloppe; cette matière s'est solidifiée et a pris ainsi l'empreinte de la cavité qu'occupait l'Animal; si elle était très-atténuée, comme la craie, par exemple, elle a même pu s'introduire et se durcir dans les interstices des dents cardinales, et en conserver la forme; or, cette cavité qu'occupait l'Animal, ainsi que la charnière, était entièrement composée de la matière de la couche interne de la Coquille; cette couche interne, par une cause qu'il ne nous est pas permis de connaître, a complétement disparu après la solidification du moule intérieur; la couche corticale de la Coquille, au contraire, s'est conservée, a résisté par sa nature à la cause dissolvante qui a détruit sa couche interne; qu'est-il résulté de cette opération? qu'un moule solide, qui a conservé la forme de la cavité occupée par l'Animal, se trouve isolé dans une cavité actuelle qui n'a plus avec lui que des rapports fort éloignés. On ne peut donc se faire une idée de ce qu'était la cavité occupée par l'Animal, qu'en remplaçant par un moyen artificiel la couche qui a été dissoute, et le moyen le plus simple, c'est de prendre l'empreinte complète, et séparément, des deux valves du birostre; c'est ce que nous avons fait sur un birostre complet d'une grande Sphérulite de l'île de Rhé. L'intérieur de chacune des valves, ainsi régénérées, nous a offert deux impressions musculaires fort grandes et latérales, et postérieurement une charnière des plus puissantes, ainsi que l'empreinte d'un ligament dont la force devait être en rapport avec l'épaisseur et l'étendue des valves. Nous décrirons toutes ces parties à l'article Sphérulite, auquel nous renvoyons.

Depuis que nous avons fait toutes ces observations sur les Rudistes (*V.* Ann. des Sc. natur. T. xv, 1828), les difficultés dont ils étaient environ-

nés s'expliquent avec une extrême facilité, parce que les moyens de le faire sont très-simples. Nous croyons avoir atteint la vérité, et il nous semble que cette simplicité même, et cette facilité dans l'explication des faits, pourrait en être la preuve.

Ainsi se justifierait l'opinion que nous avons de l'inutilité de la famille des Rudistes, telle qu'elle a été caractérisée et placée dans la série. Des trois genres qui lui restaient, les Sphérulites et les Hippurites sont très-voisins des Cames où ils constitueront une petite famille ou un groupe bien caractérisé, et le genre Calcéole, ayant beaucoup plus de rapports avec les Cranies qu'avec tout autre genre, il pourra, sans inconvénient, être porté dans la même famille, celle des Palliobranches de Blainville. *V.* les articles des divers genres que nous avons cités, et surtout Hippurite et Sphérulite.

(D..H.)

* RUDOLPHE. *Rudolphus.* MOLL. Le genre *Monoceros* était établi depuis assez long-temps, lorsque Schumacher a proposé celui-ci pour les mêmes Coquilles. Il n'a point été adopté. *V.* Licorne. (D..H.)

RUDOLPHIE. *Rudolphia.* BOT. PHAN. Genre de la famille des Légumineuses, tribu des Phaséolées de De Candolle, et de la Diadelphie Décandrie, L., établi par Willdenow (Mém. des Curieux de la nature de Berlin, vol. 3, p. 151), et ainsi caractérisé par De Candolle (*Prodr. Syst. Veget.*, 2, p. 414): calice tubuleux, bilabié, quadrifide, le lobe supérieur plus grand, obtus, l'inférieur aigu, les deux latéraux très-courts; corolle papilionacée dont l'étendard est oblong-linéaire, droit, très-long, les ailes et les parties de la carène plus courtes que le calice et très-étroites; dix étamines didelphes; gousse comprimée-plane, polysperme, sessile, mucronée par le style; graines aplaties. Ce genre n'est peut-être qu'une simple section de l'*Erythrina*, avec lequel Linné avait confondu une de ses espèces. Persoon le réunissait au *Butea* de Roxburgh , et son affinité avec ce dernier genre lie entre elles les tribus des Phaséolées et des Dalbergiées. On n'en connaît que quatre espèces , savoir : 1° *Rudolphia volubilis*, Willd., *loc. cit.*, et Valh, *Eclog.*, 5 , p. 31, tab. 30. Arbrisseau à rameaux marqués de points tuberculeux, à feuilles glabres, cordiformes, et à fleurs en grappes. Cette Plante croît dans les hautes montagnes autour de Porto-Ricco et dans le Mexique.—2°. *Rudolphia rosea*, Tussac , Flore des Antilles, tab. 20, à rameaux lisses, à feuilles ovales-oblongues, glabres et acuminées, et à fleurs rouges, en grappe pendante. Cette espèce croît à Saint-Domingue. —5°. *Rudolphia peltata*, Willd., *loc. cit.*, *Erythrina planisiliqua*, L. ; Plum., éd. Burm., tab. 102, à feuilles presque cordiformes, oblongues-lancéolées, peltées, à fleurs en grappe longuement pédonculée. Cette Plante, encore peu connue et peut-être identique avec la précédente, croît aussi à Saint-Domingue.—4°. *Rudolphia dubia*, Kunth , *Nov. Gen. et Spec. Plant. œquin.*, 6 , p. 432, tab. 591 ; *Glycine sagittata*, Willd., *Enumer. Hort. Berol.*, 2 , p. 757. Arbrisseau grimpant, à tige divisée en rameaux sillonnés, anguleux et glabres , garnis de feuilles pétiolées, deltoïdes, presque hastées, à pétioles ailés. Cette espèce croît près de Turbaco dans la Nouvelle-Grenade.

(G..N.)

RUE. *Ruta*. BOT. PHAN. Genre qui sert de type à la famille des Rutacées, et qui offre les caractères suivans : le calice est court, à quatre ou cinq divisions profondes ; la corolle se compose de quatre à cinq pétales onguiculés et concaves ; les étamines sont en nombre double des pétales ; les pistils, au nombre de quatre à cinq, sont portés sur un disque hypogyne très-saillant ; ils sont réunis et soudés par leur côté interne , de manière à représenter un seul pistil, à quatre ou cinq côtes saillantes et à autant de loges , contenant chacune de six à douze ovules insérés sur deux rangées longitudinales à leur angle interne. Du sommet de chaque ovaire naît un style qui, se soudant avec les autres , forme un style qui paraît unique , et se termine par un stigmate petit, et à quatre ou cinq lobes peu marqués. Le fruit est une capsule à quatre ou cinq côtes saillantes et à autant de loges , contenant plusieurs graines, et s'ouvrant par leur sommet et leur côté interne. Les espèces de ce genre sont des Plantes herbacées , quelquefois sous-frutescentes à leur base ; leurs feuilles sont alternes , sans stipules, pinnatifides ou décomposées et marquées de points translucides et glanduleux. Les fleurs, généralement jaunâtres , sont disposées en grappes ou corymbes ; parmi ces fleurs, on en trouve une seule qui occupe la partie centrale du corymbe, est plus grande que les autres , et offre le nombre cinq ou dix dans toutes ses parties , tandis que les autres fleurs n'en offrent que quatre. Dans son excellent travail sur la famille des Rutacées , notre collaborateur Adrien de Jussieu a fait sous le nom d'*Aplophyllum* un genre distinct des espèces de Rue qui ont les feuilles simples et entières , les pétales plans, etc. (*V.* APLOPHYLLUM au Supplément.) Tel qu'il est maintenant caractérisé, le genre Rue se compose d'environ une dizaine d'espèces, qui croissent dans l'ancien continent. Parmi ces espèces, il en est une plus connue que les autres ; c'est la RUE OFFICINALE , *Ruta graveolens*, L., Rich., Bot. méd. , 2 , p. 768. C'est une Plante sous-frutescente , haute de trois à quatre pieds, ayant ses feuilles décomposées en folioles presque spatulées , extrêmement odorantes, comme toutes les autres parties de la Plante. Les fleurs sont jaunes, disposées en une espèce de corymbe paniculé. Cette Plante croît dans les lieux incultes et rocailleux des provinces méridionales de la France. L'odeur forte que répandent les diverses parties de cette Plante est due à une huile volatile très-pénétrante qui y existe en abondance. L'infusion des feuilles de Rue est un médicament stimulant très-énergique, et qu'on ne doit prescrire qu'avec beaucoup de circonspection, à cause de l'action spéciale qu'il exerce sur l'utérus.   (A. R.)

Le nom de RUE a été étendu à plusieurs Végétaux qui n'appartiennent pas à ce genre, et l'on a appelé :

RUE DE CHÈVRE, le *Galega* officinal.

RUE DE CHIEN, le *Scrophularia Canina*.

RUE DE MURAILLE, une espèce du genre Asplénie, des plus communes.

RUE DES PRÉS, le *Thalictrum flavum*, L.

RUE SAUVAGE, le *Peganum Harmala*, etc.   (D.)

RUELLIE. *Ruellia*. BOT. PHAN. Genre de la famille des Acanthacées et de la Didynamie Angiospermie, L., dans lequel les auteurs ont rassemblé un grand nombre d'espèces qui, mieux examinées par Jussieu et R. Brown, doivent former plusieurs genres très-distincts. Ainsi, les *Ruellia Blechum*, L. ; *R. blechoides*, L., et *R. angustifolia*, Swartz, constituent le genre *Blechum* de Jussieu; le *R. ciliaris*, L., fait partie du genre *Blepharis*, Juss.; le *R. cristata* appartient au genre *Aphelandra;* le *R. infundibuliformis* au *Crossandra;* le *R. imbricata*, Forsk., est le type du genre *Ætheilema* de Brown, où *Phaylopsis* de Willdenow; le *R. ringens*, L., celui du genre *Hygrophila* de Rob. Brown qui, en outre, a indiqué la formation de plusieurs autres genres fondés sur la structure de la capsule et des anthères, ainsi que sur le nombre et l'attache des graines. Au moyen de ces réformes, le genre *Ruellia* offre les caractères suivans : calice à cinq divisions égales, plus ou moins profondes ; corolle infundibuliforme, dont le limbe est quinquéfide, un peu inégal et étalé ; quatre étamines anthérifères, didynames, incluses, à

anthères dont les loges sont parallèles et mutiques; ovaire à deux loges polyspermes; capsule cylindrique, aiguë à ses deux extrémités, presque sessile, dont la cloison est adnée : graines sous-tendues par des rétinacles. Ce genre a des rapports avec les *Barleria* et les *Justicia*, mais il s'en distingue suffisamment par le nombre des étamines et par les rétinacles ou dents dont les graines sont munies. Quoiqu'un grand nombre d'espèces doivent en être éliminées pour rentrer dans les genres établis ou indiqués par Jussieu et R. Brown, il en restera encore beaucoup, parmi lesquelles nous citerons les suivantes, originaires des climats chauds, et dont quelques-unes sont cultivées en Europe dans quelques jardins d'agrément : 1°. *Ruellia strepens*, L., Schkuhr, *Handbuch*, 2, tab. 177; Dillen, *Hort. Elth.*, tab. 249, fig. 521. Plante herbacée, haute d'environ deux pieds, à tiges carrées, rameuses, garnies de feuilles opposées, ovales-lancéolées, entières et glabres. Les fleurs, dont la corolle est d'un jaune pâle, sont axillaires. Cette espèce croît dans la Caroline et la Virginie. — 2°. *Ruellia patula*, Jacq., *Icon. rar*, 1, tab. 119. Ses tiges sont frutescentes, droites, divisées en rameaux très-étalés, visqueux, garnis de feuilles opposées, pétiolées, ovales, obtuses et pubescentes. Les fleurs dont la corolle est violette sont ordinairement agrégées dans les aisselles des feuilles. Cette Plante croît dans les Indes-Orientales.—3°. *Ruellia clandestina*, L.; Dillen, *loc. cit.*, tab. 248, fig. 320. Plante herbacée dont les tiges sont peu élevées (environ six pouces), presque couchées sur la terre, médiocrement rameuses, garnies de feuilles opposées, pétiolées, glabres, oblongues, rétrécies à la base, obtuses au sommet. Les fleurs, dont la corolle est purpurine, sont opposées, axillaires, et portées sur des pédoncules allongés. Cette Plante croît dans les Barbades et à l'île de Sainte-Croix.—4°. *Ruellia paniculata*, L.; *Bot. Regist.*, n.

585; *Speculum Veneris*, *majus*, etc., Sloane, *Hist. Jamaic.*, 1, p. 158, tab. 100, fig. 2. Cette espèce s'élève à environ trois ou quatre pieds. Ses tiges sont divisées en rameaux redressés et non étalés, garnis de feuilles opposées, très-entières, ovales et un peu rudes au toucher. Les fleurs dont la corolle est petite et purpurine, forment une panicule terminale. Elle est indigène de l'Amérique méridionale. — 5°. *Ruellia repens*, L.; Burm., *Flor. Ind.*, tab. 41, fig. 1. Cette Plante a des tiges rampantes, herbacées, garnies de feuilles lancéolées et entières. Les fleurs sont solitaires, latérales, sessiles, accompagnées de bractées. Elle croît dans les Indes-Orientales.   (G..N.)

RUFALBIN. ois. Espèce du genre Râle. C'est aussi une espèce du genre Coucal. *V.* ce mot, RALE et GALLINULE.   (DR..Z.)

RUFFEY. ois. L'un des noms vulgaires du Butor. *V.* HÉRON. (DR..Z.)

RUFFIA. bot. phan. Pour Raphia ou Roufia. *V.* SAGOUIER.   (B.)

* RUFIER. mam. Nom que les Gaulois donnaient à l'Animal que Pline mentionne sous le nom de Chama, et qui paraît être le Lynx. *V.* CHAMA.   (B.)

* RUFIN. ois. Espèce du genre Coucal. *V.* ce mot.   (DR..Z.)

RUGISSEMENT. mam. La voix du Lion. *V.* ce mot et CHAT.   (B.)

* RUINEBOIS. ins. *V.* LIMEBOIS.

RUISSEAUX. géol. *V.* FLEUVES et RIVIÈRES.

RUIZIE. *Ruizia*. bot. phan. Genre établi par Cavanilles (Diss. 3, p. 117) et appartenant à la tribu des Byttnériacées dans la grande famille des Malvacées. Il peut être caractérisé de la manière suivante : le calice est monosépale, persistant, à cinq divisions profondes, accompagné extérieurement d'un involucelle, de trois folioles caduques; les pétales sont au nombre de cinq; les étamines sont

nombreuses, formant un androphore urcéolé à leur base, et toutes anthérifères; les styles sont au nombre de dix, et le fruit est une capsule globuleuse à dix loges contenant chacune deux graines triangulaires et sans ailes. Les espèces de ce genre, au nombre de trois, sont des Arbustes originaires des îles de France et de Bourbon. Leurs feuilles sont alternes, souvent lobées, recouvertes inférieurement de petites écailles farinacées. Leurs fleurs sont portées sur des pédoncules axillaires, bifides et corymbiformes.   (A. R.)

RULAC. bot. phan. Le genre établi sous ce nom par Adanson et fondé sur l'*Acer Negundo*, n'a pas été adopté. *V.* ERABLE.   (G..N.)

RULINGIA. bot. phan. Ehrart avait formé sous ce nom un genre composé d'espèces qui rentrent dans les genres *Anacampseros* et *Talinum*. *V.* ces mots.   (G..N.)

* RUMAN. bot. phan. *V.* CUMAN.

RUMANZOFFITE. min. Probablement pour Romanzowite.   (B.)

* RUMASTRUM. bot. phan. (Campdera.) *V.* RUMEX.

RUMEA. bot. phan. Genre établi par Poiteau (Mém. Mus., 1, p. 60), et appartenant à la famille des Flacourtianées et à la Diœcie Polyandrie. Ce genre offre les caractères suivans : fleurs petites et dioïques; calice à quatre divisions profondes et obtuses; dans les mâles, les étamines sont nombreuses, dressées, libres, ayant les anthères globuleuses, à deux loges, s'ouvrant chacune par un sillon longitudinal; ces étamines sont attachées sur un disque plan; dans les fleurs femelles, l'ovaire est ovoïde, sessile, sur un disque hypogyne, à une seule loge, contenant plusieurs ovules attachés à cinq trophospermes pariétaux et linéaires : du sommet de l'ovaire naissent cinq styles courts, terminés chacun par un stigmate épais et en forme de croissant. Le fruit est ovoïde, charnu, accompagné à sa base par le calice qui est persistant ; il est à une seule loge qui contient un nombre variable de graines, attachées sans ordre à la paroi interne de la loge ; les graines contiennent dans un endosperme charnu un embryon dressé comme la graine, à deux cotylédons larges et plans. Le *Rumea coriacea*, Poit.*, *loc. cit.*, tab. 4, qui est la seule espèce de ce genre, est un Arbrisseau originaire de Saint-Domingue, qui porte des feuilles alternes, dentées en scie, des épines simples ou rameuses, et de très-petites fleurs réunies à l'aisselle des feuilles. C'est le *Kælera laurifolia* de Willdenow.

(A. R.)

RUMEX. BOT. PHAN. Genre de la famille des Polygonées et de l'Hexandrie Trigynie, L., offrant les caractères essentiels suivans : périgone ou calice turbiné à la base, formé de deux lames, l'une extérieure, foliacée ; l'autre intérieure, pétaloïde, sinueuse ou glanduleuse sur les bords, et persistante ; chacune partagée très-profondément en trois segmens ; six étamines ; ovaire surmonté de trois stigmates rameux et glandulaires ; akène triangulaire, enveloppé par le périgone intérieur qui a pris beaucoup d'accroissement. Ce genre est voisin du genre Renouée (*Polygonum*), dont il se distingue par le nombre de ses parties et par ses stigmates rameux ; il se rapproche aussi des Rhubarbes (*Rheum*) par plusieurs caractères et par le port des espèces qui le composent ; c'est encore le nombre des parties, ainsi que la forme des stigmates des *Rheum*, qui distinguent ce dernier genre des Rumex. *V.* RHUBARBE. Necker en avait séparé le *Rumex spinosus*, L., sous le nom générique d'*Emex*, mais ce nouveau genre avait subi le sort de la plupart de ceux dont Necker avait été créateur avec tant de prodigalité. Le genre *Oxyria* de Hill, formé sur le *Rumex digynus*, L., avait aussi été oublié jusqu'à ce qu'en ces derniers temps R. Brown (*Chlor. Melvill.*, p. 25) eut prouvé qu'il méritait d'être rétabli. *V.* OXYRIA.

Campdera, botaniste espagnol, à qui l'on doit une bonne Monographie des Rumex, publiée en 1819, a aussi adopté les genres *Emex* et *Oxyria*. Cet auteur a partagé en trois groupes les soixante-douze espèces de *Rumex* qu'il a décrites.

Le premier, sous le nom de *Lapathum*, est essentiellement caractérisé par son calicule qui naît de l'articulation du pédicelle, et dont les parties ou sépalules ne sont pas réfléchies naturellement, et par les styles libres. Il se compose d'environ trente-cinq espèces qui sont des Plantes herbacées, croissant dans les lieux gras et humides de presque toutes les contrées du globe. Parmi ces espèces, nous citerons comme Plantes remarquables à cause de leurs usages médicaux, les *Rumex Patientia*, *aquaticus*, *crispus*, *obtusifolius*, *acutus*, *sanguineus*, etc. Le *Rumex Patientia*, L., est connu sous le nom vulgaire de Patience des jardins. Ses racines sont longues, fibreuses, épaisses, brunâtres en dehors, jaunâtres à l'intérieur. La tige est haute de quatre à cinq pieds, cylindrique, cannelée, ramifiée dans sa partie supérieure. Les feuilles inférieures sont allongées, aiguës, sagittées ; les supérieures ovales-allongées, très-grandes, terminées en pointe, un peu ondulées sur les bords. Les fleurs sont verdâtres et forment des grappes paniculées au sommet des ramifications de la tige. La racine de Patience a une odeur particulière, mais faible, une saveur amère et acerbe. D'après les recherches de Deyeux, elle contient du soufre libre et de l'amidon. Sa décoction (à la dose d'une à deux onces pour deux livres d'eau) est astringente et tonique ; on l'emploie fréquemment contre les maladies de la peau, et surtout contre la gale. La racine du *Rumex aquaticus*, connu vulgairement sous les noms de Patience d'eau et d'Oseille aquatique, jouit de propriétés à peu près semblables ; on a surtout préconisé son emploi dans le traitement du scorbut. La racine du *R. alpinus*, L., agit à la manière des Rhubarbes, aussi l'a-t-on désignée anciennement sous le nom de Rhubarbe des moines; elle est volumineuse, amère et légèrement purgative. En général, on peut, sans inconvénient, substituer les unes aux autres toutes les racines des Rumex aquatiques de la section des *Lapathum*.

Le second groupe a reçu de Campdera le nom de *Rumastrum*. Il ne renferme que trois espèces peu dignes d'attention, qui ont le port des *Lapathum*, mais qui offrent les caractères de la fructification à peu près semblables à ceux du groupe dont nous allons parler.

Le troisième groupe, *Acetosa*, est caractérisé par son calicule naissant loin de l'articulation du pédicelle, et dont les sépalules sont souvent réfléchis naturellement; enfin par les styles soudés supérieurement aux angles de l'ovaire. Il se compose d'environ trente-cinq espèces, qui sont des Plantes herbacées, et qui pour la plupart croissent dans les lieux arénacés, secs et pierreux des montagnes. Parmi ces espèces, nous décrirons comme type le *Rumex Acetosa*, L., ou l'Oseille des jardins. Cette espèce est commune dans les prairies et dans les bois; on la cultive en grand dans tous les jardins pour ses usages culinaires. Sa racine est vivace, rampante et d'un rouge brun; elle donne naissance à une tige herbacée, dressée, haute d'un pied et plus, glabre et cannelée longitudinalement. Les feuilles radicales sont pétiolées, molles, ovales, très-obtuses et sagittées; celles de la tige sont embrassantes et aiguës. Les fleurs sont petites, verdâtres, un peu rougeâtres sur les bords, et disposées en une panicule terminale. La racine d'Oseille est inodore et d'une saveur astringente; on l'employait autrefois en décoction comme rafraîchissante. Les feuilles, de même que celles de plusieurs autres espèces voi-

sines (*R. scutatus, Acetosella*, etc.), ont une saveur acidule assez agréable et sont journellement usitées comme alimens. On en prépare des sucs et bouillons que l'on administre dans les inflammations légères du tube intestinal. Elles contiennent beaucoup de suroxalate de Potasse. On a remarqué que l'usage immodéré de l'Oseille comme aliment pouvait, dans quelques circonstances, donner lieu à la production des calculs d'oxalate de Chaux dans la vessie.

(G..N.)

RUMIA. BOT. PHAN. Hoffmann a établi sous ce nom un genre dans la famille des Ombellifères où il place les *Cachrys taurica, microcarpa* et *seseloides* de Marschall. Mais ce genre n'a point été généralement adopté.

(A. R.)

RUMINANS. MAM. Vicq-d'Azyr proposa le nom de Ruminans pour un ordre de Mammifères éminemment naturel, que Linné nommait *Pecora*, et qu'Illiger appelait *Bisulca*. Les Ruminans forment le septième ordre du Règne Animal, et ont été presque constamment classés par les naturalistes méthodiques dans les mêmes rapports. Les caractères généraux des Animaux de cet ordre consistent: pour le système dentaire, en six ou huit incisives seulement en bas, qui sont remplacées en haut par un bourrelet calleux (excepté le Chameau et le Paca). L'espace qui sépare les incisives des molaires est vide le plus ordinairement, et rempli dans quelques genres par des canines. Les molaires, communément au nombre de douze à chaque maxillaire, ont la surface de leur couronne marquée de deux doubles croissans. Les pieds reposent sur deux doigts garnis de deux sabots convexes en dehors, et rapprochés en dedans et se touchant par une surface plane. Les doigts latéraux sont réduits à des vestiges ongulés qui surmontent les sabots et qu'on nomme onglons. Le métatarse et le tarse sont soudés en un seul os qu'on nomme le canon. Le nom de Ruminans a été donné aux Animaux de cet ordre, parce que tous, par une disposition de leur organisme, peuvent mâcher et triturer leurs alimens après les avoir d'abord ingérés, et cette fonction qui leur est spéciale se nomme *rumination*. Cela tient à l'existence de quatre poches stomacales qu'on appelle *panse*, *bonnet*, *feuillet* et *caillette*. Le tube intestinal se compose d'un grand cœcum et d'une longue suite d'intestins grêles. Les formes des Ruminans sont lourdes pour quelques genres, et sveltes pour le plus grand nombre. Leur tête est nue, garnie de cornes ou de bois. Leur pelage se compose de poils généralement ras, parfois soyeux ou laineux. La graisse, qui remplit les mailles du tissu cellulaire, est en général consistante, et prend dans plusieurs genres le nom de suif. Les égagropiles, ou amas en boules de poils et de duvet de chardon dans l'estomac, ne se trouvent que dans les Ruminans. La nourriture de ces Mammifères consiste en herbe, en feuilles, en bourgeons et en lichens. Ils sont polygames et multiplient beaucoup; vont communément par grandes troupes. Les Ruminans sont de tous les Animaux ceux qui fournissent le plus de secours à l'Homme. Leur chair, leur lait le nourrit; le suif, la peau, leurs cornes, leur laine, sont l'objet des arts qui satisfont à ses premiers besoins. Ils vivent dans toutes les contrées, sous tous les climats, dans toutes les positions; on trouve des Ruminans dans les plaines comme sur les montagnes, au milieu des herbages plantureux comme dans le vague des déserts, près des glaces du pôle comme sous les feux de l'équateur. Partout quelques-unes de leurs espèces se sont pliées à la domesticité.

Les genres admis dans cet ordre sont les suivans : Chameau, Llama, Chevrotain, Cerf, Girafe, Antilope, Bœuf, Ovibos, Chèvre et Mouton. On les distribue suivant que les cornes sont durables ou caduques

ou qu'elles manquent complétement (Chameau et Chevrotain). *V.* ces mots et Mammifères.   (LESS.)

RUMINANT. POIS. On a quelquefois donné ce nom au Scare que les anciens disaient ruminer. *V.* Scare.   (B.)

* **RUMOHRA**. BOT. CRYPT. (*Fougères*.) Genre de la tribu des Polypodiacées, établi par Raddi, et caractérisé par ses capsules disposées en groupes arrondis, et recouvertes par un tégument qui n'adhère à la feuille que par son contour, et qui se détache comme un opercule.

On ne connaît qu'une seule espèce de ce genre nommée *Rumohra aspidioides* et figurée par Raddi dans ses *Filices brasilienses*. Elle croît auprès de Rio-Janeiro. C'est une Plante herbacée, à frondes triangulaires, trois fois pinnées, très-glabre.   (AD. B.)

RUMPHIA. BOT. PHAN. Ce genre, de la Triandrie Monogynie, L., a été rapporté par la plupart des auteurs à la famille des Térébinthacées, mais il en a été exclu par Kunth qui cependant n'a pas indiqué ses affinités. Voici ses caractères essentiels : calice tubuleux, trifide; corolle à trois pétales oblongs; trois étamines saillantes, de la longueur des pétales; ovaire presque trigone, surmonté d'un seul style; drupe coriace, turbinée, marquée de trois sillons, contenant un noyau à trois loges dans chacune desquelles est logée une graine. Le *Rumphia amboinensis*, L., *Rumph. tiliæfolia*, Lamk., est un grand Arbre à rameaux étalés, garnis de feuilles simples, alternes, cordiformes, crénelées, hérissées, à fleurs blanches, disposées en grappes axillaires. Rhéede a figuré cet Arbre dans son *Hortus malabaricus*, vol. 4, tab. 11, sous le nom de *Tsiem-Tani*. Il croît au Malabar et non à Amboine, quoique Linné lui ait donné pour nom spécifique celui de cette île.   (G..N.)

* **RUNCINÉ, RUNCINÉE**. *Runcinatus, Runcinata*. BOT. PHAN. On dit qu'une feuille est Runcinée, quand elle est divisée latéralement en la-nières étroites, aiguës et recourbées vers la base de la feuille ; telles sont celles du Pissenlit, *Taraxacum Dens-Leonis.*   (A. R.)

RUPALA. BOT. PHAN. Pour Roupala. *V.* ce mot.   (B.)

RUPELLAIRE. *Rupellaria.* CONCH. Ce genre étant le même que celui nommé Pétricole a disparu de la Méthode. *V.* PÉTRICOLE. (D..H.)

RUPICAPRA. MAM. Nom scientifique du Chamois que Blainville étend au sous-genre d'Antilope dont cette espèce forme le type.   (B.)

RUPICOLE. *Rupicola.* OIS. Genre de l'ordre des Insectivores. Caractères : bec médiocre, robuste, légèrement voûté, courbé à la pointe qui est échancrée ; base aussi large ou plus large que haute ; pointe comprimée ; mandibule inférieure droite, échancrée, aiguë ; narines placées à la base de chaque côté du bec, ovoïdes, ouvertes en partie, totalement cachées par les plumes de la huppe qui s'élèvent en demi-cercle ; pieds robustes ; tarse aussi long que le doigt intermédiaire ; quatre doigts ; trois en avant, l'externe uni à l'intermédiaire au-dessus de la seconde articulation, l'interne soudé à la base ; un pouce très-fort, armé d'un ongle très-robuste ; première rémige allongée en fil ou bien barbée, plus courte, avec la seconde et la troisième, que les quatrième et cinquième ; queue courte, carrée. Redoutant une trop vive clarté, les Rupicoles sont presque constamment cachés dans les cavernes ou les grandes crevasses des rochers ; et lorsqu'ils quittent ces sombres retraites pour aller à la recherche d'une nourriture qu'ils ne peuvent rencontrer que dans les forêts, c'est toujours vers les parties les plus obscures qu'ils se dirigent. Il est à présumer qu'ils ont, dans la faiblesse de l'organe de la vue, des motifs naturels qui les soumettent à ces tristes habitudes. Ils volent avec beaucoup de rapidité, mais sans se porter à de grandes élévations, et sans pouvoir franchir de longues distances ; ils grattent la terre à la manière des Poules pour en faire sortir les Insectes auxquels néanmoins ils semblent préférer les baies et les fruits sauvages, ce dont on s'est assuré par les individus que l'on est parvenu à plier au joug de la captivité. Leur nid, qu'ils construisent très-grossièrement, est ordinairement placé dans une anfracture inaccessible. On y a trouvé deux œufs blancs, presque sphériques. Les Rupicoles étaient autrefois confondus avec les Manakins, sous le nom mal approprié de *Coq-de-Roche.*

RUPICOLE ORANGÉ, *Pipra Rupicola*, Lath. ; *Rupicola aurantia*, Vieill., Buff., pl. enl. 36. Plumage d'un rouge orangé, très-vif ; tête surmontée d'une belle huppe longitudinale, formée d'une double rangée de plumes très-serrées qui s'élèvent en demi-cercle ; quelques traits blancs au pli et au milieu de l'aile ; rémiges brunes, bordées extérieurement et terminées de jaune ; rectrices brunes, terminées de jaune clair ; la plupart des plumes coupées carrément et frangées ; bec et pieds d'un jaune très-pâle. Taille, onze pouces. La femelle (Buff., pl. enlum. 747) est petite, et entièrement d'un brun verdâtre, avec quelques nuances de roux ; elle a la huppe beaucoup moins élevée. De l'Amérique méridionale.

RUPICOLE DU PÉROU, *Pipra rupicola*, var. Lath. ; *Rupicola nigripennis*, Buff., pl. enlum. 745. Tout le plumage d'un rouge orangé vif, à l'exception du croupion qui est d'un gris cendré, des rémiges et des rectrices qui sont noires ; toutes les plumes sont entières, et celles de la huppe sont peu serrées ; bec et pieds jaunes. Taille, dix pouces huit lignes.

RUPICOLE VERDIN, *Rupicola viridis*, Temm., Ois. col., pl. 216. Plumage d'un vert brillant ; une tache noire sur les oreilles ; tectrices alaires noires, terminées de vert, ce qui forme trois bandes sur les ailes ; grandes rémiges noires; bec et pieds bruns. Taille, six pouces six lignes La femelle est, en dessus, d'un vert de pré, et en dessous, d'un vert plus pâle; partout mélangé de nuances plus obscures; elle n'a ni huppe ni bandes noires; l'extrémité des rémiges seule, et les barbes internes sont noires; un cercle verdâtre entoure les yeux. De Sumatra.   (DR..Z.)

RUPICOLE. *Rupicola.* CONCH. Genre proposé par Fleuriau de Bellevue, sur des caractères peu constans de la charnière de quelques Coquilles lithophages qui rentrent fort bien dans le genre Pétricole de Lamarck. *V.* ce mot.   (D..H.)

RUPINIE. *Rupinia.* BOT. CRYPT. Linné fils a décrit sous ce nom un genre figuré dans les *Amœn. Acad.*, vol. 9, pl. 5, fig. 5, et qui paraît se rapporter à la famille des Hépatiques. D'après la figure de Linné, cette Plante consisterait en de petites frondes oblongues, simples, rapprochées par touffes étendues sur la terre et se croisant l'une l'autre; leurs bords se relèvent, et vers leur milieu sont les organes reproducteurs qui, d'après la description de Linné fils, sont composés de corpuscules droits, subulés, réunis en petits paquets ou épars, et de corps globuleux entourés et surmontés de filamens droits, simples, courts et tronqués; ces globules deviennent des capsules uniloculaires, remplies de séminules petites et globuleuses. Cette Plante, qui croît dans l'Amérique méridionale, n'a pas été observée, à ce qu'il paraît, depuis cette époque, et n'est connue que très-imparfaitement. On a voulu retrouver la même Plante dans l'*Aytonia* de Forster, mais il ne nous paraît y avoir réellement que bien peu de rapports entre ces deux genres, la Plante de Forster étant plus probablement une *Sphœria. V.* AYTONIA.   (AD..B.)

RUPPIE. *Ruppia.* BOT. PHAN. Genre de la famille des Naïadées, et qui peut être caractérisé ainsi : les fleurs sont unisexuées; les fleurs fe-

melles sont longuement pédicellées, formant deux faisceaux superposés et alternes, très-rapprochés; elles sont nues et se composent d'un ovaire ovoïde, uniloculaire contenant un ovule dressé, d'un style très-court, terminé par un stigmate simple, discoïde et un peu oblique. Les fleurs mâles constituent un épi simple qui se compose en général de quatre fleurs superposées et sessiles. Chaque fleur est formée d'une anthère à deux loges écartées l'une de l'autre par le rachis et s'ouvrant par un sillon longitudinal. On trouve vers le sommet et vers la base de cet épi, deux petits faisceaux de fleurs femelles, sessiles et avortées. Le fruit est une petite noix ovoïde, monosperme et indéhiscente. La graine contient, sous son tégument propre, un embryon dont la radicule très-grosse et très-obtuse forme presque à elle seule toute la masse de l'embryon; le cotylédon, qui naît d'une petite fossette occupant la partie supérieure de l'embryon, est conique, allongé, couché obliquement sur le sommet de la radicule.

Le *Ruppia maritima*, L., *Fl. Dan.*, tab. 564, est une petite Plante qui croît au fond des eaux douces en France, dans l'Amérique septentrionale, en Egypte, dans l'Inde, etc. Ses tiges sont grêles et rameuses, ses feuilles linéaires, alternes et embrassantes.   (A. R.)

* **RURAUX.** *Rurales.* INS. Troisième division formée par Scopoli (Entom. Carn., 175) dans le genre Papillon.   (B.)

* **RUSA.** MAM. Cet adjectif malais qui signifie Sauvage, est donné par les habitans de Bourou à leur *Babi*, qui est le *Babi-Rusa* ou Cochon sauvage. Il est donné aussi, suivant sir Raffles, au *Rusa Ubi* de Sumatra, aussi nommé *Rusa Saput*, et même *Rusa Tunjuk*, qu'on suppose être voisin du *Cervus Muntjak* de Schreber, et qui n'a point encore été décrit.   (LESS.)

RUSAMALE. *Rusamala.* BOT.

PHAN. On lit dans le Dictionnaire de Déterville, que c'est un genre de Conifères, qui est peut-être le même que le *Dammara* et qu'on croit que c'est d'une espèce de ce genre qu'on retire le Storax liquide.   (B.)

RUSCUS. BOT. PHAN. *V.* FRAGON.

RUSE. POIS. Espèce du genre Zée, sous-genre Poulain.   (B.)

RUSQUE BOT. PHAN. L'un des noms vulgaires du Chêne à liège dans le midi de la France.   (B.)

RUSSE. OIS. L'un des synonymes de l'Epervier. *V.* FAUCON et SYLVIE.   (DR. Z.)

* RUSSÉE. BOT. PHAN. Pour Roussée. *V.* ce mot.   (G..N.)

* RUSSELIE. REPT. OPH. Espèce du genre Couleuvre.   (B.)

RUSSÉLIE. *Russelia.* BOT. PHAN. Genre de la famille des Scrophulariées, et de la Didynamie Angiospermie, L., offrant les caractères suivans : calice divisé profondément en cinq découpures subulées; corolle tubuleuse, évasée au sommet, à limbe bilabié; la lèvre supérieure échancrée-bilobée, l'inférieure à trois divisions presque égales; l'entrée du tube barbue; quatre étamines didynames, à anthères dont les loges sont étalées; stigmate indivis (?); capsule recouverte par le calice, presque globuleuse, amincie en bec, biloculaire, à deux valves bipartibles; placenta central finissant par être libre. Ce genre se compose d'un petit nombre d'espèces indigènes des climats intertropicaux de l'Amérique. Ce sont des Arbrisseaux ou des Plantes herbacées, à rameaux anguleux, à feuilles opposées, ternées ou verticillées, à fleurs rouges, disposées en corymbes axillaires.

La RUSSÉLIE SARMENTEUSE, *Russelia sarmentosa*, Jacq., *Stirp. Amer.*, tab. 113; Lamk., *Illustr.*, tab. 539, est un Arbrisseau à tiges grimpantes, divisées en rameaux pendans, garnies de feuilles pétiolées, ovales, acuminées, velues en dessus, glabres en dessous, et portées sur de courts pétioles. Les fleurs sont portées sur des pédoncules plus courts que les feuilles. Cette Plante croît dans les forêts épaisses de l'île de Cuba. Les autres espèces de Russélies sont : 1°. *Russelia rotundifolia*, Cavan.; *Icon. rar.*, 5, tab. 415. Arbrisseau qui s'élève à environ quatre pieds, et dont les feuilles sont sessiles et arrondies. Il croît aux environs d'Acapulco. 2°. *Russelia multiflora*, *Bot. Magaz.*, tab. 1528. Arbrisseau à tiges simples, allongées, ne se soutenant qu'à l'aide d'un appui. Ses feuilles sont ovales, acuminées, portées sur de courts pétioles; ses fleurs sont réunies en une grappe terminale droite et touffue. Cette espèce croît aux environs de la Vera-Cruz. 3°. *Russelia floribunda*, *R. tenuifolia*, et *R. verticillata*. Ces trois espèces ont été décrites par Kunth (*Nov. Gener. et Spec. Plant. æquinoct.*, 2, p. 359 et 360); ce sont des Plantes herbacées, à rameaux anguleux, glabres ou pubescens, à feuilles ternées ou verticillées, et à fleurs en corymbes multiflores. Elles croissent dans le Mexique.

Linné fils avait constitué un autre genre *Russelia*, sur une espèce qui appartient au genre *Vahlia*. *V.* ce mot.   (G..N.)

RUSSULA. BOT. CRYPT. *V.* AGARIC.

RUT. ZOOL. C'est, suivant quelques auteurs, la disposition où se trouvent les Animaux lorsqu'ils sont entraînés à la génération : définition qui donnerait à ce mot un sens beaucoup plus général qu'on n'a coutume de le faire. On ne l'emploie en effet le plus ordinairement qu'à l'égard des Mammifères et dans les cas où, non-seulement il y a disposition à l'accouplement, mais où, en outre, cette disposition se manifeste par des signes extérieurs, principalement par un afflux de sang vers les organes génitaux, ou par certaines modifications dans leur degré de développement ou dans leur disposition. Etre en Rut signifie ainsi pour le naturaliste ce que signifie pour le vulgaire l'expression triviale *être en chaleur*. On sait que quelques Animaux entrent en amour plusieurs fois chaque année, tandis que pour d'autres il n'y a qu'une seule saison d'amour, et que le Rut se manifeste à des époques très-différentes et par des signes très-divers, suivant les espèces. Nous ne reviendrons pas ici sur ce sujet, les principaux phénomènes du Rut ayant déjà été indiqués ailleurs avec assez de détail pour qu'il soit possible de se faire une idée exacte de leur importance (*V.* ACCOUPLEMENT, MAMMIFÈRES, et divers articles de genres, tels que CYNOCÉPHALE, MACAQUE, etc.); et nous nous bornerons à présenter une courte remarque : c'est que chez presque tous les Mammifères, en même temps qu'il se produit un afflux de sang vers les parties génitales, ce qui est le phénomène essentiel du Rut, toutes les glandes sous-cutanées deviennent le siége d'une sécrétion beaucoup plus active. Aussi chez toutes les espèces qui répandent habituellement une odeur, remarque-t-on, dans le temps du Rut, que cette odeur devient beaucoup plus forte que de coutume : de même, plusieurs Animaux qui, dans l'état ordinaire, ne présentent rien de particulier, deviennent, dans la saison d'amour, plus ou moins odorans. La production de ces odeurs paraît avoir deux effets bien importans; l'un, signalé depuis long-temps, c'est d'avertir au loin le mâle de la présence de la femelle, et la femelle de la présence du mâle, et de les guider, pour ainsi dire, l'un vers l'autre. Un second effet auquel on n'a point encore donné d'attention, c'est de susciter en eux le désir de l'accouplement. La puissante influence des odeurs sur les organes génitaux est connue depuis long-temps, et ne peut être révoquée en doute; c'est ce qui a fait dire à notre collaborateur Isidore Bourdon, que l'odorat est le sens de la génération et de l'amour. On conçoit donc que les odeurs qui se produisent dans

le Rut, n'ont pas pour seul usage d'avertir les mâles de la présence des femelles, mais qu'elles leur suscitent en même temps le désir de l'accouplement, et, pour ainsi dire, leur en imposent le besoin. (IS. G. ST.-H.)

RUTA. BOT. PHAN. *V.* RUE.

RUTABAGA. BOT. PHAN. Un des noms vulgaires d'une variété de Chou champêtre (*Brassica campestris*, L.), plus connue sous les noms de Navet jaune, Chou de Laponie et Chou de Suède. *V.* CHOU. (G..N.)

RUTACÉES. *Rutaceæ.* BOT. PHAN. Grande famille de Plantes dicotylédones polypétales, à étamines épigynes, sur laquelle les travaux de R. Brown, Auguste Saint-Hilaire, De Candolle et Adr. de Jussieu ont jeté la plus vive lumière. C'est la Dissertation que ce dernier botaniste a publiée sur cette famille qui nous servira de guide dans cet article. Les Rutacées ont en général leurs fleurs hermaphrodites; très-rarement elles sont unisexuées; leur calice est monosépale, à trois, mais plus souvent à quatre ou cinq divisions profondes ; la corolle se compose d'autant de pétales alternes, libres ou soudés entre eux, et formant une corolle pseudomonopétale; très-rarement la corolle manque. Les étamines, en nombre égal ou double des pétales, sont insérées sur le contour d'un disque hypogyne, plus ou moins saillant; très-rarement elles sont insérées à la paroi même du calice, sur laquelle le disque s'est épanché; les filets sont généralement libres, et portent des anthères à deux loges s'ouvrant chacune par un sillon longitudinal. L'ovaire est libre, porté sur un disque plus ou moins saillant. Le nombre des loges est en général le même que celui des pétales, plus rarement il est moindre; ces loges sont autant de carpelles plus ou moins réunis par leur côté interne, mais quelquefois presque distincts les uns des autres. Chaque loge contient en général deux, rarement un seul, quelquefois de quatre à vingt ovules, attachés à l'angle interne. Les styles qui naissent de chaque loge, sont le plus communément soudés en un seul qui porte à son sommet un stigmate lobé. Le fruit est quelquefois simple, à autant de loges et de valves que l'ovaire ; quelquefois il se compose de coques distinctes, uniloculaires, bivalves ou indéhiscentes; d'autres fois ce sont des espèces de noix charnues, également indéhiscentes. Les graines renfermées dans chaque loge se composent d'un épisperme membraneux ou le plus souvent dur et testacé, d'un endosperme charnu, quelquefois nul, et contenant un embryon dout la radicule est supérieure.

Les Rutacées sont des Plantes herbacées, des Arbustes ou de grands Arbres. Leurs feuilles, dépourvues de stipules, sont alternes ou opposées, simples ou composées, entières ou plus ou moins profondément divisées ; elles sont parsemées de points translucides et glanduleux. Les fleurs offrent une inflorescence très-variée. Les genres nombreux qui composent cette famille ont été distribués en cinq tribus naturelles, de la manière suivante :

1re Tribu : ZYGOPHYLLÉES.

Fleurs hermaphrodites; loges de l'ovaire contenant chacune deux ou plusieurs ovules; endocarpe intimement uni au sarcocarpe, dont il ne se sépare pas naturellement; endosperme cartilagineux; feuilles opposées.

Tribulus, L.; *Fagonia*, L.; *Guaiacum*, L.; *Larrea*, Cavan.; *Zygophyllum*, L.; *Portiera*, R. et P.; *Ropera*, Adr. de Juss.

2e Tribu : RUTÉES.

Fleurs hermaphrodites; loges de l'ovaire contenant chacune deux ou plusieurs ovules; endocarpe adhérent; endosperme charnu; feuilles alternes.

Peganum, L.; *Aplophyllum*, Ad. de Juss.; *Ruta*, L.; *Cyminosma*, Gaertn.

3e Tribu : DIOSMÉES.

Fleurs hermaphrodites; loges de l'ovaire contenant deux ou plusieurs ovules; endocarpe cartilagineux, bivalve, se séparant du sarcocarpe. Cette tribu, la plus nombreuse en genres, a été divisée en trois sections, suivant les contrées que ces genres habitent.

Genre européen.

Dictamnus, L.

Genres du cap de Bonne-Espérance.

Empleurum, Soland.; *Diosma*, L.; *Coleonema*, Bartl.; *Adenandra*, Willd.; *Calodendron*, Thunb.; *Barosma*, Willd.; *Agathosma*, Willd.; *Macrostylis*, Bartl.; *Euchoetis*, Bartl.; *Acmadenia*, Bartl.

Genres de l'Australasie.

Diplolaena, Bronn; *Correa*, Smith; *Philotheca*, Rudge; *Phebalium*, Venten.; *Crowea*, Smith; *Eriostemon*, Smith; *Boronia*, Smith; *Zieria*, Smith.

Genres américains.

Choisya, Kunth; *Melicope*, Forst.; *Evodia*, Forst.; *Esenbeckia*, Kunth; *Metrodorea*, St.-Hilaire; *Pilocarpus*, Vahl; *Hortia*, Vandelli; *Monniera*, Aublet; *Erythrochiton*, Nées; *Diglottis*, Nées; *Galipea*, Aublet; *Ticorea*, Aublet; *Almeidea*, St.-Hil.; *Spiranthera*, St.-Hil.

4e Tribu : SIMAROUBÉES.

Fleurs hermaphrodites ou unisexuées; loges de l'ovaire contenant un seul ovule; embryons à cotylédons épais; pas d'endosperme.

Simaruba, Aubl.; *Quassia*, Aubl.; *Simaba*, Aubl.; *Samadera*, Gaertn.

5e Tribu : ZANTHOXYLÉES.

Feurs unisexuées : loges de l'ovaire contenant de deux à quatre ovules; embryon à cotylédons plans, placé au centre d'un endosperme charnu.

Galvezia, R. et P.; *Aclanthus*, Desf.; *Brunellia*, R. et P.; *Dictyonoma*, Ad. de Juss.; *Brucea*, Miller;

Zanthoxylum, Kunth; *Boymia*, Ad. de Juss.; *Toddalia*, J.; *Vepris*, Comm.; *Ptelea*, L.

Ainsi limitée et caractérisée, la famille des Rutacées contient un assez grand nombre de genres qui, autrefois, appartenaient à plusieurs autres familles, et principalement aux Térébinthacées et aux Méliacées. On y a aussi réuni comme tribu la famille des Simaroubées du professeur Richard, qui en effet se réunit au groupe des Rutacées par une foule de caractères.   (A. R.)

* RUTA-MURARIA. BOT. CRYPT. *Rue des murs.* Nom spécifique d'une petite espèce très-commune en Europe du genre Asplénie. *V.* ce mot.
(B.)

RUTANT. OIS. L'un des noms vulgaires du Verdier. *V.* GROS-BEC.
(DR..Z.)

* RUTÉES. BOT. PHAN. L'une des tribus de la famille des Rutacées. *V.* ce mot.   (A. R.)

RUTÈLE. *Rutela.* INS. Genre de l'ordre des Coléoptères, section des Pentamères, famille des Lamellicornes, tribu des Scarabéides, division des Xylophiles de Latreille, établi par ce célèbre entomologiste aux dépens du grand genre *Scarabœus* de Linné, et ayant pour caractères : corps convexe, de forme plus ou moins carrée; tête mutique dans les deux sexes; antennes composées de dix articles, le premier velu, plus gros que les six suivans, les trois derniers formant une massue lamellée, plicatile, plus ou moins ovale; labre apparent, son bord antérieur séparant distinctement le chaperon des mandibules; mandibules cornées, très-comprimées, avec leur partie extérieure saillante ou découverte, presque toujours échancrée ou sinuée au bord latéral; leur extrémité obtuse ou tronquée; mâchoires cornées, dentées; palpes ayant leur dernier article un peu plus gros; les maxillaires de quatre articles, un peu plus longs que les labiaux, ceux-ci

de trois; corselet convexe dans les deux sexes, ses bords latéraux arrondis; sternum plus ou moins élevé et avancé; écusson apparent, de forme et de grandeur variable; élytres couvrant les ailes et laissant l'anus à découvert, n'ayant ni dilatation ni canal à leur bord extérieur. Pates robustes; jambes antérieures terminées par une épine simple et aiguë, les quatre postérieures en ayant deux d'égale longueur; crochets des tarses forts. Ce genre se distingue de ceux qui composent la division des Xylophiles par des caractères tirés du chaperon, de la forme des élytres, etc. Ainsi il diffère des OEgiales et des Trox parce que ceux-ci ont le labre saillant au-delà du chaperon, et que leurs élytres, très-bombées, embrassent tout l'abdomen; il se distingue des Oryctès, Phileures et Scarabés parce que ceux-ci ont le labre entièrement caché, et que les mâles ont toujours une ou plusieurs cornes sur la tête et sur le corselet. Enfin, on ne peut les confondre avec les Hexodons qui ont le bord extérieur des élytres dilaté et canaliculé.

Le genre Rutèle se compose de plus de trente espèces, toutes propres aux contrées chaudes de l'Amérique : elles doivent avoir les mêmes habitudes que les Hannetons, si l'on en juge par la forme de leurs mandibules et de leurs mâchoires. Lepelletier de Saint-Fargeau et Serville, dans l'Encyclopédie Méthodique, partagent ce genre en deux divisions bien tranchées qu'ils subdivisent chacune. Nous ne les suivrons pas dans leurs subdivisions, mais nous allons citer une espèce dans chacune des coupes principales qu'ils ont établies.

I. Ecusson très-grand, en triangle allongé.

RUTÈLE A MASSUE, *Rutela clavata*, Latr.; *Cetonia clavata*, Oliv., Entomol., pl. 8, fig. 68, figurée dans les Planches de l'Encyclopédie, pl. 152, fig. 5. Du Brésil.

II. Ecusson petit, tantôt arrondi à

son extrémité, tantôt en triangle court.

RUTÈLE PONCTUÉE, *Rutela punctata*, Latr.; *Melolontha punctata*, Oliv., Entomol., n. 12, figurée dans l'Encyclopédie Méthodique, pl. 154, fig. 15. De la Caroline.   (G.)

RUTERIA. BOT. PHAN. Le genre formé sous ce nom par Mœnch sur une espèce de *Psoralea* (*P. aphylla*), qui est munie de deux bractées au calice, n'a pas été adopté.   (G..N.)

* **RUTICA. BOT. PHAN.** Genre établi par Necker pour les espèces d'Orties à fleurs dioïques, et qui n'a pas été adopté.   (G..N.)

RUTIDÉE. *Rutidea.* **BOT. PHAN.** Genre de la famille des Rubiacées, tribu des Cofféacées, et de la Pentandrie Monogynie, L., établi par De Candolle (Annales du Muséum, vol. 9, 219) qui l'a ainsi caractérisé: calice dont le tube est adhérent à l'ovaire, et le limbe profondément divisé en cinq segmens petits; corolle infundibuliforme, ayant le tube dilaté au sommet, et le limbe étalé, à cinq divisions; cinq étamines sessiles sur la gorge de la corolle; ovaire globuleux, ombiliqué au sommet, surmonté d'un style et d'un stigmate offrant un double sillon longitudinal; baie sèche, globuleuse, uniloculaire, renfermant une seule graine ronde, ombiliquée à la base, rugueuse à l'extérieur. Cette graine est munie d'un périsperme grand, cartilagineux, granuleux à l'intérieur, et renferme un embryon oblique et cylindracé. Ce genre ressemble par son port au *Bertiera* et au *Buena* (*Cosmibuena*); il se rapproche par ses caractères du *Grumilea* de Gaertner; mais il en diffère par son calice quinquépartite, et non quinquédenté, par son fruit non couronné par le calice, par sa baie monosperme, et par son stigmate simple. Son nom, tiré d'un mot qui signifie ride, fait allusion au périsperme ridé extérieurement. Le *Rutidea parviflora*, unique espèce

du genre, est indigène de Sierra Leone en Afrique.   (G..N.)

* **RUTILE. MIN.** Espèce du genre Titane. *V.* ce mot.   (AUD.)

* **RUTILITE. MIN.** Variété de Grenat ainsi nommé parce qu'il renferme du Titane.   (AUD.)

RUYSCHIA. BOT. PHAN. Genre de la famille des Marcgraviacées, tribu des Norantées, et de la Pentandrie Monogynie, L., offrant les caractères suivans: calice persistant, à cinq folioles ovales, concaves, muni en dessous de deux ou trois petites bractées; corolle à cinq pétales réfléchis, plus longs que le calice; cinq étamines alternes avec les pétales, à filets élargis; ovaire conique, sillonné; style très-court, surmonté d'un stigmate capité, plan ou à quatre ou cinq rayons. Ce genre se rapproche beaucoup du *Norantea*, et n'en diffère essentiellement que par le nombre des étamines qui, dans ce dernier genre, est indéfini. Le *Ruyschia clusiæfolia*, Jacq., *Amer.*, tab. 51, fig. 2, est un Arbrisseau parasite sur les troncs des gros Arbres. Ses tiges se divisent en rameaux glabres, garnis de feuilles alternes, pétiolées, ovales-elliptiques, épaisses, luisantes, et portées sur des pétioles courts. Les fleurs, dont la corolle est purpurine, sont disposées en épis très-denses, terminaux, et portées sur de courts pédicelles. Les bractées sont concaves, mais non cuculliformes. Cette Plante croît dans les forêts de la Guiane et des Antilles. Willdenow a réuni à ce genre le *Souroubea guianensis*, Aublet, *Guian.*, tab. 87. C'est un Arbrisseau à tiges sarmenteuses, divisées en rameaux longs et flexibles, garnis de feuilles alternes, obovales, obtuses, brièvement pétiolées. Les fleurs sont disposées en grappes lâches et terminales. La corolle est jaune, à pétales oblongs, caducs et réfléchis. Les bractées sont en forme de capuchon, rapprochées, et munies de deux longues oreillettes. Cette espèce croît dans les forêts de la Guiane.   (G..N.)

RUYSCHIANA. BOT. PHAN. (Boerhaave.) Syn. de *Dracocephalum*, L. *V*. DRACOCÉPHALE. (G..N.)

RYANA ou RYANIA. BOT. PHAN. Même chose que *Patrisia*. *V*. ce mot. (A. R.)

RYCHOPSALIA. OIS. (Barrère.) Syn. de Bec-en-Ciseaux. *V*. ce mot. (DR..Z.)

RYDBEKIA. BOT. PHAN. (Necker.) Syn. de *Phalangium*, Tournef. *V*. PHALANGÈRE. (G..N.)

RYGHIE. INS. Et non *Rygchie*. Spinola a rangé sous ce nom quelques espèces de Guêpes qui appartiennent au genre Odynère de Latreille. *V*. ce mot. (AUD.)

* RYNCHOSPORE. BOT. PHAN. Pour Rhynchospore. *V*. ce mot. (G..N.)

* RYPAROSA. BOT. PHAN. Nouveau genre de la famille des Euphorbiacées et de la Diœcie Pentandrie, L., établi par Blume (*Bijdr. Flor. ned. Ind.*, p. 600), qui l'a ainsi caractérisé : fleurs dioïques; calice tripartite; cinq pétales munis intérieurement, dans les fleurs femelles, d'un pareil nombre de petites écailles. Les fleurs mâles ont cinq étamines placées autour d'un rudiment de pistil, et dont les anthères sont adnées extérieurement. Les fleurs femelles ont l'ovaire entouré de cinq glandes pédicellées et alternes avec les pétales; cet ovaire est à deux loges renfermant chacune un ovule; il est surmonté de deux stigmates larges, sessiles et échancrés. Le fruit est revêtu d'une écorce sèche, un peu tomenteuse, ponctuée; il ne renferme qu'une ou rarement, lorsqu'il est biloculaire, deux graines dont l'embryon est latéral. Le *Ryparosa cæsia* est un Arbrisseau à feuilles alternes, sans stipules, oblongues-lancéolées, acuminées, très-entières, veinées, glabres en dessus, glauques en dessous, à fleurs disposées en épis simples et axillaires. Cette Plante croît dans les montagnes de Salak, à Java. (G..N.)

RYS. MAM. L'un des noms de pays du Lynx, appelé Rys-Ostrowidz par les Polonais. *V*. CHAT. (B.)

* RYTIDEA. BOT. PHAN. (Sprengel.) Pour *Rutidea*. *V*. RUTIDÉE. (G..N.)

RYTINE ou STELLÈRE. *Rytina*. MAM. Le docteur Steller décrivit, dans le tome second, p. 294, des Actes de l'Académie de Pétersbourg, un Animal de l'océan Pacifique boréal, qu'il prenait pour un Lamantin, bien qu'il s'en éloignât beaucoup. Linné ne reconnut point cette différence, et le *Manatus* de Steller devint pour lui une variété du Lamantin d'Amérique, sous le nom de *Trichecus Manatus borealis*. Cette opinion fut adoptée par Gmelin, par Erxleben et par Lacépède. Shaw en fit une espèce distincte, mais en la laissant toujours dans le genre *Manatus*. Cuvier le premier caractérisa les Rytines en les séparant des Lamantins, et les décora du nom de Stellère en l'honneur du premier naturaliste qui les a fait connaître. Illiger, en 1811, changea le nom générique de *Stellerus* en celui de *Rytina* qu'il tira du grec, et qui signifie rude, nom qui ne dit rien, tandis que le premier est l'offrande de la science, et rappelle la mémoire du médecin de l'expédition de Behring et les honorables souffrances qu'il eut à endurer pour s'occuper d'histoire naturelle dans ce voyage périlleux. Les Rytines ne comprennent donc qu'une espèce unique, espèce dont nous n'avons même pas de figure, et sur laquelle les renseignemens de Steller et ceux de Kracheninnikow (Voyage en Sibérie de Chappe, et Description du Kamtschatka par Kracheninnikow, trad. du russe, 2 vol. in-4, Paris, 1768) sont les seuls documens que nous possédions, et les seuls qui aient servi à tracer son histoire dans les divers ouvrages publiés sur les Mammifères. Les caractères les plus remarquables des Rytines consistent dans la forme et la texture des dents. Celles-ci en effet ne sont qu'au nombre de qua-

tre, et elles sont disposées de manière qu'il n'y en a qu'une de chaque
côté à l'une et à l'autre mâchoire.
Ces dents, toutes mâchelières, ont
leur couronne aplatie, et sillonnée
sur sa surface de lames d'émail formant des zig-zags ou des chevrons
brisés. Leurs racines sont nulles, et
chacune d'elle n'est par conséquent
pas implantée dans l'alvéole, mais
seulement tenue sur l'os de la mâchoire par des fibres solides. Leur
nature est plutôt cornée qu'osseuse.
La tête est obtuse, sans cou distinct.
Les oreilles n'ont point d'auricules
extérieures, et le corps, assez épais
et massif à son milieu, aminci vers
la queue, est recouvert d'un épiderme extrêmement solide, très-
épais, entièrement privé de poils,
mais composé de fibres denses et
perpendiculaires au derme. Les mamelles sont placées sur la poitrine
et au nombre de deux. Les nageoires,
qui tiennent lieu de bras, sont entières, sans apparence d'ongles, et
seulement terminées par une callosité ayant l'aspect ongulé. La nageoire caudale est très-large, peu
longue et disposée en croissant, dont
les deux extrémités se prolongent en
pointes aiguës. Tels sont les principaux caractères qui séparent les Rytines des Dugongs et des Lamantins.
L'organisation de leurs viscères offre
aussi quelques particularités très-
remarquables. Ainsi, ils ont des lèvres épaisses, qui semblent divisées
chacune en deux bourrelets arrondis
et saillans. La bouche est petite et
placée en dessous du museau. Les
yeux peuvent être voilés par une
crête ou membrane solide, de nature
cartilagineuse, qui forme comme
une troisième paupière à l'angle interne de l'orbite. Les os des membres extérieurs existent comme chez
les Lamantins; mais ceux de la main
se réduisent au carpe et au métacarpe, et les phalanges manquent
complétement. On compte dans la
formation de leur squelette six vertèbres cervicales, dix-neuf dorsales
et trente-cinq caudales. Deux os des

îles, arrondis, allongés, sont attachés par de forts ligamens vis-à-vis
la vingt-cinquième vertèbre et sillonnent le bassin. L'estomac ne forme
qu'une poche unique, et le canal
intestinal est d'une longueur qui
porte jusqu'à quatre cent soixante-
six pieds. Le cœcum est très-développé; et le colon, élargi et bour-
soufflé, a de fortes brides qui ren-
flent la continuité de son tube.

Le RYTINE ou STELLÈRE BORÉAL,
Stellerus borealis, Desm.; *Manatus*,
Steller, *Act. Petrop. Nov. comm.*
T. II, p. 294; *Trichecus Manatus*,
var. *borealis*, L., Gmel.; *Manati
balœnurus*, Bodd., El. 173; *Trichecus borealis*, Shaw, *Gen. Zool.*; le
grand Lamantin du Kamtschatka,
Daub., Dict. encycl.; Sonnini, Nouv.
Dict. d'Hist. nat. T. XII, p. 501,
1re édit. Steller et Krachennpikow
donnent au Rytine boréal le nom de
Manate et de Vache de mer. C'est
une espèce mitoyenne, disent-ils, qui
tient de la bête marine et du poisson. Voici la description qu'ils tracent à peu près en ces termes : cet
Animal ne sort point de l'eau; ce
liquide est son habitation exclusive.
Sa peau est noire, très-épaisse, rude,
inégale sur sa surface, et imite, suivant Steller, l'écorce rugueuse d'un
vieux chêne. Elle est tellement fibreuse et résistante, que le meilleur
instrument peut à peine l'entamer. La
tête est petite par rapport au corps;
mais sa forme est allongée, déclive
depuis le sommet jusqu'au museau.
Les moustaches sont blanches, recourbées et longues de quatre à cinq
pouces. Les narines occupent l'extrémité du museau; leur longueur égale
leur largeur, et elles sont velues
dans leur intérieur. Les yeux sont
noirs et placés au milieu de l'intervalle qui sépare le trou auditif externe du museau et sur la même ligne que les narines; ils sont à peine
aussi grands que ceux d'un Mouton,
et par conséquent ils paraissent n'être
pas proportionnés avec les formes
monstrueuses de l'Animal; ils n'ont
pas de sourcils. Les oreilles ne sont

point visibles à l'extérieur, et elles ne s'ouvrent que par de petits trous; bien que le cou soit tout d'une venue avec le corps, les vertèbres cervicales ont cependant des mouvemens de flexion, surtout en bas. Le corps est arrondi, plus élargi vers le nombril et rétréci vers la queue; celle-ci est grosse et épaisse. Les nageoires brachiales sont situées presque sous le cou, et non-seulement elles servent à la natation, mais encore elles permettent aux Stellères de se cramponner sur les récifs et de s'y maintenir solidement. Il arrive quelquefois que les membranes qui les enveloppent se déchirent et se cicatrisent en formant des festons qui ne sont jamais qu'accidentels. Le Rytine boréal a communément vingt-cinq pieds de longueur sur une circonférence, dans l'endroit le plus large, de dix-neuf pieds, et pèse, dit-on, jusqu'à six mille six cents livres (deux cents pouds russes; le poud russe est de trente-trois livres anciennes de France environ).

Les Rytines vivent par bandes et dans les baies où la mer est calme, et surtout ils fréquentent de préférence les embouchures saumâtres des rivières. Les mères ont le soin, lorsqu'elles nagent et qu'elles sont réunies, de placer leurs petits au milieu d'elles, afin de protéger tous leurs mouvemens. Ces Cétacés, dans les heures de la marée montante, s'approchent tellement des rivages, qu'on peut les atteindre avec des bâtons et leur toucher le dos avec la main, suivant Steller. Ils vivent en bandes composées chacune des père et mère, d'un petit déjà grand et d'un plus jeune, ce qui porte à penser qu'ils sont monogames; la portée des femelles dure neuf mois, et n'est que d'un fœtus. La fécondation a lieu au printemps, et les femelles mettent bas en automne. Les Rytines sont d'une grande voracité. Ils mangent presque constamment, et rien alors, pendant cet acte, ne peut les distraire et les faire fuir. Ils viennent de temps à autre respirer à la surface de la mer en soufflant avec force. Lorsqu'ils nagent, ce qu'ils font paisiblement et sans saccade, ils ont une partie du corps hors de l'eau. C'est alors que des Oiseaux de mer viennent, suivant les Russes, dévorer de petits Crustacés marins qui s'attachent sur leur épiderme. La nourriture que ces Animaux recherchent se compose de quelques espèces de Fucus et d'Ulves, dont ils ne broutent que les parties les plus délicates; aussi lorsqu'ils abandonnent le rivage où ils ont fait leur pâture, la mer rejette bientôt sur la grève une énorme quantité de racines et de tiges qu'ils ont détachées de leur base. Une fois qu'ils sont rassasiés, les Rytines se couchent sur le dos et dorment dans cette position; mais lorsque la mer vient à baisser, ils s'éloignent alors et gagnent le large, de crainte de s'échouer. Les glaces en écrasent beaucoup pendant l'hiver, ainsi que les tempêtes qui les surprennent trop près des côtes. Dans cette saison ils sont très-maigres, ce qui tient au peu de nourriture qu'ils se procurent avec peine pendant cette époque rigoureuse. C'est au printemps, lorsque la nature, engourdie sous les frimas et sous les glaces, se ranime et se réchauffe, que les Rytines se cherchent une compagne et se livrent à la reproduction; ils choisissent un temps serein, une mer unie et calme, et une belle soirée pour satisfaire leurs désirs : un peu de coquetterie de la part des femelles les a encore aiguisés, et ce n'est qu'après d'aimables préludes, de vives caresses, des fuites simulées, que celles-ci se renversent pour recevoir entre leurs nageoires les mâles qui les poursuivent.

Les habitans du Kamtschatka font la chasse à ces Cétacés, dont ils retirent divers produits; ils les harponnent le plus ordinairement avec des fers auxquels tiennent des cordes que des hommes postés sur le rivage tirent aussitôt lorsque l'instrument est fixé dans le corps. Mais souvent il arrive que les harpons sont arrachés, par la résistance qu'opposent les Rytines cramponnés sur des rochers avec leurs nageoires, et que des embarcations armées sont obligées alors de les assommer. Les vieux individus, engourdis par l'âge ou par la graisse, sont bien plus faciles à prendre que les jeunes qui sont très-agiles. Tous les individus de la troupe se précipitent d'habitude vers celui d'entre eux qui a reçu de graves blessures ; mais leur sollicitude vaine et infructueuse ne fait souvent qu'assurer la perte de la famille entière, sans préserver aucun d'eux des coups qui leur sont destinés. Les mâles paraissent surtout porter le plus vif attachement à leurs femelles, et suivent leur corps traîné vers le rivage sans être émus du danger qui les menace ; touchant exemple d'amour conjugal qu'attestent les observations des deux naturalistes russes que nous avons cités. Les sens de la vue et de l'ouïe sont très-peu développés et leur usage paraît être imparfait ; la voix, dit-on, ressemble au mugissement d'un bœuf.

Les Tartares tschutchis font de larges baïdares avec les peaux des Rytines ; les Kamtschatdales recherchent leur chair qu'on dit être savoureuse, quoique difficile à cuire et un peu coriace. La graisse des jeunes a le goût du lard, et les muscles celui du veau ; on en fait des bouillons excellens. L'espèce de Cétacé dont nous parlons est extraordinairement commune dans les mers qui baignent la presqu'île du Kamtschatka ; elle fournit à la subsistance de la plus grande partie de la population. On doit le retrouver dans toutes ces baies qui morcellent la côte-nord de l'Amérique et que présentent les groupes d'îles Kuriles et Aléoutiennes qui forment des ceintures à la partie boréale du grand Océan.

Othon Fabricius, dans sa *Faune*, affirme avoir trouvé au Groënland un crâne de Rytine. Ce fait n'a rien qui répugne à la vraisemblance, il servirait à prouver de nouveau qu'il existe un canal dont les eaux sont presque toujours gelées, et par lequel, sous le pôle boréal même, les océans Atlantique et Pacifique communiquent entre eux. Il est bien étonnant que les Russes, qui possèdent ces contrées et qui y expédient fréquemment des navires dont les missions ont un vernis scientifique, ne nous aient pas encore tout-à-fait fixés sur l'Animal dont nous avons esquissé tout ce qu'on sait de son histoire. (LESS.)

RYTIPHLÆA. BOT. CRYPT. (*Hydrophytes*.) Ce genre, formé par Agardh parmi ses Confervoïdes, a pour caractères : fronde aplatie, distique, transversalement striée, pourpre, venant noire par la dessiccation, à rameaux recourbés ; fructification double, consistant, 1° en capsules sphériques à sporanges pyriformes ; 2° en siliques lancéolées à sporanges subglobuleuses. Ce sont de petites Plantes marines qui teignent en pourpre, et dont les principales espèces, *Fucus purpureus*, Turner, tab. 224, et *articulatus*, tab. 23, fig. 2, sont de la Méditerranée et des environs de Cadiz, où Clémente les confondit, ainsi que nous le prouvent les échantillons étiquetés de sa main, sous le nom de *Fucus tinctorius*. Il en existe trois ou quatre espèces de plus que les trois mentionnées par Agardh dans son *Systema Algarum*, p. 160. (B.)

RYZÆNA. MAM. (Illiger.) *V.* SURICATE.

RYZOPHAGE ET RYZOPHORE. INS. Pour Rhyzophage et Rhyzophore. *V.* ces mots. (B.)

S

SAAMENSTEIN. MIN. (Lehmann.) Syn. de Roches amygdaloïdes. (B.)

SAAMOUNA. BOT. PHAN. L'Arbre brésilien désigné sous ce nom dans Pison, peut être indifféremment un Bombax ou un Pavia. *V.* ces mots. (R.)

SABADILLA. BOT. PHAN. Espèce du genre Vératre, et synonyme de Cévadille. *V.* ce mot. (B.)

* **SABAK.** BOT. PHAN. Nom vulgaire, dans la Nubie, d'une espèce de Casse (*Cassia Sabak*), décrite par Delile dans l'Appendice botanique au voyage de Cailliaud à Méroé. Selon ce voyageur, c'est un Arbuste qui fournit une gousse très-large, renfermant des graines rouges de la grosseur de celles du Tamarin. On se sert de ces gousses pour la préparation des peaux. (G..N.)

SABAL. BOT. PHAN. Genre de la famille des Palmiers, et de l'Hexandrie Trigynie, L., établi par Adanson, et ainsi caractérisé par Martius (*Palm. genera*, p. 8) : fleurs sessiles, hermaphrodites, disposées sur un régime rameux entouré de spathes incomplètes. Chaque fleur offre un périanthe extérieur presque campanulé, tridenté ; un périanthe intérieur (corolle, selon Martius) à trois segmens ; six étamines distinctes ; un ovaire triloculaire, surmonté de trois styles soudés en un seul, et portant des stigmates simples ; une baie à trois noyaux ou à un seul par suite d'avortement ; la graine est munie d'un albumen solide et d'un embryon latéral. Le docteur Guersent a publié (Bullet. de la Soc. Philom., n. 67, tab. 25) de bonnes observations sur ce genre qui a pour type le *Corypha minor* de Jacquin (*Hort. Vindeb.*, 3, p. 8, t. 8) ou *Chamœrops acaulis* de Michaux. C'est un très-petit Palmier

à frondes palmées-flabelliformes, à hampes latérales, à fleurs blanches auxquelles succèdent des baies noirâtres de la forme d'une Olive. Il croît dans la Caroline et la Virginie. (G..N.)

SABATÈLE. BOT. CRYPT. On ne peut dire positivement quel est le Champignon mangeable qui, selon l'abbé Sauvages, porte ce nom en Languedoc. Il est présumable que c'est un Agaric voisin des *procerus*. (B.)

* **SABAZIE.** *Sabazia.* BOT. PHAN. Genre de la famille des Synanthérées, tribu des Hélianthées-Héléniées, nouvellement proposé par Cassini dans le Dictionnaire des Sciences naturelles, et qu'il caractérise ainsi : involucre hémisphérique, composé d'environ sept ou huit folioles sur deux rangées à peu près égales, ovales-oblongues, aiguës, planes et marquées de nervures. Réceptacle conique, garni de paillettes plus courtes que les fleurs, en forme de soies, linéaires, planes, glabres et diaphanes. Calathide radiée, dont les fleurs du centre sont nombreuses, régulières, hermaphrodites ; celles de la circonférence sur une seule rangée, peu nombreuses, en languette, et femelles. Akènes du disque et de la circonférence cunéiformes, pentagones, striés, glabres, totalement dépourvus d'aigrette. Les corolles des fleurs centrales ont le tube velu, le limbe plus long que le tube, presque campanulé, et à cinq dents. Les corolles des fleurs marginales ont le tube velu, la languette large, elliptique ou obovale, trilobée au sommet et munie de six nervures. Ce genre est fondé sur une Plante rapportée du Mexique par Humboldt et Bonpland, et qui a été décrite et figurée par Kunth (*Nov. Gener. et Spec. Plant.*

œquin. T. IV, p. 264, tab. 594; sous le nom d'*Eclipta humilis*. C'est une petite herbe annuelle, dressée, haute de trois à quatre pouces, ayant une tige tétragone, hispidule et presque dichotome. Les feuilles inférieures sont opposées, portées sur de courts pétioles, oblongues, glabres, entières ou bordées de quelques grandes dents; les supérieures sont plus petites, presque sessiles, lancéolées ou linéaires, ciliées ou hispidules sur les bords. Les calathides ressemblent à celles de certaines Paquerettes (*Bellis annua*) et sont solitaires sur des pédoncules terminaux et axillaires.

Le nom de *Sabazia* offre l'inconvénient d'avoir presque la même consonnance que celui de *Sabbatia* qui s'applique à un genre de Gentianées établi par Adanson, et aujourd'hui généralement adopté.   (G..N.)

SABBATIE. *Sabbatia*. BOT. PHAN. Genre de la famille des Gentianées et de la Pentandrie Digynie, L., établi par Adanson sur le *Chlora dodecandra*, L., et adopté par Salisbury, Pursh et la plupart des auteurs modernes. Voici ses caractères principaux: calice cyathiforme à la base, ayant son limbe profondément divisé en segmens étroits dont le nombre varie de cinq à douze, séparés par de larges sinus; corolle dont le tube est court, renflé, en forme de turban, et le limbe profondément divisé en lobes dont le nombre est le même que ceux du calice; étamines aussi en même nombre, insérées sur l'entrée du tube qui, quelquefois, offre un rebord proéminent, ayant leurs anthères roulées au sommet en dehors et en forme de crosse; fruit uniloculaire dont les valves sont ovales, un peu charnues; style dressé, surmonté de deux stigmates tordus en spirale; graines scrobiculées. A ce genre appartiennent plusieurs espèces confondues avec les *Chironia* par les auteurs, mais elles s'en distinguent suffisamment par la forme du limbe du calice, composé de folioles étroites séparées par des sinus;

par la forme du tube de la corolle qui est renflé; et surtout par les anthères qui sont roulées en crosse à l'extrémité, et par le stigmate à deux branches tordues en spirale; mais ce dernier caractère n'est pas constant dans toutes les espèces. Les Sabbaties sont toutes indigènes de l'Amérique septentrionale. Ce sont des Plantes herbacées, à tiges grêles, droites, divisées au sommet en rameaux dichotomes, garnies de feuilles opposées, entières, ordinairement linéaires ou lancéolées, et à fleurs roses, ayant l'aspect des Chironies du Cap. Nous indiquerons comme espèces principales: 1° le *Sabbatia chloroides*; *Chlora dodecandra*, L.; *Chironia chloroides*, Michx.; 2° le *S. gracilis*, Salisb., *Parad. Londin.*, tab. 32; *Chironia campanulata*, L.; *Chironia gracilis*, Michx.; 3° *S. calycosa*, Sims, *Botan. Magaz.*, tab. 1600; 4° *S. angularis; Chironia angularis*, L.; 5° *S. paniculata; Chironia paniculata*, Michx.

Mœnch a séparé sous ce nom générique de *Sabbattia*, qu'il ne faut pas confondre avec le *Sabbatia* d'Adanson, les *Satureia Juliana* et *glauca*, espèces qui diffèrent des autres Sarriettes par un calice strié moins évasé, et par l'ouverture velue de la corolle. Ce genre n'a pas été adopté.
                              (G..N.)

* SABBÈRE. BOT. PHAN. (Forskahl.) Nom de pays de l'*Aloë maculata*.

SABDARIFFA. BOT. PHAN. (De Candolle). *V.* KETMIE.

* SABELÉ. OIS. Le prince de Wied-Neuwied, dans son Voyage au Brésil (T. III, p. 8), parle, sous ce nom brésilien, du *Tinamus noctivagus*, qu'ailleurs on appelle *Juo*.   (LESS.)

SABELLAIRE. *Sabellaria*. ANNEL. Lamarck avait établi ce genre dans l'Extrait de son Cours de Zoologie des Animaux sans vertèbres, publié au mois d'octobre 1812. Depuis (Hist. nat. des Anim. sans vert. T. V, p. 350), il en a fait connaître les caractères en y rapportant deux espèces.

La première de ces espèces est la Sabellaire alvéolée qui, dans la méthode que nous suivons ici, doit être rapportée au genre Hermelle (*V.* ce mot); la seconde est la Sabellaire à grands tubes, *Sabellaria crassissima*, figurée par Pennant (*Zool. Brit.*, 4, pl. 92, fig. 162), et trouvée à La Rochelle. Savigny ne mentionne pas cette espèce dans son genre Hermelle, et il serait difficile de décider si elle lui appartient réellement. Quoi qu'il en soit, on peut considérer le genre Sabellaire de Lamarck comme synonyme du genre Hermelle de Savigny. *V.* HERMELLE.   (AUD.)

SABELLE. *Sabella.* ANNEL. Linné a employé le premier ce nom pour établir un genre de son ordre des Vers testacés, auquel il donnait comme caractère essentiel d'être contenu dans un tube formé par un agglomérat de grains de sable; de-là est résulté une très-grande confusion de la part des auteurs, et particulièrement de Gmelin, qui, dans la treizième édition qu'il a donnée des Systèmes de Linné, a grossi la liste des espèces de tous les tubes formés par l'agglutination de corps étrangers, sans aucun examen de l'Animal, de manière qu'on y reconnaît des fourreaux de lames d'Insectes du genre Frigane, et des tubes ayant appartenu à des Annelides de genres fort différens. Les auteurs modernes, au milieu de ce désordre, ont divergé d'opinion; les uns ont passé complétement sous silence le genre Sabelle de Linné; les autres l'ont dispersé parmi les Amphitrites, et dans d'autres genres, en sorte qu'il s'en faut beaucoup que le genre Sabelle dont il est ici question, soit l'analogue de celui de Linné.

Savigny, en adoptant la dénomination de Sabelle (Système des Annel., édition royale, in-folio, p. 69 et 76), en a fait un genre de l'ordre des Serpulées et de la famille des Amphitrites, ayant pour caractères distinctifs: bouche exactement terminale; deux branchies libres, flabelliformes ou pectiniformes, à divisions garnies, sur un de leurs côtés, d'un double rang de barbes; les deux divisions postérieures imberbes, également courtes et pointues; rames ventrales portant des soies à crochets jusqu'à la septième ou la huitième paire inclusivement; point d'écusson membraneux. Les Sabelles ont de grands rapports avec les Serpules; comme elles, elles ont des rames ventrales de deux sortes; mais elles en diffèrent par les deux divisions postérieures des branchies, par un plus grand nombre de soies à crochets, et par l'absence d'un écusson membraneux. Elles avoisinent aussi les genres Hermelle, Terebelle et Amphiclène; mais on peut les en distinguer à leurs rames ventrales qui, ainsi que nous l'avons dit, sont de deux sortes, tandis que, dans ces derniers genres, elles ne sont que d'une seule sorte, et portent toutes des soies subulées ou des soies à crochets.

Les Sabelles, suivant les observations de Savigny, sont des Annelides à corps linéaire, droit, rétréci seulement vers l'anus qui est petit et peu saillant, composé de segmens courts et nombreux qui constituent sous le ventre autant de plaques transverses, divisées, à l'exception des huit à neuf premières, par un sillon longitudinal. Le premier segment, tronqué obliquement d'avant en arrière pour l'insertion des branchies, saillant et fendu à son bord antérieur, ne forme, avec les huit ou neuf anneaux suivans, qu'un thorax étroit, court, sans aucun écusson membraneux, et que distingue seulement la grandeur, ou mieux encore la forme particulière de huit ou neuf paires de pieds qu'il porte. Ces pieds sont nuls au premier segment, mais au second et à tous les suivans, ils sont ambulatoires et de trois sortes; les premiers pieds ont la rame dorsale petite et munie d'un faisceau de soies subulées, sans rame ventrale ni soies à crochets; les seconds pieds et ceux qui suivent, jusques et compris les huitièmes ou neuvièmes, sont pourvus d'une rame dorsale à faisceau de soies subulées, et à rame ventrale garnie d'un rang de soies à crochets; enfin les neuvième ou dixième pieds, et tous les suivans, compris la dernière paire, ont une rame ventrale pourvue d'un faisceau de soies subulées, et une rame dorsale garnie d'un rang de soies à crochets. Les soies subulées sont tournées en dehors, un peu dilatées et coudées vers la pointe qui est finement aiguë : ces soies à crochets sont très-courtes, minces, à courbure élevée, très-arquée et terminée inférieurement par une longue dent. — Les branchies, au nombre de deux, sont portées par le premier segment; elles sont grandes, ascendantes, opposées face à face, profondément divisées, à divisions nombreuses, minces, linéaires ou sétacées, disposées, sur le bord supérieur du pédicule commun, en éventail ou en peigne unilatéral; elles paraissent obscurément articulées et garnies sur leur tranchant interne d'un double rang de barbes cylindriques et mobiles qui répondent aux articulations et sont elles mêmes faiblement annelées. La division postérieure de chaque branchie consiste en un filet imberbe, séparé plus profondément que les autres, et situé plus inférieurement; ces deux filets sont à peu près égaux, courts et pointus. — La bouche est exactement antérieure, peu saillante, transverse, et située entre les branchies qui lui fournissent intérieurement une lèvre auxiliaire membraneuse, avancée, plissée et bifide en dessous : il n'existe point de tentacules.

Les Sabelles se construisent un tube coriace ou gélatineux, fixé verticalement, ouvert à un seul bout, et généralement enduit à l'extérieur d'une couche de limon.

Ce genre renferme un assez grand nombre d'espèces que Savigny a groupées en trois tribus.

† Branchies égales, flabelliformes; portant chacune un double rang de digitations, et se roulant en entonnoir.

La SABELLE INDIENNE, *Sabella indica*, Sav. Très-belle espèce rapportée par Péron de la mer des Indes, dont le tube est coriace, épais, d'un brun-noir, sans enduit sablonneux à l'extérieur.

La SABELLE MAGNIFIQUE, *Sabella magnifica*, Sav., ou la *Tubularia magnifica* de Shaw (*Trans. Linn. Soc.* T. v, p. 228, tab. 9, et *Miscell. Zool.* T. XII, tab. 450), qui ne diffère pas de l'*Amphitrite magnifica* de Lamarck, originaire de la Jamaïque.

†† Branchies égales, flabelliformes, à un simple rang de digitations, se roulant en entonnoir.

La SABELLE PINCEAU, *Sabella Penicillus*, Sav., ou le *Penicillus marinus* de Rondelet (Hist. des Pois., part. 2, p. 76, avec une figure). On la trouve sur les côtes de l'Océan.

La SABELLE EVENTAIL, *Sabella flabellata*, Sav., ou la *Tubularia Penicillus* d'Othon Fabricius (*Faun. Groenl.*, n° 449?). Des côtes de l'Océan.

La SABELLE QUEUE DE PAON, *Sabella pavonina*, Sav., ou la *Scolopendra plumosa tubiphora* de Baster (*Opusc. subs.* T. 1, lib. 2, p. 77, tab. 9, fig.), qui ne diffère pas de la *Tubularia Penicillus* de Muller (*Zool. Dan.*, part. 3, p. 13, t. 89, fig. 1, 2) et de l'*Amphitrite Penicillus* de Lamarck.

Savigny regarde encore comme faisant partie de cette tribu l'*Amphitrite Infundibulum* de Montagu (*Trans. Soc. Linn.* T. IX, t. 8), et peut-être aussi l'*Amphitrite vesiculosa* du même auteur (*loc. cit.* T. XI, tab. 5), ainsi que la *Tubularia Fabricia* d'Othon Fabricius (*loc. cit.*, n° 450).

††† Branchies en peigne à un seul côté et à un seul rang, se contournant en spirale.

La SABELLE UNISPIRALE, *Sabella unispira*, Sav. et Cuv. (Règn. Anim.), ou le *Spirographis Spallanzanii* de Viviani (*Phosph. mar.*, p. 14, tab.

4 et 5); commune sur les côtes de l'Océan et de la Méditerranée.

La SABELLE PORTE-VAN, *Sabella ventilabrum*, Sav., ou la *Corallina tubularia melitensis* d'Ellis (Corallin., p. 107, pl. 33) qui est la même espèce que le *Sabella Penicillus* de Linné (12ᵉ édit.), ou l'*Amphitrite ventilabrum*, de Gmelin et Lamarck. Elle est originaire de la Méditerranée.

La SABELLE VOLUTIFÈRE, *Sabella volutacornis*, Sav., ou l'*Amphitrite volutacornis* de Montagu (*Trans. Soc. Linn.* T. VII, tab. 7, fig. 10, p. 84) de Lamarck et de Leach (*Encycl. Brit. Suppl.* T. I, p. 451, tab. 26, fig. 7). On la trouve dans l'Océan.

On possède dans la collection du Muséum d'Hist. nat. de Paris quelques autres Sabelles qui n'ont pas encore été décrites.

Si on réunissait les espèces désignées de toutes parts sous le nom de Sabelle, on pourrait en augmenter considérablement le nombre; mais ce serait mal à propos, car plusieurs d'entre elles sont trop imparfaitement connues pour qu'on puisse les déterminer exactement, et d'autres font évidemment partie de genres très-différens. C'est ainsi que la *Sabella alveolata* de Linné appartient au genre Hermelle, et ses *Sabella chrysodon* et *granulata* au genre Amphictène; la *Sabella lumbricalis* d'Othon Fabricius est une Clymène, etc.

(AUD.)

* SABETHES. INS. Robineau-Desvoidy désigne sous ce nom (*Mém. de la Soc. d'Hist. nat. de Paris*, T. III, p. 403) un genre de Diptères de la famille des Némocères, tribu des Culicides, formé sur deux espèces de l'Amérique méridionale, et ne différant des Cousins proprement dits que parce que leurs jambes et leurs tarses intermédiaires sont dilatés et ciliés et que leurs palpes labiaux sont courts. L'une de ces espèces a été décrite par Fabricius et par Viedemann (Dipt. exot., p. 36 et 39) sous le nom de *Culex longipes*; c'est le *Sabethes longipes* de Robineau-Des-

voidy. Cet Insecte est long de quatre lignes, noir, à reflets luisans et cuivrés; ses pieds sont allongés, surtout les jambes postérieures; on le trouve dans l'Amérique méridionale. L'autre espèce, que Robineau nomme *Sabethes locuples*, est de la même longueur, d'un bleu violet métallique; son abdomen a des taches latérales triangulaires argentées. Ses pieds sont grêles, avec la jambe et le tarse des intermédiaires dilatés et fortement ciliés. On le trouve au Brésil.   (G.)

* SABIA. BOT. PHAN. Un genre nouveau de la Pentandrie Monogynie, L., a été établi sous ce nom par Colebrooke (*Trans. Societ. Linn. Lond.*, vol. 12, p. 255, tab. 14) qui lui a assigné pour caractères essentiels: corolle à cinq pétales lancéolés, persistans; cinq étamines dressées; drupe supérieure réniforme, à une seule graine dont l'embryon est spiral, dépourvu de périsperme. Ce genre ne se compose que d'une seule espèce décrite et figurée par Colebrooke sous le nom de *Sabia lanceolata*. Elle est native du pays de Silhet dans le Bengale où elle fleurit en octobre, et donne des graines mûres en mai. Sa tige est arborescente, sarmenteuse, flexueuse, garnie de feuilles alternes, portées sur de courts pétioles, lancéolées, aiguës, entières et glabres. Les fleurs sont nombreuses, petites, verdâtres, avec une légère teinte de rouge. Elles sont disposées en corymbes terminaux et axillaires formant une longue panicule. Chaque fleur offre un calice divisé profondément en cinq segmens ovales, aigus et persistans; la corolle est à cinq pétales lancéolés, aigus, étalés, persistans. Les cinq étamines ont leurs filets aplatis et larges à la base, subulés au sommet, plus courts que les pétales et insérés à la base de ceux-ci. Les anthères sont rondes. L'ovaire arrondi porte un style court et un stigmate simple. Le fruit est une drupe réniforme, pulpeuse, d'un bleu obscur, de la grosseur d'un ha-

ricot, renfermant un noyau solitaire dans lequel est une graine attachée par un ligament en forme de massue; cette graine est spirale, anfractueuse, offrant une seule fente sur un des côtés, deux sur l'autre, suivant le plissement des cotylédons.   (G..N.)

SABICE. *Sabicea.* BOT. PHAN. Genre de la famille des Rubiacées et de la Pentandrie Monogynie, établi par Aublet (*Plant. Guian.*, vol. 1, p. 192), et ainsi caractérisé : calice turbiné, divisé à son limbe en cinq découpures oblongues, aiguës; corolle infundibuliforme, dont le tube est long, grêle, le limbe évasé, divisé en cinq segmens lancéolés, aigus; cinq étamines dont les filets sont courts, insérés vers l'orifice du tube de la corolle qu'ils dépassent à peine, et terminés par des anthères oblongues; style long, filiforme, terminé par cinq stigmates étroits; baie pyriforme, rougeâtre, couronnée par les découpures du calice, à cinq loges renfermant un grand nombre de graines anguleuses et fort petites. Schreber a inutilement changé le nom de *Sabicea* en celui de *Schwenkfeldia*, qui malheureusement a été admis par quelques auteurs, et notamment par Willdenow et par Ruiz et Pavon. Dans une espèce (*Sabicea aspera*, Aubl.), le nombre des parties de la fleur varie de quatre à cinq. Le nombre des espèces de ce genre ne s'élève qu'à environ six ou sept. Ce sont des Arbrisseaux grimpans, à feuilles ordinairement velues ou hérissées en dessous, et à fleurs axillaires, tantôt sessiles, tantôt pédonculées. Ces Plantes croissent dans les climats chauds de l'Amérique, particulièrement à la Guiane et dans les Antilles. Les espèces principales du genre sont : 1° *Sabicea cinerea*, Aubl., *loc. cit.*, tab. 75; 2° *Sabicea aspera*, Aubl., *loc. cit.*, tab. 76; 3° *Sabicea hirta*, Swartz, *Prodrom. Fl. Ind. occid.*, 1, p. 46; 4° *Sabicea umbellata*, Ruiz et Pav., *Flor. Peruv.*, 2, p. 55, tab. 200, fig. a. Cette dernière espèce croît dans les Andes. Enfin

Du Petit-Thouars en a publié, dans le *Synopsis* de Persoon, une espèce (*S. diversifolia*) qui croît dans l'Ile-de-France, et qui est fort remarquable par la diversité de ses feuilles dont l'une est grande, large, et l'autre extrêmement petite.   (G..N.)

SABIL. BOT. PHAN. *V.* NOEM.

SABINE. *Sabina.* BOT. PHAN. Espèce du genre Genévrier. *V.* ce mot.   (B.)

* **SABINEA.** BOT. PHAN. Genre de la famille des Légumineuses, tribu des Lotées, et de la Diadelphie Décandrie, L., établi par De Candolle (*Annal. des Scienc. natur.*, janvier 1825, p. 92), et auquel il a imposé les caractères suivans : calice en forme de cloche évasée, tronqué en entier sur les bords ou ne présentant que des dents à peine perceptibles. Corolle papilionacée, ayant la carène très-obtuse, et comme arrondie en dôme à son extrémité, de sorte que les organes génitaux qui suivent la même flexion sont presque roulés en crosses. Étamines au nombre de dix en deux faisceaux, l'étamine libre et quatre des étamines soudées, de la moitié plus courtes que les autres. Style très-glabre, filiforme et roulé en crosse de même que les étamines. Gousse pédicellée, comprimée, linéaire, longue, mucronée par le style, et renfermant plusieurs graines. Ce genre est formé aux dépens de quelques *Robinia* des auteurs; mais il abonde en caractères distinctifs. Ses deux espèces (1° *Sabinea florida*, D. C.; *Robinia florida*, Vahl; *Symb.*, 3, tab. 70; 2° *Sabinea dubia*, D. C.; *Robinia dubia*, Lamk., Illustr., tab. 602, fig. 2) se ressemblent extrêmement, puisqu'elles ne semblent avoir d'autres différences qu'en ce que, dans la première, les fleurs naissent avant les feuilles, et, dans la seconde, après elles. Ce sont des Arbrisseaux originaires des Antilles, dépourvus de toute espèce d'épines. Les feuilles sont ailées sans impaire, à folioles glabres, mucronées, dépourvues de stipelles, mais

accompagnées à la base du pétiole commun de stipules lancéolées très-aiguës, membraneuses. Les fleurs, dont la corolle est rougeâtre, naissent comme celles des *Caragana*, solitaires sur des pédicelles courts disposés en faisceaux axillaires. (G..N.)

SABLE. *Arena.* MIN. Les Sables sont des assemblages de Minéraux en très-petits grains, qui proviennent de la destruction de certaines roches préexistantes, et principalement des roches quartzeuses, ou qui sont le résultat immédiat d'une cristallisation plus ou moins précipitée. Considérés sous le rapport de leur composition minérale, ils peuvent être séparés en ceux qui sont homogènes et ceux qui sont mélangés. Aux premiers appartiennent les Sables quartzeux qui couvrent les grands déserts de Syrie et d'Arabie, les steppes de la Pologne, les landes et les dunes de la France. *V.* le mot DUNES. Ce sont ces Sables quartzeux purs que quelques naturalistes ont regardés comme le produit d'une précipitation confuse de matière siliceuse préalablement dissoute. Les Sables mélangés sont ceux qui font partie des terrains d'alluvion anciens et modernes; ils sont les détritus de certaines roches qui n'existent plus, ou ils se forment actuellement encore par la décomposition de celles que nous connaissons. Le Mica, le Feldspath, la matière calcaire, le Fer hydraté, l'Argile, le Bitume, sont les principaux Minéraux qui se rencontrent dans ces Sables à l'état de paillettes, ou de grains mêlés à la matière quartzeuse. De-là les noms de Sable micacé, Sable feldspathique, Sable calcarifère, Sable ferrugineux, Sable argilifère, etc. On les distingue aussi quelquefois par des épithètes qui indiquent les substances précieuses que ces Sables contiennent accidentellement et pour lesquelles on les exploite: c'est ainsi que l'on dit: Sable aurifère, Sable cuprifère, Sable platinifère, Sable stannifère, Sable titanifère, etc. On verra aux articles ROCHES et TERRAINS quelle place occupent ces différentes espèces de Sables dans la série des formations dont se compose l'écorce de notre globe. On a donné le nom de Sable volcanique, ou Sable des volcans, à des substances d'origine volcanique, devenues pulvérulentes par suite de leur décomposition spontanée, ou rejetées dans cet état par les volcans brûlans. Ils sont formés de fragmens de scories, mêlés de petits cristaux de Pyroxène augite et de Feldspath. Les Sables, suivant leur nature, sont employés à divers usages, à la confection des mortiers, au moulage, à la fabrication du verre, etc.   (G. DEL.)

SABLÉ. MAM. Vicq-d'Azyr appelle ainsi le *Mus arenarius* de Pallas, qui est un Hamster. *V.* ce mot. (B.)

SABLIER. *Hura.* BOT. PHAN. Genre de la famille des Euphorbiacées, offrant les caractères suivans: fleurs monoïques. Les mâles, placées dans la bifurcation des rameaux, forment un chaton très-dense, à écailles imbriquées, uniflores; chaque fleur est composée d'un calice court, urcéolé, tronqué; de plusieurs étamines dont les filets sont soudés en un seul épais, qui, vers son milieu, est muni de tubercules verticillés sur deux ou trois rangs, chaque tubercule portant deux anthères ovales placées au-dessous. La fleur femelle est solitaire, placée près du chaton des fleurs mâles; elle se compose d'un calice urcéolé, entier, entourant étroitement l'ovaire, ou divisé profondément par la maturité, en trois parties; d'un style long, infundibuliforme, surmonté d'un gros stigmate concave-pelté, présentant douze à dix-huit rayons. La capsule est ligneuse, orbiculée, déprimée, formée de douze à dix-huit coques monospermes, chacune s'ouvrant élastiquement par le milieu en deux valves; la graine est grande, comprimée, presque orbiculaire.

On a décrit trois espèces de ce genre, qui toutes croissent dans les climats chauds de l'Amérique. La principale est le SABLIER ÉLASTIQUE, *Hura crepitans*, L., Lamk., Illustr., tab. 793, vulgairement nommé dans les colonies Buis de Sable, Noyer d'Amérique, Pet du Diable, etc. C'est un grand Arbre, haut de plus de quatre-vingts pieds, et dont le tronc est droit, divisé en rameaux nombreux, étalés, d'où découle un suc blanc et laiteux d'une excessive âcreté, comme les autres sucs d'Euphorbiacées. L'écorce de ces rameaux est marquée d'un grand nombre de cicatrices qui sont les vestiges des points d'attache des feuilles. Celles-ci sont grandes, alternes, pétiolées, ovales-oblongues, cordiformes, acuminées au sommet, crénelées sur les bords, glabres, et marquées de nervures simples, parallèles et transverses; les pétioles sont grêles, longs, et munis à leur base de stipules lancéolées, très-caduques. Cet Arbre croît sur le continent de l'Amérique méridionale, au Mexique, à Cayenne et dans les Antilles. La capsule de l'*Hura crepitans* est un de ces fruits que l'on rencontre très-souvent dans les cabinets de curiosité. On l'entoure d'un fil de fer afin que les coques ne s'éclatent pas avec bruit en lançant au loin leurs graines, ce qui arrive à la maturité du fruit, et qui a fait donner à l'espèce l'épithète de *crepitans*. Le nom de Sablier dérive de l'emploi qu'en font les habitans de l'Amérique. Après avoir vidé de ses graines cette capsule, ils y mettent du sable pour saupoudrer l'écriture.

(G..N.)

SABLIÈRE. MIN. C'est le nom que l'on donne aux différentes carrières d'où l'on extrait les Sables qui sont de nature à être exploités. (G. DEL.)

SABLINE. *Arenaria.* BOT. PHAN. Genre de la famille des Caryophyllées, tribu des Alsinées de De Candolle, et de la Décandrie Trigynie, L., offrant les caractères suivans : calice persistant, à cinq sépales oblongs, acuminés, étalés. Corolle à cinq pétales ovales et entiers. Etami-

nes au nombre de dix (quelquefois moins par suite d'avortement), ayant leurs filets subulés, surmontés d'anthères arrondies. Ovaire ovoïde, portant trois styles divergens, terminés par des stigmates un peu épais. Capsule ovoïle, s'ouvrant par le sommet ordinairement en cinq, quelquefois en trois ou six valves, à une seule loge renfermant un grand nombre de graines téniformes, attachées à un placenta central. Ce genre est voisin des Stellaires dont il diffère par ses pétales entiers, tandis que dans les Stellaires ils sont bifides. Le même caractère, et de plus le nombre des styles séparent les Sablines des Céraistes, ainsi que des Spargoutes (*Spergula*) qui ont cinq styles. Le genre *Alsine*, auquel Linné attribuait cinq étamines et trois valves à la capsule, a été réuni avec raison aux Sablines, puisque le nombre des étamines et des valves de la capsule n'est constant ni dans l'un ni dans l'autre genre. D'un autre côté, on a voulu former aux dépens des Sablines quelques genres qui n'ont point été adoptés. Ainsi on ne doit regarder que comme une simple section le genre *Stipularia* d'Haworth ou *Lepigonum* de Wahlenberg formé sur les *Arenaria marina*, *rubra*, etc., qui ont la capsule à trois valves, et des feuilles linéaires, munies à la base de stipules scarieuses. On doit au contraire regarder comme un genre très-distinct, l'*Adenarium* de Rafinesque ou *Honkenya* d'Erhart, fondé sur l'*Arenaria peploides*, L., qui offre, entre autres caractères, celui d'avoir les étamines périgynes. *V.* ADENARIUM au Supplément.

Plus de cent cinquante espèces de Sablines ont été décrites par les auteurs, mais il en est un assez grand nombre qui peuvent être considérées seulement comme synonymes les unes des autres, de sorte que le nombre effectif des espèces bien connues ne s'élève guère au-delà de cent trente. Ce sont des Plantes herbacées, petites, ordinairement en gazons, à feuilles entières, opposées, et à fleurs

nombreuses, souvent d'un blanc
lacté, quelquefois d'un rose tendre.
Elles croissent dans les climats tempérés et froids de notre hémisphère,
à l'exception de quelques-unes qui
ont été trouvées dans les montagnes
du Pérou et du Mexique; et d'autres,
aussi en petit nombre, près de Mon-
tevidéo et Buenos-Ayres dans l'Amérique méridionale; mais on sait que
le climat de ce dernier pays est fort
analogue à celui de l'Europe. Quelques-unes sont très-communes dans
les champs arénacés, d'autres sur les
murs, mais la plupart croissent entre
les rochers et sur les sommités des
hautes montagnes de l'Europe, principalement dans les Alpes, les Pyrénées, et les chaînes élevées du centre
de l'Espagne. On en trouve aussi
beaucoup d'espèces dans la Sibérie,
la Hongrie et les contrées orientales.

Dans le Prodrome du professeur
De Candolle, les cent vingt-neuf espèces bien connues qui y sont décrites par Seringe, forment deux sections. La première est celle dont nous
avons parlé plus haut, et que certains auteurs ont voulu distinguer
génériquement sous les noms de *Stipularia* et de *Lepigonum*. Elle ne
contient que douze espèces parmi
lesquelles on remarque, 1° l'*Arenaria segetalis*, Lamk.; *Alsine segetalis*,
L.; Vaillant, *Bot. Paris.*, tab. 3,
fig. 3. C'est une jolie petite espèce,
glabre, et à tige dressée, à pétales
plus courts que le calice, commune
en certains lieux parmi les moissons.
2°. L'*Arenaria rubra*, L., dont les
tiges sont couchées, velues; les feuilles filiformes, accompagnées de grandes stipules scarieuses; et les fleurs
d'un rose agréable. Elle est commune
dans les lieux incultes de l'Europe et
de l'Afrique. Quelques espèces voisines de cette dernière ont les feuilles
charnues et croissent sur les bords de
la mer ou des fontaines d'eau salée.
Telle est entre autres l'*Arenaria me-
dia*, L., qui a pour synonymes, l'*A-
renaria marina*, Smith, *Engl. Bot.*,
tab. 958, et l'*Arenaria marginata*, De
Cand., *Icon. Pl. gall. rar.*, tab. 48.

La seconde section a reçu le nom
d'*Arenarium*. Le nombre des valves
de la capsule varie entre trois et six;
les feuilles sont linéaires-lancéolées,
ou plus ou moins arrondies, mais
toujours dépourvues de stipules. Cette
section renferme un nombre très-
considérable d'espèces; elle est subdivisée en trois groupes d'après la
forme des feuilles qui sont ou grami-
niformes, ou subulées, ou ovales-
lancéolées, et arrondies. C'est à elle
que se rapportent les Sablines de nos
champs et de nos montagnes, telles
que les *Arenaria serpyllifolia*, *tenuifolia*, *grandifolia*, *setacea*, *mucro-
nata*, *fasciculata*, *tetraquetra*, etc.

(G..N.)

SABLON. MOLL. Nom que l'on
donne à La Rochelle, d'après d'Ar-
genville, à une Coquille qui est probablement une variété du *Turbo
lithoreus*. *V.* TURBO et LITTORINE.

(D..H.)

SABOT. MOLL. Adanson (Voy. au
Sénég.) a formé ce genre d'une manière fort naturelle sur des Coquilles
et leurs animaux qui présentent des
caractères particuliers. Depuis, ce
genre modifié, a été adopté par tous
les zoologistes, et Lamarck lui a
laissé le nom de Turbo auquel nous
renvoyons.

Les conchyliologues du dernier
siècle donnaient le nom de Sabot à
plusieurs Coquilles, soit du genre
Turbo ou de celui des Trochus auquel ils ajoutèrent une dénomination
spécifique. Cette manière de désigner
les Coquilles est aujourd'hui aban-
donnée. En indiquant les principales
espèces de Turbos, nous donnerons
leurs noms vulgaires. *V.* TURBO.

(D..H.)

SABOT. BOT. PHAN. On a vulgairement appelé SABOT DE VÉNUS
ou DE LA VIERGE, le *Cypripedium
Calceolus*, L. (B.)

SABOT DE CHEVAL. BOT. CRYPT.
Nom vulgaire donné à quelques Bolets qui croissent sur les troncs des
Arbres, et qui ressemblent en effet
au sabot d'un cheval. Tels sont le

Bolet amadouvier et le Bolet ongulé.
V. Bolet.   (AD. B.)

SABOTIER. moll. (Lamarck.)
L'Animal des Coquilles du genre
Turbo. *V*. ce mot.   (B.)

SABOTS. zool. On donne ce nom
aux ongles des Mammifères, lorsqu'au lieu de recouvrir simplement
les phalanges onguéales, ils les enveloppent, comme chez les Ruminans, les Chevaux et un grand nombre d'autres Animaux. On donne en
général aux Animaux à sabots le
nom d'Ongulés. *V*. Mammalogie
et Ongles.   (IS. G. ST.-H.)

SABR. bot. phan. (Forskahl.)
Même chose que Cébar. *V*. ce mot.
    (B.)

* SABRA. mam. Le voyageur Man-
delslo, qui visitait le Congo en 1639,
mentionne sous ce nom, p. 364 du
T. ii de son Voyage, un Animal
qu'il compare au Mulet, et dont le
corps était rayé. Ce qu'il en cite convient mieux au Quagga qu'au Zèbre
proprement dit.   (LESS.)

SABRA. bot. phan. *V*. Camaro-
nus.

* SABRAN. pois. (Commerson.)
Seule espèce jusqu'ici connue du
genre Chirocentre. *V*. ce mot. (B.)

SABRE. pois. Ce nom, donné par
les matelots à plusieurs espèces de
Poissons dont la figure est plus ou
moins celle d'une lame de sabre, fut
appliqué plus particulièrement (Règne Animal, T. ii, p. 245) au genre
Trachypterus de Gouan. *V*. Trachyptère et Acinacée.   (B.)

* SABRE. *Ensis*. conch. Schumacher a formé sous ce nom un genre
particulier du *Solen Ensis*, L. *V*.
Solen.   (B.)

SABRE DE MER. acal. Nom vulgaire du Ceste de Vénus sur les côtes
de Nice et des environs. *V*. Ceste.
    (E. D..L.)

* SABRIS. ois. (Levaillant.) Nom
de pays du *Merops Apiaster*, L. (B.)

SABSAB. bot. phan. (Adanson.)
Syn. de Paspale. *V*. ce mot.   (B.)

* SABULAIRE. échin. Espèce du
genre Cidarite. *V*. ce mot.   (B.)

* SABULICOLE. bot. phan. Mot
francisé, dans le Dictionnaire de Levrault, pour désigner le genre *Am-
mobium* de R. Brown. *V*. ce mot au
Supplément.   (B.)

SABULICOLES. ins. Latreille désignait ainsi (*Gen. Crust. et Ins.*) les
Coléoptères qui composent aujour-
d'hui la famille des Mélasomes. *V*.
ce mot.   (B.)

SABURON. moll. Tel est le nom
qu'Adanson (Voy. au Sénég., pl. 7,
fig. 8) donne à une espèce fort commune de Casque qu'il range dans son
genre Pourpre. C'est le *Cassis Saburon* de Lamarck. *V*. Casque. (D..H.)

SAC ANIMAL. acal. (Dicque-
mare.) Syn. d'Ascidie intestinale.
    (B.)

SAGA. mam. Suivant Flacourt,
on nomme, ainsi à Madagascar, une
espèce de Chat sauvage fort voisine
du Chat domestique, ayant une belle
queue recoquillée, et qui s'accouple
avec ce dernier.   (LESS.)

SACCELLIUM. bot. phan. Humboldt et Bonpland (Plantes équinoxiales, 1, pag. 47, tab. 13) ont
décrit sous ce nom générique, un
Arbre formant un genre nouveau
qu'ils considéraient comme appartenant à la famille des Rhamnées,
mais qui a été rapporté par Kunth
(Annal. des Scienc. natur. T. ii, pag.
80) à celle des Borraginées. Voici les
caractères que ce dernier auteur assigne à ce genre dont on ne connaît
que le calice et le fruit : calice persistant, accru, renflé, oblong-ellip-
tique, ayant l'orifice presque fermé
et à cinq dents, membraneux, marqué de nervures en réseau. Drupe
placée dans le fond du calice, brièvement stipitée, globuleuse, un peu
ovoïde, terminée en forme de bec par
le style subulé, un peu comprimée
inférieurement, tétragone supérieurement, presque quadrilobée, légèrement charnue, contenant un noyau
fragile à sa base, osseux dans sa par-

tie supérieure, à six loges, dont les quatre supérieures sont monospermes, les deux inférieures très-grandes et vides. Graines ovées, en pyramides triangulaires, revêtues d'un double tégument, l'extérieur membraneux, l'intérieur un peu plus épais, quoique encore très-mince. L'embryon est dépourvu d'albumen, conforme à la graine, charnu, composé de cotylédons égaux, pliés en long, et d'une radicule supérieure presque conique.

Le *Saccellium lanceolatum* est un bel Arbre inerme, à feuilles alternes, entières, dépourvues de stipules. Les fleurs sont polygames, portées sur des pédoncules supra-axillaires, rameux et disposés en panicules. Cet Arbre croît dans les Andes du Pérou entre Loxa et Tomependa où les habitans le nomment *Urita Micunam*, qui signifie nourriture ou manger des Perroquets. (G..N.)

* SACCHARIN. MIN. *V.* OXALIQUE à l'article ACIDE.

* SACCHARINE. BOT. CRYPT. (*Hydrophytes.*) Espèce du genre Laminaire. *V.* ce mot. (B.)

* SACCHARINÉES. BOT. PHAN. *V.* GRAMINÉES.

* SACCHARIVORA. OIS. (Brisson.) Syn. de Sucrier. *V.* ce mot. (B.)

SACCHAROPHORUM. BOT. PHAN. (Necker.) Syn. de *Lagurus cylindricus*, L. (B.)

SACCHARUM. BOT. PHAN. Vulgairement Canamèle ou Canne à sucre. Genre de la famille des Graminées et de la Triandrie Digynie, L., autrefois confondu avec les *Arundo*, mais adopté par tous les botanistes modernes, et ainsi caractérisé par Brown (*Prodr. Fl. Nov.-Holl.*, p. 205): toutes les fleurs sont hermaphrodites, disposées en épis fasciculés ou paniculés, à deux fleurs dans chaque articulation, l'une des deux pédicellée. La lépicène (glume des auteurs) est biflore, à deux valves presque égales, très-velues à la base, renfermant les deux petites fleurs. La fleur intérieure est hermaphrodite, bivalve, hyaline, ayant sa valve extérieure mutique ou aristée, l'intérieure très-petite ou à peine visible; elle a deux écailles hypogynes; ordinairement trois étamines; deux styles surmontés de stigmates plumeux. La fleur extérieure est neutre, univalve et mutique. Ces caractères génériques ne s'accordent pas avec ceux qui sont généralement adoptés par les auteurs. La fleur extérieure que R. Brown signale comme neutre, offre évidemment un caractère contradictoire à celui de *fleurs toutes hermaphrodites* qu'il attribue au genre *Saccharum*, et qu'il répète ensuite dans une note comme formant une distinction entre ce genre et l'*Andropogon*. L'auteur du *Prodromus Floræ Novæ-Hollandiæ* ajoute que dans le *Saccharum officinarum*, L., le périanthe est à trois valves dont l'intérieure est filiforme, et l'intermédiaire extrêmement petite, quoique tous les auteurs aient décrit ce périanthe comme univalve. Il n'admet pas la séparation de l'*Erianthus* de Michaux qui pourtant a été adopté par Palisot-Beauvois et les autres agrostographes. Il regarde au contraire comme un genre bien distinct, l'*Imperata* de Cyrillo qui est fondé sur le *Saccharum cylindricum*, Lamk. *V.* IMPERATA. D'autres genres ont encore été formés aux dépens des *Saccharum*; tels sont les genres *Perotis*, *Pogonatherum* et *Monachne*. *V.* ces mots. Au moyen de ces retranchemens, le genre *Saccharum* se réduit à un petit nombre d'espèces qui croissent dans les régions chaudes du globe, et dont la principale mérite que nous lui consacrions quelques lignes.

La CANAMÈLE OFFICINALE, *Saccharum officinarum*, L., Tussac, Fl. des Antilles, 1, p. 151, tab. 23; Rumph., *Herb. Amboin.*, 5, tab. 74, fig. 1; Sloane, *Hist. jamaic.*, v. 1, tab. 66, vulgairement nommée Canne à sucre, est une Plante cultivée en grand dans l'Inde-Orientale, et dans toutes les colonies de l'Amérique. De sa racine qui est genouillée, fibreuse, pleine de suc, s'élèvent plusieurs tiges hautes de huit à douze pieds, articulées, luisantes, dont le diamètre est d'un pouce à un pouce et demi, à nœuds écartés les uns des autres d'environ trois pouces, remplies d'une moelle succulente et blanchâtre. Ses feuilles sont engaînantes à la base, longues d'environ trois à quatre pieds, larges d'un pouce ou à peu près, planes, pointues à l'extrémité, striées longitudinalement, munies d'une nervure médiane blanche et longitudinale, glabres, rudes sur les bords, et d'une couleur verte un peu jaunâtre. La tige ne fleurit pas constamment, et cette floraison ne s'effectue que lorsque la Plante a environ un an; elle pousse alors un jet lisse, sans nœud, fort long, désigné dans les colonies françaises sous le nom de Flèche. Ce jet soutient une belle panicule argentée, très-ramifiée, composée d'un très-grand nombre de petites fleurs soyeuses et blanchâtres. C'est de cette Plante qu'on extrait, par expression, un suc extrêmement doux qui, rapproché en consistance convenable, fournit le sucre, cette substance cristalline, d'un goût si agréable, et dont les usages sont tellement nombreux, qu'elle est devenue une matière presque de première nécessité pour les Européens. V. l'article Sucre.

Une variété de la Canne à sucre, qui est originaire de Taïti, a été introduite, dans les Antilles d'abord, par le navigateur français Bougainville, et ensuite par l'Anglais Bligh. Elle se distingue de la Canne à sucre officinale par sa taille beaucoup plus grande, ses entre-nœuds plus longs, les poils qui entourent l'épillet plus longs que celui-ci, et par d'autres caractères de la fleur. Cette variété offre, entre autres avantages sur l'espèce commune, celui de fournir une plus grande quantité de sucre, d'être beaucoup plus robuste, et de ne pas être aussi sensible au froid. Conséquemment, il y aurait possibilité de la voir prospérer dans certains climats plus en dehors des Tropiques que ceux où on cultive la Canne à sucre vulgaire, par exemple dans les localités chaudes du bassin de la Méditerranée.

La Canne a sucre violette, *Saccharum violaceum*, Tussac, Flor. Antill., 1, p. 160, tab. 25, est cultivée dans les Indes-Orientales et Occidentales sous le nom de *Canne de Batavia*. Outre sa couleur, elle diffère du *Saccharum officinarum* par ses nœuds plus rapprochés, ses épillets plus petits, les valves de ses lépicènes plus ciliées, ses poils plus longs, etc. Elle fournit une moindre quantité de sucre, et on ne la cultive que pour obtenir du Rhum par la fermentation de son suc.   (G..N.)

*SACCHOLACTATES. chim. org. Sels résultant de la combinaison de l'acide saccholactique avec les bases. Cet acide, ne s'obtenant pas uniquement du sucre de lait, mais encore de la plupart des substances ou gommes traitées par l'acide nitrique, a reçu le nouveau nom d'acide mucique ou muqueux. Conséquemment, les sels qu'il forme ont été nommés Mucates ou Mucites. Ces sels sont peu connus, et aucun d'eux n'offre d'intérêt sous des rapports d'utilité.
                (G..N.)

* SACCOCHILUS. bot. phan. Dans la Flore de Java, dont la première livraison vient de paraître, Blume a proposé ce nom en remplacement de celui de *Saccolabium* qu'il avait proposé (*Bijdr. Flor. ned. Ind.*, p. 292) pour un genre d'Orchidées dont voici les caractères: périanthe dont les cinq pétales sont étalés, les latéraux extérieurs un peu plus larges. Labelle uni à l'onglet du gynostême et prolongé inférieurement en une sorte de sac, son limbe renflé et tronqué. Gynostême atténué en bec au sommet. Anthère terminale, semi-biloculaire. Masses polliniques au nombre de deux, presque globuleuses, attachées à une membrane élastique, et fixées, au moyen d'un

pédicelle, à la glande du petit bec du gynostême.

Blume n'indique dans ce genre qu'une seule espèce nommée d'abord *Saccolabium pusillum*, et maintenant *Saccochilus pusillus*. C'est une très-petite Herbe parasite, à tiges simples, à feuilles linéaires, roides et distiques. Ses fleurs sont axillaires, solitaires et portées sur de courts pédicelles. Cette Orchidée croît dans les forêts de la haute montagne de Gède à Java.　　　　　　　(G..N.)

* SACCOLABIUM. BOT. PHAN. *V*. SACCOCHILUS.

*SACCOLOMA. BOT. CRYPT. (*Fougères.*) Genre très-voisin des *Davallia* et des *Dicksonia*, établi par Kaulfuss qui le distingue par les caractères suivans : groupes de capsules punctiformes, presque marginaux, contigus; tégumens superficiels en forme de capuchon, s'ouvrant antérieurement. Il a pour type une Plante du Brésil désignée sous le nom de *Saccoloma elegans*. C'est une belle Fougère à frondes grandes, simplement pinnées, dont les pinnules sont lancéolées, acuminées, dentées sur les bords.　　(AD. B.)

* SACCOMYS. MAM. Ce genre a été fondé par Frédéric Cuvier pour recevoir un petit Animal de l'Amérique septentrionale, de la grosseur du Loir, et qui se distinguait des autres Rongeurs connus par des abajoues extérieures. La formule dentaire qu'il lui accorde est d'avoir quatre incisives aux deux mâchoires et seize molaires. La première molaire a une large échancrure anguleuse au côté interne, et au milieu de cette échancrure, on voit une portion circulaire qui tient par l'émail. Mais ce genre Saccomys nous paraît correspondre au genre Pseudostome de Say, caractérisé de la manière suivante : des dents mâchelières sans racines distinctes de la couronne; tous les pieds pentadactyles, armés d'ongles analogues à ceux des Taupes; des abajoues extérieures et non intérieu-

res. Enfin, indubitablement le Saccomys est le type du genre Diplostome de Rafinesque, le *Saccophorus* de Kuhl, et pour surcroît de synonymie le nouveau genre *Ascomys* de Lichtenstein. On ne connaît qu'une seule espèce que Fr. Cuvier a nommée : SACCOMYS ANTHOPHILE, *Saccomys anthophilus*, parce que les abajoues d'un individu observé étaient remplies de fleurs de *Securidaca*.

Le Saccomys est de la taille d'une Souris; sa queue est longue et nue; ses pieds sont tous pentadactyles, et son pelage est d'un fauve uniforme. Des États-Unis. Mais on doit ajouter aux synonymes de ce petit Animal, les noms de *Pseudostoma bursarius*, Say ; le *Mus bursarius*, Shaw ; le *Cricetus bursarius*, Desmarest; le *Mus saccatus*, Mitchill; le *Saccophorus bursarius*, Kuhl ; le *Diplostoma fusca*, Rafinesque; l'*Ascomys canadensis*, Lichtenstein. Ce Rongeur du Canada vit probablement sous terre, de fruits et de racines, dans des terriers qu'il se creuse. On le trouve sur les bords du lac Supérieur.　　　　(LESS.)

* SACCOPHORA. MOLL. Tel est le nom que Gray, dans sa Classification naturelle des Mollusques, propose de donner à une classe d'Animaux que Lamarck nomme Tuniciers, et Cuvier Acéphalés nus. Nous ne croyons pas que ce changement soit adopté non plus que les trois divisions qu'il établit dans cette classe sous les noms d'*Holobranchia*, *Tonobranchia* et *Phyllobranchia*. *V*. ces mots, le premier et le dernier au Supplément, ainsi qu'ACÉPHALÉS NUS et TUNICIERS.　　　　　　(D..H.)

SACCOPHORE. *Saccophorus*. BOT. CRYPT. (*Mousses.*) Nom donné par Palisot de Beauvois au genre connu depuis long-temps sous le nom de *Buxbaumia*. *V*. BUXBAUMIE. (AD. B.)

SACCOPTERYX. MAM. Genre proposé par Illiger, dont le type serait le *Vespertilio lepturus* de Schreber, rapporté par tous les auteurs modernes au genre Taphien de Geoffroy Saint-Hilaire. *V.* TAPHIEN au mot VESPERTILION.   (IS. G. ST.-H.)

SACCULINE. *Sacculina.* POLYP. Syn. de Tibiane. *V.* ce mot.   (B.)

* SACCUS. MOLL. Quelques Turbos et des Paludines composent les élémens de ce genre proposé par Klein (Ostrac. Méthod., p. 4⒉), mais non adopté.   (D..B.)

SACELLE ET SACELLIE. BOT. PHAN. Pour *Saccellium. V.* ce mot.   (G..N.)

* SACELLIFORME (RADICULE). BOT. PHAN. Mirbel désigne sous ce nom la radicule de certaines Plantes (*Nymphæa, Saururus,* etc.), qui forme une poche dans laquelle est contenu l'embryon.   (G..N.)

* SACHONDRE. *Sachondrus.* ACAL. Genre d'Acalèphes libres ayant pour caractères : corps déprimé, libre, cartilagineux ; un test cartilagineux sous le dos ; bouche sans tentacules, mais entourée par un rebord étoilé ; anus terminal. On ne connait autre chose sur ce genre établi par Rafinesque (Journ. de Phys., 1819, T. LXXXIX, p. 153) qui le rapporte aux Polypiers, que la caractéristique très-laconique que nous venons de citer. Autant qu'il est permis de juger sur des notions si peu détaillées, ce genre doit être rapporté aux Acalèphes libres, dans le voisinage des Porpites et des Vélelles dont le cartilage interne le rapproche, mais qui s'en distingue par l'absence des tentacules. Rafinesque ne cite qu'une seule espèce qu'il nomme *S. variolosus* et dont il n'indique point la localité.   (E. D..L.)

* SACIDIUM. BOT. CRYPT. (*Lycoperdacées.*) Genre établi par Nées d'Esenbeck, et qui ne renferme qu'une seule espèce qui croît sur la surface supérieure des feuilles du *Chenopodium viride.* Ce sont de petits tubercules noirs, épars, sans base commune, hémisphériques, présentant sous un épiderme plissé des sporidies nombreuses, ovales, trans-

parentes. Ce genre semble se rapprocher du *Coccopleum* d'Ehrenberg, et des Sclérotiées, dont il diffère par la disposition des sporules.   (AD. B.)

SACODIOS OU SACONDIOS. MIN. (Pline.) Variété d'Améthiste.   (B.)

* SACOGLOTTIS. BOT. PHAN. Un genre nouveau de la Monadelphie Décandrie, L., a été publié sous ce nom par Martius (*Nova Gener. et Spec. Plant. Brasil.,* ⒉, p. 146), qui l'a rapproché du genre *Humirium* de Richard. Voici ses caractères essentiels : calice quinquéfide, en forme de capsule ; corolle à cinq pétales ouverts et même réfléchis en dehors ; dix étamines dont les filets sont réunis en urcéole par la base ; les anthères à loges séparées par un connectif en languette ; ovaire quinquéloculaire, entouré par l'urcéole des filets staminaux, renfermant des graines solitaires et pendantes dans chaque loge ; style de la longueur des étamines, terminé par un stigmate en tête, déprimé, presque lobé. Le fruit mûr n'est pas connu, mais il paraît drupacé. Ce genre ne renferme qu'une seule espèce à laquelle l'auteur donne le nom de *Sacoglottis amazonica.* C'est un Arbre haut d'une trentaine de pieds, dont le bois est rougeâtre, recouvert d'une écorce cendrée ; les branches nombreuses, pendantes, divisées en un grand nombre de ramuscules glabres, ainsi que toute la Plante, garnies de feuilles alternes, oblongues, longuement acuminées, dilatées en pétioles à la base, crénelées et ondulées sur leurs bords, vertes et luisantes en dessus, plus pâles en dessous où elles sont marquées de nervures et de veines saillantes. Les fleurs forment des corymbes courts dans les aisselles des feuilles. Cet Arbre croît dans les forêts le long du fleuve des Amazones, où il fleurit en août et septembre.   (G..N.)

* SACONITE. FOSS. Sous ce nom, le professeur Rafinesque a établi un genre (Journ. de phys. T. LXXXVIII,

p. 428) pour recevoir des corps fossiles qu'il croyait très-voisins des Mollusques ascidiens, mais qui paraissent être simplement l'axe d'un Polypier multipore.

La SACONITE GRANULAIRE, *Saconites granularis*, seule espèce adoptée dans ce genre, est oblongue, obtuse, sans forme arrêtée, granuleuse à sa surface, et se trouve engagée dans un grès calcaire et friable du Kentucky. (LESS.)

* SACOPODIUM. BOT. PHAN. Syn. de *Sagapenum*. *V.* ce mot. (B.)

SACRE. OIS. Syn. de Gerfaut. Espèce du genre Faucon. *V.* ce mot. (B.)

* SACRÉ. OIS. et INS. Espèces des genres Héron et Ateuche. *V.* ces mots. (B.)

* SACRESTIN. POIS. L'une des espèces du genre Caranxomore de Lacépède, qui n'a pas été adopté. (B.)

SACRET. OIS. Le mâle du Sacre. *V.* ce mot. (B.)

SADAR. BOT. PHAN. Même chose qu'Alsadar. *V.* ce mot. (B.)

* SADE. MIN. (Saussure.) *V.* EUPHOTIDE.

* SADLERIA. BOT. CRYPT. (*Fougères.*) Kaulfuss a établi ce genre d'après une espèce nouvelle de Fougères rapportée des îles Sandwich par Chamisso; par ses caractères il est intermédiaire entre les *Blechnum* et les *Woodwardia*, dont il ne diffère peut-être pas suffisamment. Kaulfuss le caractérise ainsi : groupes de capsules oblongs, disposés en une seule ligne presque continue, le long de la nervure moyenne; tégumens coriaces, superficiels, presque continus, libres intérieurement, se réfléchissant ensuite en dehors. La nature coriace du tégument est le seul caractère énoncé qui distingue ce genre des *Woodwardia;* le port paraît assez différent, car la seule espèce connue, *Sadleria cyathoides*, a des frondes bipinnées, à pinnules oblongues, coriaces comme dans les *Cyathea*, recour-

bées sur leur bord; la base du pétiole est recouverte de longues écailles sétacées. (AD. B.)

SADOT. MOLL. Nom donné par Adanson (Voy. au Sénég., pl. 7, fig. 4) à une Coquille du genre Pourpre, *Purpurea lapillus*, Lamk. *V.* POURPRE. (D..H.)

SADSCHA. OIS. *V.* HÉTÉROCLITE.

SÆLANTHUS. BOT. PHAN. Les Plantes décrites sous ce nom générique par Forskahl sont des espèces de *Cissus*. *V.* ce mot. (G..N.)

SAFFALON. MOLL. Nom de pays de la Chicorée, espèce du genre *Murex*. *V.* ROCHER. (B.)

* SAFGA. POIS. Espèce de Perche du sous-genre Centropome. *V.* PERCHE. (B.)

* SAFOU. BOT. PHAN. Arbre des bords du Zaïre encore indéterminé, dont le fruit passe pour soit bon à manger. Il appartient à l'Hexandrie Monogynie, L.; son calice a trois divisions, et ses pétales sont au nombre de trois. C'est peut-être une Anonée. (B.)

SAFRAN. *Crocus.* BOT. PHAN. Genre très-remarquable de la famille des Iridées, et de la Triandrie Monogynie, L., offrant les caractères essentiels suivans : spathe membraneuse, tantôt simple, tantôt double; périanthe pétaloïde, ayant un tube grêle, à peu près du double plus long que le limbe qui est à six segmens presque égaux, dressés, les trois antérieurs portant à leur base trois étamines dont les filets sont subulés, insérés sur le tube de la corolle, plus courts que le limbe et terminés par des anthères sagittées. Ovaire infère, arrondi, surmonté d'un style simple inférieurement, et divisé au sommet en trois branches stigmatiques épaisses, roulées en cornets, et souvent crénelées ou dentées en crête. Capsule petite, globuleuse, trigone et à trois loges contenant plusieurs graines arrondies.

Le nombre des espèces de Safrans n'est pas très-considérable, car on le porte seulement à environ une vingtaine; mais ces espèces sont mal connues, et leur synonymie est fort embrouillée. Depuis plus de dix ans, J. Gay, botaniste de Paris, s'occupe d'une Monographie de ce genre, que ceux qui connaissent l'exactitude de cet observateur attendent avec importance. Nous savons qu'il ne s'est pas contenté d'étudier les Safrans dans les herbiers, mais qu'il en cultive la plupart des espèces, et par milliers d'individus, dans le beau jardin du Luxembourg; de sorte que personne n'aura mieux observé les différences réelles de ces espèces. Il a fait paraître dans le Bulletin des Sciences naturelles de Férussac, juillet 1823, pag. 346, une Notice intéressante sur quelques espèces publiées par Tenore, Bertoloni et autres botanistes italiens, mais c'est tout ce que la science lui doit en ce moment sur son genre de prédilection.

La majeure partie des espèces de Safran a pour patrie les contrées montueuses de l'Europe orientale et de l'Asie-Mineure; quelques-unes croissent sur le sommet des hautes montagnes de l'Europe centrale; tel est, entre autres, le *Crocus vernus* que l'on trouve en abondance près des neiges, dans les Alpes, les Pyrénées, le Jura, etc., et qui forme, à ces neiges, d'élégantes bordures à mesure qu'elles fondent par la chaleur de l'été. Ce sont en général de petites Plantes printanières ou automnales, à racines bulbeuses, à feuilles linéaires subulées, et à fleurs portées sur des hampes courtes et radicales. Les bulbes, dans quelques espèces, sont composés de tuniques elles-mêmes formées de fibres entrecroisées et réticulées. D'autres espèces, au contraire, ont les bulbes formés de tuniques lisses et sans nervures. Les feuilles naissent tantôt avant, tantôt après les fleurs; elles sont tantôt dressées verticalement, tantôt courbées vers la terre, ce qui fournit de bons caractères pour distinguer certaines espèces entre elles.

Les fleurs offrent des couleurs variées, non-seulement dans la même espèce, mais encore sur les mêmes individus, car on observe beaucoup de ceux-ci qui sont versicolores; mais les couleurs les plus ordinaires sont le jaune, le blanc, le purpurin et le violet. La gorge du périanthe est souvent munie de poils plus ou moins longs et plus ou moins nombreux qui servent encore à caractériser les espèces. Parmi celles-ci, nous ne citerons que le Safran cultivé, non-seulement parce qu'il doit être considéré comme type du genre, mais encore à cause de l'intérêt qu'il inspire par son emploi dans les arts et la médecine.

Le SAFRAN CULTIVÉ, *Crocus sativus*, L., var. *officinalis*; Lamk., Illustr., tab. 30, fig. 1, a un bulbe arrondi, déprimé, charnu, et blanc dans son intérieur, recouvert extérieurement de tuniques sèches et brunes. Les feuilles naissent en septembre et octobre, un peu après l'apparition des fleurs; elles sont dressées, linéaires, sans nervures, repliées et légèrement ciliées sur les bords. Les fleurs, au nombre d'une à trois, sortent du milieu des feuilles; elles sont grandes, d'un violet clair, marquées de veines rouges, entourées d'une spathe double, et ayant l'entrée du périanthe garni de poils épais. Le style est divisé supérieurement en trois stigmates très-longs, un peu roulés et crénelés au sommet, d'une belle couleur jaune foncée. Comme pour la plupart des Plantes cultivées, on ignorait la patrie positive du Safran; on disait vaguement qu'il était originaire de l'Orient. Il fut indiqué pour la première fois par Smith (*Prodr. Floræ græcæ*) comme croissant spontanément dans les basses montagnes de l'Attique; et il a été récemment découvert par Bertoloni, aux environs d'Ascoli, dans la Marche d'Ancône. On le cultive en grand dans plusieurs provinces de la France, et principalement dans le ci-devant Gatinais. Ses stigmates triés et desséchés avec soin forment la substance connue dans le commerce sous le nom de *Safran du Gatinais*, dont la couleur est d'un jaune rougeâtre, l'odeur particulière forte et pourtant assez agréable, la saveur amère et piquante. Le principe colorant du Safran a été nommé *Polychroïte* par Vogel, et a été obtenu à l'état de pureté par Henry, chef de la pharmacie centrale des hôpitaux de Paris ; il est remarquable par la propriété qu'offre sa solution aqueuse de prendre différentes nuances de vert, de bleu et de violet, lorsqu'on la traite par les acides nitrique et sulfurique. Le Safran est un médicament stimulant et antispasmodique, mais il convient de ne l'employer qu'à très-petite dose surtout si l'on se propose seulement d'exciter les différentes fonctions, par exemple, le flux menstruel. A la dose de deux scrupules à un gros, en infusion, il détermine les accidens de l'ivresse, le délire, une congestion cérébrale plus ou moins forte, etc. On le fait entrer dans plusieurs préparations pharmaceutiques, le Laudanum de Sydenham, l'Elixir de Garus, etc. Appliqué à l'extérieur, il passe pour résolutif et calmant. Ses usages économiques se bornent à fournir une teinture jaune peu solide, et à servir d'assaisonnement pour certains alimens. Ainsi en Italie, en Espagne et dans le Midi de la France, on en met dans les soupes et dans les ragoûts. C'est avec le Safran qu'on colore le vermicelle et autres pâtes de farine, des gâteaux, des liqueurs de table, etc. On falsifie souvent le Safran avec les fleurs du *Carthamus tinctorius*, nommé par cette raison *Safranum* dans les anciens livres de matière médicale ; mais cette supercherie est facile à reconnaître, en mettant infuser dans l'eau le Safran suspect. Les fleurons du Carthame, tubuleux, réguliers, renflés brusquement au sommet, et offrant un limbe à plusieurs segmens égaux, se distinguent aisément des stigmates du Safran dont nous avons décrit la forme dans cet article.

Pour établir une safranière, on choisit un terrain léger, un peu sablonneux et noirâtre. On le fume convenablement, et on l'ameublit par trois labours faits successivement pendant l'hiver. Vers la fin de mai, on plante les bulbes de Safran à trois pouces de distance les uns des autres et à six pouces de profondeur. De six semaines en six semaines, on bine et on sarcle la safranière, pour la purger des mauvaises herbes. Le dernier sarclage se fait peu de temps avant l'apparition des fleurs ; il est avantageux, pour la récolte, que des pluies tombent à cette époque, et qu'il fasse chaud et sec pendant la floraison. Comme les fleurs se succèdent pendant trois semaines à un mois, on va tous les jours les cueillir ; on les rapporte à la maison, où des femmes et des enfans en séparent les stigmates que l'on met sécher sur des tamis de crin suspendus au-dessus d'un feu doux, en ayant soin de les remuer presque continuellement, jusqu'à parfaite dessiccation. Cinq livres de stigmates frais se réduisent, par cette opération, à environ une livre. On met alors le Safran dans des sacs de papier, que l'on renferme dans des boîtes, et on le livre au commerce.

Les safranières sont sujettes à être attaquées par un fléau qui est aux Safrans ce que la peste est aux Animaux. On nomme *Fausset*, *Tacon* et *Mort du Safran*, les accidens qui surviennent d'abord au bulbe, puis à la Plante entière, et fait périr par vraie contagion tous les individus qui sont à proximité. Le Fausset est une sorte de production napiforme qui arrête la végétation du jeune bulbe ; le Tacon est la carie du corps même du bulbe sans attaquer les enveloppes ; enfin ce que l'on nomme Mort du Safran est un phénomène qui commence d'abord par les enveloppes qu'il rend violettes et hérissées de filamens, et qui pénètre ensuite dans l'intérieur du bulbe. Les effets de la Mort du Safran s'annoncent par des espaces circulaires couverts de Plantes malades, qui s'agrandissent insensiblement, et finissent par faire périr toute la safranière. Ils peuvent être occasionés par la seule communication d'un individu atteint de la maladie; il suffit même d'une pellée de terre infectée jetée sur un champ dont les Plantes sont saines, pour lui communiquer la contagion. On ne connaît pas de moyen plus efficace contre ce fléau que d'établir une sorte de cordon sanitaire autour des endroits infectés, c'est-à-dire d'ouvrir des tranchées profondes d'un pied, et de rejeter la terre sur celle où les Safrans sont morts. Duhamel fut le premier qui reconnut la vraie cause de la mort du Safran; il prouva qu'elle était occasionée par un Champignon souterrain et parasite qu'il assimila aux Truffes, et qu'il crut être le même que celui qui s'attache aux racines d'Hièble, d'Ononis et d'autres Plantes. C'est le *Tuber parasiticum* de Bulliard, *Sclerotium Crocorum* de Persoon. De Candolle en a formé un genre distinct sous le nom de *Rhizoctonia. V.* ce mot.   (G..N.)

On a, dans les Indes, étendu le nom de SAFRAN à plusieurs substances colorantes qu'on emploie dans la teinture ou bien dans l'office. C'est particulièrement le *Curcuma* et le *Terra-Merita* qui portent ce nom dans nos colonies où on les emploie pour colorer la sauce appelée *caris*, et lui donner un haut goût. Les restaurateurs et les cuisiniers de Paris, remplaçant en général, dans le même mets, ces faux Safrans de l'Inde par le Safran gatinais, le dénaturent et en font un plat très-médiocre; aussi le caris n'est pas toujours apprécié ce qu'il vaut quand il est fait avec les amonées convenables. Le Balisier est souvent appelé SAFRAN MARRON dans les Antilles à cause de la ressemblance de son feuillage avec celui des Plantes que les Créoles cultivent sous le nom impropre de Safran. Le Colchique d'automne a aussi été nommé quelquefois SAFRAN BATARD.   (B.)

SAFRAN DE MARS NATIF. MIN.
Les anciens minéralogistes donnaient ce nom au péroxide de Fer rouge terreux, appelé aussi Ocre martial. *V.* FER OXIDÉ.   (G. DEL.)

SAFRANUM. BOT. PHAN. On donne quelquefois ce nom aux fleurs de Carthame préparées pour la teinture.   (B.)

SAFRE. CHIM. INORG. On donne ce nom dans le commerce à un oxide de Cobalt impur, que l'on obtient par le grillage de la mine de Cobalt, et qui mêlé avec une quantité suffisante de Silice, et fondu avec le sous-carbonate de Potasse, donne un verre bleu que l'on broie ensuite pour le convertir en Smalt.   (G. DEL.)

SAFSAF. BOT. PHAN. Syn. arabe de Saule pleureur, *Salix babylonica*, selon Forskahl et selon Delile, de *Salix subserrata*, autre espèce du même genre. *V.* SAULE.   (B.)

SAGAPENUM. BOT. PHAN. Suc gommo-résineux d'une Ombellifère encore peu connue, que Willdenow croit être le *Ferula persica*, c'est-à-dire la même Plante à laquelle Olivier attribuait la Gomme ammoniaque, et le docteur Hope l'*Assa fœtida*. Pline, Dioscoride, et les auteurs de l'antiquité, ont fait mention de cette drogue qu'ils disaient venir de la Médie. Le Sagapenum que le commerce nous apporte encore aujourd'hui des contrées orientales, est en masses amorphes, composées de fragmens mous et adhérens, demi-transparens, rouges, jaunes extérieurement, d'un jaune pâle intérieurement, brunissant à l'air, d'une consistance cireuse et cassante, mêlés d'impuretés et de petits fruits plus ou moins brisés, mais que l'on reconnaît aisément pour des akènes d'Ombellifères. L'odeur de cette Gomme-Résine est alliacée, plus forte que celle du *Galbanum*, mais moins que celle de l'*Assa fœtida*, dont elle se rapproche également par la saveur et les autres propriétés Le Sagapenum s'amollit sous les doigts et devient tenace; il brûle en répandant une flamme blanche et beaucoup de fumée; le résidu est un charbon léger et spongieux. Il fournit par la distillation une petite quantité d'huile volatile; l'alcohol pur en dissout une grande partie. Analysé par Pelletier (Bulletin de Pharmacie, 1811), il a fourni les principes immédiats suivans : Résine, 54,26; Gomme, 31,94; Malate acide de Chaux, 0,40; matière particulière, 0,60; Bassorine, 1,0; Huile volatile et perte, 11,80 : total, 100. Cette Gomme-Résine était désignée dans les vieux écrits de matière médicale sous le nom de *Gomme-Séraphique;* elle entrait dans les préparations monstrueuses de l'ancienne pharmacie, et encore aujourd'hui quelques médecins de la vieille roche l'administrent comme médicament fondant et pour diminuer l'épaississement des humeurs. Nous ne croyons le Sagapenum utile que comme médicament externe, et à ce titre il figure parmi les ingrédiens de l'emplâtre Diachylon gommé.   . (G..N.)

SAGEDIA. bot. crypt. (*Lichens.*) Ce genre, établi par Acharius et adopté par Fries, qui confirme les caractères indiqués par Acharius, se rapproche du *Porina* et de l'*Endocarpon*, et fait partie, dans la Méthode de Fries, de la tribu des Endocarpées. Cet auteur le caractérise ainsi d'après ses organes reproducteurs : noyau lenticulaire, de consistance de cire, plongé dans le thallus lui-même, sans enveloppe propre ou périthécium, communiquant au-dehors par une ouverture pratiquée dans les verrues que ce noyau produit à la surface du thallus; sporidies disposées en séries; il diffère surtout du *Porina* par ses tubercules et ses noyaux lenticulaires, déprimés. Le thallus forme une croûte adhérente. Ces Plantes croissent dans les lieux humides, sur les rochers. Les espèces décrites par Acharius sont peu connues; on a souvent confondu avec elles des variétés monstrueuses de *Lecidea*, ce qui a fait

rejeter ce genre par beaucoup de botanistes.   (AD. B.)

SAGENARIA. bot. foss. Nom que nous avons donné aux tiges fossiles des Plantes de la famille des Fougères. *V.* Végétaux fossiles. (AD. B.)

SAGÉNITE. min. Nom donné par De Saussure à la variété réticulée du Titane oxidé rouge. *V.* Titane.
            (G. DEL.)

* SAGERETIA. bot. phan. Genre de la famille des Rhamnées et de la Pentandrie Monogynie, L., récemment établi par Adolphe Brongniart (Mém. sur les Rhamnées, p. 52, pl. 2, fig. 2), qui l'a ainsi caractérisé : calice dont le tube est urcéolé, hémisphérique, le limbe à cinq découpures aiguës et dressées; corolle à cinq pétales dressés, obovés, onguiculés, roulés en dedans ou en forme de capuchon; étamines à anthères ovales, biloculaires, s'ouvrant par une fente longitudinale; disque en forme de cupule, épais, couvrant le calice, entourant étroitement l'ovaire sans y adhérer; ovaire ovoïde, triloculaire, surmonté d'un style très-court, épais, et d'un stigmate trilobé. Le fruit n'est pas connu. Ce genre est indiqué par son auteur comme douteux, à cause de l'ignorance où l'on est sur la structure de son fruit; il a été formé sur quelques *Rhamnus* et *Zizyphus* décrits par les auteurs, et particulièrement sur les espèces suivantes, savoir : *Rhamnus Theezans,* Vahl; *Rh. elegans, Guayaquilensis, senticosa,* Kunth; *Zizyphus oppositifolius,* Wallich, etc. Ce sont des Arbrisseaux à rameaux grêles, en baguettes, les plus petits ordinairement spinescens, à feuilles presque opposées, brièvement pétiolées, lancéolées ou oblongues, dentées en scie et penninerves. Les fleurs sont petites, disposées en épis simples ou composés, interrompus, axillaires ou terminaux. Les huit espèces énumérées par Adolphe Brongniart croissent dans l'Amérique équinoxiale et tempérée, principalement dans les contrées occidentales; quel-

ques-unes se trouvent dans les Indes-Orientales. (G..N.)

* SAGETTE. bot. phan. L'un des noms vulgaires du *Sagittaria sagittifolia*, L. *V*. Sagittaire. (B.)

SAGINE. *Sagina.* bot. phan. Ce genre, de la famille des Caryophyllées, et placé dans la Tétrandrie Tétragynie, L., offre les caractères suivans : calice divisé profondément en quatre ou cinq segmens ovales, concaves, très-ouverts et persistans. Corolle à quatre ou cinq pétales ouverts, plus courts que le calice ; quelquefois n'existant pas ; quatre ou cinq étamines ; ovaire presque globuleux, surmonté de quatre ou cinq styles subulés, recourbés, pubescens, terminés par des stigmates simples ; capsule ovale, enveloppée par le calice, à une seule loge, à quatre ou cinq valves renfermant un grand nombre de graines attachées à un placenta central. Ce genre fait partie de la tribu des Alsinées de De Candolle ; il se rapproche beaucoup par le port et les caractères des genres *Spergula*, *Mœhringia*, *Buffonia* et *Arenaria*, et les seules différences qu'il y a entre ces genres consistent dans le nombre des styles, des enveloppes florales et des graines. Ehrart en a séparé à bon droit le *Sagina erecta*, L., dont il a fait son genre *Mœnchia*. *V*. ce mot. Les Sagines sont de petites Herbes rampantes, d'un aspect peu agréable, croissant entre les pierres et dans les fentes des rochers humides. On n'en connaît qu'un petit nombre d'espèces qui pour la plupart croissent en Europe, et parmi lesquelles on distingue les *Sagina procumbens* et *apetala*, L., dont les fleurs sont ordinairement privées de pétales. On les trouve fréquemment sur les murs humides et entre les pavés, jusque dans l'intérieur des villes. Plus d'un botaniste les a foulées aux pieds sans s'en apercevoir en traversant la place du Carrousel ou la cour des Tuileries. Le *Sagina virginica*, L., appartient

au genre *Centaurella* de Michaux. *V* ce mot. (G..N.)

SAGISER. ois. (Gesner.) Syn. ancien de Courlis vert. *V*. Ibis. (DR..Z.)

SAGITTA. moll. L'un des syn. anciens de Bélemnite. *V*. ce mot. (B.)

SAGITTA. bot. phan. (Pline.) Syn. de *Sagittaria*. *V*. Fléchière. (B.)

SAGITTAIRE. ois. (Vosmaër.) L'un des synonymes du Messager. *V*. ce mot. (DR..Z.)

SAGITTAIRE. bot. phan. *V*. Fléchière.

* SAGITTELLE. *Sagittella*. moll. Genre encore incertain que Blainville a mentionné dans son Traité de Malacologie, et sur lequel il a donné de nouveaux renseignemens dans le Dictionnaire des Sciences naturelles. C'est à Lesueur que l'on en doit la découverte dans les mers de l'Amérique ; il l'a observé autant que sa transparence et sa petitesse le lui ont permis. Cette transparence est telle, qu'il serait impossible de faire la moindre observation. Lesueur a été obligé de mettre un morceau de serge bleue dans le vase où il les avait recueillies pour les examiner. Malgré cette attention, il n'a pu découvrir ni la place des organes de la respiration, ni ceux de la génération ; cependant, d'après le rapport des autres organes, Blainville pense que ceux-ci doivent être placés comme dans les Firoles. Alors il ne voit plus la nécessité d'un genre qui a tant d'analogie avec les Firoles ; il a été conduit par ces motifs à en faire une petite section de ce genre dans son Traité de Malacologie. Il nous semble que dans l'état actuel des observations sur ce genre, on ne pouvait mieux le placer, en attendant des éclaircissemens nécessaires. (D..H.)

SAGITTULE. *Sagittula*. intest. Prétendu genre trouvé dans l'Homme, que, sur l'autorité du docteur Bastiani, Lamarck avait adopté et rangé dans la troisième section de ses Vers, les Hétéromorphes. Il est hors de doute que ce nouveau parasite de l'Homme n'est autre chose que l'appareil hyo-laryngien d'un Oiseau, avalé, non digéré, et qui fut rendu par les selles après quelques accidens occasionés sans doute par une indigestion. Il est figuré dans la planche première de l'appendice de l'atlas annexé à la traduction française du Traité des Vers intestinaux de l'Homme du docteur Bremser, par Grundler et Blainville qui s'y sont laissés prendre.   (E. D..L.)

*SAGITTILINGUES. ois. (Illiger.) Nom donné à une petite famille d'Oiseaux qui renferme les Pies et les Loriots.   (DR..Z.)

SAGOIN. mam. *V.* Sagouin.

SAGONEA. bot. phan. Genre de la famille des Convolvulacées et de la Pentandrie Trigynie, établi par Aublet (Plant. de la Guiane, 1, p. 285, et offrant les caractères essentiels suivans : calice quinquépartite; corolle campanulée à cinq lobes; cinq étamines; ovaire supérieur surmonté de trois styles et de stigmates capités; capsule à trois loges s'ouvrant transversalement, et renfermant des graines nombreuses, fort petites, attachées à un réceptacle central, triangulaire. Le nom de ce genre a été inutilement changé par Schreber et Willdenow en celui de *Reichelia*. Le *Sagonea aquatica*, Aubl., *loc. cit.*, tab. 3, est une Plante herbacée qui, de sa racine, pousse plusieurs tiges droites hautes de deux à trois pieds, garnies de feuilles alternes, lisses, étroites, lancéolées-acuminées, presque sessiles et rétrécies en pétioles à leur base. Les fleurs sont disposées en très-petites grappes dans les aisselles des feuilles. Cette Plante croît à la Guiane sur le bord des ruisseaux.   (G..N.)

SAGOU. bot. phan. Préparation alimentaire qu'on obtient de la moelle du Sagouier. *V.* ce mot. (B.)

* SAGOUER. bot. phan. *V.* Areng.

SAGOUIER ou SAGOUTIER. *Sagus*. bot. phan. Genre de la famille des Palmiers et de la Monœcie Hexaudrie, L., offrant les caractères suivans : spathe universelle nulle; régime rameux couvert de bractées imbriquées, portant à la base les fleurs femelles, et au sommet des ramifications les fleurs mâles. Chaque fleur mâle offre un calice (périanthe extérieur) monophylle, tubuleux et sans divisions (à trois petites dents, selon Martius); une corolle (périanthe intérieur) amincie à sa base en une sorte de pédicelle entouré par le calice, et divisée supérieurement en trois segmens; il y a six étamines à filets courts et élargis, à anthères ovoïdes et dressées. Les fleurs femelles ont le calice comme dans les mâles; la corolle (périanthe intérieur) tubuleuse, ventrue, tridentée, munie à l'entrée du tube de six anthères à l'état rudimentaire; l'ovaire libre, ovoïde, triloculaire, atténué supérieurement en un style court, à trois stigmates aigus. Le fruit est arrondi ou ovoïde, couvert entièrement d'écailles larges, imbriquées et à peu près comparties comme les carapaces de tortues; à l'intérieur, ce fruit n'offre par avortement qu'une ou deux loges. La graine est munie d'un albumen éburné, lacuneux, d'un embryon ovoïde latéral placé au-dessus de la cavité de l'albumen. Quoique les régimes de Sagouier soient assez communs dans les collections, où il nous eût été facile de les étudier jusque dans leurs détails les plus minutieux, nous avons préféré exposer les caractères génériques précédens d'après une excellente description que Poiteau en a faite sur la Plante vivante à Cayenne, et qu'il a publiée avec figure dans le Journal de Chimie médicale, septembre 1825, p. 390. On peut d'ailleurs se procurer d'autres renseignemens sur l'organisation des fleurs et des fruits du Sagouier dans Gærtner (*de*

Fruct., 1, p. 27, tab. 10); dans Martius (*Genera et spec. Palm. bras.*, p. 53); dans Palisot de Beauvois (Flore d'Oware et de Benin, p. 75, tab. 44, 46), qui a décrit et figuré deux espèces de *Sagus* sous le nom générique de *Raphia*; enfin, dans le premier numéro des Annales de Botanique de Kœnig, où Rottbœl a décrit le genre en question sous le nom de *Metroxylon*.

De même que la plupart des autres Palmiers, les espèces de Sagouiers croissent dans les régions intertropicales; elles sont en petit nombre, et originaires de l'Asie et de l'Afrique. Une des plus remarquables a été transportée dans les colonies d'Amérique, où elle a crû avec rapidité, et s'est propagée facilement par le moyen des graines. Comme ces espèces fournissent des produits d'une grande utilité pour les peuples des pays chauds, nous ne pouvons nous dispenser d'entrer dans quelques détails à leur égard.

Le SAGOUIER RAPHIA ou ROUFIA, *Sagus Raphia*, Lamk., Illustr. Gen., tab. 771, fig. 1; *Raphia vinifera*, Palisot de Beauvois, Fl. d'Oware, tab. 44, fig. 1, tab. 45 et 46, f. 1, est un Arbre de moyenne grandeur dont le stipe est droit, cylindrique, couvert des débris desséchés des anciennes feuilles, garni à sa partie supérieure de feuilles grandes, nombreuses, pendantes, ailées, chargées, ainsi que les pétioles, de petites épines nombreuses. De la base de ces feuilles sortent et pendent de très-grands régimes divisés en un grand nombre de rameaux et ramuscules inégaux, rapprochés, environnés chacun de bractées ou spathes partielles courtes, tronquées et fendues longitudinalement. Ce Palmier croît dans les diverses contrées de l'Inde-Orientale et en Afrique, dans le royaume d'Oware et de Benin sur le bord des rivières.

Le SAGOUIER PÉDONCULÉ, *Raphia pedunculata*, Palisot Beauvois, *loc. cit.*, tab. 44, f. 2, et tab. 46, f. 2; *Sagus Ruffia*, var., Willd.; Jacq.,

Fragm. botan., 7, t. 4, f. 2; Poiteau, Journal de Chimie médicale, juillet 1825, avec figure, est une espèce tellement voisine de la précédente, que la plupart des auteurs l'en ont considérée comme une simple variété; elle s'en distingue par une légère différence de forme dans les fruits, et par ses fleurs mâles pédicellées, et encore ces caractères ne sont pas constans. Ce Palmier croît à Madagascar, d'où il a été transporté d'abord aux îles de France et de Mascareigne, puis à Cayenne. D'après les renseignemens recueillis par Poiteau dans cette dernière colonie, il ne fleurit qu'à sa quinzième année, et il met près de dix ans pour développer sa panicule entière.

La troisième espèce de Sagouier est celle que Willdenow a nommée *Sagus Rumphii*, parce qu'elle a été décrite et figurée par Rumph (*Herb. Amboin.*, 1, p. 72, tab. 17 et 18); c'est aussi le *Metroxylon* de Rottbœll, dont nous avons parlé plus haut. Ce Palmier est un Arbre peu élevé qui croît dans les Moluques. Palisot de Beauvois le regarde comme formant le type du vrai genre *Sagus*, et il s'autorise de quelques légères différences dans l'inflorescence, comme, par exemple, la présence d'une spathe dans le *Sagus Rumphii*, pour en séparer les deux espèces décrites plus haut, qu'il a placées dans son genre *Raphia*. Enfin, on avait réuni aux Sagouiers le Palmier-Bache de l'Amérique méridionale, qui effectivement s'en rapproche beaucoup par la forme et la structure de ses fruits, mais qui fait partie du genre *Mauritia*. *V.* ce mot.

Avant de donner quelques détails sur l'extraction du Sagou qui est le principal produit, non-seulement des espèces que nous venons d'énumérer, mais encore de plusieurs Palmiers très-distincts des vrais Sagouiers, nous devons dire un mot des autres usages auxquels les peuples à demi-civilisés de l'Afrique soumettent les diverses parties des Sagouiers, et particulièrement du Sagouier Raphia.

Les Nègres font des sagaies avec les rachis ou pétioles communs des feuilles : ces sagaies sont des instrumens armés d'une arête de Poisson ou d'un hameçon de fer avec lequel ils harponnent très-adroitement le Poisson, et qu'ils retirent au moyen d'une longue ficelle attachée au corps de ces instrumens. Les feuilles leur servent à construire des palissades, des murs et des couvertures d'habitations; mais ces habitations, qui sont très-fraîches et appropriées au climat brûlant des régions équinoxiales, ont l'inconvénient d'attirer et de servir de repaire à des multitudes innombrables de rats, et aux reptiles qui s'y glissent pour faire la chasse à ceux-ci.

La sève des Sagouiers donne, par la fermentation, une liqueur vineuse très-forte, connue à Oware sous le nom de Bourdon, et qui est préférée aux autres vins de Palme. On l'obtient en coupant ou fracturant au sommet de l'Arbre la nouvelle pousse du centre, et on reçoit dans des calebasses le suc qui fermente alors très-facilement, vu la grande quantité de principes sucrés et mucilagineux qu'il contient. Les habitans d'Oware font fermenter les amandes du fruit avec la sève étendue d'eau; ils obtiennent ainsi un vin plus coloré, plus spiritueux, et chargé d'acide carbonique, car il pétille comme du vin de Champagne, et la valeur d'un demi-litre suffit pour griser les hommes qui ne sont pas habitués à cette boisson. Le Chou du Sagouier est encore meilleur que celui du Palmiste (*Areca oleracea*, Jacq.); on le mange, soit cru ou en salade, soit cuit comme nos cardes. L'intérieur du tronc des jeunes Sagouiers ou la partie même qui fournit le Sagou, est encore le manger le plus tendre et le plus délicat dont on puisse se faire une idée.

Le Sagou n'est autre chose que la partie médullaire qui forme la presque totalité du tronc des Sagouiers, et que l'on extrait de la manière suivante : on fend l'Arbre dans sa longueur, on écrase la partie intérieure qui est fort tendre, spongieuse, à peu près de la consistance pulpeuse d'une pomme ou d'un navet. On rassemble cette pulpe dans des espèces de cônes ou d'entonnoirs faits d'écorces d'arbre, mais qui laissent des interstices comme ceux d'un tamis de crin; on la délaye ensuite avec de l'eau qui entraîne la partie la plus fine et la plus blanche de la moelle. Celle-ci se dépose peu à peu; on la sépare par la décantation de l'eau qui la surnage, et on la passe à travers des platines perforées, de la même manière qu'on fabrique en Europe le vermicelle et autres pâtes féculentes. Le Sagou prend alors la forme de petits grains roussâtres sous laquelle on nous l'apporte de l'Inde. Tel est le mode d'extraction décrit par les voyageurs; mais Poiteau, qui a voulu préparer du Sagou à Cayenne, explique d'une autre manière la forme granuleuse que cette substance affecte. Selon ce naturaliste, les parties en suspension dans l'eau se précipitent très-lentement ou ne se précipitent pas du tout; il est donc nécessaire de passer au travers d'un linge, et d'exposer au soleil le résidu pour le faire sécher. Par le seul effet de la dessiccation, cette substance se rassemble en grains grisâtres, gros d'abord comme une tête d'épingle, puis trois à quatre fois plus gros et irréguliers. Notre collaborateur Lesson qui, dans son voyage de circumnavigation, a vu préparer le Sagou par différens peuples de la Polynésie et de l'Inde-Orientale, nous a confirmé la justesse de l'observation de Poiteau. Ce serait, en effet, une opération difficile pour ces peuples à demi-civilisés, que de granuler le Sagou dans des instrumens dont ils ne sauraient avoir aucune idée.

Le Sagou est une matière amylacée, qui se ramollit, devient transparente, et finit par se dissoudre dans l'eau. On en forme avec le lait et le bouillon de légers potages que l'on recommande dans les affections de poitrine. Pour le faire dissoudre et cuire avec promptitude, on en met dans un poêlon environ une cuillerée que l'on délaye peu à peu avec une chopine de lait, de bouillon, ou simplement d'eau chaude ; on place ce poêlon sur un feu doux, et on remue sans discontinuer, jusqu'à ce que le Sagou soit dissous; on y ajoute alors du sucre et des aromates. Dans les Moluques et les Philippines, on fait avec le Sagou des pains mollets d'un demi-pied carré, des sortes de poudingues avec du suc de limon, des coulis de poisson, et d'autres mets de fantaisie. Il y a plusieurs sortes ou qualités de Sagous qui se distinguent par leur plus ou moins de blancheur et de solubilité. Celui que l'on fabrique aux Moluques passe pour le meilleur : il est probablement fourni par le *Sagus Rumphii* de Willdenow.

(G..N.)

SAGOUIN. *Geopithecus.* MAM. Nos lecteurs voudront bien lire la définition du mot SINGE avant d'entamer les détails qui concernent les Animaux mentionnés sous le nom de Sagouins, et se rappeler que Geoffroy Saint-Hilaire a divisé la famille des Singes en deux grandes tribus, les *Catarrhinins* ou Singes de l'Ancien-Monde, et les *Platyrrhinins* ou Singes d'Amérique. Ces derniers sont eux-mêmes distingués en Hélopithèques ou Singes à queue prenante, en Géopithèques ou Singes à queue non prenante, qui sont nos Sagouins, et enfin en Arctopithèques (Singes dont les molaires sont hérissées de pointes aiguës), les Ouistitis et les Tamarins, décrits dans le Tome XI de ce Dictionnaire. Ces trois tribus de Singes américains se trouvent donc nettement distinctes et isolées avec tous les genres qu'elles renferment dans les articles OUISTITI, SAGOUIN et SAPAJOU. Les Sagouins forment ainsi une petite famille qui renferme, d'après les travaux les plus récens de Geoffroy Saint-Hilaire, quatre genres, qui sont : Callithriche, Nyctipithèque, Saki et Brachyure. Desmarest regardait son genre Sagouin comme synonyme du *Callithrix* de

Cuvier, mais long-temps avant, Lacépède avait proposé pour lui le nom scientifique de *Saguinus*. Erxleben ne sépara point les Sagouins des *Cebus* ou Sapajous.

Les Sagouins se distinguent de tous les autres Singes d'Amérique par leurs habitudes. Leur queue non prenante ne pourrait leur servir à se balancer sur les branches et sauter d'arbre en arbre dans les forêts ; aussi, de cette conformation, sont aussitôt découlées les privations de ce moyen de conservation, et les Sagouins ont été contraints de chercher des refuges dans les broussailles et les fourrés du sol qu'ils ne quittent guère, et dans les crevasses des rochers : de là le nom de Géopithèques que leur donna Geoffroy Saint-Hilaire. Ces Singes, par leur tête arrondie, paraissent avoir reçu en partage une ample dose d'intelligence. Leurs yeux, organisés pour la vision nocturne, semblent prouver qu'ils n'ont jamais plus d'assurance que le soir et aux approches de l'obscurité, et qu'ils restent tapis le jour dans l'asile qu'ils habitent. Leur face, communément courte, forme un angle de 60 degrés. Leurs narines, largement ouvertes, sont percées sur le côté. Leurs mâchoires présentent six dents molaires. Enfin la longue queue qui les distingue ne paraît avoir aucun but d'utilité. Geoffroy Saint-Hilaire divise les Sagouins en deux sections, d'après les indications fournies par l'os incisif ou l'intermaxillaire qui porte les dents incisives. Ainsi s'exprime ce savant dans ses Leçons : « L'incisif est dirigé en dedans, ou bien il est réfléchi en dehors. Infléchi, comme chez tous les autres Singes, les dents sont parallèles et contiguës, et la cloison des narines est moins large que ne l'est la rangée des dents incisives. L'intermaxillaire est-il au contraire prolongé et saillant en avant? les incisives s'écartent des canines et la cloison des narines est tenue plus large que la rangée des incisives n'a de largeur ; mais de nouvelles recherches m'ont fait connaître d'autres différences d'organisation, dont les deux sections sont susceptibles, ou autrement qu'elles contiennent plusieurs genres. »

F. Cuvier a trouvé que le système dentaire des Callithriches ou Saïmiris, premier genre des Sagouins, ne diffère point de celui des Alouates, des Atèles et des Sajous; qu'il présente trente-six dents, dix-huit à chaque mâchoire, ou quatre incisives, deux canines et douze molaires.

† CALLITHRICHES, *Callithrix*, Cuv., Geoff. St.-Hil., Illig., Desm.; *Cebus*, Erxl.

Le type de ce genre est le Saïmiri de Buffon que Geoffroy Saint-Hilaire a pris pour le caractériser, et il pense même que les autres espèces de Callithriches diffèrent assez notablement du Saïmiri, par les détails de leur organisation, pour ne point faire partie du même genre. Quoi qu'il en soit, voici les caractères généraux adoptés par les auteurs : tête petite, arrondie; museau court; angle facial de 60 degrés; les canines médiocres; les incisives inférieures verticales et contiguës aux canines; les oreilles grandes et déformées; la queue un peu plus longue que le corps, couverte de poils courts; le corps assez grêle. Le crâne des Callithriches est énormément développé dans le Saïmiri, mais beaucoup moins quant à l'ampleur dans les autres espèces. Le cerveau acquiert des dimensions qui rendent compte de l'extrême sagacité que ce Singe manifeste. Les yeux sont dans toutes les espèces d'une grandeur considérable; les orbites sont complétement arrondies. L'oreille interne est munie de grandes caisses auditives; mais dans les Callithriches Veuve, à collier, Moloch et autres, la boîte cérébrale est moins étendue, le trou occipital est plus reculé en arrière, et la cloison interorbitaire est entièrement osseuse. Leur pelage, agréablement coloré, leur a mérité le nom de *Callithrix* qui veut dire *beau poil*. Les mœurs de la plupart des Animaux de ce genre sont encore peu connues; on sait seulement que quelques espèces ont beaucoup d'intelligence, vivent de fruits et d'insectes, et se réunissent par troupes considérables dans les forêts équatoriales du Nouveau-Monde.

Le SAÏMIRI, *Callithrix Sciureus*, Geoff. St.-H. Ce joli Singe, rempli d'intelligence, a reçu une foule de noms vulgaires : c'est ainsi qu'on le nomme vulgairement Sapajou Aurore ou Singe Écureuil. Ce nom de Saïmiri, d'abord employé par Buffon, est usité parmi les Galibis de la Guiane, tandis qu'il est nommé *Titi* sur les bords de l'Orénoque, suivant Humboldt. Linné, et Schreber dans sa planche 33, lui consacrèrent le nom scientifique de *Simia Sciurea* ou de Singe Écureuil; Geoffroy Saint-Hilaire (Ann. du Mus. T. XIX, pag. 113, sp. 1) et Desmarest (Mammal., sp. 75) lui imposèrent celui de *Callithrix Sciureus*. On en trouve des figures dans l'Encyclopédie, pl. 18, fig. 1; dans Audebert, pl. 7; dans F. Cuvier, T. 1, 10° livr. des Mammifères; dans Buffon, T. XV, pl. 67 et fig. color., pl 265. Le Saïmiri a de longueur totale environ un pied onze pouces. Il est remarquable par sa tête arrondie et par l'aplatissement de sa face, qui rend le museau très-peu saillant. Des poils courts, en brosse, recouvrent le sommet et le derrière de la tête. Ses oreilles sont nues et taillées à angles sur plusieurs points; leur forme est aplatie le long des tempes. Les yeux sont gros. La couleur du pelage est en général d'un gris olivâtre tirant sur un roux léger; le museau est noirâtre, tandis que les bras et les jambes sont d'un roux vif. Le poil est fin et doux, et couvre abondamment le corps; mais la face est entièrement nue et blanche, excepté le bout du nez qui est recouvert par une tache noire, qui se reproduit sur les lèvres. Au milieu de chaque joue se dessine une petite tache verdâtre. L'iris des yeux est châtain et entouré d'un cercle couleur de chair. On distingue deux variétés dans l'espèce de Saïmiri ; l'une a le dos d'un jaune verdâtre unicolor, est beaucoup plus commune que l'autre dont le pelage supérieur est varié de roux vif et de noir. Cette dernière a la taille du double plus forte que la précédente ; mais toutes deux ont une teinte grise sur les membres, qui se change en un bel orangé sur les avant-bras et sur les jambes ; la queue, grise verdâtre dans son ensemble, est terminée de noir dans une longueur de deux pouces. Les parties inférieures sont d'un blanc sale teint de rouille, et les parties génitales sont d'une couleur de chair très-vive. Le Saïmiri a les ongles des pouces plats et larges, tandis que les autres sont longs et étroits. Le Saïmiri vit d'insectes et de fruits, et se réunit en troupes nombreuses. Humboldt est le seul voyageur qui ait publié sur cet Animal des détails précis et complets. Voici ce qu'on lit dans les Leçons de Geoffroy Saint-Hilaire : La physionomie du Saïmiri ou Titi de l'Orénoque est celle d'un enfant. C'est la même expression d'innocence, quelquefois le même souris malin, et constamment la même rapidité dans le passage de la joie à la tristesse. Il ressent vivement le chagrin et le témoigne aussi en pleurant. Ses yeux se mouillent de larmes quand il est inquiet ou effrayé. Il est recherché par les habitans des côtes pour sa beauté, ses manières aimables et la douceur de ses mœurs. Il étonne par une agitation continuelle ; cependant ses mouvemens sont pleins de grâce. On le trouve occupé sans cesse à jouer, à sauter et à prendre des insectes, surtout des araignées qu'il préfère à tous les alimens végétaux. M. de Humboldt a remarqué plusieurs fois que les Titis reconnaissaient visiblement des portraits d'insectes, qu'ils les distinguaient sur les gravures même en noir, et qu'ils faisaient preuve de discernement en cherchant à s'en emparer en avançant leurs petites mains pour les sai-

sir. Un discours suivi, prononcé devant ces Animaux, les occupait au point qu'ils fixaient les regards de l'orateur ou qu'ils s'approchaient de sa tête pour toucher la langue ou les lèvres. En général ils montrent une rare sagacité pour attraper les insectes dont ils sont friands. Jamais les jeunes n'abandonnent le corps de leurs mères lors même qu'elles sont tuées. Aussi est-ce à l'aide de ce moyen, que les Indiens se procurent les jeunes Saïmiris qu'ils vont vendre à la côte. Cette affection coïncide, dit Geoffroy Saint-Hilaire, avec le développement de la partie postérieure des lobes cérébraux dont les Saïmiris sont si amplement dotés. Ces Singes vivent en troupes de dix à douze individus. Ils saisissent leurs alimens, soit avec les mains, soit avec la bouche, et hument en buvant. On les trouve communément au Brésil et à la Guiane. Humboldt a plus particulièrement observé la variété à dos unicolor sur les bords du Cassiquiaré. Les individus âgés ont leur pelage plus foncé en couleurs, suivant F. Cuvier qui a décrit avec soin les mœurs d'un jeune individu en captivité.

Le Sagouin a masque, *Callithrix personatus*, Geoff., Ann. du Mus. T. xix, p. 113, sp. 2 ; Humboldt, Obs. zool., sp. 21 ; Desm., sp. 76. Ce Sagouin forme, suivant Kuhl, une seule espèce avec celles décrites sous les noms de Sagouins à fraise et Veuve. Il est de fait que ces trois Animaux ont entre eux de grandes ressemblances, quoique Spix les isole. Le Sagouin à masque a à peu près de longueur totale deux pieds sept pouces ; sur cette longueur, la queue a elle seule un pied trois pouces. Son pelage est en entier gris-fauve ; la face, le sommet de la tête, les joues, le derrière des oreilles, sont d'une couleur brune foncée dans la femelle, et d'un noir intense chez les mâles ; les poils des membres et du dos, étant annelés de blanc sale vers la pointe, paraissent grivelés ; les parties inférieures sont d'un gris sale ;

la queue est médiocrement touffue, d'un fauve roussâtre; les poignets et les mains, les pieds de derrière, à l'exception des talons, sont d'un noir assez vif. Ce Sagouin habite le Brésil depuis le 18° degré S. jusqu'au 21° dans les forêts qui bordent les grandes rivières, où il est nommé *Saussù*.

Le Sagouin Veuve, *Callithrix lugens*, Geoff., Desm., sp. 77. Cette espèce a été décrite sous le nom de *Viduita* ou *Simia lugens* par Humboldt dans ses Mélanges d'observations zoologiques, p. 319. Ses dimensions sont d'environ un pied. Son pelage se compose de poils doux, lustrés, d'un noir uniforme, excepté au-devant de la poitrine et les mains qui sont d'un blanc net; la face est blanchâtre, teintée de bleuâtre, et traversée par deux lignes qui se rendent des yeux aux tempes; les poils noirs du sommet de la tête ont un reflet pourpré; la queue et les pieds sont noirs. Les habitudes de ce Sagouin sont tristes et mélancoliques; il vit isolé et ne se réunit point en troupes comme les autres espèces du même genre. On le trouve dans les forêts qui bordent les rivières de l'Orénoque et du San-Fernando de Atapabo.

Le Sagouin a fraise, *Callithrix amictus*, Geoff., Desm., 78. Humboldt a décrit cette espèce, dans ses Mélanges zoologiques, sp. 25, sous le nom de *Simia amicta*, sans se rappeler positivement sa patrie; on la dit toutefois du Brésil. Le Sagouin à fraise est du double plus gros que le Saïmiri. Son pelage, sur le corps, les avant-bras et les jambes, est d'un noir mêlé de brunâtre; les poils des joues sont bruns; le dessous du cou et le haut de la gorge blancs; les mains, depuis le poignet jusqu'à l'extrémité des doigts, sont d'un gris jaunâtre sale; la queue, entièrement noire, est moins touffue que celle des autres Sagouins.

Le Sagouin a collier, *Callithrix torquatus*, Geoff., Desm., sp. 79. Ce Singe a été décrit pour la première

fois en 1809, par Hoffmansegg, dans un recueil allemand sur l'histoire naturelle; il le nomma *Callithrix torquata*, en lui donnant pour caractères d'avoir le pelage brun châtain, jaune en dessous avec un demi-collier blanc; la queue un peu plus longue que le corps. Il est du Brésil.

Le Sagouin Moloch, *Callithrix Moloch*, Geoff., Desm., sp. 80. Cette espèce a, comme la précédente, été décrite par Hoffmansegg qui la nomma *Cebus Moloch*, et qui la découvrit au Para, où elle paraît être rare. Sa taille est du double de celle du Saïmiri; son pelage est cendré, mais comme les poils sont annelés, il en résulte que le dos, ainsi que les régions externes des quatre membres, sont variées agréablement; les extrémités sont en dehors d'un cendré plus clair que celui du dessus du corps; le gris des mains et du bout de la queue est très-clair et presque blanc; la face est nue, brunâtre, garnie de quelques poils rudes sur les joues et le menton; tout le dessous du corps et le dedans des bras et des jambes est d'un fauve roussâtre assez vif, qui s'arrête avec le gris des parties supérieures sans transition; la queue est garnie de poils assez longs à sa base, puis courts à son extrémité et annelés de gris brun noirâtre et de blanc sale.

Le Sagouin aux mains noires, *Callithrix Melanochir*, Wied, Kuhl, Desm., sp. 81; *Callithrix incanescens*, Lichst., *Pithecia*, F. Cuv. Ce Sagouin a été découvert par Wied Neuwied, et on en trouve une description dans la traduction française de son Voyage au Brésil (T. II, p. 10). Il a de longueur trente-cinq pouces dix lignes en y comprenant la queue qui a vingt-un pouces dix lignes. Les poils qui le recouvrent sont longs, touffus et doux; la face et les quatre extrémités sont noires, et son pelage paraît gris cendré, parce qu'il est mélangé de noir et de blanc sale; le dos est d'un brun marron rougeâtre; la queue est blanchâtre, souvent presque blanche et quelquefois teintée de jaune. Cet Animal, très-commun dans l'intérieur des forêts du Brésil où il est nommé *Gigo*, pousse des cris rauques dès le lever du soleil, et fait un concert discordant qui retentit au loin.

Le SAGOUIN MITRÉ, *Callithrix infulatus*, Desm., sp. 82. Cette espèce a été primitivement décrite par Lichteinstein et Kuhl sous le nom de *Callithrix infulata*, et ils se bornent à l'indication des caractères synoptiques les plus saillans, tels que d'avoir un pelage gris en dessus, roux jaunâtre en dessous, avec une grande tache blanche entourée de noir au-dessus des yeux; la queue noire à son extrémité est d'un jaune roussâtre à sa naissance. Ce Sagouin est du Brésil où il est rare.

†† Les NYCTIPITHÈQUES, *Nyctipithecus*, Spix; *Aotus*, Humb.; *Nocthora*, F. Cuv.

Humboldt, dans ses Mélanges de zoologie, proposa la formation d'un genre nouveau pour recevoir un Animal découvert par lui dans les épaisses forêts de l'Orénoque, et décrit sous le nom de Douroucouli. Ce genre reçut du naturaliste prussien la dénomination d'*Aotus*, d'*a* grec, privatif, sans, et *otus*, oreilles; mais ce nom, forgé contre la réalité et très-mal choisi, fut changé en 1823 par le Bavarois Spix en celui de *Nyctipithecus* ou Singe de nuit, nom plus convenable pour qu'il repose sur une particularité essentielle des mœurs des Animaux de ce genre. Sans connaître cette dernière synonymie, Frédéric Cuvier a proposé en 1826 le nom de *Nocthora* en place de celui d'*Aotus*.

Les Nyctipithèques présentent des caractères génériques fort remarquables que Humboldt, puis Illiger et Geoffroy adoptèrent ainsi qu'il suit: dents comme dans les Callithriches; museau obtus; face nue; point d'abajoues; yeux grands; oreilles *nulles*; queue longue, à poils lâches; deux pectorales; mains et pieds

pentadactyles; fesses velues sans callosités. Or, on conçoit que de tels caractères ont dû être singulièrement modifiés par une connaissance plus parfaite des formes de l'Animal, puisque les oreilles externes, dont on supposait qu'il était privé, sont au contraire notablement développées. Aussi Desmarest, dans sa Mammalogie, donne-t-il pour caractères au genre *Aotus*, les suivans: tête ronde et fort large; museau court; yeux nocturnes, très-grands et rapprochés; les narines séparées l'une de l'autre par une cloison fort mince; les oreilles très-petites; la queue plus longue que le corps, non prenante, et recouverte de poils; tous les pieds à cinq doigts et à ongles aplatis. Tout, dans les Nyctipithèques, rappelle la coupe générale des Loris. En effet, leurs grands yeux, leur tête arrondie, leurs formes grêles, leurs habitudes nocturnes, semblent en faire les représentans, dans le Nouveau-Monde, des Quadrumanes Loris exclusivement confinés dans les régions équatoriales de l'ancien. Geoffroy Saint-Hilaire (Leç. sténog.) a trouvé dans le squelette sept vertèbres cervicales, quatorze dorsales, neuf lombaires, deux sacrées, dix-huit coccygiennes et jusqu'à trente vertèbres caudales. Long-temps on n'a connu qu'une seule espèce de ce genre, le Douroucouli, nommé *Aotus trivirgatus* par Humboldt; mais deux autres espèces ont été récemment décrites par Spix dans son *Simiarum et Vespertilionum brasilienses Species novæ*, publié à Munich en 1820. Ces deux espèces ne nous sont connues que par une courte note insérée dans les Leçons sténographiées de notre collaborateur Geoffroy Saint-Hilaire, et tous les détails de mœurs relatifs aux habitudes et à la manière de vivre des Nyctipithèques seront rapportés à l'histoire du Douroucouli qu'ils concernent exclusivement.

Le NYCTIPITHÈQUE A FACE DE CHAT, *Nyctipithecus felinus*, Spix, pl. 18, a le pelage d'un gris brun uniforme, le ventre roussâtre, le tour des yeux blanc, et la queue noire à sa moitié terminale.

Le Nyctipithèque hurleur, *Nyctipithecus vociferans*, Spix, pl. 19, a le pelage gris-roux partout le corps, même sur la tête, et ayant seulement le tiers de la queue noirâtre. Du Brésil ainsi que le précédent.

Le Nyctipithèque Douroucouli, *Nyctipithecus trivirgatus*; *Aotus trivirgatus*, Humb., Obs. zool., pl. 28, p. 806; Geoff., Ann. Mus. T. xix, sp. 1; Desm., sp. 83; *Nocthora trivirgata*, F. Cuv., 43e liv. Le Douroucouli, aussi nommé *Cara rayada* par les missionnaires espagnols établis sur les bords de l'Orénoque, est, sans contredit, un des Singes les plus remarquables de l'Amérique méridionale, tant par ses formes corporelles que par les couleurs de son pelage. Sa longueur totale est d'environ vingt-trois à vingt-quatre pouces. Tout le pelage, sur les parties supérieures du corps, est d'un gris varié qui est dû à ce que chaque poil est annelé de blanc et de noir; les parties inférieures, depuis le menton jusqu'à l'origine de la queue, sont d'un orangé qui remonte sur les côtés du cou; la queue, noire à son tiers terminal, est grise-jaunâtre dans le reste de son étendue; un sourcil blanc surmonte l'œil; trois raies noires sillonnent le front en divergeant; l'une occupe la ligne médiane et chacune des deux autres naît de l'angle extérieur de l'œil et se recourbe vers l'angle interne; l'intérieur des mains et des oreilles est nu et couleur de chair; la face, également nue, est fuligineuse; l'iris est brun-jaunâtre et les ongles sont noirs. Les dents du Douroucouli ne diffèrent point de celles des Sajous; les mains ont aussi la même conformation; les doigts antérieurs ne sont point extensibles, les ongles sont longs, étroits, creusés en gouttière et un peu crochus. La queue, qui n'est pas prenante, est assez touffue et mobile. Le globe de l'œil est très-développé et a sa papille ronde. L'oreille externe est très-développée. Le nez n'est point terminé par un mufle; les narines sont étroites; la bouche est fort grande et sans abajoues. Les poils sont doux, épais et très-soyeux. Les intestins grêles sont extrêmement petits; les colons sont au contraire largement développés. La vulve est grande et assez semblable, pour la forme extérieure, à celle des Chiens. Les mamelons sont placés sur chaque aisselle. Le Douroucouli dort pendant le jour, parce que la lumière du soleil l'incommode, et ne se met en quête de sa nourriture qu'aux approches du crépuscule. Ses tanières sont des trous d'arbres vermoulus où il fait le guet lorsqu'il est inquiété par le bruit. En captivité, il se nourrit de lait, de biscuit et de fruits; en liberté, au contraire, suivant Humboldt, il chasse aux petits Oiseaux, et ne dédaigne point les fruits, tels que les bananes, les cannes à sucre, les amandes du *Bertholletia* et les fèves du *Mimosa Inga*. Cet Animal vit par paires; pour dormir il prend la même position que les Loris, c'est-à-dire qu'il s'assied sur la croupe, les jambes de derrière ramenées sur le ventre, les quatre mains réunies, le dos courbé, la tête baissée, presque cachée dans les mains. Cette position est facilitée par une grande mobilité dans l'articulation des vertèbres. Son cri nocturne ne peut mieux être rendu que par la syllabe *muh-muh* et n'est pas sans analogie avec celui du Jaguar. Aussi est-ce pour cela, dit Humboldt, que les Créoles des missions de l'Orénoque l'appellent Titi-Tigre. La voix du Douroucouli, en effet, est d'une force considérable par rapport à la petitesse de sa taille. Il paraît qu'il a aussi deux autres cris, l'un qui est une espèce de miaulement (*e-i-aou*), et l'autre un son guttural très-désagréable qu'on peut rendre par les syllabes *quer-quer*. Sa gorge enfle lorsqu'il est irrité; il ressemble alors, par son renflement et la position de son corps, à un chat attaqué par un chien. Un individu mâle, que Humboldt essaya d'apprivoiser, fut rebelle à tous ses soins; une femelle qui a vécu à la ménagerie du Muséum, était d'une grande douceur. Le Douroucouli habite les forêts épaisses des bords du Cassiquiaré et du Haut-Orénoque, près des cataractes de Maypures.

††† Les SAKIS, *Pithecia*, Desm., Geoff. St.-Hil., Cuv., Ill.; *Cebus*, Erxleb.

Les Sakis ont été nommés Singes à queue de renard ou Singes de nuit. Cependant ils sont moins nocturnes que les Nyctipithèques, mais ils sortent de préférence le soir et le matin. Ils sont voisins des Sapajous et des Sagouins par leurs formes corporelles; mais ils se distinguent des premiers parce que leur queue n'est pas prenante, et on les isole nettement, à la première vue, des autres genres de la famille des Sagouins, parce que leur queue est garnie de longs poils touffus. Leur système dentaire présente aussi des particularités que Frédéric Cuvier a décrites. Il offre trente-six dents : quatre incisives, deux canines, douze molaires en haut et un pareil nombre en bas. Les incisives supérieures sont arrondies à leur bord inférieur, échancrées au côté externe, et excavées à la face interne; la canine se termine par une pointe aiguë; les molaires, y compris les fausses, sont hérissées de pointes diversement contournées; leur rapport se trouverait être parfaitement analogue avec les dents des Alouates et paraît être le même dans les Callithriches. Ce genre est aussi distingué des Ouistitis par les tubercules mousses de leurs molaires; car les dents de ces derniers sont couronnées de tubercules acérés. Leurs ongles diffèrent aussi notablement des demi-griffes des Ouistitis. Les caractères extérieurs des Sakis sont : une tête ronde avec un museau court dont l'angle facial est de 60 degrés environ; les oreilles sont de grandeur médiocre et bordées; la queue, moins longue que le corps, est garnie de poils longs et touffus; les pieds sont pentadactyles et munis d'ongles

courts et recourbés. Les espèces qui composent ce genre vivent, dans les profondes forêts du Nouveau-Monde, de fruits et d'insectes, et dorment ou se cachent dans le jour, de sorte que leurs habitudes sont peu connues; on dit toutefois qu'elles vivent en troupes de sept ou huit individus, se livrant à la recherche des ruches de mouches à miel; que les Sajous les suivent pour s'emparer de leur nourriture et les battre lorsqu'elles font mine de résister.

Le SAKI A VENTRE ROUX, *Pithecia rufiventer*, Geoff., Desm., sp. 86; le Saki, le Singe de nuit, Buff., pl. 31; *Simia Pithecia*, L. Le Saki est remarquable par sa face arrondie, son museau court, ses grands yeux, son manque de barbe, ses narines obliques et dilatées. Il est partout recouvert de poils très-longs, très-touffus et qui ont jusqu'à trois pouces de longueur sur les côtés du cou; son pelage est brun, lavé de roussâtre en dessus; roux sur le ventre, chaque poil étant brun à son origine et annelé de roux et de brun; les poils du sommet de la tête forment une espèce de calotte divergente; les poils des pieds et des mains ras, et ceux de la face fins et doux et de couleur tannée. Le Saki est très-commun dans les forêts de la Guiane française.

Le SAKI YARQUÉ, *Pithecia leucocephala*, Geoff., Desm.; Saki et Yarqué, Buff., pl. 12; *Simia Pithecia*, L., Audebert, pl. 2. Cette espèce de Singe a le corps long de dix à onze pouces, et son pelage brun-noir; les poils sont longs, touffus en dessus et beaucoup moins en dessous; ceux de la tête sont courts et ras; les joues, le front et la mâchoire inférieure sont d'un blanc sale teinté de jaunâtre; le tour des yeux, le nez et les lèvres sont les seules parties nues et sont colorées en brun. Les Yarqués se réunissent par petites troupes d'une douzaine d'individus, et recherchent, dans les broussailles, le miel des Abeilles sauvages. On les trouve aux environs de Cayenne.

Le SAKI MOINE, *Pithecia Monacus*,

Geoff., Desm., sp. 90. Ce Singe est remarquable par son pelage varié de grandes taches brunes et blanchâtres; les poils sont bruns à leur origine et roux dorés à leur extrémité; il n'a point de barbe; les poils divergens de l'occiput se terminent au vertex. Sa taille est plus petite que celle du Saki à ventre roux. On le trouve au Brésil.

Le SAKI A TÊTE JAUNE, *Pithecia ocrocephala*, Kuhl, Desm., sp. 89. Ce Singe, de la taille du Yarqué et dont un seul individu existe dans la collection de Temminck, provient, dit-on, de Cayenne. Son pelage est d'un marron clair en dessus, puis d'un roux cendré jaunâtre en dessous, avec les mains et les pieds d'un brun-noir; les poils qui recouvrent le front et qui entourent la face sont d'un jaune d'ocre.

Le SAKI A MOUSTACHES ROUGES, *Pithecia rufibarba*, Kuhl, Desm., 88. Cette espèce a été décrite d'après un individu conservé dans la collection de Temminck, et provenant de Surinam. Le corps est d'un brun-noir en dessus et d'un roux pâle en dessous; la queue paraît pointue par la diminution de longueur des poils; on n'observe point non plus de tache blanche au-dessus de l'œil.

Le SAKI MIRIQUOUINA, *Pithecia Miriquouina*, Geoff., Desm., sp. 87; Azara, Voy. au Parag. T. II, pag. 243. Ce Singe, décrit soigneusement par Azara, est long, sans y comprendre la queue, de trente-deux pouces. Il habite les bois de la province du Choco et de la rive occidentale de la rivière du Paraguay qu'il n'a jamais traversée. Il vit dans les forêts, et on dit qu'en captivité il est paisible et docile. Ce Singe a un cou très-court qui paraît plus gros que la tête, car celle-ci est petite et arrondie; son œil est grand et l'iris est couleur de tabac d'Espagne; l'oreille est très-large, arrondie et velue; le pelage est très-touffu; une tache blanchâtre finissant en pointe surmonte l'œil: la face est nue, et les joues légèrement velues sont blanchâtres; tout le dessus du corps est d'un gris brun assez uniforme, quoique les poils soient annelés de noir et de blanchâtre; les parties inférieures ont une belle couleur cannelle fort vive; la queue est noire excepté à son origine où elle est couleur de marron vif en dessous; les poils du dos sont longs d'un pouce et demi, et ceux de la queue ont vingt-une lignes. La femelle ne diffère pas du mâle par ses teintes; elle est seulement un peu plus petite, et présente une mamelle sur chaque côté de la poitrine. On ne connaît point les mœurs du Miriquouina qui est la seule espèce du genre qui s'avance autant dans les zônes méridionales.

††††Les BRACHYURES, *Brachyurus*, Spix; *Pithecia*, Desm., Geoff.; *Cebus*, Erxleb.; *Simia*, L.

Les Brachyures ne diffèrent en rien, par les caractères essentiels d'organisation, des Sakis. Leur boîte crânienne, leur système dentaire sont analogues; mais leur queue, lâche et touffue comme celle des Sakis, est de moitié plus courte; de là le nom de Brachyure, courte queue. Les espèces qui composent ce genre, sont remarquables par leur chevelure épaisse et rabattue sur le front, et par sa longue barbe qui pend du menton et couvre la partie latérale des joues. Ils habitent les profondeurs des forêts, et leur naturel paraît triste et mélancolique. Lorsqu'ils sont irrités, ils se dressent sur leurs pieds de derrière, grincent des dents, se frottent la barbe et se lancent sur leur ennemi. Ils boivent avec le creux de leurs mains et prennent les plus grandes précautions pour ne jamais se mouiller. Ces détails, que nous empruntons à Geoffroy Saint-Hilaire dans ses Leçons sténographiées, se rapportent à cinq espèces connues de ce genre dont deux ont été découvertes par Spix.

Le BRACHYURE COUXIO, *Brachyurus Satanas*, Geoff., Leç. stén.; *Pithecia Satanas*, Geoff., Ann. Mus. T. XIX, sp. 1; Desm., sp. 84; *Cebus*

Satanas, Hoffm.; *Brachyurus israe-lita*, Spix; *Couxio*, Humb., **Mél.** zool., pl. 27. Ce Singe est sans contredit l'espèce la plus remarquable et la plus singulière qu'on puisse connaître, par la couleur uniforme et sombre de son pelage, et par la physionomie bizarre que lui donne une longue barbe. Le Couxio a de longueur totale environ deux pieds neuf pouces, en y comprenant la queue; sa face est nue, de couleur brune; l'ampleur de la bouche laisse entrevoir les dents, et les canines surtout sont d'une grande force. Le pelage est d'un brun foncé et lustré chez le mâle, et d'un brun fuligineux chez les femelles; les jeunes sont entièrement d'un gris brunâtre; les poils sont épais sur le corps, rares et grêles sur la poitrine, le cou, le ventre et sur les faces internes des membres; la tête paraît revêtue d'une sorte de chevelure formée de poils droits, assez longs, retombant sur le front et sur les tempes, en s'irradiant du sommet de l'occiput comme d'un point central; une barbe touffue, flexueuse, médiocrement longue, occupe les joues et le menton, et se compose de poils prodigieusement épais et tous d'égale longueur, de sorte qu'ils forment un demi-cercle barbu autour du visage, tel qu'on en voit dans certains tableaux; la queue est d'un brun noir et la barbe des femelles est moins prononcée que celle des mâles. On ne connaît point les mœurs des Couxios dont le Muséum possède plusieurs individus très-bien conservés. Ils habitent la Guiane la plus déserte et le Para.

Le BRACHYURE CAPUCIN, *Brachyurus Chiropotes*, Geoff., Leç. stén.; *Pithecia Chiropotes*, Geoff., Desm., sp. 85; *Simia Chiropotes* ou Capucin de l'Orénoque, Humb., Obs. zool. Ce Singe, de la taille du précédent, a son pelage roux marron; la face et le front sont nus; ses yeux **sont** grands et enfoncés; la chevelure, qui recouvre le sommet de la tête, est formée par des poils fort longs et disposés sur chaque tempe en une touffe ou toupet assez long; la barbe est très-touffue et tombe sur la poitrine qu'elle recouvre en partie; la queue est d'un brun noirâtre, et les testicules ont une belle couleur pourprée. Le Capucin de l'Orénoque a des mœurs tristes et solitaires; il vit isolé par couple dans les immenses déserts du Haut-Orénoque. Le nom de *Chiropotes*, qui boit avec la main, lui a été donné par Humboldt parce qu'il prend un soin particulier de sa barbe, en ayant la précaution de ne pas la mouiller en buvant.

A ces deux espèces, on doit joindre sans contredit celle que Stew. Traill a décrite comme en étant très-voisine, et n'en différant que par quelques teintes peu importantes du pelage; et qu'il nomme SAKI A GILET, *Pithecia sagulata* (Mém. de la Soc. Wern. T. III, p. 167) dont la queue est longue, noire, très-velue et claviforme; la barbe noire, ainsi que le corps en dessus et dont les poils du dos sont de couleur ocracée. Ce Singe a été découvert à Démérary, dans la Guiane hollandaise, par Edmonstone.

Sans nul doute on doit laisser parmi les Brachyures le CACAJAO, *Sunia melanocephala*, Humb., pl. 29; *Pithecia melanocephala*, Geoff., Desm. Ce Singe a été supérieurement figuré par Griffith, dans sa Traduction du Règne Animal. Ce qui le distingue, dès la première vue, est sa tête en entier de couleur noire, tandis que le corps et les membres sont d'un brun-jaunâtre clair; sa queue, assez courte et touffue, est d'un brun-jaunâtre et terminée de brun; les parties inférieures et la face interne des membres sont plus claires que les flancs; les mains et les pieds sont noirs et remarquables par des doigts très-allongés. Le Cacajao, nommé aussi dans les forêts de la Guiane et sur les bords de la rivière Noire, *Carniriu*, *Shucuzo* et *Mona-Rabon*, vit en troupes qui recherchent les fruits sucrés et doux, tels que les bananes et les goyaves. Ses habitudes sont lentes et paresseuses, et son caractère doux et paisible. (LESS.)

SAGOUTIER. BOT. PHAN. Pour Sagouier. *V.* ce mot. (B.)

. **SAGOUY. MAM.** L'un des noms vulgaires de l'Ouistiti. (B.)

* **SAGRA. INS.** *V.* SAGRE.

* **SAGRÆA. BOT. PHAN.** Nouveau genre de la famille des Mélastomacées et de l'Octandrie Monogynie, L., établi par De Candolle (*Prodr. Syst. Veget.*, 5, p. 170) qui l'a ainsi caractérisé : calice dont le tube est adhérent à l'ovaire, mais ne le dépassant pas ; le limbe à quatre lobes courts et persistans ; corolle à quatre pétales obtus ; huit étamines à anthères à peine auriculées à la base; ovaire presque glabre au sommet, portant un style filiforme que surmonte un stigmate obtus ; baie capsulaire à quatre loges, renfermant des graines petites, ovoïdes-anguleuses. Ce genre est voisin, quant au port et aux caractères, de deux autres genres nommés *Ossœa* et *Clidemia*, aussi établis aux dépens des anciens *Melastoma* ; il diffère du *Clidemia* par le nombre quatre de ses parties, et de l'*Ossœa* par ses pétales obtus, ovalés, et non lancéolés-aigus. La plupart des espèces ressemblent aux *Clidemia* par l'aspect hérissé des feuilles et des rameaux. L'inflorescence est axillaire, à fleurs sessiles ou pédicellées, agrégées ou en cimes, un peu paniculées comme dans les *Ossœa*. De Candolle a décrit quinze espèces de ce genre, toutes originaires des Antilles, à l'exception de quelques-unes qui se trouvent sur le continent de l'Amérique, au Brésil, au Pérou et à Cumana. Parmi les espèces anciennement connues, on remarque le *Melastoma rubra*, et probablement le *M. rariflora* de Bonpland, les *Melastoma fascicularis*, *capillaris*, *hirtella*, *umbrosa*, *pilosa*, *microphylla* et *hirsuta* de Swartz.

(G..N.)

SAGRE. POIS. Espèce de Squale. *V.* ce mot. (B.)

SAGRE. *Sagra.* **INS.** Genre de l'ordre des Coléoptères, section des Tétramères, famille des Eupodes, tribu des Sagrides, établi par Fabricius, et adopté par tous les entomologistes avec ces caractères : corps allongé; tête avancée, inclinée, un peu plus étroite que le corselet, ayant à sa partie antérieure deux sillons croisés en forme de X, dont les branches supérieures font le tour des yeux. Antennes simples, filiformes, insérées au-devant des yeux, composées de onze articles, le premier renflé, les suivans courts, presque obconiques; les derniers cylindriques. Mandibules grandes, fortes, un peu arquées, creusées intérieurement, pointues, entières. Mâchoires bifides, leur lobe extérieur grand, arrondi, terminé par des poils serrés, longs et roides ; le lobe intérieur presqu'une fois plus court, comprimé, cilié, un peu pointu. Palpes filiformes, leur dernier article presque ovale, aigu à son extrémité, les maxillaires un peu plus longs, de quatre articles, le premier court, peu apparent, les second et troisième égaux, coniques. Lèvre bifide, ses divisions égales, avancées, fortement ciliées ou velues. Corselet beaucoup plus étroit que les élytres, cylindrique, ayant ses angles antérieurs saillans ; partie postérieure du sternum descendant très-bas sur l'abdomen. Écusson très-petit; élytres recouvrant les ailes et l'abdomen, convexes, et ayant leurs angles huméraux forts et relevés. Pates fortes, les postérieures beaucoup plus grandes que les autres, ayant leurs cuisses très-renflées et leurs jambes plus ou moins arquées. Les trois premiers articles des tarses larges, cordiformes, garnis en dessous de pelotes spongieuses, le troisième profondément bifide, le quatrième fort long, arqué, muni de deux crochets. Couleur générale, le vert métallique plus ou moins cuivré et doré. Ce genre avait été confondu avec les Ténébrions par Sulzer et Drury. Olivier, dans l'Encyclopédie méthodique, le confond avec ses Alurnes. Il se distingue des Mégalopes, qui appartiennent à la même tribu, en ce que celles-ci ont les antennes presque en scie et le corselet presque carré et très-court. Les Orsodacnes en diffèrent par leur corselet allongé et rétréci postérieurement. On connaît quatre ou cinq espèces de Sagres, dont une est originaire d'Afrique, et les autres des Indes-Orientales ; ces dernières surtout sont ornées des couleurs métalliques les plus brillantes et sont très-recherchées des amateurs. Nous citerons parmi elles :

Le SAGRE POURPRE, *Sagra purpurea*, Latr. ; *Sagra splendida*, Fabr., Oliv., Encom. T. VI ; Sagre, pl. 1, fig. 2, a, b, femelle. Elle est longue de huit à dix lignes, d'un beau vert doré très-brillant, à reflets pourprés. Le mâle est d'un pourpre plus vif. On la trouve à la Chine.   (G.)

SAGRIDES. INS. Tribu de l'ordre des Coléoptères, section des Tétramères, famille des Eupodes, établie par Latreille ; et ayant pour caractères : mandibules ayant leur extrémité entière, sans échancrure ; languette profondément échancrée. Les genres Mégalope, Orsodacne et Sagre composent cette tribu.   (G.)

* SAGROIDE. POIS. Espèce du genre Glyphisodon. *V*. ce mot. (B.)

SAGUINUS. MAM. Nom générique proposé par quelques auteurs pour les Ouistitis, mais qui n'a pas été adopté. *V*. OUISTITI.
(IS. G. ST.-H.)

* SAGUS. BOT. PHAN. *V*. SAGOUIER.

SAHLITE. MIN. Espèce du genre Pyroxène. *V*. ce mot.   (G. DEL.)

* SAHUC. BOT. PHAN. L'Hyèble dans certains cantons méridionaux de la France.   (B.)

* SAHUI VERMELHO. MAM. Les Brésiliens donnent ce nom au joli Singe que nous connaissons en France sous celui de Marikina (*Simia Rosalia*), ce qui signifie Sahui rouge. Il

est mentionné ainsi dans le Voyage au Brésil de Maximilien de Wied, T. I, p. 70 ; T. II, p. 115, et T. III, p. 25 et 30.   (LESS.)

* SAIDE. *Saida*. POIS. Espèce du genre Gade. *V*. ce mot.   (B.)

SAIGA. MAM. Espèce du genre Antilope. *V*. ce mot.   (B.)

SAIHOBI. OIS. Espèce de *Lindos* de l'Ornithologie du Paraguay, décrite par D'Azara, dont le plumage est bleu, ainsi que l'indique son nom, et qui paraît être un Moineau, *Fringilla*, et non un Tangara. (LESS.)

* SAIGNO. BOT. PHAN. (Garidel.) Syn. de Massette, *Typha*. *V*. ce mot.   (B.)

SAIMIRI. MAM. Espèce du genre Sagouin. *V*. ce mot.   (B.)

SAINBOIS. BOT. PHAN. Syn. vulgaire de Garou, *Daphne Gnidium*, L. *V*. DAPHNÉ.   (B.)

SAINEGRAIN. BOT. PHAN. L'un des synonymes vulgaires de Fenugrec. *V*. ce mot.   (B.)

SAINFOIN. *Hedysarum*. BOT. PHAN. Genre de la famille des Légumineuses et de la Diadelphie Décandrie, L., composé de Plantes herbacées ou sous-frutescentes, à feuilles imparipinnées, à fleurs grandes, ordinairement rouges ou blanchâtres, disposées en grappes sur des pédoncules axillaires. De Candolle (*Prodr. Syst. Veget.*, vol. 2, p. 343) en a fait le type d'une tribu de Légumineuses-Papilionacées, à laquelle il a donné le nom d'Hédysarées, et il a imposé au genre les caractères suivans : calice divisé jusqu'au milieu en cinq segmens linéaires-subulés, presque égaux ; corolle papilionacée, dont l'étendard est grand ; la carène tronquée obliquement ; les ailes beaucoup plus courtes que celle-ci ; dix étamines diadelphes, dont le faisceau de neuf étamines offre une courbure abrupte qui résulte de la forme tronquée de la carène ; gousse composée de plusieurs articles comprimés, monospermes, orbiculés ou lenticulaires, réguliers, attachés l'un à la suite de l'autre par le milieu seulement, et par conséquent convexes vers l'une et l'autre suture. Tel qu'il est ainsi caractérisé, ce genre ne renferme qu'une bien petite portion des *Hedysarum* décrits par les auteurs. Il est restreint à environ trente espèces pour la plupart européennes, parmi lesquelles nous citerons comme les plus remarquables les *H. coronarium* et *obscurum* de Linné. Il correspond au genre *Echinolobium* de Desvaux (Journ. de Bot., 3, p. 123); mais De Candolle n'a pas admis ce nom, parce qu'une section qui renferme des espèces évidemment congénères et inséparables des *Echinolobium*, n'a les fruits ni hérissés, ni même velus. Cette section a reçu le nom de *Leiolobium*; c'est à elle que se rapporte l'*H. obscurum* que nous venons de citer et qui nous semble la Plante qu'on peut citer comme type des vrais Sainfoins, parce qu'elle est une de celles que l'on a occasion d'observer le plus fréquemment en Europe; elle est assez commune dans les Alpes. L'*Hedysarum coronarium* est aussi une espèce trop remarquable pour que nous omettions de la mentionner. Ses tiges sont droites, rameuses, hautes d'un pied et demi à deux pieds, munies de feuilles composées de sept à neuf folioles ovales. Ses fleurs sont d'un beau rouge et disposées en grappes simples, courtes, et portées sur des pédoncules plus longs que les feuilles. Cette belle Plante croît naturellement dans les contrées d'Europe que baigne la Méditerranée. On la cultive en grand comme un excellent fourrage dans les départemens méridionaux de la France, où on lui donne le nom de Sainfoin d'Espagne. Dans quelques jardins de l'Europe tempérée cette Plante est cultivée pour l'ornement.

La Plante vulgairement nommée Sainfoin fait partie du genre *Onobrychis* qui sera mentionné dans le présent article.

Parmi les Plantes que l'on a exclues du genre *Hedysarum*, nous devons citer : 1°. L'*Hedysarum Onobrychis*, L., qui forme le type de l'ancien genre *Onobrychis* de Tournefort, rétabli par les modernes. 2°. L'*Hedysarum Alhagi*, L., ayant également été considéré comme un genre distinct par les anciens botanistes, et réintégré nouvellement par De Candolle. 3°. L'*Hedysarum hamatum*, L., érigé en genre sous le nom de *Stylosanthes* par Swartz. 4°. L'*Hedysarum diphyllum*, L., formant le genre nommé *Zornia* par Gmelin, Persoon, etc. 5°. Les *Hedysarum buplevrifolium, vaginale, nummularifolium*, etc., qui constituent le genre *Alysycarpus* de Necker. 6°. L'*Hedysarum Vespertilionis*, L. fils, sur lequel Necker a constitué le genre *Lourea*, adopté par Desvaux et De Candolle. 7°. L'*Hedysarum imbricatum*, L. fils, placé dans le genre *Hallia* de Thunberg. 8°. Les *Hedysarum hirtum, violaceum*, et autres espèces de l'Amérique du nord, réunies par Michaux dans le genre *Lespedeza*. 9°. Les *Hedysarum strobiliferum* et *lineatum*, L., qui font partie du genre *Flemingia* de Roxburgh. 10°. L'*Hedysarum sennoides*, Willd., placé dans le genre *Ormocarpum* de Beauvois. 11°. L'*Hedysarum crinitum*, L., et l'*H. pictum*, Jacq., principales espèces de l'*Uraria* de Desvaux. 12°. Enfin les *Hedysarum umbellatum, gyrans, gangeticum*, et une foule d'espèces de l'Inde et de l'Amérique, qui forment aujourd'hui l'immense genre proposé primitivement par Desvaux sous le nom de *Desmodium*. D'après cette simple énumération, on voit combien le genre *Hedysarum* était encombré de Plantes hétérogènes, puisque plusieurs des genres proposés n'appartiennent pas même à la tribu des Hédysarées. D'ailleurs nous n'avons indiqué ici que les espèces les plus remarquables. De Candolle, en adoptant ces genres dans son Prodrome et dans ses Mémoires sur les Légumineuses, s'est vu forcé d'en établir encore cinq autres, auxquels il a donné les noms de *Taverniera, Nicolsonia, Adesmia* ou *Patagonium* de Schranck, *Dicerma* ou *Phyllo-dium* de Desvaux, et *Eleiotis*. La plupart de ces nouveaux genres ont été ou seront traités à leur place dans l'ordre alphabétique; quant à ceux dont la lettre était passée à l'époque de leur publication, nous préférons renvoyer au Supplément plutôt que d'en parler ici; nous évitons ainsi le reproche justement adressé à certains dictionnaires, où l'on ne trouve jamais le mot que l'on cherche à sa place naturelle. Mais comme dans le cours de notre ouvrage on a renvoyé des mots *Alhagi* et *Onobrychis* à l'article SAINFOIN, pour y compléter les documens nécessaires à l'histoire des Plantes qui constituent ces genres, nous ne pouvons nous dispenser de les exposer en ce moment.

Le genre *Alhagi* est le même que le *Manna* de Don qui a été traité dans ce Dictionnaire. *V.* MANNA. Mais nous devons faire observer que le nom d'*Alhagi*, anciennement employé par Rauwolf, et admis par Tournefort, doit rester comme nom générique, puisqu'il a été de nouveau adopté par De Candolle, Delile, dans le Voyage à Meroë de Cailliaud, etc. Nous croyons aussi utile d'ajouter que l'*Alhagi Maurorum*, D. C., nommé vulgairement par les Arabes *Agoul*, *Agul* ou *Algul*, est un buisson épineux qui exsude un suc blanc concret, d'une saveur sucrée, jouissant en un mot des propriétés de la Manne. C'est, suivant toutes les probabilités, la Manne que les Hébreux recueillirent dans le désert, car il ne faut pas prendre à la lettre la signification du texte sacré qui dit que cette Manne *couvrait la terre*; par ce dernier mot on doit entendre les buissons rabougris qui se trouvaient abondamment à la surface du sol. La Manne de l'*Alhagi* est appelée par les Arabes et par les Persans *Trunschibin*, *Trungibin* et *Tereniabin*. Niebuhr (*Descript. Arab.*, p. 12) dit que dans les grandes villes de la Perse, on ne se sert que de cette Manne au lieu de sucre pour les pâtisseries et autres mets.

Le genre *Onobrychis* de Tournefort est ainsi caractérisé : calice divisé jusqu'au milieu en cinq segmens subulés, presque égaux; corolle papilionacée dont les ailes sont courtes; la carène tronquée obtusément; dix étamines diadelphes; gousse sessile, à un seul article, comprimé, monosperme, indéhiscent, un peu coriace, chargé sur le dos de crêtes saillantes, et sur les faces d'aiguillons plus ou moins prononcés, double circonstance qui donne à ce fruit un aspect irrégulier. Dans une section de ce genre (*Dendrobrychis*, D. C.), le fruit est lisse, dépourvu de crêtes et d'aiguillons. L'ovaire dans le premier âge renferme souvent deux ovules. Par ces caractères on voit que le genre *Onobrychis* se rapproche beaucoup de l'*Hedysarum*; ce n'est donc pas sans de graves raisons que Linné l'avait réuni à celui-ci, quand d'ailleurs le port est très-conforme dans l'un et dans l'autre. Mais la structure du fruit de l'*Onobrychis* forme un caractère qui a semblé bien suffisant pour établir une distinction générique dans un amas d'espèces aussi nombreuses que l'étaient les Plantes du genre *Hedysarum* de Linné. De Candolle a décrit, dans son *Prodromus*, trente-sept espèces d'*Onobrychis*, qui sont des espèces européennes ou asiatiques, à feuilles imparipinnées, à fleurs rouges ou blanchâtres, et disposées en épis au sommet de pédoncules longs et axillaires. Ces espèces sont distribuées en quatre sections établies principalement d'après les considérations que présente le fruit, et nommés *Eubrychis*, *Hymenobrychis*, *Dendrobrychis* et *Echinobrychis*. Nous ne parlerons ici que de l'espèce principale, *Onobrychis sativa*, L., vulgairement nommée Esparcette ou Sainfoin cultivé. Ses tiges sont un peu droites, hautes d'environ un pied; garnies de folioles lancéolées, cunéiformes, mucronées, glabres. Ses fleurs, d'une couleur purpurine plus ou moins claire, sont disposées en épis allongés. Cette Plante croît spontanément sur les collines crétacées et sèches de l'Europe. On le cultive dans toute l'Europe, à cause de l'excellent fourrage qu'elle fournit. (G..N.)

SAINT-GERMAIN. BOT. PHAN. Variété de Poires. (B.)

SAINTE-NEIGE. BOT. PHAN. L'un des noms vulgaires du Chiendent dans le midi de la France. (B.)

* **SAJOR.** BOT. PHAN. *V.* BRÈDES. Ce nom malais de Sajor, qui désigne le *Plukenetia volubilis*, est étendu à beaucoup d'autres Plantes; ainsi SAJOR CALAPPA est synonyme de Cycas, SAJOR SONGA de Verbesine biflore, etc. (B)

SAJOU. *Cebus.* MAM. Noms génériques adoptés par la plupart des auteurs modernes pour désigner les Sapajous proprement dits. *V.* SAPAJOU. (IS. G. ST.-H.)

SAKEN. MOLL. Et non *Sakem.* Espèce de Pourpre dont Adanson (Voy. au Sénég., pl. 7, fig. 1) a décrit l'Animal. C'est le *Purpura hœmastoma* de Lamarck. *V.* POURPRE. (D..H.)

* **SAKHALINE** ou **SAKHALM.** OIS. Espèce du genre Bécasse. *V* ce mot. (DR..Z.)

SAKI. *Pithecia.* MAM. Genre de Singes géopithèques ou Sagouins. *V.* ce mot. (IS. G. ST.-H.)

* **SAKKAH.** OIS. *V.* DAGHA.

* **SALABERTIA.** BOT. PHAN. (Necker.) Syn. de Tapiria d'Aublet. *V.* ce mot. (B.)

SALACIA. BOT. PHAN. Genre de la famille des Hippocratéacées, et de la Triandrie Monogynie, L., offrant les caractères suivans : calice divisé profondément en cinq segmens ; corolle à cinq pétales insérés sur le calice par un onglet large? ; disque urcéolé, charnu, placé entre les pétales et le pistil ; trois étamines insérées sur le disque, dont les filets sont larges et connivens à la base, portant des anthères adnées et à deux loges écartées ; ovaire triloculaire, polysperme, portant un style épais et très-court ;

baie arrondie, renfermant plusieurs graines ovoïdes, coriaces. Ces caractères sont tirés de ceux que Du Petit-Thouars (*Veg. Afric.*, 1, p. 29, tab. 6) a imposé à son genre *Calypso* qui a été réuni au *Salacia*, ainsi que le *Tontelea* d'Aublet ou *Tonsella* de Schreber, Vahl, etc. Mais ces caractères conviennent-ils bien à toutes les espèces qu'on a rassemblées dans le genre *Salacia?* C'est ce qu'il n'est pas permis de décider d'après les simples descriptions.

Le *Salacia chinensis*, L., est un Arbrisseau à rameaux anguleux, lisses, très-étalés, garnis de feuilles pétiolées, ovales, très-entières, un peu aiguës, assez semblables à celles du Prunier. Ses fleurs sont rassemblées par paquets dans les aisselles des feuilles, et portées sur des pédoncules uniflores. Cet Arbrisseau croît en Chine et en Cochinchine. Les autres espèces décrites par les auteurs sous les noms d'*Hippocratea* et de *Tonsella*, croissent dans les divers pays chauds du globe. Ainsi le *Salacia Calypso*, De Cand., *Prodr.*, 1, p. 571; *Calypso*, Du Petit-Th., *loc. cit.*, est indigène de Madagascar, ainsi que l'*Hippocratea madagascariensis* également placé dans ce genre par De Candolle. Le *Tontelea scandens* d'Aublet, et l'*Hippocratea multiflora*, Lamarck, sont indigènes de Cayenne. Enfin, on trouve en Afrique, les *Salacia africana* et *senegalensis*. (G..N.)

SALACIE. *Salacia.* POLYP. Genre de l'ordre des Sertulariées, dans la division des Polypiers flexibles, ayant pour caractères : Polypier phytoïde, articulé; cellules cylindriques, longues, accolées au nombre de quatre, avec leurs ouvertures sur la même ligne, et verticillées; ovaires ovoïdes tronqués. Ce genre ne contient qu'une espèce à tige comprimée, légèrement flexueuse, peu rameuse, roide et cassante, supportant des rameaux formés de cellules longues et cylindriques, accolées quatre à quatre, ayant leurs ouvertures sur la même ligne, comme verticillées et un peu saillantes; souvent cette ouverture paraît située à côté des tubes. Les rameaux sont placés sur la partie plane de la tige; leurs divisions, toujours alternes, offrent dans leur longueur une ou deux articulations; les ovaires presque sessiles, souvent axillaires, quelquefois épars, ressemblent à un vase antique. La substance du Polypier est cornée; sa couleur, fauve terne.

Nous avons rapporté textuellement sur ce genre les considérations exposées par Lamouroux dans son Histoire des Polypiers coralligènes flexibles. Nous ferons remarquer cependant qu'après avoir étudié, pour la rédaction de cet article, le genre *Salacia*, dans sa belle et riche collection que possède la ville de Caen, nous n'avons pu y apercevoir les cellules accolées quatre à quatre, et comme verticillées, que Lamouroux indique, et que le dessin qu'il en a donné exprime: Il nous a semblé voir des cellules allongées, à ouvertures un peu saillantes, situées les unes au-dessus des autres sur les deux côtés des rameaux, opposées et séparées par un axe continu, creux, à peu près de même grosseur qu'elles. Il nous semble que ce genre, très-distinct par la description, ne l'est pas autant dans la nature, et que l'espèce que Lamouroux y rapporte pourrait bien être une Sertulaire à cellules très-allongées et opposées, ou mieux encore, d'après la distinction qu'il a établie entre les vrais Sertulaires ou à cellules alternes, et les Sertulaires à cellules opposées ou Dynamènes, une espèce de ce dernier genre. (E. D..L.)

* SALADANG. MAM. Ce nom est donné par les naturels de Limun, dans l'île de Bornéo, au *Tapirus Malayanus* de sir Raffles. Ce rare et précieux Animal est appelé *Gindol* à Manna, *Babi-Alu* à Bencoolen, dans l'île de Sumatra, et *Tennu* à Malacca. *V*. TAPIR. (LESS.)

SALADE. BOT. PHAN. Ce nom, qui est plus du domaine du jardinage et de la cuisine que de celui de la botanique, a été étendu, comme spécifiquement vulgaire, à divers Végétaux; ainsi l'on a appelé :

SALADE DE CRAPAUD, le *Montia fontana*.

SALADE DE MOINE ou de CHANOINE, la Valérianelle ou Mâche potagère.

SALADE DE CHOUETTE, le *Veronica Beccabunga*, L.

SALADE DE GRENOUILLE, diverses Renoncules aquatiques.

SALADE DE MATELOT, le Spilanthe.

SALADE DE PORC, l'*Hyoseris radicata*.

SALADE DE TAUPE, le Pissenlit, etc. (B.)

SALADELLE. BOT. PHAN. L'un des noms vulgaires du *Statice Limonium* dans certains cantons de la Provence. (B.)

SALAGRAMAN. MOLL. FOSS. Syn. indou de Corne d'Ammon. *V*. AMMONITE. (B.)

SALAMANDRE. *Salamandra*. REPT. BAT. Genre de la famille des Urodèles, caractérisé par un corps arrondi que termine une queue cylindracée dépourvue de crêtes membraneuses; ayant quatre pates latérales de même grandeur, non palmées, avec quatre doigts dépourvus d'ongles; les mâchoires armées de dents nombreuses et petites, ainsi que le palais qui en supporte deux rangées longitudinales; des pustules parotides, comme chez les Crapauds; les œufs y éclosent dans l'oviducte. Ce sont des Animaux disgracieux, pesans, inoffensifs, lucifuges, qui habitent les lieux frais et humides, et qui ne se tiennent dans l'eau que pour y déposer leurs Têtards qui sont munis de branchies. Les jeunes Salamandres ne vivent que très-peu de temps dans cette ichthyomorphie. Le genre dont il est question n'est plus qu'un démembrement de celui qu'avait indiqué Linné sous le même nom, comme une coupe de son vaste genre *Lacerta*. On en a séparé les Tritons. *V*. ce mot.

Il transsude de toute la surface pustuleuse des Salamandres une humeur blanchâtre, gluante, d'une odeur forte, et d'une saveur très-âcre, dit-on, qui leur sert de défense contre plusieurs Animaux qui seraient tentés de les dévorer : ce caractère d'abjection est leur sauvegarde. C'est surtout lorsqu'on les tourmente et qu'on les expose sur des charbons ardens qu'elles cherchent à écarter d'elles par toutes sortes de contorsions, qu'on les voit s'envelopper de cette humeur muqueuse qui les garantit durant quelques instans de la brûlure. De-là cette opinion reçue de toute antiquité, que ces Animaux vivaient non-seulement dans l'eau et dans la terre, mais encore dans le feu. Ils peuplaient, disait-on, les fleuves enflammés des enfers. Ce préjugé date du temps d'Aristote, et rien n'est moins raisonnable. Pline, renchérissant sur les absurdités dont l'antiquité surcharge l'histoire des Salamandres, les dévoue à l'anathême, parce qu'en infectant de leur venin tous les Végétaux d'une vaste contrée, elles peuvent, à ce qu'il prétend, causer la mort de nations entières. Les Salamandres sont des Animaux faibles, craintifs, stupides, et qui n'ont jamais causé la mort de qui que ce soit, si ce n'est des Insectes, des Lombrics et des petits Mollusques terrestres dont ils se nourrissent. On dit qu'elles mangent aussi l'humus, ou terre végétale. Elles paraissent être sourdes et conséquemment muettes; leur allure est stupide, marchant toujours droit devant elles, quel que soit le danger qui les menace; elles s'arrêtent, et redressent leur queue pour peu qu'elles se sentent attaquées; de là le préjugé qui, dans certains cantons de la France méridionale, a fait croire que cette queue était venimeuse, et qui valut aux Salamandres si improprement le nom vulgaire de Scorpion. Peu d'Animaux ont la vie aussi dure; on peut les frapper et les mutiler sans qu'elles paraissent en trop souffrir; mais les plonge-t-on dans le vinaigre ou dans l'alcohol, ou les saupoudre-t-on de sel ou de tabac, elles meurent presque sur-le-champ. L'anatomie des Salamandres a été faite avec soin, particulièrement par le docteur Funk qui a publié sur celle de l'espèce vulgaire un excellent travail enrichi de bonnes planches. On y voit que la composition osseuse de la tête ressemble à celle des Grenouilles, à quelques variations près dans le crâne, qui n'offre point d'os en ceinture à sa partie antérieure. On compte quatorze vertèbres de la tête au sacrum, et de trente à quarante à la queue. L'attache du bassin se trouve indifféremment, selon les individus, à la quinzième ou à la seizième vertèbre; les côtes sont si courtes, qu'elles semblent plutôt n'être que de simples apophyses transverses; leur nombre est de douze. Le sternum n'existe que rudimentairement dans une sorte d'ébauche cartilagineuse. L'épaule est remarquable par la soudure de ses trois os en un seul, etc. Le cerveau est très-petit et n'égale pas même en volume le diamètre de la moelle épinière qui est composée de deux cordons nerveux, enveloppés d'une même membrane très-mince d'où sortent les nerfs spinaux. Il paraît que les olfactifs sont très-développés, ce qui indiquerait chez les Salamandres un odorat très-fin en compensation de l'obtusité de leurs autres sens. La langue y jouit de peu de mobilité; le cœur est renfermé dans un péricarde plus ou moins globuleux; on n'y reconnaît qu'une seule oreillette et un ventricule. Les globules du sang y sont ovoïdes et comparativement beaucoup plus gros que ceux de l'Homme et de la plupart des Mammifères. Il en est de même des Zoospermes observés dans les mâles, et qui sont, comme on peut s'en convaincre dans les planches de ce Dictionnaire où nous les avons fait représenter, d'une taille très-considérable. Les testicules sont placés le long de la colonne vertébrale, et se trouvent cachés par les poumons, la rate, le foie, le canal intestinal et l'estomac; le plus souvent ils sont au nombre de six, et quelquefois seulement de quatre; ils sont unis entre eux par le canal vasculaire. Le pénis, quoiqu'on ait cru le reconnaître, pourrait bien n'y pas exister; il est bien certain du moins qu'il n'y a pas d'accouplement réel entre les deux sexes, mais la liqueur fécondante ayant pénétré dans les organes génitaux des femelles, qui sont ovovivipares, les œufs éclosent intérieurement, de sorte que les petits, ayant commencé leur existence de Têtards dans le sein de la mère, n'ont plus que des pates à acquérir lorsqu'ils naissent.

Nous avons observé par nousmême au moins quatre espèces très-distinctes de Salamandres en Europe, bien que certains zoologistes, qui paraissent n'avoir eu occasion de voir, dans le peu de cantons de la France où ils se promenèrent, que la Salamandre commune, veuillent que toutes les autres n'en soient que des variétés. Ces espèces sont : 1° la grande Salamandre terrestre ou commune, *Salamandra maculosa* de Laurenti, Encycl. méth., pl. 11, fig. 3; *Lacerta Salamandra*, L., si souvent décrite et figurée; la plus grande, la plus répandue, qui est toute noire dans ses parties supérieures, avec de grandes taches jaunes sur deux rangées, et d'un bleuâtre livide en dessous. On la trouve dans les bois obscurs, dans les recoins des caves humides, sous les grosses pierres et les racines, au bord des fontaines et des fossés. 2°. La Salamandre noire, *Salamandra atra* de Laurenti, de moitié plus petite que la précédente, noirâtre et sans tache en dessus, jaunâtre en dessous. Celle-ci, plus rare en France, est assez commune dans les lieux montueux de l'Allemagne méridionale. 3°. La Salamandre funèbre, *Salamandra funebris*, N., un peu plus courte que la première espèce, qui atteint jusqu'à huit pouces au moins, et proportionnellement plus épaisse, avec sa queue plus grêle quoique terminée de la même manière; elle est d'un brun foncé, uniforme sur le dos. Cette couleur s'affaiblit sur les côtés pour devenir d'un gris sale sous le ventre, avec quelques points noirâtres ou blanchâtres épars sur les flancs. Nous avons rencontré cette espèce dans les parties découvertes et les plus chaudes de l'Andalousie, au voisinage de mares dans lesquelles nous n'en voyions point, mais dont les bords leur offraient sans doute quelque asile durant le jour. Sortant la nuit de leurs retraites, ces bêtes venaient se faire écraser stupidement par douzaines en s'approchant du feu de nos bivouacs qui les attiraient, et dans lesquels on les eût vues probablement entrer d'elles-mêmes si nos gens ne s'étaient divertis à les y pousser; elles y résistaient quelques instans, ce qui ne manqua point d'accréditer parmi quelques cavaliers espagnols qui faisaient partie de la colonne sous nos ordres, la réputation d'incombustibilité de ce qu'ils appelaient *Salamanquesas*, et qu'ils finissaient pourtant par voir rôtir. 4°. La Salamandre variée, *Salamandra variegata*, N. Celle-ci, assez commune aux environs de Bordeaux, est plus petite que la première et plus grande que la seconde, moins lourde surtout que la troisième; sa queue conserve tant soit peu de compression; une ligne d'un rouge orangé plus ou moins vif règne sur la carène de cette queue et le long du dos; il y en a quelquefois de semblables sur les côtés. Le ventre est rougeâtre, poli; les flancs sont d'un noir livide, le dessus de la tête et du dos d'un vert plus ou moins terne et tout pustuleux. On la trouve sous les pierres le long des fossés, ou dans les haies sombres.

Parmi les Salamandres exotiques, plusieurs habitent l'Amérique septentrionale où Palisot de Beauvois et Bosc en ont chacun décrit une espèce nouvelle. Thunberg en a trouvé une espèce au Japon, où les habitans lui supposent des propriétés médicinales, ce qui fait qu'on en trouve communément des individus desséchés et préparés pour le commerce, chez les apothicaires du pays. (B.)

SALAMANDRE PIERREUSE. MIN. On a quelquefois donné ce nom à l'Amianthe. *V.* ce mot.   (B.)

SALANGANE. OIS. Espèce du genre Hirondelle. *V.* ce mot.   (DR..Z.)

SALANGUET. BOT. PHAN. Syn. vulgaire de *Chenopodium maritimum*.
(B.)

SALANX. POIS. Sous-genre d'Esoce. *V.* ce mot.   (B.)

SALAR. MOLL. (Adanson.) Syn. de Cône Tulipe.   (H.)

SALARIAS. POIS. Sous-genre de Blennie. *V.* ce mot.   (B.)

SALAXIS. BOT. PHAN. Ce genre, de la famille des Ericinées et de l'Octandrie Monogynie, L., a été constitué par Salisbury et adopté par Willdenow, avec les caractères essentiels suivans : calice à quatre folioles irrégulières; corolle campanulée, à quatre divisions; huit étamines; un stigmate dilaté, pelté; capsule drupacée, à trois loges et à trois graines. Willdenow (*Enum. Plant.*, 1, p. 415) a décrit trois espèces de ce genre sous les noms de *Salaxis arborescens*, *S. montana* et *S. abietina*. Elles croissent à l'île de Mascareigne d'où elles ont été rapportées par Bory de Saint-Vincent. Ce sont des Plantes frutescentes, à feuilles ternées, linéaires; à fleurs latérales ou terminales, et qui ont tout-à-fait le port des Bruyères.   (G..N.)

SALBANDE. MIN. Ce mot, emprunté de l'allemand, s'applique aux deux surfaces qui limitent un filon et le séparent de la Roche environnante. Les deux parois de cette Roche, qui regardent les Salbandes, sont désignées sous le nom d'Epontes. *V.* FILONS.   (G. DEL.)

SALDE. *Salda.* INS. Genre de l'ordre des Hémiptères, section des Hétéroptères, famille de Géocorises, tribu des Longilabres, établi par Fabricius aux dépens du grand genre *Cimex* de Linné, et adopté par Latreille avec ces caractères : corps court, large pour sa longueur. Tête transversale, un peu triangulaire, plus large que le corselet; yeux grands, très-saillans, rejetés sur les bords latéraux du corselet, et dépassant de beaucoup le bord postérieur de la tête. Deux ocelles peu distincts, placés sur la partie postérieure du vertex à la jonction de la tête avec le corselet. Antennes filiformes, grossissant un peu vers l'extrémité; à peine de la longueur de la tête et du corselet pris ensemble, composées de quatre articles; le premier court, dépassant à peine l'extrémité de la tête; le second le plus long de tous; les troisième et quatrième égaux entre eux, à peu près de la longueur du premier; le dernier plus gros que les autres, fusiforme. Bec long, de quatre articles, renfermant un suçoir de quatre soies. Corselet presque carré, non rebordé; écusson assez grand, triangulaire. Élytres de la largeur de l'abdomen; celui-ci composé de segmens transversaux dans les mâles; ses avant-derniers segmens rétrécis dans leur milieu, posés obliquement et en forme de chevrons brisés, le dernier s'élargissant et s'étendant dans son milieu vers la partie moyenne du ventre dans les femelles. Pates assez fortes; cuisses simples; tarses de trois articles, le premier plus long que les deux autres pris ensemble; crochet des tarses fort. Ce genre se distingue des Lygées, Myodoques, Pachymères, etc., par des caractères faciles à saisir et tirés de la forme du corps, de la tête et des pates; il se compose d'un assez petit nombre d'espèces toutes propres à l'Europe, et parmi lesquelles nous citerons la *Salda grylloides* de Fabricius; *Acanthia grylloides*, Wolff, *Icon. cimic.*, tab. 5, fig. 41, figurée dans l'Encyclopédie, pl. 374, fig. 5.   (G.)

* SALDITS. BOT. PHAN. On ignore quelle Plante de Madagascar Flacourt désigne sous ce nom de pays.   (B.)

* SALE. POIS. Espèce du genre Holacanthe. *V.* ce mot.   (B.)

SALEP. bot. phan. On donne ce nom aux bulbes desséchés d'Orchis que le commerce nous apporte de l'Asie-Mineure et de la Perse. Un grand nombre d'espèces produisent ces bulbes, mais il paraît que l'*Orchis mascula* est la plus abondante. Le Salep du commerce est en morceaux ovales, d'une couleur jaune blanchâtre, quelquefois à demi-transparens, cornés, très-durs, inodores ou doués d'une faible odeur, d'un goût semblable à celui de la gomme Adraganth. Ils sont composés presque entièrement de matière féculante, et conséquemment très-propres à faire des bouillies épaisses qui sont en grande réputation chez les médecins, et surtout chez les habitans des contrées orientales comme analeptiques, c'est-à-dire pour restaurer les forces épuisées ; mais ce que l'on a dit des propriétés aphrodisiaques du Salep est un pur préjugé enraciné dans l'esprit des Orientaux, peuples très-ignorans qui cherchent, par tous les moyens possibles, à se procurer les facultés viriles que l'abus des jouissances a détruites, et qu'ils ne peuvent certainement pas recouvrer à l'aide d'une drogue aussi innocente que le Salep. Depuis long-temps, Geoffroy, Retzius et d'autres auteurs de pharmacologie ont attiré l'attention des économistes sur la facilité qu'on aurait de préparer du Salep avec les bulbes des espèces d'Orchis, qui croissent si abondamment dans nos bois et nos prés, et ils ont donné la manière de préparer ces bulbes, de manière à les rendre parfaitement identiques avec le Salep des Orientaux. Pour cela, on choisit les plus gros bulbes, on les nettoie en râclant la peau extérieure, on les fait macérer d'abord quelque temps dans de l'eau chaude, puis l'on porte celle-ci jusqu'à l'ébullition ; on les enfile ensuite dans des ficelles, et on les fait sécher en les exposant à un air chaud et sec. Ainsi desséché, le Salep peut être réduit en poudre, qui se dissout dans l'eau bouillante, forme une gelée que l'on rend plus agréable par l'addition du sucre et de divers aromates.   (G..N.)

* SALGAN. mam. Espèce du genre Lièvre. *V.* ce mot.   (B.)

SALHBERGIA. bot. phan. Necker a proposé sous ce nom un genre fondé sur quelques espèces de *Gardenia* décrites par Thunberg, mais qui ne paraît pas suffisamment caractérisé.   (G..N.)

SALICAIRE. *Lythrum.* bot. phan. Genre qui a donné son nom à la famille des Salicariées, et qui offre pour caractères : un calice monosépale, tubuleux, strié, offrant à son sommet de quatre à six dents séparées par des sinus d'où s'élèvent d'autres dents plus étroites, subulées, quelquefois en forme de cornes ; une corolle de quatre à six pétales qui naissent du sommet du calice ; les étamines en même nombre ou plus souvent en nombre double des pétales, sont insérées au milieu ou vers la base du calice. L'ovaire est surmonté par un style filiforme que termine un stigmate simple et capitulé. Le fruit est une capsule allongée, recouverte par le calice, à deux loges contenant chacune un assez grand nombre de graines attachées à un trophosperme épais et saillant. Les espèces de ce genre, au nombre d'environ une quinzaine, sont des Plantes herbacées ou sous-frutescentes, ayant des feuilles entières et opposées, des fleurs disposées en épis terminaux ou réunies à l'aisselle des feuilles.

Plusieurs des espèces de ce genre croissent en France et dans les autres parties de l'Europe. Telles sont entre autres la Salicaire commune, *Lythrum Salicaria*, L., jolie Plante vivace qui élève ses longs épis de fleurs roses au-dessus des autres Plantes qui croissent dans les prés et sur le bord des ruisseaux ; la Salicaire à feuilles d'Hysope, *Lythrum Hyssopifolia*, L., très-commune dans les lieux humides et sablonneux de presque toute l'Europe, etc., etc.   (A. R.)

SALICARIÉES. *Salicariæ.* bot.

PHAN. Ce nom a été donné par Jussieu (*Gener. Plant.*, 330) à une famille de Plantes qui a pour type le genre Salicaire. Plus tard, ce célèbre botaniste (Dictionn. des Scienc. nat.) a décrit la même famille sous le nom de Lythrariées qui a été adopté par De Candolle, soit dans le Mémoire particulier qu'il a publié sur cette famille (*Mem. Soc. Genev.*, 3, pl. 2, p. 65), soit dans le troisième volume de son Prodrome. Néanmoins cette famille n'ayant pas été décrite au mot LYTHRARIÉES, dans ce Dictionnaire, nous devons en traiter ici. Les Salicariées se composent de Plantes herbacées, très-rarement sous-frutescentes à leur base; leurs feuilles sont simples, entières, opposées ou alternes, sans stipules; leurs fleurs sont axillaires ou forment des épis terminaux ou des espèces de grappes. Le calice est monosépale, tubuleux ou campanulé, offrant de trois à six divisions séparées par des sinus qui, quelquefois, se prolongent en dents ou cornes. Ces divisions calicinales sont généralement rapprochées, en forme de valves avant l'épanouissement de la fleur. La corolle, qui manque quelquefois, se compose de pétales en même nombre que les lobes du calice et qui sont insérés à sa partie supérieure; ils sont généralement très-caducs. Les étamines, attachées au calice au-dessous des pétales, sont ou en même nombre, ou double, triple ou même quadruple des pétales; quelquefois aussi ils sont moins nombreux. Le pistil se compose d'un ovaire libre à deux ou quatre loges contenant chacune plusieurs ovules attachés à des trophospermes axiles. Le style est simple, terminé par un stigmate capitulé et à peine lobé. Le fruit est une capsule mince, enveloppée par le calice qui persiste, à deux ou quatre loges séparées par des cloisons très-minces qui, se détruisant facilement, font paraître la capsule à une seule loge. Elle s'ouvre ordinairement en un nombre variable de valves; les graines, insérées à des trophospermes saillans, se composent d'un embryon droit sans endosperme, immédiatement recouvert par le tégument propre de la graine.

Le professeur De Candolle, *loc. cit.*, a divisé les genres de la famille des Salicariées, ou Lythrariées, en deux tribus, de la manière suivante :

Ire Tribu : SALICARIÉES.

Lobes du calice distincts ou rapprochés en valves avant la floraison; pétales rarement nuls, alternes avec les divisions du calice, et insérés au haut du tube; étamines attachées au-dessous des pétales; graines dépourvues d'ailes. Plantes herbacées ou sous-frutescentes :

Rotala, L.; *Cryptotheca*, Blume; *Suffrenia*, Bellard; *Ameletia*, D. C.; *Peplis*, L.; *Ammannia*, Houst.; *Lythrum*, Juss.; *Cuphea*, Jacq.; *Acisanthera*, Browne; *Pemphis*, Forster; *Heimia*, Linck et Otto; *Diplusodon*, Pohl; *Physocalymna*, Pohl; *Decodon*, Gmel.; *Nesœa*, Commers.; *Crenea*, Aubl.; *Lawsonia*, L.; *Antherylium*, Rohr.; *Dodecas*, L.; *Ginoria*, Jacq.; *Adenaria*, Kunth; *Grieslea*, Lœfl.

IIe Tribu : LAGERSTROEMIÉES.

Lobes du calice valvaires; pétales nombreux; graines ailées. Arbres ou Arbrisseaux.

Lagerstrœmia, Willd.; *Lafoensia*, Vand.

Cette famille a les plus grands rapports avec celle des Onagres, dont elle diffère surtout par son ovaire libre et non infère.   (A. R.)

SALICASTRUM. BOT. PHAN. (Pline.) Probablement le *Solanum Dulcamara*, L.   (B.)

SALICINÉES. *Salicineæ.* BOT. PHAN. L'une des familles établies dans la grande tribu des Plantes amentacées. Elle offre les caractères suivans : fleurs unisexuées et dioïques, formant des chatons globuleux ou ovoïdes, ou cylindriques et allongés. Dans les fleurs mâles, on trouve une écaille de forme variable sur laquelle sont insérées les étamines dont le nombre varie d'une à vingt-quatre. A la base des étamines, on observe fréquemment une autre écaille glanduleuse, creusée quelquefois en forme de coupe ou de calice. Les fleurs femelles se composent également d'une écaille, à la base interne de laquelle est attaché un pistil fusiforme, uniloculaire, contenant plusieurs ovules insérés à deux trophospermes pariétaux qui occupent surtout le fond de la loge. Le style est très-court, surmonté de deux stigmates bipartis. Quelquefois la base du pistil est embrassée par une sorte de calice cupuliforme, analogue à celui qu'on observe assez souvent dans les fleurs mâles. Le fruit est une petite capsule ovoïde, allongée, terminée en pointe à son sommet, s'ouvrant en deux valves dont les bords rentrans simulent quelquefois une capsule biloculaire. Les graines, qui sont fort petites, sont environnées de longs poils soyeux.

Les Salicinées sont de grands Arbres, des Arbrisseaux ou plus rarement de petits Arbustes rampans qui croissent en général dans les lieux humides, sur les bords des ruisseaux et des rivières. Leurs fleurs s'épanouissent en général avant que les feuilles commencent à se montrer. Celles-ci sont simples, alternes, et accompagnées de stipules. Les deux seuls genres *Salix* et *Populus* composent cette petite famille. *V.* PEUPLIER et SAULE.
(A. R.)

SALICOQUES. *Carides.* CRUST. Tribu de l'ordre des Décapodes, famille des Macroures, établie par Latreille, et renfermant des Crustacés que les Grecs avaient distingués sous les noms de *Caris* et de *Crangon;* ce sont ceux qu'on appelle vulgairement *Crevettes, Salicoques,* etc. Ils ont pour caractères essentiels : le corps d'une consistance moins solide que celui des autres Décapodes, quelquefois même assez mou, arqué ou comme bossu, ce qui leur a encore valu le nom de *Squilles bossues.* Les antennes qui sont toujours en forme de soies, sont avancées; les latérales sont fort longues, et les intermédiaires, ordi-

nairement plus courtes, ont leur pédoncule terminé par deux ou trois filets sétacés et articulés. Lorsqu'il y en a trois, un de ces filets est plus petit et souvent recouvert par l'un des deux autres; les yeux sont très-rapprochés, presque globuleux et portés sur un pédicule très-court. La face supérieure du pédoncule des antennes mitoyennes offre, dans la plupart, une excavation qui reçoit la partie inférieure de ces organes de la vue; l'extrémité antérieure du test s'avance presque toujours entre eux et cette saillie; il a la forme d'un bec ou d'un rostre pointu, déprimé quelquefois, mais le plus généralement comprimé, avec une carène de chaque côté, et les bords supérieurs et inférieurs aigus, plus ou moins dentés en scie. Les côtés antérieurs du test sont souvent armés de quelques dents acérées, en forme d'épines; les pieds-mâchoires inférieurs ressemblent, dans le plus grand nombre, à des palpes longs et grêles, et même soit à des pieds, soit à des antennes. Les quatre pates antérieures sont, dans beaucoup d'espèces, terminées par une pince double ou une sorte de main didactyle; deux de ces pates, ordinairement la seconde paire, sont doublées ou pliées sur elles-mêmes. Le carpe de cette seconde pince, et quelquefois celui des deux dernières, à l'article qui précède immédiatement la pince, offre dans plusieurs cette particularité que l'on n'observe point dans les autres Crustacés; il paraît comme divisé transversalement en un nombre variable de petits articles, ou annelé. La troisième paire de pates est elle-même quelquefois, comme dans les Pénées, en forme de serres; dans plusieurs, cette troisième paire est plus courte que les deux dernières : en général, on n'a pas fait assez d'attention à ces différences dans les longueurs relatives des pates. Les segmens du milieu de la queue sont dilatés sur les côtés; elle se termine par une nageoire en forme d'éventail, ainsi que dans les autres Macroures, mais le feuillet du milieu est plus

étroit, pointu ou épineux au bout;
son dos est armé, dans plusieurs, de
quelques petites épines; les fausses
pates, ou pates caudales, sont allongées et souvent en forme de feuillets.

Ces Crustacés sont assez recher-
chés, et on en fait une grande consommation dans toutes les parties du
monde; on les sale même quelquefois afin de les conserver et de les
transporter dans l'intérieur des terres. Tous les Salicoques habitent les
mers de nos côtes : la Méditerranée
en offre beaucoup.

Latreille (Fam. natur. du Règne
Anim.) divise la tribu des Salicoques
ainsi qu'il suit :

I. Test généralement ferme, quoique mince; une forme de corps analogue à celle des Ecrevisses, et la base
des pieds dépourvue d'appendices ou
n'en ayant que de très-petits.

1. Les six pieds antérieurs didactyles.

Genres : Pénée et Stenope.

2. Les quatre pieds antérieurs, au
plus, didactyles.

A. Pieds antérieurs parfaitement
didactyles.

a. Pinces non divisées jusqu'à leur
base; carpe non entaillé en manière
de croissant.

* Antennes intermédiaires à deux
filets.

† Pieds réguliers (les deux de chaque paire semblables).

— Pieds-mâchoires extérieurs non
foliacés et ne recouvrant point la
bouche.

Genres : Alphée, Hippolyte,
Pontonie et Autonomée.

—— Pieds-mâchoires extérieurs foliacés, recouvrant la bouche.

Genres : Gnatophylle, Hymé-
nocère.

†† Pieds antérieurs dissemblables,
l'un de la même paire didactyle,
l'autre simple.

Genre : Nika.

** Antennes intermédiaires à trois
filets.

Genres : Palémon, Lismate,
Athanas.

β. Pinces divisées jusqu'à leur base,
ou mains formées uniquement de
deux doigts réunis à leur base; carpe
lunulé.

Genre : Atye.

B. Pieds antérieurs monodactyles
ou imparfaitement didactyles (les
deux doigts étant à peine visibles);
antennes intermédiaires à deux filets.

Genres : Égéon, Crangon, Pan-
dale.

II. Corps mou et très-allongé; des
appendices sétiformes et très-distincts
à la base de leurs pieds.

Genre : Pasiphée. *V.* tous ces articles à leurs lettres ou au Supplément.   (G.)

* SALICOR. polyp. Espèce du
genre Cellaire. *V.* ce mot.   (D.)

SALICOR. bot. phan. Les Soudes
et autres Plantes maritimes, dont on
obtient sur certains rivages des sels
par incinération, reçoivent collecti-
vement ce nom qui désigne cependant
le *Salsola Kali* plus particulièrement,
et même le *Salicornia herbacea.* (B.)

SALICORNE. *Salicornia.* bot.
phan. Genre de la famille de Chénopodées et de la Monandrie Monogynie, L., offrant les caractères suivans : calice ou périanthe entier,
ventru, persistant, presque tétragone,
formé par le rebord squamiforme
des articulations; une à deux étamines dont les filets sont subulés, plus
longs que le calice, terminés par des
anthères droites, oblongues, biloculaires; ovaire supère, ovale, oblong,
surmonté d'un style simple, très-
court, terminé par un stigmate bifide; fruit pseudosperme, recouvert
par le calice renflé. Ce genre se compose d'environ vingt espèces qui
croissent dans les lieux maritimes ou
dans les vastes plaines imprégnées de
sel marin des diverses contrées du
monde. Les steppes de la Russie et
de la Sibérie, l'Arabie, les bords de

la Méditerranée, sont les pays où l'on a découvert le plus grand nombre d'espèces. Les Salicornes sont des Plantes herbacées et sous-frutescentes, d'un aspect fort triste, dont les tiges sont ordinairement très-ramifiées, dépourvues de feuilles, composées d'articulations tronquées, portant à leurs extrémités les fleurs qui sont disposées en épis nus. La distinction des espèces de Salicornes offre beaucoup de difficultés, et leur synonymie est en général extrêmement embrouillée. Le *Salicornia herbacea*, par exemple, a reçu plus de douze noms spécifiques différens. Cette Plante, que l'on peut considérer comme type du genre, était nommée *Kali* par les anciens botanistes. Elle croît en abondance sur les bords de la Méditerranée et de l'Océan dans les terrains fangeux; on la retrouve dans les marais salés de la Lorraine. C'est une des Plantes qui fournissent par incinération le plus d'Alcali ou de sous-carbonate de Soude. Elle est recherchée avec avidité par les troupeaux, et ce pâturage donne à leur chair une saveur fort estimée. Les Anglais et quelques autres nations qui habitent le littoral de l'Océan, font confire les jeunes rameaux de cette Plante dans du vinaigre, et s'en servent pour assaisonnement dans les salades. (G..N.)

SALICOT. crust. Même chose que Salicoque. *V.* ce mot. (B.)

* **SALICOTTE.** bot. phan. Syn. de Soude commune en certains cantons maritimes. (B.)

SALIE. ins. Pour Salius. *V.* ce mot. (B.)

SALIENTIA. mam. La petite famille formée sous ce nom par Illiger renferme seulement les deux genres Potoroo et Kanguroo. *V.* ces mots. (B.)

* **SALIERNE.** bot. phan. (Gouan.) Variété d'Olivier à fruits ronds. (B.)

SALIETTE. bot. phan. Les Conyses ont reçu quelquefois ce nom vulgaire. (B.)

SALIGOT. bot. phan. L'un des noms vulgaires de la Macre. (B.)

SALIMORI. bot. phan. (Rumph, Amb. 3, pl. 76). Syn. de *Cordia Sebestena.* (B.)

* **SALINDRE.** min. Nom cité par Kirwan, et donné anciennement à une variété de Grès, renfermant des grains calcaires. (G. DEL.)

SALINES. min. C'est le nom que l'on donne aux différentes exploitations du chlorure de Sodium, autrement dit Sel gemme ou Sel marin, soit qu'on l'extraye en masse du sein de la terre où il constitue quelquefois de véritables mines, soit qu'on le retire à l'aide de l'évaporation naturelle ou artificielle des eaux de la mer, de celles d'un grand nombre de lacs et d'une infinité de sources dans lesquelles il est tenu en dissolution. Le Sel gemme, ou la Soude muriatée solide, forme dans l'intérieur de la terre des bancs d'une puissance souvent considérable, que l'on exploite par des galeries entièrement taillées dans le Sel, et soutenues par des piliers réservés dans la masse même du Minerai. C'est ainsi qu'il se présente dans les mines célèbres de Wieliczka et de Bochnia en Pologne, du comté de Chester en Angleterre, et de Vic dans le département de la Meurthe en France. *V.* SOUDE MURIATÉE. On extrait le Sel de la mer et des lacs salés de deux manières : 1° par la seule évaporation naturelle; 2° par l'évaporation naturelle combinée avec l'évaporation artificielle. Dans le premier cas, on pratique sur le bord de la mer des marais salans : ce sont des bassins étendus et peu profonds, que l'on remplit d'eau à marée haute, ou par le moyen d'une écluse; cette eau, y présentant une vaste surface à l'évaporation, se concentre par l'effet de la chaleur salaire, et surtout par celui de certains vents, et dépose sur le sol tout le Sel qu'elle ne peut plus tenir en dissolution. On retire ce Sel et on le met en tas sur les bords, pour le faire égoutter et sécher, puis on le soumet au raffinage. Dans la seconde manière d'extraire le Sel des eaux de la mer, on établit sur le rivage une vaste esplanade de sable que le flot doit submerger dans les hautes marées des nouvelles et des pleines lunes ; ce sable s'imprègne de Sel , et, dans l'intervalle des marées , on en ramasse la surface en tas, puis on la lave avec de l'eau de mer que l'on sature ainsi de Sel marin. On décante cette eau pour la séparer du sable, et on l'évapore ensuite dans des chaudières par le moyen du feu. On se sert aussi dans quelques Salines, pour concentrer l'eau de la mer, de bâtimens de graduation, comme ceux qui sont en usage dans les exploitations de sources salées. Ces sources , qui existent dans un grand nombre de lieux à la surface de la terre, où on les voit sortir des terrains analogues à ceux qui renferment les bancs de Sel gemme , ne contiennent pas généralement tout le Sel qu'elles peuvent dissoudre. On concentre alors leurs eaux par un procédé peu dispendieux, qui consiste à favoriser leur évaporation naturelle, en faisant en sorte qu'elles présentent à l'air le plus de surface possible. Pour cela , on les élève par des pompes à une assez grande hauteur, et on les laisse retomber sur des piles de fascines où elles se divisent à l'infini et éprouvent une évaporation considérable. On répète la même manœuvre un grand nombre de fois sur la même eau pour l'amener au degré de concentration nécessaire. On appelle cette opération *graduer l'eau*, et les ateliers que l'on construit à cet effet se nomment des *bâtimens de graduation*. L'eau amenée au degré de salure convenable est conduite dans de grandes chaudières plates et carrées, composées de feuilles de tôle réunies par des clous rivés. On achève de l'évaporer par le moyen du feu , et l'on recueille le Sel qui se précipite au fond du bain.   (G. DEL.)

SALIQUIER. BOT. PHAN. Syn. de Cuphée. *V*. ce mot.   (B.)

SALISBURIA. BOT. PHAN. *V*. GINKGO.

*SALITE. MIN. Même chose que Sahlite. *V*. ce mot.   (G. DEL.)

*SALITRE. MIN. Syn. de Manganèse sulfatée.   (G. DEL.)

SALIUNCA. BOT. PHAN. Syn. antique de Nard celtique, *Valeriana celtica*, L.   (B.)

SALIUS. INS. Fabricius (*Syst. Piezat.*, p. 124) a désigné sous ce nom un genre nouveau d'Hyménoptères qui renferme trois espèces, le *Pompilus sex-punctatus* de l'Entomologie systématique, et deux autres espèces rapportées de Barbarie par Rehbinder. Ce genre paraît voisin des Sphex; Fabricius le place entre ses *Joppa* et ses *Banchus*.   (AUD.)

SALIX. BOT. PHAN. *V*. SAULE.

SALKEN. BOT. PHAN. C'est un nom vulgaire, dans les possessions hollandaises de l'Inde, d'une Plante de la famille des Légumineuses , décrite et figurée par Rhéede (*Hort. Malab.*, vol. 8, tab. 46) sous le nom de *Tsjeria-Cametti-Valli*, et dont Adanson a formé un genre qui n'a pas été adopté.   (G..N.)

SALLES. MAM. *V*. ABAJOUES.

SALLIAN. OIS. Syn. de Jabiru, et non de l'Autruche de Magellan , comme il est dit par Sonnini dans Déterville. *V*. CIGOGNE.   (DR..Z.)

*SALMACIDE. *Salmacis*. PSYCH. Genre de la famille des Conjuguées, dans l'ordre des Arthrodiés, du règne intermédiaire dont nous avons proposé l'établissement sous le nom de Psychodiaire (*V*. ce mot), et dont les caractères consistent en des filamens simples , cylindriques , légèrement muqueux au tact, où la matière colorante est disposée par séries de corpuscules hyalins disposées dans l'intérieur du tube en filamens qui affectent la figure de spirales plus ou moins serrées et diversement variées, jusqu'à l'instant où l'accouplement de deux filamens ayant eu lieu, ces spirales élégantes s'oblitèrent, pas-.

sent des articles d'un filament dans ceux de l'autre, pour former dans l'article fécondé un seul propagule que nous soupçonnons devoir être un Zoocarpe (*V.* ce mot). Le genre Salmacide, formé dès long-temps par nous, se trouvait faire partie du *Zygnema* des auteurs, qui, en adoptant le genre *Conjugata* de Vaucher, avaient reconnu la nécessité d'en changer le nom; mais ce genre Conjuguée ou Zygnème, qui est devenu depuis une famille entière, nécessitait une réforme, et nous y proposâmes dans un Mémoire lu à l'Académie des Sciences en 1820, quatre coupes sous les noms de *Leda, Tendaridea, Salmacis* et *Zygnema*. Nos désignations mythologiques, fondées sur des analogies que diverses personnes ont jugées être assez heureuses, n'ont pas trouvé grâce devant Agardh, qui, appelant *Mougestia* (*V.* ce mot) le démembrement auquel nous avions conservé le nom de *Zygnema*, réserva ce nom primitif aux trois autres genres qu'il laissa encore confondus au mépris des caractères si tranchés qui les distinguent. Vu l'antériorité et la convenance, nous concevons le genre Salmacide et la désignation qui rappelle l'un de ses principaux caractères. On sait qu'une Nymphe ainsi appelée, éprise d'ardent amour pour Hermaphrodite, s'élança sur ce bel adolescent lorsqu'il se baignait dans un clair ruisseau, et, s'enlaçant dans ses bras, ne fit plus avec lui qu'un seul être. De même, dans le genre d'Arthrodiés qui nous occupe, deux filamens distincts, étrangers l'un à l'autre jusqu'à l'instant où se font pour eux sentir sous les eaux les aiguillons de l'amour, se recherchent, se joignent, et, se confondant par divers points de jonction, s'identifient l'un avec l'autre pour ne plus former qu'un même tout. Nos Salmacides abondent dans l'eau des mares et des ruisseaux; mais il faut que cette eau soit pure, tranquille et fraîche. Leurs filamens s'y développent d'abord dans le fond, comme si l'obscurité leur convenait. Essentiellement

simples, ils s'y superposent en beaucoup plus grand nombre, et offrent alors, étant visibles à l'œil nu et longs de plusieurs pouces, quelque rapport avec la disposition stratiforme qu'affectent les Oscillaires. Les masses qui résultent de leur intrication devenant assez considérables, finissent par flotter en masses souvent bulleuses, et qui furent, dans plusieurs de ces Flores faites avec tant de légèreté, du nombre de ce que les botanistes peu versés en cryptogamie appelaient *Conferva bullosa*. Les filamens des Salmacides sont en général plus gros que ceux des autres Conjuguées, et d'un vert plus intense, souvent tirant sur le bleu noirâtre. Quand ils sont réunis en très-grand nombre, et de façon à composer des masses très-serrées, ils tendent par leur extrémité à s'élever en faisceaux souvent pointus à la surface des eaux; ils sont alors très-muqueux au toucher, et se collent aux doigts qui les veulent saisir. Ils adhèrent étroitement au papier sur lequel on les prépare, y deviennent luisans et cassans, n'y changent guère de couleur, et ne reprennent pas l'apparence de la vie quand on les remouille. La différence d'aspect ne suffit pas pour établir de bons caractères spécifiques, quand on veut en récolter des échantillons qui puissent offrir quelque utilité à l'observation. Il faut avoir soin d'en dessiner sur le papier même où on les prépare, quelques détails faits d'après des grossissemens proportionnels à la grosseur des espèces qui varient beaucoup. Le nombre des lignes en spirales qui, selon ces espèces, est d'un, de deux, de trois et même de quatre, la forme cylindrique ou aplatie de ces lignes, fourniront les caractères les plus certains. On a tenté de chercher des caractères spécifiques dans la forme et la longueur des articles, c'est-à-dire des espaces compris entre deux cloisons valvulaires internes, sans réfléchir que cette distance était variable et subordonnée au développement des spires. Nous en avons dès long-temps averti les observateurs qui n'en tiennent nul compte, et qui par conséquent marchent d'erreurs en erreurs. Ces mêmes micrographes, obstinés à mesurer les rapports de la distance des valvules au diamètre des filamens, s'amusent aussi à fonder des espèces sur la mesure de ce diamètre rigoureusement comparée à l'échelle de graduation qu'ils se font sur leur porte-objet. N'ont-ils donc jamais réfléchi que la grosseur d'un filament doit varier selon ses âges? Que diraient-ils du botaniste qui ferait autant d'espèces des Asperges d'une même couche, parce que l'une d'elles aurait dix-huit lignes de circonférence, une autre douze, une troisième six, et qu'une quatrième enfin ne serait pas plus grosse qu'une plume d'oie? Les eaux douces de France nourrissent six ou sept espèces de Salmacides bien caractérisées, dont on pourra faire autant d'espèces qu'on voudra en les différenciant par leur diamètre, l'allongement ou le raccourcissement des articles, par le volume et la régularité des corpuscules colorans, enfin par les dessins fort variés et souvent très-élégans qu'affectent leurs spirales. Le mécanisme de ces spirales est dans l'intérieur des tubes absolument analogue à celui de ces spirales en fil de fer qu'on met dans des cylindres de fer-blanc sous une bougie qui les comprime et qu'elles poussent en avant à mesure que la bougie se consume. Nous citerons comme exemple : 1°. Salmacide brillante, *Salmacis nitida* (*V.* pl. de ce Dictionnaire, Arth., fig. 10); *Conferva nitida* de la Flore danoise, et probablement les *Conferva scalaris*, *conjugata* et *setiformis* de Roth. La plus grande de toutes, et l'une des plus communes, que sa belle couleur d'un vert obscur et la manière dont elle se déploie en masses flottantes fait quelquefois ressembler colossalement à l'Oscillaire ténioïde (*V.* T. xii, p. 468); elle diffère surtout de la suivante, avec laquelle elle paraît être confondue par Agardh, en ce qu'elle contient

trois séries spirales qui, dans la jeunesse des filamens, sont tellement serrées que ces filamens en sont entièrement opaques, et qu'on n'y peut discerner ni cloisons ni dessins divers, et alors la Plante paraît formée de segmens étroits comme ceux dont se compose l'Oscillaire, de laquelle nous lui trouvons le port. 2°. Salmacide principale, *Salmacis princeps*, N. ; *Conjugata princeps*, Vauch., pl. 4; *Conferva jugalis* de la Flore danoise, confondue évidemment avec la précédente sous le nom de *Zygnema nitidum* par Agardh, *Syst. Alg.*, p. 82, qui a fait de sa Plante un pot-pourri synonymique. Celle-ci, peut-être encore plus grosse que le *Nitida*, ne présente que deux séries de spirales intérieures. 3°. Salmacide rhomboïdale, *Salmacis rhomboïdalis*, N. Le *Conferva rhomboidalis* de notre premier Mémoire de l'an V, sur les Conferves, fort bien représenté par Vaucher, pl. 5, fig. 4, sous le nom impropre d'*adnata*, p. 70; le *Conferva decinima* ne paraît en être qu'une variété. Les deux séries spirales forment ordinairement deux et quelquefois trois figures parfaitement rhomboïdales dans chaque article; sa couleur est un peu moins sombre que celle des précédentes, et peut-être la plus belle de la végétation ; on dirait le vert le plus brillant et le plus vif de la porcelaine. 4°. Salmacide quinine, *Salmacis quinina*, N.; *Conferva quinina* de Muller; *Conjugata condensata* de Vaucher, pl. 5, fig. 2, dont Agardh a fait deux espèces distinctes en réunissant la suivante. Un seul filet spiral y forme comme deux V accolés l'un à l'envers, l'autre à l'endroit dans chaque article; d'où résulte, quand il n'y a pas solution de continuité dans leur succession, un zig-zag souvent très-également régulier d'un bout à l'autre du filament. 5°. Salmacide porticale, *Salmacis porticalis*, N., *Conferva porticalis* de Muller; *Conjugata porticalis*, Vauch., pl. 5, fig. 1, dans laquelle un seul filament spiral forme des séries de figures linéaires dont les lignes de jambages arrondis par le haut, donnent une idée assez juste sur certaines exemples par lesquels les maîtres d'écriture ont coutume de faire exercer les commençans. 6°. Salmacide jaunâtre, *Salmacis lutescens*, N., qu'il ne faut pas, comme Agardh, confondre avec la suivante; belle espèce très-muqueuse qui forme des touffes d'un vert jaune, souvent aussi brillantes que de l'or, devenant d'un jaune pur par la dessiccation, et dans les filamens de laquelle le microscope montre un seul filet spiral, fort aplati en ruban, et assez semblable, à la couleur près, au ruban qu'on distingue dans le corps des Naïdes (*V.* ce mot). 7°. Salmacide allongée, *Salmacis elongata*, N.; *Conjugata elongata*, Vauch., pl. 6, fig. 1-8; 8°. Salmacide enflée, *Salmacis inflata*, N.; *Conjugata inflata*, Vauch., pl. 5, fig. 5. Ces deux dernières, qui ne renferment qu'un seul filet spiral, sont très-grêles et soyeuses; leur finesse les fait paraître comme des masses nébuleuses où l'on ne distingue que très-difficilement les filamens à l'œil nu.

Les diverses espèces de Salmacides se rencontrent souvent confondues dans les mêmes marais et mêlées toutes ensemble dans un même amas; alors on serait tenté de les prendre pour de simples variétés d'âge, si l'on n'avait recours, pour les différencier, au nombre des filets spiraux et à la forme des propagules qui sont diversement ovoïdes ou parfaitement arrondis, plus ou moins gros selon chaque espèce. Nous ne perdrons pas de temps à réfuter l'opinion de ceux qui, ayant probablement surpris des Salmacides au moment où leurs filets spiraux internes s'allongeaient ou se resserraient par un effet purement mécanique, ont imaginé que les corpuscules hyalins qui s'y voient étaient des Animaux en récréation, et qui, d'après ce rêve, ont placé ces Arthrodiés entre leurs Némazoones ou Némazoaires. *V.* ces mots.　(B.)

SALMARINE. pois. *Salmo Sal-*

marinus. Espèce du genre Saumon.
(B.)

SALMASIA. bot. phan. (Necker.) Syn. de Tachibota d'Aublet. *V.* ce mot.　(B.)

SALMÉE. *Salmea.* bot. phan. De Candolle (Catalogue du Jardin de Montpellier, p. 140) a établi sous ce nom un genre qui appartient à la famille des Synanthérées, tribu des Hélianthées. Voici les caractères que Cassini attribue à ce genre : involucre à peu près de la grandeur des fleurs, turbiné, campanulé ou presque cylindrique, formé d'écailles sur plusieurs rangs, régulièrement imbriquées, appliquées, un peu coriaces; les extérieures plus courtes, ovales, obtuses, planes; les intérieures notablement plus longues, oblongues-ovales, obtuses et comme tronquées au sommet, concaves et embrassantes. Réceptacle plus ou moins élevé, cylindracé, garni de petites écailles analogues aux folioles de l'involucre, presque aussi longues que les fleurs qu'elles embrossent. Calathide obovoïde non radiée, composée de fleurs nombreuses, égales, régulières et hermaphrodites. Ovaire comprimé sur les deux côtés, oblong-cunéiforme, un peu tétragone, comme tronqué au sommet, hérissé de longs poils sur ses deux arêtes extérieure et intérieure; aigrette composée de deux dents situées sur les deux arêtes de l'ovaire, continues avec celui-ci, persistantes, aiguës, plus ou moins garnies de poils.

Le genre *Salmea* se rapproche beaucoup du *Spilanthes*, auquel Kunth (*Nov. Gen. et Spec. Amer.*, vol. 4, p. 208) a proposé de le réunir; cependant il s'en distingue suffisamment par la forme de son involucre. Sous ce rapport, il a des affinités apparentes avec le *Bidens*, mais, selon Cassini, il s'en éloigne considérablement par plusieurs autres caractères.

Les espèces de ce genre, au nombre de trois (*Salmea scandens*, *hirsuta* et *curviflora*) sont des Arbrisseaux de l'Amérique équinoxiale, ordinairement décombans, à feuilles opposées, indivises, à fleurs blanches disposées en corymbes paniculés et terminaux.

(G..N.)

* SALMÉLINE. pois. Espèce du genre Saumon, voisine de la Truite.

(B.)

SALMIA. bot. phan. Willdenow (*Hort. Berolin.*) a désigné sous ce nom le genre *Carludovica* de la Flore du Pérou, ou *Ludovia* de Persoon. *V.* ce dernier mot. Cavanilles avait aussi donné le nom de *Salmia* au *Sanseviera* de Thunberg et Willdenow. *V.* Sansevière. Enfin, De Candolle a établi parmi les Synanthérées un genre *Salmea* que quelques auteurs ont écrit *Salmia. V.* Salmée.

(G..N.)

SALMO. pois. *V.* Salmones et Saumon.

SALMONE. pois. Du Dictionnaire de Déterville, pour Saumon. *V.* ce mot.

(B.)

SALMONEA. bot. phan. (Vahl.) Pour *Salomonia. V.* ce mot. (G..N.)

SALMONÉE ou SAUMONÉE. pois. *V.* Truites au mot Saumon.

* SALMONES. pois. Première famille de l'ordre des Malacoptérygiens abdominaux dans la méthode de Cuvier, famille qui n'était que le genre *Salmo* pour Linné, duquel le caractère générique s'est étendu à toutes les Salmones; il consiste dans une première dorsale à rayons mous, suivie d'une seconde petite et adipeuse, c'est-à-dire formée simplement d'une peau remplie de graisse et non soutenue par des rayons. Ce sont, dit l'illustre auteur de l'Histoire du Règne Animal (T. II, pl. 159 et 160), des Poissons écailleux à nombreux cœcums, pourvus d'une vessie natatoire; presque tous remontent dans les rivières, et ont la chair agréable. Ils sont d'une nature vorace. La structure de leur mâchoire varie étonnamment. Leur chair est généralement des plus savoureuses. Les Salmones, quoique étant aujourd'hui considérées comme constituant une famille, ne compo-

sent cependant encore guère qu'un seul genre, où les espèces très-nombreuses sont réparties dans un grand nombre de sous-genres, comme on le verra au mot Saumon. (B.)

* SALMONETTE. pois. (Delaroche.) L'un des noms de pays du *Mullus barbatus. V.* Mulle. (B.)

SALOMONIA. bot. phan. Ce genre, de la famille des Polygalées, a été constitué par Loureiro (*Flor. Coch.*, édit. Willd., 1, p. 18) sur une Plante que les auteurs systématiques ont placée dans la Monandrie Monogynie. Deux nouvelles espèces découvertes par Wallich devront nécessairement faire changer la place de ce genre dans le système sexuel, puisqu'elles ont quatre anthères et des filets monadelphes. Voici au surplus les caractères assignés au genre *Salomonia* par De Candolle (*Prodr. Syst. Veget.*, 1, p. 333) : calice à cinq sépales presque égaux; corolle dont le tube est fendu dans sa longueur ; limbe trifide; la carène cuculliforme; étamines monadelphes à quatre anthères; capsule bilobée, comprimée, ordinairement munie d'une crête ciliée. Le *Salomonia cantoniensis*, Loureiro, *loc. cit.*, *Salmonea cantoniensis*, Vahl, Enum. 1, p. 8, est une Plante herbacée, annuelle, haute de six pouces, à plusieurs tiges, dressées, garnies de feuilles cordiformes, acuminées, entières, glabres, portées sur de courts pétioles. Les fleurs, de couleur violette, forment des épis simples, dressés et terminaux. Cette Plante croît en Chine, près de Canton. De Candolle a publié deux espèces nouvelles qui croissent dans le Napaul, et auxquelles il a donné les noms de *Salomonia edentula* et *Sal. oblongifolia*. Il a en outre ajouté, mais avec doute, à ce genre, le *Polygala ciliata* de Linné, qui croît dans les Indes-Orientales. (G..N.)

* SALMONIDES. pois. Risso, dans le tome troisième de son Histoire naturelle de Nice et des Alpes-Maritimes, propose sous ce nom l'établissement d'une famille qui ne diffère de celle

des Salmones que par la terminaison du mot, et dans laquelle il admet les quatre genres *Salmo, Argentina, Saurus* et *Scolepus*, qu'avec Cuvier nous ne considérons dans le présent Dictionnaire que comme de simples sous-genres. *V.* SALMONES et SAUMON.

(B.)

*SALONTA. BOT. PHAN. Une espèce d'Euphorbe de Madagascar dans Flaccourt.

(B.)

SALPA. MOLL. Ce nom scientifique est celui d'un genre que l'on nomme Biphore dans quelques dictionnaires français. Les Biphores sont connus depuis long-temps; il est à présumer que les voyageurs avaient remarqué les longs rubans de feu qui se dessinent en ondoyant dans la mer, pendant la nuit et qui sont dus à la phosphorescence de ces Animaux, avant que les naturalistes les eussent soumis à leur investigation. Quoique fort remarquables sous plus d'un rapport, ils ne furent pourtant mentionnés d'une manière non équivoque que très-tard, la première fois dans l'Histoire naturelle de la Jamaïque par Browne; il proposa pour eux son genre Thalia que Linné, on ne sait pourquoi, n'adopta pas; mais dans la dixième édition du *Systema Naturæ*, il rassembla dans un seul les genres *Thalia* et *Arethusa* de Browne, sous la dénomination d'Holothurie, ce qui mettait de la confusion à la place de la clarté que Browne avait voulu établir dans leur distinction. Dans la douzième édition, la confusion s'augmenta encore par l'addition, dans ce genre Holothurie, des Animaux que Rondelet nommait ainsi (*V.* HOLOTHURIE); de sorte qu'il présentait l'assemblage vraiment bizarre d'Animaux fort différens. Pallas eut donc raison de le critiquer dans ses Mélanges de zoologie et dans son *Spicilegia* lorsqu'il voulut débrouiller ce chaos. Il proposa de partager les Actinies en deux sortes, celles qui sont fixes et celles qui sont libres; ces dernières n'étaient autres que les Holothuries; mais comme ce nom se trouvait par cela même sans application, il proposa de le donner aux Animaux du genre que Browne avait nommé Thalia, c'est-à-dire aux Biphores.

Forskalh, auquel on doit de fort bons travaux sur plusieurs genres de Mollusques, observa un assez grand nombre de Biphores et proposa un nouvel arrangement pour les Animaux compris par Linné dans son genre Holothurie; d'abord au lieu de laisser ce nom aux Biphores, comme Pallas, il rassembla dans ce genre les Velelles et les Porpites. Il fit des véritables Holothuries un genre qu'il nomma Fistulaire, qui correspond aux Actinies libres de Pallas, et enfin créa le genre Priapus pour les Actinies fixes du même auteur. Le nom d'Holothurie n'eut donc plus pour lui la même application et donna le premier le nom de *Salpa* aux Animaux que Pallas y comprenait, c'est-à-dire aux Thalides de Browne. Malgré l'étude particulière qu'il avait faite des Salpes, Forskalh néanmoins confondit avec elles des Ascidies, ce qui fut probablement l'origine du rapprochement que l'on fit des Biphores et de ces Animaux. Dans la treizième édition du *Systema Naturæ*, Gmelin fit, à l'occasion du genre qui nous occupe, un double emploi qui n'est pas le seul qu'on pourrait lui reprocher; il adopta tout à la fois et le genre Salpa de Forskalh en confondant toujours les Animaux Thalides de Browne avec les Holothuries, et le genre *Dagysa* qui venait d'être créé par Banks et Solander pour un Animal du genre Salpa. Bruguière, sur le prétexte que le nom donné par Forskalh avait appartenu autrefois à un poisson, le changea pour celui de Biphore, tout en donnant dans l'Encyclopédie des caractères mieux circonscrits à son genre, qui lui permirent d'en écarter deux espèces d'Ascidies qui y étaient confondues, comme nous l'avons vu. Bruguière ne laissa pas de faire une faute semblable à celle de Gmelin en admettant en même temps, dans les planches de l'ouvrage que nous venons de citer, et les Biphores et les Thalies de Browne ; Il confondit même avec ce dernier genre les Physales. On ne sait pas quels rapports Bruguière aurait donnés aux Thalies, puisque ce genre n'est mentionné que dans les planches ; quant aux Biphores il les place dans les Vers mollusques dépourvus de tentacules. Nous avons dit à l'article MOLLUSQUE tout ce que cet arrangement avait de défectueux. Les Animaux dont il est question étaient généralement peu connus ; leurs liaisons avec d'autres analogues étaient difficiles à établir ; il n'y a donc rien de bien étonnant que Cuvier, dans son Tableau élémentaire d'Histoire naturelle, en imitant Bruguière quant au double emploi, ait placé d'une manière peu convenable le genre Thalie parmi les Mollusques gastéropodes et les Biphores dans une classe toute différente avec les Ascidies dans les Acéphales nus sans coquille. Du moins Cuvier avait conservé ces deux genres dans les Mollusques ; Lamarck ne fit pas de même dans son Système des Animaux sans vertèbres (1801). On trouve bien des Biphores dans la classe des Acéphalés nus ; mais il faut chercher les Thalies parmi les Radiaires mollasses. Bosc, peu de temps après, démontra d'une manière évidente le double emploi de Gmelin, Bruguière, etc., et donna quelques nouveaux détails sur les Biphores qu'il avait vus pendant son voyage en Amérique. De nouveaux renseignemens, ainsi que de nouveaux matériaux, furent rapportés par Péron de son voyage aux Terres Australes. Des Animaux conservés dans la liqueur, déposés par ce voyageur au Jardin du Roi, furent anatomisés par Cuvier qui publia à leur sujet un excellent Mémoire dans les Annales du Muséum. Il confirma l'opinion de Bosc, et il ajouta une anatomie qui mit hors de doute pour le plus grand nombre des zoologistes, que les Biphores par leur organisation se rapprochent plus des Acéphales que de tout autre type d'Animaux. Roissy adopta cette opinion et sut profiter du bon travail de

Cuvier lorsqu'il traita ce genre dans le Buffon de Sonnini ; Lamarck lui-même, comme le prouvent les Tableaux de sa Philosophie zoologique, la partagea d'abord pour l'abandonner seulement dans son dernier ouvrage, après l'avoir reproduite une seconde fois dans l'Extrait du Cours. Ce respectable savant, après avoir admis les Biphores dans la section des Acéphales nus de ses précédentes méthodes, abandonna tout-à-fait cette opinion, et dans son dernier ouvrage fit avec les Ascidiens et les Salpiens une nouvelle classe, les Tuniciers (*V.* ce mot) qu'il considéra comme formant un type d'organisation intermédiaire entre les Radiaires et les Vers. A l'exception de Lamouroux dans l'Encyclopédie et de Latreille dans ses Familles naturelles du Règne Animal, nous ne connaissons aucun zoologiste qui ait adopté la manière de voir de Lamarck. Cependant avant les trois ouvrages que nous venons de mentionner avait paru un travail très-important sur les Ascidies par Savigny; là se trouve confirmée d'une manière évidente la justesse des rapports assignés au Biphore par Cuvier, et d'après cela nous cherchons en vain à nous rendre compte des motifs qui ont déterminé Lamarck à proposer ce nouvel arrangement. Le travail de Savigny a été reproduit quant à la classification dans les Tableaux systématiques de Férussac; le genre Biphore avec ses deux sous-genres constitue à la fois la dernière famille de la classe des Ascidies, les Thalies (*V.* ce mot). Enfin Blainville, dans son Traité de Malacologie, établit dans les Ascidies deux familles ; la seconde, celle des Salpiens (*V.* ce mot), partagée en deux sections, contient dans la première le genre Biphore et dans la seconde le genre Pyrosome qui se trouve de cette manière plus en rapport avec le premier que dans les méthodes précédentes. Plusieurs travaux, quoique moins généraux que les précédens, ne laissent pas que d'avoir un grand intérêt par un grand nombre d'observations qui y sont répandues ; ce sera donc avec fruit qu'on consultera le Mémoire de Home, une dissertation de Chamisso qui est fort importante, le chapitre qui traite de ce genre par Quoy et Gaimard, dans le Voyage autour du monde par la corvette l'Uranie, et enfin des renseignemens anatomiques donnés par Van-Hasselt et par Kuhl. C'est à l'aide de ces matériaux auxquels il faut joindre l'article *Salpa* du Dictionnaire des Sciences naturelles de Blainville, que l'on pourra se faire une idée, si ce n'est complète, du moins assez satisfaisante de l'anatomie des Biphores et des rapports qu'ils ont avec d'autres Animaux analogues.

Les Biphores sont des Animaux cylindroïdes, transparens, gélatineux, plus ou moins allongés, tronqués ordinairement aux deux extrémités, composés d'une enveloppe extérieure subcartilagineuse ou membraneuse que l'on nomme le manteau, et d'une autre partie ou corps qui paraît pouvoir s'en détacher facilement, comme l'observe Chamisso; de sorte que cette partie extérieure, d'après ce que dit ce savant, serait plutôt un corps excrété, que la véritable peau. Celle-ci formerait alors l'enveloppe même du corps proprement dit ; elle est munie de bandes transverses plus épaisses ; quelques personnes croient que ce sont des bandes musculaires ; d'autres, et entre autres Quoy et Gaimard, affirment que ce sont des réseaux vasculaires. Les deux voyageurs que nous citons ayant vu sur le vivant sont assez dignes de confiance. D'après des Animaux conservés dans la liqueur, Blainville avoue qu'il est impossible de se décider. Cette membrane, quoique moins épaisse que le corps extérieur, s'en distingue cependant assez bien et s'en détache facilement. Les Biphores ont reçu leur nom des deux ouvertures dont ils sont percés ; ces ouvertures terminent antérieurement et postérieurement un canal ouvert dans toute la longueur du corps de l'Animal ; elles appartiennent à la face ventrale. La première ou l'antérieure est la plus grande,

elle est ordinairement ovalaire ou semi-lunaire et pourvue d'une lèvre, sorte d'opercule charnu, pourvu de muscles qui lui sont propres. C'est par cette ouverture que s'introduit l'eau tant pour la respiration que pour la nutrition ; le liquide repasse par l'ouverture postérieure dépourvue le plus souvent de la lèvre operculaire et se terminant quelquefois par un tube peu prolongé. Cette longue cavité viscérale offre à l'intérieur l'organe branchial ainsi que les ouvertures buccale et de l'anus ; elles sont situées assez près l'une de l'autre ; la première est une fente étroite, arrondie, garnie d'un petit bourrelet labial qui, d'après Blainville, serait festonné et même lobé, et le même zoologiste pense que la partie que Savigny décrit comme une seconde branchie pourrait bien n'être autre chose que les appendices labiaux, comme ceux des Lamellibranches. Comme dans ceux-ci, au reste, la bouche conduit presque sans œsophage à l'estomac qui est peu volumineux et enveloppé de toute part par une glande irrégulièrement lobée qui est le foie. L'intestin qui naît de cet estomac est court, il fait plusieurs circonvolutions dans le foie et se porte en arrière pour s'ouvrir dans la cavité viscérale, tout près de son ouverture postérieure. Cette réunion d'organes qui, à cause du foie qui les enveloppe, a une couleur particulière, auxquels il faut joindre le cœur et l'appareil générateur, a été désigné par Forskahl sous le nom de *Nucleus* qui a été généralement adopté. Quoiqu'il n'ait pas une position absolument constante dans toutes les espèces, cependant il est toujours placé postérieurement, et son volume est très-variable selon les espèces ; ainsi les ouvertures de la bouche et de l'anus, qui sont dépendantes de la position du *nucleus*, sont également très-postérieures dans les Biphores.

L'organe de la respiration est fort simple, composé d'un seul feuillet branchial qui s'étend de l'ouverture antérieure de l'Animal jusqu'à la bouche ; elle a la forme d'un triangle scalène dont la base est vers le *nucleus* ; elle est placée perpendiculairement dans la ligne médiane ; dans plusieurs espèces, on distingue sur elle des stries perpendiculaires coupées par d'autres obliques. Cette branchie est soutenue par un canal médian, une sorte de bronche, comme dit Blainville, qui porte sans doute les vaisseaux à la branchie. Savigny dit que ce canal contient une seconde branchie que Blainville n'a pu découvrir ; les autres auteurs n'en parlent pas.

La circulation se fait d'une manière très-singulière et dont on n'a point encore d'exemple parmi les Animaux, si l'on en croit ce que disent Quoy et Gaimard : le cœur placé à la partie supérieure du *nucleus* n'embrasse pas l'intestin comme dans les Lamellibranches. Il est fusiforme et paraît dépourvu de péricarde ; antérieurement, il donne naissance à un tronc unique, fort gros, médian et dorsal, qui est l'aorte ; mais il est triangulaire, et ce qui a droit d'étonner davantage, puisqu'on ne retrouve nulle part rien d'analogue, c'est que ce vaisseau est composé de deux parties semblables accolées qui se désunissent au moindre choc ; dans ce cas alors le sang s'épanche et la vie doit cesser. Ce fait a besoin d'être affirmé par les deux observateurs que nous venons de citer pour être cru. Cette singulière aorte à mesure qu'elle s'avance, fournit des vaisseaux pairs qui paraissent symétriques et qui se distribuent au manteau ; elle se termine antérieurement par trois branches principales, deux latérales qui se contournent autour de l'ouverture antérieure pour se rejoindre ensuite dans le canal branchial, et la troisième moyenne s'infléchit à l'intérieur du canal médian sur la ligne où sont placées les ouvertures buccale et de l'anus, et donne des rameaux au manteau. Tous ces vaisseaux se réunissent de tous les points du corps en une seule veine pulmonaire qui porte le sang au cœur ; de sorte que, d'après les observations

de Quoy et Gaimard, il n'y aurait à chaque impulsion qu'une partie de ce fluide qui aurait été soumise à l'influence de l'organe respiratoire, et qui se mélangeant avec l'autre rentre dans le cœur. Mais un fait très-extraordinaire, relatif à la circulation des Biphores, est le suivant : le cœur se contracte en spirale et chasse par ce moyen tout le sang qu'il contient ; après l'avoir poussé pendant quelque temps dans l'aorte antérieure, il se contracte tout-à-coup dans un sens opposé, le fait entrer dans la veine pulmonaire, et il circule dans tout le corps en suivant une direction inverse à la première et dans les mêmes vaisseaux. Voilà certainement la plus singulière circulation qui existe parmi les Animaux ; aussi quelque garantie d'exactitude que nous présentent les observateurs auxquels nous empruntons ces détails, nous pensons qu'ils ont besoin d'être confirmés pour qu'on les croie sans réserve.

Les organes de la génération sont à peine connus ; cependant on distingue quelquefois autour du *nucleus* un organe granuleux qui est bien probablement un ovaire ; c'est la seule partie que l'on ait pu distinguer. Il est donc bien croyable que les Biphores sont hermaphrodites et que chaque individu se suffit à lui-même comme dans les Lamellibranches. Les Biphores ont la faculté de s'attacher les uns aux autres dans un ordre régulier ; ils peuvent être séparés sans que la vie cesse ; cependant cette chaîne d'individus une fois interrompue ne peut plus se réunir. Il y a des individus qui, dès leur naissance, vivent isolés, et quoique provenant d'une espèce bien caractérisée, cet isolement les modifie d'une telle manière, qu'il est fort difficile de les rapporter à leur véritable type spécifique, à moins que l'on n'ait observé deux générations ; à cet égard il paraît qu'il n'existe pas moins d'anomalie que dans les autres fonctions. Chamisso a observé en effet que les Biphores agrégés donnent naissance à des individus qui ne le sont

6*

jamais, ou vivant isolément, tandis que ceux-ci ne produisent que des Biphores réunis qui à leur tour donnent de nouveau des individus solitaires. Qu'ils soient agrégés ou isolés, les Biphores ne vivent que dans la haute mer et toujours complétement immergés à une profondeur variable ; les mers équatoriales en contiennent bien plus que les autres ; on en trouve aussi dans la Méditerranée, mais il n'est pas certain qu'ils dépassent cette limite vers le nord. Ces Animaux ont une progression lente qui leur est propre ; elle est due au passage de l'eau dans le canal médian ; le liquide actuellement contenu est chassé par l'ouverture postérieure et à l'aide d'une contraction du manteau ; elle ne peut prendre une autre direction, la valvule de l'ouverture antérieure s'y opposant ; la force avec laquelle le liquide est poussé au-dehors détermine le fluide ambiant à devenir un obstacle, et l'Animal s'avance par la même raison que l'Oiseau s'élève et que le Poisson nage ; la sortie de l'eau agissant ici comme une nageoire. Par un mouvement de relâchement du manteau, le canal se remplit de nouveau par l'ouverture antérieure, et une nouvelle contraction détermine un nouveau mouvement en avant de l'Animal. On est convenu, par une comparaison assez juste, de nommer ces contractions alternatives *systole* et *diastole*. On ne connaît rien sur le système nerveux de ces Animaux ; il est à présumer que leur transparence qui s'étend à la plupart de leurs organes, est la cause qui l'a fait échapper jusqu'ici à la recherche des observateurs.

Voici les caractères que Blainville donne à ce genre : corps oblong, cylindracé, tronqué aux deux extrémités, quelquefois à une seule, et d'autres fois plus ou moins prolongé à l'une ou à toutes deux par une pointe conique rarement caudiforme ; les ouvertures terminales ou non ; l'une toujours plus grande, transverse, avec une sorte de lèvre mobile, operculaire ; l'autre plus ou moins tubiforme,

quelquefois fort petite, béante. L'enveloppe extérieure, molle ou subcartilagineuse, toujours hyaline, pourvue d'espèces de tubercules creux faisant l'office de ventouses en nombre et en disposition variables, au moyen desquels les individus adhèrent entre eux d'une manière déterminée pour chaque espèce.

Si le mode d'adhérence était suffisamment connu, ce serait le meilleur moyen de déterminer rigoureusement les espèces ; mais l'observation manque sur un certain nombre, de sorte qu'il est presque impossible de ne pas faire de doubles emplois. Une autre cause bien faite pour augmenter l'embarras, c'est la différence qui existe entre les individus libres et agrégés d'une même espèce. Chamisso s'est vu à cause de cela dans l'obligation de faire une double description pour chaque espèce, exemple qui sera suivi puisqu'il est le seul qui puisse lever tous les doutes. On ne connut d'abord que peu d'espèces dans ce genre ; mais les derniers travaux de Chamisso, et surtout de Quoy et Gaimard, en augmentèrent considérablement le nombre qui est maintenant de plus de trente ; il s'augmentera probablement encore beaucoup.

Dans son Traité de Malacologie, Blainville a porté à huit le nombre des divisions qu'il propose parmi les espèces de Biphores ; l'une d'elles renferme le genre Monophore de Quoy et Gaimard sur lequel il existe encore des doutes (*V.* Monophore). Dans son article *Salpa* du Dictionnaire des Sciences naturelles, il les réduit à cinq ; peut-être deux seraient-elles suffisantes, l'une pour les espèces sans appendices, la seconde pour celles qui en sont pourvues.

† Espèces tronquées aux deux extrémités, s'agrégeant circulairement et ayant l'anus très-éloigné de la bouche.

Biphore pinné, *Salpa pinnata*, L., Gmel., pag. 329, n. 2 ; *ibid.*, Lamk., Anim. sans vert. T. III,

p. 116, n. 2; *ibid.*, Forskahl, *Ægypt.*, pag. 115, n. 51, et Icon., tab. 35, fig. B, b, 1, 2; Brug., Dict. encycl., pag. 180, n. 2, pl. 74, fig. 6, 7, 8; *Salpa cristata*, Cuv., Mém. sur les Moll., fig. 1, 2, 11; Chamisso, Mém., fig. 1 A à 1 I. Des mers de Portugal et de l'océan Atlantique.

†† Espèces tronquées aux deux extrémités; l'anus très-voisin de la bouche; s'agrégeant latéralement et sur deux lignes.

Biphore confédéré, *Salpa confœderata*, L., Gmel., *loc. cit.*, n. 6; Forskahl, *ibid.*, pag. 115, et Icon., tab. 36, A, a; Encycl., pag. 181, n. 6, pl. 75, fig. 2, 5, 4. Se trouve dans la Méditerranée.

††† Espèces subcartilagineuses, à orifices subterminaux, souvent mucronées au moins à une extrémité; agrégation sur deux lignes, les individus de chaque ligne par les extrémités et les deux lignes entre elles par le dos de chaque Animal.

Biphore zonaire, *Biphora zonaria*, Lamk., *loc. cit.*, n. 10; *Holoturia zonaria*, L., Gmel., p. 3142, n. 18; *ibid.*, Pallas, *Spicil. zoolog.*, pag. 26, tab. 1, fig. 17, a, b, c; Encyclop., pl. 76, fig. 8, 9, 10; Chamisso, Mém., fig. 3. La mer des Açores.

†††† Espèces tronquées à l'état solitaire, et pourvues à l'état agrégé d'une longue pointe latérale, opposée à chaque extrémité, d'où résulte une agrégation oblique sur un seul rang.

Biphore géant, *Salpa maxima*, L., Gmel., *loc. cit.*, n. 1; Forskahl, *loc. cit.*, p. 112, n. 30, *Icon.*, tab. 35, fig. a, a.; *ibid.*, Lamk., *loc. cit.*, n. 1; Brug., Encyclop., *loc. cit.*, n. 1, pl. 74, fig. 1 à 5. C'est une des plus grandes espèces du genre; elle a environ huit pouces. La Méditerranée, la mer Atlantique.

††††† Espèces tronquées aux deux extrémités; les orifices terminaux; une paire d'appendices plus ou moins

longs, symétriques à l'extrémité postérieure; agrégation sur deux rangs.

Biphore démocratique, *Salpa democratica*, L., Gmel., *loc. cit.*, n. 3; Forskahl, *loc. cit.*, n. 32, et Icon., tab. 36, fig. 9; Brug., *loc. cit.*, n. 3; Encyclop., pl. 74, fig. 9; *ibid.*, Lamk., *loc. cit.*, n. 3. Très-commun aux environs de l'île Mayorque.

(D..H.)

SALPE. pois. Même chose que Saupe. *V.* ce mot.   (B.)

SALPÊTRE. min. *V.* Nitre et Potasse nitratée.

*SALPHINX. ois. (Gesner.) Nom présumé de l'Agami. *V.* ce mot.

(DR..Z.)

SALPIANTHE. *Salpianthus.* bot. phan. Genre de la famille des Nyctaginées et de la Triandrie Monogynie, L., établi par Humboldt et Bonpland (Plantes équinoxiales, 1, p. 155, tab. 44), et ainsi caractérisé : périanthe ou calice coloré, tubuleux, ayant le limbe plissé, à quatre dents; trois ou quatre étamines saillantes, unilatérales; ovaire surmonté d'un style et d'un stigmate aigu; akène renfermée dans le périanthe persistant. Ce genre a été nommé *Boldoa* par Cavanilles et Lagasca; mais cette dernière dénomination pourrait entraîner quelque confusion avec le *Boldea* de Jussieu, ou *Peumus* de Molina, qui est un tout autre genre. *V.* BOLDEAU.

Le *Salpianthus arenarius*, Humb. et Bonpl., *loc. cit.*; *Boldea lanceolata*, Lagasc., *Nov. gen. et sp. diagn.*, p. 10, est un Arbrisseau sarmenteux, visqueux, répandant une odeur forte et désagréable, rameux; les rameaux inférieurs cylindriques et d'un rouge foncé; les supérieurs couverts d'un duvet très-court, garnis de feuilles alternes ovales-lancéolées, pubescentes-blanchâtres. Les fleurs, dont le périanthe est d'un beau rouge, sont disposées en corymbes à l'extrémité des rameaux. Cette Plante croît sur le littoral arénacé de l'océan Pacifique, près d'Acapulco dans le Mexique.   (G..N.)

* SALPIENS. *Salpacea.* moll. Tel

est le nom que Blainville, dans son Traité de Malacologie, a donné à une famille de ses Hétérobranches (*V.* ce mot); elle rassemble les genres Pyrosome et Biphore (*V.* ces mots), qui, dans l'ouvrage de Savigny, constituaient chacun une famille, les Lucies pour le premier, les Thalides pour le second. Nous croyons que ce n'est pas sans de bons motifs que Blainville a opéré cette réunion qui semble autorisée par des rapports vraiment naturels.　　　　(D..B.)

SALPIGLOSSE. *Salpiglossis.* BOT. PHAN. Genre de la famille des Bignoniacées et de la Didynamie Angiospermie, L., établi par Ruiz et Pavon (*Prodr. Flor. Peruv.*, p. 94, tab. 19), et offrant les caractères suivans : calice à cinq angles, divisé jusqu'au milieu en cinq segmens lancéolés, égaux en longueur, les trois inférieurs fendus plus profondément; corolle très-grande, infundibuliforme, dont le tube est du double plus long que le calice, l'orifice dilaté, campanulé, le limbe étalé, à cinq segmens peu profonds et échancrés au sommet; quatre étamines didynames, incluses dans le tube, insérées sur la base de la corolle, ayant de grandes anthères presque cordiformes, s'ouvrant par le sommet; une cinquième étamine, avortée et réduite à un court filet, existe entre les deux plus longues étamines; ovaire ovoïde, surmonté d'un style de la longueur des étamines, dilaté au sommet et terminé par un stigmate bilobé et comprimé; capsule renfermée dans le calice, ovale, à deux valves, et à deux loges séparées par des cloisons parallèles aux valves, renfermant un grand nombre de graines attachées à un gros placenta central.

Le *Salpiglossis sinuata*, Ruiz et Pav., *Syst. Flor. Peruv.*, p. 165, est une Plante herbacée, haute d'environ deux pieds, à feuilles lancéolées, sinuées-dentées, et à fleurs couleur de sang. Cette Plante croît au pied des collines près de la Conception du

Chili. Une seconde espèce a été décrite et figurée par Hooker (*Exotic Flora,* n. 229) sous le nom de *Salpiglossis straminea ;* elle diffère de la Plante de Ruiz et Pavon par quelques caractères près du style et du tube de la corolle, ainsi que par la couleur de paille qu'offrent ses fleurs, tandis qu'elles sont écarlates dans le *S. sinuata.* Elle est également originaire du Chili, et on la cultive dans quelques jardins d'Angleterre.
　　　　　　　　　　　(G..N.)

* **SALPINGA.** BOT. PHAN. Sous ce nom qui signifie Trompette, Martius et Schrank ont établi un nouveau genre de la famille des Mélastomacées, et qui ne se composait d'abord que d'une seule espèce originaire du Brésil. Il a été publié par De Candolle (*Prodr. syst. Veget.*, 3, p. 112, et Mémoires sur les Mélastomacées, p. 24), qui lui a ajouté trois nouvelles espèces de la Guiane française, où elles avaient été recueillies par Richard et Perrottet. Richard avait pressenti l'établissement de ce nouveau genre, et lui avait même imposé le nom d'*Aulacidium* dans son Herbier. Le genre *Salpinga* est ainsi caractérisé : calice oblong-turbiné très-allongé, à huit ou dix côtes séparées par de profonds sillons, à quatre ou cinq dents larges, courtes et persistantes; corolle à quatre ou cinq pétales lancéolés, aigus et connivens; étamines inconnues ; style court, filiforme, surmonté d'un stigmate orbiculaire ; capsule prismatique à trois angles obtus, libre dans le tube du calice, à trois valves qui, à la maturité, portent chacune une cloison sur le milieu de leur face interne, et laissent au centre un axe ou columelle libre. Les graines sont nombreuses, très-petites, attachées à l'axe par séries, demi-ovales, avec la cicatricule linéaire.

Le *Salpinga secunda* , type du genre, est une Plante sous-ligneuse qui croît dans les forêts ombragées et humides, près de Porto dos Miranhas au Brésil. Les *Salpinga fasciculata, cristata* et *parviflora* sont des

Plantes herbacées annuelles qui crois-sent dans les forêts ombragées de la Guiane française ; leurs rameaux sont cylindracés, un peu comprimés, garnis de feuilles portées sur des pé-tioles assez longs, ovales-acuminées, ciliées et un peu crénelées sur les bords, glabres d'ailleurs, membra-neuses et à trois ou cinq nervures. Les fleurs sont sessiles, unilatéra-les le long des branches de l'axe; elles forment ainsi des épis axillaires ou terminaux qui rappellent assez bien l'inflorescence de plusieurs Borragi-nées.   (G..N.)

SALPINGUS. INS. (Illiger.) Syn. de Rhinosime. *V*. ce mot.   (B.)

SALSEPAREILLE. *Salsaparilla.* BOT. PHAN. Espèce du genre Smilax, auquel certains Dictionnaires ont étendu ce nom. *V*. SMILAX.   (B.)

SALSES. GÉOL. On donne ce nom, ainsi que celui de volcans d'eau, de boue ou vaseux, à des terrains assez circonscrits d'où sortent habituelle-ment et de temps immémorial, à cer-taines époques et d'une manière très-variée, de véritables éruptions de gaz et de terres argileuses délayées. Il ne faut pas confondre ces éruptions des Salses avec les éruptions boueuses qu'ont en plus d'une circonstance vomies les véritables volcans; cepen-dant, comme dans ceux-ci, les Salses finissent par former des monticules et des cônes qui résultent de la consoli-dation de la boue rejetée. Au sommet des cônes se voient des ouvertures en entonnoir, proportionnées en gran-deur à l'importance des Salses. Il s'en élève par intervalle une boue grisâtre qui, s'épanchant par-dessus les bords, concourt à élever de plus le monti-cule, ainsi qu'il arrive au faîte des mamelons volcaniques à cratère. De telles éjections se répandent sou-vent au loin, n'élèvent pas seulement le cône qui les produisit, mais encore le sol, ordinairement en plateau, qui supporte ceux-ci. Du milieu des sortes de cratères des Salses, on voit aussi s'élever de grosses bulles terreuses délayées qui, venant à crever, ont

l'air d'en faire bouillonner la surface, et dégagent du gaz hydrogène ordi-nairement carboné, bitumineux ou sulfuré. Ce gaz s'enflamme par-fois, et la surface des Salses en est passagèrement comme toute brûlante. On a vu les boues poussées par de tels volcans s'élever en gerbes jusqu'à soixante mètres de hauteur, et être accompagnées de détonations, de vent, de sifflemens et de bruits sou-terrains; on dit même qu'il en est résulté de petits tremblemens de terre. Les Salses sont rarement iso-lées; elles sont au contraire assez rapprochées dans les cantons où il s'en forme. On en connaît en beau-coup de parties du monde, et celles de l'Italie, où il en existe beaucoup aux bases septentrionales et méridio-nales de l'Apennin, ont été assez bien observées. Les plus connues sont celles de Parme, de Reggio, de Mo-dène et de Bologne. On en compte dans ces cantons au moins huit grou-pes désignés par les noms des vil-lages les plus voisins. Pline avait mentionné l'une d'elles. Il paraît que celle-ci, qui se trouve aux environs de Sassenlo, offrit à diverses épo-ques des différences très-notables. Les anciens disent qu'elle vomit avec fracas des pierres, de la fauge et de la fumée; récemment elle ne présen-tait qu'une ouverture en coupe très-petite, placée au sommet d'un cône en miniature qui s'élevait à peine à la surface d'un plateau boueux qui en était provenu, et qui n'envahissait guère sur la végétation voisine qu'un espace de cent pieds tout au plus de diamètre. Il arrive ailleurs que les cônes des Salses n'ont pas plus de quinze à vingt centimètres d'éléva-tion, et que leur cratère n'a que quelques pieds de circonférence; ils se font souvent jour à travers des pierres qu'ils détruisent en les recou-vrant de leur boue salée, sur la-quelle nulle Plante ne croît de long-temps.

La Sicile possède près d'Agrigente la Salse la plus célèbre chez les an-ciens; Dolomieu l'a décrite sous le nom de Volcan d'air de Maccoluba. C'est une colline en cône tronqué d'environ cent cinquante pieds d'élévation, composée d'une boue épaisse sur laquelle ne se voit pas la moindre verdure, et où se font jour parfois une multitude de petits cônes qui chacun rejettent leur boue par leur petit cratère. Il s'en dégage aussi une grande quantité de gaz, et dans certaines éruptions de la Salse, des matières terreuses et pierreuses ont été lancées à de grandes distances. On en voit une du même genre dans l'île Taman, qui se trouve jointe à la Crimée entre la mer Noire et la mer d'Azof. On prétend qu'elle a vomi non-seulement de la boue, mais jusqu'à des flammes accompagnées de torrens de fumée. Kæmpfer parle d'une autre Salse sur les bords de la Caspienne dans la presqu'île d'Okorena et non loin de Baku; elle a produit des torrens d'eau salée. Le docteur Horsfield, dans l'Histoire de Java de Raffles, en a décrit une nouvelle qu'il a observée dans cette île. Il en existe à Timor; enfin on en trouve au Mexique près du village appelé Turbaco. Ce dernier lieu est élevé de plus de trois cents mètres au-dessus du niveau de la mer, et le plateau sur lequel existent les cônes de la Salse est encore élevé de quarante ou cinquante mètres de plus. Ces cônes, au nombre d'une vingtaine, ont sept à huit mètres de haut, et sont formés par une boue noirâtre; ils sont surmontés d'une cavité remplie d'eau. Des phénomènes du même genre, mentionnés en d'autres lieux, n'ont pas été assez bien observés pour que nous en parlions ici. Il suffira de dire que tout extraordinaires qu'ils puissent paraître, on ne doit pas leur attribuer des rapports directs avec les volcans, dont l'importance et les vastes effets sont d'une bien autre nature. Les Salses doivent tenir à des dégagemens qui viennent des couches les plus superficielles de la terre, où des infiltrations bitumineuses, des combinaisons chimiques, produites par l'introduction d'une eau saturée de tel ou tel gaz et de la chaleur, suffisent pour produire le boursoufflement d'une Argile délayée. (B.)

SALSIFIS. BOT. PHAN. Ce nom vulgaire du *Scorzonera hispanica* a été appliqué aux espèces du genre *Tragopogon*. *V.* SCORZONÈRE et TRAGOPOGON. (G.-N.)

SALSIGRAME. BOT. PHAN. Syn. de Géropogon dans quelques Dictionnaires. (B.)

* **SALSILLA.** BOT. PHAN. Espèce du genre Alstroémère. *V.* ce mot. (B.)

* **SALSIRORA.** BOT. PHAN. (Thalius.) Syn. de Drosère. *V.* ce mot. (B.)

SALSOLA. BOT. PHAN. *V.* SOUDE.

* **SALSORIE.** BOT. PHAN. L'un des noms vulgaires du *Salsola Tragus*, L., sur les bords de la Méditerranée. (B.)

* **SALTA-MURADA.** POIS. (Delaroche.) Syn. d'*Osmerus Saurus*, Lac., aux îles Baléares. *V.* SAUMON. (B.)

* **SALTIA.** BOT. PHAN. Dans l'Appendice botanique au Voyage de Salt en Abyssinie, R. Brown a indiqué l'existence d'un nouveau genre qu'il a nommé *Saltia*, mais dont il n'a pas donné les caractères. (G.-N.)

* **SALTICUS.** ARACHN. *V.* SALTIQUE.

* **SALTIENNE.** MAM. Espèce du genre Antilope. (B.)

SALTIGRADES. *Saltigradæ.* ARACHN. Araignées-Phalanges de plusieurs naturalistes, tribu de la famille des Aranéides ou Fileuses, ayant pour caractères : pieds propres à sauter; groupe oculaire formant un grand quadrilatère, soit simple, soit double, et dont un plus petit est inscrit dans l'autre; yeux latéraux de devant situés près des angles du bord antérieur du céphalothorax, les deux postérieurs séparés par toute la largeur de cette partie du corps, et opposés aux précédens. Les Araignées de cette tribu marchent conme par saccades, s'arrêtent tout court après avoir fait quelques pas, et se haussent sur les pieds antérieurs. Découvrent-elles un Insecte, une Mouche ou un Cousin surtout, elles s'en approchent doucement, jusqu'à une distance qu'elles puissent franchir d'un seul saut, et s'élancent tout-à-coup sur la victime qu'elles épiaient. Ces Araignées ne craignent pas de sauter perpendiculairement sur un mur, parce qu'elles s'y trouvent toujours attachées par le moyen d'un fil de soie qu'elles dévident à mesure qu'elles avancent; il leur sert encore à se suspendre en l'air, à remonter au point d'où elles étaient descendues, ou à se laisser transporter par le vent d'un lieu à un autre. Plusieurs Saltigrades construisent, entre les feuilles, sous les pierres, etc., des nids de soie en forme de sacs ovales, et ouverts aux deux bouts : ces Arachnides s'y retirent pour se reposer, faire leur mue et se garantir des intempéries des saisons.

Degéer a vu les préludes amoureux des sexes d'une espèce (*Salticus grossipes*). Le mâle et la femelle s'approchaient l'un de l'autre, se tâtaient réciproquement avec leurs pates antérieures et leurs tenailles; quelquefois ils s'éloignaient un peu, mais pour se rapprocher de nouveau; souvent ils s'embrassaient avec leurs pates, et formaient un peloton, puis se quittaient pour recommencer le même jeu; mais il ne put les voir s'accoupler. Il fut plus heureux à l'égard de l'*Aranea scenica*; le mâle monta sur le corps de sa femelle, en passant sur sa tête et se rendant à l'autre extrémité; il avança un de ses palpes vers le dessous du corps de sa compagne, souleva doucement son abdomen, sans qu'elle fît de résistance, et alors il appliqua l'extrémité du palpe sur l'endroit du ventre de la femelle destiné à la copulation. Il vit ce mâle s'éloigner et revenir à plusieurs reprises, et se réunir plusieurs fois à sa femelle; celle-ci, loin de s'y opposer, se prêtait aisément à ce jeu.

Cette tribu se compose des deux genres Erèse et Saltique. *V*. ces mots.   (G.)

SALTIQUE. *Salticus.* ARACHN. Genre établi par Latreille, et ayant pour caractères : huit yeux, formant par leur réunion un grand carré ouvert postérieurement ou une parabole, quatre situés en avant du corselet sur une ligne transverse, et dont les deux intermédiaires plus gros; les autres placés sur les bords latéraux de la même partie; deux de chaque côté, et dont le premier, ou le plus antérieur, très-petit; mâchoires droites longitudinales, élargies et arrondies à leur extrémité; lèvre ovale, très-obtuse ou tronquée à son extrémité; pieds propres au saut et à la course, la plupart robustes, surtout les premiers; ceux des quatrième et première paires généralement plus longs, presque égaux; les intermédiaires presque de même grandeur relative. Ce genre est si naturel, qu'il a été établi dans presque tous les écrits des naturalistes qui ont traité des Aranéides. Aristote (Hist. des Anim., liv. 9, chap. 39, traduct. de Camus) en distingue plusieurs espèces. Lister, dans son Traité des Araignées d'Angleterre, désigne les Saltiques sous le nom d'Araignées-Phalanges ou Araignées-Puces; Clerck les appelle Araignées sauteuses. Geoffroy forme une famille particulière avec ces Araignées et les Lycoses de Latreille. Degéer et Olivier ont suivi l'exemple de Lister et Clerck, et ont formé, avec ces Araignées, leur famille des Phalanges. Fabricius, à l'exemple de Geoffroy, réunit, dans la même section, les Araignées Citigrades et Saltigrades. Linné comprend les Saltiques dans son grand genre Araignée. Scopoli en forme un groupe sous le nom d'Araignées voyageuses qu'il distingue en Vibrantes et en Sauteuses. Enfin, Walckenaer a désigné cette coupe sous le nom d'Atte, *Attus*, que Latreille n'a pas conservé, parce que ce nom ressemble trop à celui d'Atte, *Atta*, que Fabricius a donné à un genre d'Hyménoptères.

Walckenaer partage ce genre en trois familles : les Sauteuses, les Volti- geuses et les Paresseuses; leurs ca- ractères sont fondés sur la grandeur des palpes, sur celle des pates et sur leurs fonctions. La première famille est divisée en deux races, les Courtes et les Allongées; la troisième famille ne renferme qu'une seule espèce in- digène.

Ce genre se compose d'un très- grand nombre d'espèces presque tou- tes propres à l'Europe. Parmi celles que l'on trouve sur les murs des mai- sons à Paris, nous citerons :

La SALTIQUE CHEVRONNÉE, *Salti- cus scenicus*, Latr.; Atte paré, Wal- kenaer; Araignée chevronnière de presque tous les auteurs. Elle est longue de trois à trois lignes et de- mie, noire, avec l'abdomen ovale, allongé, ayant trois bandes blanches demi-circulaires. (G.)

SALUT. POIS. L'un des synonymes vulgaires de Silure. (B.)

SALVADORE. *Salvadora*. BOT. PHAN. Genre de la famille des Ché- nopodées ou Atriplicées, et de la Té- trandrie Monogynie, L., offrant les caractères suivans : calice ou périan- the extérieur court, divisé peu pro- fondément en quatre segmens ovales un peu obtus; corolle (périanthe intérieur) persistante, profondément partagée en quatre segmens roulés en dehors; quatre étamines dont les filets sont droits, de la longueur de la corolle, terminés par des anthères arrondies; ovaire supère, arrondi, surmonté d'un style court, terminé par un stigmate simple, obtus et ombiliqué; baie globuleuse, de la grosseur d'un pois, uniloculaire, ren- fermant une seule graine sphérique, enveloppée d'une tunique calleuse. Ce genre est rapproché des *Rivina* dont il diffère par la présence d'une corolle ou périanthe interne, et par ses graines recouvertes d'une tunique ou enveloppe particulière un peu cal- leuse.

La SALVADORE DE PERSE, *Salva- dora persica*, L.; Lamk., *Illustr.*,

tab. 81; Roxburgh, *Coromand.*, 1, tab. 26, est un Arbrisseau dont les tiges sont glabres, divisées en ra- meaux opposés, cylindriques, un peu pendans, garnis de feuilles op- posées, pétiolées, ovales, oblongues, aiguës, quelques-unes acuminées, glabres à leurs deux faces, entières, lisses, un peu charnues, portées sur de courts pétioles. Les fleurs sont très-petites et disposées en grappes terminales ou axillaires. Cette Plante croît dans les Indes-Orientales, sur les bords du golfe Persique, dans l'Arabie, la Haute-Egypte, et au Sé- négal. Nous l'avons reçue de ce der- nier pays où elle a été trouvée par Le Prieur, zélé botaniste qui par- court en ce moment l'intérieur de l'Afrique. Parmi les nombreux syno- nymes imposés au *Salvadora persica*, nous croyons utile de signaler les suivans : c'est le *Rivina paniculata*, L., *Syst. Veget.*, éd. XV; le *Cissus arborea*, Forskahl, *Descript.*, p. 32; l'*Embelia grossularia*, et l'*Embelia Burmanni*, de Retz; et le *Pella ribe- sioides* de Gaertner, *de Fruct.*, tab. 28, fig. 8. Forskahl dit que les Ara- bes estiment beaucoup cette Plante; qu'ils en mangent les fruits lorsqu'ils sont parfaitement mûrs; que les feuil- les passent pour résolutives, appli- quées en cataplasmes sur les tumeurs; qu'elles jouissent surtout d'une gran- de réputation comme contre-poisons, et qu'elles ont été célébrées dans les poésies arabes.

Loureiro a décrit deux autres es- pèces originaires de la Cochinchine, auxquelles il a donné les noms de *Sal- vadora capitulata* et *S. biflora*. (G..N.)

SALVELINE. POIS. Espèce du genre Saumon. *V*. ce mot. (B.)

*SALVERTIA. BOT. PHAN. Genre de la nouvelle famille des Vochy- siées, et de la Monandrie Monogy- nie, L., établi par Aug. Saint-Hi- laire (Mémoires du Muséum, vol. 6, p. 266), et présentant les caractères suivans : calice divisé presque jus- qu'à la base en cinq lobes à peu près égaux, l'un d'eux muni d'un éperon. Corolle à cinq pétales insérés sur la base des divisions calicinales, les deux supérieurs plus étroits. Une seule étamine fertile, opposée à l'un des pétales inférieurs, formée d'un filet épais et d'une anthère oblongue, très-grande, embrassant le style dans le bouton, déjetée en arrière après l'épanouissement; cette étamine est placée entre deux autres étamines très-petites et stériles. Style grand, en massue, portant un stigmate scutelliforme, adné au côté concave de la partie supérieure du style, oblongue-trigone, velue, à trois valves déhiscentes par le milieu, et à trois loges qui renferment chacune une seule graine linéaire-elliptique, prolongée en aile, dépourvue d'albumen, ayant les cotylédons grands, elliptiques, roulés ensemble en spirale, et la radicule petite supérieure.

Le *Salvertia convallariæodora*, A. Saint-Hilaire, *loc. cit.*; Martius et Zuccharini, *Nov. Gener. et Spec. Brasil.*, 1, p. 152, tab. 93, est un bel Arbre à rameaux épais, remplis d'une substance résineuse, munis de feuilles ovales, obtuses, penninerves, verticillées, ordinairement au nombre de huit par verticille, portées sur des pétioles épais à la base, et dépourvus de stipules. Les fleurs sont grandes, de couleur blanchâtre, avec quelques teintes rougeâtres et violettes (d'après la figure de Martius), répandant une odeur agréable, et disposées en thyrses terminaux. Cet Arbre croît au Brésil dans les champs secs et dans les forêts composées d'arbrisseaux épars, de la province de Minas-Geraes, et d'autres contrées plus australes.   (G..N.)

SALVIA. BOT. PHAN. *V.* SAUGE.

SALVINIE. *Salvinia.* BOT. CRYPT. (*Marsiléacées.*) Ce genre constitue avec l'*Azolla* la section des Salviniées dans la famille des Marsiléacées. Ces deux genres ont en effet beaucoup de rapport par leurs caractères les plus importans. Celui qui nous occupe a été établi par Micheli, et l'espèce qui lui sert de type a été

étudiée avec beaucoup de soin depuis quelques années par Vaucher, Savi fils, Duvernoy, Kaulfuss. Le *Salvinia natans*, la seule espèce européenne et bien connue de ce genre, flotte sur les eaux tranquilles dans l'Italie et dans quelques parties du midi de la France et de l'Allemagne. Sa tige, simple ou peu rameuse, porte des feuilles opposées, oblongues, traversées par une seule nervure, et toutes couvertes de papilles ou de poils courts; elles ne sont pas enroulées en crosses dans leur jeunesse; de cette tige naissent aussi de longues radicelles qui flottent dans l'eau. C'est à l'aisselle de ces feuilles que sont placées par grappes de six à huit les involucres qui contiennent les organes reproducteurs; ces involucres sphériques, uniloculaires, sont recouverts par deux membranes qui sont réunies par des cloisons qui s'étendent de l'une à l'autre, comme les méridiens d'une sphère. L'intervalle de ces membranes est rempli d'air; la membrane externe est recouverte de poils articulés et fasciculés. Parmi ces involucres, il y en a un ou deux à la base de la grappe qui renferment les corps reproducteurs femelles; les autres contiennent des corps que quelques expériences semblent devoir faire considérer comme des organes mâles. Les involucres femelles renferment environ trente à trente-deux semences ovoïdes, portées sur un court pédicelle simple; toutes s'insèrent sur une colonne ou placenta central libre. Leur tissu externe est formé d'une membrane réticulée qui se continue avec le pédicelle; la graine elle-même est formée d'un corps ovoïde, charnu, farineux, qui nous a paru creusé d'une cavité dans son centre; on n'a pas pu jusqu'à présent y découvrir d'embryon, et peut-être toute cette masse est-elle un embryon acotylédon. Lors de la germination, la graine donne d'abord naissance, par la partie opposée à son point d'attache, à une sorte de calotte bilobée; son sommet porte un pédicelle bilobé d'où sort un corps triangulaire que l'on peut considérer comme une sorte de cotylédon ; de la base de ce corps naissent les premières radicelles, et de son échancrure sort la plumule portant les premières feuilles opposées.

On ne peut douter, d'après ces observations, dues d'abord à Vaucher, répétées ensuite par Savi et Duvernoy, que ces corps ne soient les graines des Salvinies.

Les involucres mâles renferment un grand nombre de petits corps globuleux, insérés sur des pédicelles de diverses longueurs, remplissant tout l'involucre, et s'insérant au sommet d'une colonne centrale libre. Chacun de ces globules est formé d'une membrane réticulée, et est remplie, suivant les observations de Savi, d'un liquide parsemé de points globuleux. Cette structure est analogue à bien des égards à celle des grains de pollen. Les involucres commencent à paraître au mois de septembre. Au bout d'un mois, ils sont à l'état le plus parfait ; ils commencent alors à jaunir, se crèvent et tombent au fond de l'eau. Au printemps, vers le mois d'avril, les globules ovoïdes viennent flotter à la surface de l'eau et germent.

. Les premiers auteurs qui ont observé cette Plante, Hedwig en particulier, avaient considéré les poils qui couvrent les involucres comme remplissant les fonctions d'organe mâle ; la différence des deux sortes de globules, ou n'avait pas été observée, ou n'avait pas attiré leur attention. Paolo Savi, qui décrivit avec beaucoup de soin la structure de ces organes, voulut s'assurer, par des expériences directes, du rôle qu'ils doivent remplir, et, présumant que la fécondation ne pouvait s'effectuer qu'après que les graines étaient sorties des involucres, il fit les expériences suivantes : il mit dans des bocaux différens remplis d'eau, 1° des corps elliptiques seuls ; 2° des globules seuls ; 3° un mélange des uns et des autres ; 4° des

involucres entiers des deux espèces. Au printemps, quelques-unes des graines du n° 1 ont monté à la surface de l'eau, mais elles n'ont pas germé. Aucun des globules du n° 2 n'est venu flotter sur l'eau. Les graines elliptiques des n°s 3 et 4 sont presque toutes venues à la surface et ont germé. Ce jeune savant en conclut, 1° que les globules sphériques sont bien des organes mâles, puisque leur présence est nécessaire au développement du germe ; 2° que la fécondation s'opère après la rupture des involucres et la dispersion des deux ordres de globules. Ce mode de fécondation est donc analogue, dans le règne végétal, à ce qui a lieu dans les Poissons et dans quelques autres Animaux où les œufs sont fécondés après leur sortie de l'organe femelle. Duvernoy a fait connaître d'autres expériences qui sembleraient contredire celles de Savi ; mais ces expériences, faites dans des lieux où la Salvinie est difficile à se procurer fraîche, ne nous paraissent pas avoir le degré de précision de celles de Savi, qui, habitant la ville de Pise, dont les environs présentent abondamment cette Plante, a pu les répéter et les faire sur des échantillons intacts et choisis.

Les espèces exotiques de ce genre croissent dans les contrées tropicales et sont peu connues. L'une d'elles, figurée par Aublet et dont les involucres à deux valves sont portés sur une grappe dressée, semblerait constituer un genre nouveau ; mais elle est connue trop imparfaitement pour qu'on puisse rien dire de certain à son égard.   (AD. B.)

* SALVINIÉES. BOT. CRYPT. *V.* MARSILÉACÉES.

SALWEDELIA. BOT. CRYPT. (*Mousses.*) Genre établi par Necker aux dépens du *Bryum* de Linné ; il comprend des espèces de *Tortula*, de *Weissia*, de *Bryum*, etc., et n'a pu par conséquent être adopté. (AD. B.)

SALZKUPFER. MIN. (Werner.) *V.* CUIVRE MURIATÉ.

* SALZWEDELIA. BOT. PHAN. Le genre proposé sous ce nom, dans la Flore de Wétéravie, pour le *Genista sagittalis*, n'a pas été adopté. (G..N.)

* SAMACHEST. BOT. PHAN. *V.* KAFMARGAM.

SAMADERA. BOT. PHAN. (Gaertner.) Syn. de *Niota. V.* ce mot.
(G..N.)

SAMALIE. OIS. Sous ce nom français, Vieillot, dans son démembrement du genre *Paradisæa* de Linné, a créé un genre pour lequel il a conservé le nom scientifique de *Paradisæa*, ayant pour types les Oiseaux de Paradis émeraude et le Magnifique, tandis que les autres espèces sont réparties dans les genres *Parotia, Lophorina* et *Cicinnurus*. Ces Samalies ont pour caractères : bec robuste, convexe en dessus, garni à la base de plumes veloutées, droit, comprimé latéralement, entaillé vers le bout ; plumes hypochondriales très-longues, flexibles, décomposées, ou plumes curtiales médiocres, roides. Ces caractères ne conviennent qu'aux mâles. Mais le genre Samalie devra être conservé sans aucun doute, et les Oiseaux qui le composent placés proche des Merles et non à côté des Corbeaux. *V.* PARADIS. (LESS.)

SAMANDURA. BOT. PHAN. (Linné, Fl. Zeyl.) Syn. de *Niota tetrapetala*, Lamk., suivant les uns, ou d'*Heritiera littoralis*, Ait., suivant les autres.
(G..N.)

* SAMARA. POIS. Espèce du genre Sciæne de Linné.
(B.)

SAMARA. BOT. PHAN. Ce genre, de la Tétrandrie Monogynie, L., avait été placé dans la famille des Rhamnées, mais il en a été retiré pour être colloqué parmi les Myrsinées, et même suivant Rob. Brown quelques espèces qui ont été décrites sous ce nom générique par Swartz, ne différeraient pas du genre *Myrsine*. Le *Rapanea* d'Aublet paraît également devoir rentrer dans ce dernier genre. Voici les caractères essentiels du *Samara*, tel qu'il a été

établi par Linné : calice fort petit, à quatre folioles aiguë ; corolle à quatre pétales sessiles, creusés à leur base d'une fossette longitudinale ; quatre étamines insérées dans cette fossette, à filets longs, sétacés, terminés par des anthères cordiformes ; ovaire supère, ovale, surmonté d'un style saillant, et d'un stigmate infundibuliforme ; drupe arrondie, renfermant une seule graine. Le *Samara læta*, L., Lamk., Illustr., tab. 74 ; *Memecylon umbellatum*, Burmann, *Flor. Ind.*, p. 87 ; *Cornus zeylanica*, Burm., *Thes. zeyl.*, tab. 31, est un Arbre dont les rameaux sont revêtus d'une écorce cendrée ou blanchâtre, à feuilles opposées, médiocrement pétiolées, placées au sommet des rameaux, ovales, obtuses, entières et glabres. Les fleurs occupent la partie inférieure des rameaux au-dessous des feuilles ; elles sont jaunâtres, nombreuses, disposées en petits corymbes très-rapprochés. Cet Arbre croît dans les Indes-Orientales. (G..N.)

SAMARE. *Samara.* BOT. PHAN. Gaertner appelle ainsi un fruit sec, indéhiscent, à une ou deux loges contenant un petit nombre de graines, et dont le péricarpe, mince et membraneux sur ses bords, est souvent prolongé en ailes ou appendices. Tel est le fruit de l'Orme, des Érables, etc. C'est au même fruit que Mirbel donne le nom de *Pteride*, et Desvaux celui de *Pteridion*. (A. R.)

SAMBAC OU ZAMBACH. BOT. PHAN. Espèce du genre *Mogorium*, qui n'est qu'un Jasmin. *V.* ce mot. (B.)

SAMBOUC. BOT. PHAN. On ne sait quel bois odoriférant le compilateur Bomare a voulu désigner sous ce nom. (B.)

SAMBU, SAMBUC ET SAMBUQUIER. BOT. PHAN. Évidemment dérivés de *Sambucus*. Noms vulgaires du Sureau dans le midi de la France. (B.)

SAMBUCUS. BOT. PHAN. *V.* SUREAU.

SAME. POIS. L'un des noms vul-

gaires du *Mugil Cephalus*. *V*. Muge.
(b.)

SAMERARIA. bot. phan. Desvaux (Journ. de Botan., 3, p. 161, tab. 24, f. 6) a élevé, sous ce nom, au rang de genre l'*Isatis armena*, L., dont la silicule est indéhiscente, munie d'une aile large et membraneuse. De Candolle n'en a fait qu'une simple section du genre *Isatis*. *V*. Pastel.
(g..n.)

* SAMETHOUNLE. ois. (Gesner.) Syn. vulgaire du Râle d'eau. *V*. Gallinule. (dr..z.)

SAMIER. moll. Gmelin, dans la treizième édition de Linné, est le seul qui ait mentionné cette Coquille décrite par Adanson (Voy. au Sénég., pl. 8, fig. 14). Il lui a donné le nom de *Murex trigonus*; la disposition de ses varices la ferait placer aujourd'hui dans le genre Triton de Lamarck. *V*. ce mot. (d..h.)

SAMOLE. *Samolus*. bot. phan. Ce genre est placé à la suite de la famille des Primulacées, et dans la Pentandrie Monogynie, L. Il a été ainsi caractérisé par R. Brown (*Prodrom. Flor. Nov.-Holl.*, p. 428) : calice demi-supère, quinquéfide; corolle presque campanulée, à cinq lobes; cinq étamines anthérifères opposées aux segmens du limbe de la corolle, cinq autres étamines alternes et stériles; capsule semi-infère, ovoïde, uniloculaire, à cinq demi-valves, munie d'un placenta central libre; graines nombreuses, fixées à l'autre extrémité de la capsule, composées d'un embryon inclus dans l'albumen, et d'une radicule dirigée vers l'ombilic.

Ce genre diffère des Primulacées par son ovaire infère, du moins à sa base, par ses graines attachées par des cordons ombilicaux à l'autre extrémité de la capsule, et par ses cinq étamines stériles. Il comprend quatre ou cinq espèces qui sont des Plantes herbacées à feuilles alternes, entières, à fleurs terminales, blanches, disposées en grappes ou en corymbes, et dont les pédicelles sont accompa-

gnés à la base ou au milieu d'une bractée. Plusieurs de ces Plantes croissent à la Nouvelle-Hollande, et quelques-unes ont été considérées comme appartenant à un genre distinct des *Samolus*, et qui a été nommé *Sheffieldia* par Linné fils et Labillardière. Ainsi les *Sheffieldia repens*, L., *Suppl.*, et *Sheffieldia incana*, Labillard., *Nov.-Holl.*, 1, pl. 40, tab. 54, sont synonymes de *Samolus littoralis*, R. Br. Le type du genre est le *Samolus Valerandi*, L., Plante dont la tige est dressée, les feuilles radicales, obovées ou oblongues, les fleurs petites, blanches et en thyrse corymbiforme. Cette espèce croît dans les lieux aquatiques de l'Europe; elle se trouve aussi en Amérique, en Afrique, en Asie, à la Nouvelle-Hollande, en un mot, sur presque tous les points de la surface terrestre où certainement elle n'a pas été introduite par le commerce des hommes. De même qu'une foule d'autres Plantes aquatiques, le *Samolus Valerandi* n'a pas de patrie unique primitive; il est aborigène de tous ces lieux si éloignés et séparés par tant de barrières naturelles, mais qui présentent entre eux plus de rapports qu'on ne croit communément, car la température des eaux ou d'un sol humide n'est pas aussi variée d'un pays à un autre que celle des lieux secs, et par conséquent n'apporte pas beaucoup de diversités dans les productions végétales. *V*. Géographie botanique. (g..n.)

SAMOLOIDES. bot. phan. Boerhaave donne ce nom au genre qu'Adanson avait également établi sous le nom de Kreideck. *V*. ce mot. Bomare dit que c'est une Véronique dont on fait usage en thé chez les Anglais.
(b.)

SAMOLUS. bot. phan. *V*. Samole.

SAMPACCA. bot. phan. (Rumph.) Syn. de Michelia. *V*. ce mot. (b.)

SAMSTRAVADI. bot. phan. Nom vulgaire, à la côte du Malabar, de l'*Eugenia racemosa*, L., type du genre *Stravadium* de Jussieu. (g..n.)

SAM

SAM 95

SAMYDE. *Samyda.* bot. phan. Ce genre, qui a donné son nom à la petite famille des Samydées, avait été primitivement établi par Plumier sous le nom de *Guidonia.* Il appartient à l'Icosandrie Monogynie, L., et il offre les caractères suivans : calice campanulé, tubuleux, coloré, persistant, le limbe à cinq ou très-rarement à quatre divisions inégales; corolle nulle; étamines en nombre qui varie de huit à dix-huit, toutes fertiles, courtes, adnées au sommet du tube du calice, à filets larges, membraneux, connés en tube à la base, glabres, libres et cuspidés au sommet, à anthères oblongues, dressées, biloculaires, déhiscentes longitudinalement et à l'intérieur; ovaire supère, sessile, uniloculaire, renfermant plusieurs ovules fixés à des placentas pariétaux, surmonté d'un seul style dressé et d'un stigmate capité; capsule globuleuse-ovoïde, charnue-coriace, uniloculaire, s'ouvrant par le sommet en trois à cinq valves; graines nombreuses, marquées à la base d'un trou ombilical, recouvertes d'un triple tégument, l'extérieur charnu-pulpeux, celui du milieu testacé, fragile; l'intérieur mince, adhérent; l'endosperme est charnu et offre vers sa partie supérieure un embryon inverse. Ces caractères, que nous avons empruntés à Kunth (*Nov. Gener. et Spec. Plant. œquin.* T. v), ne conviennent qu'à une partie des Samydes décrites par les auteurs. Plusieurs ont été confondus avec les *Casearia,* qui se distinguent cependant par un caractère facile à reconnaître, celui des étamines à filets alternativement anthérifères et stériles. Parmi les vraies espèces de *Samyda,* nous citerons les *S. villosa, glabrata,* Swartz, *Flor. Ind. occid.; S. spinulosa,* Venten., Choix de Plantes, tab. 45; et *S. multiflora,* Cavan., *Icon.,* 1, p. 48, tab. 67. Ce sont des Arbrisseaux ou des Arbustes indigènes des Antilles, à rameaux quelquefois spinescens, à feuilles alternes, simples, entières, finement ponctuées, munies de deux stipules pétiolaires. Les pédoncules sont axillaires, uniflores, solitaires ou ramassés en forme d'ombelles. Les fleurs sont blanchâtres, rarement purpurines. (G..N.)

SAMYDÉES. *Samydeæ.* bot. phan. Famille naturelle de Plantes, indiquée d'abord par Gaertner fils (Carp., 3, p. 238-242), établie par Ventenat (Mém. Inst., 1807, 2, p. 142), et adoptée maintenant par tous les botanistes modernes. Le genre *Samyda,* qui est le type de cette famille, avait été laissé par Jussieu parmi ceux dont les affinités n'étaient point assez connues. Voici comment cette famille peut être caractérisée : le calice est monosépale, persistant, souvent coloré, surtout à sa face interne, et offrant de trois à sept divisions plus ou moins profondes. La corolle n'existe pas. Les étamines, dont le nombre varie et est un multiple du nombre des divisions calicinales, sont ou libres, ou plus souvent monadelphes par la base de leurs filets, qui sont insérés sur la paroi interne du calice; quelquefois un certain nombre des étamines avortent et sont réduites à l'état rudimentaire; d'autres fois elles sont accompagnées à leur base d'un appendice lamelliforme, qui constitue une sorte de couronne intérieure; les anthères sont introrses et à deux loges, s'ouvrant chacune par une suture longitudinale. L'ovaire est libre, sessile, et à une seule loge contenant un petit nombre d'ovules attachés à trois trophospermes pariétaux. Le style est simple, terminé par un stigmate simple ou trifide. Le fruit est coriace ou légèrement charnu, à une seule loge, qui s'ouvre incomplétement et par son sommet en trois valves, portant chacune une ou plusieurs graines attachées sur leur face interne. Ces graines, quelquefois accompagnées à leur base d'un arille cupuliforme, se composent d'un tégument propre qui recouvre un endosperme charnu, dans lequel est placé un embryon, dont la radicule est opposée au hile. Les Végétaux dont cette famille se compose sont des Arbustes, des Arbres ou des Arbrisseaux, tous exotiques et originaires des contrées chaudes de l'ancien continent et du nouveau. Leurs feuilles alternes sont simples, entières ou dentées, le plus souvent marquées de points translucides et munies de stipules à leur base. Les fleurs sont ordinairement axillaires, quelquefois solitaires ou réunies en grand nombre. Les trois genres *Samyda*, L.; *Casearia*, Jacquin, dans lequel on doit réunir l'*Anavinga* de Lamarck, l'*Iroucana* et *Pitumba* d'Aublet, l'*Athœnea* de Schreber et le *Melistaurum* de Forster, et *Chœtocrater* de Ruiz et Pavon, formaient seuls cette famille. En traitant du genre *Piparea* d'Aublet dans ce Dictionnaire, nous avons fait voir que ce genre, généralement rapporté à la famille des Violariées, venait se placer plus naturellement dans celle des Samydées. Par la structure de leur fruit les Samydées se rapprochent beaucoup des Violariées et des Flacourtianées; mais leurs étamines périgynes les reportent non loin des Rosacées et des Rhamnées. (A. R.)

SANAMUNDA. BOT. PHAN. (Adanson d'après L'Ecluse.) Syn. de *Passerina*. *V*. PASSERINE. (G..N.)

SANCHÈZE, *Sanchezia*. BOT. PHAN. Ruiz et Pavon (*Flor. Peruv. Prodrom.*, p. 5, tab. 32) ont établi sous ce nom un genre qui appartient à la famille des Scrophularinées et à la Diandrie Monogynie. Voici ses caractères essentiels : calice persistant, à cinq divisions droites, ovales, concaves, échancrées au sommet; corolle irrégulière, dont le tube est recourbé, insensiblement rétréci à la base et à son orifice ; le limbe à cinq découpures ovales, échancrées et réfléchies, les deux supérieures un peu plus courtes; deux étamines saillantes, à filets velus, terminées par des anthères ovales, munies à leur base d'un appendice court, calcariforme ; deux filets stériles, ayant la même

insertion que les étamines fertiles; ovaire oblong, surmonté d'un style filiforme plus long que les étamines, et terminé par un stigmate bifide; capsule oblongue, acuminée, à deux valves, renfermant quelques graines planes, orbiculaires. Deux espèces ont été décrites et figurées dans la Flore du Pérou, vol. 1, p. 7, tab. 8, fig. B et c, sous les noms de *Sanchezia oblonga* et de *S. ovata*. Ce sont de très-grandes Plantes herbacées, à tiges simples ou rameuses, tétragones, munies de feuilles oblongues, lancéolées ou ovales, dont les fleurs, de couleur jaune, sont disposées en épis terminaux et munies chacune de bractées rouges. Ces Plantes croissent dans les lieux ombragés et marécageux du Pérou. (G..N.)

SANCHITE. BOT. PHAN. Même chose que Bladie. *V*. ce mot. (B.)

SANDAL. BOT. PHAN. Même chose que Santal. *V*. ce mot. (D.)

SANDALE. INS. Pour *Sandalus*. *V*. ce mot. (B.)

SANDALE. MOLL. Nom vulgaire que l'on donne aux Coquilles du genre Crepidule, et quelquefois à la Calcéole. *V*. ces mots. (D..H.)

* SÁNDALINE. *Sandalina*. MOLL. Nom que Schumacher a donné au genre Crépidule de Lamarck. Il doit être abandonné, puisqu'il fait double emploi. *V*. CRÉPIDULE. (D..H.)

SANDALIOLITE. POLYP. Il paraît que ce que le compilateur Bomare appelle ainsi est quelque Caryophyllie fossile. (B.)

SANDALUS. INS. Genre de l'ordre des Coléoptères, section des Pentamères, famille des Serricornes, tribu des Cébrionites, mentionné par Latreille (Fam. natur. du Règn. Anim.) et établi par Knoch (*Neue Beytrage zur Insectenkunde*, 1, vol. 5, 1811) qui lui donne pour caractères : antennes en scie dans les deux sexes, plus courtes que le corselet; mandibules fortes, avancées et très-crochues. Knoch ne mentionne qu'une espèce de ce genre : il la nomme *Sandalus petrophya*. (G.)

SANDARACHA. MIN. Ce nom employé par Théophraste et par Pline, indique, suivant la plupart des minéralogistes, l'Arsenic sulfuré rouge ou le Réalgar. (G. DEL.)

SANDARAQUE. BOT. PHAN. Substance résineuse fournie par le *Thuya articulata*, Desf., *Flor. Atlant.*, 2, p. 353, tab. 252; petit Arbre de la famille des Conifères, qui croît sur les côtes septentrionales d'Afrique. On l'a pendant long-temps attribuée à une espèce de Genévrier (*Juniperus Oxycedrus*, L.); mais cet Arbrisseau ne produit presque point de résine dans nos contrées méridionales où il n'est pas rare. D'ailleurs l'opinion qui attribue la Sandaraque au *Thuya articulata* est celle de Broussonnet et de Schousboe, observateurs dignes de confiance. La Sandaraque est en larmes rondes ou allongées, blanchâtres ou d'un jaune-citrin pâle, brillantes, transparentes, se brisant sous la dent, brûlant avec une flamme claire et exhalant une odeur balsamique et agréable, soluble presqu'en entier dans l'alcohol, moins soluble dans l'huile volatile de térébenthine, d'une saveur résineuse et un peu balsamique. La Sandaraque entre dans la composition des vernis à l'alcohol; on se sert de sa poudre pour empêcher le papier d'être traversé par l'encre lorsqu'on a enlevé l'écriture par le grattage. (G..N.)

SANDARESUS. MIN. Pline désigne sous ce nom une Pierre qu'il dit être rouge et contenir dans son intérieur des espèces de corps rayonnés en étoiles et brillans. Les minéralogistes modernes n'ont encore pu rapporter cette Pierre à aucune de celles qu'ils connaissent. . (G. DEL.)

SANDASTROS. MIN. Pline a parlé sous ce nom d'une Pierre que l'on présume être un Silex prase. (G. DEL.)

SANDAT. POIS. *V.* SANDRE et PERCHE, sous-genre CENTROPOME.

SANDERLING. *Calidris*. (Illiger.)

ots. Genre de la première famille de l'ordre des Gralles. Caractères : bec médiocre, grêle, droit, mou, flexible, comprimé vers la base, déprimé à la pointe qui est aplatie et plus large que la partie intermédiaire; sillon nasal très-prolongé vers la pointe; narines longitudinalement fendues de chaque côté du bec; pieds grêles; trois doigts presque entièrement divisés et dirigés en avant; point de pouce; ailes médiocres, première rémige la plus longue. Le genre Sanderling ne se compose que d'une seule espèce, mais on la trouve répandue sur toutes les parties septentrionales des deux hémisphères; en Amérique, en Asie comme en Europe, l'espèce n'offre aucune différence; partout elle est assujettie à des mues constantes qui, sur chaque point, amènent les mêmes variations dans le plumage. Quelques auteurs semblent enclins à penser que ce pourraient être les mêmes individus que les migrations feraient passer successivement d'une contrée à l'autre, et revenir insensiblement au point de départ. Nous sommes loin de vouloir admettre ou combattre cette opinion; mais il nous semble difficile de croire que des êtres aussi faibles pussent supporter les fatigues de tels voyages, et parcourir en aussi peu de temps des distances aussi grandes. Quoi qu'il en soit, ces Oiseaux se montrent régulièrement en printemps et en automne sur nos côtes, où leur nombre est quelquefois si considérable que le rivage en est presque couvert; ils ne se montrent qu'accidentellement dans les marais, sur les bords des rivières et des fleuves, ce qui tend à faire croire que ce n'est point là que se trouve leur nourriture habituelle, et qu'ils font un exclusif usage de Vers et de petits Mollusques marins. C'est dans l'extrême nord, vers les régions arctiques, que le Sanderling va tranquillement s'occuper de sa reproduction; un trou pratiqué dans le sable est le nid où la femelle dépose cinq à sept œufs qu'elle couve avec la plus constante assiduité. La jeune famille qui en résulte ne ressemble en rien aux adultes, qui eux-mêmes éprouvent chaque année la double mue.

SANDERLING VARIABLE, *Calidris arenaria*, Illig.; *Tringa arenaria*, Gmel.; *Arenaria Calidris*, Mey.; *Charadrius Calidris*, Wils., Amer. Ornit., pl. 59, fig. 4. Petite Maubèche grise, Briss. Parties supérieures et côtés du cou d'un gris blanchâtre, sur le milieu de chaque plume; poignet, bord des ailes et rémiges d'un noir pur; l'origine de celles-ci et leurs tiges blanches. Tectrices alaires noirâtres, bordées de blanc; face, gorge, devant du cou et parties inférieures d'un blanc pur; bec, iris et pieds noirs. Taille, sept pouces un quart. Dans le *plumage d'été*, ou en *robe de noce*, les parties supérieures sont d'un roux foncé avec de grandes taches noires; la face et le sommet de la tête sont marqués de grandes taches noires entourées d'un double cercle roux et blanc; rémiges noires; tectrices alaires d'un brun noirâtre, marquées de zig-zags roux et bordées de blanchâtre; rectrices intermédiaires noires, bordées de roux cendré. Cou, poitrine et haut des flancs d'un roux cendré, tachetés de noir avec le bord des plumes blanc; abdomen et autres parties inférieures d'un blanc pur: c'est alors le *Charadrius rubidus*, Gmel., Lath., Wils. Les jeunes, avant la mue, ont les parties inférieures noirâtres, tachetées de jaunâtre, avec le bord des plumes de cette nuance; la nuque, les côtés du cou et de la poitrine d'un gris clair finement rayé et ondé de brun; une raie cendrée entre le bec et l'œil; le front, la gorge, le devant du cou et toutes les parties inférieures d'un blanc pur; le bord des ailes, les rémiges et les rectrices intermédiaires noirs. Ils sont alors connus et décrits sous les noms de *Charadrius Calidris*, Gmel.; *Arenaria vulgaris*, Bechst.; Maubèche grise, Girardin. (DR..Z.)

SANDIX. MIN. Les anciens donnaient ce nom à un Minium, qu'ils obtenaient en calcinant convenablement de la Céruse. (G. DEL.)

SANDORIC. *Sandoricum*. BOT. PHAN. Sous ce nom Rumph (*Herb. Amboin.*, 1, p. 167, tab. 64) a décrit et figuré un grand Arbre de l'Inde, dont Cavanilles a fait un genre qui appartient à la famille des Méliacées et à la Décandrie Monogynie, L. Lamarck, ayant reçu de Sonnerat le fruit et les feuilles de cet Arbre, en a complété la description, dans le Dictionnaire encyclopédique, sous le nom d'Hantol. Voici les caractères de ce genre: calice campanulé, à cinq dents; corolle à cinq pétales lancéolés, du double plus longs que le calice; dix étamines dont les filets sont réunis en un tube cylindrique, portant sur son bord interne de petites anthères; ovaire globuleux, surmonté d'un style à cinq stigmates bifides. Baie de la forme et de la grosseur d'une orange, remplie d'une pulpe blanche et fondante qui entoure quatre ou cinq noyaux ovales, convexes sur le dos, anguleux du côté de l'axe du fruit, un peu comprimés latéralement, s'ouvrant en deux valves et renfermant chacun une seule graine. Le *Sandoricum indicum* croît dans les Philippines, les Moluques et dans plusieurs autres îles de l'Inde orientale. Ses feuilles sont alternes, pétiolées, composées de trois grandes folioles ovales, pointues et entières. Les fleurs sont disposées en grappes composées et axillaires. La pulpe du fruit de cet Arbre a une saveur d'abord aigrelette et assez agréable, mais qui laisse ensuite dans la bouche un goût alliacé. On en fait une gelée et un sirop qui sont des mets de dessert. Rumph s'est beaucoup étendu sur les propriétés de la racine de son *Sandoricum* contre la colique et les points de côté. (G..N.)

SANDRE. *Sandat*. POIS. Sous-genre de Perche. *V.* ce mot. (B.)

SANG. ZOOL. Partout où il y a vie, il y a nutrition, c'est-à-dire un mouvement continuel de composition et de décomposition simultanées à l'aide duquel le corps, qui en est le siége, se renouvelle sans cesse en s'emparant des substances qui l'entourent, se les assimilant, et en rejetant au dehors une portion des molécules dont il était lui-même formé. Cette action intestine s'effectue au moyen des liquides renfermés dans les interstices que laissent entre elles les fibres ou les lamelles constituantes des tissus. Les molécules étrangères tenues en suspension ou dissoutes par ces liquides, pénètrent dans la substance des organes et s'y déposent, tandis que les parties éliminées sont entraînées au dehors par la même voie. Dans les Animaux dont la structure est la plus simple, tous les liquides du corps sont semblables ils ne paraissent consister qu'en une quantité plus ou moins considérable d'eau peu chargée de principes organiques, et ce sont les produits de la digestion ou d'une simple absorption qui vont directement nourrir les diverses parties du corps. Mais dans les êtres qui occupent un rang plus élevé dans la série zoologique, les humeurs cessent d'être toutes de même nature, et il en est une qui, formée par le chyle, en diffère cependant essentiellement, et qui est destinée d'une manière spéciale à subvenir aux besoins de la nutrition. C'est à ce liquide que l'on a donné le nom de Sang.

Dans tous les Animaux sans vertèbres, excepté les Annelides, le Sang est presque incolore; mais dans ces derniers, ainsi que dans les Animaux vertébrés, sa couleur est rouge, et c'est à cause de cette différence que, pendant long-temps, on regardait les premiers comme dépourvus de Sang.

On ne sait que peu de chose sur les propriétés physiques et chimiques du Sang de la plupart des Animaux invertébrés. Dans les Mollusques, il est parfaitement incolore, et examiné au microscope, ne paraît formé que par un liquide aqueux tenant en suspension un grand nombre de petits globules albumineux, et un certain nombre de grosses vésicules, dont l'aspect est souvent comme framboisé. Dans les Crustacés, le Sang est d'une consistance plus grande; en général, il offre une légère teinte rosée ou bleuâtre, et lorsqu'on le retire de l'Animal, il ne tarde pas à se coaguler et à former une masse semblable à de la gelée. Examinée au microscope, sa composition paraît à peu près la même que celle du Sang des Mollusques.

On s'est au contraire beaucoup occupé de l'étude de ce liquide chez plusieurs Animaux à sang rouge; mais surtout chez l'Homme. Sa couleur, comme chacun le sait, est d'un beau rouge; sa consistance est un peu visqueuse; son odeur est fade et particulière; et sa pesanteur spécifique, un peu plus grande que celle de l'eau, varie comme nous le verrons plus tard. En examinant au microscope le Sang de ces Animaux, on voit qu'il est formé de deux parties distinctes, d'un liquide transparent auquel on a donné le nom de *Serum*, et d'une foule de globules ou de petits corpuscules solides et réguliers, tenus en suspension dans le fluide dont nous venons de parler. C'est à Malpighi et à Leuwenhoeck que l'on doit la découverte de ces globules; un grand nombre de micrographes se sont occupés de leur étude, mais c'est à Leuwenhoeck, à Hewson, et à Prévost et Dumas, que l'on doit les travaux les plus suivis et les plus importans sur ce sujet. Les observations des deux physiologistes que nous venons de citer en dernier lieu, ont appris que dans tous les Mammifères les globules du Sang sont circulaires, tandis que, chez les Oiseaux, les Reptiles et les Poissons, ils sont elliptiques; ils ont aussi fait voir que le diamètre de ces corpuscules est constant dans le même Animal, mais qu'il varie beaucoup d'une espèce à une autre, comme on peut s'en convaincre d'après le tableau suivant :

ANIMAUX A GLOBULES CIRCULAIRES.

NOM DE L'ANIMAL.	DIAMÈTRE APPARENT, avec un grossissement de trois cents fois le diamètre.	DIAMÈTRE RÉEL	
		en fractions vulgaires.	en fractions décimales.
		millim.	
Callithriche d'Afrique. . . .	2^{mm}. 5	$\frac{1}{120}$	0^{mm},00833
Homme, Chien, Lapin, Cochon, Hérisson, Cabiais, Muscardin.	2 00	$\frac{1}{150}$	0 00666
Ane.	1 85	$\frac{1}{167}$	0 00617
Chat, Souris, Surmulot. . .	1 75	$\frac{1}{171}$	0 00585
Mouton, Cheval, Oreillard, Mulet, Bœuf.	1 50	$\frac{1}{200}$	0 00500
Chamois, Cerf.	1 57	$\frac{1}{218}$	0 00456
Chèvre.	1 00	$\frac{1}{288}$	0 00386

ANIMAUX A GLOBULES ALLONGÉS.

NOM DE L'ANIMAL.	DIAMÈTRES					
	APPARENT, avec un grossissement de 300 fois le diamètre.		RÉEL, en fractions vulgaires.		RÉEL, en fractions décimales.	
	grand.	petit.	grand.	petit.	grand.	petit.
Orfraie, Pigeon.	4,00	2,00	$\frac{1}{75}$	$\frac{1}{150}$	0,01333	0,00666
Dinde, Canard.	3,84	id	$\frac{1}{79}$	id.	0,01266	id.
Poulet.	3,67	id.	$\frac{1}{81}$	id.	0,01223	id.
Paon.	3,52	id.	$\frac{1}{85}$	id.	0,01273	id.
Oie, Chardonneret, Corbeau, Moineau.	3,47	id.	$\frac{1}{86}$	id.	0,01156	id.
Mésange.	3,00	id.	$\frac{1}{100}$	id.	0,01000	id.
Tortue terrestre.	6,15	3,85	$\frac{1}{48}$	$\frac{1}{77}$	0,0205	0,0128
Vipère.	4,97	3,00	$\frac{1}{60}$	$\frac{1}{100}$	0,0165	0,0100
Orvet.	4,50	2,60	$\frac{1}{66}$	$\frac{1}{115}$	0,0150	0,0866
Couleuvre de Razomousky. .	5,80	3,00	$\frac{1}{51}$	$\frac{1}{100}$	0,0193	0,0100
Lézard gris.	4,55	2,71	$\frac{1}{66}$	$\frac{1}{111}$	0,0151	0,0090
Salamandre.	8,50	5,28	$\frac{1}{33}$	$\frac{1}{56}$	0,0283	0,0176
Crapaud, Grenouille. . . .	6,80	4,00	$\frac{1}{45}$	$\frac{1}{75}$	0,0228	0,0123
Lotte, Véron, Dormille, Anguille.	4,00	2,44	$\frac{1}{75}$	$\frac{1}{125}$	0,0133	0,0813

La détermination du diamètre des globules du Sang offre bien des difficultés ; aussi trouve-t-on des différences très-grandes entre les résultats obtenus par la plupart des micrographes. Le tableau suivant présente l'évaluation de la grosseur des globules du Sang humain, d'après la plupart des observateurs qui se sont occupés de ce sujet.

	Pouces angl.	millim.
Jurine.	$\frac{1}{5240}$	$\frac{1}{119}$
Id., d'après de nouvelles expériences.	$\frac{1}{1940}$	$\frac{1}{71}$
Bauer.	$\frac{1}{1700}$	$\frac{1}{62}$
Young.	$\frac{1}{6060}$	$\frac{1}{221}$
Wollaston.	$\frac{1}{5000}$	$\frac{1}{184}$
Kater.	$\frac{1}{4000}$	$\frac{1}{147}$
Id.	$\frac{1}{6000}$	$\frac{1}{221}$

Prévost et Dumas ont constamment trouvé $\frac{1}{300}$ de millimètre ; ils ont examiné une vingtaine de Sangs sains, et une quantité bien plus considérable de Sangs malades, et il leur a toujours été impossible d'apercevoir la moindre différence due à l'âge, au sexe ou à l'état morbide. Toutes les personnes qui ont eu la curiosité de s'assurer par elles-mêmes de leurs principaux résultats, n'ont point hésité à donner 2 millimètres aux globules du Sang humain, dans les mêmes circonstances où ils les avaient mesurés, c'est-à-dire en les soumettant à un pouvoir amplifiant de trois cents fois le diamètre : l'erreur ne pouvait donc dépendre que du pouvoir amplifiant qu'ils attribuaient à leur microscope. Du reste, cette détermination ne s'éloigne pas beaucoup de celle obtenue, en suivant une autre méthode, par Wollaston, et ne diffère guère de celle obtenue par le capitaine Kater dans la première des deux expériences rapportées plus haut, et faites d'après une méthode analogue à celle employée par Prévost et Dumas. Dans une autre expérience, Kater ne trouva que $\frac{1}{221}$; et il crut devoir prendre le terme moyen de ces deux résultats pour mesure définitive ; mais il est bien probable que, dans le premier cas, il avait examiné un globule du sang dans son état naturel, tandis que, dans le second, il aura mesuré un de ces globules dépouillé de sa matière colorante ou un des globules albumineux dont nous aurons l'occasion de parler par la suite, et dont le diamètre est effectivement beaucoup plus petit. Du reste, le capitaine Kater employa un microscope dont le pouvoir amplifiant n'était que de 200 diamètres, ce qui diminue beaucoup les chances d'exactitude dans la mesure d'objets aussi minimes. Les expériences de Bauer ont été faites au moyen du micromètre ordinaire, et l'on peut avancer sans crainte qu'elles ne sont pas exactes, à cause de la nature même de cet instrument ; en effet, le globule que l'on place sur le micromètre, et les divisions de cet instrument, ne peuvent pas être simultanément au foyer de l'objectif. Quand aux observations de Jurine, elles sont évidemment erronées, et celles du docteur Young ayant été obtenues à l'aide de l'érinomètre, nous ne pouvons en parler avec connaissance de cause, car cet instrument ne se trouve dans aucun des cabinets de physique de cette ville.

La structure des globules du sang a également donné naissance à plusieurs opinions dissidentes ; mais ici encore les recherches de Prévost et Dumas ont non-seulement jeté un nouveau jour sur ce sujet, mais nous ont fait connaître la cause probable de ces différences. Leuwenhoeck, Fontana, Home, etc., ont figuré ces globules comme étant des sphéroïdes portant une tache lumineuse. Della Torre et Styles, ayant aperçu un point noir dans leur centre, pensèrent qu'ils avaient une forme annulaire ; enfin Hewson les regardait comme étant des vésicules aplaties et renfermant dans leur intérieur un corpuscule central. Prévost et Dumas ont trouvé qu'en observant ces globules avec une lentille très-faible, ils présentent l'aspect d'autant de points noirs, qui, examinés avec un instrument plus puissant, prennent l'apparence d'un cercle blanc, au milieu duquel on voit une tache noire; enfin ce point central, au lieu d'être opaque, devient une tache lumineuse lorsque le pouvoir amplifiant du microscope a atteint 3 ou 400.

Il résulte aussi des travaux de ces physiologistes, que les globules du Sang sont composés (comme l'avait pensé Hewson) d'un sac formé par la matière colorante, et d'un corpuscule central, semblable, par son volume, aux globules qu'on trouve dans le lait, le pus, le chyle, etc. Dans l'état ordinaire, cette espèce de vessie est déprimée, en sorte que l'assemblage prend la forme d'une pièce de monnaie, avec un petit renflement au milieu. Pour les globules circulaires, ceci paraît clairement prouvé; mais, quant aux particules elliptiques, « il existe, ajoutent ces auteurs, quelques difficultés; cela tient à ce que la petite sphère est déjà enveloppée d'une autre substance fixée autour d'elle, et que ce système roule dans la vessie de matière colorante, comme la sphère simple dans les autres cas. » D'après les figures qui accompagnent le Mémoire que je viens de citer, et d'après les dessins que Dumas a bien voulu nous communiquer, on voit que chez tous les Animaux à globules sanguins circulaires, ces corpuscules centraux et incolores sont de la même grandeur, quel que soit le volume de leur enveloppe de matière colorante. Chez le Callitriche, comme chez la Chèvre, leur diamètre est de $\frac{1}{300}$ de millimètre (V. notre Mémoire sur la structure intime des tissus organiques, Annales des Sciences nat. T. IX, pl. 50, fig. 3 à 8). Chez les Animaux dont les globules du Sang sont elliptiques, on n'obtient pas d'abord le même résultat, à cause de la disposition dont il a été question plus haut. Le noyau central paraît également elliptique et d'un volume plus ou moins considérable; mais si,

à l'aide d'un acide affaibli, on détermine la dissolution de l'enveloppe extérieure sans détruire le noyau central, on trouve celui-ci circulaire et à peu près semblable à ceux des Mammifères. C'est à sir E. Home que l'on doit la découverte importante de l'identité de ces globules et de ceux qui constituent la fibre musculaire. Prévost et Dumas ont confirmé cette observation, et celles que nous avons faites de notre côté tendent à démontrer que la même analogie existe entre les globules en question, ceux qui se forment toutes les fois que l'albumine ou la fibrine passent de l'état liquide à l'état solide, et ceux qui constituent les divers tissus organiques des Animaux (V. ORGANISATION). Quant à la structure intime de l'espèce de sac qui est formé de matière colorante et qui entoure les globules dont nous venons de parler, nous ne savons encore rien de précis. D'après Prévost et Dumas, c'est une espèce de gelée facile à diviser, et insoluble dans l'eau; enfin, s'il était permis de se guider seulement d'après l'analogie, on pourrait croire que ce sac est formé à son tour de corpuscules globuleux. En effet, l'examen de la matière colorante des Mélanoses et celle du Sang, séparée des globules fibrineux, a montré que cette substance affecte aussi une forme primitive globulaire, mais que ses corpuscules sont beaucoup plus petits que ceux de l'albumine, de la fibrine, etc. Cela expliquerait l'observation de Hewson, qui trouva que lorsque le Sang commence à se putréfier, la surface externe de ces vésicules prend une apparence framboisée; fait dont l'exactitude a été reconnue dernièrement par Hodgkin et Lister, deux médecins qui se sont occupés de l'étude microscopique du Sang et des tissus, mais qui, en général, ne sont pas arrivés aux mêmes résultats que Hooke, Leuwenhoeck, Swammerdam, Stuart, Prochaska, Wenzel, Home, Prévost et Dumas, Dutrochet, etc.

Lorsque le Sang, soumis à l'examen microscopique, est encore renfermé dans les vaisseaux d'un Animal vivant, les globules n'ont d'autre mouvement que celui qui leur est imprimé par le liquide dans lequel ils nagent; mais lorsqu'on en extrait quelques gouttes, et qu'on les place sur un porte-objet, ces particules paraissent s'agiter vivement. Peu d'instans après que le Sang a cessé de circuler, il perd sa fluidité et se transforme en une masse molle. L'attraction qui maintenait la substance rouge autour des globules blancs ayant cessé, ceux-ci tendent à se réunir en manière de chapelet, et à former ainsi un réseau dans les mailles duquel se trouve renfermée la matière colorante libre, et une grande quantité de particules échappées à cette décomposition spontanée. Peu à peu la majeure partie du liquide dans lequel nagent les globules, s'échappe de cette masse, et le Sang se sépare ainsi en deux parties distinctes; l'une liquide, jaunâtre et transparente, est le sérum; l'autre solide, molle, gélatineuse, opaque et d'un rouge foncé, porte le nom de caillot.

Les proportions relatives de ces deux élémens du Sang peuvent varier dans le même Animal suivant les circonstances où il est placé; mais elles varient aussi d'un Animal à un autre, et, chose digne de remarque, il existe presque toujours un certain rapport entre la quantité des globules et la chaleur développée par l'Animal. C'est ce qu'on peut voir par le tableau suivant, dans lequel Prévost et Dumas ont rapporté le résultat des expériences qu'ils ont faites à ce sujet.

NOM DE L'ANIMAL.	Poids des particules pour 10,000 de Sang.	Température moyenne.	Pouls normal par minute.	Respiration normale par minute.
OISEAUX.				
Pigeon.	1557	42 centig.	136	34
Poule.	1571	41,5	140	30
Canard.	1501	42,5	110	21
Corbeau.	1466	»	»	»
Héron.	1326	41	200	22
MAMMIFÈRES.				
Singe.	1461	35,5	90	30
Homme.	1292	39	72	18
Cochon d'Inde.	1280	38	140	36
Chien.	1238	37,4	90	28
Chat.	1204	38,5	100	24
Chèvre.	1020	39,2	84	24
Veau.	912	»	»	»
Lapin.	736	38	120	36
Cheval.	920	36,8	56	16
Mouton.	900	38	»	»
ANIMAUX A SANG FROID.				
Truite.	636	celle du milieu.	»	»
Lote (*Gadus Lota*).	481	»	»	36
Grenouille.	690	9° dans une eau à 75.	»	20
Anguille.	600	celle du milieu.	»	»

Les résultats que ces physiologistes ont obtenus en étudiant le Sang d'une Tortue, ne s'accordent pas avec ceux que fournissent les analyses dont nous venons de parler; mais cette anomalie paraît dépendre d'une cause accidentelle, les grandes pertes que l'Animal avait éprouvées par évaporation, etc. (*V.* le Mémoire de Prévost et Dumas sur le Sang; Bibliothèque universelle de Genève, T. XVII, 1821.)

On voit, d'après ce tableau, que les Oiseaux sont les Animaux dont le Sang contient la plus grande proportion de globules; que les Mammifères viennent ensuite, et qu'il semblerait que les Carnivores en ont plus que les Herbivores; enfin que les Animaux à Sang froid sont ceux qui en ont le moins.

Nous avons vu que le Sang renferme des globules semblables à ceux qui constituent par leur assemblage les divers tissus de l'économie. La chimie y a également démontré la présence de tous les principes immédiats qui entrent dans leur composition; on y a trouvé de l'Eau, de l'Albumine, de la Fibrine, de l'Hématosine (ou principe colorant rouge), une matière grasse analogue à celle du cerveau, de l'Urée, du lactate de Soude, de la matière extractive, du sulfate de Potasse, des chlorures de Sodium et de Potasium, de la Soude plus ou moins carbonatée, du phosphate de Chaux et de Magnésie, et du peroxide de Fer. Le caillot du Sang est composé de la Fibrine et de la matière colorante rouge; le sérum tient en dissolution l'Albumine et les divers sels que nous venons d'énumérer. Quant à l'Urée, sa quantité est en général trop petite pour être appréciable, car à mesure que ce principe se forme, il paraît être éliminé par les reins; mais si l'on pratique l'extirpation de ces organes, ainsi que Prévost et Dumas l'ont observé, la quantité d'Urée contenue dans le Sang devient assez considérable. D'après l'analyse de Berzelius, 1000 parties de sérum de Sang humain contiennent :

Eau.	903
Albumen.	80
Lactate de Soude et matières extractives.	4
Hydrochlorate de Soude et de Potasse.	6
Phosphate de Soude, Soude et matière animale. . . .	4
Perte.	3
	1000

(Les valeurs 4, 6, 4, 3 sont accolées à droite par une accolade portant le total 17.)

Prévost et Dumas ont aussi examiné le Sang d'un grand nombre d'Animaux sous le point de vue de sa composition chimique, et se sont attachés principalement à déterminer la proportion d'Eau, d'Albumine et de Sels solubles, comparée à celle des globules ou de la Fibrine unie à de l'Hématosine. Nous avons réuni dans le tableau suivant les principaux résultats de leurs expériences:

NOM DE L'ANIMAL.	MILLE PARTIES DE SANG contiennent :		
	Eau.	Albumine et Sels solubles.	Globules de fibrine et de matière colorante.
Callithriche. . .	7760	779	1461
Homme.	7839	869	1292
Cochon d'Inde. .	7848	872	1280
Chien.	8107	655	1238
Chat.	7953	843	1204
Chèvre.	8146	834	1020
Veau.	8260	828	912
Lapin.	8379	683	938
Cheval.	8183	897	920
Pigeon.	7974	469	1557
Canard.	7652	847	1501
Poule.	7799	630	1571
Corbeau.	7970	564	1466
Héron.	8082	592	1326
Truite.	8637	725	638
Lote.	8862	657	481
Grenouille. . . .	8846	464	690
Anguille.	8460	940	600

Telles sont les principales différences que présente le Sang considéré comparativement dans les divers Animaux vertébrés; mais ce ne sont pas les seuls dont nous ayons à parler ici, car lorsqu'on l'examine dans le même individu, on trouve que ses propriétés ne sont pas les mêmes lorsqu'il revient des diverses parties du corps vers le cœur, et qu'il se porte de cet organe vers le poumon, ou quand il a déjà éprouvé l'action de l'air, et qu'il parcourt les artères pour aller se distribuer aux divers organes.

Le Sang veineux est d'une couleur plus foncée que le Sang artériel; il se coagule moins facilement, et, d'après les expériences de Prévost et Dumas, il renferme moins de globules solides. On avait pensé que sa capacité pour le calorique était également différente, mais les expériences de J. Davy ont fait voir que cette opinion n'était pas exacte. Lorsque ce liquide se coagule, il s'en échappe des bulles de gaz acide carbonique, et si on le place sous le récipient de la machine pneumatique, le dégagement de ce fluide devient beaucoup plus abondant. D'après quelques essais de Hassenfratz, il paraîtrait que le Sang artériel tient au contraire en dissolution du gaz oxigène; mais ce fait, qui serait très-important pour la théorie de la respiration, a besoin d'être vérifié. (*V.* RESPIRATION, CIRCULATION.)   (H. M. E.)

SANGA. BOT. PHAN. La Plante décrite et figurée par Rumph (*Herb. Amboin.* T. II, p. 259, tab. 85), sous le nom de *Caju-Sanga*, *Arbor vernicis*, est l'*Hernandia sonora*, L. *V.* HERNANDIE.   (G. N.)

* SANGALA-WOO. BOT. PHAN. Nom donné sur les rives du Zaïre à une Plante consacrée au culte des fétiches, et qui paraît être une Amomée et non un Roseau.   (B.)

SANG DES MARAIS. BOT. CRYPT. (Paulet.) Syn. d'Agaric scarlatin de Bulliard.   (B.)

SANG-DRAGON. BOT. PHAN. Substance résineuse, d'une couleur rouge vive, dont il existe plusieurs variétés commerciales, produites par des espèces diverses de Végétaux qui croissent dans les pays chauds du globe.

Le SANG-DRAGON EN ROSEAU est extrait des fruits du *Calamus Rotang*, petit Palmier des Indes-Orientales. On l'obtient soit en exposant ces fruits à la vapeur de l'eau bouillante, qui les ramollit et fait exsuder la résine, soit en les cuisant dans l'eau après avoir été concassés. Le premier procédé fournit un Sang-Dragon d'une très-belle qualité, dont on forme de petites masses ovales d'un rouge-brun, dures, d'une cassure peu brillante, de la grosseur d'une prune, que l'on entoure de feuilles de *Calamus*, et que l'on vend disposées en colliers. Comme le Sang-Dragon en roseau a une valeur plus considérable que les autres sortes, les marchands vendent souvent du Sang-Dragon altéré auquel ils donnent la forme et l'apparence du Sang-Dragon en roseau. Le procédé par la coction des fruits dans l'eau, donne une résine moins pure que la précédente, et d'une moins belle couleur; on façonne cette résine en petits palets arrondis, d'un demi-pouce environ d'épaisseur sur deux à trois pouces de diamètre.

Une seconde sorte de Sang-Dragon découle par des fissures naturelles du tronc du *Dracæna Draco*, L., Plante arborescente de la famille des Asparaginées, qui croît dans les îles Canaries où son tronc acquiert souvent d'énormes dimensions. *V.* DRAGONIER. Il est en fragmens lisses, durs, secs, d'un brun rouge, à cassure un peu brillante, et entourés des feuilles de la Plante.

Enfin il y a une troisième sorte de Sang-Dragon beaucoup moins estimée que les précédentes, et qui provient du *Pterocarpus Draco*, L., Arbre de la famille des Légumineuses. Ce Sang-Dragon est en morceaux cylindriques, comprimés, longs environ d'un pied, et épais d'un pouce, souvent altérés par des corps étrangers, et jamais entourés de feuilles de Monocotylédones.

Le Sang-Dragon contient, selon

Thomson, un peu d'acide benzoïque ; mais cet acide y est en trop petite quantité pour qu'on doive placer le Sang-Dragon au rang des baumes, ainsi que le chimiste anglais l'a proposé. L'alcohol dissout presque en totalité cette substance résineuse ; la dissolution est d'un beau rouge, tache le marbre et pénètre d'autant plus profondément que le marbre est plus chaud, propriété dont on a profité pour faire une composition qui imite le Granit. Le Sang-Dragon se dissout aussi dans les huiles ; il forme du tannin par l'action des acides nitrique et sulfurique. On attribue au Sang-Dragon des propriétés astringentes, et on l'emploie en pilules contre la blennorragie ; mais son principal usage est pour la composition de couleurs et de vernis à l'usage des peintres.

(G..N.)

* SANGENON. MIN. C'est, suivant Pline, une variété d'Opale qui a reçu ce nom des Indiens. *V*. OPALE.

(G. DEL.)

SANGLIER. MAM. Nom français de l'Animal sauvage qui est la souche du Cochon domestique, et qu'il serait plus convenable de conserver comme synonyme du genre *Sus* des nomenclateurs. Les espèces de Sangliers ayant été décrites au mot CoCHON (T. IV, p. 269 de ce Dictionnaire), nous y renvoyons le lecteur, ainsi qu'au mot PHACOCHOERE (T. XII, p. 318) ; mais le genre Sanglier ou Cochon, *Sus* de Linné, a subi, depuis la publication de l'article cité, des changemens assez considérables, et a été divisé en plusieurs genres. Ainsi le Babiroussa est devenu le type du genre *Babirussa* de Fr. Cuvier ; le Sanglier, *Sus*, n'a plus retenu que l'espèce d'Europe et ses nombreuses variétés, ainsi que le Cochon des Papous, *Sus papuensis*, N., Zoologie de la Coquille, pl. 8, et le Sanglier à masque, *Sus larvatus*, F. Cuvier. Les *Pécaris* ont été distingués sous le nom de *Dicotyles*, par F. Cuvier, et les Phacochères ou Phascochères ont formé un genre distinct pour recevoir deux espèces confon-

dues sous le nom de Sanglier du Cap-Vert, *Sus œthiopicus*.   (LESS.)

SANGLIER DE MER. POIS. Syn. vulgaire de Caprisque. *V*. ce mot.

(B.)

* SANGLIN. MAM. *V*. OUISTITI VULGAIRE.

* SANGSAM. BOT. PHAN. L'un des noms de pays de la graine de Sésame. *V*. ce mot.   (B.)

SANGSUE. *Sanguisuga*. ANNEL. Nom générique qui a été réservé par les naturalistes modernes à un petit groupe d'Annelides qui renferme la *Sangsue* employée en médecine et quelques autres espèces voisines. Savigny place ce genre dans sa famille des Sangsues (*Hirudines*), en lui assignant pour caractères distinctifs : ventouse orale peu concave, à lèvre supérieure très-avancée, presque lancéolée ; mâchoires grandes, très-comprimées, à deux rangs de denticules nombreux et serrés. Dix yeux disposés sur une ligne courbe, les quatre postérieurs plus isolés ; ventouse anale obliquement terminale. Les Sangsues proprement dites diffèrent des Branchellions par l'absence de branchies saillantes ; elles partagent ce caractère avec les Albiones et les Hœmocharis ; mais elles s'en distinguent suffisamment par leur ventouse orale de plusieurs pièces, non séparée du corps par un étranglement, et à ouverture transverse. Elles se rapprochent davantage des Bdelles, des Hœmopis, des Néphélis et des Clepsines ; mais les Sangsues ont des mâchoires finement denticulées, et cette seule particularité ne permet pas de les confondre. En étudiant avec plus de soin les caractères propres aux Sangsues, on voit, suivant Savigny, qu'elles ont le corps obtus en arrière, rétréci graduellement en avant, allongé, sensiblement déprimé, et composé de segmens quinés, c'est-à-dire ordonnés cinq par cinq, nombreux, courts, égaux, saillans sur les côtés et très-distincts. Le vingt-septième ou vingt-huitième, et le trente-deux ou trente-troisième portent les orifices de la génération. Ce corps n'offre aucune trace d'appendices dans toute son étendue ; mais il est terminé en arrière par une ventouse anale, et en avant par une autre ventouse qui porte le nom d'orale. La ventouse anale est moyenne, sillonnée de légers rayons dans sa concavité, et obliquement terminale. La ventouse orale, formée de plusieurs segmens, est peu concave et non séparée du corps ; elle a une ouverture transverse et à deux lèvres : la lèvre inférieure est rétuse ; la lèvre supérieure, très-avancée et presque lancéolée lorsqu'elle s'allonge, devient très-obtuse quand elle se raccourcit ; elle est formée par les trois premiers segmens du corps, dont le terminal paraît plus grand et obtus. La bouche, qui est située dans son fond, est grande relativement à la ventouse orale, et munie de mâchoires dures, fortement comprimées, et armées sur leur tranchant de deux rangs de denticules très-fins et très-serrés. Les yeux, au nombre de dix, sont disposés en ligne très-courbée : six rapprochés sur le premier segment, deux sur le troisième, et deux sur le sixième ; ces quatre derniers sont plus isolés. Nous ne nous étendrons pas davantage sur l'organisation extérieure des Sangsues, et nous ne dirons rien de leur anatomie et de leur physiologie ; ces détails trouveront mieux leur place dans l'article suivant. Nous nous bornerons à parler ici sous d'autres points de vue des espèces que l'on emploie en médecine. Ces espèces ont été d'abord confondues sous le nom de Sangsue médicinale ; mais on a distingué depuis la Sangsue officinale, et quelques auteurs en admettent un plus grand nombre, tandis que d'autres ne les considèrent que comme des variétés produites souvent par les localités que ces Animaux fréquentent. Quoi qu'il en soit, les Sangsues ont entre elles les plus grands rapports quant à leurs habitudes. Elles habitent dans les étangs, les marais, les ruisseaux, et elles sont très-abondantes au nord comme au midi de l'Europe ; les autres continens en sont aussi pourvus, mais on les a moins observées et nous n'avons presque rien à en dire. La France en fournit une très-grande quantité, et elles sont pour plusieurs départemens une branche de commerce importante. La récolte en est très-simple ; des hommes, des femmes et des enfans entrent nu-jambes dans l'eau, et saisissent avec les mains ou prennent avec des filets les individus qu'ils rencontrent et qui viennent quelquefois s'attacher à leur corps. On se sert aussi quelquefois pour appât de chair ou de cadavres d'Animaux. Dans les départemens où le commerce des Sangsues se fait en grand et où la récolte a lieu d'une manière régulière, par exemple dans celui du Finistère, on évite d'épuiser les étangs par de trop fréquentes pêches, et on sait repeupler ceux qui se trouvent trop appauvris en y transportant des œufs qui sont contenus dans des cocons du volume d'une très-grosse olive. Des détails curieux ont été communiqués sur ce procédé à une séance du mois de mars 1822 de la Société d'Agriculture du département de Seine-et-Oise. « Vers le mois d'avril ou de mai, suivant la rigueur de la saison, a dit un des membres, à l'occasion des cocons que le docteur Le Noble croyait avoir le premier découverts, les habitans de la Bretagne envoient des ouvriers munis de bêches et de paniers, dans les petits marais fangeux qu'ils savent en contenir en abondance. Ces ouvriers enlèvent des parties de vase qu'ils reconnaissent renfermer des cocons semblables à ceux qui vous ont été présentés, les déposent dans des pièces d'eau préparées pour les recevoir, laissent sortir les petites Sangsues de ces cocons, et, six mois après, retirent ces Sangsues pour les placer dans des étangs plus vastes. Alors (sans doute pour augmenter leurs moyens de nourriture et hâter leur accroissement) ils commencent à leur livrer des vaches et des chevaux en les faisant paître sur les bords de ces étangs, et ce n'est qu'au bout de dix-huit mois qu'ils les fournissent au commerce. »

Dans un voyage que nous avons fait en Bretagne en 1822, nous avons recueilli quelques renseignemens sur le commerce des Sangsues ; elles sont abondantes dans les lacs et les marais des environs de Nantes ; la récolte s'en fait toute l'année et surtout en été. Pour les transporter à la ville et jusqu'à Paris, on les entasse au nombre de cinq cents dans des sacs de toile très-serrée, que l'on maintient humides en les plaçant dans des paniers de mousse imbibée d'eau. Pendant la saison favorable, il arrive chaque jour à Nantes jusqu'à cinquante mille individus, et on les dirige par centaines de mille sur la capitale. Les paquets peuvent être beaucoup plus considérables ; car, en 1820, un seul droguiste de Paris, Bourguignon, nous dit en avoir reçu d'un pharmacien de Moulins cent trente mille dans des sacs entourés de paille humide, et qui en contenaient chacun quatorze mille. Parmi le grand nombre de Sangsues qui affluent de toutes parts à Paris, il se rencontre souvent des individus qui ne mordent pas ; tout le monde sait que cela a toujours lieu lorsqu'elles sont gorgées de sang, et l'on a remarqué qu'elles étaient également privées d'appétit à l'époque où elles changeaient de peau. Souvent aussi on trouve mêlées aux Sangsues médicinales les Sangsues de Cheval, et cette espèce, à laquelle on attribuait les accidens inflammatoires qui se montrent quelquefois à la suite de l'application des Sangsues, refuse constamment de se fixer sur la peau de l'Homme et ne l'entame jamais ; mais dans une foule d'autres cas, plusieurs Sangsues, quelque moyen que l'on emploie, ne prennent pas, sans qu'on ait pu encore en savoir la cause.

Divers procédés sont mis en usage pour la conservation des Sangsues : ou les tient ordinairement renfermées dans des vases remplis d'eau et on a soin de renouveler fréquemment ce liquide ; mais on a souvent reconnu que ce procédé n'était pas le meilleur, et quelques pharmaciens ont imaginé de placer au fond du vase de la mousse et quelques corps étrangers pour que les Sangsues puissent, en glissant entre eux, se débarrasser des mucosités qui revêtent leur peau et qui s'accumulent quelquefois en assez grande abondance. Nous avons vu à Rochefort en 1822 le pharmacien en chef de l'hôpital de la marine, en conserver dans de l'argile simplement humectée ; les Sangsues s'y faisaient des trous ou galeries, et y vivaient des années entières. Enfin, dans ces derniers temps, on les a parquées dans des bassins, et on les y a vu se reproduire.

Savigny admettait trois espèces de Sangsues, mais ce nombre s'est accru depuis.

La SANGSUE MÉDICINALE, *Sanguisuga medicinalis*, *Hirudo medicinalis* de Linné, Müller, Cuvier, Lamarck, Savigny, Leach, Moquin-Tandon. Elle vit dans les eaux douces de l'Europe, et est employée en médecine sous le nom de *Sangsue*. On la reconnaîtra aux caractères suivans : corps long de quatre à cinq pouces dans son état moyen de dilatation, mais susceptible de se raccourcir ou de s'allonger de plus de moitié ; formé (la ventouse antérieure toujours comprise) de quatre-vingt-dix-huit segmens très-égaux, faiblement carénés sur leur contour, hérissés sur ce même contour de petits mamelons grenus qui se manifestent et s'effacent à la volonté de l'Animal : il n'en reste aucune trace après la mort. Ventouses inégales ; la ventouse orale plissée longitudinalement sous la lèvre supérieure ; l'anale double de l'autre, à disque un peu radié. Couleur, vert foncé sur le dos, avec six bandes rousses ; trois de chaque côté. Les deux bandes intérieures plus écartées, presque sans taches ; les deux mitoyennes marquées d'une chaîne

de mouchetures et de points d'un noir
velouté; les deux bandes extérieures
absolument marginales, subdivisées
chacune par une bandelette noire.
Ventre olivâtre largement bordé et
entièrement maculé de noir.

Savigny a reconnu que, sous le nom
de *medicinalis*, on avait confondu
une autre espèce que l'on emploie
également en médecine; il la distingue sous le nom de :
SANGSUE OFFICINALE, *Sanguisuga
officinalis*, Sav.; *Hirudo provincialis*,
Carena; vulgairement *Sangsue verte.*
Corps de même grandeur que dans la
Sangsue médicinale, formé du même
nombre de segmens, également ca-
renés et susceptibles de se hérisser de
petites papilles sur leur carène; couleur d'un vert moins sombre, avec
six bandes supérieures disposées de
même, mais très-nébuleuses et très-
variables dans leur nuance et dans
leur mélange de noir et de roux; le
dessous d'un vert plus jaune que le
dessus, bordé de noir, sans aucune
tache. Les six yeux antérieurs sont
très-saillans, et paraissent être propres à la vision.

La troisième espèce mentionnée par
Savigny est :
La SANGSUE GRANULEUSE, *Sanguisuga granulosa*, Sav., Moq. Corps
formé de quatre-vingt-dix-huit segmens, garnis sur leur contour d'un
rang de grains ou tubercules assez
serrés. Trente-huit à quarante de ces
tubercules sur les segmens intermédiaires. Mâchoires et ventouses des
deux précédentes. Couleur générale,
vert-brun, avec trois bandes plus
obscures sur le dos. Leschenault
l'a rapportée de Pondichéry où les
médecins l'emploient au même usage
que la Sangsue médicinale.

Depuis Savigny, la liste des espèces s'est beaucoup accrue par les
recherches de plusieurs naturalistes.
Moquin-Tandon (Monographie des
Hirudinées) a décrit et représenté
deux espèces qu'il croit nouvelles.
La SANGSUE OBSCURE, *Sanguisuga
obscura*. Longueur, un à deux pouces; corps brun foncé sur le dos;

ventre verdâtre, avec des atômes
noirs, nombreux et peu saillans;
segmens garnis, sur leur contour,
de mamelons grenus. Cette espèce,
qu'on trouve aux environs de Montpellier, offre deux variétés.

La SANGSUE INTERROMPUE, *Sanguisuga interrupta*, Moq. Longueur,
trois à quatre pouces; corps verdâtre,
marqué supérieurement de taches isolées; bords orangés; ventre jaunâtre,
quelquefois largement maculé de
noir; ayant sur les côtés deux bandes
noires en zig-zag (segmens tuberculeux). Cette espèce nouvelle a présenté deux variétés. Moquin-Tandon
l'a trouvée chez plusieurs pharmaciens de Montpellier. Elle présente
aussi deux variétés.

Moquin-Tandon considère encore
comme espèce distincte :
La SANGSUE DU LAC MAJEUR, *Sanguisuga verbana* de Carena.

Blainville admet une seule espèce
bien distincte de Sangsue, l'*Hirudo
medicinalis*, L., et il établit cinq variétés sous les noms de Sangsue médicinale grise, Sangsue médicinale
verte, Sangsue médicinale marquetée,
Huz.; Sangsue médicinale noire, et
Sangsue médicinale couleur de chair.
Cependant le même auteur regarde
comme des espèces tranchées les
Sanguisuga verbana et *granulosa*,
et il propose, mais probablement
sans succès, de changer le nom de
Sangsue proprement dite en celui de
Jatrobdella.

Les anciens confondaient sous le
nom de Sangsue, *Hirudo*, plusieurs
espèces qui, mieux étudiées depuis,
ont été rapportées à des genres différens. Ainsi l'*Hirudo branchiata*
d'Archibald Menzies (*Trans. Linn.
Soc.* T. 1, p. 188, t. 17, fig. 3) paraît
appartenir au genre Branchellion.
L'*H. bioculata* de Bergman (*Act.
Stockh.*, ann. 1757, n. 4, tab. 6, f.
9-11), de Bruguière, de Müller et de
Gmelin, l'*H. heteroclyta* de Linné,
que Müller nomme *H. hyalina*, l'*H.
tessulata* de ce dernier auteur, enfin
l'*H. complanata* de Linné, qui ne

différe pas de l'*H. sexoculata* de Bergman et de l'*H. crenata* de Kirby (*Trans. Linn. Soc.* T. II, pag. 318, t. 29), sont des Clepsines. Peut-être faut-il aussi rapporter à ce genre l'*H. circulans* de Sowerby (*Brit. Miscell.*) qui est assez imparfaitement connue. L'*H. geometra* de Linné (*Faun. Suec.*, n. 285) ou l'*H. piscium* de Müller, de Gmelin, de Roesel, de Bruguière, et l'*H. marginata* de Müller, de Gmelin, de Bosc, qui est la même espèce que l'*H. cephalota* de Carena (Monographie des *Hirudo*, Mém. de l'Acad. de Turin, T. XII, pag. 298, fig. 9, et Suppl., pag. 336), doivent être rapportées au genre *Hæmocharis*. L'*H. marina* de Rondelet (Histoire des Poissons, part. 2, pag. 77), ou l'*H. muricata* de Linné, de Gmelin et de Cuvier, et l'*H. piscium* de Baster (Opusc. subs. T. I, liv. 2, pag. 95, tab. 10, fig. 2), de Bruguière, sont des Albioues. L'*H. sanguisuga* de Linné, de Müller, de Bosc, ou l'*H. sanguisorba* de Lamarck, ou bien encore la *Sangsue de cheval*, fait partie du genre *Hæmopis*. L'*H. vulgaris* de Müller (Hist. verm. T. I, part. 2, pag. 40, n° 170), et de Gmelin, et l'*H. atomaria* de Carena, sont des Néphélis, etc., etc.

Enfin, plusieurs espèces rapportées par les auteurs au genre Sangsue proprement dit, sont encore trop imparfaitement connues pour qu'elles puissent être définitivement admises; telles sont : la Sangsue d'Egypte (Larrey); la Sangsue du Japon (Bosc); les Sangsues Swampine et de Ceylan (Bosc); la Sangsue troctine (Johnson), etc.   (AUD.)

SANGSUE VOLANTE. MAM. Syn. de Phyllostome. *V.* ce mot.   (B.)

SANGSUES. *Hirudines.* ANNEL. Savigny (Syst. des Annelides) a établi dans la classe des Annelides un quatrième ordre sous le nom d'Hirudinées, *Hirudineæ*; il comprend une seule famille, celle des Sangsues, *Hirudines.* Cette famille, dont il va être question, renferme, outre les Sangsues proprement dites, plusieurs autres genres, et elle correspond à la famille des Hirudinées, fondée antérieurement par Lamarck. Ses caractères distinctifs sont, suivant Savigny : corps terminé à chaque extrémité par une cavité dilatable, préhensible, faisant les fonctions de ventouse. Bouche située dans la ventouse antérieure ou orale, pourvue de trois mâchoires.

La famille des Hirudinées étant ainsi circonscrite, nous allons nous occuper d'une manière générale et rapide de tout ce qui nous paraît le plus intéressant à connaître sur l'histoire naturelle des Animaux qu'elle renferme. Les Sangsues employées en médecine, étant les mieux connues, serviront de type à nos descriptions; mais nous tâcherons de les rendre comparatives en présentant les faits qui ont été recueillis sur des espèces et des genres différens.

Les Sangsues ont été connues très-anciennement; il paraîtrait même que l'Animal dont il est fait mention dans la Bible, au chap. 30, vers. 15 des Proverbes de Salomon, sous le nom hébreu d'*Halucah* ou *Gnaluka*, était une Sangsue. Au reste, les auteurs grecs font mention des Sangsues sous le nom de *Bdella*; et les auteurs latins en parlent sous celui d'*Hirudo* et de *Sanguisuga*; mais il serait difficile de dire à quelle espèce ces noms s'appliquaient. A la renaissance des lettres, on employa le nom de Sangsue d'une manière un peu plus précise; mais on ne s'entendit réellement sur son acception qu'à l'époque où l'on vit naître les classifications, et où l'on assigna des caractères distinctifs aux espèces. Linné en décrivit huit (*Fauna Suecica*, p. 505), et, depuis lors, on en augmenta considérablement la liste sans beaucoup d'examen, et sans chercher à reconnaître dans les espèces qu'on y rapportait les caractères que Linné avait assignés à ce genre. La classification n'éprouva pendant long-temps aucun changement, et l'on conserva intact le genre *Hirudo* fondé par Ray et adopté par

Linné, jusqu'à ce qu'on eut reconnu enfin la nécessité de subdiviser ce groupe formé par des Animaux très-différens les uns des autres. Ce fut alors que Leach, Oken, Savigny, Dutrochet, Johnson, Lamarck, etc., créèrent chacun de leur côté de nouvelles divisions aux dépens du genre *Hirudo*. Quelques-unes de ces divisions, étant synonymes, furent supprimées afin d'éviter le double emploi, et le tableau qui termine cet article présentera ceux qu'on adopte généralement. Tous ces genres réunis constituent la famille des Sangsues sur laquelle nous pourrions beaucoup nous étendre, mais que les bornes de cet ouvrage nous obligent de traiter d'une manière très-concise. Nous nous contenterons d'offrir les particularités les plus curieuses de son histoire, en nous attachant aux auteurs les plus exacts, et en nous permettant quelquefois de puiser dans des observations qui nous sont propres (*V.* la préface d'une Thèse sur les Cantharides, soutenue à la faculté de médecine de Paris, 1826), et que nous avions compté faire connaître lorsque l'excellente Monographie des Hirudinées de Moquin-Tandon, qui a paru en 1827, a rendu inutile, pour le moment, notre publication. Cet habile naturaliste a su réunir avec art et méthode les faits épars sur l'organisation des Sangsues, et il nous a prévenu sur une foule d'autres qu'il a très-bien vus par lui-même et très-bien décrits : c'est une justice que nous nous sommes déjà empressé de lui rendre.

Le corps des Sangsues est mou, contractile, revêtu d'une viscosité généralement abondante, et composé d'anneaux nombreux extensibles, quelquefois très-peu marqués et difficiles à compter; en avant, il est terminé par une cavité plus ou moins profonde, qui quelquefois est simple, et qui ordinairement est formée par un certain nombre de segmens. C'est la ventouse orale, *Capula* de Savigny, au fond de laquelle est située la bouche. En arrière, on remarque

une autre cavité ayant la forme d'un disque, et qui est formée par une expansion du dernier anneau du corps : on la désigne sous le nom de ventouse anale, *Cotyla* de Savigny. Toutes deux sont préhensiles et servent à l'Animal pour se fixer alternativement en avant et en arrière. Le corps des Sangsues est encore caractérisé par la présence des yeux, ou du moins de points noirs ayant l'aspect d'yeux, par l'ouverture anale située à l'opposite de la bouche, sur le dos, à la naissance de la ventouse anale, et par les ouvertures des organes génitaux, mâle et femelle, placés sous le ventre vers le tiers antérieur du corps, à une petite distance l'un de l'autre. — Les tégumens des Hirudinées n'ont encore été étudiés anatomiquement que dans un petit nombre d'entre elles. On a remarqué qu'il était possible de distinguer dans la peau de la Sangsue médicinale trois parties : l'épiderme, la couche colorée et le derme. L'épiderme est très-mince et parfaitement incolore, mutique, c'est-à-dire se renouvelant, et cela tous les quatre ou cinq jours dans la saison chaude. Il adhère intimement à la peau, mais non pas dans toute son étendue; car il est souvent libre entre les interstices des anneaux dont le corps de la Sangsue est formé. Lorsqu'on l'a détaché, on remarque qu'il est parfaitement transparent dans les points qui adhéraient à la couche colorée, et légèrement opaque, ou même d'une couleur blanchâtre dans ceux où il était resté libre en passant d'un segment à l'autre. Le microscope montre qu'il est percé d'une infinité de petits trous par lesquels sort une liqueur gluante qui lubréfie la peau, et dont nous verrons plus bas l'origine. La couche colorée, ou la tunique colorée, ou bien encore le *pigmentum*, situé immédiatement au-dessous de l'épiderme, adhère fortement au derme qu'il recouvre. Les couleurs qu'il présente sont très-différentes dans les diverses espèces de Sangsues; quelquefois la couleur est unie, noire et généralement plus foucée sur le dos que sous le ventre ; d'autres fois il existe sur le fond des lignes ou bien des taches diversement colorées ; souvent enfin le *pigmentum* est d'une teinte claire ou même incolore, et alors on voit au travers de la peau, et assez distinctement, tous les organes situés à l'intérieur du corps. Le derme ou la couche la plus profonde de l'enveloppe cutanée offre une organisation curieuse ; c'est une tunique assez épaisse, à aspect mamelonné et à articulations distinctes et circulaires qui donnent au corps de l'Animal l'aspect froncé ou plutôt annelé qu'on lui observe. Les intervalles qui existent entre ces sortes d'anneaux sont recouverts par l'épiderme, et semblent destinés à faciliter les mouvemens en tous sens de la Sangsue.

On peut regarder comme une dépendance du derme les organes particuliers de sécrétion qui, semblant contenus dans son intérieur, le traversent et viennent aboutir à la surface de la peau. Ces organes, qu'on a désignés sous le nom de cryptes, consistent en des espèces de petits sachets dont les ouvertures se voient plus ou moins distinctement sur chacune des rides de la peau, où ils font, dans certains cas, une légère saillie. La liqueur qui en sort est onctueuse et gluante ; si on l'enlève avec un linge, elle ne tarde pas, ainsi qu'on le sait, à se renouveler. D'autres ouvertures se remarquent à la face inférieure du corps. Ce sont des petits trous placés régulièrement de chaque côté de cinq anneaux en cinq anneaux, et ordinairement au nombre de quinze à vingt ; ils fournissent un fluide clair et gluant ; ce sont aussi ces orifices que l'on considère comme l'entrée des poches pulmonaires, ainsi que nous le verrons plus loin.

Au-dessous du derme sont situés les muscles ; on en voit d'abord une couche dont les fibres sont transversales ; elle adhère intimement au derme, et, suivant Moquin-Tandon, on ne doit pas l'en distinguer. Cette couche recouvre d'autres muscles

dont la direction est longitudinale, et au-dessous de ces derniers on en retrouve encore quelques-uns qui sont transversaux. Indépendamment des mouvemens généraux et variés qui résultent de cette complication de moyens, les Sangsues sont pourvues, ainsi qu'il a déjà été dit, de deux ventouses placées à l'extrémité du corps. Si l'Animal est sur terre ou au fond de l'eau, ou même quelquefois à la surface de ce liquide, et qu'il veuille changer de place, il lui suffit de fixer d'abord sa ventouse anale, et d'allonger ensuite son corps pour aller attacher aussi avant que possible sa ventouse antérieure ou orale. Alors il fait lâcher prise à la ventouse postérieure, et, se contractant, il la ramène et la fixe près du point d'appui qu'il vient de prendre, puis il détache bientôt sa ventouse orale, et s'allonge pour la porter de nouveau en avant.

Le canal digestif des Sangsues commence à la partie antérieure et un peu inférieure du corps au fond de la ventouse orale. Cette ventouse, formée de deux lèvres extensibles, l'une supérieure, ordinairement grande, et quelquefois presque lancéolée, et l'autre inférieure, moins avancée, constitue une sorte d'avant-bouche qui, susceptible de varier de forme, s'applique préliminairement et avec force sur les corps que l'Animal veut entamer avec ses mâchoires. Celles-ci, qui manquent rarement, sont placées au fond de la ventouse, et généralement au nombre de trois, disposées en triangle et fixées sur autant de petits tubercules ; leur consistance est très-légèrement cartilagineuse ; leur forme est presque lenticulaire, et leur bord libre et tranchant est quelquefois uni, mais souvent aussi garni d'une double rangée de denticules plus ou moins nombreux suivant les genres et même les espèces ; une sorte d'anneau cartilagineux, qui souvent entoure la base des tubercules dentifères, indique l'entrée du canal intestinal ; il débute par une sorte d'œsophage plus ou moins étroit, offrant quelquefois des plis longitudinaux, mais jamais aucun renflement latéral en forme de poche; au contraire, l'estomac qui le suit présente ordinairement dans toute son étendue des boursoufflures qui sont d'autant plus sensibles que l'Animal a pris plus de nourriture. Il existe même des espèces où ces appendices qui sont latéraux ne s'effacent jamais; tels sont entre autres les Clepsines aplatie et binocle que nous avons eu occasion de disséquer, et dont nous parlerons ici parce que nous ne les croyons pas encore décrites sous ce rapport. L'estomac des premières est assez semblable à celui de la Sangsue officinale; les prolongemens qui le garnissent sont de véritables cœcums au nombre de neuf de chaque côté. Ils naissent vis-à-vis les uns des autres et ressemblent à des doigts de gants de longueurs différentes. La sixième et la septième paires sont les plus courtes; la première est aussi peu développée, mais les autres sont très-étendues transversalement, ce que permet au reste la largeur assez grande du corps de cette petite Sangsue. L'estomac de la Clepsine binocle, ou l'*Hirudo bioculata* de Bergmann, est très-analogue à celui de la Clepsine aplatie; il existe également de chaque côté une rangée de cœcums qui s'ouvrent en face les uns des autres et qui, plus longs que larges et cylindroïdes, ressemblent assez bien à des doigts de gants; mais on n'en compte que huit paires bien distinctes. Les deux premières, qui indiquent la terminaison de l'œsophage et l'origine de l'estomac, sont grêles, dirigées obliquement en avant, et assez distantes des autres dont la direction est parfaitement transversale; leur longueur varie; la cinquième paire nous a paru être la plus longue; les autres vont ordinairement en diminuant tant en arrière qu'en avant, mais surtout dans ce dernier sens. Moquin Tandon et plusieurs anatomistes qui ont décrit le canal intestinal de certaines espèces de Sangsues, et particulièrement celui de la *Sanguisuga officinalis* et de

l'*Hæmopis vorax*, ont considéré les prolongemens latéraux qu'on voit dans ces espèces sur les côtés de l'estomac, comme autant de petits estomacs distincts, et ils n'ont regardé comme de vrais cœcums que la dernière paire de poches qui est beaucoup plus étendue; mais il nous semble évident, par ce qui vient d'être dit, que ces derniers sont de même nature, et que leur plus grand développement ne constitue point un caractère distinctif. Le rectum des Hirudinées, généralement séparé de l'estomac par une sorte de valvule ou de rétrécissement assez brusque, est quelquefois très-étroit, et d'autres fois assez large; il aboutit à l'anus qui s'ouvre sur le dos à l'origine de la ventouse anale.

Le canal digestif est composé de deux tuniques pellucides, et, vers son extrémité, on observe quelques fibres musculaires. Blainville croit qu'il existe un appareil sécréteur de la bile qui consisterait en un tissu cellulo-membraneux entourant une partie de l'intestin, et surtout de l'estomac.

Toutes les Hirudinées se nourrissent aux dépens d'autres Animaux qu'elles sucent ou qu'elles avalent par portion ou même en entier. Tantôt elles s'attachent aux Poissons, aux Grenouilles, aux Salamandres, etc., etc.; tantôt elles dévorent les Mollusques, les Annélides ou les larves d'Insectes. Les Sangsues proprement dites, les seules que l'on emploie en médecine, et les seules qui soient avides de sang humain, entament la peau au moyen de l'appareil buccal dont il a été déjà question. Leur ventouse orale se fixe fortement sur le point qu'elles veulent sucer; les tubercules dentifères prennent de la rigidité; ils se contractent, et les denticules qu'ils supportent incisent alors en se mouvant la portion de la peau qui est comprise entre eux. Le sang coule de chacune des entailles, et l'Animal le fait successivement passer dans son œsophage et dans son vaste estomac. Les Sangsues dont on fait usage dans l'art de guérir ne prennent pas toutes la même quantité de sang; il existe à cet égard de très-grandes différences suivant les espèces et même suivant la grosseur ou le poids des individus. Moquin-Tandon s'est assuré que généralement une Sangsue de l'espèce *officinale* absorbe de soixante à quatre-vingts grains de sang; mais que si elle est petite, elle n'en absorbe que cinquante grains ou deux fois et demie son poids; si elle est de moyenne taille, elle en absorbera quatre-vingts grains environ ou deux fois son poids; et fût-elle très-grosse, la quantité serait encore de quatre-vingts grains ou son poids; par conséquent on obtiendrait des résultats semblables dans ces deux derniers cas; mais ils seraient très-différens dans le premier. Moquin-Tandon voudrait donc que, dans les prescriptions de Sangsues, le praticien les dosât d'après le poids, en partant de la donnée que chaque individu d'une grosseur moyenne doit absorber une quantité de sang deux fois plus forte que son propre poids.

Les Hirudinées digèrent très-lentement. Souvent, après plusieurs jours, plusieurs semaines, et même après plusieurs mois, on retrouve dans leur canal intestinal les matières solides ou liquides qu'elles ont avalées. Les espèces que l'on emploie en médecine offrent une autre particularité curieuse : le sang qu'elles ont sucé n'éprouve dans leur estomac aucune altération sensible; il est de même couleur et conserve sa fluidité naturelle; mais si on l'expose à l'air, ou si la Sangsue périt, il se coagule promptement, et devient d'un brun noirâtre.

Le système nerveux des Hirudinées a été décrit par un assez grand nombre d'anatomistes qui ont porté leur observation sur la *Sanguisuga officinalis*, l'*Hæmopis vorax*, la *Nephelis gigas*, l'*Albione muricata*. Ils ont trouvé qu'il se composait d'une série de ganglions étendus de la bouche à l'extrémité du corps, et situés, comme dans tous les Animaux articulés au-dessous du canal intestinal. De chaque ganglion partent des filets nerveux qui se distribuent à tous les organes en se divisant à l'infini. Nous avons eu occasion de disséquer le système ganglionaire dans plusieurs Hirudinées de genres différens, et nous avons remarqué quelques particularités que nous extrairons de nos observations faites en 1822. Le cordon nerveux de la *Nephelis tessellata* de Savigny nous a paru semblable à celui que Moquin-Tandon a décrit et représenté dernièrement dans sa *Nephelis gigas*. Les ganglions nerveux sont tous également espacés entre eux, à l'exception de l'avant-dernier et du dernier qui se rapprochent davantage. Nous en avons compté quatorze depuis la verge jusqu'au disque postérieur, et nous croyons qu'il en existe six en avant de l'organe mâle. On voit partir de chaque ganglion deux filets nerveux. La *Clepsine complanata*, dont nous avons fait connaître la disposition curieuse du tube digestif, n'est pas moins remarquable sous le rapport du système nerveux. Nous avons compté vingt ganglions distincts, inégalement espacés entre eux, n'offrant qu'un seul filet nerveux de chaque côté au lieu de deux, et il nous a même semblé que le quinzième et le seizième en étaient privés; le premier ganglion semble percé pour le passage de l'œsophage qu'il entoure exactement; le deuxième et le troisième sont rapprochés; le quatrième et le cinquième se touchent et correspondent à l'organe mâle; les suivans, jusqu'au quatorzième, sont distans entre eux, et à peu près également espacés; ce dernier, le quinzième, le seizième, et le dix-septième sont de nouveau rapprochés; il existe ensuite après le dix-septième un intervalle assez grand; enfin, les trois derniers ganglions se touchent presque. Le filet nerveux qu'on remarque de chaque côté des ganglions en naît à angle droit et se porte transversalement en dehors, mais les filets des trois derniers sont dirigés obliquement en arrière. Moquin-Tandon a représenté le cordon noueux de l'Albione muriquée qu'il a reconnu être très-semblable à celui des autres Hirudinées; mais nous trouvons dans nos notes l'anatomie de cette espèce faite en 1822, et nous sommes loin de nous accorder sur ce point avec Moquin-Tandon. Peut-être la différence provient-elle de ce que nous aurons disséqué l'Albione verruqueuse sans la distinguer de l'Albione muriquée. C'est ce que nous ne pouvons décider aujourd'hui. Quoi qu'il en soit, nous nous bornons à transcrire ici l'observation consignée dans notre Journal. Elle est assez curieuse pour que nous tenions à la faire connaître. « Le cordon nerveux de cette espèce offre une particularité fort remarquable, et qui n'a encore été vue dans aucun Animal articulé. Les ganglions, au nombre de vingt, envoient chacun un seul filet nerveux, très-court, qui s'en sépare, à angle droit, et qui, au lieu de se diviser immédiatement en ramuscules, comme cela a toujours lieu, vient aussitôt aboutir de chaque côté à un ganglion très-distinct. Tous ces petits ganglions donnent ensuite naissance aux filets nerveux qui se distribuent aux diverses parties du corps. Ces renflemens, qui existent sur deux lignes, à droite et à gauche du cordon noueux médian, et qui, dans cette Sangsue, semblent former trois cordons noueux longitudinaux et parallèles, nous rappellent les petits ganglions qui se voient de chaque côté de la moelle épinière des Animaux vertébrés, un peu au-delà de la naissance des nerfs vertébraux. De chacun des ganglions qui, chez l'Albione, constituent ces espèces de moelles surnuméraires et latérales, partent quatre petits filets nerveux; trois d'entre eux, les plus inférieurs, vont se perdre dans les muscles longitudinaux; le quatrième ou le supérieur, accompagne les artérioles qui naissent latéralement du vaisseau dorsal. Le premier ganglion de la série moyenne, qui pourrait ici prendre le nom de céphalique, à cause de sa grosseur, proportionnellement à ceux qui suivent, est, comme d'ordinaire, perforé au centre pour livrer passage à l'œsophage, et fournit plusieurs nerfs qui tous se dirigent en avant. » Une figure exacte complète cette description, et rend très-sensible le fait singulier que présente cette Sangsue.

Nous avons peu de chose à dire des organes des sens des Hirudinées. Ces Animaux, ainsi que les autres Annelides, ont une sensibilité générale assez exquise, mais ils paraissent privés d'un organe de tact circonscrit. Ils sont nécessairement pourvus du sens du goût. Celui de l'odorat et celui de l'ouïe semblent nuls; aucune odeur ne paraît les affecter; aucun bruit n'agit sur eux, et d'ailleurs il n'existe aucun appareil qu'on puisse regarder comme le siège de ces deux fonctions. Il n'en est pas de même de l'organe de la vue. Toutes les Hirudinées présentent, à la partie antérieure de leur corps, des points de couleur brune ou noirâtre qui ne s'élèvent que très-peu au-dessus de la peau, et que plusieurs auteurs ont regardés comme de véritables yeux, tandis que d'autres leur ont refusé ce nom. Leur nombre varie de deux à dix suivant les genres, et ils sont fixés tous, ou à peu près tous, sur la ventouse orale.

Plusieurs expériences ont fait penser que ces organes ne servaient pas à la vue, et que les Hirudinées étaient privées de ce sens. Cependant, il est certain que si on les place dans un vase entouré de papier noir, et auquel on laisse seulement une ouverture pour le passage de la lumière, elles ne tardent pas à se diriger vers ce lieu et à s'y fixer; mais pour se rendre compte de ce fait, il n'est pas besoin de supposer l'existence de véritables yeux; car des Animaux bien plus inférieurs dans l'échelle, et les Végétaux eux-mêmes se comportent de même. L'observation faite à plusieurs reprises par Moquin-Tandon, et sans doute comparativement et avec toutes les précautions convenables sur la Néphélis vulgaire, paraît avoir un peu plus de valeur, mais il s'en faut encore de beaucoup qu'elle soit concluante. Ce naturaliste nous apprend qu'ayant placé, au-devant de la ventouse orale de l'espèce que nous venons de citer, un petit morceau de bois de couleur rouge, l'Animal semblait se détourner pour l'éviter.

Le système circulatoire des Hirudinées a été le sujet d'un assez grand nombre de recherches. Thomas, Cuvier, Vitet, Johnson, Carena, et tout récemment Moquin-Tandon et Dugès, l'ont étudié avec soin et nous ont fait connaître le nombre et la disposition des vaisseaux, ainsi que le trajet de sang dans leur intérieur. Moi-même j'ai eu occasion d'observer, sous ce rapport, quelques Hirudinées. Ces divers travaux nous serviront à le décrire.

Le petit nombre d'espèces de Sangsues dont on a fait complétement l'anatomie, a toujours présenté quatre troncs vasculaires longitudinaux, l'un dorsal, l'autre ventral, séparés entre eux par le tube digestif et deux latéraux; ces quatre troncs principaux communiquent entre eux non-seulement par les vaisseaux capillaires qui se rencontrent et se confondent dans les divers organes auxquels ils se distribuent, mais encore par des branches spéciales et d'un fort diamètre, qui se portent directement d'un tronc vasculaire à l'autre. Le tronc ventral fournit de grosses branches qui, remontant verticalement de chaque côté, embrassent le canal intestinal, et aboutissent au vaisseau dorsal. Dugès, qui les a observés le premier dans la *Sanguisuga officinalis*, les nomme *branches abdomino-dorsales* : les troncs latéraux communiquent entre eux par des branches transversales qui vont de l'un à l'autre en passant sous le cordon nerveux. Ces branches ont été récemment bien décrites et figurées, dans la *Nephelis vulgaris*, par Jean Müller (*Archiv. fur anat. und phys.* Meckel, *Jan.-Marz*, 1828); Dugès propose de les désigner sous le nom de *branches latéro-abdominales;* enfin

ces mêmes troncs latéraux envoient des branches volumineuses qui aboutissent au vaisseau dorsal : Dugès les nomme *branches latéro-dorsales*. Outre ces canaux qui établissent des communications faciles entre les principaux troncs, il existe pour chacun d'eux une infinité de vaisseaux qui portent le sang aux divers organes et qui le distribuent principalement à la peau qu'on doit considérer comme un organe de respiration, mais non exclusivement, car il existe dans les Sangsues, ainsi que nous le verrons plus loin, un appareil spécial pour cette fonction. Cet appareil, qui consiste en des espèces de poches, est richement pourvu de vaisseaux sanguins dont la connaissance est due à notre savant ami Dugès. Ils forment dans les parois de la vésicule un lacis inextricable qui est le produit de la subdivision d'un rameau fourni par les branches latéro-abdominales, et d'une grosse anse vasculaire que Dugès nomme *anse pulmonaire*, et qui provient du tronc latéral. Telle est en peu de mots la description des parties principales du système circulatoire des Hirudinées; mais il existe des différences plus ou moins grandes, suivant les genres et les espèces, dans le nombre, la subdivision et la distribution des vaisseaux secondaires; nous nous en sommes convaincu en étudiant comparativement la *Sanguisuga officinalis*, les *Clepsine bioculata* et *complanata*, la *Nephelis vulgaris*, l'*Hœmopis vorax* et une Albione, *Albione muricata*, ou *verrucata?* Nous nous bornerons à un seul exemple en extrayant de notre Journal la description que nous en avons faite en 1822. « Le système circulatoire de l'Albione est essentiellement semblable à ce que j'ai vu dans les autres Hirudinées : je retrouve quatre troncs principaux, un dorsal, un ventral, deux latéraux; mais il existe de très-grandes différences dans la disposition de ces vaisseaux. Le dorsal, qui s'étend de l'ouverture buccale à l'ouverture anale, n'a pas le même diamètre dans toute sa longueur; en avant il est grêle et serpentant; au contraire son calibre est très-gros en arrière, et les flexuosités qu'il forme donnent à ses parois l'apparence de larges boursoufflures; son diamètre ne diminue pas progressivement, mais tout-à-coup et d'une manière brusque vers le milieu de son trajet. On voit naître de la portion antérieure de ce vaisseau dorsal des branches au nombre de dix qui vont joindre les vaisseaux latéraux et les poches respiratoires; il me semble aussi voir naître des rameaux de la portion postérieure ou boursoufflée et tout-à-fait en arrière. Le vaisseau ventral est très-étroit et adhérent au cordon nerveux; il envoie au niveau de chaque ganglion deux branches qui se dirigent en dehors; en avant il semble se continuer par une fine anastomose avec le vaisseau dorsal au moyen des rameaux que chacun d'eux fournit. Les vaisseaux latéraux placés de chaque côté sont en rapport direct avec les poches respiratoires au moyen de deux branches, l'une antérieure, l'autre postérieure. Ainsi ces poches communiquent à la fois avec le vaisseau dorsal et avec les troncs latéraux. D'après cette organisation, je suppose que la circulation a lieu de cette manière : les troncs ou vaisseaux latéraux sont des espèces de golfes veineux qui reçoivent le sang de toutes les parties du corps et l'envoient dans les poches respiratoires où il se réoxigène; alors une petite portion de ce sang reflue dans les vaisseaux latéraux, tandis que l'autre, que je suppose la plus considérable, arrive au vaisseau dorsal, puis au vaisseau ventral qui tous deux les chassent dans tout le corps d'où il revient dans les troncs latéraux qui le distribuent aux poches respiratoires. » Cette description qu'accompagnent des dessins fidèles s'accorde avec ce qui vient d'être dit plus haut de l'anatomie du système circulatoire, et la supposition que nous faisions relativement à la marche du sang coïncide parfai-

tement, à quelques différences près qui tiennent aux modifications des organes suivant les espèces, avec les observations directes et bien plus complètes que de son côté notre ami Dugès a eu occasion de faire sur le cours du sang dans l'appareil pulmonaire (*V.* Annales des Sciences naturelles, T. xv). Ce que nous venons de dire des organes circulatoires a beaucoup avancé la connaissance de ceux de la respiration. Blainville nie que les vésicules qu'on voit sur le trajet des vaisseaux latéraux, et qui s'ouvrent à la face inférieure du corps par un très-petit orifice, soient de véritables vésicules pulmonaires; il les regarde comme des glandes sécrétoires; mais les observations que nous avons faites dans un grand nombre d'Hirudinées, et particulièrement celle que Dugès vient de publier dans les Annales des Sciences naturelles, ne laissent plus de doute sur leurs fonctions respiratoires; d'ailleurs cette opinion, qui est partagée par Moquin-Tandon, avait déjà été émise par Thomas dans son Histoire naturelle de la Sangsue médicinale; mais il paraît aussi, d'après les observations de Dugès, que les Hirudinées, ou du moins certaines espèces, sont douées en outre de la faculté de respirer par toute la surface de l'enveloppe cutanée. « Les Néphélis en liberté, dit Dugès, passent souvent des heures, des journées entières, fixées par leur ventouse postérieure et agitant d'une continuelle ondulation leur corps légèrement aplati; elles semblent respirer alors à la manière des Naïdes, c'est-à-dire par la peau mise en contact perpétuellement renouvelé avec le liquide ambiant. Durant ce mouvement, les poches pulmonaires paraissent presque inertes, et leurs vaisseaux se laissent à peine apercevoir, tandis que le réseau cutané se prononce d'une manière très-marquée. » Nous avons observé ce même phénomène chez les individus de cette espèce, lorsqu'ils sont encore protégés par le corps de leur mère.

Mais, dans d'autres cas, ces mêmes Sangsues semblent respirer uniquement par leurs poches pulmonaires; alors elles restent généralement en repos, et l'appareil de respiration se montre fréquemment coloré d'un rouge vif. Quant aux phénomènes chimiques produits par la respiration, ils sont les mêmes que partout ailleurs, et on en acquiert la preuve en plaçant des Sangsues dans une certaine quantité d'air atmosphérique; on observe alors que celui-ci ne tarde pas à se convertir en gaz acide carbonique.

Les Sangsues sont des Animaux hermaphrodites à la manière des autres Annelides : chaque individu est pourvu tout à la fois d'organes mâles et d'organes femelles; mais la fécondation ne saurait avoir lieu que lorsque deux individus s'étant mis en contact, l'organe mâle de l'un pénètre dans l'organe femelle de l'autre.

Les orifices de ces deux organes se présentent sous la forme de pores situés à la partie inférieure et sur la ligne moyenne du corps de l'Animal, très-près l'une de l'autre, à une distance toujours assez voisine de l'extrémité antérieure, mais variable cependant dans les différentes espèces, car dans les unes ils se voient sous le dix-septième ou dix-huitième anneau, dans les autres, entre le vingt-cinquième et le vingt-sixième, quelquefois près du vingt-septième, du vingt-huitième ou même du trente-cinquième. De ces deux ouvertures, l'antérieure livre passage à l'organe mâle, et la postérieure donne entrée dans l'organe femelle. Nous ne connaissons qu'une exception à la position relative de ces deux orifices, elle nous est offerte par les Branchiobdelles (*V.* : la fin de cet article la description de ce genre) qui, suivant Odier, présentent l'ouverture femelle située à la partie inférieure du neuvième anneau du corps, et en arrière, au onzième anneau, la seconde ouverture par laquelle sort la verge. L'appareil générateur mâle des Sangsues se compose des testicules, des canaux déférens, des vésicules séminales et de la verge. Johnson et Moquin-Tandon l'ont représenté avec soin. Les testicules sont deux corps blanchâtres qu'on trouve plus ou moins développés non-seulement chez un même individu étudié à son jeune âge ou à son état adulte, mais encore suivant les genres et les espèces. Moquin-Tandon a eu occasion d'observer ceux de l'*Hœmopis*, de l'*Aulastoma*, de la Sangsue officinale, de l'Albione, de la Néphélis géante, et il a trouvé dans chacune d'elles des différences très-grandes dans la disposition, la texture, le développement de ces organes; tantôt ils se présentent sous forme d'une simple masse ovalaire, étendue de chaque côté du corps, et dans laquelle on distingue très-bien les circonvolutions nombreuses du canal qui les constitue; tantôt ils figurent un très-petit peloton irrégulièrement arrondi, composé de canaux entortillés, peu visibles, et on remarque alors à la partie postérieure de chaque masse un long canal étendu de chaque côté du corps, et ayant sur son trajet des renflemens vésiculaires. Moquin-Tandon regarde ces canaux comme des *vésicules séminales supplémentaires;* on pourrait les considérer aussi comme une sorte de testicule déroulé. Quoi qu'il en soit, ces organes, dont on doit la connaissance précise à Johnson et à l'auteur que nous venons de citer, sont, suivant les expressions du dernier, deux canaux blanchâtres ou d'un blanc grisâtre, filiformes, sinueux, très-déliés vers leur point d'origine et descendant de l'un et de l'autre côté du cordon médullaire jusqu'aux deux tiers de l'Animal. Ils sont composés d'une membrane mince, molle, presque transparente, et remplis de molécules opaques d'un blanc de lait, nageant dans un fluide aqueux; ils reçoivent, à des intervalles réguliers, des vésicules qui semblent être seulement des dilatations de leur extrémité. Elles sont pyriformes et petites dans les Albiones et les Sangsues proprement dites, ovales et moyennes dans les Aulastomes, globuleuses et très-grosses dans les Hœmopis. Leur nombre est très-variable; on en compte huit paires dans les Hœmopis : la première commence au trente-septième segment, et la dernière finit au soixante dix-septième. Dans les Sangsues proprement dites il en existe une neuvième paire. Moquin-Tandon a observé que chez ces deux genres d'Hirudinées on rencontrait quelquefois une vésicule séminale de plus, toujours située à gauche et à l'extrémité postérieure du cordon. Les vésicules séminales supplémentaires n'ont pas été reconnues bien nettement dans la *Nephelis gigas*. Nous avons disséqué de notre côté la *Nephelis vulgaris*, et nous ne les avons pas rencontrées; mais cette espèce nous a offert, quant aux testicules, une particularité assez curieuse; ils forment deux masses allongées dans lesquelles on distingue parfaitement les circonvolutions du vaisseau grêle qui les constitue, et ce n'est pas, comme dans la *Nephelis gigas*, de leur extrémité antérieure que naissent les canaux déférens, mais bien du milieu de leur longueur, et à leur côté interne; il existe encore d'autres différences sur lesquelles nous allons revenir en parlant des canaux déférens.

Les canaux déférens sont des conduits plus ou moins longs qui partent du testicule et qui se dirigent vers l'origine de la verge; ils charrient la liqueur prolifique; leur trajet est en général assez court, et lorsqu'ils ont plus d'étendue que de coutume, ils sont simplement flexueux ou coudés sur eux-mêmes; jamais ces vaisseaux ne forment un lacis comme ceux des testicules. Nous avons eu occasion de les observer dans plusieurs espèces, et particulièrement dans la *Nephelis vulgaris* où ils sont remarquables par leur grosseur. Nés au côté interne des testicules et un peu en avant de leur moitié, ils se recourbent sur eux-mêmes et se réunissent en un canal médian qui aboutit à la base de la

verge. Les vésicules séminales proprement dites sont situées entre les testicules, tout près de l'orifice de l'organe mâle; elles ne sont point distinctes entre elles et se présentent sous forme d'une petite bourse qui, ainsi que nous l'avons observé dans la *Nephelis vulgaris*, embrasse quelquefois de toutes parts la base de la verge. Cet organe, contenu dans une sorte de gaîne, est membraneux, assez rigide, filiforme, cylindroïde, long et recourbé quelquefois sur lui-même dans l'intérieur du corps, de manière à former un ou deux coudes. Souvent dans la saison des amours il sort tout entier du corps, et a quelquefois, suivant les espèces, plusieurs lignes, un pouce et même deux pouces de longueur.

L'appareil générateur femelle des Hirudinées est assez simple; l'ouverture qui se voit en arrière de la verge communique dans un vagin court qui conduit dans une poche assez développée après la fécondation et qu'on a nommée matrice; mais qui correspond, suivant nous, à la *poche copulatrice* des Insectes, des Mollusques, etc. Au fond de cette poche vient aboutir un canal assez gros, quelquefois flexueux, qu'on peut nommer l'*oviducte*; enfin cet oviducte est terminé par deux petits corps ovalaires, blanchâtres, supportés chacun par un court pédicule : ce sont les *ovaires*.

La reproduction des Sangsues a lieu par accouplement réciproque. Ces Animaux n'ont pas, comme les Planaires, la faculté de régénérer les parties qu'on leur enlève; nous avons tenté à diverses reprises des expériences qui nous en ont convaincu. L'accouplement des Sangsues a été observé en Angleterre; Johnson cite le témoignage de Hebb, chirurgien à Worcester, d'Evans, pharmacien dans la même ville, et il a été vu en France par notre ami Auguste Odier. Les observations dont parle Johnson ont été faites sur les Sangsues proprement dites, tandis que celles d'Auguste Odier l'ont été sur les Branchiobdelles. Suivant Johnson deux individus se rapprochent ventre contre ventre et en sens inverse, c'est-à-dire que la tête de l'un se place vis-à-vis la ventouse anale de l'autre. On conçoit que dans cette position les organes génitaux sont également situés en sens inverse, de manière que chaque pénis est placé en face de l'ouverture femelle et y pénètre.

Suivant Auguste Odier, les Branchiobdelles dont les organes sont différemment situés, la vulve étant en avant du pénis, ont un mode d'accouplement assez différent en apparence, mais semblable quant au résultat; pour exécuter cet acte, deux individus après s'être rapprochés prennent un point d'appui, au moyen de leur disque postérieur qu'ils fixent sur quelque corps étranger; puis ils s'entrelacent comme deux anneaux d'une chaîne en recourbant chacun leur tête vers la partie postérieure de leur corps. Dans cette position leurs deux surfaces inférieures se touchent exactement et en sens opposé, de manière que l'organe mâle de l'un devenu très-saillant pénètre dans l'ouverture vulvaire de l'autre, et *vice versâ*. L'accouplement des Branchiobdelles dure plusieurs heures; Odier l'a observé aux mois de juillet et d'août : c'est aussi, suivant Johnson, l'époque de l'accouplement des Sangsues.

La plupart des Hirudinées pondent des capsules ovifères dans lesquelles se développent plusieurs germes. Quelques espèces cependant engendrent des œufs qu'elles déposent isolément; enfin un très-petit nombre paraissent vivipares, c'est-à-dire que bien qu'on distingue leurs œufs dans l'intérieur de leur corps, ils ne sont point pondus, et les petits sortent directement du sein maternel. Certaines espèces du genre Clepsine présentent une particularité curieuse : il existe sous le ventre une poche dans laquelle les petits se réfugient pendant leur jeune âge. Ce qui regarde l'organisation et le développement des œufs ayant été traité au mot ŒUF (T. XII, p. 127), nous renvoyons le lecteur à cet article dans

lequel nous avons dû nécessairement nous borner aux faits les plus généraux et les mieux constatés. Les Hirudinées atteignent assez lentement leur plus haut degré d'accroissement, et la durée de leur vie, quoiqu'elle ne soit pas bien précisée, paraît assez longue. Cependant on aurait tort de prendre pour termes du calcul les observations de longévité remarquées parmi les individus que l'on tient captifs dans des bocaux ou même dans des vases de grande dimension. Là on a vu des Sangsues médicinales vivre deux, trois ou quatre années; on en cite qui ne sont mortes qu'après huit ans, et d'après ces faits quelques observateurs supposent qu'à l'état de liberté elles pourraient bien vivre vingt ans. Quant à nous, nous en tirons une conséquence toute opposée, et nous pensons que l'abstinence et la faculté qu'elles perdent de s'accoupler et de se reproduire lorsqu'on les conserve renfermées, suffisent pour prolonger leur existence; de même que l'on voit chez les Insectes la diminution ou le défaut de nourriture retarder le développement, et la privation de l'accouplement, prolonger la vie bien au-delà du terme ordinaire.

Les Hirudinées sont répandues sur presque toute la surface du globe; mais les espèces diffèrent suivant les localités. Les Sangsues médicinale et officinale sont particulièrement propres au continent européen, depuis la Russie jusqu'en Espagne et en Portugal. Il en existe beaucoup en France, mais le grand emploi que l'on en fait ne suffit pas à la consommation. Les Hirudinées vivent dans les eaux douces ou salées; elles sucent le sang de divers Animaux et on les rencontre souvent fixées sur divers Poissons, sur les Tortues, sur des Mollusques; certaines espèces s'attachent aux Chevaux, aux différens bestiaux qui vont boire dans les mares, les étangs, les rivières, les fontaines. Elles se nichent quelquefois sur le palais ou sous la langue et jusque dans les fosses nasales, où elles pénètrent ; elles peuvent alors y vivre plusieurs jours, et se gorgeant de sang gêner la respiration de ces Animaux. Dans l'expédition d'Égypte et, suivant Bory de Saint-Vincent, dans le midi de l'Espagne, elles causèrent parfois des accidens graves à des soldats qui avaient bu aux fontaines, et les chevaux surtout en furent souvent tourmentés. Lorsque le froid se fait sentir, ces Annélides s'enfoncent généralement dans la vase des étangs, et elles y passent l'hiver dans un état d'engourdissement d'où elles sortent aux premiers jours du printemps. Les Sangsues paraissent très-sensibles aux autres impressions et changemens atmosphériques. Lorsque le vent souffle, elles s'agitent ; elles s'enfoncent dans la vase quand le ciel se couvre ; elles montent à la surface de l'eau lorsque les orages grondent. Ces observations que les gens qui récoltent les Sangsues employées en médecine ont souvent eu occasion de faire, les ont porté à supposer que ces Animaux qu'il est aisé de tenir renfermés, pourraient bien, si on les plaçait dans un bocal, monter ou descendre suivant l'état de l'atmosphère, et ils ont imaginé d'en faire un baromètre que dans certains lieux ils ont même gradué en plaçant dans les bocaux une échelle divisée en un certain nombre de degrés ; mais l'expérience n'a pas répondu à ce qu'on en attendait, et cet instrument ne mérite pas la confiance que les gens du peuple lui accordent. On voit bien, il est vrai, les Sangsues tantôt au fond, tantôt à la surface du liquide ; mais ce mouvement n'est pas général, et pour peu que l'on prenne la peine d'observer pendant quelque temps les rapports qu'il a avec l'état de l'atmosphère, on remarque qu'ils sont la plupart du temps opposés, et que par conséquent il ne saurait indiquer rien de positif.

La famille des Sangsues a été divisée par Savigny en trois sections dans lesquelles il groupe tous les genres de la manière suivante :

Ire Section. — SANGSUES BRANCHEL-LIENNES.

Des branchies saillantes ; ventouse orale d'une seule pièce, séparée du corps par un fort étranglement ; ouverture circulaire.

Genre : BRANCHELLION.

IIe Section. — SANGSUES ALBION-NIENNES.

Point de branchies ; ventouse orale d'une seule pièce, séparée du corps par un fort étranglement ; ouverture sensiblement longitudinale.

Genres : ALBIONE, HÆMOCHARIS.

IIIe Section. — SANGSUES BDEL-LIENNES

Point de branchies ; ventouse orale de plusieurs pièces, peu ou point séparée du reste du corps ; ouverture transversale, comme à deux lèvres ; la lèvre inférieure rétuse.

Genres : BDELLE, SANGSUE, HOE-MOPIS, NÉPHÉLIS, CLEPSINE.

Chacun de ces genres ayant été traité à son ordre alphabétique, nous y renvoyons pour les caractères distinctifs et pour les autres détails qui leur sont propres. Nous nous bornerons à observer qu'on pourrait ajouter à cette liste quelques nouveaux genres qui ont été créés récemment et entre autres ceux de *Branchiobdella* et d'*Aulastoma* d'Auguste Odier et de Moquin-Tandon.

Le genre *Branchiobdella* d'Auguste Odier a pour caractères distinctifs : corps contractile, un peu aplati, composé de dix-sept anneaux, terminé par un disque préhensile ; tête oblongue, garnie de deux lèvres ; bouche armée de deux mâchoires cachées, triangulaires, dont la supérieure plus grande ; point d'yeux. Ce petit genre, très-différent des Hirudinées décrites jusqu'à ce jour, paraît avoisiner, sous quelques rapports, les Néphélis. Il ne renferme encore qu'une seule espèce, la BRAN-CHIOBDELLE DE L'ÉCREVISSE, *Branchiobdella Astaci* ; elle doit son nom générique à l'habitude qu'elle a de vivre sur les branchies et elle porte le nom spécifique d'Ecrevisse parce qu'elle n'a encore été trouvée que sur les Ecrévisses de rivière. Ce fut au mois de juillet 1819 que Brongniart, Odier et nous, découvrîmes cette curieuse Annelide. Déjà elle avait été représentée par Roësel, et la mauvaise figure qu'il en avait donnée avait été reproduite dans l'Encyclopédie méthodique (Crustacés, pl. 289, fig. 11, 12, 13, 14); mais on ne savait rien de son organisation ; on ignorait même à quelle classe du règne animal on devait la rapporter. Notre ami Odier se chargea de ce petit travail, et le soumit à la Société philomatique au mois de novembre 1819. Cette Annelide n'a pas plus de cinq à douze millimètres de long, suivant qu'elle est contractée ou étendue, et sa largeur est d'un millimètre et demi. On lui compte dix-sept anneaux non compris la tête ; ils sont alternativement larges et étroits; le dernier, en arrière, est terminé par une ventouse ; la tête est oblongue et munie de deux lèvres dont la supérieure est plus large que l'inférieure; réunies elles constituent une sorte de ventouse orale ; au fond se voient les mâchoires au nombre de deux seulement; elles sont de forme triangulaire, la supérieure est la plus grande tandis que l'inférieure est invisible à l'œil nu. Les ouvertures des organes de la génération existent à la face ventrale du neuvième et onzième anneau ; mais ils sont en sens inverse de ce qu'on voit ordinairement ; l'orifice antérieur étant celui du vagin et le postérieur celui de la verge. La couleur de cette Annelide est d'un jaune doré. Auguste Odier a fait avec soin l'anatomie de cette petite espèce, et de très-bonnes figures représentent le tube digestif, les systèmes circulatoire et nerveux, les organes générateurs, le moment de l'accouplement, et les œufs qui sont des espèces de petites capsules pédicellées et fixées sur les branchies de l'Ecre-

visse. La Branchiobdelle de l'Ecrevisse ainsi que les œufs se trouvent communément sur les branchies des Ecrevisses depuis le mois de juillet jusqu'à celui d'octobre ; nous en avons aussi rencontré au printemps. (*V.*, pour plus de détails, les Mémoires de la Société d'Histoire naturelle, T. 1, pag. 69.)

Le genre *Aulastoma*, récemment établi par Moquin-Tandon (Monographie des Hirudinées, p. 123), a pour caractères : corps allongé, subdéprimé, rétréci graduellement en avant, composé de quatre-vingt-quinze segmens assez distincts, portant, entre le vingt-septième et vingt-huitième et entre le trente-unième et trente-deuxième, les orifices des organes de la génération ; ventouse orale peu concave, bilabiée, à lèvre supérieure presque lancéolée, avancée en demi-ellipse; bouche très-grande relativement à la ventouse orale; mâchoires réduites à une multitude de plis saillans ; dix yeux disposés sur une ligne courbe, les quatre postérieurs plus isolés et plus petits ; ventouse anale assez petite et obliquement terminale ; anus extrêmement large et très-visible. Ce genre, que Moquin-Tandon place entre les Bdelles et les Néphélis, nous paraît avoir plusieurs traits de ressemblance, surtout par l'absence des mâchoires, avec le genre *Trochetia* de Dutrochet; c'est un point que nous engageons ces observateurs à examiner. Quoi qu'il en soit, il se compose d'une seule espèce, l'AuLASTOME NOIRATRE, *Aulastoma nigrescens*, Moq., tab. 6, fig. 5. Elle a été trouvée en France et a été envoyée de Lyon sous le nom de Sangsue non officinale.

Blainville, dans son article *Sangsue* du Dictionnaire de Levrault, a cru devoir faire plusieurs changemens qui se réduisent aux suivans : le genre *Hæmopis* de Savigny disparaît de sa nomenclature; il le divise en deux genres en donnant à l'un le nom d'*Hippobdella*, et à l'autre celui de *Pseudobdella*. Le premier renferme les *Hœmopis sanguisorba*, *luctuosa* et *lacertina* de Savigny, et le second se compose de son *Hœmopis nigra*. Le nom de *Jatrobdella* est substitué au nom générique si universellement admis de Sangsue, *Sanguisuga* ; les *Hœmocharis* de Savigny sont nommés *Ichthyobdella*; il réhabilite le genre *Trochetia* de Dutrochet que Savigny n'adopte pas et que Moquin-Tandon ne distingue pas du genre Néphélis ; mais il change son nom en celui de *Geobdella*; enfin il crée deux nouveaux genres pour deux espèces d'Hirudinées assez mal connues et qu'on avait laissées jusqu'ici dans les *incertœ sedis;* le premier, ou son genre *Epibdella*, a pour type l'*Hirudo hippoglossi* de Müller; le second, qui porte le nom de *Malacobdella*, renferme l'*Hirudo grossa* du même auteur.

Terminons cet article en faisant remarquer qu'on doit exclure de la famille des Hirudinées plusieurs espèces qui avaient été nommées Sangsue par les auteurs anciens : l'*Hirudo alba* de Kirby (*Linn. Trans.* T. II, p. 316) est la *Planaria lactea*, Gmel.; l'*H. alpina*, Dana (*Mem. della real. Acad. delle Sc. di Torino*, T. III, p. 199), est la *Planaria torva*, Gmel.; l'*H. Limax* ou Sangsue Limace de Réaumur est une *Fasciola;* l'*H. nigra* de Kirby (*Linn. Trans.* T. II, p. 316) est une Planaire, ainsi que l'*H. viridis* de Shaw (*Linn. Trans.* T. I, p. 93), etc.   (AUD.)

SANGUENITE. BOT. PHAN. L'un des noms vulgaires de la Santoline.
(B.)

SANGUIN. MIN. Espèce de Jaspe. *V.* ce mot.   (B.)

*SANGUIN. BOT. PHAN. Espèce du genre Cornouiller.   (B.)

SANGUINAIRE. *Sanguinaria.* BOT. PHAN. Genre de la famille des Papavéracées, et de la Polyandrie Monogynie, L., offrant les caractères essentiels suivans : calice à deux sépales ovales, concaves, plus courts que les pétales et caducs; corolle à huit pétales oblongs, les quatre intérieurs (étamines stériles?) alternes, plus étroits; vingt-quatre étamines à anthères linéaires; un ovaire oblong, comprimé, couronné par un stigmate un peu épais, à deux sillons, et persistant; capsule bivalve, oblongue, ventrue, amincie aux deux extrémités; à valves caduques, et à deux placentas persistans.

La SANGUINAIRE DU CANADA, *Sanguinaria canadensis*, L.; Lamk., Illustr., tab. 449; Bigelow, *Bot. Med. Amer.*, 1, p. 75, tab. 7, *optim.*, est une Plante herbacée dont la souche radiciforme est brune, cylindrique, oblongue, oblique ou horizontale, remplie d'un suc de couleur de sang, et garnie de fibrilles radicales très-déliées. Il n'y a ordinairement qu'une feuille radicale, réniforme, incisée ou dentée au sommet à l'instar de certains Figuiers, glabre, glauque en dessous. La hampe est cylindrique, plus longue que le pétiole, et ne porte qu'une fleur blanche qui double avec la plus grande facilité. Le turion ou bourgeon radical est composé d'écailles oblongues, linéaires, qui protégent la feuille et la hampe. Cette Plante varie par ses feuilles quelquefois au nombre de deux; par sa fleur plus ou moins grande, simple ou double, et par ses pétales oblongs ou linéaires au nombre de huit à douze.

La souche souterraine, vulgairement considérée comme la racine de cette Plante, est âcre, narcotique et même émétique. Appliquée extérieurement, elle agit comme escarrotique, et elle est souvent employée par les médecins des Etats-Unis de l'Amérique. Toute la Plante a un suc qui teint en jaune; c'est par ce motif que les vétérinaires, en Amérique, lui donnent le nom de *Curcuma* qui est celui d'une racine tinctoriale appartenant à une Plante de la famille des Cannées.   (G..N.)

*SANGUINE. ZOOL. Espèce du genre Fourmi. C'est aussi le Lézard gris dans le midi.

SANGUINE ou PIERRE SAN-

GUINE. **min.** *V.* **Argile ocreuse rouge** et **Fer oxidé rouge.**

SANGUINELLA. bot. phan. C'est le *Parnassia palustris* dans Daléchamp, et l'un des noms vulgaires du *Panicum dactylon*, L., qui appartient au genre *Cynodon*. On a aussi étendu ce nom au *Cornus sanguinea*, L.　　　　　　　　　　(b.)

SANGUINOLAIRE. *Sanguinolaria.* **conch.** Lister et quelques autres conchyliologues anciens connurent des Coquilles de ce genre; ils les plaçaient avec les Coquilles qu'ils nommaient Cames ou Tellines. Linné les confondait avec les Solens et avec les Vénus, ce que firent également la plupart des auteurs qui le suivirent. Cependant Bruguière, ce réformateur éclairé, sentit qu'il serait nécessaire de former un genre pour ces Coquillages; c'est ce qu'il fit dans les planches de l'Encyclopédie, et il lui imposa le nom de Capse. Lamarck adopta ce genre dans son Système des Animaux sans vertèbres, 1802; il indiqua comme type, à l'exemple de Bruguière, la *Venus deflorata* de Linné, de plus il forma le genre Sanguinolaire avec le *Solen sanguinolentus* du même auteur. Plus tard, lorsque Lamarck s'aperçut que son genre Sanguinolaire était le même que le genre Capse de Bruguière, au lieu de les réunir sous le nom le plus ancien, comme cela devait être, il les rassembla sous celui qu'il avait fait. Alors il donna le nom de Capse à une Coquille que Bruguière regardait comme une Donace; d'où sont venus les doubles emplois et les équivoques qui ont eu lieu à l'égard de ces genres. Ainsi, en résumant, Bruguière créa le genre Capse; Lamarck l'admit, et fit un nouveau genre Sanguinolaire auquel il réunit plus tard les Capses, et il donna ensuite le nom de Capse à un autre genre que lui-même avait déjà nommé Donacile. Cuvier, Règne Animal, ne s'est point aperçu de l'erreur, et ne l'a pas relevée; il donne, comme l'a d'abord fait Lamarck, la *Venus deflorata* comme exemple de l'un, et

le *Solen sanguinolentus* comme exemple de l'autre. Férussac, dans ses Tableaux systématiques, a rectifié la synonymie générique à cet égard, en rendant à Bruguière son genre Capse, et en rétablissant le genre Donacile pour la Capse de Lamarck. Latreille (Familles natur. du Règne Anim., p. 210) a compris le genre qui nous occupe dans sa famille des Tellinides qui ne diffère pas notablement de celle des Nymphacées de Lamarck (*V.* ces mots). Blainville les éloigne davantage des Vénus et des Tellines pour les porter près des Solens dans la seconde section de la famille des Pyloridées (*V.* aussi ce mot). Nous nous expliquons facilement cette divergence d'opinions entre la plupart des conchyliologues; elle a dépendu de l'espèce qu'ils ont prise pour type. Ceux qui ont eu la *Sanguinolaria rugosa* ont laissé le genre près des Tellines; ceux qui ont observé la *Sanguinolaria occidens* et *rosea*, l'ont transportée dans le voisinage des Solens, ce qui tient à ce que ces espèces appartiennent bien certainement à des genres différens. Les *Sanguinolaria rosea* et *occidens* ont trop d'analogie avec les Soletellines de Blainville pour qu'on puisse les séparer, tandis que les autres espèces de Sanguinolaires doivent rester dans ce genre auprès des Tellines. Cette distinction une fois bien établie, il nous semble que les erreurs deviennent bien difficiles. Ainsi réformé, ce genre doit être caractérisé de la manière suivante : coquille transverse, subelliptique, un peu bâillante aux extrémités; bord cardinal assez épais, courbé; deux dents cardinales à chaque valve; nymphes saillantes portant un ligament très-saillant et fort solide.

Lamarck n'avait compris que quatre espèces dans le genre Sanguinolaire : si l'on reporte à leur véritable place les deux premières, il n'en restera plus que deux pour celui-ci; en voici l'indication :

Sanguinolaire livide, *Sanguinolaria livida*, Lamk., Anim. sans vert. T. v, p. 511, n° 3. Elle vient de la Nouvelle-Hollande.

SANGUINOLAIRE RIDÉE, *Sanguinolaria rugosa*, ibid., *loc. cit.*, n° 4; *Venus deflorata*, L., Gmel., p. 3274, n° 24; Lister, Conch., tab. 425, fig. 273; Chemnitz, Conch. T. VI, tab. 9, fig. 79, 82; Capse, Brug., Encyclop., pl. 231, fig. 3, 4. Coquille assez commune dans les collections; elle vient des mers de l'Inde et d'Amérique. Nous en avons reçu une très-jolie variété de notre ami Lesson qui l'a recueillie à Waigiou.   (D..H.)

SANGUINOLE. BOT. PHAN. Variété de Pêches.   (B.)

*SANGUINOLENT. OIS. Espèce du genre Gros-Bec. *V*. ce mot.
          (DR..Z.)

SANGUINOLENT. POIS. Espèce de Spare. *V*. ce mot.   (B.)

SANGUISORBE. *Sanguisorba*. BOT. PHAN. Genre de la famille des Rosacées, type de la tribu des Sanguisorbées, offrant les caractères essentiels suivans : fleurs hermaphrodites; le calice est quinquéfide, muni à sa base de deux écailles; il n'y a point de corolle; les étamines sont au nombre de quatre, et leurs filets sont, dans quelques espèces, plus courts que le calice, et dans d'autres plus longs, terminés par des anthères arrondies; les deux carpelles sont renfermés dans le tube du calice, surmontés d'un style en forme de pinceau à son extrémité, et convertis en akènes secs, indéhiscens et monospermes; la graine est renversée. Ce genre se compose d'environ six espèces qui croissent, les unes dans les prairies de l'Europe tempérée et méridionale, ainsi que dans la partie de l'Afrique voisine de la Méditerranée, les autres dans le Canada et en Chine. Celle qu'on peut considérer comme type du genre est le *Sanguisorba officinalis*, L.; Lamk., Illustr., tab. 85; *English Botan*, tab. 1312; *Flora danica*, tab. 97. Cette Plante a des tiges droites, glabres, un peu rameuses, hautes d'environ deux pieds, garnies de feuilles impa-

ripinnées. Les fleurs sont ramassées en un épi ovale, à l'extrémité d'un long pédoncule. On la trouve dans les prés secs de l'Europe. Elle a les mêmes propriétés que la Pimprenelle officinale (*Poterium Sanguisorba*, L.) à laquelle elle ressemble par le port. Elle est plus astringente, et ne possède pas un parfum aussi agréable que cette dernière Plante qui, comme on sait, est un assaisonnement agréable dans les salades. Les bestiaux la rebutent à cause de la dureté de ses tiges.   (G..N.)

SANGUISORBÉES. *Sanguisorbeæ*. BOT. PHAN. Sixième tribu de la famille des Rosacées. *V*. ce mot.
          (G..N.)

* SANGUISUGA. ANNEL. Syn. d'*Hirudo*. *V*. SANGSUE.   (B.)

* SANGUISUGES ou ZOADELGES. INS. Duméril désigne ainsi (Zool. analyt.) une famille de l'ordre des Hémiptères, à laquelle il donne pour caractères : élytres demi-coriaces; bec paraissant naître du front; antennes longues, terminées par un article plus grêle; pates propres à marcher. Cette famille se compose des genres Miride, Punaise, Réduve, Ployère et Hydromètre.   (G.)

SANICLE. *Sanicula*. Genre de la famille des Ombellifères et de la Pentandrie Digynie, L., offrant les caractères suivans : ombelle générale composée de quatre à cinq rayons, munie à sa base d'un involucre unilatéral; chaque rayon terminé par une ombelle capitée, presque sessile, entourée d'un involucelle. Chaque fleur offre un calice presque entier sur les bords; une corolle à cinq pétales réfléchis; cinq étamines à filets plus longs que la corolle; un fruit ou diakène ovale, aigu, hérissé de pointes nombreuses, uncinées au sommet. On ne connaît que trois espèces de ce genre, l'une européenne (*Sanicula europea*, L.), les deux autres (*S. canadensis* et *marylandica*) de l'Amérique septentrionale.

La SANICLE D'EUROPE, *Sanicula europea*, est une Plante herbacée, haute d'un pied à un pied et demi, munie de feuilles radicales, nombreuses, longuement pétiolées, glabres, luisantes en dessus, palmées ou divisées profondément en trois ou cinq lobes dentés ou incisés. Les fleurs sont blanchâtres, fort petites, réunies en tête au sommet de la tige. Cette Plante est assez commune sous les hautes futaies, dans toute l'Europe. Les anciens lui attribuaient de merveilleuses propriétés vulnéraires; aujourd'hui nous n'y avons pas la moindre confiance. (G..N.)

On a étendu le nom de SANICLE à diverses Plantes, et appelé:

SANICLE FEMELLE, l'*Astrantia major*.

SANICLE DE MONTAGNE, la Benoîte.

SANICLE (PETITE), l'*Adoxa Moscatellina*, etc. (B.)

SANIDIN. MIN. Nose, dans un ouvrage qui a pour titre : Études minéralogiques sur les Montagnes du Bas-Rhin, a proposé de donner ce nom au Feldspath vitreux disséminé dans les Trachytes et autres roches d'origine volcanique. *V.* FELDSPATH.
(G. DEL)

* SANI-JALA. OIS. Espèce du genre Merle. *V.* ce mot. (B.)

* SANKI. OIS. *Anas Merga*, Lath. Espèce du genre Canard. *V.* ce mot.
(B.)

SANKIRA. BOT. PHAN. Nom de pays du *Smilax China*. (B.)

* SANRESAURI. BOT. PHAN. La Plante de Madagascar mentionnée sous ce nom de pays par Flacourt, paraît être une Orchidée. (B.)

SAN-SARAI. OIS. Espèce de Canard de la sous-division des Sarcelles. *V.* ce mot. (B.)

SANSEVIÈRE. *Sanseviera*. BOT. PHAN. Genre de la famille des Hémérocallidées de R. Brown, et de l'Hexandrie Monogynie, L., établi par Thunberg, adopté par tous les botanistes modernes, et ainsi caractérisé : périanthe infère, tubuleux, dont le limbe est à six divisions réflé-

chies; six étamines dont les filets sont insérés sur le haut du tube, et non épaissis vers leur milieu ; stigmate capité ou trifide; baie triloculaire, à loges monospermes, une ou deux souvent avortées. Ce genre avait été confondu par Linné avec les *Aletris* et les *Aloes*, mais son fruit bacciforme suffit pour le distinguer de ces deux genres dans lequel le fruit est capsulaire. Loureiro et Cavanilles ont établi le même genre sous les noms de *Liriope* et de *Salmia* qui n'ont pas été adoptés. On en connaît une quinzaine d'espèces, toutes cultivées dans les jardins, surtout en Angleterre, comme Plantes d'ornement et de curiosité. La plupart sont originaires des pays chauds de l'Asie et de l'Afrique. Nous nous bornerons à citer les principales, savoir : 1°. *Sanseviera zeylanica*, Redouté, Liliacées, n. 290; *Bot. Regist.*, n. 160; *Aletris*, *Aloe* et *Hyacinthoides*, L. — 2°. *Sanseviera guineensis*, *Bot. Magaz.*, n. 1179; *Salmia spicata*, Cavan., *Icon. rar.*, tab. 246. — 3°. *Sanseviera carnea*, Andr., *Reposit.*, 561 ; *S. sessiliflora*, Gawler ; *Liriope spicata*, Lour. (ex Gawl.)? Ce sont des Plantes herbacées, vivaces, stolonifères; elles ont un rhizome épais, rampant, duquel s'élève une hampe qui porte un épi simple ou composé de fleurs souvent disposées par petits faisceaux. (G..N.)

SANSONNET. OIS. Syn. vulgaire du *Sturnus vulgaris*. *V.* ÉTOURNEAU.
(B.)

SANSOVINIA. BOT. PHAN. Scopoli a donné ce nom à un genre établi sur le *Staphylea indica* de Burmann, qui doit être rapporté à l'*Aquilicia*. *V.* ce mot. (G..N.)

SANT. BOT. PHAN. C'est le nom que porte en Arabie et dans la Haute-Égypte, un Gommier dont les fruits servent à tanner le cuir, et que Delile rapporte à l'*Acacia nilotica*.
(G..N.)

SANTAL. *Santalum*. BOT. PHAN. Genre de la famille des Santalacées et de la Tétrandrie Monogynie, L., établi par Linné, qui avait, en outre, fondé un genre *Sirium* que Lamarck a considéré comme parfaitement identique avec le *Santalum*, mais auquel il a conservé le nom de *Sirium*. Cependant ce dernier nom n'a pas prévalu, et R. Brown, tout en avertissant que le vrai *Santalum* de l'Herbier de Linné n'est pas du même genre que le *Sirium*, a donné à ce dernier le nom de *Santalum*. Voici ses caractères principaux : périanthe caduc, quadrifide, ayant le tube renflé ; quatre écailles glanduleuses, insérées sur l'entrée du tube, alternes avec les étamines ; quatre étamines dont les filets sont insérés sur le périanthe, et alternes avec les glandes ; ovaire inférieur, couronné par un disque convexe, surmonté d'un style de la longueur des étamines, et terminé par un stigmate à trois ou quatre lobes courts et obtus ; baie drupacée, ovoïde, bordée au sommet. La Plante qui doit être considérée comme type du genre est le *Santalum* ou *Sirium myrtifolium*, L. ; Lamk., Illustr., tab. 74 ; Roxburgh, *Coromand.*, tab. 2. Lamarck et Vahl assurent qu'on doit rapporter à cette espèce le *Santalum album* de Linné ; mais il paraîtrait, d'après une note de R. Brown, que cette Plante en diffère même génériquement. Quoi qu'il en soit, l'espèce dont il s'agit est un Arbre qui a l'aspect du Myrte, et dont les tiges se divisent en rameaux étalés, roides, droits, presque cylindriques, garnis de feuilles opposées, pétiolées, lancéolées, un peu obtuses, entières, glabres sur les deux faces, glauques en dessous, marquées de nervures latérales, réticulées. Les fleurs sont petites et disposées en thyrse pédonculé dans l'aisselle des feuilles terminales. Cette Plante croît dans les Indes-Orientales. Son bois est employé depuis long-temps dans la pharmacie et dans l'ébénisterie, comme médicament et comme substance propre à la fabrication des meubles précieux. On en distingue deux sortes : le *Santal blanc* et le *Santal citrin*,

ainsi nommés à raison de leur couleur. Il est probable que ces bois proviennent d'espèces différentes ; cependant quelques auteurs affirment qu'ils sont dûs à des Arbres qui ne diffèrent que par leur âge. D'un autre côté, on est certain que le Santal citrin, ou du moins un Santal qui en a toutes les qualités, provient de diverses espèces de *Santalum*. Ainsi le *Santalum Freycinetianum*, décrit et figuré par notre ami Gaudichaud dans la Botanique du Voyage de l'Uranie, est un Arbre des îles Sandwhich qui diffère du *Santalum myrtifolium*, et qui néanmoins fournit un excellent bois de Santal. Les Chinois estiment beaucoup le bois de Santal. Depuis quelques années, des négocians européens ont fait un commerce assez lucratif en transportant en Chine celui qui croît abondamment dans les nombreuses îles de la Polynésie. On n'estimait autrefois en Europe le bois de Santal que comme médicament ; il commence actuellement à prendre assez de faveur, principalement pour les objets de tabletterie.

Les autres espèces de *Santalum*, au nombre de cinq à six, sont indigènes de la Nouvelle-Hollande, ainsi que des îles des océans Indien et Pacifique. Ce sont des Arbres ou Arbrisseaux glabres, à feuilles opposées, planes, un peu larges. Les fleurs sont accompagnées de bractées caduques, ternées et portées sur des pédicelles opposés, dont l'ensemble forme une sorte de corymbe.

Le Santal rouge du commerce est produit par le *Pterocarpus Santalinus* ; il fournit une matière colorante employée dans les arts. *V.* SANTALINE.
　　　　　　　　　　(G..N.)

* **SANTALACÉES.** *Santalaceæ*. BOT. PHAN. Famille naturelle de Plantes dicotylédones apétales à étamines épigynes, établie par R. Brown (*Prodr.*, 1, p. 350) pour un certain nombre de genres, placés auparavant dans les familles des Éléagnées et des Onagraires , et qui offrent les caractères suivans : le périanthe est simple , monosépale , à quatre ou cinq divisions valvaires, quelquefois environné à sa base d'un calicule extérieur et monosépale , comme dans le genre *Quinchamalium* par exemple. Les étamines , en même nombre que les divisions calicinales , leur sont opposées, sont insérées au pourtour d'un disque épigyne et lobé qui tapisse la base des divisions. L'ovaire est infère , à une seule loge, contenant de deux à quatre ovules attachés au sommet d'un trophosperme central et pendans. Le style est indivis, terminé par un stigmate simple ou lobé. Le fruit est coriace ou charnu, renfermant en général un petit noyau uniloculaire et monosperme. La graine se compose, outre son tégument propre, d'un endosperme blanc et charnu qui renferme un embryon axile, renversé de même que la graine.

Cette petite famille se compose des genres *Thesium*, *Leptomeria*, *Quinchamalium*, *Choretrum*, *Fusanus* et *Santalum*. R. Brown en rapproche avec quelque doute le genre *Nyssa*, dont l'ovaire renferme un seul ovule ; les genres *Exocarpus* et *Anthobolus*, dont l'ovaire est libre et non infère. Le genre *Osyris* paraît devoir aussi être rapporté à cette famille. Les Santalacées ont de grands rapports avec les Éléagnées , qui en diffèrent par leur ovaire libre et monosperme, et avec les Combrétacées qui sont dipérianthées. Mais la singulière structure de l'ovaire, les ovules attachés et pendans au sommet d'un trophosperme qui s'élève du centre de la loge, sont les caractères qui distinguent essentiellement ce groupe naturel. (A. R)

SANTALIN. ʙᴏᴛ. ᴘʜᴀɴ. Pour Santal. *V.* ce mot. (ɢ..ɴ.)

* SANTALINE. ᴄʜɪᴍ. ᴏʀɢ. Pelletier a donné ce nom au principe colorant du Santal rouge (*Pterocarpus santalinus*, L.). On l'obtient en traitant ce bois coupé en copeaux min-

ces, par l'alcohol bouillant, et faisant évaporer la solution à siccité. Ce principe est rouge, fusible à environ cent degrés, très-peu soluble dans l'eau même à chaud, soluble au contraire dans l'alcohol, l'éther, l'acide acétique et les solutions alcalines. Il ne se dissout pas dans les huiles grasses et volatiles, excepté les huiles de Lavande et de Romarin qui en dissolvent une petite quantité. Ce principe est décomposé par l'Acide nitrique, et changé en matière jaune amère, en Acide oxalique, etc. Il donne, par la distillation, tous les produits des matières résineuses non azotées. (ɢ..ɴ.)

SANTALOIDES. ʙᴏᴛ. ᴘʜᴀɴ. Linné , dans son *Flora Zeylanica*, n. 408 , a désigné sous ce nom une Plante dont Vahl a fait une espèce de *Connarus*. (ɢ..ɴ.)

SANTÉ. ᴄʀᴜsᴛ. Syn. de Salicoque. *V.* ce mot. (ʙ.)

* SANTIA. ʙᴏᴛ. ᴘʜᴀɴ. Le *Santia plumosa* de Savi et de Sébastiani est un des nombreux synonymes du *Polypogon monspeliensis*, Desf. *V.* ᴘᴏ-ʟʏᴘᴏɢᴏɴ. (ɢ..ɴ.)

SANTILITE. ᴍɪɴ. Nom donné à une variété d'Opale hyalite, que l'on rencontre en Toscane et que le docteur Santi a le premier fait connaître. (ɢ. ᴅᴇʟ.)

SANTOLINE. *Santolina*. ʙᴏᴛ. ᴘʜᴀɴ. Genre de la famille des Synanthérées, tribu des Anthémidées de Cassini, et de la Syngénésie égale, L., offrant les caractères suivans : involucre presque hémi-sphérique , plus court que les fleurs, composé de folioles imbriquées, appliquées-ovales ou lancéolées, coriaces, munies d'une bordure scarieuse ; réceptacle large, convexe ou presque hémisphérique , garni de paillettes demi - embrassantes , oblongues et comme tronquées au sommet ; calathide presque globuleuse, composée de fleurons égaux, nombreux, réguliers et hermaphrodites ; corolle dont le tube est long, arqué en dehors le limbe à cinq divisions munies au sommet de bosses calleuses ; ovaires oblongs, anguleux, presque tétragones, glabres et dépourvus d'aigrette. On connaît environ douze espèces de Santolines ; ce sont des Plantes herbacées ou sous-frutescentes, à fleurs jaunes et à feuilles nombreuses, linéaires-dentées ou pectinées, et douées d'une odeur forte. La plupart croissent dans les contrées chaudes qui baignent la Méditerranée. Le *Santolina Chamæcyparissus*, L., ou *S. incana*, Lamk. et D. C., Fl. Fr., est fréquemment cultivé dans les jardins sous les noms de Garderobe, Aurone femelle, petit Cyprès, etc. Ses feuilles aromatiques et amères passent pour stomachiques et vermifuges.

Smith a placé parmi les Santolines l'*Athanasia maritima*, L., qui est le type du genre *Diotis* de Desfontaines. *V.* DIOTIDE.   (G..N.)

SANTOLINOIDES. BOT. PHAN. (Vaillant.) Syn. d'Anacycle. *V.* ce mot.   (B.)

SANTONICUM. BOT. PHAN. (Cordus.) Les *Santolina squarrosa* et *Chamæcyparissus*, L. On a aussi donné ce nom aux petites fleurs d'*Artemisia contra*, employées en médecine sous le nom de *Semen-Contra*.   (B.)

SANVE ou **SÉNEVÉ.** BOT. PHAN. Noms vulgaires de la Moutarde des champs. *V.* MOUTARDE.   (B.)

SANVITALIE. *Sanvitalia.* BOT. PHAN. Genre de la famille des Synanthérées, tribu des Hélianthées, établi par Lamarck (Journal d'Histoire naturelle, 1792, T. II, p. 176), et offrant les caractères suivans : involucre irrégulier, composé de folioles inégales, imbriquées, appliquées, les extérieures plus courtes, surmontées d'un grand appendice foliacé, les intérieures obovales, tantôt nues au sommet, tantôt surmontées d'une pointe ; réceptacle conique, élevé, garni de paillettes oblongues, presque membraneuses ; calathide radiée, composée au centre de

fleurons nombreux, réguliers et hermaphrodites, et à la circonférence de demi-fleurons sur un seul rang et femelles. Les fleurs du centre ont un ovaire qui varie selon la situation des fleurs ; dans les extérieures, il est comprimé, marqué de côtes longitudinales et privé d'aigrette ; dans les fleurs intérieures, il est privé de côtes et de tubercules, mais pourvu sur ses deux arêtes d'une bordure en forme d'aile, et il porte une aigrette composée de deux paillettes inégales. Les fleurs de la circonférence ont l'ovaire triquètre, portant une aigrette composée de trois paillettes épaisses et spinescentes. Le genre *Sanvitalia* a été reproduit par Ortega sous le nom de *Lorentea*. Il se compose d'une ou deux espèces dont la principale est le *Sanvitalia procumbens*, Lamk., loc. cit., et Illustr., tab. 686 ; *Sanvitalia villosa*, Cavanilles, *Icon.* et *Descript.* T. IV, p. 30. C'est une Plante herbacée annuelle, dont la tige est couchée, rameuse ; garnie de feuilles opposées, ovales, pointues, entières ou dentées, à trois nervures, velues et d'un vert sombre. Les fleurs forment des calathides jaunes avec le centre noir, solitaires, pédonculées ou sessiles, et terminales, Cette Plante croît au Mexique ; on la cultive en Europe dans les jardins de botanique.   (G..N.)

SAOUARI. BOT. PHAN. Aublet a décrit, sous les noms de *Saouari glabra* et *S. villosa*, deux Plantes de la Guiane qui ont été réunies au genre *Caryocar* de Linné, ou *Pekea* d'Aublet. *V.* PEKEA.   (G..N.)

* **SAP** ET **SAPE.** BOT. PHAN. Noms vulgaires des Sapins dans certains cantons du midi de la France. (B.)

SAPAJOUS ou **HÉLOPITHÈ-QUES.** MAM. Premier groupe de la tribu des Singes américains ou Platyrrhinins de Geoffroy Saint-Hilaire (*V.* SINGES), caractérisé de la manière suivante : cloison des narines large ; narines ouvertes sur les côtés du nez ; six molaires de chaque côté et à chaque mâchoire, ce qui porte le nombre total des dents à trente-six; ongles aplatis; point d'abajoues ni de callosités; queue longue, fortement musclée et prenante, c'est-à-dire pouvant s'enrouler autour des corps et les saisir, à l'instar d'une main. Ce dernier caractère est le seul qui soit propre aux Sapajous ou Hélopithèques, et qui les distingue des Sagouins ou Géopithèques : encore peut-on considérer le genre Sapajou proprement dit ou Sajou (*Cebus*) dont la queue est entièrement velue et faiblement prenante, comme formant un passage entre les deux groupes, et les liant de la manière la plus intime. Les Sapajous et les Sagouins sont donc très-rapprochés les uns des autres par leur organisation, et ne sont véritablement que deux sections d'une même famille naturelle. Presque toutes les considérations générales que nous pourrions présenter sur les uns, étant ainsi également applicables aux autres, nous renverrons au mot SINGES le petit nombre de remarques que nous aurons à faire sur ces deux groupes, et nous nous attacherons principalement, dans cet article, à faire connaître l'organisation et les mœurs de chacun des genres dont nous avons à nous occuper. Ces genres seraient, suivant l'état présent de la science, au nombre de quatre; mais un cinquième parfaitement distinct, et très-remarquable par plusieurs anomalies, doit être ajouté; nous en exposerons les caractères sous le nom d'*Eriodes*. Parmi les cinq genres qui se trouveront ainsi décrits dans notre article, les quatre premiers, *Stentor*, *Ateles*, *Eriodes* et *Lagothrix*, ont la queue nue et calleuse en dessous vers son extrémité, et forment une première section à laquelle on peut donner avec Spix le nom de Gymnures. Le cinquième compose à lui seul une seconde section que caractérise sa queue entièrement velue; c'est le genre *Cebus*, que l'on nomme en français Sapajou proprement dit, ou mieux Sajou. Nous décrirons

d'abord les genres de la première section :

§ I. Sapajous a queue nue et calleuse, *Gymnuri*, Spix.

Si l'on excepte les Cétacés et les Kangourous, il n'est point de Mammifères chez lesquels la queue acquière une aussi grande force, et remplisse d'aussi importantes fonctions. Cette partie, qui n'existe ordinairement que rudimentaire, et qui n'a presque toujours que des usages tout-à-fait secondaires, ou même entièrement nuls, devient, chez ces Sapajous, un instrument tout-puissant de préhension; c'est, en quelque sorte, une cinquième main à l'aide de laquelle l'Animal peut, sans mouvoir son corps, aller saisir au loin les objets qu'il veut atteindre, ou se suspendre lui-même aux branches des arbres. L'étendue de la partie calleuse de la queue, toutes choses étant égales d'ailleurs, paraît se trouver dans un rapport assez exact avec la force de préhension de cet organe, et comme elle est très-constante pour chaque espèce, elle pourrait fournir d'excellens caractères spécifiques. Toutefois elle n'est sujette qu'à de bien légères variations, non-seulement d'une espèce à l'autre, mais même entre deux genres différens. Ainsi la partie nue et calleuse comprend toujours le tiers environ de la queue chez les Hurleurs et les Atèles, et les deux cinquièmes chez les Eriodes. Un autre trait commun à tous les Sapajous de cette première section, consiste dans le peu de largeur de leur nez; les narines sont ouvertes latéralement comme chez tous les autres Singes américains, mais elles sont en général beaucoup plus rapprochées que chez les Sapajous à queue velue et chez tous les Singes américains à queue non prenante; et nous verrons même que ce caractère est tellement exagéré dans notre genre *Eriodes*, que la disposition de ses narines le rend véritablement plus voisin des Singes Catarrhinins que des Platyrrhinins. Cette remarque très-curieuse a déjà été faite à l'égard d'une espèce, par Spix; elle doit être étendue à tous les Eriodes. Quant aux formes du crâne, elles sont très-variables dans cette première section des Sapajous; cependant tous les genres ont cela de commun, que la portion postérieure de la boîte cérébrale est très-peu développée, et que l'os molaire ou jugal est constamment percé d'un trou très-considérable dans sa portion orbitaire, au lieu du trou plus ou moins petit qui existe ordinairement. La grandeur de ce trou n'est pas sans quelque importance, parce que, d'après l'analogie, il doit donner passage, à une branche du principal nerf de la face, le trijumeau; et il est à remarquer que tout au contraire le trou sous-orbitaire est très-petit, ou plutôt se trouve remplacé par plusieurs ouvertures très-petites; ce qui, au reste, est un caractère très-général dans la famille des Singes. Une autre condition organique qui est commune à tous les Sapajous à queue nue, consiste dans leur hyoïde très-développé. C'est même dans l'un des genres de ce groupe, celui des Hurleurs, que le corps de cet os arrive à son maximum de développement, ainsi que nous allons le montrer en présentant l'histoire de ces Singes.

† Les Hurleurs ou Alouates, *Stentor.*

Ce genre, très-naturel et très-bien circonscrit, est caractérisé par ses membres d'une longueur moyenne, et tous terminés par cinq doigts; par son pouce antérieur de moitié moins long que le second doigt, très-peu libre dans ses mouvemens et à peine opposable, et surtout par les modifications très-remarquables de son crâne et de son os hyoïde. La tête est pyramidale, le museau allongé, le visage oblique. L'angle facial est seulement de trente degrés, et le plan du palais forme, avec celui de la base du crâne, un angle tel, que lorsqu'on pose la tête osseuse d'un Hurleur sur les bords dentaires de la mâchoire supérieure, c'est-à-dire lorsqu'on met le palais dans un plan horizontal, le trou occipital se trouve placé au niveau de la partie supérieure des orbites. Ce trou est d'ailleurs remarquable par sa position; il est reculé tout en arrière et dirigé verticalement au lieu de l'être horizontalement, en sorte que bien loin d'être compris dans la base du crâne, il lui est perpendiculaire. La mâchoire inférieure est développée à l'excès, soit dans son corps, soit surtout dans ses branches; celles-ci sont tellement étendues en largeur et en hauteur que leur surface est presque égale à celle du crâne tout entier. Elles forment ainsi deux vastes parois, comprenant entre elles une large cavité dans laquelle se trouve logé un hyoïde modifié d'une manière non moins remarquable. Le corps de l'os est transformé en une caisse osseuse à parois très-minces et élastiques, présentant en arrière une large ouverture sur les côtés de laquelle sont articulées deux paires de cornes, et figurant à peu près, lorsqu'elle a atteint son dernier degré de développement, une moitié d'ellipsoïde. Cette caisse avait, dans l'un des hyoïdes que nous avons examinés, deux pouces environ dans son diamètre antéro-postérieur, un et demi dans son diamètre transversal, et deux antérieurement dans son diamètre vertical, et il n'est pas rare d'en voir de plus volumineux encore. Aussi, ce qui est une suite de cet énorme accroissement, le corps de l'hyoïde dépasse en bas la mâchoire inférieure, et forme au-dessous d'elle une saillie recouverte extérieurement et cachée par une barbe longue et épaisse. La grande influence qu'exerce dans la production de la voix cette conformation singulière de l'hyoïde des Hurleurs n'a point encore été expliquée d'une manière entièrement satisfaisante; mais elle ne peut être révoquée en doute. Le larynx ne diffère de celui des Sajous que par l'existence de deux poches membraneuses dans lesquelles s'ouvrent les ventricules, et qui se por-

9*

tent vers l'hyoïde. Ces poches ont été décrites par Camper et Vicq-d'Azyr, et plus tard par Cuvier (Anat. comp. T. IV), qui, d'après de nouvelles recherches, a relevé quelques erreurs qui s'étaient glissées dans les observations de ses illustres prédécesseurs, et qui a fait connaître quelques faits fort intéressans. Ainsi ce dernier anatomiste nous apprend que dans l'individu qu'il a disséqué, la poche droite occupait à elle seule presque toute la cavité de l'hyoïde, la gauche se terminant au moment même où elle allait y pénétrer ; en sorte que les organes vocaux n'étaient pas symétriques et présentaient une exception remarquable à l'un des caractères les plus généraux des appareils qui appartiennent en propre à la vie animale. Quoi qu'il en soit, au reste, de cette observation que nous nous bornons à présenter ici, il est certain que c'est aux modifications anatomiques de leur hyoïde, que les Hurleurs doivent la force extrême de leur voix qui se fait entendre à plus d'une demi-lieue à la ronde, ainsi que l'assurent tous les voyageurs. Cette voix est rauque et désagréable ; Azara la compare au craquement d'une grande quantité de charrettes non graissées, et d'autres voyageurs, aux hurlemens d'une troupe de bêtes féroces. Ces Singes se font entendre de temps en temps dans le courant de la journée ; mais c'est surtout au lever et au coucher du soleil, ou bien à l'approche d'un orage, qu'ils poussent des cris effrayans et prolongés ; ceux qui n'y sont pas accoutumés croient alors, dit un voyageur, que les montagnes vont s'écrouler. Marcgraaff donne aussi à ce sujet quelques détails que nous rapporterons, sans toutefois nous porter garant de leur exactitude : il assure qu'un individu se fait d'abord entendre seul, après s'être placé dans un lieu élevé, et avoir fait signe aux autres de s'asseoir autour de lui et de l'écouter : « Dès qu'il les voit placés, dit le voyageur saxon, il commence un discours à voix si haute et si précipitée, qu'à l'entendre de loin, on croirait qu'ils crient tous ensemble ; cependant il n'y en a qu'un seul, et pendant tout le temps qu'il parle, tous les autres sont dans le plus grand silence ; ensuite, lorsqu'il cesse, il fait signe de la main aux autres de répondre ; et à l'instant tous se mettent à crier ensemble jusqu'à ce que, par un autre signe de main, il leur ordonne le silence. Dans le moment ils obéissent et se taisent ; alors le premier reprend son discours, et ce n'est qu'après l'avoir encore écouté bien attentivement qu'ils se séparent et rompent l'assemblée. » Quelques voyageurs assurent que les Hurleurs se taisent lorsqu'on approche d'eux ; quelques autres affirment, au contraire, qu'ils redoublent alors leurs cris, et font un bruit épouvantable qui devient leur principal moyen de défense quand on les attaque. Ils cherchent en même temps à éloigner l'agresseur en lui jetant des branches d'arbres, et aussi en lançant sur lui leurs excrémens, après les avoir reçus dans leurs mains. Au reste, ces Animaux, dont le nombre est si considérable, que, suivant un calcul de Humboldt, il y en a, dans certains cantons, plus de deux mille sur une lieue carrée, sont assez rarement attaqués par les chasseurs. Leur peau est, il est vrai, employée quelquefois au Brésil, dans les Cordilières, pour recouvrir les selles et le dos des Mulets : mais leur chair paraît être d'un goût peu agréable, quoiqu'on l'ait comparée à celle du Lièvre et à celle du Mouton. Comme ils se tiennent toujours sur les branches élevées des grands arbres, les flèches et les armes à feu peuvent seules les atteindre ; encore, avec leur secours même, a-t-on beaucoup de peine à se procurer un certain nombre d'individus, parce que, s'ils ne sont pas tués sur le coup, ils s'accrochent avec leur queue à une branche d'arbre, et y restent suspendus, même après leur mort.

Les femelles des Hurleurs, de même que celles des autres Singes américains, ne paraissent point sujettes à l'écoulement périodique, et elles ne font qu'un seul petit qu'elles portent sur leur dos. Azara assure que, lorsqu'on pousse près d'elles de grands cris, elles abandonnent leurs petits pour s'enfuir plus rapidement, et quelques autres voyageurs rapportent aussi des observations d'où il résulterait que l'instinct de l'amour maternel a sur elles beaucoup moins de pouvoir que sur toutes les autres femelles de Singes. Cependant, nous trouvons, dans le grand ouvrage de Spix sur les Singes du Brésil, un fait dont ce voyageur nous dit avoir été lui-même témoin, et qui tendrait à faire adopter une opinion toute contraire. Ayant fait à une femelle une blessure mortelle, il la vit continuer à porter son petit sur son dos jusqu'à ce qu'elle fût épuisée par la perte de son sang; se sentant alors près d'expirer, elle rassembla le peu de force qui lui restait, pour lancer son précieux fardeau sur les branches voisines, et tomba presque aussitôt; trait qui, ajoute Spix, suppose une sorte de réflexion. L'auteur de l'Histoire des Aventuriers, Oexmelin, affirme aussi que les femelles sont remarquables par leur attachement pour leurs petits, et qu'on ne peut se procurer de jeunes individus qu'en tuant leurs mères. Ce dernier auteur ajoute que les Hurleurs savent s'entr'aider et se secourir mutuellement pour passer d'un arbre ou d'un ruisseau à l'autre, et que, lorsqu'un individu est blessé, on voit les autres s'assembler autour de lui, mettre leurs doigts dans la plaie, comme pour la sonder; alors, si le sang coule en abondance, quelques-uns ont soin de tenir la plaie fermée, pendant que d'autres apportent des feuilles qu'ils mâchent, et poussent adroitement dans l'ouverture de la plaie. « Je puis dire, ajoute Oexmelin, avoir vu cela plusieurs fois, et l'avoir vu avec admiration. » Les Hurleurs, comme la plupart des Singes, vivent en troupes et se tiennent habituellement sur les arbres; on a même prétendu qu'ils n'en descendent

jamais. Spix affirme qu'ils sont monogames; mais le contraire semble résulter des observations d'Azara. Ils sautent avec agilité d'une branche à l'autre, et se lancent sans crainte de haut en bas, bien certains qu'ils sont de ne pas tomber jusqu'à terre, et de s'accrocher où il leur plaira, au moyen de leur queue à la fois longue, bien flexible et robuste. Ils se nourrissent de différentes espèces de fruits et de feuilles, et l'on assure qu'ils mangent quelquefois aussi des Insectes. Bien loin de redouter le voisinage des grands amas d'eau, comme le font un grand nombre de Singes, ils se plaisent dans les forêts les plus rapprochées des fleuves et des marais; c'est ce qui a été vérifié également au Paraguay par Azara, au Brésil par Spix, et à la Guiane par un observateur que Buffon cite sans le nommer, et qui est très-vraisemblablement le voyageur Delaborde. Suivant ce dernier, on trouve communément des Alouates (*Stentor Seniculus*) dans les îlots boisés des grandes savanes noyées, et jamais sur les montagnes de l'intérieur. Enfin Humboldt, dont l'autorité suffirait seule pour établir ce fait, l'a constaté également dans plusieurs parties de l'Amérique espagnole. Dans les vallées d'Aragua, à l'ouest de Caraccas, dans les Llanos de Lapuré et du Bas-Orénoque, et dans la province de la Nouvelle-Barcelone, on trouve des Hurleurs partout où des mares d'eau stagnante sont ombragées par le Sagoutier d'Amérique. On ne doit donc pas s'étonner, quoique la plupart des Singes appartiennent exclusivement aux régions continentales, que quelques îles renferment des Hurleurs. Telle est, d'après le voyageur Legentil, l'île Saint-George, située à deux lieues du continent. Enfin, en terminant ce qui concerne les habitudes des Hurleurs, nous dirons que ce sont des Animaux tristes, lourds, paresseux, farouches, et d'un aspect désagréable. Il est rare, pour cette raison, et sans doute à cause de leur voix, qu'on cherche à les apprivoiser, et il est plus rare encore qu'on y réussisse. Ils paraissent en effet s'habituer très-difficilement à vivre en domesticité, et c'est ce qui nous explique pourquoi on ne les amène jamais vivans dans nos climats, malgré la fréquence des relations commerciales de l'Europe avec plusieurs des régions américaines où ils sont le plus communs.

Ce genre qui est, comme on a pu le voir par ce qui précède, répandu dans presque toute l'Amérique méridionale, avait d'abord été établi sous le nom de *Cebus* par Cuvier et Geoffroy Saint-Hilaire, dans le Mémoire qu'ils ont publié en commun sur la Classification des Singes (Magaz. Encyclop.); mais le nom de *Cebus* ayant été depuis transporté au genre des Sajous ou Sapajous proprement dits, nous adopterons, à l'exemple de Humboldt, de Desmarest (Dictionn. des Scienc. natur.), et de plusieurs autres auteurs, le nom de *Stentor* proposé par Geoffroy Saint-Hilaire. Ce nom, déjà ancien dans la science, rappelle d'une manière heureuse le trait le plus remarquable des Hurleurs; et nous le préférons aux noms d'*Alouata* et de *Mycetes* créés l'un par Lacépède, l'autre par Illiger. Le nombre des espèces déjà connues, ou du moins indiquées par les auteurs, est assez considérable. Humboldt et Geoffroy en admettaient six, et depuis la publication de leurs travaux, quelques autres ont été annoncées par plusieurs auteurs, tels que Kuhl et Spix. Au surplus, il est très-possible que le nombre réel des espèces soit beaucoup moindre qu'on ne l'a pensé. Il est certain que les Hurleurs sont sujets à un grand nombre de variétés dépendant du sexe et de l'âge, et il est probable que plusieurs de ces variétés auront été érigées en espèces, comme on est porté à le faire toutes les fois qu'on n'a sous les yeux qu'un petit nombre d'individus. Pour nous, après l'examen de vingt crânes et de plus de quarante peaux, nous n'avons pu parvenir à déterminer, d'une manière exacte,

que quatre espèces, savoir : les *Stentor Seniculus* et *niger* de Geoffroy, le *Stentor ursinus* de Humboldt, et une espèce non encore décrite que nous ferons connaître sous le nom de *Chrysurus*.

L'ALOUATE, Buff. T. xv, *Stentor Seniculus*, Geoff. St.-Hil. ; *Simia Seniculus*, L., auquel on a quelquefois donné le nom de Hurleur roux; nom que nous ne pouvons adopter parce qu'il convient également à plusieurs espèces. Il se distingue de la plupart de ses congénères par la nudité presque complète de sa face où l'on remarque seulement des poils très-courts et très-clairsemés au-dessous des yeux et entre les orbites, sur la ligne médiane. Le corps est, en dessus, d'un fauve doré très-brillant qui, vers la base de la queue et près des cuisses et des épaules, se change en roux brillant. La barbe, les joues, les bras, les cuisses, et la partie supérieure des jambes sont d'un marron clair très-brillant, et le reste des membres, le dessus de la tête et la queue sont d'un marron très-foncé, tirant un peu sur le violet. Les poils de la partie antérieure de la tête naissent du front, et se portent d'avant en arrière et de dedans en dehors. Un autre centre de poils se remarque vers la fin du col. Il y existe en effet un point à partir duquel les poils du côté droit se portent à droite, ceux de gauche à gauche, ceux du dos ou les postérieurs en arrière, ceux du col ou les antérieurs en avant. Les poils du col et de la partie postérieure de la tête marchent ainsi précisément en sens inverse de ceux de la partie antérieure, d'où résulte, à l'endroit où ils se rencontrent, une crête dont la direction est transversale, et la forme demi-circulaire. Les poils des joues se portent en avant et en bas; ceux de la queue, des membres postérieurs et des bras descendent; ceux de la face externe de l'avant-bras remontent au contraire, comme chez l'Homme : caractères remarquables qui se trouvent chez tous les Hurleurs, quoique inégalement prononcés. La longueur d'un individu adulte, mesuré du bout du museau à l'origine de la queue, est de deux pieds environ, et la queue est un peu longue. Les jeunes individus ont le corps uniformément d'un roux brunâtre. Cette espèce habite la Guiane, où on la connaît sous le nom de Singe rouge et de *Mono colorado*.

Le HURLEUR A QUEUE DORÉE, *Stentor Chrysurus*, Nob. Cette espèce paraît avoir été confondue avec la précédente dont elle diffère moins par la nuance que par la disposition de ses couleurs. La dernière moitié de la queue et le dessus du corps depuis l'origine de la queue jusqu'un peu en arrière des épaules, est d'un fauve doré très-brillant; le reste de la queue est d'un marron assez clair, et le reste du corps, la tête tout entière et les membres sont d'un marron très-foncé, principalement sur les membres où il prend une teinte violacée. La face est un peu moins nue que dans l'espèce précédente. Elle se distingue d'ailleurs très-facilement de celle-ci; en effet, la tête et les membres sont d'une seule couleur, et la queue et le dessus du corps de deux couleurs chez le *Stentor Chrysurus*, tandis que chez le *Stentor Seniculus*, la tête et les membres sont de deux couleurs, et la queue et le dessus du corps d'une seule. De plus, le *Stentor Chrysurus* est sensiblement plus petit, et il diffère même un peu par ses proportions; sa queue forme seulement la moitié de sa longueur totale, et elle est par conséquent un peu plus courte que chez le *Stentor Seniculus*, et sa partie nue est proportionnellement un peu plus étendue. Cette espèce nous est connue par trois individus, dont deux adultes, entièrement semblables, et un jeune différant seulement par la nuance un peu moins claire de sa queue; peut-être le premier âge est-il généralement brunâtre comme dans l'espèce précédente. C'est par l'examen de leurs pelleteries que nous les avons d'abord déterminés, comme se rapportant à une espèce non encore décrite;

depuis, la comparaison de leurs crânes avec ceux de leurs congénères, nous a confirmé dans notre opinion. Il existe en effet plusieurs différences dont les plus remarquables sont les suivantes. La partie antérieure de la tête a moins de largeur que dans le *Stentor Seniculus*, et se détache ainsi davantage de la portion moyenne. Par suite de cette modification, le palais devient plus étroit; mais, en revanche, il s'étend davantage en arrière, d'où il suit que les arrière-narines sont plus couvertes, et que leurs orifices sont placés dans un plan presque vertical, au lieu de l'être dans un plan très-oblique. Les rangées des dents, plus longues que chez les autres espèces, sont parallèles entre elles, principalement à la mâchoire inférieure. La symphyse de cette mâchoire est aussi remarquable par sa direction très-oblique en arrière, et son bord inférieur est tellement sinueux qu'elle ne peut soutenir sa tête sur un plan horizontal, tandis que, chez le *Senicul●*, la mâchoire inférieure, en posant sur la symphyse et son bord inférieur, fournit à la tête une base très-solide. Enfin, les apophyses zygomatiques sont plus larges que chez aucun autre Hurleur. Cette espèce, sous le nom d'*Araguato*, a été envoyée des Antilles au Muséum royal d'histoire naturelle par feu Plée. Il est cependant certain qu'elle n'habite pas cet archipel où il n'existe point de Singes, comme nous l'apprennent tous les voyageurs, et comme nous l'a confirmé Moreau de Jonnès dans une note qu'il a bien voulu nous communiquer sur les Singes-américains. Ce n'est que tout récemment que nous sommes parvenu à connaître la patrie du *Stentor Chrysurus*: cette patrie est la Colombie.

L'OURSON, *Stentor ursinus*, Geoff. St.-Hil., a été décrit et figuré pour la première fois par Humboldt dans son grand ouvrage zoologique, sous le nom de *Simia ursina*. Son pelage, composé de poils plus longs et plus abondans que dans les autres espèces, est d'un roux doré à peu près uniforme, la barbe étant seulement plus foncée, et renfermant à son centre des poils d'un noir profond. Ses proportions sont les mêmes que celles de l'Alouate ; mais il est un peu plus petit. Sa face est beaucoup plus velue que celle des espèces précédentes ; des poils abondans se remarquent au-dessous des yeux jusqu'auprès de la ligne médiane, et il n'y a guère que le tour de la bouche et le tour des yeux qui soient entièrement nus. Ces caractères sont les seuls que l'on puisse assigner à cette espèce, dans laquelle la nuance du pelage, et même la quantité proportionnelle des poils de la face, sont très-variables. Les jeunes individus sont bruns. L'Ourson est commun au Brésil, et c'est d'après un individu originaire de cette contrée, qu'Humboldt l'a figuré dans son grand ouvrage. Il existe aussi, suivant Humboldt, dans le voisinage de l'Orénoque, et il est connu dans la Terre-Ferme sous le nom d'*Araguato*. Ce nom est aussi celui de l'espèce précédente ; ce qui prouve que les deux Hurleurs sont confondus dans leur patrie, ou bien qu'*Araguato* est une dénomination que l'on donne en commun aux diverses espèces de Hurleurs, et non une dénomination qui appartienne en propre à telle ou telle espèce. Cette remarque peut servir à montrer, par une preuve de plus, combien l'usage qui semble prévaloir depuis quelques années, d'adopter des noms de pays pour noms spécifiques, est nuisible aux intérêts de la science, et propre à amener dans la synonymie une dangereuse confusion.

Le Hurleur brun, *Stentor fuscus*, Geoff. St.-Hil., est d'un brun marron ; le dos et la tête passant au marron pur, et la pointe des poils étant dorée. Il habite le Brésil comme l'Ourson, et, comme lui, est sujet à un grand nombre de variétés ; aussi est-il extrêmement difficile, pour ne pas dire impossible, de le distinguer d'une manière nette et précise des autres espèces, et surtout de l'Our-

son. C'est à cette espèce qu'on rapporte l'Ouarine de Buffon et le *Simia Bœelzebul* de Gmelin qu'il faut bien se garder de confondre avec l'Atèle Belzébuth.

Le Hurleur aux mains rousses, *Stentor rufimanus*, Desm. ; *Mycetes rufimanus*, Kuhl, est généralement noir, avec les quatre pieds, et la dernière moitié de la queue, de couleur rousse. La face et le dessous du corps sont nus. Cette espèce, à laquelle on doit, suivant Spix, rapporter le Guariba de Marcgraaff que tous les autres auteurs réunissent au *Stentor fuscus*, présente aussi un grand nombre de variétés. Nous pensons qu'on doit lui réunir le *Mycetes discolor* de Spix, décrit et figuré (pl. 35) dans le grand ouvrage que ce naturaliste a publié sur les Singes et les Chauve-Souris du Brésil. Ce Hurleur habite les forêts voisines de la rivière des Amazones, et a, suivant la description de Spix, le pelage généralement brun, avec les mains rousses. La patrie de l'individu de Kuhl n'est pas connue ; mais l'espèce existe très-vraisemblablement dans plusieurs parties du Brésil.

Le Hurleur a queue noire et jaune, *Stentor flavicaudatus*, Geoff. St.-Hil. ; *Simia flavicauda*, Humb. Cette espèce, distinguée par Humboldt, habite par bandes les rives de l'Amazone, dans les provinces de Jaën et de Maynas, et est connue sous le nom de Choro. Elle est généralement d'un brun noirâtre, avec deux stries jaunes sur les côtés de la queue ; la face, d'un brun jaunâtre, est peu garnie de poils. La queue est plus courte que le corps.

Le Hurleur noir, *Stentor niger*, Geoff. St.-Hil., est très-probablement le Caraya d'Azara. Le mâle adulte est généralement noir ; seulement la queue est couverte à sa face inférieure de poils jaunes à pointe noire. La face est couverte presque partout de poils, mais ces poils sont très-courts et très-peu abondans. Les jeunes et les femelles diffèrent beaucoup des mâles : ils sont d'un jaune de paille à la face inférieure du corps, sur les flancs, sur les membres (à l'exception des mains) et sur la tête. Le dos est couvert de poils noirs, avec la pointe jaune, paraissant dans leur ensemble d'un fauve cendré. Cette espèce habite le Brésil, et se distingue, outre les traits distinctifs que nous venons d'indiquer, par sa taille (elle n'a qu'un peu plus d'un pied et demi du bout du museau à l'origine de la queue) et par la callosité de sa queue qui comprend moins du dernier tiers. Son crâne nous a présenté les caractères suivans : le museau est étroit comme chez le *Stentor Chrysurus*, mais seulement en avant ; il suit de-là que le palais est beaucoup plus large en arrière qu'en avant, et que les deux rangées de dents, bien loin d'être parallèles comme chez le *Chrysurus*, se rapprochent beaucoup antérieurement. Nous pensons que l'on doit rapporter à cette espèce le *Mycetes barbatus* de Spix (*loc. cit.*, pl. 32 et 33), qui différerait cependant, suivant les observations de ce voyageur, par l'étendue plus considérable de la callosité de la queue, et l'Arabate, *Stentor stramineus* de Geoffroy et de tous les auteurs français qui, d'après l'examen comparatif que nous avons fait des pelleteries et des crânes de plusieurs individus, nous paraît être la femelle ou le jeune. Peut-être le *Stentor flavicaudatus* n'est-il lui-même qu'un double emploi, et ne repose-t-il que sur des individus différant par l'âge de ceux que nous avons examinés.

†† Les Atèles, *Ateles.*

Ce genre, établi par Geoffroy Saint-Hilaire (Ann. du Mus. T. VII), se distingue au premier aspect de tous les autres Singes américains (à l'exception du genre suivant) par l'état rudimentaire du pouce aux mains antérieures. Liés de la manière la plus intime, soit avec les Hurleurs qui les précèdent, soit avec les Lagothriches et les Sajous qui vont les suivre, ils en diffèrent cependant d'une manière bien remarquable, en

ce qu'ils manquent du caractère essentiel, non-seulement de la famille des Singes, mais même de tout l'ordre des Quadrumanes. Les Atèles n'ont point de pouces, ou n'ont que des pouces excessivement courts aux mains antérieures ; ou, pour parler plus exactement, ils ont des pouces tellement rudimentaires, qu'ils restent entièrement ou presque entièrement cachés sous la peau : d'où leur nom d'Atèles, c'est-à-dire *Singes imparfaits, Singes à mains imparfaites.* Déjà chez les Hurleurs nous avions trouvé aux mains antérieures des pouces courts, peu libres dans leurs mouvemens, peu opposables aux autres doigts, et par conséquent de peu d'usage dans la préhension. Chez les Atèles, leur usage devient tout-à-fait nul, aussi bien lorsque leur extrémité paraît à l'extérieur que lorsqu'ils sont entièrement cachés sous les tégumens. Il semble que dans ces deux groupes de Sapajous, quelques-unes des fonctions qu'exerce ordinairement la main, aient été dévolues au prolongement caudal, et que l'extrême développement de ce dernier organe soit lié nécessairement à l'atrophie plus ou moins complète des pouces. La loi du balancement des organes, dont de nombreuses applications ont déjà été faites dans nos articles, semble donner la clef de ces faits ; mais surtout elle nous explique d'une manière frappante et toute directe ceux que nous allons indiquer. Chez les Hurleurs les membres sont proportionnés au corps, et les pouces ne font que s'atrophier ; chez les Atèles les membres, et plus spécialement les mains, sont d'une excessive longueur, et les pouces avortent presque complètement. Et il est si vrai que ces deux conditions organiques sont liées l'une à l'autre, que chez les Lagothriches, dont l'organisation répète presque en tout point celle des Atèles, nous verrons en même temps les pouces reparaître et les mains se raccourcir. Au reste, si les membres ont une longueur considérable chez les Atèles, ils sont aussi excessivement grêles ; d'où l'on a quelquefois donné à ces Animaux le nom de Singes Araignées, et d'où résultent pour eux des habitudes et des allures très-remarquables. Leur marche, ainsi qu'il résulte des observations de Geoffroy Saint-Hilaire (Ann. du Mus. T. XIII), ressemble à celle des Orangs (*V.* ce mot), qui ont aussi des membres très-longs et très-maigres. Comme ces derniers, ils sont obligés, lorsqu'ils veulent marcher à quatre pieds, de fermer le poing et de poser sur la face dorsale des doigts. Dans quelques cas, les Atèles, ce qui est aussi une habitude commune aux Orangs, ont un autre mode de progression un peu plus rapide : après s'être accroupis, ils soulèvent leur corps au moyen de leurs membres antérieurs, et les projettent en avant comme font les gens qui se servent de béquilles, ou bien encore comme le font les culs-de-jatte. Ce mode de locomotion, qui rappelle aussi celui des Kanguroos lorsqu'ils marchent à quatre pieds, est très-remarquable, en ce que les membres de derrière ne jouent qu'un rôle absolument passif, et que la longueur considérable de ceux de devant, qui est en général une cause de gêne et de lenteur dans la progression, devient ici une circonstance extrêmement favorable.

Les Atèles, semblables aux Orangs par leurs membres longs et grêles et par leur mode de progression, se rapprochent aussi à divers égards des autres genres qui tiennent avec les Orangs le premier rang parmi les Singes de l'Ancien-Monde. Quelques rapports entre eux et les Gibbons ont été signalés par Desmarest, et aussi entre eux et les Semnopithèques par Fr. Cuvier ; et il est certain, comme l'a remarqué Geoffroy, qu'il existe quelque ressemblance entre leur crâne et celui du Troglodyte. La boîte cérébrale est arrondie et volumineuse, et forme près des deux tiers de la longueur totale du crâne. L'angle facial est de soixante degrés

environ. Les orbites, larges et profondes, sont en outre remarquables chez les vieux individus par une sorte de crête existant à la portion supérieure et à la portion externe de leur circonférence. La mâchoire inférieure est assez haute, et ses branches sont larges, quoique beaucoup moins que chez les Hurleurs. L'ouverture antérieure des fosses nasales est de forme ovale ; et il est à remarquer qu'une partie de leur contour est formée par les apophyses ascendantes des os maxillaires, les intermaxillaires ne montant pas jusqu'aux os du nez, et ne s'articulant pas avec eux, comme cela a lieu chez la plupart des Singes, et particulièrement chez les Hurleurs, les Lagothriches, les Sajous, et même chez quelques espèces jusqu'à ce jour confondues avec les véritables Atèles, et que nous décrirons plus bas sous le nom d'Ériodes. Tous ces caractères ont été vérifiés sur plusieurs individus, et nous les avons constamment retrouvés sur tous les crânes que nous avons examinés. C'est au contraire sur un seul, appartenant à un mâle presque adulte de l'*Ateles pentadactylus*, que nous avons trouvé un fait que nous ne pouvons regarder que comme une anomalie, celui de l'existence de sept molaires au côté droit de l'une et de l'autre mâchoire. On verra plus bas que Geoffroy Saint-Hilaire a déjà signalé chez un très-vieux Sajou une semblable exception à l'un des caractères les plus généraux des Singes platyrrhinins, puisqu'il se rencontre non-seulement dans les cinq genres du groupe des Hélopithèques, mais aussi chez les Géopithèques. Enfin, pour terminer ce qui concerne le système osseux, nous dirons que les vertèbres caudales sont au nombre de plus de trente, et qu'elles forment plus de la moitié du nombre total des vertèbres ; qu'elles sont (principalement les premières) hérissées de nombreuses et fortes apophyses ; que les os longs des membres sont au contraire grêles, et ne présentent sur leur corps ni crêtes ni aspérités ; ce dont la loi du balancement des organes rend très-bien compte, vu leur extrême allongement en longueur ; enfin que les phalanges sont courbes, leur convexité étant en dessus : ce qui est un rapport de plus, et un rapport très-remarquable avec les genres Orang et Gibbon. L'hyoïde ressemble aussi à celui d'un grand nombre de Singes de l'Ancien-Monde, tels que les Guenons et les Cynocéphales. Son corps est une lame très-étendue de haut en bas, et recourbée sur elle-même d'avant en arrière. C'est en petit un arrangement analogue à celui qui caractérise d'une manière si remarquable les Hurleurs. Au reste, cette ressemblance anatomique, quoique très-réelle, n'entraîne point une ressemblance dans la voix. Celle des Atèles, aussi bien que celle des genres suivans, est ordinairement une sorte de sifflement doux et flûté qui rappelle le gazouillement des Oiseaux.

Nous passons maintenant à l'examen de quelques caractères qui distinguent plus particulièrement les Atèles, soit des Lagothriches, soit surtout du genre auquel nous donnons le nom d'*Ériodes*. Leurs molaires sont aux deux mâchoires petites et à couronne irrégulièrement arrondie ; et, ce qui est surtout à remarquer, les incisives supérieures sont de grandeur très-inégale, celles de la paire intermédiaire étant à la fois beaucoup plus longues et beaucoup plus larges que celle de la paire externe. Les inférieures, rangées à peu près en demi-cercle de même que les supérieures, sont au contraire égales entre elles, et, toutes assez grandes, elles surpassent sensiblement en volume les molaires. Les ongles sont élargis et en gouttière comme chez presque tous les Singes ; leur forme est à peu près demi-cylindrique. Les oreilles sont grandes et nues. Les narines, de forme allongée, sont disposées comme chez les Hurleurs ; elles sont assez écartées l'une de l'autre et tout-à-fait latérales, c'est-à-dire placées exactement sur les côtés du nez. On a déjà vu, et il importe de le rappeler ici, que les ouvertures osseuses qui leur correspondent sont de forme ovale, et circonscrites dans une portion de leur contour par les apophyses montantes des os maxillaires. Le clitoris est excessivement volumineux ; aussi arrive-t-il très-fréquemment que l'on prend des femelles pour des mâles. Cet organe avait jusqu'à deux pouces et demi de long sur une femelle de Belzébuth récemment morte à la Ménagerie, et sa grosseur était considérable. La structure du clitoris ne présente d'ailleurs rien de particulier, et il est nu comme à l'ordinaire. Les parties du corps et de la queue, voisines des organes sexuels, n'offrent également rien d'insolite, et sont plus ou moins velues. La queue, beaucoup plus longue que le corps, est nue en dessous dans son tiers terminal. Enfin la nature et la disposition des poils offrent des caractères que nous ne devons pas omettre, parce qu'ils permettent de distinguer, au premier aspect et avant tout examen, les Atèles des deux genres suivans. Le pelage est soyeux et généralement long comme chez les Hurleurs. Cependant, comme cela a lieu aussi chez ces derniers, le front est couvert de poils ras qui se dirigent, au moins en partie, d'avant en arrière. Au contraire tous les autres poils de la tête sont très-longs et se portent d'arrière en avant ; d'où résulte, au point de rencontre des uns et des autres, une sorte de crête ou de huppe plus ou moins prononcée, et dont la disposition varie suivant les espèces.

Les Atèles sont généralement doux, craintifs, mélancoliques, paresseux et très-lents dans leurs mouvemens. On les croirait presque toujours malades et souffrans. Cependant, lorsqu'il en est besoin, ils savent déployer beaucoup d'agilité, et franchissent par le saut de très-grandes distances. Ils vivent en troupes, sur les branches élevées des arbres, et se nourrissent principalement de fruits. On assure qu'ils mangent aussi des racines, des Insectes, des Mollusques et de petits Poissons, et même qu'ils vont pêcher des Huîtres pendant la marée basse, et en brisent les coquilles entre deux pierres. Dampierre, auquel nous empruntons ce fait, et Dacosta rapportent encore quelques autres faits propres à nous donner une haute idée de l'intelligence et de l'adresse de ces Animaux. Ils affirment que lorsque des Atèles veulent passer une rivière, ou passer sans descendre à terre sur un arbre trop éloigné pour qu'ils y puissent arriver par un saut, ils s'attachent les uns aux autres par la queue, et forment ainsi une sorte de chaîne qu'ils mettent en mouvement et font osciller, jusqu'à ce que le dernier d'entre eux puisse atteindre le but où ils tendent, se fixer à une branche, et tirer à lui tous les autres. Leur queue, outre sa fonction la plus habituelle, celle d'assurer la station en s'accrochant à quelque branche d'arbre, est employée par eux à des usages très-divers. Ils s'en servent pour aller saisir au loin divers objets sans mouvoir leur corps, et souvent même sans mouvoir leurs yeux; sans doute parce que la callosité jouit d'un toucher assez délicat pour rendre inutile dans quelques occasions le secours de la vue. Quelquefois ils s'enveloppent dans leur queue pour se garantir du froid auquel ils sont très-sensibles; ou bien ils l'enroulent autour du corps d'un autre individu. Du reste, nous n'avons jamais vu aucune espèce se servir de sa queue pour porter à sa bouche sa nourriture, suivant une habitude que les voyageurs attribuent aux Atèles. Leurs mains, que l'absence du pouce, leur étroitesse et leur extrême longueur rendent d'une forme désagréable, mais qui sont loin d'être sans adresse, remplissent constamment cette fonction. Ce genre, répandu dans une grande partie de l'Amérique du sud, renferme aujourd'hui un assez grand nombre d'espèces, toutes très-voisines les unes des autres et se ressemblant même pour la plupart par les couleurs de leur pelage. Ce serait, sans aucun doute, rompre d'une manière très-fâcheuse les rapports naturels, que de séparer génériquement les espèces qui ont aux mains antérieures un rudiment de pouce, de celles que l'on a coutume de désigner comme tétradactyles. Nous avons déjà dit que le pouce existe en rudimens chez celles-ci comme chez les premières. Or, que le pouce soit entièrement caché sous la peau, ou qu'il vienne porter à l'extérieur son extrémité, qui ne voit que c'est là une circonstance qui ne peut avoir aucune influence sur les habitudes d'un Animal, et par conséquent que c'est là un caractère sans aucune valeur générique? Nous ne croyons donc pas devoir adopter le genre Court-Pouce, *Brachyteles*, proposé par Spix dans son ouvrage déjà cité sur les Singes du Brésil. Ce genre, qui serait formé du Chamek, de l'Hypoxanthe et d'une autre espèce, romprait doublement les rapports naturels, savoir : en associant au Chamek l'Hypoxanthe qui appartient, comme nous le démontrerons bientôt, à un genre très-différent, et de plus, en séparant le premier du Coaïta et le second de l'Arachnoïde, si rapprochés d'eux par leur organisation, que ce n'est guère que par l'absence ou la présence du pouce qu'on distingue les uns des autres.

Le COAÏTA, Buff., tab. 15, pl. 1; *Ateles paniscus*, Geoff. St.-Hil., Ann. du Mus. T. VII; *Simia paniscus*, L. C'est l'espèce la plus anciennement connue. Daubenton en a donné l'anatomie, et Buffon l'a figurée; mais il avait été confondu avec d'autres espèces. Son pelage est noir; sa face de couleur de mulâtre; ses mains antérieures sont tétradactyles. Il a un pied neuf pouces du bout du museau à la queue, et celle-ci a deux pieds et demi. Il habite la Guiane où on le connaît sous le nom de *Coaïta* ou *Coata*.

Le Chamek, *Ateles pentadactylus*, Geoff. St.-Hil., se distingue seulement du Coaïta par sa queue un peu plus longue et par ses pouces antérieurs, qui paraissent au-dehors sous la forme de tubercules ou de verrues sans ongles. Cette espèce a été connue de Buffon, mais confondue par lui avec le Coaïta. Geoffroy Saint-Hilaire est le premier qui l'ait établie. Elle habite la Guiane, et, suivant Buffon, le Pérou.

Le Cayou, *Ateles ater*, Fr. Cuv., Mamm. lith., ne se distingue du Coaïta que par la couleur entièrement noire de sa face. Il paraît habiter également la Guiane. Geoffroy Saint-Hilaire, qui l'a le premier indiqué, le considérait comme une simple variété.

L'Atèle a face encadrée, *Ateles marginatus*, Geoff. St.-Hil., Ann. du Mus. T. XIII, est généralement noir comme les espèces précédentes; mais il se distingue par une fraise de poils blancs qui entoure la face. Sa taille est à peu près la même que celle des autres espèces, mais sa queue est un peu plus courte. Il est à remarquer que chez les jeunes individus la fraise blanche n'existe pas tout entière. Cette espèce habite le Brésil, et se trouve aussi dans la province de Jaën de Bracamoros, d'après Humboldt. En effet, le Chuva de cet illustre voyageur ne diffère pas, suivant la plupart des auteurs et suivant Humboldt lui-même, de l'*Ateles marginatus*.

Le Belzébuth, Briss., Règ. Anim.; *Ateles Belzebuth*, Geoff. St.-Hil., est généralement noir, avec le dessous du corps et la face interne des membres d'un blanc plus ou moins jaunâtre. Il est à remarquer que cette espèce n'est pas d'un noir pur comme les précédentes, mais d'un noir brunâtre. Sa taille est aussi un peu moindre. Sa face est noire, avec le tour des yeux couleur de chair. Sa peau est noirâtre, même sous le ventre. Quelques auteurs indiquent quelques différences entre le mâle et la femelle; mais ces différences ne sont pas constantes, comme nous l'avons vérifié nous-même par l'examen de plusieurs individus adultes, de sexes différens, et cependant semblables par leurs couleurs. Cette espèce, qu'il ne faut pas confondre avec le *Simia Beelzebul* de Linné (qui est le *Stentor fuscus*), habite les bords de l'Orénoque. C'est l'un des Quadrupèdes les plus communs dans la Guiane espagnole, où on le connaît, suivant Humboldt (Obs. zool. T. I), sous le nom de *Marimonda*.

L'Atèle mélanochéire, *Ateles Melanochir*. Desmarest a décrit sous ce nom, dans la Mammalogie de l'Encyclopédie, deux Atèles femelles que possède le Muséum, et dont le pelage est varié de gris et de noir. L'un d'eux a le dessous du corps et la face interne des membres blanchâtres; le reste des membres et la queue presque partout noirâtres; enfin le dessus du corps couvert de poils blancs dans leur première moitié, bruns dans la seconde. L'autre individu a les quatre mains, les avant-bras, les genoux et le dessus de la tête noirs; le dessus de la queue brunâtre; le reste du pelage grisâtre. Ces deux Atèles, dont l'origine est inconnue, sont évidemment de jeunes sujets, et il semble, d'après la disposition irrégulière de leurs couleurs, qu'ils soient en passage de l'état de jeune âge à l'état adulte. Peut-être appartiennent-ils à l'*Ateles Belzebuth*, auquel ils ressemblent par leurs proportions et la disposition générale de leurs couleurs, ou bien à l'*Ateles marginatus*, dont ils se rapprochent aussi à quelques égards. Malheureusement le peu de renseignemens que l'on possède sur le premier âge de ces espèces nous oblige à laisser dans le doute cette question.

L'Atèle métis, *Ateles hybridus*, Nob., est une espèce nouvelle due aux recherches du voyageur Plée, et qui habite la Colombie où on la connaît sous le nom de *Mono zambo* (Singe métis), à cause de sa couleur semblable à celle des métis du Nègre et de l'Indien. Il paraît qu'il est aussi connu, aussi bien que le Belzébuth, sous le nom de *Marimonda*, nom commun à un grand nombre de Singes dans l'Amérique espagnole. Le principal caractère de cette espèce consiste dans une tache blanche placée sur le front et de forme à peu près semi-lunaire, qui a environ un pouce de large sur la ligne médiane, et se termine en pointe, de chaque côté, au-dessus de l'angle externe de l'œil. Le dessous de la tête, du corps et de toute la queue jusqu'à la callosité, et la face interne des membres, sont d'un blanc sale; et les parties supérieures sont généralement d'un brun cendré clair qui, sur la tête, les membres antérieurs, les cuisses et le dessus de la queue, passe au brun pur, et qui, au contraire, prend une nuance jaune très-prononcée dans la région des fesses, sur les côtés de la queue et sur une partie du membre inférieur. Cet Atèle est à peu près de même taille que la plupart de ses congénères; sa longueur, depuis le bout du museau jusqu'à l'origine de la queue, est d'un pied dix pouces; mais sa queue, plus courte que chez les autres espèces, mesure seulement un peu plus de deux pieds. Cette espèce nous est connue par l'examen d'un jeune mâle et de plusieurs femelles adultes. Le premier diffère seulement par la teinte plus claire des parties supérieures de son pelage qui sont d'un cendré roussâtre. Comme l'*Ateles hybridus* ne nous est point encore connu à l'état de mâle adulte, et comme d'un autre côté il paraîtrait (d'après les remarques que nous avons faites dans le paragraphe précédent) que quelques Atèles, cendrés dans leur premier âge, deviennent noirs dans leur état adulte, on pourrait supposer que les différences sur lesquelles nous avons basé notre détermination, ne sont que des différences d'âge ou de sexe, et que nos individus, par suite des développemens de l'âge, auraient pu prendre les caractères de l'une des

espèces précédentes. Cette supposition ne serait nullement fondée. Il est très-probable que l'*Ateles hybridus* ne devient jamais noir; car les femelles des espèces précédentes sont bien connues, et toutes sont noires comme leurs mâles; et d'ailleurs aucun de nos individus, pas même le jeune mâle, ne présente la plus légère trace de poils noirs. Mais il y a plus; en admettant même que ces individus appartiennent à une espèce noire dans l'état parfait du pelage, il n'en serait pas moins certain qu'ils appartiennent à une espèce distincte de toutes celles déjà connues. Il en est deux seulement avec lesquelles il serait peut-être possible de la confondre alors, l'*Ateles Belzebuth*, et l'*Ateles marginatus*. Or, le Belzébuth n'a point de tache blanche au front, et les poils du côté de la tête et du col sont disposés un peu différemment. Leur principal centre d'origine est toujours chez le Belzébuth, à l'occiput ou à la région supérieure du col. Chez l'Atèle métis, il est toujours à sa région inférieure. Dans les deux espèces, l'oreille est en grande partie cachée par les poils; mais chez le Belzébuth c'est par de très-longs poils naissans sur toute la joue depuis la commissure des lèvres et se dirigeant en arrière. Chez l'Atèle métis, c'est par des poils assez courts qui naissent du centre commun d'origine et se portent en avant. Quant à l'*Ateles marginatus*, il suffirait presque de dire qu'on en connaît le jeune mâle et la femelle; car cela seul prouve qu'on ne saurait attribuer à l'influence de l'âge ou du sexe les différences qui nous ont servi de caractères. Nous ajouterons cependant que la portion du dessus de la tête, qui est couverte de poils blancs et courts, est beaucoup plus étendue chez l'*Ateles marginatus* que chez l'*Ateles hybridus*; aussi la petite huppe qui résulte de la rencontre des poils du front et de ceux du reste de la tête, est-elle placée sur le milieu du crâne chez le premier, et, tout au contraire, très-rapprochée des orbites chez le second.

††† Les Ériodés, *Eriodes*.

Les espèces que nous réunissons sous ce nom générique, ont jusqu'à ce jour été confondues avec les véritables Atèles, auxquels elles ressemblent par l'extrême longueur de leurs membres, par l'état rudimentaire de leurs pouces antérieurs, toujours entièrement ou presque entièrement cachés sous la peau; enfin par quelques autres conditions organiques d'une importance secondaire. Toutefois si le nouveau genre que nous proposons aujourd'hui n'a point été établi plus tôt, c'est sans doute parce que les espèces qui doivent le composer, ont été jusqu'à ce jour peu étudiées, soit parce qu'elles sont en général assez rares et connues depuis peu de temps, soit par d'autres causes. En effet, les caractères qui distinguent nos Ériodes des Atèles sont à la fois très-nombreux, et pour la plupart très-importans, comme le prouvent les détails suivans (1), et comme chacun pourra s'en assurer très-facilement, la description que nous avons donnée des Atèles ayant été faite sous un point de vue comparatif, et de manière à faire saisir au premier coup-d'œil les caractères distinctifs de l'un et de l'autre genre. Les molaires des Ériodes sont généralement très-grosses et de forme quadrangulaire. Les incisives sont, aux deux mâchoires, rangées à peu près sur une ligne droite, égales entre elles, et toutes fort petites : elles sont beaucoup moins grosses que les molaires : caractères qui suffiraient pour distinguer les Ériodes de tous les autres Sapajous, les Hurleurs exceptés. Les ongles ressemblent autant à ceux de plusieurs Carnassiers, tels que les Chiens, qu'à ceux des Atèles et de la plupart des Singes :

---

(1) Ces détails sont extraits d'un Mémoire encore inédit, qui doit paraître dans les Mémoires du Muséum, et qui est actuellement sous presse.

ils sont comprimés, et on peut les regarder comme composés de deux lames réunies supérieurement par une arête mousse. Les oreilles sont assez petites et en grande partie velues. Les narines, de forme arrondie, sont très-rapprochées l'une de l'autre, et plutôt inférieures que latérales, à cause du peu d'épaisseur de la cloison du nez; disposition que Spix a déjà remarquée dans une espèce, et qui fournit à notre genre *Ériodes* l'un de ses caractères, sinon les plus apparens, du moins les plus remarquables. Les Ériodes tiennent véritablement le milieu, par la conformation de leur nez, entre les Singes de l'Ancien-Monde ou Catarrhinins, et ceux du Nouveau-Monde ou Platyrrhinins; et il est même exact de dire qu'ils sont, par ce caractère, plus voisins des premiers que des seconds. Les ouvertures osseuses des fosses nasales, qui sont à peu près cordiformes, présentent aussi une différence importante à l'égard des Atèles. Les intermaxillaires montent jusqu'aux os propres du nez et s'articulent avec eux, en sorte que les maxillaires ne concourent point à former l'ouverture. On serait porté, au premier abord, à croire cette disposition liée d'une manière nécessaire avec celle que présentent les narines des Ériodes, d'autant mieux qu'elle se trouve aussi chez les Singes de l'Ancien-Monde. Il n'en est rien cependant; car cet arrangement existe aussi presque toujours chez les Singes américains, et les Atèles sont même les seuls, à notre connaissance, qui ne le présentent pas. Le clitoris, moins volumineux chez les Ériodes que chez ces derniers, nous a présenté un caractère très-remarquable en lui-même, et que sa rareté rend plus remarquable encore. Il est couvert sur ses deux faces de poils soyeux, un peu rudes, très-serrés les uns contre les autres, noirâtres, longs d'un demi-pouce environ à la face postérieure, et de près d'un pouce à l'antérieure. La disposition de ces poils est telle, que le clitoris ressemble à un pinceau élargi transversalement; et il est à ajouter que ceux de la face postérieure, se portant obliquement de dehors en dedans vers la pointe de l'organe, laissent d'abord entre eux un petit espace triangulaire qui semble continuer le sillon de l'urètre. Il n'est pas douteux, au reste, que l'urine coule entre ces poils, non-seulement parce que leur disposition l'indique, mais parce qu'ils sont comme agglutinés les uns aux autres. Cette disposition du clitoris se lie évidemment avec la disposition suivante : au-dessous de l'anus on remarque un espace triangulaire correspondant à la région périnéale et plus ou moins étendu, qui se trouve nu ou couvert de poils excessivement courts et de même nature que ceux du clitoris; et tout le dessous de la base de la queue, dans la portion qui correspond à cet espace et qui s'applique sur lui lorsque l'Animal rapproche sa queue de son corps, est couvert de poils excessivement ras, dirigés de dehors en dedans et formant, au point où ils rencontrent ceux du côté opposé, une sorte de petite crête longitudinale. L'aspect gras et luisant de toutes ces parties semble annoncer la présence d'un grand nombre de follicules sébacés; mais n'ayant vu que des pelleteries desséchées, nous n'avons pu constater leur présence. Nous n'avons pu également, faute de sujets, et à notre grand regret, examiner chez le mâle le pénis et les parties environnantes. Nous ne doutons point que nous n'eussions trouvé chez lui quelque chose d'analogue à ce que présente le clitoris, mais avec de notables différences; car on concevra facilement combien un gland pénien hérissé de poils rudes, comme l'est le gland du clitoris de la femelle, serait une condition défavorable pour l'acte de l'accouplement. Enfin, en outre de toutes ces conditions organiques dont l'importance ne saurait être contestée, les Ériodes diffèrent encore des Atèles par leur queue un

peu plus courte et nue dans ses deux cinquièmes postérieurs, et surtout par la nature de leur pelage. Tous leurs poils sont moelleux, doux au toucher, laineux et assez courts; ceux de la tête, plus courts encore que ceux du corps et de la queue, sont dirigés en arrière; caractères précisément inverses de ceux que présentent les Atèles, et qui donnent aux Ériodes une physionomie toute différente. C'est à la nature laineuse de leurs poils que se rapporte le nom générique que nous avons adopté pour ces Singes, et par lequel nous avons cherché à rappeler le plus apparent de leurs traits distinctifs.

Ce genre est, dans l'état présent de la science, composé de trois espèces, toutes originaires du Brésil, et encore très-peu connues; aucune d'elles n'a jamais été, du moins à notre connaissance, amenée vivante en Europe, depuis un individu qu'Edwards vit à Londres en 1761, et qu'il a mentionné sous le nom de Singe-Araignée, sans nous transmettre à son sujet aucune remarque intéressante. Les Ériodes ont été également très-peu observés dans l'état sauvage; Spix, auquel on doit la découverte de l'un d'eux, nous apprend seulement que ces Singes vivent en troupes, et font, pendant toute la journée, retentir l'air de leur voix *claquante*, et, qu'à la vue du chasseur, ils se sauvent très-rapidement en sautant sur le sommet des arbres.

Un fait fort remarquable, et qui montre mieux que tous les raisonnemens théoriques combien le voyageur que nous venons de citer brisait les rapports naturels par l'établissement de son genre Court-Pouce, *Brachyteles*, c'est que, sur nos trois Ériodes, il en est un chez lequel il n'y a aucune trace extérieure des pouces antérieurs; un autre, chez lequel ces doigts se montrent au dehors sous la forme de tubercules sans ongles; et un autre enfin chez lequel ils sont même onguiculés; et cependant tous trois sont liés par des rapports si intimes, et se ressemblent tellement par les couleurs de leur pelage et leurs proportions, qu'on serait presque tenté de les réunir en une seule espèce. Aussi le genre Court-Pouce n'a-t-il été adopté par aucun naturaliste, quoique déjà publié depuis plusieurs années.

L'ÉRIODE HÉMIDACTYLE, *Eriodes hemidactylus*, Nob. C'est l'espèce dans laquelle il existe un petit pouce onguiculé, très-grêle, très-court, atteignant à peine l'origine du second doigt, et tout-à-fait inutile à l'Animal. Sa longueur, depuis le bout du museau jusqu'à l'origine de la queue, est d'un pied huit pouces, et la queue a deux pieds un pouce. Son pelage est en général d'un fauve cendré qui prend une teinte noirâtre sur le dos. Les mains et la queue sont d'un fauve plus pur que le reste des membres et le corps. Les poils qui entourent l'espace nu ou couvert de poils ras, que nous avons dit exister à la base de la queue et près de l'anus, sont d'un roux ferrugineux qui ne diffère de la couleur des poils du clitoris que par une nuance plus claire. La face, qui n'est complètement nue que dans le voisinage des yeux, paraît être tachetée de gris sur un fond couleur de chair. Cette espèce, découverte en 1816 au Brésil par Delalande, a toujours été confondue avec la suivante.

L'ÉRIODE A TUBERCULE, *Eriodes tuberifer*, Nob., *Ateles hypoxanthus*, Pr. de Neuw. et Kuhl (*Beyt. zur zool.*); *Brachyteles macrotarsus*, Spix, *loc. cit.* Cette espèce se distingue facilement de la précédente par le caractère suivant : ses pouces rudimentaires paraissent à l'extérieur sous la forme de simples tubercules, et manquent constamment d'ongles, suivant les observations des auteurs allemands. Son pelage est, comme celui des deux autres Ériodes, d'un fauve tirant sur le cendré, la queue étant d'un brun ou d'un fauve ferrugineux; la racine de la queue étant, ainsi que la partie postérieure des cuisses, de couleur rousse; les doigts sont couverts de poils ferrugineux.

Cet Ériode, qui ne nous est connu que par la description des auteurs que nous avons cités, a été découvert au Brésil par le prince de Neuwied; on lui donne généralement les noms de *Miriki*, *Mono* et *Koupo*

L'ÉRIODE ARACHNOÏDE, *Eriodes arachnoides*, Nob.; *Ateles arachnoides*, Geoffr. St.-Hil. (Ann. du Musée, T. XIII), est généralement d'un fauve clair, qui passe au cendré-roussâtre sur la tête, et au roux doré sur l'extrémité de la queue et sur les pates, principalement aux talons; quelques individus sont d'un fauve clair uniforme. Cette espèce, dont la taille ne diffère pas de celle de l'Hypoxanthe, est connue au Brésil sous le nom de *Macaco vernello*.

†††† Les LAGOTHRICHES, *Lagothrix.*

Ce genre, établi par Geoffr. St.-Hil. (Ann. du Mus. T. XIX), se distingue des deux genres précédens par ses membres beaucoup moins longs, et surtout par ses mains antérieures pentadactyles, comme chez les Hurleurs et les Sajous : c'est à ces derniers qu'il ressemble par ses proportions. Les doigts sont de longueur moyenne, et le second d'entre eux, ou l'indicateur, est même court. Les ongles des mains antérieures sont un peu comprimés, même ceux des pouces, et ils tiennent ainsi le milieu, par leurs formes, entre ceux des Atèles et des Ériodes; ceux des mains postérieures sont, à l'exception de ceux des pouces, plus comprimés encore, et ressemblent encore davantage à ceux des Ériodes; ce qui est surtout apparent à l'égard des trois derniers doigts. La tête des Lagothriches, qui est arrondie, et surtout leurs poils doux au toucher, très-fins et presque aussi laineux que ceux des Ériodes, les rapprochent encore de ces derniers; mais leurs incisives et leurs narines sont comme chez les Atèles. Leur angle facial est de 50°, et leurs oreilles très-petites. Quant aux conditions organiques que présente le clitoris, nous n'avons pu rien savoir à leur égard, à cause de l'état des pelleteries que nous avons examinées, et du défaut absolu de renseignemens dans les ouvrages des voyageurs.

C'est à Humboldt qu'est due la découverte de ce genre encore peu connu, soit dans son organisation, soit dans ses mœurs. Humboldt nous apprend seulement que les Lagothriches vivent par bandes nombreuses, qu'ils paraissent d'un naturel très-doux, et qu'ils se tiennent le plus souvent sur leurs pieds de derrière. Spix, qui depuis a retrouvé ce genre au Brésil, et qui l'a décrit sous le nom de *Gastrimargus*, ajoute que le son de leur voix ressemble à un *claquement*, et qu'ils sont très-gourmands. C'est à cette dernière remarque que se rapporte le nom de *Gastrimargus*, que nous n'adopterons pas. Nous préférons à tous égards celui de *Lagothrix*, qui est à la fois et le plus ancien et le plus convenable, et qui, malgré une assertion tout-à-fait erronée de plusieurs auteurs allemands, n'a jamais été appliqué à l'Hypoxanthe par les naturalistes du Musée de Paris.

Le LAGOTHRICHE DE HUMBOLDT, *Lagothrix Humboldtii*, Geoff. St.-Hil., Ann. du Mus. T. XIX, a été décrit pour la première fois par Humboldt sous le nom de Caparro, *Simia Lagothricha*. Il est haut de deux pieds deux pouces et demi; son pelage est uniformément gris, les poils étant blancs avec l'extrémité noire. Le poil de la poitrine est beaucoup plus long que celui du dos, et de couleur brunâtre; celui de la tête est au contraire très-court et de couleur plus claire que le reste du pelage. La queue est plus longue que le corps. C'est sans doute par erreur que Humboldt, auquel nous empruntons ces détails, ajoute que les ongles sont tous aplatis. Cette espèce habite les bords du Rio Guaviare, et paraît se trouver aussi près de l'embouchure de l'Orénoque.

Le GRISON, *Lagothrix canus*, Geoff. St.-Hil., est d'un gris olivâtre sur le dessus du corps et la partie supérieure des membres, et

d'un brun plus ou moins cendré sur la tête, la queue, les parties inférieures du corps et la portion inférieure des membres. Sa taille est un peu inférieure à celle du Caparro. Cette espèce habite le Brésil. On doit très-probablement lui rapporter le *Gastrimargus olivaceus* de Spix (*loc. cit.*, pl. 28), et sans doute aussi un jeune Lagothriche que possède le Muséum, et dans lequel le gris olivâtre est remplacé sur le dos par le gris argenté, et le brun, principalement sur la tête, par le noir.

Le LAGOTHRICHE ENFUMÉ, *Lagothrix infumatus; Gastrimargus infumatus*, Spix, *loc. cit.*, pl. 29. Cette espèce, qui ne nous est connue que par la description et la figure de Spix, et que Temminck regarde comme un double emploi, est tout entière d'un brun enfumé, et habite le Brésil.

§ I. SAPAJOUS à queue entièrement velue.

Cette seconde section ne renferme qu'un seul genre, celui des Sajous ou Sapajous proprement dits, *Cebus* des auteurs modernes, qui, par sa queue entièrement velue et beaucoup moins forte que dans les genres précédens, tient le milieu entre la première section des Sapajous, et le premier des genres du groupe des Géopithèques, celui des Callithriches.

† Les SAJOUS ou SAPAJOUS proprement dits, *Cebus*.

Dans ce genre, les membres sont forts, robustes et allongés, principalement les postérieurs; aussi les Sajous sautent-ils avec une agilité remarquable. Les pouces antérieurs sont peu allongés, peu libres dans leurs mouvemens, et peu opposables aux autres doigts; absolument comme chez les Hurleurs et les Lagothriches. Les ongles sont en gouttière et peu aplatis; la queue est à peu près de la longueur du corps; quelquefois elle est entièrement couverte de longs poils; quelquefois, au contraire, sa partie terminale ne présente plus en dessous que des poils très-courts, parce qu'ils se trouvent usés par l'action répétée du frottement. Du reste, jamais elle ne présente une véritable callosité. L'hyoïde a sa partie centrale élargie, mais ne fait aucune saillie; la tête est assez ronde; la face est large et courte, et les yeux sont très-volumineux et très-rapprochés l'un de l'autre, principalement dans la partie profonde des cavités orbitaires. L'ouverture des fosses nasales est large, mais peu étendue de haut en bas; le palais est aussi assez large, et les arcades dentaires sont à peu près parallèles, soit à l'une, soit à l'autre mâchoire; les molaires sont de grandeur moyenne, au nombre de six de chaque côté et à chaque mâchoire, comme chez tous les autres Sapajous. Cependant Geoffroy Saint-Hilaire a trouvé sur un individu très-vieux, appartenant au *Cebus variegatus*, sept molaires à la mâchoire supérieure; anomalie très-remarquable, puisque c'est, avec celle que nous avons nous-même observée et indiquée chez un Atèle, la seule jusqu'à ce jour connue. Les incisives sont rangées sur une ligne presque droite; celle de la paire intermédiaire sont un peu plus grosses à la mâchoire supérieure, et c'est l'inverse à l'inférieure; les canines sont très-fortes chez tous les vieux individus. Enfin, la boîte cérébrale est très-volumineuse; elle est en effet très-large et en même temps très-étendue d'avant en arrière; le trou occipital est assez rentré sous la base du crâne. Ces conditions organiques sont très-différentes de celles que nous avons eu à signaler dans les genres précédens; cependant les rapports qui unissent entre eux tous les Sapajous, sont bien réels et ne peuvent être révoqués en doute; peut-être même serait-il possible de s'assurer de ce fait par l'examen des crânes eux-mêmes, surtout si, au lieu de se borner à l'étude des crânes des adultes, on embrassait dans son examen les crânes de tous les âges. Des observations faites sous ce point de vue nous ont fait apercevoir de nombreuses ressemblances entre la tête des Sajous adultes et celle des jeunes Atèles; et de plus, entre celle des Atèles adultes et celle des jeunes Hurleurs. Il semblerait ainsi, que le même type crânien, se reproduisant chez tous les Sapajous, nous apparût, dans un premier degré de développement, chez les Sajous; dans un second, chez les Atèles (et aussi chez les Eriodes et les Lagothriches); et enfin, dans un troisième et dernier, chez les Hurleurs.

Les Sajous sont des Animaux pleins d'adresse et d'intelligence; ils sont très-vifs et remuans, et cependant très-doux, dociles et facilement éducables. Chacun a pu se convaincre de ces faits par ses propres observations, ces Singes étant maintenant extrêmement communs dans toutes nos grandes villes. Il serait donc tout-à-fait inutile de nous étendre sur les qualités que peut développer en eux l'éducation, et c'est ce que nous ne ferons pas. Ce qui serait vraiment intéressant, ce serait de donner quelques remarques sur leur intelligence, telle qu'elle est naturellement, et non pas telle que l'Homme l'a faite. Malheureusement nous ne trouvons, dans les ouvrages des voyageurs, aucun fait digne d'être cité; tous se bornent à nous dire que les Sajous sont intelligens, et n'ajoutent aucun détail. Nous essaierons de suppléer en partie à leur silence, en rapportant une observation que nous avons faite nous-même sur un individu, vivant en domesticité, il est vrai, mais n'ayant reçu aucune espèce d'éducation. Lui ayant donné un jour quelques noix, nous le vîmes aussitôt les briser à l'aide de ses dents, séparer avec adresse la partie charnue, et la manger. Parmi ces noix, il s'en trouva une beaucoup plus dure que toutes les autres; le Singe ne pouvant réussir à la briser avec ses dents, la frappa fortement et à plusieurs reprises contre l'une des traverses en bois de sa cage. Ces tentatives restant de même sans succès, nous pensions qu'il allait jeter avec impatience la noix, lorsque nous le vîmes avec étonnement descendre vers un endroit de sa cage où se trouvait une bande de fer, frapper la noix sur cette bande, et en briser enfin la coquille. Cette observation nous paraît digne d'être citée ; car elle prouve d'une manière incontestable que notre Sajou, abandonné à lui-même et sans avoir jamais reçu aucune éducation, avait su reconnaître que la dureté du fer l'emporte sur celle du bois, et par conséquent, s'était élevé à un rapport, à une idée abstraite.—Les Sajous, comme les autres Sapajous, vivent en troupes sur les branches élevées des Arbres, ce qui n'empêche pas qu'ils ne soient monogames. Ils se nourrissent principalement de fruits, et mangent aussi très-volontiers des Insectes, des Vers, des Mollusques et même quelquefois de la viande. Les femelles ne sont pas sujettes à l'écoulement périodique : elles ne font ordinairement qu'un seul petit qu'elles portent sur leur dos, et auquel elles prodiguent les soins les plus empressés. C'est à tort qu'on a dit que ces Animaux ne se reproduisent pas dans nos climats; Buffon prouve par plusieurs exemples la possibilité de leur reproduction en France. Quelques espèces ont été désignées par les voyageurs sous les noms de Singes-Musqués et de Singes-Pleureurs; le premier de ces noms leur vient d'une forte odeur musquée qu'ils répandent principalement dans la saison du rut, et le second, de leur voix devenant, lorsqu'on les tourmente, plaintive et semblable à celle d'un enfant qui pleure. Le plus souvent ils ne font entendre qu'un petit sifflement doux et flûté ; mais quelquefois aussi, principalement quand ils sont excités par la colère, la jalousie, ou même la joie, ils poussent des cris perçans et qu'on a quelque peine à supporter, tant leur voix est alors forte et glapissante.

Ce genre, auquel tous les auteurs donnent aujourd'hui le nom de *Cebus*, autrefois commun à tous les Sapajous, est principalement répandu dans le Brésil et la Guiane. Il nous paraît démontré qu'il renferme un assez grand nombre d'espèces, malgré l'opinion de quelques auteurs ; mais il nous paraît non moins certain que plusieurs de celles qu'ont admises les auteurs modernes, ne sont réellement que de simples variétés. Il n'est point de genres dont l'histoire offre autant de difficultés sous le rapport de la détermination de ses espèces, ou, pour mieux dire, un tel travail est absolument impossible dans l'état présent de la science, quel que soit le nombre des individus que possèdent toutes les collections, et de ceux mêmes que nous pouvons observer vivans. On peut dire que rien n'est plus rare que de voir deux sujets absolument semblables, et qu'il existe presque autant de variétés que d'individus, tant les couleurs du pelage sont peu constantes. Bien plus, l'examen que nous avons fait il y a quelques mois de deux Sajous du Brésil, l'un adulte, l'autre encore jeune, nous a convaincu que nonseulement la couleur, mais aussi la disposition des poils, varie d'une manière remarquable par l'effet des développemens qu'amène l'âge. Ces deux individus ressemblent par leur tête, l'un au Sajou brun, et l'autre au Sajou cornu, et cependant ils appartiennent très-certainement à la même espèce. Or, s'il en est ainsi, n'est-on pas porté à croire que les jeunes individus du *Cebus fatuellus* ou des autres espèces caractérisées par la disposition des poils de leur tête, ont pu donner lieu à quelque double emploi? Quant à nous, nous ne doutons pas qu'il n'en soit ainsi ; cependant, ne pouvant encore le démontrer, et ne possédant pas tous les élémens nécessaires pour la solution de telles questions, nous présenterons ici une indication succincte des espèces admises par les auteurs.

Le SAJOU BRUN, Buff. T. xv; *Cebus apella*, Erxl., Geoffr. St.-H., Ann. du Mus. T. xix; *Simia apella*, L. Pelage brun clair en dessus, fauve en dessous; dessus de la tête, ligne qui descend sur les côtés de la face, queue et portion inférieure des membres, noirs. Longueur, depuis le bout du nez jusqu'à l'origine de la queue, un peu plus d'un pied; queue formant un peu plus de la moitié de la longueur totale. De la Guiane.

Le Sajou robuste, *Cebus robustus*. Kuhl et le prince de Neuwied ont donné ce nom à une espèce ou variété qui habite le Brésil et qui se distingue de la précédente par sa taille un peu plus forte, et par quelques légères différences de coloration. Nous ne voyons aucun motif pour séparer du *Cebus robustus* le *Cebus macrocephalus* de Spix (*loc. cit.*, pl. 1); tous les caractères qu'indique ce voyageur, tels que celui d'avoir des crêtes très-prononcées sur le crâne, sont des caractères communs aux vieux individus de toutes les espèces.

Le Sajou lascif, *Cebus libidinosus*, Spix, *loc. cit.*, pl. 2, est caractérisé ainsi par ce naturaliste: calotte brune noire; barbe entourant en cercle toute la face; dos, gorge, barbe, poitrine, membres (excepté les cuisses et les bras) et dessous de la queue d'un roux-ferrugineux; devant de la gorge d'un brun roux-foncé; joues, menton, doigts d'un roux plus clair. Corps d'un roux fauve; queue un peu plus courte que le corps. Du Brésil. « C'est, dit Spix, la lascivité qui rend ce Singe remarquable; il aime à faire continuellement des grimaces en regardant certaine partie de son corps. » Il est évident qu'une telle habitude était, chez le Sajou observé par Spix, un résultat de la domesticité, et qu'elle appartenait à l'individu et non à l'espèce.

Le Sajou cornu, Buff., Suppl. 7, *Cebus Fatuellus*, Erxl., *Simia Fatuellus*, L. Pelage marron sur le dos, plus clair sur les flancs, et roux vif sur le ventre; tête, extrémités et queue brunâtres; deux forts pinceaux de poils s'élevant de la racine du front. De la Guiane.

Le Sajou a toupet, *Cebus cirrifer*, Geoffr. St.-H. Pelage brun châtain;

un toupet de poils très-élevés et disposés en fer-à-cheval sur le devant de la tête; poils longs, doux et moelleux. Du Brésil.—C'est près de cette espèce ou variété que doit être placé un Sajou du Brésil dont nous avons parlé au commencement de cet article, et qui ressemble au *Cebus Fatuellus* dans l'état adulte, au *Cebus apella* dans le jeune âge. Son pelage, très-long et moelleux, est généralement d'un brun châtain; mais quelques longs poils blancs se trouvent chez l'adulte mêlés parmi les poils bruns. Peut-être le Sajou à toupet ne serait-il qu'un âge intermédiaire?

Le Sajou trembleur, *Cebus trepidus*, Erxl. Pelage marron; poils de la tête relevés, disposés en coiffe et d'un brun noirâtre; mains cendrées. Cette espèce, plus douteuse encore que les autres, habiterait la Guiane hollandaise: c'est le Singe à queue touffue d'Edwards (*Glan.* T. III), et le *Simia trepida* de Linné.

Le Sajou coiffé, *Cebus frontatus*, Kuhl. Pelage d'un brun noir; poils du front relevés perpendiculairement; des poils blancs épars sur les mains. Cette espèce, dont la patrie est inconnue, diffère très-peu de la précédente, et doit peut-être lui être réunie.

Le Sajou a capuchon, *Cebus cucullatus*, Spix, *loc. cit.*, pl. 6. Poils de la partie antérieure de la tête dirigés en avant; membres et queue presque noirs; dos et tête brunâtres; bras, gorge, poitrine roussâtres; ventre d'un roux ferrugineux. Du Brésil et de la Guiane, selon Spix.

Le Sajou barbu, *Cebus barbatus*, Geoffr. St.-H. Pelage gris roux, variant du gris au blanc suivant l'âge et le sexe; ventre roux; barbe se prolongeant sur les joues; poils longs et moelleux. De la Guiane. Humboldt rapporte cette espèce ou variété au Sajou brun, et Desmarest, qui l'adopte, mais avec doute, pense que le Sajou gris de Buffon forme une espèce particulière à laquelle il donne le nom de *Cebus griseus*.

Le Sajou nègre, Buff., Suppl. 7;

Cebus niger, Geoffr. St.-H. Pelage brun; face, mains et queue noires; front et joues blanches. C'est, suivant Humboldt, une simple variété du Sajou brun.

Le SAJOU MAIGRE, *Cebus gracilis*, Spix, *loc. cit.*, pl. 5. Pelage brun-fauve en dessus, blanchâtre en dessous; vertex et occiput bruns; formes très-grêles. Cette espèce, très-douteuse, habiterait les forêts voisines de la rivière des Amazones.

Le SAJOU A GROSSE TÊTE, *Cebus Monachus*, Fr. Cuvier, Mam. lith. Front large et arrondi, pommettes saillantes; poitrine, ventre, joues, face antérieure des bras d'un blanc-jaunâtre orangé; face externe des bras, blanche; avant-bras, cuisses, jambes et queue, noirs; dos et flancs variés de noir et de brun; tête noire en-dessus, et blanchâtre sur les côtés; bande noire descendant sur les côtés de la face, comme chez le *Cebus apella*. Cette espèce, dont la patrie est inconnue, n'a été établie qu'avec doute par Fr. Cuvier, et ne repose que sur l'examen de deux individus qui même différaient entre eux à quelques égards.

Le SAJOU LUNULÉ, *Cebus lunatus*, Kuhl. Pelage noirâtre; une tache blanche, en forme de croissant, sur chaque joue. Patrie inconnue.

Le SAJOU A POITRINE JAUNE, *Cebus xanthosternos*, Pr. Max. de Neuw.; Kuhl. Pelage châtain; dessous du col et poitrine d'un jaune roussâtre très-clair. Du Brésil.

Le SAJOU A TÊTE FAUVE, *Cebus xanthocephalus*, Spix, *loc. cit.*, pl. 3. Région lombaire, partie supérieure de la poitrine, col, nuque, et dessus de la tête, fauves; portion moyenne du tronc, fesses et cuisses, brunes. Du Brésil.

Le SAJOU FAUVE, *Cebus flavus*, Geoffr. St.-H. Pelage entièrement fauve. Du Brésil. Le Sajou blanc, *Cebus albus*, Geoffr. St.-H., n'est qu'une variété albine de cette espèce, et le Sajou unicolore, *Cebus unicolor*, Spix (*loc. cit.*, pl. 4), en est un double emploi.

Le SAJOU A FRONT BLANC, *Cebus albifrons*, Geoffr. St.-H.; l'Ouavapavi, *Simia albifrons*, Humb. Pelage gris, plus clair sur le ventre; sommet de la tête noir; front et orbite blancs; extrémités d'un brun jaunâtre. Des environs de Maypures et d'Atures, sur les bords de l'Orénoque.

Le SAJOU VARIÉ, *Cebus variegatus*, Geoffr. St.-H. Pelage noirâtre pointillé de doré; ventre roussâtre; poils du dos bruns à la racine, roux au milieu, noirs à la pointe. De la Guiane.

Le SAÏ, Buff. T. xv, *Cebus capucinus*, Erxl.; *Simia capucina*, L. Pelage variant du gris brun au gris olivâtre; vertex et extrémités noirs; front, joues et épaules d'un blanc-grisâtre. De la Guiane. Cette espèce, qu'il ne faut pas confondre avec le Saï de Fr. Cuvier (qui paraît être le *Cebus apella*), est celle que les voyageurs ont le plus souvent désignée sous le nom de Singe pleureur.

Le SAJOU A GORGE BLANCHE, Buff. T. xv; *Cebus hypoleucus*, Geoffr. St.-H; le Cariblanco, *Simia hypoleuca*, Humb. Pelage noir; front, côtés de la tête, gorge et épaules blancs. De la Guiane.

Le SAJOU AUX PIEDS DORÉS, *Cebus chrysopus*, Fr. Cuv., Mam. lith. Nous décrivons avec quelque détail cette jolie espèce parce qu'elle n'est encore que très-peu connue. Son pelage est formé de plusieurs couleurs dont la disposition la rapproche de la plupart de ses congénères, mais dont la nuance la distingue parfaitement. La partie antérieure du dessus et des côtés de la tête, depuis les oreilles et le devant de la tête et du col, sont d'un blanc légèrement jaunâtre. Les pieds, les jambes, les régions antérieure et interne des cuisses, les mains, les bras et une portion des avant-bras, sont d'un roux vif. Le reste des membres, le dessous de la queue, les flancs, les épaules, la partie antérieure du dos et le dessus du col sont d'un brun clair légèrement cendré qui se prolonge sur la partie postérieure de la tête, en prenant une teinte un peu plus foncée. La partie postérieure du dos et toute la région lombaire sont roux. Enfin, le ventre est d'un fauve roussâtre qui se confond par nuances insensibles, en avant, avec le blanc du dessous du col, en arrière, avec le roux de la partie interne des cuisses. Cette espèce, qui a de nombreux rapports avec l'Ouavapavi de Humboldt (*Cebus albifrons*), paraît habiter la Colombie. Notre description est faite d'après plusieurs individus entièrement semblables, envoyés au Muséum par le voyageur Plée sous le nom de *Carita blanca;* nom très-analogue à celui de *Cariblanco* que Humboldt attribue à l'espèce précédente, et qui signifie comme lui *face blanche.*

Telles sont toutes les espèces de Sajous admises par les auteurs modernes. Quant au *Simia morta* et *Simia syrichta*, qui doivent également être rapportées au genre *Cebus*, ce sont des espèces établies seulement sur des individus incomplets, et qui doivent dès à présent être retranchées des catalogues. (IS. G. ST.-H.)

SAPAN. MAM. Espèce de Polatouche. *V.* ce mot.   (B.)

SAPAN. BOT. PHAN. Espèce de Césalpinie. *V.* ce mot.   (B.)

* SAPAN. BOT. CRYPT. Nom qu'on trouve dans l'herbier de Burmann pour désigner une Prêle qui paraît être le *Timorianum* de Vaucher. (B.)

* SAPENOS. MIN. Variété d'Améthyste d'un bleu clair, suivant Pline.   (G. DEL.)

SAPERDE. *Saperda.* INS. Genre de l'ordre des Coléoptères, section des Tétramères, famille des Longicornes, tribu des Lamiaires, établi par Fabricius aux dépens du grand genre Cérambyx de Linné, et adopté par tous les entomologistes avec ces caractères : corps allongé ; tête verticale, courte, pas plus large que le corselet ; yeux fortement échancrés au côté interne ; antennes sétacées,

insérées sur le devant de la tête dans une échancrure des yeux, un peu au-dessus de la face antérieure de la tête, distantes entre elles à leur base, composées de onze ou de douze articles ; labre petit, aplati, coriace, arrondi antérieurement, un peu échancré dans son milieu ; mandibules cornées, aplaties, tranchantes au côté interne, sans dentelures, terminées en pointe un peu arquée ; mâchoires cornées, ayant deux lobes courts, coriaces, l'extérieur à peine plus grand, arrondi, l'intérieur presque triangulaire ; palpes filiformes, leur dernier article ovalaire, assez pointu ; les maxillaires un peu plus grands que les labiaux, de quatre articles ; les labiaux de trois ; lèvre inférieure rétrécie dans son milieu, échancrée à son extrémité ; corselet mutique, aussi large que long, cylindrique ; écusson petit, presque triangulaire ; élytres allongées, rebordées, presque de même largeur dans toute leur étendue, recouvrant les ailes et l'abdomen ; pates de longueur moyenne, assez fortes ; cuisses point en massue ; tarses courts, assez larges, leur dernier article le plus long de tous, muni de deux forts crochets. Ce genre se distingue des Lamies, avec lesquelles il a les plus grands rapports, par son corselet qui est toujours mutique, tandis qu'il est rugueux ou épineux chez celles-ci. Les larves des Saperdes vivent dans le bois et y subissent leurs métamorphoses. A l'état parfait on les trouve sur les fleurs ou contre les troncs des arbres. On connaît un grand nombre d'espèces de ce genre. Nous citerons comme type :

La SAPERDE REQUIN, *Saperda Carcharias*, Fabr., Latr. ; *Cerambyx Carcharias*, L. ; Oliv., Entom., 68, t. 2, fig. 22. Longue de plus d'un pouce ; corps gris-jaunâtre avec une foule de petits points noirs ; antennes moins longues que le corps. Cette espèce se trouve dans toute la France, aux lieux plantés de peupliers.   (G.)

SAPHAN. MAM. *V.* DAMAN.

SAPHIR et SAPHIR ÉMERAU-DE. ois. Espèces d'Oiseau-Mouche. *V.* Colibri. (b.)

SAPHIR. *Saphirus.* min. C'est le nom que l'on donne, dans le commerce de la joaillerie, aux variétés de Corindon hyalin, qui sont blanches ou bleues. *V.* Corindon. On a aussi nommé Saphir, mais fort improprement, des pierres de toute autre nature. Ainsi une Tourmaline bleue a été appelée Saphir du Brésil, et la Cordiérite a été désignée sous le nom de Saphir d'eau, etc.

(g. del.)

SAPHIRIN. min. Ce nom a été donné d'une part à la Cordiérite de Bohême, et de l'autre à la substance bleue, qui a été regardée comme une variété d'Haüyne, et que l'on trouve en grains disséminés dans les laves de Laach, sur les bords du Rhin. On a appelé quelquefois cette dernière Saphir du Vésuve. (g. del.)

SAPHIRINE. min. Ce nom a été donné à une variété de Calcédoine d'un bleu pur, et à un Minéral du Groënland, découvert par Giesecke, et analysé par Stromeyer. La Saphirine du Groënland est d'un bleu de Saphir tirant sur le verdâtre; sa texture est grano-lamellaire; elle est transparente, assez dure pour rayer le verre, infusible, et pesant spécifiquement 5,4. Elle est composée d'Alumine, 63; Silice, 14; Magnésie, 17; Protoxide de Fer, 3,9; Chaux, 0,3; Oxide de Manganèse, 0,5. Elle se trouve en petites masses disséminées dans un Micaschiste à Fiskenaes, au Groënland. (g. del.)

SAPHIRUS. min. *V.* Saphir.

* SAPI. mam. Nom malais de la femelle du Bœuf à bosse des Indes.

(less.)

SAPIN. *Abies.* bot. phan. Dans ses Institutions de Botanique, Tournefort avait distingué comme genres différens les Pins, les Sapins et les Mélèzes. Linné d'abord, dans son *Genera*, adopte le genre Pin de Tournefort, mais réunit en un seul, sous le nom d'*Abies*, les Sapins et les Mélèzes. Dans son *Species*, au contraire, il ne fait plus qu'un seul genre des trois de Tournefort. Jussieu suit la première des opinions de Linné, en admettant les genres *Pinus* et *Abies*. Mais Gaertner revient à la dernière des opinions de l'illustre botaniste suédois en ne formant qu'un seul genre. Telle est aussi l'opinion de Lambert dans son excellente Monographie du genre *Pinus*. Il faut en effet convenir que, si l'on n'a égard, comme cela doit être généralement, qu'aux organes de la fructification, il n'existe pas de différence essentielle entre les deux genres Pin et Sapin, l'organisation des fleurs, des fruits et des graines étant presque absolument la même dans les Arbres de ces deux groupes. Mais leur port et quelques caractères d'un ordre secondaire offrent assez de différences pour qu'on puisse les distinguer comme deux genres, en convenant toutefois que ces deux genres sont artificiels. Les feuilles, dans toutes les espèces de Sapin, sont solitaires, éparses, et un peu courtes; dans les Pins, elles sont constamment géminées, ou même fasciculées en plus grand nombre et réunies dans une gaîne propre. Dans les premiers, les fleurs mâles forment des chatons isolés et solitaires; ces chatons sont toujours réunis et groupés dans les seconds. Les écailles des cônes dans les Pins sont renflées et épaissies à leur sommet; celles des Sapins n'offrent pas ce caractère. Enfin, dans les Pins, il faut au moins deux ou même trois ans pour que les fruits parviennent à leur maturité parfaite, tandis que dans les Sapins ils mûrissent dans l'espace d'une année. Dans l'Histoire des Conifères du professeur Richard, nous avons réuni au genre *Abies* le genre *Larix* de Tournefort, c'est-à-dire les Mélèzes et les Cèdres. En effet, ce genre ne diffère des Sapins que par ses feuilles réunies en faisceaux. Mais cette disposition des feuilles est un caractère d'une bien faible importance, quand on réfléchit que ce que l'on a l'habitude de considérer comme un faisceau de feuilles n'est en réalité qu'un rameau très-court, et dont les mérithalles, et par conséquent les feuilles, sont très-rapprochées les unes des autres. Ainsi donc nous pensons que le genre *Abies*, tel qu'il a été caractérisé dans l'ouvrage déjà cité du professeur Richard, doit renfermer, en outre, des Sapins proprement dits, les Cèdres et les Mélèzes. Voici comment ce genre peut être caractérisé : les fleurs sont monoïques; les mâles forment des chatons solitaires, terminaux ou axillaires. Les femelles constituent des chatons cylindriques, formés d'écailles imbriquées, et portant chacune à leur face interne deux fleurs renversées. Le fruit est un cône ovoïde ou cylindracé, composé d'écailles imbriquées, non renflées à leur sommet qui quelquefois se termine par une pointe plus ou moins allongée. Les péricarpes, appliqués sur la face interne et supérieure des écailles, sont coriaces et portent une aile membraneuse sur l'un de leurs côtés. On compte un assez grand nombre d'espèces de ce genre qui croissent en général dans les régions septentrionales de l'un et de l'autre continent. Ce sont en général de grands et beaux Arbres résineux, ayant souvent une forme décroissante et pyramidale, avec des rameaux étalés horizontalement, des cônes dressés ou pendans. Leurs feuilles, généralement plus courtes que celles des Pins, sont solitaires, ou forment des espèces de houppes ou de faisceaux qui ne sont que des rameaux extrêmement courts. On peut diviser ce genre en deux sections, dont l'une, sous le nom de *Larix*, comprend les espèces à feuilles fasciculées, c'est-à-dire les Mélèzes et les Cèdres; nous en avons déjà traité à ces deux mots (*V.* CÈDRE et MÉLÈZE), et dont l'autre, avec la dénomination d'*Abies*, réunit les véritables Sapins, qui tous ont les feuilles solitaires et éparses. Parmi les

espèces de ce genre, nous mentionnerons les suivantes : 1°. Le SAPIN COMMUN, *Abies pectinata*, D. C., Fl. Fr.; *Pinus picea*, L., Sp. C'est une espèce que les anciens botanistes désignaient sous le nom spécial d'*Abies*, et que Linné a mal à propos nommé *Pinus picea*, en donnant le nom d'*Abies* à une autre espèce fort différente, et que l'on connaît sous la dénomination vulgaire d'*Epicea*. Le Sapin commun est un grand et bel Arbre, dont le tronc droit et cylindrique s'élève souvent à une hauteur de cent vingt pieds, qu'il dépasse quelquefois. Ses feuilles sont planes, très-étroites, linéaires, obtuses et comme échancrées à leur sommet, disposées sur deux rangées opposées, ce qui donne aux jeunes rameaux l'aspect de feuilles pinnées. Les cônes sont dressés, allongés et presque cylindriques, formés d'écailles imbriquées, terminées à leur sommet par une très-longue pointe recourbée. Cet Arbre, que l'on désigne aussi sous le nom de Sapin argenté, croît naturellement dans les lieux montueux, découverts et pierreux, dans les Alpes, les Pyrénées et l'Auvergne. 2°. La seconde espèce européenne est le SAPIN ÉLEVÉ, *Abies excelsa*, D. C., Fl. Fr.; *Pinus Abies*, L. C'est cette espèce, plus commune encore que la précédente, que l'on nomme *Epicea*, *Faux Sapin*, *Pesse*, *Serente*, etc. Il forme un Arbre non moins élevé, semblable au précédent pour le port, mais qui en diffère essentiellement par ses feuilles courtes, à quatre angles, d'un vert très-foncé, éparses en tous sens autour des rameaux. Ses cônes, longs de cinq à huit pouces, sont cylindriques, pendans, formés d'écailles planes, très-obtuses et sans pointe à leur sommet. On trouve cette espèce dans les mêmes localités que la précédente. On en extrait différens produits résineux, que l'on connaît sous les noms de Térébenthine de Strasbourg, de Poix, de Galipot, etc., qui sont entièrement analogues à ceux que l'on retire des différentes espèces de Pin, et en particulier du Pin maritime. *V.* PIN.

Ces deux espèces européennes ont en quelque sorte leurs représentans dans l'Amérique septentrionale. Au Sapin commun correspond le Sapin Baumier, *Abies balsamea*, Michx., Arbr. Amér. sept., que l'on connaît sous le nom de Baumier de Giléad, parce qu'il fournit une térébenthine que l'on connaît sous le nom de Faux Baume de Giléad, le véritable étant produit par l'*Amyris gileadensis*, de la famille des Térébinthacées. Il a le port et les feuilles de notre Sapin commun. Ses fruits, également dressés, sont moins longs et moins gros. Du reste, ces deux espèces se ressemblent tellement, qu'il est facile de les confondre. A notre Sapin élevé l'Amérique septentrionale oppose son Sapin blanc, *Abies alba*, Michx., qui a également les feuilles courtes, éparses en tous sens et anguleuses, mais d'un vert glauque et comme argenté, et les cônes très-courts et très-petits comparativement à ceux de l'espèce européenne. On la cultive dans les jardins sous le nom de *Sapinette blanche*. L'Amérique septentrionale fournit encore plusieurs autres espèces, tels que les *Abies nigra, rubra, canadensis*. Cette dernière espèce, que l'on cultive dans les jardins d'agrément sous le nom de *Cèdre blanc*, est remarquable par son port, qui est plutôt celui d'un Genevrier, par ses feuilles courtes et planes et ses fruits longs à peine de six à huit lignes.

(A. R.)

SAPINDACÉES. *Sapindaceæ.* BOT. PHAN. Famille de Plantes extrêmement naturelle établie dans le *Genera* de Jussieu, et qui présente les caractères suivans : les fleurs sont polygames, disposées en grappes; leur couleur est blanche ou rose, très-rarement jaune. Le calice est composé de quatre ou cinq folioles libres ou plus ou moins soudées à leur base; leur préfloraison est imbriquée. Les pétales sont au nombre de quatre ou cinq, insérés sur le réceptacle, alternes avec les folioles du calice, tantôt simples, tantôt munis intérieurement d'une écaille de forme variable; leur préfloraison est imbriquée; dans quelques genres ils disparaissent en entier sans que cet avortement complet entraîne avec lui des modifications importantes dans les autres organes. Le disque présente des formes très-différentes, mais qui sont constantes dans les divers genres : tantôt il occupe tout le fond du calice et se prolonge entre les pétales et les étamines en un bord entier et frangé; tantôt il se trouve réduit à deux ou quatre glandes situées à la base des pétales; dans tous les cas, l'avortement commence par la partie supérieure et est toujours accompagné de modifications constantes dans les autres parties de la fleur. Les étamines sont en nombre double ou très-rarement quadruple des pétales; souvent elles sont réduites par avortement à huit, sept, six, cinq : elles sont insérées au milieu du disque, ou, dans les genres à disque incomplet, sur le réceptacle, et entourent la base de l'ovaire; leurs filets sont fort souvent velus, leurs anthères mobiles s'ouvrent longitudinalement par la face interne ou par le côté. L'ovaire disparaît en entier dans les fleurs mâles, ou se trouve réduit à l'état rudimentaire. Dans les fleurs hermaphrodites, il est divisé intérieurement en trois, rarement en quatre loges, contenant une, deux ou trois ovules. Le style est simple ou fendu plus ou moins profondément en autant de lobes qu'on compte de loges à l'ovaire. Les stigmates sont terminaux ou placés longitudinalement sur la face interne des divisions du style. Le fruit présente une organisation extrêmement variable : tantôt il est capsulaire et s'ouvre en plusieurs valves opposées aux cloisons ou alternes avec elles; tantôt il est composé de samares indéhiscentes, accolées par leur face interne à un axe central; tantôt enfin il est plus ou moins charnu et indéhiscent. Les graines sont souvent entourées d'un arille qui prend dans certains genres un grand développement. L'embryon, dépourvu de périsperme, est rarement droit, presque toujours il est plus ou moins courbé ou même roulé plusieurs fois sur lui-même; dans ce cas le sommet des cotylédons occupe le centre de la spire. La radicule est toujours tournée vers le hile. Les cotylédons sont quelquefois soudés en une masse charnue. La plumule est composée de deux petites folioles.

Les Sapindacées sont des Arbres ou des Arbrisseaux souvent grimpans et munis de vrilles, rarement des Plantes herbacées. Leurs feuilles sont alternes, pétiolées, presque toujours composées, souvent pourvues de stipules. Les espèces de cette famille habitent pour la plupart les régions chaudes de l'Amérique, de l'Asie et de l'Afrique. Quelques-unes sont originaires de la Nouvelle-Hollande et des îles de l'Océanie. Kunth a proposé de diviser les Sapindacées en trois tribus auxquelles il a donné les noms de *Paulliniaceæ*, *Sapindaceæ veræ* et *Dodoneaceæ*, et son opinion a été adoptée par De Candolle. Mais ayant observé de nombreux passages entre les deux premières sections et ne trouvant aucun moyen de les caractériser d'une manière précise, nous avons cru devoir les réunir sous le nom de Sapindées, employé déjà par De Candolle pour désigner les *Sapindaceæ veræ* de Kunth. La famille se trouve ainsi divisée en deux tribus caractérisées de la manière suivante : Sapindées, loges de l'ovaire uniovulées; embryon courbé sur lui-même ou droit. Dodonéacées : loges de l'ovaire contenant deux ou trois ovules; embryon roulé en spirale. La dernière de ces sections ne comprend que les genres *Kœlreuteria*, Lamk.; *Cossignia*, Juss.; *Llagunoa*, Ruiz et Pav., et *Dodonæa*, L. La première, beaucoup plus nombreuse, est formée des genres *Cardiospermum*, L.; *Urvillea*, Kunth; *Serjania*, Plum.; *Toulicia*, Aubl.; *Paullinia*, Schum.; *Schmidelia*, L.;

Prostea, Nob.; *Sapindus*, L.; *Nephelium*, L. (auquel nous réunissons le *Pometia* de Forster); *Moulinsia*, Nob.; *Cupania*, Plum. (auquel on doit rapporter les genres *Trigonis*, Jacq.; *Molinæa*, Juss.; *Guioa*, Cav.; *Stadmannia*, Lamck.; *Blighia*, Kœnig; *Tina*, Rœm. et Schult.; *Ratonia*, D. C.; *Dimereza*, Labill.); *Talisia*, Aubl.; *Thouinia*, Poit.; *Hypelate*, P. Browne; *Melicocca*, L., dont le *Schleichera* de Willdenow ne saurait être distingué. Le *Magonia* d'Auguste Saint-Hilaire doit être placé à la suite de la famille comme genre anomal. Enfin les genres *Enourea*, *Matayba* d'Aublet et *Alectryon* de Gaertner demandent à être examinés de nouveau avant qu'on puisse fixer leur place d'une manière définitive dans l'une des deux sections que nous avons adoptées.

Les Sapindacées ont des rapports avec les Vinifères par les genres *Paullinia*, *Serjania*, etc., qui ont, comme les Plantes de cette famille, des rameaux pourvus de vrilles et des feuilles munies de stipules, par les parties de leur fleur en nombre déterminé, et par leurs ovules souvent dressés au fond des loges de l'ovaire. Elles se rapprochent aussi par une certaine analogie de port des Méliacées et des Térébinthacées. Mais le groupe de Végétaux avec lesquels elles ont l'affinité la plus intime, est celui des Acérinées dont elles ne se distinguent guère que par leurs feuilles alternes et presque toujours composées, et par leurs pétales munis le plus souvent d'un appendice sur la face interne, organe qui n'existe, à notre connaissance, dans aucune Acérinée.   (CAMB.)

* **SAPINDÉES**. *Sapindeæ*. BOT. PHAN. Nom sous lequel nous comprenons les tribus des *Paulliniaceæ* et des *Sapindaceæ veræ* de Kunth, et qui avait été déjà employé par De Candolle pour désigner la seconde. *V*. SAPINDACÉES.   (CAMB.)

SAPINDUS. BOT. PHAN. *V*. SAVONIER.

SAP

SAPINETTE. CIRRH. L'un des synonymes vulgaires d'Anatife. *V.* ce mot. (B.)

SAPINETTE. BOT. PHAN. On appelle ainsi divers Sapins du Canada. *V.* SAPIN. (B.)

SAPIUM. BOT. PHAN. Vulgairement Glutier. Genre de la famille des Euphorbiacées établi par Jacquin, et adopté par De Jussieu père et fils avec les caractères suivans : fleurs monoïques. Les mâles ont un calice bifide ; deux étamines à filets saillans, réunis par leur base, à anthères dressées et extrorses. Les fleurs femelles ont le calice tridenté ; un ovaire triloculaire, chaque loge uniovulée ; un style court, surmonté de trois stigmates. Le fruit est globuleux, capsulaire, à trois loges et renfermant des graines globuleuses. Ce genre auquel Meyer et Willdenow ont réuni quelques *Hippomane* de Linné, comprend dix espèces dont six américaines, les autres de l'Inde orientale et des îles de France et de Mascareigne. Ce sont des Arbres lactescens, à feuilles alternes, munies de stipules et quelquefois de deux glandes, entières ou légèrement dentées en scie, glabres et ordinairement luisantes. Les fleurs mâles sont disposées en épis terminaux ramassés en glomérules entourés d'une bractée. Les fleurs femelles sont placées plus bas dans le même épi, ou rarement éloignées, solitaires, axillaires ou terminales, accompagnées chacune d'une bractée qui ordinairement offre deux glandes à la base.

Les diverses espèces du genre *Sapium* participent, selon Jacquin (*P. Amer.*, 249), aux propriétés âcres de la famille des Euphorbiacées. Le *S. aucuparium*, Arbre américain, a un suc glutineux et abondant qui découle de toutes les parties de l'Arbre et qui est très-vénéneux. (G..N.)

SAPONACÉES. BOT. PHAN. (Ventenat.) Syn. de Sapindacées. *V.* ce mot. (G..N.)

SAPONAIRE. *Saponaria*. BOT.

PHAN. Quelquefois écrit *Savonnaire.* Genre de la famille des Caryophyllées, tribu des Silénées, et de la Décandrie Digynie, L., offrant les caractères suivans : calice tubuleux, allongé, nu à sa base, persistant, divisé à son orifice en cinq dents ; corolle à cinq pétales munis d'onglets étroits, de la longueur du calice, à limbe plan, très-élargi au sommet ; dix étamines dont les filets sont subulés, de la longueur de la corolle, les anthères oblongues ; ovaire oblong, arrondi, surmonté de deux styles de la longueur des étamines ; capsule allongée, recouverte par le calice, à une seule loge, contenant des graines nombreuses, fort petites, attachées à un placenta central. Ce genre a de grandes affinités avec le *Dianthus*, le *Gypsophila* et le *Silene*. Il se distingue du *Dianthus* en ce que son calice est nu à sa base ; du *Gypsophila* par son calice à divisions peu profondes, non membraneuses sur les bords, et par ses pétales onguiculés ; et du *Silene* par le nombre des styles qui est de deux au lieu de trois. Malgré ces caractères, quelques auteurs ont placé plusieurs espèces de Saponaires dans les genres que nous venons de citer. Le genre *Hagenia* de Mœnch, fondé sur le *S. porrigens*, L., doit rester réuni au *Saponaria*. Il en est de même du *Vaccaria* du même auteur, fondé sur le *S. Vaccaria*, L., et du *Bootia* de Necker, qui a pour type le *S. officinalis*. Dix-sept espèces de Saponaires ont été énumérées par Seringe dans le premier volume du *Prodromus* de De Candolle. Il les a distribuées en quatre sections sous les noms de *Vaccaria*, *Bootia*, *Proteinia* et *Bolanthus*. La plupart de ces Plantes croissent dans les localités pierreuses de l'Europe méridionale et de l'Orient. Ce sont des espèces en général herbacées, à tiges touffues, à fleurs nombreuses, roses, blanches ou jaunes, tantôt solitaires, tantôt agrégées. Nous ne mentionnerons ici que la SAPONAIRE OFFICINALE, *Saponaria officinalis*, L., Lamarck,

Illustr., tab. 376, fig. 1. Sa tige s'élève à plus d'un pied et demi; elle est cylindrique, glabre, articulée, un peu branchue, garnie de feuilles ovales-lancéolées, très-lisses, à trois nervures, et d'un vert foncé. Les fleurs sont blanches ou quelquefois roses vers le sommet, d'une odeur assez agréable, disposées en bouquet au sommet de la tige. Cette Plante est commune sur le bord des champs et dans les vignes de toute l'Europe. Les feuilles et les racines sont amères, et passent pour diurétiques et sudorifiques. Les médecins de campagne les administrent encore fréquemment en infusion ou décoction contre les engorgemens des viscères, les maladies de la peau, les rhumatismes, etc. Le nom de Saponaire (*Saponaria*) a été donné par les anciens à cette Plante, parce qu'elle leur servait en guise de savon, pour déterger les graisses des étoffes qu'ils préparaient à la teinture.　　(G..N.)

* SAPONELLE. ÉCHIN. (Luid.) Espèce d'Échinite.　　(B.)

* SAPONIÈRE. BOT. PHAN. Pour Saponaire. *V.* ce mot.　　(B.)

* SAPONOLITE. MIN. Nom donné par Fischer au Seifenstein ou Savon de montagne. *V.* STÉATITE. (G. DEL.)

SAPOTA. BOT. PHAN. Plumier, latinisant ainsi le nom de SAPOTE, en fit le type d'un genre qui répond à l'*Achras* de Linné. *V.* SAPOTILLIER.　　(B.)

SAPOTE. BOT. PHAN. Syn. de Sapotillier dans certaines Antilles. (B.)

SAPOTÉES. *Sapoteæ.* BOT. PHAN. Famille naturelle de Plantes dicotylédones, monopétales, à étamines hypogynes, qui a pour type le genre Sapotillier (*Achras*, L.), et qui se compose de Végétaux tous exotiques. Ce sont des Arbres ou des Arbrisseaux croissant pour la plupart sous les tropiques, et ayant leur tronc et leurs branches pleines d'un suc lactescent. Ils portent des feuilles alternes, sans stipules, coriaces, très-entières, et dont les nervures latérales sont généralement parallèles et très-rapprochées. Les fleurs sont en général axillaires et hermaphrodites, ayant un calice monosépale, persistant, divisé en lobes plus ou moins nombreux; une corolle monopétale, hypogyne, régulière, caduque, dont le limbe est découpé en lanières en nombre égal, double ou triple de celui du calice. Les étamines, dont le nombre est variable, sont attachées sur la corolle et libres; les unes sont fertiles en même nombre, rarement plus nombreuses que les divisions de la corolle auxquelles elles sont opposées; les autres sont stériles et sous la forme de filamens subulés; elles manquent dans quelques cas. L'ovaire est libre, à plusieurs loges, contenant chacune un seul ovule dressé. Le style se termine par un stigmate simple ou légèrement lobé. Le fruit est charnu, contenant une ou plusieurs graines ou loges, dont le tégument est dur, osseux, très-brillant à sa surface, excepté dans un point plus ou moins étendu, qui paraît être le hile de la graine, et qui est plus ou moins inégal et rugueux. Ces graines contiennent, dans un endosperme charnu qui manque dans quelques genres, un embryon dressé et très-grand.

Les genres qui composent cette famille sont les suivans : *Sideroxylum*, L.; *Sersalisia*, R. Brown; *Bumelia*, Swartz; *Bassia*, L.; *Mimusops*, L., qui comprend l'*Imbricaria* de Commerson; *Chrysophyllum*, L.; *Lucuma*, Juss.; *Achras*, L.; *Omphalocarpon*, Beauvois; *Nycterisition*, R. et Pavon; *Calvaria*, Gaertn. fils; *Rostellaria*, id.; *Vitellaria*, id. A la suite de cette famille, Jussieu rapporte avec doute les genres *Rapanea* d'Aublet, *Othera* de Thunberg, *Cyrta* de Loureiro et *Xystris* de Schreber, dont l'organisation est encore trop mal connue pour que leur place soit bien certainement déterminée dans la série des ordres naturels.

La famille des Sapotées a de très-grands rapports d'une part avec celle des Ébénacées, et d'autre part avec les Ardisiacées, dont les genres qui ont servi de type à cette dernière famille faisaient partie dans le *Genera Plantarum* de Jussieu. Mais dans les Ébénacées, le calice et la corolle ont leurs divisions toujours disposées sur un seul rang; les fleurs souvent unisexuées; les étamines en nombre double, triple ou quadruple, des divisions de la corolle, ou, lorsqu'elles sont en même nombre, elles alternent avec elles, et ne leur sont point opposées comme dans les Sapotées; leur style est généralement divisé; les ovules sont pendans et non dressés, etc. Quant aux Ardisiacées, elles ont le même port que les Sapotées, mais leurs étamines sont constamment en même nombre que les divisions de la corolle, sans filamens stériles, et surtout leur ovaire renferme un nombre très-considérable d'ovules. (A. R.)

SAPOTE-NEGRO. BOT. PHAN. Nom vulgaire et de pays d'une espèce de Plaqueminier. *V.* ce mot. (B.)

SAPOTIER. BOT. PHAN. Pour Sapotillier. *V.* ce mot. (B.)

* SAPOTILLE. BOT. PHAN. Fruit du Sapotillier. *V.* ce mot. (B.)

SAPOTILLIER. *Achras.* Genre principal de la famille des Sapotées, ainsi caractérisé : calice divisé profondément en cinq segmens droits, ovales, concaves, inégaux, les extérieurs plus larges et plus courts; corolle campanulée, de la longueur du calice, ayant son limbe à cinq segmens plans et presque ovales; six écailles échancrées placées à l'entrée de la corolle et égales à ses divisions; six étamines dont les filets sont courts, alternes avec les segmens de la corolle, terminés par des anthères aiguës; ovaire arrondi, un peu comprimé, surmonté d'un style subulé plus long que la corolle, terminé par un stigmate obtus; fruit charnu, globuleux, à douze loges contenant chacune une graine ovale, dure, luisante, comprimée, marquée dans toute sa

longueur d'un hile large et latéral. L'*Achras mammosa*, L., qui a toutes les parties de sa fleur en nombre quinaire, a été érigé par Jussieu et Gaertner fils en un genre distinct, sous le nom de *Lucuma. V.* ce mot. Quelques espèces d'*Achras* de Linné et d'autres auteurs ont été réunies au genre *Bumelia.* Réduit aux espèces dont les fleurs ont six étamines et un nombre égal ou proportionnel dans les autres parties, le genre Sapotillier ne se compose que d'un très-petit nombre d'espèces, dont l'une, *Achras Sapota*, L.; Lamk., Illustr., t. 255; Browne, *Jamaic.*, tab. 19, f. 3, est un Arbre élégant qui varie singulièrement de hauteur, depuis six jusqu'à cinquante pieds. Il découle de son écorce un suc blanc très-visqueux. Les rameaux de cet Arbre se réunissent en cime; ils sont garnis de feuilles alternes, éparses, pétiolées, ovales, lancéolées, épaisses, coriaces, entières, aiguës à leurs deux extrémités, glabres sur leurs deux faces, presque luisantes, à nervures peu apparentes. Les fleurs sont blanchâtres, inodores, solitaires, pédonculées, situées entre les feuilles aux extrémités des rameaux. Les fruits sont assez estimés à raison de leur saveur douce et agréable quoiqu'un peu fade; ils sont d'autant meilleurs que leur maturité est plus avancée. L'écorce de l'Arbre passe pour avoir des propriétés astringentes et fébrifuges. Le Sapotillier commun croît dans les forêts de l'Amérique méridionale et des Antilles. On le cultive en plusieurs lieux à cause de ses fruits. (G..N.)

SAPOTILLIERS. BOT. PHAN. Même chose que Sapotées. *V.* ce mot. (B.)

SAPPAN. BOT. PHAN. Même chose que Sapan. *V.* ce mot. (B.)

SAPPARE. MIN. Nom donné par de Saussure à la Pierre nommée aussi Cyanite et Disthène. *V.* ce dernier mot. (G. DEL.)

SAPPARITE. MIN. Schlotheim a donné ce nom à un Minéral de l'Inde, dont la nature n'est pas bien connue, et qui s'est trouvé engagé dans une druse de Spinelle octaèdre. Il est d'un bleu assez intense et d'un éclat argentin. Ses cristaux dérivent d'un prisme quadrangulaire dont la coupe transversale est un rectangle. Il est transparent, d'une faible dureté; sa poussière est d'un gris blanchâtre clair. Il paraît avoir quelque analogie avec le Disthène, que de Saussure avait nommé Sappare. (G. DEL.)

SAPROLEGMIA. BOT. CRYPT. (Bulletin de Férussac.) Pour Saprolegnia. *V.* ce mot. (B.)

* SAPROLEGNIA. PSYCH. (*Arthrodiées.*) Le genre ainsi nommé par Nées et Wiegmann, paraît être le même que celui que nous avions antérieurement établi sous le nom de Tirésias (*V.* ce mot.), et sur lequel nous observâmes pour la première fois ces Zoocarpes dont l'existence a été d'abord niée, que plusieurs micrographes retrouvent sur tous les points de l'Europe en s'en attribuant la découverte, et qui ont fait croire à quelques personnes que nous partagions les bizarres idées des Ovides du jour. *V.* MÉTAMORPHOSES et NÉMAZOAIRES. (B.)

* SAPROMA. BOT. CRYPT. (*Mousses.*) Mougeot et Nestler avaient nommé ainsi une Plante découverte dans les Vosges que Schwægrichen a décrite sous le nom de *Bruchia vogesiaca;* Bridel a conservé le nom inédit des deux savans botanistes français. Ce genre est voisin du *Voitia;* la capsule ne s'ouvre pas naturellement, l'opercule rudimentaire est soudé complétement et les séminules ne sortent que par la destruction de la capsule; le caractère qui distingue essentiellement ce genre est sa coiffe campanulée, entière à sa base. Cette Plante croît sur les bouses de vache, dans les parties élevées des Vosges. (AD. B.)

* SAPROMYZE. *Sapromyza.* INS. Nom donné par Fallen à un genre de Diptères de la tribu des Muscides, ayant pour type le *Tephritis flava* de Latreille. Ce genre n'a pas été adopté. (G.)

* SAPROSMA. BOT. PHAN. Genre de la famille des Rubiacées et de la Tétrandrie Monogynie, L., établi par Blume (*Bijdr. Flor. ned. Ind.* p. 957), qui l'a ainsi caractérisé : calice petit, persistant, à quatre dents; corolle quadrifide, hérissée à l'entrée du tube; quatre étamines insérées sur la gorge de la corolle, à filets courts; un seul style traversant le disque, surmonté d'un stigmate bifide; baie monosperme, couronnée par le calice persistant; embryon droit dans un albumen charnu. Ce genre est très-voisin du *Frœlichia;* il se compose de deux espèces, (*Saprosma arboreum* et *S. fruticosum*), Arbres ou Arbustes indigènes de Java, à feuilles oblongues ou lancéolées, acuminées, glabres, à fleurs rassemblées en touffes terminales ou axillaires. (G..N.)

* SAPULUT. OIS. Sir Raffles, dans son Catalogue des Animaux recueillis à Sumatra, nomme *Musang Sapulut* la *Viverra Genetta* de Linné, qui nous paraît être un Paradoxure. (LESS.)

SAPYGE. *Sapyga.* INS. Genre de l'ordre des Hyménoptères, section des Porte-Aiguillons, famille des Fouisseurs, tribu des Sapygites, établi par Latreille et adopté par tous les entomologistes avec ces caractères : corps étroit, allongé; tête un peu plus large que le corselet, arrondie postérieurement; yeux fortement échancrés au côté interne; trois ocelles disposés en triangle sur la partie antérieure du vertex. Antennes longues, brisées, insérées vers le milieu du front sur une ligne élevée en saillie, un peu renflée en massue vers l'extrémité, dans les deux sexes; composées de douze articles dans les femelles, de treize dans les mâles. Labre peu apparent; mandibules fortes, ayant plusieurs dentelures au côté interne. Palpes courts; les maxillaires de six articles, les labiaux de quatre. Lèvre à trois divisions étroites, allongées; les latérales plus petites, pointues; celle du milieu échancrée. Corselet presque cylindrique, coupé droit en devant, obtus postérieurement. Ailes supérieures ayant une cellule radiale longue, allant en se rétrécissant après la troisième cubitale jusqu'à son extrémité qui finit en pointe, et quatre cellules cubitales presque égales entre elles; la seconde et la troisième, qui se rétrécit vers la radiale, recevant chacune une nervure récurrente; la quatrième atteignant le bout de l'aile. Abdomen allongé, ellipsoïde, composé de cinq segmens outre l'anus, dans les femelles; en ayant un de plus dans les mâles. Pates de longueur moyenne; jambes antérieures munies, vers leur extrémité, d'une seule épine dont le bout est échancré, les quatre autres en ayant deux; tarses longs.

Ce genre ne se compose jusqu'à présent que d'un petit nombre d'espèces propres à l'Europe; on les trouve dans les lieux arides. Les femelles creusent des trous dans le mortier des murs ou dans le bois pour y déposer leurs œufs; elles les approvisionnent avec des Insectes qu'elles ont tués et que les larves doivent dévorer.

Ce genre a été divisé en deux coupes, ainsi qu'il suit :

† Antennes des mâles ayant leur massue oblongue, formée insensiblement; leur avant-dernier article le plus gros de tous; recevant en grande partie le dernier qui est globuleux et court. SAPYGE A SIX POINTS, *Sapyga sexpunctata*, Latr., Dict. d'Hist. nat., deuxième édition, figurée dans son *Genera Crustaceor. et Insectorum*, T. I, tab. 15, fig. 9; *Hellus sexpunctatus*, Fabr. Le mâle a été décrit par Fabricius sous le nom d'*Hellus quadriguttatus*. On le trouve aux environs de Paris.

†† Antennes des mâles fort longues, ayant leur massue formée assez brusquement; leur dernier article entièrement libre, le plus gros de tous.

SAPYGE PRISME, *Sapyga prisma*, Latr., *Gen. Crust. et Ins.* T. IV, p. 108, nº 1; *Hellus prismus*, Fabr.; *Masaris crabroniformis*, Panzer. Le mâle a été décrit par Panzer sous le nom de *Sapyga punctata*. On le trouve aussi aux environs de Paris.
(G.)

SAPYGITES. *Sapygites*. INS. Tribu de l'ordre des Hyménoptères, section des Porte-Aiguillons, famille des Fouisseurs, établie par Latreille (Fam. nat., etc.), et renfermant des Insectes qui ont les pieds grêles dans les deux sexes, peu ou point épineux, ni fortement ciliés. Les antennes sont aussi longues que la tête et le corselet; le corps est simplement pubescent. Latreille partage ainsi cette tribu :

† Antennes filiformes ou presque sétacées.

Genres : SCOTAENE, THYNNE, POLOCHRE.

†† Antennes grossissant vers le bout, ou presque en massue.

Genre : SAPYGE.   (G.)

SAR. POIS. L'un des synonymes vulgaires de Sagre.   (B.)

SAR. BOT. CRYPT. L'un des synonymes vulgaires de Goémon. *V.* ce mot.   (B.)

*SARACA. BOT. PHAN. Qu'il ne faut pas confondre avec *Saracha*. Genre de la Diadelphie Hexandrie, établi par Linné (*Mantiss. Plant.* 98), et ainsi caractérisé : calice nul; corolle infundibuliforme dont le limbe est divisé en quatre segmens ovales, étalés, le supérieur plus écarté; six étamines à filets sétacés, insérés à l'orifice de la corolle, réunies à leur base trois par trois et formant ainsi deux faisceaux opposés; ovaire supère, comprimé, oblong, pédiculé, de la longueur des étamines, surmonté d'un style subulé, incliné, de la longueur des étamines, et terminé par un stigmate obtus. Ce genre, très-imparfaitement connu, ne se compose que d'une espèce, *Saraca indica*, L., dont Burmann a donné une mauvaise figure (*Flor. Ind.*, tab.

25, f. 2), sous le nom de *Saraca ar-borescens*. C'est un Arbre à feuilles alternes, imparipinnées, à fleurs disposées en panicules composées d'épis alternes, et munies de bractées opposées. Il croît dans les Indes-Orientales, et particulièrement à Java, où il est indiqué par Burmann. (G..N.)

* SARACÉNAIRE. *Saracenaria.* MOLL. Genre proposé par Defrance, dans le Dictionnaire des Sciences naturelles, pour une petite Coquille d'Italie qui a les plus grands rapports avec le genre Textulaire du même auteur. Nous pensons qu'il est convenable de les réunir. *V.* TEXTULAIRE.

(D..H.)

SARACHA. BOT. PHAN. Ruiz et Pavon ont établi sous ce nom un genre qui appartient à la famille des Solanées, et à la Pentandrie Monogynie, L. Ils l'ont ainsi caractérisé : calice campanulé à cinq angles, et à cinq divisions étalées, ovales, aiguës et persistantes; corolle dont le tube est campanulé; le limbe étalé en roue, divisé en cinq segmens égaux et ovales; cinq étamines dont les filets sont insérés à la base de la corolle, élargis à leur partie inférieure, plus courts que la corolle, terminés par des anthères droites, ovales, à deux loges; ovaire arrondi, surmonté d'un style filiforme, presque aussi long que la corolle, terminé par un stigmate capité; baie globuleuse, enveloppée jusque vers son milieu par le calice persistant, à une seule loge, contenant plusieurs graines comprimées, réniformes, renfermées dans autant de cellules épaisses et distinctes qui font partie d'un réceptacle charnu et globuleux.

Ce genre est voisin des *Physalis*, des *Nicandra* et des *Atropa*. Quelques auteurs l'ont même réuni à ce dernier genre, et il n'en diffère, en effet, que par de légers caractères dans la corolle et le fruit. Comme le nom de *Saracha* se prononce de même que celui de *Saraca* imposé par Linné à un autre genre, Rœmer et Schultes l'ont changé en celui de *Bellinia.*

Sept ou huit espèces de *Saracha* ont été décrites par les auteurs. Ce sont des Plantes herbacées ou un peu ligneuses, à tiges droites ou couchées, rameuses, garnies de feuilles alternes, ovales, oblongues, entières ou dentées, à fleurs d'un blanc jaunâtre, ordinairement disposées en ombelles. Elles croissent toutes au Pérou. Nous nous bornerons à citer les espèces principales, figurées et décrites dans la Flore du Pérou, savoir : 1° *Saracha punctata*, R. et Pav., *loc. cit.*, p. 42, tab. 178, f. B; 2° *S. biflora*, *loc. cit.*, tab. 179, f. A; 3° *S. cortorta*, *loc. cit.*, tab. 180, f. A; 4° *S. procumbens*, *loc. cit.*, tab. 180, f. B; 5° *S. dentata*, *loc. cit.*, tab. 179, f. B.

(G..N.)

* SARAGUS. POIS. *V.* LEPODUS.

SARAIGNET. BOT. PHAN. Variété de Froment cultivé. (B.)

SARAPE. *Sarapus.* INS. Fischer donne ce nom au genre de Coléoptères auquel Duftschmid a donné celui de Sphérite. *V.* ce mot. (G.)

SARAQUE. BOT. PHAN. Pour Saraca. *V.* ce mot. (B.)

* SARAQUIER. BOT. PHAN. Poiret, dans le Dictionnaire de Levrault, fait sous ce nom un double emploi du genre *Saraca. V.* ce mot. (B.)

* SARARACA. REPT. OPH. (Pison.) Même chose que Coroucoco. *V.* ce mot. (B.)

SARCANTHÈME. *Sarcanthemum.* BOT. PHAN. Genre de la famille des Synanthérées, tribu des Astérées, établi par H. Cassini (Bulletin de la Société Philom., mai 1818, p. 74) qui l'a ainsi caractérisé : involucre hémisphérique, composé de folioles imbriquées, appliquées, ovales-oblongues, coriaces, munies d'une bordure membraneuse. Réceptacle plan, garni dans son milieu de petites lames, et sur ses bords de paillettes plus courtes que les fleurs. Calathide presque globuleuse, composée au centre de fleurs nombreuses, régulières et mâles, et à la circonférence de deux rangs de fleurs dont les corolles sont tubuleuses-ligulées, très-épaisses, comme charnues dans leur partie inférieure, ainsi que les corolles du centre. Ovaires des fleurs de la circonférence comprimés, obovoïdes, glabres, striés, pourvus d'un bourrelet basilaire, offrant un rudiment d'aigrette à peine perceptible en forme de rebord. Ovaires des fleurs centrales réduits au seul bourrelet basilaire, portant une longue aigrette irrégulière, composée de paillettes soudées par le bas et flexueuses. Ce genre est fondé sur le *Conyza Coronopus*, Lamk., auquel Cassini donne le nom spécifique de *Sarcanthemum Coronopus*. C'est un Arbuste glabre, rameux, garni de feuilles alternes, pétiolées, étroites, oblongues, lancéolées, un peu glauques et grisâtres, à trois nervures et dentées. Les calathides sont jaunes et disposées en corymbes terminaux. Cette Plante a été récoltée par Commerson dans l'île de Rodrigue.

(G..N.)

* SARCANTHUS. BOT. PHAN. Genre de la famille des Orchidées et de la Gynandrie Monandrie, établi par Lindley (*Collect. botan.*, tab. 59, B) qui l'a ainsi caractérisé : sépales du périanthe étalés, presque égaux; labelle presque entier, difforme, articulé avec le gynostême, muni intérieurement d'un éperon; gynostême dressé, demi-cylindrique, inappendiculé; stigmate creux ou carré, avec un rostelle dont la longueur varie; anthère biloculaire; deux masses polliniques céréacées, sillonnées ou lobées à la face postérieure, portées sur une caudicule variable dans sa forme et sa longueur. Ce genre fait partie de la tribu des Vandées de Lindley, et se rapproche assez du genre *Vanda* pour que deux de ses principales espèces (*S. teretifolius* et *S. rostratus*) aient été décrites sous le nom générique de *Vanda*. Cependant le *Sarcanthus* diffère du *Vanda* par la forme et la structure du labelle qui n'est jamais en sac, mais qui est constamment muni d'un éperon et d'un ou

plusieurs appendices dans son fond; il en diffère encore par la consistance de son périanthe et par le port des espèces. Les Plantes que Lindley place dans ce genre sont : 1° *Sarcanthus rostratus*, Lindl., *loc. cit.*, et Botan. regist., tab. 981; *Vanda rostrata*, Loddiges, Bot. cab., tab. 1008; *Vanda recurva*, Hook., *Exot. Fl.*, tab. 187; 2° *Sarcanthus paniculatus*, Lindl.; *Aerides paniculata*, Bot. regist., tab. 220; 3° *Sarcanthus teretifolius*, Lindl.; *Vanda teretifolia*, Bot. regist., tab. 676; 4° *Sarcanthus succisus*, Lindl., Bot. regist., tab. 1014. Ces Orchidées sont des Plantes herbacées, caulescentes, vivant sur les troncs des Arbres, ayant des racines tortueuses, des feuilles distiques, planes ou cylindriques; des grappes de fleurs, opposées aux feuilles, ornées de couleurs disposées en raies ou bandelettes. Ces Plantes croissent dans les Indes-Orientales et dans la Chine.   (G..N.)

SARCELLE. OIS. *Anas querquedula*, L. Espèce du genre Canard, type d'une sous-division dans ce genre, ou l'on a compris assez vaguement les petites espèces. *V.* CANARD.   (B.)

SARCINULE. *Sarcinula*. POLYP. Genre de l'ordre des Madréporées, dans la division des Polypiers entièrement pierreux, ayant pour caractères : Polypier pierreux, libre, formant une masse simple, épaisse, composée de tubes nombreux, cylindriques, parallèles, verticaux, réunis en faisceau par des cloisons intermédiaires et transverses; des lames rayonnantes dans l'intérieur des tubes. D'après Lamarck, à qui l'on doit l'établissement de ce genre, les Sarcinules sont des masses pierreuses, imitant un gâteau d'abeilles, composées d'une multitude de tubes droits, parallèles, séparées les unes des autres, mais réunies ensemble, soit par des cloisons intermédiaires, transverses et nombreuses, soit par une masse non interrompue et celluleuse; les tubes sont en quelque sorte disposés comme des tuyaux d'orgue ; les Polypiers paraissent n'avoir point été fixés. Lamarck pense que ce genre avoisine les Caryophyllies, mais que le Polypier libre et le parallélisme de ses tubes l'en distinguent suffisamment.

N'ayant jamais vu de Sarcinules, nous ne pouvons rien statuer sur la valeur des caractères qu'on leur attribue ; mais la circonstance de n'avoir point été fixés nous semble singulière pour des Polypiers conformés comme la caractéristique les annonce. Les objets décrits par Lamarck étaient-ils bien entiers et bien conservés ? Le Muséum de la ville de Caen renferme un grand nombre d'Astrées vivantes ou fossiles, dont les lames en étoiles des cellules ont été plus ou moins détruites, soit par une longue exposition à l'air ou par toute autre cause, auxquelles les caractères attribués aux Sarcinules pourraient convenir.

Lamarck a décrit deux espèces de Sarcinules : l'une, le *S. perforata*, provient de l'océan Austral ; l'autre, le *S. Organum*, est vivant dans la mer Rouge et fossile sur les côtes de la mer Baltique.   (E. D..L.)

SARCITE. MIN. Nom donné par Pline à une pierre d'un rouge de chair, et par le docteur Thomson à un Minéral des environs d'Edimbourg, que l'on croit être un Analcime rosâtre.   (G. DEL.)

SARCOBASE. BOT. PHAN. Le professeur De Candolle appelle ainsi le fruit des Ochnacées et des Simaroubées qui se compose de plusieurs carpelles d'abord réunis, devenant distincts et portés tous sur un disque charnu qui a reçu le nom de Gynobase. *V.* ce mot.   (A. R.)

* SARCOCAPNOS. BOT. PHAN. Genre de la famille des Fumariacées, et de la Diadelphie Hexandrie, L., établi par De Candolle (*Syst. natur. Veget.*, 2, p. 129) qui lui a imposé les caractères essentiels suivans : quatre pétales libres, l'inférieur linéaire, le supérieur muni à sa base d'un épe-

ron ; étamines diadelphes ; capsule indéhiscente, disperme, ovoïde, comprimée, à valves trinervées, légèrement planes, à sutures nerviformes. Ce genre tient le milieu entre le *Fumaria* et le *Corydalis;* mais il s'en distingue autant par le port que par les caractères. Il ne renferme que deux espèces, savoir : 1° *Sarcocapnos enneaphylla*, De Cand., *loc. cit.*; *Fumaria enneaphylla*, L.; Lamk., *Illustr.*, tab. 597, fig. 4; *Corydalis enneaphylla*, De Cand., Flor. Franç., Suppl., p. 687. Cette Plante croît dans les fissures humides des rochers de presque toute la Péninsule ibérique ; elle s'avance en France dans le département des Pyrénées-Orientales. 2° *Sarcocapnos crassifolia*, D.C., *loc. cit.*; *Fumaria crassifolia*, Desf., *Flor. atlant.*, 2, p. 126, tab. 173. Cette espèce croît près de Tlemsen, dans la Mauritanie. Elle y forme d'épais gazons qui couvrent d'une agréable verdure les rochers humides de cette contrée. Les Sarcocapnos sont des Plantes herbacées, vivaces, glabres ou velues, à racines fibreuses, à feuilles alternes, un peu épaisses ou charnues, longuement pétiolées, entières ou tripartites, ou triternées sur un pétiole deux fois trifide. Les fleurs sont disposées en grappes ; elles sont blanches, avec une teinte purpurine au sommet, ou d'un jaune pâle.   (G..N.)

SARCOCARPE. BOT. PHAN. L'une des trois parties constituantes de tout péricarpe ; c'est la partie moyenne qui est essentiellement formée par du tissu cellulaire et des vaisseaux, et qui, dans les fruits charnus, prend un si grand accroissement. *V.* FRUIT et PÉRICARPE.   (A. R.)

SARCOCARPES. *Fungi sarcocarpi.* BOT. CRYPT. (*Lycoperdacées.*) Nom donné par Persoon à la tribu de sa Méthode, qui comprend les genres *Sclerotium, Tuber, Pilobolus, Thelebolus* et *Sphærobolus*.   (AD. B.)

* SARCOCARPON. BOT. PHAN. Genre de la Monœcie Polyandrie, L., établi par Blume (*Bijdr. Flor*

ned. Ind., p. 21) qui le considère comme intermédiaire entre les familles des Annonacées et des Ménispermées, et comme devant faire partie d'une nouvelle famille encore inédite et qui recevra le nom de Schizandrées. Voici les caractères génériques assignés par l'auteur : fleurs monoïques. Les mâles ont un calice à trois sépales, accompagné de trois bractées ; neuf à douze pétales disposés en ordre ternaire ; des étamines nombreuses, à filets très-courts, couvrant le réceptacle hémisphérique, mais distincts, à anthères adnées au sommet et à la partie externe des filets. Les femelles ont le calice et la corolle comme dans les mâles ; des ovaires nombreux, biovulés, rassemblés sur un réceptacle conique. Le fruit se compose de carpelles agglomérés, bacciformes, comprimés, à deux graines dont l'albumen est charnu. Le *Sarcocarpon scandens* est un Arbuste grimpant, à feuilles ovales-oblongues, à pédoncules uniflores, rassemblées par paquets dans les aisselles des feuilles ou sur les côtés des branches. Il croît dans les hautes montagnes de l'île de Java.   (G..N.)

* **SARCOCAULON**. BOT. PHAN. Sous ce nom, De Candolle (*Prodr. Syst. Veget.*, 1, p. 628) a établi une section dans le genre *Monsonia*, L., où il a placé les espèces à tiges charnues. *V.* MONSONIE. Quoiqu'il n'ait proposé qu'avec doute d'en faire un genre distinct, on trouve déjà dans quelques ouvrages anglais de botanique horticulturale l'admission de ce genre.   (G..N.)

SARCOCHILUS. BOT. PHAN. Genre de la famille des Orchidées et de la Gynandrie Digynie, L., établi par R. Brown (*Prodr. Flor. Nov.-Holl.*, p. 332) qui l'a ainsi caractérisé : périanthe à cinq folioles égales, étalées, les deux extérieures soudées en dessous avec l'onglet du labelle ; celui-ci est dépourvu d'éperon, adné au gynostême, ayant son limbe calcéiforme, trilobé, le lobe intermé-

diaire charnu, solide ; anthère terminale, mobile, caduque ; pollen céréacé. Ce genre tient le milieu entre les *Cymbidium* parasites à périanthe étalé, et les *Dendrobium*; il se rapproche davantage de ces derniers par sa structure et par son port, mais il ne peut leur être réuni. Une seule espèce compose ce genre ; elle croît au Port-Jackson à la Nouvelle-Hollande, et elle a reçu le nom de *Sarcochilus falcatus.*   (G..N.)

* **SARCOCHLÆNA**. BOT. PHAN. (Sprengel.) Pour Sarcolæna. *V.* ce mot.   (G..N.)

* **SARCOCOCCA**. BOT. PHAN. Genre de la famille des Euphorbiacées et de la Monœcie Tétrandrie, L., nouvellement établi par Lindley (*Bot. regist.*, n. et tab. 1012) qui l'a ainsi caractérisé : fleurs monoïques, disposées en épis axillaires. Les mâles, situées à la partie supérieure de l'épi, ont un calice à quatre sépales égaux, des étamines au nombre de trois ou quatre, saillantes, insérées autour d'un rudiment de pistil. Les femelles, placées au nombre de trois à la fois à la base de l'épi, ont un calice à plusieurs sépales imbriquées, un ovaire à deux loges dispermes ou monospermes, surmonté de deux stigmates sessiles et simples. Le fruit est une drupe, couronnée par les stigmates persistans, uniloculaire et monosperme par avortement, ayant une coque membraneuse et une graine pendante. Le *Sarcococca pruniformis*, Lindl., *loc. cit.*; *Pachysandra? coriacea*, Hooker, *Exot. Flor.*, tab. 148; *Buxus saligna*, Don, *Prodr. Flor. nepal.?* est un Arbrisseau toujours vert, à feuilles alternes, entières, dépourvues de stipules ; les supérieures minces et étalées, marquées d'une nervure médiane très-forte et de deux nervures latérales parallèles aux bords. Cette Plante croît au Napaul d'où elle a été envoyée par le professeur Wallich de Calcutta, sous le nom de *Tricera nepalensis.* Le genre *Tricera*, fondé par Schreber, a été considéré

comme identique avec le *Buxus* par Adrien De Jussieu; mais, quoi qu'il en soit de la validité ou de la faiblesse de ce genre, le *Sarcococca* en diffère par la structure de son fruit et de ses fleurs femelles. (G..N.)

SARCOCOLLE. BOT. PHAN. Gomme-Résine. *V.* PENÆA. (B.)

SARCOCOLLIER. BOT. PHAN. Espèce du genre *Penœa. V.* ce mot. (B.)

* SARCOCRAMBE. BOT. PHAN. (De Candolle.) *V.* CRAMBE.

SARCODACTYLIS. BOT. PHAN. Gaertner fils (*Carpologia*, p. 39, tab. 185, fig. 1) a décrit et figuré sous le nom de *Sarcodactylis helicteroides* le fruit d'un Arbre inconnu auquel il a assigné pour patrie la Guiane hollandaise, et pour synonyme le *Macpalxochitt-Quahuitl* d'Hernandez; mais ce synonyme se rapporte au *Cheirostemon* de Humboldt et Bonpland qui, bien certainement, est une toute autre Plante que le *Sarcodactylis* de Gaertner fils. Le fruit de celui-ci est une baie charnue, rouge, oblongue, sillonnée, surmontée de prolongemens cylindriques, inégaux, imitant les doigts de la main. Les graines sont peu nombreuses dans des loges éparses au milieu de ce singulier fruit. (G..N.)

SARCODENDROS. POLYP. Le Polypier de l'Adriatique, décrit sous ce nom par Donati, paraît être un Alcyon. (B.)

* SARCODERME. BOT. PHAN. Le tégument propre de la graine est quelquefois manifestement épais et comme charnu; dans ce cas le professeur De Candolle le considère comme formé, ainsi que le péricarpe, de trois parties, savoir: deux membranes, l'une externe et l'autre interne, et une partie moyenne composée de tissu cellulaire et de vaisseaux, et à laquelle il donne le nom de Sarcoderme. *V.* GRAINE. (A. R.)

* SARCODIUM. BOT. PHAN. (Per-

soon.) Pour *Sarcodum. V.* ce mot. (G..N.)

* SARCODUM. BOT. PHAN. Genre de la famille des Légumineuses et de la Diadelphie Décandrie, L., établi par Loureiro (*Flor. Cochinch.*, 2, p. 564), et présentant les caractères essentiels suivans: calice cyathiforme, tronqué dans sa partie supérieure, tridenté à sa partie inférieure; corolle papilionacée, dont l'étendard est ovale, ascendant; les ailes oblongues, courtes, planes; la carène falciforme; dix étamines diadelphes; gousse charnue, cylindrique, polysperme. Ce genre a été placé par De Candolle (*Prodr. Syst. Veget.*, 2, p. 522) parmi les genres imparfaitement connus à la suite de la famille des Légumineuses. Le *Sarcodum scandens*, Lour., *loc. cit.*, est un Arbuste grimpant, inerme, à feuilles pinnées, multijugées, laineuses, à fleurs roses disposées en épis terminaux. Cette Plante croît dans les forêts de la Cochinchine. (G..N.)

* SARCOGRAPHE. *Sarcographa.* BOT. PHAN. (*Lichens.*) Ce genre, qui figure parmi les Graphidées, troisième groupe de notre Méthode, offre le phénomène d'un double thalle. Voici les caractères qui le différencient: thalle crustacé, membraneux, uniforme; apothécie (lirelle labyrinthiforme) insérée dans une base blanche, charnue, qui margine; disque pulvérulacé; nucléum allongé, rameux, strié intérieurement. Nous avons fondé ce genre dans notre Méthode lichénographique, p. 20, t. 1, fig. 5; il renferme trois espèces de Plantes qui croissent exclusivement sur les écorces exotiques officinales; elles sont toutes figurées dans notre Essai sur les Cryptogames des Ecorces exotiques officinales. Les lirelles sont portées sur une base charnue qu'elles traversent dans tous les sens, en s'arrêtant toujours à un quart de ligne de la circonférence; le disque est noir et sporulescent. Les deux espèces les plus communes, et en même temps les plus distinctes, sont:

la Sarcographe des Quinquinas, *Sarcographa Cinchonarum*, Essai sur les Crypt. Ecor. exot. officin., p. 58, tab. 16, fig. 3; et la Sarcographe de la Cascarille, *Sarcographa Cascarillæ*, *loc. cit.*, p. 59, tab. 16, fig. 1, qui est commune sur la Cascarille.

Meyer a conservé ce genre en lui imposant le nom d'*Asterisca*. Quoiqu'il ait déclaré n'avoir eu connaissance de notre travail qu'après avoir imprimé la presque totalité du sien, nous avons droit à l'antériorité.

(A. F.)

SARCOLÆNA. bot. phan. Du Petit-Thouars (Histoire des Végétaux de l'Afrique australe, p. 37, tab. 9 et 10) a donné ce nom à un genre de sa petite famille des Chlénacées, et adopté par De Candolle qui lui a assigné les caractères suivans : involucre charnu, urcéolé, à cinq dents, couvert d'un duvet couleur de rouille ; calice renfermé dans l'involucre ; corolle à cinq pétales soudés par leur base en un tube ; étamines nombreuses insérées à la base du tube, à anthères terminales ; ovaire à trois loges contenant chacune deux ovules ; capsule renfermée dans l'involucre qui s'est agrandi et converti en une sorte de baie munie de poils qui excitent la démangeaison ; graines ayant un albumen mince. Ce genre se compose de trois espèces, nommées *Sarcolæna grandiflora*, *multiflora* et *eriophora*. Ce sont des Arbrisseaux qui croissent à Madagascar ; leurs branches sont décombantes ; leurs feuilles sont plissées dans la jeunesse, ce qui les fait paraître quinquénerviées à l'état adulte.

(G. N.)

SARCOLITHE. min. Thomson a donné ce nom à un Analcime rougeâtre, que l'on trouve disséminé en cristaux cubo-octaèdres dans les laves de la Somma, et les Roches amygdalaires de Montecchio-Maggiore. Il a été aussi appliqué à un autre Minéral rosâtre, que l'on trouve aussi à Montecchio-Maggiore, et que Léman a distingué le premier

sous le nom d'Hydrolithe. *V.* ce mot.

(G. DEL.)

SARCOLOBUS. bot. phan. Genre de la famille des Asclépiadées et de la pentandrie Digynie, L., établi par R. Brown (*Mem. Soc. Wern.*, 1, p. 37), examiné de nouveau par Wallich (*Asiat. Research.*, 12, p. 577) qui en a ainsi exposé les caractères : calice quinquéfide, persistant ; corolle rotacée, quinquéfide ; corps staminal presque globuleux, sessile et nu ; anthères ovées, obtuses, incombantes sur le stigmate, bordées d'une membrane, à deux cellules écartées ; masses polliniques au nombre de dix, céréacées, lisses, rapprochées par paires des côtés du stigmate ; deux ovaires oblongs, aigus, uniloculaires, renfermant plusieurs ovules fixés horizontalement à l'axe : styles très-courts, aigus ; stigmate déprimé, pentagone ; follicule renflé, charnu ou coriace, contenant un réceptacle très-gros, fongueux, d'abord fixé à la suture, puis libre, auquel sont attachées des graines nombreuses, imbriquées, renversées, légèrement convexes d'un côté, concaves de l'autre, ceintes d'une large membrane très-entière. Ces graines sont recouvertes d'un test membraneux, et contiennent un albumen blanc, charnu, conforme à l'embryon qui est droit, à cotylédons grands, foliacés, et à radicule supère et cylindrique. R. Brown a fondé le genre *Sarcolobus* sur un Arbrisseau grimpant récolté par J. Banks près de Batavia. Wallich en a décrit et figuré (*loc. cit.*, tab. 3 et 5) deux espèces nouvelles du Bengale, sous les noms de *Sarcolobus globosus* et *carinatus*. Ce sont des Arbrisseaux volubiles, glabres, à rameaux nombreux, allongés, presque articulés, pleins d'un suc laiteux, blanc et visqueux. Les feuilles sont opposées, glabres, fermes à leur base où se voient un amas de glandes. Les fleurs forment des grappes ou des corymbes extra-axillaires.

(G. N.)

SARCOMPHALUS. bot. phan.

Sous ce nom, P. Browne, dans son Histoire naturelle de la Jamaïque, a décrit un Arbre qui a été placé par Linné dans le genre *Rhamnus*.

(G..N.)

* SARCONEMUS. BOT. CRYPT. Le genre de Champignons placé sous ce nom par Rafinesque entre le *Byssus* et l'*Erineum*, n'est pas suffisamment connu, pour que l'on puisse juger de sa valeur. (B.)

SARCOPHYLLA. BOT. CRYPT. (*Hydrophytes*.) Le genre formé sous ce nom par Stackhouse, dans son *Nereis Britannica*, se compose de Sphérocoques et d'Halyménies, que Lamouroux avait confondues parmi ses Délesséries. Il n'a point été adopté. (B.)

SARCOPHYLLUM. BOT. PHAN. Genre de la famille des Légumineuses, établi par Thunberg, et placé par De Candolle dans la tribu des Lotées entre les genres *Lebeckia* et *Aspalathus*. Voici ses caractères principaux : calice campanulé, régulier, à cinq divisions, dont les deux supérieures sont divariquées ; corolle papilionacée dont la carène est obtuse ; dix étamines monadelphes ; gousse comprimée, allongée, falciforme, acuminée par le style et polysperme. Ce genre ne se compose que d'une seule espèce, *Sarcophyllum carnosum*, Thunb.; Sims, *Bot. Mag.*, tab. 2502. C'est un Arbrisseau glabre qui a le port des *Lebeckia*, et dont les feuilles sont fasciculées, filiformes, charnues, articulées un peu au-dessus de leur milieu, les fleurs sont jaunes, pédicellées et latérales. Cet Arbrisseau croît dans les montagnes du cap de Bonne-Espérance. (G..N.)

* SARCOPODIUM. BOT. CRYPT. (*Mucédinées*.) Ehrenberg a établi sous ce nom un genre qu'on ne doit rapporter qu'avec doute à la famille des Mucédinées et à la tribu des Byssacées. Il le caractérise ainsi : fibres longues, cylindriques, molles, cloisonnées, fixées à une base commune, molle, celluleuse et vésiculeuse, redressées et libres vers leur extrémité.

C'est une Plante charnue, jaunâtre, croissant sur les bois morts sur lesquels sa base celluleuse est étendue ; les filamens sont dressés et recourbés vers leur extrémité. On n'y a rien découvert qui indiquât des sporules ; ne serait-ce pas par cette raison le jeune âge de quelque Champignon analogue aux Théléphores, plutôt qu'un genre voisin des Byssus ? Fries considère les fibres libres et dressées comme des sporidies, et rapproche ce genre des Gymnosporanges. (AD. B.)

SARCOPTE. *Sarcoptes.* ARACHN. Latreille donnait ce nom au genre *Acarus* proprement dit ; il a adopté cette dernière dénomination que Fabricius avait donné aux mêmes Acarides, long-temps avant lui. *V.* ACARUS. (G.)

SARCOPTÈRE. *Sarcoptera.* MOLL. Tel est le nom que Rafinesque donna à un genre que Meckel, depuis plusieurs années, avait établi sous celui de Gastéroptère. L'antériorité de ce dernier a dû le faire préférer. (D..H.)

* SARCOPYRAMIS. BOT. PHAN. Wallich (*Tent. Flor. Nepal.*, 1, p. 52, tab. 23) a récemment établi sous ce nom un genre de la famille des Mélastomacées et de l'Octandrie Monogynie, L., auquel il a imposé les caractères suivans : calice adhérent à la base de l'ovaire, persistant, en pyramide renversée, ayant l'orifice tronqué, à quatre dents comprimées, ciliées ; les interstices nus ; corolle dont les pétales sont ovales et aigus ; huit étamines ayant leurs anthères simples, droites, nues, munies de deux pores au sommet ; ovaire quadrilobé, à moitié adné au calice ; capsule carrée, munie au sommet de quatre ailes, à quatre loges et à quatre valves ; graines triangulaires, cunéiformes. Par son fruit capsulaire, et pourtant à moitié adné au calice, le genre *Sarcopyramis* offre une anomalie fort remarquable ; aussi De Candolle (Mém. sur les Mélastom., p. 81, et *Prodr..Syst. Veget.*, 3, p. 485) le relègue à la fin de la tribu des Mico-

niées près du *Blakea* et du *Crema-
nium*, quoiqu'il ait plus d'analogie
par son port avec la tribu des Os-
beckiées. Le *Sarcopyramis nepalensis*, Wall., *loc. cit.*, est une Herbe
charnue, dressée, à feuilles pétiolées, inégales, ovales, aiguës, entières et trinerviées, à fleurs roses,
disposées en cimes. Cette Plante croît
dans les localités pierreuses et humides des montagnes du Napaul.
                              (G..N.)

SARCORAMPHE. ois. Syn. de
Bec-Charnu. Ce nom a encore été
donné par Duméril aux Vulturins
dont la tête est surmontée, dans le
voisinage du bec, de caroncules charnus; tels sont le Condor, l'Auricou
et plusieurs autres Oiseaux du même
genre.   (DR..Z.)

SARCOSTEMMA. bot. phan.
Genre de la famille des Asclépiadées
et de la Pentandrie Digynie, L., établi par R. Brown (*Transact. Wern.
Soc.*, 1, p. 50) qui l'a ainsi caractérisé : corolle rotacée; couronne staminale double; l'extérieure cyathiforme ou annulaire, crénelée; l'intérieure plus longue que l'extérieure,
à cinq folioles charnues; anthères terminées par une membrane; masses
polliniques fixées par le sommet et
pendantes; stigmate presque mutique; follicules grêles, lisses; graines
aigretées. Le *Sarcostemma australe*
est une Plante aphylle, articulée, dé-
combante, et quelquefois volubile,
à fleurs en ombelles latérales ou terminales. Cette espèce croît à la Nouvelle-Hollande; elle est voisine du
Cynanchum viminale, L., qui appartient au même genre, ainsi que quatre autres Plantes, savoir : l'*Asclepias aphylla* de Thunberg; une autre espèce nommée aussi *A. aphylla* par Forskahl; l'*Asclepias stipita-
cea* et le *Cynanchum pyrotechnicum*
de ce dernier auteur. Kunth a décrit
trois espèces nouvelles sous les noms
de *Sarcostemma cumanense, glaucum*
et *pubescens*. Ces Plantes sont indigènes de l'Amérique méridionale.

Le genre *Schollia* de Jacquin fils

est fondé sur l'*Asclepias viminalis*
de Swartz, que Schultes a placé dans
le genre *Sarcostemma*.   (G..N.)

* **SARCOSTOMA.** bot. phan.
Genre de la famille des Orchidées et
de la Gynandrie Monogynie, L.,
établi par Blume (*Bijdr. Flor. ned.
Ind.*, p. 559) qui l'a ainsi caractérisé : périanthe à cinq sépales, dont
les extérieurs sont les plus larges,
les latéraux dirigés inférieurement et
obliquement vers le labelle, et calca-
riformes; labelle onguiculé, large
supérieurement, concave, incom-
bant sur le gynostème, et dont le
limbe est presque trilobé, le lobe du
milieu charnu; gynostème épaissi au
sommet, muni antérieurement d'un
bec court; anthère située au sommet
et par derrière le gynostème, cristée,
à deux loges divisées chacune en
deux petites masses polliniques au
nombre de quatre, obovées, élastiques, attachées par paires. A en juger par les caractères, ce genre nous
paraît avoir beaucoup de rapports
avec le *Sarcochilus* de R. Brown. *V.*
ce mot. Il ne renferme qu'une seule
espèce, nommée par l'auteur *Sarcostoma javanica*, et qui croît dans les
forêts épaisses du mont Salak à Java.
C'est une petite Plante parasite, un
peu caulescente, à feuilles peu nombreuses, linéaires, presque charnues,
engaînantes à la base, à fleurs terminales, presque solitaires.   (G..N.)

SARCOSTOMES. ins. Duméril
(Leçons d'Anatomie comparée de Cuvier, T. 1) a désigné sous ce nom une
grande famille de l'ordre des Diptères, dont la bouche consiste en
une trompe charnue et contractile.
Depuis, cet auteur a réparti les espèces qu'elle comprenait dans deux
nouvelles familles qu'il a nommées
Aplocères et Chétoloxes. *V.* ces
mots.   (AUD.)

SARDA. min. Nom cité par Pline,
et que les anciens donnaient à une
variété de Calcédoine rougeâtre, différant par la teinte de sa couleur de
celle qu'ils appelaient Sardoine.
                          (G. DEL.)

SARDE. pois. Espèce de Clupe peu connue qui se prend et se prépare en abondance sur les côtes du Brésil, par des pêcheurs des Canaries et de Madère, pour la consommation des peuples de l'Archipel atlantique. Elle n'est pas encore déterminée.

(B.)

* SARDIAT. pois. *V.* Anguille au mot Murène. (B.)

SARDINE. pois. Espèce du genre Clupe. *V.* ce mot. (B.)

SARDINE et SARDINELLE. bot. crypt. (*Champignons.*) Noms baroques d'Agarics dans Paulet qui ajoute pour synonymes *Raquette blanche*, *Oreille*, etc. (B.)

SARDOINE. min. Variété d'Agathe calcédoine, de couleur orangée, dont les anciens faisaient beaucoup de cas, comme d'une Pierre propre à faire des cachets. *V.* Agathe.

(G. DEL.)

SARDONYX. min. Les anciens donnaient ce nom à une Sarda propre à être gravée en camée, et qui se composait de deux couches, l'une rougeâtre, et l'autre blanche, ce qui la faisait ressembler à un ongle placé sur de la chair. (G. DEL.)

* SARDUS. min. (Wallerius.) Même chose que Sarda. *V.* ce mot.

(G. DEL.)

* SAREA. bot. crypt. (*Champignons.*) Genre séparé des Pézizes et des *Helotium* par Fries, dans son *Systema Orbis Vegetabilis*. Il lui donne ces caractères : réceptacle lenticulaire, creusé en dessous, de consistance cireuse; thèques fixées, persistantes. Plusieurs espèces, décrites par d'autres mycologues comme des *Helotium*, mais qui ne se rapportent pas au genre décrit sous ce nom par Tode, constituent le nouveau genre de Fries. Tels sont les *Helotium aureum*, *aciculare*, *fimetarium* de Persoon. (AD. B.)

SARELLE. bot. phan. L'un des synonymes vulgaires de Mélampyre des bois. (B.)

* SARFON. ois. L'un des synony-

mes vulgaires de Garrot. *V.* Canard. (DR.,Z.)

* SARGASSE. *Sargassum.* bot. crypt. (*Hydrophytes.*) Genre de l'ordre des Varecs dans la famille des Fucacées, qui forme un passage très-naturel des Macrocystes de la famille des Laminariées, aux vrais Fucus; mais les vésicules dont les Sargasses sont garnies, ne sont pas, à proprement parler, pétiolaires comme dans les Macrocystes, ou développées dans la substance même des frondes et de leurs tiges, comme dans certains Fucus. Elles s'y développent sur des sortes de pédoncules particuliers qui paraissent n'avoir d'autre fonction que de faire flotter la Plante ; cependant l'appendice subulé, qui couronne ces vésicules dans plusieurs espèces, et qu'on pourrait considérer comme des feuilles avortées, prouve qu'elles pourraient bien faire partie d'un système de frondescence. Quoi qu'il en soit, les caractères du genre *Sargassum* consistent non-seulement dans ces renflemens qui semblent y être comme la vessie natatoire est chez les Poissons, mais encore dans la fructification qui se forme de conceptacles rameux, à divisions cylindracées, dont les ramules sont généralement plus grêles que dans les Turbinaires. Les tiges sont essentiellement distinctes, divisées, avec des rameaux plus ou moins nombreux, vagues ou obscurément pinnées, et qui, allant en diminuant de longueur de la base à l'extrémité de la Plante, lui donnent un faciès pyramidal; leurs racines forment un empâtement. La couleur des feuilles est le jaune brun, ou le brun teint de vert sombre; cette couleur passe au jaunâtre, ou bien au marron foncé et ardent dans les herbiers. Les Sargasses ne paraissent pas croître au-delà du quarantième degré dans les deux hémisphères; mais arrachées aux profondeurs des mers, on les trouve en abondance flottant dans les hauts parages où les entraînent et les abandonnent tour

à tour les divers courans. Leur consistance membraneuse et coriace les rend propres à résister au choc des vagues, de sorte qu'elles peuvent flotter des mois entiers, et même durant des années, hors du lieu natal sans se trop détériorer. Les océans Pacifique et Atlantique sont les régions où l'on en trouve le plus d'espèces ; cependant la Méditerranée érytréenne en offre, de même que notre Méditerranée, un assez grand nombre.

Le nom de Sargasse vient de celui que donnèrent aux Varecs flottans dans la haute mer, les premiers navigateurs espagnols et portugais qui s'y abandonnèrent. Nous en connaissons plus de soixante. Sur cinquante-huit que mentionna Agardh, une doit être extraite du genre tel que nous l'avons circonscrit pour former celui des Turbinaires. *V*. ce mot. Nous citerons ici quelques-unes de celles que nous y conservons pour donner une idée du reste.

La SARGASSE SARGASSO, Nob., Voyage de *la Coquille*; *Sargassum bacciferum*, Ag., *Spec.*, p. 6 ; *Fucus bacciferus*, Turn., tab. 47. C'est celle que Linné désignait sous le nom de *Fucus natans*. Ce nom de *natans* venait de l'idée où était le législateur de l'histoire naturelle, que la Plante dont il est question n'avait pas de racines et croissait librement à la surface des mers où on la voyait errer. Il était fondé sur un préjugé et d'ailleurs applicable à la plupart des espèces du genre, qui, arrachées par les tempêtes du fond de l'Océan ou de ses rivages, grossissent les vastes amas de débris marins dont se couvrent certains parages. Comme la Sargasse par excellence avait été appelée *Raisin du tropique* dans quelques anciennes relations, et *Fucus maritimus bacciferus*, ou *Fucus racemosus* par les Bauhins et par Tournefort, les modernes crurent devoir lui imposer un nom qui indiquât qu'on avait remarqué en elle des organes semblables à des baies, au moins quant à la forme ;

mais le nom de Baccifère n'est pas plus exact que celui de Nageant. Nous en sommes conséquemment revenu à l'opinion de Gmelin (*Fucus*, p. 92), qui, ayant égard à l'antériorité, rendit à la Plante qui nous occupe le nom de *Sargasso*, sous lequel on la connut d'abord en Europe. En effet, Christophe Colomb, partant pour la découverte du Nouveau-Monde, trouva, en s'éloignant des Canaries qui, jusqu'en 1492, avaient été les bornes de l'univers connu, la mer toute couverte de Végétaux flottans à l'amas desquels, sous le nom de *Sargasso*, son expédition donna une certaine célébrité. Ce grand homme remarqua la couleur brunâtre de la Plante et ses vésicules, qu'il comparait à des grains de Genièvre. Depuis lors, tous les botanistes mentionnèrent la Sargasse sous divers noms. Lobel, Parkinson et Sloane la nommaient *Lenticula marina*. De vieilles cartes marquèrent dans l'océan Atlantique les prairies marines qui en étaient composées ; et Raynal, d'après quelques anciens voyageurs, ne fit nulle difficulté d'y voir des débris détachés des forêts sous-marines qui attestaient l'antique existence de l'Atlantide de Platon. En partant des Canaries, nous avons retrouvé de pareilles étendues de mer couvertes de Sargasses au même lieu où Colomb en rencontra ; c'est-à-dire au sud de ces îles, et au nord-ouest des îles du Cap-Vert par le vingtième degré nord. On en retrouve dans les parages des Antilles et jusque sur les côtes du Mexique ; mais nulle part on n'en a recueilli des pieds entiers avec leurs racines, non plus qu'en fructification, ce qui fait croire que nous ne connaissons que des sommités vésiculifères d'une Plante croissant dans les abîmes de l'Atlantique, et qui, arrachées du gîte natal pour être entraînées par le Gulf-Stream, sont abandonnées aux limites de ce courant, en divers points de sa route où des remous, occasionés par le contact de courans contraires arrêtent une partie des charrois du courant principal.

SARGASSE ATLANTIQUE, *Sargassum atlanticum*, N. ; *Sargassum vulgare*, Ag., *Spec. Alg.*, p. 3 ; *Fucus natans* de Turner, pl. 26, mais non le *Fucus natans* de Linné. Cette espèce, dont on trouve des fragmens épars dans les prairies marines où domine la précédente, a ses feuilles beaucoup plus larges et plus grandes ; elle varie assez pour que plusieurs de ses modifications aient été prises pour des espèces distinctes par les algologues ; mais il ne faut cependant pas confondre avec elle plusieurs des Sargasses qu'y réunit Agardh, le *linifolium* et le *foliosissimum* de Lamouroux, entre autres qui sont de notre Méditerranée. Le nom d'Atlantique doit indiquer que nos côtes océanes seules produisent cette espèce. Nous la possédons de Cadiz et des Canaries ; on en trouve des rameaux recueillis sur la côte du golfe de Gascogne où les flots les avaient sans doute égarés, puisque nulle Sargasse ne se trouve en place, du moins à ce que nous supposons, en dehors de l'extrémité du Portugal.

SARGASSE PACIFIQUE, *Sargassum pacificum*, Nob., Voyage de *la Coquille*. Nous appelons ainsi, et par opposition au nom d'Atlantique, cette espèce que plusieurs voyageurs ont rapportée de l'Océan qui s'étend entre l'Asie et l'Amérique. Elle y représente celle dont il vient d'être question ; elle paraît abonder surtout entre les îles nombreuses dont l'océan Pacifique est jonché, où elle compose aussi, avec d'autres Fucacées errantes, des prairies marines analogues à celles de l'Atlantique.

(B.)

SARGIE. *Sargus*. INS. Genre de l'ordre des Diptères, famille des Notacanthes, tribu des Stratyomides, établi par Fabricius aux dépens du grand genre *Musca* de Linné, et adopté par tous les entomologistes avec ces caractères : corps allongé, ordinairement aplati. Tête de grandeur moyenne, arrondie en devant et plus large que le corselet ; yeux très-grands ; ocelles distincts. Antennes avancées, rapprochées à leur insertion, de trois articles ; le premier presque cylindrique, le second cyathiforme, le troisième lenticulaire ou elliptique, annelé, plus long que les autres, portant une longue soie à son extrémité. Suçoir composé de deux pièces, renfermé dans une trompe courte, munie de deux grandes lèvres saillantes ; segment antérieur du corselet égalant les deux autres en longueur ; écusson mutique. Ailes longues, en recouvrement dans le repos, ayant une cellule discoïdale presque triangulaire, et une cellule marginale au-dessous du point espacé, séparée en deux par une nervure transversale oblique ; toutes les nervures qui sont au-dessous de la cellule discoïdale atteignant le bord postérieur de l'aile. Abdomen elliptique, déprimé, composé de six segmens outre l'anus. Pates de longueur moyenne, ayant les tarses longs, à premier article aussi grand ou plus grand que les autres. Ce genre se distingue des Ptilocères parce que ceux-ci ont les antennes flabellées. Les Stratiomes, Odontomyies, Oxycères et Ephippies s'en distinguent parce que leur corselet est épineux ; les Vappons et les Némotèles en diffèrent par la forme des antennes et de la tête. On connaît à peu près une douzaine d'espèces de ce genre, presque toutes européennes ; ces Diptères voltigent au soleil ou se promènent lentement sur les feuilles, les ailes écartées. Le matin, le soir, et pendant les jours de pluie, ils paraissent engourdis, et ne reprennent leur activité que lorsque le soleil luit. Ils sont en général ornés de couleurs vertes métalliques très-brillantes. La larve d'une espèce de ce genre a été observée par Réaumur ; on a même donné à l'espèce le nom de cet auteur. Elle vit dans les bouzes de vache ; sa forme est ovale-oblongue, rétrécie et pointue en devant ; sa tête est écailleuse, munie de deux crochets ; son corps est parsemé de poils. Elle se métamorphose sous sa peau qui s'endurcit, et de laquelle l'Insecte parfait sort en faisant sauter la pointe antérieure de cette espèce de coque. Macquart (Dipt. du Nord de la France) divise ce genre en deux sections, ainsi qu'il suit :

† Troisième article des antennes rond ; yeux séparés dans les deux sexes ; point de palpes distincts.

Le SARGIE CUIVREUX, *Sargus cuprarius*, Latr., Fabr. ; *Nemotelus cuprarius*, Degéer ; *Rhagio politus*, Schr., Faun. Boie., 3, 2394; *Musca cupraria*, L. Long de quatre lignes et demie ; thorax d'un vert doré ; abdomen cuivreux, postérieurement violet; yeux à bande pourpre; ailes à tache obscure. Commun aux environs de Paris et dans toute la France.

†† Troisième article des antennes elliptiques; yeux du mâle contigus ; palpes distincts.

Le SARGIE SUPERBE, *Sargus formosus*, Meig. ; *Sargus auratus et xanthopterus*, Fabr. ; *Nemotelus flavogeniculatus*, Degéer ; *Musca aurata*, L. Long de quatre lignes ; abdomen doré dans le mâle, violet dans la femelle; ailes ferrugineuses; yeux à bande pourpre. Commun aux environs de Paris et dans toute la France. (G.)

* SARGOIDE. POIS. Espèce du genre Glyphisodon. *V.* ces mots. (B.)

SARGUE. *Sargus.* POIS. Espèce de Spare, type d'un sous-genre. *V.* SPARE. (B.)

* SARGUET. POIS. L'un des synonymes de Sargue. *V.* ce mot. (B.)

SARI. MOLL. Adanson (Voy. au Sénég., pl. 12, fig. 5) donne ce nom à une très-petite espèce de Turbo qui n'a point été reconnue jusqu'ici. Blainville pense que c'est un jeune âge de quelque espèce commune au Sénégal. (D..H.)

SARIA. OIS. *V.* CARIAMA.

SARIBUS. BOT. PHAN. (Rumph.) Syn de *Corypha umbraculifera*, L. (G..N.)

SARICOVIENNE. MAM. C'est,

suivant Geoffroy Saint-Hilaire et plusieurs autres zoologistes, la grande Loutre de l'Amérique du Sud. *V.* LOUTRE. (IS. G. ST.-H.)

SARIGUE. MAM. Espèce du genre Didelphe. *V.* ce mot. (B)

SARIGOU ET SARIGUEYA. MAM. Syn. de Sarigue. *V.* DIDELPHE. (B.)

* SARINN. BOT. PHAN. Nom du *Scœvola Lobelia* au port Praslin de la Nouvelle-Irlande. (LESS.)

SARIONE. POIS. On appelle quelquefois ainsi les jeunes Saumons. (B.)

*SARIS. MIN. Nom donné au Phtanite, ou plutôt au Micaschiste qu'on exploite dans plusieurs parties du Piémont, et notamment dans les montagnes de l'Oursière, près Turin. (G. DEL.)

SARISSUS. BOT. PHAN. Le fruit décrit et figuré sous ce nom générique par Gaertner (*de Fruct.*, p. 118, tab. 25) appartient à l'*Hydrophylax maritima*. *V.* HYDROPHYLACE. (G..N.)

SARMENTACÉES. BOT. PHAN. (Ventenat.) Syn. de Vinifères. *V.* ce mot. (A. R.)

* SARMENTARIA. BOT. PHAN. (Mentzel.) L'un des anciens synonymes de Clématite. (B.)

* SARMENTEUX. BOT. PHAN. On dit d'une Plante ou d'une tige ligneuse qu'elle est sarmenteuse, quand trop faible pour s'élever et se soutenir d'elle-même, elle s'enroule autour des arbres voisins qu'elle embrasse de ses branches qui portent alors le nom de Sarmens. Telle est la Vigne par exemple. (A. R.)

SARMIENTA. BOT. PHAN. Genre de la Diandrie Monogynie, L., établi par Ruiz et Pavon (*Flor. Peruv. Prodrom.*, p. 5), qui l'ont ainsi caractérisé : calice inférieur persistant, à cinq découpures dont quatre subulées, une cinquième plus large, échancrée; corolle urcéolée, dont le tube est ventru, très-étroit à sa base et resserré à son orifice ; le limbe divisé en cinq segmens ovales, égaux et étalés; deux étamines à filets saillaus hors de la corolle, attachés à son orifice, terminés par des anthères ovales, biloculaires; trois autres étamines stériles, réduites à des filets plus courts que le limbe de la corolle; ovaire ovoïde, supère, surmonté d'un style subulé, persistant, de la longueur des étamines, et terminé par un stigmate simple; capsule ovoïde, à une seule loge, s'ouvrant transversalement, et renfermant des graines nombreuses, ovales, attachées à un réceptacle charnu. Le *Sarmienta repens*, Ruiz et Pavon, *Flor. Peruv.*, vol. 1, p. 8, tab. 7, fig. B; *Utricularia foliis carnosis*, Feuill., Observ., vol. 3, p. 69, tab. 43, est une petite Plante parasite, grimpante, à rameaux nombreux et pendans. Ses feuilles sont opposées, ovales, charnues, ponctuées. Ses fleurs sont de couleur ponceau, pubescentes extérieurement, munies de bractées, portées sur des pédoncules filiformes, unis ou biflores et terminaux. Cette Plante croît dans les forêts du Chili.

(G..N.)

SARNAILLO et SARNILLE. REPT. SAUR. Le Lézard gris dans le midi de la France.   (B.)

SAROPODE. *Saropoda*. INS. Latreille a désigné sous ce nom un genre de l'ordre des Hyménoptères que Klug avait établi sous celui d'Héliophise. Il ne diffère essentiellement des Anthophores que par le nombre des articles des palpes qui sont composés de quatre ou cinq articles au lieu de six. Il s'en éloigne encore parce que les palpes labiaux se terminent en une pointe formée par les deux derniers articles réunis. Ce genre ne renferme qu'une espèce commune aux environs de Paris; Panzer l'a figuré, mais il regarde le mâle et la femelle comme deux espèces distinctes. Le premier est son *Apis rotundata*, et la seconde son *Apis bimaculata*.   (AUD.)

SAROTH. BOT. PHAN. L'un des noms de pays du Curcuma.   (B.)

SAROTHRA. BOT. PHAN. Ce genre, établi par Linné sur une petite Plante

de l'Amérique septentrionale, avait été placé dans les Caryophyllées par Jussieu qui, en outre, avait indiqué ses rapports avec les Gentianées. Mais Richard père (*in Michaux*, *Flor. Boreal. Amer.*), ayant examiné avec soin cette Plante, a reconnu qu'elle devait faire partie du genre *Hypericum*. V. MILLEPERTUIS.

Loureiro (*Flor. Cochinch.*, édit. Willd., 1, p. 227) a décrit, sous le nom de *Sarothra gentianoides*, une Plante de la Cochinchine, qui paraît différente de celle ainsi nommée par Linné, du moins si l'on s'en rapporte à une note de Willdenow insérée au bas de la description faite par Loureiro. Si cette Plante, mieux connue, forme réellement un nouveau genre, on devra, ainsi que Schultes l'a proposé, lui conserver le nom de *Sarothra*.   (G..N.)

SAROUBÉ. REPT. SAUR. Pour Saroubé. V. ce mot.   (B.)

SARPEDONIA. BOT. PHAN. Adanson dit que ce nom désignait, chez les anciens, une Renoncule qu'il ne spécifie pas. Comme les fleurs du Sarpedonia devinrent rouges du sang de Sarpédon, fils de Jupiter, tué à la guerre de Troie, il est probable que le Sarpedonia était une Adonide. (B.)

SARRACÉNIE. *Sarracenia*. BOT. PHAN. Ce genre, de la Polyandrie Monogynie, L., offre des rapports avec les Papavéracées et les Nymphéacées; mais il a des caractères tellement particuliers, qu'on pourrait en faire le type d'une nouvelle famille. Le calice est disposé sur deux rangs; l'extérieur composé de trois folioles fort petites, ovales, caduques; l'intérieur beaucoup plus grand, à cinq grandes folioles colorées, ovales et caduques. La corolle est à cinq pétales très-grands, ovales, arrondis et recourbés en dedans à leur sommet, onguiculés, alternes avec les divisions du calice intérieur et insérés sur le réceptacle. Les étamines sont nombreuses, à filets courts, attachés au réceptacle, et à anthères arrondies. L'ovaire est supère, presque rond, surmonté d'un style court, épais, cylindrique, terminé par un stigmate très-large, plan, en forme de bouclier, à cinq angles, persistant et recouvrant en entier les étamines. Le fruit est une capsule presque ronde, à cinq valves, et à autant de loges renfermant un grand nombre de graines petites, arrondies, acuminées, fixées à un réceptacle central et pentagonal. Ce genre se compose d'un petit nombre d'espèces indigènes de l'Amérique septentrionale, parmi lesquelles nous citerons, comme Plantes d'ornement et de curiosité, les *Sarracenia purpurea* et *flava* de Linné. De leurs racines épaisses, charnues ou fibreuses, sortent un assez grand nombre de feuilles radicales, sessiles, formant des tubes renflés dans leur milieu, terminées au sommet par des appendices en forme d'opercule réniforme ou cordiforme, lisses en dessus, garnis en dedans de quelques poils blanchâtres. Ces feuilles tubuleuses sont souvent remplies d'une eau limpide, et munies en dehors d'une membrane longitudinale en forme d'aile; dans quelques espèces elles offrent des taches jaunâtres, irrégulières, que l'on a comparées à celles que la petite vérole fait sur la peau de l'Homme. Le *Sarracenia purpurea* a des feuilles dont la longueur ne dépasse pas six pouces, tandis que celles du *S. flava* atteignent jusqu'à trois pieds. La corolle de la première est, comme son nom l'indique, d'une couleur purpurine, et son calice intérieur est vert; celle du *S. flava* est d'un vert jaunâtre. Quoique ces Plantes singulières aient pour stations naturelles les lieux humides et fangeux d'un pays qui n'est pas excessivement chaud, elles sont très-difficiles à cultiver en Europe, parce qu'en même temps qu'elles exigent un terrain toujours humide, elles craignent pourtant le froid. On parvient cependant à en cultiver quelques-unes en les conservant dans l'orangerie pendant l'hiver.

Les feuilles de quelques *Sarrace-* *nia*, et principalement celles du *S. adunca* ou *S. variolaris* de Michaux, offrent un phénomène fort remarquable pour l'économie générale de la nature. Lorsqu'elles sont dans leur plus grande vigueur, c'est-à-dire dans le milieu de l'été, leur cavité intérieure sécrète une humeur visqueuse qui attire les mouches et autres insectes. Celles-ci commencent à se poser sur les bords, puis elles entrent dans le tube, et une fois descendues dans le fond de celui-ci, elles n'en peuvent plus remonter. James Macbride, qui a publié une note intéressante sur ce sujet dans le douzième volume des Transactions de la Société Linnéenne de Londres, dit que, dans une maison infestée par des mouches, les feuilles de quelques Sarracénies en furent remplies en quelques heures, et qu'il fallait y ajouter de l'eau pour noyer les insectes emprisonnés.   (G..N.)

SARRACINE ou **SARRASINE**. BOT. PHAN. L'un des synonymes vulgaires d'*Aristolochia Clematitis*, L.   (B.)

SARRALLIER. ois. L'un des synonymes vulgaires de Mésange charbonnière. *V.* MÉSANGE.   (DR..Z.)

SARRASIN. BOT. PHAN. Nom vulgaire du *Polygonum Fagopyrum*, L. On lit, dans le Dictionnaire de Déterville, que les Maures d'Espagne introduisirent cette Plante en Europe. Cela peut être vrai pour la Péninsule ibérique où le Sarrasin est pourtant peu cultivé, mais ne l'est pas pour les provinces du Nord. Nous avons rapporté, dans notre Préface des Annales générales des Sciences physiques, qu'on voyait dans l'église d'un village de Flandre, la tombe du chevalier croisé qui rapporta de sa sainte expédition le Blé noir dans les Pays-Bas. *V.* FAGOPYRUM et RENOUÉE.   (B.)

SARRE et **SART**. BOT. CRYPT. Syn. vulgaire de Varec sur les côtes de la Rochelle.   (B.)

SARRETTE. BOT. PHAN. Syn. de Serratule. *V.* ce mot.   (B.)

SARRIÈTE. *Satureia*. BOT. PHAN. Genre de la famille des Labiées et de la Didynamie Gymnospermie, L., offrant les caractères suivans : calice tubuleux, droit, le plus souvent strié, et fermé par des poils à la maturité, divisé au sommet en cinq dents droites, presque égales; corolle dont le tube est cylindrique, plus court que le calice; le limbe divisé en deux lèvres, la supérieure droite, presque plane, obtuse, médiocrement échancrée, l'inférieure aussi longue que la supérieure, divisée en trois lobes obtus, presque égaux, celui du milieu un peu plus grand; quatre étamines écartées les unes des autres, didynames, dont les deux plus grandes sont aussi longues que la lèvre supérieure; ovaire quadrilobé, surmonté d'un style de la longueur de la corolle, terminé par deux stigmates sétacés; quatre akènes arrondis au fond du calice persistant. Ce genre est voisin de l'Hyssope, dont il diffère principalement par son calice à cinq dents presque égales et non divisé en deux lèvres, par ses étamines non saillantes hors de la corolle, et par le port. Linné lui a réuni le genre *Thymbra* de Tournefort, ainsi que plusieurs Plantes décrites dans les vieux auteurs de botanique, sous les noms de *Thymus* et de *Thymum*. D'un autre côté, Mœnch a tenté de séparer du genre *Satureia* les espèces dont le calice est strié et fermé par des poils à sa maturité; il en a formé un genre *Sabattia*, qui n'a pas encore été adopté.

Les espèces de Sarrietes sont au nombre de quinze environ, presque toutes indigènes du bassin de la Méditerranée, principalement de la Barbarie. On en compte six dans le midi de la France, parmi lesquelles nous citerons le *Satureia hortensis*, L., que l'on cultive dans les jardins comme Plante aromatique, stomachique et excitante. Elle est aussi employée pour assaisonner certains légumes fades, ainsi que la choucroûte.

Les *Satureia Thymbra, capitata*, *montana* et *Juliana*, sont encore des espèces fort remarquables et qui croissent dans les localités montueuses et stériles des départemens méridionaux. Leurs tiges sont grêles, ligneuses, rameuses, longues, garnies de feuilles étroites, à fleurs petites, axillaires ou ramassées en tête au sommet des rameaux. Toutes ces Plantes exhalent une odeur pénétrante. (G..N.)

On a quelquefois appelé le *Melampyrum sylvaticum*, L., SARRIÈTE DES BOIS, et le *Melampyrum pratense*, SARRIÈTE JAUNE. (B.)

SARRON. BOT. PHAN. L'un des noms vulgaires du *Chenopodium Bonus-Henricus*, L., dans le midi de la France. (B.)

SARROTRIE. *Sarrotrium*. INS. Genre de l'ordre des Coléoptères, section des Hétéromères, famille des Mélasomes, tribu des Ténébrionites, établi d'abord par Illiger sous le nom que nous lui conservons, et nommé peu après Orthocère par Latreille. Linné avait d'abord placé la seule espèce de ce genre parmi ses Dermestes; il la plaça ensuite dans son genre Hispa, ce qui fut imité par Fabricius dans ses premiers ouvrages. Les caractères de ce genre sont : corps oblong; tête presque carrée; yeux petits, peu saillans. Antennes un peu plus longues que le corselet, fusiformes ou un peu renflées dans leur milieu, et composées de dix articles dont le premier est le plus étroit, le suivant un peu moins; les autres plus courts, allant en s'élargissant jusqu'au septième, et décroissant ensuite jusqu'au dernier qui est un peu plus allongé et arrondi à son extrémité. Tous ces articles sont bien distincts l'un de l'autre, très-velus et comme enfilés par leur milieu. Lèvre supérieure, ou labre, cachée en partie sous le chaperon qui est coupé carrément et un peu avancé. Mandibules cornées, assez larges, courtes, un peu arquées, terminées par deux petites dents aiguës. Mâchoires cornées, bifides; palpes fort courts; les maxillaires ayant quatre articles, les labiaux trois. Corselet carré, à bords tranchans sur les côtés, un peu plus large que la tête. Elytres allongées, presque linéaires, guère plus larges que le corselet, cachant entièrement deux ailes membraneuses qui ne paraissent pas repliées. Ecusson triangulaire, à peine distinct; pâtes simples, sans épines ni dentelures; tarses filiformes. Ce genre se distingue de tous ceux de sa tribu par des caractères bien tranchés, et surtout par ses antennes velues, ce qui n'a lieu dans aucun autre genre de Ténébrionites. Il se compose d'une seule espèce que l'on trouve aux environs de Paris; c'est:

Le SARROTRIE MUTIQUE, Illiger, Col. Bor. T. 1, p. 344, n° 1; Fabr., Syst. Eleuth., *Hispa mutica*, Fabr., Syst. Ent.; Linné, Syst. nat., *Dermestes clavicornis*, L., Faun. Suéd.; *Ptilinus muticus*, Fabr., Ent. syst.; Payk. et Panz., Faun. Germ. Fasc. 1, tab. 8.; *Orthocerus hirticornis*, Latr., Oliv. Long d'une ligne et demie; corps noir; tête enfoncée ou déprimée à sa partie antérieure, avec les côtés un peu élevés au-dessus de l'insertion des antennes. Corselet inégal; élytres ayant chacune quatre sillons dans lesquels on voit deux rangées de points enfoncés; crête de chaque sillon presque crénelée. (G.)

SARROUBÉ. REPT. SAUR. *V.* GECKO, au sous-genre PTYODACTYLE. (B.)

SARS. BOT. PHAN. (L'Écluse.) Vieux nom de la Gesse aux environs de Paris où cette Plante fut autrefois très-cultivée.   (D.)

SARSAPARILLA. BOT. PHAN. Syn. de Salsepareille. *V.* SMILACE.   (B.)

SART. BOT. CRYPT. *V.* SARRE.

SARVE. POIS. Espèce d'Able. *V.* ce mot.   (B.)

SASA. *Sasa.* OIS. *Opisthocomus.* Illiger. Genre de l'ordre des Omnivores. Caractères: bec épais, court, convexe, courbé et subitement comprimé à la pointe, dilaté sur les côtés à la base; mandibule inférieure forte, anguleuse vers l'extrémité; narines placées au milieu de la surface du bec, percées de part en part, couvertes en dessus par une membrane; pieds robustes, musculeux; tarse court; quatre doigts bordés de rudimens de membranes, trois en avant entièrement divisés, les latéraux égaux, l'intermédiaire plus long qu'eux et même que le tarse; un pouce très-long et très-arqué; la plante épatée; ailes médiocres, arrondies, concaves; la première rémige très-courte, les quatre suivantes étagées, la sixième la plus longue.

Rangé parmi les Gallinacés, le Sasa n'a d'abord paru nullement déplacé dans le voisinage des Faisans; néanmoins, lorsqu'on a pu l'étudier plus attentivement, quand on a eu acquis la possibilité de le mieux considérer physiologiquement, et quand, surtout, ses mœurs ont été mieux connues, l'on s'est aperçu que cet Oiseau devait indubitablement appartenir à l'ordre des Omnivores, ou, selon la Méthode de Vieillot, à celui des Sylvains. Le Sasa n'est point d'un naturel sauvage, il ne montre point une extrême défiance à l'approche du chasseur, et cependant on le voit rarement vers les lieux habités; peut-être cela tient-il à ce que la nourriture pour laquelle il a une préférence marquée, ne se trouvant que dans les savanes du Mexique et de la Guiane, l'Oiseau ne veut pas courir la chance d'une disette en s'en éloignant. Cette nourriture est le Gouet arborescent (*Arum arborescens*) de Linné, Arbuste de cinq à six pieds de hauteur, qui croît en très-grande abondance dans les marécages de la zône torride, et dont le suc laiteux est doué d'une telle âcreté qu'il fait naître de suite des pustules sur les parties du corps qu'il touche. Malgré des propriétés aussi actives, les feuilles, les fleurs et les fruits de cette Plante sont pour le Sasa d'un usage habituel. Partout où il se trouve de ce Végétaux, dit Sonnini, à qui nous sommes redevables de la première description exacte du Sasa, l'on est certain de rencontrer cet Oiseau, soit isolé, soit par couples et même quelquefois en petites compagnies de six, huit et plus. Ils se perchent sur les arbres qui garnissent les parties découvertes que l'on aperçoit çà et là au milieu de ces savanes noyées, et l'on a observé que, dans ces momens de repos, ils sont toujours accolés l'un sur l'autre. Ils ont la voix forte et désagréable; ils répètent fréquemment un cri que les indigènes ont rendu par le mot *Sasa*, d'où leur est venu un nom que l'on a ensuite rendu générique. C'est sur ces mêmes arbres qu'ils établissent leur nid composé de petites branches entrelacées et unies à l'aide de filamens de Laiches, tapissé intérieurement d'un abondant duvet. La ponte est de cinq ou six œufs.

SASA HOASIN, *Opithocomus cristatus*, Illig.; *Phasianus cristatus*, Lath.; *Sasa cristata*, Vieill., Buff., pl. enl. 337. Parties supérieures d'un brun noirâtre; sommet de la tête roux; nuque garnie de longues plumes effilées, rousses à leur base, noires à l'extrémité; derrière du cou noirâtre, avec une strie blanchâtre le long des tiges des plumes; grandes et moyennes tectrices alaires bordées et terminées de blanchâtre; petites tectrices alaires blanchâtres à l'extérieur, brunes intérieurement; les quatre premières rémiges d'un roux vineux, terminées de brun, les suivantes bordées de brun à l'extérieur, les plus rapprochées du corps entièrement d'un brun noirâtre; rectrices d'un noir verdâtre, terminées de blanchâtre; menton brunâtre; devant du cou et poitrine d'un blanc roussâtre; parties inférieures d'un roux vineux; bec et pieds bruns. Taille, vingt-trois pouces. (DR. Z.)

* SASANQUA ou SESANQUA. BOT. PHAN. Espèce du genre Camellie. *V*. ce mot. (B.)

SASAPIN. MAM. L'un des synonymes vulgaires de Sarigue. *V*. ce mot et DIDELPHE. (B.)

* SASASHEW. OIS. Espèce du genre Chevalier. *V*. ce mot. (DR..Z.)

* SASIN. OIS. Espèce d'Oiseau-Mouche. *V*. COLIBRI. (B.)

SASSA. BOT. PHAN. Bruce a décrit sous ce nom, qui a été copié par Gmelin, l'*Acacia gummifera*. *V*. ACACIA et OFOCALPASUM. (G..N.)

SASSAFRAS. BOT. PHAN. Espèce du genre Laurier. *V*. ce mot. (B.)

SASSEBÉ. OIS. Espèce du genre Perroquet. *V*. ce mot. (DR..Z.)

SASSIE. *Sassia*. BOT. PHAN. Ce genre de l'Octandrie Monogynie, a été établi par Molina dans son Histoire du Chili, et admis par Jussieu qui n'en a pas déterminé les affinités naturelles. Voici ses caractères: calice à quatre folioles oblongues, ouvertes; corolle à quatre pétales lancéolés; huit étamines dont les filets sont sétacés, plus courts que la corolle, terminés par des anthères arrondies; ovaire obové, surmonté d'un style filiforme, terminé par un stigmate ovoïde; capsule ovale à deux loges contenant deux graines. Ce genre se compose de deux espèces qui croissent au Chili, et qui ont été nommées par Molina *Sassia tinctoria* et *S. perdicaria*. La première est une petite Plante dont les feuilles sont ovales et toutes radicales; de leur centre s'élève une hampe nue qui porte trois ou quatre fleurs purpurines. La couleur de ces fleurs se dissout facilement dans les liqueurs alcooliques, car une seule fleur suffit pour donner une belle couleur à six livres de liqueur. Les ébénistes s'en servent aussi pour donner aux boiseries une couleur agréable.

Le *Sassia perdicaria* a des feuilles cordiformes, et la hampe terminée par une seule fleur d'un jaune doré. Elle fait en automne l'ornement des prairies du Chili, où les habitans la nomment *Rimu* ou Fleur de Perdrix, parce que ces Oiseaux l'aiment beaucoup. (G..N.)

SASSIFRAGIA. BOT. PHAN. Ancien synonyme de Sassafras. *V.* ce mot et LAURIER.   (B.)

SASSOLIN. MIN. Nom donné par Mascagni à l'Acide borique que l'on trouve à Sasso dans le Siennois.   (G. DEL.)

SASURU. BOT. PHAN. (Rumph.) Syn. de l'*Aracha umbellifera* de Lamarck.   (A. R.)

SATAL. MOLL. Il est à présumer que la coquille qu'Adanson a désignée sous ce nom (Voy. au Sénég., pl. 14, fig. 7) appartient au genre Spondyle. Gmelin la confond avec le *Spondylus Gederopus*, mais elle doit en être séparée. Au reste, elle n'est point assez connue pour statuer à son égard.   (D. H.)

* SATANICLE. OIS. Les matelots appellent ainsi l'Oiseau de tempête. *V.* PÉTREL.   (B.)

SATHERIUS. MAM. (Aristote.) La Marte Zibeline.   (B.)

SATHYRION. MAM. (Aristote.) Le Desman.   (B.)

SATORCHIS. BOT. PHAN. (Du Petit-Thouars.) Pour *Satyrium*. *V.* ce mot.   (G. N.)

SATUREIA. BOT. PHAN. *V.* SARRIÈTE.

SATURIER. BOT. PHAN. On ne sait par quelle raison ce nom, qui n'est pourtant pas de pays, est substitué dans quelques Dictionnaires français à celui de *Psatura*. *V.* ce mot.   (B.)

SATURNE. MIN. Le Plomb chez les alchimistes.   (B.)

* SATURNIA. BOT. PHAN. Nom donné par l'Italien Maratti au genre qu'il a formé pour l'*Allium Chamæmoly*, et qui n'a pas été adopté. (B.)

* SATURNIE. *Saturnia.* INS. Nom donné par Schranck à un genre de Lépidoptères nocturnes renfermant une partie des Bombyx que Linné avait nommés (*Phalæna*) *Bombyx Attacus*. Ce genre doit correspondre à celui que Latreille nomme *Attacus* dans ses Familles naturelles du règne animal.   (G.)

SATURNINE. REPT. OPH. Espèce du genre Couleuvre. *V.* ce mot.   (B.)

SATURNITE. MIN. Nom donné par Forster au Plomb sulfuré épigène ou Plomb bleu. *V.* PLOMB. (G. DEL.)

* SATYRA. INS. Genre de l'ordre des Diptères, établi par Meigen, et correspondant à celui de Dolichope. *V.* ce mot.   (G.)

SATYRE. *Satyrus.* MAM. Syn. d'Orang roux. *V.* ORANG.   (B.)

SATYRE. *Satyrus.* INS. Genre de l'ordre des Lépidoptères, famille des Diurnes, tribu des Papilionides, établi par Latreille aux dépens du grand genre *Papilio* de Linné, et comprenant les genres *Hipparchia* de Fabricius, et *Maniolia* de Schranck. Ce genre faisait d'abord partie du genre *Nymphalis*, dans le premier ouvrage de Latreille; il l'a distingué depuis, et il a été adopté par tous les entomologistes avec ces caractères : palpes inférieurs très-comprimés, avec la tranche antérieure étroite ou aiguë, s'élevant notablement au-delà du chaperon, très-hérissés de poils ou barbus. Antennes terminées en forme de bouton court, ou en une petite massue grêle et presque en fuseau. Cellule discoïdale et centrale des ailes inférieures fermée postérieurement ; chenilles nues ou presque rases, terminées postérieurement en un pointe bifide. Crochets des tarses fortement bifides et paraissant doubles; les deux pates antérieures très-courtes dans les deux sexes. Chrysalides anguleuses, suspendues seulement par leur extrémité postérieure dans une direction perpendiculaire, la tête en bas, et jamais renfermées dans des coques. Ce genre se distingue des Papillons proprement dits, Parnassiens, Thaïs, Coliades, Piérides, Danaïdes, Idéa, Acrées et Héliconies, parce que ceux-là ont leurs six pates à peu près de même longueur, et toutes propres à la marche. Les Byblis, Nymphales, Morphos, Vanesses, Céthosies et Argynnes, s'en distinguent parce que la cellule centrale de leurs ailes inférieures est ouverte postérieurement. Les Libithées ont les palpes très-grands ; les Brassolides ont leurs palpes inférieurs plus courts et ne s'élevant point au-delà du chaperon; enfin les Myrines, Polyommates et Ericines s'en distinguent parce que le dernier article de leurs palpes inférieurs est nu ou beaucoup moins fourni d'écailles et de poils. On connaît près de deux cents espèces de Satyres ; elles sont répandues dans presque toutes les contrées du globe. En général, ces Lépidoptères fréquentent les lieux secs et arides; ils volent assez vite et par saccades; ils ne s'élèvent jamais à la hauteur des Arbres, et se tiennent ordinairement sur les buissons et dans les prairies. Parmi les espèces les plus communes aux environs de Paris, nous citerons :

Le SATYRE TITHON, *Satyrus Tithonius*, Latr.; God. Encycl.; l'*Amaryllis*, Engr., Pap. d'Eur. T. 1, pl. 27, f. 53. Un pouce et demi d'envergure ; ailes dentées, fauves en dessus, avec la base et les bords obscurs; supérieures, ayant de part et d'autre un œil bipupillé; dessous des inférieures d'un fauve nébuleux, avec deux bandes plus claires, dont une plus courte, et cinq points ocellés. Commune dans les bois.

Le SATYRE GALATHÉE, *Satyrus Galathœa*, Latr., God. Encycl.; le Demi-Deuil, Engr., Pap. d'Eur. T. 1, pl. 30. f. 60. De la grandeur du précédent; ailes dentelées, d'un blanc jaunâtre avec la base et l'extrémité noires en dessus, et tachetées de blanc ; taches de la base presque ovales; inférieures avec deux à trois yeux noirs, nuls ou peu distincts en dessus. Commun dans les bois. (G.)

SATYRE. *Satyrus*. BOT. CRYPT. Ventenat, qui n'avait aucune connaissance hors de la botanique, ignorant sans doute que le nom de Satyre fût consacré dans les autres branches de l'histoire naturelle, donnait ce nom au genre qu'il formait du *Phallus im-*

pudicus et espèces analogues, aux dépens des Morilles de Linné. (B.)

SATYRION. *Satyrium*. BOT. PHAN. Ce nom a été employé par les botanistes anciens pour désigner un grand nombre de Plantes à racine tubéreuse, comme une Scille, une Iris, l'*Erythronium Dens Canis*, et surtout un grand nombre de Plantes de la famille des Orchidées. Linné, le premier, forma spécialement sous ce nom un genre dans sa Gynandrie, dans lequel il plaça tous les *Orchis* dont le labelle porte à sa base une petite fossette ou éperon extrêmement court. Mais Swartz, dans son Travail général sur les Orchidées, donna au genre *Satyrium* des caractères beaucoup plus précis et rapporta parmi les *Orchis* la plupart des espèces que Linné avait réunies sous le nom de *Satyrium*. Tous les autres botanistes qui se sont spécialement occupés des Orchidées, et en particulier R. Brown, Richard et Lindley, ont adopté le genre *Satyrium*, tel qu'il a été limité par Swartz. Voici les caractères de ce genre : les fleurs sont renversées; les trois divisions externes du calice sont semblables entre elles et pendantes ainsi que les deux intérieures latérales; le labelle occupe la partie supérieure de la fleur; il est creusé en forme de casque et se termine à la partie postérieure en deux éperons plus ou moins allongés, caractère distinctif de ce genre, puisqu'on ne l'observe dans aucun autre de la famille des Orchidées; le gynostème est dressé, un peu arqué, caché sous le labelle; l'anthère le termine à son sommet; elle est renversée, cachée en quelque sorte sous une lame glanduleuse qui occupe le sommet du gynostème; elle est à deux loges, qui contiennent chacune une masse pollinique formée de granules adhérens entre eux par le moyen d'une matière visqueuse, se prolongeant inférieurement en une petite caudicule qui se termine par un corps plan et glanduleux.

Les espèces de ce genre sont des

Plantes herbacées terrestres, ayant des feuilles larges ou étroites ; deux tubercules charnus à la base de leur tige et des fleurs disposées en épi, et accompagnées de bractées plus ou moins grandes. Ce genre, que Persoon avait nommé *Diplectrum*, se compose d'un assez grand nombre d'espèces toutes originaires du cap de Bonne-Espérance, à l'exception d'une seule espèce, *Satyrium amœnum*, Nob. (Orch. Ile-de-Fr.), qui croît à l'Ile-de-France.   (A. R.)

SAUALPIT. MIN. Nom donné par quelques minéralogistes allemands à une variété d'Amphibole nommée *Blattriger Augit* par Werner, et que l'on trouve au Saualpe en Carinthie.
(O. DEL.)

* SAUASSU. MAM. Maximilien de Wied, dans son Voyage au Brésil, T. 1, p. 254, indique sous ce nom le *Callithrix personatus* de Geoffroy Saint-Hilaire, ou Sagouin à masque.
(LESS.)

SAUCANELLE. POIS. Un des noms vulgaires de la jeune Dorade.   (B.)

SAUCLET ou SAULCET. POIS. *V.* JOEL au mot ATHÉRINE.

* SAUFARAI. OIS. Nom d'une espèce d'Oie à collier blanc, dans Forskahl.   (LESS.)

SAUGE. *Salvia.* BOT. PHAN. Ce genre est un des plus remarquables de la famille des Labiées, eu égard au nombre et à la beauté des espèces qui le composent. Il fait partie de la Diandrie Monogynie, L., et il présente les caractères suivans : calice nu pendant la maturation, tubuleux, un peu campanulé, strié, à deux lèvres, la supérieure tridentée, l'inférieure bifide ; corolle irrégulière, dont le tube est élargi et comprimé à sa partie supérieure ; le limbe divisé en deux lèvres, la supérieure comprimée, échancrée, souvent courbée en dedans et ayant la forme d'un fer de faucille, l'inférieure élargie, à trois découpures, celle du milieu plus grande, échancrée ou arrondie ; deux étamines attachées à des filets courts (pivots), sur lesquels

sont insérés des filets transversaux (connectifs) qui tiennent écartées les loges de l'anthère, dont l'une est avortée et glanduliforme ; deux étamines avortées situées au fond de la corolle ; ovaire quadrilobé, surmonté d'un style filiforme très-long, terminé par un stigmate bifide ; quatre akènes arrondis situés au fond du calice persistant. Tournefort avait formé trois genres sous les noms de *Salvia*, *Sclarea* et *Horminum*, qui ont été fondus en un seul par Linné. Leurs caractères ne reposaient que sur des modifications dans la structure des étamines et de la corolle ; conséquemment on ne pouvait les considérer que comme de simples sections du genre *Salvia*, dont les nombreuses espèces ont besoin d'être réunies par groupes pour qu'on pût arriver facilement à leur détermination. Les Sauges sont des Plantes à tiges ligneuses, carrées, rameuses, garnies de feuilles en général grandes, offrant une multitude de formes, tantôt entières, ou simplement dentées ou crénelées, tantôt multifides, quelquefois bulleuses à leur surface, d'une odeur forte lorsqu'on les froisse. Les fleurs sont en général très-grandes pour des Labiées, ornées, ainsi que les bractées qui les accompagnent, de couleurs souvent fort vives. On en compte environ deux cent cinquante espèces, parmi lesquelles plusieurs ont été décrites sous des noms différens, de sorte que la synonymie de ces espèces est fort embrouillée. Ces Plantes sont réparties sur presque toute la surface du globe. On en trouve beaucoup dans les régions qui forment le bassin de la Méditerranée. Une foule d'autres croissent au cap de Bonne-Espérance, dans l'Inde, à Saint-Domingue, au Brésil, au Pérou, et dans les diverses contrées de l'Amérique méridionale et septentrionale. Une charmante espèce (*Salvia pratensis*, L.) orne de ses belles fleurs bleues, pendant presque tout l'été, les prairies et les coteaux incultes de l'Europe tempérée et méridionale.

Quelques Sauges sont des Plantes officinales qui avaient beaucoup de réputation dans l'ancienne médecine. Plusieurs espèces exotiques sont cultivées pour la décoration des parterres. Nous ne mentionnerons dans cet article que les plus remarquables sous ces deux points de vue.

La SAUGE OFFICINALE, *Salvia officinalis*, L., Lamk., Illustr., tab. 20, fig. 1, a une souche ligneuse qui pousse beaucoup de rameaux droits, velus, blanchâtres, garnis de feuilles elliptiques lancéolées, légèrement crénelées, ridées, sèches ou peu succulentes, quelquefois panachées de diverses couleurs. Les fleurs, d'un bleu rougeâtre, sont disposées en épi lâche et terminal. Cette Plante croît spontanément dans le midi de l'Europe. On la cultive dans les jardins comme Plante d'utilité; elle est tonique, stomachique et anti-spasmodique.

La SAUGE SCLARÉE, *Salvia Sclarea*, L., a une tige haute d'un pied à un pied et demi, droite, épaisse, rameuse, garnie de feuilles grandes, pétiolées, cordiformes, très-ridées et légèrement crénelées. Les fleurs sont bleuâtres, disposées en épi garni de bractées concaves, dont les supérieures ont une couleur violette. Cette Plante croît dans les contrées méridionales et tempérées de l'Europe. On lui donne les noms vulgaires d'*Orvale*, *Sclarée* et *Toute-Bonne*. Elle a une odeur forte, peu agréable, et elle passe pour stomachique et anti-hystérique. Cependant elle ne nous semble pas supérieure, par ses vertus médicinales, à la Sauge officinale, ni même aux diverses espèces de Sauges qui abondent dans les prairies, dans les bois et les lieux incultes de diverses contrées de l'Europe, telles que les *Salvia pratensis*, *glutinosa*, *Œthiopis*, *Horminum*, *Verbenaca*, etc.

Parmi les Sauges cultivées comme Plantes d'ornement, nous ferons une mention particulière d'une espèce récemment introduite dans les jardins d'Europe, dont elle fait en ce moment (octobre 1828) la plus belle décoration.

La SAUGE ÉCLATANTE, *Salvia splendens*, Bot. Regist., n. 687, a été observée pour la première fois dans le Brésil par le prince Maximilien de Wied-Neuwied, et mentionnée sous ce nom, mais sans description, dans la Relation de son voyage. Elle a été introduite, en 1823, dans les jardins d'Europe, où elle s'est tellement multipliée, qu'on en voit partout des bordures et des massifs qui offrent l'aspect le plus ravissant. C'est une Plante vivace dont les tiges sont sous-ligneuses à la base, dressées, rameuses, tétragones, hautes de deux, trois et quatre pieds, garnies de feuilles ovales-lancéolées, acuminées, dentées en scie, grandes et d'une belle couleur verte. Les fleurs ont le calice très-renflé, le tube de la corolle fort allongé, la lèvre supérieure presque droite, indivise, beaucoup plus grande que l'inférieure. Les étamines, et surtout les stigmates, sont saillans hors de la corolle. Ces fleurs forment au sommet des rameaux des grappes pyramidales, entièrement d'un rouge écarlate. Cette Plante paraît facile à cultiver; mais comme elle est originaire d'un pays chaud, elle craint les froids de nos climats, et conséquemment ne peut passer l'hiver en pleine terre.

(G..N.)

On a étendu le nom de SAUGE à plusieurs Végétaux qui ne sont pas de ce genre, et on a conséquemment appelé:

SAUGE AMÈRE, diverses Germandrées, notamment le *Teucrium Chamœris*.

SAUGE D'AMÉRIQUE, synonyme de Tarchonante.

SAUGE EN ARBRE, diverses Phlomides frutescentes.

SAUGE DES BOIS OU SAUVAGE, le *Teucrium Scorodonia*.

SAUGE DE SAINT-DOMINIQUE, une Conize.

SAUGE DE JÉRUSALEM, la Pulmonaire officinale.

SAUGE DE MONTAGNE, à Saint-Domingue, le *Camara Lantana*, etc.

(B.)

SAUKI. OIS. Espèce du genre Canard. *V.* ce mot. (DR..Z.)

SAULAR. OIS. Syn. de *Gracula saularis* de Latham, qui est un Mainate. *V.* ce mot. (B.)

* SAULCET. POIS. *V.* SAUCLET.

SAULE. *Salix.* BOT. PHAN. Genre principal de la famille des Salicinées et de la Diœcie Diandrie, L., offrant les caractères suivans : fleurs dioïques. Les mâles sont disposées en un chaton oblong, et chacune d'elles est constituée par une écaille qui renferme ordinairement deux étamines (rarement une à cinq) dont les filets sont droits, filiformes, saillans, terminés par des anthères à deux loges; au centre on trouve une petite glande tronquée, qui peut être le rudiment d'un ovaire. Les fleurs femelles sont disposées en chaton comme les fleurs mâles ; chaque écaille renferme un ovaire rétréci au sommet en un style très-court, terminé par deux stigmates droits et bifides. Le fruit est une capsule ovale, subulée, à une seule loge, à deux valves qui se recourbent en dehors après la maturité des graines. Celles-ci sont solitaires, ovales, fort petites, entourées à leur base d'une aigrette de poils simples. Quelques espèces offrent de légères variations dans les caractères que nous venons d'exposer ; ainsi le *Salix pentandra* est ainsi nommé à cause de ses cinq étamines; le *S. monandra* paraît n'avoir qu'une seule étamine, mais en réalité il en possède deux qui sont soudées dans toute leur longueur, ce que l'on reconnaît à l'anthère quadriloculaire.

Les Saules forment un genre très-naturel, composé d'un nombre immense d'espèces (plus de deux cents) dont la synonymie est devenue, pour ainsi dire, inextricable. Les vrais botanistes ne sont pas les seuls coupables de cette confusion ; elle provient aussi de la cupidité de certains collecteurs et marchands de Plantes qui font des espèces sans autre motif que l'augmentation du nombre des objets à vendre. Schleicher, par exemple, a fait plus de cinquante espèces qui se rapportent toutes au *Salix stylosa* de De Candolle. La difficulté qu'on éprouve dans la détermination des espèces de Saules vient principalement de ce que ces Arbres ou Arbrisseaux sont dioïques, et conséquemment qu'il faut les étudier vivans, car on ne rencontre pas souvent dans les herbiers les individus mâles et les individus femelles de la même espèce. L'apparition des fleurs avant les feuilles, les différences du sol, de l'exposition, la culture qui multiplie à l'infini les variétés, sont encore des sources de difficultés.

Les Saules sont des Arbres ou des Arbrisseaux qui se plaisent particulièrement dans les localités humides. On en trouve un grand nombre en Europe, où plusieurs espèces sont cultivées à raison des divers usages de leur bois, et aussi parce qu'elles viennent bien dans des terrains que l'on ne peut utiliser autrement. Quelques Saules servent à consolider les chaussées, parce qu'ils reprennent facilement de boutures, et qu'en peu de temps ils émettent des racines fort ramifiées. Nous nous bornerons à citer quelques-unes des principales espèces qui croissent en France.

Le SAULE BLANC, *Salix alba*, L., s'élève dans son état naturel à plus de dix mètres, et se divise en rameaux nombreux et élancés. Lorsqu'on le taille, il forme une souche épaisse haute de un mètre à un mètre et demi, et couronnée par des branches divergentes formant une tête arrondie. Ses feuilles sont lancéolées, allongées, dentées en scie, glabres en dessus, couvertes en dessous de poils soyeux et couchés. Ce Saule est commun dans les villages sur le bord des fossés. Son écorce est amère, astringente, fébrifuge, et a été employée comme un des meilleurs succédanés du quinquina.

Le SAULE JAUNE, *Salix Vitellina*, L., vulgairement connu sous les noms d'Osier, Osier jaune, Bois jaune et Amarinier, est remarquable par la couleur jaune de ses jeunes branches, des pétioles et des nervures de ses feuilles. On le voit rarement fleurir, parce qu'on coupe chaque année ses branches et qu'on l'empêche de grandir. Ces branches sont souples, et très-convenables pour faire des liens, des paniers et autres ustensiles.

Le SAULE MARCEAU, *Salix capræa*, L., est un Arbrisseau de deux à six mètres de hauteur, dont le tronc est cendré, légèrement fendillé, et dont les rameaux sont allongés, nombreux, d'un vert jaunâtre. Les feuilles, qui naissent après les fleurs, sont arrondies ou ovales, remarquables par leur épaisseur et leurs nervures saillantes, réticulées. Cet Arbrisseau croît sur les collines sèches et dans les bois. Ses fleurs mâles, qui paraissent au commencement du printemps, exhalent une odeur agréable, et sont recherchées par les abeilles. L'écorce de ce Saule est amère-astringente, et même propre au tannage. On fait des paniers avec ses jeunes branches.

Le SAULE PLEUREUR, *Salix babylonica*, L., est un Arbre très-facile à reconnaître, à ses rameaux longs, grêles, flexibles et pendans. On le plante fréquemment dans les jardins paysagers, le long des eaux, où il est d'un effet fort pittoresque. Il sert aussi à orner les monumens funéraires; et c'est un des Arbres les plus appropriés à ce genre de décoration. L'état de *delapsus* de ses branches est vraiment symbolique et affecte l'ame de pensées très-analogues à la circonstance. Le Saule pleureur est originaire du Levant.

Sur les plus hautes sommités de l'Europe, comme par exemple dans les Hautes-Alpes et les Pyrénées, les dernières Plantes ligneuses que l'on rencontre sont des Saules (*Salix herbacea* et *retusa*). Ce sont des Plantes extrêmement petites, si on ne considère que la partie hors de terre; car la souche est souterraine et s'étend quelquefois assez profondément. Il est remarquable que, dans la partie la plus septentrionale du globe que l'on ait explorée sous le rapport botanique (l'île Melville), le dernier Arbuste que l'on rencontre à ces hautes latitudes soit, de même que sur les hautes sommités de l'Europe, une espèce naine de Saule. (G..N.)

SAULE MARIN. POLYP. Plusieurs espèces de Gorgones ont été désignées ainsi par d'anciens naturalistes et par quelques voyageurs. (E.D..L.)

SAULET. OIS. L'un des synonymes vulgaires de Moineau. *V.* GROS-BEC. (DR..Z.)

SAUMON. *Salmo*. POIS. On a pu voir au mot SALMONES que le genre *Salmo* de Linné composait cette famille, et qu'il y était si naturel qu'on n'a guère pu le diviser en genres nouveaux suffisamment distingués, de sorte qu'y étant toujours seul, Cuvier a dû se borner à n'y former que des groupes en assez grand nombre, réunis par les caractères précédemment exposés. Les Saumons, dont Gmelin avait déjà mentionné une soixantaine, sont des Poissons abdominaux, ayant la bouche grande et garnie de dents, la tête comprimée, plus de cinq rayons à la branchiale, la chair ordinairement exquise, et dont quelques espèces ont acquis non-seulement une grande célébrité sur nos tables, mais encore une importance commerciale réelle par la quantité qu'on en pêche et qu'on prépare pour la conservation. Après avoir distrait du genre Saumon les Argentines (*V.* ce mot), nous suivrons, pour faire connaître les autres coupes qui doivent y être conservées, l'ordre établi dans l'Histoire du Règne Animal par Cuvier.

I. SAUMON proprement dit, *Salmo*. Improprement Truite de quelques ouvrages, puisque le nom de *Salmo* est scientifiquement conservé au sous-genre, tandis que *Trutta* demeure simplement spécifique pour l'un des

Poissons qu'il comprend. Ils ont une grande partie du bord de la mâchoire supérieure formée par les maxillaires; une rangée de dents pointues aux maxillaires, aux intermaxillaires, aux palatins et aux mandibulaires, et deux rangées au vomer, sur la langue et sur les pharyngiens, en sorte, dit Cuvier, textuellement copié dans l'article *Truite* du Dictionnaire de Levrault, que ce sont les plus complétement dentés de tous les Poissons. Tout le monde, ajoute ce savant, connaît leur forme; leurs ventrales répondent au milieu de leur première dorsale et l'adipeuse à l'anale. Leurs rayons branchiaux sont au nombre de dix ou environ. Leur estomac étroit et fort long fait un repli et est suivi de nombreux cœcums; leur vessie natatoire s'étend d'un bout de l'abdomen à l'autre, et communique dans le haut avec l'œsophage. Ils ont presque toujours le corps tacheté, habitent les rivages de la mer d'où ils remontent par les fleuves et les rivières jusque dans les lacs les plus éloignés et même sur ceux très-frais des hautes montagnes. Les espèces très-connues de Saumon qui méritent une mention particulière sont les suivantes :

† Saumon commun, *Salmo Salar*, L., Gmel., *Syst. nat.*, 13, T. I, p. 1364; Bloch, pl. 20 et 98; Encycl. Pois., pl. 65, fig. 261 et 262. Le plus connu et le plus répandu de tous, ce qui l'avait fait appeler *Salmo vulgaris* par Aldrovande. Il acquiert jusqu'à cinq et six pieds de longueur, mais ceux qu'on voit ordinairement sur nos marchés sont moins grands, et pèsent pourtant de douze à quinze livres. Les mâles, qui portent vulgairement le nom de Bécards, sont ceux dont la mâchoire inférieure se recourbe en crochet vers le haut. Le Saumon se trouve sur les rivages atlantiques des deux mondes, depuis la zône tempérée jusque bien avant dans l'océan Glacial, puisqu'on en trouve jusqu'au Spitzberg et au Groënland. On assure qu'il existe aussi sur les côtes asiatiques, dans ce

qu'on nomme la Manche de Tartarie. Il se tient toujours au voisinage de l'embouchure des eaux douces où il entre vers la saison du frai; c'est alors qu'on le voit remonter les fleuves et leurs affluens jusqu'auprès de leur source, sans que les distances soient un obstacle à ses migrations. Bravant le courant, il chemine beaucoup plus vite qu'on ne l'a dit, puisqu'il met fort peu de temps pour parvenir dans la Loire, par exemple, à la plus grande distance possible de la mer. Pour se reposer dans ses voyages, le Saumon recherche quelque abri où le cours de l'eau auquel il oppose sa tête ne soit pas trop fort, et il appuie sa queue contre quelque pierre qui l'empêche d'être charrié en arrière. Il passe la belle saison dans l'eau douce; mais on ne le voit ni dans le lac de Genève ni dans le Rhône, parce que probablement on n'en trouve point dans la Méditerranée. Il pénètre au contraire par l'Elbe jusqu'en Bohême; on assure en avoir trouvé jusque dans les Cordillières de l'Amérique méridionale, qui avaient remonté plus de huit cents lieues par le fleuve Maragnon, ce qui est possible; mais ce qui ne le semble pas autant, c'est qu'on ait pêché dans la Caspienne des Saumons qui venaient du golfe Persique, comme on s'en est assuré par des anneaux d'or que leur avaient posés dans les ouies de riches habitans des rives de ce golfe. Au reste, on prétend que ces Poissons, nés dans les rivières, descendus le long des fleuves à la mer pour y passer la mauvaise saison, remontent au printemps suivant au lieu où ils naquirent, comme les Hirondelles reviennent faire leur ponte aux mêmes lieux où elles reçurent le jour. C'est ce dont un amateur dit s'être assuré en achetant à Châteaulin, sous-préfecture du département du Finistère, lieu connu par une grande pêcherie de Saumons, douze de ces Animaux à qui on plaça des anneaux de cuivre à la queue, et qu'on relâcha après cette opération. L'année suivante cinq de ces Saumons furent repris, les autres l'ont été successivement en deux ans, ce qui ne prouve pas « qu'une force invincible trace aux Saumons la route qu'ils doivent faire, » mais simplement que les Animaux, soit de l'air, soit de la terre, soit de l'eau, ont assez de mémoire pour reprendre, dans leurs migrations, un chemin qu'ils ont suivi. Pourquoi s'émerveiller, en style prétentieux, des choses les plus simples, et leur donner un vernis miraculeux? Il eût été beaucoup plus extraordinaire, selon nous, que les Saumons repris à Châteaulin l'eussent été, par exemple, dans les lacs du Canada. Ce n'est pas non plus « en corps d'armée que les Saumons semblent s'élancer du sein des mers pour envahir l'empire des eaux douces. » Ils ne s'élancent point, ils ne sont point enrégimentés, ils n'envahissent aucun empire; ils voyagent tout bonnement sur deux de hauteur, par bandes innombrables dirigées par les plus grosses femelles qui retournent aux lieux où elles ont habitude de déposer leurs œufs. On assure que ces femelles choisissent pour la ponte un fond de sable où, avec leurs ventrales, elles creusent un sillon de quelques pouces de longueur et de profondeur; elles couvrent ensuite leur dépôt dont l'odeur attire le mâle qui y répand le sperme de ses laites. On assure que les cataractes d'une certaine hauteur ne sont pas des obstacles pour les Saumons, et qu'ils savent les franchir; il est probable cependant qu'ils ne remonteraient pas les plus hautes comme le font si lestement les petites espèces du même sous-genre. Le bruit les épouvante, et on croit avoir remarqué, aux environs des communes riveraines, qu'au temps du passage ils s'alarmaient du son des cloches voisines. De ce préjugé vient sans doute celui qui s'enracine aujourd'hui de plus en plus parmi les pêcheurs, auxquels les obscurans, ennemis obstinés de tout perfectionnement nouveau, persuadent que les bateaux à vapeur font fuir les Poissons et doivent opérer bientôt le dépeuplement des rivières. Nul

doute qu'un bateau à vapeur comme toute autre embarcation à rames, venant à traverser des bandes de Saumons voyageurs, ou bien à voguer dans le sens où elles se dirigent, n'y porte le désordre; mais est-il croyable que le bruit ayant cessé, les Saumons ne reviennent plus aux lieux où ils l'entendirent? Le bruit qu'on fait pour les prendre en jetant et levant les filets, la destruction qui s'en opère de temps immémorial aux mêmes lieux, les débris de leurs pareils dont on ensanglante les pêcheries, n'ont jamais été plus un obstacle à leur retour annuel que les coups de fusil que nous tirons aux Hirondelles ne les dégoûtent des clochers et des toits à l'abri desquels elles naquirent. Ce sont les mêmes hommes qui ont déclamé contre la vaccine et causé la mort de tant de victimes dans ces derniers temps, qui veulent aujourd'hui attaquer, soi-disant dans l'intérêt des Poissons et de ceux qui les prennent, le mode de communication qui doit avant la fin du siècle identifier pour ainsi dire l'Amérique libre et la vieille Europe. A-t-on renoncé à l'usage de la poudre à canon parce qu'elle fait peur aux oiseaux? On ne renoncera point aux bateaux à vapeur, les Saumons, les Turbots, les Soles, la Morue et les Harengs dussent-ils manquer dans les poissonneries de nos capitales pour alimenter la bonne chère du samedi, du vendredi et du carême. Les gens de la profession de saint Pierre qui ont abandonné la mer de Galilée depuis qu'on n'y saurait plus trouver une Ablette, feront comme les pêcheurs de Baleine, ils en seront quittes pour suivre leur proie, et pour l'aller forcer dans ses refuges aux lieux où ne vont pas encore de bateaux à vapeur; libre à eux d'y aller à la voile selon la vieille coutume.

Plusieurs auteurs ont évalué la route que peut faire un Saumon dans un jour à un ou deux milles; cette évaluation est beaucoup trop faible; il est bien certain au contraire que ce Poisson nage avec une telle vélocité qu'il peut faire au moins cent toises en une minute, et même plus s'il n'est point contrarié par le courant; mais ce qu'on raconte de leur manière de sauter nous semble moins avéré : on veut que, pour s'élancer hors de l'eau à quelque distance, ils saisissent quelque pierre avec la bouche, que se courbant en arc le plus possible, ils rapprochent leur queue du point d'appui, et que, lâchant des dents en poussant des deux extrémités rapprochées, ils produisent ainsi un violent mouvement de détente. Si les Saumons se livraient à un tel exercice, on en trouverait bien peu dont les mâchoires ne fussent point dégarnies. Les jeunes Saumons, dit Cloquet, grandissent rapidement, et parviennent en assez peu de temps à la taille de quatre à cinq pouces. Lorsqu'ils ont atteint celle d'un pied à peu près, ils se trouvent avoir assez de force pour abandonner le haut des rivières et gagner la mer qu'ils quittent à son tour lorsqu'ils sont longs de dix-huit pouces, c'est-à-dire vers le commencement de l'été et plus tard que les vieux individus de leur espèce. A deux ans ils pèsent déjà six ou huit livres, et à cinq ou six ans ils n'en pèsent que dix ou douze. D'après ces données, on pourrait facilement juger de l'âge avancé de ceux qu'on pêche en Ecosse et en Suède, et qui, de la taille de six pieds, ne pèsent pas moins de quatre-vingts à cent livres. Il est des cantons, tels que divers points de la Bretagne littorale, où l'on en prend une si grande quantité, que les domestiques font mettre dans leurs conditions de service qu'on ne leur fera pas manger de Saumon plus de deux fois la semaine. A Paris ce Poisson est généralement assez cher et estimé; on le prépare à l'huile pour le conserver, et dans ces divers états on le sert toujours sur les meilleures tables.

L'Illanken, ou Saumon de l'Ill, paraît n'être qu'une variété du Saumon proprement dit, à laquelle la position géographique de sa patrie ne permet point de descendre à la mer.

Le lac de Constance est l'Océan pour elle. Ce Poisson ne peut en quitter les eaux douces, arrêté par la grande cascade de Schaffhouse. Il y passe l'hiver, et remonte dans tous ses affluens, et vers le Rhin supérieur dans la belle saison. Sa chair est des plus délicates. Quoiqu'il ponde une immense quantité d'œufs, l'espèce en est peu multipliée, ses migrations n'étant pas assez étendues pour qu'elles puissent le mettre suffisamment à l'abri des nombreux ennemis qui lui font la guerre. Les Hommes, les Oiseaux pêcheurs, les Anguilles et les Brochets détruisent la plus grande quantité des jeunes. B. 12, D. 15, P. 14, V. 10, A. 13, C. 19-21.

La TRUITE COMMUNE, *Salmo Fario*, L., Gmel., *Syst. nat.*, 1, 1367; Bloch, pl. 22; le *Fario*, Encycl. Pois., pl. 52, fig. 266. L'un des plus jolis Poissons des lacs et des rivières, outre qu'il est l'un des plus estimés pour la délicatesse de sa chair. On le trouve dans presque toutes les eaux vives et froides de l'univers; il est néanmoins fort rare dans la Seine. Sa taille ordinaire est d'un pied à quinze pouces, et son poids d'une livre tout au plus; on en cite cependant de beaucoup plus considérables. Celles des Pyrénées et de l'Ecosse passent pour être les meilleures. B. 10, D. 14, P. 10, V. 10-13, A. 11, C. 18-20.

La TRUITE SAUMONÉE, *Salmo Trutta*, L., Gmel. *Syst. nat.* T. 1, p. 1366; Bloch, pl. 21; Encycl., pl. 67, fig. 270. A la chair plus délicate encore que celle de la Truite commune et rougeâtre, comme si le Poisson participait de la nature de cette Truite et de celle du Saumon ordinaire. Elle se tient surtout dans les lacs très-élevés, et remonte dans les plus hautes régions des montagnes tant qu'elle y trouve des filets d'eau pure et courante. Elle nage avec plus de vélocité encore qu'aucun autre Saumon, et franchit les cataractes avec une incroyable agilité. B. 12, D. 12-14, P. 12-14, V. 10-12, C. 20.

Le HUCHE, *Salmo Hucho*, L., Gmel., *Syst. nat.* T. 1, p. 1369;

Bloch, pl. 10; Encycl. pl. 66, fig. 268. Le plus grand des Saumons, et celui qui se trouve le plus communément dans le Danube. On ne le rencontre guère que dans les affluens de la mer Noire ; aussi est-il assez commun dans la Russie méridionale. Il dépasse ordinairement six pieds de long et soixante livres de poids ; sa chair est lourde, mais assez bonne. B. 12, D. 14, P. 17, V. 10, A. 12, C. 16-20.

L'Umble, *Salmo Umbla*, L., Gmel., *Syst. nat.* T. I, p. 1371; Bloch, pl. 101, vulgairement l'Ombre, ou Humble et Umble Chevalier, Encycl. Pois., pl. 68, fig. 274. Le lac de Genève où il est assez répandu, celui de Neufchâtel où il est très-rare, sont les lieux où se trouve ce Poisson célèbre parmi les amateurs de bonne chère, et réputé exquis. Bosc assure en avoir vu de beaux individus payés à Paris jusqu'à trois cents francs pour l'ornement de tables somptueuses. Les petits, qui ont tout au plus un pied, ne valent pas moins d'un louis. On ne mange ce Poisson que cuit au bleu. D. 14, P. 14, V. 12, A. 12, C. 14.

La Rille, petite rivière qui se jette dans la Seine vers son embouchure, possède une petite espèce de Saumon, figurée par Lacépède (T. V, pl. 15, fig. 3), qui ne dépasse guère un Hareng par sa taille. Les autres Saumons proprement dits sont la Truite de montagne, *Salmo alpinus* (Bloch, pl. 104), la Salveline, *Salmo Salvelinus* (Bloch, pl. 99), la Salmarine, *Salmo Salmarinus*, les *Salmo sylvaticus*, *Goedinii*, *Schiefermulleri*, représentés par Bloch, outre les *Salmo erythrinus*, *lacustris* et autres, mentionnés par Pallas ou Lepéchin comme habitant les fleuves de la Russie, soit d'Europe, soit asiatique.

II. Éperlan, *Osmerus*. Artedi forma le genre *Osmerus* que n'adopta point Linné, mais que Cuvier a rétabli comme sous-genre en repoussant plusieurs espèces qu'y avait placées Lacépède. Les Eperlans ont deux rangs de dents écartées à chaque palatin, mais leur vomer n'en a que quelques-unes sur le devant. Leur branchiostège a huit rayons ; leur corps est sans tache, et leurs ventrales répondent au bord antérieur de leur première dorsale, c'est-à-dire qu'elles sont situées un peu plus avant que dans les véritables Saumons. Il n'en existe qu'une espèce bien constatée, l'Eperlan commun, *Salmo Eperlanus*, L., Gmel., *Syst. nat.*, XIII, T. I, p. 1375; Bloch, pl. 28, fig. 2; Encycl. Pois., pl. 68, fig. 176 : trop connue pour que nous nous arrêtions à la décrire. Elle habite la plus grande partie de l'année dans les lacs dont le fond est sablonneux, ainsi que dans les grandes rivières. L'embouchure de la Seine en est remplie, et c'est l'un des Poissons dont on mange le plus à Rouen, où il est fort recherché à cause de l'odeur de violette qu'on lui attribue. Sa taille est petite et sa chair délicate. Il abonde également dans la Baltique. On en cite une variété un peu plus grande, et qui, se tenant constamment dans l'eau salée autour des terres magellaniques, a été figurée (Encycl. Pois., pl. 68, fig. 277) sous le nom d'Eperlan de mer. D. 11, P. 11, V. 8, A. 17, C. 19.

III. Corégone, *Coregonus*. Sous-genre auquel on a quelquefois étendu le nom d'Ombre, qui est celui de l'une de ses espèces et qu'avait fondé Artedi. La bouche y est très-peu fendue; les dents y sont si petites, qu'on les aperçoit à peine; elles manquent même au palais ainsi qu'à la langue, et quelquefois à la mâchoire inférieure. Il y a sept à huit rayons à la branchiostège, et les écailles y sont plus grandes que dans les autres Saumons. La plus grande confusion règne dans la distinction des espèces de ce sous-genre, et conséquemment dans la synonymie de ces espèces; on peut néanmoins y distinguer certainement les suivantes.

L'Ombre commun, *Salmo Thymallus*, L., Gmel., *Syst. nat.*, XIII, T. I, p. 1379; Bloch, pl. 24; Encycl., pl. 62, fig. 281. Celui qu'on appelle Marène de rivière dans certains cantons de la Prusse pour le distinguer de l'espèce suivante qui est la Marène des lacs. Il est surtout commun dans les cours d'eaux rapides et froides de la Norvège où l'on en mange beaucoup, et où ses entrailles sont employées pour faire cailler le lait. On assure que sa chair tient un peu de la saveur du miel et du parfum du thym. B. 10, D. 21-23, P. 16, V. 10-12, A. 14-15, C. 18.

La GRANDE MARÈNE, *Salmo Maræna*, Gmel., *Syst. nat.*, XIII, T. I, p. 1381; Bloch, pl. 27; Encycl., pl. 69, fig. 279; mal à propos appelé Murène dans certains dictionnaires, et qui est bien le Lavaret de Rondelet, celui du lac du Bourget; mais non le Lavaret de Bloch, qui est un tout autre Animal. C'est de ce lac du Bourget que le grand Frédéric, qui était fort amateur de la bonne chère, fit transporter la Grande Marène dans les lacs de la Poméranie, où la pêche en fut très-long-temps défendue pour donner au Poisson le temps de s'y multiplier. Il y a parfaitement réussi; et l'on en prend des individus qui atteignent presqu'à trois pieds de long dans le lac Madu, près de Stargart, où nous en avons vu nous-même un individu de cette taille. Il est difficile d'imaginer un mets plus délicat, une chair plus blanche et plus savoureuse; aucune petite arête ne s'y rencontre, et les habitans du pays ne s'en régalent jamais qu'ils n'expriment leur reconnaissance pour le monarque auquel la province doit une si précieuse importation. B. 8, D. 14, P. 14, V. 11, A. 15, C. 20.

La MARÉNULE, *Salmo Marænula*, Gmel., *Syst. nat.*, XIII, T. I, p. 1381; *Salmo Albula*, Bloch, pl. 28, fig. 2; l'Able, Encycl., pl. 69, fig. 280, vulgairement Petite Marène, *Kleine Maræna* en Allemagne, où l'on prend fréquemment ce Poisson qui n'est pas moins estimé que les précédens. Il ne faut pas le confondre avec le *Salmo Albula* de Gmelin (p. 1379), qui pourrait bien être l'état fort

jeune de l'Ombre bleu. B. 7, D. 10, P. 15, V. 11, A. 14, C. 20.

Le LAVARET, *Salmo Lavaretus*, L., Gmel., *Syst. nat.*, XIII, T. I, p. 1376; Bloch, pl. 23; Encycl., pl. 68, fig. 278, qui n'est point le Lavaret de Rondelet, regardé par Cuvier, ainsi que nous l'avons dit plus haut, comme le même Poisson que la Grande Marène, mais dont les *Salmo Oxyrhinchus*, L., qui est le Houting des Hollandais, l'Ombre bleu, *Salmo Wartmannii*, Gmel., 1, 1382; Bloch, pl. 105, qui est la Bésole de Rondelet, avec le Ferra et le Vangeron de divers lacs de l'Europe, paraissent former une autre espèce distincte à laquelle on a donné plusieurs noms mal à propos. Le Lavaret des mers du Nord aurait aux nageoires D. 14, P. 16, V. 12, A. 17, C. 18, et l'Ombre bleu du lac de Constance, D. 15, P. 17, V. 11, A. 14, C. 23.

Il est des espèces du sous-genre qui nous occupe dont le museau est pointu et proéminent; tels sont entre autres le Nez, *Salmo Nasus* de Lepéchin, qu'on pêche dans l'Obi, où il n'a pas moins de six pieds de long, et le Large, *Salmo Latus* de Bloch, pl. 26, Encycl. Pois, pl. 69, fig. 282, qui ne pèse guère plus de quatre livres et demie.

IV. SAURE, *Saurus*. Les Saumons de ce sous-genre sont les plus allongés de tous, et diffèrent des autres par leur forme cylindracée, et par la grandeur de leurs écailles qui s'étendent sur les joues et sur les opercules. Leur première dorsale est fort en arrière des ventrales qui sont assez grandes. Le museau est court; la gueule fendue fort en arrière des yeux; le bord de la mâchoire supérieure est formé en entier par les intermaxillaires. Il y a beaucoup de dents pointues le long des deux mâchoires des palatins et sur toute la langue, mais aucune sur le vomer. Les viscères sont pareils à ceux des Saumons proprement dits. Leurs branchiostèges offrent un grand nombre de rayons, c'est-à-dire de douze à quinze. Ce sont des Poissons voraces dont on trouve des espèces dans la Méditerranée, tels que le *Salmo Saurus*, L., qui paraît n'être pas le même que le *Salmo Saurus* de Bloch, pl. 384, et l'Osmère à bande de Risso ; le *Salmo fœtens*, Bloch, pl. 384, fig. 2, qui est le Blanchet de l'Encyclopédie, pl. 70, fig. 275, et le *Tumbil*, Bloch, pl. 400, l'un de l'Amérique du nord et l'autre du Malabar, sont encore des Saures. Nous ajouterons une espèce à ce sous-genre :

Le SAURE MILIEN, *Saurus Milii*, (*V.* planch. de ce Dict.). Ce Poisson, long d'un à deux pieds, tout d'une venue, et presque aussi gros vers l'insertion de la queue que par le travers du corps, est d'une couleur brun-noirâtre lavée de bleuâtre vers la tête et uniforme sur toutes ses parties. L'anale y est précisément au-dessous d'une très-petite adipeuse et assez haute. Notre ancien camarade Milius, qui fut successivement gouverneur de Mascareigne et de la Guiane, a pêché ce Poisson à la baie des Chiens - Marins dans l'Australasie ; nous lui en devons la connaissance et la figure. D. 10, P. 8, V. 10, A. 8, C. 20.

V. SCOPÈLE, *Scopeles*. Ces Poissons ont, comme les Saures, la gueule et les ouïes extrêmement fendues ; les deux mâchoires garnies de très-petites dents ; le bord de la supérieure entièrement formé par les intermaxillaires ; la langue et le palais lisses. Leur museau est très-court et obtus ; on leur compte neuf ou dix rayons aux ouïes, et, outre la dorsale ordinaire qui répond à l'intervalle des ventrales et de l'anale, il y en a en arrière une très-petite où l'on aperçoit des vestiges de rayons. Ce sont de très-petits Poissons argentés et brillans qu'on pêche confusément avec les Anchois en certains lieux de la Méditerranée, où on les nomme vulgairement *Meletes*. Rafinesque, dans son *Ichtyologia Siciliæ*, a formé un nouveau genre de l'espèce dédiée à Humboldt par Risso, et l'a figurée (pl. 11, 5)

sous le nom de Myctophe pointillé, *Myctophum punctatum*.

VI. AULOPE, *Aulopus*. Ici se présente un passage assez naturel des Saumons aux Gades. La gueule des Aulopes est bien fendue ; leurs intermaxillaires, qui en forment le bord supérieur, sont garnis, ainsi que les palatins, le bout antérieur du vomer et la mâchoire inférieure, d'un ruban étroit de dents en cardes, mais la langue n'a que quelque âpreté, ainsi que la partie plane des os du palais. Les maxillaires sont grands et sans dents, comme dans le plus grand nombre des Poissons. Leurs ventrales sont presque sous les pectorales, et ont leurs rayons externes gros et seulement fourchus. La première dorsale répond à la première moitié de l'intervalle qui les sépare de l'anale. Il y a douze rayons aux branchies ; de grandes écailles ciliées couvrent le corps, les joues et les opercules. Le *Salmo filamentosus* de Bloch, Poisson de la Méditerranée, est jusqu'ici le seul Poisson de ce sous-genre.

VII. GASTÉROPLÈQUE, *Gasteroplecus*, ou Serpes de Lacépède. Une seule espèce, le *Gasteroplecus Sternicla* de Bloch, p. 97, fig. 3, constitue ce petit sous-genre ; elle est de taille médiocre, avec le ventre comprimé et saillant, parce qu'il est soutenu par des côtes qui aboutissent au sternum. Les ventrales sont très-petites et en arrière ; la première dorsale est située sur l'anale qui est longue. La bouche est dirigée vers le haut ; des dents coniques garnissent la mâchoire supérieure ; à l'inférieure sont des dents tranchantes et dentelées.

†† CHARACIN, *Characinus*. Artedi avait formé sous ce nom un genre de Salmones qui ne fut point adopté par Linné, mais que rétablit Lacépède. Cuvier, après Gmelin (*Syst. nat.*, XIII, p. 1382), n'en fit pas un simple sous-genre, mais une sorte de section ou tribu pour y réunir tous les Saumons qui n'ont pas plus de quatre ou cinq rayons à la bran-

chioslége, et dont la langue est dépourvue de dents; les sous-genres
qui se trouvent dans l'Histoire du
Règne Animal sous le nom de Characins sont les suivans :

IX. CURIMATE, *Curimata*. Les
Characins de ce sous-genre ont la
bouche petite; la première dorsale
au-dessus des ventrales; des dents
variables aux mâchoires, et le ventre non tranchant. Ce sont de petits
Saumons américains dont on connaît
environ quatre espèces, savoir : le
Salmo cyprinoides, L., Edenté, de
Bloch, p. 580; le *Salmo unimacu-
latus*, Bloch, p. 381, qui est le *Characinus Curimata* de Lacépède; le
Salmo Friderici de Bloch, p. 378,
et le *Salmo fasciatus* du même, qui
est le *Characinus fasciatus* de Lacépède.

X. ANOSTOME, *Anostomus*. C'est-à-
dire qui a la bouche en haut. C'est
dans la position de la bouche que
gît effectivement le caractère du sous-
genre dont il est question, dont l'unique
espèce, *Salmo Anostomus* de
Gronou, Gmel., *Syst. nat.*, XIII,
T. I, p. 1387, a les formes des Co-
régones, mais avec la mâchoire supérieure relevée au-devant de la
supérieure, et bombée de façon à
former une sorte de bec. On trouve
ce Poisson dans l'Amérique méridionale et même, dit-on, aux Indes-
Orientales. D. 11, P. 13, V. 7, A. 10,
c. 25.

IX. SERRASALME, *Serrasalmus*. Lacépède forma le genre Serrasalme,
dont le nom signifie Saumon en scie,
en prenant pour type le *Salmo rhom-
beus*, L., Bloch, pl. 282, ou Rhomboïde; Encycl. Pois., pl. 70, fig. 286.
C'est un Poisson comprimé, plus
haut verticalement que ne le sont les
autres Saumons, avec le ventre tranchant et denté. « Il faut, dit Cuvier,
ajouter à ce caractère des dents
triangulaires, tranchantes, dentées,
et disposées sur une rangée aux intermaxillaires et à la mâchoire inférieure seulement; le maxillaire, sans
dents, traverse obliquement sur la
commissure. » Le Serrasalme avait été

anciennement décrit sous le nom de
Piraya par Marcgraaff. Il habite les
eaux douces du Brésil et de la Guiane,
où il atteint, dit-on, une assez
grande taille, et se nourrit d'autres
Poissons et d'Oiseaux de rivage, tels
que les Canards, qu'il sait prendre
fort adroitement. On prétend même
qu'il fait de cruelles morsures aux
hommes qui se baignent. D. 17, P. 17,
v. 6, A. 32, c. 16-22.

XII. PIABUQUE, *Piabucus*. Les
Saumons de ce sous-genre ont la
forme allongée, la tête petite et la
bouche peu fendue des Curimates;
leur corps est comprimé, avec le ventre caréné et tranchant, mais non
denté comme dans les Serrasalmes,
dont ils ont les dents redoutables.
L'anale y est très-longue, et son
commencement antérieur répond au-
dessus du commencement de la
première dorsale. « On ne connaît
encore dans ce genre, dit Cuvier,
que des espèces des rivières de l'A-
mérique méridionale qui montrent
beaucoup d'appétit pour la chair et
pour le sang. » Parmi ces espèces,
qui sont au nombre de trois ou
quatre, nous citerons la Mouche
ou Double-Mouche, *Salmo notatus*,
Gmel., *Syst. nat.*, XXII, p. 1384,
qu'il ne faut pas confondre, comme
on l'a fait dans le Dictionnaire de
Levrault, avec le *Salmo bimaculatus*,
L.; le *Piaba* de Marcgraaff, et le
Piabuque commun, qui est le *Piabucus* du même naturaliste (p. 170),
ou le *Salmo argentinus* de Bloch,
pl. 582.

XIII. TÉTRAGONOPTÈRE, *Tetrago-
nopterus*. Artedi fut encore le fondateur de ce genre, négligé par Linné
et rétabli comme sous-genre par Cuvier. La seule espèce qu'on y com-
prenne encore a la forme élevée,
l'anale longue et les dents tranchantes du Serrasalme; le maxillaire
sans dents traverse de même obliquement sur la commissure, mais
leur bouche est peu fendue; il y a
deux rangs de dents à la mâchoire
supérieure, et le ventre n'est ni caréné ni denteté. Ce Poisson, repré-

senté par Séba (tab. 3 , pl. 34 , fig. 3), n'est pas le *Salmo bimaculatus* de Bloch, pl. 16, qui appartient au sous-genre précédent , et avec lequel on l'a confondu de même que la Mouche.

XIV. Mylète, *Myletes.* Les espèces de ce sous-genre ont le ventre caréné et denté en scie du Serrasalme, avec lequel on serait tenté de les confondre , si ce n'était le système dentaire qui est fort singulier. Les dents y sont en prismes triangulaires, courts, arrondis aux arêtes, et dont la face supérieure se creuse par la mastication, en sorte que les trois angles y sont trois points saillans ; la bouche, peu fendue , a deux rangs de ces dents aux intermaxillaires et un seul à la mâchoire inférieure, avec deux dents en arrière ; mais la langue et le palais sont lisses. On en trouve en Amérique de très-grandes espèces qui sont très-bonnes à manger. Cuvier , sous le nom de *Myletes macropomus*, en a fait représenter une, pl. 10, fig. 1 du Tome iv de son Règne Animal , fort élevée, avec les nageoires verticales en faux. La plus anciennement connue est le Raii du Nil , qui était le *Cyprinus dentex* de Linné dans la XIIe édition du *Systema naturæ*, devenue le *Salmo dentex* dans Gmelin, *Syst. nat.*, XIII, p. 1383. Ce Poisson a la forme allongée ; la première dorsale y répond à l'intervalle des ventrales et de l'anale. On prétend qu'il a été retrouvé dans les fleuves de Sibérie, mais le fait n'est point prouvé. D. 10, P. 15, V. 9, A. 26, C. 19-28.

XV. Hydrocin, *Hydrocinus.* Ces Saumons, dit Cuvier dans son Règne Animal , ont le bout du museau formé par les intermaxillaires, les maxillaires commençant près ou en avant des yeux, et complétant la mâchoire supérieure. Leur langue et leur vomer sont toujours lisses, mais il y a des dents coniques aux deux mâchoires; un grand sous-orbitaire mince et nu comme l'opercule couvre la joue. Les uns ont encore une rangée serrée de petites dents aux maxillaires et aux palatins; leur pre-

mière dorsale répond à l'intervalle des ventrales et de l'anale, ce qui les a fait ranger parmi les Osmères par Lacépède. Ils viennent des rivières de la zône torride , et leur goût ressemble à celui de la Carpe; tels sont les *Salmo falcatus* et *Odoe* de Bloch (pl. 385 et 386). D'autres ont une double rangée de dents aux intermaxillaires et à la mâchoire inférieure ; une rangée simple aux maxillaires, mais leurs palatins n'en ont pas ; leur première dorsale est au-dessus des ventrales. Le savant auteur que nous citons a fait graver une espèce nouvelle de cette tribu sous le nom d'*Hydrocinus brasiliensis* dans la planche 10 , Tome iv. D'autres encore n'ont qu'une simple rangée aux maxillaires et à la mâchoire inférieure ; les dents y sont alternativement très-petites et très-longues, surtout les deux secondes d'en bas, qui passent au travers de deux trous de la mâchoire supérieure quand la bouche se ferme. Leur ligne latérale est garnie d'écailles plus grandes ; leur première dorsale répond à l'intervalle des ventrales et de l'anale ; une quatrième sorte, qui vient aussi du Brésil et que Cuvier nous fera connaître dans sa grande Ichthyologie, a le museau très-saillant, pointu ; les maxillaires très-courts, garnis , ainsi que la mâchoire inférieure et les intermaxillaires, d'une seule rangée de très-petites dents serrées ; leur première dorsale répond à l'intervalle des ventrales et de l'anale. Tout le corps y est garni de fortes écailles. Une cinquième enfin n'a de dents absolument qu'aux intermaxillaires et à la mâchoire inférieure ; elles y sont en petit nombre, fortes et pointues. La première dorsale est au-dessus des ventrales. C'est le *Roschal*, ou Chien d'eau, de Forskahl, ou *Characinus dentex* de Geoffroy (Pois. d'Egypte, pl. 14 , fig. 1), qu'il ne faut pas confondre avec le *Salmo dentex* d'Hasselquist, qui est le Raii du Nil, espèce du sous-genre *Myletes*, dont il a été question plus haut.

XVI. Citharine, *Citharinus.* Les

Saumons de ce sous-genre se reconnaissent à leur bouche déprimée,
fendue en travers au bout du museau, dont le bord supérieur est formé en entier par les intermaxillaires,
et où les maxillaires, petits et sans
dents, occupent seulement la commissure. La langue et le palais sont
lisses; la nageoire adipeuse est couverte d'écailles, ainsi que la plus
grande partie de la caudale. On les
trouve dans le Nil; les uns, tel que
celui que les Arabes appellent l'*Astre
de la nuit* (Serrasalme Citharine,
Geoff., Pois. d'Egypte, pl. 5, fig. 2
et 3), ont de très-petites dents à la
mâchoire supérieure seulement; le
corps élevé comme aux Serrasalmes,
mais le ventre sans tranchant ni dentelures. Les autres, comme le *Ne-
sasch* de Geoffroy (*loc. cit.*, fig. 1),
qui est le *Salmo niloticus* d'Hasselquist, très-différent du Raii, ont aux
deux mâchoires un grand nombre de
dents serrées sur plusieurs rangs,
grêles et fourchues au bout; leur
forme est plus allongée.

XVII. STERNOPTIX, *Sternoptix.* Cuvier, qui n'a pas vu ce Poisson, le
place avec doute à la suite des Saumons. On le pêche sur les côtes des
Antilles. Son corps est comprimé,
très-haut verticalement; l'abdomen
y est tranchant et remontant en
avant, en sorte que la bouche est
dirigée vers le ciel. Il n'a pas de ventrales, mais on y voit un pli festonné de chaque côté du tranchant
abdominal sous les pectorales. La
dorsale est petite et située au milieu
du dos; son premier aiguillon est une
forte épine en avant de laquelle tient
encore une membrane. Derrière cette
nageoire se voit une petite saillie qui
représente peut-être la nageoire adipeuse des Saumons. Les ouïes ne
paraissent fermées que par une simple membrane sans opercule ni
rayons. Ce n'est donc pas même un
Characin où il y a quatre ou cinq
rayons à la branchiostége.   (B.)

SAUMONEAU. POIS. Le jeune
Saumon.   (B.)

SAUMONELLE. POIS. Le fretin,
n'importe de quelle espèce, dont on
se sert en certains lieux pour amorcer les lignes.   (B.)

* SAUNEBLANCHE. BOT. PHAN.
Ancien synonyme de Lampsane. *V.*
ce mot.   (B.)

SAUPE. POIS. Espèce du genre
Bogue. *V.* ce mot.   (B.)

SAUQUÈNE. POIS. La jeune Dorade du genre Spare, sur certaines
côtes de la Méditerranée.   (B.)

* SAURAMIA. BOT. PHAN. (Jussieu.) Pour Saurauja. *V.* ce mot.
        (G..N.)

SAURAUJA. BOT. PHAN. Et non
Sauraja. Willdenow (*Nov. Act. Soc.
nat. cur. berol.*, 3, pag. 406, tab. 4)
établit sous ce nom un genre de la
famille des Ternstrœmiacées, qui a
été ainsi caractérisé : calice persistant, pourvu de deux à trois bractées, à cinq sépales ovés-elliptiques,
imbriqués; cinq pétales insérés sur
le réceptacle, égaux; étamines nombreuses insérées sur le réceptacle ou
sur la base des pétales qui sont soudés dans cette partie, à filets libres,
à anthères extrorses, à deux lobes
tubuleux, s'ouvrant par le sommet;
ovaire supère, sessile, surmonté de
cinq styles terminés par des stigmates simples; capsule globuleuse,
entourée par le calice, couronnée par
les styles, à cinq loges et ayant une
déhiscence loculicide par le sommet
en cinq valves; graines nombreuses
fixées à l'angle interne des loges. Ces
graines sont couvertes d'un test crustacé, réticulées, ayant un périsperme
charnu, un embryon axile, droit,
et la radicule regardant le hile. Ce
genre se distingue facilement des autres Ternstrœmiacées par la pluralité
des styles. De Candolle (Mém. de la
Société de physique et d'Histoire
naturelle de Genève, T. 1) avait
établi un genre *Apatelia* qui était le
même que le *Palava* de Ruiz et Pavon; mais Kunth et Cambessèdes,
dans la révision qu'ils ont faite de la
famille des Ternstrœmiacées, regar-

dent ce genre comme non suffisamment distinct des *Saurauja*. Ce genre se compose d'une quinzaine d'espèces dont à peu près la moitié croît dans les Indes-Orientales et l'autre dans l'Amérique équinoxiale. Ce sont des Arbres ou des Arbrisseaux dressés, à feuilles dépourvues de stipules, alternes et entières ; leurs fleurs sont disposées en grappes composées, axillaires. Parmi les espèces remarquables par leur beauté, nous citerons celles qui ont été figurées par De Candolle, *loc. cit.*, tab. 2 à 8, savoir : *Saurauja villosa*, *S. serrata*, *S. lanceolata*, *S. nudiflora*, *S. bracteosa*, *S. tristyla*, et *Apatelia lanceolata*.

(G..N.)

* **SAURAUJÉES.** *Saurauieæ.* BOT. PHAN. De Candolle a formé sous ce nom une tribu de la famille des Ternstrœmiacées, et composée uniquement du genre *Saurauja* de Willdenow et de l'*Apatelia* qui doit être réuni à ce genre. *V.* SAURAUJA et TERNSTROEMIACÉES.

(G..N.)

SAURE. *Saurus.* POIS. Sous-genre de Saumon. *V.* SAUMON.   (B.)

SAUREL ET SAURELLE. POIS. Noms vulgaires du Caranx Trachure.

(B.)

* **SAURÉS ou SAURETS.** POIS. *V.* HARENG COMMUN à l'article CLUPE.

SAURIARIA. BOT. PHAN. Ancien synonyme de Serpentaire, *Arum Dracunculus*, L.   (B.)

SAURIENS. REPT. Deuxième ordre de la classe des Reptiles dans la méthode de Brongniart. Cet ordre est aujourd'hui unanimement adopté à quelques modifications près, qu'y a apportées en peu de temps l'augmentation de nos connaissances dans toutes les branches de l'histoire naturelle. «De même que les Chéloniens, avons-nous dit dans un de nos précédens ouvrages, les Sauriens ne composaient qu'un seul genre dans le *Systema Naturæ* où les espèces, rapprochées par une forme générale à peu près pareille, différaient cependant entre elles par des points trop consi-

dérables pour qu'on les pût confondre long-temps sous le nom de *Lacerta*. Quatre pieds égaux, et une queue à l'extrémité d'un corps sans carapace, étaient les caractères qu'avait assignés le législateur suédois. Laurenti l'un des premiers, ayant formé des groupes au milieu de ce chaos, ces groupes, successivement adoptés par les erpétologistes, sont devenus non-seulement des genres, mais encore des familles que Cuvier a portées au nombre de six, savoir : les Crocodiliens, les Lacertiens, les Iguaniens, les Geckotiens, les Caméléoniens et les Scincoïdiens. Nous proposons d'en ajouter une septième, celles des Paléosaures. Ces Paléosaures seront les anciens Lézards, c'est-à-dire ceux que les révolutions ou la vétusté du globe ont fait disparaître de sa surface, mais dont les couches des terrains antiques ont conservé les débris. Nous y comprenons deux genres où les pates étaient conformées en nageoires, les Ichthyosaures et les Plésiosaures. *V.* ces mots.

Chez les Sauriens le cœur est conformé comme chez les Chéloniens, c'est-à-dire de deux oreillettes et d'un ventricule quelquefois divisé par des cloisons imparfaites. Leurs côtes sont mobiles, en partie attachées au sternum, ou arc-boutant les unes avec les autres comme dans les Caméléons. Le poumon y est quelquefois excessivement considérable, et alors l'Animal a la faculté de changer de couleur à volonté d'une manière plus ou moins sensible. Les œufs ont l'enveloppe plus ou moins dure, mais toujours calcaire ; et des petits, qui ne doivent jamais changer de forme, en sortent sans que la mère se soit inquiétée de veiller sur eux. La bouche est toujours garnie de dents. Les pieds sont armés d'ongles ; la peau est essentiellement recouverte d'écailles en général fort serrées, mais non ordinairement imbriquées. Le plus grand nombre des Sauriens présente quatre pates ; il en est pourtant qui n'en ont que deux. Un examen superficiel, dit fort judicieusement H. Cloquet, suffit pour distinguer un Saurien de tout autre Reptile. Cependant il est quelques Sauriens auxquels, sans une certaine attention, on pourrait trouver des rapports avec des espèces appartenant à des genres plus ou moins éloignés. Si, par exemple, les Sauriens s'éloignent des Ophidiens par la présence des membres et par l'existence de paupières mobiles, des Batraciens par le défaut de métamorphoses, des Chéloniens par la privation de carapace et par l'existence des dents, des Poissons enfin par la privation de branchies au moins dans le vieil âge, ils s'en rapprochent néanmoins par beaucoup de points. C'est ainsi que les Scinques par les Orvets les lient aux premiers, que les Salamandres les rapprochent des seconds, que la Tortue serpentine les unit aux troisièmes, et qu'enfin les têtards des Grenouilles et des Tritons, ainsi que l'ordre des Pneumobranches (*V.* ce mot au Supplément), les lient à la quatrième et dernière classe des Vertébrés.

D'après l'étude de leurs caractères extérieurs, on a essayé de reporter les Sauriens en trois tribus, savoir : celle des URONECTES, dont la queue est aplatie en dessus ou de côté; celle des EUMÉRODES, où la queue est conique et distincte du corps; enfin celle des UROBÈNES, où la queue, également arrondie et conique, n'est pas distinguée du corps dont elle est le prolongement. Ces distinctions peu tranchées ne paraissent point avoir eu l'assentiment général.

On ne connaît pas de Sauriens venimeux, ou du moins ce qu'on a dit de la morsure dangereuse de certaines espèces n'est point avéré. Tous paraissent être carnassiers ou du moins insectivores, et se nourrissent de proie ayant eu vie. La plupart s'engourdissent durant la mauvaise saison; et s'il en est qui se plaisent à l'ombre ou dans l'humidité des lieux obscurs, d'autres semblent se complaire aux brûlans rayons du soleil le plus radieux. Il en est d'aquatiques, et d'autres qui recherchent la surface des rochers, des vieux murs secs ou la fraîcheur des branchages. Il en est de fort élégans, tandis que d'autres sont horribles à voir; il en est de très-grands et redoutables, et de fort petits et innocens, de très-farouches et de familiers, au point d'habiter nos demeures. Les Oiseaux de proie sont les ennemis des espèces faibles. Dans les pays chauds des hommes ne dédaignent pas la chair de quelques-uns. Pendant fort longtemps ils peuvent se passer de nourriture. Tous s'accouplent. Chez le mâle les testicules sont dans la cavité abdominale, collés en avant de la face inférieure des reins; leur substance se compose de faisceaux fins, cylindriques et facilement séparables, remplis d'un fluide spermatique abondant, où nous avons observé les Zoospermes dans plusieurs espèces, ainsi que dans leurs épididymes qui forment un corps particulier fort gros, plus long que le corps même des testicules et de forme pyramidale, excepté chez les Crocodiles. Il y existe toujours deux pénis où du moins la verge est profondément bipartie. On peut consulter le tableau joint à notre article ERPÉTOLOGIE pour connaître le nom des genres qui composent l'ordre des Sauriens, et les articles de chacun desdits genres dans le reste du présent Dictionnaire. (B.)

*SAURION. BOT. PHAN. L'un des noms anciens de la Moutarde, selon Daléchamp. (B.)

SAURITE. REPT. SAUR. Espèce du genre Couleuvre. *V.* ce mot. (B.)

SAURITIS. BOT. PHAN. L'un des synonymes anciens d'Anagallide, suivant Ruell. (B.)

SAURITIS. MIN. Au temps où l'empirisme faisait rechercher les Bézoards, on nommait ainsi une pierre qui se formait dans l'intérieur des Lézards et qui s'employait dans la médecine superstitieuse. (B.)

*SAUROPUS. BOT. PHAN. Genre de la famille des Euphorbiacées et de la Monœcie Triandrie, L., établi par Blume (*Bijdr. Flor. ned. Ind.*, p. 595) qui l'a ainsi caractérisé : fleurs monoïques. Les mâles ont un calice coloré, déprimé, orbiculaire, coriace, à six dents ; point de glandes ; trois étamines à filets soudés par la base, à anthères extrorses et adnées au sommet des filets. Les fleurs femelles ont un calice à six divisions profondes et situées sur deux rangs ; un ovaire triloculaire, à loges biovulées, surmonté de trois stigmates réfléchis, bifides. Le fruit est charnu, renfermant trois coques chartacées, à une ou deux graines en hélice, difformes, munies à l'angle interne d'un arille charnu, presque dépourvues d'albumen, à cotylédons inégaux. Les *Sauropus rhamnoides* et *S. albicans* sont des Arbrisseaux quelquefois grimpans et qui ont le port des *Phyllanthus*. Ils croissent dans les montagnes de l'île de Java. (G..N.)

SAUROTHECA. ois. (Vieillot.) Syn. de Tacco. *V.* ce mot. (DR..Z.)

* SAURURÉES. *Saurureæ.* BOT. PHAN. Dans son Analyse du fruit, le professeur Richard a nommé ainsi une famille nouvelle de Plantes monocotylédones qui se compose des genres *Saururus* et *Aponogeton*. Les caractères de cette famille consistent surtout dans des fleurs hermaphrodites dépourvues d'enveloppes florales propres, qui sont remplacées par une sorte de bractée ou de spathe ; les étamines sont libres et varient de six à douze ou quatorze ; les pistils, au nombre de trois à quatre, sont sessiles, légèrement soudés entre eux par leur base interne, terminés en pointe stigmatifère à leur sommet, offrant une seule loge qui contient deux ou trois ovules ascendans. Les fruits sont des carpelles uniloculaires, indéhiscens, contenant une à trois graines. Celles-ci offrent l'organisation que nous indiquerons à l'article suivant en décrivant le genre *Saururus*. Cette famille, dont on peut rapprocher aussi le genre *Hydrogeton* qui néanmoins offre quel-

ques points de contact avec les Alismacées, ressemble tout-à-fait aux Pipéritées par l'organisation de sa graine et le port des Végétaux qui la composent. Mais le nombre des étamines et des pistils dans chaque fleur, les ovaires contenant toujours deux ou trois et non un seul ovule, distinguent suffisamment les Saururées des Pipéritées. Cette famille a aussi beaucoup d'analogie avec les Cabombées ; mais, dans cette dernière famille, la présence d'un calice et l'insertion des graines forment les principaux caractères distinctifs entre ces deux ordres. *V.* CABOMBÉES et PIPÉRITÉES.   (A. R.)

SAURURUS. BOT. PHAN. Plumier avait d'abord donné ce nom à quelques Plantes qui ont été réunies avec juste raison au genre *Piper*, et Linné a employé le nom de *Saururus* pour désigner un genre qui depuis a été généralement adopté. Ce genre, qui appartient à l'Heptandrie Trigynie, avait été placé par Jussieu dans la famille polymorphe des Naïades. Mais le professeur Richard en a formé le type d'un ordre naturel nouveau sous le nom de Saururées. Voici les caractères du genre *Saururus* : les fleurs sont hermaphrodites, disposées en épis simples et cylindriques, opposées aux feuilles comme dans beaucoup d'espèces de Poivriers. Chaque fleur est sessile, au fond d'une spathe courte, unilatérale et pédicellée ; cette fleur se compose de six étamines dressées, saillantes, attachées autour de trois ou quatre pistils réunis ensemble par la base de leur côté interne et formant ainsi comme un pistil à trois ou quatre cornes un peu recourbées et glanduleuses, qui sont les stigmates ; chaque ovaire est à une seule loge, et contient deux ovules ascendans, attachés vers la partie inférieure de l'axe commun. Le fruit se compose de quatre carpelles épais, indéhiscens, à une loge contenant deux ou une seule graine par avortement ; les graines sont ovoïdes, terminées en pointe à leur sommet, composées, outre leur tégument propre, d'un gros endosperme blanc, dur et comme corné, sur le sommet duquel est appliqué un très-petit embryon antitrope, orbiculaire, déprimé, tout-à-fait indivis, et par conséquent monocotylédone. Fendu longitudinalement, cet embryon présente vers sa partie moyenne un petit corps ou mamelon renversé adhérent, vers sa partie inférieure qui est la plus rétrécie, à la masse de l'embryon, et légèrement bilobée à son extrémité opposée : ce corps intérieur est évidemment la gemmule. Pour peu que l'on compare la structure de la graine du *Saururus*, avec celle des Poivriers, on verra qu'elle offre une identité presque parfaite avec celle de ce genre. Voyez ce que nous avons dit dans le volume précédent à l'article POIVRIER.

Le genre *Saururus* se compose de deux espèces, *Saururus cernuus*, L., qui sert de type au genre, et *Saururus lucidus*, Don. La première de ces espèces, que nous avons figurée dans l'Atlas de ce Dictionnaire, est originaire de l'Amérique septentrionale. C'est une grande Plante vivace qui croît dans l'eau ; sa tige herbacée, dressée, porte des feuilles alternes, longuement pétiolées, cordiformes, aiguës, à sept nervures divergentes.

(A. R.)

* SAURUS. POIS. *V.* SAURE.

SAUSARAI ou **SAUSURAI.** OIS. Espèce du genre Canard. *V.* ce mot.

(DR..Z.)

SAUSSURÉE. *Saussurea.* BOT. PHAN. Ce genre de la famille des Synanthérées et de la Syngénésie égale, a été dédié par De Candolle (Ann. du Muséum, T. XVI, p. 196) à ses compatriotes De Saussure père et fils, tous deux illustres dans les sciences physiques et naturelles. Il a été formé aux dépens des *Serratula* et *Cirsium* des auteurs, et il a reçu les caractères suivans : involucre composé de folioles imbriquées, inermes, les extérieures aiguës, les intérieures obtuses et souvent membraneuses au

sommet ; réceptacle garni de paillettes déchiquetées longitudinalement en lanières sétiformes ; calathide composée de fleurons nombreux, réguliers, tous hermaphrodites ; stigmate bifide ; akènes lisses ; aigrette formée de poils disposés sur deux rangées, les extérieurs courts, denticulés, persistans, les intérieurs longs, plumeux, soudés à la base en un anneau qui à la maturité se détache de l'akène. C'est surtout par la structure de l'aigrette que le genre *Saussurea* est remarquable, et ce caractère le distingue particulièrement du genre *Serratula*, dans lequel la plupart de ses espèces avaient été placées. Il se distingue des *Cirsium* et des *Leuzea* par la forme des écailles de l'involucre, tandis que sous ce rapport il a quelque analogie avec le *Liatris* ; mais son réceptacle, garni de paillettes, ne permet pas de le confondre avec ce dernier genre. Dans aucune espèce de *Saussurea*, De Candolle n'a pu voir la nodosité du style qui caractérise les Plantes qui faisaient partie de l'ancien groupe des Cinarocéphales. Cette particularité tend donc à éloigner le genre en question des Cinarocéphales ou Carduacées, et à le rapprocher des *Liatris*.

Les Saussurées sont des Herbes à feuilles souvent pinnatifides et à fleurs purpurines. On en a décrit seulement une quinzaine d'espèces, mais le nombre sera probablement augmenté lorsqu'on aura soumis à une révision attentive toutes les espèces anciennement placées parmi les *Serratula*, les *Cirsium* et autres genres voisins. La plupart de ces Plantes croissent dans la Sibérie et notamment dans les terrains sablonneux de cette vaste contrée. Quelques-unes se trouvent sur les Hautes-Alpes, et particulièrement les *Saussurea alpina* et *discolor*, qui ont servi à établir le genre. Ces Plantes ont leurs calathides disposées en petites ombelles presque terminales ; leurs feuilles sont velues en-dessous, principalement dans le *Saussurea discolor* où elles sont couvertes d'un duvet si court qu'elles paraissent blanches comme de la neige. Parmi les espèces décrites par De Candolle (*loc. cit.*), nous ne citerons ici que celles qu'il a figurées, savoir : 1° *Saussurea elongata*, pl. 10; 2° *S. runcinata*, pl. 11; 5° *S. elata*, pl. 12; 4° *S. Japonica*, pl. 14.

(G..N.)

SAUSSURIA. bot. phan. (Mœnch.) *V*. Chataire.

SAUSSURITE. min. Syn. de Jade de Saussure. *V*. Jade.   (G. del.)

SAUTERELLE. *Locusta*. **ins.** Genre de l'ordre des Orthoptères, famille des Locustaires, établi par Geoffroy et adopté par Latreille et par tous les entomologistes, avec ces caractères : corps allongé; tête grande, verticale, de la largeur du corselet; yeux petits, saillans, arrondis; ocelles peu ou point apparens : antennes sétacées, très-longues, à articles courts, nombreux et peu distincts, insérées entre les yeux et vers leur extrémité supérieure; labre grand, entier, presque circulaire en devant; mandibules fortes, peu dentées; mâchoires bidentées à leur extrémité, ayant une seule dent allongée au côté interne; galette allongée, presque trigone; palpes inégaux, les maxillaires plus grands, de cinq articles, les labiaux de trois; le dernier obconique dans les quatre palpes; lèvre ayant quatre divisions, celle du milieu fort petite; les extérieures arrondies à leur extrémité; menton presque carré; corselet souvent tétragone, court, comprimé sur les côtés; point d'écusson; élytres inclinées, réticulées, recouvrant des ailes; abdomen terminé par deux appendices sétacés, écartés entre eux à leur insertion, et portant, dans les femelles un oviscapte vulgairement nommé sabre, très-saillant, comprimé, et composé de deux lames accolées l'une à l'autre; pates postérieures très-grandes, et propres à sauter; leurs cuisses renflées vers la base et leurs jambes munies en dessus de deux rangs d'épines assez fortes; tarses

composés de quatre articles dont le dernier supporte deux crochets sans pelottes; le pénultième article de ces tarses bilobé. Ce genre formait à lui seul la famille des Locustaires de Latreille; mais, dans ces derniers temps (Fam. natur. du Règn. Anim.), il en a extrait plusieurs espèces formant des genres distincts qu'il a nommés Conocéphale, Pennicorne (*Scaphura*, Kirby), Anisoptère et Ephipigère. Les Conocéphales diffèrent des Sauterelles proprement dites, parce que leur front est terminé en un cône obtus; le genre Pennicorne, que Kirby établissait en même temps sous le nom de *Scaphura* (*Zoological Journal*) en est bien distingué, parce que la base de ses antennes est garnie de poils. Le genre Anisoptère s'en éloigne parce que les femelles sont toujours aptères ou n'ont que des élytres très-courtes, en forme d'écailles arrondies et voûtées. Enfin, le genre Ephipigère en est distingué parce que les deux sexes n'ont point d'ailes et ont les élytres remplacées par deux écailles cornées, arrondies et voûtées. Les Sauterelles se nourrissent de Végétaux; aussi on les trouve en abondance dans les prairies, les champs herbeux, et sur les arbres. Quand elles veulent s'envoler, il faut qu'elles exécutent un saut, afin de pouvoir étendre leurs grandes ailes, ce qu'elles ne pourraient faire étant à terre. Leur vol est peu rapide et ne s'étend pas à de grandes distances. Le chant des mâles est aigu et long-temps continué; il est produit par le frottement des élytres l'une contre l'autre, et n'appartient qu'aux espèces qui ont à leur base un espace scarieux, décoloré, transparent, et ressemblant en quelque sorte à un miroir. Les femelles ne produisent aucun bruit. Elles déposent leurs œufs dans la terre au moyen de leur sabre ou oviscapte; les larves ne diffèrent de l'Insecte parfait que par l'absence totale d'ailes et d'élytres, et par leur petitesse. Les nymphes ont des fourreaux contenant les ailes et les élytres; sous ces deux états, elles jouissent des mêmes facultés qu'à l'état parfait, mais elles ne peuvent pas se reproduire. Ce genre se compose d'un grand nombre d'espèces dont plusieurs sont d'une taille assez considérable ; on en trouve dans toutes les contrées du monde. Parmi celles qui habitent les environs de Paris, nous citerons :

La SAUTERELLE TRÈS-VERTE, *Locusta viridissima*, Latr., Fabr.; *Gryllus (Tettigonia) viridissima*, L., figurée par Rœsel, Ins. 2, Grill. 10, fig. 11. Longue de deux pouces, verte, sans taches.

La SAUTERELLE TACHETÉE, *Locusta verrucivora*, Fabr., Latr., figurée par Rœsel, Ins. 3, *Loc. Germ.*, tab. 8. Longue d'un pouce et demi ; verte, avec des taches brunes et noirâtres sur les élytres. Son nom de Ronge-Verrue vient de ce que les paysans de la Suède font mordre les verrues qu'ils ont aux mains par cet Insecte, et que la liqueur noire et bilieuse qu'il dégorge dans la plaie fait sécher les excroissances.

On donne quelquefois aux Criquets le nom vulgaire de SAUTERELLE DE PASSAGE, et l'on appelle SAUTERELE DE MER, diverses Squilles. (G.)

SAUTEUR. ZOOL. On a nommé ainsi, à cause de leurs allures, les Gerboises et un Antilope parmi les Mammifères, un Sphénisque parmi les Oiseaux, le Gecko à tête plate parmi les Sauriens, un Cyprin, le Skib et un Exocet parmi les Poissons. (B.)

SAUTEURS. ZOOL. Premier ordre de la méthode erpétologique de Laurenti. *V.* ERPÉTOLOGIE.

On a aussi fait des Sauteurs, *Saltatores*, *Saltatoria*, parmi les Mammifères et les Insectes. Latreille (Règne Animal) divise les Insectes Orthoptères en deux grandes familles auxquelles il donne les noms de Coureurs et de Sauteurs. Ces deux familles sont converties (Fam. natur. du Règn. Anim.) en trois sections dont la première correspond entièrement à la famille des Coureurs, et les deux autres à celle des Sauteurs. Ces deux dernières sections renferment les familles des Grilloniens, Locustaires et Acrydiens. *V.* ces mots. (G.)

SAUVAGEA. BOT. PHAN. Linné avait ainsi orthographié, dans la première édition de son *Genera Plantarum*, le nom du genre qu'il rectifia ensuite par celui de *Sauvagesia*. Necker et Adanson ont néanmoins adopté l'orthographe primitive. (G..N.)

SAUVAGEON. BOT. PHAN. Les Arbres fruitiers, venus de pepins et non greffés, portent ce nom chez les pépiniéristes. (B.)

SAUVAGES NIVELEURS. BOT. CRYPT. Groupe d'Agarics dans la ridicule nomenclature de Paulet, dont les espèces sont des Souris roses, des Cinq-Parts, et la Feuille-Morte. (B.)

SAUVAGÉSIE. *Sauvagesia*. BOT. PHAN. Ce genre fut dédié par Linné à Sauvages, fameux médecin et botaniste de Montpellier, et placé dans la Pentandrie Monogynie. Ses rapports naturels restèrent long-temps méconnus. En 1789, Jussieu indiqua ses affinités avec les Violacées, et Du Petit-Thouars se rangea à cet avis qui fut celui de tous les botanistes et notamment de De Gingins dans le Prodrome de De Candolle, jusqu'à ce qu'Auguste Saint-Hilaire, après avoir étudié les Plantes du Brésil dans leur pays et particulièrement le genre *Sauvagesia*, se décida à le placer parmi les Frankeniées, dont il forma une tribu avec d'autres genres nouveaux, tels que le *Lavradia* de Vandelli et le *Luxemburgia*. Dans un Mémoire très-étendu qu'il a publié sur ces genres et qui est inséré parmi ceux du Muséum d'Histoire naturelle, il a imposé les caractères suivans au *Sauvagesia* : calice persistant, divisé profondément en cinq segmens très-étalés, mais fermés dans le fruit. Corolle ayant deux rangées de pétales ; les extérieurs au nombre de cinq, hypogynes, égaux, très-ouverts, obovés, caducs ; les pétales intérieurs, aussi au nombre de cinq, hypogynes, opposés aux extérieurs, dressés, connivens, en tube, se joignant par les bords et persistans ; ces deux rangées de pétales sont séparées par des filets plus courts, dilatés au sommet, persistans, dont le nombre est indéfini ou défini, et, dans ce dernier cas, ils alternent avec les pétales. Etamines au nombre de cinq, hypogynes, alternes avec les pétales, à filets très-courts, adhérens à la base intérieure de la corolle, à anthères fixées par la base, immobiles, extrorses, linéaires, biloculaires, s'ouvrant latéralement et par le sommet. Ovaire supère, uniloculaire, pluri-ovulé, surmonté d'un style cylindrique, dressé, persistant, et d'un stigmate obtus à peine visible. Capsule revêtue de toutes les enveloppes florales, ordinairement oblongue ou ovoïde-oblongue, aiguë et trilobée dans une espèce, déhiscente par trois valves plus ou moins profondes, vide dans la partie supérieure. Graines sur deux rangs, très-petites, marquées de fossettes alvéolaires, ayant un test crustacé, un ombilic terminal, composées d'un périsperme charnu, d'un embryon droit, axile, d'une radicule regardant le hile et plus longue que les cotylédons. Les Sauvagésies sont de petites Plantes ligneuses, très-glabres, rarement des herbes, à feuilles simples, portées sur de courts pétioles, ou sessiles, munies de stipules latérales, géminées, ciliées et persistantes. Les fleurs sont axillaires, blanches, roses ou légèrement violettes. Auguste Saint-Hilaire admet six espèces dans le genre *Sauvagesia*. La plus anciennement connue est le *Sauvagesia erecta*, L., qui a pour synonymes les *S. adyma* d'Aublet, *nutans* de Persoon, et *geminiflora* de De Gingins. Cette Plante croît non-seulement dans l'Amérique méridionale et aux Antilles, mais encore en Afrique, au Sénégal, ainsi qu'à Madagascar et à Java. Elle est mucilagineuse et employée à l'intérieur comme pectorale, à l'extérieur comme ophtalmique. Les Nègres de Cayenne mâchent ses feuilles en guise de *Calalou*. Auguste

Saint-Hilaire (*loc. cit.*) en a figuré plusieurs espèces nouvelles sous les noms de *S. racemosa*, *Sprengelii*, *rubiginosa*, *tenella* et *linearifolia*. Ces Plantes croissent dans le Brésil méridional.   (G..N.)

* SAUVAGÉSIÉES. *Sauvageæ*. BOT. PHAN. De Gingins donne ce nom à une tribu de Violacées qui renferme le genre *Sauvagesia* ; mais cette tribu a été examinée avec plus de détails par Auguste Saint-Hilaire qui l'a augmentée des genres *Lavradia* et *Luxemburgia*, et l'a placée parmi les Frankéniées. *V.* ces mots.   (G..N.)

SAUVEGARDE. REPT. SAUR. *V.* MONITOR et TUPINAMBIS.

SAUVETERRE. MIN. Dans le département des Basses-Pyrénées, on appelle Marbre de Sauveterre une sorte de Brèche qui présente un fond noir avec des taches blanches anguleuses.   (G. DEL.)

SAUVEVIE. BOT. CRYPT. L'un des noms vulgaires de l'*Asplenium Ruta-Muraria*, L.   (B.)

* SAUZE ou SAUZÉ. BOT. PHAN. (Garidel.) Le Saule en Provence. (B.)

SAVACOU. *Cancroma*. OIS. Genre de la seconde famille de l'ordre des Grales. Caractères : bec plus long que la tête, très-déprimé, beaucoup plus large que haut, tranchant, dilaté vers le milieu de la longueur ; arête proéminente, pourvue de chaque côté d'un sillon longitudinal ; mandibules assez semblables à deux cuillers appliquées l'une sur l'autre, le côté concave tourné vers la terre ; un crochet à l'extrémité de la supérieure, l'inférieure terminée en pointe aiguë. Narines placées obliquement à la surface du bec, dans le sillon longitudinal, recouvertes d'une membrane. Pieds médiocres ; quatre doigts, trois en avant, unis à leur base par une membrane assez large ; pouce articulé intérieurement au niveau des autres doigts. Ailes médiocres ; première rémige plus courte que les deuxième, troisième, quatrième et cinquième qui sont les plus longues. Les savanes noyées de l'Amérique méridionale et particulièrement de la Guiane sont les habitations favorites de cet Oiseau qui, à lui seul, compose tout le genre. On le voit presque toujours triste, silencieux et perché sur de vieux troncs desséchés, guetter à la manière de la plupart des Hérons les Poissons et les Mollusques qui s'avancent assez près des rives pour devenir sa proie; dès qu'il les juge à sa portée, en un clin-d'œil il développe son corps qu'il avait tenu jusque-là tout ramassé, et s'élance avec une extrême vivacité sur l'objet de sa convoitise; il le saisit en effleurant rapidement la surface de l'eau et aussitôt l'engloutit dans son bec énorme et plat. On ignore sur quelle observation est fondée la dénomination latine de *Cancroma* donnée au Savacou; mais il est de fait que bien rarement, et seulement par nécessité, cet Oiseau recherche les Crabes et se rapproche des bords de la mer où il pourrait les pêcher. Ce que l'on a rapporté de la douceur de ses mœurs n'est guère plus exact, car peu d'Oiseaux se montrent plus susceptibles de se courroucer, d'entrer en fureur; alors ses longues plumes occipitales se redressent et lui donnent un aspect tout différent de celui qu'il a dans l'état de calme. Il choisit pour établir son nid un buisson peu élevé; il entrelace, avec des bûchettes, les branches les plus touffues et tapisse l'intérieur de cet évasement hémisphérique d'une couche épaisse de duvet: c'est là qu'il dépose deux ou trois œufs d'un gris verdâtre. L'on n'a point encore observé l'époque ni la multiplicité des mues; on sait seulement que dans les collections ou trouve peu d'individus parfaitement semblables.

SAVACOU COCHLEARIA, *Cancroma Cochlearia*, Lath. Parties supérieures grisâtres; front blanc; sommet de la tête noir; nuque garnie d'une longue huppe flottante; parties inférieures rousses à l'exception de la poitrine qui est blanche; mandibule supé-

rieure noirâtre, l'inférieure blanchâtre, pieds d'un vert jaunâtre. Taille, dix-sept pouces. La femelle, Buff., pl. enl. 38, a les parties supérieures d'un gris bleuâtre avec la région des épaules et les plumes de la nuque noires; le front et le menton jaunâtres; le cou et la poitrine blancs; les parties inférieures mélangées de blanc et de roux; le bec rougeâtre; les pieds bruns. Le jeune mâle, Buff., pl. enl. 869, a toutes les parties supérieures d'un cendré rougeâtre, le front d'un blanc pur, le sommet de la tête noir, orné d'une très-longue huppe de même couleur; petites rectrices alaires bleuâtres; joues verdâtres; menton brun; devant du cou et parties inférieures blanchâtres; flancs roussâtres; bec d'un brun noirâtre; pieds bruns.   (DR..Z.)

* SAVADU-PUNÉE. MAM. L'un des noms de pays du Zibeth. *V.* CIVETTE.   (B.)

SAVALLE. POIS. *V.* CAILLEU-TASSART.

SAVASTANIA. BOT. PHAN. (Scopoli et Necker.) Syn. de *Tibouchina* d'Aublet. *V.* ce mot.   (G..N.)

SAVASTENA. BOT. PHAN. (Schrank.) Syn. d'Hierochloé. *V.* ce mot.   (G..N.)

SAVATELLE. BOT. CRYPT. *V.* ESCUDARDES.

SAVETIER. POIS. Syn. vulgaire d'Epinoche. *V.* GASTÉROSTÉE. (B.)

SAVIA. BOT. PHAN. Genre de la famille des Euphorbiacées et de la Diœcie Pentandrie, L., établi par Willdenow, et adopté par Adrien de Jussieu (*Euphorb.*, p. 15, tab. 2, f. 5) avec les caractères suivants: fleurs dioïques. Le calice est à cinq divisions profondes; la corolle est à trois ou cinq pétales courts, insérés autour d'un disque glanduleux; quelquefois cette corolle manque. Les fleurs mâles ont cinq étamines, à filets courts, à anthères adnées, introrses; ces étamines sont insérées sur un rudiment de pistil simple ou tripartite. Les fleurs femelles offrent un ovaire placé sur le disque, à trois loges biovulées, et surmontées de trois styles réfléchis, bifides au sommet, et conséquemment terminés par six stigmates. Le fruit est capsulaire, à trois coques qui chacune ont deux valves et renferment une seule graine. Les ovules sont pendans du sommet de l'ovaire, au moyen d'un corps charnu qui les couvre et remplit la loge, mais qui s'évanouit à la maturité, époque à laquelle un des ovules est entièrement avorté. Ce corps charnu, qui se retrouve, mais de moindre volume, dans d'autres genres d'Euphorbiacées, paraît être formé des arilles des deux graines qui se sont soudés en un seul corps. Le genre *Savia* ne renferme qu'une seule espèce anciennement nommée par Swartz *Croton sessiliflorum*. C'est un Arbuste de Saint-Domingue, ayant les feuilles alternes, entières, glabres et veinées, munies de deux stipules petites et caduques. Les fleurs mâles sont ramassées par glomérules entourés de plusieurs bractées. Les femelles sont axillaires, solitaires, accompagnées de bractées et presque sessiles.

(G..N.)

* **SAVIGNYA**. BOT. PHAN. Genre de la famille des Crucifères, et de la Tétradynamie siliculeuse, L., établi par De Candolle (*Syst. nat. Veget.*, 2, p. 283) qui l'a placé dans la tribu des Alyssinées, et lui a imposé les caractères suivans : calice dressé, égal à la base; pétales entiers; étamines libres, non denticulées; silicule sessile, plane, comprimée, elliptique, apiculée par le style qui est court et tétragone, divisée en deux loges par une cloison membraneuse et persistante, à valves planes, à placentas à peine proéminens, et à cordons ombilicaux libres, plus courts que les graines; celles-ci sont nombreuses, contiguës, presque imbriquées, très-comprimées, munies d'un large bord; cotylédons plans, accombans, parallèles à la cloison; radicule supérieure. Ce genre tient le

milieu entre le *Lunaria* et le *Ricotia*. Il diffère du premier par sa silique sessile et ses cordons ombilicaux libres; du *Ricotia* par son calice égal à la base, et par sa silicule biloculaire même à la maturité. Il est encore plus voisin du *Farsetia*, mais son port est tout-à-fait différent, et d'ailleurs, son calice égal et son style aigu l'en distinguent suffisamment. Le *Savignya ægyptiaca*, De Cand., *loc. cit.*; *Lunaria parviflora*, Delile, Flore d'Egypte, tab. 35, fig. 3, est la seule espèce de ce genre. C'est une Plante herbacée, annuelle, glabre et rameuse. Ses feuilles radicales sont ovales, amincies en pétiole, obtusément dentées; les caulinaires sont étroites, entières. Les fleurs sont petites, violacées et disposées en grappes opposées aux feuilles. Cette espèce a été trouvée dans les sables de l'Egypte près des Pyramides de Saqqârah.   (G..N.)

SAVINA. BOT. L'un des vieux synonymes de la Sabine, d'où le *Lycopodium complanatum*, qui ressemble un peu à ce Genévrier, a reçu quelquefois le même nom.   (B.)

SAVINIER. BOT. PHAN. *Juniperus Sabina*, L. Même chose que Sabine. *V.* ce mot et GENEVRIER.   (B.)

SAVON. CHIM. ORG. On nomme ainsi certaines substances formées de l'union des corps gras avec les alcalis et les oxides, et sur lesquelles les travaux de Chevreul ont dans ces derniers temps fourni des renseignemens nombreux et positifs. Selon la théorie de ce savant chimiste, les Savons sont de véritables combinaisons salines dont la base est un Alcali ou un oxide métallique quelconque, et le radical un mélange d'acides formés par l'acte de la saponification, c'est-à-dire sous l'influence de l'Alcali. Il a donné à ces Acides les noms de Margarique, Stéarique et Oléique; d'où il suit que les Savons sont des Margarates, Stéarates et Oléates de Soude, de Potasse, de Plomb. Nous ne mentionnons ici ces corps que pour énoncer une propriété particulière des substances alcalines et des corps gras qui sont des produits naturels; car les Savons ne sont jamais que des produits de l'art, et par conséquent ne doivent pas être traités dans ce Dictionnaire.

On a donné le nom de SAVON AR-SENICAL DE BÉCŒUR, à une composition usitée dans la préparation des objets d'histoire naturelle. *V.* TAXI-DERMIE. (G..N.)

SAVON DE MONTAGNE. MIN. Le Seifenstein des Allemands, sorte d'Argile smectique. *V.* ARGILE.
(G. DEL.)

SAVON DES VERRIERS. MIN. Le Manganèse oxidé que l'on emploie pour décolorer le verre. (G. DEL.)

* SAVONAIRE BOT. PHAN. Pour Sapouaire. *V.* ce mot. (B.)

SAVONETTE DE MER. MOLL. Nom que les marins donnent à des masses arrondies formées d'œufs de différens Mollusques, et entre autres de Buccins et de Pourpres (A. R.)

SAVONIER. *Sapindus.* BOT. PHAN. Genre de Plantes de l'Octandrie Monogynie de Linné, qui a donné son nom à la famille des Sapindacées, et dont la fleur peut être considérée comme présentant le type régulier de cette famille. Ses caractères distincts sont : un calice à cinq folioles; cinq pétales alternes avec elles, insérés sur le réceptacle, égaux entre eux, souvent munis au-dessus de leur base et sur leur face interne d'un appendice de forme variable; un disque charnu dont le bord crénelé s'étend entre les pétales et les étamines; huit à dix étamines insérées sur le disque, libres, à anthères introrses et s'ouvrant longitudinalement; un style entier terminé par le stigmate; un ovaire à trois ou très-rarement à deux loges, renfermant chacune un seul ovule dressé; un fruit charnu, indéhiscent, souvent réduit par avortement à un seul lobe arrondi, portant sur un de ses côtés les restes des lobes avortés et du style, et conte-

nant au-dessous de sa partie charnue un noyau uniloculaire et monosperme; le tégument externe est membraneux; l'embryon est légèrement courbé sur lui-même ou droit; la radicule est petite et tournée vers le hile.

Les Savoniers sont des Arbres qui habitent les régions chaudes de l'Asie, de l'Afrique et de l'Amérique. Leurs feuilles sont alternes, pinnées avec impaire, dépourvues de stipules; leurs fleurs sont polygames, disposées en grappes ou en panicules axillaires.

Les racines et surtout la partie charnue des fruits du *Sapindus Saponaria*, L., et de plusieurs autres espèces, contiennent une substance savonneuse, susceptible de se dissoudre dans l'eau et de la rendre propre à nettoyer le linge : de-là, le nom de Savonier donné aux Arbres de ce genre. D'autres espèces, telles que les *S. esculentus*, Nob., et *senegalensis*, Poir., ont des fruits dont la chair a un goût agréable et qui servent d'aliment aux peuples des pays où ils végètent. Une légère conformité dans la forme des folioles a engagé Sprengel à réunir à cette dernière le *S. arborescens* d'Aublet, qui, loin de pouvoir être confondu avec lui, doit, ainsi que le *S. frutescens* du même auteur, être rapporté au genre *Cupania*. (CAMB.)

SAVONIÈRE. BOT. PHAN. (Chomel.) Syn. de Saponaire. *V.* ce mot.
(B.)

SAVORÉE. BOT. PHAN. L'un des noms vulgaires de la Sarriète. *V.* ce mot. (B.)

SAXATILE. POIS. Espèce du genre Chromis. *V.* ce mot. (B.)

SAXICAVE. *Saxicava.* MOLL. C'est à Fleuriau de Bellevue que l'on doit l'établissement de ce genre dans l'intéressant Mémoire qu'il publia dans le Journal de Physique (an X) sur les Lithophages. Il en proposa en même temps plusieurs autres très-voisins, qu'en dernier lieu Lamarck réduisit à trois : celui-ci est du nombre de ceux qu'il conserva ; il le mentionna d'abord dans la Philosophie zoologique où il est compris dans la famille des Solénacées avec les Rupellaires et les Pétricoles. Bientôt après, dans l'Extrait du Cours, il divisa cette famille des Solénacées et proposa celle des Lithophages (*V*. ce mot) : le genre qui nous occupe s'y trouve le premier. Lamarck confondait dans ses Saxicaves un petit genre que Poli avait indiqué et que Cuvier sépara définitivement sous le nom de Byssomie (*V*. ce mot), et n'adopta pas cependant le genre Saxicave, quoiqu'il présente des caractères constans. Dans son dernier ouvrage, il conserva la famille des Lithophages et le genre Saxicave dans les mêmes rapports. D'après les indications de Cuvier, Férussac rejeta cette famille, la démembra, en rapprocha une partie des Vénus, et les Saxicaves furent joints à la famille des Pholades. Blainville eut une opinion, si ce n'est semblable, du moins conforme à celle-là. Il plaça, en effet, les Saxicaves dans la famille des Pyloridés (*V*. ce mot), à côté des Glycimères, des Rhomboïdes et des Byssomies, avec lesquels il a en effet de grands rapports.

Comme son nom l'indique, ce genre ne renferme que des Coquilles qui ont la faculté de perforer les pierres pour y trouver un abri. C'est toujours près des côtes et dans les rochers calcaires, et souvent dans les galets roulés de cette substance, que l'on trouve le plus habituellement les coquilles de ce genre. Elles sont presque toutes blanches, peu élégantes et souvent irrégulières. L'Animal est enveloppé d'un manteau qui n'a antérieurement qu'une fort petite ouverture ; les deux bords sont soudés dans tout le reste de leur longueur ; postérieurement il se termine par les deux siphons réunis en une seule masse charnue, et faisant constamment saillie hors de la coquille, comme dans les Pholades par exemple. Le pied est très petit, rudimentaire

et probablement sans usage. La masse abdominale est plus considérable avec un ovaire plus ou moins développé, selon la saison ; elle contient les organes digestifs qui ne diffèrent pas notablement de ceux des Acéphalés en général. Il existe une paire de branchies de chaque côté du corps, et elles se prolongent postérieurement assez loin dans la cavité du siphon branchial. Ce genre, dans lequel on ne connaît encore qu'un petit nombre d'espèces, peut être caractérisé de la manière suivante : Animal perforant, claviforme ; une très-petite ouverture palléale vis-à-vis un pied rudimentaire ; siphons allongés, charnus, réunis ; deux paires de petites branchies, libres postérieurement et engagées dans le siphon branchial ; coquille peu régulière, généralement transverse, très-inéquilatérale, bâillante aux deux extrémités, à crochets peu saillans ; charnière n'ayant qu'une dent à chaque valve, quelquefois complétement avortée ; deux impressions musculaires : impression palléale échancrée postérieurement.

Le nombre des espèces est de douze environ, quatre vivantes et les autres fossiles ; ces dernières, encore peu répandues, ne se sont rencontrées que dans les terrains tertiaires, et ce sont les environs de Paris qui jusqu'ici en ont offert le plus grand nombre. Nous en avons décrit cinq espèces nouvelles, dans notre ouvrage sur les fossiles de cette localité célèbre.

SAXICAVE RIDÉE, *Saxicava rugosa*, Lamk., Anim. sans vert. T. v, pag. 501, n. 1 ; *Mytilus rugosus*, L., Gmel., p. 3352, n. 7 ; Pennant, Zool. brit. T. iv, pl. 63, fig. 72. De l'Océan du nord et des côtes d'Angleterre. Il est à présumer que l'espèce n. 2 de Lamarck, la Saxicave gallicane, n'est qu'une variété de celle-ci. La Saxicave pholadine du même auteur ne peut rester dans ce genre ; elle appartient aux Byssomies.

SAXICAVE AUSTRALE, *Saxicava australis*, Lamk., *loc. cit.*, n. 4 ; *ibid.*, Blainv., Trait. de Malac., pl. 80, fig. 4.

SAXICAVE DE GRIGNON, *Saxicava grignonensis*, N., Descr. des Coq. foss. des env. de Paris, T. 1, p. 64, n. 1, pl. 9, fig. 18, 19. Fossile à Grignon.

SAXICAVE NACRÉE, *Saxicava margaritacea*, N., *loc. cit.*, pl. 9, fig. 22, 23, 24; *ibid.*, Mém. de la Soc. d'Hist. nat. de Paris, T. 1, pl. 15, fig. 9. Coquille rare de Valmondois. (D..II.)

*SAXICOLA. OIS. (Brisson.) Syn. de Traquet. *V*. ce mot.   (DR..Z.)

SAXIFRAGE. *Saxifraga*. BOT. PHAN. Ce genre, qui a donné son nom à la famille des Saxifragées, et qui appartient à la Décandrie Digynie, L., offre les caractères suivans : calice court, campanulé, quinquéfide, persistant; corolle à cinq pétales étalés, un peu rétrécis en onglet à leur base, insérés sur le calice; dix étamines insérées également sur le calice, à filets subulés ou en massue, terminés par des anthères arrondies ou réniformes; ovaire tantôt libre, tantôt adhérent en totalité ou seulement par sa moitié avec le calice, surmonté de deux styles courts, divergens, terminés par des stigmates obtus; capsule ovoïde, surmontée de deux pointes en forme de bec qui sont les styles persistans et accrus, s'ouvrant au sommet par un trou orbiculaire situé entre les deux bases des styles, et n'offrant qu'une seule loge qui renferme un grand nombre de graines très-petites et lisses. Le genre Saxifrage se compose d'un nombre très-considérable d'espèces (plus de cent vingt, sans compter les variétés qui sont excessivement nombreuses), pour la plupart indigènes des hautes montagnes du globe et principalement des Alpes et des Pyrénées. L'organisation florale de toutes ces Plantes ne présente que peu de variations dans les caractères que nous avons exposés plus haut; aussi les botanistes judicieux n'ont-ils pas cru nécessaire d'établir des genres particuliers en leur assignant des caractères qui dans d'autres genres auraient plus de gravité, comme, par exemple, l'adhérence ou la non-adhérence de l'ovaire. C'était sur une semblable différence que Tournefort avait constitué ses genres *Saxifraga* et *Geum*, ce dernier ayant l'ovaire parfaitement libre. Quelques auteurs modernes, grands amateurs d'innovations inutiles, n'ont pourtant pas craint de dilacérer encore le genre fort naturel des Saxifrages et tel que Linné l'a constitué. Ainsi Mœnch, Borkhausen, Schranck, Haworth, etc., ont non-seulement rétabli le *Geum* de Tournefort, mais encore proposé les genres *Bergenia* ou *Geryonia* pour le *Saxifraga crassifolia*; *Diptera* ou *Sekika* pour le *Saxifraga sarmentosa*; *Micranthes*, pour le *Saxifraga hieracifolia*; *Miscopetalum* pour le *Saxifraga rotundifolia*, et *Robertsonia* pour plusieurs espèces de Saxifrages nouvelles décrites par Haworth, etc. Aucun de ces genres n'est admis, si ce n'est à titre de simple section, par les auteurs qui ont écrit récemment sur les Saxifrages. D. Don en a publié une Monographie dans le treizième volume des Transactions de la Société Linnéenne de Londres. Il les a partagés en cinq sections dont nous allons donner un léger aperçu.

La 1re section (*Bergenia*) a le calice campanulé, rugueux extérieurement, à segmens connivens : des pétales onguiculés; des étamines à filets subulés et à anthères arrondies; les styles creux en dedans, remplis d'ovules; des stigmates glabres, hémisphériques, et des graines cylindracées. Cette section ne se compose que de trois espèces dont la plus remarquable est le *Saxifraga crassifolia*, L., qui est originaire des montagnes de la Sibérie, et que l'on cultive en Europe dans les parterres. C'est une Plante d'ornement qui fleurit au premier printemps, lorsque la terre est dépourvue de toute autre fleur. Ses feuilles sont grandes et charnues; ses fleurs rouges forment un thyrse au sommet d'une hampe très-épaisse.

La 2e section (*Gymnopera*) offre un

calice à cinq folioles réfléchies ; des pétales hypogynes, sessiles ; des étamines hypogynes, à filets en massues , et à anthères réniformes ; des styles connivens à stigmates simples et imberbes ; une capsule presque arrondie, nue, renfermant des graines sphériques. Cette section correspond à l'ancien genre *Geum* de Tournefort ; elle renferme onze espèces , parmi lesquelles nous mentionnons les *Saxifraga Geum*, *umbrosa* et *hirsuta*, qui sont de charmantes espèces cultivées depuis long-temps comme bordures. Leurs feuilles sont charnues, indivises ou simplement crénelées ; leurs fleurs sont nombreuses, paniculées , blanches, souvent ponctuées de rouge ou de jaune safrané.

La 3e section (*Leïogyne*) a le calice profondément quinquéfide ; des pétales le plus souvent sessiles ; des étamines insérées sur l'entrée du tube calicinal, à filets subulés ; des styles dressés, à stigmates orbiculés , imberbes ; une capsule non adhérente au calice, renfermant des graines arrondies. Les espèces de cette section sont au nombre de vingt-cinq réparties en deux groupes, d'après leurs feuilles lobées ou indivises. Parmi celles à feuilles lobées , on distingue le *Saxifraga granulata* qui croît abondamment dans les bois ombragés de l'Europe tempérée et méridionale. Cette Plante a la racine munie de grains tuberculeux. Sa tige haute d'environ un pied a des feuilles inférieures réniformes, les supérieures sont lobées, presque palmées ; les pétales sont d'un beau blanc lacté. Parmi les espèces à feuilles indivises, on remarque plusieurs espèces à fleurs jaunes qui croissent dans les lieux humides des montagnes ; tels sont les *Saxifraga hirculus* et *aizoides*.

La 4e section (*Micranthes*) est caractérisée par un calice à cinq divisions profondes et établies ; des pétales petits , sessiles, étalés , insérés sur le calice ; des étamines également insérées sur le calice, à filets très-courts , subulés ; des styles épais , très-courts , à stigmates capités ,

glabres ; une capsule déprimée, non adhérente au calice. Huit espèces indigènes des contrées arctiques composent cette section. Nous citerons comme types les *Saxifraga pensylvanica*, *hieracifolia*, que l'on voit quelquefois dans les jardins de botanique. Ce sont des Plantes vivaces , à feuilles radicales , à fleurs nombreuses , petites, blanches ou jaunâtres , réunies en panicule au sommet d'une hampe assez allongée.

Enfin , sous le nom de Saxifrages proprement dites (*Saxifragæ veræ*), Don a décrit une cinquantaine d'espèces qui ont le calice quinquéfide ; des pétales sessiles, périgynes ; des étamines également périgynes, à filets plans, sensiblement atténués au sommet ; des stigmates étalés, plans, spatulés, garnis d'une fine pubescence ; une capsule adhérente au calice , renfermant des graines obovales. Ces nombreuses espèces sont l'ornement des hautes montagnes ; leurs feuilles sont indivises, coriaces , cartilagineuses ou ciliées sur les bords , à fleurs blanches , jaunes , verdâtres ou roses, disposées en panicules. Parmi ces Plantes, la plus belle est sans contredit le *Saxifraga pyramidalis* , originaire des Alpes , et cultivé comme Plante d'ornement dans la plupart des jardins d'Europe. Le *Saxifraga Cotyledon*, qui en est une espèce très-voisine, tapisse les fentes des Rochers dans les Alpes , le Jura, les Vosges , et plusieurs autres montagnes subalpines.   (G..N.)

On a souvent étendu le nom de SAXIFRAGE à des Plantes qui n'appartiennent point au genre dont il vient d'être question. Ainsi l'on a improprement appelé : ●

SAXIFRAGE DORÉ, l'une ou l'autre espèce de *Chrysosplenium*. *V*. DO-RINE.

SAXIFRAGE MARITIME , la Criste marine.

SAXIFRAGE PYRAMIDAL OU DES TOITS, la Joubarbe.

SAXIFRAGE DES PRÉS ET DES BOIS , des Peucédans et des Boucages. *V*. tous ces mots.
        (B.)

SAXIFRAGÉES. *Saxifrageæ.* BOT. PHAN. Nous avons déjà dit à l'article CUNONIACÉES, qu'à l'exemple du professeur Kunth, nous croyions devoir réunir aux Saxifragées le groupe de Végétaux qui en a été retiré sous le nom de Cunoniacées par le célèbre R. Brown. En effet, ainsi que cet habile observateur l'indique lui-même, ses Cunoniacées ne diffèrent des autres Saxifragées que par leur tige ligneuse. Nous ne croyons pas qu'un semblable caractère, malgré la différence de port qu'il entraîne avec lui, puisse suffire pour servir à la séparation de deux familles, et les Cunoniacées seront pour nous une simple tribu des Saxifragées. Voici les caractères des Saxifragées : le calice est monopétale, persistant, plus ou moins adhérent avec la base de l'ovaire, divisé en deux lobes dont le nombre varie de trois à huit; la corolle qui manque rarement se compose d'autant de pétales qu'il y a de lobes calicinaux. Les étamines sont tantôt en nombre double des divisions du calice, tantôt elles sont très-nombreuses; les deux ovaires, plus ou moins intimement soudés entre eux par leur côté interne, sont ou libres ou plus ou moins adhérens avec le calice. Ils offrent chacun une seule loge, et, lorsqu'ils sont soudés, ils forment un ovaire biloculaire, dont chaque loge renferme un grand nombre d'ovules attachés à un trophosperme central, sur lequel viennent s'appuyer les deux bords de la cloison. Chaque ovaire se termine par un style plus ou moins allongé, au sommet duquel est un stigmate simple. Le fruit est communément une capsule terminée par deux pointes, à deux loges polyspermes, s'ouvrant en deux valves, tantôt septicide, tantôt loculicide. Les graines contiennent sous leur tégument propre un endosperme charnu dans lequel est placé un embryon cylindrique dont la radicule est tournée vers le hile.

Les Saxifragées sont des Plantes herbacées, annuelles ou vivaces, des Arbustes ou même des Arbres plus ou moins élevés; leurs feuilles sont alternes ou opposées, simples ou composées de plusieurs folioles; quelquefois munies de stipules. L'inflorescence est très-variée; les fleurs sont tantôt terminales et solitaires, tantôt axillaires, diversement groupées en épis, en grappes ou en capitules. Nous avons dit que nous disposions en deux tribus les genres de cette famille.

Iᵣₑ Tribu. — SAXIFRAGÉES VRAIES.

Tige herbacée, feuilles alternes, étamines en nombre double ou simple des lobes calicinaux.

Heuchera, L.; *Saxifraga*, L.; *Mitella*, L.; *Tiarella*, L.; *Donatia*, Forst.; *Astilbe*, Hamilton, et *Chrysosplenium*, L.

IIᵉ Tribu. — CUNONIACÉES, R. Brown.

Tige ligneuse; feuilles opposées, simples ou composées, munies en général de stipules; étamines nombreuses ou seulement doubles des pétales.

Cunonia, L.; *Weinmannia*, L.; *Ceratopetalum*; *Calycoma*, R. Brown.; *Codia*, Forst.; *Bauera*, R. Brown., et *Itea*, L.

Quant au genre *Adoxa*, il nous paraît avoir aussi de très-grands rapports avec cette famille dont il s'éloigne cependant par les ovaires au nombre de trois à cinq soudés ensemble, et contenant chacun un seul ovule. Le professeur De Jussieu trouve à ce genre quelques affinités avec les Araliacées.

La famille des Saxifragées appartient à la classe des Dicotylédones polypétales périgynes, où elle vient se placer à côté des Crassulacées et des Portulacées. Elle diffère de ces deux familles par ses deux pistils soudés, et la structure de sa graine qui, dans les deux autres familles, se compose d'un embryon recourbé autour d'un endosperme farinacé.   (A. R.)

SAXIN. MAM. On a quelquefois désigné, sous ce nom francisé, le *Mus saxatilis* de Pallas.   (B.)

* SAYACA. OIS. Sous ce nom, les Brésiliens connaissent une espèce de Tangara, d'un gris vert brillant, que les ornithologistes d'Europe ont prise pour la femelle du *Tanagra episcopus*, et que le prince de Wied a décrit sous le nom de *Tanagra palmarum*.
(LESS.)

SAYACOU ou SYACOU. OIS. Espèce de Tangara. *V.* ce mot.   (B.)

* SAYOU. OIS. Nom donné en Chine à une espèce de Moqueur dont le chant est plein de mélodie. (LESS.)

SAYRIS. POIS. Rafinesque substitue ce nom déjà employé par Rondelet à celui de Scombrésoce créé par Lacépède.   (B.)

SCABIEUSE. *Scabiosa.* BOT. PHAN. Genre de la famille des Dipsacées et de la Tétrandrie Monogynie, L., offrant les caractères suivans : Fleurs réunies en tête sur un réceptacle commun, environnées d'un involucre de folioles disposées sur un ou plusieurs rangs. Chaque fleur a un involucelle (calice extérieur, selon Jussieu) monophylle, ordinairement cylindracé, marqué de huit petites fossettes et ceignant étroitement le fruit; calice adhérent, ayant le limbe ordinairement à cinq segmens sétacés, qui, quelquefois, avortent en tout ou en partie; corolle tubuleuse insérée sur le calice, à quatre ou cinq divisions et à estivation cochléaire, c'est-à-dire que le lobe extérieur qui est le plus grand couvre les autres comme un casque; étamines ordinairement au nombre de quatre, quelquefois de cinq, suivant le nombre des lobes de la corolle, insérées sur celle-ci et alternes avec ses nervures, à filets saillans hors de la corolle, terminés par des anthères oblongues, biloculaires; ovaire surmonté d'un style filiforme, à stigmate échancré; akène ovale-oblong, couronné par le limbe calicinal qui affecte diverses formes, contenant une seule graine pendante, pourvue d'un albumen charnu et d'un embryon droit à radicule supère. Ce genre est composé d'un grand nombre d'espèces qui, dans l'organisation florale, offrent des différences tellement notables que l'on a établi plusieurs genres aux dépens de ces espèces. Ainsi le genre *Cephalaria* de Schrader, ou *Lepicephalus* de Lagasca, est fondé sur les Scabieuses dont le limbe du calice est presque en forme de soucoupe ou de disque concave, l'involucelle à quatre faces, les étamines au nombre de quatre, etc. Le genre *Pterocephalus* de Lagasca se compose des Scabieuses dont le limbe du calice est en forme d'aigrette plumeuse. Le genre *Trichera* de Schrader est fondé sur le *Scabiosa arvensis* qui a été placé récemment parmi les *Knautia*. Le genre *Asterocephalus* de Lagasca comprend des espèces qui ont été distribuées soit parmi les Scabieuses proprement dites, soit parmi les *Knautia*. Enfin on trouve dans Rœmer et Schultes le genre *Sclerostemma* de Schott, qui ne peut être distingué des vraies Scabieuses. La plupart des genres que nous venons d'indiquer avaient été constitués il y a plus d'un siècle par Vaillant qui en outre avait créé le genre *Succisa* reproduit par Mœnch; mais Linné les avait tous rejetés comme étant d'une trop faible valeur. Le docteur Th. Coulter, auquel on doit une monographie des Dipsacées qui a paru à Genève en 1823, a adopté les genres *Cephalaria* et *Pterocephalus*, mais en les circonscrivant dans des limites plus fixes que celles qui leur avaient été assignées. Il a réformé également les caractères et la composition du genre *Knautia* dans lequel il a fait entrer plusieurs espèces de *Scabiosa* décrites par les auteurs. Nous avons fait connaître ces changemens aux articles KNAUTIE et PTÉROCÉPHALE. *V.* ces mots. Les caractères génériques que nous avons exposés plus haut ne conviennent qu'aux Scabieuses proprement dites, en excluant de ce genre les *Cephalaria*; mais comme il n'a pas été traité de ce genre dans notre Dictionnaire, et que d'ailleurs ses caractères essentiels ne reposent que sur une légère différence dans la forme du limbe calicinal ainsi que dans le nombre des parties florales, toutes les généralités que nous pouvons exposer sur les espèces de *Scabiosa* peuvent s'appliquer aux *Cephalaria* qui ont absolument le même port.

Les Scabieuses sont des Plantes herbacées, à racines ordinairement vivaces, à tiges simples ou rameuses, garnies de feuilles opposées, tantôt simples, tantôt découpées profondément en plusieurs lobes. Leurs fleurs sont terminales et offrent l'aspect de celles des Synanthérées; leurs couleurs sont très-variées; les Scabieuses de nos champs les ont bleuâtres. Le nombre des espèces décrites par les auteurs est très-considérable, mais beaucoup d'entre elles ne sont que de simples variétés à peine caractérisées. Coulter a rassemblé, dans sa monographie quarante-six espèces de vraies Scabieuses dont il n'a vu lui-même qu'environ la moitié. Les *Cephalaria* sont au nombre de seize dont sept seulement sont bien connues, parmi lesquelles nous citerons comme type les *Scabiosa leucantha* et *syriaca* qui ont pour patrie la région méditerranéenne. Beaucoup de ces Plantes croissent dans les localités montueuses et boisées de l'Europe. On en trouve aussi un grand nombre dans l'Orient, la Sibérie, au cap de Bonne-Espérance et dans l'Inde-Orientale. Parmi ces espèces il en est qui sont dignes de figurer dans les parterres comme Plantes d'ornement. Sous ce rapport nous mentionnerons principalement les *Scabiosa atropurpurea* et *caucasica*. La première est originaire de l'Inde-Orientale, et on la cultive depuis long-temps sous le nom vulgaire de Fleur des Veuves; sa tige est droite, haute d'un pied et demi à deux pieds, munie près de la racine de feuilles oblongues, ovales, dentées, et dans la partie supérieure de feuilles pinnatifides, à divisions linéaires. Ses fleurs sont portées sur

de longs pédoncules, et leur couleur est d'un pourpre foncé noirâtre. Les fleurs de la circonférence, ainsi que dans plusieurs autres espèces, sont très-irrégulières, et leur corolle est beaucoup plus développée extérieurement que celle des fleurs centrales. La *Scabiosa caucasica* est, comme son nom l'indique, originaire des contrées voisines du Caucase; ses tiges sont hautes d'un pied et demi à deux pieds, garnies inférieurement de feuilles lancéolées, oblongues, entières et à la partie supérieure de feuilles profondément dentées. Les fleurs sont grandes, solitaires, d'un bleu clair, et se succèdent les unes aux autres pendant deux à trois mois. La *Scabiosa succisa*, L., Plante commune dans les bois et les pâturages humides de l'Europe, est connue sous les noms vulgaires, de Succise et de Mort du Diable (*Morsus Diaboli*) à cause de sa racine qui est coupée et comme rongée. Or, comme cette Plante était chez nos bons vieux en grande réputation pour ses vertus médicinales, ils croyaient que le diable, cet éternel envieux du bien des hommes, rongeait la racine de cette Plante précieuse pour la faire périr et priver les mortels de ses salutaires effets.

(G..N.)

SCABRITA. BOT. PHAN. Syn. de Nycthante. (B.)

SCADICCAALI. BOT. PHAN. Nom de pays de l'*Euphorbia Tiracali*, espèce employée dans l'Inde contre les maladies vénériennes. (B.)

SCÆVE. *Scæva.* INS. Fabricius désigne ainsi un genre correspondant en partie à celui de Syrphe. *V.* ce mot. (G.)

SCÆVOLE. *Scævola.* BOT. PHAN. Genre de la famille des Goodénoviées de Brown, et de la Pentandrie Monogynie, L., offrant les caractères suivans : calice très-court, persistant, à cinq divisions; corolle infundibuliforme dont le tube est fendu longitudinalement d'un côté; le limbe déjeté de l'autre côté, à cinq découpures ovales-lancéolées, à peu près semblables, membraneuses et frangées sur leurs bords; cinq étamines saillantes hors de la corolle, ayant leurs anthères libres; ovaire infère, ovale, surmonté d'un style filiforme terminé par une sorte de godet cilié (*indusium stigmatis*) qui renferme le stigmate; drupe arrondie, ombiliquée, contenant un noyau ridé, tuberculeux, biloculaire, à deux graines ovales et solitaires. Quelquefois le fruit est une baie sèche, et l'ovaire est uniloculaire; mais les espèces qui présentent ce caractère exceptionnel ne peuvent être séparées des autres *Scævola*. La première espèce connue fut décrite par Plumier sous le nom de *Lobelia frutescens*. Linné continua, dans ses premières éditions, à la ranger parmi les *Lobelia*, mais ensuite il établit le genre *Scævola* qui a été adopté par Vahl, Lamarck et tous les botanistes modernes. R. Brown est celui qui en a le mieux fait connaître l'organisation ainsi que les affinités. Plusieurs espèces nouvelles de la Nouvelle-Hollande ont été publiées par ce savant botaniste ainsi que par Labillardière. Les Scævoles sont des sous-Arbrisseaux ou des Plantes herbacées, à tiges ordinairement rameuses et décombantes, quelquefois couvertes d'une pubescence fine composée de poils simples. Les feuilles sont alternes ou rarement opposées, souvent dentées, mais peu divisées. Les fleurs, dont la corolle est bleue, blanche ou jaunâtre, sont disposées en épis axillaires. On connaît aujourd'hui environ vingt-quatre espèces de *Scævola*, parmi lesquelles nous citerons comme type les *Scævola Plumierii*, Lamarck, et *S. Kœnigii*, Vahl. La première croît dans les contrées tropicales du globe, tant dans l'ancien continent que dans le nouveau, car on l'a rapportée non-seulement de l'Amérique et des Indes-Occidentales, mais encore de la côte orientale d'Afrique. Les autres espèces croissent pour la plupart dans les Indes-Orientales et à la Nouvelle-Hollande,

principalement sur la côte méridionale. (G..N.)

*SCALA. MOLL. Klein, qui formait presque tous ses genres sur les caractères extérieurs des Coquilles, a proposé celui-ci pour quelques Coquilles turriculées garnies de côtes qui leur donnent assez bien la forme d'un petit escalier. C'est probablement là l'origine du genre Scalaire. *V.* ce mot. (D..H.)

SCALAIRE. *Scalaria*. MOLL. On trouve l'origine de ce joli genre de Coquilles dans le genre nommé Scala par Klein (*Tent. Ostrac.*, p. 62). Quoique cet auteur ait fait un grand nombre de coupes semblables, il en est fort peu qui méritent d'être conservées; il semble qu'elles soient le fruit du hasard, et cependant elles ne le sont que d'une étude mal dirigée. Ce genre *Scala*, confondu par Linné parmi les Turbos, fut établi définitivement par Lamarck dès 1801, dans le Système des Animaux sans vertèbres, et placé, sans doute à cause de la forme de l'ouverture et de l'opercule, à côté des Cyclostomes. Adopté par Roissy et Montfort, Lamarck le mentionna dans sa Philosophie zoologique, où il le plaça d'une manière beaucoup plus convenable dans la famille des Turbinacées, entre les Dauphinules et les Turritelles. Quelques années après, il sentit que l'on pouvait encore améliorer ces rapports en créant une famille, celle des Scalariens (*V.* ce mot), pour réunir aux Scalaires les genres Dauphinule et Vermet. Cet arrangement se trouve dans l'Extrait du Cours ainsi que dans le dernier ouvrage de Lamarck où il n'a reçu aucune modification. Cuvier (*Règn. Anim.*) ne mentionna le genre Scalaire que comme sous-genre des Turbos, et en cela il ne fut point imité par Férussac, qui, par des analogies que seul il connut sans doute, le rangea dans la famille des Toupies, entre les Pleurotomaires et les Mélanopsides, sans que nous ayons pu nous expliquer en quoi les Scalaires pouvaient servir d'intermédiaires entre les genres que nous venons de citer. Latreille (Fam. nat. du Règn. Anim. , p. 189) divisa la famille des Péristomiens (*V.* ce mot) en deux sections, la première pour les genres Paludine et Valvée; la seconde pour les trois genres de la famille des Scalariens de Lamarck. L'opinion de Blainville, sans s'accorder complétement avec la plupart de celles que nous venons de rapporter, peut être considérée comme un terme moyen qui les concilie; il place en effet les Scalaires dans la famille des Cricostomes (*V.* ce mot) entre les Turritelles et les Vermets, ce qui est plus naturel que l'arrangement de Férussac, et peut-être aussi que ceux de Latreille et de Lamarck.

On ne connaît encore l'Animal des Scalaires que d'une manière imparfaite. Quoique abondamment répandu sur nos côtes, il n'a point encore été observé complétement; cependant, d'après quelques remarques, il semblerait se rapprocher, quant aux mœurs, de l'habitant des Cérites, étant zoophage comme lui, ce qui n'est pas ordinaire aux Animaux qui ont une coquille à ouverture entière. Les caractères de l'Animal, tirés d'une bonne figure de Plancus, sont exprimés de la manière suivante : Animal spiral ; le pied court, ovale, inséré sous le cou; deux tentacules terminées par un filet et portant les yeux à l'extrémité de la partie renflée; une trompe? l'organe excitateur mâle très-grêle. Coquille turriculée, garnie de côtes longitudinales, élevées, obtuses ou tranchantes; ouverture obronde; les deux bords réunis circulairement et terminés par un bourrelet mince et recourbé; opercule corné, mince, grossier et pauci-spiré.

Les Scalaires sont de jolies Coquilles élancées, turriculées, garnies de côtes ou de lames longitudinales plus ou moins nombreuses, et variables dans chaque espèce; quelques-unes d'entre elles ont cela de remarquable qu'il n'y a point de co-lumelle parce que les tours de spire sont séparés les uns des autres. Ces espèces sont pourvues de lames longitudinales fort élevées, qui ont été, à ce qu'il paraît, un obstacle à la soudure immédiate des tours de spire. La Scalaire précieuse qui présente cette disposition a été long-temps une des Coquilles les plus chères et fort estimées des amateurs ; elle était très-rare dans les cabinets, et les individus un peu plus grands que les autres se payaient jusqu'à 500 florins et quelquefois davantage. Aujourd'hui qu'un plus grand nombre se trouve dans le commerce, et qu'on l'a découvert, à ce qu'il paraît, dans la Méditerranée, on peut en trouver d'assez beaux pour 25 ou 30 fr. On a cru jusque dans ces derniers temps que le genre Scalaire ne se trouvait fossile que dans les terrains tertiaires; nous en avons cependant vu une très-belle espèce et fort grande de la Craie de Cypli dans la collection de Duchastel. Les espèces fossiles de ce genre sont généralement rares; leur fragilité en est sans doute cause. Lamarck n'a connu en tout que dix espèces; ce nombre est maintenant plus considérable, nous en possédons vingt-six, et nous ne les avons pas toutes : nous allons citer les principales.

SCALAIRE PRÉCIEUSE , *Scalaria pretiosa*, Lamk., Anim. sans vert. T. VI, p. 226, n° 1 : *Turbo Scalaris*, L., Gmel., p. 3603, n° 62; Favanne, Conch., pl. 5, fig. A; Encyclop., pl. 451, fig. 1, a b. Leach a fait avec cette espèce et quelques autres dont les tours de spire sont séparés, un genre inutile sous le nom d'*Acyonea*. Cette espèce, nommée vulgairement le *Scalata*, a deux pouces de longueur. On en cite deux individus de quatre pouces de long, de la mer des Indes.

SCALAIRE COURONNÉE , *Scalaria coronata*, Lamk., *loc. cit.*, n° 3; Encyclop., pl. 451, fig. 5, a b. Les tours de spire sont soudés, pourvus de deux bandes brunes près des sutures; une petite carène se voit à la base du dernier tour. Espèce très-rare, plus peut-être que la précédente.

SCALAIRE CRÊPUE, *Scalaria crispa*, Lamk., *loc. cit.*, p. 229, n° 1, *ibid.*; Ann. du Mus. T. IV, p. 213, n° 1, et T. VIII, pl. 37, fig. 5, a b.; Encyclop., pl. 451, fig. 2, a b. Les tours de spire sont séparés comme dans la Scalaire précieuse, mais beaucoup moins cependant. Fossile à Grignon.

SCALAIRE COMMUNE, *Scalaria communis*, Lamk., *loc. cit.*, n° 5; *Turbo clathrus*, Lin., Gmel., p. 3603, n° 63; Plancus, Conch., tab. 5, fig. 7, 8; Encyclop., pl. 451, fig. 3, a b. Les mers d'Europe, la Méditerranée, la Manche, etc. (D..H.)

* SCALARIENS. MOLL. Famille proposée par Lamarck, dans l'Extrait du Cours, pour trois genres qui étaient auparavant compris dans celle des Turbinacées, et reproduite sans changement dans son dernier ouvrage. Elle n'a point été adoptée par les conchyliologues, si ce n'est en partie par Latreille qui, dans ses Familles naturelles du Règne Animal, en a fait une section de la famille des Péristomiens (*V.* ce mot). Les trois genres Vermet, Scalaire et Dauphinule, que Lamarck y comprenait, ont été répartis comme sous-genre dans le genre Sabot de Cuvier, et comme genre dans la famille des Cricostomes de Blainville. On ne peut disconvenir, après un examen attentif, que la famille des Scalariens ne soit pas naturelle. Le genre Dauphinule a trop de rapport avec les Sabots pour en être séparé. Les Scalaires se rapprochent des Turritelles tant par l'opercule que par la forme de la Coquille, tandis que le Vermet s'en éloigne également aussi. Si le rapprochement que Blainville a fait de ce genre avec les Siliquaires et les Magiles se justifie, il faudra en faire un groupe particulier. *V.* pour plus de détails les noms de familles et de genres que nous avons mentionnés.
       (D..H.)

SCALARUS. MOLL. (Montfort.) Syn. de *Scalaria. V.* SCALAIRE. (B.)

SCALATA (GRANDE et PETITE). MOLL. Noms vulgaires et marchands des Coquilles qui ont servi de type au genre Scalaire. *V.* ce mot. (B.)

SCALATIER. MOLL. Animal des Scalaires. *V.* ce mot. (B.)

* SCALENAIRE. *Scalenaria.* MOLL. Rafinesque (Monog. des Coq. d'Ohio) propose ce sous-genre dans son genre Oblicaire (*V.* ce mot) pour des Coquilles qu'il caractérise ainsi : Coquille triangulaire, oblique, à peine transversale, mais très-inéquilatérale; axe presque latéral; dent bilobée à peine antérieure : dent lamellaire droite; Ligament oblique. Ce sous-genre, pas plus que le genre d'où il vient, ne peut être adopté. *V.* MULETTE. (D..H.)

SCALIAS. BOT. PHAN. (Théophraste.) Syn. d'Artichaut. (B.)

SCALIE. *Scalia.* BOT. PHAN. Le genre décrit sous ce nom dans le *Botanical Magazine* est identique avec le *Podolepis. V.* ce mot. (G..N.)

SCALIGERA BOT. PHAN. (Adanson.) Syn. d'*Aspalathus*, L. *V.* ASPALATH. (B.)

SCALOPE. *Scalopus.* MAM. Cuvier a le premier proposé le genre Scalope, *Scalopus*, pour recevoir des petits Mammifères carnassiers insectivores, de l'Amérique, confondus par les anciens auteurs avec les Taupes et les Musaraignes, et que l'on peut caractériser génériquement de la manière suivante : deux incisives à la mâchoire supérieure, quatre à l'inférieure; les intermédiaires fort petites; un boutoir; une queue courte; pieds pentadactyles, à doigts des pates antérieures réunis jusqu'aux ongles seulement; ongles longs, plats, dirigés un peu en arrière; corps couvert de poils. Les membres postérieurs sont faibles, débiles, tandis que les antérieurs sont assez puissans pour permettre à l'Animal de creuser le sol et de se tracer des canaux tortueux à l'aide de ses ongles robustes et taillés en biseau.

Les Scalopes ont la plus grande analogie de forme extérieure et corporelle avec les Taupes, et les seules différences qu'on puisse remarquer parmi elles gissent dans le système dentaire et dans certaines modifications des organes des sens. Les dents sont au nombre de trente-six (F. Cuvier, Dents, p. 54), deux incisives, dix-huit mâchelières en haut, et quatre incisives et douze mâchelières en bas. Les canines sont nulles.

A la mâchoire supérieure on trouve une incisive tranchante, à biseau arrondi, à face antérieure convexe, la postérieure aplatie. Cette dent a beaucoup d'analogie avec celles des Rongeurs, et ce qui augmente encore l'analogie, c'est la manière dont elle est placée à côté de celle qui lui est contiguë. Derrière cette incisive sont placées six fausses molaires; d'abord deux petites d'une extrême ténuité et ressemblant à des fils, puis une troisième plus grande, cylindrique et pointue; la quatrième est plus petite, cylindrique et pointue; la cinquième est tronquée obliquement à son sommet d'avant en arrière, et présente dans sa coupe la figure d'un fer de lance dont la pointe est tournée en arrière; enfin la sixième est parfaitement semblable à la précédente, mais elle est seulement de moitié plus grande. Les trois mâchelières sont assez analogues à celles des Chauve-Souris et des Desmans; la seule différence qu'on y remarque, c'est que le prisme antérieur de la première est imparfait, sa moitié antérieure n'étant pas développée, et cette circonstance se reproduit à la dernière, ensuite le talon intérieur de chacune de ces trois dents est simple et ne consiste qu'en un tubercule à la base du prisme antérieur. A la mâchoire inférieure sont deux incisives : la première très-petite et tranchante; la seconde, pointue, un peu crochue, couchée en avant et dépourvue de racines proprement dites comme les défenses de certains

Animaux où la capsule dentaire reste toujours libre. Fr. Cuvier ne lui donne le nom d'incisive que parce qu'elle agit dans la mastication contre l'incisive supérieure. Les trois fausses molaires qui suivent ont une seule pointe avec une petite dentelure postérieurement, et sont un peu couchées en avant et semblables l'une à l'autre, si ce n'est par la grandeur, la première étant plus petite et la troisième plus grande. Les trois molaires sont absolument semblables à celles des Chauve-Souris, c'est-à-dire composées de deux prismes parallèles terminés chacun par trois pointes, et présentant un de leurs angles au côté externe et une de leurs faces au côté interne; les deux premières sont de même grandeur, et la dernière est un peu plus petite qu'elles. Dans leur position réciproque, ces dents sont disposées de manière à ce que les incisives inférieures et supérieures se correspondent; les fausses molaires sont alternes, et les molaires sont arrangées de façon que le prisme antérieur de celle d'en bas remplit le vide qui se trouve entre deux dents et le prisme postérieur, celui que les deux prismes d'une même dent laissent entre eux, et les molaires inférieures sont de l'épaisseur d'un prisme en avant des supérieures. Tels sont les détails dont nous sommes redevables à Fr. Cuvier sur l'organisation des dents des *Scalops.*

Les Scalopes sont des Animaux de l'Amérique septentrionale, aveugles en apparence, et dont les yeux cachés par les poils ne communiquent à l'extérieur que par un trou presque imperceptible. Plusieurs rangées de pores sont disposées sur le museau que termine un mufle allongé. Ils se nourrissent de vers et habitent des galeries souterraines creusées près des rivières. Geoffroy Saint-Hilaire avait placé à côté de la seule espèce de Scalope, primitivement connue, la Taupe du Canada, type du genre moderne Condylure, sous le nom de *Scalopus cristatus;* mais tous les au-

teurs n'admettent que le Scalope du
Canada, auquel on doit ajouter l'espèce décrite par Harlan dans la Faune
américaine.

SCALOPE DU CANADA, *Scalops ca-*
nadensis, Cuv., Geoff., Desm., Sp.,
245; *Talpa virginianus, niger*, Séba,
pl. 52, fig. 3; *Sorex aquaticus*, L.,
Sp., 3; Musaraigne-Taupe, Cuv.,
Tab. élément.; *Scalopus virginia-*
nus, Geoff., Cat.; *Brown Mole*, Pennant, figuré Encyclopédie, pl. 20,
f. 2. Ce Scalope a le corps long de six
pouces et la queue a neuf lignes. Son
pelage est d'un gris fauve uniforme;
la queue est presque dénuée de poils.
On le trouve aux États-Unis depuis
le Canada jusqu'en Virginie; il vit
sur le bord des ruisseaux et des rivières. Les Américains le connaissent sous le nom de *american white*
Mole.

Le docteur Harlan a décrit une espèce de Scalope qui diffère de la précédente par des particularités dans la
forme des dents. Il la nomme :

SCALOPE DE PENSYLVANIE, *Scalops*
pensylvanica, Harlan, Faune, p. 33.
Les dents sont au nombre, en haut,
de deux incisives, douze canines?
quatre fausses molaires et deux
vraies; en bas, quatre incisives, six
canines? et six molaires. Les incisives ne diffèrent point de celles du
Scalope du Canada; mais les molaires
se ressemblent assez et ont, celles de
la mâchoire supérieure, les couronnes fortement marquées de dentelures avec un sillon qui se continue
tout le long du bord interne, et sur
le côté externe pour les molaires inférieures. L'Animal a le corps long
de quatre pouces six dixièmes, et la
queue offre un pouce trois dixièmes.
Il ressemble à la précédente espèce
par tous les autres caractères. Il est
des États-Unis.   (LESS.)

SCALPELLE. *Scalpellum.* MOLL.
Leach a introduit ce genre dans la
science; il l'a formé avec quelques
Anatifes de Bruguière. Lamarck l'a
jugé peu nécessaire, puisqu'il l'a confondu dans son genre Pouce-Pied. Par

suite d'une opinion à peu près semblable, Blainville l'a placé dans son
genre Polylèpe qui correspond à
celui de Lamarck. Nous ne pensons
pas que ce genre de Leach soit adopté.
V. POUCE-PIED.   (D.-H.)

SCALPELLUS. POIS. FOSS. (Luid.)
Sorte de Glossopètre. *V.* ce mot. (B.)

SCAMMONÉE. BOT. PHAN. Suc
gommo-résineux obtenu par incision
des racines du *Convolvulus Scammo-*
nia, L. *V.* LISERON.

On a quelquefois nommé SCAMMO-
NÉE D'ALLEMAGNE, le *Convolvulus*
sepium, et SCAMMONÉE DE MONTPEL-
LIER, le *Cynanchum monspeliacum.*
    (B.)

SCANARIA. BOT. PHAN. Syn. ancien de *Scandix. V.* CERFEUIL. (B.)

SCANDALIDA. BOT. PHAN. Ancien nom sous lequel, selon C. Bauhin, les Italiens désignaient le *Lotus*
Tetragonolobus, L. Adanson et Necker l'ont adopté comme nom générique. Mais on lui a préféré celui de
Tetragonolobus, employé par Scopoli
et Mœnch.   (G.-N.)

SCANDEBEC. CONCH. Rondele
rapporte ce nom vulgaire à une espèce d'Huître de la Méditerranée qui
a la plus grande analogie avec celle
des côtes océanes. Cependant la chair
en est piquante et peut occasioner des
excoriations dans la bouche des personnes qui en font un fréquent usage.
Ces qualités peuvent être accidentelles, et sont incapables au reste de
faire décider si cette Huître doit former une espèce distincte.   (D.-H.)

* SCANDEDERIS. BOT. PHAN. Du
Petit-Thouars, dans son Tableau des
Orchidées des îles australes d'Afrique, a ainsi nommé une Plante de
l'Ile-de-France dont le synonyme
serait le *Neottia scandens.* Elle fait
d'ailleurs partie de son genre *Hede-*
rorchis. V. ce mot.   (G.-N.)

SCANDIX. BOT. PHAN. *V.* CER-
FEUIL.

SCANDULACA. OIS. L'un des sy-

nonymes du Grimpereau commun.
V. GRIMPEREAU. (DR..Z.)

SCANDULATIUM. BOT. PHAN.
Syn. ancien de Thlaspi. *V.* ce mot.
(B.)

SCANSORES. (*Grimpeurs.*) OIS.
Dans la Méthode d'Illiger on trouve
sous ce nom un ordre d'Oiseaux
grimpeurs à deux doigts devant et
deux derrière. (DR..Z.)

SCANSORIPÈDES. OIS. Quelques
auteurs ont appelé ainsi les Oiseaux
grimpeurs. (DR..Z.)

* SCAPHA. MOLL. Une petite espèce de Néritine, très-grossie par
Bonani (*Récréat. ment. et occel.*, n°
197), est devenue pour Klein (*Méth.
ostrac.*, p. 22) le type d'un genre
auquel il donne ce nom, parce que
l'Animal renverse sa coquille pour
nager, et ressemble ainsi à une petite barque. Ce genre est tombé dans
l'oubli. (D..H.)

SCAPHANDRE. *Scaphander.*
MOLL. Qu'il ne faut pas confondre,
comme on l'a fait dans le Dictionnaire
de Déterville, avec *Scapha.* *V.* ce
mot. Genre que Montfort a proposé
pour séparer des Bulles de Linné et
des autres conchyliologues, le *Bulla
lignaria*; mais ne reposant pas sur
des caractères suffisans, ce genre n'a
pas été adopté. *V.* BULLE. (D..H.)

SCAPHIDIE. *Scaphidium.* INS.
Genre de l'ordre des Coléoptères,
section des Pentamères, famille des
Clavicornes, tribu des Peltoïdes,
établi par Olivier aux dépens du
genre *Silpha* de Linné, et adopté par
tous les entomologistes avec ces caractères : corps épais, de forme naviculaire, rétréci et pointu aux deux
bouts. Tête petite, yeux arrondis, à
peine saillans. Antennes insérées au-
devant des yeux, sur les côtés de la
partie supérieure de la tête, presque
de la longueur du corselet, composées de onze articles, les six premiers
minces, allongés, presque cylindriques, les cinq autres formant une
massue, presque ovales, un peu
comprimées. Labre entier; mandibu-

les obtuses à leur extrémité et bifides. Palpes maxillaires filiformes,
de quatre articles, le dernier presque
cylindrique, terminé en alène; palpes labiaux très-courts, filiformes,
ne s'avançant pas au-delà de la lèvre,
et composés de trois articles presque
égaux. Lèvre membraneuse, sa partie saillante courte, transversale,
son bord supérieur un peu plus
large, presque concave; menton
presque carré, coriace. Corselet convexe, presque trapéziforme, beaucoup plus étroit en devant, un peu
plus large à sa partie postérieure
qu'il n'est long. Elytres tronquées,
laissant l'anus à découvert et cachant deux ailes. Abdomen terminé
en pointe épaisse. Pates grêles; jambes longues, presque cylindriques.
Tarses grêles, terminés par deux
crochets. Ce genre se distingue de
tous ceux de sa tribu par la forme
naviculaire de son corps, et par d'autres caractères tirés des antennes et
des pates : il se compose de trois espèces européennes qui vivent sur les
bolets et les champignons. Nous les
avons rencontrées toutes trois aux
environs de Paris; mais celle que
nous y avons trouvée le plus abondamment et qui passait pour rare,
est :

Le SCAPHIDIE IMMACULÉ, *Scaphidium immaculatum*, Fabr., Latr. Il
est long de deux lignes, d'un noir
luisant sans taches. Nous l'avons
pris en octobre dans le bois de
Romainville près Paris. Il se tient
sous le chapeau d'une grande espèce
de champignon blanc, et se laisse
tomber à terre au moindre mouvement que l'on imprime à ce végétal.
Pour en prendre, nous étions obligé
d'étendre un mouchoir auprès de ces
grandes réunions de champignons et
de les renverser brusquement dedans.

Le *Scaphidium quadrimaculatum*
est de la même taille; il diffère du
précédent parce qu'il a deux taches
rouges sur chaque élytre. Enfin le
Scaphidium agaricinum est tout au
plus long d'une demi-ligne; son
corps est tout noir. (G.)

*SCAPHINOTE. *Scaphinotus.* INS. Genre de l'ordre des Coléoptères, section des Pentamères, famille des Carnassiers, tribu des Carabiques, établi par Latreille qui le place dans sa division des Carabiques abdominaux, et confondu avec les Carabes par Olivier, et avec le genre *Cychrus* par Fabricius. Les caractères de ce genre sont exprimés ainsi par Dejean (Spéciès des Coléopt., etc.) : antennes sétacées ; labre bifide ; mandibules étroites et avancées, dentées intérieurement. Dernier article des palpes très-fortement sécuriforme, presque en cuiller, et très-dilaté dans les mâles. Menton très-fortement échancré. Bords latéraux du corselet très-déprimés, relevés postérieurement et prolongés. Elytres soudées, très-fortement carenées latéralement et embrassant une partie de l'abdomen. Tarses antérieurs ayant leurs trois premiers articles légèrement dilatés dans les mâles. Ce genre se distingue des Cychres, avec lesquels Fabricius avait confondu ses espèces, parce que dans ces derniers les bords latéraux du corselet ne sont point prolongés postérieurement, et qu'ils sont peu ou point déprimés. Les mêmes différences éloignent le genre Sphérodère de Dejean des Scaphinotes. Le genre Pambore en est distingué, parce que ses élytres ne sont pas carenées latéralement et qu'elles n'embrassent pas l'abdomen. Enfin les genres Carabe proprement dit, Procère, Calosome, Tefflus, etc., en sont bien séparés par l'absence de dents au côté interne des mandibules. Ce genre se compose de deux espèces américaines ; la mieux connue est :

Le SCAPHINOTE RELEVÉ, *Scaphinotus elevatus*, Dej., Spéciès des Coléopt. de la Coll. de Dejean, etc. T. II, p. 17 ; *Cychrus elevatus*, Fabr.; *Carabus elevatus*, Oliv., Entom., 3, p. 46, n° 48, tab. 7, fig. 82. Cet Insecte est long d'environ neuf lignes, noir, avec le corselet violet, et les élytres d'un cuivreux violet avec des stries ponctuées. On le trouve dans l'Amérique septentrionale. (G.)

*SCAPHIS. BOT. CRYPT. (*Lichens.*) Ce genre a été fondé par Eschweiler (*Syst. lich.*, p. 14) aux dépens du genre *Opegrapha* d'Acharius ; il est ainsi caractérisé : thalle crustacé, adhérent, uniforme ; apothécie oblong ou allongé, presque simple, sessile, et dont le périthécium, presque entier dans la jeunesse, s'ouvre et devient inférieur et latéral dans l'âge adulte ; ce périthécium margine le nucléum. C'est avec raison que Meyer le réunit au genre *Graphis*, dont il ne semble point sensiblement différer. (A. F.)

SCAPHITE. *Scaphites.* MOLL. Le genre Scaphite a été institué par Sowerby dans son *Mineral Conchology*, successivement adopté par Férussac, Blainville, Defrance, De Haan, etc., et diversement placé selon les caractères qu'on lui a reconnus. Sowerby n'avait pas donné les caractères d'une manière complète ; de sorte qu'il a été difficile, avant de les avoir étudiés d'une manière convenable, de placer ce genre dans la série. C'est ainsi que De Haan, croyant que les cloisons étaient simples, le mit près des Nautiles, ce que fit également Blainville dans son article *Mollusque* du Dictionnaire des Sciences naturelles, trompé par une figure mal faite dans l'Atlas de cet ouvrage ; il rectifia cette erreur dans son Traité de Malacologie. Férussac avait reconnu la nature de ce genre, et l'avait rangé dans la famille des Ammonés (*V.* ce mot), la seule où il soit naturel de le trouver. Brongniart, qui trouva ce genre dans la Craie inférieure de Rouen, fut à même de le bien juger comme on le voit dans son excellent ouvrage sur la géologie du bassin de Paris. D'Orbigny, dans son Travail sur les Céphalopodes, s'est servi judicieusement du genre qui nous occupe pour lier les Hamites avec les Ammonites, et par sa structure il remplit en effet cette lacune. Maintenant complétement connu, ce genre doit recevoir les caractères qui suivent : coquille elliptique, à spire embrassante, roulée sur le même plan; tours contigus, excepté le dernier qui se détache et se replie ensuite sur la spire; cloisons nombreuses, profondément découpées comme dans les Ammonites; la dernière loge fort grande, comprenant toute la partie détachée et droite de la coquille, se terminant par une ouverture rétrécie, par un bourrelet circulaire.

Les Scaphites sont des coquilles d'un volume médiocre que l'on ne connaît qu'à l'état de pétrification. On ne les a encore rencontrées que dans les terrains de Craie, et seulement dans la Craie inférieure; elles ont une forme ellipsoïde, particulière. Quand elles sont jeunes, on les prendrait pour des Ammonites; car alors elles ont un mode de développement dans la spire absolument semblable. Mais parvenues à l'âge adulte, le dernier tour, qui est complétement dépourvu de cloisons, se détache, se prolonge en ligne presque droite, se recourbe près de l'ouverture qui se renverse vers la spire. Cette ouverture, quand elle est complète, est rétrécie par un bourrelet interne fort épais, à en juger d'après l'étranglement qu'il produit. Lorsque les Scaphites n'ont pas été roulées, elles conservent des traces d'une nâcre brillante; le test était, à ce qu'il paraît, très-mince, et il est très-rare d'en rencontrer des restes. Sowerby, dans l'ouvrage que nous avons cité, décrit et figure deux espèces de Scaphite. Defrance, dans le Dictionnaire des Sciences naturelles, croit avec raison que la seconde espèce n'est qu'une variété de la première. Les variétés assez nombreuses que nous avons vues de ces Coquilles nous font adopter la manière de voir de Defrance. Nous ne mentionnerons que l'espèce suivante:

SCAPHITE ÉGALE, *Scaphites æqualis*, Sow., *Min. Conch.*, pl. 18, fig. 1 à 7; *ibid.*, Parkinson, *Introd. to the stud. of Foss.*, pl. 6, fig. b; *ibid.*, Cuv. et Brong., Géol. des env. de Paris, pl. 6, fig. 13; Blainville, Trait. de Malac., pl. 13, fig. 3. De

la Craie inférieure de la montagne Sainte-Catherine près Rouen, de la montagne des Fis dans les Alpes de Savoie; en Angleterre, près de Brighton, et dans le comté de Sussex près de Leweis.   (D..H.)

SCAPHOIDE. POIS. FOSS. Les pétrifications qui ont anciennement reçu ce nom, paraissent être des Buffonites. *V.* ce mot.   (B.)

* SCAPHOPHORUS. BOT. CRYPT. (*Champignons.*) Ehrenberg a donné ce nom au genre déjà désigné par Fries sous celui de *Schizophyllus. V.* ce mot.   (AD. B.)

* SCAPHURE. *Scaphura.* INS. Ce genre, créé presque en même temps par Latreille sous le nom de Pennicorne, et par Kirby sous celui de Scaphure, fait partie de la famille des Locustaires de l'ordre des Orthoptères sauteurs. Quoique Latreille lui ait imposé le nom de Pennicorne dans ses Familles naturelles du Règne Animal, il l'a abandonné en voyant que Kirby avait publié les caractères de ce même genre dans le n° 5 du *Zoological Journal*, avril 1825. Ces caractères sont exprimés de la manière suivante : labre orbiculaire; mandibules cornées, fortes, presque trigones, arrondies à leur partie dorsale, munies intérieurement de cinq dents, les trois de l'extrémité faites en lanière, l'intermédiaire incisive, échancrée; celle qui est la plus près de la base ressemblant assez à une dent molaire; lobe supérieur des mâchoires coriace, linéaire, courbe à son extrémité; l'inférieur ayant à sa pointe trois épines dont l'inférieure est la plus longue. Lèvre coriace; son extrémité divisée en deux lobes oblongs. Palpes filiformes; les maxillaires de quatre articles; le second et le quatrième plus longs que les autres; celui-ci grossissant vers le bout. Palpes labiaux de trois articles, le premier le plus court de tous, l'intermédiaire moins long que le dernier. Antennes multiarticulées, filiformes et velues à leur base, sétacées à leur extrémité. Oviscapte en forme de nacelle, garni d'aspérités. Corps oblong, comprimé. Ce genre se compose de trois ou quatre espèces toutes propres au Brésil. Celle qui lui sert de type et qui a été décrite par Kirby, est :

La SCAPHURE DE VIGORS, *Scaphura Vigorsii*, Kirby, *Zool. Journ.*, n° 5, avril 1825, pl. 1, fig. 1 à 6. Cet Insecte est long de quatorze lignes. Il est noir; son abdomen est bleuâtre; les cuisses postérieures ont dans leur milieu une bande blanche; l'extrémité des élytres est pâle et les antennes sont velues à leur partie inférieure.   (G.)

SCAPOLITHE. MIN. C'est-à-dire *Pierre en tiges, en baguettes*. Syn. de Bacillaire. *V*. WERNÉRITE. (G. DEL.)

* SCAPTÈRE. *Scapterus*. INS. Genre de l'ordre des Coléoptères, section des Pentamères, famille des Carnassiers, tribu des Carabiques, établi par Dejean (Spéciès des Coléopt., etc. T. II, p. 472), et dont le nom vient d'un mot grec qui signifie *fouisseur*. Les caractères que l'auteur assigne à ce genre sont : menton articulé, légèrement concave, fortement trilobé, ridé transversalement. Labre très-court, tridenté; mandibules peu avancées, assez fortement dentées à leur base; dernier article des palpes labiaux allongé, presque cylindrique. Antennes courtes, moniliformes; le premier article assez grand, à peu près aussi long que les trois suivans réunis; les autres beaucoup plus petits, très-courts, presque carrés et grossissant un peu vers l'extrémité. Corps allongé, cylindrique. Jambes antérieures fortement palmées; corselet carré, convexe, presque cylindrique; élytres cylindriques, presque tronquées à leur extrémité; leurs bords latéraux parallèles. Pates très-courtes. Jambes intermédiaires ayant deux dents près de l'extrémité. Tête courte, presque carrée. Ce genre a les plus grands rapports avec les Oxystomes; il s'en

distingue cependant par les mandibules qui dans ces derniers sont à peine dentées intérieurement. Les Oxygnathes, Camptodontes et Clivines sont dans le même cas. Les Carènes se distinguent du genre Scaptère par leurs quatre palpes maxillaires dont le dernier article est dilaté. Les Scarites et les Acanthoscèles ont les mandibules grandes et avancées; de plus les Scarites ont le corselet presque en croissant, les Acanthoscèles ont le corps court. Enfin les Pasimaques sont bien distincts du genre qui nous occupe par leur corps aplati, et leur corselet large, presque cordiforme et échancré postérieurement. La seule espèce connue de ce genre nous a été dédiée par Dejean; elle se trouve aux Indes-Orientales :

Le SCAPTÈRE DE GUÉRIN, *Scapterus Guerini*, Dejean, Spéciès des Coléopt., etc. T. II, p. 472; est long de sept lignes et demie, noir; sa tête a un tubercule élevé presque en forme de corne. Les élytres ont des stries fortement ponctuées.   (G.)

SCAPULAIRES. OIS. Nom des plumes implantées sur l'humérus, qui recouvrent les épaules et se plongent souvent de chaque côté en descendant le long de la colonne vertébrale.   (DR..Z.)

* SCAPUS. BOT. PHAN. *V*. HAMP.

SCARABÆUS. INS. *V*. SCARABÉE.

SCARABE. *Scarabus*. MOLL. Parmi le grand nombre de genres que Montfort a créés, on en compte à peine quelques-uns qui resteront dans la science. On peut facilement s'assurer de ce que nous avançons en consultant dans ce Dictionnaire les articles où il est question de ces genres. Celui dont nous allons nous occuper est une des rares exceptions à la proscription que l'on pourrait mettre sur presque tout le travail de Montfort. Les Coquilles du genre Scarabe étaient connues depuis fort longtemps, puisque Lister les a représentées dans son *Synopsis*. Recopiées par Klein, il les rapprocha des Hélices dont l'ouverture est rétrécie par des dents, et fit de cet assemblage peu naturel un genre qu'il nomma *Angystoma* (*V.* ce mot) qui n'a point été adopté. Linné les confondit aussi dans son grand genre Hélice, d'où Bruguière les fit sortir pour les ranger d'une manière tout aussi peu convenable dans le genre Bulime. Par leurs caractères, elles durent entrer dans le genre Auricule aussitôt qu'il fut proposé, et c'est en effet ce qui arriva. *V.* AURICULE. Lamarck, auteur du genre Auricule, ne connaissait pas l'Animal de l'*Helix scarabeus*. Il n'est donc pas surprenant qu'il l'ait conservé parmi les Auricules. Ce n'est que depuis quelques années que Blainville, l'ayant reçue de l'île d'Amboine de Marion de Procé, en a publié une description dans le Journal de Physique. Dèslors il ne s'éleva plus de doutes sur le genre Scarabe, qui fut définitivement conservé dans la Méthode. On ne peut disconvenir qu'il n'ait avec les Auricules les plus grands rapports quant à la coquille et aux mœurs de l'Animal; mais celui-ci différerait notablement de celui des Auricules, surtout si l'observation confirmait ce que notre estimable et savant ami Lesson nous a communiqué à son sujet. Par une contradiction que nous expliquons difficilement, Blainville, après avoir indiqué lui-même le premier la séparation des Scarabes et des Auricules, les réunit cependant dans son Traité de Malacologie, et les sépare de nouveau à l'article Scarabe du Dictionnaire des Sciences naturelles. Il résulte de cette vacillation une incertitude pénible pour ceux qui ne font qu'entrer dans la science. Les caractères de ce genre peuvent être exprimés de la manière suivante : Animal trachélopode, spiral, ovalaire; tête large, portant deux tentacules subrétractiles, cylindriques, oculés au côté interne de la base; cavité respiratrice dorsale recevant l'air en nature par une ouverture

ronde placée sur le côté droit du corps. Coquille ovalaire, déprimée de haut en bas, à tours de spire nombreux et serrés; ouverture ovale, pointue, à bord droit, marginé en dedans, et garni, ainsi que le gauche, d'un grand nombre de dents qui en rétrécissent considérablement l'entrée. Ce genre ne s'est encore rencontré à l'état fossile qu'une seule fois, et le nombre des espèces qu'il renferme se réduit à trois. Elles ont un aspect particulier; déprimées de haut en bas, elles sont plus larges dans un de leur diamètre, lequel est encore augmenté par une série de bourrelets marginaux (trace des anciennes ouvertures) qui se voient de chaque côté du haut en bas de la coquille, comme cela a lieu dans les Ranelles. Cette disposition, seul exemple qu'on en pourrait citer jusqu'à présent parmi les Coquilles terrestres, annonce un accroissement à repos périodique. Les Animaux de ce genre ne sont pas marins comme quelques personnes l'ont cru. Ils ne vivent pas non plus au milieu des continens; ils ont besoin de l'influence de la mer, d'habiter sur ses bords, sur les plantes qui y croissent; ils peuvent même, comme les Auricules, être quelque temps immergés sans en souffrir. Blainville, dans l'article Scarabe du Dictionnaire des Sciences naturelles, a reconnu trois espèces appartenant à ce genre. Ignorant sans doute qu'elles avaient reçu un nom spécifique, il leur en a donné d'autres qui ne seront point adoptés.

SCARABE GUEULE DE LOUP, *Scarabus imbrium*, Montf., Conch. syst. T. II, p. 306; *Helix Scarabæus*, L., Gmel., p. 3613, n. 1; *Helix pythia*, Müller, Verm., p. 88, n. 286; *Bulimus Scarabæus*, Brug., Encycl., n. 74; *Auricula Scarabæus*, Lamk., Anim. sans vert. T. VI, p. 136, n. 9; *Scarabus imbrium*, Férus., *Prodr.*, p. 161, n. 1; *ibid.*, Blainv., Dict. des Sc. nat. T. XLIX, p. 31; Chemnitz, Conch. T. IX, tab. 156, fig. 1249-1250. C'est l'espèce la plus commune.

On en a trouvé un exemplaire fossile dans les terrains tertiaires d'Italie; il est conservé dans la Collection du Muséum.

SCARABE PLISSÉ, *Scarabus plicatus*, Férus., *loc. cit.*, n. 2; *Scarabus abbreviatus*, Blainv., *loc. cit.*, n. 2; Lister, *Synops.*, tab. 577, fig. 32; Klein, *Ostrac.*, tab. 1, fig. 24; Favanne, *Conch.*, tab. 65, fig. D 4; Chemnitz, T. IX, tab. 136, fig. 1251-1253; *Bulimus Scarabœus*, Brug., *loc. cit.* Espèce très-rare, bien distincte. Elle vient du Bengale.

SCARABE DE PETIVER, *Scarabus petiverianus*, Férus., *loc. cit.*, n. 3; *Scarabus Lessonii*, Blainv., *loc. cit.*, n. 3; Petiver, *Gazophyl.*, decas 1, tab. 4, fig. 10. Cette espèce bien distincte a été rapportée récemment par Lesson, qui l'a trouvée en assez grande abondance au port Praslin dans la Nouvelle-Irlande. (D..B.)

SCARABÉ. *Scarabœus.* INS. Genre de l'ordre des Coléoptères, section des Pentamères, famille des Lamellicornes, tribu des Scarabéides, placé par Latreille dans sa division des Xylophiles, et établi par Linné qui lui donnait une grande extension. Plusieurs auteurs l'ont successivement restreint, et on le compose aujourd'hui d'Insectes ayant pour caractères généraux : corps ovoïde, convexe; tête presque trigone, ayant un chaperon simple et muni d'une corne; antennes courtes, composées de dix articles, le premier long, conique, gros, enflé, velu; le second presque globuleux, les suivans très-courts, transyersaux, grossissant un peu depuis le troisième jusqu'au sixième inclusivement; le septième presque cyathiforme; les trois derniers formant une massue feuilletée, ovale, plicatile. Labre membraneux, caché par le chaperon, adhérent à la surface inférieure de celui-ci, son bord antérieur cilié. Mandibules presque trigones, cornées, très-dures, épaisses à leur base, sinuées, crénelées ou dentées sur leur côté extérieur. Mâchoires

dures, arquées, terminées en pointe, souvent dentées, velues. Palpes maxillaires presque une fois plus longs que les labiaux, composés de quatre articles; le premier court, très-petit; le second assez long, presque conique; le troisième conique, plus court que le précédent; le quatrième au moins aussi long que le second, arrondi à son extrémité; palpes labiaux courts, insérés vers l'extrémité du menton, de trois articles, les deux premiers courts, presque égaux, le troisième long, un peu plus gros que les autres, arrondi à son extrémité; menton velu, convexe, allongé, cachant la lèvre; son extrémité obtuse ou tronquée. Yeux globuleux; corselet légèrement bordé, armé d'une ou plusieurs cornes, ou échancré antérieurement; sternum simple, uni; écusson distinct, triangulaire; élytres grandes, recouvrant les ailes et l'abdomen; pates fortes; jambes s'élargissant vers le bas, les antérieures munies de trois ou quatre dents latérales à leur partie extérieure et d'une forte épine au-dessous de leur extrémité; les quatre postérieures en ayant deux et munies en outre de rangées transverses d'épines roides; articles des tarses garnis de poils, le dernier muni de deux crochets simples, ayant un faisceau de poils dans leur entre-deux. Les Scarabés se trouvent principalement dans les contrées équatoriales des cinq parties du monde; on n'en connaît qu'une espèce de taille moyenne qui habite l'Europe; mais il en existe un grand nombre en Amérique, en Afrique, dans les Indes-Orientales, etc. C'est parmi ces dernières que l'on rencontre les Insectes les plus grands, et l'on ne peut citer que le genre Priorne dont quelques espèces atteignent une taille plus considérable. Les larves des Scarabés ne sont point connues; mais il est probable qu'elles ressemblent beaucoup à celles des Oryctès et des autres Scarabéides que nous connaissons. Celles des grosses espèces doivent vivre dans l'intérieur du tronc-

carié des grands arbres si communs
dans les forêts vierges du Nouveau-
Monde, et doivent beaucoup hâter
la décomposition de ces colosses végétaux destinés à entretenir, après leur
chute, une foule d'autres plantes. On
connaît environ soixante-dix ou quatre-vingts espèces de Scarabés; presque toutes sont d'une couleur noire
ou brune; en général les mâles portent des cornes sur la tête et des appendices plus ou moins larges et ramifiés sur le corselet, tandis que
leurs femelles en sont dépourvues.
On les a distribuées dans quatre divisions ainsi qu'il suit :

1°. Elytres sans stries longitudinales.

Le Scarabé Hercule, *Scarabœus
Hercules*, L., Oliv., Latr., etc.;
Geotrupes Hercules, Fabr., figuré
dans une foule d'ouvrages, et que
l'on voit dans presque toutes les collections. C'est l'un des plus grands
connus : on le trouve dans l'Amérique
méridionale.

2°. Elytres ayant une seule strie
qui est suturale.

Dans cette division on fait deux
subdivisions ; les Scarabés de la première ont les élytres lisses. Nous citerons parmi ceux-là :

Le Scarabé aloeus, *Scarabœus
alœus*, L., Oliv., Latr.; figuré
dans l'Atlas de l'Encyclopédie, pl.
140, fig. 8; *Geotrupes alœus*, Fabr.
Il a près de deux pouces de long; sa
tête porte une petite corne et son
corselet est profondément échancré
au milieu, avec une pointe dirigée
en avant de chaque côté. On le trouve
communément à Cayenne.

Ceux de la seconde subdivision ont
les élytres ponctuées sur les côtés.

Le Scarabé enema, *Scarabœus
enema*, L., Latr., figuré dans l'Encyclopédie, pl. 140, fig. 6, appartient à cette subdivision.

3°. Elytres ayant plusieurs stries
longitudinales.

Le Scarabé bilobé, *Scarabœus*

bilobus, L., Latr., Oliv., Encycl., pl.
141, fig. 10, qui se trouve à Cayenne.

4°. Elytres irrégulièrement ponctuées dans toute leur étendue.

Le Scarabé ponctué, *Scarabœus
punctatus*, Latr., Oliv.; figuré par
Rossi, *Faun. Etrusc.*, tab. 1, pl. 1,
fig. 1. Il a près de neuf lignes de
long; son corps est tout noir. On le
trouve en Italie et dans les provinces
méridionales de la France.

Le nom de Scarabé a été donné
vulgairement à tous les Insectes de
l'ordre des Coléoptères. Ainsi on
donne les noms de :

Scarabés aquatiques, aux Dyti-
ques et aux Hydrophiles.

Scarabé du lys, au *Cryoceris mer-
digera*.

Scarabé pulsateur, à une espèce
d'*Anobium*.

Scarabé a ressort, aux Taupins.

Scarabés Tortues ou hémisphériques, aux Coccinelles.

Scarabé a trompes, aux Rhynchophores.

Enfin Mac-Leay désigne sous le
nom de Scarabés les *Ateuchus* et les
Gymnopleures de Latreille. Il donna
au genre *Scarabœus* de Latreille le
nom de *Dynastes*.

Fabricius (*Syst. Eleuth.*) comprend
sous le nom de *Scarabœus* des Insectes des genres Géotrupe et Bolbocère de Latreille. Le genre *Scarabœus* proprement dit de Latreille
correspond ainsi aux Géotrupes de
Fabricius.   (g.)

SCARABÉIDES. *Scarabœides*. ins.
Latreille désigne ainsi une tribu de
Coléoptères de la famille des Lamellicornes, section des Pentamères, et
correspondant au grand genre *Scarabœus* de Linné. Les caractères de cette
tribu sont exprimés ainsi dans ses
Familles naturelles du Règne Animal : massue des antennes composée
de feuillets, soit pouvant s'ouvrir et
se fermer à la manière de ceux d'un
livre, soit cupulaires, le premier de

cette massue étant le plus grand, presque en forme de cornet et enveloppant les autres. Latreille divise cette tribu ainsi qu'il suit :

I. Antennes de huit à neuf articles; labre et mandibules membraneux, cachés. Mâchoires terminées par un lobe membraneux, arqué, large et tourné en dedans; dernier article des palpes labiaux beaucoup plus grêle que les précédens ou très-petit.

Les Coprophages, *Coprophagi.*

1. Seconds pieds beaucoup plus écartés entre eux à leur naissance que les autres; palpes labiaux très-velus, avec le dernier article beaucoup plus petit que le précédent ou même peu distinct.

(Ecusson le plus souvent nul ou peu visible.)

Genres : Ateuchus (Scarabée, Mac-Leay fils); Gymnopleure, Sysiphe, Onitis, Oniticelle, Onthophage, Phanée (*Lonchophorus,* Germ.), Bousier.

2. Tous les pieds insérés à égale distance les uns des autres. Palpes labiaux velus, à articles cylindriques, presque semblables. Ecusson très-distinct. Elytres enveloppant les côtés et l'extrémité postérieure de l'abdomen.

Genres : Aphodie, Psamodie (voisins des Egialies, mais ayant le labre et les mandibules cachés).

II. Antennes le plus souvent de dix à onze articles. Mandibules du plus grand nombre cornées et découvertes. Labre de la plupart coriace, et plus ou moins à nu dans plusieurs. Palpes labiaux filiformes ou terminés par un article plus grand. Mâchoires soit entièrement cornées, soit terminées par un lobe membraneux ou coriace, mais droit et longitudinal.

1. Mandibules cornées, non en forme de lames très-minces ou d'écailles.

A. Mandibules et labre toujours totalement ou en partie à nu, sail-

lans au-delà du chaperon. Elytres enveloppant le contour extérieur de l'abdomen et lui formant une voûte complète.

Antennes de plusieurs à onze articles. Pieds postérieurs très-reculés en arrière.

Les Arénicoles. *Arenicolæ.*

a. Languette bifide, ses deux lobes saillans au-delà du menton.

Mandibules généralement saillantes, arquées. Antennes de onze ou neuf articles.

* Antennes de neuf articles.

Genres : Chiron, Ægialie.

Nota. Quoique les Chirons, genre établi par Mac-Leay fils, paraissent se rapprocher, par la massue des antennes, des Passales, ils appartiennent néanmoins, sous tous les autres rapports, à cette division des Scarabéides.

** Antennes de onze articles.

Nota. Ils composent la petite famille ou tribu que j'avais désignée sous le nom de Géotrupins.

Genres : Géotrupe, Bolbocère, Eléphastome, Athyrie, Lethrus.

b. Languette entièrement recouverte par le menton.

Antennes le plus souvent de dix articles, de neuf dans les autres.

Mandibules et labre moins saillans que dans les précédens, et ne paraissent point, l'Animal étant vu en dessous. Hanches antérieures souvent grandes et recouvrant le dessous de la tête. Côté interne des mâchoires denté. Insectes produisant une stridulation.

* Antennes de neuf articles.

Genres : Cryptodes, Méchidié.

** Antennes de dix articles.

Genres : Phobère, Trox, Hybosore, Orphné?

Le genre *Acanthocère* de Mac-Leay fils nous est inconnu. Les organes de la manducation semblent l'éloigner des précédens et le reporter plus bas.

B. Labre et mandibules rarement saillans au-delà du chaperon. Extrémité postérieure de l'abdomen découverte.

a. Languette entièrement cachée par le menton et confondue même avec lui.

Corps rarement allongé, avec le corselet oblong. Elytres point béantes à la suture.

* Antennes toujours de dix articles, et dont les trois derniers forment la massue. Mandibules saillantes ou découvertes du moins à leur partie latérale externe (non entièrement recouvertes en dessous par les mâchoires, et en dessus par le chaperon).

Mâchoires du plus grand nombre entièrement cornées et dentées, terminées dans les autres par un lobe coriace et velu.

Les XYLOPHILES, *Xylophili.*

Genres : ORYCTÈS, PHILEURE, SCARABÉE, HEXODON, RUTÈLE, CHASMADIE, MACRASPIS, PÉLIDNOTE, CHRYSOPHORE, OPLOGNATHE, CYCLOCÉPHALE (*Chalepus* de Mac-Leay fils , dénomination déjà employée génériquement). Ce dernier genre semble faire le passage de cette division à la suivante.

Mandibules très-peu découvertes, mais déprimées.

** Antennes de huit à dix articles; massues de plusieurs mâles formées par les sept à cinq derniers, de trois dans les autres. Mandibules recouvertes en dessus par le chaperon, et cachées en dessous par les mâchoires; leur côté extérieur seul apparent.

Les PHYLLOPHAGES, *Phillophagi.*

† Mandibules fortes, extérieurement cornées. Extrémité des mâchoires sans dents, ou n'en ayant que deux. (Antennes de dix articles.)

Genres : ANOPLOGNATHE, LEUCOTHYRÉE, APOGÔNIE, AMBLYTÈRE.

†† Mandibules fortes, entièrement

cornées. Mâchoires pluridentées. Tarses antérieurs des mâles dilatés et garnis en dessous de brosses. (Antennes de neuf articles.)

Genre : GÉNIATE (*Gamatis*, Dej.).

††† Mandibules fortes, entièrement cornées. Mâchoires pluridentées. Tarses semblables et sans brosses dans les deux sexes.

a. Massues des antennes de cinq à sept feuillets dans les mâles.

Genres : HANNETON (antennes de dix articles), PACHYPE (antennes de neuf articles.

b. Massues des antennes de trois feuillets dans les deux sexes.

1. Antennes de dix articles.

Genres : RHIZOTROGUE (*Melolontha œstiva*), AREODE.

2. Antennes de neuf articles.

Genres : AMFIMALLE, *Melolontha solsticialis*, EUCHLORE (*Anomala*, Dej.).

†††† Portion interne des mandibules moins solides que l'autre ou membraneuse. Antennes de neuf à dix articles, dont les trois derniers forment la massue.

Genres : SÉRIQUE, Mac-Leay ; ANISOPLIE, HOPLIE, MONOCHÈLE, MACRODACTYLE, DIPHUCÉPHALE.

b. Languette saillante au-delà du menton (bilobée).

1°. Mandibules cornées. Mâchoires terminées par un lobe membraneux et soyeux. Corps souvent allongé avec le chaperon avancé; le corselet oblong ou presque orbiculaire; les élytres écartées ou béantes à leur extrémité interne ou suturale. Antennes de neuf à dix articles dont les trois derniers forment la massue.

Les ANTHOBIES, *Anthobii.*

Genres : GLAPHYRE, AMPHICOME, ANISONYX, CHASMATOPTÈRE.

2°. Mandibules très-aplaties, en forme de lames minces ou d'écailles ordinairement presque membraneuses.

Labre presque membraneux, caché sous le chaperon; mâchoires terminées par un lobe en forme de pinceau. Languette non saillante. Corps le plus souvent ovale, déprimé, avec le corselet en trapèze ou presque orbiculaire. Couleurs ordinairement brillantes ou variées.

Les MÉLITOPHILES, *Melithophili*.

Genres : PLATYGÉNIE, CRÉMASTOCHEILE, GOLIATH, THICHIE, CÉTOINE, GYMNÉTIS. Menton grand et large dans les trois premiers genres. *V.* tous ces mots, soit à leur lettre, soit au Supplément.

Telles sont les divisions dans lesquelles Latreille a classé le grand nombre de genres établis dans cette tribu; nous avons cru devoir les présenter ici, afin que l'on puisse y rapporter les genres qui ont été traités dans les premiers volumes à une époque où les familles nouvelles n'étaient pas encore publiées.   (G.)

* SCARABUS. INS. *V.* SCARABE.

SCARCHIR. OIS. Espèce du genre Canard de la sous-division des Sarcelles. *V.* CANARD.   (B.)

SCARCINE. *Scarcina.* POIS. Genre proposé par Rafinesque pour recevoir quatre espèces de Poissons des mers de la Sicile, et voisines, par leurs caractères zoologiques, des Ammodytes et des Donzelles. Ce genre aurait pour caractères : des nageoires caudale, dorsale et anale isolées les unes des autres, le corps très-comprimé; les catopes nulles; les maxillaires armés de dents; la nageoire dorsale fort longue et l'anale plus courte. On ne sait rien des mœurs de ces espèces de Poissons. Rafinesque leur donne les noms de *Scarcina argentea*, *punctata*, *quadrimaculata* et *imperialis*. On emploie les écailles de la première pour remplacer celles de l'Ablette, dans la formation de l'essence d'orient ou la matière des perles fausses.   (LESS.)

SCARE. *Scarus.* POIS. Genre de la famille des Labroïdes, division des Acanthoptérigiens de Cuvier, et des Holobranches thoraciques ostéostomes de la Zoologie analytique de Duméril. Forskahl fut le premier créateur de ce genre, qu'il trouva dans Aldrovande par une erreur de ce vieil auteur italien. Les anciens nommaient *Scarrus* un Poisson de la Méditerranée, commun sur les côtes de Sicile et de l'archipel de la Grèce, dont la chair était très-délicate. Tout porte à croire que ce Scare était un Labre ou Cheiline. Mais il est de fait qu'aucun des Scares admis par les auteurs modernes ne se trouve dans la Méditerranée; les espèces qui entrent dans ce genre vivent exclusivement dans les mers intertropicales tout autour du globe. Les Scares se rapprochent singulièrement des Labres. Ils ont pour caractères : corps ovale, oblong, comprimé, couvert d'écailles lâches et larges; ligne latérale interrompue ou coudée, à pores trifides; mâchoires paraissant formées par les intermaxillaires qui se trouvent à nu, et qui sont convexes, arrondis, et garnis de dents très-petites, disposées comme des petits mamelons sur leur bord et sur leur surface antérieure; ces dents occupent deux rangées, de manière que les postérieures deviennent par ordre de croissance antérieures; lèvres rétractiles; opercules entiers, écailleux; plaques pharyngiennes disposées en lames transversales; quatre ou cinq rayons à la membrane branchiostège; nageoire dorsale unique; nageoires ventrale et anale garnies de rayons épineux, pouvant parfois se replier dans des fossettes. Les Scares ont les habitudes des Labres; comme ces Poissons, ils se font remarquer par la vivacité des couleurs qui teignent leurs écailles. Leurs teintes sont disposées d'ordinaire par larges plaques, et leur ont valu dans les colonies le nom de *Perroquets de mer.* Leur mode de natation est vacillant. On ne les trouve jamais que dans les mers chaudes, le long des rivages, des récifs et où la mer déferle avec violence. Ils sont très-communs dans la mer Rouge où Forskahl en a décrit plusieurs espèces, et dans l'Océanie où nous en avons rencontré un grand nombre. Leur chair est délicate, estimée des Océaniens qui la mangent crue, bien que dans certaines circonstances elle soit vénéneuse.

Les Scares sont nombreux. Nous nous bornerons à les indiquer nominalement. Les espèces de la mer Rouge, sont : le SIDJAN, *Scarus siganus*, Forsk., p. 25 ; l'ÉTOILÉ, *Scarus stellatus*, Forsk., p. 26 ; le POURPRÉ, *Scarus purpureus*, Forsk., p. 27, ou *Labrus purpureus* de Linné ; le HARID, *Scarus Harid*, Forsk., p. 30 ; le NOIR, *Scarus niger*, Forsk., p. 28, ou *Chadry* de Lacépède ; le PERROQUET, *Scarus Psittacus*, Forsk., p. 29 ; le KAKATOÉ, *Scarus Kakatoe*, Lacép.; le GHOBBAN, *Scarus Ghobban*, Forsk., p. 28. Cet auteur décrit en outre les *Scarus sordidus* et *ferrugineus*. Commerson, dans son Voyage autour du monde avec Bougainville, a rapporté quelques Scares qui ont été décrits par Lacépède. On peut citer entre autres l'ENNÉACANTHE, *Scarus enneacanthus*, Lac., du grand Océan équinoxial ; le DENTICULÉ, *Scarus denticulatus*, Lacép., des mêmes parages. Plumier a décrit une espèce des Antilles qui est le TRILOBÉ, *Scarus trilobatus*, Lacép., et Catesby en a figuré une autre sous le nom de POISSON VERT, le *Scarus Catesby* de Lacépède dont on retrouve la figure dans les planches de l'Encyclopédie, n° 50, fig. 193. Ce Poisson, que Bonnaterre a décrit page 76, est remarquable parce qu'il est tout vert, excepté à la queue où se dessine une tache jaune. Il vit dans les eaux de la Caroline et sur les côtes de l'île de Bahama.

On doit encore grouper dans le genre qui nous occupe trois Spares décrits sous les noms de *Sparus Abildgaardi* par Bloch, *Scarus croicensis*, Bloch, pl. 221, et *Sparus holocyaneose* par Lacépède.

Bowdich, dans la Relation de ses excursions aux îles de Madère et de Porto-Santo en 1823, a publié sous le nom de *Diastodon speciosus* (fig. 41 de l'Atlas) un Poisson rose ombré de violet, des mers de San-Yago, une des îles du Cap-Vert. Il créa ce genre parce que les dents étaient fortes, irrégulières et très-écartées. Cuvier ne doute pas que ce ne soit le jeune âge d'un Scare nouveau qu'on pourrait nommer *Scarus Bowdichi*.

A toutes ces espèces il faut joindre celle que Desmarest a figurée dans l'Atlas de ce Dictionnaire, et qu'il a nommée SCARE A BANDELETTES, *Scarus tœniopterus*. Ce Poisson, qui vit dans les mers de l'île de Cuba, est verdâtre, ayant une bandelette jaune sur la dorsale, une pareille sur l'anale ; la queue rectiligne et les catopes jaunes ; de larges écailles couvrent le préopercule.　　　(LESS.)

* SCARIEUX. *Scariosus.* BOT. PHAN. On dit d'un organe foliacé qu'il est scarieux quand il est mince, sec et translucide. Ainsi les écailles de l'involucre dans le Catananche, les tuniques extérieures des bulbes de l'Ognon, de l'Ail, etc., sont scarieuses.
　　　　　　　　　　　(A. R.)

SCARIOLE. BOT. PHAN. Même chose qu'Escarole. *V.* ce mot et Chicorée.　　　　　(B.)

SCARITE. *Scarites.* INS. Genre de la famille des Coléoptères, section des Pentamères, famille des Carnassiers, tribu des Carabiques, division des Bipartis de Latreille, établi par Fabricius et que Linné avait confondu dans son genre Ténébrion, et Degéer dans ses Attelabus. Les caractères de ce genre sont : corps cylindrique ou peu aplati, assez allongé ; tête assez grande, presque carrée ; antennes presque moniliformes, composées de onze articles, le premier très-grand, les autres beaucoup plus petits, grossissant insensiblement vers l'extrémité. Labre très-court, trideuté. Mandibules grandes, avancées, fortement dentées intérieurement. Mâchoires crochues à leur extrémité ; palpes maxillaires extérieurs de quatre articles ; les labiaux de trois ; ces quatre palpes ayant leur dernier article presque cylindrique ; les maxillaires internes de deux articles. Menton articulé, concave, fortement trilobé ; languette courte, large, évasée au bord supérieur. Corselet séparé des élytres par un étranglement convexe, presque en forme de croissant, échancré antérieurement, arrondi à sa partie postérieure et souvent un peu prolongé dans son milieu. Ecusson nul. Elytres assez allongées, souvent parallèles, s'élargissant quelquefois un peu postérieurement, recouvrant tout l'abdomen et rarement des ailes. Abdomen aplati, arrondi sur les côtés. Pates assez fortes ; jambes antérieures larges, dentées extérieurement et comme palmées, échancrées au côté interne ; jambes intermédiaires simples, quelquefois un peu plus larges vers leur extrémité, ayant seulement sur le côté extérieur une ou deux épines assez fortes ; jambes postérieures quelquefois ciliées ; tarses simples dans les deux sexes.

On trouve des Scarites dans les contrées chaudes de tous les pays du monde, excepté à la Nouvelle-Hollande ; mais c'est surtout en Afrique que l'on en a trouvé le plus. L'Amérique en possède seulement six espèces. Ces Insectes vivent dans les terrains sablonneux près de la mer et dans les lieux imprégnés de sel. Ils se creusent des trous de plus d'un pied de profondeur et n'en sortent que pendant la nuit. Il est bien certain qu'ils se nourrissent d'Insectes qu'ils saisissent avec leurs fortes mandibules, et notre ami Lefébure de Cérisy, ingénieur de la marine à Toulon, s'est souvent servi de Hannetons comme d'un appât pour les attirer hors de leur trou. Cependant plusieurs auteurs ont avancé que les Scarites n'ont point d'habitudes carnassières ; on en connaît près de quarante espèces, toutes de couleur noire luisante. Dejean (Spéciès des Coléopt., etc.) en décrit trente-cinq espèces qu'il range dans deux divisions, ainsi qu'il suit :

I. Jambes intermédiaires armées de deux épines.

SCARITE PYRACMON, *Scarites Pyracmon*, Dej., Spéc. Col., etc. T. I, p. 367. — Bonelli, *Scarites Gigas*, Oliv., Col. T. III, n° 56, p. 6, n° 3, t. 1, f. 1, a, b, c ; Latr., Rossi, Faun. Etr. Cet Insecte est long de près d'un pouce et demi, noir, luisant ; ses jambes antérieures sont tridentées, les postérieures dentelées ; ses élytres sont ovales, presque déprimées, larges postérieurement, ayant de légères stries ponctuées. On le trouve assez communément dans le midi de la France, en Italie, en Espagne, dans les lieux sablonneux près de la mer.

II. Jambes intermédiaires armées d'une seule épine.

SCARITE LISSE, *Scarites lævigatus*, Dej., *loc. cit.*, p. 398 ; *Scarites sabulosus*, Oliv., Ent. T. III, n° 56, p. 11, pl. 1, f. 8. Il est long de six à sept lignes, noir, luisant ; ses jambes antérieures ont huit dents, les postérieures ont deux petites dentelures ; les élytres sont oblongues, presque déprimées, avec des stries presque effacées. On le trouve dans le midi de la France sur les côtes de la Méditerranée.   (G.)

* SCARITIDES. *Scaritides.* INS. Bonelli désigne ainsi sa quatorzième famille des Carabiques dans laquelle il fait entrer les genres Scarite, Clivine et Dischyrie. Dejean (Spéciès des Coléoptères, etc.) applique cette dénomination à la division des Carabiques de Latreille, qui a reçu de cet entomologiste (Fam. nat. du Règne Animal) le nom de *Bipartis*. *V.* CARABIQUES.   (G.)

SCARITIS. MIN. Pline désigne sous ce nom une Pierre qui, dit-il, avait la couleur du Poisson Spare.   (B.)

SCARLATE. OIS. Espèce du genre Philédon. *V.* ce mot. C'est aussi le nom d'un Tangara que Vieillot a placé avec le Jacapa sous ce nom générique. *V.* TANGARA.   (DR..Z.)

SCAROGE. bot. crypt. L'un des noms vulgaires de l'*Agaricus procerus*.
(b.)

SCAROLE. bot. phan. *V*. Laitue.

SCARUS. pois. *V*. Scare.

SCATHOPHAGE. *Scathophaga*. ins. Genre de l'ordre des Diptères, famille des Athéricères, tribu des Muscides, division des Scathophiles de Latreille, établi par Meigen aux dépens du grand genre *Musca* de Linné, adopté par Latreille et par tous les entomologistes modernes avec ces caractères : corps assez allongé, ordinairement velu. Tête transversale, presque conique en devant, arrondie postérieurement; antennes insérées entre les yeux, presque contiguës à leur base, plus courtes que la face antérieure de la tête, de trois articles; le dernier infiniment plus long que le second, en carré long, muni près de la base d'une soie longue, biarticulée; son premier article fort court, le second velu, s'amincissant notablement de son milieu à son extrémité. Hypostome creusé; trompe très-distincte, de longueur moyenne, membraneuse, rétrécie, terminée par deux grandes lèvres et cachée dans le repos. Palpes grands, avancés, un peu en massue aplatie, velus. Yeux grands, saillans, écartés l'un de l'autre dans les deux sexes. Trois ocelles placés en triangle sur le vertex. Corselet muni de longs poils roides ainsi que la tête, l'écusson et les pates. Ecusson grand, avancé, conique. Ailes longues, grandes et courbées l'une sur l'autre dans le repos. Cuillerons petits; balanciers nus; abdomen allongé, presque conique; pates grandes; cuisses longues, assez grêles; jambes postérieures munies à leur extrémité de deux épines droites; tarses ayant leur premier article presque aussi long que les quatre autres pris ensemble; ceux-ci égaux entre eux, le dernier terminé par deux crochets grêles, simples, et par deux pelotes grosses, assez longues et velues en dessous.

Ce genre se distingue des Anthomyies, parce que ceux-ci ont les ailes assez courtes, dépassant de peu l'abdomen, et parce que les yeux des mâles se touchent. Les Mosilles ont la tête creusée postérieurement et non conique comme cela a lieu dans les Scathophages. Les Thyréophores en diffèrent par leurs cuisses postérieures qui sont grandes et arquées ainsi que les jambes; enfin on ne peut les confondre avec les Sphérocères dont le dernier article des antennes est sphérique, et qui ont encore plusieurs autres caractères distinctifs pris dans la forme des cuisses et des jambes.

Les mœurs des Scathophages ont été étudiées par le célèbre Réaumur. Comme l'étendue de cet ouvrage ne nous permet pas d'entrer dans de grands détails à cet égard, nous dirons seulement que ces Diptères fréquentent habituellement les excrémens humains et toutes les ordures sur lesquelles on les voit en grand nombre; les femelles y déposent leurs œufs qui sont oblongs et qu'elles piquent dans la fiente par un de leurs bouts. Les larves, qui proviennent de ces œufs, vivent pendant quelque temps dans les excrémens où elles ont été déposées à l'état d'œuf, ensuite elles entrent en terre pour subir leur dernière métamorphose qui a lieu un mois après la ponte. On connaît huit ou dix espèces de Scathophages; la plus commune, et celle qui a été étudiée par Réaumur, se trouve en abondance aux environs de Paris et dans toute la France.

La Scathophage stercoraire, *Scathophaga stercoraria*, Meigen, Latr.; *Musca stercoraria*, Lin., Fabr.; *Scathophaga vulgaris*, Latr. Cette Muscide est longue de trois ou quatre lignes, brune et couverte d'un duvet et de longs poils jaunes. (g.)

* SCATHOPHILES. *Scathophilæ*. ins. Latreille donne ce nom dans ses Familles naturelles du Règne Animal, à la sixième division de sa

grande tribu des Muscides. *V.* ce mot.
(G.)

SCATHOPSE. *Scathopse.* INS.
Genre de l'ordre des Diptères, famille des Némocères, tribu des Tipulaires, division des Florales, établi par Geoffroy aux dépens du grand genre Tipula de Linné, et adopté par tous les entomologistes avec ces caractères : corps oblong ; thorax ovale, convexe. Tête petite, arrondie ; yeux réniformes ; trois ocelles distincts placés sur le vertex et disposés en triangle. Antennes avancées, épaisses, cylindriques, insérées en avant des yeux, perfoliées, composées de onze articles dont le dernier globuleux. Palpes cachés. Ailes grandes, hyalines, couchées sur le corps dans le repos. Ayant la cellule médiastine distincte, la marginale très - grande, appendiculée ; une seule discoïdale petite ; trois postérieures petites. Abdomen déprimé, un peu élargi postérieurement. Jambes sans épines ; tarses à pelotes très-petites, peu distinctes. Ce genre se distingue des Cordyles et des Simulies, parce que ceux-ci n'ont point d'ocelles. Les Bibions et les Aspistes en diffèrent parce qu'ils n'ont pas plus de neuf articles aux antennes ; enfin les Penthétries et les Dilophes en sont bien distingués parce que leurs yeux sont entiers et non réniformes comme dans le genre qui nous occupe. Comme le dit fort judicieusement Macquart (Dipt. du Nord de l'Europe), les Insectes de ce genre présentent une particularité remarquable ; ils appartiennent évidemment aux Tipulaires musciformes par les plus grands rapports de conformation, et cependant il leur manque un des caractères les plus essentiels de la famille entière : le seul article fort court, dont les palpes paraissent formés, établit à la fois une différence importante entre les Scathopses et tous les autres Tipulaires, et une ressemblance (au moins sous le rapport de la brièveté de cet organe) avec les autres Diptères, de sorte que la place naturelle de ces Insectes est à la tête de leur famille immédiatement après les Tabaniens. Les Scathopses doivent leur nom aux immondices au milieu desquelles ils se développent. Leurs larves ne présentent aucun organe propre au mouvement. Les nymphes sont nues, immobiles. L'Insecte parfait, fort commun sur les troncs d'arbres et les murs humides, fréquente aussi les fleurs, particulièrement celles des Synanthérées, et il se nourrit du suc des nectaires. On connaît neuf espèces de ce genre ; elles sont toutes propres à l'Europe et de petite taille. La plus commune est :

Le SCATHOPSE NOTÉ, *Scathopse notata*, Meig. ; *Scathopse nigra*, Geoff., Lam. ; *Tipula notata*, Lin. ; *Tipula albipennis*, Fabr. Long d'une ligne et demie, d'un noir luisant. Thorax marqué de blanc sur les côtés. Commun contre les murs humides et dans les latrines de Paris. (G.)

* SCATOMYZE. *Scatomyza.* INS. Genre de Diptères établi par Fallen. *V.* SCATOMYZIDES. (G.)

* SCATOMYZIDES. INS. Famille de l'ordre des Diptères établie par Fallen et renfermant une partie de la tribu des Muscides de Latreille ; elle comprend les genres que Fallen nomme *Scathomiza* et *Cordylura.* Nous ne citerons ici que le type de chacun de ces genres ; le premier se compose du *Musca scybalaria* de Fabricius, le second a pour type la *Musca pubera* de Linné. *V.* MUSCIDES. (G.)

SCAURE. *Scaurus.* INS. Genre de l'ordre des Coléoptères, section des Hétéromères, famille des Mélasomes, tribu des Piméliaires, établi par Fabricius et adopté par Olivier, Latreille et tous les auteurs modernes, avec ces caractères : corps ovale-oblong ; tête plus étroite que le corselet ; antennes filiformes, de onze articles ; les deux premiers, mais surtout le second, petits ; le troisième plus long que chacun des sept suivans ; les premiers de ceux-ci un peu coniques ; les derniers ovales, globuleux ; le onzième un peu obconique, pointu à l'extrémité, de la longueur du troisième, et par conséquent beaucoup plus long que le dixième. Labre coriace, avancé, transversal, son bord antérieur entier, cilié. Mandibules courtes, cornées, à peine bifides à l'extrémité. Mâchoires droites, cornées, bifides, dilatées, et comme tronquées à leur extrémité. Palpes maxillaires presque filiformes, plus longs que les labiaux, de quatre articles; les labiaux de trois articles presque égaux. Menton de grandeur moyenne, en carré transversal, entier, ne recouvrant pas l'origine des mâchoires. Languette nue, entière. Corselet non rebordé, tronqué à ses bords antérieur et postérieur, les latéraux arrondis. Écusson petit. Élytres soudées ensemble, embrassant les côtés de l'abdomen et s'allongeant en pointe mousse; point d'ailes; pates fortes; cuisses antérieures assez grosses, ordinairement munies d'une ou deux épines. Jambes raboteuses, les antérieures souvent un peu courbes; tarses filiformes, leur premier article plus grand que les intermédiaires; le dernier le plus long de tous. Abdomen ovalaire. Ce genre se distingue des Moluris, Psammodes, Tagénie et Sépidie, parce que ceux-ci n'ont pas le dernier article des antennes sensiblement plus grand que le précédent; les autres genres de la même tribu diffèrent des Scaures parce que leur menton recouvre entièrement la base des mâchoires. On ne connaît que cinq à six espèces de Scaures; elles sont propres aux contrées chaudes de l'Europe méridionale, de l'Afrique et de l'Asie. Ces Insectes se plaisent dans les sables ou parmi les décombres et les pierres. Leur démarche est pesante, et ils semblent fuir la lumière. Parmi les espèces que l'on trouve en France nous citerons :

Le SCAURE STRIÉ, *Scaurus striatus*, Fabr., Oliv., Entom. et Encyclopédie, pl. 195, fig. 4. Il est long de plus de six lignes, tout noir, avec des stries sur les élytres. Il n'est pas rare sur les bords de la **Méditerranée,** à Marseille, Toulon, etc.   (G.)

* SCAVILLOS. BOT. PHAN. (Garidel.) Le *Jasminum fruticans* dans les cantons méridionaux de la France où cet Arbuste croît spontanément.   (B.)

SCAVISSON. BOT. PHAN. On a quelquefois désigné sous ce nom, dans le commerce, l'écorce du *Laurus Cassia*.   (B.)

SCEAU DE NOTRE-DAME. BOT. PHAN. L'un des noms vulgaires du Tamanier. *V.* ce mot.   (B.)

SCEAU DE SALOMON ou SIGNET. BOT. PHAN. Espèce du genre *Convallaria* de Linné, *Polygonatum* des modernes.   (B.)

SCÉLÉRATE. BOT. PHAN. Espèce du genre Renoncule. *V.* ce mot. (B.)

SCÉLERI. BOT. PHAN. Orthographe vicieuse de Céleri. *V.* ce mot.

SCÉLION. *Scelio*. INS. Genre de l'ordre des Hyménoptères, section des Térébrans, famille des Pupivores, tribu des Oxyures, établi par Latreille, et que Jurine et Spinola ont désigné depuis sous le nom de Céraphron. Les caractères de ce genre sont : corps allongé; tête globuleuse, un peu triangulaire; antennes insérées près de la bouche, filiformes dans les mâles; plus courtes et grossissant insensiblement vers l'extrémité dans les femelles, composées de dix articles distincts. Mandibules bidentées à leur extrémité. Palpes maxillaires non saillans, de trois articles au moins, les labiaux de deux. Trois ocelles placés sur le devant du front à la partie supérieure et disposés en triangle. Corselet court, transversal; ailes supérieures n'ayant qu'une seule cellule radiale. Pates de longueur moyenne; abdomen aplati. Ce genre se distingue des Béthyles, Dryines, Antéons, Hélores, Proctotrupes, Cinètes et Bélytes, parce que ceux-ci ont des cellules brachiales aux ailes supérieures; il diffère des Diapries qui ont les antennes insérées sur le front; les Sparasions et les

Géraphrons ont les palpes maxillaires saillans. Les Platygastres n'ont point de cellule radiale aux ailes; et enfin les Téléas s'en distinguent parfaitement par leurs antennes de douze articles. On ne connaît pas les mœurs de ces Hyménoptères qui sont tous de très-petite taille; il est probable qu'ils vivent dans les larves pendant leurs premiers états. Nous citerons comme type du genre le SCÉLION RUGOSULE, *Scelio rugosulus*, Latr., *Gen. Crust. et Ins.* T. IV, p. 32, n. 1. On le trouve en France.　(G.)

SCELLAN. POIS. On ne sait à quelle espèce rapporter le Poisson qui se vendait dans les marchés de Paris sous ce nom dans le douzième siècle.　(B.)

SCÉNICLE. OIS. Syn. ancien du Tarin. *V.* GROS-BEC.　(DR..Z.)

SCÉNOPINE. *Scenopinus.* INS. Genre de l'ordre des Diptères, famille des Athéricères. L'espèce prototype, très-commune dans nos maisons, avait été placée par Linné dans son genre *Musca* (*M. fenestralis*), et avec les Némotéles par Degéer; mais ses antennes totalement dénuées de la soie ou du stylet ordinaire distinguent essentiellement ce genre des précédens et de tous les autres analogues. Ces organes sont composés de trois articles, dont les deux premiers très-petits et dont le dernier allongé et presque cylindrique. Sous le rapport de la trompe, cet Insecte se rapproche évidemment des Stratiomes et autres Notacanthes; la tige est très-courte, avec les lèvres relevées, et les palpes insérés de chaque côté de sa base et se terminant en massue. Quoique, d'après les figures de Meigen, le suçoir ne paraisse composé que de deux soies, nous présumons, par analogie, qu'il y en a quatre, ainsi que dans les Diptères précédens. Ces caractères, la grandeur des yeux du mâle, le nombre et la disposition de nervures des ailes, le recouvrement horizontal de ces organes, la forme et la nudité des pieds, nous semblent indiquer que ce genre se rapproche des Pipuncules, des Platypèzes, des Callomyies, et même des Xylophages, surtout par les cellules extérieures des ailes. Quoi qu'il en soit, nous avons dans notre dernier travail sur les Diptères (Règne Animal de Cuvier, deuxième édition) placé les Scénopines et les genres précédens, moins le dernier, dans une petite section, celle des Platypézines, et qui succède immédiatement à celle des Dolichopodes. L'absence de la soie antennaire forme un caractère négatif, exclusivement propre aux Scénopines; mais il en est un autre qui n'a pas encore été remarqué; c'est que, dans ces Insectes, les côtés des prothorax se détachent et forment deux petits tubercules saillans, qui semblent représenter, en petit, les prébalanciers des Rhipiptères. Les Psorophores de Robineau-Desvoidy nous en offrent de semblables; mais il ne faut pas les considérer avec ce naturaliste comme des appendices particuliers. Meigen caractérise ainsi le Scénopine des fenêtres (*fenestralis*): noir, à pates fauves; massue des balanciers blanche. Les raies tranverses de cette couleur que l'on voit sur l'abdomen ne sont propres qu'aux mâles. Cette partie du corps est ordinairement rugueuse. Nous renverrons, quant aux autres espèces, à cet auteur.　(LAT.)

*SCÉNOPINIENS. *Scenopinii.* INS. Nom donné par Fallen (*Dipter. suec.*, 1) à une famille d'Insectes de l'ordre des Diptères, qui, par la composition des antennes, le nombre et la disposition des nervures des ailes, et par la trompe, compose avec les Syrphies, les Platypézines, une division spéciale et se distingue de ces derniers Diptères, par la forme oblongue des yeux et les antennes dont la soie est nulle, ou dorsale. Les palpes sont en massue; le corps est déprimé et les ailes sont couchées sur le corps. Cette famille se compose des genres *Chrysomyza* et *Scenopinus*. Le premier nous est inconnu; mais nous soupçonnons qu'il forme avec ceux de *Te-*

tanura, *Tanypeza* de Meigen, une petite tribu, peu éloignée des Dolichopodes et des Platypézines. Meigen, en adoptant cette famille, n'y a compris que le second (*V.* Scénopine) et l'a placé entre les Oxyptères et celle des Conopsaires. La première vient immédiatement après celle des Dolichopodes et se compose du genre *Lonchoptera*, très-éloigné, selon nous, des précédens. Les Scénopines ne se lient nullement encore avec les Conopsaires.   (LAT.)

* SCEPASMA. BOT. PHAN. Genre de la famille des Euphorbiacées, section des Phyllanthées, établi par Blume (*Bijdr. Flor. nederl. Ind.*, pag. 582) qui l'a ainsi caractérisé : fleurs monoïques. Les mâles ont un calice ou périgone divisé profondément en quatre parties situées sur deux rangs, conniventes, les deux extérieures plus larges; quatre glandes alternes; un filet épais, presque en massue ; deux anthères divariquées, à loges distinctes, débiscentes longitudinalement, et adnées au sommet du filet. Les fleurs femelles ont un calice persistant, divisé profondément en cinq parties ; un ovaire entouré d'un disque glanduleux, divisé intérieurement en cinq à huit loges qui contiennent chacune deux ovules; cinq à huit stigmates courts, sessiles, légèrement échancrés. Le fruit est capsulaire, globuleux, déprimé, sillonné, divisé en cinq ou huit loges qui contiennent chacune deux graines, dont une avorte quelquefois. Ce genre a des affinités d'une part avec l'*Epistylium* de Swartz; de l'autre avec l'*Anisonema* de Jussieu. Il ne renferme qu'une seule espèce nommée par Blume *Scepasma buxifolia*, et qui croît dans les lieux boisés des montagnes de Salak à Java. C'est un Arbrisseau rameux, à feuilles petites alternes, stipulacées, très-entières, inéquilatérales, glabres, à fleurs axillaires, pédonculées, munies de petites bractées, les mâles ordinairement géminées et les femelles solitaires.   (G..N.)

* SCÉPINIE. *Scepinia*. BOT. PHAN. Genre établi par Necker, dans la famille des Synanthérées, tribu des Astérées de Cassini qui le place entre ses genres *Crinitaria* et *Pterophorus* ou *Pteronia*. C'est en effet un démembrement des *Pteronia* de Linné, et il est ainsi caractérisé : involucre ovoïde-oblong, composé de folioles régulièrement imbriquées, appliquées, coriaces, arrondies au sommet, les intérieures bordées d'une membrane scarieuse; réceptacle plan, alvéolé, à cloisons dentées; calathide sans rayons, composée de fleurons nombreux, égaux, réguliers et hermaphrodites; corolle dont le limbe est divisé en cinq lanières longues, linéaires; anthères sans appendices basilaires ; style à branches stigmatiques très-longues; ovaires obovoïdes, comprimés par les deux côtés, velus, surmontés d'une aigrette de poils nombreux, inégaux, à peine plumeux. Ce genre se compose de Plantes du cap de Bonne-Espérance, qui sont des Arbustes très-petits, dont les tiges se divisent en rameaux opposés, garnis de feuilles aussi opposées, petites, ovales, lancéolées, et presque en forme d'écailles. Les fleurs sont grandes, jaunes, terminales et sessiles au sommet des rameaux. Cassini ne cite que deux espèces de *Scepinia*, savoir : 1° *Scepinia dichotoma*, ou *Pteronia oppositifolia*, L. ; Gaertn. ; *de Fruct.* 2, p. 408, tab. 167 ; 2° *Scepinia lepidophylla*, ou *Pteronia glomerata*, L. fils. Il pense que plusieurs des Plantes décrites par les auteurs, sous le nom de *Pteronia*, appartiennent au genre *Scepinia*.   (G..N.)

SCEPTRUM-CAROLINUM. BOT. PHAN. Espèce du genre Pédiculaire. *V.* ce mot.   (B.)

SCEURA. BOT. PHAN. Le genre établi sous ce nom par Forskahl est le même que l'*Avicennia*, L. (G..N.)

SCHAALSTEIN. MIN. C'est-à-dire *Pierre testacée*. Syn. allemand de la Wollastonite. *V.* ce mot.   (G. DEL.)

SCHABAZIT. MIN. (Werner.) *V.* CHABAZIE.

SCHÆFFÉRIE. *Schæfferia.* BOT. PHAN. Genre de la Tétrandrie Digynie, L., établi par Jacquin (*Plant. Amer.*, 259) et placé avec doute à la suite de la famille des Rhamnées. Voici ses caractères essentiels : fleurs dioïques par avortement ; calice à quatre divisions profondes et obtuses, persistant avec le fruit et peut-être entièrement libre ; corolle à quatre pétales alternes avec les divisions calicinales ; quatre étamines opposées aux pétales ; ovaire biloculaire surmonté de deux stigmates presque sessiles ; baie sèche, bipartible, ou rarement uniloculaire par avortement ; chaque loge monosperme ; graine dressée, composée d'un albumen charnu, un peu huileux, et d'un embryon central droit et plan. Ce genre a pour type le *Schæfferia frutescens*, Jacq., *loc. cit.*, ou *S. completa*, Swartz, *Flor. Ind.*, 1, p. 327, tab. 7, f. A. C'est un Arbrisseau à rameaux glabres, garnis de feuilles alternes, elliptiques, et à fleurs blanches, petites, groupées dans les aisselles des feuilles. Cette Plante croît dans les Antilles et sur le continent américain, principalement à Saint-Domingue, la Jamaïque, Carthagène, et dans la république de Colombie. Sprengel et DeCandolle ont décrit trois espèces nouvelles de *Schæfferia*, sous les noms de *Shæfferia paniculata*, *viridescens* et *racemosa*. Elles croissent au Mexique et au Brésil ; mais il est douteux qu'elles appartiennent au genre *Schæfferia*. L'une d'entre elles paraît devoir former un genre particulier. (G..N.)

SCHAL ou **SHAL**. POIS. *V.* PIMÉLODE au mot SILURE. (B.)

* **SCHASMARIA**. BOT. CRYPT. (*Lichens.*) Acharius a donné ce nom à la troisième section de son genre Cénomyce ; il ne renferme qu'un fort petit nombre d'espèces qui se différencient des autres par un thalle foliacé supportant des apothécies scy-

phiformes, fistuleux, dilatés vers leur partie supérieure, et dont l'orifice n'est point fermée par une membrane. Ces Lichens rentrent dans le genre Scyphophore, tel que nous l'avons établi. *V.* ce mot. (A. F.)

SCHAWIE. POLYP. et BOT. PHAN. Pour Shawia. *V.* ce mot. (B.)

SCHEDONORUS. BOT. PHAN. Genre de la famille des Graminées établi par Palisot-Beauvois (*Agrostogr.*, p. 99, tab. 19, f. 11) et composé d'espèces qui étaient placées par les auteurs parmi les *Festuca*, *Bromus* et *Poa*. De tous les genres qui ont été proposés par Beauvois, le *Schedonorus* est un des moins naturels ; le plus grand nombre de ses espèces sont de véritables *Festuca*. (G..N.)

SCHÉELIN. MIN. C'est le nom que les minéralogistes ont adopté pour désigner le Métal appelé Tungstène par les chimistes, et dont la découverte est due à l'illustre Schéele. Ce Métal est d'un blanc grisâtre qui ressemble beaucoup à celui du Fer ; il est très-dur, et sa pesanteur spécifique est d'environ 17. On ne l'obtient que très-difficilement à l'état métallique, et seulement sous la forme de globules ou de petites aiguilles. Chauffé dans une petite capsule, il prend feu, et se convertit en Acide tungstique d'une belle couleur jaune. Cet Acide est insoluble dans l'eau ; il forme avec différentes bases salifiables des combinaisons salines appelées Tungstates. Trois de ces combinaisons existent dans la nature, et composent un genre auquel nous conserverons le nom de Schéelin, admis par Werner et Haüy. Ces trois combinaisons sont : le Tungstate de Chaux, ou Schéelin calcaire ; le Tungstate de Plomb, que nous avons mentionné à l'article PLOMB (*V.* ce mot) ; et le Tungstate double de Fer et de Manganèse, ou le Schéelin ferruginé. Le caractère commun des minerais de Schéelin est de donner par la fusion avec le carbonate de Soude un Sel soluble, qui précipite une poudre jaune lorsqu'on le fait bouillir avec l'Acide nitrique.

1. SCHÉELIN CALCAIRE, Tungstate ou Schéelate de Chaux, Schwerstein, W.; Schéelite, Brong. et Beud. Substance d'un aspect lithoïde, ordinairement blanche ou jaunâtre, d'un éclat assez vif, un peu grasse à l'œil et au toucher, et remarquable par sa pesanteur. Elle est transparente ou translucide, et présente souvent une structure laminaire, dont les joints conduisent à un octaèdre à base carrée. L'incidence des faces adjacentes sur les deux pyramides est de 130° 20', suivant Haüy, et de 128° 40', d'après Phillips. Sa pesanteur spécifique est de 6,07; sa dureté est supérieure à celle du Spath fluor, et inférieure à celle de la Chaux phosphatée. Elle est composée d'un atome de Chaux et de deux atomes d'Acide tungstique; ou en poids, Acide tungstique, 81; Chaux, 19 (Berzelius). Le Schéelin calcaire s'est toujours offert en cristaux implantés, ou en petites masses cristallines engagées dans les roches de filons des terrains primordiaux, et principalement dans les dépôts stannifères. Ses formes cristallines se réduisent à deux variétés : un octaèdre à base carrée, de 107° 26', provenant de l'octaèdre primitif tronqué sur ses arêtes culminantes (var. unitaire, H.), et la combinaison de l'octaèdre fondamental avec le précédent (var. dioctaèdre, H.). Ce Minéral est peu répandu : on l'a trouvé dans la Pegmatite, où il accompagne l'Étain et le Schéelin ferruginé, au Puy-les-Vignes, près de Saint-Léonhard, dans le département de la Haute-Vienne; dans les mines d'Étain de Saxe et de Bohême, du Cornouailles, etc.; dans les mines de Fer du terrain de Gneiss, à Bipsberg et Riddarhyttan en Suède; dans les filons bismutifères, à Huntington, en Connecticut.

2. SCHÉELIN FERRUGINÉ, appelé vulgairement *Wolfram*, Tungstate de Fer et de Manganèse. Substance noire, très-pesante, ayant un éclat qui, sous certains aspects, approche du métallique; une structure très-sensiblement laminaire, qui mène à un prisme droit rectangulaire, pour forme fondamentale. Les trois côtés de ce prisme sont entre eux comme les nombres 12, 6 et 7 (Haüy). L'un des clivages latéraux est beaucoup plus net que l'autre; celui qui est parallèle à la base est à peine sensible. Ce Minéral est plus dur que le Feldspath; sa pesanteur spécifique est de 7,3. Seul, il est infusible au chalumeau; mais il se dissout dans le Borax en manifestant les couleurs caractéristiques du Fer et du Manganèse. Il est soluble à chaud dans l'Acide muriatique, et laisse précipiter une poudre jaune qui est de l'Acide tungstique. Suivant Berzelius, il est formé de trois atomes de Tungstate de Fer, et d'un atome de Tungstate de Manganèse; ou en poids, de Fer, 17; Manganèse, 6; et Acide tungstique, 77. Il se présente souvent en cristaux assez volumineux, dont les formes se rapportent généralement à un prisme rectangulaire légèrement modifié sur ses arêtes et sur ses angles solides; on le trouve aussi en masses amorphes, à structure laminaire. Son principal gissement est dans la Pegmatite, où il accompagne l'Étain oxidé, le Schéelin calcaire, les Béryls et les Topazes (Odontschélon, en Daourie); on le rencontre aussi dans le Gneiss, à l'île de Rona, une des Hébrides; et dans les roches alpines, au Saint-Gothard.   (G. DEL.)

SCHÉELITE. MIN. *V.* SCHÉELIN CALCAIRE.

SCHEFFLERA. BOT. PHAN. Ce genre établi par Forster a été réuni par Kunth à l'*Aralia*, malgré son fruit capsulaire à huit ou dix loges.   (G. N.)

SCHEILAN. POIS. Nom de pays du *Silurus Clarias*. Espèce du sous-genre Pimélode.   (B.)

* SCHELAMERIA. BOT. PHAN. Heister nommait ainsi un genre de

Crucifères qui est cité par Adanson comme synonyme de son *Leucoium* ou *Cheiranthus* de Linné, genre aujourd'hui partagé en deux, qui sont les *Cheiranthus* et *Mathiola*. *V*. ces mots.   (G..N.)

SCHELHAMMERA. BOT. PHAN. Genre de l'Hexandrie Monogynie, L., établi par R. Brown (*Prodrom. Flor. Nov.-Holland.*, p. 273) qui l'a placé dans la famille des Mélanthacées ou Colchicacées, malgré le caractère que présente sa capsule, et malgré son port qui le rapproche de l'*Uvularia*. Voici ses caractères essentiels : périanthe pétaloïde, campanulé, caduc, à six folioles égales, onguiculées, roulées en dedans pendant l'estivation; étamines au nombre de six, insérées à la base des folioles, à anthères extrorses; ovaire à trois loges polyspermes, surmonté d'un seul style et de trois stigmates recourbés; capsule à trois loges et à autant de valves qui portent les cloisons sur leur milieu; graines nombreuses, ventrues. Ce genre se compose de deux espèces qui croissent à la Nouvelle-Hollande et que R. Brown a décrites sous les noms de *Schelhammera undulata*, et *S. multiflora*. Cette dernière espèce est fort différente de la première, et pourrait devenir le type d'un nouveau genre. Ce sont des Plantes herbacées, vivaces, à racine fibreuse, à tige presque ligneuse à la base, simple ou divisée, anguleuse, garnie de feuilles un peu larges, marquées de nervures amplexicaules ou un peu pétiolées. Les fleurs sont terminales, solitaires ou agrégées, dressées, rouges ou blanches, à anthères purpurines. Les pédoncules sont uniflores, dépourvus de bractées, et non articulés avec la fleur.   (G..N.)

SCHELVERIA. BOT. PHAN. La Plante décrite par Nées d'Esembeck sous le nom de *Schelveria arguta*, a été réunie par Martius au genre *Angelonia*, et nommée *Angelonia procumbens*. *V*. ANGÉLONIE.   (G..N.)

SCHEMBRA-VALLI. BOT. PHAN.

Rhéede a décrit et figuré sous ce nom malabare une Plante que Linné a citée comme synonyme de son *Vitis indica*. *V*. VIGNE.   (G..N.)

* SCHEMMAM. BOT. PHAN. *V*. CHEMAM.

SCHÉNANTHE. Pour Schœnanthe. *V*. ce mot.   (B.)

SCHENNA. BOT. PHAN. Suivant Rauwolf, c'était l'ancien nom que les Grecs donnaient au *Lawsonia inermis*, L. *V*. HENNÉ.   (G..N.)

SCHENODORUS. BOT. PHAN. Le nom du genre *Schedonorus* de Palisot-Beauvois a été ainsi travesti par l'auteur lui-même dans l'Index de son Agrostographie, et tous les auteurs, excepté Sprengel, ont admis cette orthographe vicieuse. Au surplus, cette erreur ne tire pas à conséquence, puisque le *Schedonorus* est rejeté par la plupart des botanistes.   (G..N.)

SCHEPEK. MAM. *V*. ECUREUIL SUISSE.

SCHEPPERIA. BOT. PHAN. Le genre établi sous ce nom par Necker, a été adopté par De Candolle (*Prodr. Syst. veget.*, 1, p. 245) qui l'a placé dans la famille des Capparidées, et l'a ainsi caractérisé : calice à quatre sépales ouverts; corolle à quatre pétales; torus allongé; huit étamines insérées autour du torus, monadelphes, libres au sommet; nectaire concave situé à la base du torus; silique charnue, stipitée et accompagnée du calice persistant. Ce genre est fondé sur le *Cleome juncea*, L., Suppl.; *Macromerum junceum*, Burchell, Voyage, 1, p. 388 et 492. C'est une Plante privée de feuilles, ou pourvue de feuilles extrêmement petites et caduques. Elle croît au cap de Bonne-Espérance.   (G..N.)

SCHERMANS. MAM. (Buffon.) Pour Schermaus. *V*. ce mot.   (B.)

SCHERMAUS. MAM. *V*. RAT D'EAU au mot CAMPAGNOL.

SCHERU. BOT. PHAN. Ce mot, de langue malaise, entre comme principale racine dans la composition du nom de plusieurs Plantes indiennes; ainsi l'on a appelé :

Scheru-Bala, l'*Achyranthes lunata*, L.

Scheru-Cadelari, l'*Achyranthes prostrata*.

Scheru-Cottan, le *Clusia squammosa*.

Scheru-Padavolam, une Cucurbitacée du genre *Trichosanthes*.

Scheru-Pariti, une Ketmie.

Scheru-Shemda, le *Solanum indicum*, etc. (B.)

SCHETTI. bot. phan. *V.* Pada-Cali.

* SCHETUR. *V.* Dromadaire au mot Chameau.

SCHEUCHZERIE. *Scheuchzeria.* bot. phan. Genre autrefois placé dans la famille des Joncées de Jussieu, transporté par Ventenat dans celle des Alismacées et dont le professeur Richard a fait un des types de sa nouvelle famille des Juncaginées. Voici les caractères de ce genre : le périanthe est à six divisions profondes et égales; les six étamines attachées à la base du périanthe ont leurs anthères très-longues; les ovaires varient de trois à six, qui sont réunis au centre de la fleur; ils sont chacun à une seule loge et renferment deux ovules dressés. Les fruits sont des capsules légèrement cohérentes entre elles par leur base, ovoïdes, presque globuleuses et renflées; elles contiennent chacune une ou plus souvent deux graines dressées. Celles-ci sont dépourvues d'endosperme; une seule espèce compose ce genre, c'est le *Scheuchzeria palustris*, L.; Lamk., Ill., tab. 288, Plante vivace, à racine rampante, qui pousse plusieurs tiges simples, hautes de six à huit pouces, portant des feuilles subulées, engaînantes, roulées en gouttière. Les fleurs sont petites, verdâtres, pédonculées, formant une sorte de petite grappe terminale. Cette Plante croît dans les marais tourbeux du nord de l'Europe. (A. R.)

* SCHEUGGIO. poiss. *V.* Laggion.

* SCHEUSAR. mam. Forskahl nomme ainsi, d'après les Arabes, un Animal qu'il ne sait à quoi rapporter, qui ressemble au Chat, mais est plus grand, se creuse des terriers et chasse les Oiseaux domestiques la nuit. Ne serait-ce pas le Protèle? (less.)

* SCHIEDEA. bot. phan. Genre de la famille des Caryophyllées, tribu des Alsinées, et de la Décandrie Trigynie, L., récemment établi par Chamisso et Schlectendal (*Linnœa*, T. I, pag. 46) qui l'ont ainsi caractérisé : calice persistant, à cinq sépales; corolle à cinq pétales, alternes avec les sépales, petits, bifides au sommet, blancs et persistans; dix étamines dont cinq opposées aux pétales, et cinq alternes avec ceux-ci et insérées à leur base, à filets grêles, simples, portant des anthères globuleuses, biloculaires, non oscillantes; trois styles munis de stigmates à leur partie interne; capsule sessile, uniloculaire, s'ouvrant jusque près de la base en trois valves marquées de stries à leur surface interne; placenta central, court, presque globuleux; graines, au nombre de dix à douze, orbiculaires. Ce genre, par ses pétales bifides, a de l'affinité avec le *Drymaria* et le *Stellaria;* mais il s'éloigne du premier par le nombre de ses étamines qui est de dix au lieu de cinq, et par l'absence de stipules; du second par sa capsule à trois valves et non à six. Selon les auteurs de ce genre, il a un port particulier qui ne permet pas de le confondre avec aucun autre genre de la tribu des Alsinées. Cependant Sprengel (*Curœ poster.*, pag. 180) a réuni le *Schiedea* au *Stellaria*.

Le *Schiedea ligustrina* est une Plante frutescente, à rameaux noueux, bifurqués, garnis de feuilles opposées, sessiles, connées et dépourvues de stipules; ses fleurs sont petites et disposées en panicules. Cette Plante a été trouvée dans l'île O'Wahu qui fait partie des Sandwich. (G..N.)

* SCHIEFERKOHLE. min. La

Houille schisteuse, variété de la Houille ancienne et filicifère. *V.* HOUILLE.

SCHIEFERMERGEL. C'est une Argile calcarifère, endurcie, à structure schistoïde.

SCHIEFERSPATH. La Chaux carbonatée nacrée. *V.* CHAUX CARBONATÉE.

SCHIEFERTHON. Argile schisteuse, ordinairement bituminifère, dont la structure est fissile et qui se délaye facilement dans l'eau ; telle est l'Argile du terrain houiller. (G. DEL.)

SCHILBÉ. POIS. Sous-genre de Silure. *V.* ce mot.   (B.)

SCHILFERS. MIN. Freiesleben a donné ce nom à une sous-variété du Sprodglaserz qui n'est lui-même qu'une variété d'Argent antimonié sulfuré. *V.* ARGENT ANTIMONIÉ SULFURÉ.

SCHILFERSPATH , c'est-à-dire *Spath chatoyant.* Ce nom désigne, dans les ouvrages allemands de minéralogie, plusieurs substances chatoyantes, telles que le Labrador, l'Hypersthène , et la Diallage métalloïde; mais on l'applique plus particulièrement à cette dernière substance.

SCHILFERSTEIN. C'est la Diallage bronzite. *V.* ce mot.   (G. DEL.)

* SCHIMA. BOT. PHAN. Le genre décrit sous ce nom par Reinwardt et Blume , a été réuni au genre *Gordonia.* Ainsi le *Schima excelsa* est une espèce nouvelle indigène de Java; le *Schima Noronhæ* est synonyme du *Gordonia Wallichii,* D. C.
(G..N.)

SCHINDELNAGEL. MIN. Syn. allemand du Fer oxidé rouge bacillaire.   (G. DEL.)

* SCHINJAN. OIS. Nom dans Forskahl du *Tetrao Perdix.*   (LESS.)

SCHINOIDES. BOT. PHAN. Linné, lorsqu'il n'avait point encore posé les règles de la nomenclature, appelait ainsi ce qui depuis fut son *Fagara Tragodes.*   (B.)

SCHINUS. BOT. PHAN. Vulgairement *Molle.* Genre de la famille des Térébinthacées et de la Diœcie Décandrie, L., dont les caractères ont été ainsi tracés par Kunth (*Terebinth. Gener.* , p. 7). Fleurs dioïques par avortement; calice petit, persistant, divisé profondément en cinq divisions profondes, presque arrondies et égales entre elles; cinq pétales insérés entre le calice et le disque , sessiles, ovales, oblongs, égaux entre eux , et imbriqués pendant la préfloraison; dix étamines insérées au-dessous du disque, vides de pollen dans les fleurs femelles; filets subulés , libres; anthères elliptiques, biloculaires, déhiscentes intérieurement et longitudinalement; ovaire supère , sessile, rudimentaire dans les fleurs mâles; une grande loge monosperme occupe le centre de cet ovaire; elle est entourée de six autres cavités très-petites remplies d'huile volatile; ovule à peu près de forme lenticulaire, attaché à un funicule qui naît de la paroi latérale; disque annulaire, ondulé et sinué; trois ou rarement quatre styles terminaux très-courts, surmontés de stigmates en petites têtes; drupe sphérique, succulente , à un seul noyau, présentant des cavités pleines d'huile volatile entre celui-ci et le sarcocarpe; graine comprimée, dépourvue d'albumen , ayant son tégument membraneux revêtu intérieurement d'une substance charnue , ses cotylédons plans , sa radicule infère, ascendante et allongée.

Deux espèces indigènes de l'Amérique méridionale composent ce genre. La plus remarquable est le MOLLÉ A FOLIOLES DENTÉES, *Schinus Molle* , L., vulgairement nommé Poivrier d'Amérique. C'est un petit Arbre paré d'un feuillage élégant et toujours vert. La tige se divise en longs rameaux faibles, pendans comme ceux du Saule pleureur, garnis de feuilles ailées, composées d'une vingtaine de folioles linéaires, lancéolées et dentées en scie. Les fleurs sont petites, pédicellées, disposées en panicules lâches et un peu flexueuses.

Ce petit Arbre est un de ceux qui, transplantés dans l'Europe méridionale, et particulièrement en Espagne, ont le mieux réussi. On en voit dans presque tous les jardins de l'Andalousie, où, selon Bory de Saint-Vincent, il tend à se naturaliser, et même sur la côte de Catalogne. (G..N.)

SCHIRDEL. MIN. C'est le Schorl électrique ou la Tourmaline noire.
(G. DEL.)

SCHIRL. MIN. Ce mot a été employé comme synonyme de Schorl. Le Schirl de Gmelin est le Schéelin ferruginé ou le Wolfram. (G.DEL.)

SCHIRON. OIS. Nom ancien et vulgaire de la Litorne. V. MERLE.
(DR..Z.)

*SCHISMATOBRANCHIA. MOLL. Nom que Gray, dans sa Classification générale des Mollusques, donne au septième ordre de ses Cryptobranches. Cet ordre renferme une partie des Scutibranches de Cuvier; le genre Haliotide lui seul, auquel Gray a réuni bien probablement les genres Stomate et Stomatelle de Lamarck. V. HALIOTIDE et SCUTIBRANCHE.
(D..H.)

SCHISMATOPTÉRIDÉES. BOT. CRYPT. (Fougères.) Willdenow a désigné sous ce nom une tribu de la famille des Fougères qui répond aux Osmondacées et aux Gleichéniées. V. ces mots et FOUGÈRES. (AD. B.)

SCHISMUS. BOT. PHAN. Palisot-Beauvois (Agrostogr., p. 73, tab. 15, fig. 4) a formé sous ce nom un genre de Graminées auquel il a imposé les caractères suivans : panicule simple, resserrée en forme d'épi. Lépicène renfermant cinq à six fleurs à valves aussi longues que ces fleurs. Glume dont la valve inférieure est échancrée, cordiforme, présentant entre ses lobes une pointe filiforme; la valve supérieure entière. Stigmates presque en goupillon. Caryopse libre, obtuse, marquée d'un léger sillon. Ce genre a pour type le *Festuca calycina*, L., Plante des pays méridionaux de l'Europe, figurée dans Cavanilles, *Icon.*, 1, tab. 44, et dans Lamarck, Illustr., tab. 46, fig. 5. (G..N.)

SCHISOLITHE. MIN. Genre de Minéraux, établi par Hausmann, composé du Mica, de la Chlorite, de la Lépidolithe et du Talc, et auquel ce minéralogiste assigne pour caractères : de cristalliser en prisme droit rhomboïdal de 60° et 120; et d'être formé essentiellement de Silice, d'Alumine et de Potasse.
(G. DEL)

SCHISTE. MIN. Ce nom a été pris par les minéralogistes dans deux acceptions différentes. Les uns, tels que Werner et Haüy, le regardent comme indiquant une structure particulière, la structure feuilletée ou fissile, et désignent par ce nom un genre de Roches adélogènes, comprenant un assez grand nombre d'espèces différentes. D'autres, tels que Wallerius et Bronguiart, le restreignent à une seule espèce de Roche, d'apparence homogène, qui peut exister seule ou former la base de différentes Roches mélangées, à structure fissile. Cordier a également adopté ce nom de Schiste pour désigner une espèce particulière de Roche de nature argiloïde. Suivant ces minéralogistes, le Schiste proprement dit est un mélange terreux, endurci, dont les principes dominans sont la Silice et l'Alumine à l'état d'Hydrate, et l'Oxide de Fer. Ce mélange terreux, dont l'aspect est toujours terne, ne se délaie point dans l'eau : il fond au chalumeau, et donne des verres colorés. Ses teintes sont variables et ordinairement sales. Elles varient entre le noir, le gris bleuâtre, le verdâtre et le rougeâtre. Brongniart distingue six variétés de Schiste : le Schiste luisant, le Schiste ardoise, le Schiste coticule, le Schiste argileux, le Schiste bitumineux et le Schiste marneux. Elles appartiennent toutes, selon lui, aux terrains intermédiaires.

Les Roches, que leur structure feuilletée a fait désigner par le nom de

Schiste joint à une épithète, sont assez nombreuses. Ainsi l'on a appelé :

SCHISTE ALUMINEUX OU ALUNIFÈRE (*Alaunschiefer*), l'Ampélite, ou le Schiste proprement dit, chargé de Pyrites. Ce Schiste, par la réaction qui se produit entre ses élémens, donne naissance à du Sulfate d'Alumine et à du Sulfate de Fer. *V.* AMPÉLITE.

SCHISTE ARGILEUX, le Thonschiefer des Allemands, comprenant les Roches schisteuses, phylladiformes, des terrains primitifs, et les Phyllades des terrains intermédiaires. *V.* PHYLLADE.

SCHISTE BITUMINEUX OU BITUMINIFÈRE, le *Brandschiefer* ou Schiste combustible ; variété du Schiste proprement dit, qui est noir, et perd en partie sa couleur par l'action du feu en répandant une odeur de bitume. Il renferme quelquefois du Calcaire (Schiste marno-bitumineux), et du minerai de Cuivre disséminé en particules invisibles (Schiste cuivreux). Ce Schiste s'enflamme et continue de brûler comme la mèche d'une lampe. Il présente fréquemment des débris de plantes dicotylédones et des empreintes de poissons. Dans le terrain houiller, en Thuringe et aux environs d'Autun.

SCHISTE COMMUN, luisant ou subluisant, Haüy ; le *Thonschiefer* des terrains primitifs ou intermédiaires.

SCHISTE COTICULE, le *Wetzschiefer*, ou la Pierre à rasoir ; variété de Phyllade ou de Schiste argileux intermédiaire, qui est plus compacte et plus dure que les autres, et dont la texture est moins feuilletée. La Pierre à rasoir, que l'on trouve dans le commerce de Paris, est formée de deux couches superposées, l'une jaune et l'autre noirâtre ; elle vient de Vieil-Salm dans les Ardennes. La Pierre à lancette, qui est d'un gris-verdâtre, nous vient d'Allemagne, par Nuremberg.

SCHISTE CUIVREUX. *V.* SCHISTE BITUMINEUX.

SCHISTE DE MENAT, variété d'Argile endurcie, mélangée de Bitume,

que l'on trouve à Menat en Auvergne, et qui est inflammable comme le Schiste bitumineux. Cette variété est intéressante, parce qu'en la chauffant en vases clos, on obtient une terre noire végétale qui a été proposée pour remplacer le noir animal dans la clarification du sucre.

SCHISTE FERRUGINEUX, Brong., mélange de Schiste argileux et de Fer oligiste, que l'on trouve à Cherbourg.

SCHISTE GRAPHIQUE, le *Zeichenschiefer*. *V.* AMPÉLITE.

SCHISTE GROSSIER, le *Schieferthon*, ou l'Argile schisteuse des terrains houillers, le Schiste arénoïde de Cordier. *V.* ARGILE SCHISTOÏDE.

SCHISTE HAPPANT, ou le *Klebschiefer*. *V.* ARGILE HAPPANTE.

SCHISTE INFLAMMABLE. *V.* SCHISTE BITUMINEUX.

SCHISTE IMPRESSIONNÉ. *V.* ARGILE SCHISTOÏDE.

SCHISTE MARNEUX, Schiste mélangé de parties calcaires, et qui se rapproche des Marnes proprement dites ; il est d'un blanc-jaunâtre sale, rougeâtre ou brunâtre. Il renferme entre ses feuillets de nombreux débris de poissons. A Pappenheim ; au mont Bolca, près de Vérone.

SCHISTE MARNO-BITUMINEUX. *V.* SCHISTE BITUMINEUX.

SCHISTE MICACÉ. *V.* MICASCHISTE.

SCHISTE NOVACULAIRE, H., même chose que Schiste coticule.

SCHISTE POLISSANT. *V.* ARGILE FEUILLETÉE.

SCHISTE SILICEUX, Brong. Mélange de Schiste argileux et de Silice, distinct du Phtanite, et que l'on trouve dans quelques parties du Thüringerwald.

SCHISTE TÉGULAIRE. *V.* ARDOISE.

SCHISTE TRIPOLÉEN, H. Schiste à polir. *V.* TRIPOLI.   (G. DEL.)

* SCHISTEUSE. REPT. OPH. Espèce du genre Couleuvre appelée aussi Ardoisée.   (B.)

SCHISTIDIUM. BOT. CRYPT. (*Mousses.*) Bridel a donné ce nom au genre désigné par Hedwig sous celui d'*Anyctangium*, nom qui a été conservé par Hooker et par quelques auteurs; d'autres, au contraire, ont donné le nom d'*Anyctangium* au genre qui comprend l'*Anyctangium aquaticum* ou *Hedwigia aquatica* d'Hedwig et de Hooker, et ont appliqué celui d'*Hedwigia* au genre *Anyctangium* ou *Schistidium* de Bridel.

Le nom d'*Hedwigia* étant déjà appliqué à un genre de Plantes phanérogames, on doit l'exclure de la famille des Mousses, et dans ce cas on doit peut-être adopter l'opinion de Bridel et d'Hornschuch en donnant le nom de *Schistidium* au genre qui a pour type le *Gymnostomum ciliatum*, et le nom d'*Anyctangium* à celui qui est fondé sur le *Gymnostomum aquaticum*. Le caractère du *Schistidium* est indiqué à l'article ANYCTANGIE. *V*. ce mot.   (AD. B.)

SCHISTOSTEGA. BOT. CRYPT. (*Mousses.*) Ce genre singulier fut établi par Weber et Mohr pour la Plante découverte par Dickson et figurée par cet auteur sous le nom de *Mnium osmundaceum* (Fasc. Crypt. 1, tab. 1, fig. 4); il a été considéré par Hedwig comme un *Gymnostomum*, mais tous les auteurs modernes ont généralement adopté le genre *Schistostega*. Cette jolie petite Mousse, de quelques lignes seulement de haut, a une tige simple portant de petites feuilles lancéolées, disposées sur deux rangs et ressemblant à une feuille pinnée de Fougère; la capsule est portée sur un pédicelle très-fin, terminal; elle est presque globuleuse; son ouverture est nue, recouverte par une coiffe entière et tronquée à la base, en forme de cloche; l'opercule, suivant Hedwig et Mohr, se divise en lanière du centre à la circonférence, et tombe ainsi par lambeau; au-dessous il n'existe aucun péristome; suivant Hornschuch, l'opercule manque complétement, et la membrane à laquelle on donne ce nom est analogue au péristome ou à celle qui ferme l'ori-

fice de l'urne dans les genres *Leptostomum* et *Hymenostomum*. Cette dernière opinion nous paraît très-probable, et peut-être l'opercule se détache-t-il de très-bonne heure, et reste-t-il adhérent au fond de la coiffe. On a remarqué sur cette Plante un fait fort singulier, c'est que ses feuilles, dans les grottes où elle croît, répandent une lueur assez vive. On a observé cette espèce en Allemagne et en Angleterre.   (AD. B.)

SCHISTURE. *Schisturus.* INT. Dans son Histoire des Entozoaires, Rudolphi avait désigné sous ce nom de Vers intestinaux, d'après ce qu'en un genre avait dit et figuré Redi (Anim. viv., p. 168 et 249, tab. 20, fig. 1–4) qui avait trouvé une vingtaine de ces Vers dans l'estomac de l'*Orthragoriscus Mola*. Rudolphi a eu depuis occasion de retrouver le même Ver dans un Poisson semblable, et il a reconnu que c'était un Distome à pore ventral pédonculé qu'il a nommé *D. Nigrostomum*, et non un Animal à organisation paradoxale comme on pouvait le croire d'après la description et les figures de Rédi qui s'était mépris dans la désignation des organes de ce Ver.   (E. D..L.)

SCHISTUS. MIN. *V*. SCHISTE.

* **SCHIVERECKIA.** BOT. PHAN. Genre de la famille des Crucifères et de la Tétradynamie siliculeuse, établi par Andrzeiowski, et publié par De Candolle (*Syst. Veget. nat.* 2, p. 300) qui l'a ainsi caractérisé : calice un peu ouvert, égal à la base; corolle à pétales obovoïdes, oblongs; six étamines dont deux plus courtes sont filiformes, les quatre plus grandes membraneuses, pourvues d'une dent; style court, terminé par un stigmate capitellé; silicule ovée, à valves convexes, déprimées sur leur milieu longitudinalement, un peu solides et obtuses; huit à dix graines dans chaque loge, placées sur deux rangs, légèrement comprimées, non bordées; cotylédons elliptiques, accombans. Ce genre, qui est placé

dans la tribu des Alyssinées, ne se compose que d'une seule seule espèce, *Schivereckia podolica*, Andrz. et D. C., *loc. cit.;* Delessert, *Icon. select.* 2, tab. 36. C'est une Herbe vivace qui a le port d'un *Alyssum* ou d'un *Draba*. Elle est couverte d'une pubescence de poils étoilés; ses feuilles radicales sont disposées en rosette, ovales-oblongues, dentées; les caulinaires peu nombreuses, sessiles, presque amplexicaules. Les fleurs sont blanches, disposées en grappes terminales. Les ovaires et les silicules sont couverts de poils mous, fins, serrés et blanchâtres. Cette Plante croît dans la Podolie, la Volhynie et les monts Ourals en Sibérie.   (G..N.)

SCHIZÆA. BOT. CRYPT. *V.* SCHIZÉE.

SCHIZANDRA. BOT. PHAN. Genre de la Monœcie Pentandrie, fondé par L.-C. Richard (*in Michaux Flor. boreali-americ.*, 2, p. 18) et ainsi caractérisé : fleurs monoïques; le calice est à neuf sépales disposés sur trois rangs, chaque rang de trois sépales presque arrondis, caducs, les intérieurs plus petits, pétaloïdes. Il n'y a point de corolle. Les fleurs mâles ont des anthères presque sessiles, connées par le sommet au-dessus des loges, contiguës par le bas et séparées par de simples fentes. Les fleurs femelles offrent plusieurs ovaires agrégés autour d'un réceptacle oblong, terminés par un stigmate court. Le fruit se compose de baies inégalement ovoïdes, disposées en une sorte d'épi, et renfermant chacune une seule graine ovale-oblongue, ayant l'embryon dressé, renfermé dans un albumen charnu et verdâtre; la radicule est oblongue, cylindrique ; les cotylédons sont ovales et appliqués. Ce genre a été considéré comme voisin des Ménispermées, par Richard et Michaux. De Candolle (*System. Regn. veget.*, 1, p. 544) l'a aussi placé à la fin de cette famille dont il s'éloigne par le nombre quinaire de ses étamines qui ne cadre pas avec le nombre ternaire

des sépales, et aussi par la disposition en épi de ses baies le long d'un réceptacle allongé. Ces différences ont déjà paru assez graves à Blume pour l'établissement d'une famille nouvelle. Le *Schizandra coccinea*, Michx., *loc. cit.*, tab. 47, est un Arbrisseau dont les tiges sont rameuses, souples, grimpantes, glabres; les rameaux naissent d'un bourgeon écailleux. Les feuilles sont ovales, lancéolées, acuminées, rétrécies à la base, entières, glabres, un peu épaisses, portées sur des pétioles courts et grêles. Les fleurs ont leur calice d'une belle couleur écarlate, et sont disposées sur un pédoncule axillaire, long, grêle et filiforme, quelquefois réfléchi; les mâles sont en grappe courte; les femelles sont solitaires à l'extrémité du pédoncule. Cette Plante croît dans les forêts ombragées de la Caroline et de la Géorgie.   (G..N.)

* SCHIZANDRÉES. *Schizandreæ.* BOT. PHAN. Blume a proposé sous ce nom l'établissement d'une petite famille intermédiaire entre les Amonacées et les Ménispermées. Elle comprendrait les genres *Schizandra* et *Sarcocarpon*. De Candolle (*Syst. Veget.*, 1, p. 543) n'en avait fait qu'une simple section des Ménispermées.   (G..N.)

SCHIZANTHE. *Schizanthus.* BOT. PHAN. Ruiz et Pavon (*Prodr. Flor. Peruv.*, p. 4) ont fondé sous ce nom un genre qui appartient à la famille des Scrophularinées, et que les auteurs systématiques ont placé tantôt dans la Didynamie Angiospermie, tantôt dans la Diandrie Monogynie, L. Ce genre offre les caractères suivans : calice profondément divisé en cinq parties oblongues, linéaires et persistantes ; corolle bilabiée, ayant un tube court, comprimé ; la lèvre supérieure à cinq divisions irrégulières, plus ou moins profondes et incisées ; la lèvre inférieure à trois divisions linéaires, courbées en faux, celle du milieu en carène; deux étamines fertiles, insérées sur la lèvre inférieure ; deux autres étamines rudimentaires stériles, placées sur la lèvre supérieure ; ovaire oblong, surmonté d'un style un peu plus long que les étamines, et terminé par un stigmate blanchâtre ; capsule oblongue, biloculaire, renfermant plusieurs graines réniformes. Ce genre se compose de deux belles espèces qui croissent au Chili et qui ont été introduites en 1823 dans les jardins d'Europe. Le *Schizanthus pinnatus*, R. et Pav., *Fl. Peruv.*, 1, p. 15, tab. 18 ; *Bot. magaz.*, n. 2404, est une Plante herbacée dont la tige s'élève à environ deux pieds, et se divise en rameaux couverts de poils glanduleux. Ses feuilles sont pinnées, à pinnules pinnatifides, et à folioles inégales, les plus grandes denticulées, les plus petites entières. Les fleurs sont roses mélangées de violet, solitaires sur des pédoncules axillaires, et accompagnées à leur base de deux folioles ou bractées dont l'une est entière, l'autre incisée. Le *Schizanthus porrigens*, Hooker, *Exot. Flora*, n. 86, diffère de la précédente espèce en ce qu'il est plus grand, plus branchu et plus divariqué. Les fleurs ne sont pas toujours uniques sur le pédoncule, mais il y en a trois ou quatre sur des pédicelles formant une petite panicule. La forme des feuilles et la couleur des fleurs sont trop sujettes à varier dans cette espèce ainsi que dans l'autre pour qu'on puisse s'en servir comme de caractères distinctifs. (G..N.)

SCHIZÉE. *Schizaea*. BOT. CRYPT. (*Fougères.*) Smith a désigné ainsi un des genres les mieux caractérisés de la famille des Fougères, genre confondu jusqu'alors avec les Acrostiques. Aucun genre de Fougères n'a un port aussi singulier : la fronde simple ou dichotome est linéaire, sans véritables pinnules, et porte seulement à son extrémité des divisions linéaires rapprochées, formant des sortes d'épis. Ces divisions portent sur leur surface inférieure des capsules sessiles en forme de toupie, terminées par un disque formé de stries rayonnantes ; ces capsules sont disposées sur deux rangs, et en partie cachées par les bords repliés des sortes de folioles qui les supportent. On voit que ce genre appartient à la tribu des Osmondacées et au même groupe que les genres *Mohria*, *Lygodium*, *Anemia*, et qu'il est bien différent par conséquent de l'*Acrostichum* ; aussi plusieurs botanistes ont eu presque simultanément l'intention de l'en séparer. Bernhardi en avait fait son genre *Ripidium*, Richard le genre *Lophidium*, et Mirbel lui a donné le nom de *Belvisia*. On connaît au moins quinze espèces de ce genre, la plupart des régions intertropicales ou australes. Une espèce seule est remarquable par sa position géographique, c'est le *Schizea pusilla* découvert aux environs de New-York et jusqu'à l'île de Terre-Neuve, d'un côté, tandis que Gaudichaud l'a retrouvé aux îles Malouines. Cette espèce habite par conséquent les climats les plus froids des deux hémisphères, et fait exception à la distribution générale de ce genre. (AD. B.)

* SCHIZOCÈRE. *Schizocerus*. INS. Genre de l'ordre des Hyménoptères, section des Térébrans, famille des Porte-Scies, tribu des Tenthrédines, établi par Latreille (Fam. nat. du Règne Animal), et différant des Tenthrèdes proprement dites par ses antennes qui sont fourchues. Les autres caractères de ce genre seront publiés dans la nouvelle édition du Règne Animal qui est sous presse. (G.)

* SCHIZOCHITON. BOT. PHAN. Sprengel (*Curæ posteriores*, p. 246 et 251) a changé ainsi le nom du genre *Chisocheton* de Blume. *V.* ce mot au Supplément. (G..N.)

* SCHIZOCHLÆNA. BOT. PHAN. (Sprengel.) Pour *Schizolæna*. *V.* ce mot. (G..N.)

* SCHIZODERMA. BOT. CRYPT.

(*Urédinées.*) Genre qui se rapproche d'une part des *Nemaspora* et de
l'autre des *Xyloma*. Il a été établi
par Kunze, et a pour type le *Schizoderma Pinastri ;* son caractère est de
présenter des sporules globuleuses,
simples, agglutinées avec une base
granuleuse et s'échappant après la
destruction du disque d'épiderme
qui les recouvre. Ces petites Cryptogames croissent sous l'épiderme des
Plantes mortes. Ehrenberg avait établi sous le même nom un genre fondé
sur les *Xyloma* à sporules distinctes.
Il a été réuni par Fries à son genre
Leptostroma.   (AD. B.)

SCHIZOLÆNA. BOT. PHAN. Genre
de la famille des Chlénacées de Du
Petit-Thouars, établi par ce botaniste
(Histoire des Végétaux d'Afrique,
p. 43) qui l'a ainsi caractérisé : involucre biflore, petit, crénelé ; calice
à trois folioles concaves, membraneuses ; corolle à cinq pétales connivens ; étamines nombreuses, dont les
filets sont réunis à la base en un court
urcéole annulaire, les anthères adnées, déhiscentes latéralement ; ovaire
triloculaire, surmonté d'un style de
la longueur des étamines, et d'un
stigmate trilobé ; fruit enveloppé
par l'involucre qui s'est considérablement agrandi et qui est enduit
d'un suc visqueux. Ce fruit est une
capsule à trois valves qui portent les
cloisons, à trois loges renfermant
plusieurs graines ovées, acuminées,
rugueuses. Ce genre se compose de
trois espèces, auxquelles Du Petit-
Thouars a imposé les noms de *Schizolæna rosea, elongata* et *cauliflora.*
La première seulement a été décrite
et figurée avec soin dans la douzième
planche de l'ouvrage cité. Ces Plantes sont des Arbrisseaux très-élégans
qui croissent dans l'île de Madagascar. Leurs feuilles sont alternes-oblon-
gues et glabres. Les fleurs sont roses,
disposées en panicules ou en grappes.
    (G..N.)

* SCHIZOLOMA. BOT. CRYPT.
(*Fougères.*) Notre ami Gaudichaud
a établi sous ce nom (Ann. des Scien.

natur. T. III, p. 507) un genre voisin
du *Lindsæa* et dans lequel il place le
Lindsæa lanceolata de Labillardière
et de R. Brown. Il donne les caractères suivans à ce genre : groupes de
capsules linéaires continus, marginaux ; tégument double s'ouvrant en
dehors. Ce genre est bien voisin du
Lindsæa, car on peut considérer le
tégument supérieur comme la suite
de la fronde, et alors il n'y aurait pas
de caractère réel pour distinguer ces
deux genres ; cependant le port des
trois espèces connues est assez différent de celui des autres *Lindsæa* pour
confirmer l'établissement de ce genre.
En effet les pinnules sont lancéolées
ou oblongues, et les capsules sont
disposées tout autour de leur bord et
non pas le long du bord ; tandis que
les pinnules sont cunéiformes dans
les vrais *Lindsæa.* Ces Plantes croissent dans les Moluques et les îles
Marianes.   (AD. B.)

* SCHIZONEMA. BOT. CRYPT.
(*Hydrophytes.*) Genre formé par
Agardh aux dépens des *Bangia* de
Lyngbye, et qui, tout obscurément
caractérisé qu'il est encore, paraît
devoir être adopté. On ne saurait le
rapporter aux Conservées, quoique
les espèces s'y composent de filamens, parce que ces filamens n'offrent pas la moindre trace d'articulations. Il se rapprocherait donc de
l'ordre que nous avons établi, dans
la Relation de *la Coquille,* sous le
nom d'Encœliées. *V.* ce mot au Supplément. Les Schizonèmes consistent
en petits tubes renfermant des globules colorés, épars, dont on se fait
une idée fort exacte en jetant les
yeux sur les figures des *Bangia qua-
dripunctata, micans* et *rutilans* de
Lyngbye. Elles forment de très-courts
gazons ou de petites touffes brunâtres sur les *Fucus* et autres Plantes
marines. Elles deviennent grisâtres,
ou brillantes par la dessiccation, et
adhèrent fortement au papier. Elles
ont rarement plus d'une à trois lignes de longueur. Cependant Chauvin,
savant algologue de Caen, vient

d'en publier une espèce nouvelle fort remarquable, sous le n° 77 dans son quatrième Fascicule des Algues de Normandie, sous le nom d'*helmentosum*, qu'il a découverte sur les côtes de Luc au Calvados, et qui ont jusqu'à deux pouces de long. Elle croît sur les rochers. Agardh en mentionne neuf espèces.   (B.)

* SCHIZOPETALON. BOT. PHAN. Sims (*Botan. Magaz.*) a décrit et figuré sous le nom de *Schizopetalon Walkeri*, une Plante du Chili formant le type d'un nouveau genre qui appartient à la famille des Crucifères et à la Tétradynamie siliqueuse. Mais n'ayant eu que la Plante en fleur, les caractères génériques qu'il avait exposés, étaient fort incomplets ; car c'est surtout dans le fruit et la graine que résident ceux des Crucifères. Hooker, dans son *Exotic Flora*, n° 74, en a donné une belle figure et une description qui ne laisse rien à désirer. Cette Plante a une tige d'environ un pied de haut, dressée, à rameaux flexueux ; elle est entièrement recouverte d'une pubescence de poils étoilés ou fourchus. Ses feuilles ont des formes variables ; les plus grandes sont linéaires, lancéolées, sinuées, pinnatifides ; les plus petites dentées en scie et quelquefois entières. Les fleurs forment des grappes terminales ; chacune de ces fleurs est pédicellée et accompagnée à la base d'une petite bractée linéaire. Le calice est à quatre folioles égales à la base, dressées, conniventes, d'une couleur verte, ayant les bords membraneux. La corolle se compose de quatre pétales disposés en croix, onguiculés, ayant le limbe lancéolé, pinnatifide et d'une couleur blanche, quelquefois verdâtre dans le milieu. Il y a six étamines, dont quatre plus longues rapprochées par paires, à filets dépourvus de dents, et à anthères linéaires, sagittées et jaunes. À la base des étamines sont quatre petites glandes verdâtres. Le style est court, surmonté d'un stigmate capité à deux lames jaunâtres. La si-

lique a ses valves convexes, à deux loges séparées par une cloison dont les bords sont quelquefois proéminens. Il y a environ huit graines dans chaque loge, et placées alternativement sur les deux sutures ; chaque graine est pendante, ovoïde, comprimée ; l'embryon se compose de deux cotylédons qui sont partagés chacun en deux lanières longues, repliées en spirale ; la radicule est longue et paraît appliquée contre la feule qui sépare les deux cotylédons. Ces caractères de la graine sont extrêmement remarquables en ce qu'ils lient ensemble les sections des Spirolobées et des Diplécolobées de De Candolle, ce qui fait qu'on ne peut classer le *Schizopetalon* plutôt dans l'une que dans l'autre de ces sections. Cette Plante est en outre fort singulière par la forme pinnatifide de ses pétales, forme qui ne se voit pas dans les autres Crucifères.   (G..N.)

SCHIZOPHYLLUM. BOT. CRYPT. (*Champignons.*) Fries a séparé sous ce nom l'*Agaricus alneus* dont les feuillets sont dichotomes et divisés en deux par un profond sillon longitudinal. C'est un Champignon coriace fort commun en Europe. Ehrenberg a nommé ce genre *Scaphophorus* ; il en a décrit plusieurs variétés recueillies entre les tropiques sur les tiges des *Pandanus*.   (AD. B.)

SCHIZOPHYLLUS. BOT. CRYPT. Pour *Schizophyllum. V.* ce mot.
      (AD. B.)

SCHIZOPODES. CRUST. Latreille nomme ainsi une famille de Crustacés décapodes et macroures, qui a pour caractères : tous les pieds divisés jusqu'à leur base ou près de leur milieu en deux branches ou appendices grêles, uniquement destinés à la natation ; les pieds-nageoires extérieurs servant au même usage. Cette famille comprend les genres Mysis et Nébalie.   (A. R.)

* SCHIZOXYLUM. BOT. CRYPT. (*Lichens.*) Ce genre, fondé par Persoon (Act. Wetterav. T. II, p. 11, pl. 10, f. 7), n'a point été conservé par Acharius qui a réuni l'espèce principale à son genre *Arthonia*. Fries le caractérise ainsi : apothécie entier, d'abord clos, ensuite déhiscent, s'ouvrant par des fentes et renfermant des sporidies enfoncées dans une substance qui forme ce disque. Ce genre doit rentrer dans le genre *Acolium* qui renferme les *Calycium* dont les conceptacles sont sessiles ou presque sessiles, et munis d'un rebord très-mince.   (A. F.)

SCHKUHRIE. *Schkuhria.* BOT. PHAN. Genre de la famille des Synanthérées, établi par Roth (*Catal. botan.*, 1, p. 167) et offrant les caractères suivans : involucre obovoïde, un peu moins long que les fleurs du centre, composé de cinq folioles un peu inégales, placées sur un seul rang, appliquées, obovales, membraneuses sur les bords, parsemées de petites glandes; à la base de cet involucre sont deux petites folioles linéaires, obtuses et inégales; réceptacle très-petit, dépourvu de paillettes; calathide composée d'un petit nombre de fleurs centrales (environ six), régulières, hermaphrodites, et d'une fleur latérale en languette et femelle. Ovaire en pyramide renversée, tétragone, légèrement hispide et strié, aminci à la base en une sorte de pédicelle grêle, surmonté d'une aigrette composée de huit petites paillettes inégales et membraneuses. Ce genre a été placé par Cassini dans la tribu des Hélianthées, section des Héléniées, près des genres *Florestina* et *Hymenopappus*; mais il a d'ailleurs beaucoup de rapports avec la tribu des Tagétinées. Lamarck, Ortéga et Cavanilles le confondaient avec le genre *Pectis*, et Mœnch, qui avait admis un autre genre *Schkuhria* fondé sur le *Siegesbeckia flosculosa*, lui avait imposé la dénomination de *Tetracarpum*. Le *Schkhuria abrotanoides*, Roth, *loc. cit.*; *Pectis pinnata*, Lamk., Journ. d'Hist. nat., 2, p. 150, tab. 31, est une Plante herbacée, à rameaux et à feuilles al-

ternes, pinnatifides, à segmens capillaires. Les fleurs sont terminales et latérales, pédonculées, à rayon blanchâtre. Cette Plante croît sur le haut plateau du Mexique; on la cultive en Europe dans les jardins de botanique.   (G..N.)

SCHLACK. MIN. On appelle ainsi le sédiment ou le résidu que l'on obtient par la lessive du Salpêtre.
(G. DEL.)

SCHLACKENSAND. MIN. Syn. de Sable volcanique ou de Scorie pulvérulente.   (G. DEL.)

SCHLANGENSTEIN. MIN. Pierre serpentineuse. *V.* OPHITE et SERPENTINE.   (G. DEL.)

SCHLECHTENDALIA. BOT. PHAN. Le genre de Synanthérées ainsi nommé par Willdenow a été désigné par Persoon sous le nom d'*Adenophyllum* plus généralement usité. (A. R.)

SCHLEICHERA. BOT. PHAN. Genre établi par Willdenow, sur une Plante de la famille des Sapindacées originaire de Ceylan et de Timor, et rapporté depuis par Jussieu au *Melicocca*, dont il nous paraît difficile de le séparer, quoiqu'il soit dépourvu de pétales. De Candolle a réuni dans une même section du genre *Melicocca*, à laquelle il donne le nom de *Scheleichera*, trois espèces de genres différens : l'une est la Plante décrite par Willdenow; la seconde (le *Melicocca pubescens*) nous est tout-à-fait inconnue, mais nous paraît s'éloigner des *Melicocca* par ses feuilles pinnées avec impaire; la troisième (le *Melicocca diversifolia*, Juss.) doit, ainsi que les *Melicocca dentata* et *paniculata*, Juss., être réunie au genre *Hypelate* de P. Browne, qui se distingue du *Melicocca* par ses graines suspendues et non dressées.   (CAMB.)

SCHLEIFSTEIN. MIN. Pierre à polir. *V.* SCHISTE POLISSANT et ARGILE FEUILLETÉE.   (G. DEL.)

SCHLICH. MIN. C'est le nom que les mineurs donnent au Minerai bocardé et tout prêt à être porté au fourneau de fusion.   (G. DEL.)

SCHLOSSERIA. bot. phan. (Miller.) Syn. de *Coccoloba*, L. *V.* ce mot.   (G..N.)

SCHLOTHEIMIA. bot. crypt. (*Mousses.*) Bridel a établi sous ce nom un genre voisin des *Orthotrichum* et qui même a été réuni à ce dernier par plusieurs muscologistes célèbres, tels que Hooker, Greville et Arnott. Les auteurs allemands, tels que Schwægrichen et Hornschuch, adoptent au contraire le genre *Schlotheimia* qui diffère des Orthotrics par son péristome interne formé de seize dents réunies par une membrane entière, plissée, qui se déchire en lanières irrégulières lors de la chute de l'opercule; le péristome externe est formé de seize dents rapprochées par paires et contournées en spirale en dehors, la coiffe est glabre, conique, divisée vers sa base en plusieurs lobes. Toutes les espèces de ce genre sont exotiques et proviennent généralement des contrées équatoriales.
                                    (AD. B.)

SCHLOTTEN. min. On appelle ainsi, dans le pays de Mansfeld, des lits de peu d'étendue formés d'une terre calcaire qui absorbe les eaux, et que les mineurs aiment à rencontrer pour cette raison.   (G. DEL.)

SCHMALTZIA. bot. phan. Desvaux, dans son Journal de Botanique, a proposé ce nom en remplacement de celui de *Turpinia* proposé par Rafinesque-Schmaltz pour un genre fondé sur le *Rhus aromaticum* d'Aiton; mais ce genre ne forme qu'une section du genre *Rhus* à laquelle De Candolle impose le nom de *Lobadium* précédemment employé par Rafinesque. *V.* Sumac.   (G..N.)

SCHMELZTEIN. min. (Werner.) *V.* Dipyre.

SCHMIDÉLIE. *Schmidelia.* bot. phan. Genre de la famille des Sapindacées et de l'Octandrie Monogynie, L., composé d'espèces disséminées dans presque toutes les régions chaudes du globe. Les Schmidélies sont des Arbres ou des Arbustes dépourvus de vrilles. Leurs feuilles sont alternes, ternées, quelquefois réduites par avortement à une seule foliole terminale, dépourvues de stipules. Leurs fleurs sont polygames, disposées en grappes axillaires; elles présentent l'organisation suivante: calice à quatre folioles inégales (les deux supérieures étant toujours soudées ensemble). Quatre pétales (le cinquième avortant constamment) hypogynes, alternes avec les folioles du calice, munis le plus souvent sur leur face interne d'un petit appendice barbu. Disque incomplet, situé entre les pétales et les étamines, divisé en lobes distincts presque jusqu'à la base; les lobes du disque, opposés à la foliole supérieure du calice, avortant constamment. Huit étamines insérées sur le réceptacle, souvent inégales; filets libres ou légèrement soudés entre eux à leur base; anthères introrses, mobiles, biloculaires. Pistil déjeté du côté supérieur de la fleur; dans les fleurs mâles cet organe se trouve réduit à l'état rudimentaire. Style inséré entre les lobes de l'ovaire, divisé plus ou moins profondément en deux ou trois segmens qui portent sur leur face interne les papilles stigmatiques. Ovaire à deux ou trois lobes arrondis, attachés par leur base autour du style, renfermant chacun un ovule dressé. Fruit formé d'une, deux ou rarement trois drupes charnues, renfermant chacune une graine dressée. Tégument propre, membraneux. Radicule courte, aboutissant au hile, appliquée sur le dos d'un des cotylédons; ceux-ci sont repliés deux fois transversalement, longs, linéaires. Ce genre se rapproche des Savoniers par les caractères de la végétation et par la structure du fruit, et des genres *Serjania* et *Paullinia* par ses fleurs irrégulières; il tient ainsi le milieu entre les tribus des Paulliniées et des Sapindées de Kunth et de De Candolle, et prouve la nécessité de les réunir. Le sarcocarpe des fruits des Schmidélies, réduit presque toujours à un état presque rudimentaire, prend dans quelques cas un assez grand développement. Les drupes d'une espèce que nous avons décrite dans les Plantes usuelles des Brasiliens, ressemblent à des cerises; leur saveur douce et agréable les fait rechercher par les habitans du Brésil.

On doit réunir au *Schmidelia*, l'*Allophyllus* de Linné, l'*Aporetica* de Forster, dont il faut bien distinguer le *Pometia*, l'*Ornitrophe* de Jussieu, et le *Gemella* de Loureiro. L'*Ornitrophe pinnata* de Poiret doit être séparé de ce genre; nous lui avons donné, dans un Mémoire qui sera imprimé sous peu, le nom de *Prostea*, en l'honneur de Prost de Mende, qui a contribué, par la publication d'un Catalogue des Plantes de la Lozère, à la connaissance de la végétation de cette contrée.   (CAMB.)

SCHMIDTIA. BOT. PHAN. Trattinick a ainsi nommé un genre de Graminées qui a reçu de Seidel et de Presl le nom de *Coleanthus* généralement admis. *V.* COLÉANTHE.

Dès 1802, Mœnch avait proposé un genre *Schmidtia* qui appartient à la famille des Synanthérées, tribu des Chicoracées, et à la Syngénésie égale, L. Voici ses caractères : involucre composé de folioles sur un seul rang, contiguës, appliquées, égales, linéaires, accompagnées à la base de quelques petites folioles appliquées, linéaires, lancéolées. Réceptacle plan, alvéolé. Calathide composée de demi-fleurons nombreux, ligulés et hermaphrodites. Ovaires obovoïdes, cylindracés, glabres, munis de côtes longitudinales et d'un bourrelet apicilaire, surmontés d'une aigrette de poils inégaux, roides, laminés à la base, et très-légèrement plumeux. Ce genre est placé par Cassini entre l'*Hieracium* et le *Drepania*. Il se rapproche surtout du premier genre dont il est un démembrement. Le *Schmidtia fruticosa*, Mœnch, *Hieracium fruticosum*, Willd., est un Arbuste que l'on croît originaire de l'île de Madère. Ses tiges sont ligneu-

ses, presque droites, rameuses, glabres, lisses, garnies de feuilles alternes, oblongues, lancéolées, rétrécies à la base, dentées, très-lisses et épaisses. Les fleurs sont jaunes, réunies en corymbes peu fournis au sommet des rameaux. On cultive cette Plante dans les jardins de Botanique.
                                              (G..N.)

* **SCHNELLA.** BOT. PHAN. Nouveau genre de la famille des Légumineuses, proposé par Raddi (*Mem. Pl. brasil., add.*, p. 32) qui le regarde comme intermédiaire entre l'*Hymenea* et le *Bauhinia*, et le caractérise ainsi : calice coriace, presque campanulé, à cinq dents; corolle à cinq pétales onguiculés, presque égaux; dix étamines; style nul; légume tronqué. Ce genre comprend deux espèces sous les noms de *Schnella microstachya* et *S. macrostachya*. Elles croissent l'une et l'autre près de Rio-de-Janeiro; la première sur les collines et dans les haies; la seconde sur les hautes montagnes. Ces Plantes ont leurs feuilles bilobées à la manière des *Bauhinia*.   (G..N.)

SCHOBERA. BOT. PHAN. Le genre fondé sous ce nom par Scopoli, et qui a pour type l'*Heliotropium parviflorum*, n'a pas été adopté. (G..N.)

SCHOEFFÈRE. BOT. PHAN. Pour *Schœfferia. V.* ce mot.   (B.)

SCHOENANTHE. *Schœnanthus.* BOT. PHAN. Espèce odorante du genre Andropogon, qui croît aux lieux secs de la zône torride dans l'ancien monde.   (B.)

SCHOENODUM. BOT. PHAN. Labillardière avait décrit sous ce nom, dans ses Plantes de la Nouvelle-Hollande, un genre composé d'une seule espèce dioïque. Mais R. Brown a prouvé que les deux individus unisexués, dont Labillardière avait composé son espèce, appartenaient chacun à un genre différent, savoir : le *Schœnodum mas* à son genre *Lyginia*, et le *Schœnodum fæmina* à son genre *Leptocarpus*. Il résulte de-là que le genre *Schœnodum* n'existe plus. Les genres *Lyginia* et *Lepto-carpus* appartiennent à la famille des Restiacées.   (A. R.)

SCHOENOLAGUROS. bot. phan. Syn. ancien d'*Eriophorum vagina-tum. V.* Linaigrette.   (B.)

SCHOENOPRASUM. bot. phan. Nom scientifique de la Civette, es-pèce du genre Ail.   (D.)

* **SCHOENORCHIS.** bot. phan. Un genre de la famille des Orchidées a été institué sous ce nom par Blume (*Bijdr. Flor. ned. Ind.*, p. 361) qui l'a ainsi caractérisé : périanthe à cinq sépales, dressés, les intérieurs plus petits ; labelle en forme de sac ou d'é-peron, ayant son limbe épaissi, dressé ou étalé. Gynostême pourvu dans sa partie antérieure d'un rostellum cornu ; anthère terminale, ligulée, semi-biloculaire, accombante sur le rostellum. Masses polliniques au nom-bre de deux, globuleuses, bipartibles, pulpeuses-céréacées, portées sur un pédicelle élastique, crochu à la base. L'auteur a décrit trois es-pèces de ce nouveau genre sous les noms de *Schœnorchis juncifolia, mi-crantha* et *paniculata.* Ce sont des Herbes parasites, caulescentes, à ti-ges rameuses, cylindriques, à feuilles étroites, linéaires ou subulées, char-nues. Les fleurs forment des épis simples ou rameux. Ces Plantes crois-sent dans les forêts des montagnes, à Java.   (G..N.)

* **SCHOENUS.** bot. phan. *V.* Choin.

SCHOEPFIA. bot. phan. Genre de la Pentandrie Monogynie, L., pri-mitivement établi par Vahl sous le nom de *Codonium*, mot qui a dû être changé à cause de sa ressem-blance avec celui de *Codon* qui dé-signe un autre genre institué par Linné. Jussieu (Annales du Muséum, T. XII, p. 300) le place dans la fa-mille des Loranthées, formant le passage aux Caprifoliacées. Ce rap-prochement résulte de l'examen ap-profondi que Richard père a fait de l'organisation de sa graine et dont il

a communiqué à Jussieu un dessin et une description manuscrite. Voici les caractères assignés à ce genre : calice double, l'extérieur bifide et inférieur ; l'intérieur entier et supérieur, tur-biné, un peu anguleux ; corolle cam-panulée, à cinq découpures deltoïdes, aiguës et réfléchies ; cinq étami-nes insérées sur l'entrée de la corolle, à filets très-courts, et à anthères bi-loculaires ; ovaire turbiné, couronné par le calice intérieur, surmonté d'un style droit plus court que la corolle et terminé par un stigmate capité ; drupe obovée, ne renfermant qu'une graine attachée au sommet de la loge, pourvue d'albumen, et dont la radi-cule est dirigée supérieurement. La Schoepfie d'Amérique, *Schœpfia americana*, Willd. ; *Codonium arbo-rescens*, Vahl, *Act. Soc. Hist. nat. Hafn.*, 2, p. 206, tab. 6, est un Ar-brisseau dont la tige haute de huit à dix pieds se divise en rameaux cylin-driques, glabres, garnis de feuilles pétiolées, alternes, très-glabres, ova-les, insensiblement rétrécies et en-tières. Les fleurs sont portées sur des pédoncules simples, situées dans les aisselles des feuilles. Cette Plante croît dans les îles de Sainte-Croix et de Montserrat. Rœmer et Schultes ont réuni à ce genre l'*Hœnckea flexuosa* de Ruiz et Pavon, *Flor. peruv.*, 3, tab. 231.   (G..N.)

SCHOHARITE. min. Nom donné par Macneven à une variété fibreuse de Baryte sulfatée mélangée de Si-lice, que l'on trouve aux environs de New-York dans les Etats-Unis d'A-mérique.   (G. DEL.)

* **SCHOKAK** ou **SCHOEGHA-GHA.** ois. Nom dont Forskal se sert pour désigner le Guépier commun, *Merops apiaster.*   (LESS.)

SCHOKARI. rept. oph. Espèce du genre Couleuvre. *V.* ce mot. (B.)

SCHOKEER. pois. Espèce du sous-genre Corégone.   (B.)

SCHOLLERA. bot. phan. Ce nom a été donné par Rohr au genre *Mi-crotea* de Swartz. Roth et Hayne, ainsi que plusieurs autres auteurs allemands, ont également employé ce mot pour désigner le genre *Oxycoccus* de Tournefort et Persoon. *V.* MICROTÉE et OXYCOCCOS. Enfin Willdenow a distingué sous le nom générique de *Schollera*, le *Leptanthus gramineus* de Michaux, que la plupart des auteurs ont rapporté à l'*Heteranthera* de Palisot-Beauvois. Le caractère essentiel de ce genre résiderait, selon Willdenow, dans l'unilocularité de sa capsule. Le *Schollera graminifolia*, Willd.; *Leptanthus gramineus*, Michx., *Flor. bor. amer.*, 1, p. 25, tab. 3, f. 2; Hooker, *Exot. flor.*, n° 94, est une Plante aquatique submergée, qui a le port du *Potamogeton gramineum;* ses tiges sont très-longues, cylindriques, géniculées, garnies de feuilles vertes, linéaires, presque membraneuses, obtuses. Les fleurs sont solitaires dans les aisselles des feuilles, et leur tube est enveloppé d'une longue spathe. Le périanthe est tubuleux, son limbe est divisé en six segmens jaunes; il y a trois étamines, un ovaire surmonté d'un long style qui se termine en massue et par un stigmate glanduleux à trois ou six lobes. La capsule uniloculaire et à trois valves contient plusieurs graines fixées à trois réceptacles qui sont situés sur le milieu des valves. Cette Plante croît dans les rivières de l'Amérique septentrionale, principalement dans l'Ohio et dans celles de la Pensylvanie et de la Virginie.   (G..N.)

SCHOLLIA. BOT. PHAN. (Jacquin fils.) Synonyme du genre *Hoya* de R. Brown. *V.* ce mot.   (G..N.)

SCHOMERLIN. OIS. La Litorne dans certains cantons de la France orientale.   (B.)

SCHORIGERAM. BOT. PHAN. (Rhéede.) Nom malabare d'une plante qui paraît être une espèce de Tragia. *V.* ce mot.   (B.)

SCHORL. MIN. Mot allemand par lequel on a désigné d'abord la Tourmaline électrique, mais que l'on a ensuite appliqué à une multitude de Minéraux différens. On a tant abusé de ce mot, que le célèbre Haüy a cru devoir l'effacer de la nomenclature minéralogique. On peut juger de la confusion qu'il a causée dans la science par le tableau suivant de ses nombreuses acceptions.

SCHORL AIGUE-MARINE, l'Épidote du Saint-Gothard.

SCHORL ARGILEUX, une variété d'Amphibole qui répand une odeur argileuse par l'insufflation.

SCHORL BASALTIQUE, l'Amphibole prismatique et le Pyroxène des volcans.

SCHORL BLANC, la Topaze pycnite, le Pyroxène du lac Baïkal, la Néphéline du Vésuve, le Béryl.

SCHORL BLENDE, une variété d'Amphibole.

SCHORL BLEU, le Disthène et le Titane anatase de l'Oysans.

SCHORL EN COLONNE OU BASALTIQUE, l'Amphibole et le Pyroxène.

SCHORL COMMUN, la Tourmaline noire.

SCHORL CRISTALLISÉ, la Tourmaline, l'Amphibole et l'Épidote.

SCHORL CRUCIFORME, la Staurotide et l'Harmotome.

SCHORL ÉLECTRIQUE, la Tourmaline.

SCHORL FEUILLETÉ, la Diallage, l'Axinite.

SCHORL FIBREUX BLANC, la Grammatite.

SCHORL EN GERBE, la Prehnite flabelliforme.

SCHORL GRANATIQUE, l'Axinite, l'Amphigène.

SCHORL LAMELLEUX, l'Amphibole noir ou vert.

SCHORL CHATOYANT, la Diallage.

SCHORL EN MACLE, la Staurotide.

SCHORL DE MADAGASCAR, la Tourmaline.

SCHORL NOIR, la Tourmaline.

SCHORL OCTAÈDRE, le Titane anatase.

SCHORL OLIVATRE, le Péridote granulaire des volcans.

SCHORL OPAQUE NOIR, l'Amphibole.

SCHORL POURPRE EN AIGUILLES, le Titane oxidé rouge.

SCHORL RADIÉ, l'Epidote et l'Amphibole actinote.

SCHORL RHOMBOÏDAL, l'Axinite.

SCHORL ROUGE, le Titane oxidé de Hongrie.

SCHORL SPATHEUX, le Triphane.

SCHORL SPATHIQUE, la Diallage et l'Amphibole.

SCHORL DE SIBÉRIE, la Tourmaline apyre.

SCHORL LENTICULAIRE, l'Axinite.

SCHORL TRICOTÉ, l'Epidote, et le Titane oxidé en aiguilles entrelacées.

SCHORL VERT DU TALC, l'Amphibole actinote.

SCHORL VERT DU DAUPHINÉ, l'Epidote de l'Oysans.

SCHORL VERT DU VÉSUVE, le Pyroxène vert des volcans.

SCHORL VERT DU ZILLERTHAL, l'Amphibole actinote.

SCHORL VIOLET, l'Axinite.

SCHORL VITREUX, l'Axinite et l'Epidote.

SCHORL VOLCANIQUE, le Pyroxène.
(G. DEL.)

SCHORLITE. MIN. Nom donné par Kirwan à la Topaze pycnite. *V.* ce mot.
(G. DEL.)

SCHOTIA. BOT. PHAN. Genre de la famille des Légumineuses, tribu des Césalpiniées, et de la Décandrie Monogynie, L., offrant les caractères suivans : calice turbiné, coloré, divisé peu profondément en cinq segmens; corolle à cinq pétales ovales, oblongs, égaux, réguliers, se touchant par leurs bords et formant un tube renflé; dix étamines libres, dont les filets sont glabres, inégaux, les plus longs dépassant un peu les pétales et terminés par des anthères dépourvues de glandes; ovaire pédicellé, oblong, surmonté d'un style filiforme, un peu recourbé et terminé par un stigmate obtus; gousse pédicellée, imparfaitement connue. Ce genre a pour type une Plante que Linné avait autrefois décrite sous le nom de *Guajacum afrum*. Médicus en a aussi fait de son côté, un genre

distinct qu'il a nommé *Theodora*. Enfin quelques auteurs ont légèrement altéré le nom de *Schotia*, en celui de *Scotia*; mais cette altération doit être rejetée avec d'autant plus de motif qu'il y a dans la même famille des Légumineuses un autre genre *Scottia* ou *Scottea*. *V.* ce dernier mot. Le *Schotia speciosa*, Jacquin, *Icon. rar.*, tab. 75, est un petit Arbrisseau rameux, garni de feuilles alternes, pinnées, sans impaire, à folioles fort petites, ovales, lancéolées, mucronées à leur sommet. Les fleurs ont une belle couleur rouge, et sont disposées en épi court à l'extrémité des rameaux. Cet Arbrisseau croît au cap de Bonne-Espérance ainsi qu'au Sénégal. Dans la première de ces contrées africaines, croissent encore trois ou quatre autres espèces de *Schotia* décrites par les divers auteurs. (G..N.)

SCHOUALBÉE. BOT. PHAN. Pour Schwalbée. *V.* ce mot. (G..N.)

SCHOUSBOEA. BOT. PHAN. Ce genre établi sous ce nom par Willdenow, est le même que le *Cacoucia* d'Aublet. *V.* ce mot. Sprengel (*Syst. Veget.* 2, p. 352) a donné le nom de *Schousboa commutata*, au *Laguncularia recemosa* de Gaertner fils, ou *Sphenocarpus* de Richard. *V.* ces mots. (G..N.)

SCHOUKIE. POIS. Espèce de Raie. (B.)

* SCHOUWIA. BOT. PHAN. Genre de la famille des Crucifères, établi par De Candolle (*Syst. Veget.*, 2, p. 643) qui l'a placé dans la tribu des Psychinées et l'a ainsi caractérisé : calice dressé, égal à la base; corolle à pétales onguiculés, ayant leur limbe oboval; six étamines tétradynames, dont les filets sont dépourvus de dents, et les anthères très-aiguës : silicule déprimée, plane, ovale, obtuse aux deux bouts, surmontée du style subulé, biloculaire, bivalve, à cloison très-étroite, à valves naviculaires très-comprimées, ailées sur le dos; plusieurs graines dans chaque loge lisses, comprimées,

horizontales, à cotylédons condupliqués. Ce genre est très-voisin du *Psychine* de Desfontaines ; il ne s'en distingue que par le port qui est celui du *Moricandia* et non de l'*Eruca* ou du *Sinapis*, par la silicule ovale et non triangulaire, et par quelques autres légères différences. Le *Schouwia arabica*, De Cand. ; *Subularia purpurea*, Forskahl ; *Thlaspi arabicum*, Wahl, est l'unique espèce de ce genre. C'est une Plante herbacée, annuelle, rameuse, glabre, à feuilles penninerves, les inférieures un peu rétrécies vers la base et sessiles, les supérieures oblongues, cordiformes et amplexicaules. Les fleurs, dont les pétales ont une couleur rouge-purpurine, sont disposées d'abord en corymbes, puis elles s'allongent en grappes. Cette Plante, qui est très-rare, croît dans les montagnes humides de l'Arabie-Heureuse.   (G..N.)

SCHRADERA. BOT. PHAN. Genre de la Pentandrie Monogynie, L., établi par Vahl (*Eclog. Amer.*, p. 35, tab. 5) sur une Plante de l'île Montserrat, découverte par Ryau. Il offre les caractères suivans : calice dont le limbe est resserré, entier ; corolle presque infundibuliforme, garnie de poils à l'entrée du tube, ayant le limbe à cinq ou six divisions étalées, épaisses à l'intérieur, munie chacune vers le milieu et latéralement d'un petit appendice en forme de dent, ou plutôt offrant sur le dos un appendice en forme de corne (ce qui est très-apparent dans la figure du *Schradera ligularis* de Rudge) ; cinq à six étamines à anthères linéaires, presque sessiles, à peine saillantes hors du tube de la corolle ; un seul style surmonté de deux stigmates ; baie uniloculaire, polysperme ; fleurs agrégées au-dessus d'un réceptacle charnu qui est enveloppé d'un involucre monophylle et lobé. Ce genre est placé par Jussieu (Mémoires du Muséum, vol. 6, p. 403) dans la famille des Rubiacées, nonobstant l'absence de stipules interpétiolaires. Vahl l'avait rapproché des *Loran-*

thus, en citant comme synonyme de l'espèce qu'il a publiée avec figure, le *Fuchsia involucrata* de Swartz. Mais cette dernière Plante, non-seulement n'est point spécifiquement la même, mais en paraît génériquement distincte, car elle a quatre stigmates et un fruit à quatre loges. Quelques auteurs l'ont pourtant associée au *Schradera* sous le nom de *S. cephalotes*. Le *Schradera capitata* de Vahl, *loc. cit.*, est une Plante parasite sur les troncs des Arbres, ayant une tige presque ligneuse, souvent un peu pendante, rameuse seulement au sommet. Les fleurs sont terminales, agglomérées, au nombre de sept à vingt dans chaque capitule. Cette Plante croît sur les hautes montagnes de l'île Montserrat. Rudge (*Plant. rar. Guian.*, p. 29, tab. 43) a décrit une seconde espèce indigène de la Guiane, sous le nom de *Schradera ligularis*.

Deux autres genres de Plantes ont porté le nom de *Schradera* ou *Schraderia*. Willdenow l'avait imposé au *Croton trilobatum*. Mœnch avait nommé *Schraderia* le *Salvia canariensis*. Ces genres n'ont pas été adoptés.   (G..N.)

SCHRANKIA. BOT. PHAN. Genre de la famille des Légumineuses, tribu des Mimosées et de la Polygamie Monœcie, L., établi par Willdenow et ainsi caractérisé : fleurs polygames. Calice urcéolé, petit, à cinq dents ; corolle infundibuliforme, quinquéfide, régulière, insérée au fond du calice ; dix à douze étamines saillantes, insérées sur la base de la corolle ou sur le pédicelle de l'ovaire, à filets libres et à anthères oblongues, biloculaires ; ovaire brièvement stipité ; légume tétragone, hérissé de pointes, ayant en apparence quatre valves, parce que chacune des deux valves dont l'ovaire se compose originairement, est divisible en deux, renfermant plusieurs graines oblongues, lenticulaires-comprimées. Ce genre a été fondé sur le *Mimosa quadrivalvis* de Linné, qui croît près de la Vera-Cruz en Amérique, et sur le *Mimosa horridula* de Michaux, Plante de l'Amérique septentrionale. Willdenow leur a imposé les noms de *Schrankia aculeata* et *Schrankia uncinata*. De Candolle et Kunth en ont décrit en outre trois espèces du Mexique, de Saint-Domingue et de l'Amérique méridionale. Ce sont des Plantes herbacées, à racines tubéreuses, à tige anguleuse, munie de feuilles bipinnées, sensibles au toucher, à fleurs roses, disposées en capitules globuleux.

Le nom de *Schrankia* a été appliqué à deux autres genres de Plantes, savoir : 1° par Scopoli, et ensuite par Schultes, au genre *Goupia* d'Aublet, ou *Glossopetalum* de Schreber; 2° par Medicus et Mœnch à un genre de Crucifères diversement nommé par les auteurs, et qui a reçu définitivement le nom de *Rapistrum*. *V.* ces mots.   (G..N.)

SCHREBERA. bot. phan. Ce nom a été appliqué successivement à trois genres différens; mais il doit être conservé à celui qui a été proposé par Roxburgh. Le *Schrebera schinoides* de Linné est synonyme de *Cuscuta africana*. Thunberg a donné le même nom à la Plante qu'il a fait ensuite connaître sous celui de *Hartogia capensis*. Le *Schrebera albens* de Retz (*Observ.*, 6, p. 25, tab. 3) n'est autre chose que l'*Elæodendron glaucum* de Persoon, Plante qui a en outre trois ou quatre synonymes.

Le *Schrebera* de Roxburgh est placé dans la Diandrie Monogynie, L., et offre les caractères essentiels suivans: calice bilabié; corolle à cinq, six ou sept divisions peu profondes; capsule pyriforme, biloculaire, bivalve; chaque loge renfermant quatre ou cinq graines ceintes d'une aile membraneuse. Les affinités de ce genre ne sont pas encore déterminées; il a, selon Roxburgh, un fruit qui tient de celui des Frênes et des *Swietenia*, l'inflorescence du Sureau, et le port du *Pongamia*. Certes ce ne sont pas là des rapprochemens bien naturels, et ils nous rappellent trop les descrip-

tions que nos crédules aïeux faisaient d'Animaux fantastiques, de ces Dragons qui tenaient à la fois du Mammifère, du Poisson, de l'Oiseau et du Reptile. Le *Schrebera swietenoides*, Roxb., *Corom.*, 2, t. 101, est un Arbre élevé dont la cime est arrondie. Son bois est gris, pesant; ses feuilles sont presque opposées, à trois ou quatre paires de folioles, ovales, aiguës, entières, terminées par une foliole impaire. Les fleurs sont d'un blanc sale brunissant; elles répandent une odeur forte pendant la nuit. Elles forment des panicules terminales, trichotomes, accompagnées de bractées caduques. Cet Arbre croît dans les vallées des montagnes de Circar dans l'Inde-Orientale. (G..N.)

SCHREKSTEIN. min. Pierre verte demi-transparente, que l'on taillait en cœur et que l'on suspendait au cou des enfans comme un talisman contre la peur. Suivant Gmelin, c'était une Malachite, et suivant d'autres minéralogistes, un Jade néphrétique.   (G. DEL.)

SCHRIFTERZ. min. Le Tellure graphique. *V.* TELLURE. (G. DEL.)

SCHRIFTSTEIN. min. La Chaux sulfatée fibreuse, à fibres contournées. *V.* CHAUX SULFATÉE. (G. DEL.)

SCHUBERTIA. bot. phan. Le genre de la famille des Conifères nommé *Schubertia* par Mirbel, est le même que le *Taxodium* de Richard. Blume avait aussi donné le nom de *Schubertia* à un Ombellifère pour laquelle il a récemment proposé, dans la Flore de Java, le nouveau nom d'*Horsfieldia*. Martius (*Nova Genera et Spec. Plant. Brasil.*, pag. 55) avait d'ailleurs imposé la même dénomination à un genre de la famille des Asclépiadées et de la Pentandrie Digynie, L., qu'il a caractérisé de la manière suivante : calice profondément divisé en cinq segmens un peu ouverts; corolle infundibuliforme, dont le tube est renflé à la base; le limbe à cinq divisions étalées; colonne de la fructification incluse; couronne placée au fond de la corolle à la base de la corolle, adnée aux cinq anthères au moyen de corps calleux, et se prolongeant en cinq lanières linéaires-lancéolées, disposées en étoile et opposées aux anthères; anthères terminées par une membrane courte; masses polliniques pendantes; stigmate turbiné, plan-convexe en dessus; graines aigrettées? Ce genre, dont l'auteur ne donne pas les affinités prochaines, paraît avoir les plus grands rapports avec le *Macroscepis* de Kunth. Il se compose de trois espèces qui croissent dans les lieux secs et ombragés de l'Amérique tropicale, particulièrement dans le Brésil. Martius les a décrites et figurées sous le nom de *Schubertia multiflora*, *loc. cit.*, tab. 33; *S. grandiflora* et *S. longiflora*. Cette dernière espèce est le *Cynanchum longiflorum* de Jacquin, *Amer.*, ed. Pict., p. 45, tab. 85. Ces Plantes sont ligneuses, volubiles, hérissées, lactescentes, à feuilles opposées, pétiolées, cordiformes, à fleurs en ombelles presque charnues, souvent barbues intérieurement.   (G..N.)

* SCHUBLERIA. BOT. PHAN. Genre de la famille des Gentianées et de la Pentandrie Monogynie, L., établi par Martius (*Nov. Gener. Plant. brasil.*, vol. 2, p. 113) qui l'a ainsi caractérisé : calice divisé profondément en cinq segmens ovales ou lancéolés, aigus et imbriqués pendant l'estivation; corolle tubuleuse, presque campanulée, membraneuse, caduque, dont le tube est cylindrique, le limbe à cinq divisions peu profondes, égales, lancéolées, un peu glanduleuses sur leurs bords, roulées en cornet pendant l'estivation, ayant la gorge nue; cinq étamines petites, incluses, insérées sur la corolle au-dessous du limbe, à filets courts, subulés, à anthères petites, oblongues, à deux loges quelquefois séparées par un connectif membraneux, renfermant un pollen composé de trois sphérules accolées;

ovaire biloculaire à loges complètes dont les cloisons sont formées par l'introflexion des valves, et qui viennent s'attacher à un réceptacle central; style continu avec l'ovaire, court, cylindrique, supportant un stigmate simple, pédicellé-glanduleux; capsule allongée, bivalve, biloculaire, contenant un grand nombre de graines attachées à un réceptacle central, spongieux, bipartible et impressionné de fossettes; graines petites, ovées ou obovées, anguleuses, couvertes d'un tégument celluleux-réticulé, composées d'un très-petit embryon orthotrope, à radicule opposée au hile, et renfermé dans un albumen charnu.

Le genre Schubleria est le même que le *Curtia* de Schlendal qui l'a placé dans la famille des Scrophularinées. Martius persiste néanmoins à le regarder comme une véritable Gentianée, à raison de son port qui le rapproche beaucoup de l'*Erythræa*, de sa corolle régulière, de son estivation contournée-convolutive comme celle de la plupart des Gentianées, de l'introflexion des valves de la capsule, et de plusieurs autres caractères. Les racines des *Schubleria* sont amères-mucilagineuses comme celles des Gentianées, et elles confirment les analogies de propriétés médicales qu'on a signalées entre les Plantes de mêmes familles naturelles. Sprengel (*Curæ posteriores*, p. 340) réunit le genre *Schubleria* à son genre *Hippion* qui a pour type le *Gentiana verticillata*, L.

Martius a décrit et figuré (*loc. cit.*, tab. 36, 37 et 38) quatre espèces de *Schubleria* sous les noms de *S. diffusa*, *S. conferta*, *S. stricta* et *S. patula*; de plus il en a décrit une cinquième nommée *S. tenella*. Ce sont des Plantes annuelles, à tiges dressées, rameuses, garnies de feuilles sessiles, opposées ou verticillées, à fleurs roses ou jaunes, disposées en panicules trichotomes. Ces Plantes croissent en sociétés assez nombreuses d'individus dans les herbages du

Brésil inter-tropical, depuis le 20e jusqu'au 14e degré.   (G..N.)

SCHULTESIA. BOT. PHAN. Sprengel a donné ce nom générique au *Chloris petræa* de Thunberg et Swartz qui avait déjà été érigé par Desvaux en un genre distinct, sous le nom d'*Eustachys*. Le nom de *Schultesia* se trouvant sans emploi, Martius, dans le second volume de son *Genera Plantarum brasiliensium*, l'a imposé à des Plantes de la famille des Gentianées. Mais ce genre n'est évidemment qu'une répétition du *Sebæa* de Robert Brown, car l'une d'elles (*Schultesia crenuliflora*) est identique avec l'*Exacum guianense* d'Aublet, que cet auteur cite comme une des principales espèces de son *Sebœa*, et qui a été considéré comme tel par tous les botanistes modernes. *V.* SEBÆA.   (G..N.)

SCHULTZIA. BOT. PHAN. Sprengel (*Prodr. Umbell.*, p. 3.) a proposé sous ce nom un genre d'Ombellifères auquel il a imposé pour caractères essentiels : un fruit prismatique, à cinq côtes obtuses, couronné par le style persistant; un involucre et des involucelles bipinnés, presque capillaires. Ce genre est fondé sur le *Sison crinitum* de Pallas (*Act. petrop.* 1779, 2, p. 250, tab. 7). C'est une Plante à racine fusiforme, jaunâtre en dedans et douceâtre; à tige presque simple, haute d'environ un pied, de la grosseur d'une plume de poule, garnie de feuilles radicales, tripinnatifides, à segmens capillaires. Les ombelles sont composées de rayons nombreux, portant des fleurs blanches, toutes fertiles. Cette Plante croît sur les hautes montagnes altaïques.   (G..N.)

SCHUNDA. BOT. PHAN. *V.* CHUNDEA.

SCHUTZITE. MIN. Nom que l'on a proposé de donner à la Strontiane sulfatée en l'honneur de Schütz, qui en a décrit une variété de l'Amérique du nord en 1791. *V.* STRONTIANE SULFATÉE.   (G. DEL.)

SCHWÆGRICHENIA. BOT. PHAN. (Sprengel.) Pour *Anigozanthos. V.* ce mot.   (G..N.)

SCHWALBÉE. *Schwalbea.* BOT. PHAN. Genre de la famille des Scrophularinées et de la Didynamie Angiospermie, L., offrant les caractères suivans : calice tubuleux, ventru, strié, divisé à son limbe en quatre segmens obliques, inégaux, le supérieur très-court, les latéraux plus longs, l'inférieur plus large et échancré au sommet; corolle tubuleuse, irrégulière, dont le tube est de la longueur du calice; le limbe droit, divisé en deux lèvres, la supérieure concave, très-entière, l'inférieure à trois divisions obtuses; quatre étamines didynames, non saillantes; ovaire arrondi, surmonté d'un style aussi long que les étamines, terminé par un stigmate épais, recourbé, un peu globuleux; capsule biloculaire, renfermant un grand nombre de graines petites, légèrement comprimées, aiguës. Ce genre ne renferme qu'une seule espèce, *Schwalbea americana*, L., Lamk., Illustr., tab. 520. C'est une Plante herbacée, dont les tiges sont simples, droites, quadrangulaires, pubescentes, garnies de feuilles alternes, sessiles, lancéolées ou ovales-lancéolées, entières, les supérieures très-petites. Les fleurs sont solitaires dans les aisselles de ces dernières feuilles, qui peuvent être considérées comme des bractées. Leur ensemble forme un épi simple et terminal. La corolle est d'un rouge pourpre. Cette Plante croît dans la Caroline du sud.   (G..N.)

SCHWANNA-ADAMBOÉ. BOT. PHAN. (Rhéede.) Syn. de *Convolvulus pes Capræ*, L. *V.* LISERON.   (B.)

SCHWARZ. ZOOL. MIN. Ce mot veut dire noir en allemand, et entre dans la composition de beaucoup de mots en minéralogie surtout, où ils deviennent presque imprononçables pour une bouche française. Ainsi le SCHWARZ GULTIGERS est le Cuivre gris antimonifère. Le SCHWARZERZ est l'Argent sulfuré et le Manganèse sulfuré, etc. En ornithologie le SCHWARZ BRAUNERHABICHT est le Faucon noir.   (B.)

SCHWARZEL. *Erdkobalt.* MIN. (Werner.) *V.* CoBALT.

* **SCHWEIGGERIA.** BOT. PHAN. Auguste Saint-Hilaire (Plantes remarquables du Brésil, p. 281, tab. 26, B) a décrit et figuré sous ce nom le genre *Glossarrhen* de Martius, parce qu'il avait reçu de Martius lui-même l'avertissement que son nouveau genre était identique avec un genre *Schweiggeria* déjà établi par Sprengel. Mais ce dernier auteur a renoncé au nom qu'il avait imposé, et dans son *Species Plantarum* il ne l'a donné que comme synonyme de *Glossarhen. V.* ce mot.   (G..N.)

SCHWEINITZIA. BOT. PHAN. Elliott et Nuttall ont établi sous ce nom un genre de la Décandrie Monogynie, et qui présente les caractères essentiels suivans : calice à cinq folioles concaves ; corolle campanulée de la longueur du calice, à cinq segmens ; nectaire à un pareil nombre de divisions, situé à la base de la corolle ; dix étamines dont les anthères sont adnées aux filets, à une seule loge s'ouvrant par deux pores nus à la base qui est renversée ; stigmate globuleux présentant cinq lobes inférieurement ; capsule probablement à cinq loges ; graines inconnues. Ce genre a été d'abord publié par Elliott (*Sketch of Botany Amer.*, p. 478) sous le nom de *Monotropsis*, que lui avait imposé Schweinitz, auteur primitif du genre. Il appartient, selon Nuttall, à la nouvelle famille des Monotropées, où il avoisine de très-près le genre *Pterospora.* Il ne se compose que d'une seule espèce *Schweinitzia odorata*, *Monotropsis odorata*, Elliott (*loc. cit.*), qui est une petite Plante herbacée, probablement parasite, entièrement dépourvue de feuilles proprement dites et de verdure, n'offrant que des écailles à la manière des *Monotropa.* Ses fleurs sont terminales, agrégées en capitules, d'une odeur agréable de violette et accom-

pagnées de larges bractées. Cette Plante croît dans les bois ombragés de la Caroline du nord.   (G..N.)

SCHWEINITZIA. BOT. CRYPT. (*Champignons.*) Ce nom, donné par Greville à un genre voisin des Lycoperdons, a été changé depuis par l'auteur lui-même en celui de *Cauloglossum*, un autre genre de Plantes Phanérogames ayant déjà reçu le nom de *Schweinitzia.* Le genre *Podaxis* établi depuis long-temps par Desvaux, et ayant pour type le *Lycoperdon axatum* de Bosc, ne diffère peut-être pas du genre établi par Greville qui est fondé sur les *Scleroderma pistillare* et *carunomale* de Persoon.   (AD. B.)

SCHWENCKIE. *Schwenckia.* BOT. PHAN. Genre de la famille des Scrophularinées, présentant les caractères suivans : calice tubuleux, quinquéfide ; corolle tubuleuse, plissée au sommet, à cinq dents ; des glandes en massues situées entre les dents ; cinq étamines dont trois sont stériles ; stigmate presque capité ; capsule biloculaire, bivalve, ayant une cloison parallèle aux valves, et devenant libre de placentas adnés. Le genre *Chætochilus* de Vahl doit être réuni aux *Schwenckia.* Ce genre est remarquable par la régularité de son calice qui contraste avec l'irrégularité de sa corolle. De Candolle (Plantes rares du jardin de Genève, p. 37) observe qu'il est plus voisin du *Nicotiana* que d'aucun des genres rapportés à la famille des Scrophularinées, et qu'il tend à réunir cette famille à celle des Solanées. Les Schwenckies croissent dans les régions chaudes de l'Amérique méridionale, principalement dans la république de Colombie et au Brésil. Ce sont des Plantes herbacées, dressées, rameuses, à feuilles alternes, entières, à fleurs en panicules, ou rarement solitaires, géminées et ternées dans les aisselles des feuilles. Kunth (*Nov. Genera et Species Plant. æquin.* T. II, p. 374, tab. 178 à 181) en a décrit et figuré avec soin quatre espèces sous les noms de *Schwenkia glabrata*, *patens*, *americana* et *browallioides*. De Candolle en a aussi décrit et figuré (tab. 10, *loc. cit.*) une espèce rapportée du Brésil par Auguste Saint-Hilaire , et dédiée à ce savant (*Schwenckia Hilariana.*) (G..N.)

SCHWENKFELDIA. BOT. PHAN. (Schreber et Willdenow). Syn. de *Sabicea*. *V*. SABICEE. (B.)

SCHWEYCKERTA. BOT. PHAN. (Gmelin.) Syn. de *Villarsia Nymphoides* , Ventenat. *V*. VILLARSIE. (G..N.)

SCHYMUM. BOT. PHAN. (Dioscoride.) Syn. de Gundelia. (B.)

* SCIAPHILA. BOT. PHAN. Blume (*Bijdr. tot de Flor. ned. Ind.*, p. 514) a établi sous ce nom un genre qu'il a placé dans la famille des Urticées , et qu'il a caractérisé de la manière suivante : fleurs monoïques. Les mâles ont un calice découpé profondément en six segmens réfléchis , un peu velus au sommet ; corolle nulle ; six anthères sessiles , adnées au calice et opposées à ses divisions. Les fleurs femelles ont un calice semblable à celui des fleurs mâles ; des anthères stériles ; plusieurs ovaires placés sur un réceptacle convexe, uuiloculaires, uniovulés , surmontés chacun d'un stigmate sessile et ponctiforme. Les ovaires se changent en baies couvertes de glandes pellucides, renfermant des graines solitaires, à peu près triquètres et recouvertes d'une membrane un peu coriace. Le *Sciaphila tenella* est une Plante très-grêle, charnue , dépourvue de feuilles. La hampe est très-simple, dressée, à stipules alternes ou ovales. Elle est surmontée de fleurs en grappes , penchées, les mâles occupant la partie supérieure. Cette Plante croît dans les localités montueuses et ombragées de l'île Nusa-Kampanga. (G..N.)

SCIAPHILE. INS. Genre de Charansons établi par Schœnherr. *V*. RHYNCHOPHORES. (G.)

SCIARA. INS. (Meigen.) *V*. MOLOBRE.

SCIE. *Pristis*. POIS. Latham a proposé, dans le deuxième volume des Transactions de la Société Linnéenne de Londres (p. 82, pl. 26 et 27), de séparer le Poisson Scie d'avec les Squales où Linné et les auteurs contemporains l'avaient classé. Depuis Latham, le genre *Pristis* a été adopté par Cuvier et par les zoologistes de l'époque actuelle, et son nom, emprunté au radical grec, est celui que l'espèce commune portait chez les anciens. Les Poissons Scies appartiennent donc aux Choudroptérygiens à branchies fixes de Cuvier, et à la famille des Plagiostomes de Duméril. Ils ont pour caractères génériques : d'être organisés intérieurement comme les Requins et de joindre, à leur forme allongée , un corps aplati en avant et des branchies dont les ouvertures sont inférieures comme chez les Raies; mais leur principal attribut est d'avoir un très-long museau, déprimé, armé de chaque côté d'un grand nombre de fortes épines osseuses, imitant des dents , bien qu'elles n'en aient aucunement la texture , et cependant étant comme elles implantées dans des sortes d'alvéoles ; les vraies dents sont rangées en petits pavés sur les mâchoires comme chez les Squales émissoles (*V*. ce mot). Les deux dorsales sont distantes , et les branchies s'ouvrent de chaque côté par cinq trous ; derrière les yeux sont percés deux évens.

Les Scies sont des Poissons robustes , armés d'une manière redoutable par la longue dague qui part de leur tête. Long-temps les anciens auteurs les rangèrent parmi les Cétacés. Presque tous les pêcheurs de Baleines et les navigateurs en parlent dans leurs relations; on a fréquemment décrit leurs combats avec les Baleines et les Baleinoptères ; leur taille devient assez considérable , bien cependant qu'elle ne dépasse pas quinze ou vingt pieds. Les Nègres de la côte d'Afrique vénèrent ces Poissons, que les habitans des contrées septentrionales recherchent à cause de leur peau solide, et de leur défense qu'ils vendent aux amateurs de curiosités ; leur chair dure, coriace, huileuse, ne sert qu'aux chiens des Esquimaux et des Lapons, Chaque mer semble avoir des espèces propres, qui n'abandonnent point les parages où elles semblent confinées ; ainsi l'Océan boréal possède une espèce depuis long-temps célèbre ; la Méditerranée en a une deuxième, le grand Océan deux autres, et l'océan Antarctique une cinquième.

La SCIE COMMUNE, *Pristis Antiquorum*, Lath. ; *Squalus Pristis*, L., Encycl., pl. 8, fig. 24. Ce Poisson est le *Pristis* des anciens, et la *Vivelle* de Rondelet ; il est décrit et figuré dans tous les ouvrages d'Ichthyologie et même dans un grand nombre de relations de voyages, tels qu'Anderson, Ellis ; dans le *Museum Wormianum*, dans Jonston où il est défiguré, etc., etc. Son dos est gris noirâtre, les parties latérales et inférieures sont blanchâtres, garnies de quelques tubercules ; la caudale est courte ; la dorsale est placée au-dessus des jugulaires. Le museau osseux est aplati, arrondi au bout, garni de vingt à vingt-quatre dents robustes et tranchantes. La Scie est célèbre par ses combats avec la Baleine, qu'on a peints avec un soin trop bien calculé pour que nous croyions à son entière réalité. Elle vit dans les mers du Nord, et est très-commune sur les côtes du Groënland, de l'Islande, de l'Angleterre, où les tempêtes la jettent assez fréquemment sur les rivages ; elle atteint de quinze à dix-huit pieds de longueur.

La SCIE PECTINÉE, *Pristis pectinatus*, Lath., *loc. cit.* Ce Poisson a la queue longue ; la nageoire dorsale concave, le rostre garni de trente-six dents, et quatre à cinq pieds de longueur. On le trouve dans la Méditerranée, mais non dans l'océan Atlantique. Risso dit que les habitans de Nice le nomment *Serra*, et qu'il ne paraît sur leurs côtes qu'en été ; mais qu'on le prend très-rarement.

La SCIE CUSPIDÉE, *Pristis cuspidatus*, Lath., *loc. cit.* Rostre de même largeur, à peu près dans toute sa longueur et armé de vingt-huit dents larges et pointues. On la trouve dans l'océan Pacifique.

La SCIE A PETITES DENTS, *Pristis microdon*, Lath., *loc. cit.* Rostre n'ayant que dix-huit petites dents à peine saillantes et spiniformes ; sa longueur totale atteignant à peine dix-huit pouces. On la trouve également dans le grand Océan.

La SCIE BARBUE, *Pristis cirrhatus*, Lath., *loc. cit.* ; *Squalus Anisodon*, Lacépède. Ce Poisson a son rostre garni de dents très-inégales et un peu recourbées ; de chaque côté du museau, pend un long filament flexible. Il se trouve dans les mers qui baignent la Nouvelle-Hollande. (LESS.)

SCIE. CONCH. Nom vulgaire et marchand du *Donax denticulatus*. *V*. DONACE.   (B.)

SCIE. INTEST. Espèce du genre Echinorhynque. *V*. ce mot.   (B.)

SCIÈNE. *Sciæna*. POIS. Genre de Poissons formant une petite famille dans laquelle Cuvier a établi plusieurs sous-genres, et qui appartient aux Acanthoptérygiens percoïdes de sa Méthode, classé par Duméril parmi les Poissons acanthopomes holobranches thoraciques. Les Sciènes ont le museau écailleux, plus ou moins proéminent, terminé en pointe mousse, ce qui est dû à un plus grand développement des os du nez et des sous-orbitaires qui sont renflés et caverneux. Les dents sont en crochets inégaux ; le corps est oblong, épais, comprimé, revêtu d'écailles ; les opercules sont garnis d'épines, mais non dentelés ; les nageoires jugulaires sont placées au-dessous des pectorales ; la dorsale est double et la deuxième a plus de cinq rayons. Les Sciènes ont les plus grandes analogies de forme avec les Lutjans et les Holocentres dont ils se distinguent par leur double dorsale. Ce sont des Poissons de la Méditerranée, de l'Océan et des eaux douces, dont la chair est très-estimée, et dont la pêche est lucrative. Les nombreuses espèces de Sciènes sont classées dans les sous-genres suivans :

† Cingle, Cuv.

Opercules épineux ; préopercules dentelés ; dents en velours ; écailles rudes ; deux dorsales à peu près égales ; museau très-saillant. On ne connaît que deux espèces de Cingles qui vivent dans les eaux douces de l'Allemagne, et que Bloch a figurées sous les noms de *Perca zingel*, pl. 106, et *Perca asper*, pl. 107.

†† Centropome, *Centropomus*, non Lacépède, mais Cuvier.

Dents, dorsale et préopercules des Perches, mais bord de l'opercule mince et arrondi. On ne connaît qu'une espèce de ce sous-genre que Cuvier a décrite sous le nom de *Centropomus undecimalis*, Hist. des Poissons, T. II, p. 102. C'est le *Sciæna undecimalis* de Bloch, fig. 9, pl. 305. Ce Poisson est le *Camuri* de Pison et le Brochet de mer de Plumier, remarquable par la couleur argentée de ses écailles, que relève le brunâtre du dos ; la teinte jaune des nageoires dont les bords sont bruns, et la dorsale pointillée de brun sur un fond gris. C'est la Louhine des créoles français de Cayenne. Ce Poisson habite toutes les mers chaudes de l'Amérique méridionale ; il vit de proie et s'engraisse beaucoup. Sa ponte a lieu deux fois par an, et sa taille se développe jusqu'à peser vingt-cinq livres. On fait de la botarge avec ses œufs.

††† Ombrine, *Umbrina*, Cuv., Règne Animal.

Analogue au sous-genre Cingle par le préopercule, mais le museau moins saillant. La deuxième dorsale bien plus longue que la première ; les dents en velours ; des pores sous le maxillaire inférieur. Les Ombrines sont des Poissons de mer qu'on trouve dans la Méditerranée et aux Indes. La plus connue des espèces est la Barbue, *Sciæna cirrhosa*, L., figurée dans Bloch, pl.

500, de la Méditerranée, et que Lacépède a reproduite sous le nom de Chélodiptère cyanoptère. A ce genre appartient encore le Pogonate doré, Lacép. T. v, p. 121 ; le *Johnius serratus*, Schn., p. 76 ; le *Sarikulla*, Russel, T. II, p. 122 ; le *Johnius saxatilis*, Schn., ou *Sciæna nebulosa*, Mitchill., etc. L'*Umbrina cirrhosa* est décrite par Risso (Alp. marit. T. III, p. 409) qui la nomme *Oumbrina*. Il paraît que ce Poisson est commun sur les rivages de Nice, et qu'il y fraye en juin et juillet.

†††† Lonchure, Bloch.

La caudale est pointue, et tous les caractères ne diffèrent point des vraies Sciènes. Cuvier n'admet qu'une espèce dans ce genre, c'est le Lonchure barbu, *Lonchurus barbatus*, figuré dans Bloch, pl. 359, et décrit par Lacépède sous le nom de *Lonchurus dianema*. C'est un Poisson des mers de Surinam ; d'un brun uniforme ; à nageoires pointues ; à nageoires jugulaires terminées par un long filament.

††††† Sciène, *Sciæna*, Lacép.

Les vraies Sciènes ont leur préopercule dentelé d'une manière presque insensible. Les épines de leur opercule sont à peine marquées ; leurs dents s'allongent avec l'âge, et forment une rangée de crochets inégaux. Les Sciènes vivent dans la mer ; leur chair est bonne à manger et les fait rechercher. Les Leiostomes de Lacépède doivent appartenir à ce genre et notamment le Leiostome queue jaune, pl. 10, fig. 1, Lacép. T. IV, et la Perche ondulée de Catesby, T. II, pl. 3, fig. 1 ; l'Heptacanthe de Lacép. ; la Gaterine, etc. Les Sciènes les plus remarquables sont : le Corb ou Corbeau, *Sciæna umbra*, L., Bloch, pl. 297 ; l'*Umbe*, le *Cuorp* des Provençaux ; fauve, à opercules tachés de noir ; les mâchoires inégales ; la femelle pond ses œufs à la fin du printemps et vit dans la région des Algues ; très-bon Poisson de nos côtes, et la ScIÈNE AIGLE,

Sciæna aquila, Lacèp., pl. 21, fig. 5; le *Figou* des habitans de Nice, à corps argenté, à mâchoires égales, à base des pectorales marquée d'une tache dorée. L'Aigle vit dans les profondeurs moyennes, et apparaît toute l'année sur les côtes de la Provence. Sa chair est d'un blanc rougeâtre et est fort délicate. Ce Poisson atteint jusqu'à six pieds de longueur, et porte encore les noms de *Maigre* et de *Fégaro*. Lesueur a décrit trois espèces nouvelles de Sciènes dans le Tom. II du Journal de l'Académie des Sciences naturelles de Philadelphie, qu'il nomme *Sciæna oscula*, du lac Erié; *Sciæna grisea*, de l'Ohio, et *Sciæna multifasciata*, de la partie orientale de la Floride, et toutes les trois vivant dans les eaux douces. Mistriss Bowdich a publié, dans la Relation du voyage de son mari aux îles de Madère et de Porto-Santo, deux espèces inédites de Sciènes qu'elle nomme *Sciæna elongata*, par rapport à l'extrême allongement du corps de cette espèce, et la *Sciæna dux*. Toutes les deux du Cap-Vert, et estimées des habitans.

†††††† Johnius, Bloch.

Bloch avait distingué par le nom de *Johnius* des Sciènes qui auraient eu la seconde dorsale très-longue; mais Cuvier n'a point trouvé chez la plupart que cette deuxième dorsale fût plus longue que chez les vraies Sciènes. Les *Johnius* sont des mers indiennes. Les espèces admises par les ichthyologistes sont : les *Johnius carutta*, Bloch, pl. 356; *J. æneus*, pl. 357; *J. maculatus*, figuré dans Russel, T. II, pl. 115, et les *Katchelie* et *Tella-Katchelie* des pl. 116 et 117 de Russel.

Le nom de Sciène a été donné à une foule de Poissons qui appartiennent aux genres *Percis*, *Prochilus* et *Pogonias*, etc.   (LESS.)

SCILLE. *Scilla*. BOT. PHAN. Genre de la famille de Liliacées et de l'Hexandrie Monogynie, L., offrant les caractères suivans : périgone co-

loré, pétaloïde, à six divisions profondes, égales, étalées; six étamines dont les filets sont subulés, filiformes, terminés par des anthères oblongues, pendantes; ovaire supère, arrondi, surmonté d'un style de la longueur des étamines et terminé par un stigmate simple; capsule presque ovale, glabre, marquée de trois sillons, à trois valves et à autant de loges renfermant plusieurs graines un peu arrondies. Ce genre est extrêmement voisin des Ornithogales et des Phalangères; il diffère des premiers par ses étamines dont les filets ne sont pas aussi dilatés à la base; mais ce caractère n'est pas constant dans toutes les espèces de Scilles; car il y en a qui ont les filets assez larges dans leur partie inférieure. Un caractère tiré des organes de la végétation distingue les Scilles des Phalangères; leur racine est bulbeuse et non formée de fibres fasciculées comme dans ce dernier genre. Il y a en outre quelques légers caractères dans la graine, dans la couleur et la forme des fleurs; mais il faut avouer que si on ne prenait pas en considération le port de ces diverses Plantes, on aurait beaucoup de peine à les distinguer génériquement. Smith et DeCandolle ont réuni au genre *Scilla* le *Hyacinthus non scriptus*, charmante espèce qui, au printemps, fait l'ornement de nos bois. Cependant cette Plante, ainsi que quelques autres qui ont avec elle d'étroites affinités, mériteraient de former un genre particulier en raison de leur périgone infundibuliforme à segmens connivens et légèrement recourbés en dehors. Mœnch, à qui la botanique doit quelques utiles réformations, mais à qui elle peut reprocher encore plus d'innovations tout-à-fait superflues, a séparé sous le nom générique de *Stellaris* le *Scilla maritima* qu'il a réuni avec l'*Ornithogalum pyrenaicum* et d'autres Plantes qui ne nous semblent point liées entre elles de manière à former un genre distinct. Enfin le genre *Scilla* a été réduit par quelques auteurs aux *Scilla bifo-*

lia, amœna et à d'autres espèces auxquelles on a joint le *Hyacinthus non scriptus*. Ce genre ainsi composé ne nous semble pas offrir de limites bien naturelles, car on en a exclu le *Scilla maritima* pour le placer parmi les *Ornithogalum*, en sorte que le type du genre Scille ne lui appartient plus.

Le nombre des vraies espèces de Scilles s'élève à environ une vingtaine qui, pour la plupart, croissent dans le bassin de la Méditerranée. Quelques-unes, telles que les *Scilla bifolia* et *autumnalis*, sont assez communes dans les bois et les haies de l'Europe tempérée. Les Scilles sont des Plantes bulbeuses, dont les feuilles sont toutes radicales, allongées, filiformes ou rubanées; les fleurs sont le plus souvent bleues, quelquefois blanches, d'un aspect fort agréable, accompagnées d'une ou deux petites bractées sous chaque pédicelle, et disposées au sommet d'une hampe en corymbes ou en épis pauciflores. Parmi les espèces qui offrent le plus d'intérêt nous citerons la SCILLE OU SQUILLE OFFICINALE OU MARITIME, *Scilla maritima*, L. Elle croît dans la région méditerranéenne, souvent très-loin de la mer dans l'intérieur des terres; son bulbe est plus gros que le poing, composé de plusieurs tuniques ou écailles dont les extérieures sont sèches, rougeâtres et scarieuses, les plus intérieures charnues et blanchâtres, les intermédiaires un peu plus sèches, plus colorées, contenant un suc visqueux et très-âcre. Les feuilles sont larges, oblongues, obtuses à leur sommet et couchées par terre; les fleurs sont blanches, ouvertes en étoile et forment une grappe conique. Les tuniques intermédiaires des bulbes ou ognons de Scille sont douées de propriétés très-énergiques; elles agissent spécialement sur les organes urinaires et sur ceux de la respiration. On les administre en poudre dans les hydropisies passives et dans les affections catarrhales des vieillards quand il est utile de produire une légère excitation. Les écailles de Scille servent à préparer plusieurs médicamens usités encore aujourd'hui, tels que le miel et le vinaigre scillitiques.

Une des plus belles espèces du genre *Scilla* (à part les petites Plantes, *Scilla bifolia*, *amœna*, etc., qui croissent dans l'Europe méridionale), est sans contredit le *Scilla peruviana*, L., dont les fleurs sont bleues et forment une touffe épaisse, conique, d'un effet fort agréable. Ses feuilles sont larges et ciliées sur leurs bords. Cette Plante est commune sur les côtes de Barbarie, dans la Péninsule ibérique, près Cadix et en Portugal. C'est par erreur que le nom de *peruviana* lui a été donné, et cette erreur remonte au temps de la découverte du Pérou, car, dès le seizième siècle, Clusius la désignait sous le nom de *Hyacinthus stellatus peruvianus*. On dit que les Espagnols, à l'époque de la conquête du Pérou, l'avaient transportée dans cette partie du Nouveau-Monde, d'où elle fut rapportée comme une Plante nouvelle et propre à ces contrées lointaines. (G..N.)

.* SCINAIA. BOT. CRYPT. Nous lisons, dans la Gazette botanique de Ratisbonne, que c'est un genre d'Algues aquatiques très-voisin du *Spongodium* de Lamouroux, et dont il n'existe qu'une espèce, le *Porcellata*, dans les mers de Sicile. (B.)

SINCHUS. BOT. PHAN. (Dioscoride.) Syn. de *Ruscus*. *V*. FRAGON. (B.)

SCINCOIDIENS. REPT. SAUR. C'est, d'après la méthode exposée par Cuvier dans le Règne Animal, une famille de Sauriens caractérisée par ses pieds courts, sa langue peu ou point extensible, et son corps entièrement couvert d'écailles égales et imbriquées. Cette famille, qui comprend les genres Scinque, Seps, Bipède, Chalcide et Bimane, termine l'ordre des Sauriens, et offre de nombreux rapports avec la première famille de l'ordre des Ophidiens ou celle des Anguis. Ces deux ordres se trouvent même, par les Scincoïdiens et les Anguis, liés d'une manière si intime que plusieurs auteurs, nommément Blainville et Merrem, ont cru devoir les réunir en un seul, auquel le premier a donné le nom de Bipéniens, et le second celui de *Squammata*.   (IS. G. ST.-H.)

SCINCUS. REPT. SAUR. *V.* SCINQUE.

SCINDAMA. BOT. CRYPT. (*Champignons.*) Ce nom de Hill paraît se rapporter à des Champignons du genre Polypore désigné par Adanson sous le nom de *Myson*.   (AD. B.)

SCINQUE. *Scincus.* REPT. SAUR. Genre établi par Brongniart aux dépens du grand genre *Lacerta* de Linné, et qui appartient à la famille des Scincoïdiens, dont il forme même le type, ainsi que l'indique ce nom. Les Reptiles qui composent le groupe des Scincoïdiens, n'ont que des pates courtes ou complétement rudimentaires, et quelques-uns ne sont même plus que bipèdes, en sorte qu'on pourrait les considérer presque également, ou comme des Lézards à forme de Serpens, ou comme des Serpens à pieds de Lézards, et qu'ils forment véritablement le passage de l'ordre des Sauriens à celui des Ophidiens. Au reste, de tous les genres de Scincoïdiens, le genre Scinque est celui qui se rapproche le plus des Lézards proprement dits : ses pieds sont bien complets, et la paire antérieure se trouve beaucoup moins éloignée de la postérieure que chez les Seps. Leur queue, de forme conique et de longueur très-variable, est toute d'une venue avec le corps qui est couvert d'écailles uniformes, luisantes, imbriquées, très-distinctes entre elles et disposées à peu près comme celles des Carpes; il n'existe d'ailleurs ni renflement à l'occiput, ni crêtes. A ces caractères, qui suffisent pour que l'on puisse distinguer les Scinques de tous les autres Sauriens, il faut ajouter les suivans : leur langue peu extensible est charnue et échancrée à sa pointe; leurs doigts, ordinairement plus longs aux membres postérieurs qu'aux antérieurs, sont comme à l'ordinaire au nombre de cinq, et portent de très-petits ongles plus ou moins recourbés sur eux-mêmes. Leurs mâchoires sont garnies sur tout leur pourtour de petites dents serrées les unes contre les autres, et il existe en outre sur le palais deux rangées de dents. Leur tête est petite, ordinairement de forme quadrangulaire et de même grosseur que le col avec lequel sa partie postérieure se confond. Leur tympan est un peu plus enfoncé que celui des Lézards, et l'entrée du conduit auditif est recouverte dans plusieurs espèces par des dentelures saillantes naissant de son bord antérieur, et dont le nombre est ordinairement de quatre; c'est ce qui a lieu par exemple chez le *Scincus Schneiderii*, et aussi dans notre *Scincus pavimentatus*. Ce genre est composé, dans l'état présent de la science, d'un assez grand nombre d'espèces répandues dans les climats chauds des deux continens; on en trouve quelques-unes dans l'Europe méridionale. Le type du genre est le *Lacerta Scincus* de Linné avec lequel il faut bien se garder de confondre le Scinque des anciens, qui n'est pas même un Scincoïdien, et qui appartient à la famille des Lacertiens et au genre Tupinambis; c'est très-probablement l'espèce à laquelle nous avons donné, dans le grand ouvrage sur l'Egypte, le nom de Tupinambis du désert, *Tubinambis arenarius. V.* TUPINAMBIS.

Le SCINQUE DES PHARMACIES, *Scincus officinalis*, Schn. C'est le *Lacerta Scincus* de Linné. Les Arabes donnent le nom d'*El adda* à cette espèce répandue dans la Nubie, l'Abyssinie, l'Egypte et l'Arabie, et qui se distingue par sa longueur qui est de six ou sept pouces, par son corps jaunâtre avec plusieurs bandes transversales noires, et surtout par la brièveté de sa queue qui ne forme que le tiers environ de sa longueur totale. Ce Scinque était autrefois mis au nombre des Reptiles les plus utiles et les plus précieux pour la matière mé-

dicale. Les pharmacologistes lui ont
attribué toutes les propriétés que les
anciens supposaient à leur *Scincus*, et
on a vanté tour à tour sa chair (principalement celle des lombes) comme un
médicament excitant, analeptique,
antisyphilitique, etc., et surtout
comme aphrodisiaque. De nos jours
on ne l'emploie plus ou presque plus
en Europe, ce qui n'empêche pas
que les habitans de la Haute-Égypte
et de la Nubie ne continuent à lui
faire la chasse : en effet les médecins orientaux le regardent toujours
comme jouissant d'importantes propriétés, et l'emploient dans plusieurs cas, principalement dans les
maladies cutanées.

Le SCINQUE SCHNEIDÉRIEN, *Scincus
Schneiderii*, Daud. Cette espèce,
l'une des plus grandes et les plus belles
du genre, est très-abondamment répandue en Égypte et dans plusieurs
autres régions de l'Orient. Aldrovande
l'a indiquée assez anciennement sous
le nom de *Scincus Cyprius Scincoides*,
et depuis elle a été souvent décrite,
mais presque toujours d'une manière
inexacte, comme nous l'avons fait
voir dans le grand ouvrage sur l'É-
gypte. Elle se distingue par sa queue
qui est arrondie et très-grêle dans sa
portion terminale, et qui forme les
deux tiers de sa longueur totale ; par
la grandeur des écailles de la mâchoire inférieure et du dessus de la
tête, enfin par son système de coloration : le dessus de son corps est
d'un jaune très-brillant, tirant sur le
brun olivâtre, et sa queue est irrégulièrement variée de jaune et de
noir ; les pates inférieures sont blanchâtres ; enfin, il existe sur les côtés
de la tête, du corps et de la queue,
une bande blanchâtre qui commence
au-dessous de l'œil, près de l'angle
de la commissure des lèvres.

Le SCINQUE PAVÉ, *Scincus pavimentatus*, Nob. Cette espèce, que
nous avons décrite dans le grand ouvrage sur l'Égypte, et qui a la même
patrie que les précédentes, ressemble au Scinque schneidérien par ses
formes ; elle est cependant plus

grêle, et sa queue est un peu moins
longue. Son corps est en dessous
d'un jaune blanchâtre et en dessus
d'un brun assez pur, sur lequel
on remarque neuf ou dix raies blanches s'étendant depuis la partie antérieure du col jusque sur la moitié
de la queue. Ces raies ou lignes
longitudinales sont formées par une
suite de petites taches quadrilatères que présentent vers leur partie
moyenne presque toutes les écailles
du dos. Quelques autres espèces présentent un système de coloration très-
analogue : tels sont particulièrement
le *Scincus octolineatus* et le *Scincus
melanurus* de Daudin.

Le SCINQUE OCELLÉ, *Scincus ocel-
latus*, Latr. et Daud. Nous citerons
encore cette espèce qui forme le type
de la section des Scinques ocellés de
Daudin. La queue est de même longueur que le corps, et présente ainsi
que lui un grand nombre (trente environ) de bandes transversales noirâtres, sur lesquelles on distingue des
taches blanches, de forme ovale, que
l'on a comparées à des yeux. Cette
jolie espèce, mentionnée pour la première fois par Forskahl, vit comme
les précédentes en Égypte où on la
nomme *Sehlie*. Elle se tient ordinairement dans le voisinage des maisons.

Le SCINQUE ALGIRE, *Scincus al-
gira*, Daud. La queue est un peu plus
longue que le corps. Le dos est brun
avec une raie longitudinale jaune de
chaque côté. Une semblable raie
existe également de chaque côté au
bas des flancs. Cette espèce, découverte en Mauritanie par Brander, a
été connue de Linné et mentionnée
par lui dans le *Systema naturæ*. Depuis on l'a trouvée quelquefois dans le
midi de la France, principalement
aux environs de Montpellier.

Parmi les espèces américaines,
nous devons citer le *Lacerta occidua*
de Shaw, *Scincus gallivasp*, Daud.,
qui habite les Antilles et principalement la Jamaïque. Les Français le
nomment Brochet de terre, et les Anglais *Galley-Wasp*, c'est-à-dire Guêpe

de cuisine. Il est généralement roux avec des bandes transverses de taches blondes. Sa grosseur est presque égale à celle du bras, et sa taille est de plus d'un pied. Il vit dans les lieux marécageux. Sa morsure est, à la Jamaïque, regardée comme très-venimeuse et comme promptement mortelle, et les Nègres lui donnent en quelques lieux, comme à plusieurs autres Sauriens, le nom de *Mabouia*; nom qui, dans les ouvrages des naturalistes, est appliqué exclusivement à un Scinque des Antilles, de petite taille, et voisin, par la brièveté de sa queue, du *Scincus officinalis*.

Ou trouve aux Moluques et à la Nouvelle-Hollande quelques autres Scinques de grande taille que nous passerons sous silence, les descriptions que nous avons données étant suffisantes pour faire connaître les principales variations de taille, de forme et de coloration que présente le genre Scinque.   (IS. G. ST.-H.)

* SCIOBIUS. INS. Genre de Charansons établi par Schœnherr. *V.* RHYNCHOPHORES.   (G.)

SCIODAPHYLLUM. BOT. PHAN. P. Browne, dans son Histoire de la Jamaïque, avait donné ce nom à un genre qui a été adopté depuis sous celui d'*Actinophyllum. V.* ACTINO-PHYLLE.   (G..N.)

SCIOLEBINA. BOT. PHAN. Syn. ancien de *Stœchas. V.* LAVANDE.   (B.)

SCIOPHILE. *Sciophila.* INS. Genre de l'ordre des Diptères, famille des Némocères, tribu des Tipulaires, division des Fungivores, établi par Hoffmansegg aux dépens des Tipules de Fabricius, et renfermant des espèces du genre Asindule de Latreille. Ce genre a été adopté par Meigen et par Latreille, et il est caractérisé ainsi qu'il suit : corps assez grêle, presque sphérique ; antennes avancées, un peu comprimées, grenues, presque de même grosseur dans toute leur étendue ; composées de seize articles, les deux premiers courts, cupulaires,

velus, les autres pubescens. Bouche non allongée ; palpes avancés, recourbés en dedans, articulés ; ces articles paraissant être au nombre de quatre. Yeux ronds ou peu allongés ; trois ocelles placés en triangle sur le haut du front, rapprochés, inégaux entre eux, celui du milieu très-petit, souvent à peine visible; corselet ovale; métathorax coupé presque droit; ailes ayant une cellule ordinairement très-petite, carrée, placée à peu de distance de leur bord extérieur, jambes garnies d'épines latéralement, et en ayant deux fortes à leur extrémité. Abdomen composé de sept segmens, quelquefois un peu dilaté postérieurement dans les femelles, grêle et cylindrique dans les mâles. Ce genre se distingue des Asindules et des Rhyphes, parce que ceux-ci ont un museau prolongé en forme de bec, ce qui n'a pas lieu chez les Sciophiles. Les Campylomizes en diffèrent par leurs antennes composées seulement de quatorze articles, et les Platyures, qui en ont seize comme notre genre, s'en éloignent parce que leurs jambes ne sont point épineuses, et que leurs ailes n'offrent point de petites cellules carrées. On ne connaît pas les mœurs des Sciophiles ; on trouve l'Insecte parfait dans les bois, et il est probable que sa larve vit dans les champignons. Meigen en fait connaître quatorze espèces que l'on peut ranger dans deux divisions ainsi qu'il suit :

I. Deux des cellules qui aboutissent au bord postérieur de l'aile longuement pétiolées.

SCIOPHILE STRIÉE, *Sciophila striata*, Meigen, Macquart, Dipt. du nord de la France. Elle est longue de deux lignes et demie. Ochracée ; son thorax est marqué de cinq lignes noirâtres. Ailes tachetées et terminées de noirâtre. On la trouve en France.

II. Une seule des cellules qui aboutissent au bord postérieur de l'aile longuement pétiolée. Cellule carrée, très-petite.

SCIOPHILE VITRIPENNE, *Sciophila vitripennis*, Meigen, Macq., *loc. cit.* Noire. Thorax blanchâtre sur les côtés. Ailes hyalines. Cette espèce est longue de deux lignes. On la trouve rarement dans les bois des environs de Paris.   (G.)

SCIPOULE. BOT. PHAN. L'un des noms vulgaires du *Scilla maritima.* *V.* SCILLE.   (B.)

SCIRE. *Scirus.* ARACHN. Nom donné par Hermann fils à un genre déjà établi par Latreille sous le nom de Bdelle. *V.* ce mot.   (G.)

* SCIRENGA. POIS. *V.* NOTOGNI-DIUM.

SCIRPE. *Scirpus.* BOT. PHAN. Ce genre de la famille des Cypéracées et de la Triandrie Monogynie, L., offre les caractères suivans : épis ovoïdes, composés d'écailles planes, ovales et imbriquées dans tous les sens ; à la base de chaque écaille trois étamines à filets plus longs que les écailles, et portant des anthères oblongues ; des soies hypogynes plus courtes que les écailles ; un ovaire supère, surmonté d'un style simple à la base, et de trois stigmates capillacés ; caryopse ovale, à trois faces, entourée de soies hypogynes. Ces caractères ne conviennent pas à toutes les espèces de Scirpes décrites par les auteurs ; il y en a plusieurs qui n'offrent point de soies hypogynes. L'absence de ces soies fournit un caractère qui, combiné avec quelques autres tirés du style persistant et non persistant, articulé ou non articulé, du nombre des stigmates et de la stérilité ou vacuité des écailles inférieures de l'épi, a déterminé les botanistes modernes à établir plusieurs genres aux dépens du *Scirpus* de Linné. Ainsi les genres *Fimbristylis, Abillgaardia* et *Hypœlyptum* de Vahl, ont été adoptés par Brown qui a créé en outre les genres *Isolepis* et *Eleocharis*. Ce savant botaniste a précisé les caractères de chacun de ces genres de manière à débrouiller la confusion d'une foule de Plantes que l'on avait comme amoncelées

dans le genre *Scirpus* sans se donner la peine de vérifier si elles offraient une organisation qui nécessitât de les tenir réunies. Cependant les genres formés aux dépens des *Scirpus*, quoique fondés sur de faibles caractères, et même en ne les considérant que comme des coupes naturelles d'un grand genre, sont d'utiles innovations qui permettent de mettre de l'ordre dans un nombre immense d'espèces en général très-difficiles à distinguer. Celles-ci offrent assez de variété dans leur port pour que ces groupes nouvellement proposés paraissent bien naturels. Déjà Linné fils et Rottboll avaient établi les genres *Fuirena* et *Kyllinga* dans lesquels on a placé beaucoup d'anciens *Scirpus*. D'un autre côté on a décrit comme de vrais *Scirpus* des Plantes qui appartiennent à des genres de Cypéracées très-anciennement établis, tels que des *Schœnus* et *Cyperus*, ou à de nouveaux genres comme les *Rhynchospora* et *Mariscus*.

Avant que d'indiquer les espèces qui forment les types des genres constitués aux dépens des *Scirpus*, et pour lesquels on a plusieurs fois renvoyé au présent article, nous ferons une courte mention des principales espèces de vrais Scirpes qui croissent abondamment dans les localités marécageuses de l'Europe. Le *Scirpus maritimus*, L. ; OEder., *Flor. Danica*, tab. 957, est une Plante qui a le port des *Cyperus ;* sa tige est triangulaire, garnie inférieurement de feuilles longues, planes, avec une côte saillante sur le dos ; ses épillets sont assez gros, ovales-coniques, d'un brun roussâtre, disposés par paquets de trois à sept au sommet de chaque pédoncule. Cette Plante foisonne dans les marais de toute la France.—Le *Scirpus lacustris*, L., a une tige qui s'élève jusqu'à plus de deux mètres ; elle est nue, lisse, molle, d'un beau vert extérieurement, pleine de moelle blanche, cylindrique, son diamètre décroissant de la base au sommet, garnie à sa base de graines ter-

minées par une sorte de feuille molle,
verte, allongée. Les fleurs sont rougeâtres, disposées au sommet de la
tige en une panicule composée d'é-
pillets, pour la plupart pédonculés,
unilatéraux. Cette Plante croît en
abondance dans les étangs et les lacs
d'Europe et de l'Afrique septentrionale. Ses tiges servent à couvrir les
chaises, ce qui lui a fait donner le
nom vulgaire de Jonc des chaisiers.
On fait avec sa moelle quelques petits
ouvrages assez gracieux. Les chèvres,
les vaches et les cochons mangent
cette Plante lorsqu'elle est jeune,
mais les moutons n'en veulent point.
—Le *Scirpus sylvaticus*, L., Œder,
Flor. Dan., tab. 307, est une espèce
très-remarquable par la hauteur de
ses tiges, la largeur de ses feuilles
et par ses fleurs en panicules diffuses.
Elle se rencontre dans les bois humides de l'Europe et de l'Amérique
septentrionale.

Parmi les Plantes du genre *Fimbristylis*, dont le caractère essentiel
réside dans le style articulé et caduc,
nous citerons les *F. acicularis, dichotoma, ferruginea et miliacea*. Vahl,
Retz et R. Brown en ont publié un
grand nombre d'espèces nouvelles.
Ces Plantes croissent pour la plupart
dans les contrées situées entre les
tropiques. Elles ont des chaumes
sans nœuds, munis à la base de
gaînes ou de feuilles souvent canaliculées et légèrement dentées sur les
bords. Les épis sont solitaires ou om-
bellés, accompagnés à la base d'un
involucre quelquefois scarieux et
très-court. Le genre *Abildgaardia*
de Vahl est excessivement voisin du
Fimbristylis.

Les *Isolepis* diffèrent principalement des *Scirpus* par l'absence complète de soies hypogynes. Presque
tous les petits Scirpes de nos marais
appartiennent à ce genre. Ainsi les
*Scirpus setaceus, fluitans, holos-
chœnus*, espèces qui remplissent
les localités marécageuses de plusieurs pays de la France, peuvent
donner une idée de ce genre, qui
comprend en outre environ cinquante espèces indigènes de tous les
climats du globe, mais principalement des pays chauds et tempérés.

(G..N.)

SCIRPÉAIRES. POLYP. Cuvier
(Règn. Anim. T. IV.) donne ce nom
à un sous-genre de Polypiers na-
geurs, ayant le corps très-long et
très-grêle, et les Polypes rangés alternativement des deux côtés. Le
type de ce sous-genre est le *Penna-
tula mirabilis* de Linné et Pallas, que
Lamarck a placé dans son genre Fu-
niculaire sous le nom de *Funicula
cylindrica*. *V*. FUNICULINE.

(E. D..L.)

SCIRPÉES. BOT. PHAN. Première
section de la famille des Cypéracées.
V. ce mot.

(B.)

SCIRPOIDES. BOT. PHAN. Vaillant avait divisé le genre Carex en
deux genres distincts, les *Scirpoides*
qui avaient les épis androgyns et les
Cyperoides dont les épis étaient unisexués.

(A. R.)

SCIRPUS. BOT. PHAN. *V*. SCIRPE.

SCIRTE. *Scirtes*. INS. Genre de
l'ordre des Coléoptères, section des
Pentamères, famille des Serricornes,
tribu des Cébrionites, établi par Illiger aux dépens du genre *Chrysomela*
de Linné, et adopté par Latreille avec
ces caractères : corps hémisphérique,
bombé et mou. Antennes simples,
plus longues que le corselet, composées de onze articles cylindrico-coni-
ques, le second le plus court de tous.
Mandibules entières, couvertes par
le labre ; palpes filiformes ; le dernier
article des maxillaires presque cylindrique, terminé en pointe. Palpes
labiaux paraissant comme fourchus
à leur extrémité. Corselet demi-circulaire, transversal, plus large postérieurement. Ecusson distinct, triangulaire ; élytres flexibles, recouvrant
des ailes et la totalité de l'abdomen.
Pates de longueur moyenne, les postérieures propres à sauter, les cuisses
étant renflées et leurs jambes terminées par une forte épine. Tarses filiformes, leur pénultième article bilobé.

Les Nictées et les Eubries se distinguent des Scirtes parce que tous les articles de leurs tarses sont entiers. Les Elodes n'en diffèrent que parce que leurs pates postérieures ne sont pas propres au saut. Le nom de ce genre vient du grec, il signifie sauter. Paykul et Fabricius lui avaient donné le nom de Cyphon. Ces Insectes se tiennent sur diverses plantes dans les endroits humides. On n'en connaît que trois ou quatre espèces européennes parmi lesquelles nous citons comme type du genre le SCIRTE HÉMISPHÉRIQUE, *Scirtes hemisphericus*, Illig., Latr.; *Elodes hemisphericus*, Latr., *Gen. Crust. et Ins.*; *Cyphon hemisphericus*, Fabr., figuré dans l'Encyclopédie, pl. 359, fig. 18. On le trouve aux environs de Paris dans les lieux marécageux.   (G.)

* SCIRUS. ARACH. *V.* SCIRE.

SCISSIMA. BOT. PHAN. Les uns disent que c'est au Hêtre qu'était donné ce nom par Gaza; d'autres prétendent que c'est au Pin. Qu'importe?...   (B.)

* SCISSURELLE. *Scissurella*. MOLL. Genre de Coquilles presque microscopiques que D'Orbigny a proposé dans le premier volume des Mémoires de la Société d'Histoire naturelle de Paris. Ce genre, très-voisin des Turbos, allait se fondre dans le genre Pleurotomaire, ayant comme lui une fente marginale qui lui a valu son nom. Il n'y a de différence marquée que dans sa taille. *V.* PLEUROTOMAIRE.   (D..H.)

SCITAMINÉES. BOT. PHAN. *V.* AMOMÉES.

SCIURIENS. MAM. Desmarest (Nouv. Dict. d'Hist. nat.) a donné ce nom à une famille de Mammifères correspondant au genre *Sciurus* de Linné. Cette famille renferme, d'après Desmarest, les Ecureuils et les Polatouches, auxquels doivent être joints les Marmottes et les Spermophiles.   (IS. G. ST.-H.)

SCIURIS. BOT. PHAN. Le genre

décrit sous ce nom par Nées et Martius dans le onzième volume des Actes de Bonn, a été réuni au genre *Ticorea* d'Aublet, par Auguste Saint-Hilaire. *V.* TICOREA.   (G..N.)

* SCIUROPTÈRE. *Sciuropterus*. MAM. Nom donné par Fr. Cuvier à l'un des sous-genres qu'il a distingués parmi les Polatouches. *V.* ce mot.   (IS. G. ST.-H.)

SCIURUS. MAM. *V.* ECUREUIL.

SCIZANTHE. BOT. PHAN. Pour Schizanthe. *V.* ce mot.   (G..N.)

SCLAFIDON. BOT. PHAN. L'un des synonymes vulgaires de *Cucubatus Behen*, L.   (B.)

SCLARÉE. *Sclarea*. BOT. PHAN. Espèce du genre Sauge qui, pour Tournefort, formait un genre particulier. *V.* SAUGE.   (B.)

SCLAVE. POIS. L'un des noms de pays de la Mendole.   (B.)

* SCLAVONE. MAM. Variété dans l'espèce japétique du genre Homme. *V.* ce mot.   (D.)

SCLÉRANTHE. *Scleranthus*. BOT. PHAN. Genre de la famille des Paronychiées, qui peut être caractérisé de la manière suivante : le calice est monosépale, persistant, tubuleux, renflé à sa base et à cinq divisions; la corolle manque; les étamines, généralement au nombre de dix, quelquefois de cinq, plus rarement de deux seulement, sont insérées au tube du calice; l'ovaire est libre, surmonté d'un style profondément biparti ; le fruit est un akène recouvert par le tube calicinal endurci. La graine naît du fond du péricarpe et est portée sur un podosperme, grêle et long. Cette graine se compose, outre son tégument, d'un embryon recourbé autour d'un endosperme farineux. Ce genre se compose jusqu'à présent de six espèces. Ce sont de petites Plantes herbacées, annuelles; leurs feuilles sont petites, linéaires, opposées, réunies et connées par leur base. Les fleurs sont très-petites, verdâtres, groupées aux aisselles des feuilles. Des six espèces de ce genre, quatre croissent en Europe, savoir : *Scleranthus annuus*, L., *Fl. Dan.*, tab. 504, très-commun dans les champs incultes ; *Scleranthus perennis*, L., *Fl. Dan.*, tab. 563, espèce vivace qui croît dans les lieux sablonneux ; *Scleranthus polycarpus*, L., et *Scleranthus hirsutus*, Presl., *Del. Sicul.*, 65, trouvé dans les sables volcaniques aux environs de l'Etna ; les deux autres sont originaires de la Nouvelle-Hollande.   (A. R.)

* **SCLÉRANTHÉES.** *Scleranthææ.* BOT. PHAN. Le professeur De Candolle appelle ainsi l'une des tribus de la famille des Paronychiées, qui renferme les genres *Mniarum*, *Scleranthus* et *Guilleminea.*   (A. R.)

SCLERANTHUS. BOT. PHAN. *V.* SCLÉRANTHE.

SCLÉRIE. *Scleria.* BOT. PHAN. Genre de la famille des Cypéracées et de la Monœcie Triandrie, L., offrant les caractères suivans : fleurs diclines, à écailles fasciculées, uniflores ; les mâles ont de une à trois étamines ; les femelles sont situées tantôt dans le même épillet que les mâles, tantôt elles forment un épillet distinct. Le fruit est une noix colorée, ordinairement d'un blanc de perle, entourée d'une écaille trilobée, presque cartilagineuse, libre ou adnée à la base de la noix. Outre cette écaille trilobée, on trouve encore dans plusieurs Scléries un petit écusson (*scutellum*) extérieur, indivis, persistant avec l'épillet après la chute de la noix et des écailles. Le genre *Scleria*, d'abord confondu avec les *Carex* et *Schœnus* par Linné, puis distingué par Bergius, est très-reconnaissable, parmi toutes les autres Cypéracées, à son fruit globuleux ou ovoïde, très-dur et d'une couleur blanchâtre opaque. Ces fruits ressemblent un peu à ceux de nos Grémils ou *Lithospermum.* Les espèces de Scléries, décrites dans les divers auteurs, sont au nombre d'environ quarante. Elles croissent en général dans les climats

chauds du globe, tant en Amérique qu'en Asie. Les espèces sur lesquelles le genre a été fondé par Bergius (*Act. Holm.*, 1765, p. 144, tab. 4 et 5) sont les *Scleria Flagellum* et *mitis.* La première, qui est la plus remarquable, a reçu une foule de dénominations. C'est le *Carex lithosperma*, le *Schœnus lithospermus*, le *Schœnus secans* et le *Scirpus lithospermus* de Linné dans ses divers ouvrages. Gaertner (*de Fruct.*, vol. 1, p. 13, tab. 2, fig. 7) a décrit et figuré son fruit sous le nom de *Scleria margaritifera*. Il est aussi figuré dans Rhéede (*Malab.*, vol. 12, tab. 48) sous le nom de *Caden-Pullu*. Cette Plante a des tiges grimpantes, triquètres, s'élevant à une grande hauteur, et s'accrochant aux Arbres. Toutes ses parties sont hérissées d'aiguillons recourbés. Les feuilles sont longues, linéaires, engaînantes à la base, striées, carénées, glabres en dessous et hispides en dessus. Les fleurs sont disposées en épis ou en panicules axillaires. Cette Plante croît dans les contrées situées entre les tropiques, principalement aux Antilles et dans l'Amérique méridionale.   (G..N.)

* **SCLÉRINÉES.** BOT. PHAN. Quatrième section de la famille des Cypéracées. *V.* ce mot.   (B.)

SCLERNAX. BOT. CRYPT. ? Il est impossible de reconnaître, sur ce qu'en dit Rafinesque, le genre formé par ce naturaliste sous ce nom. Est-ce un Hydrophyte ? Est-ce un Polypier ? Il en mentionne deux espèces des mers de Sicile, le *truncata* et le *lutescens.*   (B.)

SCLÉROBASE. *Sclerobasis.* BOT. PHAN. Genre de la famille des Synanthérées, tribu des Sénécionées et de la Syngénésie superflue, L., établi par H. Cassini (Bull. de la Société Philomatique, mai 1818), et offrant les caractères suivans : involucre semblable à celui des Sénéçons ; réceptacle dont la face supérieure ou interne est plane, alvéolée, ayant les cloisons membraneuses, peu élevées; la face inférieure ou externe est presque hémisphérique, couverte (après la floraison) de grosses côtes subéreuses, rayonnantes, confluentes au centre, distinctes à la circonférence, en nombre égal à celui des folioles de l'involucre, attenant avec elles et aboutissant à leur base; calathide radiée, à fleurs centrales, membraneuses, régulières et hermaphrodites, à fleurs marginales, ligulées et femelles; ovaires cylindriques, striés; aigrette composée de poils légèrement plumeux. La singulière structure du réceptacle forme le principal caractère de ce genre ou sous-genre. Nous avons reproduit presque textuellement la description de Cassini qui ajoute que la face externe du réceptacle représente assez bien la moitié inférieure d'un Melon-Cantaloup qu'on aurait coupé transversalement, et qui porterait les folioles de l'involucre en dedans des bords de sa coupe circulaire. Ce caractère ne s'observe bien que lorsque la fleur est à son dernier période d'âge, car les côtes du réceptacle sont vertes, charnues, peu apparentes, et non dures, sèches, subéreuses, épaisses et fort saillantes.

L'espèce qui offre ce caractère dans toute son évidence a été décrite par Cassini sous le nom de *Sclerobasis Sonneratii*. C'est une Plante herbacée, à feuilles alternes, amplexicaules, irrégulièrement dentées-sinuées, à fleurs jaunes, formant une panicule irrégulière. Elle a été recueillie par Sonnerat dans ses voyages, et on la croit originaire du cap de Bonne-Espérance qui est la patrie du *Senecio rigidus*, L., seconde espèce du genre *Sclerobasis*, que l'on cultive dans nos jardins de botanique, mais qui n'a pas offert aussi complétement le caractère essentiel, parce que ses calathides ne parviennent pas dans les jardins à leur parfaite maturité.

(G..N.)

SCLÉROCARPE. *Sclerocarpus.* BOT. PHAN. Genre de la famille des Synanthérées, tribu des Hélianthées, et de la Syngénésie Frustranée, L.,

établi par Jacquin (*Icon. Plant. rar.*) et ainsi caractérisé : involucre très-irrégulier, formé de trois folioles non contiguës, correspondant seulement aux fleurs de la circonférence, inégales, surmontées d'un appendice foliacé; à la base de cet involucre il y a environ quatre bractées pétiolées, très-inégales et dentées; calathide composée au centre de fleurons nombreux, réguliers, hermaphrodites, et offrant à la circonférence deux à trois fleurs anomales et neutres; réceptacle convexe, garni de paillettes acuminées, enveloppant étroitement les fleurons du centre; ovaires obovoïdes, lisses, épais et arrondis à leur partie supérieure où ils offrent une aréole oblique intérieure, portée sur un col épais et extrêmement court; ovaires des fleurs marginales stériles, allongés et grêles; corolles de ces dernières fleurs ayant le tube long, la languette courte, large, arrondie, irrégulière et variable. Le *Sclerocarpus africanus*, Jacq., *loc. cit.*, est une Plante herbacée, annuelle, un peu ligneuse, à feuilles alternes, ovales, dentées, marquées de trois nervures, à fleurs terminales et solitaires. Cette Plante croît dans la Guinée. (G..N.)

SCLÉROCARPES. BOT. CRYPT. Nom donné par Persoon à une des tribus de la grande famille des Champignons; cette division correspond presque exactement aux *Pyrenomycetes* des auteurs plus récens, ou à la famille des Hypoxylées. Persoon y rangeait les genres *Sphæria*, *Stilbospora*, *Næmaspora*, *Tubercularia*, *Hysterium* et *Xyloma*. Plusieurs de ces genres doivent en être exclus, et un grand nombre de nouveaux viennent s'y placer. *V.* HYPOXYLÉES.

(AD. B.)

SCLÉROCHLOÉ. *Sclerochloa.* BOT. PHAN. Palisot-Beauvois (Agrostogr., p. 97, tab. 19, fig. 4) a créé sous ce nom un genre de Graminées qui a pour type le *Poa dura* de Linné. Il lui a imposé les caractères suivans : épi simple, à épillets unilatéraux ou

dichotomes. Lépicène à valves obtuses, plus courtes que les fleurs qui
sont au nombre de trois à cinq;
glume dont la valve inférieure est
échancrée, cordiforme, obtuse, la
supérieure entière; écailles hypogynes échancrées? ovaire muni d'un
bec portant un style profondément
divisé en deux branches; les stigmates plumeux; graine munie d'un
bec bifide, libre, sillonnée? Outre le
Poa dura, Palisot indique encore
comme faisant partie de ce genre le
Poa procumbens de Schreber et le *Poa
divaricata*.   (G..N.)

* SCLEROCOCCUM. BOT. CRYPT.
Genre indiqué par Fries et que cet
auteur place auprès des genres *Ægerita* et *Tubercularia* dans son ordre
des Tuberculariées. Il lui donne ce
caractère : sporidies globuleuses,
opaques, réunies entre elles, et avec
le réceptacle en un tubercule arrondi.

Il rapporte comme type à ce genre
le *Spiloma sphærale* d'Acharius.
       (AD. B.)

SCLERODERMA. BOT. CRYPT. (*Lycoperdacées.*) Persoon a formé sous
ce nom un genre qui comprend des
Plantes analogues aux Lycoperdons
par leur forme et leur manière de
croître, mais qui en diffèrent par leur
péridium coriace, épais, verruqueux, se divisant irrégulièrement
et renfermant des sporules réunis en
petites masses, mêlés à des filamens;
la consistance de ces Plantes, leur
mode de déhiscence et cette agrégation des sporules indique déjà
quelque analogie entre ce genre et le
Polysaccum. Ces Plantes croissent à
la surface de la terre; leurs sporules
sont en général d'un violet foncé.
       (AD. B.)

SCLÉRODERME. . *Scleroderma.*
INS. Genre de l'ordre des Hyménoptères, section des Porte-Aiguillons,
famille des Hétérogynes, tribu des
Mutillaires, proposé par Latreille
(Fam. nat. du Règne Animal), et
dont nous ne connaissons pas les caractères.   (G.)

SCLÉRODERMES. POIS. Cuvier
nomme ainsi la deuxième famille des
Poissons Plectognates, de la série des
Osseux, caractérisée par un museau
conique ou pyramidal prolongé depuis les yeux, terminé par une petite
bouche armée de dents distinctes,
en petit nombre à chaque mâchoire.
Ce sont des Poissons à peau âpre et
revêtue d'écailles dures, remarquables par des particularités d'organisation fort singulières, et groupés
dans les genres Baliste, Monacan-
the, Alutère, Triacanthe et Ostracion.   (LESS.)

* SCLERODERRIS. BOT. CRYPT.
(*Hypoxylées.*) Nom donné par Fries
à une section du genre *Cænangium*,
renfermant les *Peziza ribesia* et *cerasi*
de Persoon, et plusieurs autres espèces caractérisées par leur réceptacle
arrondi, semblable à ceux des *Sphæria*, presque stipité, s'ouvrant ensuite par un orifice arrondi, entier,
assez large; les autres sections du
genre *Cænangium* diffèrent de celle-ci
par leur mode de déhiscence qui a
lieu par des fentes simples ou rayonnantes. *V.* CŒNANGIUM.   (AD. B.)

* SCLERODONTIUM. BOT. CRYPT.
(*Mousses.*) Genre proposé par Schwægrichen, et qui a pour type le *Leu-
codon pallidum* de Hooker. Cette
Plante de la Nouvelle-Hollande, figurée dans les *Musci Exotici*, ne nous
semble pas présenter des caractères
suffisans pour la distinguer des *Leu-
codon*. Sprengel la rapporte au genre
Trematodon.   (AD. B.)

* SCLEROGLOSSUM. BOT. CRYPT.
(*Champignons?*) Nom donné par
Persoon au genre qu'il avait appelé
précédemment *Xyloglossum*, et qui
avait été désigné anciennement par
Tode sous le nom de *Acrospermum*,
qui a été conservé par Fries.   (AD. B.)

SCLEROLÆNA. BOT. PHAN. Genre
de la famille des Chénopodées et de
la Pentandrie Monogynie, L., établi
par R. Brown (*Prodr. Flor. Nov.-
Holl.*, p. 410) qui l'a ainsi caractérisé : périanthe monophylle, quinquéfide; cinq étamines insérées au

4

fond du périanthe; style bipartite; utricule renfermé dans le périanthe qui devient sec, uncamentacé, et dont les divisions sont épineuses ou mutiques; graine comprimée verticalement, pourvue d'albumen, ayant un tégument simple, un embryon en cercle, et la radicule supère. Ce genre se compose de trois espèces qui croissent sur la côte méridionale de la Nouvelle-Hollande, et qui ont été décrites par R. Brown sous les noms de *Sclerolæna paradoxa*, *S. biflora* et *S. uniflora*. Ce sont des Plantes sous-frutescentes, lanugineuses, blanchâtres, à feuilles alternes, linéaires, à fleurs axillaires, solitaires ou agglomérées.   (G..N.)

SCLÉROLÈPE. *Sclerolepis.* BOT. PHAN. Genre de la famille des Synanthérées, tribu des Eupatoriées, et de la Syngénésie égale, L., établi par Cassini (Bulletin de la Société Philomatique, décembre 1816, p. 198) qui l'a ainsi caractérisé : involucre à peu près de la longueur des fleurs, composé de folioles sur deux rangs, à peu près égales, lancéolées, acuminées; réceptacle conoïde et dépourvu de paillettes; calathide non radiée, formée de fleurons nombreux, réguliers et hermaphrodites; ovaires oblongs, grêles, pentagones, surmontés d'une aigrette courte, composée de cinq paillettes égales, épaisses, cornées, comme tronquées au sommet, concaves sur la face interne. Ce genre est fondé sur le *Sparganophorus verticillatus*, Michaux, *Flor. bor.-americ.*, 2, p. 95, tab. 42; Plante herbacée, dont la tige est très-simple, haute d'environ un pied, dressée, grêle, glabre, garnie de verticilles de feuilles très-rapprochées les unes des autres. Chaque verticille se compose de cinq ou six feuilles sessiles, étroites, linéaires, obtuses. La calathide est solitaire au sommet, et se compose de fleurs jaunâtres. Cette Plante croît dans l'Amérique septentrionale.   (G..N.)

SCLEROLITHUS, MIN. Nom

donné par Stutz au Corindon lamelleux ou Corindon harmophane.
                (G. DEL.)

* **SCLÉROPHYTE.** *Sclerophyton.* BOT. CRYPT. (*Lichens.*) Ce genre fait partie du groupe des Graphidées, tel que l'a établi Eschweiler (*Meth. Lich.*, p. 14); Meyer l'a réuni au genre *Graphis*. Le *Sclerophyton* est caractérisé par un thalle crustacé, adhérent, uniforme, coloré; par un apothèce linéaire, allongé, rameux, immergé, dépourvu de marge, dont le périthécie infère renferme un noyau très-mince, à disque légèrement plan. L'*Arthonia dendritica* de Dufour rentre dans ce genre, composé presque en totalité d'espèces exotiques et non encore figurées.
                (A. F.)

* **SCLÉROPS.** REPT. SAUR. Nom scientifique du Crocodile à lunette. *V.* CROCODILE.   (B.)

* **SCLÉROPTERUS.** INS. Genre de Charansons établi par Schœnherr. *V.* RHYNCHOPHORES.   (G.)

* **SCLEROSTEMMA.** BOT. PHAN. Le genre proposé sous ce nom par Schott pour quelques espèces de Scabieuses, n'a pas été adopté. *V.* SCABIEUSE.   (G..N.)

SCLEROSTOMES ou **HAUSTELLÉS.** INS. Duméril désigne ainsi, dans sa Zoologie analytique, une famille de Diptères qu'il caractérise ainsi : suçoir saillant, allongé, sortant de la tête, souvent coudé. Cette famille renferme les genres Cousin, Bombyle, Hippobosque, Conops, Myope, Stomoxe, Rhyngie, Chrysopside, Taon, Asile et Empis. *V.* ces mots.
                (G.)

* **SCLEROSTYLIS.** BOT. PHAN. Blume (*Bijdr. Flor. nederl. Ind.*, p. 133) avait fondé sous ce nom un genre de la famille des Aurantiacées, composé de cinq espèces qu'il a reconnues depuis (*Flor. Javæ in præfat.*) comme devant être rapportées aux genres *Limonia* et *Glycosmis* des auteurs.   (G..N.)

SCLEROTES ou **SCLEROTIUM**

CLAVUS. bot. crypt. Blé ergoté. V. Spermædia. (ad. b.)

SCLEROTHAMNE. *Sclerotham-nus*. bot. phan. Genre de la famille des Légumineuses, tribu des Sopho-rées, établi par Robert Brown (*in Hort. Kew.*, 2, vol. 3, pag. 16), et offrant les caractères suivans : ca-lice quinquéfide, bilabié, muni à la base de deux petites bractées; co-rolle papilionacée, dont la carène et les ailes sont de la même longueur; ovaire pédicellé, biovulé, surmonté d'un style ascendant, filiforme et d'un stigmate simple ; gousse ven-true. Ce genre ne se compose que d'une seule espèce (*Sclerothamnus microphyllus*, R. Br., *loc. cit.*) qui croît sur les côtes australes de la Nou-velle-Hollande. (g..n.)

* SCLEROTIÉES. bot. crypt. Tribu de la famille des Lycoperda-cées que Fries plaçait autrefois parmi les Champignons, mais qu'il admet maintenant parmi les Champignons Angiogastres ou Lycoperdacées, ainsi que nous l'avions admis dans notre essai d'une classification naturelle des Champignons. V. Lycoperda-cées. (ad. b.)

SCLEROTIUM. bot. crypt. (*Ly-coperdacées.*) Les Plantes qui com-posent ce genre sont encore peu con-nues quant à leur structure intime, aussi a-t-on beaucoup varié sur les caractères et la place qu'on leur a assi-gnés. Ce sont de petits corps de forme arrondie ou irrégulière, libres ou naissant sur les Plantes mortes ou vivantes, d'une consistance ferme, élastique et presque cornée, dont le tissu interne, compacte et blanc est recouvert d'un épiderme brunâtre, souvent saupoudré d'une poussière blanchâtre. Quelques auteurs ont considéré cette poussière comme les séminules; d'autres ont pensé que les corps reproducteurs étaient con-tenus dans le tissu intérieur, et ont rapproché ces Plantes des Truffes qui se lient à ce genre par les Rhyzocto-nes. Fries, qui avait d'abord partagé la première opinion, est revenu à celle-ci dans son dernier ouvrage.

Si ce genre se lie d'un côté aux Truf-fes par les Rhizoctones et autres gen-res voisins dans lesquels les séminules internes sont encore bien distinctes, il passe d'un autre côté au Sper-mædia ou Ergot des Céréales dont la véritable nature est encore mal con-nue. Plusieurs espèces de *Sclerotium* croissent libres, sur le fumier, sur les feuilles pourries, sur les grands Champignons, etc., et d'après leur mode de développement, on ne peut douter que ce ne soient de véritables Plantes Cryptogames; d'autres nais-sent dessous l'épiderme des Plantes mortes ou malades, mais sont encore bien distinctes du tissu de ces Plantes, d'autres enfin sont adhérentes à la surface des Plantes vivantes ; en sui-vant ces diverses modifications, il est difficile de considérer ces derniers comme de simples maladies des Plantes qui les portent ; et, si une fois nous admettons que les *Sclero-tium* des feuilles vivantes ou malades sont de vrais Champignons, il est difficile de refuser ce caractère aux *Xyloma* et à l'Ergot des Céréales que plusieurs botanistes et agricul-teurs considèrent comme une simple maladie du grain ; mais il faut encore des recherches précises sur la struc-ture de ces corps pour décider cette question. (ad. b.)

SCLÉROTOME. min. Nom donné primitivement par Haüy à la variété de Corindons qu'il a depuis appelée Harmophane. (g. del.)

SCLEROXYLON. bot. phan. Le genre établi sous ce nom par Will-denow dans l'énumération du Jardin de Berlin, et dans le Magasin des curieux de la nature, est le même que le *Manglilia* de Jussieu et Persoon. V. ce mot. (g..n.)

* SCLERURUS. ois. Genre d'Oi-seaux non encore adopté, proposé par Swainson pour recevoir des espèces inédites du Brésil, démembrées des Grimpereaux, *Tichodroma*. (less.)

* SCOBEDIA. bot. phan. Steudel, dans son *Nomenclator botanicus*, cite sous ce nom un genre institué par Labillardière, et qui ne renferme qu'une espèce, *S. asperifolia*. Nous ignorons où cet auteur a décrit le genre *Scobedia*, mais nous ne le retrouvons dans aucun des ouvrages qu'il a publiés sur les Plantes de l'Orient et sur celles de la Nouvelle-Hollande. Il y a un genre *Escobedia* fondé par Ruiz et Pavon, et qui se compose aussi d'une seule espèce sous le nom d'*Escobedia scabrifolia*. Serait-ce cette Plante que Labillardière aurait mentionnée dans un de ses ouvrages? Nous livrons cela comme une simple conjecture, car nous manquons de tous autres renseignemens.   (G..N.)

SCOBULIPÈDES ou PIEDS-HOUS-SOIRS. ins. Latreille désigne ainsi, dans ses familles naturelles du Règne Animal, une division de la tribu des Apiaires caractérisée de la manière suivante : premier article des tarses postérieurs dilaté à l'angle extérieur de son extrémité inférieure ; l'article suivant inséré plus près de l'angle de cette extrémité que de l'angle opposé.

I. Palpes maxillaires de cinq à six articles.

Genres : Eucère, Mélissode, Macrocère, Méliturge, Tétrapédie, Sarropode et Anthophore.

II. Palpes maxillaires de quatre articles au plus ; quelquefois nuls ou d'un seul article.

Genres : Centris, Mélitome, Epicharis et Acanthope. *V.* ces mots, soit à leurs lettres, soit au Supplément.   (G.)

SCOLÈCE. *Scolex.* int. Genre de l'ordre des Cestoïdes, ayant pour caractères : corps aplati, non articulé ; tête munie de quatre fossettes. Ce genre n'est composé que d'une seule espèce très-petite puisqu'elle ne dépasse guère une ligne et demie de long ; son corps est en général un peu allongé et aplati ; son extrémité antérieure, extrêmement contractile dans tous ses points, présente quatre petites fossettes superficielles, très-mobiles et souvent deux taches de couleur de sang. Ce Ver affecte toutes les formes, ou plutôt on ne peut lui en assigner aucune. Sa couleur est ordinairement d'un blanc de lait, et sa substance formée de granulations opaques, très-fines, réunies par une matière comme gélatineuse ; il est tout-à-fait dépourvu d'articulations, ce qui peut le faire distinguer des très-jeunes Tænias avec lesquels il est facile de le confondre ; ceux-ci sont cependant un peu moins mobiles dans toutes leurs parties. La plupart des naturalistes qui ont observé le Scolèce, ont cru y voir plusieurs espèces, et Rudolphi lui-même en avait admis six dans son Histoire des Entozoaires. Depuis la publication de cet ouvrage, ce naturaliste a eu de fréquentes occasions d'observer cet Animal dans un grand nombre d'espèces de Poissons ; il est resté convaincu qu'il n'y a point de caractère assez constant pour établir plusieurs espèces : aussi n'admet-il que le *Scolex polymorphus* que l'on trouve dans les intestins et quelquefois dans l'abdomen d'un assez grand nombre de Poissons appartenant à divers genres et ordres de cette classe de Vertébrés.   (E. D..L.)

SCOLÉRITE. min. *V.* Mézotype.

* SCOLICOTRICHUM. bot. crypt. (*Mucédinées.*) Genre établi par Kunze et caractérisé ainsi : filamens rampans, entrecroisés, continus, vermiformes ; sporidies oblongues, opaques, à une seule cloison, éparses. La seule espèce connue de ce petit genre a été trouvée sur des rameaux de Cerisier ; elle forme des taches filamenteuses, verdâtres sur l'épiderme. Fries rapproche ce genre des genres *Chloridium*, *Circinotrichum* et autres Byssacées.   (AD. B.)

SCOLIE. *Scolia.* ins. Genre de l'ordre des Hyménoptères, section des Porte-Aiguillons, famille des Fouisseurs, tribu des Scoliètes, éta-

bli par Fabricius aux dépens des Sphex de Linné, et adopté par tous les entomologistes avec ces caractères : corps allongé, velu ; tête assez forte dans les femelles, petite dans les mâles ; antennes épaisses, formées d'articles courts, serrés, le premier le plus grand de tous, presque obconique ; elles sont insérées près du milieu de la face antérieure de la tête, droites, presque cylindriques, de la longueur de la tête et du corselet, et de treize articles dans les mâles ; plus courtes, arquées et de douze articles dans les femelles ; le second découvert dans les deux sexes. Mandibules fortes, arquées, étroites, pointues, creusées, et sans dents notables au côté interne. Palpes courts, filiformes, presque égaux. Languette divisée jusqu'à la base en trois petits filets presque égaux, divergens à la manière d'un trident. Yeux petits, échancrés. Trois ocelles grands, disposés en triangle sur le haut du front. Corselet presque cylindrique, tronqué à sa partie postérieure ; prothorax arqué postérieurement. Ailes supérieures ayant une cellule radiale petite. Pates courtes ; cuisses des femelles comprimées, arquées ; jambes très-épineuses dans ce sexe, les postérieures terminées par deux longs appendices spiniformes, plus ou moins creusés en gouttière. Abdomen ovale, tronqué à sa base, plus étroit, presque en fuseau et terminé par trois épines dans les mâles. Ce genre se distingue de tous ceux de sa tribu par des caractères bien faciles à saisir, et qui sont développés à l'article Scoliètes ; il a d'ailleurs un faciès qui le fait reconnaître très-facilement au premier coup-d'œil. On ne connaît pas les métamorphoses des Scolies. L'Insecte parfait habite les pays chauds de l'Europe et des autres parties du monde ; on le trouve dans les lieux secs et arides butinant sur les fleurs. Ces Hyménoptères sont généralement de grande taille ; la plus grande espèce qui se trouve dans le midi de la France (*Sc. flavifrons*) exhale une forte odeur de rose analogue à celle du *Cerambix moschatus*. Nous avons eu occasion de découvrir ce fait à Toulon où cette espèce est commune. On connaît un grand nombre d'espèces de Scolies ; d'après Van-der-Linden (Observ. sur les Hym. d'Europe), on en trouve dix-neuf espèces en Europe. Lepelletier de Saint-Fargeau et Serville (Encycl. méth.) partagent ce genre nombreux en deux coupes principales qu'ils subdivisent. Nous n'entrerons pas dans le détail de ces subdivisions ; nous citerons seulement une espèce dans chacune des grandes coupes qu'ils ont établies.

I. Quatre cellules cubitales aux ailes supérieures ; la deuxième n'atteignant pas la radiale, la troisième petite, la quatrième à peine commencée.

La SCOLIE A FRONT JAUNE, *Scolia flavifrons*, Fabr., Latr. (la femelle) *Scolia hortorum*, Fabr. (le mâle). Elle est longue d'un pouce à un pouce et demi, toute noire, avec le front jaune ; son abdomen a quatre taches de la même couleur. Le mâle est plus petit, il n'a pas le front jaune, et son abdomen a deux bandes de cette couleur au lieu de quatre taches comme cela a lieu chez les femelles. Cet Insecte est assez commun dans le midi de la France, en Italie et en Espagne.

II. Trois cellules cubitales aux ailes supérieures. toutes atteignant la radiale ; la troisième à peine commencée.

La SCOLIE QUADRI-NOTÉE, *Scolia quadri-notata*, Fabr., *Syst. piez.* ; De Tigny, dans le petit Buffon de Castel en a donné une bonne figure, T. III, p. 274, fig. 4. Elle est longue de plus d'un pouce, noire, velue, avec deux grandes taches d'un jaune rougeâtre sur les deux premiers anneaux de l'abdomen. Ses ailes sont d'un violet foncé. On la trouve à la Caroline.   (G.)

SCOLIÈTES. *Scolietæ.* INS. Tribu de l'ordre des Hyménoptères, section des Porte-Aiguillons, famille de Fouisseurs, établie par Latreille qui lui a donné pour caractères : prothorax prolongé latéralement jusqu'à la naissance des ailes supérieures, arqué ou carré. Pieds courts, ceux des femelles épais, très-épineux et fort ciliés, avec les cuisses arquées près de leur origine. Antennes épaisses, à articles serrés ; celles des femelles arquées, plus courtes que la tête et le corselet. Cellule radiale, comparée dans les deux sexes, offrant une disposition un peu différente. Latreille (Fam. nat., etc.) partage cette tribu en deux coupes principales ainsi qu'il suit :

I. Palpes maxillaires longs et à articles sensiblement inégaux. Le premier des antennes obconique.

Genres : TIPHIE, TENGYRE.

II. Palpes maxillaires courts, à articles presque semblables ; le premier des antennes allongé, cylindracé.

1. Second article des antennes reçu dans le premier.

Genres : MYZINE, MÉRIE.

2. Second article des antennes découvert.

Genre : SCOLIE. *V*. tous ces mots.
(G.)

SCOLLERA. BOT. PHAN. Persoon a écrit de cette manière le *Schollera* de Roth, synonyme d'*Oxycoccus*. *V*. ce mot. (G..N.)

SCOLOPAX. OIS. *V*. BÉCASSE.

SCOLOPENDRE. *Scolopendra*. INS. Genre de Myriapodes de l'ordre des Chilopodes, famille des Æquipèdes de Latreille (Familles naturelles du Règne Animal), établi par Linné qui comprenait sous cette dénomination beaucoup d'Insectes qui ont été rangés depuis par Latreille dans plusieurs genres. Le genre Scolopendre, tel qu'il est adopté par ce savant, a pour caractères : deux yeux distincts composés chacun de quatre petits yeux lisses ; antennes de dix-sept articles. Vingt-deux paires de pieds ; les deux derniers sensiblement plus longs ; corps étant également di-

visé en-dessus, avec les plaques supérieures égales ou presque égales et découvertes. Ce genre se distingue de celui de *Crytops* par les yeux qui ne sont pas bien distincts dans ces derniers et par les pates postérieures qui sont presque égales aux précédentes ; les Géophiles s'en éloignent par les antennes qui ont quatorze articles et par d'autres caractères tirés du nombre et de la forme des pieds ; enfin les Lithobies en sont bien distingués par le nombre de leurs pieds et par la forme et l'arrangement des segmens du corps. Les antennes des Scolopendres sont un peu plus longues que la tête, elles vont en diminuant depuis la base jusqu'à l'extrémité ; leur bouche est composée d'une lèvre quadrifide, de deux mandibules, de deux palpes ou petits pieds réunis à leur base et d'une seconde lèvre formée par une seconde paire de pieds dilatés, joints à leur naissance et terminés par un fort crochet percé sous son extrémité d'un trou pour la sortie d'une liqueur vénéneuse. Leur corps est déprimé et membraneux composé d'une vingtaine d'anneaux recouverts chacun d'une plaque coriace ou cartilagineuse, et ne portant qu'une paire de pates ; ces pates sont courtes, presque égales, excepté ces deux dernières, et composées de sept articles décroissant presque insensiblement pour se terminer en pointe. Leurs organes sexuels sont intérieurs et situés, à ce qu'il paraît, à l'extrémité postérieure du corps. Les stigmates sont assez sensibles. Ces Animaux ont été réputés venimeux par tous les auteurs, surtout par les voyageurs, parce qu'il survient une enflure aux endroits qui ont été mordus ; mais quoique la morsure des grandes Scolopendres exotiques soit beaucoup plus violente que celle du Scorpion, elle n'est cependant pas mortelle. Worbe (Bull. de la Soc. Philom., p. 14, janv. 1824) rapporte quelques faits qui tendent à prouver que la morsure du *Scolopendra morsitans* de Linné (que l'on nomme *Malfaisant* aux Antilles, et *Mille-Pates* sur la côte de Guinée) est dangereuse; mais il paraît qu'en traitant la plaie avec l'ammoniaque, ou guérit assez promptement le malade. Amoreux (Ins. venimeux, p. 277) dit que les Scolopendres de nos climats sont dépourvues de venin.

Ces Animaux courent très-vite, sont carnassiers, fuient la lumière et se cachent sous les pierres, les vieilles poutres, la terre, le fumier humide, les écorces d'arbres, etc. Ils se nourrissent de Vers de terre et d'Insectes vivans; quelques espèces répandent une lumière phosphorique. Les dimensions des Scolopendres varient beaucoup: les plus grandes d'Europe n'ont guère que deux pouces de long; celles de l'Inde atteignent jusqu'à huit à dix pouces. Nous citerons comme type:

La SCOLOPENDRE MORDANTE, *Scolopendra morsitans*, L., Fabr., Latr.; Degéer, Mém. sur les Ins. T. VII, p. 563, pl. 43, fig. 1; *Scolopendra alternans*, Leach, *Zool. Miscell.* T. III, tab. 188. Longue de quatre à six pouces. Corps brun, dix fois plus long que large; pates au nombre de quarante-deux, ayant presque la longueur de trois segmens réunis. Commune dans toute l'Amérique méridionale.

On a étendu le nom de SCOLOPENDRE à des Insectes de genres différens. Ainsi on a appelé:

SCOLOPENDRE A PINCEAU, une espèce du genre Scutigère. *V.* ce mot.

SCOLOPENDRE A TRENTE PATES, une espèce du genre Lithobie. *V.* ce mot.

SCOLOPENDRE ÉLECTRIQUE, une espèce du genre Géophile. *V.* ce mot. (G.)

SCOLOPENDRE DE MER. *Scolopendra marina.* ANNEL. Nom donné par les anciens auteurs à plusieurs espèces d'Annelides de la division des Néréides et spécialement aux Lycoris. (AUD.)

SCOLOPENDRIDES. INS. Leach a établi sous ce nom une famille renfermant les Lithobies, Scolopendres et Crytops. *V.* ces mots. (G.)

SCOLOPENDRIE. *Scolopendrium.* BOT. CRYPT. (*Fougères.*) La Fougère connue vulgairement sous le nom de Scolopendre, et qu'il vaut mieux appeler SCOLOPENDRIE, faisait autrefois partie du genre *Asplenium;* mais on l'en a séparée avec raison, tant à cause des caractères différens qu'elle présente, que de son port très-distinct. Les groupes de capsules sont linéaires, placés entre deux nervures parallèles, et recouverts par deux tégumens qui naissent chacun d'une des nervures, et s'ouvrent en face l'un de l'autre. On connaît trois à quatre espèces de ce genre, qui ont toutes la fronde simple, plus ou moins allongée, et quelquefois sagittée. L'une d'elles, *Scolopendrium vulgare*, est très-commune dans toute l'Europe; elle croît dans les murs humides des puits et dans les fentes des rochers; une autre, le *Scolopendrium Hemionitis*, est fort rare, et l'on a souvent dans les herbiers confondu avec elle l'*Asplenium palmatum*. On ne la trouve guère qu'à Naples ou en Andalousie. (AD. B.)

SCOLOPENDROIDES. ÉCHIN. Syn. d'Ophiure. *V.* ce mot. (B.)

SCOLOPIA. BOT. PHAN. Schreber et Willdenow ont décrit sous ce nom générique une Plante dont Gaertner (de Fruct., tab. 58) a figuré le fruit sous le nom de *Limonia pusilla*. Ce genre et le synonyme de Gaertner ne sont pas mentionnés dans la famille des Aurantiacées du Prodrome du professeur De Candolle, et nous ne saurions, faute de documens suffisans, avoir d'opinion bien arrêtée sur sa place dans les ordres naturels. Le genre *Scolopia* appartient à l'Icosandrie Monogynie, L., et offre les caractères essentiels suivans: calice infère, divisé profondément en trois ou quatre segmens; corolle à trois ou quatre pétales; un grand nombre d'étamines insérées sur le réceptacle; un seul style; une baie couronnée par le style, à une seule loge, renfermant six graines enveloppées d'une tunique propre. Ces caractères sont fort incomplets ; ceux du fruit ne s'accordent même pas avec la description donnée par Gaertner, suivant laquelle ce fruit serait une baie divisée incomplétement en trois loges renfermant trois follicules pulpeux, mous, oblongs, qui entourent autant de graines.

Le *Scolopia pusilla*, Willd., est un Arbrisseau fort petit, dont les feuilles ressemblent à celles du Pistachier Lentisque. Ses fleurs sont disposées en une longue grappe, et portées sur des pédoncules aussi très-longs. Cet Arbrisseau croît dans les Indes-Orientales.   (G..N.)

SCOLOPSIS. pois. Genre de Poissons créé par Cuvier, Règne Animal, T. II, p. 280, dans la famille des Percoïdes à dorsale unique et à dents en velours, ayant les caractères des Pristipomes (*V.* ce mot), mais en différant par le sous-orbitaire qui est dentelé et épineux en arrière. Les deux espèces connues de ce genre sont le *Kurite* des Poissons de Coromandel de Russel, T. II, pl. 106, et le *Botche* du même auteur, T. II, pl. 105.   (LESS.)

SCOLOSANTHE. *Scolosanthus.* bot. phan. Genre de la famille des Rubiacées et de la Tétrandrie Monogynie, L., établi par Vahl (*Eclog. amer.*, p. 11, tab. 10) et offrant pour caractères essentiels : un calice quadrifide ; une corolle tubuleuse dont le limbe est à quatre divisions aiguës et recourbées en dehors ; quatre étamines ayant leurs filets un peu cohérens à la base ; un fruit drupacé, monosperme. Ce genre a pour type une Plante qui, selon Vahl, a été décrite et figurée par Lamarck (Illustr., tab. 67) sous le nom de *Catesbæa parviflora.* Vahl (*loc. cit.*) a donné une description assez détaillée d'une autre Plante qui a reçu de Swartz ce dernier nom, et il en a conclu qu'elle en différait non-seulement spécifiquement, mais encore génériquement ; il a figuré en outre les analyses des parties de la fructification du *Scolosanthus* et du

Catesbæa. Néanmoins Steudel et d'autres nomenclateurs n'ont pas discontinué de se méprendre sur les Plantes qui ont reçu le même nom de *Catesbæa parviflora* et les ont regardées comme identiques. Il est bon de signaler cette méprise dans laquelle tomberaient infailliblement ceux qui n'auraient pas recours à l'ouvrage original de Vahl.

Le *Scolosanthus versicolor* est un petit Arbrisseau rameux, haut de deux pieds, ayant le port du *Justicia spinosa* ; ses feuilles sont presque sessiles, souvent géminées ou ternées, obovées, presque coriaces, vertes et sans nervures apparentes. Les épines portent à leur sommet quelques fleurs et s'accroissent après la chute de celles-ci ; ces épines ne sont donc que des pédoncules affectant la dégénérescence épineuse. D'autres fleurs sont situées dans les aisselles des feuilles, d'une couleur orangée, et plus grandes que celles qui terminent les épines ; ce sont les seules qui fructifient. Les fruits ont une couleur blanche. Cette Plante croît dans l'île de Sainte-Croix en Amérique.   (G..N.)

SCOLPIA. bot. phan. Pour *Scolopia.* *V.* ce mot.   (G..N.)

* SCOLPING. pois. Le *Cottus Scorpio* à Terre-Neuve. *V.* COTTE.   (B.)

SCOLYME. *Scolyme.* bot. phan. Genre de la famille des Synanthérées, tribu des Chicoracées et de la Syngénésie égale, L., offrant les caractères suivans : involucre ovoïde, composé de folioles imbriquées, nombreuses et épineuses, accompagné de bractées pinnatifides, également épineuses ; réceptacle convexe, garni de paillettes planes, tridentées à leur sommet, plus longues que les akènes qu'elles embrassent ; calathide composée de demi-fleurons égaux, nombreux, hermaphrodites, à languette linéaire, tronquée et divisée en cinq dents au sommet ; ovaire oblong, portant un style terminé par deux branches stigmatiques, recourbées en dehors; akènes oblongs, triangulaires, atténués à la base, tantôt dépourvus d'aigrette, tantôt surmontés seulement de deux ou trois poils simples, fragiles et caducs. Les fleurs des Scolymes sont parfaitement semblables, quant à leur structure générale, à celles des autres Chicoracées; mais leurs organes de la végétation les unissent étroitement aux Carduacées. En effet, ce sont des Plantes qui ont le port des Carthames ou de certains Chardons. Leurs tiges sont ailées, pourvues de feuilles fermes, coriaces, très-épineuses et à nervures blanches. Les calathides sont jaunes et assez grandes. On n'en connaît qu'un petit nombre d'espèces réelles, car on doit considérer comme de simples synonymes plusieurs *Scolymus* décrits par quelques auteurs. Les *Scolymus hispanicus* et *maculatus*, L., sont les espèces fondamentales. Elles croissent non-seulement en Espagne et dans la région méditerranéenne proprement dite; mais l'une d'elles (*S. maculatus*) a été trouvée jusque près de Nantes et d'Orléans.   (G..N.)

SCOLYMOCEPHALUS. BOT. PHAN. D'anciens botanistes donnaient ce nom à un genre de Protéacées qui a été fondu dans les genres *Protea* et *Leucospermum* de R. Brown. *V*. ces mots.   (G..N.)

SCOLYTAIRES. *Scolytarii*. INS. Tribu de l'ordre des Coléoptères, section des Tétramères, famille des Xylophages, établie par Latreille et ayant pour caractères : corps subovoïde ou cylindrique; antennes composées de moins de onze articles, et en ayant toujours au moins cinq avant la massue. Corselet de la largeur de l'abdomen au moins à son bord postérieur; palpes très-petits, coniques. Latreille (Fam. nat.) compose cette tribu des genres suivans : SCOLYTE, HYLÉSINE, CAMPTOCÈRE, PHLOIOTRIBE, TOMIQUE, PLATYPE. *V*. ces mots à leur lettre ou au Supplément.   G.)

SCOLYTE. *Scolytus*. INS. Genre

de l'ordre de Coléoptères, section des Pentamères, famille des Xylophages, tribu des Scolytaires, établi par Geoffroy et adopté par Latreille avec ces caractères : corps presque cylindrique; tête petite; antennes composées de dix articles; le premier allongé, en massue, égalant à peu près le tiers de la longueur totale de l'antenne; les sept suivans très-petits, les deux derniers formant une massue un peu ovale, très-comprimée, arrondie, obtuse et s'élargissant vers son extrémité. Mandibules fortes, trigones, se touchant l'une l'autre par leur bord interne, sans dentelures distinctes. Palpes très-petits, coniques, presque égaux. Mâchoires coriaces, comprimées. Lèvre très-petite. Yeux allongés, étroits, distinctement échancrés. Corselet convexe, un peu plus long que large, de la largeur de l'abdomen depuis son milieu jusqu'au bord postérieur, un peu rebordé latéralement. Ecusson triangulaire. Elytres convexes, déprimées près de l'écusson, recouvrant des ailes et l'abdomen. Pates fortes; cuisses échancrées en dessous, les antérieures surtout; jambes terminées par un crochet à ongle externe; pénultième article des tarses bifide. Abdomen court, diminuant d'épaisseur de la base à l'extrémité. Ce genre avait été formé par Herbst sous le nom d'*Ekkoptogaster*. Fabricius a confondu ses espèces dans son genre *Hylæsinus*. Les larves des Scolytes vivent dans le bois; elles y subissent toutes leurs métamorphoses, et l'Insecte parfait se trouve sur les troncs des arbres où il a vécu dans ses premiers états. Ce genre diffère des Tomiques et des Platypes parce que ceux-ci ont tous les articles de leurs tarses entiers. Le genre Phloiotribe a les antennes terminées par trois feuillets allongés. Les Hylésines s'en distinguent parce que la massue de leurs antennes est comprimée, pointue au bout et distinctement composée de trois ou quatre articles. On connaît peu d'espèces de Scolytes. Celle qui est la plus répandue en

France, et qui forme le type de ce genre, est :

Le SCOLYTE DESTRUCTEUR, *Scolytus destructor*, Latr., Oliv.; *Hylœsinus Scolytus*, Fabr.; *Bostrichus Scolytus*, Panzer, *Faun. Germ.*, fasc. 15, fig. 6 ; le Scolyte, Geoffroy, Hist. des Ins. T. I, pl. 5, fig. 5. Il est long de près de deux lignes. Son corps est brun-marron, plus foncé en dessus. Commun aux environs de Paris. (G.)

SCOMBER. POIS. *V.* SCOMBRE.

SCOMBÉROIDE. POIS. (Lacépède.) *V.* LICHE au mot GASTÉROSTÉE. C'est aussi une espèce du genre CORYPHÈNE. (B.)

SCOMBÉROIDES. POIS. Cinquième famille des Poissons Acanthoptérygiens de Cuvier, qui contient un grand nombre de genres et d'espèces, et qui est caractérisée par une carène qui s'élève vers la terminaison de la ligne latérale; de fausses nageoires disposées par petites membranes isolées ; le corps épais et plus gros au milieu. Les Scombéroïdes de Cuvier répondent aux Poissons Holobranches de la famille des Atractosomes de Duméril (Zool. analyt., p. 124). Cette famille comprend les genres Scombre, Vomer, Tétragonure dans la première tribu remarquable par deux dorsales dont l'épineuse n'est point divisée. (LESS.)

SCOMBÉROMORES. POIS. Lacépède a créé le genre Scombéromore pour recevoir un Poisson des Antilles, n'ayant point d'aiguillons au-devant de la nageoire dorsale, et ne différant des Scombéroïdes qu'en cela. Cuvier pense que le *Scomberomorus Plumieri* est le *Scomber regalis* de Bloch, du sous-genre Thon. *V.* SCOMBRE. (LESS.)

SCOMBRE. *Scomber.* POIS. Les Scombres forment une famille très-naturelle que Linné avait groupée dans un seul genre sous le nom de *Scomber*. Lacépède plus tard les divisa en plusieurs genres, c'est-à-dire

qu'il en démembra quelques espèces pour en former de petites tribus, que Cuvier, dans le Règne Animal, étudia de nouveau, de manière à proposer sept sous-genres du seul genre *Scomber* adopté jusqu'alois. Les Scombres appartiennent à la cinquième famille des Poissons osseux Acanthoptérygiens de Cuvier, et à celle des Atractosomes de Duméril. Ce sont des Poissons très-nombreux en espèces, et qui semblent exclusivement répandus sous toutes les latitudes. Leurs caractères zoologiques sont les suivans : corps épais, fusiforme, muni de deux nageoires dorsales assez écartées l'une de l'autre, ayant des fausses nageoires en nombre variable au-dessus et au-dessous du corps près de la queue; de petites écailles partout; une rangée de dents pointues à chaque mâchoire; une carène saillante sur les côtés et à l'extrémité du corps. Les Scombres ont été connus dès les temps les plus reculés. Aristote nommait *Scombros* le Maquereau, et Pline *Scomber*. A la renaissance des sciences, Rondelet et Belon, copiés par Gesner, adoptèrent ce nom et le transmirent aux naturalistes plus modernes. Ce sont des Poissons voraces, actifs, robustes, vivant par grandes troupes, et qu'on pourrait appeler Poissons pélagiens ou chasseurs. Les grandes espèces ne craignent point de s'isoler au milieu des océans, de suivre les vaisseaux où elles fournissent aux navigateurs un aliment exquis. Les Scombres de taille plus petite sont généralement de passage dans certains parages. Leurs essaims forment un article lucratif de pêche, et c'est la ressource commerciale de plusieurs pays d'Europe. Leur chair est compacte, dense, noire et d'un goût plus substantiel que celle des autres Poissons; elle contracte souvent des qualités vénéneuses, suivant les élémens dont les individus se sont nourris. Les Scombres ont l'habitude de s'élancer hors de l'eau d'une manière particulière en sautant par bonds, et plusieurs espèces viennent se présenter aux embouchures des fleuves.

† MAQUEREAU, *Scomber*, Cuv.

La deuxième dorsale est distante de la première ; le corps est allongé.

MAQUEREAU COMMUN, *Scomber Scombrus*, L. ; Bloch, pl. 54 ; Risso, T. III, p. 412. Ce Poisson des mers d'Europe, et qui se trouve aussi bien dans l'Océan que dans la Méditerranée, porte le nom d'*Aurion* sur les rivages de cette dernière mer. Les couleurs qui le parent sont remarquables par leur vivacité ; c'est une teinte de vert de mer, sur laquelle ondulent des raies zig-zaguées de bleu foncé, avec des zônes dorées. Le ventre brille de l'argent le plus pur ; la tête est pointue ; les fausses nageoires sont au nombre de cinq et la ligne latérale est courbe. La taille varie de douze à quinze pouces. Les Maquereaux vont en troupes composées de myriades d'individus, qui partent du nord au temps des amours, se divisent en bandes qui remontent vers le midi, suivant quelques observateurs ; tandis qu'ils se tiennent dans les eaux profondes suivant les uns, d'où ils sortent dans la belle saison. Enfin on a dit qu'ils passaient l'hiver cachés sous les glaces, et enfoncés au milieu des fucus. La multiplication de ces Poissons est prodigieuse à en juger par le nombre des Animaux qui les détruisent pour s'en nourrir, et par les pêches qu'il s'en fait. Dans la Méditerranée, les Maquereaux séjournent toute l'année, et la femelle pond ses œufs au commencement de l'été. La chair de cette sorte de Poisson est estimée, et se conserve assez pour former une des grandes ressources de Paris. On la mange préparée avec des groseilles assez acides et nommées à cause de cela Groseilles à Maquereaux. Les mâles sont, comme tous les Poissons, polygames, et long-temps on leur a attribué exclusivement cette particularité dans les mœurs.

MAQUEREAU A VESSIE, *Scomber Colias*, L. Il paraît que ce Poisson est le *Colias* des anciens. C'est le *Cavala* ou *Cavaluca* des peuples qui habitent les bords de la Méditerranée, et le *Scomber pneumatophorus* de Delaroche, publié dans le T. XIII des Annales du Muséum, en 1819. On lui donne le nom de Maquereau à vessie, parce qu'il est le seul connu de ce genre pour avoir cet organe dont l'espèce précédente est privée. Les Romains estimaient le *Colias* pour en faire du garum. On le pêche encore en grand sur les côtes d'Iviça et de Nice, bien que sa chair soit moins estimée que celle du Maquereau commun. Le *Colias* est mince, bleu en-dessus, varié de raies obscures transversalement et a les flancs traversés par deux raies ponctuées de vert. L'abdomen brille de teintes d'or et d'argent, avec des taches fauves.

Cuvier place dans le sous-genre Maquereau, le *Gaara-Pucu* de Marcgraaff, qu'il croit être l'*Albacore* de Hans-Sloane, et le *Kanagurta* de Russel, de la côte de Coromandel.

Nous ajouterons à ce sous-genre une espèce nouvelle qui est :

Le MAQUEREAU LOO, *Scomber Loo*, Nob. Cette espèce nommée Loo par les naturels de la Nouvelle-Irlande, sa patrie, est un peu plus forte de taille que le Maquereau commun ; l'iris est noir, la sclérotique argentée ; le dos vert nuancé de points roux et de lignes jaunes, brillant de l'éclat de l'or avec des reflets irisés ; le ventre est argentin avec une teinte rosée ; les écailles sont très-serrées et très-petites ; les nageoires dorsales sont brunes, les inférieures sont argentées. Sa longueur est de douze à seize pouces. Première dorsale, neuf rayons épineux ; deuxième dorsale, onze rayons mous ; fausses nageoires, cinq ; caudale, vingt-deux ; pectorales, dix-neuf, catopes, cinq ; anale, onze. Ce Poisson vit en troupes dans le port Praslin, où nous en prîmes un grand nombre au mois d'août 1823.

†† THON, *Thynnus*.

Corps fusiforme, épais ; à seconde

dorsale se prolongeant jusqu'auprès de la seconde et la touchant souvent.

Le Thon commun, *Scomber Thynnus*, L.; Bloch, 55; *S. mediterraneus*, Risso, T. III, pag. 414; Rondelet, 198; Lacép. T. IV, p. 690. Excellent Poisson très-commun dans la Méditerranée où sa pêche occupe un grand nombre d'hommes; sa chair se conserve dans l'huile, et on la transporte ainsi marinée dans toutes les parties du monde. On le pêche en été (car il est de passage) avec de larges et immenses filets nommés *mandragues*. Il est bleu noir en dessus, argenté sur le ventre, à huit ou dix rayons dorés sur la dorsale, et munis de sept ou huit rayons à la nageoire anale. C'est une branche de revenus considérable pour la Provence.

Le Thon Pélamide, *Scomber Pelamis*, L.; Risso, T. III, p. 415. Autre espèce de la Méditerranée à corps bleu noir, à dos peint de lignes bifurquées noires et obliques; à huit rayons à la dorsale et sept à l'anale.

Le Thon de Leach, *Thynnus Leachianus*, Risso, Nice, T. III, p. 416; Rondelet, 195, qu'Aristote paraît avoir observé. Son corps est épais; le dos est bleu, tirant sur le verdâtre, peint de taches noires irrégulières; surmonté de neuf ou dix rayons à la dorsale, et muni de huit à l'anale. De la Méditerranée.

Le Thon sarde, *Scomber sarda*, Bloch, pl. 344; Risso, T. III, p. 417. Le *Bounicou* des habitans de Nice. A corps bleu, à ventre argenté, peint de bandes transversales noires; sept rayons à la dorsale et six à l'anale.

Le Thon de Delaroche, *Thynnus Rocheanus*, Risso, Nice, T. III, p. 417. A corps oblong, à dos bleu, ponctué de noir, à ventre argenté, à huit rayons à la dorsale et sept à l'anale. De la Méditerranée.

Le Thon bicarené, *Thynnus bicarinatus*, Quoy et Gaim, Zoologie Uranie, p. 557, pl. 61, f. 1. A corps allongé, caractérisé par deux lignes latérales, ayant sept rayons à la dorsale, six à l'anale; la première dorsale bleue, et la queue bicarenée. Ce Scombre a été observé dans la baie des Chiens-Marins, sur la côte occidentale de la Nouvelle-Hollande.

Le Scombre du Brésil, *Scomber brasiliensis*, Quoy et Gaimard, Zool. Ur., p. 360, paraît devoir être ajouté au sous-genre Thon. Cuvier y place encore le Scombre de Commerson, Lacép. T. II, pl. 20, fig. 1, qui est peut-être le *Scomber maculosus* de Shaw, Misc., pl. 23; le *Wingeram*, Russel; le *S. guttatus*, Schn., pl. 5; le Tazard, Plumier; le *S. maculatus*, Mitchill, *Trans. of New-York*, T. I.

A ces espèces nous ajouterons: La Bonite des marins, *Thynnus vagans*, N.; le Layé des Taïtiens; Scombre pélamide, Bory, Voy., pl. 1, fig. 1. Ce Scombre a de longueur totale dix-neuf pouces: il pèse, étant vidé, quatre livres et demie; la première dorsale a quinze rayons; la deuxième, dix; il y a huit fausses nageoires supérieures et sept inférieures; l'anale, onze; les jugulaires, vingt-six; les catopes, six; et la caudale, trente. Très-commun au milieu du grand Océan, c'est par troupes que ce Poisson suit les navires. Son dos est bleuâtre; son ventre est argenté; cinq bandes brunes traversent longitudinalement le corps, et prennent dans l'eau une teinte irisée ou de cuivre de rosette. La queue et les nageoires sont brunes; l'iris est blanc; les fausses nageoires sont de cette dernière couleur. Après la mort, les chairs conservent long-temps une grande excitabilité. Elles sont très-phosphorescentes. Le corps de cette Bonite est très-charnu, arrondi; ses chairs sont fermes, blanchâtres, un peu sèches. La dorsale peut se cacher en entier dans une rainure profonde qui existe sur le dos. Ce Poisson se nourrit de Sèches et de Poissons volans, et aussi de Scombrésoce. Sa chair devient parfois vénéneuse. Déjà Forster avait, dans le Voyage de Cook, mentionné un tel fait, dont nous éprouvâmes les accidens près de l'archipel d'Otaïti.

Les symptômes d'empoisonnement que nous éprouvâmes se manifestèrent par une rougeur très-vive de toute la surface de la peau; par des bouffées de chaleur, terminées par d'abondantes transpirations suivies de défaillances, de coliques, et enfin de diarrhée. Là s'arrêtèrent les effets de l'intoxication.

††† GERMON, *Orcynus*, Cuv.

A les caractères des Thons ; mais les nageoires pectorales sont très-longues et s'étendent jusqu'au-delà de l'anus. Les espèces sont :

L'ALALONGA, *Orcynus Alalonga*, Risso, T. III, p. 619; *Scomber Alalonga*, L., Gmel., Celti. A corps argenté, à dos bleu fauve, à sept rayons à l'anale et à la dorsale. C'est la seule espèce de la Méditerranée qui fréquente très-rarement les côtes. Ce nom d'*Alalonga* signifie aile longue.

Le GERMON, *Scomber Germon*, Lacép. L'individu que nous avons dessiné après sa sortie de l'eau, le 26 septembre 1822, dans l'océan Atlantique, sous la ligne, avait quatorze rayons à la première dorsale; huit à la seconde et à l'anale; trente-cinq aux pectorales; cinq aux catopes; huit fausses nageoires supérieures et inférieures; vingt-quatre à la caudale; les jugulaires sont grandes, falciformes. Le Germon est bleu noir sur le dos, doré sur le milieu, rosé inférieurement et à ventre argenté. Les opercules sont argentés. Les teintes brillantes de ce beau Poisson disparaissent aussitôt après sa sortie de l'eau. Ses chairs sont jaunâtres, plus denses que celles des autres Scombres. Ce Poisson est vif, agile, robuste. Il suit avec persévérance le sillage des navires. Sa voracité est telle, qu'il suffit d'amorcer un hameçon avec un chiffon de linge.

††† CARANX, *Caranx*, Lacép.

Corps allongé, à queue carenée, à ligne latérale formée par une rangée d'écailles se recouvrant comme des tuiles et armées chacune d'une arête.

Petite nageoire soutenue par deux épines au devant de l'anale. Pectorales longues et pointues; dents le plus souvent en velours, sur une bande étroite. Parfois de fausses nageoires entre la dernière dorsale et la queue, l'anale et la caudale; le plus grand nombre à nageoires entières.

Les Caranx comptent un assez grand nombre d'espèces que nous nous bornerons à citer, car notre article pourrait bien outrepasser les bornes qui nous sont prescrites. Ainsi à ce sous-genre appartiennent : les *Scomber trachurus*, L., Bloch, 56, Risso ; le *Scomber Rotleri*, Bl., 346 ; *S. cordila*, Gronov. ; *S. hippos*, Mitchill ; *S. Chloris*, Bl., 339; *S. carangus*, Bl., 340; le *Guaratereba* de Marcgraaff; *S. ruber*, Bl., 342; *S. crumenophtalmus*, Bl., 345; *S. Plumieri*, Bl., 344 ; *S. Kleinii*, Bl., 347, fig. 2 ; *S. Daubentonii*, Lacép. ; *S. Sansun*, Forsk., Faun. Ar. ; *S. lactarius*, Schn., ou le Pêche-Lait de Pondichéry ; le *Djedaba*, *l'Hocli;* le Caranx glauque, Lacép., est une Liche (*V.* ce mot au genre GASTÉROSTÉE), ainsi que pour plusieurs autres espèces telles que les *Scomber amia, calcar, falcatus, saurus* et *Forsteri.*

A ces espèces nous ajouterons : le CARANX SIX BANDES, *Caranx sexfasciatus*, Quoy et Gaim., Zool. Ur., p. 358 et pl. 65, fig. 4; le CARANX DE L'ILE-DE-FRANCE, *Caranx mauritianus*, Quoy et Gaim., Zool. Uran., p. 359.

††††† CITULE, *Citula*, Cuv.

A les caractères des Caranx, mais les premiers rayons de leur dorsale et de leur anale sont allongés en faux; leurs pectorales sont aussi allongées.

Le nom de *Citula* était donné à Rome à la Dorée. La première espèce connue est de la Méditerranée, et a été décrite par Risso, Nice, T. III, p. 424, sous le nom de *Citula Banksii;* c'est le *Pei suvareou* des habitans de Nice. Quoy et Gaimard ont décrit une deuxième Citule (Zool. Uranie, p. 361) sous le nom de *Citula plum-*

bea, qu'ils ont observé à l'Ile-de-France.

†††††† SÉRIOLE, *Seriola*, Cuv.

A les caractères des Caranx, mais la fin de leur ligne latérale est garnie d'écailles si petites qu'elles forment à peine une carène.

Les espèces de la Méditerranée sont : SÉRIOLE DE DUMÉRIL, *Seriola Dumerilii*, Risso, Nice, T. III, p. 424, et de RAFINESQUE, *Seriola Rafinesquii*, Risso, *ibid.*, p. 425. A ce genre doit appartenir le *Scomber fasciatus* de Bloch, pl. 341 qui est peut-être le *S. speciosus* de Lacép. T. III, pl. 1, fig. 1. Quoy et Gaimard ont décrit une espèce nouvelle qu'ils ont nommée *Seriola bipinnulata*, Zool. Ur., p. 363, pl. 61, fig. 3. De la terre des Papous.

†††††† PASTEUR, *Nomeus*, Cuv.

Cuvier a distrait des Gobies ce sous-genre qui a de grands rapports avec les Sérioles. Les ventrales toutefois sont grandes et larges, attachées au corps par leur bord interne.

Ce sont des Poissons des mers d'Amérique, tels que le *Gobius Gronovii*, Gm., ou *Gobiomore gronovien* de Lacépède, ou *Eleotris mauritii* de Schneid. Enfin, le premier *Harder* de Marcgraaff, et le *Scomber zonatus* de Mitchill. (LESS.)

SCOMBRÉSOCE. POIS. Lacépède a proposé le genre *Scombresox* pour des Poissons Malacoptérygiens abdominaux, voisins des Orphies, *Belone*, et du grand genre BROCHET, *Esox*. Les Scombrésoces appartiennent aux Poissons Osseux Holobranches, famille des Siagonotes de la Zoologie analytique de Duméril. Les espèces qui composent ce sous-genre et ses caractères ont été décrits au mot ESOCE, T. VI, p. 310 de ce Dictionnaire. (LESS.)

SCOPAIRE. *Scoparia*. BOT. PHAN. Genre de la famille des Scrophularinées et de la Tétrandrie Monogynie, L., offrant les caractères suivans : calice découpé en quatre segmens

aigus ; corolle rotacée, dont l'orifice est velu, le tube très-court, le limbe divisé en quatre lobes obtus, égaux ; quatre étamines dont les filets sont subulés, égaux, plus courts que la corolle, terminés par des anthères arrondies ; ovaire conique, surmonté d'un style subulé de la longueur de la corolle, terminé par un stigmate aigu ; capsule ovale, globuleuse, marquée de deux sillons, à deux valves et à autant de loges, avec une cloison parallèle aux valves, renfermant des graines nombreuses, ovales-oblongues. Ce genre ne se compose que de trois espèces qui croissent dans les climats chauds du globe. Celle qui a servi de type est le *Scoparia dulcis*, L., Lamk., Illustr., tab. 85 ; Arbuste dont les tiges sont droites, hautes d'environ deux pieds, divisées dès leur base en rameaux effilés, anguleux, glabres, garnies de feuilles ternées-verticillées, lancéolées, légèrement denticulées au sommet, portées sur de courts pétioles. Les fleurs sont petites, blanches, portées sur des pédoncules axillaires. Cette Plante croît dans les régions situées entre les tropiques, particulièrement dans l'Amérique méridionale, et en Afrique, tant au Sénégal que dans la Haute-Égypte et au cap de Bonne-Espérance. (G..N.)

SCOPÈLES. POIS. Cuvier a nommé *Scopelus* un sous-genre de Poissons, qui répond aux Serpes de Risso, et qui appartient à la grande famille des Saumons dans l'ordre des Malacoptérygiens abdominaux. *V.* le mot SAUMON. (LESS.)

*SCOPHTHALME. POIS. Rafinesque Smaltz dans ses Poissons de la Sicile, p. 14, a proposé sous le nom de *Scophthalmus*, un genre qu'aucun ichthyologiste n'a adopté. (LESS.)

SCOPION. BOT. PHAN. (Dioscoride.) Syn. de *Momordica Elaterium*? (B.)

SCOPOLIA. BOT. PHAN. Les nombreux genres dédiés à Scopoli, auteur d'une Flore estimable de Carniole et d'autres ouvrages de botanique et d'histoire naturelle, n'ont pas été adoptés, ou sont des doubles emplois de genres précédemment établis. Ainsi le *Scopola* ou *Scopola* de Jacquin, *Scopolina* de Schultes, est une espèce de Jusquiame (*Hyosciamus Scopolia*, L.). Adanson, dans ses familles des Plantes, a nommé *Scopolia* le genre *Ricotia* de Linné. Le *Scopolia composita*, L. fils, est synonyme de *Daphne pendula*, Smith. Le *Scopolia lucida* de Forster est le même que son *Griselinia*. Enfin Smith et Willdenow ont donné le nom de *Scopolia* à des espèces de *Toddalia*. A tous ces synonymes inutiles, il faut ajouter le mot *Scopolia* au lieu de *Scolopia*, mis par Lamarck sur la figure 425 de ses Illustrations. (G..N.)

SCOPOLINA. BOT. PHAN. Schultes a donné ce nom au genre *Scopolia* de Jacquin, rejeté parmi les Jusquiames, et qui ne diffère de ce dernier genre que par de fort légers caractères. La capsule est la même que dans les Jusquiames, mais la corolle est comme celle des Belladones ou *Atropa*; aussi l'espèce a-t-elle été nommée par Schultes *Scopolina atropoides*. C'est une Plante qui croît dans les forêts de la Carniole, de la Hongrie et de la Bavière. (G..N.)

SCOPS ou PETIT-DUC. OIS. *V.* CHOUETTE, division des HIBOUX. (B.)

SCOPUS. OIS. *V.* OMBRETTE.

SCORANZE. POIS. On lit dans certains ouvrages que, sur les bords du lac de Scutari, on donne ce nom à de petits Poissons que l'on prend par immenses quantités à la fois, et qu'on exporte après les avoir salés. C'est probablement l'*Agone* ou la prétendue Sardine du lac de Côme, qui est une jeune Alose. (B.)

SCORDIUM. BOT. PHAN. Nom scientifique d'une espèce de Germandrée, *Teucrium*. (B.)

SCORDOTIS. BOT. PHAN. Le *Teucrium Scordium*, L., selon les uns, et un *Nepeta*, selon d'autres, chez les anciens. (B.)

* SCORIAS. BOT. CRYPT. (*Mucédinées.*) Fries a établi récemment sous ce nom un nouveau genre de son ordre des Tuberculariées, et assez voisin des *Ceratium* auprès desquels il le place. Il le caractérise ainsi: réceptacle gélatineux, presque corné, formé de filamens tubuleux, parallèles, ramifiés et en forme de grappe, couverts de fibrilles granuleuses; sporidies mêlés aux filamens. Le type de ce genre est le *Botrytis spongiosa* de Schweinitz, qui se rapproche d'un côté des *Botrytis*, et de l'autre du *Dacrymyces* et du *Gymnosporangium*. (AD. B.)

SCORIES. MIN. Ce mot désigne en histoire naturelle, non une classe de Roches de même nature, mais un état particulier de boursoufflement que peuvent prendre les différens produits des feux volcaniques, et dans lequel le volume des cavités est beaucoup plus considérable que celui des parties compactes. La nature des Scories peut varier beaucoup; cependant la plupart de celles que l'on connaît se rapportent seulement à quatre sortes de Roches volcaniques: les Pumites, les Téphrines, les Basanites et les Gallinaces. *V.* le mot LAVES. (G. DEL.)

SCORODITE. MIN. *V.* FER ARSÉNIATE.

SCORODON. BOT. PHAN. L'Ail dans l'antiquité. (B.)

SCORODONIA. BOT. PHAN. Nom scientifique d'une espèce de Germandrée, *Teucrium*. (B.)

SCORODOPRASUM. BOT. PHAN. Espèce du genre Ail. *V.* ce mot. (B.)

SCORPÈNE ou RASCASSE. *Scorpœna*. POIS. Les anciens donnaient le nom de *Scorpœna* à un Poisson à tête épineuse qui pourrait bien être, suivant Cuvier, le *Scorpœna Porcus* ou *Scrofa*. On nomme les espèces de ce genre Rascasses sur les côtes de la Méditerranée, et aussi *Cardouniera* et *Capoun*. Les caractères génériques sont : tête très-hérissée de piquans au-devant des yeux, sur le vertex, au préopercule, à l'opercule, et à un très-grand sous-orbitaire qui va obliquement sur la joue gagner le bord du préopercule ; gueule fendue ; dents en velours ; nageoires pectorales très-larges, embrassant une partie de la gorge ; leur estomac est en cul-de-sac. Les Scorpènes appartiennent à la famille des Percoïdes des Poissons Osseux Acanthoptérygiens de Cuvier, et à la famille des Céphalotes de la Zoologie analytique de Duméril, dans les Osseux Holobranches. Les Scorpènes sont des Poissons hideux à voir par la forme bizarre qui leur est propre. Leurs épines occasionent des blessures dangereuses dans les pays chauds en dilacérant les tégumens. Elles vivent dans les rochers, sur les côtes et se cachent dans le sable. Leur chair est assez délicate, et les couleurs qui les teignent sont le plus souvent très-vives et très-éclatantes.

† Rascasse, *Scorpœna*, Schn.

La tête est hérissée d'épines, surtout au-dessus des orbites, de l'occiput et sur la joue. Préopercule à trois ou quatre épines, et opercule à deux prolongées en arête. Point de vessie aérienne.

Les espèces de la Méditerranée sont les suivantes : *Scorpœna dactyloptera*, Laroche, Risso, T. III, p. 369 ; *Scorpœna Porcus*, L. ; *Scorpœna Scrofa*, L. ; *Scorpœna lutea*, Risso, T. III, p. 571. L'Amérique possède avec l'Europe la *Scorpœna gibbosa* de Schn., et Cuvier ajoute à ces espèces les suivantes : *S. Kœnigii*, Bl. ; *S. Plumieri*, Bl. ; *Perca cirrhosa*, Thumberg ; *S. malabarica*, Schn. ; *Cottus australis*, White.

†† Synancée, *Synanceia*, Schn.

Tête hérissée de tubercules plus ou moins saillans ; yeux et bouche dirigés vers le ciel.

Les Synancées n'ont point de vessie aérienne ; leur forme extérieure les rapproche des Uranoscopes dont les éloignent les verrues qui leur couvrent la tête. Leur forme est hideuse. Ce sont des Poissons des Indes encore mal connus, tels que la *Scorpœna dydactyla* de Pallas ; le *Trigla rubicunda* d'Euphras ; les *Scorpœna monodactyla* et *carinata* de Schneider.

††† Pteroïs, *Pterois*, Cuv.

A les caractères des Synancées, mais les rayons de la dorsale et des pectorales très-longs, dépassant de beaucoup les membranes qui les unissent. Une vessie aérienne.

Les Pteroïs se trouvent dans les baies des îles Moluques et des Terres des Papous. On n'en connaît que deux espèces remarquables par de vives couleurs et par des formes très-singulières. L'une d'elles a été figurée dans les planches de cet Atlas d'après un dessin que nous avons fait sur les lieux. Ces deux Scorpènes sont nommées par les auteurs : *Scorpœna volitans*, Bloch, fig. 184, et *S. antennata*, Bl., pl. 85.

†††† Toenianotes, *Tœnianotes*, Lacép.

Caractères des Scorpènes : corps comprimé verticalement ; dorsale composée de rayons épineux et mous, sans interruption sur le dos, et commençant très en avant et presque entre les yeux.

Les espèces de ce sous-genre sont : Toenianote triacanthe, Lacép. T. IV, p. 326 ; le Large-Raie, Lacép. T. IV, pl. 3, fig. 2 : le *Scorpœna spinosa*, Gm. ; *Blennius torvus*, Gronovius.   (less.)

*SCORPÉNIDES. pois. Risso, dans son troisième volume de l'Histoire naturelle de Nice, a proposé ce nom pour une famille de Poissons qui comprend les genres *Holocentrus*, *Scorpœna*, *Serranus*, *Ailopon*, *Zeus* et *Capros*. Ces Scorpénides ont le corps épais ; la tête, les opercules et préopercules armées de piquans ; la gueule bien fendue, garnie de dents en crochets ou en velours ; une nageoire dorsale presque toujours enfoncée au milieu,

au bout de la partie épineuse ; des cœcums médiocrement nombreux.
(LESS.)

SCORPIO. ARACHN. *V.* SCORPION.

SCORPIOIDE. POIS. (Rondelet.) Syn. de *Blennius occellaris*, L. *V.* BLENNIE. (B.)

SCORPIOIDES. BOT. PHAN. (Tournefort.) Syn. du *Scorpiurus*, L. *V.* SCORPIURE. (B.)

* SCORPIOIDES. BOT. CRYPT. (*Hydrophytes.*) Roussel, dans sa Flore du Calvados, avait formé sous ce nom un genre qui n'a pas été adopté, et qui est le même que le *Scorpiura* de Stackhouse. (B.)

SCORPION. *Scorpio.* ARACHN. Genre de l'ordre des Pulmonaires, famille des Pédipalpes, tribu des Scorpionides, établi par Linné, adopté par tous les entomologistes, restreint par Leach, et dans ces derniers temps par Latreille (Fam. nat. du Règne Animal) aux espèces qui ont pour caractères : six yeux ; abdomen sessile, et offrant en dessous et de chaque côté quatre spiracules, avec deux lames pectinées à sa base ; les six derniers anneaux formant une queue noueuse, le dernier finissant en pointe, servant d'aiguillon, et percé pour donner passage au venin ; palpes en forme de serres d'écrevisses ; chélicères didactyles ; pieds égaux ; langue divisée en deux jusqu'à la base ; corps étroit et allongé. Ce genre se compose d'un assez grand nombre d'espèces propres à toutes les contrées du globe ; quelques-unes ont été décrites, mais il en est beaucoup d'inédites existant dans les collections. Parmi celles qui ont été décrites par les auteurs anciens, aucune n'a été le sujet d'erreurs plus nombreuses et plus grossières que le Scorpion d'Europe. Comme il a acquis une grande importance par les observations que Reddi et Maupertuis ont fait à son sujet, nous croyons devoir entrer ici dans quelques détails abrégés et extraits des travaux de Latreille sur sa

synonymie. Linné et Degéer, l'un dans la douzième édition de son *Systema Naturæ*, et l'autre dans ses *Mémoires*, ont décrit sous le nom de *S. europœus* une espèce qui n'est plus certainement le Scorpion ordinaire du midi de l'Europe, celui d'Aldrovande, de Frey, le même que Scopoli (*Entom. Carniol.*, n. 1122) a vu dans le midi de la Carniole et que Rœsel a bien figuré (T. III, tab. 66, fig. 1 et 2), car Linné donne dix-huit dents à ses peignes, et notre Scorpion n'en a que neuf. On pourrait croire qu'il énonce le nombre total des dents de ces appendices, et qu'alors il ne s'est pas trompé ; mais il dit que la queue de cet Insecte a une pointe sous l'aiguillon, ce qui est réel pour celui d'Amérique, mais ce qui n'existe pas dans le Scorpion d'Europe. Fabricius a copié Linné, et il rapporte au Scorpion d'Europe l'espèce que Degéer a prise pour telle, que Séba a représentée et que Linné a citée (*Mus. Ludovicæ Ulricæ*, p. 429). Cette figure de Séba représente un Scorpion d'Amérique, et Linné dit que le Scorpion d'Europe se trouve aussi dans cette contrée. Rœmer, dans l'édition qu'il a publiée de Sulzer, a figuré l'espèce d'Amérique mentionnée plus haut. Enfin Herbst, dans sa belle Iconographie des Scorpions, ne s'est pas donné la peine de débrouiller cette synonymie, et a donné le Scorpion d'Europe sous le nom de *Scorpio germanicus* (tab. 3, fig. 2). Son Scorpion italique (tab. 3, fig. 1) n'est qu'une variété de cette espèce.

SCORPION D'EUROPE, *Scorpio europœus*, Latr. ; Scorpion à queue jaune, Degéer, Mém. sur les Ins. T. VII, p. 539, pl. 40, fig. 11 ; *Scorpio europœus*, Herbst, *Maturg. scorp.*, tab. 3, fig. 2 ; Scopoli, *Entom. Carn.*, n. 1122 ; Séba, Mus. T. I, tab 70, n. 9, 10 ; Rœs., *Insect.* T. III, Suppl., tab. 66, fig. 1-2. Long d'un pouce. Corps d'un brun très-foncé noirâtre ; bras anguleux, avec la main presque en cœur, et l'article qui la précède unidenté. Queue plus courte que le corps, menue, d'un brun jaunâtre, avec le cinquième nœud allongé, et le dernier simple. Pates jaunâtres; peignes ayant chacun neuf dents. Cette espèce est commune dans le midi de l'Europe, à commencer vers le 44e degré de latitude.   (G.)

SCORPION AQUATIQUE. INS. Nom donné par Geoffroy à un genre d'Hémiptères qui comprend les genres Ranatre et Nèpe. *V.* ces mots.
                              (G.)

SCORPION-ARAIGNÉE. ARACHN. *V.* PINCE.

SCORPION-MOUCHE. INS. *V.* PANORPE.

* **SCORPIONE. BOT. PHAN.** Syn. de Myosotide. *V.* ce mot.   (B.)

* **SCORPIONIDE. REPT. CHÉL.** Espèce de Tortue du genre Émyde. *V.* TORTUE.   (B.)

SCORPIONIDES. *Scorpionides.* ARACHN. Tribu de l'ordre des Pulmonaires établie par Latreille, correspondant au grand genre *Scorpio* de Linné, et ayant pour caractères (Fam. nat. du Règne Anim.) : abdomen sessile et offrant en dessous de chaque côté quatre spiracules avec deux lames pectinées à sa base; les six derniers anneaux formant une queue noueuse, et le dernier finissant en pointe servant d'aiguillon et percée pour donner passage au venin; palpes en forme de serres d'écrevisses; chélicères didactyles; pieds égaux; langue courte, divisée en deux jusqu'à sa base; corps étroit et allongé. La tribu des Scorpionides a été divisée en deux genres par Leach. Ces deux genres ne diffèrent entre eux que par le nombre des yeux. Ces Arachnides ont le corps allongé et terminé brusquement par une queue longue, composée de six nœuds dont le dernier, plus ou moins ovoïde, finit en pointe arquée et très-aiguë; c'est une espèce de dard sous l'extrémité duquel sont deux petits trous servant d'issue à une liqueur véneneuse contenue dans un réservoir intérieur. Les palpes sont très-grands,

en forme de serres, avec une main didactyle dont l'un des doigts est mobile. A l'origine de chacun des quatre pieds antérieurs est un appendice triangulaire, et ces pièces présentent, étant rapprochées, l'apparence d'une lèvre à quatre divisions. En dessous de l'Animal, et près de la naissance du ventre, sont situés deux organes extraordinaires dont l'usage n'est pas encore bien connu, nommés peignes, et composés chacun d'une pièce principale étroite, allongée, articulée, mobile à sa base et garnie à son côté inférieur d'une suite de petites lames réunies avec elle par une articulation, étroites, allongées, creuses, intérieurement parallèles et imitant les dents d'un peigne. Le nombre de ces dents varie suivant les espèces et sert de caractère pour les distinguer.

Plusieurs savans se sont occupés de l'anatomie des Scorpions. Treviranus, Cuvier, Léon Dufour et Marcel de Serres ont publié des mémoires très-importans sur cette matière. Nous allons donner ici, d'une manière abrégée, le résultat des travaux de ces observateurs. Le système respiratoire dans ces Arachnides est composé de poumons et de stigmates; les poumons, au nombre de huit, sont situés sur les côtés des quatre premières plaques ventrales; elles en offrent chacune une paire qui sont annoncées à l'extérieur par autant de taches ovales, blanchâtres, de près d'une ligne de diamètre : ce sont les stigmates. Ces organes sont situés au-dessous d'une toile musculeuse qui revêt la surface interne du derme corné ou la peau de l'Animal; mis à nu, le poumon paraît être d'un blanc laiteux, mat, et d'une forme presque semblable à celle de la coquille d'une Moule. Il est formé de la réunion d'environ quarante feuillets fort minces, étroitement imbriqués, taillés en demi-croissant, et qui confluent tous par leur base en un sinus commun, membraneux, et où s'abouche le stigmate. Le bord libre est d'un blanc plus foncé que le reste, d'où Léon Dufour présume qu'il est lui-même composé de plusieurs lames superposées, et que c'est là que s'opère essentiellement la fonction respiratoire. L'organe de la circulation, que Léon Dufour nomme vaisseau dorsal, mais que l'on doit considérer, d'après les observations de Cuvier, comme un véritable cœur, est allongé, presque cylindrique, et s'étend d'une extrémité du corps à l'autre en y comprenant la queue de l'Animal. Il fournit de chaque côté du corps quatre paires de vaisseaux vasculaires principaux qui se ramifient. Il existe encore quatre autres vaisseaux qui croisent les premiers en formant avec eux un angle aigu, et qui, avec quatre branches moins considérables, reprennent le sang des poches pulmonaires et vont le répandre dans les différentes parties du corps : ce sont les artères. Avant que de s'étendre dans la queue, le cœur jette encore deux rameaux vasculaires qui ne se rendent pas dans les poches pulmonaires, mais qui, distribuant le sang dans diverses parties, doivent être considérées encore comme des artères. Le système nerveux est situé sous le tube alimentaire, le long du milieu du corps. Le cordon médullaire est formé de deux filamens contigus, mais distincts, et de huit ganglions lenticulaires. Le premier où le céphalique est comme bilobé en devant, et semble être produit par deux ganglions réunis; il est placé justement en dessus de la base des mandibules vers l'origine de l'œsophage. Chacun des lobes de ce ganglion fournit deux nerfs optiques, dont l'un, plus court, va s'épanouir sur le bulbe du grand œil correspondant, et dont l'autre, plus long et plus antérieur, va se distribuer aux trois autres yeux latéraux. Un autre nerf part de chaque côté du bord postérieur du même ganglion en se dirigeant en arrière dans le voisinage du premier poumon. Le cordon médullaire s'engage ensuite sous une espèce de membrane tendineuse qui le continue jusqu'à l'extrémité de la queue. Dans ce trajet il présente sept autres ganglions dont trois dans la cavité abdominale, et quatre dans la queue; ceux de l'abdomen, plus distans entre eux que les autres, émettant chacun trois nerfs dont deux latéraux, pénètrent dans le panicule musculeux, envoient des filets aux poumons correspondans, et dont le troisième, qui est inférieur, rétrograde un peu à son origine, et va se distribuer aux viscères. Les quatre derniers ganglions correspondent aux quatre premiers nœuds de la queue, et ne fournissent chacun de chaque côté qu'un seul nerf. Les deux filets des cordons s'écartent ensuite en divergeant, se bifurquent et se ramifient dans les muscles du dernier nœud ou de l'article à aiguillon. Les deux supérieurs se portent sur les muscles moteurs de la vésicule vénénifère, et les inférieurs pénètrent dans la vésicule même en se distribuant probablement dans les glandes de cet organe. Les muscles des Scorpions sont assez robustes, formés de fibres simples et droites, d'un gris blanchâtre. Une toile musculeuse assez forte revêt intérieurement les parois de l'abdomen, et enveloppe tous les viscères à l'exception des poumons et peut-être du vaisseau dorsal; elle n'adhère pas dans la plus grande partie de son étendue à ces parois. La région dorsale de cette toile donne naissance à sept paires de muscles filiformes qui traversent le foie par des trous ou conduits pratiqués dans la substance de cet organe et vont se fixer à un ruban musculeux qui règne le long des parois ventrales en passant au-dessus des poumons. Ces muscles, mis à découvert, ressemblent à des cordes tendues. Le cinquième anneau de l'abdomen ou celui qui précède immédiatement le premier nœud de la queue, et qui n'a point de poches pulmonaires, est rempli par une masse musculaire très-forte, qui sert à imprimer à la queue les divers mouvemens dont elle est susceptible. Les nœuds de cette queue ont un panicule charnu dont les fibres, disposées sur deux côtés opposés, se rendent obliquement à la ligne médiane comme les barbes d'une plume sur leur axe commun. On voit de chaque côté, a la base du dernier nœud ou celui de l'aiguillon, un muscle robuste. Le foie est partagé superficiellement en deux lobes égaux par une rainure médiocre où se loge le cœur; il est d'une consistance pulpeuse et d'une couleur brunâtre plus ou moins foncée; il remplit presque toute la capacité de l'abdomen et du corselet, et sert de réceptacle au canal intestinal. Les vaisseaux hépatiques sont au nombre de huit paires, trois dans le corselet, trois autres dans l'abdomen et deux plus longues près de l'origine de la queue. Le tube alimentaire est grêle et se porte directement, sans aucune inflexion, de la bouche à l'origine du dernier nœud de la queue en traversant le foie avec lequel il a des connexions au moyen de nombreux vaisseaux hépatiques; son diamètre est à peu près égal dans toute son étendue; cependant il présente une dilatation informe dans le corselet et même avant l'anus.

Les organes de la génération des Scorpionides sont doubles dans chaque sexe. Ceux du mâle sont de deux sortes, les préparateurs et les copulateurs. Les organes préparateurs se composent : 1° des testicules qui présentent une conformation singulière, et qui n'a, avec celle qu'on observe dans les mêmes organes des Insectes, qu'une analogie très-indistincte. Chaque testicule est un vaisseau spermatique, formé de trois grandes mailles à peu près semblables, anastomosées entre elles et couchées le long du foie. Ces mailles sont constituées par un conduit filiforme, demi-transparent, ne communiquant que rarement avec celle de l'autre organe préparateur, et aboutissant, par son extrémité postérieure, à un canal déférent, long de quelques lignes, et qui s'abouche à la base d'une vésicule spermatique insérée au côté externe de l'organe copulateur; 2° de deux vésicules spermatiques d'une nature identique et remplie d'un sperme plus ou moins blanchâtre; les vaisseaux spermatiques, formés par des canaux longs et cylindriques, naissent d'une des branches des glandes, descendent sur les parties latérales de l'abdomen en passant sous le réseau des vaisseaux hépatiques, et communiquent ensemble par des branches latérales assez multipliées. Lorsque la fécondation est sur le point d'avoir lieu, les vaisseaux sont remplis d'une humeur blanchâtre et épaisse, et leur diamètre paraît alors assez considérable. Les organes copulateurs sont composés de deux verges que Léon-Dufour nomme armures sexuelles : elles sont accolées à droite et à gauche le long du bord externe du foie. Chacune d'elles se présente sous la forme d'une tige effilée et d'un étui mince presque droit, de consistance cornée, d'un brun pâle et enveloppée d'une substance comme gélatineuse. Leur extrémité antérieure ou la plus interne est bifurquée; la branche extérieure est courte et conoïde, pointue, d'un brun foncé, tandis que l'interne se prolonge en un cordon filiforme, blanchâtre, courbé sur lui-même de manière à former une anse, et revenant en sens contraire de la première direction se coller contre le corps de l'organe. Son issue au-dehors du corps a lieu par l'ouverture bilabiée située à la base de l'abdomen, entre les lames pectinées; la partie supérieure, qui doit saillir hors du corps, est très-mince.

Les organes préparateurs des femelles sont aussi doubles et placés à droite et à gauche dans l'intérieur du foie; ce sont les ovaires et les œufs. Chacun des ovaires est un conduit membraneux formé de quatre grandes mailles quadrilatères, anastomosées entre elles, ainsi qu'avec celles de l'ovaire opposé. Lorsque les germes ne sont pas apparens, cet organe ressemble beaucoup à l'organe préparateur mâle; mais, outre qu'il offre une maille de plus, il en diffère encore par sa connexion intime et constante avec l'ovaire correspondant. Les mailles aboutissent à un conduit simple, peu allongé, un véritable oviductus qui, avant sa réunion avec celui de l'ovaire opposé, offre constamment une légère dilatation. Un col extrêmement simple et commun aux deux matrices débouche dans la vulve. Les œufs sont ronds, blanchâtres; Rédi en a compté quarante, mais Léon Dufour, d'accord avec Maupertuis, en a vu jusqu'à soixante. Leur disposition est très-différente suivant l'époque de la gestation. Dans les premiers temps, ils sont logés chacun dans une bourse sphérique, pédiculée, flottante hors du conduit; vers la fin de la gestation, et devenus plus gros, ils rentrent dans la matrice, se placent à la file les uns des autres, séparés par des étranglemens bien marqués, et les bourses s'oblitèrent. L'organe copulateur se compose de la vulve qui est unique, placée entre les deux peignes et formée de deux pièces ovales, plates, séparées par une ligne médiocre enfoncée, et susceptibles de s'écarter l'une de l'autre. Léon Dufour a observé dans cet organe un corps oblong, corné, creusé en gouttière sur une face, caréné sur l'autre et long d'environ une ligne; l'une de ses extrémités est libre, largement tronquée et comme finement dentelée; l'autre, fixée au moyen de deux muscles assez longs et qui paraissent insérés dans la partie dilatée de chaque oviductus, est terminée par trois lobes, dont les deux latéraux plus petits, courbés en crochets et dont l'intermédiaire plus grand, en pointe mousse, donnent attache aux muscles précédens.

On présume que les amours, dans ces Arachnides, sont nocturnes; ces Animaux doivent aussi avoir un mode particulier d'accouplement nécessité par la forme et la situation des organes copulateurs. Leur gestation est beaucoup plus longue que celle des autres Insectes. Dès le commencement de l'automne toutes les femelles

sont fécondées; leurs œufs sont alors latéraux, petits et pédiculés; ils augmentent de volume pendant l'hiver, et au printemps leur volume est quatre fois plus grand. Leur gestation dure près d'un an, ce qui est fort extraordinaire comparativement même à celle des Animaux à sang rouge. Les œufs éclosent dans l'intérieur du corps de la mère : les petits en sortent tous formés.

L'organe destiné à sécréter l'humeur vénéneuse est revêtu extérieurement d'une membrane cornée et assez épaisse; il offre dans son intérieur deux glandes jaunâtres, très-adhérentes à la substance cornée, et se prolongeant par un canal qui s'étend jusqu'à l'extrémité de l'aiguillon; ce canal est élargi vers sa base et offre une sorte de réservoir pour l'humeur sécrétée par les glandes jaunâtres qui sont composées d'une infinité de glandules arrondies, très-serrées les unes contre les autres et communiquant ensemble. Marcel de Serres, qui a fait ces observations, ne dit pas par quelle voie la liqueur vénéneuse arrive aux glandes qui en sont le réservoir, et comment elle y est entretenue; mais Latreille pense qu'elle dérive principalement de ces vaisseaux situés près de l'origine de la queue que Marcel de Serres présume être chylifères, et que Léon Dufour place au nombre des vaisseaux hépatiques. Marcel de Serres pense que les peignes des Scorpionides leur servent pour la marche, qu'ils élèvent leur corps au-dessus du sol et facilitent leurs mouvemens qui, sans ce secours, seraient rampans; au reste, on pourrait, comme le dit Latreille, s'assurer aisément si les peignes les favorisent pour la locomotion : on n'aurait qu'à les attacher avec un fil contre le corps, on pourrait voir alors si les mouvemens de ces Animaux seraient plus gênés. Ce savant pense que la composition et la consistance de cet organe, la diversité qu'il présente dans le nombre de ses lames ou dents et sa position, paraissent indiquer d'autres fonctions qu'il est impossible de déterminer sans faire un grand nombre d'expériences à ce sujet. Peut-être, dit-il, ces peignes sont-ils un instrument hygrométrique qui leur fait connaître l'état de l'atmosphère, et leur évite des courses dangereuses et inutiles qu'ils pourraient faire dans l'intention de satisfaire aux premiers besoins.

Les Scorpionides habitent les pays chauds des deux hémisphères, vivent à terre ou dans les lieux sablonneux, se cachent sous les pierres ou d'autres corps, le plus souvent dans des masures, dans des lieux sombres et frais, ou même dans l'intérieur des maisons; ils courent vite en recourbant leur queue en forme d'arc sur le dos, et la dirigent en tous sens en s'en servant comme d'une arme offensive et défensive. Leurs serres leur servent à saisir les Insectes qui doivent faire leur nourriture; ce sont ordinairement des Carabes, des Charansons, des Cloportes, des Orthoptères et d'autres Insectes vivant à terre qui deviennent leurs victimes; ils les piquent avec l'aiguillon de leur queue, et les font ensuite passer à leur bouche pour les dévorer. Ces Arachnides sont si multipliés dans certains pays qu'ils deviennent pour leurs habitans un sujet continuel de crainte, et que même, suivant quelques témoignages, on s'est vu forcé de leur abandonner le terrain. Les Scorpionides ont été connus par les anciens, et la constellation zodiacale du Scorpion nous annonce que la connaissance de cet Animal remonte à la plus haute antiquité. Pline expose dans son Histoire naturelle toutes les fables que l'ignorance et la superstition ont enfantées pendant un grand nombre de siècles sur le compte de ces Animaux.

En France, le Scorpion d'Europe commence à se montrer vers le quarante-quatrième degré de latitude ou sous la zône propre à la culture de l'Amandier, du Grenadier, et se rapproche des limites septentrionales de celle de l'Olivier. Celui que Maupertuis a distingué sous le nom de Sou-

vignargues, canton du Languedoc, où il se trouve plus particulièrement, est mentionné dans Mathiole, Mouffat et Jonston; il est très-commun dans le royaume de Valence et la Basse-Catalogne, provinces où Léon Dufour n'a pu découvrir aucun individu du Scorpion d'Europe. Ces deux espèces paraissent s'exclure réciproquement des mêmes localités.

Les Scorpionides varient beaucoup pour la grandeur; ceux d'Europe n'ont guère plus d'un pouce de long, tandis que ceux d'Afrique et de l'Inde atteignent jusqu'à cinq ou six pouces. On pense qu'ils sont très-venimeux; les Persans emploient contre les piqûres du Scorpion qu'ils nomment *Agrab*, et que dans l'Indostan on nomme *Gargouali* (*Sc. australis*, Lin.), la scarification et l'application d'un peu de chaux vive; quelques personnes se servent de l'huile où l'on a rassemblé et laissé digérer plusieurs de ces Arachnides; d'autres préfèrent écraser sur-le-champ l'Animal même et l'appliquer sur la plaie; enfin d'autres font l'application d'une humeur sébacée qui suinte entre le prépuce et le gland de la verge. Les auteurs modernes, tels que Maupertuis, Rédi, Maccari, Léon Dufour et beaucoup d'autres, ont fait des expériences pour savoir jusqu'à quel point ces Arachnides sont venimeuses; il résulte de tout ce qui a été dit à ce sujet que la piqûre des Scorpions d'Europe ne peut causer que des accidens légers et jamais la mort; cependant celle du Scorpion roussâtre ou de Souvignargues produit, d'après les expériences que Maccary a faites sur lui-même, des accidens plus graves et plus alarmans, et le venin paraît être d'autant plus actif que le Scorpion est plus âgé. Le Scorpion noir (*Sc. afer*, Lin.), qui vit dans les fentes de rocher ou les creux d'arbre, et qui est quatre ou cinq fois plus grand que les précédens, peut causer la mort en moins de deux heures, et les seuls remèdes sûrs contre sa blessure sont ceux que l'on emploie contre les Serpens les plus venimeux, c'est l'alkali volatil employé soit extérieurement soit à l'intérieur, des cataplasmes de bouillon-blanc et des sudorifiques. Quant à l'opinion où l'on est qu'on force un Scorpion à se tuer lui-même quand on l'enferme dans un cercle de charbons ardens, elle a été combattue par Maupertuis qui a fait des expériences à ce sujet; nous avons eu occasion nous-même d'essayer cette expérience sur des Scorpions de Provence qui ne se sont pas plus piqués que ceux de Maupertuis ; ils couraient seulement çà et là d'un air très-inquiet, et ils finissaient par être étouffés par la chaleur.

Les Scorpionides portent leurs petits sur leur dos pendant un mois après qu'ils sont éclos. Dans quelques circonstances ils les tuent et les dévorent à mesure qu'ils naissent. Si on en enferme plusieurs ensemble, ils ne tardent pas à se battre à mort et à se dévorer jusqu'à ce qu'il n'en reste plus qu'un.

Cette tribu est divisée, comme nous l'avons dit plus haut, en deux genres; ce sont le genre Scorpion proprement dit et les Buthus. *V.* ces mots.   (G.)

SCORPIONS FAUX ou FAUX SCORPIONS. *Pseudo – Scorpiones.* ARACHN. Latreille a donné ce nom à une famille d'Arachnides trachéennes qu'il caractérise ainsi : dessous du tronc partagé en trois segmens, dont l'antérieur beaucoup plus spacieux, en forme de corselet; un abdomen très-distinct et annelé; des palpes grands, pédiformes, soit terminés par une main didactyle, soit par un bouton vésiculeux sans crochet. Cette famille renferme les genres OBISIE, PINCE et GALÉODE. *V.* ces mots.   (G.)

SCORPITIS. MIN. Pline mentionne sous ce nom une Pierre qui avait la couleur du Scorpion, ce qui ne suffit point pour qu'on puisse savoir ce que c'était.   (B.)

* **SCORPIURA.** BOT. CRYPT. (*Hydrophytes.*) Stackouse avait formé un genre dont le *Fucus amphibius* de Turner était le type. Il ne pouvait être adopté; la Plante sur laquelle il fut établi rentre parmi les Rhodomelles. *V.* ce mot.   (B.)

SCORPIURE. *Scorpiurus.* BOT. PHAN. Vulgairement *Chenillette.* Genre de la famille des Légumineuses, tribu des Hédysarées, offrant les caractères suivans : calice campanulé, un peu court, découpé peu profondément en cinq lobes aigus et égaux entre eux; corolle papilionacée, dont l'étendard est arrondi, un peu relevé, les ailes presque ovales, à appendices obtus, la carène semi-lunaire, bicipitée; dix étamines diadelphes, dont cinq plus longues, un peu dilatées au-dessous des anthères; ovaire sillonné, surmonté d'un style filiforme, aigu; gousse presque cylindrique, contournée en spirale, hérissée de tubercules ou de petites pointes, composée de trois à six articles qui renferment chacun une graine dont l'embryon est replié, et les cotylédons linéaires. La forme générale du fruit des Scorpiures offre l'aspect de certaines chenilles (d'où le nom vulgaire de *Chenillette*), et distingue nettement ce genre de tous les autres genres de Légumineuses. Tournefort lui donnait le nom de *Scorpioïdes*, qui a été convenablement modifié par Linné en celui de *Scorpiurus.* Loiseleur-Deslonchamps, dans sa *Flora gallica*, a cru nécessaire de changer encore ce mot; en lui imposant le nouveau nom de *Scorpius*, il n'a fait qu'introduire un élément de confusion de plus dans la nomenclature, puisqu'il y a un autre *Scorpius* proposé par Mœnch et appartenant à la même famille. Les Scorpiures sont des Plantes herbacées, annuelles, indigènes de la région méditerranéenne. Leurs feuilles sont simples, entières, atténuées à la base, et munies de stipules membraneuses, linéaires-lancéolées. Leurs fleurs sont jaunes ou rarement purpurines, solitaires au sommet de pédoncules axillaires, plus longs que les feuilles. Les espèces sont au nombre de sept, dont quatre croissent dans les contrées méridionales de l'Europe. Ce sont les *Scorpiurus muricata, sulcata, subvillosa* et *vermiculata*. (G..N.)

SCORPIURUS. ARACHN. Syn. de *Scorpio*. *V.* SCORPION. (B.)

SCORPIUS. BOT. PHAN. Le genre fondé sous ce nom par Mœnch et qui a pour type le *Genista germanica*, L., n'a pas été adopté. *V.* GENÈT. Loiseleur-Deslonchamps a donné le nom de *Scorpius* au *Scorpiurus*, L. *V.* SCORPIURE. (G..N.)

SCORTIME. *Scortimus.* MOLL. Genre inutile proposé par Denis de Montfort, dans le premier volume de la Conchyliologie systématique, p. 250, pour une Coquille qu'il a défigurée à sa manière en la copiant dans le bel ouvrage de Soldani. Ce genre a été compris dans les Cristellaires de D'Orbigny. (D..H.)

SCORZONÈRE. *Scorzonera.* BOT. PHAN. Ce genre de la famille des Synanthérées, tribu des Chicoracées, et de la Syngénésie égale, L., offre les caractères suivans : involucre allongé, presque cylindrique, composé de folioles nombreuses, imbriquées, inégales, pointues, membraneuses sur leurs bords; réceptacle nu, ou seulement muni de papilles; calathide composée de demi-fleurons nombreux, étalés en rayons, hermaphrodites, à languette linéaire, tronquée et divisée en cinq dents au sommet; ovaire oblong, surmonté d'un style filiforme à deux branches stigmatiques recourbées en dehors; akènes striés, oblongs, sessiles, amincis au sommet en un pédicelle qui porte une aigrette plumeuse, entremêlée de poils écailleux et soyeux. On avait rassemblé dans le genre *Scorzonera* plusieurs Plantes assez distinctes par leur organisation florale, pour en former de nouveaux genres ou pour être réunies à des genres précédemment établis. Ainsi les *Scorzonera ciliata*, *picroides*, *tin-*

gitana, etc., constituent le genre *Picridium* de Desfontaines Les *Scorzonera laciniata*, *resedifolia* et plusieurs autres espèces à feuilles pinnatifides et à fruit pédicellé, font partie du genre *Podospermum* de De Candolle. Le *Lasiospermum* de Fischer est fondé sur le *Scorzonera eriosperma* de Marschall-Bieberstein. Enfin un assez grand nombre d'espèces de *Scorzonera* ont été placées dans les genres *Sonchus*, *Leontodon* et *Apargia*. En tenant compte de ces réductions, le nombre des Scorzonères peut s'élever à environ quarante. Ce sont des Plantes herbacées qui pour la plupart croissent dans les contrées orientales et méridionales de l'Europe. Nous nous bornerons à citer ici l'espèce qui a servi de type au genre, et dont les usages, comme Plante culinaire, sont universellement connus.

La SCORZONÈRE D'ESPAGNE, *Scorzonera hispanica*, L., est une Plante dont la tige s'élève à environ un pied et demi, et porte cinq à six fleurs jaunes et terminales. Les feuilles caulinaires sont demi-embrassantes, planes ou ondulées, entières ou légèrement dentées sur les bords; les radicales sont oblongues-lancéolées, rétrécies en pétioles. Les racines sont longues, cylindriques, noires à l'extérieur, blanches en dedans. Par la culture, ces racines acquièrent une saveur douce, et sont fréquemment employées comme aliment sous le nom vulgaire de Salsifis noir. (G..N.)

SCORZONEROIDES. BOT. PHAN. Sous ce nom vicieux, Mœnch avait établi un genre dont le type était le *Leontodon autumnale*, L., transporté par Willdenow dans le genre *Apargia*. (G..N.)

SCOTANUM. BOT. PHAN. (Césalpin.)Syn. de *Rhus Cotinus*, L. (Adanson.) Syn. de *Ficaria*. (B.)

SCOTÈNE. *Scotæna.* INS. Genre d'Hyménoptères, établi par le docteur Klüg, et qui nous paraît peu différer de celui de Thynne par les an-

tennes et par les ailes. L'anus des
mâles est un peu recourbé, ce qui
le rapproche des Tengyres. Mais
n'ayant vu aucune espèce de ce genre, nous ne pouvons émettre à leur
égard une opinion positive. (LAT.)

SCOTIA. BOT. PHAN. (Poiret d'a-
près Thunberg.) Pour *Schotia. V.* ce
mot.   (G..N.)

SCOTIAS. INS. Nom donné primitivement par Czenpenski à un
genre d'Insectes Coléoptères que Scopoli a ensuite appelé *Gibbium*, désignation qui a prévalu. *V.* GIBBIE.
                              (LAT.)

SCOTINE. *Scotinus.* INS. Genre de
l'ordre des Coléoptères, section des
Hétéromères, famille des Mélasomes,
tribu des Blapsides, établi par Kirby,
et adopté par Latreille et par tous les
entomologistes. Les caractères que
Kirby assigne à ce genre sont : labre
bifide; lèvre bifide; ses lobes allant
en divergeant. Mandibules dentées,
se touchant l'une et l'autre par leur
extrémité. Mâchoires laissant un espace libre à leur base. Palpes assez
épais; leur dernier article plus grand
que les autres, presque triangulaire.
Menton bifide; ses lobes allant en
divergeant. Antennes moniliformes,
plus grosses vers leur extrémité; leur
dernier article très-court, à peine
distinct. Corps ovale, rebordé. Ce
genre se distingue des Eurynotes,
Pédines et Platyscèles, parce que les
mâles de ceux-ci ont les tarses antérieurs dilatés, ce qui n'a point lieu
dans les Scotines. Les Asides s'en éloignent parce que leur menton est
grand et recouvre la base des mâchoires, ce qui n'a pas lieu dans le
genre qui nous occupe. Enfin les
Blaps, Mésolampes, Oxyures, Scotobies et Nyctélies en diffèrent par des
caractères aussi tranchés tirés des
antennes, de la forme du corps, etc.
Ce genre se compose de deux ou trois
espèces propres à l'Amérique méridionale; son nom vient du grec et
signifie ténébreux. L'espèce qui sert
de type au genre a été décrite par
Kirby dans le douzième volume des

Transactions de la Société Linnéenne
de Londres, et figurée pl. 21, fig. 14;
c'est :

Le SCOTINE CRÉNICOLLE, *Scotinus
crenicollis*, Kirby. Il est long de neuf
lignes, noir, couvert presque entièrement d'un duvet court, roussâtre, mêlé de gris. Son corselet est
très-échancré au bord antérieur dont
les angles sont très-saillans et aigus;
les bords latéraux sont crénelés. Les
élytres ont latéralement une carène
fort élevée qui ne s'étend pas tout-à-
fait jusqu'à leur extrémité, et fait
suite aux bords latéraux du corselet;
après cette carène, les élytres se recourbent fortement en dessous et
embrassent l'abdomen. Les antennes sont hérissées de poils; elles sont
composées de onze articles dont le
troisième est le plus long de tous;
le dernier ne paraît court que parce
qu'il est entièrement plongé dans le
dixième qui est infundibuliforme. On
trouve cet Insecte au Brésil.   (G.)

SCOTOBIE. *Scotobius.* INS. Genre
de l'ordre des Coléoptères, section
des Hétéromères, famille des Mélasomes, tribu des Blapsides, établi
par Germar (*Ins. Spec. novæ aut
minus cognitæ*, vol. 1, Coléopt., p.
135), et adopté par Latreille et par
tous les entomologistes. Les caractères de ce genre sont ainsi exprimés
par Germar : antennes plus courtes
que le corselet, insérées sous un
rebord de la tête; leur troisième article en massue, plus grand que les
autres; les quatrième, cinquième et
sixième globuleux; les septième, huitième, neuvième et dixième transverses; le dernier transverse, tronqué obliquement à son extrémité.
Chaperon grand, un peu arrondi,
inséré dans une échancrure de la
tête. Palpes filiformes; menton transverse, bisinué. Lèvre presque arrondie; yeux transverses, non saillans.
Corselet transverse, rebordé; élytres réunies, ovales; extrémité des
jambes ayant deux dents. Ce genre,
intermédiaire entre les Scaures et les
Sépidies, diffère du premier parce

que le dernier article des antennes de celui-ci est allongé, ovoïdo-conique. Les Sépidies en sont distingués par la forme de leur corselet qui est subhexagonal, tandis qu'il est sub-isométrique dans les Scotobies. Des caractères de la même valeur distinguent les Scotines de tous les autres genres de leur tribu. Les mœurs de ces Insectes sont encore inconnues; il est cependant probable qu'ils vivent, comme les Scaures et les Sépidies, dans les lieux arides et sablonneux. Le genre Scotobie se compose de trois ou quatre espèces propres à l'Amérique. Nous citerons comme type du genre :

Le SCOTOBIE CRISPÉ, *Scotobius crispatus*, Germ., *loc. cit.*, p. 156, pl. 1, fig. 3. Cet Insecte est long de plus de sept lignes, noir, obscur; son corselet est légèrement ponctué, avec deux impressions. Les élytres ont des tubercules rapprochés et rangés en séries. On le trouve à Buénos-Ayres.

(G.)

SCOTODE. *Scotodes*. INS. Genre de l'ordre des Coléoptères, section des Hétéromères, établi par Eschscholtz, et auquel Fischer avait donné le nom de *Palmatopus*. Ce dernier auteur a restitué son premier nom à ce genre dans l'Entomographie de la Russie. Ses caractères sont exprimés ainsi : antennes allant en s'épaississant vers l'extrémité; leur troisième article très-long, le dernier ovale. Labre presque carré; mandibules cornées, arquées, unidentées. Mâchoires membraneuses, bifides; leur lobe antérieur large, cilié; l'intérieur linéaire. Palpes maxillaires sécuriformes; les labiaux presque filiformes. Menton entier, transversal. Ce genre, dont le nom vient d'un mot grec qui signifie *sombre*, se compose d'Insectes à corps velu et qui ont la tête inclinée. L'espèce suivante lui sert de type.

Le SCOTODE ANNELÉ, *Scotodes annulatus*, Esch., Mém. de l'Acad. des Sc. de St.-Pétersb. T. VI, p. 454, n° 3; *Germ. Magas.*, vol. 4, p. 398; *Palmatopus Hummelii*, Fisch., En-

tomologie de la Russ., vol. 2, tab. 22, fig. 7 à 9. Cet Insecte est long d'environ cinq lignes, brun, avec un duvet gris. Les jambes sont grises, annelées de brun. Il habite les lieux ombragés en Livonie.   (G.)

* SCOTOPHILUS. MAM. Genre de Chauve-Souris proposé par Leach (*Trans. Lin. Soc.* T. XIII), et qui aurait pour caractères : quatre incisives supérieures, six inférieures; deux canines à chaque mâchoire; quatre molaires à couronne armée de pointes, de chaque côté et à chaque mâchoire; troisième, quatrième et cinquième doigts des ailes ayant trois phalanges. Ce genre que nous ne connaissons pas par nos propres observations, et qui a toujours été regardé comme très-douteux par les naturalistes français, renfermerait une seule espèce, *Scotophilus Kuhlii*, Leach, dont la patrie est inconnue, et dont le pelage est roux ferrugineux.   (IS. G. ST.-H.)

SCOTTEA ou SCOTTIA. BOT. PHAN. R. Brown (*in Hort. Kew.*, édit. 2, vol. 4, p. 268) a proposé sous le nom de *Scottia*, que De Candolle a modifié en *Scottea*, un genre de la famille des Légumineuses, qui serait ainsi caractérisé : calice à cinq dents un peu inégales, entouré de bractées imbriquées; corolle papilionacée dont l'étendard est plus court que les ailes qui sont égales à la carène; dix étamines monadelphes; gousse pédicellée, comprimée, épaissie sur ses deux bords, et contenant trois à quatre graines strophiolées. L'auteur de ce genre en a indiqué, sans description, une seule espèce qu'il a nommée *Scottia dentata*, et qui croît sur les côtes méridionales et occidentales de la Nouvelle-Hollande.   (G..N.)

SCOURJEON. BOT. PHAN. Même chose qu'Escourgeon. *V.* ce mot.   (B.)

* SCRAPTER. INS. Genre de l'ordre des Hyménoptères, section des Porte-Aiguillons, famille des Mellifères, tribu des Andrénettes, division

des Récoltantes, établi par Lepelletier de Saint-Fargeau et Serville, dans l'Encyclopédie méthodique, et que ces auteurs distinguent des autres genres de sa tribu de la manière suivante : Dans cette division des Andrénètes, disent ces entomologistes, trois genres se distinguent par les caractères suivans : division intermédiaire de la lèvre lancéolée; femelles ayant une palette de chaque côté du métathorax, et une autre sur les cuisses postérieures; leur brosse placée sur le côté extérieur des jambes et du premier article des tarses des pates postérieures. Ce sont des Andrènes, les Dasypodes et les Scrapters ; les premières sont faciles à reconnaître par la présence de quatre cellules cubitales aux ailes supérieures; les Dasypodes n'en ont que trois ainsi que les Scrapters, mais elles s'éloignent de ces derniers, 1° par la forme de leur cellule qui n'a point de rétrécissement sensible ; 2° par les ocelles disposés en ligne droite; 3° par l'épine terminale de leurs jambes antérieures ayant, avant son milieu, une dent latérale jusqu'à laquelle seulement elle est garnie d'une membrane. Les Scrapters ont beaucoup de caractères communs avec les Dasypodes, mais ils en diffèrent sensiblement par ceux que nous allons énoncer : antennes des mâles allant un peu en grossissant vers le bout. Mâchoires réfléchies près de leur extrémité. Lèvre peu allongée, plus courte que les palpes maxillaires ; son appendice terminal guère plus long que large. Cellule radiale allant en se rétrécissant depuis le milieu jusqu'à son extrémité qui est presque aiguë; trois cellules cubitales, les deux premières presque égales, la seconde rétrécie vers la radiale, recevant les deux nervures récurrentes; troisième cellule atteignant presque le bout de l'aile. Jambes antérieures munies d'une seule épine terminale, garnie dans toute sa longueur d'une membrane étroite; cette épine échancrée à l'extrémité, terminée par deux pointes aiguës,

divergentes. Premier article des tarses postérieurs plus court que la jambe. Trois ocelles disposés en triangle sur le vertex. Ce genre, qui équivaut à la première division des Andrenettes de Latreille (*Gen. Crust. et Ins.*, 4, p. 151), se compose de quatre espèces, dont trois propres à l'Afrique et une au midi de la France. Son nom vient d'un mot grec qui signifie fouisseurs. Ses mœurs doivent être les mêmes que celles des Dasypodes. Nous citerons comme type de ce genre :

Le SCRAPTER DICOLOR, *Scrapter bicolor*, Lepell. de St.-Farg. et Serv., Encycl. méth. Long de six lignes, noir, chargé de poils d'un gris roussâtre. Antennes allant en grossissant vers le bout, ferrugineuses, à l'exception de leurs trois premiers articles qui sont noirs. Second et troisième segmens de l'abdomen ferrugineux, ainsi que la moitié postérieure du premier. Ailes transparentes. On trouve cette espèce au cap de Bonne-Espérance.   (G.)

SCRAPTIE. *Scraptia*. INS. Genre de l'ordre des Coléoptères, section des Hétéromères, famille des Trachélides, tribu des Mordellones, établi par Latreille qui lui donne pour caractères : corps ovale-oblong, assez mou. Tête penchée. Antennes filiformes, insérées dans une échancrure des yeux, composées de onze articles, la plupart presque égaux, courts, presque cylindriques ; le second le plus court de tous ; le troisième et les premiers de ceux qui les suivent, un peu amincis à leur base; le quatrième un peu plus long que le troisième ; le dernier obconique, pointu à l'extrémité. Labre avancé, membraneux, carré, un peu plus large que long, entier. Mandibules cachées, cornées, arquées ; leur côté intérieur largement et fortement échancré, unidenté ; leur extrémité aiguë, refendue. Mâchoires membraneuses, à deux lobes ; l'extérieur beaucoup plus grand que l'autre, plus large à son extrémité, obtus et velu ; l'intérieur très-petit, aigu ; Palpes avancés ; leur dernier article très-grand, sécuriforme dans les maxillaires, presque triangulaire dans les labiaux. Lèvre membraneuse, en carré long, un peu plus étroite à sa base, arrondie à ses angles, à peine échancrée dans son milieu. Menton court, demi-coriace, embrassant la base de la lèvre en manière d'anneau. Yeux lunulés. Corselet presque demi-circulaire, arrondi antérieurement ; sa partie postérieure transversale, point rebordée. Ecusson distinct. Elytres point rebordées, recouvrant l'abdomen. Pates assez courtes, à jambe presque cylindrique, avec leur épine terminale courte ; pénultième article de tous les tarses bilobé. Abdomen obtus, ne dépassant pas les élytres. Schœnherr avait confondu ce genre avec ses *Dircœa* dont il diffère essentiellement. Il se distingue des Rhipiphores, Pélécotomes et Myodites, parce que ceux-ci ont les palpes filiformes et les antennes en éventail ou très-pectinées dans les mâles. Les Mordelles en diffèrent parce qu'elles ont tous les articles de leurs tarses entiers et que leur abdomen est terminé en pointe. Les Anaspes en sont éloignés parce que tous les articles de leurs tarses postérieurs sont entiers. Les mœurs de ces Insectes ne sont pas encore connues ; on les trouve à l'état parfait sur les fleurs. Ce genre est peu nombreux en espèces ; celle que l'on trouve aux environs de Paris est :

La SCRAPTIE BRUNE, *Scraptia fusca*, Latr. ; *Dircœa sericea*, Gyllenh., *in Schœn synon. Ins. append.*, p. 19, n. 26. Longue de deux lignes et demie ; antennes, tête, corselet et abdomen d'un brun testacé ; parties de la bouche, élytres et pates d'un testacé plus clair ; élytres et corselet finement pointillés, couvert d'un duvet court, couché, de couleur cendrée.

(G.)

SCRIBÆA. BOT. PHAN. Dans la Flore de Wétéravie, on a donné ce nom comme générique au *Cucubalus*

bacciferus, L. Mais cette Plante a été conservée seule dans le genre *Cucubalus*, les autres espèces étant des Silènes. *V.* CUCUBALE et SILÈNE.

(G..N.)

SCROBICULAIRE. *Scrobicularia*. CONCH. Les Coquilles dont Schumacher s'est servi pour l'établissement de ce genre sont les mêmes que celles qui servent de type aux genres Lutraire de Lamarck, Arenaire de Mégerle, et Ligula de Montagu et de Leach. *V.* ces mots. Voilà un genre qui certes ne pouvait manquer d'être établi. (D..H.)

SCROPHULAIRE. *Scrophularia*. BOT. PHAN. Genre qui donne son nom à la famille des Scrophulariées, et qui appartient à la Didynamie Angiospermie de Linné. Il offre les caractères suivans : calice monosépale, persistant, à cinq divisions profondes ; corolle monopétale, presque globuleuse ; limbe plus ou moins resserré, à cinq lobes courts, obtus et plus ou moins inégaux. Etamines au nombre de quatre, didynames, incluses ou saillantes, avec une cinquième étamine rudimentaire, qui se présente sous la forme d'une petite languette placée à la partie supérieure de la corolle ; les anthères sont uniloculaires, placées transversalement au sommet du filet. L'ovaire, appliqué sur un disque hypogyne et annulaire, est à deux loges polyspermes et devient une capsule ovoïde, enveloppée par le calice et s'ouvrant en deux valves. Les Scrophulaires sont des Plantes herbacées, vivaces ou frutescentes, ayant la tige généralement carrée, les feuilles opposées, simples ou plus ou moins profondément découpées et pinnatifides ; les fleurs petites, d'une couleur obscure, formant une sorte de grappe terminale. Les espèces de ce genre sont assez nombreuses, et toutes appartiennent aux diverses régions de l'ancien continent. Parmi les espèces indigènes, nous citerons ici les suivantes : SCROPHULAIRE NOUEUSE, *Scrophularia nodosa*, L. , dont la racine, horizontale et rampante, offre des renflemens ou nodosités plus ou moins rapprochées; ses feuilles sont simples, et ses fleurs forment une grappe nue et terminale. Toute la Plante répand une odeur nauséabonde. Cette espèce croît dans les bois couverts. La SCROPHULAIRE AQUATIQUE ou BÉTOINE D'EAU, Herbe du siége, *Scrophularia aquatica*, L. Plus grande que la précédente, cette espèce croît sur le bord des ruisseaux et des étangs. Sa racine est fibreuse; ses feuilles, plus grandes, sont auriculées à leur base. Ces deux espèces étaient autrefois employées en médecine, la première contre les engorgemens scrophuleux, et celle-ci comme vulnéraire. Mais l'une et l'autre sont aujourd'hui tout-à-fait inusitées.   (A. R.)

SCROPHULARIÉES ou SCROPHULARINÉES. *Scrophulariæ.* BOT. PHAN.

Dans son *Genera Plantarum*, le professeur De Jussieu a établi, sous les noms de Scrophulariées et de Pédiculaires, deux familles qui renferment un grand nombre des genres des Personnées de Tournefort. L'illustre botaniste français distinguait surtout ces deux familles par le mode particulier de déhiscence de leur capsule qui, dans les Scrophulariées, s'ouvre en deux valves parallèles à la cloison, tandis que dans les Pédiculaires ces valves emportent chacune avec elles la moitié de la cloison. Mais R. Brown (*Prodr. Flor. Nov.-Holl.*, 1, p. 453) a proposé de réunir ces deux familles en une seule. Selon cet habile observateur, le mode de déhiscence, qui fait presque l'unique différence entre les deux familles établies par Jussieu, n'est pas suffisant, lorsqu'il n'est pas accompagné de quelques autres signes pour distinguer deux familles. Car dans le genre *Veronica*, par exemple, on peut trouver réunis, dans les diverses espèces qui en font partie, les deux modes de déhiscence par lesquels on avait jusqu'alors distingué les deux familles des Scrophulariées et des Pédiculaires. Nous avons adopté cette manière de voir du savant botaniste anglais, soit dans notre Botanique médicale, soit dans la quatrième édition de nos Élémens de Botanique et de Physiologie végétale. Ainsi la famille des Scrophulariées, dont nous traçons ici les caractères, comprend les genres dont le professeur Jussieu avait formé les deux familles des Scrophulariées et des Pédiculaires. Voici les caractères de cette famille : le calice est monosépale, persistant, à quatre ou cinq dents, ou à quatre ou cinq lobes plus ou moins profonds et inégaux ; la corolle est monopétale, irrégulière, à quatre ou cinq lobes inégaux, disposés en deux lèvres rapprochées ou écartées; les lobes de la corolle sont latéralement imbriqués avant l'épanouissement de la fleur. Les étamines sont au nombre de quatre et didynames ; dans un certain nombre de genres les deux plus courtes avortent; l'ovaire est libre, à deux loges contenant chacune un nombre variable d'ovules attachés à deux trophospermes axiles. Le style est simple, terminé par un stigmate plus ou moins profondément bilobé. Le fruit est une capsule, très-rarement une baie, à deux loges polyspermes, s'ouvrant en deux ou plus rarement en quatre valves, souvent bifides à leur sommet, et qui tantôt sont parallèles à la cloison qui reste intacte, et tantôt emportent chacune avec elles la moitié de la cloison qui reste attachée sur le milieu de leur face interne. Les graines offrent sous leur tégument propre un endosperme charnu et légèrement corné dans lequel on trouve vers la partie supérieure un embryon très-petit, ordinairement antitrope, c'est-à-dire ayant les cotylédons tournés vers le point d'attache de la graine. Dans quelques genres, et entre autres dans l'*Hornemannia*, l'embryon est orthotrope. Les Scrophularinées sont des Plantes herbacées, ou quelquefois des Arbustes portant en général des feuilles opposées, quelquefois alternes ;

des fleurs munies de bractées tantôt axillaires, tantôt disposées en épis ou en grappes terminales. Cette famille a de très-grands rapports avec les Solanées et les Verbénacées. Mais elle diffère surtout des premières par son embryon droit et non courbé en arc, par ses fleurs irrégulières et ses étamines inégales; des secondes par ses loges polyspermes, etc. Nous conserverons ici, mais comme simples tribus d'un même ordre naturel, les Scrophulariées proprement dites et les Pédiculaires ou Rhinanthacées.

1°. SCROPHULARIÉES. Capsule à deux valves, parallèles aux cloisons.

A. Quatre étamines didynames.

Nuxia, Comm.; *Buddleia*, L.; *Gomara*, R. et P.; *Russelia*, Jacq.; *Scoparia*, L.; *Leucophyllum*, Kunth; *Capraria*, L.; *Borkhausenia*, Roth; *Xuaresia*, R. et P.; *Stemodia*, L.; *Conobea*, Aublet; *Mecardonia*, R. et Pav.; *Virgularia*, id.; *Halleria*, L.; *Diceros*, Lour.; *Scrophularia*, L.; *Dodartia*, L.; *Gerardia*, L.; *Cymbaria*, L.; *Sopulina*, Don; *Chirita*, Don; *Maurandia*, Ortega; *Mitrasachme*, Labill.; *Anarrhinum*, Desf.; *Simbuleta*, Forsk.; *Linaria*, Tourn.; *Antirrhinum*, Tourn.; *Collinsia*, Nutt.; *Nemesia*, Venten.; *Digitalis*, L.; *Penstemon*, Mich.; *Hemimeris*, L.; *Angelonia*, Humb. et Bonpl.; *Adenosma*, R. Brown; *Limnophila*, id.; *Herpestis*, Gaertn.; *Morgania*, R. Brown; *Torenia*, L.; *Vandellia*, L.; *Lindernia*, L.; *Limosella*, L.; *Heteranthera*, Nées et Martius; *Browallia*, L.; *Schwenckia*, L.

B. Deux étamines.

Pæderota, L.; *Curanga*, Juss.; *Calceolaria*, L.; *Bæa*, Comm.; *Schizanthus*, R. et P.; *Jovellana*, id.; *Gratiola*, L.

2°. RHINANTHÉES. Capsule à deux valves opposées à la cloison, dont elles emportent chacune la moitié sur leur face interne.

A. Deux étamines ou davantage, mais non didynames.

Microcarpea, R. Brown; *Veronica*,

L.; *Leptandra*, Nutt.; *Sibhtorpia*, L.; *Disandra*, L.

B. Quatre étamines didynames.

Ourisia, L.; *Erinus*, L.; *Manulea*, L.; *Castilleja*, L.; *Bartsia*, L.; *Eucroma*, Nutt.; *Escobedia*, R. et P.; *Mimulus*, L.; *Uvedalia*, R. Brown; *Lamourouxia*, Kunth; *Gymnandra*, Pall.; *Euphrasia*, L.; *Buchnera*, Swartz; *Centranthera*, R. Brown; *Pedicularis*, L.; *Rhinanthus*, L.; *Melampyrum*, L.; *Mazus*, Lour.; *Lafuenta*, Lagasca; *Hornemannia*, Willd.   (A. R.)

SCURRULA. BOT. PHAN. Patrick Browne a ainsi nommé une Plante rapportée au genre *Loranthus* de Linné. *V.* ce mot.   (G..N.)

SCUTELLAIRE. *Scutellaria*. BOT. PHAN. Ce genre, connu sous le nom vulgaire français de *Toque*, appartient à la famille des Labiées et à la Didynamie Gymnospermie, L. Il offre les caractères suivans: calice très-court, bilabié, dépourvu de bractées, à lèvres entières, dont la supérieure est en forme de voûte intérieurement, et porte sur son dos un appendice en forme d'écaille foliacée; corolle irrégulière, ringente, dont le tube est courbé vers la base, renflé et comprimé dans les trois quarts de sa longueur, le limbe divisé en deux lèvres, la supérieure (casque) presque entière ou légèrement tridentée, l'inférieure plus large, divisée en trois segmens dont celui du milieu est échancré; quatre étamines didynames; ovaire quadrilobé, du centre duquel s'élève un style filiforme de la longueur des étamines, et terminé par un stigmate recourbé, presque simple; quatre akènes placés au fond du calice persistant et ayant son orifice fermé par l'écaille foliacée du limbe calicinal. Le genre Scutellaire est très-remarquable par la structure de son calice. Ceux de nos genres européens de Labiées, dont il se rapproche le plus, sont le *Brunella* ou *Prunella*, et l'*Ocymum*; mais il offre aussi des rapports nombreux avec des genres exotiques, tels que le *Plectranthus* et le *Chilodia*. Scopoli et Mœnch ont donné inutilement le nom générique de *Cassida* à quelques espèces qui ne peuvent être séparées du genre *Scutellaria*.

Les espèces de Scutellaires sont au nombre d'environ quarante, réparties sur les divers points du globe. Plusieurs croissent en Europe et en Asie sur le bord des eaux et des montagnes. D'autres croissent en Amérique et dans la Nouvelle-Hollande. Ce sont des Plantes herbacées ou sousfrutescentes, à fleurs disposées en épis axillaires, solitaires ou terminaux. Parmi les espèces qui croissent en France, nous citerons les *Scutellaria galericulata* et *S. minor*, L. La première est fort abondante le long des ruisseaux; l'autre croît dans les bois humides, particulièrement aux environs de Paris.   (G..N.)

SCUTELLE. *Scutella*. ÉCHIN. Genre d'Échinodermes pédicellés ayant pour caractères : corps aplati, elliptique ou suborbiculaire, à bord mince, presque tranchant, et garni de très-petites épines; ambulaires bornés, courts, imitant une fleur à cinq pétales; bouche inférieure, centrale; anus entre la bouche et le bord, rarement dans le bord. Les Scutelles se reconnaissent avec facilité à leur grand aplatissement et à leurs bords plus ou moins tranchans. Leur test est en général épais et solide; toute sa surface est couverte de petits tubercules granuleux, partout à peu près de même volume; leurs épines sont très-petites et claviformes. La surface supérieure est légèrement convexe; les ambulaires, au nombre de cinq, sont en général ovalaires et formés de deux lignes de petits trous rapprochés en dehors; dans quelques espèces ces lignes restent écartées sans se réunir. La surface inférieure est tout-à-fait plane; la bouche est toujours située au centre, et l'anus plus ou moins voisin du bord postérieur; la surface infé-

rieure est presque toujours marquée de cinq sillons plus ou moins ramifiés qui vont, en rayonnant, de la bouche à la circonférence. La plupart des Scutelles atteignent une assez grande taille : leur forme est circulaire, ovalaire ou subpentagone, et approche de celle d'un bouclier ou d'un disque. Le bord est tantôt entier, tantôt entaillé ou profondément et régulièrement sinueux dans une partie de sa circonférence; enfin quelques Scutelles sont percées à jour de trous oblongs ou arrondis, disposés régulièrement. Les trous traversent l'épaisseur des deux tables du test, et ne communiquent point avec la cavité qui est peu spacieuse. Des colonnes de même nature que le test, verticales et irrégulières, s'observent dans l'intérieur des Scutelles, entre les deux tables. La bouche est armée de cinq pièces calcaires à deux branches, en forme de V; la face interne de ces branches est lamelleuse. Ces Echinodermes ne se trouvent à l'état vivant que dans les mers intertropicales; il y en a quelques espèces fossiles.

Lamarck a décrit dix-sept espèces de Scutelles; ce sont les *Scutella dentata*, *digitata*, *emarginata*, *sexforis*, *quinquefora*, *quadrifora*, *bifora*, *bifissa*, *lenticularis*, *orbicularis*, *fibularis*, *placenta*, *parma*, *subrotunda*, *latissima* et *ambigena*.   (E. D..L.)

SCUTELLE. *Scutella*. BOT. CRYPT. (*Lichens*.) On donne le nom de Scutelle aux organes carpomorphes qui affectent la forme d'un disque. Si cette Scutelle est sessile, elle prend le nom de Patellule. Les Parméliacées ont seules des apothécies scutelloïdes; ils apparaissent, sur les expansions foliacées qui sont propres à ces Lichens, sous la forme d'un pore; ce pore grossit, se dilate vers le sommet, s'élargit peu à peu, s'affaisse, et simule, plus ou moins complétement, un écusson. La Scutelle est formée extérieurement aux dépens du thalle qui la margine; la partie inférieure du disque est dans le même cas; mais la partie supérieure se constitue d'une substance propre, ordinairement colorée, qui a reçu le nom de lame proligère (*V.* ce mot); c'est l'accroissement ou l'épanouissement de cette lame proligère qui force le thalle à se distendre. (A. F.)

SCUTELLAIRE. *Scutellaria.* BOT. CRYPT. (*Lichens.*) Les botanistes antérieurs à Acharius avaient créé un genre *Scutellaria*, dans lequel ils avaient renfermé les Lichens dont le fruit est scutelloïde. Il en résulta un genre monstrueux qui fut démembré et réparti dans les genres *Lecanora*, *Lecidea*, *Urceolaria*, etc. (A. F.)

SCUTELLÈRE. *Scutellera.* INS. Genre de l'ordre des Hémiptères, section des Hétéroptères, famille des Géocorises, tribu des Longilabres, établi par Lamarck aux dépens du genre *Pentatoma* d'Olivier, et adopté par tous les entomologistes. Ce genre ne diffère des Pentatomes et des Hétéroscèles, qui ont des caractères communs, que par son écusson qui recouvre entièrement le dessus de l'abdomen et sous lequel sont cachées les ailes et les élytres, tandis que dans les Pentatomes et les Hétéroscèles il est beaucoup moins grand. D'ailleurs tous les autres caractères sont les mêmes; les métamorphoses et les mœurs des Scutellères sont aussi parfaitement semblables. Nous renvoyons donc au mot PENTATOME pour les détails d'organisation de ce genre. Les Scutellères se trouvent dans tous les pays du monde; leurs espèces sont d'autant plus grandes et plus riches en couleur, qu'elles habitent des contrées plus rapprochées de l'équateur. On en connaît un grand nombre qui ont été décrites par Fabricius sous les noms de *Tetyra* et *Canopus*. Lepelletier de Saint-Fargeau et Serville (Encycl.) divisent ce genre en plusieurs coupes ainsi qu'il suit :

I. Jambes simples.

α Une lame abdominale lancéolée.

Cuisses antérieures munies d'une épine.

† Jambes antérieures dilatées près de leur extrémité.

La SCUTELLÈRE ÉMERAUDE, *Scutellera smaragdula*, Lepel. St.-Farg. et Serv., Encycl. Longue de cinq lignes; d'un vert un peu doré et irrégulièrement ponctué en dessus; dessous du corps et pates de même couleur, avec un reflet violet. Antennes noires; leur troisième article un peu plus court que le second. Membrane des élytres brune, surtout dans sa moitié extérieure. Lame abdominale pâle à son extrémité. Bec atteignant la base des hanches postérieures. On la trouve au Brésil.

†† Toutes les jambes sans dilatation.

La SCUTELLÈRE TÊTE ROUGE, *Scutellera erythrocephala*, Lepel. St.-Farg. et Serv. Longue de trois lignes; d'un vert doré; dessus irrégulièrement ponctué. Tête, pates, et une double tache sur la lame ventrale, rouges. Antennes noires, avec la base rouge. On la trouve au Brésil.

β Point de lame abdominale.

† Corps allongé; abdomen allant en se rétrécissant de la base à l'extrémité.

* Corselet armé d'une épine.

Rapportez à cette subdivision la *Scutellera dispar*, *Tetyra dispar* de Fabricius; Stoll, Punais., pl. 57, fig. 260, a, b.

** Corselet mutique.

Rapportez à ce groupe les *Tetyra duodecimpunctata*, *nobilis*, *signata*, *Stockerus* de Fabricius (Syst. Rhyng.).

†† Corps court pour sa largeur.

* Abdomen au moins de la largeur du corselet, ne se rétrécissant pas dans les deux premiers tiers de sa longueur.

1. Écusson armé d'une dent.

La SCUTELLÈRE BOSSUE, *Tetyra gibba*, Fabr.

2. Écussou mutique. Tous les articles des antennes simples.

Beaucoup d'espèces entrent dans ce groupe; nous citerons seulement les *Tetyra cyanipes*, *Fabricii*, *Annulus*, *maura*, *hottentota*, *nigellæ*, *semipunctata*, *nigrolineata*, etc., de Fabricius. Une seule espèce a le quatrième article des antennes dilaté; c'est la Scutellère à dos bleu, *Scutellera ochro-cyanea* de Stoll, Punais., pl. 14, fig. 92.

** Abdomen presque triangulaire, allant en se rétrécissant depuis le corselet jusqu'à l'extrémité.

Le *Tetyra albolineata*, Fabr., et la *Scutellera trimaculata*, Lepel. St.-Farg. et Serv.

††† Corps orbiculaire.

Les *Tetyra Globus*, *Wahlii*, *impressa*, etc., Fabr.

II. Jambes épineuses.

Les *Tetyra fuliginosa*, *Schulzii*, *scarabœides*, etc., Fabr.

Nous avons cru devoir présenter ce cadre aux entomologistes qui possèdent un grand nombre d'espèces de ce genre, afin de leur faciliter les moyens de les reconnaître et de les grouper. Nous regrettons que les bornes de cet ouvrage ne nous permettent pas d'entrer dans plus de détails.

(G.)

SCUTELLITES. MOLL. FOSS. Espèces fossiles du genre Pavois de Montfort, adopté sous le nom de Parmophore. *V.* ce mot. (D..H.)

*SCUTIA. BOT. PHAN. Commerson, dans ses manuscrits, avait établi sous ce nom un genre de la famille des Rhamnées, qui fut réuni par De Candolle (*Prodrom.*, 2, p. 29) au genre *Ceanothus*, à titre de section générique. Dans sa Monographie des Rhamnées, Adolphe Brongniart a rétabli ce genre et en a ainsi exposé les caractères : calice dont le tube est urcéolé, le limbe quinquéfide, dressé; corolle à pétales presque planes, profondément échancré; cinq étami-

nes courtes, à anthères ovées, biloculaires; disque charnu, couvrant le tube du calice, ceignant étroitement l'ovaire, mais n'étant pas adhérent avec lui; ovaire à deux ou trois loges, surmonté d'un style court, simple et d'un stigmate à deux ou trois lobes; fruit à trois coques, déhiscent, entouré par le calice qui se fend en travers à sa base. Ce genre a pour types deux espèces dont l'une est le *Rhamnus circumscissus*, L., auquel Brongniart donne le nom de *Scutia indica*, et qui croît dans l'Inde-Orientale. L'autre espèce est le *Scutia Commersonii*, Brongn., que l'on trouve à l'île de Mascareigne et sur les côtes orientales d'Afrique. Commerson a aussi désigné cette Plante dans son Herbier sous le nom de *Sentis* qu'on lui donne vulgairement à Mascareigne. Une troisième espèce est le *Scutia ferrea*, Brongn.; *Rhamnus ferreus*, Vahl, qui est originaire des Antilles. Ce sont des Arbrisseaux très-glabres, à feuilles alternes, rapprochées par paires et presque opposées, entières ou à peine dentées en scie, coriaces, penninerves, accompagnées de deux stipules très-petites et caduques. Les épines, qui manquent quelquefois, sont crochues, presque aussi longues que les pétioles, et naissent des aisselles des feuilles inférieures où l'on n'observe point de fleurs; conséquemment ce sont des pédoncules avortés. Les fleurs sont ramassées dans les aisselles des feuilles en petites ombelles simples et peu fournies. (G..N.)

SCUTIBRANCHES. *Scutibranchia.* MOLL. Cuvier (Règne Animal) employa le premier cette dénomination, et l'appliqua à un ordre de ses Gastéropodes. Cet ordre est partagé en deux sections, les Scutibranches non symétriques et les Scutibranches symétriques. Les genres Ormier, Cabochon et Crépidules sont compris dans ces premiers. Le genre Ormier est partagé en trois sous-genres, les Haliotides, les Padolles et les Stomates. Les Scutibranches symétriques renferment les genres Fissurelle, Emarginule, Navicelle, Carinaire et Calyptrée. Si l'on voulait entrer dans un examen un peu minutieux de cet arrangement, on trouverait plusieurs genres qui ne sont point dans leurs véritables rapports, comme les Carinaires, les Navicelles, les Caliptrées. En adoptant l'ordre des Scutibranches, Férussac, dans ses Tableaux systématiques, a cherché à mieux coordonner les élémens qui le composent; mais il était difficile de ne pas échouer dans cette entreprise en suivant, comme il l'a fait, les erremens de Cuvier; même en établissant trois sous-ordres et quatre familles, il sera toujours très-difficile de trouver les liens naturels entre la famille des Calyptraciens et celle des Hétéropodes (Nucléobranches, Blainv.). Latreille (Fam. nat. du Règn. Anim., page 201) a bien senti que l'ordre des Scutibranches ne pouvait rester tel qu'il avait été d'abord présenté. Il ne le composa que de deux familles, les Auriformes et les Pibiformes; dans la première on ne trouve que les trois genres Haliotide, Stomate et Stomatèle auxquels nous renvoyons, et dans la seconde les genres Septaire, Crépidule, Calyptrée, dans une première section, et Hipponice, Cabochon, Emarginule, Fissurelle et Parmophore dans une seconde. V. ces mots. Blainville, dans son Traité de Malacologie, a distribué tous ces genres d'une autre manière ; il a réduit les Scutibranches à un petit nombre de genres divisés en deux familles, celle des Otidées (V. ce mot) pour les Haliotides et les Ancyles, et celle des Calyptraciens pour les Calyptrées, les Cabochons et les Hipponices. Nous ne pensons pas que les rapports de ces deux familles soient naturels: nous ne voyons pas non plus que les genres qui constituent la première (V. OTIDES) soient liés par des rapports bien appréciés; mais nous croyons, au contraire, que ceux que l'on trouve dans la famille des Calyptraciens sont mieux coordonnés qu'ils ne l'avaient été

jusqu'alors , et que, réformée de cette manière, cette famille n'éprouvera plus de changemens notables.
(D..H.)

SCUTIFORMES. *Scutiformia.* MOLL. Latreille (Fam. nat. du Règn. Anim., p. 202) nomme ainsi la seconde famille de Cyclobranches ; il la compose des genres Patelle et Ombrelle qui ne sont pas aussi rapprochés que Latreille pourrait le croire. V. ces mots. (D..H.)

SCUTIGER. BOT. CRYPT. Genre bizarre de Champignons inadmissible, formé par Paulet pour des Bolets et des Polypores. (B.)

SCUTIGÈRE. *Scutigera.* INS. Genre de la classe des Myriapodes, ordre des Chilopodes, famille des Inœquipèdes de Latreille (Fam. nat. du Règne Anim.), établi par Lamarck dans son Système des Animaux sans vertèbres, et placé par cet auteur parmi ses Arachnides antennistes. Suivant Latreille, les caractères de ce genre sont : corps allongé, mais point vermiforme ou linéaire, divisé, vu en dessous, en quinze anneaux portant chacun une paire de pieds, recouvert en dessus par huit plaques ou demi-segmens, en forme d'écussons, et cachant les spiracules. Pieds allongés, surtout ceux des dernières paires, avec le tarse long et très-articulé; yeux grands avec une cornée à facettes.

Ces Animaux ont les plus grands rapports avec les Scolopendres, mais ils en diffèrent par plusieurs caractères et surtout par les pates qui, dans ces derniers, sont égales entre elles ; le même caractère les éloigne aussi des Iules et des autres genres voisins. Illiger (*Faune d'Etrurie* de Rossi, T. II, p. 299) a donné le nom de *Cermatia* à ce genre long-temps avant que Lamarck l'ait établi sous celui de Scutigère. Ce nom de *Cermatie* a été adopté par Leach ; mais Latreille a conservé dans tous ses ouvrages le nom que Lamarck lui a assigné.

Le corps de ces Myriapodes est

presque cylindrique, long, moins déprimé que celui des Scolopendres, un peu rétréci en pointe à son extrémité postérieure et un peu plus large au bout opposé, le diamètre transversal de la tête étant un peu plus grand. Cette tête est presque carrée. Les yeux sont, suivant Léon Dufour (Ann. des Sc. nat. T. II, p. 93), à facettes, et loin d'être orbiculaires comme on l'avait dit avant lui, ils circonscrivent un triangle dont la base est antérieure et arrondie. Les antennes sont insérées au-devant des yeux, sétacées, presque aussi longues que le corps, composées d'une multitude de petits articles, et offrent vers le quart environ de leur longueur, à partir du point d'insertion, un article trois ou quatre fois plus long que ceux qui le précèdent et qui le suivent; à cet endroit les antennes forment un léger coude. Les palpes maxillaires sont saillans, épineux et filiformes. Les pieds-mâchoires extérieurs ou *pieds-mandibules* de Léon Dufour s'insèrent, suivant ce naturaliste, sur un demi-anneau fort étroit placé derrière le bord occipital de la tête et caché sous le premier segment dorsal. Ils sont composés de quatre articles dont le dernier est un crochet brun modérément arqué. Les deux divisions de la fausse lèvre, comprise entre ces pieds-mâchoires, ont leur bord supérieur entier et garni d'épines. Savigny (Mém. sur les Anim. sans vertèbres) a figuré et décrit, avec une grande exactitude, tous ces organes, et on peut en prendre une idée bien nette en consultant son ouvrage. Les huit plaques qui recouvrent le dessus du corps des Scutigères sont assez épaisses, et forment autant de petits boucliers ou écussons presque carrés. Indépendamment des segmens dorsaux pédigères, Léon Dufour a observé (*Scut. lineata fem.*) deux plaques rétractiles arrondies; au-dessous de ces plaques on observe d'abord deux crochets bruns, acérés, à peine arqués, biarticulés; puis deux pièces ovalaires hérissées comme des brosses. Les pates diffè-

rent essentiellement de celles des Scolopendres; elles tiennent au corps par deux articles correspondans à la hanche et dont le second est très-court; viennent ensuite deux autres articles plus gros que les suivans, allongés, formant un angle à leur point de réunion qui représente la cuisse. Une quatrième pièce, plus allongée que la précédente, mais plus menue, forme la jambe, et enfin vient le tarse; ces tarses, à l'exception de ceux de la dernière paire de pates, qui, comme on sait, ont bien plus de longueur que les autres, sont composés de deux ordres d'articles qui semblent constituer deux pièces distinctes l'une de l'autre. Les pates des Scutigères se désarticulent au moindre contact, et conservent pendant plusieurs minutes, après avoir été séparées du corps, une contractilité singulière presque convulsive. Léon Dufour a remarqué que cette contractilité se conservait d'autant plus long-temps que les pates étaient plus postérieures.

Léon Dufour (Annales des Sciences naturelles) a donné l'anatomie d'une espèce de ce genre; et comme aucun auteur avant lui n'a parlé de l'organisation intérieure des Scutigères, nous allons donner ici un extrait de son travail. Les organes de la digestion se composent : 1° de deux glandes salivaires, moins grandes que celles des Lithobies. Elles ont la forme d'une grappe ovale, blanchâtre et granuleuse, composée d'utricules ovales, oblongues, assez serrées entre elles et traversées, suivant leur longueur, par une rainure médiane; 2° du tube alimentaire, qui a la plus grande analogie avec celui des Lithobies. L'œsophage est extrêmement petit, et il est presque caché dans la tête. Le jabot est formé par une légère dilatation de l'œsophage, et il se distingue du ventricule chylifique par une différence de texture; ce dernier est couvert de cryptes glanduleux, ronds ou ovales. Cet organe est brusquement séparé de l'intestin par un bourrelet annulaire où s'insèrent les vaisseaux biliaires. Ce que l'on peut appeler cœcum n'est qu'une dilatation de l'intestin dans lequel Léon Dufour a trouvé quelques crottes grisâtres ; 3° des vaisseaux hépatiques qui sont au nombre de quatre proportionnellement plus courts que dans les autres Myriapodes, et dont l'une des paires est plus grosse que l'autre.

Les organes mâles de la génération sont composés de deux testicules oblongs, amincis à leur bout intérieur, et confluant aussitôt en une anse courte qui reçoit le conduit commun des vésicules séminales. Par leur extrémité postérieure ils dégénèrent chacun en un *canal déférent* filiforme, qui bientôt offre un renflement aussi considérable que le testicule même. Il se rétrécit enfin en un conduit qui va dans l'appareil copulateur. Les vésicules séminales forment la partie la plus apparente de l'organe générateur ; elles sont formées de deux utricules ovoïdes, placées vers le milieu de l'abdomen et munies chacune d'un conduit capillaire qui se réunissent bientôt en un seul canal plus long que tout le corps de l'Insecte, et qui s'insinue et s'abouche, après bien des circonvolutions, dans l'anse où confluent les extrémités antérieures des organes sécréteurs du sperme. Les organes femelles consistent en un ovaire et deux glandes sébacées ; de chaque côté de la partie postérieure de l'ovaire on aperçoit un disque arrondi, semi-diaphane ou opaloïde, se terminant par un gros pédicule. La vulve est armée des deux côtés d'une pièce mobile qui doit jouer un rôle dans l'acte de la copulation. En enlevant les plaques dorsales de la Scutigère pour mettre à découvert les viscères, on crève souvent des glandes ou des sachets adipeux d'où s'écoule une humeur d'un violet rougeâtre ; on trouve aussi au-dessus des viscères des lobules adipeux, blancs et disposés parfois en mosaïque.

Ces Animaux se tiennent pendant le jour dans les greniers ou les lieux peu fréquentés des maisons, le plus souvent entre les vieilles planches, les poutres et quelquefois sous les pierres ; ils ne se montrent que la nuit, et on les voit alors courir sur les murs avec une grande vitesse et y chercher des Cloportes et des Insectes dont ils font leur nourriture ; ils piquent ces petits Animaux avec les crochets de leur bouche, et le venin qu'ils distillent dans la plaie agit très-promptement sur eux. C'est principalement dans les temps pluvieux que les Scutigères paraissent en plus grand nombre. Les habitans de la Hongrie les redoutent beaucoup au rapport d'Illiger.

Le genre Scutigère ne se compose que d'un nombre borné d'espèces : celle qui est la plus connue se trouve à Paris et dans toute la France, c'est :

La SCUTIGÈRE RAYÉE, *S. lineata*, Latr. ; *Cermatia lineata*, Illig, Faun. d'Etrurie de Rossi, T. II, p. 199 ; *Scutigera araneoides*, Latr. (*Gen. Crust. et Ins.* T. 1, p. 77); *Scolopendra Coleoptrata*, L., Fabr., Panz., *Faun. Ins. Germ.*, fasc. 51, fig. 12 ; Scolopendre à vingt-huit pates ? Geoff. Elle est longue de près d'un pouce, jaune, avec des raies longitudinales peu foncées.   (G.)

SCUTIPÈDES. ois. Dénomination sous laquelle on a désigné les Oiseaux dont les tarses sont recouverts d'une peau écailleuse, divisée par anneaux.   (DR..Z.)

* SCUTOIDE. bot. crypt. Beauvois avait introduit ce nom dans l'algologie pour désigner un ordre mal caractérisé, comme le reste des divisions qu'il y forma si légèrement.   (B.)

SCUTULE. *Scutula.* bot. phan. Loureiro (*Flor. Cochinch.*, p. 290) a établi sous ce nom un genre qui est peut-être le même que le *Memecylon* de Linné, décrit d'une autre manière. De Candolle (*Prodr. Syst. veget.*, 3, p. 7) l'a placé dans la petite famille des Mémécylées, et l'a ainsi caractérisé d'après Loureiro : calice dont le tube est adhérent à l'ovaire ;

le limbe tronqué, étalé, charnu, en
forme de disque ou d'écu; corolle à
quatre ou cinq pétales connivens,
placés sur les bords du calice; huit à
dix étamines dont les filets sont fléchis en dedans, et dont les anthères
sont courbées, oblongues; style filiforme, simple au sommet; baie à
huit loges qui renferment chacune
une seule graine un peu comprimée.
Les deux espèces qui composent ce
genre (*Scutula scutellata* et *umbellata*, Lour.) sont des Arbrisseaux de
la Cochinchine, glabres, à feuilles
opposées, lancéolées, très-entières,
à fleurs bleues ou violettes, portées
sur des pédoncules axillaires ou terminaux.   (G .N.)

SCUTUS. MOLL. (Denys Montfort.)
V. PAVOIS et PARMOPHORE.

SCYDMÈNE. *Scydmænus.* INS.
Sous cette dénomination, signifiant
en grec *qui a un air triste*, nous avons
désigné un nouveau genre d'Insectes
Coléoptères Pentamères, de la famille
des Palpeurs, réunis par Herbst,
Illiger et Paykull aux Psélaphes, et
par Fabricius aux *Anthicus*, ou les
Notoxes d'Olivier, mais distincts des
uns et des autres par le nombre des
articles des tarses qui est de cinq à
tous. *V.* PALPEURS. Ce genre, que les
entomologistes modernes ont adopté,
se rapproche de celui de Mastige;
mais il s'en éloigne par plusieurs
caractères : les antennes, composées
d'articles plus courts et plus arrondis, et dont le second aussi grand
au moins que le suivant, sont sensiblement plus grosses vers le bout.
Les palpes maxillaires se terminent
par un article très-petit et pointu, et
qui, dans quelques espèces, est invisible ou confondu avec le précédent
ou le quatrième, ce qui a également
lieu dans plusieurs Brachélytres.
Le corselet est presque globuleux.
L'abdomen est proportionnellement
plus court que celui des Mastiges et
presque ovoïde. Les cuisses sont en
massue. Ces Coléoptères sont très-
petits, généralement propres aux
contrées septentrionales et tempérées

de l'Europe, et paraissent avoir les
mêmes habitudes que les Psélaphes.
On les trouve aussi à terre, sous les
détritus des végétaux, et souvent
dans les lieux aquatiques. Du Ros,
garde-du-corps du Roi, a observé
que l'espèce nommée *Clavatus* par
Gyllenhal, habite les fourmilières,
habitude commune à quelques Psé-
laphiens et Brachélytres. Elle forme
avec quelques autres une division
particulière, remarquable par les antennes, dont les trois ou quatre derniers articles composent une massue
ou sont brusquement renflés. Cette
espèce a d'ailleurs le corselet plus
oblong et sans impressions. Elle est
fauve, luisante et un peu pubescente.
Dans celle que nous avons dédiée à
Godart et qui est figurée dans notre
Gener. Crust. et Ins., les antennes
sont insensiblement plus grosses
vers le bout. Le corps est couleur de
marron foncé, pubescent, avec le
corselet presque en cœur, et offrant
vers sa base une impression transverse, mais peu marquée. Dans le
Scydmène de Dalman, qui a de
grands rapports avec cette espèce,
le corps est noir, presque glabre,
avec les antennes et les pates fauves.
Dans le S. hirticolle, les quatre derniers articles des antennes sont plus
gros, et le corselet est garni d'un
duvet assez épais. *V.* Gyllenhal,
Insect. Suec. T. I et IV.   (LAT.)

SCYDMÉNIDÉS. *Scydmænidea.*
INS. Le docteur Leach (*Zool. miscell.*
T. III, p. 81) désigne ainsi une petite
famille d'Insectes Coléoptères, ayant
pour type principal le genre Scydmène, et qui viendrait immédiatement à la suite de celles des Pséla-
phidés et des Staphylinidés. *V.* SCYD-
MÈNE.   (LAT.)

SCYLLARE. *Scyllarus.* CRUST. Le
nom de *Scyllarus* avait été donné par
Aristote au Crustacé que l'on croyait
être le gardien de la Pinne marine;
Belon voyait dans une espèce de ce
genre l'Arctos d'Aristote; Rondelet
en a formé les Squilles en les prenant
pour les Carides des Grecs ou le

Gemmarus des Latins; il y reconnaissait la Cigale marine d'Élien; enfin Scaliger y a cherché le Crangon d'Aristote. Ces Animaux portent encore sur les côtes de la Méditerranée le nom de Cigales de mer; ils forment un genre bien caractérisé appartenant à l'ordre des Décapodes, famille des Macroures, tribu des Scyllarides, et qui se distingue de tous les autres par la forme des antennes extérieures. Leur corselet est presque carré, un peu plus large en devant, avec deux fossettes arrondies ou ovales, une de chaque côté, le plus souvent situées près des angles antérieurs et destinées à loger les yeux. Les pieds mâchoires extérieurs ressemblent, abstraction faite des palpes flagelliformes, aux deux pates antérieures; ils sont comme elles courbés en dedans et appliqués l'un contre l'autre dans toute leur étendue. Les antennes latérales sont dépourvues des filets pluriarticulés qui les terminent dans les autres Décapodes; leur pédoncule est inséré en dedans des yeux, sur le devant du corselet et composé de quatre articles dilatés latéralement, aplatis; le premier est plus petit que le second et très-peu dilaté sur le côté extérieur; le second est beaucoup plus grand, dilaté à son côté extérieur et arrivant jusqu'au niveau du bord extérieur du test. Le troisième est très-petit, placé dans une échancrure du second, et le quatrième est très-large, en forme de triangle renversé, avec la base et le bord terminal arrondi. Les antennes mitoyennes sont placées au milieu de la largeur du corselet, entre les extérieures et se touchent; leur pédoncule est composé de cinq articles presque tous cylindriques et terminés par deux petits appendices dont le supérieur un peu plus long, en cône allongé, pluriarticulé, et dont l'inférieur plus court, mais plus gros, presque ovoïde, très-finement strié transversalement et finissant brusquement en une pointe divisée en petits articles. Le côté supérieur forme, avant cette pointe, une gout-

tière garnie d'une double frange de cils. Ces antennes sont plus longues que les latérales, avancées et faisant un coude à l'extrémité du second article et à celle du quatrième. Les yeux sont placés dans les fossettes du corselet dont nous avons parlé plus haut; ils sont très-écartés l'un de l'autre et posés sur un pédicule assez gros, mais très-court. Les pates sont composées de cinq articles dont les deux premiers sont très-courts, le troisième le plus long de tous, le quatrième court, et le cinquième plus long que le quatrième, mais beaucoup plus court que le troisième; le tarse ou sixième article est conique, comprimé, et finit en une pointe très-aiguë et un peu courbée en crochet. Dans les femelles, le cinquième article des pates postérieures est prolongé à l'angle inférieur de son extrémité en manière de dent ou de doigt. Ces pates sont plus courtes, et leurs points d'insertion forment deux lignes qui divergent d'avant en arrière, de sorte que l'intervalle pectoral compris entre elles forme un triangle allongé. Le dessus du test de ces Crustacés est ordinairement raboteux et quelquefois anguleux ou garni d'une multitude d'impressions qui représentent une apparence de sculpture. La queue est longue, large, composée de six segmens dont les côtés forment chacun plus ou moins un angle; le dessous n'offre, dans les deux sexes, que huit appendices, quatre de chaque côté. Ils sont petits et couchés transversalement sur le dessous des anneaux; ils sont composés d'une lame membraneuse presque en forme de spatule ou elliptique, bordée de cils et portée sur un court article servant de pédoncule. Cette lame est doublée aux deux premiers appendices du mâle et peut-être aussi aux autres. La femelle diffère sous ce rapport de l'autre sexe en ce que ses appendices sont accompagnés d'un filet membraneux, long, de trois articles, cilié ou velu au bout, et servant à retenir les œufs. L'extrémité de la queue est garnie de cinq feuillets à peu près semblables à ceux des Langoustes.

Les Scyllares sont assez communs dans nos mers et se plaisent surtout dans les terrains argileux à demi-noyés ; ils se creusent des terriers un peu obliques d'où ils sortent quand la mer est calme pour aller chercher leur nourriture. Ils nagent par bonds, et leur natation est aussi bruyante que celle des Palinures. Pendant la saison de leurs amours, ils s'approchent des endroits tapissés d'Ulves et de Fucus. Les femelles n'abandonnent leurs œufs, qui sont d'un rouge vif, qu'après qu'ils sont développés. On mange ces Crustacés dans nos provinces méridionales, et la chair du Scyllare oriental égale par sa bonté celle des meilleurs Crustacés de nos mers.

Ce genre se compose de sept à huit espèces. Leach en a retiré une dont il a fait son genre *Ibacus* qui n'a pas été adopté par Latreille. A l'exemple de ce savant nous divisons ce genre ainsi qu'il suit :

A. Second article des pieds-mâchoires extérieurs sans divisions transverses ni dentelures, imitant une crête le long de son côté extérieur ; yeux situés près des angles antérieurs et latéraux du test.

1. Une pièce crustacée et avancée au milieu du front.

Scyllare large, *Scyllarus latus*, Latr.; Scyllare oriental, Bosc; la femelle; Scylle oriental, Risso. Squille large ou *Orchetta*, Rondel. (Hist. des Poiss., liv. 18, chap. 5).

Cette espèce est une des plus grandes connues ; elle atteint jusqu'à un pied de long ; sa carapace est tuberculeuse et chagrinée, sans arêtes triangulaires ; ses bords latéraux et ceux des articles de l'abdomen sont crénelés. On trouve ce Crustacé dans la Méditerranée, et nous en avons reçu un individu pris dans les mers des Antilles.

2. Point de pièce crustacée et saillante au milieu du front.

Scyllare Ours, *Scyllarus arctus*, Latr.; *Cancer arctus*, L., Rondel., Hist. des Poiss., liv. 18, chap. 6; Rœm., *Gen. Ins.*, tab. 32, fig. 8; Herbst, *Canc.*, tab. 30, fig. 3.

Cette espèce est couverte de séries d'épines et de granulations sur le corselet. Les antennes extérieures sont profondément dentelées sur les bords. Elle est très-commune dans la Méditerranée.

B. Second article des pieds-mâchoires extérieurs divisé par des lignes enfoncées et transverses; son côté extérieur dentelé en manière de crête. Yeux situés à peu de distance du milieu du front et de l'origine des antennes intermédiaires.

Cette division correspond au genre *Ibacus* de Leach. Elle ne renferme que le *Scyllarus incisus* de Péron et Latreille, *Ibacus Peroni*, Leach, *Zool. Miscel.* T. II, tab. 119; figuré dans les planches de l'Encyclopédie, vingt-quatrième partie, pl. 320. Sa carapace est très-large, crénelée antérieurement, à cinq dents et pourvue d'une échancrure profonde sur les côtés. Il a été rapporté de la Nouvelle-Hollande par Péron et Lesueur. (G.)

SCYLLARIDES. *Scyllarides.* crust. Tribu de la famille des Macroures, ordre des Décapodes, établi par Latreille, et ayant, selon lui, pour caractères : post-abdomen terminé par une nageoire en éventail, presque membraneuse postérieurement. Tous les pieds presque semblables, non en pince ; les deux antérieurs seulement un peu plus robustes dans la plupart ; les deux derniers des femelles ayant leur avant-dernier article armé d'une dent. Dessous du post-abdomen n'offrant dans les deux sexes que quatre paires d'appendices, et dont les deux premiers situés sous le second segment ; l'une des deux branches ou divisions de ces appendices, ou du moins de ceux de la seconde paire et des suivantes, très-courte et en forme de dent dans les mâles, linéaire et biarticulée dans les femelles; l'autre division en forme de lames ou de feuillets. Les quatre antennes insérées sur une même ligne; les intermédiaires portées sur un long pédoncule et terminées par deux filets articulés, très-courts; tige des latérales avortée; leur pédoncule composé d'articles fort larges et formant une crête le plus souvent dentelée. Test déprimé, presque carré ou trapéziforme et plus large en devant. Animaux tous marins.

Cette tribu embrasse le genre *Scyllarus* de Fabricius. D'après la méthode de Leach, elle se composerait de trois genres, *Scyllarus*, *Thenus* et *Ibacus*; mais Latreille (Fam. nat. du Règne Animal) n'a pas jugé le dernier assez bien caractérisé, il le réunit aux Scyllares proprement dits, et sa tribu ne comprend que deux genres, Scyllare et Thène. *V.* ces mots.

(G.)

SCYLLÉE. *Scyllœa*. MOLL. L'excellent Mémoire que Cuvier a publié en 1805 dans le tome VI des Annales du Muséum, sur le genre Scyllée, mériterait d'être copié dans son entier si la concision de ce Dictionnaire ne s'y opposait; nous lui emprunterons des détails précieux. Séba, dans son *Thesaurus* (T. I, pl. 64), est le premier qui ait figuré le Scyllée; mais, comme il le prenait pour un jeune Poisson, il l'a représenté en conséquence le dos en bas, et a donné le nom de nageoires aux appendices branchifères. Sans rectifier tout-à-fait l'erreur de Séba, Linné la fit sentir cependant lorsqu'il décrivit en 1754 le cabinet de la princesse de Suède, dans lequel il observa plusieurs individus de Scyllée; il leur donna alors le nom de Lièvres marins. On trouve dans le Voyage à la Chine par Osbeck, 1757, une description de l'Animal de Séba. Ce voyageur ne tomba pas dans l'erreur de cet auteur, et rendit à l'Animal sa position, c'est-à-dire qu'il ne prit pas le ventre pour le dos; il observa très-bien que le sillon, qui règne dans toute la longueur de la face ab-

dominale, est destiné à fixer l'Animal aux tiges de fucus auxquelles il aime à s'attacher. Malgré ces observations d'Osbeck, Linné, en publiant sa douzième édition du *Systema naturæ*, décrivit l'Animal à l'envers, croyant qu'il s'attachait par le dos aux fucus, et, sous le nom de Scyllée, proposa un genre qui depuis a été conservé. Il confondit sous le nom de bras et les tentacules et les appendices latéraux. Il était difficile aux observateurs qui vinrent après cette époque de savoir à quoi rapporter la description de Linné; il fallait à Forskahl une grande habitude pour rapporter au genre Scyllée l'Animal qu'il trouva dans la mer Rouge, et l'on doit s'étonner que, sans rectifier les caractères génériques de Linné, il décrivit l'espèce qu'il crut nouvelle à la manière d'Osbeck, c'est-à-dire dans sa position naturelle. Voulait-il par-là faire une critique du genre de Linné, ou tout au moins de ses caractères? Pallas ne dit qu'un mot du genre Scyllée, et il indique avec sa sagacité habituelle qu'il avait adopté l'opinion de Forskahl; c'était la seule en effet qui fût soutenable pour les personnes un peu versées dans la science. Un contre-sens fort difficile à expliquer est celui qu'a fait Gmelin; il admet la caractéristique du genre telle que Linné l'a faite; il décrit l'espèce connue par lui comme s'attachant par le dos, et, admettant l'espèce nouvelle de Forskahl, il décrit le sillon ventral que, tout à l'heure, il indiquait sur le dos de la première espèce. Bruguière, qui fit copier presque toutes les figures de l'ouvrage de Forskahl, dans l'Encyclopédie, oublia précisément celles-là, de sorte que nulle part dans cet ouvrage il n'est fait mention du genre qui nous occupe. Les incertitudes dont il était enveloppé déterminèrent Cuvier à en donner de nouveau la description et la figure d'après nature dans son Tableau élémentaire d'Histoire naturelle publié en 1798. Quoiqu'il ne connût pas alors ce qu'avaient publié Osbeck et Forskahl, il tomba cependant d'accord avec eux sur la manière d'envisager l'Animal. Lamarck, dans le Système des Animaux sans vertèbres, ne crut pas devoir adopter le genre Scyllée; il le confondit avec les Tritonies. C'est en effet avec elles qu'il a le plus de rapports. Bosc, dans son Histoire naturelle des Vers, a bien adopté le genre, mais il en a dénaturé tellement les caractères, que ce n'est plus du genre de Linné qu'il s'agit, mais bien du genre Glaucus. La confusion se trouve donc fort grande, et rend impossible, en suivant l'ouvrage de Bosc, de retrouver la Scyllée de Linné; l'embarras augmente encore par ce qu'il en dit dans le nouveau Dictionnaire d'Histoire naturelle : fort de ce qu'il avait dit précédemment, et que personne n'avait relevé, il ne craint pas d'avancer qu'on peut rejeter comme incertaine la Scyllée de Linné, et distinguer fort bien son genre Scyllée des Tritonies par la position de l'anus qui, dit-il, est dorsal dans ce genre, et latéral dans le premier. Ceci prouve que Bosc parlait de deux genres qui lui étaient inconnus, et la rare assurance avec laquelle il les sépare et les caractérise, a droit de surprendre de la part d'un naturaliste tel que lui. On ne conçoit pas non plus comment il a pu avoir des doutes sur un genre établi par Linné et confirmé par Osbeck, Forskahl et Cuvier. L'ouvrage de Bosc, qui se répandit beaucoup lors de sa publication, fut cause certainement des erreurs que les naturalistes, qui le suivirent, ont commises; c'est à cela que l'on doit attribuer celle de notre savant ami et collaborateur Bory de Saint-Vincent qui, dans son Voyage aux îles d'Afrique, donna le nom de Scyllée au Glaucus à l'imitation de l'auteur de l'Histoire des Vers. Ici se termine le résumé historique de Cuvier, puisque c'est à cette époque qu'il publia le Mémoire important dont nous avons parlé. Nous allons examiner maintenant ce qu'est devenu le genre qui nous occupe chez les auteurs qui ont écrit depuis ce moment. Le Mémoire de Cuvier dut avoir et eut en effet une grande influence sur les classificateurs, et nous voyons que d'abord Lamarck en profita; il adopta le genre Scyllée dans sa Philosophie zoologique où il fait partie des Tritoniens, placé entre les Eolides et les Tritonies. Cette amélioration fut maintenue sans changement dans l'Extrait de son cours, aussi bien que dans son dernier ouvrage. Dans l'intervalle de ces deux ouvrages de Lamarck, où les indications de Cuvier sont si utilement et si habilement employées, parut le Règne Animal de ce grand anatomiste qui les confirma et forma la famille des Nudibranches des mêmes genres que celle des Tritoniens, en y ajoutant cependant les genres Polycère et Tergipe. Plusieurs genres ayant été établis par Oken et Blainville, et devant entrer parmi les Nudibranches, Férussac les y introduisit en divisant cet ordre en trois familles; la seconde, qui porte le nom de Tritonies, contient le genre Scyllée avec les Tritonies, Doto et Thétys. Latreille (Familles naturelles du Règne Animal, p. 174) adopta les trois familles de Férussac, leur donna d'autres noms et y fit quelques changemens peu importans. Il donna le nom de Séribranches (V. ce mot) à la famille qui peut correspondre à celle des Tritonies; elle ne renferme que les trois genres Tritonie, Thétys et Scyllée. Cette famille est très-bien caractérisée, et souffrira peu de changemens. Blainville (Traité de Malac., p. 487) l'a composée absolument de la même manière en lui donnant le nom de Dicères (V. ce mot au Supplément). Quoiqu'il n'ait pas connu alors la famille des Séribranches de Latreille, cette coïncidence est remarquable, et prouve en faveur de la validité des rapports donnés en dernier lieu aux Scyllées, rapports qui confirment ceux qu'avait indiqués Cuvier. Voici de quelle manière Blainville caractérise ce genre : corps allongé, très-comprimé, convexe à son côté dorsal, pourvu d'un pied droit canaliculé et ventral; tête distincte, avec deux grands tentacules auriformes, fendus au côté interne; bouche en fente entre deux lèvres longitudinales, et armée d'une paire de dents latérales, semi-lunaires, fort grandes, agissant comme des lames de ciseaux; organes de la respiration en forme de petites houppes répandues irrégulièrement sur deux paires latérales d'appendices de la peau. Organes de la génération réunis à une ouverture antérieure du côté droit; anus dans le milieu du même côté.

Nous avons vu que Forskahl, trompé par la manière peu rationnelle dont Linné avait caractérisé sa Scyllée pélagique, avait fait un double emploi bien excusable en établissant sa *Scyllæa gomfodensis* qui est le même Animal. On ne doit donc pas suivre l'exemple de Gmelin qui adopta ces deux espèces sans critique, et quoique leurs caractères fussent en opposition. Le genre Scyllée resta donc composé pendant très-long-temps d'une seule espèce; ce n'est, en effet, que depuis quelques années que Quoy et Gaimard en firent connaître une seconde dans la relation du voyage de la corvette l'*Uranie*.

SCYLLÉE PÉLAGIENNE, *Scyllæa pelagica*, L., Gmel., p. 3147, n. 1, *ibid.*; *Scyllæa gomfodensis*, n° 2, Forsk., *Faun. arab.*, p. 105, n° 13, et *Icon.*, pl. 34¹, Séba, pl. 74, fig. 10; Cuvier, Tabl.⁰ élément. d'Hist. natur., pl. 9, fig. 4, *ibid.*, Ann. du Mus. T. VI, pl. 61, fig. 1-7; Lamk., Anim. sans vert. T. VI, p. 506; Blainville, Malac., pl. 46, fig. 5. De l'océan Indien, de la mer Rouge, etc., sur les Fucus.

SCYLLÉE FAUVE, *Scyllæa fulva*, Quoy et Gaimard, Voy. autour du monde, Atlas zool., pl. 66, fig. 5. Des mers de la Nouvelle-Hollande. (D..N.)

SCYLLIORHIN. POIS. (Blainville.) Sous-genre de Squale. *V.* ce mot. (B.)

SCYLLIUM. POIS. *V.* ROUSSETTE.

SCYMNE. *Scymnus*. INS. Genre de Coléoptères établi par Herbst aux dépens de celui des Coccinelles, mais dont il n'est distingué par aucun caractère important, ce qui a déterminé Illiger et plusieurs autres entomologistes à le rejeter. Les espèces dont il se compose sont généralement noires, tachetées de rouge et souvent un peu pubescentes. Quelques-unes, telles que les Coccinelles *Abietis, discoidea, atra* de Gyllenhall, ont le corps presque ovoïde ou ovale; celui des autres est plus ou moins hémisphérique. *V.* cet auteur, *Insect. Succ.* T. IV, p. 192. (LAT.)

SCYMNUS. POIS. (Cuvier.) *V.* LEICHES au mot SQUALE.

* SCYPHE. POIS. Espèce du genre Esturgeon. *V.* ce mot. (B.)

* SCYPHIA. PSYCH. (*Spongiaires*.) Oken forme sous ce nom une division pour les Éponges qui, étant creuses en forme de tuyau ou de coupe, sont composées d'un tissu feutré; tels sont les *Spongia fistularis, infundibularis*, etc. (B.)

SCYPHIFERUS. BOT. CRYPT. (*Lichens*.) Weiss et Weber écrivent ainsi le mot *Scyphophorus*, auquel nous renvoyons. (A. F.)

* SCYPHIPHORA. BOT. PHAN. Gaertner fils (*Carpolog.*, p. 91, tab. 196, fig. 2) a décrit et figuré sous le nom de *Scyphiphora hydrophilacea* un fruit provenant des collections de Banks, où il était nommé *Hydrophylax*. Ce fruit est une drupe sèche, petite, oblongue, légèrement comprimée, marquée de huit sillons longitudinaux, couronnée par le calice membraneux et renfermant deux noyaux. Le sarcocarpe est subéreux-amylacé, dépourvu de suc, recouvert d'un épiderme épais et glabre. Les deux noyaux sont oblongs, sillonnés d'un côté, plans de l'autre où ils s'appliquent l'un contre l'autre; chacun de ces noyaux contient une seule graine située dans la partie supérieure, pourvue d'un albu-

men charnu, blanc, qui renferme dans son milieu un embryon oblong et légèrement coudé.

Le genre *Scyphiphora* a été adopté récemment par Blume. Il paraît être le même que le *Sarissus* de Gaertner père, et il appartient à la famille des Rubiacées.   (G..N.)

SCYPHIPHORUS. BOT. CRYPT. (*Lichens.*) Ventenat écrit ainsi le mot *Scyphophorus. V.* ce mot.   (A. F.)

SCYPHIUS. POIS. Risso a proposé ce genre parmi les Poissons lopho-branches, voisin des Hippocampes et des Syngnathes. Il lui donne pour caractères : un corps effilé, droit, graduellement atténué vers sa partie inférieure; une bouche cylindrique, en flûte, et une seule et unique nageoire sur le dos. Ce sont des petits Poissons des sables et des Coraux, qui vivent dans les eaux du golfe de Nice. On en connaît cinq espèces que Risso nomme *Scyphius fasciatus, papacinus, violaceus, annulatus* et *littoralis.*   (LESS.)

SCYPHOFILER. BOT. CRYPT. (*Fougères.*) Genre indiqué par Du Petit-Thouars et fondé sur une Plante de Madagascar qui, d'après le caractère qu'il en donne, ne paraît pas différer des *Davallia.*   (AD. B.)

SCYPHOPHORE. *Scyphophorus.* BOT. CRYPT. (*Lichens.*) Ce genre a été créé par Acharius dans son Prodrome de la famille des Lichens; mais ce botaniste crut devoir plus tard changer ce nom en celui de *Cenomyce.* De Candolle et plusieurs autres naturalistes adoptèrent ce genre, et nous les avons imités. Les Scyphophores sont des Lichens à thalle foliacé, imbriqué ou lacinié, sur lequel sont posés des podétions en godet (*scyphuli*) dont la forme est fort diversifiée, et dont la marge supporte des céphalodes de couleur et de grosseur variables; ces scyphules sont prolifères, radiées, dentées, simples, rarement rameuses, creusées plus ou moins profondément; quelquefois les céphalodes

sont si gros et si nombreux, qu'ils bouchent exactement la scyphule; quelquefois aussi la marge n'en supporte qu'une ou deux d'une très-petite dimension. Notre genre Scyphophore renferme les genres *Scyphophorus* et *Helopodium* de De Candolle; il est formé aux dépens des deuxième, troisième et quatrième sous-genres du *Cenomyce* d'Acharius, *Scyphophora, Schasmaria* et *Helopodia.* Quelques auteurs estimables sont disposés à ne voir, dans toutes les espèces connues, qu'un seul type dont les formes s'altèrent et ne constituent tout au plus que des variétés. Ce genre en effet est éminemment polymorphe; les espèces qui le renferment se plaisent sur la terre et sur les arbres en décomposition, dans les lieux bas et élevés, secs et humides. Notre collaborateur Bory de Saint-Vincent avait précédemment établi ce genre, dans son Voyage en quatre îles d'Afrique, sous le nom de *Pyxidaria.* Eschweiler, d'après Martius, conserve au Scyphophore celui de *Capitularia;* mais il y fait entrer nos *Cladonia.* On voit combien la synonymie de ce genre a été flottante et incertaine. On attend avec impatience une Monographie des Cénomycées. Delise, qui y travaille depuis long-temps, rendra un grand service à la science en débrouillant ce chaos. Les Scyphophores sont nombreux; l'un d'eux avait acquis une grande célébrité en matière médicale, c'est le *Scyphophorus pyxidatus,* D. C., Fl. Fr., sp. 916, employé avec des succès constatés contre la coqueluche des enfans. Nous avons fait figurer une charmante espèce, sous le nom de *Scyphophorus glandulosus,* dans notre Méthode lichénographique, tab. 3, fig. 11; elle est originaire du détroit de Magellan, d'où elle avait été rapportée par Commerson.

On a donné aussi le nom de Scyphophore à la troisième section du genre *Cenomyce* d'Acharius, lequel doit rentrer, avec le *Schasmaria,* dans le genre Scyphophore. (A. F.)

SCYPHULE. *Scyphulus.* BOT. CRYPT. (*Lichens.*) C'est le nom que les lichénographes donnent ordinairement aux organes carpomorphes qui ressemblent à de petits entonnoirs, et dont la marge est surmontée de tubercules charnus de couleur diverse. *V.* SCYPHOPHORE. Ils n'appartiennent qu'aux Cénomycées.
(A. F.)

SCYTALIE. *Scytalia.* BOT. PHAN. Roxburgh a donné ce nom à une Plante de la famille des Sapindacées déjà décrite par Willdenow sous le nom de *Schleichera trijuga*, et rapportée depuis par Jussieu au genre *Melicocca.* *V.* SCHLEICHERA. (CAMB.)

Gaertner a aussi donné le nom de *Scytalia* au genre *Euphoria*, L. *V.* LITCHI. (B.)

* **SCYTALION.** BOT. PHAN. (Dioscoride.) Syn. de *Cotyledon umbilicus*, L. *V.* COTYLET. (B.)

SCYTHALE. REPT. OPH. Ce genre, appartenant à la division des Serpens venimeux à crochets isolés, ne diffère guère des Vipères que par un seul caractère ; mais ce caractère suffit pour qu'on puisse distinguer un Scythale au premier aspect : les bandes sous-caudales sont d'une seule pièce comme les bandes sous-abdominales, en sorte que, suivant la classification de Linné, les Scythales, quoique extrêmement voisins des Vipères, appartiendraient au genre *Boa* et non au genre *Coluber*. Les Scythales diffèrent d'ailleurs des Crotales par l'absence de ce qu'on a si improprement nommé chez ceux-ci la sonnette ou les grelots, et par celle des fossettes que l'on remarque derrière les narines dans ce groupe et dans quelques autres. La tête, large et très-renflée postérieurement, est presque entièrement couverte de petites écailles carénées dont la forme est ovale, et qui sont très-semblables à celles du corps ; on voit au contraire quelques plaques sur le pourtour de la commissure des lèvres, vers les narines, vers l'extré-mité du museau et à la région inférieure de la tête. La queue est courte et très-grêle ; l'anus est simple et ne présente rien de particulier. Enfin nous nous sommes assuré que les crochets venimeux étaient semblables à ceux des Vipères. Un fait qui nous paraît très-remarquable, et qui montre combien se tromperaient ceux qui voudraient éloigner les Scythales des Vipères, et les rapprocher des Boas à cause de la non division de leurs bandes caudales, est celui que nous avons observé chez un Scythale d'Egypte. Cet individu, appartenant à l'espèce que nous avons nommée *Scythale Pyramidum*, avait plusieurs des bandes sous-caudales de la dernière moitié de la queue, divisées en deux portions par un sillon médian et semblables par conséquent à celles des Vipères et des Couleuvres. L'une des bandes sous-abdominales du même individu présentait également une division sur la ligne médiane.

Le genre Scythale, proposé assez anciennement par Latreille, a été adopté par la plupart des erpétologistes, et nommément par Daudin, Duméril, Cuvier et Merrem ; mais le plus ancien de ces auteurs, Daudin, le seul qui se soit occupé avec quelque détail des espèces de ce groupe, n'avait pas apporté à ce travail difficile cet esprit de doute et de critique éclairée si utile au naturaliste observateur et si indispensable au compilateur ; et l'histoire des Scythales est encore à faire. Cuvier a montré, dans son Règne Animal, que, sur les cinq espèces décrites par Daudin, deux appartiennent à un autre groupe d'Ophidiens, deux ne peuvent être considérées que comme très-douteuses, et une seule se trouve établie sur des caractères réels et certains. Cette dernière et une espèce égyptienne que nous avons établie tout récemment, sont les seules que nous décrirons ici.

Le SCYTHALE ZIG-ZAG, *Scythale bizonatus*, Daud. C'est l'*Horatta-pam* de Russel et le *Boa Horatta* de Shaw. Sa longueur est d'un pied et demi environ. Le dessus de son corps est d'un brun foncé, avec deux lignes longitudinales jaunâtres, disposées en zig-zag (une de chaque côté). Il existe aussi sur le milieu du dos une rangée de petites taches jaunâtres bordées de noir. Le dessous du corps est d'un blanc jaunâtre, avec quelques points obscurs sur chaque côté des plaques. On compte cent cinquante bandes sous l'abdomen, et seulement vingt-cinq sous la queue. Ce Serpent habite la côte de Coromandel où on le regarde comme une espèce extrêmement dangereuse.

Le Scythale des Pyramides, *Scythale Pyramidum*, Nob. Nous avons décrit cette espèce, et nous lui avons donné ce nom dans le grand ouvrage sur l'Egypte où elle avait été figurée pl. 8, fig. 1, sous le nom de Vipère des Pyramides. Elle est très-voisine de la précédente par sa taille et ses proportions, et même par son système de coloration et le nombre de ses bandes abdominales et caudales ; il existe ordinairement de cent soixante-dix-huit à cent quatre-vingt-trois des premières, et de trente-deux à trente-huit des secondes. Le dessus du corps est brun avec de petites bandes irrégulières, blanchâtres, composées pour la plupart d'une tache centrale arrondie, et de prolongemens plus étroits dirigés transversalement sur les flancs ; ces bandes sont ordinairement au nombre de trente-six ou quarante. Le dessous du corps est blanchâtre ; et il existe sur les bandes sous-abdominales et sous-caudales, de petits points noirs dont quelques-uns, placés sur la ligne médiane, sont peu distincts. Ce Scythale est commun aux environs des Pyramides ; le peuple de cette partie de l'Egypte connaît bien le danger de sa morsure, et le redoute beaucoup. On le trouve aussi assez souvent dans les lieux bas des habitations du Caire, et on le voit quelquefois même parvenir jusque dans les étages supérieurs et se fourrer dans les lits qu'il y rencontre. C'est le plus souvent au sujet de cette espèce que l'on a recours aux psylles (*V.* Serpens) qui, en

imitant le sifflement des Serpens, tantôt celui plus sonore du mâle, tantôt celui plus étouffé de la femelle, savent très-bien faire sortir les Scythales des réduits obscurs où ils se tiennent cachés. Un fait assez curieux, c'est que les psylles, ordinairement payés en raison du nombre de Serpens dont ils ont réussi à délivrer une maison, ont le plus souvent soin d'y en introduire eux-mêmes avant de procéder à leurs recherches. Nous regrettons que les limites de ce Dictionnaire ne nous permettent pas de nous étendre davantage sur ce sujet fort curieux, et nous obligent à renvoyer à notre description des Reptiles d'Egypte (insérée dans le grand ouvrage sur l'Egypte), et notamment aux articles que nous avons consacrés à l'histoire de notre Scythale des Pyramides et à celle de la Vipère Hajé.

Le nom de *Scythale*, tiré du nom grec d'un Serpent mentionné par Nicandre, et qui serait, d'après Cuvier, l'Eryx turc, n'appartient pas seulement aux véritables Scythales ; c'est aussi le nom spécifique d'un Boa (*V.* ce mot). Suivant quelques auteurs, on doit au contraire rapporter aux vrais Scythales le genre *Lachesis* de Daudin, dont le type est le *Crotalus mutus* de Linné, ou *Scythale catenatus* de Latreille ; mais, d'après Cuvier, cette espèce, et le *Scythale ammodites* de Daudin lui-même, qui ne serait qu'un double emploi, auraient les plaques sous-caudales doubles, et ne différeraient pas du *Coluber Alecto* de Shaw. On peut ajouter que, même en admettant comme exactes les descriptions de Daudin, le genre *Lachesis* devrait être supprimé, tant ses caractères différeraient peu dans ce cas de ceux des Scythales.   (IS. G. ST.-H.)

SCYTHION. BOT. PHAN. L'un des synonymes antiques de Réglisse. (B.)

* SCYTHIQUE. MAM. Espèce du genre Homme. *V.* ce mot.   (B.)

SCYTHROPS. OIS. Genre de la première famille de l'ordre des Zygodactyles. Caractères : bec long, fort, dur, conico-convexe, plus haut que large, déprimé sur le front, dilaté sur les côtés, très-courbé à la pointe, sillonné en dessus et latéralement; bord des mandibules entier; narines placées de chaque côté de la base du bec, percées derrière la masse cornée, à moitié fermées en dessus par une membrane nue et s'ouvrant du côté des joues; pieds courts et robustes; quatre doigts : deux antérieurs soudés à la base, deux postérieurs libres. Ailes longues; les deux premières rémiges étagées, la troisième la plus longue; queue très-longue, arrondie. On ne compte encore dans ce genre, dont la création est due à Latham, qu'une seule espèce, et même ne se trouve-t-elle que très-rarement dans les collections. Elle est originaire de l'Océanie, où elle fut observée pour la première fois par Philipp, gouverneur du Port-Jackson, et par Withe, chirurgien de la colonie. Ils en envoyèrent la dépouille en Angleterre, et l'accompagnèrent d'une fort bonne figure. La description qu'ils firent de l'espèce se borna en quelque sorte à ses caractères physiques, de manière que tout ce qui a trait à ses mœurs ou à ses habitudes est encore presque entièrement ignoré. Le professeur Reinwardt, qui fut envoyé par le gouvernement des Pays-Bas en diverses contrées de l'Australasie, afin d'y recueillir des documens sur l'histoire naturelle, rapporte que le Scythrops est en général peu commun dans tous ces parages où on le considère comme un baromètre vivant; et, en effet, il paraît, d'après les rapports les mieux circonstanciés, que l'on peut tirer de certains cris, de certains mouvemens brusques et inquiets de cet Oiseau, des présages assurés de pluie, de variations ou de modifications atmosphériques. D'après les renseignemens acquis par ce même voyageur, les Scythrops seraient au Port-Jackson des Oiseaux de passage constans; ils y arriveraient en octobre par pe-

tites troupes de sept à huit au plus, et souvent de trois à quatre; ils y séjourneraient plusieurs mois, puis se retireraient vers le nord de la Nouvelle-Hollande pour s'y occuper de la ponte. Ils sont d'un naturel fort sauvage, ne se montrent guère que le matin et le soir, recherchent pour leur nourriture les insectes et les fruits de piment. Leur vol est irrégulier, et, lorsqu'ils s'y livrent, ils tiennent leur queue étalée en éventail.

SCYTHROPS PRÉSAGEUR, *Scythrops Novæ-Hollandiæ*, Lath., Temm., Ois. color., pl. 290. Parties supérieures d'un gris bleuâtre, avec l'extrémité des plumes noire; rectrices étagées, marquées d'une bande noire avant l'extrémité qui est blanche et rayée intérieurement, à l'exception des deux intermédiaires, de blanc grisâtre; tête, cou et parties inférieures d'un gris très-clair; bec grisâtre; pieds d'un bleu noirâtre. Taille, vingt-cinq pouces. Les jeunes au sortir du nid ont le bec gros et court; il s'allonge dans la première année; alors le gris-clair du plumage se nuance de roussâtre qui termine aussi toutes les plumes des parties supérieures.   (DR..Z.)

SCYTINIUM. BOT. CRYPT. (*Lichens.*) Sous-genre du *Collema* d'Acharius, qui renferme les espèces à thalle sous-imbriqué, foliacé, à lobes éloignés, épais, gonflés et nus; quatre espèces, dont deux exotiques, le constituent.   (A. F.)

SCYTODE. *Scytodes.* ARACHN. Genre de l'ordre des Pulmonaires, famille des Aranéides, section des Dipneumones, tribu des Inéquitèles, établi par Latreille qui lui donne pour caractères : six yeux disposés par paires, une de chaque côté dans une direction oblique et dont les yeux sont contigus, la troisième intermédiaire, antérieure et dans une direction transverse : la première paire de pieds et ensuite la quatrième plus longues. Ce genre se distingue des Théridions, qui ont d'ailleurs beaucoup de caractères communs avec lui, par le nombre des yeux qui est de huit dans ceux-ci. Les Épisines, quoique ayant encore huit yeux, s'en éloignent, parce que ces yeux sont placés sur une élévation commune. Enfin le genre *Pholcus*, qui termine la tribu, est séparé par la longueur relative des pates dont la première paire et la seconde ensuite sont les plus longues. Ce genre se compose de deux espèces; l'une d'elles a été observée à Paris et aux environs de Marseille, où nous l'avons aussi trouvée plusieurs fois.

La SCYTODE THORACIQUE, *Scytodes thoracica*, Latr., *Gen. Crust. et Ins.* T. 1, p. 99, tab. 5, fig. 4. Longue de trois lignes à peu près; corps d'un beau jaune tacheté de noir; corselet grand et très-bombé, présentant en dessus deux lignes noires et longitudinales. Cette Araignée se trouve dans les maisons. Quelques individus passent l'hiver dans des retraites qu'ils se choisissent, et paraissent au commencement du printemps; elle se file une toile grande, composée de fils lâches et flottans, et pond en juillet; son cocon est globuleux et formé d'une soie compacte.

Nous avons donné une figure grossie de cette espèce dans notre Iconographie du Règne Animal de Cuvier (première livraison : Arachnides, pl. 1, f. 3 et 3 *a b*). Audouin a donné, dans l'ouvrage d'Egypte, la description de deux espèces figurées par Savigny. L'une est la Scytode thoracique, et l'autre la Scytode blonde. (G.)

SCYTONÈME. *Scytonema*. BOT. CRYPT. (*Confervées.*) Genre établi par Agardh et adopté par Lyngbye, dont les caractères consistent dans ses filamens coriaces, cylindriques, généralement rameux, marqués d'anneaux moniliformes, c'est-à-dire que la matière colorante s'y groupe intérieurement en forme de chapelet de figure diverse. Ce sont pour la plupart de petits Végétaux de couleur obscure, qui forment sur les rochers, les pierres, les pièces de bois et autres corps inondés, ou même sur les racines de certaines Plantes, dans les marais et sur la terre humide, de petits duvets dans le genre de ceux que composent quelques Oscillaires dont les Scytonèmes sont du reste si différens et si éloignés dans la nature. Ils ne sont d'ailleurs jamais muqueux. Le *Scytonema Myochrous*, Flor. Dan., tab. 1602, fig. 2, Plante d'abord découverte en Norvège et au Groënland, et que notre savant correspondant Mougeot a retrouvée dans les tourbières des Vosges, peut être considéré comme le type d'un genre que Bonnemaison a confondu dans son *Percussaria. V.* PERCUSSAIRE. Les Scytonèmes diffèrent particulièrement des Monillines en ce qu'on n'y distingue pas d'articulations vivement indiquées par les valvules, remplissant la totalité du diamètre du tube extérieur. Nous avons autrefois découvert une espèce de ce genre dans l'île de Mascareigne, où elle croît en petites touffes noirâtres dans les trous des rochers qui, vers douze cents toises au-dessus du niveau de la mer, conservent en tout temps de l'eau pluviale limpide, mais non, comme le dit Agardh (*Syst.*, p. 40), contre les rochers des fleuves. Il n'y a jamais eu de fleuves à Mascareigne; la hauteur où croît notre Plante méritait bien qu'on la citât, et pourquoi nommer *Torridum* une Plante que nous avions appelée *Pluvialis* et qui croît sur des monts où il fait très-froid? (B.)

* SCYTOSIPHON. BOT. CRYPT. (*Hydrophytes.*) Genre ainsi caractérisé par Agardh : frondes filiformes presque fistuleuses, coriaces-cartilagineuses, obscurément cloisonnées, ayant toute la surface couverte par la fructification, pyriforme et nue. Des sétules, ou filamens presque microscopiques, pâles, les recouvrent comme chez les Thorées. Ce genre n'a donc nul rapport avec celui auquel Lyngbye a donné le même nom, et qui nous paraît vicieux de tous points, parce qu'il renferme des espèces de quatre genres différens, tels que des Thorées, des Solenies, des Bougies, et peut-être des Scytonèmes. *V.* tous ces mots. Le genre *Chorda* du même auteur est à peu près le *Scytosiphon* d'Agardh, et le *Chorda* de Lamouroux est identique. Nous renvoyons donc pour plus de détails à son article. *V.* CHORDE. Ce genre Chorde ou Scytosiphon est pour nous un Varec de la famille des Cylindracés établie dans nos Hydrophytes de *la Coquille.* Il lie ces Plantes aux Chaodinées par les Thorées avec lesquelles il présente de grands rapports.   (B.)

SCYTROPUS. INS. Genre de Charansonites établi par Schœnnherr. *V.* RHYNCHOPHORES.   (G.)

SEAFORTHIA. BOT. PHAN. Genre de la famille des Palmiers et de la Polygamie Monœcie, établi par R. Brown (*Prodr. Flor. Nov.-Holl.*, p. 267) qui l'a ainsi caractérisé : fleurs polygames, monoïques. Périanthe double; l'un et l'autre à trois divisions profondes. Les fleurs hermaphrodites-mâles ont des étamines nombreuses; un ovaire monosperme, surmonté d'un style et d'un stigmate obtus. Entre deux fleurs hermaphrodites-mâles est située une fleur femelle, dépourvue d'étamines, ayant un ovaire monosperme, et trois stigmates sessiles et obtus. Le fruit est une baie ovale, renfermant une graine striée, un albumen marqué de plis, et un embryon basilaire. Ce genre a été placé par Martius dans la section des Arécinées, entre les genres *Euterpe* et *Iriartea.* Selon R. Brown, il est voisin du *Caryota,* mais il en diffère suffisamment par la structure de l'ovaire et par la situation de l'embryon. Le *Seaforthia elegans* croît à la Nouvelle-Hollande, entre les tropiques. Ses frondes sont grandes, à pinnules plissées en double, et rongées au sommet. (G..N.)

SEALA. BOT. PHAN. (Adanson.) Syn. de *Pectis. V.* PECTIDE.   (B.)

* SÉBACIQUE. MIN. *V.* ACIDE.

* SEBADA. BOT. PHAN. *V.* CEVADA.

SEBÆA. BOT. PHAN. Genre de la famille des Gentianées et de la Pentandrie Digynie, L., établi par R. Brown, d'après les manuscrits de Solander, et offrant les caractères suivans : calice divisé assez profondément en quatre ou cinq segmens carénés ou ailés sur le dos; corolle marcescente, à quatre ou cinq découpures; étamines saillantes, à anthères déhiscentes longitudinalement, recourbées au sommet qui devient calleux après l'émission du pollen; deux stigmates; capsule à valves rentrantes par leurs bords, et attachées d'abord à un placenta central, dont elles se séparent après la maturité. Ce genre est formé aux dépens de certains *Exacum,* décrits par Linné fils dans son Supplément. R. Brown y rapporte les *Exacum albens, aureum, cordatum,* et d'autres espèces inédites de l'Afrique australe. Il y joint en outre l'*Exacum ovatum* de Labillardière (*Nov.-Holl.*, 1, p. 38, tab. 52), qui habite les environs du Port-Jackson et la Terre de Diémen à la Nouvelle-Hollande. Enfin on y a réuni l'*Exacum guianense* d'Aublet, pour lequel Martius a commis un double emploi en établissant le genre *Schultesia.* Ces diverses Plantes sont herbacées et à fleurs ordinairement jaunâtres, d'un aspect peu remarquable.   (G..N.)

* SEBASTIAM. OIS. Sous ce nom, le prince de Wied parle fréquemment d'une espèce d'Oiseau du genre Gobe-Mouche, et qui est le *Muscicapa vociferans* des auteurs. (LESS.)

* SEBASTIANIA. BOT. PHAN. Genre de la famille des Euphorbiacées, établi par Sprengel (*Neue Entdec.*, 2, 118, tab. 3), et admis par Adrien De Jussieu, avec les caractères suivans : fleurs monoïques. Écailles sessiles, uniflores, munies à la base de deux glandes. Les fleurs mâles offrent cinq étamines à filets

distincts, et pourvues à la base d'écailles petites, imbriquées, qui pourraient être considérées comme un calice particulier. Les fleurs femelles sont entourées d'écailles plus grandes; leur style est court, épais, à trois branches et à autant de stigmates réfléchis; l'ovaire est à trois loges monospermes; le fruit est capsulaire. Ce genre tient le milieu entre le *Sapium* et l'*Excœcaria*. Il ne se compose que d'une seule espèce indigène du Brésil. Sa tige est ligneuse, garnie de feuilles presque opposées. Les fleurs sont disposées en épis solitaires ou géminés dans les aisselles des feuilles; les femelles occupent la partie inférieure, et les mâles le sommet de l'épi.   (G..N.)

SEBEOKIA. BOT. PHAN. C'est un des nombreux genres établis par Necker aux dépens du *Gentiana* de Linné. Les caractères qu'il lui assigne ne permettent pas de le reconnaître d'une manière positive. Peut-être est-il le même que le *Sebœa* de Brown?   (G..N.)

SÉBESTIER. *Cordia.* BOT. PHAN. Genre de la famille des Borraginées et de la Pentandrie Monogynie, L., offrant les caractères suivans: calice persistant, tubuleux, campanulé ou infundibuliforme, à cinq divisions; corolle infundibuliforme, dont le tube est de la longueur du calice, le limbe ordinairement à cinq segmens obtus et étalés; cinq étamines dont les filets sont subulés, insérés sur le tube de la corolle, terminés par des anthères oblongues; ovaire supérieur, arrondi, acuminé, surmonté d'un style de la longueur des étamines, divisé à sa partie supérieure en deux branches fourchues, terminées par quatre stigmates obtus; fruit drupacé, globuleux ou ovoïde, acuminé, recouvert en partie ou totalement par le calice, renfermant un noyau sillonné ou marqué de fossettes, à quatre loges, dont quelques-unes avortent quelquefois; graines à cotylédons plissés. Le nombre des parties du calice et de la corolle,

ainsi que celui des étamines, est quelquefois réduit à quatre. R. Brown a réuni à ce genre le *Varronia*, tel que l'a décrit Desvaux dans son Journal de Botanique, T. 1, p. 257, en observant que l'un et l'autre de ces genres possède un ovaire à quatre ovules, un noyau souvent monosperme, un style dichotome et des cotylédons plissés. Plusieurs espèces de *Varronia* pourraient, à la vérité, être distinguées du *Cordia* par leur inflorescence, ainsi que par le limbe court et à peine étalé de la corolle; d'un autre côté, il y a des espèces de *Cordia* qui ont le calice et le fruit peu conformes aux caractères génériques ci-dessus exposés. Le genre *Cerdana* de Ruiz et Pavon ne diffère en aucune manière du *Cordia*, à en juger par les caractères et par la figure publiés dans la Flore du Pérou et du Chili. Le *Patagonula* est un genre encore douteux, vu l'absence de renseignemens sur son fruit. Au moyen de la réunion des *Varronia* aux *Cordia*, le nombre des espèces décrites par les auteurs s'élève à près de quatre-vingts. Ce sont des Arbres ou Arbrisseaux qui croissent dans les contrées équatoriales. Leurs feuilles sont très-entières, ou quelquefois incisées, épaisses, coriaces, souvent couvertes à leur face supérieure d'aspérités formées par de très-petits points blanchâtres. Les fleurs sont dépourvues de bractées, et disposées au sommet des tiges ou des branches en corymbes, en panicules ou en épis. R. Brown a proposé de diviser les nombreuses espèces de *Cordia* en deux sections, d'après le fruit lisse ou strié. Parmi ces Plantes, on remarque principalement les *Cordia Gerascanthus, Coloeacca* et *Myxa*, qui se voient assez fréquemment dans les collections et qui peuvent être considérées comme types du genre. La dernière de ces espèces mérite une mention détaillée à raison de l'emploi de ses fruits.

Le SÉBESTIER DOMESTIQUE, *Cordia Myxa*, L.; *Sebestena domestica* des vieux auteurs de botanique; *Vidi-Maram*, Rhéede, *Malab.*, 4, tab. 37, est un Arbre de médiocre grandeur, dont le tronc est épais, le bois blanchâtre, les branches et les ramuscules très-lisses, de couleur cendrée, garnis de feuilles alternes, pétiolées, grandes, presque ovales ou quelquefois un peu arrondies, rétrécies à leur base, d'un vert foncé en dessus, plus pâles et pubescentes en dessous, tantôt entières, tantôt dentées ou légèrement sinuées vers leur sommet. Les fleurs ont une couleur blanche, une odeur agréable, et sont disposées en une panicule terminale, rameuse, assez ample et serrée. Cette Plante croît dans l'Inde-Orientale, principalement au Malabar; on la trouve aussi en Égypte, où l'on croit qu'elle a été introduite. Lamarck a décrit et figuré dans ses Illustrations, tab. 96, fig. 3, comme espèce distincte, sous le nom de *Cordia officinalis*, une Plante qui a été réunie, par son continuateur Poiret au *Cordia Myxa*, à titre de variété. Enfin Roth a considéré comme une espèce distincte, sous le nom de *Cordia domestica*, le *Sebestena domestica* de Prosper Alpin et de J. Bauhin, et le *Sebestena Mathioli* de Pluknet; mais la plupart des auteurs sont d'avis que ces synonymes se rapportent au vrai *Cordia Myxa* de Linné. La divergence de ces opinions prouve que cette dernière Plante, pourtant si digne d'intérêt sous plus d'un rapport, n'a pas encore été convenablement étudiée, et qu'elle exige de nouveau l'attention des botanistes voyageurs. Les Sébestes ou fruits du Sébestier ont une pulpe extrêmement visqueuse. Ils étaient autrefois employés en médecine dans plusieurs maladies, et particulièrement contre la diarrhée. Ils figurent encore dans la matière médicale des Égyptiens, qui s'en servent aussi comme topique pour résoudre les tumeurs. Nous regardons aujourd'hui les Sébestes comme simplement adoucissantes, propriété qu'elle sdoivent à la grande quantité de mucilage qu'elles contiennent; elles sont

par conséquent analogues aux jujubes, et propres à être employées dans les mêmes cas. On dit qu'elles sont légèrement laxatives; mais leur usage est presque complétement abandonné.   (G..N.)

SEBIFERA. BOT. PHAN. (Loureiro.) Syn. de *Litsæa*. *V.* LITSÉE.   (G..N.)

SEBO. MAM. C'est, d'après Bosc, le nom de la plus grosse Baleine des mers du Japon.   (IS. G. ST.-H.)

SEBOPHORA. BOT. PHAN. (Necker.) Syn. de *Virola* d'Aublet. *V.* ce mot.
          (G..N.)

* **SEBRAN.** BOT. PHAN. Même chose qu'Alsebran. *V.* ce mot.   (B.)

SÉCALE. BOT. PHAN. *V.* SEIGLE.

SÉCAMONE. BOT. PHAN. Genre de la famille des Asclépiadées et de la Pentandrie Monogynie, L., établi par R. Brown (*Werner. Transact.*, 1, p. 55) qui lui a imposé les caractères essentiels suivans : corolle rotacée; couronne staminale à cinq folioles; masses polliniques au nombre de vingt, dressées, fixées par quatre à la fois au sommet de chaque corpuscule stigmatique non charnu; stigmate resserré au sommet. Ce genre tient le milieu entre les vraies Asclépiadées qui ont un pollen lisse et dix masses polliniques fixées à la base des cinq corpuscules stigmatiques, et les Périplocées qui ont le pollen granuleux. La principale espèce est le *Periploca Secamone*, Plante de l'Orient dont le suc concret est connu dans le commerce de la droguerie sous le nom de Scammonée de Smyrne. R. Brown y fait entrer le *Periploca emetica* de Retz, ainsi que deux espèces de la Nouvelle-Hollande, nommées *Secamone elliptica* et *S. ovata*. Enfin il indique comme faisant partie de ce nouveau genre une espèce inédite qui croît dans l'Inde-Orientale. Ce sont des Arbustes dressés ou volubiles, glabres, à feuilles opposées, à fleurs très-petites, disposées en corymbes axillaires et dichotomes.
          (G..N.)

SÈCHE. *Sepia.* MOLL. L'histoire du genre Sèche est tellement liée avec celle des autres Céphalopodes qui l'avoisinent, qu'il a été impossible de l'en séparer; elle a été faite presque complétement par Férussac, à l'article CALMAR de ce Dictionnaire, et nous y avons ajouté des notions, d'après les nouvelles classifications, à l'article POULPE; nous renvoyons en conséquence à l'un et à l'autre de ces mots où l'on trouvera sur l'histoire des Sèches tous les détails convenables pour recourir au besoin aux travaux, soit anciens, soit modernes, dont elles ont été le sujet. Nous ferons remarquer que ni l'un ni l'autre des articles que nous venons de mentionner, non plus que celui qui traite des Céphalopodes en général, n'ayant donné aucun détail anatomique sur ce type particulier des Mollusques, il est nécessaire de les rassembler ici. Ils sont indispensables pour la connaissance d'Animaux qui sont fort éloignés des Poissons, sans contredit, pour la forme et l'organisation, mais qui cependant, dans la série des êtres, s'élèvent le plus après eux. Aussi a-t-on cherché, par des comparaisons approfondies, à les faire considérer comme un type intermédiaire d'organisation entre la dernière classe des Vertébrés et le commencement des Animaux sans vertèbres; mais il faut en convenir, il existe entre ces deux grandes divisions du règne animal une lacune considérable que rien de ce que nous connaissons ne peut remplir.

Plusieurs travaux anatomiques ont été publiés assez récemment sur les Céphalopodes; nous citerons d'abord celui de Cuvier, une planche du recueil de l'ouvrage d'Égypte par Savigny annonçant de cet habile observateur un travail important sur une nouvelle espèce de Sèche de la mer Rouge; enfin un travail considérable et fort complet de Blainville, à l'article *Sèche* du Dictionnaire des Sciences naturelles : telles sont les sources où nous avons puisé les détails que nous allons donner.

Les Sèches sont des Animaux pairs et symétriques qui se distinguent des Calmars par la forme des nageoires, la structure de l'os dorsal, etc.; dans son ensemble, le corps peut se diviser en deux parties, l'une antérieure que Blainville nomme céphalothorax et l'autre postérieure. Sa partie antérieure, que l'on nomme aussi la tête, est nettement séparée du corps ou de la partie postérieure par un col court libre dans toute sa circonférence; elle est surmontée tout-à-fait antérieurement par huit appendices d'une médiocre longueur; ces appendices que l'on nomme bras ou pieds sont charnus, musculeux, très-forts et sont disposés d'une manière régulière, symétrique et circulaire autour d'un point central occupé par l'ouverture buccale. Ces quatre paires de bras ne sont pas d'une égale force, la paire inférieure est la plus grosse, les autres vont en diminuant jusqu'à la supérieure. Lorsqu'ils sont contractés, ils sont à peine aussi longs que la tête; ils sont cylindriques, un peu aplatis et couverts de ventouses à leur face interne; en dehors la peau en est lisse et semblable à celle qui couvre le corps et la tête. A la base de la paire inférieure des bras, entre cette base et la masse buccale, on remarque deux lacunes assez profondes, du fond desquelles partent deux appendices longs et grêles, cylindriques dans la plus grande étendue et se terminant chacune par une espèce de pavillon élargi, couvert à sa face interne de ventouses semblables à celles des huit autres bras. Cet arrangement des bras sur la tête est absolument semblable dans les Calmars; il diffère dans les Poulpes où tous les bras étant également fort longs, les deux bras palmés des Sèches auraient été inutiles dans ce genre; ils sont réunis à la base par une membrane, tandis que dans les Sèches ils restent divisés dans toute leur longueur.

La tête assez fortement aplatie, à peu près aussi convexe d'un côté que de l'autre, présente latéralement deux gros yeux dont l'organisation est beaucoup plus avancée que dans aucun autre Mollusque; ils sont dépourvus de véritables paupières. Nous décrirons ces organes un peu plus tard et d'une manière complète. Au centre des appendices brachiaux se voit une ouverture buccale grande, environnée d'une sorte de lèvre ou d'un bourrelet circulaire, et garnie de mandibules cornées dont la forme est semblable à celle d'un bec de perroquet. Le col aplati et court est presque aussi large que la tête, mais beaucoup moins que le corps inférieurement; à sa jonction avec la tête, se voit une ouverture fort ample qui communique inférieurement avec le sac branchial et supérieurement avec une sorte de conduit infundibuliforme, médian, libre à son extrémité antérieure où elle est ouverte et remontant jusqu'au niveau des yeux; c'est le canal des excrétions. Le corps est ovale, allongé, arrondi postérieurement, sub-tronqué antérieurement, aplati de haut en bas, un peu plus convexe sur le dos que sur le ventre. Sur les côtés et dans toute la longueur, à l'endroit où les faces dorsales et ventrales se réunissent, est un angle aigu où se voit un appendice cutané, aplati, qui fait l'office de nageoire.

La peau est mince, muqueuse, et se détache plus nettement et plus facilement du plan musculaire sous-posé; elle a une coloration qui lui est propre, et de plus elle présente, comme les Poulpes et les Calmars, le singulier phénomène d'avoir des aréoles remplies d'un liquide coloré qui paraît et disparaît régulièrement comme si son mouvement dépendait de celui du cœur, et cependant ces aréoles ne communiquent en aucune manière avec le système sanguin: la peau est généralement plus foncée en couleur sur le dos que sur le ventre; elle forme sur le dos un vaste sac sans ouverture extérieure, qui contient une coquille celluleuse, légère, que l'on nomme l'os de Sèche; cet os a une forme et une structure qui lui est

propre à tel point qu'il servirait, à la rigueur, pour caractériser le genre, si déjà il ne se distinguait par d'autres moyens. Dans ces derniers temps, Blainville a proposé de lui donner le nom particulier de sépiostaire. Le sépiostaire est placé, comme nous le disons, dans le dos de la Sèche; sa forme est ovale, allongée, un peu plus large postérieurement qu'antérieurement; il est déprimé de haut en bas et presque également convexe des deux côtés; il se termine postérieurement par un bord cornéo-calcaire, évasé, aliforme, fort mince, qui, après s'être un peu rétréci, se termine en diminuant graduellement sur les côtés de la coquille. La disposition de ce bord qui se relève en s'évasant produit, à la partie postérieure et ventrale de la coquille, une cavité large et peu profonde que l'on peut comparer à celle des autres coquilles; le sommet de cette cavité se retire un peu vers le bord et correspond à l'apophyse postérieure dont nous parlerons bientôt; c'est là que commencent les lames spongieuses qui constituent la masse principale de la coquille, elles se recouvrent de manière à ce que la dernière ou la plus nouvelle cache la plus grande partie de toutes les autres; de sorte que, par le mode d'accroissement et d'avancement des couches, elles laissent leur bord postérieur à découvert, ce que montrent les accroissemens réguliers. Le sépiostaire se termine postérieurement par une partie plus solide, ordinairement calcaire, en forme d'épine ou d'apophyse droite ou courbée; elle est fixée par sa base à la partie marginale et postérieure de l'os de Sèche, et, en dedans, le centre de cette apophyse correspond au sommet de la cavité de la coquille. Dans les espèces fossiles des terrains tertiaires de Paris, l'apophyse terminale est fort épaisse et rendue plus solide à la base par un bourrelet osseux longitudinal. L'os de la Sèche très-poreux, très-léger et en même temps solide, représente en quelque sorte par sa position la colonne vertébrale des Poissons. Loin de nous cependant la pensée de vouloir ramener cette partie testacée aux élémens de la vertèbre; rien dans notre manière de voir n'est plus éloigné d'une vertèbre qu'une Coquille; nous ne voulons pas partager l'opinion de quelques naturalistes qui ont écrit que les Coquilles étaient des vertèbres modifiées, étonnante modification en effet d'une imagination égarée qui transporte des fonctions internes d'une série d'Animaux à des fonctions externes d'une autre série, et qui veut y trouver, malgré leur énorme différence, une analogie certaine, et encadrer ainsi tous les êtres dans un système d'unité de composition qui n'est pas dans la nature. Après avoir trouvé la vertèbre des Mollusques, nous attendons les mêmes naturalistes à la découverte de celle des Polypiers et des Animaux microscopiques, les seuls qui maintenant soient restés rebelles à la vertèbre.

Le système digestif des Sèches se compose antérieurement d'une ouverture buccale pourvue, comme nous l'avons dit, de mandibules cornées semblables au bec d'un perroquet, mais avec cette différence, dans la position de ces mandibules, que la plus grande est la ventrale, ce qui est l'inverse dans le bec du perroquet. Ce bec est entouré d'une masse charnue assez considérable, essentiellement composée de muscles destinés au mouvement des mâchoires et de la langue. Celle-ci est épaisse, charnue, cylindracée, composée de muscles intrinsèques comme dans les Mammifères; sa surface est couverte de crochets cartilagineux, renversés du côté de l'œsophage : ils sont destinés à y introduire le bol alimentaire et à l'empêcher de remonter. A l'intérieur de la bouche se voient aussi les ouvertures des canaux salivaires; les uns, postérieurs, sont fournis par les glandes salivaires supérieures, placées de chaque côté de la masse buccale : ils s'ouvrent dans la partie supérieure de l'œsophage.

Deux autres glandes salivaires beaucoup plus grandes, à peine lobées, placées dans la cavité viscérale de chaque côté du jabot, donnent naissance à un canal de chaque côté. Ces canaux convergent l'un vers l'autre, se réunissent en un seul qui perce la partie antérieure de la masse charnue, la traverse en dedans de la mandibule et s'ouvre à la base de la langue. L'œsophage, qui naît de la cavité buccale derrière la langue, est cylindrique, membraneux, assez grand; il passe à travers l'anneau cartilagineux de la tête, à travers celui que forme la terminaison de l'aorte dans la poche placée derrière le foie. Lorsqu'il est descendu dans cette cavité, il s'y dilate subitement en une grande poche membraneuse qui est le premier estomac. Cuvier le nomme le jabot, parce qu'en effet il a de la ressemblance avec le jabot des Oiseaux; il est longitudinal, se prolongeant dans la direction de l'œsophage; sa membrane interne ou muqueuse est plissée en dedans : il se termine au gésier; mais pour l'atteindre, il est obligé de traverser l'espèce de diaphragme qui est formé par la membrane qui tapisse la cavité du foie. Le gésier est tout-à-fait comparable à celui des Oiseaux; il est pourvu de muscles très-puissans et fort épais, et à l'intérieur d'une membrane subcartilagineuse qui se détache très-facilement de la même manière absolument que celle des Oiseaux. Ce gésier est contenu dans une cavité particulière du péritoine, ce qui a lieu également pour une autre cavité que Cuvier nomme cœcum ou estomac en spirale, parce qu'en effet elle affecte cette disposition; elle est située à gauche et au-dessous du gésier dans une position telle, que son ouverture se trouve à peu près au même niveau, et peut recevoir en même temps que le gésier les alimens préparés dans le jabot. Cet organe fait un tour et demi de spirale; il est garni en dedans d'une lame spirale saillante. C'est sur son bord interne que rampent les vaisseaux biliaires pour s'ouvrir vers le sommet de la spire; l'intérieur de cette cavité est garni d'un grand nombre de replis membraneux dans lesquels on reconnaît des cryptes muqueux. C'est donc dans son intérieur que les alimens, déjà avancés dans l'acte de la digestion, se combinent avec la bile avant de passer dans l'intestin. Celui-ci est séparé des estomacs par un pylore au-dessous duquel il se renfle un peu en passant derrière le foie pour se loger dans une cavité péritonéale particulière à droite, où il fait deux replis; soutenu par un mésentère, il repasse ensuite dessous le foie, se dirige alors en avant à côté de la principale veine cave, descendante entre les lames de la bride musculaire antérieure, et se termine à l'anus. On aperçoit cette partie à la face postérieure interne à la base de l'entonnoir. Telle est la disposition des organes de la digestion dans les Poulpes. Il ne diffère que fort peu dans les Sèches. L'œsophage est plus long, non dilaté, et le gésier généralement plus petit. Le foie, dans le Poulpe comme dans la Sèche, est fort grand et placé dans une cavité péritonéale antérieure, avec l'œsophage, les glandes salivaires, etc. Dans l'un il est sans lobure et renferme la poche du noir; dans l'autre, la Sèche, il est profondément divisé en deux, et la bourse du noir, plus grande que dans les Poulpes, est située dans la cavité abdominale. Le foie dans l'un et l'autre genre donne naissance à deux canaux biliaires qui s'ouvrent à l'extrémité de la cavité spirale du cœcum.

Tout le monde connaît la singulière facilité qu'ont presque tous les Céphalopodes, et notamment les Poulpes et les Sèches, de répandre, au moment du danger, une liqueur noire qui leur donne le moyen de troubler l'eau et d'échapper ainsi à la poursuite de leurs ennemis. Cette liqueur noire est le résultat d'une sécrétion dont l'organe avait été confondu par Monro avec le foie, ce qui

lui avait fait dire que la liqueur noire était de la bile. La réunion dans une même masse de la poche au noir et du foie, dans le Poulpe, a donné lieu à cette erreur. Elle a été facilement reconnue, lorsque dans les Sèches on a vu les deux organes séparés. Celui qui contient le noir est celluleux en dedans, et renferme, comme dans une éponge à tissus très-lâches, une bouillie noire, dont une petite quantité suffit pour troubler beaucoup d'eau. La bourse au noir se termine antérieurement par un canal excréteur qui s'ouvre dans l'entonnoir tout à côté de l'anus.

Les organes de la circulation et de la respiration sont fort développés dans les Animaux qui nous occupent. La disposition circulaire des bras autour de la tête a entraîné une disposition analogue dans le système veineux de ces parties. Les veines qui descendent des bras se joignent à un tronc commun qui forme à leur base un anneau irrégulier, dont les deux extrémités se réunissent en un tronc unique qui descend devant le foie à gauche du rectum, dans l'épaisseur de la bride antérieure de la bourse jusqu'aux deux tiers de la longueur de celle-ci où elle se partage. L'angle très-aigu, sous lequel se fait la jonction des deux parties du cercle veineux de la tête, donne naissance à une valvule semi-lunaire fort grande. Le tronc en descendant reçoit les veines des diverses parties qui l'avoisinent; ainsi le foie, l'entonnoir, l'enveloppe cutanée ou la bourse lui en envoient. Chaque branche qui résulte de la bifurcation du tronc en reçoit elle-même une autre presque aussi considérable, qui y aboutit dans une direction qui semble contraire à la marche du sang. Ces vaisseaux prennent leur origine du côté droit par les rameaux que donnent la partie inférieure du foie, les intestins, l'ovaire ou le testicule, selon le sexe; et du côté gauche des rameaux que fournissent l'œsophage, une partie de l'estomac et le côté gauche du foie. Après avoir reçu les deux branches dont nous venons de parler, les deux troncs principaux descendent encore un peu, se recourbent en dehors, et aboutissent enfin à des sinus veineux garnis à l'intérieur de piliers charnus, et qui sont les oreillettes des cœurs latéraux. Les oreillettes, outre ces deux troncs principaux, en reçoivent encore un autre de chaque côté qui, plus petit, apporte le sang des parties latérales de la bourse et du ligament suspenseur de la branchie. Des oreillettes latérales, le sang est porté dans les cœurs branchiaux qui le poussent dans le tissu de l'organe respiratoire.

Les deux grosses branches veineuses, que nous avons vues aboutir dans les veines latérales immédiatement après la bifurcation du tronc principal à la partie inférieure de la bourse, sont pourvues d'un grand nombre de petits corps spongieux qui sont implantés sur la surface, et plongent dans les grandes cavités de l'enveloppe extérieure ; ces cavités dont les ouvertures se voient à la base du cou, sont séparées l'une de l'autre par une cloison longitudinale, et tapissées à l'intérieur d'une membrane muqueuse. Cuvier les nomme cavités veineuses, parce qu'elles contiennent les corps spongieux, adhérens aux veines et communiquant avec elles. Ces organes sont très-singuliers, mollasses et très-vasculaires. Ils communiquent directement avec les veines d'une part, et de l'autre avec le fluide ambiant, de telle sorte qu'en injectant ou en insufflant les veines, on voit l'air ou le liquide passer de leur cavité à travers les corps spongieux et se répandre au dehors. Si ces organes sont absorbans, ils peuvent faire passer dans les veines une certaine quantité d'eau ; s'ils sont respiratoires, le sang arriverait déjà modifié aux branchies, ce qui est peu croyable lorsque l'on considère le grand développement de l'organe respiratoire. Comme en exprimant ces corps on en voit sortir une mucosité jaunâtre et

épaisse, il est bien plus probable qu'ils servent plutôt à une sécrétion dépurative qu'à toute autre fonction. Nous ne savons si l'on doit comparer cette disposition organique à celle des Aplysies, dont le système veineux communique directement et sans aucun organe intermédiaire avec la cavité viscérale. V. APLYSIE.

Dans les Céphalopodes connus jusqu'à présent il existe trois cœurs, ce qui ne se voit dans aucun Mollusque des autres classes ; de ces trois cœurs deux sont latéraux ou branchiaux, et le troisième médian, destiné à la circulation générale. Les latéraux sont placés à la base des branchies, ils sont pyriformes ; le côté le plus large et le plus arrondi tourné vers l'entrée de la veine, la pointe au contraire dirigée vers l'artère branchiale. Ces cœurs sont d'une substance noirâtre assez épaisse, d'une apparence plutôt celluleuse que fibreuse, et creusée de cellules assez grandes et assez profondes dont l'usage est inconnu. L'orifice veineux est garni de deux grandes valvules mitrales qui peuvent s'opposer à la marche rétrograde du sang dans les veines. Les branchies, en forme d'arbuscules, sont situées de chaque côté dans le fond de la bourse où elles sont retenues en place par la bride formée par les gros vaisseaux et par un appendice charnu qui se confond avec la paroi de la bourse ; elles sont composées d'un grand nombre de feuillets qui se sous-divisent trois fois, et sur lesquels la peau du sac s'étend en pénétrant jusque dans leurs plus petits interstices. L'artère branchiale, qui naît de chaque cœur latéral, pénètre dans l'épaisseur de la bride charnue de la base de la branchie ; elle donne un rameau à chacun des grands feuillets, et celui-ci se divise en ramuscules aussi nombreux que les lamelles dont la branchie est composée. Après avoir été vivifié par la respiration, le sang repasse dans un autre système vasculaire, celui des veines branchiales ; leur tronc est placé à l'opposite des artères, à l'autre extrémité des feuillets branchiaux ; elle reçoit successivement de chacun d'eux un rameau grossi par leur réunion ; elle se dirige en remontant un peu vers le cœur central. Cet organe charnu et blanc est situé à la partie inférieure de la masse viscérale ; il est globuleux, légèrement demi-circulaire, et reçoit les veines branchiales par les angles qui sont supérieurs. Chacune de ces veines est garnie à son entrée dans le cœur d'une valvule dont le bord libre est dirigé vers l'intérieur de cet organe. Si l'on vient à l'ouvrir, on découvre dans son intérieur un assez grand nombre de pilliers fibreux diversement entrelacés.

Destiné à la circulation générale, le cœur médian donne naissance à plusieurs vaisseaux dont le plus gros, que l'on peut nommer l'aorte, remonte vers la tête en fournissant d'abord presque à son origine un rameau pour le péritoine, un peu plus haut un autre qui se divise en deux pour les parties latérales de la bourse ou du sac viscéral à la hauteur des estomacs et de la masse intestinale ; elle donne des branches à chacune de ces parties ; le foie en reçoit deux, et la partie inférieure du jabot quelques autres. Lorsqu'elle est parvenue au haut de la cavité de la partie postérieure du foie, l'aorte se bifurque, et les deux branches qui en résultent forment un cercle complet autour de l'œsophage à la base de la tête, immédiatement au-dessous de la masse buccale. Cet anneau vasculaire donne naissance à un grand nombre de rameaux artériels qui se rendent aux organes environnans, les uns vont à l'œsophage, les autres à la masse buccale, d'autres aux glandes salivaires supérieures, puis deux autres plus grosses qui descendent dans les glandes salivaires inférieures ; elles s'anastomosent entre elles par un rameau transverse qui fournit encore quelques petites branches au jabot et à l'œsophage. Les deux branches aortiques, en se continuant, passent ensemble dans un trou percé dans

la plaque cartilagineuse, parviennent à la base des pieds ; elles deviennent presque horizontales et prennent une marche rétrograde d'arrière en avant, décrivent un demi-cercle de chaque côté, et se divisent en quatre branches dans les Poulpes, en cinq dans les Sèches ; elles pénètrent dans le canal central de chaque bras, et s'y divisent à l'infini. Les veines des bras ne suivent pas le même trajet que les artères ; il y en a deux pour chacun d'eux ; elles sont sous-cutanées et latérales ; elles se portent, comme nous l'avons dit, dans l'anneau veineux céphalique dont nous avons parlé.

Outre cette aorte, le cœur central donne naissance à deux autres artères : la première naît de la face inférieure de cet organe ; elle se porte sur l'ovaire ou sur le testicule selon le sexe. La seconde, plus grosse que la première, fournit plusieurs branches, et d'abord deux longues et grêles qui partent de chaque côté de sa base ; elles se réunissent aux veines branchiales, remontent avec elles pour se distribuer probablement à l'organe respiratoire. Le tronc se divise ensuite en deux branches, l'une qui remonte à travers la bride antérieure de la bourse et se distribue dans l'épaisseur de cette partie, l'autre qui gagne l'intestin sur lequel elle se ramifie. Le système vasculaire et branchial ne diffère que fort peu dans la Sèche de ce que nous venons de voir dans le Poulpe ; cependant le cœur médian est trilobé, et les veines pulmonaires qui s'y rendent, étant renflées dans le milieu, on les prendrait pour des oreillettes quoiqu'elles n'en remplissent pas les fonctions. Le système musculaire des Poulpes et des Sèches est fort considérable à cause surtout des organes nombreux de locomotion et de préhension dont ils sont pourvus. Les huit bras qui couronnent la tête des Poulpes sont entièrement musculeux ; à leur base ils se confondent ; leurs fibres s'entrelacent fortement, forment une couche épaisse et solide qui donne lieu à une sorte de cavité centrale dans laquelle est placée la masse buccale ; c'est au-dessous d'elle qu'ils s'insèrent à la plaque cartilagineuse qui protége la masse encéphalique et les organes de l'ouïe. Tous les bras sont percés à leur centre d'un long canal dans lequel sont placées les artères et les nerfs ; ils sont composés de plusieurs plans fibreux que l'on voit très-bien quand on les coupe transversalement. On peut comparer ces organes, comme l'a fait Cuvier, à la langue des Mammifères susceptible de tous les mouvemens. Cette coupe transverse des pieds présente au centre un espace rhomboïdal de substance presque homogène, et dont on aperçoit difficilement les fibres, quoiqu'on puisse s'assurer qu'elles sont rayonnantes. A l'extérieur on voit quatre segmens rentrans de cercle fortement striés en rayons. Ces divers plans musculaires sont fortement réunis entre eux et solidement maintenus par une couche extérieure aponévrotique, mince, composée de fibres circulaires et longitudinales ; les ventouses, dispersées sur la face interne des bras, ont des muscles intrinsectes, et d'autres qui forment le pédicule ; ces derniers se confondent et s'entrecroisent avec les fibres des muscles des bras. Dans les Poulpes, les bras sont réunis à leur base par une membrane très-solide et musculaire ; elle est composée de deux plans fibreux : ces plans partent des parties latérales des pieds, se joignent et s'entrecroisent dans le milieu de l'intervalle qui les sépare ; elles s'entrecroisent de telle sorte que les fibres internes deviennent extérieures, et celles-ci deviennent internes. Dans les Poulpes, le corps a vraiment la forme d'une bourse, ce qui lui a valu ce nom ; il a en effet la forme d'un sac peu allongé ; il est entièrement charnu, contractile dans toutes ses parties ; mais les fibres musculaires sont tellement enlacées qu'elles forment une couche qui paraît homogène extérieurement ; cependant elles paraissent sensiblement longitudi-

nales et transverses à l'intérieur. Cette bourse sur le dos contient, dans son épaisseur, deux petits stylets cartilagineux qui représentent à l'état rudimentaire la plume des Calmars ou l'os de la Sèche. Dans ces deux derniers genres, le corps a une forme différente ; il est plus allongé, et les parois dorsales de la bourse dédoublées présentent une grande lacune occupée par la Coquille. Il existe une cavité viscérale assez grande dont les parois sont charnues et musculaires ; elle contient le foie et l'œsophage ; elle est percée inférieurement à l'endroit du cardia. Les muscles qui forment cette cavité sont destinés principalement à unir fortement le corps avec la tête de l'Animal ; les faisceaux charnus qui s'y voient viennent la plupart de la face inférieure de l'anneau cartilagineux de la tête, ou sont des continuations de ceux de la base des pieds ; d'autres naissent à côté des yeux ; d'autres, en se rendant à l'entonnoir, donnent un muscle à cette cavité. L'entonnoir est lui-même charnu et musculeux ; sa composition est semblable à celle de la bourse ; il est soutenu à la base et latéralement par un pillier charnu qui s'insère sur les parties latérales du corps. Sur les côtés de la base de l'entonnoir s'insèrent deux muscles venant du bord postérieur de la bourse, sous le grand muscle qui attache ce bord aux pieds ; ils forment ces calottes concaves vers la bourse, et qui la bouchent aux côtés de l'entonnoir. Cette partie a encore deux paires de muscles qui sont destinés à la rapprocher de la tête ; car l'une s'insère sur l'anneau cartilagineux, et l'autre de chaque côté au-dessous de l'œil.

Le système nerveux est considérablement développé dans les Animaux de la classe des Céphalopodes. Ils sont les seuls parmi les Mollusques qui aient un appareil cartilagineux représentant jusqu'à un certain point le système osseux de la tête des Vertébrés. Ce cartilage est une sorte d'anneau placé à la base des pieds dans le centre duquel passent l'œsophage, l'artère aorte et le canal excréteur des glandes salivaires inférieures. Sa partie postérieure, plus épaisse que sur les côtés, contient le cerveau ou ganglion œsophagien supérieur; les parties latérales renferment les ganglions rayonnés; et la partie antérieure, la plus épaisse et la plus dure, est percée de deux petites cavités pour les organes de l'audition, et de plus protège le ganglion sous-œsophagien ou cervelet, qui complète l'anneau nerveux qui remplace la masse encéphalique des Animaux vertébrés. De chaque côté l'anneau cartilagineux offre deux cavités fort grandes, également cartilagineuses, infundibuliformes, qui contiennent et protègent les yeux. L'anneau nerveux se partage en deux parties : l'une, dit Cuvier, est postérieure et de substance grise : on peut la comparer au cervelet; l'autre, aplatie et blanche, est antérieure : elle peut se comparer au cerveau. Les parties antérieures et latérales du cerveau fournissent des filets très-grêles, qui traversent la base des pieds pour se rendre à la masse buccale à la peau de la bouche, et donnent lieu à un ganglion buccal qui fournit des filets aux glandes salivaires. Des parties latérales et inférieures du cerveau naissent les grosses branches de jonction, avec le cervelet ou ganglion inférieur : c'est lui qui, étant le plus considérable, répartit dans tout l'Animal le plus grand nombre de nerfs : ils peuvent être distingués en antérieurs, en latéraux et en postérieurs. Les antérieurs partent en rayonnant du bord antérieur : ils forment ce que Cuvier nomme la pate d'oie. Ils sont de chaque côté au nombre de quatre dans les Poulpes, et de cinq dans les Sèches; ils s'enfoncent dans la base des pieds et pénètrent au centre de chacun d'eux. Lorsqu'ils sont parvenus un peu au-dessous de la séparation de chacun des pieds, ils donnent de leurs parties latérales un filet anastomotique qui joint le premier nerf au second, celui-ci au troisième, ainsi de suite, et constitue ainsi un anneau nerveux complet qui met en relation tous les nerfs brachiaux. Des nerfs latéraux, les uns, très-courts, établissent la communication des deux ganglions du cervelet; et d'autres, comme nous l'avons vu, avec le cerveau : c'est par leur moyen que se trouve complété l'anneau œsophagien. A l'endroit de la jonction du cervelet avec le cerveau naît de chaque côté un tronc fort court qui entre dans l'orbite : c'est le nerf optique. A l'opposite du cervelet sur les parties latérales de son bord, on voit sortir un petit nerf qui se rend à l'entonnoir, et, derrière lui, un autre du même volume : c'est le nerf acoustique. Les nerfs inférieurs du cervelet sont au nombre de deux principaux de chaque côté; l'un part de l'angle inférieur et postérieur : il est destiné tout entier aux viscères auxquels il se distribue; l'autre naît de l'angle intérieur et intérieur : il est destiné à la bourse ou à l'enveloppe extérieure. Ce dernier se termine sur les parties latérales de l'enveloppe musculo-cutanée par un ganglion aplati, dont les branches nombreuses partent en rayonnant du centre commun; toutes se perdent dans l'épaisseur de la bourse. Ces ganglions ont reçu de Cuvier le nom de ganglions étoilés. Le nerf viscéral descend parallèlement, avec son congénère, de chaque côté de la veine cave. Il donne supérieurement des filets à l'œsophage, aux muscles du cou, détache plusieurs branches derrière la veine, le rectum et le conduit du noir : elles forment une espèce de plexus. Le tronc descend un peu obliquement à côté de l'oviducte, et gagne le cœur latéral où il produit un ganglion cardiaque qui donne une branche pour le cœur médian; un autre qui donne naissance à un ganglion pulmonaire, d'où partent les branches qui se distribuent à la branchie; puis enfin une troisième qui paraît destinée à la partie la plus postérieure du sac ou de l'enveloppe cutanée.

Dans les Sèches la distribution du système nerveux diffère peu de ce que nous venons de le trouver dans les Poulpes. La principale différence existe dans les nerfs de l'enveloppe extérieure qui sont au nombre de deux, et qui se divise l'un et l'autre de chaque côté en deux branches; l'un produit le ganglion étoilé, l'autre perce latéralement la peau au-dessus de la nageoire, et s'y répaud en un grand nombre de filets.

Les organes de la génération sont séparés. Les Céphalopodes ne sont point hermaphrodites; dans l'un et l'autre sexe une cavité péritonéale particulière occupant la partie la plus reculée du sac, est destinée à contenir les organes générateurs. Dans la femelle, ils se composent d'un ovaire et d'un double oviducte; l'ovaire est assez considérable, il est revêtu d'une membrane solide à laquelle s'attachent par des pédicules de nombreuses grappes d'œufs; au moment de la ponte, ces œufs passent d'abord dans un canal unique et supérieur qui se divise bientôt en deux oviductes subcylindriques ou plutôt en long cône; vers le tiers inférieur de leur longueur, on remarque un renflement qui est produit par une glande. Au-dessus, l'oviducte est plus gros et se termine par une extrémité subtronquée; en dedans, la membrane qui le tapisse est toute ridée longitudinalement; dans l'état ordinaire, l'oviducte est membraneux, mais dans le temps de la ponte il s'épaissit et grossit notablement; les œufs y séjournent quelque temps; c'est là probablement qu'ils sont enduits de viscosités. Dans les Sèches, ces oviductes sont accompagnés d'une masse glanduleuse considérable, elle est destinée probablement à fournir la masse visqueuse aux œufs; cependant il reste encore de l'obscurité sur leurs usages.

Les organes générateurs du mâle sont composés d'un testicule, d'un canal déférent, d'une vésicule sémi-

nale, d'un corps glanduleux que Cuvier nomme prostate, d'un réservoir spermatique et enfin d'une verge.

Le testicule est fort gros et ressemble beaucoup par sa position et sa structure à l'ovaire, étant couvert comme lui d'une tunique épaisse et contenant à l'intérieur de petits grains en grappe qui sont, sans aucun doute, les organes de sécrétion. Le fluide spermatique s'épanche entre cet amas glanduleux et la tunique qui l'enveloppe, et il sort par une ouverture étroite et supérieure qui donne naissance à un très-long canal déférent très-grêle, un grand nombre de fois tortillé sur lui-même et s'ouvrant à la base d'un canal plus gros et moins long que Cuvier compare à une vésicule séminale; ce canal, qui paraît musculaire, et qui est ridé en dedans, semble destiné en effet non-seulement à recevoir une certaine quantité de liqueur spermatique, mais encore à l'expulser au-dehors. Ce canal se termine en s'amincissant à l'orifice par une glande assez considérable, grenue, reployée sur elle-même, à peu près cylindrique; n'ayant point d'usage connu et déterminé, on a dû la comparer à la prostate et penser qu'elle n'avait que des fonctions accessoires; son canal devenu commun avec celui de la vésicule séminale remonte et rencontre latéralement celui d'une poche ou d'un réservoir dans lequel il est à présumer que la liqueur spermatique peut s'introduire. Cet organe fort singulier est devenu célèbre par les grands animalcules que Néedham découvrit dans son intérieur; ce qui est remarquable, c'est qu'au lieu d'être nageant au milieu d'un liquide, ils sont juxta-posés, ce qui a fait penser que ce n'étaient pas des Animaux spermatiques; cependant ils sont doués de mouvement, et Bory de Saint-Vincent, à son article Zoosperme de l'Encyclopédie méthodique, croit d'autant moins que ce sont des Animaux de cette nature, qu'il prétend qu'on en trouve de véritables dans le sperme des Sèches; d'où il semble conclure que l'organe qui nous occupe est une laite comparable à celle des Poissons. Ces filamens rangés à deux ou trois rangs les uns sur les autres, sont maintenus en plan par un repli spiral de la membrane interne de la poche qui les contient. « Long-temps après la mort, dit Cuvier, ils jouissent encore de la faculté d'éclater et de se mouvoir en différens sens, sitôt qu'on les humecte.» Cette poche communique avec la verge par un canal étroit et court. Cette verge est petite, pyramidale, creuse en dedans et terminée par une petite ouverture; elle ne paraît pas être exsertile et elle semble plutôt être destinée à produire la fécondation par l'aspersion du fluide spermatique sur les œufs, comme cela a lieu dans les Poissons, que faite pour être introduite dans les organes de la femelle; cependant dans la Sèche, où la verge est beaucoup plus grande, il serait possible de supposer que l'intromission a lieu; mais l'observation manque à cet égard.

Pour terminer ce qui a rapport à l'histoire anatomique des Poulpes et des Sèches, il ne nous reste plus à examiner que les organes des sens, et d'abord se présente celui de la vue qui est vraiment des plus remarquables par son développement et par sa belle organisation, que l'on peut mettre sur la même ligne que celle des Animaux les plus élevés dans l'échelle, sans que cependant il cesse d'en rester bien distinct par quelques particularités; l'une des plus essentielles est de manquer de la chambre antérieure et de l'humeur aqueuse; aussi à l'ouverture des paupières la peau se réfléchit en dedans, forme un repli comparable à la troisième paupière de quelques Animaux, s'enfonce ensuite profondément pour former la conjonctive, remonte sur la face antérieure de l'œil, et se doublant de nouveau sur elle-même, donne naissance à l'iris et finit enfin par couvrir d'une membrane transparente la surface extérieure du cristallin; mais avant de parvenir sur

cette partie, elle passe sur des procès ciliaires d'une admirable structure qui couvrent la base de l'hémisphère externe du cristallin. Celui-ci est fort grand, plus convexe postérieurement qu'antérieurement, et d'autant plus dur qu'on s'approche davantage de son centre; toute sa partie postérieure est plongée dans l'humeur vitrée et paraît en être séparée par une capsule propre. L'humeur vitrée est contenue dans trois membranes distinctes; la plus extérieure est une sclérotique presque cartilagineuse, percée d'un grand nombre de trous très-petits qui laissent passer les nombreux filets nerveux que produit le ganglion optique; la seconde placée en dedans de la première est une véritable rétine, puisqu'elle résulte de l'épanouissement des filets nerveux; enfin en dedans de cette rétine se trouve une membrane très-mince ou plutôt une couche de substance violette semblable à la couche noire de la choroïde humaine; ce qui doit étonner, c'est de trouver cette couche obscure en dessus de la rétine et non en dessous, comme dans les autres Animaux. On doit se demander comment la vision est possible et supposer tout au moins qu'elle doit être considérablement affaiblie par cette circonstance. Derrière la sclérotique, se trouve un assez grand espace semi-lunaire circonscrit par plusieurs membranes et contenant au milieu d'une substance mollasse un énorme ganglion optique, réniforme et produisant de son bord antérieur un nombre très-considérable de filets qui traversent la sclérotique. L'organe de l'ouïe est tout-à-fait interne, sans communication avec le dehors; il ne peut donc être d'une grande utilité à l'Animal, ou du moins ne lui donner que des perceptions fort obscures. Ces organes sont placés dans la partie la plus dure et la plus épaisse du crâne; ils consistent en deux cavités à peu près sphériques, lisses, sans aucune anfractuosité, remplies par une vésicule d'un moindre volume, suspendue par des filamens, revêtue par une membrane mince et transparente contenant une petite quantité de liquide et soutenue par un petit osselet lenticulaire jaunâtre ; le nerf acoustique qui est fort petit perce la cavité pour se rendre à la masse bulbeuse ; telle est la composition de cet organe réduit à l'état rudimentaire et qui dans sa simple composition représente tout à la fois l'oreille interne et externe des autres Animaux. Il n'existe aucun organe olfactif proprement dit, et cependant les Poulpes et les Sèches sont attirés par les substances alimentaires qui leur plaisent. On conçoit en effet que si l'odoration des matières plongées dans l'eau peut se faire, elle ne peut avoir lieu que par d'autres moyens que celle qui a lieu dans l'air ; il est à présumer dès-lors que le goût remplace l'odorat des Animaux, tels que ceux qui nous occupent, constamment plongés dans l'eau, ne pouvant s'empêcher de goûter à chaque moment ce liquide, ils perçoivent ainsi la saveur des particules qu'il tient en dissolution ou en suspension.

Les caractères génériques des Sèches peuvent être exprimés de la manière suivante : corps ovale, déprimé, bordé de chaque côté dans toute sa longueur par une nageoire étroite, tout-à-fait latérale. Dos soutenu dans toute sa longueur par un corps crétacé, contenu dans une vaste lacune cutanée. Bouche terminale, entourée de dix bras garnis à leur face interne de ventouses, si ce n'est deux d'entre eux, pédonculés, plus longs que les autres, terminés en spatule, et garnis de ventouses seulement sur l'épanouissement. Ventouses à bords cornés, non dentés. Sépiostaire ou coquille ovale, également convexe des deux côtés, calcaire, composée d'une série de lames calcaires, spongieuses, superposées, terminée postérieurement par une cavité peu profonde, bordée par des appendices aliformes, cornéo-calcaires, et dans son milieu sur l'extrémité postérieure par une apophyse

pointue, droite ou légèrement recourbée.

Les Sèches sont répandues dans toutes les mers, mais on ignore si elles constituent un grand nombre d'espèces. Il en est de cela comme de beaucoup d'autres choses que les voyageurs ne rapportent pas, parce qu'ils croient rencontrer la même espèce partout. Il est bien probable cependant qu'il n'en est pas ainsi, et que chaque mer possède quelques espèces. Linné n'en connut qu'une seule, à laquelle Lamarck en ajouta une seconde qu'il décrivit dans les Mémoires de la Société d'Histoire naturelle de Paris (an VII). Rafinesque en fit connaître une troisième qu'il indiqua seulement, et Savigny, dans le grand ouvrage d'Égypte, en représenta une quatrième avec beaucoup de détails. Enfin Blainville, à l'article *Sèche* du Dictionnaire des Sciences naturelles, en porte le nombre à huit ; mais, il faut le dire, le plus grand nombre de celles qu'il ajoute à celles que nous avons d'abord indiquées, sont encore bien douteuses.

On connaît quelques restes de sépiostaires à l'état fossile. C'est à Grignon d'abord qu'ils furent trouvés, et ensuite dans beaucoup d'autres localités du calcaire grossier des environs de Paris. On ne rencontre que la partie la plus solide, et par conséquent plus ou moins mutilée. Ils furent long-temps énigmatiques. Cuvier le premier détermina leurs rapports avec les Sèches. Ces espèces fossiles appartenaient sans aucun doute à d'autres espèces que celles qui sont actuellement connues vivantes. La grosseur de l'apophyse postérieure et la profondeur de la cavité ont fait supposer que ces restes dépendaient d'espèces beaucoup plus grosses que toutes celles dont les Sépiostaires sont connus. Peut-être étaient-ils seulement plus solides ?

D'autres corps trouvés également fossiles, mais dans des terrains beaucoup plus anciens, ont de l'analogie avec le bec de la Sèche, et paraissent

avoir été les mandibules de quelque
genre voisin. On ne peut être sûr de
celui auquel on doit les rapporter. Ils
pourraient dépendre, soit du genre
Bélemnite, soit du genre Ammonite,
peut-être aussi de quelque Nautile,
mais rien jusqu'à présent ne peut
porter à former une conjecture plutôt qu'une autre. Ces corps ont été
indiqués sous le nom de Rhyncolite
dont on a fait un genre; mais nous
ne devons pas admettre un tel genre,
puisqu'il n'est fait que sur une très-
petite partie de l'Animal. Par le même
principe, on pourrait en établir sur
diverses parties d'un même Animal,
et l'on sent que cela n'est pas propo-
sable.

Nous allons indiquer parmi les
Sèches les espèces les mieux constatées, celles sur lesquelles il ne peut
y avoir d'équivoque.

SÈCHE COMMUNE, *Sepia officinalis*,
L., Gmel., p. 3149, n. 2; Rondelet,
Aquat., p. 365; Aldrov., *de Mollibus*,
p. 49-50; Séba, Mus. T. III, lab. 3,
fig. 1 à 4; Encycl., pl. 76, fig. 5,
6, 7; Lamk., Mém. de la Soc. d'Hist.
nat. de Paris, an VII, p. 7; *ibid.*,
Anim. sans vert. T. VII, p. 668,
n. 1; Guérin, Iconogr. du Règn.
Anim., Moll., pl. 1. Elle est très-
commune dans la Méditerranée et
l'océan Européen. Elle a jusqu'à dix-
huit pouces de long.

SÈCHE TUBERCULEUSE, *Sepia tuber-
culata*, Lamk., Anim. sans vert., *loc.
cit.*, n. 2; *ibid.*, Mém., *loc. cit.*,
p. 9, pl. 1, fig. 1, a, b; Blainville,
Trait. de Malac., p. 368, pl. 1, fig. 2.
Cette espèce, remarquable par les
tubercules dont elle est couverte, est
d'un médiocre volume. Elle vient des
mers de l'Inde.

SÈCHE DE SAVIGNY, *Sepia Savi-
gnyi*, Blainv., Dict. Sc. nat. T. XLVIII,
p. 285; Sèche, Savigny, grand ouvrage d'Égypte, Céphalopodes, pl. 1,
fig. 3. Cette espèce vient de la mer
Rouge; elle acquiert à peu près le
même volume que la Sèche commune. (D..H.)

SÈCHE-TERRINE, SÈCHE-

TRAPPE. ois. Syn. vulgaires d'Engoulevent d'Europe. *V.* ENGOULE-
VENT. (DR..Z.)

SECHIUM. BOT. PHAN. Genre de
la famille des Cucurbitacées, établi
par Browne (*Hist. Jamaic.*, p. 355) et
ainsi caractérisé : fleurs monoïques.
Les mâles ont un périanthe campanulé, divisé presque jusque vers son
milieu en cinq parties égales, entre
lesquelles sont de petites dents qui
ont été considérées par quelques auteurs comme un calice extérieur;
quatre à cinq étamines soudées par
leurs filets, libres au sommet, et
portant quatre anthères cordiformes.
Les fleurs femelles ont le périanthe
semblable à celui des fleurs mâles,
un ovaire obovoïde, surmonté d'un
gros style et d'un stigmate capité. Le
fruit est une péponide très-grande,
charnue, obcordiforme, un peu comprimée, contenant une graine ovale
et plane. La Plante sur laquelle ce
genre a été fondé est le *Sechium
edule*, Swartz, *Flor. Ind. occid.*, 2,
p. 1150, qui avait été placé dans le
genre *Sicyos* par le même Swartz
(*Prodr. Flor. Ind. occid.*, p. 116) et
par Jacquin (*Stirp. Amer.*, tab. 163).
Cette Plante a une tige grimpante,
garnie de vrilles et de feuilles amples,
alternes, pétiolées, cordiformes, anguleuses, un peu rudes sur les deux
faces. Les fleurs sont petites, inodores, de couleur jaune, les mâles
nombreuses au sommet de pédoncules axillaires, les femelles également
axillaires, mais seulement au nombre d'une ou deux sur chaque pédoncule. Le fruit est gros, lisse et
vert extérieurement, charnu et blanchâtre en dedans. Selon Browne, les
habitans de la Jamaïque donnent à
cette Plante le nom vulgaire de *Cho-
cho-Vine*, et Adanson, qui se plai-
sait à substituer les noms de pays
aux noms scientifiques, quoique ces
derniers fussent déjà publiés, a désigné le genre en question sous le
nom de *Chocho*. On cultive le *Sechium edule* dans la plupart des
Antilles, où les colons français le

nomment *Chayote*. Son fruit est usité dans les ragoûts. On le sert aussi sur les tables, mais il a peu de saveur, et on le considère comme rafraichissant. Le *Sechium edule* est cultivé en telle abondance dans certaines contrées de la Jamaïque, que son fruit y sert à engraisser les cochons. Seringe, dans le troisième volume du Prodrome de De Candolle, a publié une nouvelle espèce, sous le nom de *Sechium palmatum*, qui croît au Mexique, et qui est remarquable par ses fruits verts, hérissés et de la grosseur d'une aveline. Cet auteur a encore admis comme espèce distincte le *Sechium americanum* de Poiret (Dict. encycl., 7, p. 50), qui nous paraît un double emploi du *S. edule*. En effet, cette Plante ne se distingue que par son fruit glabre, de la grosseur d'un œuf de pigeon; mais le *Sechium edule*, dont le fruit est ordinairement très-gros et hérissé, offre aussi, selon Jacquin, une simple variété où le fruit est absolument comme celui du prétendu *S. americanum*.   (G..N.)

* SECONDINES. zool. *V.* Arrière-Faix.

SECRÉTAIRE. *Gypogeramus*. ois. Genre de l'ordre des Omnivores. Caractères : bec plus court que la tête, robuste, gros, crochu, courbé à peu près depuis son origine, garni d'une cirrhe à sa base, un peu voûté, comprimé à la pointe; narines un peu éloignées de la base du bec, percées de chaque côté dans la cirrhe, diagonales, oblongues, ouvertes. Pieds très-longs, grêles; jambe emplumée; tarse allongé, nu, plus grêle en bas qu'à sa partie supérieure; quatre doigts courts, verruqueux en dessous : trois antérieurs, réunis à la base par une membrane; pouce articulé sur le tarse. Ailes longues, les cinq premières rémiges les plus longues et presque égales. Des éperons obtus aux poignets. Queue étagée. Une espèce compose encore à elle seule tout le genre Secrétaire ou Messager. Cette espèce,

placée d'abord parmi les Gralles, fut ensuite signalée comme appartenant aux Faucons; d'autres considérations la firent reporter parmi les Echassiers; enfin, depuis qu'il a été permis de consulter le squelette, concernant la véritable place que cet Oiseau doit occuper dans les méthodes, on a pu le fixer naturellement parmi les Rapaces, entre les Vautours et les Aigles. En cherchant à s'accorder raisonnablement sur ce point, on eût bien pu songer en même temps à faire disparaître le ridicule qui a présidé à sa dénomination; car rien n'est plus inexact que les noms de Secrétaire, de Messager ou de Sagittaire, qui successivement lui ont été appliqués. Le premier lui est venu, assure-t-on, de ce qu'il porte sur la nuque une touffe de plumes qui le font ressembler à ceux qui, chargés d'écritures quelconques, se fichent derrière l'oreille le principal instrument de leur art, afin de ne le point égarer; les grands pas qui règlent et précipitent sa marche lui ont valu le second; et l'origine du troisième est due à l'observation de Vosmaër, portant que l'Oiseau a l'habitude de lancer en l'air, au moyen du bec, des brins de paille qu'il dirige comme l'on ferait d'une flèche. Enfin Levaillant a proposé le nom beaucoup plus expressif de Mangeur de Serpens, que plusieurs auteurs ont rendu par un seul mot latin, mais que l'on n'a point adopté en français, peut-être parce qu'il n'est pas assez exclusif, et qu'il est susceptible d'application envers beaucoup d'espèces réparties dans d'autres genres. Le Secrétaire habite toute la partie méridionale de l'Afrique où sa présence est regardée comme un grand bienfait par les naturels, qui lui doivent la destruction d'une multitude d'insectes et de reptiles dont il fait une ample consommation; il les tue avant de les avaler, et la manière dont il s'y prend est assez remarquable : il les écrase sous la plante du pied, et y apporte même tant d'adresse et de force, qu'il est rare qu'un serpent d'un pouce et plus de diamètre survive au premier coup. L'Oiseau le déchire ensuite avec le bec, l'avale, et rejette la colonne vertébrale et les autres os qu'il n'a pu digérer. Pour la recherche de cette nourriture, le Secrétaire n'a guère besoin de recourir à ses ailes, aussi leur préfère-t-il presque toujours l'usage de ses longues jambes qui lui sont beaucoup plus avantageuses dans la poursuite des reptiles. On dit néanmoins que lorsqu'il s'est emparé d'une proie capable de lui opposer avant de mourir une longue résistance, il l'élève à une grande hauteur, la laisse tomber et la suit dans sa chute, pour lui porter immédiatement le dernier coup, si toutefois elle n'était qu'étourdie. Leurs unions se font vers le milieu de l'année; et comme ordinairement les mâles sont plus nombreux, il arrive presque toujours que les femelles sont le prix d'opiniâtres combats. Du reste, les accouplemens consommés, les époux, réciproquement fidèles, au moins pour la période, s'occupent en commun de la construction du nid qui, semblable à celui des grands Oiseaux de proie, constitue une aire de deux à trois pieds de diamètre, placé au milieu d'un buisson fort touffu et très-élevé. La ponte consiste en deux œufs, rarement trois, arrondis, blancs, pointillés de roussâtre. Les sables arides et les marécages infects, repaires ordinaires des insectes et des reptiles, sont alternativement parcourus par les Secrétaires. Dans l'état de tranquillité, ils ont la démarche lente et paisible; leurs mœurs ne sont point farouches, et on les amène aisément à vivre en domesticité. L'on a essayé de les dépayser, d'en transporter des colonies à la Martinique et à la Guadeloupe pour y détruire les Serpens; mais nous ignorons jusqu'à quel point la réussite a couronné cette entreprise sagement conçue.

SECRÉTAIRE, *Vultur serpentarius*, Lath.; *Falco serpentarius*, Gmel.; *Sagittarius*, Vosm.; *Ophioteres cristatus*, Vieill., Buff., pl. enl. 721; Levaill., Ois. d'Afriq., pl. 25. Parties supérieures d'un gris bleuâtre; tectrices alaires variées de brun; rémiges noires; rectrices cendrées à l'origine, noires ensuite, terminées de brun, les deux intermédiaires plus longues de moitié que les autres qui sont étagées; front, partie de la gorge et du ventre blanchâtres; de longues plumes effilées, noirâtres sur la nuque; parties inférieures grises, faiblement rayées de brunâtre; tectrices subcaudales roussâtres; jambes noires, finement rayées de brun; bec jaunâtre; un grand espace rouge autour des yeux; pieds bruns. Taille, quarante pouces. Ces nuances sont beaucoup moins prononcées et plus variées dans la femelle et les jeunes dans leurs divers âges.   (DR..Z.)

• SÉCRÉTIONS. Le nom général de Sécrétions a été donné au phénomène par lequel une partie du liquide nourricier s'échappe des organes de la circulation pour se répandre à la surface extérieure ou intérieure des Animaux, soit en conservant ses propriétés chimiques, soit après que ses élémens sont entrés dans des combinaisons nouvelles. Mais le plus ordinairement on restreint davantage l'acception de ce mot, et on ne l'applique qu'aux actes par lesquels sont formés des produits dont la nature diffère de celle du sang. On donne au contraire le nom d'exhalations aux phénomènes par lesquels une ou plusieurs des parties constituantes du sang sont simplement expulsées hors de la substance des organes sans avoir subi de modifications préalables.

§ II. *Des Exhalations.*

L'exhalation est un phénomène dont la marche peut être influencée par l'état de vie ainsi que par une foule d'autres agens, mais qui paraît être indépendant d'elle. C'est le passage des fluides à travers les divers tissus du corps et pendant la vie comme après la mort ces tissus sont toujours susceptibles d'éprouver une imbibition plus ou moins rapide, et de laisser transsuder les liquides dont ils se gorgent. Une foule d'expériences que l'on doit à Magendie, à Fodéra et à d'autres physiologistes prouvent jusqu'à l'évidence la perméabilité des tissus. Il n'est donc pas surprenant de voir la partie la plus fluide du sang s'échapper hors des vaisseaux circulatoires, pénétrer dans tous les organes et se répandre sur les diverses surfaces tant intérieures qu'extérieures du corps.

Les humeurs dont toutes les parties du corps s'imbibent ainsi sont toujours composées presque entièrement d'eau; on y retrouve une petite quantité de matière animale et quelques sels; enfin elles ressembleraient exactement au sérum du sang si l'albumine y existait en proportions plus grandes.

La première condition de toute exhalation est la perméabilité des tissus que doivent traverser les fluides. Aussi toutes choses égales, d'ailleurs, ce phénomène est-il toujours d'autant plus rapide que l'imbibition est plus facile.

Une autre circonstance qui influe également sur l'exhalation est la masse du liquide en circulation. Les expériences de mon frère W. Edwards ont fait voir que les pertes de poids que les Animaux subissent par suite de l'exhalation qui se fait à la surface du corps est d'autant plus grande que celui-ci est plus près de son point de saturation, c'est-à-dire de l'état dans lequel la quantité d'eau qu'il peut absorber est parvenue à son maximum. A mesure que la masse des humeurs diminue et que le dessèchement général se rapproche du point incompatible avec l'entretien de la vie, on voit au contraire l'exhalation devenir de moins en moins abondante. Une autre expérience, faite par Magendie, vient encore à l'appui de cette opinion. Ayant injecté une quantité très-considérable d'eau

dans les veines d'un Animal, il en examina le péritoine, et il vit la sérosité s'écouler rapidement de la surface, s'accumuler dans la cavité abdominale et former sous les yeux une véritable hydropisie.

Une pression mécanique peut agir de la même manière. En faisant des expériences sur le liquide contenu dans l'arachnoïde, Magendie a remarqué plusieurs fois que, si l'Animal faisait des efforts violens, la quantité de ce liquide augmentait sensiblement. Une compression exercée sur les veines de manière à entraver le retour du sang vers le cœur et à déterminer son accumulation dans les vaisseaux, produit souvent une exhalation assez grande pour produire une infiltration du tissu cellulaire et un gonflement très-considérable. Enfin, toute cause qui rend plus forte la pression que supporte le sang tend à accroître l'exhalation.

Outre ces agens physiques, il est encore d'autres causes qui paraissent exercer une influence plus ou moins directe sur l'exhalation en général, et le système nerveux est de ce nombre. Plusieurs faits tendent à faire penser qu'une diminution considérable dans l'intensité de l'influence nerveuse rend l'imbibition et par suite l'exhalation plus facile. En faisant des expériences sur la section des nerfs pneumogastriques, j'ai souvent observé l'infiltration des poumons à la suite de cette opération. Lorsqu'on fait périr des Chevaux en ouvrant les gros troncs artériels, on voit la peau de ces Animaux se couvrir d'humidité, bien que la masse des liquides ait éprouvé une diminution des plus rapides et des plus grandes. Enfin Dupuy a observé que chez les Chevaux auxquels il avait fait la section des ganglions du nerf sympathique au cou, toute cette partie était souvent le siège d'une transpiration abondante. L'infiltration qui survient chez les vieillards et dans certaines maladies confirme encore cette opinion.

Suivant les parties dont les exhalations sont le siége, on les a distinguées en intérieures et en extérieures; les premières ont lieu dans toutes les parties du corps, mais c'est surtout là où il existe des cavités sans ouvertures apparentes qu'elles ont été étudiées. La sérosité qui baigne les lamelles du tissu cellulaire, les liquides que lubréfient la surface de toutes les membranes séreuses, celles qui remplissent les chambres de l'œil, sont des produits d'une excrétion intérieure, et ont entre elles, et avec le sérum du sang, la plus grande analogie. Enfin les membranes muqueuses sont aussi le siége de phénomènes analogues; mais ici les produits de l'exhalation sont en général mêlés à ceux d'une sécrétion particulière; aussi n'en parlerons-nous pas dans ce moment.

L'exhalation qui a lieu à la surface extérieure du corps ou par les parois des grandes cavités dans lesquelles l'air circule, et qu'il est essentiel de ne pas confondre avec la sueur qui paraît être le produit d'une véritable Sécrétion, a reçu le nom de *transpiration*. Dans le plus grand nombre de cas, le liquide ainsi exhalé se transforme en une vapeur invisible et se dissipe dans l'atmosphère; aussi pendant long-temps avait-on négligé de s'en occuper, et c'est seulement par les expériences de Sanctorius que l'on apprit combien sont grandes les pertes de poids que le corps de l'Homme éprouve ainsi. Keill, Lining, Rye, Robinson, etc., se sont ensuite occupés de l'étude de cette transpiration que l'on a appelée insensible; Séguin et Lavoisier en ont fait le sujet de recherches d'un haut intérêt; enfin, dans ces derniers temps, Edwards aîné a examiné la même question sous un point de vue plus général, et nous a fait connaître les lois qui régissent cette fonction importante dans toute la série des Animaux vertébrés. *V.* De l'Influence des agens physiques sur la vie, par W. F. Edwards.

§ II. *Des Sécrétions.*

Ainsi que nous l'avons déjà dit, on donne le nom de Sécrétion à l'acte par lequel certains liquides, dont les propriétés chimiques diffèrent de celles du sang ou du sérum, sont séparés de ce fluide. La nature de ces produits varie beaucoup, suivant les organes où ils sont élaborés et suivant les Animaux où on les examine; mais, quelle que soit leur composition chimique, ils paraissent différer toujours du sang sous le rapport de l'alcalinité ou de l'acidité. Comme nous l'avons dit ailleurs, le liquide nourrissant contient toujours, du moins chez les Animaux des classes supérieures, une petite quantité de soude libre (*V.* Sang); mais dans les Sécrétions alcalines la proportion de l'alcali est beaucoup plus grande relativement à la matière animale, et les autres renferment des acides lactique, phosphorique, etc., qui ne se trouvent dans le sang qu'à l'état de combinaison neutre ou alcaline. La connaissance de ces faits, que l'on doit à Berzelius, jette beaucoup de lumière sur la nature des forces qui déterminent la séparation des liquides sécrétés; en effet, dans la nature inorganique nous voyons souvent des phénomènes du même ordre se produire sous l'influence de l'électricité. La pile galvanique jouit de la faculté de séparer d'un liquide homogène les principes acides ou alcalins qu'il renferme à l'état de combinaison neutre; aucune autre force connue n'est susceptible de produire des effets semblables; or, ces décompositions et les résultats de l'action des organes sécrétoires ont évidemment la plus grande analogie; on peut donc supposer que, si ces phénomènes ne sont pas tous du même ordre, les causes qui les déterminent agissent ici de la même manière. Des expériences curieuses de Prévost et Dumas sur le sang rendent cette manière de voir encore plus plausible. Ces physiologistes sont parvenus à imiter artificiellement les conditions des Sécrétions, et à séparer de ce liquide, au moyen de la pile, un produit analogue au lait. Enfin, par des moyens analogues, ils ont transformé l'albumine contenu dans le sérum du sang en mucus et en fibrine.

Nous avons dit que toutes les surfaces tant intérieures qu'extérieures du corps des Animaux sont le siège d'une exhalation plus ou moins active ; il n'en est pas de même des phénomènes sécrétoires ; un des premiers degrés de la localisation des fonctions consiste dans l'existence d'organes destinés d'une manière spéciale à exécuter ces fonctions, et, dans les Animaux d'une structure plus compliquée, le nombre de ces appareils devient même très-considérable. Les formes qu'ils affectent varient beaucoup et les a fait distinguer sous les noms de follicules, de vaisseaux sécrétoires et de glandes ; mais ces différences ne paraissent correspondre à aucune modification constante dans la nature de leurs produits. Quant à leur structure intime il paraîtrait que le seul caractère qui leur soit commun est la forme vésiculaire. En effet, dans toutes ces modifications secondaires des organes sécrétoires, le microscope révèle l'existence de petites vésicules ayant à peu près l'aspect des cellules dont se compose le tissu cellulaire des Végétaux, tandis que dans les autres parties du corps des Animaux supérieurs on ne rencontre rien de semblable. Dans les Méduses et d'autres Animaux, dont l'organisation est très-simple, on voit un grand nombre de petites vésicules de cette espèce parsemées sur la surface extérieure. Dans les membranes muqueuses des êtres plus parfaits, des organes analogues se trouvent groupés autour de petites cavités isolées qu'on nomme cryptes ou follicules ; dans l'intérieur des vaisseaux sécrétoires des Insectes, on les découvre aussi ; il en est de même lorsqu'on examine au microscope les petites ampoules que terminent les tubes membraneux qu'on rencontre

en si grand nombre sous la peau des Torpilles, etc. Enfin dans les glandes, qui ne sont formées que par la réunion plus ou moins intime d'un certain nombre de vaisseaux ou d'ampoules sécrétoires, on parvient aussi à les distinguer. Il paraîtrait donc assez probable que cette structure est une condition de l'action sécrétoire ; mais, pour donner quelque valeur à cette opinion, il faudrait avoir fait sur ce sujet des observations plus nombreuses que celles que l'on possède dans l'état actuel de la science.

Les divers liquides formés par la voie des Sécrétions varient beaucoup, tant sous le rapport de leur nature que de leurs usages. Ceux dont l'existence est la plus générale sont le mucus, le sperme, la bile et l'urine ; la salive, le liquide pancréatique et les larmes se rencontrent aussi chez un grand nombre d'Animaux ; enfin il est encore des produits analogues qui appartiennent plus spécialement à tel ou tel Animal, et dont on a souvent eu déjà l'occasion de parler dans divers articles de ce Dictionnaire. Pour plus de détails, relativement aux Sécrétions en particulier, nous nous bornerons donc à renvoyer aux mots GLANDES, FOLLICULES, FOIE, GÉNÉRATION, URINE, INSECTES, CIVETTE, CHEVROTAIN, etc. (H.-M. E.)

* SECTILE. BOT. PHAN. Le professeur Richard, dans son travail sur les Orchidées d'Europe, appelle ainsi les masses polliniques qui sont composées de granules irréguliers, réunis entre eux par une matière visqueuse qui s'allonge par la traction en filamens élastiques ; tels sont les masses polliniques des genres *Orchis*, *Ophrys*, *Serapia*, etc. (A. R.)

SECURIDACA. BOT. PHAN. Tournefort avait institué sous ce nom un genre que Linné réunit au *Coronilla*, mais qui fut rétabli par De Candolle sous le nom de *Securigera*. *V*. ce mot. Un autre genre a été nommé *Securidaca* par Linné, et il a été adopté par tous les botanistes modernes. Il appartient à la famille des Polyga-

lées et à la Diadelphie Octandrie, L.
Voici ses caractères principaux : calice irrégulier, coloré, caduc, à cinq
folioles, dont trois extérieures petites, et deux intérieures grandes,
pétaloïdes. Corolle à cinq pétales hypogynes, soudés à leur base en un
tube qui se confond avec celui des
étamines ; le pétale supérieur grand,
en forme de casque, renfermant les
organes sexuels ; les deux latéraux
très-petits, en forme d'écailles ; les
deux inférieurs connivens. Huit étamines dont les filets sont ascendans
et soudés par la base en deux faisceaux, ou plutôt formant un tube
fendu et ouvert à sa partie antérieure.
Disque hypogyne, peu visible dans la
fleur, mais très-remarquable dans le
fruit où il est persistant. Ovaire supère, comprimé latéralement, échancré au sommet, l'un de ses lobes
(celui qui regarde le pétale supérieur)
plus grand, uniloculaire, renfermant
un seul ovule pendant et fixé au sommet de la cavité ; un style terminal
ascendant, et terminé par un stigmate échancré. Fruit capsulaire, oblong, un peu comprimé, indéhiscent,
membraneux d'un côté, et se prolongeant de l'autre côté en une aile
foliacée très-longue et cultriforme.
Graine pendante, oblongue, lisse,
glabre, dépourvue d'albumen, munie
d'un tégument extérieur membraneux, et d'une pellicule charnue intérieure ; ses cotylédons sont oblongs, charnus, et sa radicule est supérieure. Huit espèces de *Securidaca*
ont été décrites par Linné, Swartz,
Lamarck, Kunth et De Candolle.
Elles croissent dans les Antilles et
sur le continent de l'Amérique méridionale. Ce sont des Arbrisseaux
ou des Arbustes grimpans, couverts
d'une pubescence de poils simples.
Leurs feuilles sont alternes, simples,
très-entières, munies de deux glandes sur leurs pétioles. Les fleurs sont
purpurines ou blanchâtres, exhalant
une odeur agréable, pédicellées, accompagnées de bractées dont l'extérieure est la plus grande. Elles forment des épis ou des grappes axillai-

res. La principale espèce est le *Securidaca volubilis*, figurée anciennement par Plumier, édition Burmann,
tab. 247, f. 1, et reproduite par Jacquin, *Pl. Amer.*, tab. 183, f. 38. Le
Securidaca virgata, Swartz, a aussi
été figuré par Plumier, *loc. cit.*,
tab. 248, f. 1. Enfin, dans ses Illustrations, tab. 599, f. 1, Lamarck a
donné la figure d'une espèce de
Cayenne, sous le nom de *Securidaca
paniculata*. A l'égard des autres espèces décrites dans les *Nova Genera*
de Kunth et dans le *Prodromus* de
De Candolle, nous ne les mentionnons pas ici, parce que leurs descriptions n'étant pas accompagnées
de figures, il faut nécessairement les
étudier en détail dans les ouvrages
originaux. (G..N.)

SECURIFERA. INS. (Latreille.)
Syn. scientifique de Porte-Scies. *V.* ce
mot. (B.)

SECURIGERA. BOT. PHAN. Genre
de la famille des Légumineuses et de
la Diadelphie Décandrie, L., primitivement établi par Tournefort sous
le nom de *Securidaca* que Linné imposa plus tard à un autre genre, après
avoir réuni le genre de Tournefort au
Coronilla. Il a été rétabli par Scopoli,
Necker, et Desvaux, sous le nom de
Bonavenia, puis par De Candolle,
dans la seconde édition de la Flore
française, sous celui de *Securigera* qui
lui est resté. Voici ses caractères essentiels : calice court, à deux lèvres,
l'inférieure bipartite, la supérieure
bidentée ; corolle papilionacée, dont
les pétales ont les onglets un peu plus
longs que le calice, et la carène aiguë ;
étamines diadelphes ; gousse comprimée, plane, linéaire, à sutures proé-
minentes, offrant des isthmes ou étranglemens non articulés entre les graines, terminée par un bec allongé ;
huit à dix graines comprimées ayant
la forme d'un parallélogramme. Le
Securigera fait partie de la tribu des
Hédysarées, section des Coronillées.
Il ne se compose que d'une seule espèce, *Securigera Coronilla*, D. C. ;
Coronilla Securidaca, L. ; *Securi-*

daca legitima, Gaertn., *De Fruct.*, tab. 153. C'est une Plante herbacée qui a le port des Coronilles, et qui croît dans les champs de l'Europe méridionale.   (G..N.)

SECURILLA. BOT. PHAN. Persoon a nommé ainsi une section du genre *Coronilla*, qui correspond au genre *Securidaca* de Tournefort, ou *Securigera* de De Candolle. *V.* ce dernier mot.   (G..N.)

SECURINEGA. BOT. PHAN. Genre de la famille des Euphorbiacées et de la Diœcie Pentandrie, L., établi par Jussieu, et offrant les caractères suivans : fleurs dioïques ; les mâles ont un calice divisé profondément en cinq segmens ; cinq étamines opposées, à filets saillans et soudés à la base, à anthères oblongues et introrses, munies de cinq glandes alternes, insérées sur un disque glanduleux, crénelé, et placé au-dessous d'un rudiment de pistil à trois branches linéaires. Les fleurs femelles ont un calice divisé profondément en quatre à six segmens réfléchis ; un ovaire placé sur un disque glanduleux, à trois loges biovulées, et surmonté de trois stigmates réfléchis, presque sessiles et bilobés. Le fruit est une capsule à trois coques bivalves, renfermant des graines lisses et noires comme celles du Buis. Ce genre se compose de deux espèces, savoir : le *Securinega nitida* de Willdenow, sur-laquelle le genre a été fondé, et qui croît à l'île de Bourbon. L'autre espèce, originaire de l'île de France, est inédite dans l'herbier de Jussieu ; mais elle semble une simple variété de la précédente. Quant au *Securinega nitida* décrit et figuré par Lindley (*Collectanea*, tab. 9), qui est originaire de l'île Otahiti, Adrien De Jussieu, dans son Essai sur les genres d'Euphorbiacées, la regarde comme distincte peut-être même sous le rapport générique, à raison des caractères que son auteur lui a imposés. Les vraies espèces de *Securinega* sont des Arbres dont le bois est très-dur ; les feuilles alternes très-en-tières, coriaces, luisantes, veinées ; les fleurs axillaires, les mâles agglomérées, accompagnées de bractées ciliées, les femelles longuement pédonculées et fasciculées, et également munies à la base des bractées. (G..N.)

SECURIPALPES. *Securipalpi.* INS. Tribu de l'ordre des Coléoptères, section des Hétéromères, famille des Sténélytres, établie par Latreille et très-voisine, sous plusieurs rapports, de celle des Hélopiens ; les Sécuripalpes, dit ce savant (Fam. nat., etc.), en diffèrent par leurs antennes insérées à nu, par le pénultième article des tarses, celui du moins des quatre antérieurs, qui est bilobé et ordinairement en cône, et à raison de leurs palpes maxillaires terminés par un article en forme de hache allongée et cultriforme, et même dentée en scie ; ils s'éloignent des Ædémérites par ce dernier article, et à raison de leur corps généralement ovale, oblong, avec la tête très-inclinée et le corselet de la largeur des élytres et en trapèze ; leurs antennes sont généralement plus courtes. Cette tribu renferme six genres que Lepelletier de Saint-Fargeau et Serville rangent dans plusieurs divisions, ainsi qu'il suit :

I. Antennes de dix articles.

Genre : CONOPALPE.

II. Antennes de onze articles.

A. Pénultième article de tous les tarses bilobé.

a. Corselet point rebordé.

Genres : MÉLANDRYE, DIRCÉE, HYPULE.

b. Corselet bordé latéralement.

Genre : NOTHUS.

B. Pénultième article des tarses postérieurs entier.

Genre : SERROPALPE. *V.* tous ces mots à leurs lettres ou au Supplément.   (G.)

SEDENETTE. MAM. Nom de pays des Dauphins selon Sonnini.   (B.)

SÉDENTAIRES. ARACH. Dénomination employée par Walckenaer (Tableau des Aranéides) pour désigner la grande division des Araignées qui forment des toiles où elles se tiennent immobiles. Tels sont les Épeires, les Théridions, etc. (AUD.)

* **SEDILIPÈDES.** OIS. Nom que l'on a donné aux Oiseaux pêcheurs dont les quatre doigts, dont trois en avant, sont entièrement dégagés. (DR..Z.)

* **SEDOIDES.** BOT. PHAN. (Hermann.) Syn. de Crassula. *V*, ce mot. (B.)

SEDROUS. BOT. PHAN. *V.* CÉDRAT.

SEDUM. BOT. PHAN. *V.* ORPIN.

* **SEEKUH.** MAM. Nom par lequel Kolbe, dans sa relation du Cap, mentionne l'Hippopotame, *Hippopotamus amphibius*, L. (LESS.)

* **SEETZENIA.** BOT. PHAN. R. Brown, dans son appendice botanique au Voyage en Afrique d'Oudney, Denham et Clapperton, p. 26, mentionne sous le nom de *Seetzenia africana* une Plante qui, sous le rapport des organes végétatifs, doit être rapportée aux Zygophyllées, mais qui, dans sa structure florale, offre des différences que l'on pourrait à la rigueur regarder comme suffisantes pour la séparer de cette famille. L'épicarpe de son fruit capsulaire, composé de l'épicarpe uni au sarcocarpe, est situé sur la carène dorsale de chaque loge, l'endocarpe étant une simple membrane qui existe sur les côtés du fruit. L'estivation du calice est valvaire; la corolle est nulle; les cinq styles sont distincts à la base, et les loges de l'ovaire paraissent être monospermes. L'auteur pense que cette Plante est la même que le *Zygophyllum lanatum* de Willdenow, que cet auteur a cité comme originaire de Sierra-Leone, mais qui, d'après les échantillons de l'herbier de Banks, et sur lesquels R. Brown a fait ses observations, croît dans l'Afrique australe. (G..N.)

SEGAIROL. OIS. L'un des synonymes vulgaires de Cresserelle. *V.* FAUCON. (DR..Z.)

SEGELSTEIN. MIN. Syn. de Fer oxidé acinantoire. (B.)

SÉGESTRIE. *Segestria.* ARACHN. Genre de l'ordre des Pulmonaires, famille des Aranéides, section des Dipneumones, tribu des Tubitèles, établi par Latreille aux dépens du grand genre *Aranea* de Linné, et ayant pour caractères : chélicères élargies au côté extérieur, près de leur base, droites; six yeux, dont quatre plus antérieurs, formant une ligne transverse, et les deux autres situés, un de chaque côté, derrière les latéraux précédens; la première paire de pates, et la seconde ensuite, les plus longues de toutes; la troisième la plus courte. Ce genre se distingue des Clothos et des Drasses, parce que leur langue n'est pas cintrée par les mâchoires comme dans ces deux derniers genres. Les Clubiones, les Araignées et les Argyronètes, qui terminent la tribu des Tubitèles, sont distinguées des Ségestries par le nombre de leurs yeux qui est de huit. Les mâles des Ségestries ont les pates beaucoup plus longues que les femelles; le cinquième article de leurs palpes est allongé, gros à son origine, cylindrique et un peu courbé dans le reste de son étendue; il se termine en pointe mousse : un corps de la forme d'une petite bouteille, à col long et délié, est attaché tout près de son origine, en dessous et au côté intérieur; le bout ou l'extrémité de ce corps est allongé, courbé en manière d'S, et ressemble un peu à une queue; il est écailleux, roussâtre, très-lisse, luisant, sans poils, placé perpendiculairement au bras et dirigé vers la tête. Sa longueur égale celle des trois derniers articles des palpes, et les surpasse aussi en grosseur. Il tient à un col délié sur lequel il est mobile, mais qui n'est apparent que lorsqu'on cherche à éloigner ce corps du bras. C'est dans l'intérieur de ce corps que sont ren-

formées les parties sexuelles du mâle.
Degéer et Lister ont étudié les mœurs
de ces Araignées ; ils ont reconnu
qu'elles sont nocturnes , et que leur
habitation est ordinairement quelque
fente de vieux mur, le dessous d'une
écorce d'arbre ou tout autre lieu couvert. Walkenaer dit qu'elles construisent des tubes allongés, très-étroits,
cylindriques, où elles se tiennent en
embuscade; leurs six pates sont posées sur autant de fils qui divergent
et viennent se rendre au tube comme
à un centre commun. Dans cette
posture , elles attendent que quelque Mouche vienne faire remuer leur
filet ; aussitôt qu'un malheureux
Animal y est embarrassé, les mouvemens qu'il fait pour se dégager
sont communiqués par les fils sur
lesquels les pates de l'Araignée sont
posées ; elle sait par leur moyen de
quel côté est sa victime, et fond dessus pour la dévorer. Ce genre ne se
compose que de deux espèces propres à l'Europe ; nous citerons :
La SÉGESTRIE DES CAVES , *Segestria
cellaris*, Latr. ; *Segestria perfida*,
Walk. , Faun. Paris. T. II, p. 223,
n. 73; *Aranea florentina*, Rossi ,
Faun. etrusc. T. II, p. 133, tab. 19,
fig. 3. Longue de près de sept lignes ;
corps velu , d'un noir tirant sur le
gris de souris, avec les mandibules
vertes ou bleu d'acier, et une suite
de taches triangulaires noires le long
du milieu du dos et de l'abdomen.
On la trouve communément dans les
maisons de Paris.   (G.)

SEGESTRIE. *Segestria.* BOT.
CRYPT. (*Lichens.*) Fries a établi sous
ce nom un genre nouveau dans la famille des Lichens, et qui a pour type
plusieurs espèces du genre *Porina*
d'Acharius, et entre autres les *Porina
nucula* et *umbonata.* Les caractères
de ce genre sont : des conceptacles
irréguliers, en forme de verrues colorées, et qui sont formées par le développement de la partie médullaire
du thallus, et offrant à leur sommet
une petite ouverture papillaire ; dans
chaque conceptacle on trouve un

noyau solitaire, presque globuleux ,
mou et gélatineux. Ces Lichens ont
le thallus crustacé ou simplement
cartilagineux, adhérant aux pierres
ou à l'écorce des Arbres. Fries place
encore dans ce genre son *Seridium
lectissima.*   (A. R.)

SEGETELLA. BOT. PHAN. Persoon
a ainsi nommé une section du genre
Alsine de Linné , dans laquelle entre
l'*Alsine segetalis*, L. , maintenant
réunie aux *Arenaria.* V. SABLINE.
        (G..N.)

* SEGH. MAM. Le Segh des anciens Bretons, espèce de Cerf per-
due, serait probablement, suivant le
docteur Hibbert, l'Élan fossile, qu'il
a nommé *Cervus euryceros*, qu'on
trouve dans un terrain marneux de
Ballaugh, dans les Iles-Britanniques.
        (LESS.)

SEGMARIA. BOT. PHAN. Dans le
Dictionnaire des Sciences naturelles,
Jussieu cite ce nom comme celui
d'un genre formé par Persoon, et
qui devrait se rapporter aux genres
Afzelia et *Gerardia.* Nous ne l'avons
point retrouvé dans les ouvrages de
ce dernier auteur. Il est probable
qu'il y a eu confusion de mots et
d'auteurs, car il existe un genre
Seymeria établi par Pursh et Nuttall,
et qui se rapporte aussi au *Gerardia.*
V. SEYMERIA.   (G..N.)

SEGUASTER. BOT. PHAN. Syn.
de *Corypha* , L. V. ce mot. (G..N.)

SEGUIERA ou SEGUIERIA. BOT.
PHAN. Genre établi par Lœfling et
Linné, qui l'ont placé dans la Polyandrie Monogynie, mais dont les
affinités naturelles ne sont point déterminées. Voici ses caractères principaux : calice à cinq folioles oblongues , étalées et persistantes, deux
extérieures plus petites, selon Jacquin ; corolle nulle ; étamines nombreuses, à filets capillaires plus longs
que le calice ; ovaire supère, oblong,
comprimé, muni à son sommet d'une
aile mince, latérale, plus épais de
l'autre, surmonté d'un style très-
court, continu avec le côté épais de
l'ovaire, et terminé par un stigmate

simple ; capsule oblongue, plus épaisse d'un côté, ailée de l'autre, pourvue à sa base de trois appendices en forme d'ailes, uniloculaire, indéhiscente, renfermant une seule graine glabre et oblongue.

Le *Seguiera americana*, L.; *Seguiera aculeata*, Jacq., *Stirp. Amer.*, p. 170; Lœfling, *Iter*, p. 191, est un Arbrisseau d'une hauteur médiocre, et dont les tiges sont divisées en rameaux alternes, armés d'aiguillons recourbés et placés à la base des feuilles, mais qui manquent quelquefois. Les feuilles sont alternes, pétiolées, elliptiques, échancrées au sommet, entières sur les bords, et glabres des deux côtés. Les fleurs sont disposées en grappe à l'extrémité des rameaux. Cette Plante croît dans l'Amérique méridionale aux environs de Carthagène.

Il est plus que douteux que la Plante nommée *Seguieria asiatica* par Loureiro (*Flor. Cochinch.*, 1, p. 417), appartienne au genre *Seguiera*, qui lui-même est encore trop peu connu pour que son adoption soit définitive. La description que donne Loureiro s'accorde assez avec les caractères essentiels attribués au *Seguiera*; mais, outre que ces caractères sont trop abrégés pour qu'on puisse les appliquer avec certitude à une autre espèce, la différence de patrie nous semble une considération secondaire contre le rapprochement de ces Plantes.   (G..N.)

SÉGUINE. BOT. PHAN. Espèce d'*Arum* de Linné et de *Caladium* de Ventenat.   (B.)

SEHIMA. BOT. PHAN. Genre de la famille des Graminées établi par Forskahl (*Flor. Ægypt. Arab.*, p. 178), mais qui, selon R. Brown, doit être réuni à l'*Ischœmum*. Palisot de Beauvois le place avec doute dans son genre *Calamina*.   (G..N.)

SEHLIE. REPT. SAUR. (Forskahl.) Nom de pays du Scinque ocellé. *V.* SCINQUE.   (IS. G. ST.-H.)

SEICHE. MOLL. Pour Sèche. *V.* ce mot.   (D..H.)

SEIDENSTEIN. MIN. Syn. allemand de l'Asbeste flexible.   (G. DEL.)

SEIFENERDE. MIN. C'est-à-dire *Terre savonneuse. V.* ARGILE SMECTIQUE.   (G. DEL.)

SEIFENGESTEIN. MIN. Nom donné par les mineurs allemands au minerai d'Etain retiré des terrains d'alluvion par le lavage.   (G. DEL.)

SEIFENSTEIN. MIN. Même chose que Seifengestein.   (G. DEL.)

SEIGLE. *Secale.* BOT. PHAN. Genre de la famille des Graminées et de la Triandrie Monogynie, L., appartenant à la tribu des Hordéacées, dans laquelle il se distingue par les caractères suivans : les fleurs forment un épi dense, dont le rachis ou axe est simple, denté, et porte un seul épillet à chaque dent de l'axe. Ces épillets sont très-allongés, bi- ou triflores, sessiles. La lépicène est à deux valves mutiques et étroites; les deux fleurs inférieures sont fertiles; la supérieure est stérile et rudimentaire; la glume est à deux paillettes, l'extérieure est coriace, convexe, terminée à son sommet par une très-longue soie roide et denticulée; l'interne est bifide à son sommet. La glumelle se compose de deux paléoles obovales, entières et velues. Le fruit, marqué d'un sillon longitudinal, est très-allongé, obtus, enveloppé dans la glume, dont il se sépare à la maturité parfaite Ce genre, composé d'un très-petit nombre d'espèces, se rapproche beaucoup des *Triticum* ou Fromens. Mais il s'en distingue par les deux valves de sa lépicène, qui sont mutiques et entières à leur sommet, et non échancrées et aristées comme dans les Fromens, et par ses épillets qui ne contiennent jamais que deux fleurs fertiles, la troisième, quand elle existe, étant toujours rudimentaire. C'est pour ces motifs que l'espèce décrite sous le nom de *Secale villosum* par Linné et qui croît en abondance autour du bassin de la Méditerranée, doit être réunie au genre *Triticum* ou à l'une de ses divisions, ainsi que l'a indiqué Palisot de Beauvois. En effet, les deux valves qui forment sa lépicène sont convexes, naviculaires, échancrées à leur sommet qui se termine par une arête assez longue, et les épillets sont triflores, la fleur supérieure étant stérile. Nous dirons ici quelques mots du Seigle, l'une des Céréales employées à la nourriture de l'Homme.

Le Seigle, *Secale Cereale*, L., Rich., Bot. méd., 1, p. 62, est une Plante annuelle que l'on croit originaire de l'Asie-Mineure. Mais elle est cultivée en Europe depuis tant de siècles, que son introduction se perd dans l'obscurité des temps les plus reculés. Cette Céréale offre de très-grands avantages. En effet, elle réussit parfaitement dans des régions et des terrains où le Froment ne pourrait prospérer. Ainsi dans les contrées du Nord, où la belle saison est de trop courte durée pour que le Froment mûrisse ses fruits, le Seigle, dont la maturité est beaucoup plus hâtive, y est cultivé avec avantage. Il en est de même dans les terrains maigres où le Froment ne trouverait pas assez de matériaux nutritifs, on le remplace encore par le Seigle; et très-souvent, dans les cultures en grand, on mélange dans des proportions, qui varient suivant la nature du terrain, le Seigle et le Froment; par ce moyen on a des récoltes beaucoup plus abondantes. Un mélange d'environ parties égales de l'un et de l'autre, forme ce que les fermiers de la Beauce et de la plus grande partie de la France appellent du *Méteil*; si, au contraire, le Froment domine et qu'il n'y ait qu'une très-petite quantité de Seigle, c'est le *Champart*. La farine de Seigle n'a pas la blancheur éclatante de celle du beau Froment. Le pain qu'on fait avec cette farine est un peu dense, coloré et un peu gras au toucher. Néanmoins sa saveur est fort agréable; il est nourrissant, et se conserve plus long-temps frais que le pain de Froment. Si l'on fait un mélange des farines de Seigle et de Froment de manière que cette dernière prédomine, on obtient alors un excellent pain de ménage, agréable et très-nourrissant. La paille du Seigle est en général plus résistante, plus droite, plus longue que celle du Froment. On l'emploie de préférence pour faire des liens, des paillassons, etc. De toutes les Graminées, le Seigle est celle qui est le plus sujette à l'altération qu'on a nommée Ergot. *V.* ce mot. Nous profiterons de cette occasion pour faire connaître une opinion nouvelle qui a été émise par le jeune docteur Leveillé. On sait en effet que, selon le professeur De Candolle, l'ergot du Seigle est une espèce de Champignon du genre *Sclerotium*, qui se développe à la place du grain. Suivant l'opinion de Leveillé, l'ergot serait à la fois composé de l'ovaire plus ou moins développé et dénaturé, et d'une espèce de Champignon d'une nature particulière qui terminerait l'ovaire à son sommet. Ce Champignon se développe avant la fécondation et se présente sous la forme d'un tubercule mou, presque liquide, visqueux, d'une odeur désagréable et occupant le sommet de l'ovaire qui reste rudimentaire. Peu à peu celui-ci s'allonge, noircit et tend à soulever son sommet au-dessus des valves de la glume. Quelquefois le petit Champignon se déchire lors de ce passage, et l'humeur visqueuse qui le remplit se répand sur les valves. Parvenu à sa maturité, le Champignon a une forme irrégulièrement globuleuse; sa surface est marquée d'ondulations cérébriformes. Coupé en travers, il présente quatre ou cinq lignes partant du centre commun et formant une sorte d'étoile. Leveillé donne à ce Champignon le nom de *Sphacelia Segetum*. *V.* SPHACÉLIE.

(A. R.)

SEILLETTE ET SEISSETO. BOT. PHAN. Variétés de Froment.   (B.)

SEIRIDIUM. BOT. CRYPT. (*Champignons*.) Genre de Champignons établi par Nées d'Esenbeck, et adopté par les professeurs Link et Fries. Ce genre offre des sporidies oblongues, opaques, réunies entre elles par des pédicelles filiformes et groupés sous l'épiderme des Plantes où ils forment de petits amas de figure variée. Ce genre paraît avoir des rapports avec le *Stilbospora*; aussi Fries le range-t-il dans sa tribu des Stilbosporées. Une seule espèce compose ce genre, *Seiridium marginatum* (*Nees Fung.*, fig. 19). Il forme de petites taches noirâtres qui déchirent l'épiderme. On l'a observé sur le *Rosa canina*, L. (A. R.)

SEISOPYGIS. ois. Syn. de Torchepot. *V.* Sittèle.

* SEISURE. *Seisura*. ois. Ce genre a été récemment démembré des Merles par Vigors et Horsfield et a pour type le *Turdus volitans* de Latham qui vit à la Nouvelle-Galles du sud. Ce genre n'a point encore été adopté, excepté par nous, dans notre Manuel d'Ornithologie, T. I, p. 200. (LESS.)

SEJO. BOT. PHAN. Nom de pays d'un Palmier vu par Humboldt dans le voisinage de l'Oréuoque et dont le régime porte un nombre immense de fruits qui fournissent de l'huile et un lait particulier. On ne sait à quelle espèce botanique se rapporte ce Palmier; car il n'est pas mentionné sous le nom de Sejo, dans les *Nova Genera* de Kunth. (G..N.)

SEKIKA. BOT. PHAN. Nom japonais du *Saxifraga sarmentosa* de Thunberg, dont Médicus et Mœnch ont fait un genre particulier qui n'a pas été adopté. *V.* Saxifrage. (G..N.)

* SEKRA. BOT. CRYPT. (*Mousses*.) Le genre formé sous ce nom par Adanson et qui ne fut point alors adopté des botanistes, répond au *Trichostomum* des Muscologistes modernes. (B.)

SEL. MIN. *V.* Sels. Le mot de Sel est particulièrement appliqué au Sel commun ou Soude muriatée. *V.* ce dernier mot. On

donne le nom de Sel Ammoniac à l'Ammoniaque muriatée, celui de Sel amer ou de Sel de Glauber natif, à la Soude sulfatée. *V.* ces mots. (G..N.)

* SELACHE. POIS. *V.* Pélerin et Squale.

SÉLACIENS. POIS. Cuvier a établi sous ce nom la deuxième famille de ses Poissons chondroptérygiens à branchies fixes, que Duméril avait nommée les *Plagiostomes*. Ce sont des Poissons ayant quatre ou cinq paires de trous branchiaux; quatre larges nageoires latérales, étalées en éventail et soutenues par de nombreux rayons cartilagineux; une bouche large et située en travers sous le museau. Cette famille renferme trois grands genres, eux-mêmes subdivisés, et qui sont les Chimères, les Squales et les Raies. *V.* chacun de ces mots. (LESS.)

SÉLAGINE. *Selago*. BOT. PHAN. Genre placé d'abord dans la famille des Verbénacées, mais qui depuis est devenu le type d'une famille naturelle nouvelle, proposée en premier lieu par Jussieu et définitivement établie par Choisy. Ce genre peut être caractérisé de la manière suivante : le calice est monosépale, ovoïde ou campanulé, à trois ou cinq divisions plus ou moins profondes ou simplement à trois ou cinq dents; la corolle est monopétale, tubuleuse, presque régulière, à quatre ou cinq lobes; les étamines sont au nombre de quatre et un peu inégales. Le fruit est formé de deux coques monospermes se séparant l'une de l'autre à l'époque de la maturité. Dans sa Monographie de la famille des Sélaginées, Choisy a décrit vingt-une espèces de ce genre. Ce sont des Arbustes tous originaires du cap de Bonne-Espérance, ayant des feuilles nombreuses, éparses, entières ou dentées, glabres ou velues, et des fleurs disposées en épis terminaux. Linné avait introduit dans ce genre des espèces appartenant évidemment à d'autres genres; ainsi deux de ces Plantes ont été reportées dans le genre *Stilbe*, une dans l'*Erinus* et une dans le *Manulea*.

On cultive quelquefois dans nos jardins quelques espèces de Sélagines; telles sont les suivantes : *Selago corymbosa*, L. Arbuste de trois à quatre pieds, à feuilles linéaires et à fleurs blanches disposées en épis denses; *Selago fasciculata*, L. Plus petit que le précédent, à feuilles spatulées et dentées et à fleurs d'un bleu lilas formant un corymbe dense; *Selago spuria*, L. De deux à trois pieds de hauteur, à feuilles oblongues, dentées et à fleurs d'un bleu clair. Ces espèces se cultivent en orangerie.

(A. R.)

* **SÉLAGINÉES**. *Selagineæ*. BOT. PHAN. Nous venons de dire dans l'article précédent que Jussieu (Ann. du Mus., 7, p. 71) avait le premier proposé de faire du genre *Selago* le type d'une famille distincte quoique voisine des Verbénacées, et que cette famille avait été établie définitivement par le professeur Choisy de Genève, dans une dissertation spéciale imprimée dans les Mémoires de la Société d'Histoire naturelle de Genève. Voici les caractères qu'il donne à cette famille : le calice est monosépale, persistant, offrant d'une à cinq divisions plus ou moins profondes ou quelquefois seulement des dents; très-rarement le calice est formé de deux sépales distincts. La corolle est monopétale, tubuleuse, un peu irrégulière, ayant son limbe à quatre ou cinq lobes. Les étamines au nombre de quatre sont didynames; très-rarement les deux plus courtes avortent. L'ovaire est libre, ovoïde, surmonté d'un style plus ou moins long que termine un stigmate bilobé. Le fruit est à deux loges monospermes indéhiscentes et se sépare quelquefois en deux coques distinctes. Le péricarpe est mince, et la graine renferme sous son tégument propre un endosperme charnu dans lequel est placé un embryon à radicule supérieure.

Les Plantes qui composent cette famille sont herbacées ou sous-frutescentes, rameuses. Leurs feuilles sont alternes, rarement comme opposées, linéaires, petites ou élargies, entières ou dentées. Les fleurs qui sont munies de bractées forment des épis plus ou moins denses et terminaux, quelquefois déprimés et comme corymbiformes. Toutes ces Plantes croissent au cap de Bonne-Espérance.

Les genres qui composent cette famille sont les suivans : *Polycenia*, Choisy; *Hebenstretia*, L.; *Dischisma*, Choisy; *Agathelpis*, id; *Microdon*, id.; *Selago*, L. Cette famille a de très-grands rapports avec les Verbénacées dont les genres *Selago* et *Hebenstretia* faisaient d'abord partie; mais elle en diffère surtout par son embryon placé au centre d'un endosperme, par ses feuilles alternes et ses fleurs munies de bractées; elle se rapproche aussi des Acanthacées par l'intermédiaire du genre *Eranthemum;* mais elle s'en distingue facilement par ses loges monospermes.

(A. R.)

SÉLAGINELLE. *Selaginella*. BOT. CRYPT. Palisot-Beauvois formait sous ce nom parmi les Lycopodiacées un genre dont le *Lycopodium Selaginoides* était le type; mais il n'a pu être adopté. *V.* LYCOPODE. (B.)

SÉLAGINOIDE. BOT. CRYPT. Espèce du genre Lycopode, type du genre Sélaginelle de Beauvois. *V.* ce mot. (B.)

SELAGO. BOT. PHAN. *V.* SÉLAGINE.

SELAGO. BOT. CRYPT. Espèce du genre Lycopode répandue dans les parties froides ou tempérées de l'hémisphère boréal, et retrouvée aux Malouines. Dillen en faisait le type d'un genre où venaient se grouper les *Lycopodium rigidum*, *lucidum*, *rigidum*, *linifolium*, etc. (B.)

* **SÉLANDRIE**. *Selandria*. INS. Genre d'Hyménoptères de la famille des Uropristes, proposé par Leach pour quelques espèces de Tenthrèdes ou Mouches à soie, dont les antennes n'ont que neuf articles, et dont les ailes offrent deux cellules radiales et quatre cubitales.   (A. R.)

SÉLAQUES. POIS. Le professeur Blainville propose sans nécessité ce nom pour désigner la famille de Poissons chondroptérygiens qui portait déjà celui de Sélaciens. *V.* ce mot.   (B.)

* **SELAS.** BOT. PHAN. (Sprengel.) Syn. du genre *Gela* de Loureiro. *V.* ce mot.   (G..N.)

* **SELAW.** POIS. (Livre des nombres, chap. XI, vol. 5.) C'est l'*Exocetus volitans*, L., si l'on s'en rapporte à l'autorité de Rudbeck. *V.* Exocet.   (B.)

* **SELEIMA.** POIS. Bowdich a, sous ce nouveau nom générique, figuré, pl. 37, un Poisson des îles du Cap-Vert, remarquable par sa teinte dorée et que les Portugais nomment *Seleme.* Cuvier a pensé que ce Poisson pourrait bien être le *Sparus Salpa*, et que dans tous les cas il appartenait au genre *Boops*.   (LESS.)

SÉLÈNE. POIS. Premier sous-genre des Vomers. *V.* ce mot.   (LESS.)

* **SELENIA.** BOT. PHAN. Nouveau genre de la famille des Crucifères et de la Tétradynamie siliceuse, L., établi par Nuttall (*Journ. of the Acad. of nat. Scienc. of Philadelphia*, vol. 5, p. 132, décembre 1825) qui lui a imposé les caractères essentiels suivans : calice égal à la base, coloré, ouvert ; silicule grande, polysperme, elliptique, comprimée, plane, bordée, presque sessile, à valves plus petites que la cloison et parallèles à celles-ci ; dix glandes dont les unes sont disposées par paires entre les folioles du calice, les autres solitaires, échancrées, placées entre les plus petites étamines et le pistil. Ce genre se compose d'une seule espèce, *Selenia aurea*, Nutt., *loc. cit.*, avec une bonne figure. C'est une Plante annuelle, herbacée, dont la tige est anguleuse-triquètre, les feuilles pinnatifides, les fleurs axillaires et d'une couleur jaune dorée. Cette Plante a

le port des *Brassica* ; mais son fruit, analogue à celui des *Lunaria*, suffit pour l'en faire distinguer.   (G..N.)

SELENION ET **SELENEGONUM.** BOT. PHAN. Syn. antiques de Pivoine. *V.* ce mot.   (B.)

SELENIPHYLLOS. BOT. PHAN. (Tabernæmontanus.) Syn. d'*OEnanthe fistulosa*. *V.* OEnanthe.   (B.)

SÉLÉNITE. MIN. Ancien nom du Gypse ou de la Chaux sulfatée laminaire.   (G. DEL.)

SÉLÉNITIS. BOT. PHAN. Pour Sélinitis. *V.* ce mot.   (B.)

SÉLÉNITSPATH. MIN. (Kirwan.) Spath séléniteux ou Baryte sulfatée.   (G. DEL.)

SELENIUM. MIN. Ce Métal, découvert il y a quelques années par Berzelius, ne s'est point encore rencontré pur, ni jouant le rôle de base dans la nature. On ne l'a encore trouvé que combiné avec d'autres Métaux, à l'égard desquels il fait fonction de principe minéralisateur ; uni au Cuivre et à l'Argent, il constitue la substance à laquelle Berzelius a donné le nom d'Eukaïrite (*V.* ce mot) ; combiné avec le Plomb, il constitue un Séléniure de ce Métal, que l'on trouve à Lorenz et à Tilkerode dans le Harz. *V.* Plomb séléniuré. On a aussi reconnu la présence de ce Métal, à l'état de combinaison ou de simple mélange, dans plusieurs autres substances, entre autres dans les Pyrites de Fahlun en Suède, et dans le Soufre sublimé de Lipari et de Vulcano.   (G. DEL.)

* **SELENOCARPÆA.** BOT. PHAN. (De Candolle.) *V.* Héliophile.

SÉLÉNOPE. *Selenops.* ARACHN. Genre de l'ordre des Pulmonaires, de la famille des Aranéides et de la tribu des Latérigrades, fondé d'abord par Léon Dufour sous le nom d'Omalosome, et désigné par Latreille sous celui de *Selenops*, qui signifie *yeux en croissant*. Ses caractères sont, suivant Léon Dufour (Ann. génér. des Sc. physiques de

Bruxelles, T. IV, p. 361) : mandibules verticales, renflées à leur base antérieure, armées au bord interne de quatre dents. Mâchoires en triangle oblong, légèrement inclinées sur la lèvre. Palpes basilaires. Lèvre demi-circulaire, sternale. Yeux au nombre de huit, ronds, distincts et séparés, dont six sur une même série transversale tout-à-fait antérieure, et les deux autres au-devant des extrémités de cette série. Pates égales entre elles. Léon Dufour décrit et figure une espèce à laquelle il donne le nom de Sélénope Omalosome ; elle n'a guère plus de quatre lignes de long. On la trouve en Andalousie où elle habite les rochers ; elle marche latéralement et avec rapidité. Latreille décrit cette même espèce sous le nom de *Selenops radiatus*, et il signale trois autres espèces originaires de l'Ile-de-France, du Sénégal et de l'Egypte. Nous avons rapporté (Ouvrage sur l'Egypte) à cette dernière une espèce que Savigny a fait représenter à la pl. 6, fig. 6, du grand Atlas zoologique pour servir à la description de l'Egypte.   (AUD.)

SÉLEUCIDES. ois. Les Oiseaux Séleucides de Pline, qui furent envoyés par Jupiter à la prière des habitans du mont Cassius, pour les débarrasser des sauterelles qui infestaient leurs champs, sont des Merles roses du genre Psaroïde.   (LESS.)

SÉLIN. *Selinum.* **BOT. PHAN.** Genre de la famille des Ombellifères et de la Pentandrie Digynie, L., offrant les caractères suivans : ombelle composée d'ombellules nombreuses, portées sur des rayons étalés ; involucre et involucelles à plusieurs folioles linéaires ou lancéolées et réfléchies. Fleurs toutes fertiles ; calice à peine visible ; corolle à cinq pétales cordiformes, égaux ; cinq étamines à filets capillaires et à anthères arrondies ; fruit glabre, comprimé, ordinairement elliptique, marqué de vallécules et de côtes, dont les latérales sont membraneuses, aliformes, terminé par des styles longs et recour-

bés. Ce genre est un de ceux dans lesquels on a introduit le plus d'espèces illégitimes. Aussi les auteurs modernes ont non-seulement transporté dans d'autres genres ces fausses espèces, mais encore ils ont subdivisé le véritable genre *Selinum*, après avoir examiné de nouveau les Plantes qu'on y avait rapportées. Hoffmann a établi ou rétabli les genres *Oreoselinum*, *Melanoselinum* et *Thysselinum*, sur des espèces qui, dans la plupart des Flores européennes, faisaient partie des *Selinum*. L'*Oreoselinum*, par exemple, se compose des *Selinum montanum*, Willd. ; *S. austriacum*, Jacq. ; *S. pyrenœum*, Gouan, etc., Plantes que l'on regardait généralement comme des Sélins. Au surplus, l'adoption de ces genres n'est pas encore définitive, quoique les travaux d'Hoffmann fassent aujourd'hui autorité chez les botanistes. Le genre *Cnidium* a été aussi formé sur quelques Plantes réunies par divers auteurs aux *Selinum*. On ne s'est pas borné à établir ces nouveaux genres ; il a fallu encore débarrasser le genre en question de toutes les espèces qui appartenaient à des genres déjà établis. Plusieurs d'entre elles ont passé dans les genres *Angelica*, *Ligusticum*, *Ferula*, *Imperatoria*, *Bolax*, etc. Nous ne pouvons pas signaler ici ces nombreuses transpositions, dont quelques-unes doivent être soumises à un nouvel examen avant que d'être définitivement reçues. Il importe même de remarquer que les auteurs ne s'entendent plus sur les véritables espèces du genre *Selinum* ; car, si nous consultons Sprengel, nous le voyons rejeter et placer parmi les *Angelica*, celles qui sont regardées comme type du *Selinum* par Hoffmann, ainsi que par les autres botanistes qui ont fait une étude spéciale des Ombellifères. En attendant que ces savans se soient accordés, ou plutôt en attendant qu'un grand botaniste, doué d'un esprit vraiment philosophique, ait repris, pesé et coordonné leurs travaux, nous continuerons à admettre dans le genre *Selinum* la plupart des espèces que Linné y avait rangées. Les plus remarquables de ces espèces sont les *Selinum sylvestre, palustre, Monnieri, carvifolia, Chabræi* et *Oreoselinum*. Ce sont des Plantes à ombelles composées de fleurs blanches ou jaunâtres, à tiges ordinairement laiteuses, et à feuilles très-décomposées. Elles croissent dans les lieux humides et montueux de l'Europe.

Les espèces de *Selinum*, originaires du Chili, décrites et figurées par Cavanilles (*Icon. rar.*, tab. 487 et 489), constituent le genre *Mulinum* de Persoon, qui a été réuni au *Bolax* par Sprengel. *V.* ces mots. (G..N.)

SELINITIS. BOT. PHAN. Syn. de Lierre terrestre. *V.* GLÉCOME. (B.)

SELLE. POIS. Espèce du genre Lutjan, l'une de celles qu'on rapportait au genre Amphiprion qui n'a pas été adopté. (B.)

SELLE POLONAISE. CONCH. Nom vulgaire et marchand du *Placuna Sella. V.* PLACUNE. (B.)

SELLEMA. POIS. Syn. de *Seleima. V.* ce mot. (B.)

SELLIERA. BOT. PHAN. Cavanilles (*Icon.*, 5, p. 49, tab. 474, fig. 2) a décrit et figuré, sous le nom de *Selliera radicans*, une Plante du Chili que Persoon réunit, mais avec doute, au genre *Goodenia*. Labillardière (*Nov.-Holl.*, 1, p. 53, tab. 76) décrivit et figura la même Plante sous le nom de *Goodenia repens*. Cette Plante se trouve donc à la Nouvelle-Hollande où elle a été également signalée par R. Brown. Dans son *Prodromus Floræ Novae-Hollandiæ*, p. 579, ce dernier auteur pense que le genre de Cavanilles pourrait être adopté, mais en changeant ses caractères dont les plus essentiels résident dans la corolle unilabiée, à divisions aptères, et dans l'induse ou godet du stigmate qui est nu à son entrée. Cependant il n'en a fait qu'une simple section du *Goodenia*. (G..N.)

* SELLIGUEA. BOT. CRYPT. (*Fougères.*) Nous avons établi ce genre dès l'an 1827, dans le Tome VI du présent Dictionnaire au mot FOUGÈRES, et la figure que nous en dessinâmes nous-même avait précédemment paru dans notre Atlas. Nous le dédiâmes à l'ingénieux auteur d'un excellent microscope, habile mécanicien, qui s'occupe aussi d'histoire naturelle. Nous lui donnâmes pour caractères : sores solitaires, disposées en une seule ligne épaisse, oblongue, et parallèle à deux nervures placées à une égale distance l'une de l'autre. C'est une véritable Polypodiacée, voisine des Gymnogrammes n'ayant pas d'induses. Nous n'en connaissons qu'une espèce que nous avons depuis vérifié être de Java. Ses frondes sont simples, assez longuement stipitées, ovales-oblongues, d'un vert tendre, marginées, un peu coriaces, s'élevant d'une tige rampante, longues de cinq à huit pouces, ayant des nervures parallèles, opposées, qui s'insèrent sur la côte longitudinale, presqu'à angle droit. Les frondes fertiles ont leurs paquets de fructification d'un brun jaune, très-gros, oblongs, saillans, et obtus aux deux extrémités. Elles paraissent devoir être plus courtes que les stériles. C'est avec surprise qu'environ deux ans plus tard, nous avons vu Hooker publier, comme un Cétérac, cette Plante comme nouvelle sans nous citer. Nous avons l'orgueil de préférer notre planche à la sienne, et nous maintenons notre *Selliguea* dédiée spécifiquement à Fée qui nous la communiqua le premier. *V.* planches de ce Dictionnaire. (B.)

SELLOA. BOT. PHAN. Genre de la famille des Synanthérées, tribu des Hélianthées et de la Syngénésie superflue, établi par Kunth (*Nov. Gen. et Spec. Plant. æquin.*, vol. 4, p. 265) qui lui a imposé les caractères suivans : involucre hémisphérique-turbiné, presque hémisphérique, composé d'environ dix folioles disposées sur un double rang ; les extérieures plus grandes, ovales-elliptiques, obtuses, membraneuses et colorées; les intérieures oblongues, aiguës, scarieuses. Réceptacle convexe, garni de paillettes; celles du centre linéaires-sétiformes; celles des bords lancéolées, acuminées, scarieuses et diaphanes. Calathide composée au centre de fleurons nombreux, tubuleux, hermaphrodites, et à la circonférence de fleurs femelles en languettes et au nombre de dix à quinze. Les fleurs hermaphrodites ont une corolle à tube grêle, à limbe infundibuliforme - campanulé, divisé en cinq dents; cinq étamines dont le tube anthéral est nu à la base, muni au sommet d'appendices presque arrondis et diaphanes; un ovaire cunéiforme, surmonté d'un style filiforme et d'un stigmate à deux branches divergentes; un akène cunéiforme, pentagone, lisse, couronné par trois ou cinq soies hispidules, inégales, caduques, appliquées contre la corolle et l'égalant en grandeur. Les fleurs femelles ont une corolle à tube très-petit, comprimé, s'évasant en languette oblongue, plane, tronquée et trilobée; cinq filets dépourvus d'anthères; un ovaire surmonté d'une aigrette semblable à celui des fleurs hermaphrodites.

Le genre *Selloa* est voisin de l'*Eclipta*, dont il se distingue par son aigrette composée de soies, par les filets stériles qui se trouvent dans les fleurs de la circonférence, et enfin par son port. Il a été constitué sur une Plante qui croît dans la partie occidentale des montagnes du Mexique entre Aguasarco et Ario, et qui a été décrite et figurée par Kunth, *loc. cit.*, tab. 395, sous le nom de *Selloa plantaginea*. C'est une Plante herbacée, dont les tiges sont scapiformes, simples ou rameuses, terminées par une, deux ou trois calathides de fleurs dont les rayons sont d'un blanc violet. Les feuilles sont radicales, entières ou à peine denticulées, et absolument semblables à celles de nos Plantains.

Sprengel (*Syst. Veget.* T. III,

p. 581) a décrit une Plante indigène de Monte-Video, qu'il a rapportée au genre précédent, ✱ais en changeant le nom de celui-ci. Il l'a nommé *Feœa*, probablement en l'honneur de notre ami et collaborateur Fée, qui peut se passer de cette ovation, puisqu'un genre de Fougères lui a été dédié par Bory de Saint-Vincent. *V.* l'article ⇒Fougères et l'Atlas de ce Dictionnaire. La raison qui semble avoir porté le célèbre professeur de Halle à changer le nom imposé par Kunth, c'est qu'il avait établi précédemment un genre *Selloa* appartenant à la même famille des Synanthérées. Mais, quoique ce dernier genre ait été reconnu par Sprengel lui-même comme identique avec le *Denekia* de Thunberg, cet auteur n'a pas consenti à regarder comme superflue la nouvelle dénomination qu'il avait proposée, et il a préféré détruire le nom donné par Kunth à un genre absolument nouveau, pour lui substituer celui d'un genre de Fougères déjà reçu dans la science. Nous ne pensons pas que les innovations de Sprengel puissent être adoptées.
(G..N.)

SELLOWIA. BOT. PHAN. Genre de la Pentandrie Monogynie, L., établi par Roth (*Nov. Spec.*, p. 162), et présentant les caractères suivans : calice membraneux, urcéolé, quinquéfide, marqué de dix côtes alternativement pétalifères et staminifères; cinq pétales ovales - alternes avec les lobes du calice, et insérés au sommet des côtes du calice; cinq étamines fixées sur le milieu des divisions calicinales, plus courtes que celles-ci, et à anthères didymes; ovaire supère, portant un seul style et un stigmate obtus; capsule à trois valves, à une seule loge, monosperme. Ce genre a été placé par De Candolle (*Prodr. Syst. Veget.*, 3, p. 380) à la suite de la famille des Paronychiées. L'unique espèce dont il se compose, *Sellowia uliginosa*, Roth, *loc. cit.*, est une Herbe très-glabre qui a le port de l'*Illecebrum verticillatum*. Ses feuilles sont opposées, oblongues-ovales. Ses fleurs sont petites, blanchâtres, presque pédicellées, et solitaires dans les aisselles des feuilles.

Le nom de *Sellowia* a été changé par Sprengel en celui de *Winterlia*. Il est probable qu'il s'est déterminé à ce changement après avoir établi son genre *Selloa*. *V.* ce mot. Mais rien n'empêche l'admission de ces deux noms qui nous semblent assez distincts, soit à la lecture, soit à la prononciation.　　　　　　　(G..N.)

* SELNINGER. ois. Syn. de Bécasseau violet. *V.* BÉCASSEAU. (B.)

SÉLOT. moll. Depuis Adanson (Voy. au Sénég., pl. 13, fig. 4), qui a donné ce nom à une Coquille du genre Nérite, Gmelin est le seul auteur qui l'ait citée dans son Catalogue; il lui donne le nom de *Nerita tricolor*. *V.* NÉRITE.　　　(D..H.)

SELS. chim. inorg. et org. Les anciens donnaient ce nom à toutes les substances solubles dans l'eau, sapides, susceptibles d'une cristallisation plus ou moins régulière, ayant une pesanteur, une fixité et une solidité moyennes entre celles de la terre et de l'eau qu'ils admettaient au nombre des élémens. La composition chimique et les propriétés les plus caractéristiques de ces corps étaient alors ou inconnues ou totalement négligées; de sorte qu'on confondait dans la même classe des substances extrêmement disparates, telles que les Sels proprement dits, les Acides, les Alcalis, quelques principes immédiats des Végétaux, le Sucre, etc. Une confusion aussi bizarre n'a cessé que lorsque la Chimie moderne eut non-seulement dévoilé la composition des corps, mais encore déterminé leurs propriétés et fait connaître les lois qui président à leur formation. Il fut d'abord convenu de nommer Sel, tout composé d'un Acide et d'un Alcali ou Oxide métallique (base salifiable), composé dans lequel les propriétés caractéristiques de l'Acide et de la base sont plus ou moins neutralisées. Mais ensuite on étendit ce nom aux combinaisons en propor-

tions définies de la plupart des corps simples ou composés, quelle que fût la nature de ceux-ci. Ainsi les Acides oxigénés ou hydrogénés, les Oxides, les Sulfures, les Chlorures, les Iodures, etc., combinés deux à deux et de diverses manières, donnèrent naissance à des Sels. Deux Oxides, par exemple, peuvent se combiner de manière à ce que les quantités d'oxigène qu'ils contiennent soient en rapport simple; il en est de même de deux Acides, de deux Sulfures, de deux Chlorures, etc., entre eux. On alla même plus loin : les Chlorures, Sulfures, Iodures, etc., en se combinant avec les métaux ou leurs oxides, donnèrent naissance à des Sels, et les chimistes, qui en ces derniers temps ont étudié avec tant de soin les matières organiques, ont rangé dans la même classe la plupart des Ethers, la Stéarine, l'Oléine, etc. Sérullas, un de nos chimistes les plus distingués, a récemment présenté à l'Académie des Sciences un Mémoire sur les produits de l'action de l'Acide sulfurique sur l'Alcohol, dans lequel Mémoire il établit que l'huile douce de vin est un Sulfate d'Hydrogène carboné et d'Eau, conséquemment une espèce de Sel. Par ces exemples on voit donc que la classe des Sels est augmentée d'une foule de substances auxquelles on supposait autrefois une nature toute particulière.

Un grand nombre de Sels n'offrent pas cette neutralisation de propriétés, qui caractérisait ces corps tels qu'on les concevait à l'époque de la restauration des connaissances chimiques. On leur trouve aujourd'hui un caractère plus fixe, puisqu'il est inhérent à des propriétés générales qui ne sont point absolues, mais seulement corrélatives. En effet, l'acidité et l'alcalinité ne doivent point être considérées comme dépendantes de qualités physiques, telles qu'une certaine saveur et une certaine action sur les réactifs colorés, dont l'intensité est sujette à toutes les modifications possibles. Ce sont des propriétés antagonistes qui tendent à se neutraliser, mais qui n'opèrent le plus souvent cette neutralisation que fort imparfaitement, et d'où résultent des corps doués de qualités fort variables, tantôt absolument insipides, tantôt doués d'une saveur acide, salée, amère, sucrée, etc. La force qui préside à la combinaison de deux ou de plusieurs corps entre eux dépend de l'état électrique de chacun de ces corps. Si l'un est électro-négatif, il jouera le rôle d'acide relativement à l'autre qui alors deviendra électro-positif et remplira les fonctions de base salifiable. Enfin le même corps pourra être tantôt électro-négatif dans une combinaison saline, tantôt électro-positif dans une autre combinaison. D'après ces considérations, Berzelius, Dulong, Gay-Lussac, Chevreul, Mitscherlich, Beudant, et la plupart des chimistes contemporains, regardent comme des Sels la plupart des substances minérales dont la composition présente souvent un grand nombre de corps que jusqu'alors on n'avait pas supposés unis dans des proportions définies. Ainsi, parmi les minéraux cristallisés que l'on désignait vulgairement sous le nom de Pierres, il en est plusieurs où la Silice joue le rôle d'Acide; tandis que l'Alumine, la Magnésie, la Strontiane, les Oxides de Fer, de Manganèse, etc., en constituent les bases salifiables; ce sont maintenant des *Silicates* combinés entre eux ou avec d'autres Sels, dans des proportions tellement définies, qu'on peut représenter par des formules et par des signes très-intelligibles, la composition de ces substances complexes.

Les combinaisons qu'on nomme *Hydrates* sont aussi des sortes de Sels où l'eau joue le rôle de corps électro-négatif. Ces Hydrates, lorsqu'ils sont solubles dans l'eau, produisent ce qu'on nomme ordinairement une *dissolution*, en sorte que, suivant nous, toute dissolution est précédée de la formation d'un hydrate qui se mêle ensuite à un excès de liquide aqueux. L'Alcohol produit aussi, avec les différentes substances salines, des combinaisons analogues aux hydrates et nommées *Alcoates* par Thomas Graham, chimiste anglais qui a publié, dans le *Philosophical Magazine*, novembre 1828, p. 331, un Mémoire remarquable sur ces corps. La plupart des substances d'origine organique contractent aussi des combinaisons qui peuvent être assimilées aux combinaisons salines des corps inorganiques. Ainsi, pour ne citer que des exemples bien évidens, le Tannin produit, avec la Gélatine, un précipité insoluble; l'Albumine, le Sucre et d'autres substances immédiates s'unissent à certains Oxides; le Camphre, les Huiles volatiles, les Résines, l'Ether, etc., forment également des combinaisons dans lesquelles les proportions relatives des élémens ne sont pas, il est vrai, définies bien rigoureusement; mais nos incertitudes à cet égard paraissent seulement tenir aux moyens d'analyse qui ne sont encore aujourd'hui que fort imparfaits. En un mot, tous les corps tendent à s'unir entre eux, en vertu de leurs divers états d'électricité, qui en déterminent l'affinité réciproque; et de cette union résulte la multitude innombrable de Sels que la nature a fabriqués dans son immense laboratoire, ou que la chimie a créés et crée encore chaque jour.

Les modifications que les Sels présentent, tant sous le rapport des proportions relatives de leurs principes constituans, que sous celui de leurs qualités physiques, s'expriment par les mots de *Sels neutres* et de *Sels avec excès d'acide ou de base*. On entend par Sels neutres, les combinaisons dans lesquelles les propriétés de l'acide et de la base sont rendues latentes et en quelque sorte complétement neutralisées, ce dont on s'assure par l'action des réactifs, tels que les papiers colorés et les teintures bleues végétales. On sait que les Acides font tourner au rouge ces couleurs, tandis que les Oxides alcalins les rendent vertes. L'action des Sels neutres est nulle sur ces réactifs, parce que l'affinité mutuelle des principes immédiats de ces Sels est plus forte que celle de l'Acide ou de la base pour le principe colorant. Cependant il y a des Sels, comme par exemple le Sulfate de magnésie, dont la solution aqueuse n'est pas sensible à la teinture de violettes, mais qui forme un précipité coloré en vert avec l'Hématine dissoute dans l'eau ; celle-ci détermine aussi un précipité vert dans la solution des Sels à base d'alumine et de protoxyde de Plomb, qui pourtant font passer au rouge la teinture de Tournesol. Chevreul, à qui l'on doit la connaissance de ces faits, en conclut que les réactifs colorés peuvent seulement donner des indications relatives sur le point de neutralité des Sels, et que l'on doit choisir le principe colorant qui d'une part est le plus sensible à l'action des acides et des bases salifiables, et qui d'une autre part a le moins de disposition à former avec ces corps des composés insolubles. La saveur des Sels n'est point non plus un guide constant pour s'assurer de leur neutralité ; car il est des acides et des oxides presque absolument insipides qui donnent naissance à des Sels semblables par leur composition et leurs propriétés générales aux substances qui proviennent de la combinaison des acides et des alcalis les plus caustiques.

La neutralité des Sels ne pouvant être reconnue d'une manière bien positive, ni par les réactifs, ni par leur saveur, quel sera donc le moyen d'amener avec certitude à cette détermination ? On a trouvé un tel moyen dans la composition générale des Sels, et ce n'est pas un des moins beaux résultats que la science doit aux investigations des grands chimistes de notre époque. Quelques Sels sont constitués par le même acide et par la même base, et cependant ils sont doués de qualités et de propriétés différentes ; cela tient aux proportions diverses de l'acide dont ils sont formés. On a étudié leur composition,

et l'on a vu que dans les Sels à acides oxigénés, la quantité d'oxigène de l'acide d'un Sel regardé comme neutre est proportionnelle à la quantité d'oxigène de l'oxyde, ou en d'autres termes, que le nombre des atomes de l'oxigène de l'acide est un multiple par un nombre entier du nombre des atomes de l'oxigène de la base. On a trouvé ensuite qu'il existe également des rapports entre les quantités d'oxigène contenues dans les autres Sels composés des mêmes élémens ; mais que ces quantités y sont tantôt plus considérables et de manière à produire des Sels où le nombre des atomes de l'oxigène de l'acide est double, triple, quelquefois même quadruple du nombre des atomes de l'Oxigène de l'Acide du Sel neutre. Les mêmes lois ont été observées quant aux Sels où la base est prédominante. Les trois séries de Sels, qui résultent d'une part de la neutralisation de l'acide et de la base, et de l'autre de l'excès ou de la moindre proportion d'Acide, offrent une fixité remarquable dans la composition de chacune d'elles ; en sorte que les Sels de la même série, les Sels neutres par exemple, et qui ont le même Acide pour radical, exigent tous la même proportion d'Oxigène dans la base qui sature l'Acide. Ainsi, dans les Carbonates neutres, l'Acide carbonique contient deux fois autant d'Oxigène que la base ; dans les Sulfates neutres, l'Acide sulfurique en contient trois fois autant, etc. Des conséquences importantes ont été tirées de la découverte de ces lois. On a pu facilement expliquer comment deux Sels neutres solubles produisaient, par leur décomposition réciproque et par l'échange de leurs principes constituans, deux Sels également neutres ; il a suffi de connaître la composition d'un Sel et celle de tous les Oxides pour savoir celles de toutes les combinaisons salines appartenant à la même série. La connaissance de la capacité de saturation des Acides a fourni encore le moyen de savoir la quantité d'Oxigène d'un Oxyde irréductible ; on la conclut de la composition d'un Oxyde réductible appartenant à un Sel du même genre et au même état de saturation. Mais ce n'est pas ici le lieu de faire ressortir les nombreux avantages qui ont découlé de la théorie des proportions définies, et nous revenons à l'exposé sommaire des généralités que nous devons présenter sur les substances salines.

Dans l'origine de la réformation du langage chimique, on donna aux Sels le nom de leur Acide constituant dont on modifia la terminaison en *ate* ou en *ite*, selon que la terminaison de l'Acide était en *ique* ou en *eux*; ainsi les Sels qui avaient pour radical l'Acide sulfurique furent nommés *Sulfates*, et ceux qui étaient composés d'Acide sulfureux reçurent le nom de *Sulfites*. Cette nomenclature, imaginée par Guyton-Morveau, fut sans doute empruntée à la nomenclature Linnéenne des Plantes et des Animaux où chaque espèce porte un double nom, celui du genre auquel il appartient, augmenté du nom spécifique. Dans les Sels, le nom du genre (Sulfate, Carbonate, Phosphate, etc.) précède aussi celui de l'espèce qui est tout simplement le nom de la base salifiable. Quand, plus tard, on s'assura que les Sels neutres pouvaient se combiner avec des protoxides, des deutoxides et des tritoxides de la même base, on fit précéder le nom générique par les mots *proto-*, *deuto* et *trito*; mais cette nomenclature devint beaucoup trop compliquée, et fut même reconnue comme vicieuse par ceux qui s'en servaient le plus habituellement. Il parut plus convenable d'indiquer par le nom de l'Oxyde son degré d'oxigénation. On ne dit donc plus proto-sulfate de Fer, mais Sulfate de protoxyde de Fer. Berzelius a proposé à cet égard une innovation qui mériterait d'être généralement adoptée : le nom spécifique d'un Sel est terminé en *eux* ou en *ique*, selon que l'oxydation est au premier ou au second degré : ainsi

le sulfate de protoxide de Fer est nommé Sulfate ferreux (*Sulphas ferrosus*); celui du peroxyde Sulfate ferrique (*Sulphas ferricus*), et ainsi de suite. Les minéralogistes n'ont pas formé les genres de Sels à la manière des chimistes : c'est d'après les bases salifiables qu'ils ont établi leurs genres, et c'est ainsi qu'ils disent *Chaux carbonatée*, *Chaux sulfatée*, *Soude muriatée*, etc.

Lorsque les Sels offrent un excès d'Acide, on fait précéder leur nom générique de la préposition *sur*; et quand c'est la base qui domine, on se sert de la préposition *sous* : ainsi l'on dit sur-oxalate et sur-tartrate de Potasse, sur-sulfate d'Alumine et de Potasse, et sous-carbonate de Soude, sous-nitrate de Bismuth, etc. Depuis quelque temps, on a fait un changement assez heureux dans la nomenclature des Sels avec excès d'Acide ou de base. Les mots *bi*, *tri*, *quadri*, sont placés devant le nom générique d'un Sel acide, pour indiquer sa composition relative. Des exemples donneront une idée claire de cette nomenclature : le bi-carbonate de Soude est un Sel qui contient deux fois autant d'acide que le Carbonate neutre; le quadri-oxalate ou quadroxalate de Potasse est composé de quatre fois la dose d'acide que contient l'Oxalate neutre, etc. A l'égard des Sels avec excès de base, les mots *bi*, *tri*, etc., sont placés après le nom générique immédiatement avant celui de la base, mais la langue française se prête difficilement à l'expression de ce langage qui est au contraire facile en latin; ainsi l'on dit *Sulphas trialuminicus*, que l'on pourrait traduire littéralement par Sulfate tri-aluminique, pour indiquer qu'il y a dans ce Sel une dose d'Alumine triple de celle du Sulfate neutre.

Nous dirons peu de chose sur les propriétés physiques des Sels en général, parce que ces propriétés varient à l'infini, et suivent à peu près celles des Acides et des bases qui les constituent. Ils sont pour la plupart sous forme solide, et de tous les corps bruts, ce sont ceux qui cristallisent le mieux. Leur couleur dépend beaucoup plus de la base que de l'acide : ainsi les Sels de Chrôme, de Cuivre, de Fer, de Manganèse, de Cobalt, de Nickel, d'Or, etc., sont diversement colorés en rouge-jaunâtre, en vert ou bleu-verdâtre, en violet, en bleu violacé, etc. ; mais le plus grand nombre des Sels offrent la couleur blanche, ou plutôt ils sont limpides et incolores. A la température ordinaire, les Sels sont inodores, excepté deux (carbonate d'Ammoniaque, et sous-fluoborate d'Ammoniaque) qui, pouvant se volatiliser à cette température, ont une action marquée sur la membrane pituitaire. La saveur des Sels est, de même que leur couleur, dépendante de l'Oxide qui la constitue ; et elle est d'autant plus prononcée, que les Sels sont plus solubles. Les Sels alcalins, c'est-à-dire ceux à base de Chaux, d'Ammoniaque, de Soude, de Potasse, de Magnésie, sont ordinairement piquans, âcres et amers. Le Sel marin (Chlorure de Sodium) et le Phosphate de Soude sont les seuls dont la saveur soit franche et salée dans l'acception vulgaire de ce mot. Il y en a de styptiques comme les Sels de Zircone, d'Alumine, de Fer, etc. ; de sucrés comme ceux de Glucine, de Plomb, etc. Enfin les Sels de Cuivre, de Mercure, d'Argent et d'autres Métaux, ont une saveur horrible que l'on désigne ordinairement sous le nom de saveur métallique.

Si nous voulions traiter des propriétés chimiques des Sels avec toute l'étendue que demande un sujet aussi important et aussi fécond en observations, nous risquerions d'excéder les limites imposées à un simple article de dictionnaire ; d'un autre côté nous pourrions répéter inutilement des choses dont la place était beaucoup plus convenable aux articles spéciaux où l'on a présenté l'histoire minéralogique et chimique de certains Sels qui font partie du domaine de la nature. Ainsi nous esquisserons à grands traits l'action du calorique sur ces corps, celles de la pile voltaïque, de l'air atmosphérique, de l'eau et de quelques corps combustibles simples et composés.

Quand on soumet à l'action du feu les Sels qui contiennent beaucoup d'eau de cristallisation, ils entrent d'abord en fusion, puis ils laissent volatiliser l'eau et se réduisent en une substance sèche facile à mettre en poudre. Ceux qui ne renferment que de l'eau interposée et ceux qui ne peuvent éprouver de fusion avant que l'eau se vaporise, pétillent, ou, pour nous servir d'une expression technique, ils décrépitent, phénomène dû à ce que la vapeur d'eau brise le Sel, et en projette les fragmens avec plus ou moins de force. Il y a des Sels, comme ceux à base de Soude et de Potasse, qui éprouvent la fusion ignée sans se décomposer, tandis que d'autres, ceux surtout où l'Acide et la base sont volatilisables, se décomposent par la moindre chaleur.

Tous les Sels sont susceptibles de décomposition par un courant voltaïque, après avoir été humectés ou dissous. En général l'Acide se rassemble au pôle positif, et l'Oxide au pôle négatif ; mais quelquefois, et notamment quand l'action de la pile est très-forte et que les Sels ne sont qu'humectés, la décomposition s'étend jusqu'aux Acides et aux Oxides eux-mêmes, en sorte qu'on obtient le métal ou le radical de l'Acide à l'un des pôles, et l'Oxigène à l'autre pôle. Hisinger et Berzelius d'une part, H. Davy de l'autre (Ann. de Chimie, vol. 51 et 53), ont fait des expériences nombreuses relatives à l'action de la pile sur les Sels ; et les résultats qu'ils ont obtenus sont si curieux, que nous engageons nos lecteurs à recourir aux Mémoires originaux, ne pouvant présenter ici en abrégé ces faits dont les moindres circonstances sont dignes d'intérêt.

L'air agit sur les Sels, principalement par l'eau qu'il tient en dissolution. Tantôt ils absorbent cette eau avec une rapidité plus ou moins grande, se résolvent en liqueur, et on les nomme *Sels déliquescens*; tantôt ils perdent, au contraire, leur eau de cristallisation, deviennent opaques, et tombent même en poussière : on nomme ceux-ci *Sels efflorescens*. Parmi les Sels déliquescens, il en est qui ont une telle avidité pour l'eau, qu'on s'en sert pour dessécher l'air contenu dans les vases où l'on veut faire des expériences. La température augmente la déliquescence de ces Sels en favorisant leur dissolution : ils élèvent beaucoup le point d'ébullition de l'eau, parce que leur solution forme un liquide d'une densité considérable : tels sont les hydrochlorates et nitrates de Chaux, de Magnésie et d'Alumine. Les Sels efflorescens doivent cette propriété à leur peu de cohésion ; d'ailleurs ils sont très-solubles dans l'eau : nous citerons, par exemple, les Sulfate et Phosphate de Soude.

L'action de l'eau sur les Sels est excessivement variée ; quelques-uns sont si solubles qu'ils tombent en déliquescence dans l'air humide ainsi que nous venons de le dire ; et, depuis ceux-ci jusqu'aux Sels seulement insolubles, il y a tous les degrés intermédiaires de solubilité. Cette propriété est en raison directe de leur affinité pour l'eau, et en raison inverse de leur cohésion ; il peut même arriver qu'un Sel, qui a peu de cohésion, soit plus soluble qu'un autre Sel qui a plus d'affinité que lui pour l'eau, mais qui est doué d'une plus grande cohésion. Si l'on prend parties égales de ces deux Sels et qu'on les mette en contact avec une même quantité d'eau, celle-ci n'entrera en ébullition qu'à un degré plus élevé pour le Sel qui a la plus faible cohésion ; d'où il suit qu'on peut reconnaître la solubilité des Sels en mesurant, à l'aide du thermomètre, le degré de température où leurs solutions entrent en ébullition. La dissolution de certains Sels dans l'eau produit un abaissement de tempéra-

ture qui dépend de l'affinité réciproque du Sel et de l'Eau ; et de ce que tous les corps peuvent rendre latente certaine quantité de calorique en passant de l'état solide à l'état liquide, il résulte que les Sels déliquescens doivent déterminer plus de froid que les Sels qui ne le sont point. On a tiré un grand parti de cette propriété pour produire des froids artificiels dont l'intensité est considérablement augmentée en variant les mélanges frigorifiques, en y ajoutant de la neige ou de la glace pilée, ou en dissolvant certains Sels dans divers Acides étendus d'eau. On profite aussi de la différence de solubilité à chaud et à froid qu'offrent la plupart des Sels pour les faire cristalliser. Les cristaux sont d'autant plus réguliers et d'autant plus gros que la liqueur, convenablement évaporée, a été soumise à un repos plus absolu. Il y a en outre plusieurs moyens d'obtenir de beaux cristaux ; mais ce n'est pas ici le lieu de développer ces renseignemens qui intéressent seulement ceux qui s'occupent des produits artificiels.

Un des phénomènes les plus remarquables de l'action des corps combustibles simples sur les Sels, est celui de la précipitation ou révivification d'un métal existant à l'état d'oxide dans une dissolution saline, précipitation qui a lieu en plongeant dans celle-ci une lame d'un métal qui a plus d'affinité pour l'Oxigène et les Acides que celui de la dissolution saline. Ainsi lorsqu'on plonge une lame de Zinc dans une dissolution d'acétate de Plomb, peu à peu le Zinc se recouvre de paillettes de Plomb très-brillantes, disposées en ramifications nombreuses, phénomène anciennement connu sous le nom d'*Arbre de Saturne*. Une dissolution de nitrate d'Argent versée sur du Mercure donne naissance à l'*Arbre de Diane*, c'est-à-dire à une révivification de l'Argent qui paraît sous forme de cristaux d'un éclat brillant et fort ramifiés. On se sert de la propriété qu'a le Fer de précipiter les Sels de

Cuivre pour reconnaître la présence de ces Sels dans les corps où ils sont mêlés. Ainsi une lame de Fer bien décapée se recouvre d'une couche rouge de Cuivre, lorsqu'on la met en contact avec les Sels qui ont pour base un oxyde de ce dernier métal. Dans ces phénomènes, l'électricité voltaïque joue un rôle important; le métal précipité et le métal précipitant par leur contact immédiat forment les élémens d'une sorte de pile dont l'action agit continuellement sur l'eau de la dissolution, la décompose, en rassemble l'oxigène et l'hydrogène aux deux pôles opposés où s'opèrent de nouvelles combinaisons; en un mot, le métal précipitant se substitue complétement dans la dissolution saline au métal précipité.

Les Sels se décomposent mutuellement dans une foule de circonstances, mais surtout lorsqu'on mêle leurs dissolutions et que de leur action réciproque peuvent naître deux Sels insolubles ou un Sel insoluble et un Sel soluble. De plus, Dulong a prouvé, par de belles expériences, que la décomposition des Sels insolubles peut être opérée par certains Sels solubles comme, par exemple, les sous-Carbonates de Soude et de Potasse, lorsque de cette décomposition doivent résulter deux Sels insolubles.

Le nombre des Sels connus en chimie est immense; mais la plupart sont des produits de l'art. Si nous nous bornons à considérer les Sels simples, c'est-à-dire si nous faisons abstraction des Sels complexes ou de ces Minéraux pierreux qui sont des Silicates d'Alumine, de Fer, de Magnésie, etc., nous ne comptons dans la nature qu'environ soixante-dix Sels appartenant à une quinzaine de genres, savoir : vingt-deux Sulfates, douze Carbonates, dix Phosphates ou sous-Phosphates, six Hydrochlorates, cinq Arséniates, quatre Nitrates, un fluo-Silicate, deux Colombates, deux Tungstates, deux Borates, un Hydro-sulfate, un Hydriodate, un Chromate et un Molybdate. L'histoire de

ces Sels naturels a été présentée dans ce Dictionnaire aux mots qui désignent leurs bases, ainsi que les minéralogistes ont coutume de le faire. La Craie ou Carbonate de Chaux, par exemple, un des corps les plus abondans de la nature, a été examinée à l'article CHAUX CARBONATÉE; le Sel marin le sera à l'article SOUDE MURIATÉE. Enfin, pour toutes les notions intéressantes que l'on désirera obtenir sur les Sels, leur nature, leur historique, leurs usages, nous renvoyons aux mots qui désignent les substances métalliques et les autres combustibles simples, particulièrement aux articles ARGENT, ARSENIC, CUIVRE, FER, MERCURE, OR, PLOMB, etc.

Le nom de Sels, accompagné de diverses épithètes, a été donné non-seulement aux combinaisons salines proprement dites, mais encore à d'autres substances d'une nature différente, tels que des Acides, des extraits de matières organiques, etc. Nous ne citerons ici que les noms qui se rencontrent le plus souvent dans les vieux livres :

SELS ACÉTEUX. Ceux qui ont pour radical l'Acide acétique.

SELS ACIDES. Autrefois on nommait ainsi les Acides concrets; maintenant ce mot s'applique aux Sels avec excès d'acide.

SELS ALCALINS. Les Sels à base alcaline, tels que ceux de Soude, Potasse, Ammoniaque, etc., particulièrement ceux où ces bases sont en excès.

SELS ALUMINEUX. Sels à base d'Alumine. On nommait Sel d'Alun l'Alun ordinaire. V. ALUMINE SULFATÉE.

SELS AMERS. Les Sulfates de Magnésie, de Soude et autres Sels doués d'une saveur âcre et amère. On les nommait aussi Sels d'Angleterre, d'Epsom, de Sedlitz, etc., du nom des pays où on les tirait pour les besoins de la médecine.

SELS AMMONIACAUX. Ceux à base d'Ammoniaque. Le Sel ammoniacal de Glauber était l'Ammoniaque sulfatée.

SELS ANIMAUX EMPYREUMATIQUES. Le sous-carbonate d'Ammoniaque sali d'huile empyreumatique, obtenu de la distillation des matières animales.

SELS BARYTIQUES, CALCAIRES, CUIVREUX, FERRUGINEUX, etc. Ceux qui ont pour base la Baryte, la Chaux, le Cuivre, le Fer, etc.

SELS ESSENTIELS. Nom impropre donné aux matières extractives que l'on obtenait des corps organiques, et qui en possédaient les propriétés actives telles que l'odeur et la saveur.

SELS FIXES. Ceux qui ne se volatilisent pas par l'action de la chaleur. Les anciens appliquaient spécialement cette dénomination aux Sels à base de Potasse et de Soude obtenus de la combustion des Végétaux, et par la lessive de leurs cendres. On les désignait aussi sous le nom de Sels lixiviels.

SELS FLUORIQUES. On nommait ainsi les Fluorures et les Fluates.

SELS FLUORS. Cette expression était employée pour désigner les Sels non susceptibles de cristallisation.

SELS FOSSILES. Ceux qu'on trouve tout formés dans la nature.

SELS LIXIVIELS. *V.* **SELS FIXES.**

SELS MÉTALLIQUES. Ceux dont la base est un Oxyde métallique. Cette expression est très-vicieuse; elle ne peut être reçue aujourd'hui que les Alcalis sont reconnus pour de véritables Oxydes métalliques.

SELS NITREUX, PHOSPHORIQUES, etc. Ancien nom des Nitrates, des Phosphates, etc.

SELS POLYCHRESTES. Nom que les alchimistes donnaient pompeusement aux Sels susceptibles d'être employés à plusieurs usages.

SELS TERREUX. Ceux dont la base était une Terre.

SELS URINEUX. Ceux que l'on obtenait de l'urine. On donnait aussi ce nom aux Sels volatils à base d'Ammoniaque.

SELS VITRIOLIQUES. Les divers Sulfates, parce que l'Acide sulfurique était nommé vitriolique.

SELS VOLATILS. Expression opposée à celle des Sels fixes, et par conséquent consacrée aux Sels qui se subliment par l'action de la chaleur. (G..N.)

SEMARA. BOT. PHAN. L'un des noms de pays du *Casuarina equisetifolia*, selon Leschenault. (B.)

SEMARILLARIA. BOT. PHAN. Genre, encore fort mal connu, établi par Ruiz et Pavon dans la famille des Sapindacées et l'Octandrie Trigynie, mais qui n'a point été mentionné parmi les genres de cette famille dans le Prodrome du professeur De Candolle. Voici les caractères assignés à ce genre : calice de quatre sépales, dont deux plus courtes; corolle de quatre pétales; huit étamines; ovaire libre, surmonté de trois styles; capsule uniloculaire, s'ouvrant en trois valves, et contenant trois graines ovoïdes, enveloppées à leur base par un arille charnu, et attachées à un réceptacle central et trigone, ce qui, selon nous, semble former une capsule à trois loges. Ce genre, voisin du *Paullinia*, se compose de quelques Arbustes sarmenteux, originaires du Pérou, ayant des feuilles alternes et imparipinnées. (A. R.)

SEMBLIDE. *Semblis.* **INS.** Genre établi par Fabricius dans l'ordre des Névroptères, et dont toutes les espèces appartiennent à différens genres de la famille des Planipennes. Ce genre n'a pas été adopté. (G.)

SEMBLIDES. INS. Tribu de l'ordre des Névroptères, section des Filicornes, famille des Planipennes, établie par Latreille sous le nom de Mégaloptères dans son *Genera Insectorum*, et qu'il compose de Névroptères qui ont cinq articles à tous les tarses et le prothorax grand, en forme de corselet, plus ou moins allongé; les ailes sont couchées horizontalement ou en toit; le côté interne des inférieures est courbé ou replié en dessous. Les antennes sont filiformes ou sétacées, quelquefois pectinées. Les palpes maxillaires sont avancés, un peu plus grêles au bout, et le dernier article est souvent plus court. Ces Névroptères sont aquatiques dans leurs premiers âges. Leurs métamorphoses sont incomplètes. Cette tribu renferme les genres CORYDALE, CHAULIODE, SIALIS. *V.* ces mots. (G.)

SEMECARPUS. BOT. PHAN. (Linné fils.) Syn. d'*Anacardium. V.* ANACARDE. (B.)

SEMELIER. BOT. PHAN. L'un des synonymes vulgaires de Bauhinie. *V.* ce mot. (B.)

SEMELINE. MIN. Fleuriau de Bellevue a donné ce nom à de petits cristaux qui pour la forme, la grosseur et la couleur, ressemblent à la graine de Lin. Ces cristaux, qu'on a reconnus depuis pour être du Sphène ou du Titane calcaréo-siliceux, avaient été trouvés dans les cavités des laves des bords du Rhin et dans les sables volcaniques des environs d'Andernach. *V.* SPHÈNE. (A. B.)

SEMELLE DU PAPE. BOT. PHAN. L'un des noms vulgaires de *Cactus Opuntia. V.* CACTE. (B.)

SEMEN-CONTRA. BOT. PHAN. Sommités fleuries éminemment vermifuges d'une espèce d'Armoise, *Artemisia Contra*, L. *V.* ARMOISE. (B.)

SEMENCE. ZOOL. *V.* SPERME.

SEMENCES. BOT. PHAN. Cette expression s'emploie vulgairement comme synonyme de graines. (A. R.)

SEMENDA. OIS. (Aldrovande.) Syn. de Calao à casque rond, *Buceros lineatus*, L. *V.* CALAO. (DR..Z.)

SEMENTINE. BOT. PHAN. Même chose que *Semen-Contra. V.* ARMOISE. (B.)

SEMETRO. OIS. (Belon). Syn. de Traquet, *Motacilla rubicola*, L. *V.* TRAQUET. (DR..Z.)

SEMEUR. OIS. L'un des synonymes vulgaires de Lavandière. *V.* BERGERONNETTE. (B.)

SEMI-DOUBLES. BOT. PHAN. Les jardiniers nomment ainsi les fleurs où la culture a converti une partie seulement des étamines en pétales. Les Semi-Doubles peuvent produire des semences susceptibles de germer. (B.)

SEMI-CASSIS. MOLL. Klein, dans son Traité des Coquilles, a formé ce genre pour une partie des Casques; quoique par extraordinaire il ne contienne presque pas de Coquilles étrangères à ce genre, il n'en est pas moins inutile. *V.* CASQUE. (D..H.)

SEMI-CORNU. MOLL. Klein (Ostrac., p. 5) donne ce nom à un genre qu'il propose pour une espèce d'Hélice à spire planorbique dont l'ouverture semi-lunaire est évasée en dehors. Ce genre est tombé dans l'oubli comme il le méritait. (D..H.)

SEMI-FLOSCULEUSES. BOT. PHAN. Treizième classe du système de Tournefort, renfermant les Plantes dites à fleurs composées, dont les capitules sont uniquement formés de demi-fleurons, c'est-à-dire de petites fleurs ayant leur corolle monopétale, irrégulière, déjetée latéralement en languette; tels sont les Laitues, les Crépis, les Chicorées, etc. *V.* SYNANTHÉRÉES. (A. R.)

SÉMINALES (FEUILLES). BOT. PHAN. On appelle ainsi les premières feuilles qui se développent lors de la germination des graines: elles sont formées par les cotylédons. *V.* EMBRYON et GERMINATION. (A. R.)

SEMINAUTILUS. MOLL. Deux espèces d'Hélices à ouverture incomplète, figurées par Lister, pl. 574, fig. 25 et 27, ont servi à Klein pour l'établissement d'un genre qu'il place dans son *Methodi ostracologicæ*, page 4, à côté des Nautiles. On n'a pas besoin d'ajouter qu'un tel genre n'a pas été adopté. (D..H.)

SÉMINULES. BOT. CRYPT. L'un des noms que l'on donne aux corpuscules reproducteurs des Plantes agames et cryptogames. *V.* SPORULES. (A. R.)

SEMI-PALMIPÈDES. ois. Nom que l'on a donné aux Oiseaux dont les doigts antérieurs sont réunis par un commencement de membrane.

(DR..Z.)

SEMI-PHYLLIDIENS. MOLL. Famille proposée par Lamarck dans son dernier ouvrage pour mettre plus immédiatement en contact deux genres qu'il comprenait avant (Extrait du Cours, 1811) dans la famille des Phyllidiens (*V*. ce mot). Ces deux genres sont le Pleurobranche et l'Ombrelle. Dans l'arrangement de Cuvier (Règne Animal), le premier fait partie des Scutibranches, tandis que le second est confondu avec les Patelles, avec cette remarque, qu'ainsi que quelques autres Coquilles, il devra former un genre à part sans indiquer ultérieurement ses rapports. Lamarck a pris la position de la branchie comme caractère distinctif de cette famille. Dans les Phyllidiens, cet organe fait tout le tour du corps; dans les Semi-Phyllidiens, il n'en occupe que la moitié du côté droit. Férussac a adopté les Semi-Phyllidiens en les élevant au titre de sous-ordre qu'il partage en deux familles : dans la première on trouve le genre Ombrelle lui seul; dans la seconde, outre le Pleurobranche, on y voit aussi les genres Pleurobranchée de Mekel, et Linguelle de Blainville. Ce dernier, dans son Traité de Malacologie, n'a point admis les Semi-Phyllidiens; les genres sont distribués différemment dans sa famille des Subaplisiens (*V*. ce mot). Latreille n'a point non plus adopté la famille de Lamarck, et, ce qui nous a surpris, c'est que, malgré la connaissance plus parfaite de l'Ombrelle, elle se trouve, dans la méthode de cet habile naturaliste, très-éloignée des Pleurobranches, suivant en cela l'opinion de Cuvier. (*V*. les différens genres que nous venons de citer.)

(D..H.)

* **SÉMIRAMIS.** INS. L'une des plus belles espèces du genre Bombyce, *Bombyx*.

(B.)

SEMMATES. ZOOL. *V*. OEIL.

SEMNOPITHÈQUE. *Semnopithecus*. MAM. Sous-genre de Guenons. *V*. ce mot.

(IS. G. ST.-H.)

SEMNOS. BOT. PHAN. L'un des synonymes antiques de Vitex. *V*. ce mot.

(B.)

* **SEMPERVIVÉES.** BOT. PHAN. *V*. CRASSULACÉES.

SEMPERVIVUM. BOT. PHAN. *V*. JOUBARBE.

SENA. BOT. PHAN. C'est le nom que l'on donne en Égypte aux espèces de Casse qui forment le Séné et dont ce dernier nom paraît dérivé.

(A.R.)

SENACIA. BOT. PHAN. Genre de la Pentandrie Monogynie, établi en manuscrit par Commerson, et admis par Lamarck, Du Petit-Thouars et De Candolle. Ce dernier auteur (*Prodr. Syst. Veget.*, 1, p. 347) l'a placé dans la famille des Pittosporées, et en a ainsi exposé les caractères : calice très-petit, à cinq dents; corolle à cinq pétales lancéolés, non soudés à la base; cinq étamines hypogynes; fruit bacciforme dans la jeunesse, devenant ensuite capsulaire-bivalve et semi-biloculaire; quatre à huit graines adnées à la base ou au milieu des cloisons, pourvues d'arille et d'un albumen corné, à la base duquel est un très-petit embryon. Les quatre espèces dont ce genre se compose ont été généralement confondues parmi les *Celastrus*. Deux d'entre elles croissent dans les îles de France et de Mascareigne, une troisième dans le Népaul, et enfin une quatrième très-douteuse dans les Antilles. Celle qui est regardée comme type du genre a été décrite par Lamarck, dans l'Encyclopédie, sous le nom de *Celastrus undulatus*, puis dans ses Illustrations sous celui de *Senacia undulata*. C'est un Arbrisseau à rameaux glabres, garni de feuilles entières, penninerves, lancéolées et ondulées, à fleurs terminales, disposées en corymbes, à fruits brièvement pédicellés, tétraspermes. On donne vulgairement à cette Plante, aux îles Maurice, le nom de *Bois de joli cœur.*   (G..N.)

SENAPIA. BOT. PHAN. Arbrisseau grimpant mentionné par Aublet, dont on ne connaît ni les fleurs ni les fruits.   (A. R.)

SÉNATEUR. OIS. Syn. vulgaire de Mouette blanche. *V.* MOUETTE.   (DR..Z.)

SÉNÉ. BOT. PHAN. On appelle ainsi en pharmacologie les feuilles et les fruits de plusieurs espèces du genre Casse. *V.* ce mot.   (A. R.)

On a étendu ce nom à des Plantes très-différentes, et l'on a appelé :

SÉNÉ BATARD, le *Coronilla Emerus.*

SÉNÉ DES PRÉS, le *Gratiola officinalis.*

SÉNÉ DE PROVENCE, le *Globularia Alypum,* etc.   (B.)

SENEBIERA. BOT. PHAN. Genre de la famille des Crucifères et de la Tétradynamie siliculeuse, L., établi par De Candolle aux dépens de quelques espèces placées par Linné dans les genres *Lepidium* et *Cochlearia,* et offrant les caractères suivans : calice à divisions étalées, égales ; corolle à pétales entiers ; étamines dont les filets ne sont pas denticulés, et dont le nombre est quelquefois réduit par avortement à quatre ou à deux ; silicules didymes, un peu comprimées, dépourvues d'ailes, biloculaires, indéhiscentes, à stigmate sessile, à valves sphéroïdes, rugueuses ou hérissées de proéminences en forme de crêtes, à loges monospermes ; graine pendante, globuleuse ou à trois faces peu prononcées ; cotylédons linéaires, incombans. Ce genre, qui fait partie de la tribu des Camélinées, est très-distinct non-seulement par la structure de son fruit et de sa graine, mais encore par son inflorescence et son port. Ses espèces sont beaucoup plus éparses sur la surface du globe que ne le sont ordinairement les Crucifères. De Candolle (*Syst. Veget.,* 2, p. 252) les a distribuées en trois sections nommées *Nasturtiolum, Carara* et *Cotyliscus,* et qui sont fondées sur des caractères tirés de la forme et de l'aspect de la surface des silicules. La première se distingue par sa silicule didyme, échancrée au sommet, c'est-à-dire dont la cloison est beaucoup plus courte que les valves qui sont sphériques. A cette section appartient le type du genre, *Senebiera pinnatifida,* D. C., *loc. cit.* ; *Lepidium didymum,* L. ; *Nasturtiolum pinnatum,* Mœnch. C'est une Plante herbacée à feuilles pinnatilobées, les lobes oblongs, dentés ou incisés, à fleurs blanches, petites, quelquefois dépourvues de pétales, et à silicules réticulées. Cette espèce croît dans les endroits incultes, principalement au bord de la mer, dans une foule de contrées du globe, en Europe sur le littoral de l'Océan et de la Méditerranée, dans l'Amérique septentrionale, à l'île Sainte-Hélène, à la Nouvelle-Hollande, etc.

Le *Senebiera Coronopus,* Poiret ; D. C., *Syst. Veget.* ; *Cochlearia Coronopus,* L. ; *Coronopus vulgaris,* D. C., Fl. Fr., est la principale espèce de la seconde section, laquelle est caractérisée par sa silicule non échancrée au sommet, c'est-à-dire ayant la cloison un peu plus longue que les valves qui sont comprimées et munies sur le dos de rugosités en forme de crêtes. Le *Senebiera Coronopus* est une Herbe entièrement couchée sur le sol, à feuilles pinnatilobées, dont les lobes sont entiers ou dentés, et à fleurs d'une extrême petitesse. Cette Plante croît le long des chemins et dans les localités calcaires ou arénacées de toute l'Europe, depuis le Portugal, la Morée et la Taurie, jusqu'en Angleterre et en Suède. Elle a été aussi trouvée dans l'Amérique septentrionale et aux Canaries.

La troisième section du genre est fondée sur le *Cochlearia nilotica,* Delile, dont Desvaux avait formé le genre *Cotyliscus.* Cette petite Plante croît sur les îles du Nil dans la Basse-Egypte.

Necker avait établi un genre *Senebiera* qui est synonyme d'*Ocotea* d'Aublet.   (G..N.)

SENECILLIS. BOT. PHAN. Gaertner (*de Fruct.*, 2, p. 453, tab. 173) a érigé sous ce nom, en un genre particulier, les *Cineraria glauca* et *purpurata*, L., qui diffèrent des autres Cinéraires seulement par leur aigrette plumeuse. H. Cassini a placé le *Senecillis* dans la tribu des Adénostylées, mais il a en même temps reconnu avec doute que ce genre pourrait bien être une Sénécionée. Au surplus le genre *Senecillis* est trop peu connu pour mériter d'être adopté. (G..N.)

SENECIO. BOT. PHAN. *V.* SÉNEÇON.

SÉNÉCIONÉES. *Senecioneæ*. BOT. PHAN. Cassini a ainsi nommé la quatorzième tribu naturelle de la famille des Synanthérées. Il l'a divisée en trois sections caractérisées par la structure de l'involucre, savoir : 1°. SÉNÉCIONÉES DORONICÉES, qui tire son nom du genre *Doronicum*. 2°. SÉNÉCIONÉES PROTOTYPES, où l'on remarque principalement les genres *Senecio* et *Cacalia*. 3°. SÉNÉCIONÉES OTHONNÉES, ainsi nommée du genre *Othonna*, près duquel l'auteur place le *Cineraria* et quelques nouveaux genres. *V.* SYNANTHÉRÉES. (G..N.)

SÉNEÇON. *Senecio*. BOT. PHAN. Genre de la famille des Synanthérées, type de la tribu des Sénécionées de Cassini, placé dans la Syngénésie superflue du système sexuel, et offrant les caractères suivans : involucre cylindrique, composé de folioles sur un seul rang, égales, contiguës, linéaires, souvent sphacélées au sommet; pourvu à la base de petites écailles irrégulièrement disposées. Réceptacle plan, à réseau un peu saillant et denté. Calathide composée de fleurons nombreux, réguliers, hermaphrodites, et quelquefois, comme par exemple dans le genre *Jacobæa* de Tournefort, munie d'un rang extérieur de demi-fleurons à languette large, étalée horizontalement durant tout le cours de la floraison, roulée en dessous après cette époque. Ovaire cylindrique,

surmonté d'une aigrette longue, blanche et soyeuse.

Ce genre est très-voisin du *Cineraria*, avec lequel il se confond en quelque sorte par les caractères techniques, puisqu'il s'en distingue seulement par la présence des écailles surnuméraires situées à la base de l'involucre; par les folioles de cet involucre sphacélées au sommet, et parce que les fleurons ou demi-fleurons sont peu nombreux. Il se compose d'un nombre considérable d'espèces ayant un port et une organisation florale qui offrent assez de variations pour que les auteurs se soient crus autorisés à former plusieurs genres à ses dépens. Mais les caractères attribués à la plupart de ces nouveaux genres sont si faibles et si peu constans, que l'on est forcé d'en revenir au sentiment de Linné qui avait fondu en un seul les genres *Jacobæa* et *Senecio* de Tournefort. En conséquence, nous ne ferons ici qu'une simple mention des genres proposés par H. Cassini, Bory de Saint-Vincent, Rafinesque, etc., et qui sont fondés sur des Plantes publiées par ces divers auteurs sous le nom générique de *Senecio*. A chacun des mots qui désignent ces genres, nous en avons d'ailleurs exposé suffisamment les caractères et la composition. Ainsi les genres *Jacobæa* de Tournefort, *Hubertia* de Bory, *Obæjaca*, *Sclerobasis*, *Neoceis*, *Cremocephalum*, *Gynoxis* et *Carderina* de Cassini, peuvent être considérés comme de simples subdivisions génériques du grand genre *Senecio*. *V.* ces mots, soit dans le corps du Dictionnaire, soit au Supplément. Les espèces de Séneçons croissent dans les diverses régions du globe. On en trouve un grand nombre en Europe, surtout dans la partie méridionale et sur les hautes montagnes. Parmi celles qui ont des calathides flosculeuses, et qui constituent la section à laquelle, d'après Tournefort, plusieurs auteurs ont réduit le genre *Senecio*, on remarque le SÉNEÇON COMMUN, *Senecio vulgaris*, L., Plante qui croît dans toute l'Europe et en toutes saisons, dans les champs. Ses diverses parties sont presque charnues et pulpeuses. Ses tiges sont fistuleuses, garnies de feuilles sessiles, pinnatifides, sinuées ou dentées sur leurs bords. Les calathides petites, jaunes, disposées en un corymbe lâche. La saveur du Séneçon est herbacée, un peu acide; il passe pour émollient et un peu rafraîchissant, mais on ne l'emploie qu'à l'extérieur pour dissiper les inflammations. Les petits Oiseaux sont très-friands de ses graines.

Les Séneçons à fleurs radiées ont été partagés en deux ou trois subdivisions artificielles fondées sur la forme des feuilles et sur celles que prennent les demi-fleurons après la floraison. Tantôt les demi-fleurons se roulent en dehors, et c'est ce qu'on observe dans les *Senecio sylvaticus* et *viscosus*, Plantes d'un aspect triste et qui croissent dans les bois humides. Tantôt les rayons sont étalés, et les feuilles sont pinnatifides; c'est à ce groupe qu'appartient le Séneçon ÉLÉGANT, *Senecio elegans*, L., espèce originaire du cap de Bonne-Espérance et qui fait depuis longtemps en Europe l'ornement des jardins. Sa tige est herbacée, garnie de feuilles un peu charnues, et ayant de la ressemblance avec celles du Séneçon commun. Ses fleurs forment un beau corymbe étalé; les fleurons du centre sont jaunes, les demi-fleurons d'une belle couleur purpurine. Les *Senecio Jacobœa*, *erucœfolius*, *squalidus*, *artemisiœfolius*, *incanus* et *leucophyllus*, sont des espèces européennes appartenant au même groupe. Les trois premières se rencontrent fréquemment dans les prés et sur le bord des chemins; les trois autres croissent en diverses localités de montagnes. Enfin un grand nombre d'espèces ont les demi-fleurons étalés et les feuilles indivises, ou seulement dentées en scie : telles sont les *Senecio paludosus*, *sarracenicus*, *Doria*, *Doronicum*, etc. Ces Plantes se trouvent à des stations fort différen-

tes; le *S. paludosus* croît parmi les roseaux dans les marais et sur le bord des eaux tranquilles, où sa tige laineuse s'élève très-haut, et porte un corymbe de belles fleurs jaunes; le *Senecio Doria* est aussi une grande espèce à fleurs jaunes qui se trouve le long de ruisseaux de l'Europe méridionale; les *Senecio Doronicum* et *sarracenicus* habitent les montagnes alpines ou subalpines. (G..N.)

SÉNEÇON EN ARBRE. BOT. PHAN. *V.* BACCHARIDE.

SÉNEDETTE. MAM. Rondelet a décrit sous le nom de Sénedette un Cétacé de la Méditerranée, qui est très-positivement le Cachalot macrocéphale. Cependant la plupart des auteurs ont suivi Lacépède, qui a fait de cet Animal le type d'un genre de la famille des Dauphins, qu'il a nommé *Delphinapterus*. Mais ce Sénedette, grossièrement figuré dans Rondelet, est le *Peis mular*, le *Capidoglio* des Italiens, et ces noms ne sont donnés qu'au Cachalot. *V.* ce mot et DAUPHIN. (LESS.)

SENÉES (FEUILLES). BOT. PHAN. On appelle ainsi des feuilles qui sont au nombre de six à chaque verticille, comme dans le *Galium uliginosum* par exemple. (A. R.)

SENEGA ou **SENEKA**. BOT. PHAN. Espèce du genre Polygale. *V.* ce mot. (B.)

SENEGALIS. OIS. Nom que l'on a donné à une petite famille établie par divers ornithologistes dans le genre Gros-Bec. *V.* ce mot. (DR..Z.)

SENEGRÉ ou **SINÈGRE.** BOT. PHAN. Syn. vulgaires de Fenugrec. *V.* ce mot. (B.)

* SÉNELLE. BOT. PHAN. Le fruit de l'Aubépine dans certains cantons méridionaux de la France. (B.)

SÉNÉLOPE. ARACHN. *V.* SÉLÉNOPE.

SENEMBI ou **SENEMBRI.** REPT. SAUR. Noms de pays synonymes d'Iguane. *V.* ce mot. (B.)

SÉNEVÉ. bot. phan. *V.* Sanve.

* SENGO. ois. (Blumenbach.) Syn. d'Indicateur. *V.* ce mot. (dr..z.)

SÉNICLE. ois. Syn. vulgaire de Venturon. *V.* Gros-Bec. (dr..z.)

SÉNICLE. bot. phan. L'un des noms vulgaires du *Chenopodium Vulvaria. V.* Chénopode. (b.)

SÉNIL. ois. L'un des noms vulgaires du Serin. *V.* Gros-Bec. (dr..z.)

SENITES. bot. phan. Le genre *Apluda* de Linné, auquel P. Browne donnait le nom de *Zeugites*, a été nommé *Senites* par Adanson. *V.* Apluda. (g..n.)

SENKENBERGIA. bot. phan. Le genre formé sous ce nom par Necker et qui avait pour type le *Besleria bivalvis*, L. fils, n'a pas été adopté.

Un autre genre *Senkenbergia* a été fondé, dans la Flore de Wettéravie, sur le *Lepidium ruderale*, L. *V.* Lépidier. (g..n.)

SENNA. bot. phan. Tournefort nommait ainsi les espèces de Casse qui ont le fruit plan, réniforme et ailé sur les bords, et dont Linné a fait son *Cassia Senna.* Ce genre est depuis devenu une simple section du grand genre des Casses. *V.* Casse. (a. r.)

SENNAL. pois. *V.* Anabas.

SÉNODITE. *Senodites.* moll. Schumacher, par un double emploi qu'on ne saurait adopter, a donné ce nom au genre que Leach avait nommé Cinéras. *V.* ce mot. (d..h.)

SENOURIA et SINOUIRA. bot. phan. *V.* Cénoiras.

SENRA et SENRÆA. bot. phan. (Jussieu, Willdenow, Persoon, De Candolle.) Pour *Serra. V.* ce mot. (g..n.)

SENSIBILITÉ. zool. Ce mot n'a pas la même acception auprès de tous les physiologistes. Selon quelques-uns, la Sensibilité est la propriété que possèdent les parties organisées d'être impressionnées par les agens extérieurs, soit que l'individu où on l'observe en ait la conscience, soit qu'il ne l'ait point. De-là la distinction établie par Bichat et la plupart des physiologistes modernes de la Sensibilité en organique et animale. La première est celle qui préside aux fonctions de nutrition, comme l'absorption, l'exhalation, les sécrétions, etc. Elle est commune aux Végétaux aussi bien qu'aux Animaux. La seconde ou la Sensibilité animale n'existe que dans les Animaux; elle nous met en rapport avec les corps extérieurs, et c'est d'elle que dérivent les diverses sensations, la vue, le tact, l'olfaction, la faim, la soif, etc.

Mais d'autres physiologistes ont restreint et précisé davantage le sens du mot Sensibilité. Pour eux la Sensibilité est la force ou propriété active de la vie, qui, propre aux Animaux doués d'un système nerveux, les rend aptes à recevoir du monde extérieur ou d'eux-mêmes des impressions perçues ou suivies de conscience. Ainsi ramenée à la faculté de sentir, la sensibilité se distingue nettement de l'impressionnabilité sans perception, c'est-à-dire de cette propriété que l'on a désignée sous les noms de Sensibilité organique, latente, universelle, etc. La Sensibilité proprement dite préside indistinctement à toutes nos sensations, tant internes qu'externes. Elle en est le principe et la source; tantôt elle meut les organes de chaque sens avec le stimulant qui lui est propre; tantôt elle anime toute la périphérie du corps, c'est-à-dire la peau, ses dépendances et l'origine des membranes muqueuses; tantôt enfin elle révèle à l'intelligence dans l'état normal tous les besoins du corps, ou dans l'état pathologique, la douleur et les désordres qui en sont la suite. *V.* Cérébro-Spinal. (a. r.)

SENSIBLES (Animaux). zool. Lamarck, dans sa classification générale des Animaux, appelle ainsi la seconde division des Invertébrés qui comprend les Animaux dans lesquels le système nerveux est bien apparent, et qui par conséquent jouissent de tous les attributs de ce système ; tels sont les Insectes, les Crustacés, les Arachnides, les Annelides, les Cirrhipèdes et les Mollusques. *V.* ANIMAL. (A. R.)

SENSITIVE. BOT. PHAN. Espèce du genre Mimeuse. *V.* ce mot. (B.)

* SENTINELLE. OIS. Syn. d'Alouette à cravate jaune. *V.* ALOUETTE. (DR..Z.)

* SENTIS. BOT. PHAN. Commerson a ainsi nommé, dans son Herbier, la Plante sur laquelle il a fondé le genre *Scutia*, adopté par Adolphe Brongniart. *V.* ce mot.

C'était aussi un des synonymes anciens de Ronce. *V.* ce mot. (G..N.)

SÉPALE. *Sepalum.* BOT. PHAN. Necker a proposé ce nom, qui a été généralement adopté par tous les botanistes, pour désigner les folioles qui composent un calice. *V.* CALICE. (A. R.)

SÈPE. BOT. CRYPT. *V.* SEPS.

SEPEDON. INS. Genre de l'ordre des Diptères, famille des Athéricères, tribu des Muscides, division des Dolichocères, établi par Latreille aux dépens des genres *Scatophaga* et *Baccha* de Fabricius, et adopté par tous les entomologistes avec ces caractères : corps allongé; tête, vue en dessus, paraissant pyramidale ou conique ; triangulaire vue de face. Antennes presque une fois plus longues que la tête, assez écartées entre elles à leur base, insérées sur une élévation, droites, avancées, composées de trois articles; le premier très-court, le second le plus long de tous, cylindrique; le troisième une fois plus court que le précédent, triangulaire, terminé en pointe, muni d'une soie dorsale, biarticulée à sa base, garnie de poils très-courts. Trompe longue, entièrement ou presque entièrement rétractile. Palpes assez grands, s'élargissant un peu avant leur extrémité. Yeux gros, très-saillans, espacés dans les deux sexes. Trois ocelles rapprochés, pla-

cés en triangle sur un tubercule du vertex. Corselet un peu plus étroit que la tête ; ailes couchées l'une sur l'autre dans le repos ; cueillerons petits; balanciers découverts ; pates assez fortes, longues; cuisses postérieures très-longues, garnies en dessous de deux rangs de petites épines; jambes un peu arquées; premier article des tarses le plus long de tous, le dernier muni de deux crochets et d'une pelote bifide. Ce genre se distingue de ceux de la division des Dolichocères par des caractères faciles à saisir. Ainsi il est éloigné des Loxocères, parce que ceux-ci ont le dernier article de leurs antennes plus long que les deux précédens réunis ; les Lauxanies en diffèrent, parce qu'ils ont la tête comprimée transversalement et que leur corps est peu allongé. Les Tétanocères s'en distinguent, parce que leurs antennes ne sont pas plus longues que la tête, et que leurs second et troisième articles sont presque égaux en longueur. Rossi avait confondu une espèce de ce genre avec ses *Syrphus.* Panzer ne les distinguait pas de son genre *Musca.* Les métamorphoses de ces Insectes sont encore inconnues; l'Insecte parfait se trouve sur les plantes aquatiques, ce qui pourrait faire penser que la larve vit dans les plantes ou dans l'eau des marais où elles croissent. On ne connaît que deux espèces de ce genre; elles se rencontrent aux environs de Paris. Nous citerons l'espèce suivante comme la plus commune :

Le SEPEDON DES MARAIS, *Sepedon palustris*, Latr., *Gen. Crust.*, etc., et Hist. nat. des Crust. et Ins. T. XIV, p. 386; *Baccha sphegea*, Fabr.; *ejusd.*, *Scatophaga rufipes*, *Musca rufipes*, Panzer, *Faun. Germ.*, fasc. 60, tab. 23; *ejusd.*, *Mulio sphegeus*, fasc. 77, tab. 21; *Mulio dentipes*, Schellemb., Dipt., tab. 16. (G.)

SEPEDONIUM. BOT. CRYPT. (*Mucédinées.*) L'*Uredo mycophila* de Persoon a servi de type à ce genre établi par Link et qui appartient à la section des Sporotrichées de la tribu des vraies Mucédinées ; il est ainsi caractérisé : filamens entrecroisés, décombans, cloisonnés; sporidies agglomérées, ensuite éparses, globuleuses, simples. Ce genre très-voisin du *Sporotrichum* n'en diffère réellement que par ses sporules agglomérées ; la seule espèce bien connue croît sur les Champignons et particulièrement sur les Bolets qui commencent à se décomposer ; elle est d'un beau jaune d'or.   (AD. B.)

SEPHEN. POIS. Espèce de Raie. *V.* ce mot.   (B.)

SEPIA. MOLL. *V.* SÈCHE.

SEPLÆPHORA. MOLL. Gray, dans sa Classification des Mollusques, a donné ce nom au second ordre de ses Antlio-Branchiophores (Céphalopodes); il ne contient que les deux genres Sépiole et Sèche. *V.* ces mots.   (D..H.)

SÉPIDIE. *Sepidium.* INS. Genre de l'ordre des Coléoptères, section des Hétéromères, famille des Mélasomes, tribu des Piméliaires, établi par Fabricius, et adopté par Latreille et par tous les entomologistes avec ces caractères : corps ovale-allongé, souvent très-inégal en dessus. Tête moyenne; antennes filiformes, composées de onze articles; le troisième cylindrique, beaucoup plus long que le quatrième ; les suivans, jusqu'au neuvième, presque obconiques; le dixième presque turbiné ; le onzième ovale, point sensiblement plus long que le précédent, pointu à son extrémité. Lèvre supérieure ou labre coriace, avancé, en carré transversal, son bord antérieur entier, cilié. Mandibules bifides à leur extrémité; mâchoires ayant une dent ou crochet corné à leur côté interne. Palpes maxillaires avancés, de quatre articles: le dernier un peu plus grand que les autres, presque ovale, comprimé, tronqué; palpes labiaux, de trois articles presque égaux. Lèvre inférieure avancée, très-échancrée

antérieurement; menton court, rétréci à sa base, ne recouvrant pas l'origine des mâchoires. Corselet déprimé en dessus, ou carené et très-inégal, ses bords latéraux dilatés ; écusson nul ou peu distinct. Élytres soudées ensemble, embrassant l'abdomen, souvent terminées en pointe. Point d'ailes. Jambes cylindriques, terminées par deux épines très-courtes. Tarses courts; abdomen ovale. Ce genre diffère des Scaures, parce que les antennes de ceux-ci ont le dernier article sensiblement plus long que le précédent. Les Moluris en sont distingués, parce que leur corselet est convexe et arrondi; les Tagénies ont les antennes composées d'articles presque perfoliés ; enfin celles des Psammodes sont grêles et terminées par une massue de trois articles, ce qui les distingue facilement des Sépidies. Les autres genres de la tribu diffèrent de ceux que nous venons de citer, parce que leur menton recouvre la base des mâchoires, ce qui n'a pas lieu dans ceux-ci. On trouve les Sépidies dans les pays chauds de l'ancien continent, en Espagne, sur la côte de Barbarie, en Egypte, en Grèce et au cap de Bonne-Espérance. Ils fréquentent les lieux secs et arides dans les sables incultes. Leurs métamorphoses sont inconnues. Ce genre se compose d'environ dix ou douze espèces; nous citerons comme type :

Le SÉPIDIE TRICUSPIDÉ, *Sepidium tricuspidatum*, Fabr., Latr., Oliv., Entom. T. III; *Sepidium*, pl. 1, fig. 1. On le trouve en Espagne, en Grèce et dans l'Asie-Mineure.   (G.)

SEPIIDÉES. *Sepiideæ.* MOLL. Leach a proposé sous cette dénomination de faire une famille avec les deux genres Sepia et Loligo ; elle correspond à la famille des Sèches de Férussac, au genre Sèche de Cuvier. Elle a pris maintenant une plus grande extension par l'addition de plusieurs genres à ceux que nous venons de citer. *V.* DÉCAPODES au Supplément.   (D..H.)

SÉPIOLIDÉES. *Sepiolidæa.* **MOLL.** Dans ses *Miscellanea zool.* (T. III), Leach a divisé les Céphalopodes Décapodes en deux familles; la première est celle-ci qui se compose des genres Sépiole et Cranchie (*V.* ces mots). Ces divisions, qui ne reposaient pas sur des caractères suffisans, n'ont pas été adoptées; les genres que nous citons sont compris dans les Décapodes qui constituent une famille naturelle. *V.* DÉCAPODE au Supplément.   (D..H.)

SEPIOTEUTHE. *Sepioteuthis.* **MOLL.** Coupe sous-générique faite par Blainville dans son Traité de Malacologie pour grouper les espèces de Calmars qui ont une nageoire latérale dans toute la longueur du sac comme dans les Sèches; ce sous-genre correspond au genre Calmaret de Lamarck. Dans une note, Blainville dit ne pas oser admettre ce dernier genre parce qu'il n'est pas suffisamment connu et que la combinaison organique dans laquelle il s'offre est trop anomale pour y croire avant de nouvelles observations. *V.* CALMARET. (D..H.)

SÉPITE. MOLL. Il paraît que c'est un os de Sèche fossile qu'Aldrovande désigne sous ce nom.   (B.)

SEPS. REPT. SAUR. Genre très-voisin des Scinques et des Orvets entre lesquels il se trouve intermédiaire, et qu'il lie les uns avec les autres de la manière la plus intime. En effet les Seps ne diffèrent des Scinques (*V.* ce mot) que par leur corps extrêmement allongé et tout-à-fait semblable à celui d'un Serpent, et leurs membres beaucoup plus petits encore, et dont les deux paires sont séparées l'une de l'autre par un plus grand espace. Ils ne diffèrent des Orvets que parce que ceux-ci sont entièrement privés de membres; encore faut-il remarquer que, non-seulement les membres des Seps sont très-petits et presque rudimentaires; mais qu'ils sont même, dans la plupart des espèces, incom-plets quant au nombre de leurs doigts. On ne s'étonnera donc pas que les auteurs aient long-temps varié sur la place qu'il convient d'assigner aux Seps dans les cadres zoologiques, et qu'on les ait tour à tour considérés comme des Serpens à pieds et comme des Lézards à forme de Serpens. C'est ainsi que l'espèce même dont les pieds sont les plus complets, le Seps pentadactyle, avait d'abord été désignée par Linné sous le nom d'*Anguis quadrupes*, et qu'elle fut bientôt après reportée par Gmelin parmi les Lézards sous le nom de *Lacerta serpens.* On connaît aujourd'hui plusieurs espèces de Seps répandues dans les contrées chaudes de l'ancien continent, et qui ressemblent aux Orvets par leurs habitudes.

Le SEPS PENTADACTYLE, *Seps pentadactylus,* Daud.; c'est l'*Anguis quadrupes*, L., et le *Lacerta Serpens*, Gmel. Il a cinq doigts à chaque pied; ses ongles sont pointus et recourbés; sa queue est beaucoup plus longue que son corps; ses écailles sont grisâtres et luisantes comme celles des Scinques et des Serpens. Il habite l'Afrique, et principalement la Barbarie, où sa morsure est, par un préjugé sans fondement, regardée comme venimeuse. On connaît plusieurs espèces tétradactyles qui pour la plupart habitent l'Orient; Cuvier pense que c'est à l'une d'elles que l'on doit rapporter le *Lacerta Seps* de Linné, quoique celui-ci ait été décrit comme pentadactyle.

Le SEPS TRIDACTYLE, *Seps tridactylus,* Daud. Cette espèce se distingue par ses pieds terminés par trois doigts excessivement petits, par sa couleur qui est celle de l'acier poli, et par l'existence, sur chaque côté du dos, d'une bande longitudinale blanchâtre et bordée de noirâtre. Lacépède qui a décrit et figuré ce Seps dans son Histoire naturelle des Quadrupèdes ovipares, T. I, s'exprime ainsi (p. 434) à son sujet : « Lorsqu'on le regarde, on croirait voir un Serpent qui, par une espèce de monstruosité, serait né avec deux très-petites pates auprès de la tête, et deux autres très-éloignées situées auprès de l'origine de la queue. On le croirait d'autant plus que le Seps a le corps très-long et très-menu, et qu'il a l'habitude de se rouler sur lui-même comme les Serpens. A une certaine distance, on serait même tenté de ne prendre ses pieds que pour des appendices informes. » Le Seps tridactyle habite l'Europe méridionale; on le trouve dans la Provence, l'Italie et la Sardaigne où on lui donne le nom de *Cicigna*. On assure que cette même espèce se trouve aussi dans plusieurs contrées de l'Afrique. Ce Seps est vivipare, d'après le témoignage de plusieurs auteurs et principalement de Columna qui trouva, en disséquant une femelle, quinze fœtus vivans, dont plusieurs étaient déjà entièrement dégagés de leurs membranes. Nous ajouterons que le Seps tridactyle, à l'approche de l'hiver, se retire dans ses trous, d'où il ne sort qu'au printemps ; on le voit pendant la belle saison dans les endroits garnis d'herbe. On ne sait trop pour quel motif sa morsure est généralement regardée parmi le peuple comme venimeuse, de même que celle de l'espèce précédente. Tous les auteurs dignes de foi tombent d'accord sur l'innocuité de cette morsure; seulement quelques-uns d'entre eux, tels que Cetti (Histoire naturelle de la Sardaigne), affirment que lorsque les Bœufs ou les Chevaux ont avalé un Seps avec l'herbe qu'ils paissent, ils sont quelquefois gravement malades.

Le Seps monodactyle, *Seps monodactylus*, Daud.; *Lacerta anguina*, L. Cette espèce remarquable, décrite et figurée par Lacépède dans les Annales du Muséum, T. II, a les pates si courtes, que leur longueur est à peine égale à la distance d'un œil à l'autre, et terminées par un seul doigt que recouvrent de petites écailles. Il est à remarquer que les écailles du corps et de la queue sont pour la plupart relevées par une arête. Cette espèce, qui peut-être devra être séparée du genre Seps, paraît habiter l'Afrique.   (IS. G. ST.-H.)

SEPS ou **SÈPE.** BOT. CRYPT. (*Champignons.*) Même chose que Cep, Cèpe ou Ceps. *V.* ces mots et BOLET.   (B.)

SEPSIS. *Sepsis.* INS. Genre de Diptères établi par Fallen, répondant à celui que nous avions nommé *Micropèze*, et, en partie, à celui de *Tephritis* de Fabricius. Il appartient à notre division de Carpomyzes (Fam. nat. du Règn. Anim.), de la tribu des Muscides. Leur corps est étroit et allongé, avec la tête globuleuse, les yeux écartés, les ailes vibratiles, l'abdomen presque cylindrique, rétréci vers sa base, en manière de pétiole, n'offrant à l'extérieur que quatre anneaux. Le devant de la tête est garni de soies et peu avancé; les antennes sont courtes, inclinées, avec la palette semi-elliptique et munie d'une soie simple. Les palpes sont presque filiformes, ce qui distingue ce genre de celui de *Céphalie* de Meigen, où ils se dilatent, vers le bout, en forme de spatule, où d'ailleurs la palette est plus longue et linéaire, et dont la tête s'avance antérieurement. Meigen mentionne seize espèces de Sepsis, dont les plus communes sont celles qu'il nomme : *Cynipsea* (*Musca Cynipsea*, L.), *Punctum*, *cylindrica* et *Putris*. La première, que l'on trouve en quantité sur les feuilles et sur les plantes, où elle fait vibrer presque continuellement ses ailes, est très-petite, d'un noir cuivreux, luisant, avec un point noir, près du bout des ailes; elle répand une odeur assez forte. La Mouche vibrante sans taches de Geoffroy, est synonyme, suivant Meigen, de son *Sepsis cylindrica* : ici les antennes et les pieds sont fauves.   (LAT.)

SEPTAIRE. *Septaria.* MOLL. Férussac avait proposé ce genre pour le *Patella borbonica*. Lamarck qui ne le connut pas sans doute créa le genre Navicelle pour la même Coquille ; quoiqu'il n'ait été proposé qu'après celui de Férussac , le genre de Lamarck a prévalu. *V*. NAVICELLE.   (D..H.)

SEPTARIA. MIN. On trouve désignés sous ce nom, dans les ouvrages des géologues anglais, des concrétions ellipsoïdes de Calcaire compacte et ferrugineux, qui semblent partagées par retrait en prismes irréguliers. Ce sont ces concrétions que les minéralogistes anciens nommaient *Ludus Helmontii*. Très-souvent les espaces qui existent entre ces prismes sont remplis de Calcaire spatique blanchâtre , de sorte que la coupe perpendiculaire de ces Pierres a quelque ressemblance avec une Mosaïque.   (A. R.)

SEPTAS. BOT. PHAN. Ce genre de la famille des Crassulacées et de l'Heptandrie Heptagynie, L. , a été établi par Linné, puis réuni aux Crassules par Thunberg. Haworth et De Candolle l'ont constitué de nouveau, et lui ont imposé les caractères suivans : calice plus court que la corolle, divisé profondément en cinq à neuf segmens ; même nombre de pétales étalés en étoile, d'étamines dont les filets sont grêles et subulés, d'écailles très-petites, presque arrondies, et de carpelles polyspermes. Ce nombre variable, mais le plus souvent de sept , des parties de chaque verticille, est le seul caractère qui fasse distinguer les *Septas* des *Crassula* ; mais à ce caractère qui serait d'une faible valeur si on le considérait isolément, s'en joignent d'autres tirés de la végétation , et qui autorisent à conserver le genre *Septas*, plutôt que d'en faire une simple section des *Crassula* dont les espèces sont excessivement nombreuses. On ne connaît que deux espèces de *Septas* , savoir : *S. capensis*, L. , *Amœn.* , 6 , pag. 87 ; Lamk. , Illustr. , tab. 276 ; et *S. Umbella*, Haworth , *Synops. Succul.* , pag. 62, ou *Crassula Umbella* , Jacq. , *Collect.* 4 , pag. 172 ; *Icon. rar.*, tab.

352. Le *Septas globifera* du *Botanical Magazine*, tab. 1472 , a été considéré par De Candolle comme une simple variété du *S. capensis*. Ces Plantes croissent au cap de Bonne-Espérance ; ce sont des herbes à racines tubéreuses , arrondies , qui donnent naissance chaque année à une tige garnie de feuilles opposées ou dont les paires rapprochées forment des verticilles. Les fleurs sont blanches et disposées presque en ombelles. Ces Plantes, par leur port, rappellent un peu les Saxifrages.

Le *Septas repens* de Loureiro est synonyme du *Thunbergia repens* de Persoon. *V*. THUNBERGIE.   (G..N.)

SEPT-OEIL. POIS. Nom vulgaire des petites espèces du genre Pétromizon. *V*. ce mot.   (B.)

SEPTORIA. BOT. CRYPT. (*Urédinées.*) Ce genre d'abord nommé *Septaria* par Fries, nom qu'il a changé à cause de l'existence d'un genre *Septaria* en Zoologie, est voisin des *Nemaspora ;* il présente des sporidies cylindriques , cloisonnées, agglutinées par une matière gélatineuse et sortant en spirales de dessous l'épiderme des Plantes mortes. Le *Stilbospora Uredo* de De Candolle (Mém. Mus. d'Hist. nat.) est le type de ce genre.   (AD. B.)

SEPTULE. Septulum. BOT. PHAN. Dans la famille des Orchidées, il arrive fréquemment que chacune des loges de l'anthère est partagée plus ou moins complétement en plusieurs petites loges partielles ou locelles , par de petites lames qui partent des cloisons dont elles ne sont que des divisions. C'est à ces dernières cloisons partielles que le professeur Richard a donné le nom de Septules dans son travail sur les Orchidées d'Europe. *V*. ORCHIDÉES.   (A. R.)

SERANXIA. BOT. CRYPT. Genre de Lichens si imparfaitement établi par Müller qu'il a été négligé de tous les botanistes.   (G..N.)

SÉRAPHE. *Seraps.* MOLL. Montfort (Conch. syst. T. II, p. 374) croit pouvoir séparer sous ce nom un genre démembré des Tarières sur un caractère de très-peu de valeur, l'ouverture paraissant se prolonger jusqu'au sommet de la coquille, tandis que dans les Tarières elle se termine un peu avant. Ce genre a été adopté par Sowerby et par Defrance. Nous ne suivrons pas leur exemple. *V.* TARIÈRE.   (D..H.)

SERAPIAS. BOT. PHAN. Linné a donné ce nom à un genre d'Orchidées qu'il forma avec plusieurs des espèces que les anciens botanistes désignaient sous le nom d'*Helleborine*, et Camerarius sous celui d'*Epipactis*. Mais Swartz, dans son travail sur les Orchidées, reconnaissant, et avec juste raison, de grandes différences d'organisation dans les espèces que Linné et les botanistes qui l'avaient suivi avaient réunies sous le nom de *Serapias*, les sépara en deux genres principaux, savoir : les *Serapias* proprement dits et les *Epipactis*. Cette division a été généralement adoptée par les auteurs modernes qui se sont spécialement occupés de la famille des Orchidées, surtout relativement à la circonscription du genre *Serapias*. Voici comment ce genre peut être caractérisé : les divisions calicinales externes sont rapprochées en casque allongé ; les deux internes et latérales sont plus petites et concourent également à la formation du casque ; le labelle est grand et continu avec la base du gynostème ; il se compose de deux parties, l'une inférieure et horizontale, qui est en gouttière profonde et à bords relevés, l'autre qui est pendante, plane ou légèrement convexe, et qui est en général d'une forme ovale ou cordiforme. Le gynostème est dressé, convexe à sa face postérieure, concave en avant et stigmatifère ; l'anthère est terminale et antérieure, terminée à son sommet par un appendice subulé plus ou moins long et étroit. Cette anthère est à deux loges qui contiennent chacune une masse pollinique, ovoïde, granuleuse et sec-

tile, terminée inférieurement par une petite caudicule. Ces deux masses viennent ensuite s'insérer sur un seul rétinacle qui est commun à toutes les deux, caractère qui distingue essentiellement ce genre des *Orchis*, et le rapproche du genre *Anacamptis* du professeur Richard, dans lequel on observe une semblable organisation, mais qui du reste en diffère par une foule d'autres caractères.

Les espèces de ce genre sont peu nombreuses ; mais elles ont entre elles une telle ressemblance qu'il est impossible de ne pas les reconnaître. Ce sont des Plantes terrestres qui toutes croissent dans les régions méditerranéennes de l'Europe, de l'Asie et de l'Afrique. Leur racine est accompagnée de deux tubercules ovoïdes et entiers ; leur tige porte des feuilles étroites et engaînantes, et des fleurs grandes et en épi ; ces fleurs, accompagnées chacune à leur base d'une large bractée, sont d'une couleur purpurine terne. En France on trouve dans la région des Oliviers trois espèces qui sont à peu près les seules qui composent ce genre ; ces espèces sont les *Serapias Lingua*, L., remarquable par ses fleurs plus petites, ses bractées étroites et la lame de son labelle ovale, allongée ; *Serapias cordigera*, L., qui est l'espèce la plus grande et dont le labelle a sa lame pendante, large et cordiforme ; enfin une troisième espèce est celle que le professeur Richard a nommée *S. ovalis*, et qui tient le milieu entre les deux espèces précédentes par sa grandeur et la figure de ses parties.
                    (A. R.)

* SERAPINUM. BOT. PHAN. Même chose que *Sagapenum*. *V.* ce mot.
                    (B.)

SERARDIA. BOT. PHAN. Qu'il ne faut pas confondre avec *Sherardia*. Genre établi par Vaillant, et adopté par Adanson, puis réuni par Linné au *Verbena*, et par les botanistes modernes au *Zapania*.   (G..N.)

SÉRATONE. BOT. PHAN. Nom par lequel le genre *Crotonopsis* est désigné dans le Dictionnaire de Déterville. *V.* CROTONOPSIS.   (B.)

* SERAUT. ois. L'un des noms vulgaires du Bruant jaune. *V.* BRUANT.   (DR..Z.)

SERBIN. bot. phan. L'Arbre cité et figuré sous ce nom français par Daléchamp, paraît être le *Juniperus lycia* ou une espèce voisine de Genévrier. Il ne faut pas le confondre avec le Zerbin ou Scherbin des vieux botanistes, qui est le Cèdre du Liban.   (G..N.)

SERDA. bot. crypt. (*Champignons.*) Nom donné par Adanson à un Champignon figuré par Vaillant (*Botanicon*, tab. 1, fig. 3) et qui ne paraît être qu'un chapeau d'Agaric retourné. Fries rapporte ce genre d'Adanson, ainsi que celui qu'il a nommé *Sesia*, au *Dædalea sepiaria.*   (AD.B.)

SÉRÈNE. ois. L'un des synonymes vulgaires de Guêpier commun. *V.* GUÊPIER.   (DR..Z.)

SEREVAN. ois. Syn. d'*Amandava. V.* GROS-BEC.   (B.)

SEREZIN. ois. L'un des synonymes vulgaires de Serin. *V.* GROS-BEC.   (DR..Z.)

* SERGENT. ins. Nom vulgaire du Carabe doré si commun dans nos jardins.   (B.)

SERGILUS. bot. phan. Gaertner a constitué sous ce nom un genre de Synanthérées qui a été réuni par Swartz et R. Brown au genre *Baccharis.* Cependant ce genre, imparfaitement décrit par son auteur, a été conservé par H. Cassini qui a observé que le *Sergilus* n'est point parfaitement dioïque comme les vrais *Bauaris.*   (G..N.)

SÉRIALAIRE. *Serialaria.* POLYP. Lamarck a nommé ainsi un genre de Polypiers flexibles que Lamouroux appelle *Amathie. V.* ce mot. (E. D..L.)

SERIANA. bot. phan. (Willdenow). Pour *Serjania. V.* ce mot.   (G..N.)

SÉRIATOPORE. *Seriatopora.*

POLYP. Genre de l'ordre des Madréporées, dans la division des Polypiers entièrement pierreux, ayant pour caractères : Polypier pierreux, fixé, rameux ; à rameaux grêles, subcylindriques ; cellules perforées, lamelleuses et comme ciliées sur les bords, disposées latéralement par séries soit transverses, soit longitudinales. Les Sériatopores sont des Polypiers d'un aspect élégant, voisins des Madrépores dont ils diffèrent par leurs formes plus déliées et par la disposition régulière de leurs cellules dont l'intérieur est presque complètement dépourvue de lamelles. Le tissu de ces Polypiers est compacte et fragile ; les cellules ont peu de profondeur et sont ordinairement surmontées d'un rebord cilié ou denticulé, plus saillant en dessus qu'en dessous ; la surface externe des branches et des rameaux est finement granuleuse et rude. On n'en connaît que trois espèces des mers des climats chauds : les *S. subulata, annulata* et *nuda.*   (E..D..L.)

SÉRIBRANCHES. *Seribranchia.* MOLL. La famille à laquelle Latreille (Fam. nat. du Règne Animal, p. 174) a donné ce nom ne correspond pas entièrement aux Tritoniens de Lamarck ; elle ne contient que trois genres, Tritonie, Téthys et Scyllée (*V.* ces mots). Blanville a fait avec les mêmes genres sa famille des Dicères ; l'une ou l'autre sera vraisemblablement adoptée. *V.* DICÈRE au Supplément.   (D..H.)

SÉRICOMYIE. *Sericomyia.* ins. Genre de Diptères, de la tribu des Syrphides, famille des Athéricères, ayant pour caractères : antennes plus courtes que la tête, terminées par une palette semi-orbiculaire, avec la soie plumeuse ; une élévation sur le museau ; ailes couchées sur le corps, pubescentes. Des quatre espèces dont il se compose dans l'ouvrage de Meigen, les plus connues sont : la SÉRICOMYIE DES LAPPONS, *Syrphus Lapponum*, Fab., qui est noire, avec l'écusson fauve, et trois bandes blanches et interrompues sur l'abdomen ; et la Séricomyie bourdonnante, *S. mussitans*, Fab., dont le corps est couvert d'un duvet roussâtre, avec les pieds noirs, et une bande noirâtre et courte sur les ailes. La Mouche des Lappons de Degéer est, suivant Fallen et Meigen, distincte de celle que Linné désigne ainsi. C'est leur Séricomyie boréale.   (LAT.)

SERICOSTOME. *Sericostoma.* ins. Genre de l'ordre des Névroptères, famille des Plicipennes, que nous avons établi sur une espèce de Frigane découverte aux environs d'Aix, département des Bouches-du-Rhône, par un zélé entomologiste, Boyer de Fonscolombe, et rapportée aussi du Levant par le célèbre botaniste Labillardière. Dans l'un des sexes, les palpes maxillaires sont en forme de valvules, recouvrant la bouche en manière de museau arrondi, de trois articles, et sous lesquels est un duvet épais et cotonneux. Ceux de l'autre sexe sont filiformes et ont deux articles de plus.   (LAT.)

SÉRICULE, ois. Genre d'Oiseau proposé par W. Swainson pour séparer des Loriots, et rapprocher des Philédons, l'Oiseau connu sous le nom de Prince-Régent. Ce genre aurait pour caractères : d'avoir, avec les formes du bec des Loriots, deux échancrures au bout de sa mandibule inférieure ; les tarses robustes et forts ; la queue presque égale et la langue terminée par un pinceau de fibres nerveuses. Ce genre de la Nouvelle-Hollande n'a qu'une espèce, le Prince-Régent. *V.* ce mot et Loriot.   (LESS.)

* **SÉRIDIÉES.** bot. phan. Cassini a désigné sous ce nom un petit groupe de la famille des Synanthérées, et qui a pour type le genre *Seridia*. *V.* Séridie.   (G..N.)

SÉRIDIE. *Seridia.* bot. phan. Ce genre, de la famille des Synanthérées et de la Syngénésie frustranée, avait été primitivement établi par Vaillant sous le nom de *Calcitropoides*. Linné le réunit à son genre Cen-

taurea ; mais Jussieu (*Gener. Pl.,* p. 173) le rétablit et le nomma *Seridia*, probablement parce que le *Centaurea Seridis*, L., en est une des principales espèces. Ce nom de *Seridia* a été néanmoins appliqué par Persoon à un sous-genre qui ne renferme pas le *C. Seridis*, L. Le groupe où cette espèce est placée a reçu du même auteur le nom de *Stœbe*, lequel se compose non-seulement des vrais *Seridia*, mais encore des *Calcitrapa*. De Candolle, dans son premier Mémoire sur les Composées (Annales du Muséum, T. xvi, p. 158), réunit aussi le genre *Seridia* ou *Calcitrapa* qu'il adopta comme genre distinct du *Centaurea*. Enfin Necker avait nommé *Podia* le genre dont il est ici question.

Les Séridies ont la calathide à peu près conformée comme celle des autres Centaurées, c'est-à-dire que cette calathide se compose au centre de fleurons réguliers ou presque réguliers et hermaphrodites, et à la circonférence d'un rang de fleurs neutres dont la corolle a pris un grand accroissement. Mais le caractère essentiel du *Seridia* réside dans son involucre qui est formé de folioles régulièrement imbriquées, appliquées, coriaces ; les intermédiaires ovales, surmontées d'un appendice plus ou moins réfléchi, glanduleux, corné, divisé presque jusqu'à sa base en plusieurs épines longues, rayonnant d'un centre commun, étalées horizontalement, et dont l'une, placée au milieu, est notablement plus grande que les autres. C'est ainsi que Cassini décrit les folioles de l'involucre du *Seridia*. Cet auteur établit en outre les genres *Philostizus* et *Pectinastrum* fondés sur le *Centaurea ferox* et *C. napifolia* qui n'offrent que de légères différences dans la structure des folioles de l'involucre ; celles du *Philostizus* présentant un groupe d'épines situé sur la face supérieure de la base de l'appendice ; celles du *Pectinastrum* ayant l'appendice découpé en lanières spinescentes, régulièrement disposées en peigne, non divergentes, à peu près égales ; celle du milieu n'étant pas notablement plus longue que les autres. Ces trois genres ou sous-genres du *Centaurea* composent un petit groupe que Cassini nomme Séri-diées.

Les espèces qui constituent le genre *Seridia* ont été décrites sous les noms de *Centaurea Seridis*, *C. sonchifolia*, *C. aspera*, L., et *C. prolifera*, Vente-nat. Elles ont été nommées par Cassini *Seridia megacephala*, *S. sonchi-folia*, *S. microcephala* et *S. glome-rata*. Les trois premières sont des Plantes herbacées, vivaces, tomen-teuses, à feuilles décurrentes, mu-nies de dents un peu épineuses, à calathides purpurines. Elles crois-sent dans les provinces méridionales de l'Europe et dans toute la région méditerranéenne. La dernière est une Plante d'Egypte, annuelle, sans tige (dans son état naturel), à feuilles pétiolées, pinnatifides, profondé-ment dentées, à calathides sessiles, agglomérées, composées de fleurs jaunes.　　　　　　　　(G..N.)

* SERIESCO. BOT. PHAN. *V*. CE-RIESCO.

SERIMA. OIS. On trouve souvent ce mot pour celui de *Cariama* auquel nous renvoyons.　　　　(DR..Z.)

SERIN. OIS. Espèce célèbre et fort répandue en domesticité du genre Gros-Bec. Originaire des Canaries, c'est de Gracieuse et de Clara, îlots situés au nord de Lancerote, que viennent, dit-on, ceux qui chantent le mieux. L'instinct de ces jolis petits Animaux se plie à une sorte de civi-lisation. On en cite des traits d'in-telligence qui les placent au-dessus de tous les autres Volatiles. La facilité avec laquelle le Serin apprend à chan-ter, a déterminé l'invention d'un petit instrument de musique à son usage qui fut inconnu des anciens, qu'on nomme serinette, et qui n'est plus aussi en vogue qu'au temps de nos grand'mères. Le Serin produit avec la Linotte et avec le Tarin. *V*. GROS-BEC.　　　　　　　　(B.)

SERINGA ou SERINGAT. BOT. PHAN. Nom français par lequel on désigne communément le genre *Phi-ladelphus*, L. *V*. PHILADELPHE. (B.)

SERINGIE. *Seringia*. BOT. PHAN. Genre de la famille des Byttnéria-cées et de la Monadelphie Décandrie, L., établi par J. Gay (Mém. du Mus. d'Hist. nat. T. VII, p. 442) qui l'a ainsi caractérisé : calice pétaloïde, marcescent, à segmens fléchis à l'in-térieur, pubescens sur le dos; corolle nulle; dix étamines dont les filets sont subulés, connés à la base, et alternativement stériles; les anthères sont linéaires, insérées sur le milieu du filet, déhiscentes de chaque côté par une fente longitudinale, dor-sale et non latérale; ce sont consé-quemment des anthères extrorses dans toute l'acception du mot; ovaires au nombre de cinq, libres, rapprochés, tomenteux; chacun d'eux surmonté d'un style à une seule loge, qui con-tient trois ovules fixés à l'angle in-térieur; fruit multiple, beaucoup plus long que le calice qui est mar-cescent et étalé, composé de carpelles dressés, comprimés, munis au som-met d'un processus en forme d'aile, à deux valves qui s'ouvrent par une suture axile, renfermant deux à trois graines ellipsoïdes, munies d'une strophiole crénelée. Le calice est ac-compagné de bractées caduques. Les fleurs sont disposées en cimes oppo-sées aux feuilles. Les feuilles, qui sont ordinairement alternes et indi-vises, sont munies de stipules petites et caduques. Ce genre se distingue de toutes les autres Plantes de la fa-mille des Byttnériacées par son fruit multiple. Il a été fondé sur le *Lasio-petalum arborescens* d'Aiton, *Hort. Kew.*, édit. 2, vol. 2, p. 36, que l'auteur nomme *Seringia platyphylla*, et dont il donne (*loc. cit.*, tab. 1 et 2) une longue description et une figure accompagnée d'une planche de dé-tails anatomiques. C'est un Arbris-seau de quatre à cinq pieds de haut, à rameaux lâches, étalés, flexibles, couverts d'un duvet couleur de reuille , garnis de feuilles larges , ovales-lancéolées et anguleuses. Cet Arbrisseau croît sur la côte orientale de la Nouvelle-Hollande. Il a été récolté au port Macquarie par notre ami Gaudichaud , botaniste de l'expédition de l'Uranie. On le cultive facilement en Europe dans les jardins où il n'exige que la serre tempérée, et il y fleurit pendant presque toute l'année.

Sprengel a donné le nom de *Seringia* au *Ptelidium* de Du Petit-Thouars. *V.* ce mot.   (G..N.)

SÉRIOLE. POIS. *V.* SCOMBRE.

SÉRIOLE. *Seriola.* BOT. PHAN. Genre de la famille des Synanthérées, tribu des Chicoracées, et de la Syngénésie égale , L., offrant les caractères suivans : involucre composé de grandes folioles presque égales, disposées à peu près sur un seul rang, oblongues, embrassantes et charnues inférieurement, foliacées supérieurement, membraneuses sur les bords, concaves en dedans, hérissées de longs poils sur le dos; à la base des folioles de l'involucre en existent d'autres inégales, irrégulièrement disposées, appliquées, étroites et hispides. Réceptacle large, plan, garni de paillettes caduques, très-longues, étroites, embrassantes, canaliculées et membraneuses. Calathide composée de demi-fleurons nombreux, étalés en rayons, hermaphrodites, à corolles en languettes, hérissées de longs poils autour du sommet du tube. Ovaires intérieurs légèrement pédicellés, oblongs, cylindracés, striés transversalement, atténués supérieurement en un long col grêle, qui porte une aigrette composée d'environ vingt paillettes sur deux rangs, les dix intérieures longues, laminées inférieurement, filiformes et plumeuses supérieurement, les extérieures alternes avec les supérieures, très-courtes, très-fines, filiformes, à peine munies de petites soies. Ovaires marginaux dépourvus de col et d'aigrette. Ces caractères ont été tracés d'après les observations de H.

Cassini; ils diffèrent en quelques points de ceux observés par Gaertner, qui attribue au *Seriola* un involucre simple, des fruits tous uniformes, et une aigrette composée d'une seule rangée de dix paillettes plumeuses. Vaillant avait anciennement établi le même genre sous le nom d'*Achyrophorus*. Il en avait fort bien observé la structure de l'involucre, mais il n'avait donné qu'une faible attention à celle de l'aigrette.

Quatre espèces de *Seriola* ont été décrites par les botanistes, savoir : *Seriola œthnensis, S. cretensis, S. lævigata* et *S. urens*. Cassini a formé des *S. cretensis* et *lævigata* les nouveaux genres *Porcellites* et *Piptopogon* (*V.* ces mots), le premier à son ordre alphabétique, et le second au Supplément. On doit considérer comme type générique le *Seriola œthnensis*, L., Plante herbacée, toute hérissée de poils, à tige rameuse, haute de plus d'un pied, garnie de feuilles alternes, molles, obovales, rétrécies à la base, arrondies au sommet, un peu dentées ou sinuées irrégulièrement sur les bords. Les calathides, composées de fleurs jaunes, sont en panicules corymbiformes, qui terminent les ramifications de la tige. Cette Plante croît en Sicile, en Corse, dans la France méditerranéenne, en Italie et en Barbarie.   (G..N.)

SERIPHIUM. BOT. PHAN. Genre de la famille des Synanthérées, tribu des Inulées-Gnaphaliées, anciennement proposé par Vaillant sous le nom d'*Helychrysoides*, puis adopté par Linné qui le divisa en deux genres nommés *Seriphium* et *Stœbe*. Mais ces deux genres ont été si mal caractérisés, que leurs diverses espèces ont été classées comme par caprice dans l'un ou l'autre, et que plusieurs botanistes modernes ont pensé qu'ils n'étaient pas distincts l'un de l'autre. Jussieu, dans son *Genera Plantarum*, p. 180, chercha à établir leur distinction d'après la structure de l'involucre, et la disposition des calathides sur la tige. Gaertner admit aussi la distinction de ces genres, d'après des considérations tirées de l'involucre et de l'aigrette. Enfin, Cassini, après une étude approfondie de ces genres et du *Disparago*, adopta et étendit les idées de Gaertner, et créa même aux dépens des *Seriphium* un nouveau genre nommé *Perotriche. V.* ce mot. Le *Seriphium* fut ainsi caractérisé par ce botaniste : involucre double ; l'extérieur plus court, formé d'environ cinq folioles égales, oblongues, coriaces inférieurement, un peu foliacées à la partie supérieure qui est mucronée et laineuse en dehors ; l'involucre intérieur, plus long que la fleur, formé d'environ cinq folioles égales, sur un seul rang, oblongues, scarieuses et roussâtres à la partie supérieure. Réceptacle petit et nu. Calathide composée d'une seule fleur régulière et hermaphrodite, ayant une corolle longue, à cinq divisions oblongues-lancéolées ; anthères pourvues de longs appendices basilaires, subulés, membraneux. Ovaire oblong, grêle, muni d'un petit bourrelet basilaire, surmonté d'une aigrette longue, caduque, composée de paillettes sur un seul rang, à peu près égales, arquées en dehors et laminées à la base, filiformes et plumeuses supérieurement. Les calathides sont réunies, en très-grand nombre, et forment tantôt un seul capitule terminal, solitaire, presque globuleux, entouré de bractées verticillées et foliacées ; tantôt les capitules sont latéraux, agrégés, irréguliers et sans bractées. Ces deux modes d'inflorescence ont fait partager le genre *Seriphium* en deux sections que Cassini a nommées *Acrocephalum* et *Pleurocephalum*. La première section renferme le *Seriphium prostratum*, Persoon, ou *Stœbe prostrata*, L. C'est sur cette Plante que Cassini a tracé les caractères génériques que nous avons reproduits dans cet article. Elle est ligneuse, étalée sur la terre, à rameaux longs, garnis de feuilles alternes, sessiles, oblongues-lancéo-

lées, très-entières, mucronées au sommet, tordues en hélice à la base, planes du reste, tomenteuses et blanchâtres en dessus, glabres et vertes en dessous. Les capitules sont larges d'environ trois lignes et composés de calathides dont les fleurs sont roses. Cette Plante croît au cap de Bonne-Espérance.

Le *Seriphium cinereum*, L. et Gaertn., *de Fruct.*, vol. 2, p. 416, tab. 167, fig. 2, est le type de la seconde section. C'est un Arbuste également originaire du cap de Bonne-Espérance, ayant les rameaux verticillés, garnis de feuilles rapprochées, petites, obliques, étalées, recourbées, blanchâtres, gibbeuses à la base. Les capitules ont une couleur rouillée, et sont disposés à l'extrémité des tiges ou rameaux de manière à former un épi oblong et terminal.

Le nom de *Seriphium* était anciennement appliqué au *Sisymbrium Sophia* et à diverses espèces d'*Artemisia*.

(G..N.)

*SÉRIQUE. *Serica.* INS. Genre de l'ordre des Coléoptères, section des Pentamères, famille des Lamellicornes, tribu des Scarabéides, division des Phyllophages, établi par Mac-Leay (*Horæ Entomologicæ*), et auquel Megerle avait donné précédemment, mais seulement dans sa collection (que tout le monde n'est pas obligé de connaître), le nom d'Omaloplie. Ce genre faisait partie des *Melolontha* de Fabricius, ou *Scarabæus* de Linné, tel qu'il est adopté par Mac-Leay ; ses caractères sont : corps assez court, ovale, convexe, un peu velouté. Tête petite ; yeux gros, saillans. Chaperon rebordé. Antennes de neuf articles (de dix suivant Mac-Leay) ; celui de la base en massue, gonflé antérieurement, velu ; le second globuleux ; le troisième et le quatrième plus longs que le second, cylindriques ; les deux suivans cupulaires ; les trois derniers forment une massue étroite, linéaire, allongée dans les mâles. Labre échancré, velu. Mandibules très-courtes, épaisses, triangulaires. Mâchoires deux fois plus longues que les mandibules, triangulaires, armées de six dents à leur extrémité. Palpes maxillaires de quatre articles ; les trois premiers velus ; le dernier presque cylindrique, un peu plus court que les trois autres pris ensemble. Palpes labiaux de trois articles ; les deux basilaires velus ; le terminal très-pointu à l'extrémité, à peine recourbé. Menton en carré long ; son bord antérieur échancré. Corselet transversal ; écusson presque triangulaire ; élytres longues, recouvrant les ailes, et laissant à nu l'extrémité de l'abdomen. Pates longues, grêles ; jambes antérieures munies au côté extérieur d'une ou deux dentelures, outre la terminale. Tarses très-longs, grêles, à articles cylindriques ; le dernier muni de deux crochets égaux et bifides. Ce genre diffère des Hoplies et Monochèles, parce que ceux-ci n'ont qu'un seul crochet aux tarses. Des caractères de la même valeur pris dans la forme du chaperon, du corselet, des jambes, etc., le distinguent des autres genres de la tribu. Les Sériques sont assez petits ; ils vivent sur les végétaux : leurs larves sont inconnues. Les espèces qui servent de type à ce genre ont été décrites par Fabricius sous les noms de *Melolontha brunnea*, *variabilis* et *ruricola*.   (G.)

SERIS. ois. (Schwenckfeld.) Syn. de Tarin. *V.* GROS-BEC.   (DR..Z.)

* **SERIS.** BOT. PHAN. (Willdenow et Sprengel.) Syn. d'*Isotypus* de Kunth. *V.* ISOTYPE.   (G..N.)

SERISSA. BOT. PHAN. Genre de la famille des Rubiacées et de la Pentandrie Monogynie, L., établi par Jussieu, d'après les manuscrits de Commerson, pour un Arbrisseau originaire de Chine, mais cultivé à l'Ile-de-France où Commerson l'avait observé. Voici les caractères que nous avons pu observer sur des échantillons en fleurs, mais dépourvus de fruits mûrs : les fleurs sont axillaires et presque sessiles, accompagnées cha-

cune d'un involucre formé de trois ou quatre petites feuilles obovales, réunies ensemble par leur base au moyen d'une membrane mince ; le calice est turbiné par sa partie inférieure qui adhère avec l'ovaire infère ; le limbe est à cinq divisions linéaires, dressées et légèrement denticulées et glanduleuses sur les bords ; la corolle est monopétale, infundibuliforme, évasée vers sa partie supérieure où elle se divise en cinq lobes aigus, qui tous présentent une petite dent obtuse sur leurs deux côtés ; les étamines sont presque sessiles et placées au haut du tube de la corolle ; les anthères sont linéaires et dressées, incluses ; le style est simple, saillant, terminé par deux stigmates linéaires et recourbés. L'ovaire est à deux loges qui contiennent un seul ovule. Le fruit, avant sa maturité, nous a semblé offrir les caractères d'un fruit charnu qui contiendrait deux nucules osseuses. Cependant le professeur Jussieu (*Gen. Plant.*) décrit ce fruit comme polysperme. Mais ayant examiné la note manuscrite de Commerson qui accompagne les échantillons de *Serissa fœtida* dans l'Herbier général du Muséum, nous avons vu que cet auteur n'a pas eu l'occasion d'observer le fruit et n'en dit rien. Par conséquent nous sommes porté à croire, d'après l'observation décrite que nous en avons faite, que le fruit doit être à deux loges monospermes. Le *Serissa fœtida*, Willd., ou *Lycium fœtidum*, L., Suppl., est un Arbrisseau à rameaux grêles, longs et effilés, portant des feuilles opposées, petites, ovales, aiguës, sessiles, rétrécies à leur base, glabres des deux côtés. Ces feuilles sont accompagnées de stipules qui offrent deux divisions sétacées, roides et comme épineuses. Nous avons vu aussi des échantillons de cette Plante recueillis à la côte de Coromandel.   (A. R.)

SERJANIE. *Serjania.* BOT. PHAN. Genre de la famille des Sapindacées et de l'Octandrie Trigynie, L., ainsi caractérisé : fleurs polygames. Calice à cinq ou quelquefois à quatre folioles (les deux supérieures étant soudées ensemble). Quatre pétales (le supérieur avortant constamment) insérés sur le réceptacle, alternes avec les folioles du calice, munis intérieurement au-dessus de leur base d'un appendice en forme de capuchon. Disque incomplet réduit à deux ou quatre glandes situées à la base des pétales. Huit étamines insérées sur le réceptacle, entourant la base de l'ovaire ; filets libres ou légèrement soudés entre eux à leur base ; anthères introrses, mobiles, biloculaires. Pistil déjeté du côté supérieur de la fleur ; dans les fleurs mâles cet organe est réduit à l'état rudimentaire. Style trifide, dont les segmens portent sur leur face interne les papilles stigmatiques. Ovaire triloculaire, à loges uniovulées. Ovules attachés dans l'angle interne des loges, ascendans. Fruit composé de trois samares accolées par leur bord interne à un axe central, membraneuses, renflées au sommet où elles renferment chacune une seule graine ascendante, attachée à l'angle interne par un funicule épais. Tégument propre, coriace. Radicule courte, dirigée vers le hile, appliquée sur le dos des cotylédons. Ceux-ci sont linéaires, l'extérieur courbé ; l'intérieur replié deux fois sur lui-même et embrassant le sommet du premier. Plumule composée de deux petites folioles. Ce genre est composé d'Arbustes grimpans, munis de vrilles. Leurs feuilles sont alternes, ternées, biternées, triternées ou pennées avec impaire, pourvues de stipules, souvent marquées de points translucides. Les fleurs sont disposées en grappes axillaires. Les Serjanies sont toutes originaires des parties chaudes de l'Amérique ; une seule, notre *Serjania meridionalis*, se trouve hors des tropiques sur les bords du fleuve Uruguay dans les Missions portugaises.

Les genres *Toulicia*, Aublet ; *Paullinia*, Schum., et *Urvillea*, Kunth, sont ceux qui ont les rapports les plus intimes avec le *Serjania* ; celui-ci se distingue du premier par l'organisation de sa fleur et par les caractères de la végétation, et des deux autres par la structure de son fruit. (CAMB.)

SERLIK. BOT. CRYPT. (*Fougères*.) Pallas, dans son Voyage (T. IV, p. 416), désigne sous ce nom une Fougère (*Polypodium fragrans* de Linné, ou *Aspidium fragrans* de Swartz) dont les Bouriats, peuplade qui habite les environs du lac Baïcal, font un très-grand usage. Ils font avec les feuilles une infusion théiforme, d'une odeur et d'une saveur très-agréables, qu'Ammann dit être analogues à celles de la framboise.

(A. R.)

SERMONTAIN OU **SERMONTAISE**. *Sermontanum*. BOT. PHAN. Syn. de *Ligusticum Siler*. (B.)

SERO. OIS. L'un des synonymes vulgaires de Draine. *V.* MERLE.

(DR..Z.)

SERO. POIS. L'un des synonymes vulgaires de Labre Paon. (B.)

SEROLE. *Serolis*. CRUST. Genre de l'ordre de Isopodes, section des Aquatiques, famille des Cymothoadés (Latr., Fam. nat. du Règn. Anim.) établi par Leach et adopté par Latreille avec ces caractères : post-abdomen de quatre segmens ; yeux portés sur des tubercules et situés sur le sommet de la tête ; trois appendices transverses et terminés en pointe, entre les premiers segmens du dessous de l'abdomen. Ce genre se distingue parfaitement des *Ichtiophiles*, *Cymothoa*, *OEga*, *Sinodus*, *Cirolane*, *Euridice*, *Nélocire* et *Limnorie*, par le post-abdomen qui, dans tous ces genres, est de cinq à six segmens, et par les premiers segmens du ventre qui sont dépourvus d'appendices. Les antennes supérieures des Séroles sont composées de quatre articles plus grands que les trois premiers des antennes inférieures ; le dernier article est composé de plusieurs autres plus petits ; les antennes inférieures ont cinq articles, les deux premiers petits, le troisième et le quatrième, surtout ce dernier, allongés, le cinquième composé de plusieurs autres plus petits. La seconde paire de pates a l'avant-dernier article élargi et l'ongle très-allongé; la sixième paire de derrière sert à la marche, est un peu épineuse et a l'ongle légèrement courbé. Les lames branchiales ou appendices antérieurs du ventre sont formées de deux parties égales foliacées, arrondies à leur extrémité, garnies de poils à leur base, placées sur un pédoncule commun; les deux appendices postérieurs et latéraux sont petits et étroits, surtout l'intérieur qui est à peine saillant, sur les trois premiers articles du ventre; entre les lames branchiales il y a trois appendices transverses qui se terminent en pointe en arrière. On ne connaît qu'une seule espèce de ce genre.

La Sérole de Fabricius, *Serolis Fabricii*, Leach, Dictionnaire des Sciences naturelles, T. XII, p. 340; *Cymothoa paradoxa*, Fabr., Latr. Ce Crustacé a trois tubercules disposés en triangle entre le derrière des yeux; le dernier anneau de son abdomen est caréné à sa base et à sa partie supérieure, marqué de chaque côté de deux ligues élevées, l'une qui s'étend dans une direction oblique de la partie supérieure de la base du tubercule de la carène vers le côté, l'autre se dirigeant parallèlement à l'anneau antérieur de l'abdomen, mais n'arrivant pas jusqu'à la carène. Leach ne connaît que deux individus de ce Crustacé; l'un est dans la collection de Banks, et vient des mers de la Terre de Feu, c'est celui que Fabricius a décrit; l'autre vient du Sénégal.   (G.)

SEROTINE. mam. Espèce du genre Vespertilion. *V.* ce mot.

(IS. G. ST.-H.)

SERPE. pois. (Lacépède.) *V.* Gastéroplèque au mot Saumon.

SERPENS. *Serpentes*. rept. Il est une époque de la vie utérine dans laquelle l'embryon des Mammifères et de l'Homme, pourvu d'un corps

excessivement allongé, est entièrement privé de membres : c'est seulement quand la moelle épinière commence à remonter dans le canal vertébral et à présenter des renflemens sur ses parties latérales, que la longueur du corps vient à diminuer, et qu'on voit les membres apparaître, d'abord en avant, puis en arrière. Les Scinques, et surtout les Seps et les Chalcides qui ont deux paires de membres excessivement courts, sont pendant toute leur vie ce que sont les Mammifères et l'Homme au moment où leurs extrémités commencent à se développer; les Bimanes qui n'ont, comme les Cétacés et plusieurs Poissons, que les extrémités antérieures, offrent d'une manière permanente les conditions organiques de l'embryon des Mammifères et de l'Homme, déjà pourvu des membres antérieurs, mais encore privé des postérieurs. Enfin il est aussi d'autres Vertébrés qui, représentant d'une manière permanente la première des formes transitoires, sont privés des deux paires de membres; tels sont plusieurs Poissons, les Lamproies par exemple, et un grand nombre de Reptiles : ce sont ces derniers que l'on désigne sous le nom de Serpens ou Ophidiens. Reptiles apodes et Serpens sont en effet, du moins pour la plupart des auteurs, deux expressions entièrement synonymes, que l'on applique également aux Anguis, si voisins des Bimanes, des Seps et des autres Scincoïdiens, aux Cécilies que plusieurs zoologistes considèrent comme des Batraciens, et enfin à ce groupe si nombreux dont les Boas, les Couleuvres, les Vipères, les Crotales et les Hydres peuvent être considérés comme les types principaux. C'est de ce dernier groupe que nous nous occuperons particulièrement dans cet article, où nous devons compléter, par quelques remarques générales sur les mœurs des Serpens et les effets de leur venin, leur histoire déjà commencée dans les articles Ophidiens, Erpétologie et Reptiles. *V.* ces mots.

De tous les Animaux qui composent la classe des Reptiles, les Serpens sont presque les seuls, à proprement parler, qui méritent ce nom, puisque, si l'on omet quelques-uns des genres qui les avoisinent, ils sont les seuls qui rampent véritablement : c'est-à-dire les seuls chez lesquels la progression s'opère par des mouvemens ondulatoires exécutés par la colonne vertébrale. Nous ne décrirons pas ici le mécanisme de ces mouvemens dont chacun se fait une idée exacte; mais nous devons ajouter que quelques genres, tels que les Hydres, ont la partie postérieure du corps et la queue comprimées et très-élevées dans le sens vertical; ce qui leur rend la natation très-facile, et ce qui les change en espèces aquatiques (*V.* Hydres). Au surplus, on conçoit que les mouvemens de reptation des Serpens terrestres sont, malgré la différence du milieu dans lequel ils s'exercent, assez analogues aux mouvemens à l'aide desquels les Hydres parviennent à nager; aussi la plupart des premières nagent-elles avec la plus grande facilité, comme le fait notre Couleuvre à collier qui pour cette raison même a reçu le nom de *Coluber natrix*.

Comme tous les Reptiles, c'est par la génération ovipare que se reproduisent les Serpens; cependant il est quelques espèces qui mettent au monde des petits vivans, parce que l'œuf, formé et composé comme celui des autres Reptiles, est retenu pendant quelque temps dans l'organe sexuel de la mère, et y éclot : c'est ce qui a lieu par exemple chez la Vipère dont le nom a son origine dans cette anomalie physiologique fort anciennement connue. Au reste, la Vipère et les autres Reptiles ne sont pas les seuls Animaux qui soient ovovivipares; tels sont aussi plusieurs Poissons de la famille des Sélaciens. Nous devons ajouter que le nombre des petits que produisent les Serpens, est assez considérable; suivant Lacépède, il est, parmi les espèces ovovivipares, des Serpens qui donnent le

jour à plus de trente petits. Les espèces ovipares font aussi un grand nombre d'œufs qu'elles pondent successivement et à de petits intervalles, et qu'elles abandonnent aussitôt. Nous ne réfuterons pas les fables que l'on s'est plu à faire sur les soins que la Vipère prodigue à ses petits nouveau-nés; il est faux, nous avons à peine besoin de le dire, que les jeunes Vipéreaux, dans un moment de danger, se réfugient dans la gueule de leur mère, et rampent jusque dans son ventre, d'où ils ressortent ensuite sains et saufs. Ce qui a pu donner lieu à ces contes, c'est qu'il arrive quelquefois aux Vipères de dévorer leurs propres petits; il est donc très-possible qu'on ait vu de jeunes Vipéreaux entrer dans la gueule de leur mère; mais ce qu'il y a de certain, c'est qu'on ne les en a pas vus ressortir.

On a fait également d'autres contes que nous ne répéterons pas ici, sur la manière dont les jeunes Vipéreaux sortent du ventre de leur mère, et surtout sur la manière dont s'opère l'accouplement. Ces contes prouvent seulement que de tout temps l'on s'est beaucoup occupé des Serpens; et il est facile de concevoir que, si l'on a beaucoup imaginé sur eux, c'est parce qu'on les a beaucoup redoutés. Chez tous les Ophidiens, comme chez les Sauriens, l'accouplement se fait ventre à ventre, et il y a introduction d'un pénis dont le sommet est bifurqué. Le mâle et la femelle s'enroulent l'un autour de l'autre, et restent long-temps unis.

C'est dans les pays chauds, principalement dans les lieux humides, que les Serpens sont le plus abondamment répandus; c'est aussi dans les pays chauds que l'on trouve les espèces les plus grandes, et même, pour la plupart, les espèces les plus redoutables par l'atrocité de leur venin. Les Serpens qui vivent dans nos climats sont peu nombreux et de petite taille, et la plupart d'entre eux ne sont aucunement nuisibles. A l'entrée de l'hiver, ils se retirent dans des trous et s'y engourdissent. Il n'est pas rare d'en trouver alors plusieurs réunis ensemble et s'entourant mutuellement des replis de leur corps. C'est au printemps, quand une température plus douce vient les réveiller de leur sommeil hibernal et les rendre à l'activité, qu'ils changent de peau, ou plutôt, pour employer une expression plus exacte, qu'ils changent d'épiderme. L'épiderme est en effet la seule partie qui se renouvelle ; il se détache quelquefois par lambeaux, mais souvent aussi d'une seule pièce et sous l'apparence d'un fourreau qui représente exactement la forme de l'Animal. La mue présente dans quelques genres de Serpens des phénomènes particuliers que l'on a fait connaître ailleurs ; c'est ce qui a lieu surtout chez les Crotales. (*V.* ce mot.)

Tous les Serpens se nourrissent essentiellement de matières animales. Les plus petites espèces ne vivent guère que d'Insectes, de Mollusques, de Lézards, de Batraciens, de Grenouilles ; mais il en est aussi qui ne craignent pas d'attaquer des Quadrupèdes de très-grande taille, s'élançant sur eux à l'improviste, s'enroulant autour d'eux, et les écrasant entre les replis de leur corps, pourvus de muscles multipliés et tout-puissans qui rendent leur colonne vertébrale aussi forte et robuste que flexible ; tel est le terrible *Boa constrictor* qui dévore des Cerfs et des Chiens, et même, si l'on en croit les voyageurs, des Quadrupèdes d'une taille ou d'une force encore supérieure, tels que les Couguars et les Bœufs. On a expliqué ailleurs (*V.* Couleuvre, etc.) par quel mécanisme les vrais Serpens peuvent engloutir des proies très-volumineuses, et dont le diamètre surpasse de beaucoup celui de leur propre corps ; et l'on a vu que l'extrême dilatabilité de la gueule et l'absence du sternum rend très-bien compte de faits que l'on croirait, au premier abord, ne pas mériter même un examen, et que l'on serait tenté de rejeter comme fabuleux.

Les Boas, doués pour la plupart d'une force prodigieuse, sont en même temps doués d'une extrême agilité, et montent très-facilement aux arbres. Les Couleuvres, dont quelques-unes sont également de très-grande taille, peuvent de même grimper sur les arbres, et sont très-agiles ; mais il n'en est pas de même des espèces venimeuses qui, en général, sont lentes et se tiennent presque toujours à terre. En revanche, elles jouissent au plus haut degré de la faculté d'exercer sur les Animaux dont elles veulent faire leur proie, une influence que des voyageurs, amis du merveilleux, ont expliquée par une force magique, mais qui n'est que l'effet naturel de la terreur dont un Animal, faible et sans défense, se trouve frappé à l'aspect imprévu d'un aussi redoutable ennemi. Lorsqu'un Crotale ou Serpent à sonnettes fixe un Écureuil ou un Oiseau perchés sur un arbre, et se trouvant ainsi à l'abri des attaques de l'horrible Reptile, ceux-ci donnent aussitôt des marques d'une vive frayeur, et bientôt on les voit, disent plusieurs voyageurs, s'élancer vers leur ennemi, au lieu de le fuir, et se précipiter eux-mêmes dans sa gueule. Quelques faits que l'on ne peut révoquer en doute, ont donné lieu à ces récits, auxquels on s'est borné à ajouter quelques ornemens ; mais que penser de certains voyageurs qui affirment que l'Homme lui-même ne peut résister à la force magique qu'exercent sur lui les yeux étincelans du Serpent à sonnettes, et que, plein de trouble, il s'offre lui-même à la dent envenimée du Reptile, au lieu de l'éviter par une prompte fuite ? Au surplus, on se tromperait beaucoup, si l'on croyait qu'il n'est aucun Animal qui puisse résister à ses charmes. Les Cochons, bien loin de fuir les Serpens à sonnettes, les recherchent pour s'en nourrir ; et il n'est pas jusqu'à de faibles Oiseaux, qui n'osent quelquefois lui livrer bataille. On peut voir, dans le magnifique ouvrage que publie Audubon sur les Oiseaux de l'Amérique du nord, une planche représentant un Crotale aux prises avec une petite troupe de Moqueurs, et nous tenons du savant auteur de cet ouvrage, qu'il a été plusieurs fois témoin de semblables scènes.

Il ne faut donc pas adopter avec une entière confiance tout ce qu'on rapporte au sujet de la fascination qu'exercent, sur les autres Animaux, les Serpens venimeux et surtout les Crotales. Les effets délétères de leur morsure ne sont au contraire que trop bien prouvés, et l'atrocité du venin de quelques espèces ne peut être révoquée en doute. Les récits d'un grand nombre de voyageurs et les accidens funestes, mais heureusement assez rares, causés dans nos climats mêmes par la morsure de la Vipère, et par celle de quelques Serpens exotiques introduits en France pour satisfaire une dangereuse curiosité, fournissent des preuves multipliées des ravages qu'exerce sur l'économie animale, l'absorption d'une quantité, même fort petite, du liquide vénéneux. Les effets les plus ordinaires de la morsure de la Vipère sont une faiblesse générale, des nausées, des vertiges, des syncopes, de la dyspnée, des mouvemens convulsifs et des vomissemens de matières bilieuses : symptômes très-variés qui prouvent que l'action du liquide délétère, bien loin de se concentrer sur un seul appareil, agit sur l'organisation tout entière. En outre, la partie qui a été mordue devient très-promptement le siège d'un gonflement inflammatoire avec tendance à la gangrène, et elle laisse échapper un sang, d'abord noirâtre, puis sanieux et fétide. On a vu dans quelques cas la mort survenir au bout d'un, deux ou trois jours, chez des enfans et même chez des adultes, après une seule morsure ; mais le plus souvent, le malade ne tarde pas à se rétablir, s'il n'a été mordu qu'une seule fois. Fontana, qui a fait sur les effets du venin de la Vipère environ six mille expériences, a calculé que trois grains environ se-

raient nécessaires pour causer la mort d'un homme ; or il n'existe ordinairement que deux grains de liquide vénéneux dans les vésicules d'une Vipère. Au reste, outre que la quantité de venin introduite dans une plaie par une seule morsure peut varier, suivant que l'Animal est plus ou moins irrité, suivant l'époque de l'année, et surtout suivant le temps qui s'était écoulé sans qu'il eût fait aucune morsure, on doit remarquer que la même quantité de venin peut produire des effets plus ou moins prononcés, suivant le tempérament de la personne blessée, ou bien encore, chez la même personne, suivant la région où elle a été atteinte, suivant le degré de frayeur dont elle se sent frappée, etc.

Les effets de la morsure des Crotales ou Serpens à sonnettes sont, du moins dans le plus grand nombre des cas, plus terribles encore que ceux de la Vipère ; presque toujours une légère morsure suffit pour amener la mort, si l'on n'a recours aux moyens les plus prompts et les plus violens. Quelquefois même les accidens sont si graves que la mort arrive presque instantanément : une profonde cautérisation ou même l'ablation du membre, exécutées au moment même où la morsure vient d'être faite, pourraient seules peut-être, dans ces cas heureusement assez rares, sauver la vie du blessé. Dans les autres cas, la ligature du membre, l'application de ventouses, la succion de la plaie, (succion qui paraît, malgré les assertions de Fontana, pouvoir être faite sans danger), surtout une prompte cautérisation, amènent ordinairement de bons effets, que seconde l'usage intérieur de divers médicamens. La ligature du membre a pour but d'arrêter le cours du venin, et d'en empêcher l'absorption ; l'application des ventouses et la succion l'appellent au dehors ; la cautérisation exerce sur lui une action chimique, et le détruit. Quant aux médicamens internes, ce sont pour la plupart les racines et les feuilles de diverses Plantes parmi lesquelles nous citerons le *Guaco* (*V*. ce mot), Plante de la famille des Synanthérées à laquelle on attribue l'étonnante propriété d'empêcher les Serpens de mordre, et celle plus étonnante encore de guérir les morsures, et de prévenir tous les accidens qui en sont la suite ordinaire. C'est à de semblables propriétés, autrefois attribuées à leurs racines, que deux espèces d'Aristoloches, *Aristolochia serpentaria* et *A. anguicida*, doivent les noms qu'elles portent encore aujourd'hui.

La nature chimique du venin des Serpens a été l'objet d'un assez grand nombre de travaux : cependant elle n'est point encore bien connue. Celui de la Vipère commune (*Coluber Berus*, L.), qui a été le plus souvent examiné, est un liquide assez analogue au mucus, et il n'est ni acide, ni alcalin ; son odeur est peu différente de celle de la graisse du même Animal ; elle est cependant un peu moins nauséabonde. Celui des Crotales ou Serpens à sonnettes paraît présenter une composition assez semblable ; cependant, comme le docteur Rousseau vient encore de s'en assurer par de nouvelles expériences, il jouit de propriétés acides, et rougit le papier bleu par la teinture de Tournesol. Il importe de savoir qu'après la mort de l'Animal et même après son immersion dans l'alcool, le liquide vénéneux conserve, au moins en partie, ses propriétés délétères, comme l'a constaté Fontana. Les personnes qui, se livrant à l'étude de l'erpétologie, voudraient examiner les crochets venimeux d'un Serpent, doivent donc procéder à leur examen avec soin, et employer toutes les précautions que prescrit la prudence. Le fait suivant que l'on donne pour bien constaté, montre combien ces précautions sont nécessaires. Un homme fut mordu par un Serpent à sonnettes à travers l'une de ses bottes, et ne tarda pas à périr ; après sa mort, le crochet venimeux étant resté implanté dans le cuir, **deux** personnes qui vinrent à porter les mêmes bottes, éprouvèrent les mêmes accidens, et périrent également ment.

Nous venons de faire connaître l'action qu'exercent les Serpens sur l'Homme et les Animaux ; nous devons maintenant dire quelques mots de celle que l'Homme à son tour a su quelquefois exercer sur ces redoutables Reptiles. Pline (livre VII, chap. 2) rapporte, d'après d'anciens auteurs, qu'il existait dans l'Hellespont, près de Parium, une espèce d'Hommes qui par leurs attouchemens guérissaient les morsures des Serpens, et qu'il en était à peu près de même des Psylles, nation africaine. Elien et quelques autres auteurs nous ont également transmis quelques détails, principalement sur les Psylles. Sans aucun doute ce sont là des fables ; mais très-probablement aussi, ce sont des fables fondées sur quelque chose de réel. Il serait absurde de croire que des hommes aient pu être mordus sans danger ; mais peut-être les Ophiogènes et les Psylles savaient-ils manier les Serpens sans s'exposer à être blessés par eux ; peut-être pouvaient-ils s'en faire en quelque sorte obéir au moyen de quelques pratiques que leur avaient transmises leurs ancêtres, et qui étaient le fruit d'une observation attentive et long-temps prolongée. C'est du moins ce que peuvent faire présumer les faits suivans. Le Serpent à lunettes, *Coluber Naia*, L., est l'une des espèces les plus redoutables qui vivent dans l'Inde ; cependant il est des hommes connus sous le nom de *Snakemans*, qui prétendent avoir le pouvoir de le charmer, et qui savent si bien l'apprivoiser qu'ils lui font exécuter, au son de la flûte, une sorte de danse. Les bateleurs du Caire se servent également, dans leurs exercices, de plusieurs Serpens qu'ils savent très-bien apprivoiser, tels que les Scythales (*V*. ce mot), et surtout une espèce plus redoutable encore, le fameux Aspic des anciens, aujourd'hui connu sous le nom d'*Hajé* : c'est ce que montreront les détails suivans que nous empruntons à notre Histoire naturelle des Reptiles d'Egypte, qui fait partie du grand ouvrage sur l'Egypte. « L'Hajé est celui de tous les Reptiles dont les bateleurs du Caire savent tirer le plus de parti; après lui avoir arraché les crochets venimeux (précaution que les *Snakemans* de l'Inde prennent aussi à l'égard du Serpent à lunettes), ils l'apprivoisent et le dressent à un grand nombre de tours plus ou moins singuliers. Successeurs et peut-être descendans des Psylles antiques, ils savent produire des effets qui étonnent vivement le peuple ignorant de l'Egypte, et qui sans doute étonneraient plus vivement encore les savans de notre Europe. Ils peuvent, comme ils le disent, *changer l'Hajé en bâton et l'obliger à contrefaire le mort.* Lorsqu'ils veulent produire cet effet, ils lui crachent dans la gueule, le contraignent à la fermer, le couchent par terre; puis, comme pour lui donner un dernier ordre, lui appuient la main sur la tête, et aussitôt le Serpent devient roide et immobile, et tombe dans une sorte de catalepsie; ils le réveillent ensuite quand il leur plaît en saisissant sa queue, et la roulant fortement entre leurs mains. Mon père, ayant été souvent en Egypte témoin de ces effets remarquables, crut s'apercevoir que de toutes les actions qui composent la pratique des Psylles modernes, une seule était efficace pour la production du sommeil (si l'on peut employer cette expression); et voulant vérifier ce soupçon, il engagea un bateleur à se borner à toucher le dessus de la tête. Mais celui-ci reçut cette proposition comme celle d'un horrible sacrilége, et se refusa, malgé toutes les offres qu'on put lui faire, à contenter le désir qu'on lui avait témoigné. La conjecture de mon père était cependant bien fondée; car ayant appuyé un peu fortement le doigt sur la tête de l'Hajé, il vit aussitôt se manifester tous les phénomènes, suite ordinaire de la pra-

tique mystérieuse du bateleur. Celui-ci, à la vue d'un tel effet, crut avoir été témoin d'un prodige en même temps que d'une affreuse profanation, et s'enfuit comme frappé de terreur. Les Psylles se vantent en effet de tenir de leurs ancêtres et de posséder seuls le secret de commander aux Animaux : ils engagent les gens du peuple à les imiter et à faire des tentatives qu'ils savent bien devoir être inutiles, et qui le sont en effet constamment; car ceux-ci, se bornant à faire ce qui les frappe le plus dans la pratique des bateleurs, se contentent de cracher dans la gueule du Serpent, et ne réussissent jamais à l'endormir. » (IS. G. ST.-H.)

SERPENTAIRE. OIS. Syn. de Secrétaire. *V.* ce mot. (DR. Z.)

SERPENTAIRE. BOT. PHAN. Nom vulgaire de l'*Arum Dracunculus*, L. *V.* GOUET.

On a encore appelé SERPENTAIRE le Cacte flagelliforme, et SERPENTAIRE DE VIRGINIE l'*Aristolochia serpentaria.* (B.)

* SERPENTANS. REPT. OPH. Troisième ordre de la Méthode erpétologique de Laurenti. *V.* ERPÉTOLOGIE. (B.)

* SERPENTELLE. BOT. PHAN. Cassini, dans le Dictionnaire de Levrault, emploie ce mot pour amener la description de son genre *Diosostephus* que nous renverrons au Supplément, dans l'usage où nous sommes de ne pas faire d'articles sous des désignations arbitraires que le lecteur ne saurait trouver. (B.)

SERPENTIN. MIN. *V.* OPHITE.

SERPENTINE. REPT. CHÉL. et OPH. Espèce du genre Couleuvre. *V.* ce mot. C'est aussi une Émyde. *V.* TORTUE. (B.)

SERPENTINE. BOT. PHAN. L'un des noms vulgaires du Cacte flagelliforme. *V.* CACTE. C'est aussi le *Spigelia Marylandica*, L. (B.)

SERPENTINE. MIN. Ophite de Léonhard. Combinaison de bisilicate avec un hydrate de Magnésie. C'est une Pierre magnésienne d'un vert obscur, à texture ordinairement compacte, assez tendre et douce au toucher, et ayant la cassure terne ou céroïde. Pendant long-temps on a varié d'opinion sur la véritable nature de cette substance, et l'on hésitait à la regarder comme formant une espèce. Les uns, comme Haüy, ne voyaient en elle qu'une variété de Stéatite plus ou moins pénétrée de Fer; d'autres qu'une simple variété de Diallage à l'état compacte; quelques-uns, enfin, la considéraient comme un mélange de Talc et de Diallage. Mais depuis qu'on a examiné et comparé avec soin les Serpentines provenant d'un grand nombre de localités différentes, on a été frappé de la constance de leurs caractères essentiels, et quelques indices de cristallisation, observés dans certaines variétés, s'accordent avec les résultats des analyses pour établir la séparation de ce Minéral, et sa distinction d'avec les autres espèces de Pierres magnésiennes.

La Serpentine a rarement une structure lamelleuse. Cependant quelques échantillons sont susceptibles de clivage, parallèlement aux pans d'un prisme droit rhomboïdal de 82° 27'. La cassure est inégale, écailleuse ou largement conchoïde. L'éclat est faiblement gras ou résineux : la couleur de la masse est le vert foncé, passant par nuances au gris jaunâtre; celle de la poussière est blanchâtre. Les degrés de transparence varient depuis la translucidité jusqu'à l'opacité parfaite. La dureté de la Serpentine est supérieure à celle du Gypse, et presque comparable à celle du Calcaire spathique; elle augmente par le mélange de la substance avec des matières étrangères à sa nature. Sa pesanteur spécifique est de 2,56. Elle donne de l'eau par la calcination. Elle est infusible au chalumeau; mais elle blanchit et se durcit par l'action d'un feu prolongé. Elle est formée d'un atome de bisilicate de Magnésie, et d'un atome d'hydrate

de Magnésie : une portion de Magnésie est souvent remplacée par une quantité équivalente d'oxidule de Fer, qui devient alors principe colorant. Elle contient sur 100 parties, 43 de Silice, 44 de Magnésie, et 13 d'Eau. Les principales variétés sont les suivantes : 1° la Serpentine cristallisée : en prismes droits, rhomboïdaux, modifiés par de petites facettes sur les arêtes longitudinales et sur celles des bases. Les dernières modifications conduiraient par leur prolongement à un octaèdre rhomboïdal, dont les angles seraient de 139° 34', 105° 26' et 88° 26' (Mohs). Ces prismes ont été observés sur un échantillon de Serpentine d'un gris noirâtre, dont la localité est inconnue. — 2°. La Serpentine lamellaire (Marmolite de Nuttall) : d'un vert jaunâtre et à texture imparfaitement lamelleuse. Cette variété se trouve à Hoboken dans le New-Jersey, en Amérique. — 3°. La Serpentine noble ou compacte et translucide : d'un vert de poireau ou d'un vert pistache, quelquefois d'un vert d'émeraude. Sa couleur est uniforme; sa dureté supérieure à celle des Serpentines communes; sa cassure écailleuse ou conchoïde. Cette variété est beaucoup moins répandue que la suivante qu'elle accompagne ordinairement. On la travaille pour en faire des plaques d'ornement, des tabatières, des vases de différentes formes. — 4°. La Serpentine commune, compacte et opaque : couleurs variées et ordinairement mélangées; surface tachetée ou veinée de vert, de jaunâtre ou de rougeâtre. On a comparé ces taches ou ces veines à celles qu'offrent ordinairement la peau des Serpens, d'où est venu à la Pierre elle-même le nom de Serpentine. On trouve souvent dans la Serpentine diverses substances qui y sont disséminées accidentellement, entre autres la Diallage qui est ordinairement chatoyante, et semble se fondre insensiblement dans la pâte environnante, le Grenat, le Calcaire, le Fer chromaté, le Fer oxidulé, l'Amphibole et l'Epidote. Il est aussi d'autres substances qui s'y montrent plus particulièrement sous la forme de veines, de nodules ou d'amas ; telles sont le Silex résinite, le Chrysoprase, le Micamagnésieu, la Giobertite, la Dolomie, l'Asbeste, la Stéatite, le Fer oxidulé et le Cuivre pyriteux. L'Asbeste qu'on y rencontre assez fréquemment y est en filamens courts et serrés, d'un jaune soyeux, composant des veines ou petits filons dont la direction est perpendiculaire à celle des fibres. Cette sorte d'Amiante paraît n'être qu'une variété filamenteuse de Diallage.

La Serpentine paraît appartenir à une époque de formation beaucoup moins ancienne qu'on ne l'avait cru généralement, quoiqu'elle ne renferme aucun débris de corps organiques. Elle se lie et passe insensiblement aux Ophiolites, dont le gîte principal est dans les terrains les plus modernes de la période primitive et dans les terrains intermédiaires. *V.* OPHIOLITE. Elle paraît même remonter jusqu'aux plus inférieurs des terrains de sédiment proprement dits. La Serpentine se présente ordinairement en masses informes, en veines ou en couches subordonnées au milieu de ces différens terrains. Quelquefois elle forme des montagnes peu élevées, à croupes arrondies. Elle abonde principalement en Europe ; elle est commune sur la côte de Gênes (au mont Ramazzo), en Piémont (colline du Mussinet près Turin, environs de Suze, Val-d'Aoste); dans la Toscane, où les minéralogistes du pays lui donnent le nom de *Gabbro ;* dans les Grisons, à Chiavenna, au nord du lac de Côme. En Allemagne, on la rencontre principalement à Baste au Harz, à Zœblitz en Saxe, dans le pays de Baireuth, et à Reichenstein en Silésie. En Suède, à Sala et à Fahlun ; à Gullsjo, province de Wermelande, dans le Calcaire grenu ; à Sigdal près de Modum, et à Kongsberg en Norvège; à Hvittis en Finlande; dans les Iles-Britanniques, aux Schetland ; à Port-

soy en Ecosse : en veines ou filons dans le Grès rouge du Forfarshir (Lyell); et au cap Lézard, en Cornouailles, avec la Stéatite. En Espagne, dans la Sierra-Nevada, aux environs de Grenade. Dans l'Amérique du Nord, à Hoboken (New-Jersey), et à Newburyport (Massachussets); au Groënland, à Oziartarbik, et à Kingiktorsoak sur le continent.

La Serpentine est au nombre des substances minérales que l'on emploie dans l'art de la décoration. Nous avons déjà parlé de l'usage auquel est consacrée la plus belle et la plus pure de ses variétés, la Serpentine noble. En se mélangeant avec le Calcaire, elle donne naissance à des Roches connues sous le nom d'Ophicalces, et auxquelles appartiennent les beaux Marbres d'Italie, dits Vert antique, Vert de mer, Vert de Suze, etc. Quant aux Serpentines communes, on les emploie dans plusieurs pays où elles se présentent pures et en assez grandes masses à la fabrication de certaines poteries économiques, et surtout de marmites propres à cuire les alimens. C'est à cause de cet usage que ces variétés de Serpentine sont désignées sous le nom de Pierres ollaires. Elles possèdent naturellement toutes les qualités qu'on recherche dans les poteries ; elles sont assez compactes pour ne pas laisser filtrer les liquides, assez tenaces pour résister aux chocs, et assez tendres pour pouvoir être travaillées au tour ; il suffit de les creuser et de leur donner la forme que l'on désire pour obtenir immédiatement des vases qui soutiennent bien le feu, et ne communiquent aucun goût particulier aux alimens. Les Serpentines ollaires sont d'un gris qui tire toujours sur le verdâtre : leur tissu est un peu feuilleté ; leur cassure écailleuse ou terreuse. Elles sont tendres, assez légères et peu susceptibles de poli. Elles forment dans les terrains anciens des couches puissantes que l'on exploite en divers lieux : au Val-Sesia près du village d'Allagne, au pied du mont Rose, au village de Pleurs et à Chiavenna près du lac de Côme. Cette dernière Pierre ollaire, dite Pierre de Côme, est d'un gris azuré; elle jouit d'une grande consistance. La carrière d'où on la retire, pour la transporter dans la ville de Côme, était déjà en exploitation du temps de Pline. On fabrique encore des poteries de Serpentine à Zœblitz en Saxe, en Corse, dans la Haute-Egypte, en Chine et au Groënland. La Pierre ollaire des Egyptiens est connue dans le pays sous le nom de Pierre de Baram.

(C. DEL.)

SERPENTINS. BOT. CRYPT. Paulet donnait ce nom à une famille d'Agarics des plus bizarrement formée, qui contenait la Noisette noire, le Sang de marais, la Tête de feu, le Chapeau d'argent, le Petit Timbre violet, le Bouton d'or, et autres espèces dont les noms étaient plus baroques les uns que les autres. (B.)

SERPENTULUS. MOLL. Les espèces d'Hélices à spire rapprochées ou marquées de bandes plus ou moins nombreuses, plus ou moins comparables à un serpent enroulé sur lui-même, sont devenues le prétexte de ce genre de Klein qui est maintenant oublié. (D..H.)

SERPICULE. *Serpicula.* BOT. PHAN. Genre détourné de la famille des Onagres pour faire partie de celle des Haloragées ou Cercodiennes, dans laquelle il se distingue par les caractères suivans : les fleurs sont petites, unisexuées, monoïques; les mâles ont un calice à cinq divisions profondes; une corolle de quatre pétales; quatre étamines et un ovaire avorté, surmonté de quatre styles rudimentaires; dans les fleurs femelles le tube du calice est adhérent avec l'ovaire; le limbe est à quatre divisions très-courtes, mais la corolle manque. Le fruit est une noix globuleuse, striée, à une seule loge contenant une seule graine par suite d'avortement. Les espèces de ce genre, au nombre de trois, sont des Plantes herbacées, vivaces,

rampantes, rameuses, à feuilles opposées ou alternes, entières ou dentées, portant des fleurs axillaires, très-petites et pédicellées. Parmi ces espèces deux croissent au cap de Bonne-Espérance, *Serpicula repens,* L., dont Bergius a voulu faire un genre particulier sous le nom de *Laurembergia,* et *Serpicula rubicunda,* Burchell; la troisième a été décrite, sous le nom de *Serpicula veronicæfolia,* par notre collaborateur Bory de Saint-Vincent, qui l'a découverte à l'île de Mascareigne dans la plaine des Cafres.

L'espèce décrite par Roxburgh, sous le nom de *Serpicula verticillata,* et figurée pl. 164 de ses Plantes de Coromandel, est une Plante qui n'appartient ni au genre *Serpicula,* ni même à la famille dont ce genre fait partie. Le professeur Richard en a formé un genre sous le nom d'*Hydrilla,* genre qu'il a placé dans la famille des Hydrocharidées. Pursh, dans sa Flore de l'Amérique du nord, a décrit, sous le nom de *Serpicula occidentalis,* l'*Elodea canadensis* de Michaux, qui forme un genre à part appartenant également à la famille des Hydrocharidées. (A. R.)

SERPILIÈRE. INS. L'un des noms vulgaires de la Courtilière ou Taupe-Grillon. (B.)

SERPOLET. *Serpyllum.* BOT. PHAN. Espèce du genre Thym. *V.* ce mot. (B.)

SERPULE. *Serpula.* ANNEL. Genre de l'ordre des Serpulées, famille des Amphitrites, fondé par Linné et adopté par tous les zoologistes. Savigny lui assigne pour caractères distinctifs : bouche exactement terminale. Deux branchies libres, flabelliformes ou pectiniformes, à divisions garnies sur un de leurs côtés d'un double rang de barbes; les divisions postérieures imberbes, presque toujours dissemblables. Rames ventrales portant des soies à crochets jusqu'à la sixième paire inclusivement; les sept premières paires de pieds dispo-

sées sur un écusson membraneux.
Les Serpules se distinguent des Hermelles, des Térébelles et des Amphictènes par des caractères assez tranchés, et qu'on trouve exposés à l'article AMPHITRITES; elles ressemblent davantage aux Sabelles, dont elles diffèrent cependant par un moins grand nombre de pieds et par l'espèce d'écusson auquel ils adhèrent. Suivant Savigny, les Serpules ont le corps allongé, rétréci d'avant en arrière, formé de segmens nombreux, moins distincts en dessus qu'en dessous, et serrés de plus en plus jusqu'à l'anus qui est petit et peu saillant. Le premier segment est tronqué obliquement pour l'insertion des branchies, mince et dilaté à son bord antérieur; il compose avec les sept anneaux suivans une sorte de thorax revêtu en dessous d'un écusson dont les bords ondulés se replient librement vers le dos, et dont la face présente les sept premières paires de pieds qui ont aussi leurs soies subulées, repliées vers le dos; les pieds de la première paire sont plus écartés. Le premier segment porte les branchies; les pieds ou appendices de ce segment sont nuls, ceux du second et de tous les suivans ambulatoires de trois sortes. Toutes les espèces de ce genre habitent des tubes calcaires construits par elles et ouverts à un seul bout. Savigny partage ce genre en trois tribus.

† Branchies flabelliformes : leurs deux divisions imberbes inégales; l'une courte et filiforme, l'autre terminée en entonnoir ou en massue operculaire (*Serpulæ simplices*).

La *Serpula contortuplicata*, L., Cuv., Lamk., ou le Ver à coquille tubuleuse, d'Ellis (Corallin., p. 117, pl. 38, fig. 2). — La *Serpula vermicularis*, L., Cuv., Müll. (*Zool. Dan.*, part. 3, p. 9, tab. 86, fig. 7 et 8). Des mers d'Europe. — La *Serpula porrecta* d'Othon Fabricius (Faun. Groënl., n. 373). Petite espèce des mers de Norvège. — La *Serpula granulata*, Oth. Fabr. Des mers de Nor-

vège. — La *Serpula spirorbis*, Müll. De l'Océan.

†† Branchies pectiniformes spirales : leurs deux divisions imberbes inégales; l'une très-courte, l'autre très-grosse, en cône inverse et operculaire (*Serpulæ cymospiræ*).

La *Serpula gigantea*, Pallas, Cuv., ou le *Penicillum marinum* de Séba. Des Antilles. — La *Serpula bicornis* de Gmelin. Des mers d'Amérique.— La *Serpula stellata* de Gmelin. Des mers d'Amérique.

††† Branchies pectiniformes spirales : les deux divisions imberbes également courtes et pointues (*Serpulæ spiramellæ*).

La *Serpula bispiralis* ou l'*Urtica marina singularis* de Séba.

Savigny range à côté des Serpules les genres Galéolaire et Vermilie dont on n'a connu que les tubes calcaires.   (AUD.)

SERPULÉES. *Serpulæ.* ANNEL. Grande division de la classe des Annelides que Lamarck considère comme une famille, et dont Savigny (Syst. des Annel., p. 5, in-fol.) fait son troisième ordre en lui assignant pour caractères distinctifs : des pieds pourvus de soies rétractiles subulées et de soies rétractiles à crochets. Point de tête munie d'yeux et d'antennes. Point de trompe protractile armée de mâchoires. Si on compare ces caractères avec ceux des deux autres ordres de la classe des Annelides, on remarquera que les Serpulées se rapprochent des Néréidées par la présence des pieds pourvus de soies rétractiles subulées; mais qu'elles en diffèrent par la présence des soies rétractiles à crochets et par l'absence d'une tête et d'une trompe. Elles avoisinent davantage l'ordre des Lombricines; mais il est aisé de les en distinguer par la présence de pieds saillans pourvus de soies rétractiles à crochets. Les Serpulées habitent le littoral des mers; elles sont enfoncées dans le sable et sont logées dans des tubes ou des fourreaux qu'elles ne quittent jamais ; aussi leur organisation est-elle parfaitement en rapport avec ce genre de vie sédentaire : plusieurs espèces se trouvent sur nos côtes. Savigny a donné beaucoup de développemens aux caractères extérieurs des Animaux de cet ordre. Suivant lui, la tête n'existe plus, et avec elle disparaissent les yeux et les antennes. La bouche ne se déroule presque jamais en trompe tubuleuse, et toujours elle manque de mâchoires ; elle est seulement pourvue à l'extérieur de lèvres extensibles, souvent accompagnées de tentacules. Les tentacules sont quelquefois des papilles très-courtes et insérées sur une lèvre circulaire ; mais le plus souvent ce sont des filets fort longs, portés par un léger renflement qui surmonte les deux lèvres et qu'on peut prendre pour une tête imparfaite. Le corps se divise en plusieurs segmens qui, comme ceux des Néréidées, portent tous une paire de pieds, à l'exception cependant des anneaux de chaque extrémité qui peuvent en être dépourvus. Les segmens de l'extrémité postérieure forment communément un tube plus ou moins long au bout duquel est l'anus toujours plissé et ouvert non en dessus, mais en dessous ou en arrière. Les pieds se composent aussi de deux parties, dont l'une, propre à la nage, répond ordinairement à la rame dorsale des Néréidées ; et l'autre, beaucoup moins propre à l'action de nager qu'à celle de s'accrocher et de se fixer, répond à leur rame ventrale. Les deux rames sont presque toujours intimement unies, et néanmoins elles se distinguent éminemment par leur forme et par la nature de leurs soies. Il y a en effet dans cet ordre des soies de trois sortes, qui ne se rencontrent jamais ensemble sur la même rame et qui n'occupent jamais les deux rames du même pied : 1° les soies subulées proprement dites ; 2° les soies à palette ; 3° les soies à crochets. Les soies

subulées ne diffèrent essentiellement des soies proprement dites (*festucæ*) des Néréidées, ni par leur forme, ni par leur disposition. Elles sont réunies dans une seule gaîne ou très-rarement distribuées dans plusieurs, qui toutefois se réunissent en un seul faisceau constamment dépourvu d'acicules. Ce faisceau constitue ordinairement la rame dorsale, et c'est la seule partie du pied à laquelle le nom de rame convienne exactement. Les soies à crochets (*uncinuli*) sont de petites lames minces, comprimées latéralement, courtes ou peu allongées, exactement alignées, très-serrées les unes contre les autres, et découpées sous leur sommet en plusieurs dents aiguës et crochues qui sont d'autant plus longues, qu'elles se rapprochent davantage de la base de la soie ; rarement elles sont à un seul crochet. Ces soies, disposées sur un ou deux rangs, occupent le bord saillant d'un feuillet ou d'un mamelon transverse, qui réunit les muscles destinés à les mouvoir et dans l'épaisseur duquel elles peuvent elles-même se retirer. Quoique les soies à crochets occupent généralement la place de la rame ventrale, elles peuvent prendre celle de la rame dorsale, soit à tous les pieds, soit seulement sur un certain nombre. Les soies subulées sont fort sujettes à manquer dans la partie postérieure du corps, et les soies à crochets dans la partie la plus antérieure où elles sont quelquefois remplacées par les soies à palette (*spatellulæ*). Savigny appelle ainsi une troisième sorte de soie dont le bout est aplati horizontalement et arrondi en spatule. Il arrive aussi quelquefois que la première paire de pieds, et une, deux, ou même trois des suivantes affectent des formes anomales qui ne paraissent pas convenir au mouvement progressif, et qui, jointes au volume des segmens antérieurs, donnent à ces segmens réunis l'apparence d'une tête. Les cirrhes manquent en tout ou en partie. Lorsqu'ils existent, on n'en trouve qu'un à chaque pied, c'est ordinairement le cirrhe supérieur. Les branchies manquent de même où elles n'occupent que certains segmens. Ordinairement elles sont bornées pour le nombre à une, deux, ou trois paires qui naissent des segmens les plus antérieurs où elles peuvent acquérir un plus grand développement. Ces caractères précis, que nous empruntons textuellement à Savigny, ont été vérifiées sur les espèces qu'Edwards et nous avons rapportées de nos voyages sur les côtes de France. Savigny partage cet ordre en trois familles qu'il groupe de la manière suivante :

† Branchies nulles ou peu nombreuses, et situées sur les premiers segmens du corps. Pieds de plusieurs sortes.

Familles : les AMPHITRITES et les MALDANIES.

†† Branchies nombreuses, éloignées des premiers segmens du corps. Pieds d'une seule sorte.

Famille : les TÉLÉTHUSES. *V.* ces mots.　　　　　　　　(AUD.)

SERPYLLUM. BOT. PHAN. *V.* SERPOLET et THYM.

* SERRA ou SERRÆA. BOT. PHAN. Cavanilles (*Dissert.*, 2, p. 83, tab. 36, fig. 3) établit sous le nom de *Serra* un genre de la Monadelphie Décandrie, L., qu'il dédia à Serra, botaniste espagnol très-peu connu, qui s'est occupé de la Flore de Mayorque. Le nom de ce genre fut changé en celui de *Serra* ou *Serræa* d'abord par Jussieu, puis par Willdenow, Persoon, Poiret et De Candolle. Dans son *Systema Vegetabilium*, Sprengel a rectifié cette erreur de nom, et a proposé de le nommer *Serræa*. Ce genre a été placé dans la famille des Malvacées; mais, selon Kunth, il offre trop d'anomalie, et il est trop imparfaitement connu pour que cette place doive être considérée comme bien certaine. Au surplus voici ses caractères : calice petit, à cinq dents, entouré d'un involu-

celle à trois folioles cordiformes et entières; environ dix anthères fixées au sommet à la surface du tube formé par les filets; membrane à quatre ou cinq crénelures placée au-dessous de l'ovaire; cinq stigmates; capsule biloculaire, à dix graines.

Le *Serra incana*, Cavan., *loc. cit.*, est une Plante tomenteuse, à feuilles cordiformes, marquées de nervures tronquées et tridentées au sommet, et à fleurs axillaires et sessiles. Cette Plante croît en Arabie, à l'île de Soccotora.　　　　　　　(G..N.)

SERRAN ou MÉROU. *Serranus.* POIS. Genre proposé par Cuvier, dans le Règne Animal, pour recevoir des Poissons acanthoptérygiens de la famille des Percoïdes, voisins des Bodians et des Plectropomes, ayant des dentelures au préopercule et des piquans à l'opercule. Leur nom de Serran vient du latin *Serra*, à cause des fines dentelures du préopercule. Leurs dents sont longues et aiguës en avant, et entremêlées de dents en velours; plusieurs espèces semblent privées de ces fines dentelures, ce qui avait porté Bloch à créer le genre Bodian. Les Serrans, confondus par plusieurs auteurs avec les Holocentres, ont le crâne, les joues et les opercules écailleux, et ont des écailles sur les mâchoires dans quelques cas. L'Europe en possède cinq ou six espèces nommées Mérou, Barbier et Perches de mer. Les autres contrées du globe en contiennent une infinité d'espèces qu'on trouve parfaitement décrites dans le tome second de l'Histoire des Poissons. Cuvier et Valenciennes font connaître cent sept Serrans, sans y comprendre treize Plectropomes, qui n'en diffèrent que par de légers caractères. *V.* PLECTROPOME. Les Serrans sont estimés par leur chair, et d'ordinaire les couleurs les plus vives les colorent. Les espèces d'Europe sont : *Serranus scriba*, Cuv.; *Serranus cabrilla*, Cuv.; *Serranus hepatus*, Cuv.; *Serranus anthias*, Cuv.; *Serranus gigas*, Cuv. Les espèces, dont la partie est bien connue, se trouvent disséminées dans les mers du globe ainsi qu'il suit : côtes d'Afrique, une; Égypte et mer Rouge, huit; îles d'Afrique, c'est-à-dire les Séchelles, Madagascar, Mascareigne et Maurice, onze; Amérique du nord, une; Amérique méridionale atlantique, c'est-à-dire Brésil, Antilles, et surtout la Havane et la Martinique, vingt-sept; Chili, deux; Asie, Moluques et Nouvelle-Guinée, huit; Inde propre, quinze; Java, sept; Japon, trois; et mer du Sud, sept. Dix-sept n'ont point d'habitation connue.   (LESS.)

* SERRAGINE. BOT. PHAN. L'un des synonymes de Consoude et de Bugle en divers cantons.   (B.)

SERRANT. OIS. Pour Serraut. V. ce mot.   (B.)

SERRARIA. BOT. PHAN. (Burmann et Adanson.) Pour Serruria. V. SERRURIE.   (G..N.)

SERRASALME. POIS. Sous-genre de Saumon. V. ce mot.   (B.)

SERRATULE. Serratula. BOT. PHAN. Vulgairement Sarrète. Genre de la famille des Synanthérées, tribu des Carduacées, et de la Syngénésie égale, L., offrant les caractères suivans : involucre oblong ou presque cylindrique, composé de folioles imbriquées, lancéolées, aiguës, ordinairement dépourvues sur les bords d'appendices épineux; réceptacle couvert de paillettes divisées longitudinalement en soies linéaires; calathide composée de fleurons hermaphrodites, à corolle régulière, infundibuliforme, ayant le tube un peu courbé, le limbe évasé, à cinq découpures égales; akènes surmontés d'une aigrette persistante, composée de poils roides et inégaux. Ce genre est un de ceux qui, parmi les Synanthérées, ont reçu le plus grand nombre de fausses espèces. Par ses caractères il se rapproche de plusieurs genres voisins, mais il peut en être distingué par le port des véritables espèces dont il se compose, ainsi que par la structure de leur involucre et de leur

aigrette. Une grande quantité de genres ont été établis aux dépens des anciennes espèces de Serratula. Nous nous bornerons à indiquer ici ceux qui ont été généralement admis. Le genre Vernonia a été fondé sur le Serratula novaeboracensis, L., et sur d'autres espèces voisines qui ont le réceptacle nu. Le genre Liatris renferme les Serratula squarrosa, scariosa, elegans, et quelques autres espèces de l'Amérique septentrionale, qui ont le réceptacle nu et l'aigrette plumeuse. Willdenow a constitué son genre Lachnospermum sur le Serratula fasciculata de Poiret, qui est dépourvu d'aigrette. Le genre Saussurea de De Candolle est formé sur le Serratula alpina, L., et d'autres espèces qui ont l'involucre non épineux comme les vraies Serratules, mais qui s'en distinguent par l'aigrette plumeuse. Le Serratula gnaphalodes est le type d'un genre encore établi par De Candolle sous le nom de Syncarpha. Enfin une foule de Serratula des auteurs sont maintenant placés parmi les genres Cirsium, Stæhelina, Conyza, etc. Après l'élimination de ces nombreuses Plantes, le genre Serratula se trouve composé d'une vingtaine d'espèces qui croissent dans l'Europe tempérée et méridionale, ainsi qu'en Sibérie et dans l'Orient.

Parmi ces espèces nous citerons comme la plus intéressante à connaître, le Serratula tinctoria, L., vulgairement désignée sous le nom de Sarrète des teinturiers. Cette Plante croît dans les bois couverts de l'Europe. Ses feuilles varient considérablement; elles sont ordinairement incisées-pinnatifides, mais souvent les inférieures sont presque entières, ou simplement dentées. Les calathides de fleurs sont rougeâtres, terminales aux extrémités des ramifications de la tige où elles forment une panicule diffuse. Cette Plante fournit une couleur jaune qu'on applique aux étoffes par le moyen de l'alun, et qui passe pour avoir plus de fixité que celles de la Gaude ou du Genêt. Elle était encore employée autrefois en médecine comme vulnéraire et détersive. (G..N.)

SERRAUT. ois. (Belon.) L'un des vieux noms du Bruant commun. (B.)

SERRE-FINE. ois. L'un des noms vulgaires de la Grosse Charbonnière. *V.* MÉSANGE. (DR..Z.)

SERRELLA. pois. foss. (Bertrand.) Les Glossopètres crénelées en scies sur les bords. (D.)

SERRE-MONTAGNARDE. ois. On appelle vulgairement ainsi la Litorne. *V.* MERLE. (DR..Z.)

SERRES. ois. On nomme ainsi les griffes ou ongles acérés des Rapaces. (B.)

SERRICAUDES ou **UROPRISTES.** ins. Duméril (Zool. analyt.) désigne ainsi une famille d'Hyménoptères à laquelle il donne pour caractères : ventre sessile, terminé par une tarière dans les femelles; antennes non brisées. Cette famille renferme les genres Orysse, Urocère, Sirex, Cymbèce et Tenthrède. *V.* ces mots. (G.)

SERRICORNES. ins. Famille de l'ordre des Coléoptères, section des Pentamères, établie par Latreille, qui s'exprime à son égard ainsi qu'il suit, dans ses Familles naturelles du Règne Animal : les antennes de la plupart sont filiformes ou sétacées; celles des mâles au moins sont ordinairement soit en panache ou en peigne, soit dentées en scie; elles se terminent dans quelques autres en une massue perfoliée ou dentée. Les élytres, à l'exception d'un seul genre où les ailes sont nues et étendues, celui d'Atractocère, recouvrent tout le dessus de l'abdomen. Le pénultième article des tarses est souvent bilobé.

I. Les STERNOXES, *Sternoxi.*

Le corps est toujours d'une consistance ferme et solide, droit, avec la tête engagée verticalement dans le corselet jusqu'aux yeux. Le présternum est dilaté aux deux extrémités ;

en devant, il s'avance en forme de mentonnière ; au bout opposé, il se prolonge et se rétrécit en pointe ou en forme de corne. Les antennes en général ne sont guère plus longues que la tête et le corselet, et l'Animal les applique, dans le repos, sur les côtés inférieurs de cette dernière partie près de son sternum. Cette division comprend les tribus des Buprestides et Élatérides. *V.* ces mots.

II. Les MALACODERMES, *Malacodermi.*

Le corps de la plupart est mou, flexible, incliné en devant, avec la tête basse ou très-inclinée, et entièrement découverte en dessous ou cachée par une saillie antérieure du présternum. L'extrémité postérieure de ce présternum ne se prolonge point notablement en manière de pointe ou de corne. Cette division comprend les tribus des Cébrionites, Lampyrides, Mélyrides, Clairones, Lime-Bois et Ptiniores. *V.* ces mots à leur lettre ou au Supplément.

Duméril, dans sa Zoologie analytique, a aussi donné le nom de Serricornes ou celui de Priocères à une famille de Coléoptères Pentamères à laquelle il donne pour caractères essentiels : élytres dures, couvrant tout le ventre; antennes en masse feuilletée d'un seul côté en dedans. Elle comprend les genres Lucane, Platycère, Passale et Synodendre. *V.* ces mots. (G.)

SERRIROSTRES. ois. On donne cette qualification aux Oiseaux dont les bords des mandibules sont dentelés. (DR..Z.)

SERRON. bot. phan. L'un des noms vulgaires du Bon Henri, qu'on mange en guise d'Epinards en certains cantons. *V.* CHÉNOPODE. (B.)

SERROPALPE. *Serropalpus.* ins. Genre de l'ordre des Coléoptères, section des Hétéromères, famille des Sténélytres, tribu des Sécuripalpes, établi par Hellénius et adopté par Latreille et par tous les entomologistes modernes avec ces caractères : corps presque cylindrique, allongé, rétréci postérieurement. Tête inclinée, arrondie; antennes filiformes, composées de onze articles, la plupart allongés, les plus rapprochés de la base plus courts que les autres, un peu obconiques. Labre avancé, membraneux, presque carré, arrondi antérieurement; mandibules petites, en triangle, courtes, épaisses et presque sans dents. Mâchoires petites, membraneuses, composées de deux lobes, l'extérieur obtus et plus grand. Palpes maxillaires grands, trois fois plus longs que les labiaux, très-avancés, comprimés, ayant le second et le troisième article dentés en scie au côté interne; le quatrième très-grand. Palpes labiaux presque filiformes, ayant l'article terminal presque obtrigone. Lèvre inférieure membraneuse, plus étroite que le menton, en carré long, ayant l'extrémité dilatée et refendue. Corselet à peine aussi large que long, convexe et n'étant point rebordé. Écusson petit; élytres de la largeur du corselet, très-allongées, linéaires, rétrécies postérieurement, convexes, recouvrant l'abdomen et les ailes. Pates longues et grêles; jambes terminées par deux épines fort courtes; tarses minces; les antérieures et les intermédiaires ayant le pénultième article bilobé, et les postérieurs ayant ce même article simple et entier. Abdomen long.

Ces Insectes vivent sur le bois sous leurs états de larve et d'insecte parfait. Les larves habitent surtout le Sapin qu'elles percent très-profondément, mais elles s'approchent de l'entrée de ce trou pour subir leurs métamorphoses. Leur transformation en insectes parfaits a lieu vers le mois de juin. Les espèces de ce genre sont très-rares et peu nombreuses; elles sont toutes européennes. Celle qui lui sert de type est :

Le SERROPALPE STRIÉ, *Serropalpus striatus*, Latr., *Gen. Crust. et Ins.* T. II, p. 193 et pl. 9, fig. 12; *Dircœa barbata*, Fabr. On le trouve en Allemagne et dans le midi de la France, mais rarement.   (G.)

SERRURIE. *Serruria.* BOT. PHAN. Genre de la famille des Protéacées, établi par Salisbury, dans son *Paradisus Londinensis*, et adopté par R. Brown (*Trans. Soc. Linn.*, vol. 10, p. 112) qui l'a ainsi caractérisé : calice quadrifide, presque égal, à onglets distincts; stigmate vertical, glabre; quatre petites écailles hypogynes; noix brièvement pédicellée, ventrue; capitule formé d'un nombre indéfini de fleurs, à paillettes persistantes, imbriquées. Robert Brown a décrit trente-neuf espèces de Serruries qui croissent toutes à la pointe australe de l'Afrique, principalement aux lieux montueux et arénacés. Quelques-unes ont été décrites par les auteurs sous le nom générique de *Protea*; tels sont entre autres les *Protea pinnata*, Andrews, *Reposit.*, 512; *Protea cyanoides*, L.; *Protea sphærocephala*, Poiret, selon la description, mais la synonymie est fautive; *Protea glomerata*, Andr., 264; *Protea phylicoides*, Thunberg; *Protea decumbens*, Andr., 349; *Protea villosa*, Lamk.; *Protea florida*, Thunb.; *Protea ascendens*, Lamk.; *Protea patula* et *P. Serraria*, L., Plantes sur lesquelles Burmann (*Pl. Afric.*, tab. 99) fonda son genre *Serraria*, etc., etc. Ce sont des Arbrisseaux à feuilles filiformes, trifides ou pinnatifides, rarement indivises. Les capitules sont ordinairement terminaux, tantôt simples, tantôt composés de capitules partiels ramassés ou réunis en corymbes sur un pédoncule commun, divisé. L'involucre est imbriqué, membraneux, ordinairement plus court que les fleurs, plus long dans un petit nombre d'espèces, quelquefois nul. Les fleurs sont toujours fertiles, de couleur purpurine. Le pistil est de la longueur du calice. Le stigmate en massue, rarement cylindracé. Le fruit est une noix ovale, finement pubescente, quelquefois glabre.   (G..N.)

SERRURIER. OIS. Syn. vulgaire

de Mésange Charbonnière et de Pic-Vert. *V.* Mésange et Pic. (dr..z.)

SERSALISIA. bot. phan. Genre de la famille des Sapotées et de la Pentandrie Monogynie, L., établi par R. Brown (*Prodr. Nov. Holl.*, p. 529) qui l'a ainsi caractérisé : calice divisé profondément en cinq segmens; corolle quinquéfide; cinq étamines stériles en forme d'écailles, alternant avec autant d'étamines anthérifères; ovaire à cinq loges; stigmate indivis; baie renfermant une à cinq graines dépourvues d'albumen, munies d'un tégument crustacé et d'un hile longitudinal. Ce genre ressemble entièrement par sa fleur au *Sideroxylon*, mais il a le fruit du *Bumelia*. Le type de ce genre est le *Sideroxylon sericeum* d'Aiton, *Hort. Kew.*, 1, p. 262, auquel R. Brown adjoint une seconde espèce sous le nom de *Sersalisia obovata*. Ce sont des Arbres qui croissent dans les contrées de la Nouvelle-Hollande situées entre les tropiques. (g..n.)

SERTE. pois. Espèce du genre Cyprin. *V.* ce mot. (b.)

SERTULAIRE. *Sertularia.* polyp. Genre de l'ordre des Sertulariées dans la division des Polypiers flexibles dout les caractères sont : Polypier phytoïde, rameux; tige ordinairement flexueuse ou en zig-zag; cellules alternes. On sait que la plupart des naturalistes, depuis Linné, avaient nommé Sertulaires une foule de productions marines animales ayant l'aspect de Plantes, dont la tige, tubuleuse et cornée, porte des cellules qui renferment de petits Animaux à tentacules rayonnés, tenant par leur base à une sorte de moelle vivante renfermée dans la tige, et qui se multiplient par des gemmules ou œufs contenus dans des vésicules particulières, distinctes des cellules. C'est avec ces êtres, dont Pallas a si bien analysé et fait connaître les caractères (*Elench. Zooph.*, p. 106-115), que Lamouroux a formé l'ordre ou famille qu'il nomme Sertulariées, et

qu'il a divisé, pour en faciliter l'étude, en un assez grand nombre de genres. *V.* Sertulariées. Lamarck et quelques autres naturalistes ont également divisé les Sertulariées en plusieurs genres qui correspondent plus ou moins directement à ceux établis par Lamouroux. Ce dernier a réservé le nom de Sertulaires aux seuls Polypiers de cette famille qui offrent la caractéristique du genre énoncée en tête de cet article, et l'on voit qu'elle consiste particulièrement dans la situation alterne des cellules. Ce caractère, purement artificiel, suffit à peine pour distinguer quelques Sertulaires des Dynamènes du même auteur, dont les cellules sont opposées. Il est souvent très-difficile de décider, en examinant certaines espèces de Sertulaires, si leurs cellules sont alternes ou opposées; d'ailleurs cette situation n'est pas très-constante; le même échantillon offre quelquefois des cellules alternes dans une partie, et opposées dans d'autres. Lamouroux lui-même a laissé dans son genre Sertulaire des espèces à cellules tout-à-fait et partout opposées. Quoi qu'il en soit, nous donnerons ici quelques détails sur la structure des Polypiers du genre Sertulaire tel que l'a établi Lamouroux. La tige est rameuse, simplement pinnée, ou plusieurs fois divisée par dichotomies; elle est attachée sur les corps marins par des radicules tubuleuses, contournées et entrelacées; souvent elle est formée d'un tube unique, corné, cylindrique ou un peu comprimé, tantôt plus gros et plus épais que les rameaux qu'il supporte, tantôt de même diamètre qu'eux; dans le premier cas, les cellules qui se remarquent sur la longueur de la tige sont à peine apparentes ou même n'existent point; dans le second, elles sont aussi développées que sur les rameaux. D'autres Sertulaires ont leurs tiges formées de petits tubes accolés qui semblent se continuer avec ceux des racines, et s'écarter pour former les rameaux. Dans tous les cas cette tige est presque toujours flexueuse, et les rameaux naissent sur les saillies des flexuosités; ils sont toujours alternes, tantôt écartés, tantôt ramassés en panicule serrée; les tiges et les rameaux paraissent rarement articulés. Les cellules sont situées aux extrémités du diamètre transversal des tiges et des rameaux; elles sont presque toujours alternes, rarement opposées, oblongues, ventrues à leur base, plus ou moins rétrécies à leur ouverture qui est ordinairement coupée obliquement, entière ou garnie de dents obsolites plus ou moins nombreuses et distinctes. Ces cellules sont toujours sessiles et plus ou moins aduées au tube qui les supporte; quelquefois même il n'y a que l'ouverture de libre; dans quelques espèces elles paraissent dirigées sur la même face du Polypier. Les ovaires sont des vésicules en général ovoïdes, pédicellées, plus grandes que les cellules; leur ouverture est presque toujours rétrécie, garnie de denticules, ou operculées. La substance des Sertulaires est de nature cornée, plus ou moins flexible; sa couleur varie du brun noirâtre au jaune blanchâtre ou verdâtre. On trouve les Sertulaires dans toutes les mers, adhérant aux Fucus, aux Coquilles, aux Madrépores, etc.

Le genre Sertulaire ainsi réduit contient encore une vingtaine d'espèces dont les plus communes ou les plus remarquables sont les *S. abietina, tamarisca, polyzonias, cupressina, argentea, Thuya, Lichenastrum*, etc.
(E. D..L.)

SERTULARIÉES. POLYP. Lamouroux nomme ainsi le quatrième ordre ou famille de la division des Polypiers flexibles; il lui donne les caractères suivans: Polypiers phytoïdes, à tige distincte, simple ou rameuse, très-rarement articulée, presque toujours fistuleuse, remplie d'une substance gélatineuse animale à laquelle vient aboutir l'extrémité inférieure de chaque Polype, contenu dans une cellule dont la situation et la forme varient ainsi que la

grandeur. Cet ordre renferme quatorze genres: Pasythée, Amathie, Némertésie, Aglaophénie, Dynamène, Sertulaire, Idie, Entalophore, Clytie, Laomédée, Thoée, Salacie, Cymodocée, Amphitoïle. *V.* ces mots.
(E. D..L.)

SERTULE. *Sertulum.* **BOT. PHAN.** Le professeur Richard a proposé ce nom pour désigner le mode d'inflorescence que l'on nommait auparavant *ombelle simple.* C'est quand des fleurs pédonculées naissent toutes du sommet d'une hampe commune, comme dans les espèces d'Ail, le *Butomus umbellatus*, etc.
(A. R.)

* SERTURNERA. BOT. PHAN. Genre de la famille des Amaranthacées et de la Polygamie Monœcie, L., établi par Martius (*Nov. Gen. Pl. Brasil.*, vol. 2, p. 36) qui l'a ainsi caractérisé: calice coloré, à deux folioles concaves; corolle à cinq pétales. Les fleurs hermaphrodites ont le tube des étamines divisé profondément en cinq laciniures ciliées portant des anthères uniloculaires presque cylindriques; un stigmate sessile, capité ou presque bilobé; un utricule monosperme. Les fleurs femelles ne diffèrent des hermaphrodites qu'en ce que le tube staminal ne porte que des languettes au lieu d'anthères. Le pistil des fleurs hermaphrodites est ordinairement fécondé. Martius a établi ce genre sur des Plantes placées par les auteurs dans les genres *Gomphrena*, *Iresine* et *Alternanthera.* Ainsi le *Serturnera glauca*, figuré *loc. cit.*, tab. 136 et 137, est synonyme de *Gomphrena stenophylla* et d'*Iresine glomerata* de Sprengel. Le *Serturnera iresinoides*, Mart., *loc. cit.*, tab. 138, est l'*Alternanthera iresinoides* de Kunth. L'auteur y joint encore une espèce sous le nom de *S. luzulæflora*, et il indique comme appartenant probablement à ce genre, le *Gomphrena eriantha* de Vahl. Ces Plantes croissent dans les lieux humides de l'Amérique équinoxiale, principalement au Brésil. Ce sont des Herbes vivaces, à tiges multiples, dressées, garnies de feuilles opposées, brièvement pétiolées, à fleurs petites, disposées en capitules terminaux, accompagnées d'une bractée persistante.   (G..N.)

* SERUOI. MAM. On trouve ce nom dans quelques anciens voyageurs pour désigner les Sarigues.
(B.)

SERVAL. MAM. Espèce du genre Chat. *V.* ce mot.   (IS. G. ST.-II.)

SERVANT. OIS. L'un des noms vulgaires du Bruant jaune. *V.* BRUANT.
(DR..Z.)

SERVANTINE. BOT. PHAN. Variété de Figue.   (B.)

SERVERIA. BOT. PHAN. (Necker.) Syn. de *Tigarea* d'Aublet. *V.* ce mot.
(G..N.)

* SERVILLUM. BOT. PHAN. *V.* CHERVILLUM.

SÉSAME. *Sesamum.* BOT. PHAN. Vulgairement en français Jugeoline. Genre de la famille des Bignoniacées de Jussieu, Sésamées de R. Brown, et de la Didynamie Angiospermie, L., offrant les caractères suivans : calice court, persistant, divisé en cinq segmens inégaux, lancéolés ; le supérieur plus petit : corolle presque campanulée, ayant le tube court, à peine de la longueur du calice ; le limbe ouvert, renflé, très-grand, un peu courbé et campanulé, divisé au sommet en cinq lobes inégaux ; l'inférieur ovale, droit, un peu plus long que les autres ; quatre étamines didynames, à filets insérés sur le tube de la corolle et plus courts que celle-ci ; une cinquième étamine rudimentaire ; ovaire ovoïde, velu, surmonté d'un style filiforme, ascendant, un peu plus long que les étamines, terminé par un stigmate à deux lamelles ; capsule allongée, obscurément tétragone, un peu comprimée, acuminée, à quatre sillons, à deux loges dont chacune est partagée par la saillie de l'angle rentrant du sillon ; graines nombreuses, un peu ovoïdes, petites, attachées à un réceptacle central. Retz a rapporté au

genre *Sesamum*, sous le nom de *S. javanicum*, une espèce qui a pour synonymes le *Columnea longifolia*, L. ; le *Diceros longifolius* de Persoon, et l'*Achimenes sesamoides* de Vahl. Selon Willdenow, le *Torenia asiatica*, L., doit probablement être réuni au *Sesamum prostratum* également publié par Retz. Les vraies espèces de Sésames sont peu nombreuses ; car on n'en connaît avec certitude que quatre à cinq, qui sont des Plantes indigènes de l'Inde et des contrées orientales. La plus remarquable de ces espèces est le SÉSAME D'ORIENT, *Sesamum orientale*, L. ; Lamk., Illustr., tab. 528. Cette Plante a des tiges droites, herbacées, presque cylindriques, velues, hautes d'environ deux pieds, munies inférieurement de quelques rameaux courts, à quatre angles peu marqués. Les feuilles sont ovales-oblongues ; les inférieures opposées, portées sur de longs pétioles, presque entières ou garnies de quelques dents éloignées ; les supérieures entières, à peine pétiolées. Les fleurs sont blanches, solitaires dans les aisselles des feuilles. Cette Plante croît spontanément dans l'Inde orientale, particulièrement à l'île de Ceylan et sur la côte du Malabar. On la cultive comme Plante économique en diverses contrées d'Orient, telles que l'Égypte, la Perse, l'Asie-Mineure et même en Italie. On retire de ses graines une huile qui de tout temps a eu une grande réputation pour les usages de la cuisine, et même comme médicament et cosmétique. Les Égyptiens donnent le nom de *Tahiné* à une sorte de ragoût formé du marc de l'huile de Sésame, auquel on ajoute du miel et du suc de citron. Le *Sesamum indicum*, L., est une espèce très-voisine de la précédente, et que l'on cultive pour les mêmes usages.   (G..N.)

SÉSAMÉES. *Sesameæ.* BOT. PHAN. La première section de la famille des Bignoniacées dans le *Genera Plantarum* de Jussieu, et dont le genre

Sesamum, L., est le type, a été érigée en famille par Robert Brown. Kunth (Révision des Bignoniacées, Journal de Physique, décembre 1818) en a formé une division des Bignoniacées, caractérisée par ses graines dépourvues d'ailes. Ce caractère est sujet à quelques exceptions, notamment dans une espèce d'Afrique, nommée *Sesamum pterospermum*, par R. Brown, dans ses Appendices botaniques au Voyage de Salt et à celui d'Oudney, Denham et Clapperton.

(G..N.)

SÉSAME D'ALLEMAGNE. BOT. PHAN. Syn. de *Myagrum sativum*. *V*. CAMÉLINE.   (B.)

SÉSAMOIDES. BOT. PHAN. Ce nom, que les anciens donnaient à diverses Plantes, comme le *Daphne Tarton-Raira*, l'*Adonis vernalis*, le *Cucubalus Otites*, etc., a été appliqué par Tournefort à un genre qui ne diffère du Réséda que par sa capsule divisée plus profondément en cinq lobes; mais Linné ne l'a pas conservé. *V*. RÉSÉDA.   (G..N.)

SESANDRON. BOT. PHAN. On a cru reconnaître dans cette Plante de l'antiquité, la Dauphinelle, Consoude, ou l'Epilobe des montagnes.

(H.)

SESANQUA. BOT. PHAN. *V*. SASANQUA.

SESARMA CRUST. Nom donné par Say (Journ. de l'Acad. des Sciences nat. de Philadelp. T. 1, p. 73) à un genre de Crustacé formé sur une seule espèce qu'il a reconnu plus tard pour appartenir au genre Grapse. *V*. ce mot.   (G.)

SESBAN. BOT. PHAN. Ce nom, donné par d'anciens auteurs à une Plante que Linné avait placée dans le genre *Æschinomène*, a été employé par Poiret dans l'Encyclopédie, pour désigner le genre *Sesbania* de Persoon, constitué sur cette Plante. *V*. SESBANIE.   (G..N.)

SESBANIE. *Sesbania*. BOT. PHAN. Genre de la famille des Légumineu

ses et de la Diadelphie Décandrie, L., établi par Persoon, adopté par Desvaux et De Candolle, avec les caractères suivans : calice quinquéfide ou à cinq dents presque égales ; corolle dont l'étendard est arrondi légèrement, échancré, plissé, plus grand que la carène ; celle-ci est obtuse, bicipitée à la base ; dix étamines diadelphes, la gaîne pourvue d'une petite oreillette à la base ; gousse allongée, grêle, comprimée ou légèrement cylindrique, étranglée par des isthmes placés entre les graines ; mais non véritablement articulée à raison de l'épaississement des sutures. Ce genre a été placé par De Candolle (*Prodr. Syst. Veget*. T. II, pag. 264) dans la tribu des Lotées, section des Galégées ; mais cet auteur observe qu'il devrait peut-être prendre place parmi les Hédysarées. Quelques-unes des espèces principales ont été décrites par Linné sous le nom générique d'*Æschinomene*, et par Willdenow sous celui de *Coronilla*. De Candolle (Mém. sur les Légum., pag. 93, pl. 10, f. 38, 41) a observé la germination de cinq espèces, laquelle, à cette époque, présentait des caractères très-prononcés. La tige qui porte les cotylédons est assez longue ; les cotylédons sont plans, droits, obtus, munis d'un court pétiole ; les premières feuilles sont séparées des feuilles séminales par un intervalle assez grand ; elles sont alternes ou opposées. Lorsqu'elles sont alternes, la première est simple, pétiolée, oblongue ; la seconde ailée avec deux paires de folioles et une terminale ; les suivantes avec un plus grand nombre de paires de folioles. Des deux feuilles primordiales opposées, l'une est simple et entière, tandis que l'autre est ailée, à deux ou trois paires de folioles avec une impaire. Les espèces de Sesbanies sont aujourd'hui en nombre assez considérable. De Candolle en décrit dix-sept qui croissent dans les diverses contrées du globe, particulièrement en Egypte, dans l'Inde orientale, au Sénégal et sur les côtes occidentales d'Afrique, dans l'Amérique méridionale et aux Antilles. Ce sont des Arbrisseaux ou des Herbes à feuilles pinnées sans impaire, le pétiole finissant en une petite soie; à stipules lancéolées, adnées à la tige. Les fleurs, ordinairement de couleur jaunâtre, sont disposées en grappes sur des pédoncules axillaires. Parmi les espèces les plus remarquables, nous ferons une mention particulière du *Sesbania ægyptiaca*, Pers.; *Æschinomene Sesban*, L.; *Coronilla Sesban*, Willd,; *Sesban* Prosp. Alp., *Ægypt.*, t. 82. C'est un Arbrisseau généralement cultivé en Egypte où il est employé à former des haies. Son aspect est agréable, et il croît si promptement qu'en moins de trois ans, il atteint sa plus grande hauteur. Ses tiges, dont la grosseur est au moins de celle du bras, sont d'une grande ressource dans un pays où le bois de chauffage est très-rare. Cette Plante croît non-seulement en Egypte, mais encore au Sénégal et dans l'Inde orientale. Le *Sesbania aculeata*, Pers., qui est l'*Æschinomene Sesban* de Jacquin (Collect. 2, p. 283), et non celui de Linné, se distingue de la précédente espèce par ses tiges herbacées, annuelles, et surtout par ses pétioles épineux. Il croît à Ceylan et au Malabar, et il a été figuré par Rhéede, *Hortus malabaricus*, 9, tab. 27, et par Burmann, *Thes. Zeylan*, tab. 41. Le *Sesbania occidentalis*, Pers.; *Coronilla occidentalis*, Willd., Plum., éd. Burmann, tab. 125, f. 1, qui croît aux Antilles ainsi que dans l'Amérique méridionale, tient le milieu entre la Sesbanie d'Egypte et la Sesbanie épineuse. D'ailleurs ces Plantes offrent entre elles la plus grande ressemblance.

(G..N.)

SÉSÉLI. *Seseli.* BOT. PHAN. Genre de la famille des Ombellifères et de la Pentandrie Digynie, L., offrant les caractères suivans : involucre ou collerette universelle ordinairement nulle; involucelles ou collerettes partielles formées d'une ou d'un petit nombre de folioles linéaires; ombelle roide, composée d'un grand nombre d'ombellules ramassées, un peu globuleuses; calice à peine visible; corolle régulière, à cinq pétales cordiformes et égaux; cinq étamines à filets subulés, terminés par des anthères simples; ovaire surmonté de deux styles divergens et terminés par des stigmates obtus; fruits petits, ovoïdes, marqués de cinq côtes et d'autant de vallécules.

Le genre *Seseli* est, parmi les Ombellifères, un de ceux qui se reconnaissent le plus facilement au port de ses nombreuses espèces. Aussi les auteurs n'ont-ils pas fait autant de fausses transpositions que pour les autres genres d'Ombellifères. Cependant on trouve plusieurs espèces rapportées par Mœnch, Sprengel et Poiret, aux genres *Selinum*, *Bubon*, *Athamanta*, *Sium*, *Meum*, etc. Le *Carum Carvi*, Plante commune en certaines contrées d'Europe où l'on fait usage de ses fruits aromatiques, a été placé par Lamarck parmi les Sésélis. On y a encore réuni le genre *Hippomarathrum* des anciens, lequel a été reconstitué par quelques auteurs modernes. Les Sésélis sont des Plantes herbacées, un peu dures et presque ligneuses à la base de la tige qui est ordinairement glauque. Les feuilles sont décomposées en lanières étroites, presque filiformes; les fleurs sont blanches, quelquefois un peu rougeâtres, avant le développement de l'ombelle. On compte au moins trente espèces bien connues de Sésélis; elles croissent pour la plupart dans l'Europe méridionale et dans la Barbarie, principalement sur les collines crétacées ou sablonneuses, et dépourvues d'ombrages. Parmi celles que l'on trouve assez fréquemment en France, nous citerons les *Seseli elatum, glaucum, montanum* et *annuum*. Le nom spécifique donné à cette dernière est faux, puisqu'elle est bisannuelle. Le *Seseli tortuosum*, qui croît dans toute la région méditerranéenne, est une espèce fort remarquable par ses tiges presque ligneuses, striées, rameuses, tortueases, noueuses, garnies de feuilles courtes et rigides. On lui donne le nom de Séséli de Marseille, parce qu'il est abondant près de cette ville, et qu'on l'expédiait dans le nord de l'Europe, au temps où ses fruits avaient quelque réputation médicale, comme carminatifs, diurétiques et emménagogues. Le *Seseli Hippomarathrum*, vulgairement nommé Fenouil des Chevaux, se distingue non-seulement de tous les Sésélis, mais encore de presque toutes les Ombellifères, parce que les folioles de ses collerettes partielles, au lieu d'être distinctes, sont soudées en une seule enveloppe orbiculaire.   (G..N.)

SESERINUS. POIS. *V.* STROMATÉE.

SESIA. BOT. CRYPT. (*Champ.*) Adanson a établi sous ce nom un genre particulier pour un Champignon que Vaillant a décrit et figuré sous le nom d'*Agaricus* (*Botan. paris.*, pl. 1, f. 1-2.) Cette Plante a été réunie au genre *Dædalea* par Fries sous le nom de *Dædalea Sepiaria*, Syst. myc., 1, p. 333. Persoon, Wulfen et la plupart des autres mycographes en font une espèce du genre *Agaricus*. (A. R.)

* SÉSIAIRES. *Sesiariæ.* INS. Tribu de l'ordre des Lépidoptères, famille des Crépusculaires. En rendant compte à l'Académie royale des Sciences de la Monographie des Zygénides de Boisduval, nous avions fait observer que les Sésies et quelques autres genres analogues doivent, à raison de la manière de vivre de ces Insectes, considérés sous la forme de chenilles, former une tribu particulière. Dans la rédaction que nous avons faite peu de temps après la lecture de ce rapport, de la partie entomologique de la nouvelle édition du Règne Animal de Cuvier, nous avons conséquemment établi cette tribu sous la dénomination de *Sésiades*. Parmi les Crépusculaires, ce sont les seuls dont les chenilles, à l'instar de celles des Hépiales et des Cossus, vivent cachées dans l'intérieur des tiges ou des racines de divers Végétaux, qui leur servent de nourriture. Elles sont toujours rases ou presque glabres et sans éminence postérieure, en forme de corne. Les débris des matières alimentaires, liés avec des fils de soie, composent la coque qui les renferme en état de chrysalide. L'Insecte parfait nous offre des antennes en fuseau, le plus souvent simples, et terminés, ainsi que celles des Sphinx, par un petit faisceau soyeux. Les palpes inférieurs sont grêles, étroits, de trois articles distincts et dont le dernier allant en pointe ou conique. Les jambes postérieures ont à leur extrémité des ergots très-forts. Dans la plupart, les ailes sont plus ou moins vitrées, et l'abdomen est terminé par une brosse.

Cette tribu comprend les genres Sésie et Thyride. Nous y rapporterons aussi, mais avec doute, celui d'*Ægocère*, formé d'espèces exotiques, dont les métamorphoses nous sont inconnues.   (LAT.)

SÉSIE. *Sesia.* INS. Genre de l'ordre des Lépidoptères, famille des Crépusculaires. En les séparant des Sphinx, avec lesquels ils avaient été confondus jusqu'alors, Fabricius leur associa d'abord les Macroglosses de Scopoli, qui, par les caractères essentiels et les métamorphoses, s'éloignent très-peu du genre précédent. Ayant depuis (*Syst. Glossat.*) adopté cette dernière coupe, il a cru devoir lui réserver la dénomination de *Sesia* et en créer une nouvelle, celle d'*Ægeria*, pour le genre auquel on avait généralement appliqué la précédente et qui avait été si bien circonscrit dans l'excellente monographie de Laspeyres. Aussi a-t-on senti les inconvéniens qui pouvaient résulter d'un tel renversement de noms, et les entomologistes ont-ils continué de donner celui de *Sesia* aux Lépidoptères, appelés ainsi par ce savant et que l'on peut signaler de la manière suivante : antennes et fuseau simples, du moins dans les femelles et souvent dans les deux sexes, terminés par une petite houppe d'écailles; palpes inférieurs grêles, de trois articles très-distincts dont le dernier conique ; anus garni d'une brosse ; ailes, ou du moins les inférieures, vitrées. Chenilles vivant à la manière de celles de la même tribu ou des Sésiaires (*V.* ce mot). Plusieurs de ces Insectes, dont le vol est vif, de même que celui des Sphynx, mais qui se reposent souvent sur les feuilles et sur les fleurs, ressemblent à divers Hyménoptères et Diptères, et de-là l'origine des dénominations suivantes, *apiformis, spheciformis, chrysidiformis, ichneumoniformis, tipuliformis*, etc., qu'on a données aux espèces de ce genre. La première ou la S. APIFORME (*S. apiformis*), God. (Hist. nat. des Lépid. de France, T. III, pag. 78, pl. 21, fig. 1, fem.), est la plus grande des indigènes ; elle est noire, avec la tête et quatre taches jaunes sur le thorax. Les ailes sont transparentes, avec les bords et les nervures noirs ; l'abdomen est jaune, avec le premier et le quatrième anneaux noirs, garnis d'un duvet brun ; et le cinquième et les deux derniers brunâtres en dessus. Le côté interne des antennes du mâle est dentelé en scie. On trouve cette espèce sur le tronc des Saules et des Peupliers, depuis la fin de mai jusqu'à la fin de juillet. Sa chenille vit solitairement dans la tige ou les racines de ces Arbres ; elle est légèrement pubescente, blanchâtre, avec une ligne plus obscure le long du dos, et la tête grosse et d'un brun foncé ; elle se métamorphose en mars ou en avril. La S. ASILIFORME (*S. asiliformis*, God., *ibid.* T. III, pag. 81, pl. 21, f. 2) est noire, avec trois anneaux jaunes et écartés sur le dessus de l'abdomen, et les ailes supérieures entièrement noirâtres. Dans quelques autres espèces, comme les suivantes, Culiciforme, Formiciforme, Tiphiforme, Mutilliforme, l'abdomen offre un ou deux anneaux rouges. Dans quelques autres espèces, le blanc remplace cette couleur ou le jaune. *V.* l'ouvrage de Godart sur les Lépidoptères de France et celui d'Ochsenheimer.	(LAT.)

SESLERIE. *Sesleria*. BOT. PHAN. Genre de la famille des Graminées et de la Triandrie Digynie, offrant les caractères suivans : fleurs disposées en épi composé, entouré à la base d'un involucre composé de plusieurs folioles caduques. Lépicène à valves inégales, renfermant trois à quatre fleurs et plus courtes que celles-ci qui sont pédicellées. Valve intérieure de la glume, irrégulièrement bidentée et sétigère ; la supérieure bifide, dentée. Ecailles hypogynes plus longues que l'ovaire, subulées ; style simple ; stigmates très-longs et plumeux. Ce genre avait été confondu par Linné avec les *Cynosurus*. Scopoli et Adanson sont les premiers auteurs qui l'ont établi, et il a été adopté par Jussieu ainsi que par De Candolle dans la Flore française. Quelques auteurs ont même réuni au *Sesleria* le *Cenchrus capitatus*, L.; mais cette Plante forme le type du genre *Echinaria* de Desfontaines. *V.* ce mot. Les Sesleries sont des Graminées qui se plaisent en général dans les localités montueuses de l'Europe. On ne connaît qu'un petit nombre d'espèces parmi lesquelles nous citérons la Seslerie bleuâtre (*Sesleria cœrulea*) qui croît abondamment dans les Alpes, les Pyrénées, le Jura, les Vosges, les montagnes de Bourgogne, d'Auvergne, etc. Le chaume de cette Plante est haut de six à neuf pouces, garni dans le bas de feuilles dont la gaîne est longue et le limbe très-court. Les feuilles radicales sont allongées, rubannées, un peu rudes sur les bords. L'épi est oblong, bleuâtre ou quelquefois blanchâtre, comprimé, formé de quinze à vingt épillets tantôt réunis, tantôt distincts entre eux.	(G..N.)

SESSÉE. *Sessea*. BOT. PHAN. Genre de la famille des Bignoniacées, tribu des Sésamées, et de la Pentandrie Monogynie, L., créé par Ruiz et Pavon (*Flor. Peruv.*, tab. 115 et 116) qui l'ont ainsi caractérisé : calice tubuleux, pentagone, à cinq dents ovales ; corolle infundibuliforme, dont le tube est du double plus long que le calice, l'orifice renflé, le limbe plissé, à cinq découpures ovales, roulées sur leurs bords; cinq étamines ayant leurs filets courbés à la base et velus; stigmate à deux lobes inégaux; capsule cylindrique, presque arquée, du double plus longue que le calice, à deux valves bifides; graines nombreuses, imbriquées, oblongues, comprimées, membraneuses sur leurs bords. Ce genre se compose de deux espèces décrites et figurées sous les noms de *Sessea stipulata* et *S. dependens*. La première est un Arbrisseau d'une odeur fétide et qui a le port des *Cestrum*. Ses tiges sont rameuses, garnies de feuilles lancéolées et cordiformes, les supérieures plus étroites, oblongues, munies de stipules axillaires, assez grandes, opposées et échancrées en cœur à leur base. Les fleurs forment à l'extrémité des tiges et des rameaux une sorte de panicule composée de grappes droites, les unes axillaires, les autres terminales. La corolle est jaune et velue. Cette Plante croît dans les montagnes du Pérou. Le *Sessea dependens* est un Arbre de vingt-cinq à trente pieds de haut, à rameaux pendans garnis de feuilles presque semblables à celles de l'espèce précédente, mais dépourvues de stipules. Les fleurs sont disposées en grappes très-longues et pendantes. Cet Arbre croît au Pérou le long des rivières.   (G..N.)

* SESSILIFOLIÉES. BOT. PHAN. (De Candolle.) *V.* OXALIDE.

SESSILIOCLES. CRUST. Nom donné par Lamarck en 1801 (Syst. des Anim. sans vert., p. 161) à son second ordre des Crustacés qui ont des yeux sessiles, tels que les Crevettes, les Aselles, les Ligies, les Cloportes, les Cyclopes, les Daphnies, etc. Cet ordre a été subdivisé depuis. Il correspond en partie aux Amphipodes et aux Branchiopodes de Latreille.   (AUD.)

SÉSUVE. *Sesuvium*. BOT. PHAN. Genre de la famille des Ficoïdées et

de l'Icosandrie Polygynie, L., offrant les caractères suivans : calice persistant, divisé en cinq lobes colorés à l'intérieur; corolle nulle; quinze à trente étamines insérées au sommet du tube calicinal; ovaire libre, sessile, surmonté de trois à cinq stigmates; capsule s'ouvrant transversalement, ordinairement à trois loges, quelquefois à quatre ou cinq, l'axe placentaire persistant; graines nombreuses ayant leur embryon courbé en crochet. Ce genre se compose de cinq ou six espèces qui croissent dans les contrées chaudes de l'Amérique, principalement sur les côtes du Pérou, du Mexique et de la Havane. Une espèce (*Sesuvium repens*) se trouve dans l'Inde orientale, et a été figurée par Rumph dans son *Herbarium Amboin.*, vol. 5, tab. 70, f. 1. Le *Sesuvium Portulacastrum*, L., Plum., éd. Burm., tab. 223, f. 2; D. C., Pl. gr., t. 156, est le type du genre. Cette Plante a des tiges rampantes, garnies de feuilles linéaires ou oblongues-lancéolées, planes; ses fleurs sont petites, alternes, et placées dans les aisselles des feuilles supérieures. Elle croît non-seulement en Amérique, mais encore au Sénégal.
(G..N.)

SÉTAIRE. *Setaria*. BOT. PHAN. Palisot de Beauvois (*Agrostogr.*, p. 51, tab. 13) a formé sous ce nom un genre de Graminées aux dépens des *Panicum* de Linné, et qui offre les caractères suivans : fleurs en panicule simple, ayant l'apparence d'un épi; locustes entourées à la base de deux ou de plusieurs soies; lépicènes ayant la valve inférieure très-petite; fleur inférieure neutre ou mâle; valves de la glume coriaces; écailles hypogynes très-obtuses, presque en forme de faulx; ovaire échancré, surmonté d'un style bipartite et de stigmates en goupillon; caryopse libre, renfermée dans les valves persistantes de la glume. Ce genre a pour types des espèces de *Panicum* qui croissent abondamment dans les champs de toute l'Europe; tels sont les *Panicum verticillatum, viride* et *glaucum*. Le

Panicum italicum rentre aussi dans ce genre ; cette espèce est originaire de l'Inde, mais on la cultive depuis long-temps dans l'Europe méridionale, à cause de ses graines qui servent à la nourriture de l'Homme, et que l'on donne aussi aux Oiseaux ; d'où le nom de Panic ou Millet des Oiseaux sous lequel elle est vulgairement connue. Ses tiges s'élèvent jusqu'à un mètre de haut et portent des feuilles larges et velues à l'entrée de la gaîne. Les fleurs forment un épi serré et cylindrique, dont l'axe est couvert de poils laineux, et dont les ramifications sont très-courtes.

(G..N.)

* SETANG. pois. Les Malais nomment *Ikan Setang*, suivant Bontius, un Poisson qu'il a figuré, pl. 79 et qui est l'*Ostracion quadricornis* des méthodes. (LESS.)

SETARIA. bot. phan. *V.* Sétaire.

SETARIA. bot. crypt. (*Lichens.*) Le genre qu'Acharius nommait ainsi dans son *Prodromus Lichenographiæ*, a ensuite été appelé par lui *Alectoria*, nom qui a été généralement adopté. *V.* Alectorie. (A. R.)

* SETHIA. bot. phan. Genre de la famille des Erythroxylées, établi par Kunth (*Nov. Gen. Amer.*, p. 175 *in Adn.*) aux dépens des *Erythroxylum*, et qui ne diffère de ce dernier genre que par ses styles soudés en un seul, de manière que les stigmates seulement sont libres. Le *Sethia indica*, Kunth ; *Erythroxylum monogynum*, Roxburgh ; *Coromand.*, 1, tab. 88, est un Arbrisseau qui croît dans les montagnes de Circars, dans l'Inde orientale. Ses feuilles sont obtuses, penninerves, obovées-lancéolées. Les pédicelles sont à peine plus longs que les fleurs dont les pétales sont jaunes, à l'exception de leur onglet qui est blanc. (OBN.)

SÉTICAUDES. ins. (Duméril.) *V.* Nématoures.

SETICORNES. ins. (Duméril.) *V.* Chétocères.

SETIFER ou SETIGER. mam. Nom latin du genre Tanrec. *V.* ce mot. (is. g. st.-h.)

SETIGERA. mam. C'est, dans la classification d'Illiger, une famille de l'ordre des *Multungula*, comprenant le seul genre *Sus*. (is. g. st.-h.)

SÉTIPODES. *Setipoda*. annel. Blainville avait appliqué ce nom, dans ses premières classifications, à une classe d'Animaux articulés pourvus de soies roides en remplacement des pieds. Depuis il a substitué à cette dénomination celle de Chétopodes. (AUD.)

SETON. pois. Sous-genre de Chœtodon. *V.* ce mot. (B.)

* SETOPHAGA. ois. Sous ce nom générique, Swainson a séparé le *Muscicapa ruticilla* des Gobe-Mouches, et pense que ce genre est le représentant, dans l'Amérique tempérée, du genre *Rhipidure* de l'Australie. (LESS.)

SETOURA. ins. (Browne.) Syn. de Lépisure. *V.* ce mot. (B.)

* SEURUGA. pois. Espèce du genre Esturgeon. *V.* ce mot. (B.)

SÈVE. bot. phan. C'est le liquide diaphane que les racines puisent dans le sein de la terre et les feuilles dans l'atmosphère, et qui, après avoir subi une certaine élaboration, sert à la nutrition du Végétal. La Sève a deux sources principales ; elle provient de l'humidité qui existe dans la terre, car plus celle-ci contient d'eau, plus la Sève est abondante ; c'est ce que l'on observe, par exemple, après la pluie ou peu de temps après qu'on a arrosé une Plante. Cette humidité est absorbée par les racines en vertu d'une force particulière que déjà nous avons fait connaître. *V.* Nutrition. La Sève a en outre une autre origine ; les feuilles étendues dans l'atmosphère sont de puissans organes d'absorption ; mais cette absorption des fluides aqueux par les feuilles n'a lieu que dans certaines circonstances. Ainsi, quand l'atmosphère est très humide, la température peu élevée, et que la lumière du soleil ne trappe pas directement le Végétal, les feuilles absorbent une partie de l'eau réduite en vapeurs qui se trouve dans l'atmosphère, qu'elles convertissent en Sève; tandis que, dans des circonstances opposées, c'est-à-dire dans une atmosphère sèche, chaude et avec la lumière directe du soleil, ces organes sont le siége d'une exhalation bien évidente. Mais les racines, par l'abondance relative de Sève qu'elles fournissent, sont à juste titre considérées comme les organes essentiels de l'absorption du fluide séveux.

La Sève parcourt les différentes parties du Végétal; elle s'élève des racines vers la sommité des branches et se répand jusque dans le tissu des feuilles. Mais, indépendamment de ce mouvement d'ascension si manifeste au printemps dans certains Végétaux, et particulièrement dans la Vigne, la Sève suit aussi une marche inverse, c'est-à-dire que des parties supérieures de la Plante elle redescend jusque vers les racines : de là la distinction de la Sève en *ascendante* et en *descendante*. Nous suivrons successivement la Sève dans ces deux mouvemens opposés, et nous étudierons en même temps les phénomènes auxquels elle donne lieu.

L'ascension de la Sève est un phénomène trop universellement connu pour que nous croyions devoir en fournir des preuves. On sait qu'au retour du printemps le mouvement ascensionnel de la Sève est extrêmement marqué dans certains Végétaux, et qu'elle s'écoule par les plaies que l'on pratique à leurs branches : c'est ce que l'on remarque si bien quand on taille la Vigne; on voit s'écouler de ses branches tronquées une quantité considérable d'un liquide diaphane, limpide, et qui est presque de l'eau à l'état de pureté. Cette ascension de la Sève a non-seulement lieu chez un Végétal pourvu de racine, elle peut aussi s'opérer dans une branche détachée. Tout le monde

sait, en effet, que si l'on plonge une branche pourvue de ses feuilles dans un vase rempli d'eau, la branche continuera à végéter, parce que, par son extrémité inférieure, elle absorbera de l'eau qu'elle convertira en Sève. Un fait non moins remarquable, c'est que, si on retourne la branche, et si, après avoir retranché son sommet, on la plonge dans l'eau par sa partie supérieure, l'ascension de la Sève n'en aura pas moins lieu.

Quelle est la partie de la Plante par laquelle la Sève monte? Tant qu'on n'a pas eu recours à l'expérience, on n'a eu que des idées erronées sur ce point. Ainsi, les uns ont dit que c'était par la moelle, d'autres par l'écorce que s'opérait l'ascension des sucs séveux. Quelques-uns, comme Hales, entre le bois et l'écorce; mais les expériences de Bonnet ont démontré que c'était par les couches ligneuses, et particulièrement par celles qui avoisinent le plus le canal médullaire, qu'avait lieu le mouvement ascendant de la Sève. Si, en effet, on fait tremper une branche ou un jeune Végétal par son extrémité inférieure dans un liquide coloré, on pourra, au bout de quelque temps, en suivre les traces, surtout dans les vaisseaux lymphatiques qui avoisinent l'étui médullaire. Une expérience de Coulomb, dont le hasard lui fournit l'idée, vient encore à l'appui de cette opinion : ce physicien faisait abattre une allée de grands Peupliers dans le moment où ils étaient en pleine végétation. Sur un pied scié circulairement qui avait été renversé, mais qui néanmoins tenait encore par sa partie centrale, il vit des gouttelettes de liquide, mêlées de bulles d'air, s'élever des fibres intérieures rompues en faisant entendre un bruissement très-manifeste. Son attention éveillée par ce fait, il tenta quelques expériences sur les Arbres qui lui restaient à abattre; ainsi, en les faisant percer avec une large tarière, il vit que les fragmens que l'on retirait des couches extérieures du bois étaient presque secs, et qu'ils devenaient de plus en plus humides à mesure que la tarrière s'enfonçait plus profondément, et qu'enfin, arrivée vers le centre de la tige, la Sève commençait à s'écouler à l'extérieur. Le résultat de ces expériences fut présenté à l'Académie des Sciences, et les professeurs Thouin et Desfontaines, qui la répétèrent, eurent occasion d'en constater l'exactitude. Ainsi ce fait prouve que l'ascension de la Sève se fait par les couches ligneuses et plus particulièrement par celles qui sout les plus voisines de l'étui médullaire. L'expérience a encore démontré que la marche de la Sève n'était point arrêtée dans les Arbres privés de leur écorce aussi bien que dans ceux où la moelle était plus ou moins obstruée ou détruite.

Le fluide séveux monte non-seulement par les vaisseaux lymphatiques, mais encore par le tissu cellulaire allongé qui forme la masse du bois; il se répand ensuite de proche en proche dans les parties environnantes, soit par l'anastomose des vaisseaux, soit par une sorte d'exsudation. En traversant ainsi les couches du bois dans sa marche ascendante, la Sève lymphatique, qui n'est presque que de l'eau à l'état de pureté, se mélange avec la Sève nourricière dont, au printemps, les diverses parties du Végétal sont gorgées, et c'est ainsi que la Sève lymphatique ou ascendante peut devenir nourricière pour les bourgeons. En parlant précédemment (*V.* NUTRITION) de la succion des racines, nous avons rapporté les expériences de Hales qui prouvent la force avec laquelle a lieu l'ascension des fluides dans une tige même d'un petit diamètre, puisque cette force agit avec plus de puissance sur le niveau du mercure contenu dans un tube qu'une colonne d'air égale à toute la hauteur de l'atmosphère. Bonnet a aussi fait quelques expériences pour connaître la rapidité avec laquelle la Sève peut s'élever dans les vaisseaux lymphatiques; en plongeant de jeunes pieds de haricots dans les liquides colorés,

il a vu ces derniers s'y élever tantôt d'un demi-pouce dans une demi-heure, tantôt de trois pouces en une heure, tantôt enfin de quatre pouces en trois heures.

Nous devons mentionner ici les observations que le professeur Amici de Modène a faites avec son excellent microscope. Il résulte de ses expériences que les fluides renfermés dans les aréoles du tissu cellulaire des Plantes, se meuvent d'une manière tout-à-fait indépendante dans chacune des cellules ou des vaisseaux dont se compose le tissu végétal. Chaque cavité, dit cet habile physicien, constitue un organe distinct, et c'est dans son intérieur que le fluide se meut en tournoyant, indépendamment de la circulation particulière qui a lieu dans chacune des cavités adjacentes. C'est principalement sur les *Chara vulgaris* et *flexilis* et sur le *Caulinia fragilis*, Plantes aquatiques dont l'organisation se laisse plus facilement apercevoir à cause de la transparence de leurs parties, que le professeur de Modène a fait ses observations. Pendant son séjour à Paris, dans l'été de 1827, nous avons vu chez le professeur Amici, au moyen de son admirable microscope, un grand nombre des faits mentionnés dans ses Mémoires, et en particulier sur la marche des fluides dans les tubes des *Chara*. Ce mouvement du fluide, dans chaque cavité du tissu cellulaire, ou dans chaque vaisseau, peut être aperçu à cause des particules colorées qui nagent dans ce fluide. On voit ces particules, qui sont d'une extrême ténuité, remonter le long d'une des parois de la cavité; arrivées vers le diaphragme horizontal qui sépare cette cellule de celle qui lui est superposée, elles changent de direction, suivent un cours horizontal jusqu'à ce qu'atteignant la paroi latérale opposée, elles descendent jusqu'à la partie inférieure où leur marche redevient horizontale pour recommencer ensuite de la même manière. Il résulte de cette observation que, dans un même vaisseau ou une même cellule, il y a constamment quatre courans opposés, savoir : un ascendant, l'autre descendant et deux horizontaux. Une chose fort remarquable, c'est que la direction du mouvement dans chaque vaisseau ne semble avoir aucun rapport avec celle des tubes circonvoisins; ainsi quelquefois deux vaisseaux juxta-posés offriront le même mouvement, tandis que ceux qui les environnent auront dans le mouvement de leurs fluides une direction tout-à-fait opposée. Suivant le même observateur, on ne voit aucun globule mobile passer d'une cavité dans une autre. « Cependant, dit-il, je ne prétends pas établir que le suc renfermé dans un vaisseau ne pénètre pas, quand les circonstances l'exigent, dans les vaisseaux voisins. Je suis même persuadé que cette transfusion est nécessaire pour le développement de la Plante; mais la partie la plus fluide et la plus subtile du suc est la seule qui puisse pénétrer invisiblement à travers la membrane par des pores que l'œil, armé du microscope le plus fort, n'est point encore parvenu à apercevoir. » Quant à la cause de ces mouvemens, quelques auteurs l'ont attribuée à l'irritabilité dont est douée la membrane qui forme les cellules ou les tubes végétaux. Mais le professeur Amici ne partage pas cette opinion; il croit au contraire reconnaître la force motrice du fluide dans les espèces de granulations vertes, transparentes ou diversement colorées, tapissant les parois des tubes où elles sont disposées par rangées ou chapelets, et qui, par une action analogue à celle des piles voltaïques, impriment au fluide ses mouvemens. Les grains verts, contenus dans les vésicules du tissu cellulaire, sont les organes que Turpin désigne sous le nom de *globuline*, et que Dutrochet considère comme les analogues du système nerveux des Végétaux.

Mais quelle est la cause qui détermine l'ascension de la Sève? Comment ce fluide, aspiré par les raci-

nes, est-il ensuite porté jusqu'aux parties les plus supérieures du Végétal? C'est ici que les opinions des physiologistes sont loin de s'accorder, et c'est ici, à notre avis, le point le plus obscur de l'histoire de la Sève, car, malgré les travaux sans nombre dont cette partie a été l'objet, même dans ces derniers temps, cette question ne nous paraît point encore complétement résolue. Selon Grew, cette cause réside dans le jeu des utricules. Cet auteur, qui considérait le tissu végétal comme formé de petites utricules juxta-posées les unes au-dessus des autres, et communiquant toutes entre elles, pensait que la Sève, une fois entrée dans les utricules inférieures, celles-ci, se contractant sur elles-mêmes en vertu d'une force d'irritabilité qui leur était propre, la poussaient dans celles qui leur étaient immédiatement supérieures, et que, de proche en proche, et par un mécanisme semblable, la Sève s'élevait ainsi jusqu'au sommet du Végétal. Cette opinion a depuis été reproduite par le célèbre De Saussure : selon ce physicien habile la progression de la Sève est due à une contraction et à une dilatation successives des vaisseaux lymphatiques. Ces mouvemens seraient mis en jeu par l'irritabilité des membranes du tissu végétal, et ce sont les sucs eux-mêmes qui, par leur présence, irriteraient les vaisseaux. Nous reviendrons tout à l'heure sur cette opinion. Malpighi, au contraire, attribuait ce mouvement d'ascension des fluides à leur raréfaction et à leur condensation alternatives par le moyen de la chaleur. Quelques-uns, et entre autres Delahire qui croyait les vaisseaux lymphatiques munis de valvules analogues à celles qu'on observe dans les veines des Animaux, ont pensé que la Sève montait en vertu de cette disposition anatomique. Une fois absorbée par les racines, la Sève était ensuite poussée de proche en proche par celle qui était incessamment pompée par les radicules. Pérault a émis l'opinion que la

SEV

Sève était élevée dans les diverses parties du Végétal par une sorte de fermentation.

D'autres, et en très-grand nombre, ont considéré l'ascension de la Sève comme un phénomène purement physique, et entièrement analogue à l'ascension des liquides dans les tubes capillaires. Mais cette opinion ne peut être admise; car si en effet l'ascension de la Sève était due exclusivement à la capillarité des vaisseaux dans laquelle elle circule, ce mouvement serait indépendant de la vie, et aurait également lieu dans une branche morte qui se compose encore d'un grand nombre de tubes capillaires ; or c'est ce qui n'a pas lieu. Par conséquent la capillarité des vaisseaux n'est pas la seule cause qui fasse monter la Sève. Quelques-uns ont pensé que toute la force d'impulsion résidait dans toutes les racines, et que cette seule cause était assez puissante pour produire le phénomène qui nous occupe ici, oubliant sans doute qu'une branche, détachée d'un Arbre et trempée dans un liquide, aspire l'eau, et n'a cependant pas de racine. Mais aucune de ces opinions ne nous paraît propre à expliquer le phénomène dans son entier. Il est un assez grand nombre d'auteurs qui ont pensé que les feuilles, par la large surface qu'elles offrent à l'évaporation des sucs contenus dans le Végétal, produisaient continuellement un vide qui appelait les sucs séveux vers les parties supérieures. Il est vrai de convenir que cette cause doit en effet agir très-puissamment sur le mouvement ascendant de la Sève. Mais on sait aussi que ce liquide monte avec une très-grande force dans la Plante avant qu'aucune feuille soit développée, il faut donc qu'une autre cause détermine cette ascension.

Dutrochet a, dans ces derniers temps, émis sur les mouvemens des fluides une théorie extrêmement ingénieuse et que nous allons faire connaître ici. Le hasard lui fit découvrir une propriété bien singulière

dont jouissent les membranes organisées végétales ou animales. En observant au microscope les capsules ou apothécions d'une petite Moisissure, il vit sortir, par le sommet perforé de ces organes, de petits globules qui y étaient renfermés, et qui étaient évidemment les sporules. Mais à mesure que ces sporules sortaient par le sommet, l'eau dans laquelle plongeait la capsule pénétrait à travers ses parois et la remplissait ; cette introduction de l'eau à travers la membrane se faisait même avec assez de force, pour qu'après l'entière expulsion des globules, Dutrochet aperçût une sorte de petit courant d'eau sortir de l'intérieur de la capsule qui néanmoins resta pleine. Un fait analogue se représenta bientôt à lui. Ayant placé dans l'eau l'espèce de gaîne membraneuse qui recouvre le pénis du mâle dans la limace, et qu'il laisse remplie d'une matière spermatique très-épaisse dans l'organe femelle, il vit que cette gaîne, qui est renflée dans son fond et surmontée d'un col étroit, se vidait petit à petit de la matière spermatique en même temps qu'elle se remplissait d'eau par son fond. Cette seconde observation, entièrement semblable à la première, lui suggéra l'idée de tenter quelques expériences à cet égard. Il prit des cœcums de jeunes poulets, et, après les avoir bien lavés, il plaça dedans une certaine quantité de lait; ayant fermé par une ligature l'extrémité supérieure, il le plongea dans l'eau. Au moment de l'immersion, le cœcum pesait, avec le lait qu'il contenait, cent quatre-vingt-seize grains. Vingt-quatre heures après, l'ayant retiré de l'eau, son poids était de deux cent soixante-neuf grains; par conséquent il avait gagné soixante-treize grains par l'eau qu'il avait introduite. L'ayant replacé dans l'eau, que l'on avait soin de renouveler soir et matin afin de prévenir sa corruption, douze heures après le cœcum pesait trois cent treize grains. Ainsi dans l'espace de trente-six heures, le cœcum avait introduit dans sa cavité cent dix-sept grains d'eau ; et sa cavité, qui n'avait été primitivement qu'à moitié remplie, était actuellement complétement distendue par le liquide. Cette expérience, répétée un grand nombre de fois, eut toujours le même résultat, soit qu'on ait employé des membranes animales, soit qu'on se soit servi de membranes végétales, ainsi que le fit Dutrochet en remplaçant les cœcums de poulet ou les vessies natatoires de poissons, par des gousses de Baguenaudier. Cette introduction de l'eau à travers les parois des membranes n'a lieu que tant que cette membrane renferme un fluide plus dense que l'eau. Elle cesse de se montrer dès que ce fluide a été repoussé hors de la cavité par l'introduction de l'eau. Ce phénomène est le résultat d'une force particulière, d'une action physico-organique ou vitale, que l'auteur propose de désigner sous le nom d'*endosmose*. Toutes les fois que deux liquides de densité différente sont séparés par une membrane organisée, il s'établit entre eux un courant qui fait que le moins dense, attiré par celui qui l'est davantage, traverse la membrane pour se porter vers lui. L'auteur, en poursuivant ses expériences sur le même sujet, a été à même d'observer un autre phénomène qui complète cette première observation. Il a vu que lorsqu'on plonge un cœcum, ou toute autre cavité organique remplie d'eau pure dans un liquide plus dense, l'eau, renfermée dans la membrane, attirée par le liquide plus dense, traverse les parois de la membrane pour se réunir au liquide d'une densité plus considérable. Ce phénomène, quoique s'exerçant en sens inverse de l'endosmose, lui est entièrement semblable, puisque c'est toujours le passe d'un liquide moins dense à travers une membrane pour se réunir à un autre liquide plus dense. L'auteur donne à la force qui préside à ce phénomène le nom d'*exosmose*. Cette action, de même que l'endos-

mose, paraît être le résultat de l'électricité, et est entièrement analogue à celle que Porrett a obtenue par l'emploi direct de l'électricité galvanique. Ce physicien, dit Dutrochet, ayant séparé un vase en deux compartimens par un diaphragme de vessie, remplit d'eau l'un de ces compartimens, et n'en mit que quelques gouttes dans l'autre. Ayant alors placé le pôle positif de la pile dans le compartiment rempli d'eau, et le pôle négatif dans celui qui était à peu près vide, l'eau fut poussée au travers des parois de la vessie dans le compartiment vide, et elle s'y éleva à un niveau supérieur à celui auquel elle fut réduite dans le compartiment primitivement plein. Ce fait paraît tout-à-fait analogue à ceux dont l'observation vient d'être rapportée.

Dutrochet fit une autre expérience qui le mit sur la voie pour établir la théorie nouvelle qu'il a proposée sur l'ascension des fluides dans les Végétaux. Il pensa qu'en vertu de la force d'endosmose, il pourrait peut-être faire monter un liquide dans un tube. Voici comment il fit cette expérience. Il prit un tube de verre ouvert à ses deux bouts ; son diamètre intérieur était de deux millimètres, et sa longueur de trente-deux centimètres. Au moyen d'une ligature il fixa autour de l'extrémité inférieure l'ouverture d'un cœcum de poulet rempli avec une solution d'une partie de gomme arabique dans cinq parties d'eau. Le cœcum fut plongé dans l'eau de pluie, et le tube maintenu élevé verticalement au-dessus. Bientôt le cœcum devint turgide, c'est-à-dire qu'il se gonfla, et le liquide qu'il contenait ne tarda pas à monter dans l'intérieur du tube. Cette ascension s'opéra avec une vitesse de sept centimètres par heure ; et, quatre heures et demie après, le liquide, parvenu au sommet du tube, déborda par son ouverture et s'écoula au-dehors. Cet écoulement, après avoir duré pendant un jour et demi, s'arrêta ; et bientôt après le liquide commença à baisser dans le tube, par suite de l'altération qu'avaient éprouvée le liquide contenu dans le cœcum et le cœcum lui-même. Cette expérience fut ensuite répétée avec un tube de cinq millimètres de diamètre intérieur, et présenta les mêmes résultats.

L'auteur a fait l'application des principes qui découlent de ces expériences à la statique des fluides dans les Végétaux. Selon lui, l'ascension de la Sève est le résultat de l'endosmose. C'est elle, dit-il, qui produit en même temps la progression de la Sève par *impulsion* et sa progression par *adfluxion*. Nous allons exposer le mécanisme de ces deux modes de progression. Les spongioles des racines sont les organes dans lesquels la Sève ascendante reçoit l'impulsion qui la porte vers les parties supérieures du Végétal. Ces organes, siége exclusif de l'absorption de l'eau, sont très-turgides, et ne le deviennent plus par le seul effet de leur capillarité, quand, ayant subi une certaine dessiccation à l'air libre, elles sont ensuite replongées dans l'eau. Ceci prouve que leur état turgide dépend de l'endosmose et non de la simple capillarité. Environnées d'eau, les spongioles l'introduisent sans cesse dans l'intérieur des cellules qui composent spécialement leur tissu. Cette eau, sans cesse introduite par l'endosmose et accumulée avec excès dans les organes qu'elle rend turgides, ne trouve point, comme dans les feuilles, un moyen d'évacuation par l'évaporation. Dès-lors il en doit résulter un mouvement d'impulsion qui chasse l'eau dans les tubes ascendans de la racine et de la tige. L'eau, sans cesse affluant dans les spongioles par l'effet de l'endosmose, chasse vers les parties supérieures l'eau précédemment introduite. Telle est la cause de cette pression considérable à laquelle est soumise la Sève ascendante de la Vigne dans ses canaux, pression supérieure à celle de l'atmosphère, ainsi que l'ont prouvé les expériences

de Hales, répétées par Mirbel et Chevreul. Cet état de pression de la Sève existe, quoique d'une manière moins marquée, dans tous les Végétaux. Passons actuellement à la progression de la Sève par adfluxion. Supposons une tige coupée et plongée dans l'eau par sa partie inférieure, les cellules et les vaisseaux situés à la surface des feuilles, perdant par l'évaporation une partie des fluides qu'ils contiennent, l'endosmose sans cesse active de ces organes remplit le vide par l'introduction des fluides empruntés aux organes voisins, et cette action, qui opère l'adfluxion de la Sève vers les feuilles, s'étend de proche en proche jusqu'à la base de la tige qui trempe dans l'eau. L'endosmose des feuilles, et en général des parties molles et herbacées du Végétal qui, comme les feuilles, demeurent turgides, tend sans cesse à introduire dans les petites cavités organiques, les fluides fournis par les tubes dont les extrémités ouvertes plongent dans l'eau. Ainsi c'est par une sorte de *succion* (si toutefois il est permis de se servir de cette expression inexacte) que l'eau du vase est déterminée à monter dans les tubes de la tige, qui peuvent être, et qui souvent sont très-probablement inertes dans cette circonstance.

Telle est en abrégé la théorie nouvelle que Dutrochet propose pour expliquer l'ascension des fluides séveux des racines vers les parties supérieures de la Plante. C'est une hypothèse nouvelle ajoutée à toutes celles que l'on a déjà omises sur ce sujet important. Mais elle ne nous paraît pas plus propre que les autres à expliquer à elle seule tous les phénomènes de cette fonction dont le mécanisme nous semble encore peu connu. S'il nous était permis d'émettre une opinion sur ce point encore obscur de la physiologie des Végétaux, nous dirions que l'ascension de la Sève ne nous paraît pas dépendre, ainsi que l'ont voulu la plupart des physiologistes, d'une cause simple et unique, mais qu'elle est le résultat de plusieurs actions combinées. Ainsi l'extrême ténuité des tubes dans lesquels la Sève se meut, nous paraît être dans la condition des tubes capillaires, et dès-lors nous ne voyons pas comment on pourrait raisonnablement refuser aux tubes végétaux une propriété qui est si évidente et si générale dans les tubes inertes. Mais qu'on le remarque bien, nous n'admettons pas, comme certains auteurs, que la capillarité soit l'unique cause de l'ascension des fluides lymphatiques absorbés par les racines. Il en est de même de l'action exercée par les feuilles. Nul doute que par l'évaporation qui a lieu par leur surface et par le vide qui en résulte incessamment, la Sève ne soit puissamment appelée vers les parties supérieures de la Plante. Et d'ailleurs ici, comme dans la plupart des autres fonctions des Animaux et des Végétaux, nous sommes bien forcés d'admettre une force inconnue, puissante, active, résultat de l'organisation et de la vie qui préside à ces fonctions, qui en est l'agent immédiat et indispensable, et que l'on désigne sous le nom de *force vitale*. Mais indépendamment de ces différentes causes qui résident dans le Végétal lui-même, qui sont le résultat de son organisation, de son état de vie, plusieurs circonstances extérieures et accessoires tendent aussi à faciliter cette fonction; telles sont entre autres la température, l'action de la lumière et du fluide électrique. Ainsi on sait qu'en général une température chaude favorise singulièrement le cours de la Sève. Pendant l'hiver l'Arbre est gorgé de sucs qui sont dans un état stationnaire. Le printemps, en ramenant la chaleur, détermine aussi l'ascension des sucs. La lumière et le fluide électrique ont aussi une influence marquée sur les phénomènes de la marche de la Sève. Tout le monde a remarqué que, quand l'atmosphère reste long-temps chargée d'électricité, les Végétaux acquièrent un dé-

veloppement plus rapide et plus considérable, ce qui annonce nécessairement que la Sève a un cours plus prompt et plus puissant.

Nous venons d'exposer la marche que la Sève suit en montant des racines jusqu'au sommet des différentes parties du Végétal. Arrivés dans les feuilles, les fluides lymphatiques s'y répandent et y éprouvent différentes élaborations qui les convertissent en sucs nourriciers. Ainsi ils perdent une assez grande quantité d'eau par le moyen de la transpiration; eau qui, dans le plus grand nombre des cas, se répand en vapeurs dans l'atmosphère à mesure qu'elle se forme, et qui, dans d'autres, s'amasse sous la forme de petites gouttelettes. La Sève rejette aussi, par le moyen des feuilles, des substances gazeuses, comme de l'oxigène ou de l'acide carbonique, ce qui forme l'*expiration* végétale. Mais d'un autre côté elle se trouve dans les feuilles mise en contact avec l'air atmosphérique, et y éprouve un changement encore peu connu, mais analogue à celui que le sang éprouve dans le tissu des poumons. C'est après avoir subi ces élaborations diverses, qui exercent une influence bien marquée sur la composition intime et par conséquent sur son mode d'action, que la Sève, ayant acquis toutes les qualités propres à la nutrition et suivant une marche inverse, descend des feuilles vers les racines. C'est ce qui constitue la Sève descendante ou nutritive dont nous devons maintenant étudier les phénomènes

Une foule d'expériences et de faits bien constatés ont prouvé l'existence d'un double mouvement en sens opposé de la Sève dans les Végétaux. La Sève, que nous avons vu monter par les couches ligneuses les plus voisines de l'étui médullaire, redescend ensuite par l'aubier et l'écorce des parties supérieures du Végétal jusque vers les racines. Ce mouvement descendant est prouvé par l'expérience et par les phénomènes sensibles de la végétation. Si l'on fait au tronc d'un Arbre dicotylédon une forte ligature, on verra se former au-dessus de cette ligature un bourrelet circulaire qui deviendra de plus en plus saillant. Cette expérience prouve : 1° qu'il y a accumulation de fluides nutritifs au-dessus de la ligature, et que par conséquent ces fluides descendaient des parties supérieures vers les inférieures ; 2° que ces fluides cheminaient par la partie externe du Végétal, puisqu'il n'y a que les couches extérieures sur lesquelles puisse s'exercer la pression de la ligature ; 3° enfin que la Sève ascendante ne monte pas par les couches externes du Végétal, sans quoi le bourrelet circulaire se serait développé au-dessous et non au-dessus de la ligature.

La Sève descendante renferme les matériaux nutritifs de la Plante. Dutrochet pense que ce sont les trachées qui sont destinées à rapporter les fluides nourriciers des feuilles et à les répandre dans les différentes parties du Végétal, et à leur fournir les principes nécessaires à leur nutrition et à leur développement. L'existence de la Sève descendante est encore prouvée par l'examen attentif du phénomène du bourrelet annulaire qui se forme au-dessus d'une ligature. Toute la partie de la tige placée au-dessous du bourrelet cesse de s'accroître, et l'on ne voit aucune nouvelle couche ligneuse se développer, d'où il résulte nécessairement que c'est la Sève ascendante qui fournit les principes nécessaires à son accroissement. En effet, à mesure que la Sève élaborée descend ainsi du sommet du Végétal vers la racine en traversant l'écorce et les couches d'aubier, elle dépose, dans l'intervalle qui sépare ces deux organes, une matière fluide visqueuse qui, par les progrès de la végétation, s'organise et se convertit insensiblement en une nouvelle couche d'aubier et d'écorce. C'est cette matière que l'on a désignée sous le nom de *Cambium*, et qui joue un rôle si important dans

l'accroissement en diamètre des Végétaux dicotylédons.

Indépendamment de la Sève descendante, on trouve dans certains Végétaux des sucs colorés d'une nature particulière suivant chaque Végétal, et qu'on désigne sous le nom de sucs propres ; tels sont les sucs blancs et laiteux des Euphorbes, des Figuiers, le suc jaune des Chélidoines, le suc rouge des Sanguinaires, les sucs gommeux et résineux qu'on observe dans un si grand nombre de Végétaux. La plupart des physiologistes ont confondu ces sucs propres avec la Sève descendante, mais ils en sont fort distincts, et paraissent être plutôt le résultat d'une sécrétion particulière, mais dont le principe et le mécanisme ne sont point encore parfaitement connus.

Dans nos climats tempérés, le mouvement progressif de la Sève se fait à deux époques différentes de l'année. Indépendamment du mouvement ascensionnel de la Sève au printemps, nous voyons vers la fin de l'été un nouveau mouvement s'opérer dans la marche des fluides qui se répandent entre le bois et l'écorce. C'est ce qui constitue la *Sève d'août ;* aussi à cette époque peut-on greffer les Arbres en écusson, parce que l'écorce se trouve en quelque sorte détachée de l'aubier par une nouvelle couche de cambium. De Saussure a observé que ni la chaleur, ni le froid, ni l'état actuel de l'atmosphère, ne retardent ni n'avancent l'époque de ce mouvement, ce qui semble démontrer que, de même que pour la Sève du printemps, la cause de ce mouvement est tout-à-fait intérieure. Ces deux périodes, distinctes dans la marche des fluides nourriciers, ne se remarquent pas dans les régions intertropicales où la Sève est continuellement en mouvement. Aussi les Arbres de ces pays ne peuvent-ils pas être greffés en écusson. Dans les Arbres de nos climats, la Sève du printemps correspond avec l'évolution des bourgeons, et celle d'août avec la formation des bourgeons qui doivent se développer l'année suivante, ce qui semble établir un rapport intime entre ces deux phénomènes.

(A. R.)

SÉVOLE. bot. phan. Pour *Scævola. V.* ce mot.

(G..N.)

*SEWEWEL. mam. Nom employé par les Indiens de la Columbia dans l'Amérique du Nord pour désigner l'*Arctomys rufa* de Harlan ou *Anisonyx rufa* de Rafinesque. (LESS.)

SEXES. zool. bot. Ce mot s'entend sous deux acceptions différentes : tantôt on l'applique aux organes spéciaux, à l'aide desquels s'effectue la génération, et qui sont distingués en organes sexuels mâles et en organes sexuels femelles, tantôt aux différences d'organisation que l'existence de ces organes entraîne avec elle chez les individus qui les présentent, et c'est dans cette dernière acception que l'on dit un individu du sexe mâle, un individu du sexe femelle ou féminin. Mais, comme aux articles ANIMAL, GÉNÉRATION, ainsi qu'au nom des différentes classes d'Animaux, comme MAMMIFÈRES, OISEAUX, INSECTES, MOLLUSQUES, etc., nous avons suffisamment parlé de la structure des organes sexuels, nous croyons devoir renvoyer à chacun de ces mots.

Les Végétaux sont aussi pourvus d'organes sexuels, et par conséquent de sexes comme dans les Animaux ; chez eux la génération s'effectue au moyen de deux appareils d'organes, l'un mâle nommé *étamine* et l'autre femelle appelé *pistil.* Ce n'est que dans le XVIᵉ siècle que Camerarius et Grew, à peu près à la même époque, reconnurent par l'expérience quels étaient les usages des diverses parties de la fleur, et en particulier des étamines et du pistil. Depuis cette époque, presque tous les naturalistes conviennent de l'analogie de fonctions qui existe entre l'étamine et le pistil des Végétaux et les organes sexuels des Animaux. Cependant quelques botanistes, même assez récemment, ont voulu nier l'existence

des sexes dans les Plantes. Selon eux la formation de l'embryon, c'est-à-dire du corps organisé qui, en se développant, doit former un nouveau Végétal, et qui, sous tous les rapports, est analogue au fœtus animal, n'a pas besoin d'une fécondation préalable, et se développe comme les autres parties du Végétal. Mais l'expérience a tant de fois prouvé le contraire de cette assertion qu'on a peine à concevoir qu'elle ait pu être reproduite de nouveau. Néanmoins il faut convenir que, dans les Végétaux aussi bien que dans les Animaux, la reproduction n'a pas uniquement lieu par le moyen de fœtus ou d'embryons fécondés. Ainsi nous savons que dans le règne animal, dans les Animaux rayonnés, où l'organisation est la plus simple, les organes des sexes ne sont point apparens, et l'Animal se reproduit, soit par le moyen de ses appendices latéraux qui se séparent pour constituer chacun un nouvel individu, soit par le moyen de gemmes ou de bourgeons qui se développent sur sa surface et s'en détachent ensuite pour former d'autres êtres entièrement semblables, et perpétuent ainsi l'espèce.

Il en est de même dans les Végétaux. Nous voyons dans les classes inférieures, dans les Algues, les Champignons, les Mousses, etc., la reproduction avoir lieu sans l'existence d'organes sexuels ; ce sont des espèces de gemmes ou de bourgeons qui ont reçu les noms de sporules ou de gongyles, et qui reproduisent les nouveaux individus ; mais ces corps se sont développés et ont acquis toute leur perfection sans l'action des organes sexuels qui, en effet, n'existent pas dans ces Végétaux ; de-là le nom d'*agames* sous lequel ils sont désignés.

Dans les Animaux, les organes sexuels appartiennent chacun à un individu, en sorte que l'espèce se compose de deux individus, l'un mâle et l'autre femelle. Les exceptions à cette disposition sont très-rares, et ne s'observent que dans les

Animaux d'un ordre inférieur qui réunissent sur le même être les organes mâles et les organes femelles, c'est-à-dire qu'ils sont hermaphrodites. Le contraire a lieu dans les Végétaux, c'est-à-dire que les organes des deux sexes sont non-seulement placés sur le même individu, mais que le plus souvent aussi ils sont réunis dans la même fleur. Quand cette dernière disposition a lieu, c'est-à-dire quand les étamines et les pistils se trouvent réunis dans la même fleur, on dit alors que cette fleur, et par suite la Plante à laquelle elle appartient, sont hermaphrodites; si, au contraire, les organes mâles et les organes femelles sont séparés dans des fleurs distinctes, ces fleurs sont dites *unisexuées;* et suivant que les fleurs mâles et femelles seront réunies sur un même pied ou suivant qu'elles seront portées sur deux individus séparés, les espèces dans lesquelles on observera ces dispositions seront appelées monoïques ou dioïques. *V.* Étamine, Pistil, Génération, etc.

(A. R.)

SEY. pois. Espèce du genre Gade. *V.* ce mot.	(B.)

SEYMERIE. *Seymeria.* bot. phan. Genre de la famille des Scrophulariées et de la Didynamie Angiospermie, L., établi par Pursh (*Flor Amer.,* suppl. 2, p. 737) et qui est le même que l'*Afzelia* de Walter dont le nom a été transporté à un autre genre par Smith. Voici les caractères de ce genre : le calice est à cinq divisions très-profondes; la corolle est campanulée et rotacée à sa base, divisée en cinq lobes, arrondis, entiers et presque égaux. Les quatre étamines sont à peine inégales, presque sessiles, insérées près de l'orifice du tube de la corolle; les anthères sont oblongues et nues; le style est décliné. La capsule est ovoïde, renflée, aiguë, à deux loges s'ouvrant par son sommet en deux valves. Ce genre, très-voisin du *Gerardia* dont il diffère par sa corolle presque plane et rotacée, à lobes presque égaux, se compose de trois

espèces originaires de l'Amérique du nord. Ce sont des Plantes herbacées, ayant des feuilles opposées et pinnatifides. Dans une espèce, et peut-être dans toutes, on trouve le rudiment d'une cinquième étamine, ce qui, selon Pursh, établit quelques rapports entre ce genre et les genres *Celsia* et *Verbascum* de la famille des Solanées.

(A. R.)

SHAL. pois. Sous-genre des Silures. *V.* ce mot.	(LESS.)

SHAN-HU. ois. Espèce du genre Merle. *V.* ce mot.	(B.)

SHAWIA. bot. phan. Genre de la famille des Synanthérées, établi par Forster, mais trop imparfaitement connu pour qu'on ait pu déterminer bien exactement la tribu à laquelle il doit être rapporté. Cassini, dans son article *Myriadène* du Dictionnaire des Sciences naturelles, a publié une description de ce genre faite d'après un échantillon incomplet qui existe dans l'herbier du Muséum. Il a donné ensuite la traduction littérale d'une description latine et inédite faite par Forster lui-même, et, d'après ces renseignemens, il a été porté à considérer le *Shawia* comme appartenant probablement à la tribu des Vernoniées. Voici les caractères principaux de ce genre, tels qu'ils résultent des descriptions ci-dessus mentionnées : calathides tantôt pédonculées et isolées, tantôt sessiles et fasciculées; involucre composé de folioles régulièrement imbriquées, appliquées, coriaces, extérieurement glanduleuses; les extérieures courtes et ovales, les intérieures longues, lancéolées; réceptacle petit, nu, uniflore; corolle courte, infundibuliforme, à limbe quinquéfide, linéaire; style à stigmate bifide, étalé; fruit oblong, presque cylindracé, velu, presque tomenteux, muni d'un bourrelet basilaire et d'une aigrette composée de poils roussâtres. Le genre *Shawia* a été cité par De Candolle (*Prodrom. Syst. Veget.,* vol. 2, p. 3) comme le même que le *Turpinia* de Bonpland; mais Cassini regarde ces deux genres comme très-distincts, et n'ayant que des analogies apparentes. Le *Shawia paniculata*, Forst., est un Arbre rameux, à rameaux étalés, blanchâtres, garnis de feuilles alternes, péliolées, ovales-oblongues, très-entières, onduleuses, obtuses, vertes et glabres en dessus, tomenteuses et blanchâtres en dessous. Les fleurs sont disposées en panicules axillaires et terminales. Cette Plante est originaire des îles de la mer du Sud.   (G..N.)

* SHAWIE. *Shawia.* POLYP.? On lit dans l'Histoire des Polypiers flexibles de Lamouroux, p. 227 : « Le docteur G. Shaw, dans les Transactions de la Société Linnéenne de Londres, vol. 5, p. 228, tab. 9, a donné la description et la figure d'un Animal qu'il regarde comme une Tubulaire, et qu'il nomme *T. magnifica* à cause de sa beauté. Il n'appartient pas à ce genre, le tube ayant la faculté de se contracter et de s'allonger. Cette propriété, qui ne s'observe dans aucun Polypier coralligène flexible, m'a empêché de parler de cet objet aussi beau que singulier. Il a beaucoup de rapports avec les Actinies, et forme un genre bien distinct dans la classe des Radiaires. On pourrait le nommer *Shawia* du nom de celui qui l'a découvert. » Nous ferons observer qu'il n'est pas d'usage de donner un nom d'Homme à un genre d'Animal : on abuse assez de cette faculté dans la botanique. Lamarck paraît regarder la prétendue Tubulaire de Shaw comme une espèce d'Amphitrite. *V.* ce mot. (B.)

SHEFFIELDIA. BOT. PHAN. Le genre établi sous ce nom par quelques botanistes a été réuni au *Samolus. V.* ce mot.   (G..N.)

SHELTOPUSIK. REPT. SAUR. Espèce du genre Hystérope ou Bipède. *V.* HYSTÉROPE.   (IS. G. ST..H.)

* SHÉPHERDIE. *Shepherdia.* BOT. PHAN. Genre de la famille des Eléagnées, établi par Nuttall (*Gen. of North. Amer. Plant.*) pour l'*Hippo-*

phae canadensis de Linné, et que nous avons caractérisé de la manière suivante dans notre Monographie de la famille des Eléagnées (Mém. Soc. Hist. nat. Par. T. 1). Les fleurs sont unisexuées et dioïques; les mâles se composent chacune de huit étamines, et sont disposées en chatons globuleux et écailleux; les femelles forment des espèces de petites grappes au sommet des rameaux; leur calice offre un tube ovoïde, un limbe à quatre divisions planes et aiguës; l'entrée du tube du calice est garnie de huit grosses glandes arrondies et saillantes qui la masquent en grande partie; le fruit est crustacé, monosperme, indéhiscent, ovoïle, recouvert par le tube du calice qui devient charnu et forme une sorte de noix. Ce genre se compose de deux espèces, toutes deux originaires de l'Amérique septentrionale. L'une, *Shepherdia canadensis*, Nutt., *loc. cit.*, Rich., Monogr. Eléagn. T. XXIV, fig. 3, est un Arbrisseau à feuilles opposées, ayant ses rameaux terminés en pointe épineuse; ses feuilles sont oblongues, aiguës, glabres supérieurement et couvertes à leur face inférieure de petites écailles brillantes et ferrugineuses. L'autre, *Shepherdia argentea*, Nutt., *loc. cit.*, *Hippophae argentea*, Pursh., est un Arbre de moyenne grandeur, ayant également ses rameaux épineux, ses feuilles opposées, oblongues, obtuses et couvertes sur leurs deux faces d'une sorte de duvet écailleux et argenté. Elle croît aussi dans l'Amérique du nord.   (A. R.)

SHEP-SHEP. OIS. Espèce du genre Bruant. *V.* ce mot.   (DR..Z.)

SHÉRARDIE. *Sherardia.* BOT. PHAN. Genre de la famille des Rubiacées et de la Tétrandrie Monogynie, L., appartenant à la tribu des Aspérulées, et se distinguant par les caractères suivans : le limbe du calice est à six divisions subulées, dressées, persistantes, dentées et comme épineuses sur les bords. La corolle est monopétale, infundibuliforme, ayant le tube assez long et très-grêle; le limbe a quatre lobes égaux; les étamines, au nombre de quatre, sont de la même longueur que la corolle, mais saillantes à travers les incisions du limbe; les anthères sont ovoïdes; les filets capillaires et insérés au tube. L'ovaire est surmonté d'un style simple à sa base, bifide à sa partie supérieure dont chaque division porte un stigmate. Le fruit se compose de deux coques indéhiscentes, monospermes, couronnées par les lobes du calice, d'abord unies entre elles par leur face interne qui est presque plane et marquée d'un sillon longitudinal qui aboutit inférieurement à un petit tubercule perforé. La face extérieure est convexe et tuberculée; le péricarpe est mince, immédiatement appliqué sur la graine avec laquelle il est adhérent. L'endosperme est corné et contient un embryon cylindrique et un peu courbé devant l'ombilic. Ce genre se compose de deux ou trois espèces herbacées ou légèrement frutescentes, ayant des feuilles verticillées, des fleurs axillaires. L'une d'elles est commune dans presque toute l'Europe; c'est le *Sherardia arvensis*, L., qui croît dans les lieux incultes et le long des murailles. Ce genre se distingue des *Galium* par sa corolle filiforme et son fruit à deux coques distinctes et couronnées par le calice; des Aspérules par son fruit couronné et à deux coques qui se séparent l'une de l'autre.   (A. R.)

SHISTURE. *Shisturus*. INTEST. Rudolphi a établi sous ce nom un genre de Vers intestinaux qu'il caractérise ainsi : corps allongé, cylindrique, divisé, bifide en arrière et terminé en avant par une trompe. On ne connaît encore qu'une espèce, le Shisture paradoxal, *Shisturus paradoxus*, Rud. Ce genre et l'espèce qu'il renferme ont été fondés sur une figure assez incomplète et une description données par Redi (*Opusc. Phys.*, part. 3, *de Animalculis vivis quæ in*

corp. *Anim. viv. reperiuntur*, p. 249, pl. 20, fig. 1-4). Cet Animal singulier est encore trop incomplétement connu pour qu'il soit possible de lui assigner des caractères certains. On l'a trouvé dans l'estomac et les intestins du Poisson Lune, *Tetrodon Mola*.   (AUD.)

SHITNIK. MAM. *V.* CHITNIK.

SHOREA. BOT. PHAN. Roxburgh avait envoyé en Angleterre, sous le nom de *Shorea robusta*, le fruit d'un Arbre de l'Inde que Gaertner fils décrivit et figura dans sa Carpologie, p. 47, tab. 186. Il donna plus tard (*Corom.*, 3, p. 10, tab. 212) une description complète de cette Plante remarquable qui forme un genre nouveau de la Polyandrie Monogynie, L., et voisin du *Dipterocarpus* de Gaertner fils, ou du *Pterygium* de Corréa. Le *Shorea robusta* est un Arbre qui croît dans les montagnes de l'Inde septentrionale. Son tronc est épais et élevé, car on en fait des solives qui ont jusqu'à trente pieds de long sur deux pieds d'équarrissage. Ses feuilles sont alternes, portées sur de courts pétioles, entières, cordiformes, glabres et d'une consistance ferme; elles sont munies de stipules caduques et de petites glandes. Les fleurs sont nombreuses, grandes, d'un jaune pâle, accompagnées de petites bractées et disposées en une panicule très-rameuse, située au sommet des branches. Chaque fleur offre un calice infère, persistant, à cinq sépales inégaux qui s'accroissent et se transforment en cinq grandes ailes enveloppant le fruit; une corolle à cinq pétales ovales-lancéolés, trois ou quatre fois plus longs que le calice avant son accroissement; des étamines, au nombre de vingt-cinq à trente, plus longues que le calice et insérées à la base de l'ovaire; un ovaire conique surmonté d'un style subulé, persistant, et d'un petit stigmate; un fruit capsulaire ovale, pointu, enveloppé par les folioles du calice, à une seule loge, et contenant une graine ordinairement solitaire; ou rarement deux.

Le bois de cet Arbre est d'un usage général au Bengale pour la fabrication des poutres et soliveaux; sa couleur est brune luisante uniforme, et son grain très-serré. Cependant il ne paraît pas très-durable, et sous ce rapport il est bien inférieur au bois de Teck, qui est le premier de tous les bois de charpente pour la force et la résistance.

L'Arbre qui porte, dans les grandes îles de la Sonde, le nom de *Kapourbarros* et qui fournit beaucoup de camphre, a été considéré par Corréa de Serra comme étant le *Shorea robusta*, mais Roxburgh ne dit rien de ce produit remarquable.   (G..N.)

SHORLITE. MIN. Kirwan a décrit sous ce nom un Minéral qui paraît être la même chose que la Pycnite. *V.* ce mot.   (G. DEL.)

SHULZIA. BOT. PHAN. Sous ce nom, Rafinesque Smaltz (Journ. de Botanique, 1, p. 219) a décrit fort imparfaitement un genre de la famille de Orobanchées et de la Didynamie Angiospermie, L., auquel il a imposé les caractères essentiels suivans : calice persistant, à deux divisions; corolle tubuleuse, à deux lèvres, la supérieure bifide, l'inférieure entière; quatre étamines didynames; ovaire supère; stigmate sessile; capsule uniloculaire, bivalve, renfermant un grand nombre de graines. Le *Shulzia obolarioides* est une Plante à feuilles opposées, sessiles et ovales; à fleurs disposées en épis et munies de bractées qui renferment chacune trois fleurs. Cette Plante croît dans la Pensylvanie.   (G..N.)

* SIACOU. OIS. Pour SAYACOU. *V.* ce mot.   (B.)

SIAGONE. *Siagona*. INS. Genre de l'ordre des Coléoptères, section des Pentamères, famille des Carnassiers, tribu des Carabiques, section des Bipartis, établi par Latreille et adopté par tous les entomologistes avec ces caractères : corps très-dé-

primé; tête assez grande, presque carrée, assez plane, munie d'un sillon transversal à sa partie postérieure. Antennes presque sétacées, un peu moins longues que le corps, composées de onze articles; ces articles, à l'exception du premier, à peu près de même longueur; le premier allongé, conique; le second et le troisième presque coniques; les autres cylindriques. Labre transverse, un peu avancé, presque coupé carrément, dentelé à sa partie antérieure. Mandibules fortes, un peu avancées, arquées, ayant à leur base une assez forte dent. Palpes peu allongés; le dernier article des maxillaires extérieurs allant un peu en grossissant vers l'extrémité; palpes labiaux ayant le même article fortement sécuriforme. Menton très-grand, inarticulé, sans suture, recouvrant presque tout le dessous de la tête, très-fortement échancré, ayant dans son milieu une dent bifide. Corselet presque en cœur, échancré en devant, un peu prolongé postérieurement, séparé des élytres par un étranglement. Abdomen ovale; pates de longueur moyenne; cuisses assez fortes; jambes antérieures sans dents au côté extérieur, fortement échancrées intérieurement; articles des tarses entiers, le dernier le plus grand de tous. Ce genre se distingue des Scarites, Oxygnathes, Ozènes, Morions, Aristes et de tous les autres genres de sa tribu, parce que ceux-ci ont le menton articulé et laissant à découvert une grande partie de la bouche; le genre Encelade seul a le menton inarticulé comme les Siagones; mais il s'en distingue facilement parce que le côté intérieur de ses jambes de devant n'est pas fortement échancré.

Ce genre avait été confondu avec les *Cucujus* et les *Galerita* par Fabricius; il se compose de cinq à six espèces propres à l'Afrique et aux Indes-Orientales. On ne sait rien sur leurs mœurs. Ce genre peut être divisé en aptères et en ailés; parmi les premiers nous citerons :

Le SIAGONE RUFIPÈDE, *Siagona ru-*

fipes , Latr., *Gen. Crust. et Ins.* , etc. , pl. 7, fig. 9; *Cucujus rufipes* , Fabr. Long de sept lignes; d'un noir brunâtre, ponctué. Élytres planes, ovales , rétrécies à la base ; antennes et pieds roux. De Barbarie.

Dans les espèces ailées :

Le SIAGONE D'EUROPE, *Siagona europœa*, Dej., Spec. des Col. T. II, p. 468, Supp. Longue de quatre à cinq lignes, d'un noir brunâtre ; tête et corselet ayant des points épars ; élytres presque planes, presque ovales , ponctuées ; antennes et pates d'un brun roux. Nous l'avons figurée dans notre Iconographie du règne animal, Insectes, pl. 3, fig. 1. Cette espèce a été trouvée en Sicile par Lefebvre. (G.)

SIAGONIA. POIS. Rafinesque a proposé sous ce nom sa dix-neuvième famille de Poissons, caractérisée par des mâchoires allongées et dentées, comprenant les genres Scombrésoce de Lacépède, les Belones et les Nolacanthes. (LESS.)

SIAGONIE. *Siagonium*. INS. Kirby donne ce nom (*Intr. to Entom.* T. 1, 3) a un genre de Coléoptères brachélytres que Latreille a publié sous le nom de Prognathe. *V.* ce mot. (G.)

SIAGONOTES. POIS. (Duméril.) *V.* ABDOMINAUX.

* SIAGOUSH. MAM. L'un des noms de pays du Caracal. *V.* ce mot et CHAT. (R.)

SIALIS. INS. Genre de l'ordre des Névroptères, section des Filicornes, famille des Planipennes, tribu des Semblides, établi par Latreille aux dépens du genre *Hemerobius* de Linné, et auquel Fabricius donnait le nom de Semblis. Les caractères de ce genre sont exprimés ainsi : corps un peu arqué ; tête transverse, déprimée, penchée, de la largeur du corselet. Point d'ocelles ; antennes simples, sétacées, composées d'un grand nombre d'articles cylindriques. Labre avancé, demi-coriace, transversal, entier, ses bords latéraux arrondis. Mandibules petites , cornées , presque trigones ; leur extrémité formant brusquement un crochet aigu, sans dents. Mâchoires presque crustacées, ayant deux lanières à leur extrémité, celles-ci petites, presque droites, conniventes, obtuses; l'extérieure coriace, un peu plus épaisse que l'autre; l'interne un peu plus longue, presque linéaire. Palpes filiformes, leurs articles presque égaux, cylindriques ; les maxillaires plus longs que les labiaux, de quatre articles , les labiaux de trois ; le dernier des uns et des autres un peu aminci à sa base , obtus à l'extrémité. Lèvre carrée ; corselet assez grand , transversal , presque cylindrique. Ailes en toit, rabaissées postérieurement; pates de longueur moyenne ; tarses de cinq articles , le pénultième bilobé. Abdomen beaucoup plus court que les ailes. Ce genre se distingue des Corydales et des Chauliodes qui composent avec lui la tribu des Semblides , parce que ces derniers ont trois ocelles très-visibles sur le vertex, et que leurs ailes sont couchées horizontalement sur le corps. Les mœurs des *Sialis* ont été étudiées par Rœsel ; la femelle de l'espèce la plus commune, *S. lutarius* , dépose une quantité prodigieuse d'œufs qui se terminent brusquement par une petite pointe sur les feuilles des plantes ou sur les corps situés près des eaux. Ils y sont implantés perpendiculairement comme des quilles avec symétrie, contigus, et y forment de grandes plaques brunes. La larve vit dans l'eau où elle court et nage très-vite. Elle a, ainsi que celle des Éphémères, de fausses branchies sur les côtés de l'abdomen, et son dernier anneau s'allonge en forme de queue : elle se change en nymphe immobile.

Le SIALIS DE LA BOUE, *Sialis lutarius*, Latr. ; *Semblis lutarius*, ibid. ; *Hemerobius lutarius*, L. ; figuré par Rœsel, Ins. , 2, Class. 2, Ins. aquat. XIII ; est d'un noir mat, avec les ailes d'un brun clair, chargées de nervures noires. Se trouve aux environs de Paris dans les lieux aquatiques. (G.)

SIALITE. BOT. PHAN. Nom de pays francisé pour ramener, dans le Dictionnaire de Déterville, le genre *Dillenia* qui se trouvait oublié à son ordre alphabétique. *V*. DILLÉNIE.

(B.)

* SIALLOUS et SOCIELLOUS. *Scillus*. BOT. CRYPT. (*Champignons*.) Nom donné dans les parties méridionales de la France où le dialecte dérive du latin à certains Bolets. (B.)

* SIAMANG. MAM. Sous ce nom malais, sir Raffles a décrit une belle espèce de Gibbon qu'il a nommée *Simia syndactyla*, et que Fr. Cuvier a figurée dans la trente-quatrième livraison de ses Mammifères sous le même nom. C'est un Animal à pelage noir, épais, dont l'index et le médius des pieds sont réunis jusqu'à la seconde phalange. Il vit dans les forêts de Sumatra. Notre collaborateur Guérin l'a représenté, comme type du genre *Hylobates*, dans son Iconographie du Règne Animal de Cuvier, Mammifères, pl. 1, fig. 5 et 3 a. *V*. GIBBON au mot ORANG.

(LESS.)

SIAME-BLANC. MOLL. Nom vulgaire et marchand du *Turbinella Pyrum*, Lamk. (D..H.)

SIAMOISE. MOLL. *Turbinella lineata*, Lamk. (D..H.)

SIBBALDIE. *Sibbaldia*. BOT. PHAN. Genre de la famille des Rosacées, tribu des Fragariacées, offrant pour caractères : un calice plan à cinq découpures, muni extérieurement d'un calicule de cinq folioles ; une corolle de cinq pétales très-petits ; généralement cinq étamines et cinq pistils, et pour fruit cinq akènes contenant chacun une graine renversée, et réunis sur un polyphore non charnu. Ce genre se compose de six espèces. Ce sont de petites Plantes vivaces, originaires des contrées septentrionales et orientales de l'Europe et de l'Asie. Sur ces six espèces une seule croît en Europe, *Sibbaldia procumbens*, L., *Fl. dan*. T. 32 ; c'est une petite Plante portant des feuilles trifoliolées, des petites fleurs en co-

rymbe, dont les pétales lancéolés sont à peine de la longueur du calice. On la trouve dans les régions alpines de l'Europe, de la Sibérie et de l'Amérique. (A. R.)

SIBÉRITE. MIN. C'est le nom que l'on a donné à la Tourmaline rouge, parce qu'on l'a trouvée en premier lieu en Sibérie. *V*. TOURMALINE.

(G. DEL.)

* SIBIA. BOT. PHAN. De Candolle a donné ce nom à la première section du genre *Lagerstræmia*. *V*. ce mot. (G..N.)

SIBINIE. *Sibinia*. INS. Genre de Coléoptères établi par Germar et adopté par Schœnherr. *V*. RHYNCHOPHORES. (G.)

* SIBON. REPT. OPH. Espèce du genre Couleuvre. *V*. ce mot. (B.)

SIBTHORPIE. *Sibthorpia*. BOT. PHAN. Genre de la famille des Scrophulariées et de la Pentandrie Monogynie, L., offrant les caractères suivans : le calice est monosépale, campanulé, offrant de cinq à sept lobes ; la corolle est monopétale, régulière, à tube assez court et à limbe plan, offrant de cinq à sept lobes ; les étamines en même nombre sont insérées à la base de chacune des incisions du limbe ; leurs filets sont courts et leurs anthères presque réniformes et à deux loges introrses. L'ovaire est libre, à deux loges contenant chacune un assez grand nombre d'ovules attachés à un trophosperme placé au milieu de chaque cloison. Le style est court, persistant, épais, terminé par un stigmate bilobé ; à sa base l'ovaire est accompagné par quatre ou cinq appendices subulés et charnus, à peu près de la même hauteur que lui, et qui paraissent faire partie d'un disque hypogyne ; le sommet lui-même de l'ovaire est couvert de poils articulés et dressés. Le fruit est une capsule comprimée, à deux loges polyspermes s'ouvrant en deux valves, portant chacune la moitié de la cloison sur le milieu de leur face interne. Les graines contiennent sous un tégument propre un endosperme charnu vers la base et dans l'intérieur duquel est un petit embryon cylindrique, dressé. Les espèces de ce genre sont peu nombreuses ; on en compte une en Europe, *Sibthorpia europœa*, L., et deux dans l'Amérique méridionale. Ce sont de petites Plantes herbacées, rampantes, ayant les feuilles alternes, réniformes, et les fleurs axillaires et solitaires. Pour le port, elles ressemblent beaucoup au genre *Dichondra*, et plusieurs espèces de ce dernier genre ont été décrites comme des Sibthorpies, *Sibth. africana*, etc. *V.* DICHONDRA.

(A..R.)

SIBURATIA. BOT. PHAN. Genre établi par Du Petit-Thouars, et qui a été réuni au *Bœobotrys* de Forster, lequel fait lui-même partie du *Mœsa* de Forskahl. *V.* MÆSA.   (G..N.)

* SICAIRES. *Sicarii.* INS. Latreille désigne ainsi (Fam. nat. du Règn. Anim.) une tribu de l'ordre des Diptères, famille des Tanystomes, à laquelle il donne pour caractères : suçoir de quatre pièces ; le dernier article des antennes dépourvu de stylet ou de soie, offrant des divisions transverses au nombre de trois. Trompe souvent retirée en grande partie et terminée par deux grandes lèvres saillantes. Les genres Cœnomyie, Chiromyze et Pachystome composent cette tribu. *V.* ces mots.   (G.)

SICELION. BOT. PHAN. Un des noms donnés dans l'antiquité à une Plante que Pline nomme *Psyllium*, mais qui n'est pas le *Plantago Psyllium* des modernes.   (G..N.)

SICELIUM. BOT. PHAN. Ce genre, de la famille des Rubiacées, établi par P. Browne, a été réuni à juste titre au *Coccocypsilum* par Adanson. *V.* ce mot.   (G..N.)

SICHLER. OIS. (Gesner.) Syn. d'Ibis vert. *V.* IBIS.   (DR..Z.)

SICKINGIA. BOT. PHAN. Genre de la Pentandrie Monogynie, établi par Schrader (Journ. de Bot., 1800, p. 291), et offrant les caractères essentiels suivans : calice à cinq dents ; corolle campanulée ; cinq étamines ; ovaire supérieur surmonté d'un style ; capsule ligneuse, biloculaire, bivalve, renfermant des graines ailées. Ce genre, qui est trop imparfaitement connu pour qu'on en puisse déterminer les affinités, se compose de deux espèces qui croissent sur les montagnes boisées, aux environs de Caraccas, et qui ont reçu les noms de *Sickingia erythroxylon* et *S. longifolia*. Ce sont des Arbres de trente à quarante pieds, dont le bois est très-dur, et qui portent des feuilles oblongues, dentées ou entières, glabres ou pubescentes.   (G..N.)

SICRIN. OIS. (Levaillant.) Espèce du genre Pyrrhocorax. *V.* ce mot.

(DR..Z.)

* SIC-SIC. OIS. Nom d'un Soui-Manga grisâtre à la Nouvelle-Irlande.   (LESS.)

SCITIS. MIN. On ne sait rien de la Pierre mentionnée sous ce nom par Pline.   (B.)

SICUS. INS. Genre de l'ordre des Diptères, établi par Fabricius et correspondant à celui de Cœnomyie de Latreille.   (G.)

SICYANIA. INT. Hill ayant pris des fragmens de Tænias pour autant d'Animaux distincts, leur avait donné ce nom, selon Desmarest.   (B.)

SICYOIDES. BOT. PHAN. (Tournefort et Plumier.) Syn. de Sicyos. *V.* ce mot.   (B.)

SICYOS. BOT. PHAN. Genre de la famille des Cucurbitacées et de la Monœcie Syngénésie, qui offre les caractères suivans : les fleurs sont unisexuées et monoïques ; dans les fleurs mâles, le calice est à cinq divisions subulées ; la corolle est presque plane et à cinq lobes égaux ; les étamines, au nombre de cinq et monadelphes, ont la même structure et la même disposition que dans les autres Cucurbitacées. Dans les fleurs femelles, la corolle est campanulée ; l'ovaire est ovoïde infére, surmonté d'un rebord glanduleux et discoïde, du centre duquel s'élève un style assez court, terminé par un stigmate épais et à trois lobes. Cet ovaire présente une seule loge qui contient un seul ovule pendant. Le fruit est monosperme et hérissé de pointes. Les espèces de ce genre, au nombre de sept, sont des Plantes herbacées annuelles, toutes originaires des diverses contrées de l'Amérique. Leurs tiges sont rameuses et munies de vrilles. Leurs fleurs sont très-petites, disposées en grappes, et dans quelques espèces les mâles et les femelles naissent de la même aisselle. (A. R.)

SIDA. BOT. PHAN. Genre extrêmement nombreux en espèces, faisant partie de la famille des Malvacées, tribu des *Malvées* et de la Monadelphie Polyandrie. Tel qu'il a été limité par les auteurs modernes, et en particulier par le professeur Kunth qui en a retiré toutes les espèces à loges polyspermes pour rétablir le genre *Abutilon* de Tournefort, il offre les caractères suivans : le calice est simple, nu, plan et à cinq divisions ; la corolle est formée de cinq pétales onguiculés, souvent inéquilatéraux. Les étamines nombreuses et monadelphes forment un tube dilaté à sa base, divisé à son sommet en un très-grand nombre de filamens qui portent chacun une anthère réniforme. L'ovaire est à cinq ou à un plus grand nombre de loges qui contiennent chacune un seul ovule attaché et pendant à la partie supérieure de l'angle interne ; les styles plus ou moins réunis par leur base sont en même nombre que les loges de l'ovaire, et se terminent chacun par un stigmate capitulé. Le fruit est une petite capsule recouverte par le calice et composée de plusieurs coques uniloculaires et monospermes, se séparant les unes des autres et s'ouvrant par leur sommet. Les espèces de Sida sont ou des Plantes herbacées, ou des sous-Arbrisseaux, ou des Arbustes. Leurs feuilles sont alternes, entières ou plus rarement lobées, accompa-

guées à leur base de deux stipules latérales. Les fleurs, assez diversement disposées, sont portées sur des pédoncules articulés vers leur sommet. Ce genre, ainsi que nous l'avons dit, est extrêmement nombreux en espèces ; on en trouve cent quatre-vingt-quinze mentionnées par le professeur De Candolle dans le premier volume de son Prodrome. Il est vrai que ce savant botaniste a étendu les caractères du genre Sida, puisqu'il y fait rentrer comme de simples sections les genres *Abutilon* de Tournefort et de Kunth, *Bastardia* et *Gaya* de Kunth, opinion que nous ne partageons pas ; ce qui réduit à environ une centaine le nombre des espèces qui appartiennent réellement au genre Sida. Ces espèces sont toutes exotiques et répandues dans les diverses contrées chaudes du globe, et en particulier dans l'Amérique méridionale, l'Inde, etc. Plusieurs de ces espèces sont cultivées dans les jardins, mais aucune ne présentant un intérêt particulier, nous ne croyons pas devoir en faire ici mention.   (A. R.)

SIDAPOU. BOT. PHAN. (Rhéede, *Hort. Mal.*, 6, tab. 50). *V.* HIPTAGE.

SIDERANTHUS. BOT. PHAN. Sous les noms de *Sideranthus integrifolius* et *pinnatifidus*, Fraser (*Catal.*, 1813) a mentionné deux Plantes rapportées au genre *Amellus* par Pursh, mais qui diffèrent de ce dernier genre en ce que le réceptacle est garni de soies et non de paillettes.   (G..N.)

SIDÉRITE. MIN. On a donné ce nom au Lazulite, que l'on croyait coloré par un phosphate de Fer. *V.* LAZULITE.   (G. DEL.)

SIDERITIS. BOT. PHAN. Vulgairement *Crapaudine.* Genre de la famille des Labiées et de la Didynamie Gymnospermie, L., offrant les caractères suivans : calice tubuleux, à cinq dents aiguës et presque égales ; corolle dont le tube est un peu plus long que le calice, le limbe à deux lèvres, la supérieure droite, linéaire, entière ou échancrée au sommet, l'inférieure à trois lobes, dont celui du milieu plus large, arrondi, un peu crénelé; quatre étamines didynames, ayant leurs filets cachés dans le tube de la corolle; quatre ovaires au milieu desquels s'élève un style non saillant hors du tube, terminé par deux stigmates inégaux; le plus court, membraneux, embrassant l'autre par sa base. Mœnch a établi aux dépens du genre *Sideritis* de Linné les genres *Marrubiastrum*, *Hesiodia* et *Burgsdorfia*, qui jusqu'à présent n'ont été considérés que comme de simples sections par la plupart des botanistes. Cependant le genre *Burgsdorfia* a été adopté par Hoffmansegg et Link dans leur Flore Portugaise.

Les espèces de *Sideritis* sont au nombre d'environ cinquante, sans compter les synonymes qui, plus que dans les autres genres de Labiées, ont été extrêmement multipliés. La plupart de ces Plantes croissent dans les localités montueuses et arides de la région méditerranéenne. Parmi les espèces qui croissent en France, on remarque les *Sideritis romana*, *montana* et *hyssopifolia*. Ce sont des Plantes herbacées, presque ligneuses à la base, garnies de feuilles vertes, souvent couvertes de poils blanchâtres, entières ou dentées. Les fleurs sont jaunes, et sont disposées en épis terminaux, composés de verticilles, accompagnés de bractées.

(G..N.)

SIDÉRO-CALCITE. MIN. Nom donné à la Dolomie mélangée de carbonate de Fer; c'est la variété ferromanganésifère de Haüy. *V.* DOLOMIE et CHAUX CARBONATÉE. (G. DEL.)

SIDÉROCLEPTE. MIN. De Saussure a donné ce nom à un Minéral d'un vert jaunâtre, d'un éclat gras et d'une consistance argileuse, qu'il avait observé dans les cavités des laves du Brisgaw, et qui n'est probablement qu'une altération du Péridot olivine. *V.* PÉRIDOT. (G.DEL.)

SIDÉROCRISTE. MIN. Nom

donné par Brongniart à la Roche que Eschwege appelle Eisenglimmerschiefer et qui est composée essentiellement de Fer oligiste et de Quartz. (G. DEL.)

SIDERODENDRUM. BOT. PHAN. Ce genre, de la famille des Rubiacées et de la Tétrandrie Monogynie, L., est le même que Jacquin a décrit et figuré sous le nom de *Syderoxyloides ferreum*, Amér., 19, tab. 174. Il offre les caractères suivans: le calice est globuleux, turbiné, à quatre dents; la corolle est tubuleuse, un peu renflée vers sa partie supérieure qui se termine par quatre lobes un peu recourbés. Les étamines sont sessiles au sommet du tube, qu'elles dépassent d'environ les deux tiers de leur hauteur. Le style se termine par un stigmate bilobé. Le fruit est charnu, couronné par les dents du calice, et renferme deux nucules convexes d'un côté, plans et marqués d'un sillon longitudinal de l'autre côté. Ce genre se compose d'une seule espèce, *Siderodendrum triflorum*, Vahl, Eccl., 1, p. 10; *Sideroxyloides ferreum*, Jacq., *loc. cit.* C'est un Arbre que l'on connaît sous le nom vulgaire de *Bois de fer* à la Martinique. Ses feuilles sont opposées, obovales, allongées, acuminées; ses stipules linéaires. Ses fleurs sont petites, purpurines, réunies en nombre variable aux nœuds des feuilles déjà tombées et où elles sont sessiles. Ce genre me paraît avoir de très-grands rapports avec le *Coffea* et le *Faramea*. (A. R.)

SIDÉROLINE. *Siderolina.* MOLL. Knorr le premier fit connaître, dans son grand Traité des Pétrifications, de petits corps singuliers que Faujas, un peu plus tard, retrouva dans la montagne de Saint-Pierre de Maëstricht. Lamarck, trompé d'abord sur la nature de ces corps, les rangea dans les Madrépores (Syst. des Anim. sans vert., 1801, p. 376); il les y laissa jusqu'en 1811 où on retrouve le genre Sidérolite qu'il avait proposé pour eux parmi les Céphalopodes, dans la famille des Nautilacées, entre les Discorbes et les Vorticiales. Ce changement fut probablement provoqué par Montfort qui fut le premier, depuis que les Sidérolites étaient connues, à apprécier assez bien leur nature pour les rapprocher des Nummulites avec lesquelles elles ont des rapports intimes; il en sépar aun genre sous le nom de Tinopore qui ne sera probablement pas adopté. *V.* ce mot. Depuis que le genre Sidérolite est mieux connu et rapporté à sa véritable place dans la série générique, il a été universellement adopté et rangé près des Nummulites, dans la famille des Nautilacées, par Lamarck, comme nous l'avons vu, dans le genre Camérine par Cuvier, lequel correspond à la famille des Lenticulines de Férussac, et enfin dans la famille des Nummulacées par Blainville (Trait. de Malac., p. 373). D'Orbigny, tout en modifiant le système général d'arrangement des Céphalopodes, n'en a pas moins laissé les Sidérolines dans les rapports indiqués par ses prédécesseurs; on les trouve en effet tout à la fin de la famille des Hélicostègues nautiloïdes, immédiatement après les Nummulines. Cette unanimité des auteurs dans la manière de classer les Sidérolines doit convaincre qu'elles n'éprouveront plus de changemens importans. Au lieu du mot Sidérolite, précédemment consacré lorsqu'on ne connaissait ce genre qu'à l'état fossile, D'Orbigny a substitué celui plus convenable de Sidéroline que nous avons préféré. Ce genre peut être caractérisé de la manière suivante : coquille multiloculaire, discoïde, à tours contigus, le dernier enveloppant tous les autres; à disque convexe des deux côtés, et chargé de points tuberculeux; la circonférence bordée de lobes inégaux et en rayons. Cloisons transversales et imperforées; ouverture nulle ou sublatérale.

Lorsqu'on use avec soin une Sidérolite sur une pierre à rasoir, on peut se convaincre facilement que sa structure est semblable à celle des Nummulites, qu'elle n'en diffère réellement que par les appendices rayonnans dont la carène est armée. Si l'on fait la même opération sur une Coquille du genre Tinophore de Montfort, auquel on attribue une ouverture latérale, on reconnaîtra une structure intérieure absolument semblable, et l'examen de la surface extérieure conduira à ce résultat, qu'il est impossible de séparer ces deux genres sur de bons caractères; on en sera d'autant mieux convaincu, qu'en recherchant parmi les Sidérolines fossiles de la montagne Saint-Pierre de Maëstricht, on en rencontrera quelques-unes qui ont une ouverture latérale; pour le reste elles sont tellement semblables aux autres qu'il serait impossible de les distinguer sans une minutieuse attention. Ce caractère nous paraît d'une si mince importance que nous ne croyons pas qu'il soit suffisant pour faire une espèce, à plus forte raison pour faire un genre à l'exemple de Montfort, ou les porter dans le genre Calcarine (*V.* ce mot au Supplément) comme l'a fait D'Orbigny. Ce que nous venons de dire explique pourquoi dans la caractéristique nous avons mis ouverture nulle ou sublatérale.

Les Sidérolines sont de petites Coquilles marines, le plus souvent tuberculeuses ou chagrinées, mais remarquables surtout par l'extrême variabilité du nombre des pointes rayonnantes, dont leur circonférence est armée; il n'y en a quelquefois que trois, et leur nombre s'augmente jusqu'à neuf dans la même espèce. Le nombre des espèces est peu considérable; nous en connaissons trois seulement dont nous donnons ici l'indication.

SIDÉROLINE CALCITRAPOÏDE, *Siderolina calcitrapoides*, Lamk., Anim. sans vert. T. VII, p. 624; Knorr, Pétrif. T. III, Supp., fig. 9 à 16; *Nautilus papillosus*, Fichtel et Moll, tab. 14, fig. d, e, f, g, h, i, et tab. 10; Encyclop., pl. 470, fig. 4; *Siderolites calcitrapoides*, Montf., Couch. Syst., T. I, p. 160; Faujas, Hist. nat. de la mont. St.-Pierre de Maëstricht, pl. 34, fig. 5 à 12; D'Orbigny, Mém. sur les Céphal., Ann. des Sc. nat. T. VII, p. 297, n° 1. Elle est commune à l'état fossile à Saint-Pierre de Maëstricht.

SIDÉROLINE LISSE, *Siderolina lævigata*, D'Orb., *loc. cit.*, n° 2, et Modèles de Céphal., quatrième livrais., n° 89. Elle se trouve avec la précédente. Elle est toute lisse.

SIDÉROLINE DE DEFRANCE, *Siderolina Defrancii*, Nob. Espèce vivante que Defrance a découverte dans des sables attachés ou retenus dans des pieds de Gorgones. Elle n'a aucune trace d'ouverture, au moins les individus que nous possédons n'en avaient pas. (D..H.)

SIDÉROLITE. *Siderolites*. MOLL. Nom que l'on donnait au genre Sidéroline avant que l'on connût des espèces vivantes qui pussent s'y rapporter. *V.* SIDÉROLINE. (D..H.)

SIDÉROSCHISOLITHE. MIN. Substance décrite par Wernekinck comme un silicate de Fer et d'Alumine hydraté, et que l'on a trouvée cristallisée en rhomboïdes dans les fissures d'une Pyrite altérée et avec le Fer spathique, à Congbonas do Campo au Brésil. Elle est plus dure que le Gypse et moins que le Calcaire. Elle pèse spécifiquement 3 environ; elle fond au chalumeau en un globule noir magnétique; sa poussière est soluble dans l'Acide muriatique. (G. DEL.)

SIDÉROXYLE. *Sideroxylum*. BOT. PHAN. Genre de la famille des Sapotées et de la Pentandrie Monogynie, L., offrant les caractères suivans : calice monosépale, persistant, étalé et à cinq lobes; corolle monopétale, rotacée, à cinq divisions profondes, qui alternent avec autant de petites écailles dentées; les étamines, au nombre de cinq, sont insérées au tube de la corolle. L'ovaire est libre, surmonté d'un style court que termine un stigmate simple. Le fruit est charnu, et à cinq loges contenant chacune une graine brunâtre, lui-

sante et comprimée. Ce genre est voisin du *Bumelia*, dont il diffère surtout par les cinq graines que contient son fruit qui est monosperme dans le *Bumelia*. Les espèces de *Sideroxylum* sont des Arbres ou des Arbrisseaux à feuilles alternes, entières, ayant des fleurs généralement petites et axillaires. Ces espèces sont originaires de l'Amérique méridionale et de l'Inde. Les espèces de l'Amérique septentrionale, rapportées à ce genre par Michaux, ont été réunies au *Bumelia* par Nuttall; tels sont les *Sideroxylum lanuginosum*, *salicifolium*, *decandrum*, *Lycroides*, etc. *V.* BUMELIA. (A. R.)

SIDEROXYLOIDES. BOT. PHAN. (Jacquin.) Pour *Siderodendrum*. *V.* ce mot. (G..N.)

SIDJAN. *Amphacanthus*. POIS. On nomme Sidjans, de leur nom arabe *Sigian*, des Poissons Acanthoptérygiens dont la dorsale est unique et les dents tranchantes. Plusieurs auteurs les ont confondus avec les Scares dont ils diffèrent par les caractères suivans : mâchoires convexes, armées d'une seule rangée de petites dents plates, courtes et pointues le long de leur tranchant. Un aiguillon à chaque côté des deux nageoires ventrales, dont le bord interne est attaché à l'abdomen. Corps très-aplati par les côtés, couvert de petites écailles, comme du chagrin; tube digestif long, garni de quelques petits cœcums. Premier rayon épineux de la dorsale couché en avant comme dans les Liches. Ce genre fut nommé *Amphacanthus* par Schneider, et se compose d'espèces de la mer Rouge et qu'on trouve décrites dans Forskahl. Ce sont le *Scarus siganus* de Forskahl, ou *Scarus rivulatus* de Gmelin, dont les Arabes estiment la graisse contre les douleurs de goutte; le *Scarus stellatus*, Forsk., ou *Chætodon guttatus* de Bloch, 196; *Thentis Javus* de Gmelin. Ces deux espèces paraissent se nourrir de matières végétales. (LESS.)

SIDNEYERDE. MIN. Terre de

Sidney; sorte de Sable dans lequel on a cru reconnaître une terre nouvelle, mais que Klaproth a prouvé n'être qu'un mélange de Silice, d'Alumine et de Fer.   (G. DEL.)

*SIEBERIA. BOT. PHAN. Sprengel avait donné ce nom au genre d'Orchidées précédemment établi par Richard père sous celui de *Gymnadenia*.

Steudel, dans son *Nomenclator botanicus*, mentionne un genre *Sieberia* établi par Hoppe, et qui serait composé d'une seule espèce (*S. argentea*). Nous n'avons pas trouvé d'autres renseignemens sur ce genre nouveau.
          (G..N.)

SIEG. POIS. Nom d'une espèce de Truite de la Sibérie.   (LESS.)

SIEGELERDEN. MIN. Nom sous lequel les Allemands désignent les Argiles ocreuses colorées ou marbrées. *V.* ARGILE.   (G. DEL.)

SIEGELLACKERZ. MIN. (Stütz.) Même chose que Ziegelerz. *V.* CUIVRE OXIDULÉ.   (G. DEL.)

SIEGESBECKIE. *Siegesbeckia.* BOT. PHAN. Genre de la famille des Synanthérées, tribu des Hélianthées, offrant les caractères suivans: involucre composé de folioles sur un seul rang, demi-enveloppantes, oblongues-obovales et obtuses; réceptacle petit, plan, garni de paillettes analogues aux folioles de l'involucre; calathide globuleuse, radiée, composée au centre de fleurons nombreux, réguliers, hermaphrodites, et à la circonférence d'un petit nombre (trois à cinq) de demi-fleurons en languette et femelles; ovaires obovoïdes-oblongs, presque tétragones, arqués en dedans, terminés par un col très-épais, court et dépourvu d'aigrette. Cassini a établi dans ce genre deux groupes; l'un, qui conserve le nom de *Siegesbeckia* proprement dit, a le limbe de la corolle des fleurons du centre quinquélobé; l'autre, nommé *Trimeranthes*, a ses corolles trilobées et conséquemment trois étamines. Gaertner a formé,

aux dépens du *Siegesbeckia occidentalis*, le genre *Phaetusa* qui n'a pas été généralement adopté. Le genre *Siegesbeckia*, peu nombreux en espèces, a pour type le *Siegesbeckia orientalis*, L., Plante herbacée, originaire des Indes-Orientales et de la Chine. Ses feuilles sont opposées, pétiolées, ovales, rudes au toucher, à trois nervures, inégalement dentées sur les bords. Les calathides, composées de fleurs jaunes, sont petites, pédonculées, terminales et axillaires. Elles sont entourées de cinq bractées étalées, linéaires, spatulées et foliacées. Le sous-genre *Trimeranthes* de Cassini est fondé sur le *Siegesbeckia flosculosa*, L'Hérit., *Stirp. Nov.*, fasc. 2, p. 37, tab. 19. C'est de cette Plante que Mœnch avait fait son genre *Schkuhria*, qu'il ne faut pas confondre avec le *Schkuhria* de Roth.

Kunth, dans les *Nova Genera et Species Pl. Amer.* du Voyage de Humboldt et Bonpland, a décrit deux nouvelles espèces sous les noms de *Siegesbeckia cordifolia* et *Jorullensis*.
          (G..N.)

SIEGLINGIA. BOT. PHAN. Le genre de Graminées proposé sous ce nom par Bernhardi, est le même que le *Danthonia* de De Candolle, ou *Triodia* de Beauvois. *V.* DANTHONIE.
          (G..N.)

SIEUREL. POIS. Vieux nom français du Saurel, *Caranx trachurus*.
          (LESS.)

SIEVERSIA. BOT. PHAN. Genre de la famille des Rosacées, et de l'Icosandrie Polygynie, L., établi par Willdenow et adopté par R. Brown (*Chlor. Mellv.*, p. 18) qui en a réformé les caractères de la manière suivante: calice divisé peu profondément en dix segmens alternes; cinq pétales; étamines en nombre indéfini; ovaires aussi en nombre indéfini, à ovule ascendant; styles terminaux continus; akène aigretté par le style entier et persistant; embryon dressé. Ce genre a été constitué aux dépens de quelques espèces de *Geum* dont elles ont entièrement le port et dont elles ne diffèrent que par leurs styles qui ne sont pas géniculés ni munis d'un article supérieur dissemblable et ordinairement caduc. Ce genre n'est considéré par Seringe (in De Cand. Prodr., 3, p. 553) que comme une section des *Geum*, à laquelle il donne le nom d'*Oreogeum*. Willdenow avait remarqué que les styles du *Geum anemonoides* étaient terminaux et non latéraux, et avait constitué son genre *Sieversia* sur cette espèce seulement. R. Brown y a réuni les *Geum montanum* et *reptans*, L., ainsi que plusieurs autres Plantes voisines, qui croissent dans les pays septentrionaux. Il en a décrit et figuré une belle espèce rapportée de l'île Melville par le lieutenant James Ross, auquel il l'a dédiée sous le nom de *S. Rossii*. Don a publié, dans le quatorzième volume des Transactions de la Société Linnéenne de Londres, t. 22, la description d'une espèce nouvelle fort remarquable, qu'il a nommée *S. paradoxa*. Enfin, Chamisso a encore ajouté au genre *Sieversia* le *Geum rotundifolium* de Langsdorf et de De Candolle.   (G..N.)

SIFFLASSON. ois. Syn. vulgaire de Bécasseau. *V*. CHEVALIER.
(DR..Z.)

SIFFLEUR. mam. Nom de pays reproduit par divers voyageurs et qui désigne des Sapajous ou le Monax.   (B.)

SIFFLEUR. ois. Espèce du genre Canard. On a aussi donné ce nom à la femelle du Carouge esclave, à une Moucherolle, à une espèce du genre Philédon et à la Sylvie-Pouillot, ainsi qu'à un Promerops.   (DR..Z.)

SIFILET. ois. Espèce du genre Paradis. Vieillot en a fait le type d'un genre particulier. *V*. PARADIS.
(DR..Z.)

SIGALPHE. *Sigalphus*. ins. Genre de l'ordre des Hyménoptères, section des Térébrans, famille des Pupivores, tribu des Ichneumonides, établi par Latreille, et ayant pour caractères : corps allongé, assez générale-

ment chagriné. Tête à peu près de la largeur du corselet ; yeux de grandeur moyenne, saillans. Trois ocelles grands, placés en ligne courbe sur le vertex, assez rapprochés. Antennes sétacées, multiarticulées, leur premier article le plus grand et le plus gros de tous, ovale cylindrique. Mandibules arquées, leur extrémité aiguë, bidentée, la dent inférieure plus petite que la terminale ; palpes velus, les maxillaires sétacés, de six articles, les deux premiers courts, les autres cylindriques, allant en diminuant de longueur et de grosseur jusqu'au sixième ; palpes labiaux, filiformes, de quatre articles, le second dilaté à sa partie intérieure, le dernier le plus long de tous. Corselet ovale, globuleux ; prothorax très-court, paraissant à peine en dessus ; mésothorax assez grand, bombé supérieurement, beaucoup plus élevé que les autres parties du thorax ; métathorax très-déprimé, un peu plus court que la portion précédente, anguleux, bicaréné en dessus. Ailes supérieures ayant une cellule radiale assez allongée, allant en se rétrécissant après la seconde cubitale, se terminant en pointe avant le bout de l'aile, et trois cellules cubitales, les deux premières presque égales, en carré long, la troisième complète, la plus grande de toutes ; une seule nervure récurrente aboutissant dans la première cellule cubitale près de la nervure d'intersection de celle-ci et de la seconde ; trois cellules discoïdales, l'inférieure descendant jusqu'au bord postérieur de l'aile. Pates assez fortes ; jambes terminées par deux fortes épines ; premier article des tarses presque aussi long que les quatre autres pris ensemble ; le dernier ayant deux crochets fort courts et une petite pelote bifide, courte. Abdomen inséré à la partie supérieure du métathorax, en massue, très-voûté après le premier segment, concave en dessous, paraissant en dessus n'être formé que de trois segmens, le premier appliqué au corselet par une base assez large, le second presque aussi long que le premier, le troisième le plus long de tous, les autres cachés au-dessous de celui-ci, dans la cavité de l'abdomen. Tarière ces femelles courte et conique. Ce genre faisait partie des Ichneumons de Degéer et d'Olivier; Fabricius lui avait donné le nom de *Cryptus*. Enfin Jurine le nommait *Bracon*: il se distingue des Chélones de ce dernier auteur par l'abdomen qui dans ceux-ci ne paraît composé que d'un seul article. Les autres genres de la tribu des Ichneumonides en diffèrent par des caractères tirés des palpes, des cellules des ailes, etc., qu'il serait trop long d'énumérer ici. On connaît la larve d'une espèce (S. irrorateur); elle vit dans le corps de plusieurs Chenilles de Lépidoptères nocturnes; elle en sort après avoir pris tout son accroissement et se file une coque d'apparence membraneuse, très-mince, ovale, cylindrique et de couleur blanche. Nous citerons comme type de ce genre :

Le Sigalphe irrorateur, *Sigalphus irrorator*, Latr., Gen. Crust. et Ins. T. IV, p. 15, et Hist. nat. des Crust. et des Ins., etc.; *Cryptus-irrorator*, Fabr., Degéer, Mém. sur les Ins. T. I, pl. 36, f. 12 et 13. On le trouve aux environs de Paris. (G.)

SIGARE. *Sigara*. INS. Genre de l'ordre des Hémiptères, section des Hétéroptères, famille des Hydrocorises, tribu des Notonectides, établi par Leach dans les Transactions de la Société Linnéenne de Londres, et adopté par Latreille. Les caractères que Leach assigne à ce genre sont : corps ovale, pointu postérieurement, un peu déprimé; corselet transversal, linéaire; écusson distinct; élytres canaliculées, au moins à la base de leur bord antérieur. Pates postérieures les plus longues de toutes, propres à la natation; tarses antérieurs n'ayant qu'un seul article; les quatre autres en ayant deux. Ce genre, que Linné avait confondu avec ses Notonectes, en diffère, ainsi que des *Plea* qui en sont très-voisins, parce que,

dans ceux-ci, tous les tarses sont composés de deux articles, et que la gaîne du rostre est articulée; le genre Corise en est distingué parce qu'il n'a pas d'écusson. Le genre Sigare ne se compose jusqu'à présent que d'une seule espèce dont on ne connaît pas les métamorphoses.

SIGARE NAINE, *Sigara minutissima*, Leach, Tr. Soc. Lin. Lond., vol. 12, pag. 10; *Notonecta minutissima*, L., Faun. Suéd., et Syst. nat. Longue d'une ligne, cendrée en dessus; élytres ayant des taches brunes peu distinctes; dessous du corps et pates jaunes. On trouve cet Insecte dans les eaux de la France et de l'Angleterre.

Fabricius a donné le nom de Sigara à un genre d'Hémiptères qui correspond en partie à celui de Corise. *V.* ce mot. (G.)

SIGARET. *Sigaretus*. MOLL. Adanson fut le premier qui donna ce nom à une Coquille qu'il comprenait dans son genre *Haliotis*; il n'avait cependant aucun motif pour établir cet arrangement, puisqu'il ne connut pas l'Animal du Sigaret; la seule analogie des coquilles le guida. Linné ne l'imita pas, car il plaça les Sigarets dans son genre Hélix, ce qui est loin d'être rationnel. Lamarck, dès ses premiers travaux zoologiques, créa le genre Sigaret qui fut adopté par tous les conchyliologues qui, presque tous, le rangèrent, à son exemple, dans le voisinage des Haliotides; Blainville doit être excepté. On voit en effet, dans le Traité de Malacologie de ce savant, que le genre qui nous occupe fait partie des Chismobranches (*V.* ce mot au Supplément), tandis que les Haliotides, séparées par une longue série de genres, sont renfermées dans une autre famille appartenant à un autre ordre. Blainville avait des motifs puissans pour changer ainsi les rapports établis avant lui; il connut l'Animal des Sigarets, avantage qu'en avaient point eu ses devanciers, si ce n'est Cuvier. Cet Animal, que Blainville décrit avec détail dans le Dictionnaire des Sciences naturelles, est un Gastéropode à pied très-large, à manteau fort ample, contenant une coquille plus ou moins épaisse dans son épaisseur ; ce manteau est échancré antérieurement, ce qui permet un libre accès au liquide ambiant sur l'organe de la respiration. La tête, cachée en partie par le manteau et séparée du pied par un sillon transverse, présente deux tentacules déprimés et élargis à la base de manière à se toucher dans ce point, assez longs et pointus au sommet ; ils sont oculés à leur côté externe ; l'ouverture buccale est ovalaire transversalement ; elle est ouverte dans une masse céphalique très-considérable, elle ne contient qu'une langue rudimentaire. L'organe respirateur est un peigne branchial placé antérieurement dans une cavité particulière protégée par la partie antérieure de la coquille. Dans le reste de la cavité de celle-ci sont compris le foie, l'ovaire, le testicule, l'intestin, les estomacs ; la coquille est généralement déprimée, plus ou moins solide, très-lisse en dedans, à ouverture très-grande, terminée postérieurement par une spire peu saillante, de quelques tours seulement, et on pourrait dire sans columelle. Les muscles d'attache ne se fixent pas au reste sur cette partie ; mais ils sont latéraux, séparés en fer à cheval, et ressemblent à ceux des Cabochons.

Le genre Sigaret peut être caractérisé de la manière suivante : Animal à corps ovale, épais, plat et largement gastéropode en dessous, bombé en dessus, dépassé tout autour par un manteau à bord mince, vertical, échancré en avant, et solidifié au dos par une coquille déprimée, plus ou moins solide. Coquille subauriforme, presque orbiculaire, à bord gauche, court et en spirale. Ouverture entière, plus longue que large, à bords désunis ; impressions musculaires étroites, arquées, distantes. Les Sigarets appartiennent à des Animaux essentiellement marins ; on en connaît dans presque toutes les mers, et nos côtes de l'Océan en offrent une belle

espèce à coquille très-mince ; les plus grandes viennent des mers chaudes ; les terrains tertiaires en offrent des espèces peu nombreuses, mais remarquables par l'analogie qu'elles ont à de grandes distances et par celle qu'elles ont aussi avec des espèces vivantes ; c'est ainsi qu'aux environs de Paris, de Bordeaux et de Dax, en Angleterre et en Italie, on trouve une espèce analogue dans ces divers lieux et analogue aussi avec une des espèces vivantes les plus répandues dans les collections ; une autre se trouve dans les faluns de la Touraine, à Salles près Bordeaux, en Italie, et vivante dans les mers de l'Inde. Le nombre des espèces est peu considérable : Lamarck n'en indique que quatre, et Defrance trois fossiles, dont une analogue, ce qui réduit à six les espèces bien constatées ; mais il y en a davantage, car nous en comptons douze dans notre seule collection. Nous allons indiquer les espèces les mieux connues pour servir d'exemple à ce genre.

SIGARET DÉPRIMÉ, *Sigaretus haliotoideus*, Lamk., Anim. sans vert. T. VI, pag. 208, n. 1 ; *Helix haliotoidea*, L., Gmel., pag. 3663, n. 132 ; *Bulla velutina*, Müller, Zool. Dan., 3, tab. 101, fig. 104 ; le Sigaret, Adans., Voy. au Sénég., pl. 2, fig. 2 ; d'Argenv., Conch., t. 3, fig. C ; Favanne, Conch., pl. 5, fig. C ; Martini, Conch. T. I, tab. 16, fig. 151 à 154. Coquille aplatie, striée finement, qui se trouve dans l'océan Atlantique, la mer des Indes, la Méditerranée, et fossile en Italie, à Salles près Bordeaux et les faluns de la Touraine.

SIGARET CONCAVE, *Sigaretus concavus*, Lamk., loc. cit., n. 2, an *Helix neritoidea ?* L., Gmel., pag. 3663, n. 150. Espèce voisine, mais beaucoup plus profonde. Son sub-analogue existe sous le nom de *Sigaretus canaliculatus*, Sow. ; fossile aux environs de Paris, de Bordeaux et de Dax, à Barton en Angleterre, et en Italie. Nous devons faire remarquer que Sowerby, dans son *Genera of recent and fossil shells*, a nommé *Siga-*

retus Leachii le *Sigaretus haliotoideus*, Lamk., qu'il a pris le Sigaret concave pour l'*Haliotoideus*, et enfin qu'il a nommé *Sigaretus concavus*, une espèce différente ou peut-être une variété du précédent.   (D..H.)

SIGARETIER. MOLL. L'Animal du Sigaret. *V.* ce mot.   (B.)

SIGER. MOLL. Petite Coquille qu'Adanson (Voy. au Sénég., pl. 9, fig. 28) range sous cette dénomination dans son genre Pourpre ; elle appartient au genre Colombelle de Lamarck ; c'est le *Colombella rustica* de cet auteur. *V.* COLOMBELLE.
          (D..H.)

SIGESBECKIA. BOT. PHAN. Pour Siegesbekia. *V.* SIEGESBECKIE. (B.)

SIGIAN. POIS. *V.* SIDJAN.

*SIGILLABENIS. BOT. PHAN. Du Petit-Thouars (Hist. des Orchid. d'Afriq., tab. 20) a figuré sous ce nom une Orchidée de l'île de Mascareigne, et qui doit porter, dans la nomenclature linnéenne, celui de *Habenaria Sigillum*.   (G..N.)

SIGILLAIRE ou **TERRE SIGILLÉE.** MIN. *V.* ARGILE OCREUSE.

SIGILLINE. *Sigillina.* MOLL. Genre de la division des Mollusques Acéphales sans coquilles (Cuvier, Règn. Anim.) et de la classe des Tuniciers de Lamarck, fondé par Savigny qui le place dans sa classe des Ascidies, et dans son ordre des Ascidies Téthydes, en lui assignant pour caractères : corps commun, pédiculé, gélatineux, formé d'un seul système qui s'élève en un cône solide, vertical, isolé, ou réuni par son pédicule à d'autres cônes semblables. Animaux disposés les uns au-dessus des autres en cercles peu réguliers ; orifice branchial s'ouvrant en six rayons égaux, l'anal de même ; thorax très-court, hémisphérique ; mailles du tissu branchial dépourvues de papilles. Abdomen inférieur, sessile, plus grand que le thorax ; ovaire unique, pédiculé, fixé au fond de l'abdomen et prolongé dans l'axe du cône et de son support. Ce genre ne se compose encore que d'une espèce, la SIGILLINE AUSTRALE, *Sigillina australis* de Savigny (Mém. sur les Anim. sans vert., 2e partie, 1er fasc., p. 138 et 178, pl. 3, fig. 9 et pl. 14) ; elle habite les côtes de la Nouvelle-Hollande, d'où elle a été rapportée par Péron.   (AUD.)

*SIGMODON. MAM. Les naturalistes américains Say et Ord ont donné le nom de *Sigmodon* à un genre qu'ils ont créé pour recevoir une espèce de Campagnol des Etats-Unis. Les caractères de ce nouveau genre sont loin d'être rigoureux ; ainsi ils ne s'éloignent de ceux des *Arvicola* que par les particularités suivantes : mâchoires garnies chacune de six molaires égales, avec des racines, et à couronnes marquées par des sillons alternes très-profonds, disposés en *Sigma*. La queue assez velue ; quatre doigts aux pieds de devant, avec le rudiment d'un cinquième doigt onguiculé ; cinq doigts aux pieds de derrière. La formule dentaire se compose de quatre incisives et de douze molaires.

Le genre *Sigmodon* n'embrasse qu'une espèce qui est le *Sigmodon hispidum* de Say et d'Ord, et qu'Harlan, dans sa Faune américaine, a décrite parmi les Campagnols sous le nom d'*Arvicola hortensis*. C'est un petit Animal long de six pouces, à tête grosse, à museau allongé, dont les yeux sont très-grands. La queue est à peu près aussi longue que le corps ; le pelage est coloré en jaune d'ocre pâle, mélangé de noir sur la tête et en dessous. Les parties inférieures sont cendrées ; les membres antérieurs sont courts, les postérieurs sont forts et robustes. C'est un Rongeur très-commun dans les terres défrichées et abandonnées de la Floride orientale.   (LESS.)

SIGNET. BOT. PHAN. L'un des noms vulgaires du Sceau de Salomon, type du genre *Polygonatum* de Tournefort.   (B.)

* SIHAME. pois. Espèce du genre Athérine. *V.* ce mot. (b.)

SIKISTAN. mam. Nom de pays du Rat vagabond, *Mus vagus*, Pall., espèce que la plupart des auteurs regardent comme un double emploi du *Mus subtilis. V.* Rat. (is. o. st.-h.)

* SIKSIK. mam. *V.* Écureuil de Hudson.

SIL. min. La plupart des minéralogistes s'accordent à considérer la substance décrite par Pline sous le nom de Sil comme une de nos espèces d'Ocre d'une belle couleur jaune. *V.* Ocre. (a. r.)

SILAUS. bot. phan. Ce nom, employé dans Pline pour désigner une Ombellifère peu déterminable, a été appliqué par Linné à une espèce de *Peucedanum* commune dans les lieux humides de toute l'Europe. *V.* Peucédan. (g..n.)

SILBER. min. C'est le nom allemand de l'Argent. (g. del.)

SILD. pois. Syn. de Clupe africain à la côte de Guinée. *V.* Clupe. (b.)

SILÈNE. ins. Geoffroy donne ce nom au Satyre Circé de Latreille. *V.* Satyre. (g.)

SILÈNE. *Silene.* bot. phan. Genre de la famille des Caryophyllées et de la Décandrie Trigynie, L., et qui offre pour caractères : le calice est tubuleux, cylindrique ou renflé et vésiculeux, nu à sa base, lisse ou strié, denté à son sommet; la corolle est formée de cinq pétales onguiculés, ayant leur limbe bifide, et souvent munis à la réunion de leur onglet et de leur limbe d'un petit appendice denté; les étamines sont au nombre de dix; l'ovaire est surmonté de trois styles et d'autant de stigmates subulés. Le fruit est une capsule ordinairement ovoïde ou globuleuse, à trois loges imparfaites, et s'ouvrant à son sommet par le moyen de six dents. Les espèces de ce genre sont extrêmement nombreuses, puisqu'on en trouve deux cent dix-sept décrites

dans le premier volume du Prodrome de De Candolle, par Otth de Berne, à qui l'on doit la Monographie de ce genre. Ce sont des espèces pour la plupart originaires des diverses contrées de l'Europe, et particulièrement de celles qui avoisinent le bassin de la Méditerranée : un assez grand nombre vient en Sibérie et dans les autres parties du nord de l'Asie; quelques-unes croissent au cap de Bonne-Espérance ou dans l'Amérique septentrionale. Ce sont des Plantes herbacées, annuelles ou vivaces, rarement sous-frutescentes à leur base, dont les feuilles sont opposées, entières, allongées; les fleurs varient beaucoup dans leur disposition. Les auteurs modernes, à l'exemple de Gaertner, réunissent à ce genre toutes les espèces de *Cucubalus*, à l'exception du *Cucubalus baccifer* qui forme à lui seul ce dernier genre, qui diffère surtout des Silènes par son fruit charnu et à une seule loge.

Le genre qui nous occupe étant excessivement nombreux en espèces, a été divisé en huit sections naturelles par Otth de la manière suivante :

I. *Nanosilene.* Espèces en touffe; tige très-courte; calice renflé; pédoncules uniflores. Deux espèces seulement (*S. acaulis* et *S. pumelio*) entrent dans cette section.

II. *Behenantha.* Tige plus ou moins longue; fleurs solitaires ou paniculées; calice vésiculeux. Cette tribu, composée d'une vingtaine d'espèces, a pour type le *Silene inflata*, Smith, ou *Cucubalus behen*, L. Plante vivace et très-commune dans presque toutes les contrées de l'Europe.

III. *Otites.* Tige plus ou moins longue; fleurs quelquefois unisexuées, disposées en épis composés de verticilles. Le *Silene Otites*, Pers., ou *Cucubalus Otites*, L., qui a les fleurs dioïques, est placé dans cette section qui se compose d'une quinzaine d'espèces.

IV. *Conoimorpha.* Tige plus ou moins longue; calice renflé, conoïde, ombiliqué à son fond, ayant ses dents très-allongées. Exemple : *Silene conica*, *S. conoidea*, etc. ?

V. *Stachymorpha*. Tige plus ou moins élevée; fleurs axillaires, alternes, et formant un épi par leur réunion; calice offrant dix stries longitudinales. Cette tribu, très-nombreuse en espèces, comprend les *Silene anglica*, *gallica*, etc.

VI. *Rupifraga*. Espèces munies d'une tige roide; pédoncules filiformes; calice cylindrique ou campanulé. Exemple : *Silene rupestris*, *saxifraga*, *sedoides*, etc.

VII. *Siphonomorpha*. Tige plus ou moins longue; fleurs solitaires ou paniculées; pédicelles courts et opposés; calice tubuleux. Exemple : *Silene nutans*, *italica*, *corsica*, etc.

VIII. *Atocion*. Tige portant des fleurs en corymbe; calice renflé à son sommet et offrant des stries longitudinales. Exemple : *Silene armeria*, *Atocion*, etc.

Quelques espèces de ce genre sont cultivées dans les jardins; tels sont les *Silene quinquevulnera*, *S. bipartita*, et surtout le *Silene armeria*, L., ou Silène à bouquets, dont les fleurs rouges ou blanches forment un corymbe terminal.   (A. R.)

* SILÉNÉES. *Sileneæ*. BOT. PHAN. L'une des deux grandes tribus de la famille des Caryophyllées qui renferment les genres dont le calice est monosépale et plus ou moins tubuleux; tels sont les genres *Silene*, *Dianthus*, *Lychnis*, etc. *V.* CARYOPHYLLÉES.   (A. R.)

SILER. BOT. PHAN. Dans l'antiquité, ce nom était appliqué à des Plantes sur la dénomination desquelles les vieux botanistes ne se sont pas accordés. Les uns ont cru y reconnaître le Fusain, d'autres la Bourgène, le Saule Marceau, etc. C. Bauhin cite le nom de *Siler* comme synonyme de plusieurs Ombellifères, et particulièrement d'une espèce de *Laserpitium*, auquel Linné a ajouté le mot *Siler* comme spécifique.   (G..N.)

SILEX. MIN. et GÉOL. Sous ce nom

les Latins et les anciens minéralogistes, jusqu'au dernier siècle, désignaient presque toutes les Pierres dures qui pouvaient recevoir un poli brillant ou étinceler par le choc, quelle que fût leur composition chimique; ainsi dans les ouvrages de Wallerius, de Forster, de Werner, on voit le Diamant, le Zircon, le Grenat, la Topaze, rangés et décrits avec le Quartz ous le nom générique de *Silex adamas*, *Silex circonius*, *Silex granatus*, etc. Aujourd'hui l'emploi du mot Silex est beaucoup restreint, car non-seulement on ne l'applique plus qu'à des Pierres presque uniquement composées de Silice, mais encore la plupart des auteurs actuels ne regardent les Silex que comme constituant une sous-espèce ou même de simples variétés dans l'espèce minérale du Quartz. *V.* ce mot. Il règne en effet peu d'accord entre les minéralogistes sur l'étendue et la valeur qu'on doit donner au mot Silex; suivant Haüy, les Silex sont regardés avec les Calcédoines comme deux variétés distinctes dépendantes de la sous-espèce du Quartz-Agathe; Beudant, au contraire, se sert des mots Calcédoine et Silex comme synonymes pour distinguer et séparer du Quartz transparent ou hyalin (Cristal de roche) toutes les substances essentiellement formées de Silice, qui ont un aspect lithoïde, et qui, sans donner de l'eau, blanchissent par l'action du feu. L'Agathe n'est plus dans ce système qu'une sous-variété de structure du Silex, et les Minéraux siliceux, qui abandonnent de l'eau par la calcination, tels que l'Opale, l'Hyalite, la Ménilite, constituent une espèce distincte sous le nom d'Opale ou d'Hydroxide de Silicium, tandis que le Quartz et le Silex sont des Oxides de Silicium. En dernier lieu, Brongniart, regardant également le Silex comme une variété de Texture du Quartz, comprend sous ce nom tous les Minéraux quartzeux qui sont infusibles, rayent le verre, donnent des étincelles par le choc du briquet, mais qui, étant privés de transparence, ont un éclat plus ou moins terne, cireux ou résineux, et possèdent à peine la translucidité analogue à celle des matières visqueuses et gélatineuses. La présence ou l'absence de l'eau dans les Pierres siliceuses n'étant pas considérée par les chimistes comme un caractère essentiel, parce que ce corps s'y trouve en proportions très-variables et indéfinies, Brongniart se sert seulement de ce caractère pour diviser en deux groupes sa sous-espèce du Silex, les Silex aquifères et les Silex anhydres, à chacun desquels groupes se rapportent un grand nombre de sous-variétés. Voici le tableau des divisions proposées par ce savant :

1°. SILEX ANHYDRES.

A. SILEX proprement dits : corné, Pyromaque, Meulière, nectique, pulvérulent.

B. AGATHES : Chrysoprase, Plasme, Héliotrope, Cornaline, Sardoine, Calcédoine.

2°. SILEX AQUIFÈRES.

C. HYALITES : vitreuse, laiteuse.

D. RÉSINITES : Opale, Girasol, Cacholong, Hydrophane, commun, Ménilite.

Les caractères minéralogiques et de gisement des principales variétés de Silex proprement dit ayant été exposés à l'article QUARTZ, T. XIV, p. 412, nous renverrons à cet article ainsi qu'aux divers mots sous lesquels on désigne les Minéraux siliceux compris dans le tableau ci-dessus ; nous nous bornerons à rappeler ici le rôle important que jouent dans la nature les substances minérales essentiellement formées de Silice, à exposer quelques idées théoriques relatives à la formation des Silex et à la transformation des corps organisés en cette substance (Silicification), et enfin à faire connaître les principaux usages du Silex dans les arts.

Non-seulement la Silice se rencontre en proportions plus ou moins grandes dans la plupart des Minéraux composés ; mais, seule et presque pure, cette substance constitue près du tiers de la masse solide de l'enveloppe terrestre, soit qu'elle entre comme partie essentielle dans la plupart des roches cristallisées, primordiales (Granit, Gneiss, Pegmatite, etc.), soit qu'elle forme des roches puissantes (quartzite) des Grès, des Sables qui abondent dans les terrains de tous les âges, et aussi bien dans ceux formés évidemment dans le sein des eaux que dans ceux qui ont une origine ignée non contestée.

Si, pour l'étude minéralogique, il est nécessaire, et jusqu'à un certain point possible, de caractériser et de désigner par des noms particuliers les diverses Pierres uniquement siliceuses qui diffèrent entre elles par des caractères extérieurs constans, il n'est pas aussi facile de faire à part l'histoire de la formation et du gisement de chacune d'elles ; car, dans beaucoup de cas, plusieurs variétés semblent avoir la même origine et le même gisement ; ainsi, pour prendre un exemple, on voit souvent, et dans le même banc calcaire, des rognons siliceux dont la partie extérieure est à l'état de Silex corné, tandis que le centre est à celui de Silex Pyromaque (Craie de Fécamp), présenter des cavités (géodes) qui sont fréquemment tapissées de véritable Calcédoine ou Agathe, ou même de Cristaux limpides, de Quartz hyalin, et qui d'autres fois sont remplies de Silex pulvérulent ; c'est ainsi encore que les bois, les coquilles et d'autres corps organisés que l'on trouve fossiles, sont changés en Jaspe, en Calcédoine, en Agathe, en Cornaline, en Résinite, etc., aussi bien qu'en Silex corné ou pyromaque. Il ne résulte pas cependant des exemples qui viennent d'être cités qu'il faille croire que toutes les Pierres siliceuses se rencontrent toujours indistinctement dans les mêmes terrains, et qu'elles y jouent le même rôle ; au contraire, ainsi qu'il a été exposé au mot

Quartz, à chacune des principales variétés minéralogiques peut être assigné un gisement général particulier.

L'une des dispositions les plus remarquables et les plus ordinaires des véritables Silex (Silex corné et pyromaque), est de se présenter au milieu des assises des terrains de Calcaire de Sédiment, en masses irrégulières, branchues, arrondies, qui se lient plus ou moins à la gangue qui les enveloppe, et qui sont disposées en lignes parallèles entre elles et aux assises calcaires. La Craie blanche offre un exemple connu de tout le monde de cette manière d'être des Silex (V. Craie) que l'on observe aussi, mais moins fréquemment, dans le Calcaire jurassique, dans les marais des terrains d'eau douce, et jusque dans les Gypses des formations tertiaires. L'observation démontre que les formes arrondies de la plupart des Silex, ainsi disposés en lits, ne sont pas dues au frottement, et que ces corps n'ont pas préexisté aux sédimens qui les enveloppent; leur formation est donc au moins contemporaine du dépôt au sein duquel ils se trouvent. Mais comment ces nodules, d'une substance très-peu soluble, dont les molécules ne semblent pas avoir été rapprochées par agrégation, peuvent-ils s'être introduits au milieu d'une substance étrangère déposée évidemment par voie de sédiment? La Silice, dissoute dans certains véhicules, a-t-elle filtré à travers le tissu des Roches pour venir remplir des cavités préexistantes ou remplacer des corps organisés ainsi que la structure de ceux-ci que l'on reconnaît dans beaucoup de Silex, pourrait porter à le faire croire? La Silice a-t-elle été à l'état gélatineux, comme semblent l'indiquer certains phénomènes relatifs aux Agathes, aux Silex rubanés, aux couches contournées des terrains oolitiques, à quelques lits minces de Silex pyromaques observés dans la Craie blanche, qui ont éprouvé, sans se rompre, plusieurs inflexions, et surtout aux Meulières et aux Calcaires siliceux dans lesquels

on observe des feuillets et lames minces couvertes d'aspérités fines et de mamelons qui, comme le dit Brongniart, ressemblent à des membranes d'une matière glaireuse desséchée? Sans vouloir choisir entre les opinions différentes qui ont été émises à ce sujet, et sans croire pouvoir résoudre définitivement la question très-compliquée de la formation des Silex, nous rapporterons seulement plusieurs faits qui sont de nature à l'éclairer et à démontrer que, sur ce point, comme sur un grand nombre d'autres, il faut bien se garder dans les sciences d'observation de vouloir bien expliquer par une seule cause des faits en apparence analogues; car douter d'une manière absolue de la possibilité de la dissolution aqueuse de la Silice, parce que les observations démontrent sa viscosité et *vice versâ*, et ne pas croire que, réduite à une ténuité extrême, les molécules siliceuses, disséminées dans une pâte sédimenteuse de nature étrangère, n'ont pas pu se réunir, et pour ainsi dire se conglomérer après coup, c'est se mettre également en contradiction avec les faits. On sait, en effet, que dans les fabriques de faïence où l'on fait une pâte avec de l'Argile et une certaine quantité de Silex pulvérisé, si on laisse cette pâte pendant plusieurs jours sans l'employer, le mélange qui était intime cesse de l'être, et que les particules siliceuses s'attirent mutuellement et se groupent autour du centre. N'a-t-il pas pu en être de même de la Silice qui a formé les Silex de la Craie; d'abord déposée par voie de sédiment avec les particules calcaires, le départ n'a-t-il pas pu s'opérer après coup sans qu'il y ait eu ni dissolution ni filtration, et des masses gélatineuses, organisées comme le sont les Médusaires, n'ont-elles pas pu laisser leur place à la Silice, ce qui s'accorde encore assez bien avec la forme irrégulière des Silex et leur disposition en lits continus. Il est de toute évidence encore que, dans la transformation de certains

Végétaux en Silice, les molécules organisées ont pour ainsi dire été remplacées une à une; les formes les plus délicates, l'organisation intime des tissus, ont été conservées, et les cavités les plus petites, telles que celles des trachées, n'ont pas été remplies (bois de Palmiers, tiges de Graminées, capsules de Chara ou Gyrogonites), et, dans ces divers cas, on ne peut guère supposer que la Silice était dissoute dans un liquide ou à l'état visqueux, puisque tous les vides alors seraient pleins. On peut encore mieux croire que la production des matières siliceuses et leur introduction à la place des Végétaux et Animaux dont elle conserve les formes et le tissu, aient été opérées par une action ignée; on sait bien qu'en Islande les eaux bouillantes du Geyser déposent sur les bords de l'ouverture par laquelle elles sortent de terre une très-grande quantité de Silice qu'elles contenaient, et qu'il se forme sur ce point des Pierres entièrement semblables au Cacholong, au Silex nectique et aux Meulières; mais peut-on penser que les eaux dans lesquelles nos Meulières des environs de Paris ont été formées étaient de la nature de celles du Geyser, si, comme tout porte à le croire, elles nourrissaient des Lymnées, des Planorbes et plusieurs espèces de Plantes. Un autre fait qu'il importe de ne pas oublier, c'est que dans une de ces cavités tapissées de cristaux de Quartz, que l'on rencontre souvent au milieu du Marbre de Carrare, on a trouvé près d'un kilogramme d'eau siliceuse dans laquelle étaient libres de petites masses gélatineuses qui, à l'air, ont bientôt pris la dureté et l'aspect de la Calcédoine. Guillemin a aussi fait connaître dernièrement une variété de Quartz qu'il a découvert à Tortezais (Allier), dans un Grès auquel il sert de ciment, ou au milieu duquel il se trouve en petits amas et veinules. C'est une sorte de Résinite (*V.* ce mot) qui renferme naturellement 0,11 de son poids d'eau, et qui en absorbe encore 0,14.

Il a la propriété de se dissoudre dans la Potasse caustique à la chaleur de 100°, et l'analyse que l'on en a faite n'indique la présence d'aucune matière alcaline.

Quelques auteurs pensent que les diverses opérations qui ont donné lieu à la formation des Silex ne sont pas suspendues, et que les mêmes causes agissent encore journellement pour produire même dans la Craie de nouveaux dépôts siliceux. Notre collaborateur Bory, dans son Voyage souterrain, ou Description du plateau de Maëstricht, exprime positivement cette opinion pages 206 et 209 du même ouvrage; il cite une localité très-remarquable hors de la porte de Halle, aux environs de Bruxelles, où l'on peut pour ainsi dire assister à cette opération de la nature : là, sous l'ancien fort de Monterey, au point où la grande route coupe un banc de Sable exploité pour les besoins journaliers de la capitale, « on voit l'eau chargée des particules constitutives du Silex, filtrer goutte à goutte et se durcir dans la profondeur du Sable même, en corps comparables pour leur forme à des tronçons de branchages, à des fragmens de bâtons plus ou moins gros.... On reconnaît dans la cassure de ceux-ci que la matière siliceuse dont ils sont formés a été déposée autour de corps étrangers, tels que des brins de chevelus de racines quelconques profondément pénétrantes, des morceaux de coquilles ou des parcelles de sable un peu plus grossières que leurs voisines, agglutinés en petits canons, racines, débris ou amas qui, encroûtés dans la pierre nouvelle, identifiés avec elle en conservant seulement leur forme primitive, demeurent les noyaux toujours reconnaissables de Silex modernes. »

On cite encore comme une preuve de la formation récente du Silex, ce que rapporte Trebra (Journal des Mines, n° 23) d'un Silex de neuf pouces de long sur quatre pouces de large, et au milieu duquel on trouva en le brisant une vingtaine de petites pièces d'argent du seizième siècle. Pour déduire une conséquence de cette observation, il faudrait être bien certain que le Silex qui en fait l'objet n'avait pas une cavité communiquant à l'extérieur par une ouverture qui aurait servi à introduire les pièces de monnaie.

Les plus anciens peuples, et quelques peuples sauvages actuels, ont su tirer parti de la dureté des Silex pour en faire des instrumens tranchans. Depuis la moitié du seizième siècle environ, plusieurs variétés de Silex, mais principalement le Silex pyromaque, sont employés pour faire des pierres à fusil. La France est l'un des pays où cette fabrication est des plus abondantes, et les principales fabriques sont dans les départemens de l'Yonne et du Cher. Le Silex employé est blond, jaunâtre, et appartient à la formation crayeuse. Les ouvriers habiles nommés caillouteurs choisissent parmi les pierres ceux qu'ils appellent *Cailloux francs*, et ils rejettent les Cailloux dits *Grainchus* qui ne se prêtent pas à la taille. Cette opération se fait au moyen de différens marteaux et avec tant de rapidité qu'un bon ouvrier peut faire mille pierres en trois jours, mais il importe essentiellement que les Silex employés aient encore leur eau de carrière, sorte d'humidité qu'ils perdent peu de temps après avoir été à l'air et sans laquelle ils ne peuvent plus se laisser casser d'une manière convenable.

Les Silex cornés et pyromaques sont encore employés à faire des pierres à lisser, et réduits, sous un moulin, en poudre très-fine, ils entrent dans la composition de la faïence fine.

Le Silex Meulière, qui a reçu ce nom à cause de l'usage principal que l'on en fait, constitue la dernière formation d'eau douce des environs de Paris; c'est à sa dureté et au grand nombre de cellules qu'il présente qu'est due sa propriété de faire d'excellentes meules de moulin. C'est principalement auprès de la Ferté-sous-Jouarre, et sur les territoires des villages des Mollières et des Trous, entre Limours et Versailles, que sont les principales exploitations; on fait, dans le premier lieu, des meules de six pieds de diamètre dont le prix est quelquefois porté à 1200 fr. la pièce, et on en exporte en Angleterre et jusqu'en Amérique. Le plus souvent les meules sont composées de plusieurs pièces parallélipipédiques nommées carreaux, et réunies par des cercles de fer. On cite hors du bassin de Paris les carrières de Pierre à meules d'Houlbec, près Pacy-sur-Eure; celles de Cinq-Mars-la-Pile, sur la Loire, près Tours; celles de la Fermeté-sur-Loire (département de la Nièvre), qui paraissent appartenir à la même formation que celle des environs de Paris. Beudant cite dans les sables de Blocksberg, en Hongrie, des Meulières analogues aux nôtres; et on en a reconnu également de semblables dans l'Amérique septentrionale (État d'Indiana). Malgré ces citations, la Meulière lacustre paraît être une formation locale peu répandue dans la nature.

Comme nous l'avons indiqué au commencement de cet article, lorsque l'on trouve dans les anciens auteurs le mot Silex suivi d'un nom spécifique, c'est ce dernier mot qu'il faut chercher dans le Dictionnaire pour en connaître l'histoire. (c. p.)

SILICATES. CHIM. et MIN. On donne ce nom aux combinaisons en proportions définies de la Silice avec les bases salifiables. Ces combinaisons sont très-nombreuses dans le règne minéral, et comprennent la plupart des substances dont les anciens minéralogistes faisaient une classe à part sous le nom de Pierres ou de substances terreuses. Suivant Berzelius, il existe des Silicates dans lesquels l'Oxigène de la Silice est égal à celui de la base : ce sont des Silicates simples; d'autres dans lesquels l'Oxigène de la Silice est deux, trois et six fois celui de la base : ce sont les Bisilicates, les Trisilicates et les Sésilicates ; enfin il en est quelques-uns dans lesquels l'Oxigène de la base est double ou triple de celui de la Silice. Les Silicates sont très-abondans dans la nature ; non-seulement on en trouve de simples, mais encore de doubles, de triples et même de quadruples. La plupart des Silicates ne peuvent être fondus que lorsqu'on les traite par la Potasse caustique : ils donnent alors une matière soluble dans les Acides. La solution étant évaporée presqu'à siccité si l'on jette de l'eau sur le résidu et que l'on filtre, on obtient la Silice sous forme de poudre blanche.

(G. DEL.)

SILICE. CHIM. et MIN. Placée autrefois parmi les Terres, elle est considérée maintenant comme un Acide, d'après les analogies fondées sur les nombreuses combinaisons avec les bases salifiables. La Silice, telle qu'on l'obtient par les procédés chimiques, est en poudre blanche, rude au toucher ; elle est infusible sans addition ; mais jointe à d'autres Terres, et surtout aux Alcalis, elle fond avec plus ou moins de facilité. La Silice est soluble dans l'eau, mais en très-petite proportion ; car ce liquide n'en dissout pas un millième de son poids. Calcinée avec de l'Hydrate de Potasse, elle donne une matière qui attire l'humidité de l'air, et se résout en un liquide qu'on nomme Liqueur des Cailloux. La Silice se trouve cristallisée dans la nature ; car elle existe parfaitement pure dans le cristal de Roche ou Quartz hyalin limpide. En s'unissant aux bases salifiables, elle donne naissance aux Silicates, sortes de combinaisons qui forment la plus grande partie des Minéraux dont se compose la nombreuse classe des Pierres   (G. DEL.)

SILICICALCE. MIN. Le Minéral auquel de Saussure a donné ce nom est une Pierre qui présente à la fois les caractères des Silex et ceux de la Chaux carbonatée. On voit qu'il se rapproche beaucoup des Silex calcifères ou Calcaires siliceux.   (A. R.)

SILICIUM. CHIM. Corps simple qui produit la Silice par sa combinaison avec l'Oxigène, et qui, d'après ses propriétés, doit être placé auprès du Bore et du Carbone. Il est d'un brun de noisette sombre et dépourvu de l'éclat métallique ; on ne le rencontre dans la nature qu'à l'état de corps brûlé. *V.* SILICE.   (G. DEL.)

SILICULE. BOT. PHAN. *V.* SILIQUE.

SILIQUAIRE. *Siliquaria.* MOLL. On doit à Guettard (Mém. T. III, p. 128) d'avoir le premier distingué ce genre en lui imposant le nom de Ténagode. Bruguière, qui paraît avoir méconnu cette observation, lui a donné celui de Siliquaire qu'ont adopté tous les zoologistes, si ce n'est Schumacher (Essai d'un nouv. syst. des habit. des Vers testacés, p. 80 et 262) qui a cru devoir lui substituer celui d'Anguinaire. Aucun de ces auteurs n'ayant connu l'Animal, et le test calcaire des Siliquaires ressemblant à quelques égards au tube des Serpules, c'est auprès de ces Animaux, et par conséquent dans la classe des Annelides, qu'on a toujours placé ce genre ; il faut toutefois en excepter Bruguière (Encyclop. méthod. Tabl. systém., p. 15), Schumacher (*loc. cit.*), Savigny (Syst. des Annel., in-fol., p. 98), Blainville (Manuel de Malac., p. 432 et 653, 1825), qui, sur la simple connaissance qu'ils avaient du tube calcaire, se sont refusés à le ranger parmi les Vers, et ont même cru devoir l'exclure de la classe des Annelides. Lamarck lui assigne pour caractères : test tubuleux, irrégulièrement contourné, atténué postérieurement, quelquefois en spirale à sa base, ouvert à son extrémité antérieure, ayant une fente longitudinale subarticulée qui règne dans toute sa longueur. Animal inconnu. Le tube des Siliquaires diffère principalement de celui des Serpules par la manière dont il est contourné, son extrémité étant assez régulièrement roulée en spirale ; l'adhérence qu'il contracte

avec les corps environnans est aussi
très-différente; il est entouré par
une accumulation de petites coquilles et de sable, ou bien par des
Alcyons, des Eponges qui semblent
le protéger; mais jamais les parois
des tubes ne se fixent aux corps solides, de manière à se briser plutôt que
de se séparer comme cela a lieu ordinairement pour ceux des Serpules.
On remarque aussi que l'extérieur
des tubes frais est couvert d'une sorte
d'épiderme, ce qui ne se voit pas dans
les habitations des Annelides qui sont
sécrétées tout différemment. Enfin il
existe sur le bord de l'ouverture du
tuyau une fente qui se prolonge en
une gouttière percée de petits trous,
et qui règne dans toute la longueur
de l'enveloppe calcaire; on n'aperçoit rien de semblable dans les Serpules. L'Animal de la Siliquaire était
resté jusqu'ici inconnu; nous avons
eu occasion de l'observer dernièrement, et nous avons communiqué à
la Société philomatique (séance du
3 janvier 1829) les principaux résultats de notre travail; nous en donnerons un court extrait, et nous renverrons pour de plus amples détails
aux Annales des Sciences naturelles
où il doit être publié en entier. La
Siliquaire a quelque analogie avec le
Vermet, et c'est véritablement près
de lui qu'on doit la ranger. Sa forme
est allongée; son corps est tourné
en spirale; lorsqu'on l'a retiré de
son tube, il conserve cet enroulement, et il n'est pas possible de l'é-
tendre en une ligne droite. Antérieurement on voit un opercule très-épais
formé par l'empilement de lamelles
cornées; cet opercule est fixé sur un
pied musculaire très-charnu qui présente supérieurement une sorte d'appendice très-comprimé, en arrière
duquel s'élève une tête distincte munie de deux petits tentacules légèrement renflés au sommet, et pourvus
chacun à leur base d'un œil assez
saillant; immédiatement après la tête
on observe le manteau qui est fendu
supérieurement dans toute sa longueur jusqu'à une partie distincte, le

tortillon, qui termine le corps. Le
manteau étant divisé dans toute sa
longueur présente naturellement
deux lobes; celui du côté droit est
réduit à une frange très-étroite qui
est bordée en dedans par un petit
sillon étendu de la tête à la naissance
du tortillon; le lobe gauche est beaucoup plus large dans toute son étendue; il débute immédiatement en
arrière de la tête par une sorte d'expansion, puis il devient tout d'un
coup assez étroit, et se continue ainsi
jusqu'à l'origine du tortillon. Contre
l'assertion de Blainville, les branchies
n'existent que d'un seul côté; elles
consistent en des filamens simples, assez rigides, et qui sont fixés sur toute
la longueur du lobe gauche du manteau, à sa face interne. Cette disposition curieuse explique l'importance
du sillon spiral et perforé qu'on observe sur le tube calcaire, et qui était
nécessaire pour que l'eau vînt incessamment baigner les organes respiratoires. Le tortillon est assez court;
comme dans les autres Mollusques, il
renferme le foie et les organes générateurs; ceux-ci se terminent sur le
lobe gauche, et le point de terminaison est indiqué par une petite échancrure. Si l'on compare cette courte
description avec la description incomplète qu'Adanson a donnée du
Vermet, on trouvera que la Siliquaire s'en rapproche sous quelques
rapports, mais que des caractères importans l'en distinguent.

On trouve les Siliquaires dans les
mers des Indes. Une espèce a été
observée dernièrement sur les côtes
de Sicile. Lamarck a décrit quatre
espèces: la SILIQUAIRE ANGUINE, *Siliquaria anguina*, ou la *Serpula anguina*, L.; SILIQUAIRE MURIQUÉE, *Siliquaria muricata*, figurée par Rum-
phius, Mus., tab. 41, fig. H. La SI-
LIQUAIRE LISSE, *Siliquaria lævigata*,
figurée par Chemnitz, Conch., 1, tab.
2, fig. 13, c? la SILIQUAIRE LACTÉE,
Siliquaria lactea, Lamk., Collection
du Muséum; Blainville (Dict. de Levrault, article *Siliquaire*) a ajouté
trois espèces qu'il a observées dans

le cabinet du duc de Rivoli. Les espèces fossiles sont assez nombreuses.

Denys de Monfort a créé aux dépens du genre Siliquaire celui d'Agatirse. *V.* ce mot. Schumacher (*loc. cit.*), quoiqu'il ait substitué le nom d'Anguinaire à celui de Siliquaire, emploie cependant ce dernier pour désigner un genre de Mollusque bivalve qui a pour type un Solen.

(AUD.)

* SILIQUAIRE. *Siliquaria.* BOT. CRYPT. (*Hydrophytes.*) Lamouroux, dans l'article FUCACÉES de ce Dictionnaire (T. VI, p. 71), avait indiqué par ce nom un genre à créer et à décrire, qui ne pouvait guère avoir pour type que le *Fucus siliquosus* de Linné, dont nous avions de notre côté senti la nécessité d'opérer la séparation : dans l'idée où nous sommes d'avoir rencontré sa pensée, nous ferons ici ce qu'il se proposait de faire. Le genre Siliquaire sera caractérisé par les vésicules non développées dans ses expansions ou dans ses tiges, mais extérieures, en forme de silique articulée; par ses conceptacles terminaux, lancéolés, mucronés, où les gongyles sphériques, renfermés dans une mucosité, sont formés de propagules disposés tout autour et non épars dans leur masse. Lyngbye avait réuni notre Siliquaire à son genre Halidrys qui en est très-distinct. Nous n'en connaissons qu'une espèce très-commune dans toutes nos mers, où elle acquiert jusqu'à trois ou quatre pieds de long, et qu'on trouve souvent rejetée au rivage par gros paquets qui deviennent tout noirs. Le même changement de couleur a lieu dans les herbiers. On a peine à concevoir comment Agardh avait pu confondre cette Plante dans le genre *Cystoseira.* (B.)

SILIQUARIA. BOT. PHAN. La Plante décrite par Forskahl (*Flor. Egypt. Arab.*, 78) sous le nom de *Siliquaria glandulosa*, est le *Cleome arabica*, L. De Candolle s'est servi de ce nom pour désigner la seconde section des *Cleome. V.* ce mot. (G..N.)

SILIQUASTRUM. BOT. PHAN. (Mœnch.) Syn. de *Cercis*, L. *V.* GAINIER (G..N.)

SILIQUE. CONCH. Espèce du genre Glycimère. *V.* ce mot. Audouin vient d'observer l'Animal de ce genre curieux. (B.)

SILIQUE. *Siliqua.* BOT. PHAN. On appelle ainsi un genre de fruit ayant le péricarpe sec, plus ou moins allongé, ordinairement à deux loges séparées l'une de l'autre par une cloison mince et membraneuse, qui paraît être une expansion du trophosperme qui est sutural, et qui porte les graines attachées sur deux rangées longitudinales, séparées l'une de l'autre par la cloison. Ce fruit, qui s'ouvre ordinairement à sa maturité en deux valves, est propre à la famille des Crucifères dont il fait un des caractères les plus tranchés. Quand la Silique n'est pas au moins quatre fois plus longue que large, on la nomme Silicule. Mais on conçoit facilement que cette dernière sorte de fruit n'est qu'une légère modification de la Silique dont elle offre tous les caractères intérieurs. La Silique présente un très-grand nombre de variétés qui tiennent à sa forme, à sa consistance, et quelquefois même à des caractères plus importans. Ainsi la cloison disparaît quelquefois, et alors elle est uniloculaire; d'autres fois elle reste indéhiscente (*Raphanus*); quelquefois elle est surmontée d'un appendice de forme variée qui s'élève au-dessus des valves et qui paraît être une prolongation de l'axe ou des trophospermes (*Sinapis*). Cet appendice est quelquefois plein, d'autres fois creux, et même renfermant une ou plusieurs graines. Dans quelques genres la Silique est marquée transversalement d'étranglemens, et se rompt en autant de parties distinctes qu'elle offre de ces articulations, etc. *V.* CRUCIFÈRES. (A. R.)

* SILIQUELLE. *Siliquella.* MICR. Genre de la famille des Brachionides, de l'ordre des Crustodes, dont les caractères sont : test capsulaire, urcéolé, antérieurement mutique, postérieurement arrondi, subbilobé, centralement foraminé, pour donner passage à une queue parfaitement simple et subulée. Les organes rotatoires, doubles et très-distincts, s'y agitent avec une grande vivacité et s'éloignent beaucoup l'un de l'autre. On voit dans l'intérieur d'autres organes qui nous paraissent être des ébauches d'un cœur qui s'y agitent également. Nous n'en connaissons qu'une espèce que nous appelons *Siliquella Bursa pastoris* à cause de sa figure qui est un peu celle de la silicule d'un Thlaspi ainsi nommé. *V.* planches de ce Dictionnaire. C'est le *Brachionus impressus*, Müll., *Inf.*, tab. L, fig. 12-14; Encycl. Vers., pl. 28, fig. 19-21. On la trouve dans l'eau des marais. (B.)

SILIQUIER. BOT. PHAN. (Lamarck, Flore Franç.) Syn. d'Hypécoon. (D.)

SILL. POIS. Nom de l'Ammodyte en Norvège. (LESS.)

SILLAGO. POIS. Cuvier a créé sous ce nom un genre de Poissons Acanthoptérygiens dont les caractères sont les suivans : deux nageoires dorsales, la première courte, mais haute, à rayons flexibles; la seconde longue et basse. Museau un peu allongé, terminé par une petite bouche protactile, garnie de lèvres charnues et de dents en velours, avec un rang de plus fortes à l'extérieur. Leur tête est écailleuse; leurs opercules sont armés d'une petite épine; leurs préopercules légèrement dentelés; cinq rayons à la membrane branchiostége. Ce sont des Poissons de la mer des Indes dont la chair est exquise. On n'en connaît que deux espèces : le Pêche-Picout de Pondichéry, *Sillago acuta*, Cuv., le *Soring* de Russel, pl. 115; et le Pêche-Madame, *Sillago domina*, Cuvier. (LESS.)

SILLI. BOT CRYPT. Évidemment par corruption de *Suillius*, nom par lequel on désigne en diverses parties de l'Italie des Champignons mangeables. (B.)

SILLIMANITE. MIN. Minéral composé de Silice, 42,66; Alumine, 54,11; Oxide de Fer, 1,99; Eau, 0,51, et qui a été observé par G.-T. Bowen dans une veine de Quartz qui traverse un Gneiss près de Saybrook, ville du Connecticut. Il est d'une couleur grise foncée qui passe au brun. Ses cristaux sont des prismes rhomboïdaux obliques dont les angles sont d'environ 106° 30' à 73, 30, et l'inclinaison de l'axe du prisme sur la base 113°. Il est plus dur que le Quartz, et sa pesanteur spécifique est de 3,41. On ne peut le fondre au chalumeau, même par l'addition du Borax. Ce Minéral, encore mal connu, a de l'analogie avec le Disthène. (A. B.)

* SILLONNÉ. ZOOL. Espèce du genre Lézard, et une Baliste. (B.)

SILLONNÉE. REPT. OPH. Espèce du genre Couleuvre. *V.* ce mot. (B.)

* SILLONNETTE. BOT. CRYPT. Nom français proposé par Bridel pour désigner son genre *Glyphomitrium.* *V.* ce mot. (B.)

* SILO. OIS. Nom du Drongo chez les Papous de la Nouvelle-Irlande. (LESS.)

SILOXÈRE. *Siloxerus.* BOT. PHAN. Genre de la famille des Synanthérées et de la Syngénésie séparée, L., établi par Labillardière (*Nov.-Holl.*, p. 58, tab. 209) qui lui a imposé les caractères essentiels suivans : calicules contenant chacun deux à cinq fleurs; corolles enflées, hermaphrodites; style en massue renversée; réceptacle commun, poilu; réceptacle partiel paléacé; aigrette quinquéfide, dentée. L'étymologie du nom de ce genre est tirée de la forme du style qui est enflé. Cassini et Sprengel ont en conséquence proposé, chacun de leur côté, un changement de nom. Cassini substitue à *Siloxerus* le mot *Ogcerostylus*,

et Sprengel celui de *Styloncerus.*
Comme ici le mot ne fait rien à la
chose, et que celui donné primitivement par Labillardière, quoique
insignifiant, n'est pas contradictoire,
nous pensons que le changement proposé n'est pas absolument nécessaire.
Cassini a, en outre, étudié la Plante
qui forme le type de ce genre, et il
a placé celui-ci près de ses genres
Hirnellia et *Gnephosis* dans la tribu
des Inulées. Le *Siloxerus humifusus*
est une petite Plante trouvée par Labillardière dans la Nouvelle-Hollande à la Terre de Leuwin. Ses tiges
sont couchées, garnies de feuilles
linéaires, obtuses, glabres, opposées
ou rarement alternes, mais rapprochées sous les capitules où elles constituent une sorte d'involucre général. Les calicules sont rassemblés en
un capitule terminal.   (G..N.)

SILPHA. INS. Genre de Coléoptères désigné ainsi par Linné et répondant, en majeure partie, à celui de
Bouclier (*Peltis*) de Geoffroy. Successivement modifié par Degéer, Fabricius et d'autres naturalistes, il ne
comprend plus, dans la méthode du
docteur Leach (*Zoolog. Miscell.*),
que les espèces ayant pour caractères : corps ovale; corselet presque
demi-circulaire, transversal, échancré en devant; élytres entières (souvent échancrées dans la femelle); antennes grossissant insensiblement. Il
y rapporte les espèces suivantes :
S. opaca et *obscura* de Linné, *lævigata* et *reticulata* de Fabricius, et
tristis d'Illiger. *V.* l'article Bou-
CLIER.   (LAT.)

SILPHIDÉS. *Silphidea.* **INS.** Nom
donné par le docteur Leach à une
famille de Coléoptères, composée du
genre *Silpha* de Linné et qui embrasse notre tribu des Silphales, famille des Clavicornes, sauf le re-
tranchement des genres Nécrophore
et Sphérite.   (LAT.)

SILPHIUM. BOT. PHAN. Genre de
la famille des Synanthérées, tribu
des Héliauthées et de la Syngénésie
nécessaire, L., offrant les caractères

essentiels suivans : involucre composé de larges folioles imbriquées,
ovales, obtuses, scarieuses sur les
bords; réceptacle garni de paillettes;
calathide composée au centre de fleurons nombreux et mâles; à la circonférence de demi-fleurons fertiles;
akènes ovoïdes, comprimés, larges,
surmontés de deux cornes. Ce genre
renferme une quinzaine d'espèces
toutes originaires de l'Amérique septentrionale, à l'exception du *S. atro-
purpureum,* Willd., qui croît dans
l'Amérique méridionale. Ce sont en
général des Plantes remarquables par
la hauteur de leurs tiges, l'élégance
de leur port, et la grandeur de leurs
fleurs qui ressemblent à celles des
Hélianthes. Quelques-unes sont cultivées en Europe comme Plantes
d'ornement; elles fleurissent en automne dans les parterres. Parmi ces
Plantes, nous citerons comme type
le *Silphium perfoliatum,* L., dont les
tiges sont dressées, carrées, cannelées, et hautes de plus de six pieds.
Les feuilles sont opposées, ovales; les
inférieures pétiolées, rudes, fermes,
épaisses, échancrées en cœur et réunies à leur base; les supérieures
grandes, ovales-lancéolées, acuminées, conniventes, de manière que
la tige semble traverser une feuille
unique. Les fleurs sont disposées en
une panicule terminale. Le *Silphium
terebinthinaceum,* L. fils, Suppl.;
Lamk., Illustr., tab. 707, est aussi
une espèce fort remarquable par la
hauteur de ses tiges, par ses feuilles
très-grandes, rudes, dentées en scie,
par ses belles fleurs; enfin par son
suc propre, qui est analogue aux
Résines liquides des Conifères, nommées vulgairement Térébenthines.

Le nom de *Silphium* était donné
dans l'antiquité à une Plante dont le
suc avait une grande réputation pour
ses propriétés médicales. On présu-
mait avec assez de vraisemblance, que
cette Plante devait être une Ombellifère analogue à celle qui fournit
l'*Assa fœtida.* Viviani, dans son *Floræ
Lybicæ Specimen,* publié en 1824, a
cité sous le nom de *Thapsia Sil-*

phium une espèce nouvelle qu'il croit être le vrai *Silphium* des anciens, et qui croît dans la Cyrénaïque, c'est-à-dire dans les lieux où elle était indiquée.   (G..N.)

SILURE. *Silurus.* POIS. Genre de Poissons Malacoptérygiens Abdominaux de la méthode de Cuvier, ou des Osseux Holobranches Abdominaux des Tableaux analytiques de Duméril, créé par Linné et caractérisé par une bouche au bout du museau ; des opercules à branchies mobiles ; les deux maxillaires garnis de dents en carde ; dorsale unique, à rayons osseux, courts, avec ou sans piquans ; anale longue et voisine de la caudale. Les Silures ont généralement la tête déprimée ; les intermaxillaires suspendus sur l'ethmoïde et non protactiles ; les maxillaires très-petits, se continuant le plus ordinairement en un barbillon charnu auquel s'en adjoignent d'autres attachés, soit à la mâchoire inférieure, soit aux narines. La vessie natatoire est robuste et cordiforme ; l'estomac est un cul-de-sac charnu ; l'intestin est long, ample et sans cœcum. La plupart des Silures ont une forte épine remplaçant le premier rayon de la pectorale, qui s'articule sur l'os de l'épaule, et qu'ils peuvent arc-bouter très-solidement ou appliquer le long du corps. Ces épines, finement barbelés, occasionent des blessures très-dangereuses, surtout dans les pays chauds. Leur corps est nu ou couvert de larges plaques osseuses. A l'exception d'une espèce que l'on trouve dans les eaux douces de l'Europe, tous les Silures habitent les fleuves des pays chauds, et plus particulièrement ceux d'Afrique et des Indes. On les divise en plusieurs sous-genres qui sont :

† SILURES proprement dits, *Silurus*, Artédi, Lacép.

Nageoire dorsale à peu de rayons sur le devant du dos et sans épine sensible ; des dents en carde aux deux mâchoires et une bande vomé-rienne ; nageoire anale très-longue et rapprochée de la queue.

Les Silures, qui appartiennent à ce sous-genre, sont : *Silurus glanis* de Linné que Bloch représente pl. 34, et qui est le *Salùth* des Suisses, le *Wels* ou *Scheid* des Allemands, et le *Mal* des Suédois, figuré pl. 61, fig. 244 des planches de l'Encyclopédie. C'est un Poisson qui acquiert une très-grande taille, et qui se trouve principalement dans les fleuves et les rivières du nord de l'Europe. Il se tient dans la vase et guette sa proie. Sa chair est indigeste, mais du reste assez sapide au goût. A ce sous-genre appartiennent encore les *Silurus asotus, fossilis*, Bloch, 370, t. 2; *bimaculatus, binensis*, Lacép.; *Attu*, Lacép., et sans doute aussi l'*Ompok siluroide* du même auteur. L'*Asotus* se trouve décrit par Pallas, Act. pétrop. T. I, XI, XII, et dans l'Encyclopédie, p. 150.

†† SCHILBÉS, *Schilbeus*, Cuv.

Corps comprimé verticalement ; épine de la dorsale forte et dentelée ; tête petite, déprimée ; nuque subitement relevée ; yeux placés très-bas, et donnant aux Poissons de ce sous-genre une apparence singulière ; huit barbillons.

On ne connaît que deux Poissons de ce sous-genre, tous les deux des eaux douces du Nil, et que les Arabes nomment *Schilbé* et *Schilbé Oudney* ou à oreilles. Leur chair est délicate, et de tous les Silures ce sont ceux qui ont, sous le rapport des qualités alimentaires, le plus de délicatesse. Le Schilbé, *Silurus mystus*, Hasselq., et le Schilbé Oudney, *Silurus auritus*, se distinguent l'un de l'autre, parce que le premier a sept rayons à la dorsale, onze à la pectorale, six à la ventrale, soixante-cinq à l'anale et dix-huit à la caudale. Le second en a onze à la pectorale, six à la ventrale, soixante-dix-sept à l'anale et dix-huit à la caudale. La première dorsale était endommagée ; l'un et l'autre sont figurés par Geoffroy St.-Hilaire pl. 2, fig. 1, 2, 3 et 4 de l'ouvrage d'Egypte , et décrits par Isidore Geoffroy St.-Hilaire , Poissons du Nil et de la mer Rouge, p. 139 et suiv. , édit. in-8°.

††† MACHOIRANS, *Mystus*, Artédi , L. , Cuv.

Deux nageoires dorsales ; la première rayonnée, la deuxième adipeuse.

Les Créoles donnent ce nom à tous les Poissons qui ont des barbillons autour du museau, et les matelots français l'appliquent généralement à tous les Silures. Les Machoirans sont des Poissons de mer qui vivent principalement à l'embouchure des rivières , sur les fonds de vase. On les distingue des Pimélodes dont le corps n'a point d'armure latérale, et se trouve recouvert par une peau lisse et nue.

* SHALS , *Synodontis*, Cuv.

Museau étroit ; dents très-aplaties, latéralement en crochet , disposées par paquets que supportent des sortes de pédicules ; casque rude sur la tête , se continuant avec une plaque osseuse qui va jusqu'à l'épine dorsale ; cette dernière robuste, ainsi que celles qui arment les pectorales ; barbillons inférieurs et parfois sur les côtés du maxillaire inférieur.

Les Shals habitent les eaux douces des fleuves d'Afrique, tels que le Nil et le Sénégal. Leur chair est mauvaise. Le nom de *Synodontis*, que leur a donné Cuvier, est celui que portait chez les anciens un Poisson aujourd'hui inconnu. Le nom de *Shal* leur est donné dans la Basse-Egypte, tandis que dans la Haute on les nomme *Guigur*.

Les espèces de Shals sont : les *Silurus clarias*, Hasselq. ; *S. Shal*, Sonnini , Voy. , pl. 21, fig. 2 ; Pimélode scheiland , *Pimelodus clarias*, Geoff. St.-Hilaire , pl. 13, fig. 3 et 4, Égypte ; et les *Pimelodus Synodontis*, Egypte, pl. 12, fig. 5 et 6 ; Gmel., *Pimelodus membranaceus*, Egypte, pl. 13, fig. 1 et 2. Tous les trois décrits par Isidore Geoffroy, page 156 et suiv. de

son Histoire des Poissons du Nil et de la mer Rouge, tirée à part dans le format in-8°.

** PIMÉLODES proprement dits, *Pimelodus*, Cuv.

Mâchoires garnies de dents en velours ; une seule rangée intermaxillaire à la supérieure ; plaque de la nuque distincte et bien marquée, ou parfois effacée ; une peau épaisse revêtant le crâne qui est moins âpre que chez les Shals.

Les Pimélodes sont les suivans : *Silurus clarias*, Bloch, pl. 35, fig. 1 et 2 ; *Silurus nodosus*, Bloch, pl. 368 , fig. 1 ; *Silurus hemiolopterus*, Schn. ; *Pimelodus biscutatus*, Geoff. St.-Hil., Egypte, pl. 14, fig. 1 et 2 ; Isidore Geoff., *loc. cit.*, p. 168. On y joint les *Silurus Herzbergii*, Bloch, pl. 367 ; *Silurus quadrimaculatus* , Bloch, pl. 368, fig. 2 ; *S. galeatus*, Bloch, pl. 369, fig. 1 ; *S. clarias*, Gronov. , L. , Séba, tab. 3 , pl. 29, fig. 5 , peut-être le même que l'*Erythropterus* de Bloch, pl. 369, fig. 2 ; Pimélode moucheté, Lacép. ; *Silurus felis*, Séba, tab. 3 , pl. 29, fig. 1 ; *S. catus* , Catesby, pl. 23 ; *Silurus vittatus*, Bloch , pl. 371 , fig. 2 ; *Silurus maculatus* , Thunberg , Act. Stock., 1792. Le Lonchisure chinois de Lacépède paraît à Cuvier être un Silure.

*** BAGRES , *Porcus*, Geoff. St.-Hil.

Dents de la mâchoire supérieure disposées sur deux bandes transversales et parallèles, une vomérienne et une intermaxillaire ; crâne assez lisse et plaque de la nuque plus petite. Quelques espèces ont leur museau qui s'allonge et s'aplatit comme au Brochet.

Les Bagres sont africains ; les principales espèces sont : l'Abouréal , *Pimelodus auratus*, Geoff. , pl. 4, fig. 3 et 4, Egypte ; le Bayad fiulé, *Porcus bayad*, Geoff. , Egypte, pl. 15, fig. 1 et 2 ; le Bayad docmac, *Porcus docmac*, Geoff. , Egypte, pl. 15, fig. 3 et 4 ; le *Silurus docmak* de Forskahl, et *Lima* de Schneider. On y joint le Silure Bagre, L., Bloch, 76; le Pimélode Commersonien, Lacép., ou le Barbu; le *Silurus fasciatus*.

****** Agénéiores, Lacép., Cuv.**

Caractères des vrais Pimélodes, moins les barbillons qui leur manquent complétement Chez quelques-uns l'os maxillaire se redresse comme une corne dentelée, chez d'autres il reste caché sous la peau. Les épines dorsales et pectorales sont peu apparentes.

Les espèces de ce petit groupe sont: les *Silurus militaris*, Bloch, pl. 362, et *Silurus inermis*, Bloch, pl. 363.

******* Doras, Lacép., Cuv.**

Ligne latérale cuirassée par une rangée de pièces osseuses, relevées chacune d'une épine ou d'une carène saillante; épines dorsale et pectorales très-fortes et puissamment dentelées; casque âpre, se continuant jusqu'à la dorsale; toutes les dents en velours. Quelques espèces ont des dents vomériennes.

Les espèces typiques de ce sous-genre sont le *Silurus costatus*, L., Bloch, pl. 376, ou *Cataphractus americanus* de Catesby; le *Silurus carinatus*, L.

†††† Hétérobranches, *Heterobranchus*, Geoff.

Tête couverte d'un bouclier âpre, aplati, très-large; opercule très-petit; branchies ordinaires et branchies accessoires, sous forme de ramuscules divisés; membrane branchiale à huit, neuf, treize ou quatorze rayons; épines pectorales fortes et dentelées; anale revêtue d'une peau nue; corps allongé; huit barbillons.

Geoffroy Saint-Hilaire a publié sur ce sous-genre des détails anatomiques d'un haut intérêt dans les planches 16 et 17 du grand ouvrage de la Commission d'Egypte. Ce sont des Poissons du Nil, du Sénégal, dont la chair est médiocre. Les espèces du sous-genre sont: le Marmout, *Heterobranchus anguillaris*, Hasselq., Geoff, Egypte, pl. 16, fig. 1, 3 et

4, et pl. 17, fig. 1 à 7, dont la chair est une des ressources des habitans de la Syrie et de l'Egypte. Le Halé, *Heterobranchus bidorsalis*, Geoff., pl. 16, fig. 2, 5 et 17, fig. 8 et 9, toutes deux décrites dans l'ouvrage d'Isidore Geoffroy Saint-Hilaire sur les Poissons du Nil et de la mer Rouge.

††††† Plotose, *Plotoseus*, Lacép.

Deuxième dorsale rayonnée, très-longue; anale prolongée, toutes deux s'unissant à la caudale pour former une pointe; lèvres charnues et pendantes; bouche armée en avant de dents coniques, derrière lesquelles il y a une rangée de dents globuleuses et une bande vomérienne; épiderme épais, enveloppant la tête et le reste du corps; neuf ou dix rayons à la membrane branchiale; huit barbillons; appendice charnu, ramifié, placé derrière l'anus; épines dorsales et pectorales dentelées et robustes, ou parfois cachées sous la peau.

Les Plotoses sont des Poissons des Indes-Orientales, dont le type du genre est figuré dans Bloch, pl. 373, fig. 1, et se trouve reproduit dans les Poissons de Renard, T. 1, fig. 19; c'est le *Platystacus anguillaris*. Nous décrirons une espèce nouvelle que nous avons observée dans la baie d'Offach de l'île de Waigiou où elle est excessivement commune. C'est le Plotose Ikapor, *Plotoseus Ikapor*, long de deux pouces, arrondi, mince, ayant les aiguillons de la dorsale et des pectorales très-barbelés; la première dorsale ayant cinq rayons. Ce petit Poisson, nommé *Ikapor* par les habitans de Waigiou, est d'un noir brillant et intense sur le dos; le ventre est blanc; quatre raies jaunes, partant du museau, se dessinent sur le corps jusqu'à la queue. Les blessures de ces aiguillons sont excessivement dangereuses, parce qu'elles dilacèrent les tissus; de légères piqûres aux doigts nous ont amené pendant plus de quinze jours une impossibilité de mouvoir la main, et des points gangreneux se sont manifestés à chaque piqûre.

††††† CALLICHTE, *Callichtys*, L.; *Cataphractus*, Lacép.

Corps cuirassé sur les côtés par quatre rangées de pièces écailleuses qui s'étendent sur la tête; extrémité du museau nue, ainsi que le dessous du corps; deuxième dorsale n'ayant qu'un seul rayon à son bord antérieur; épine pectorale forte; épine dorsale faible; bouche peu fendue; dents peu visibles; quatre barbillons; yeux petits et placés sur le bord de la tête; épine pectorale âpre ou dentelée.

Les Poissons de ce sous-genre peuvent ramper à terre comme l'Anguille.

†††††† MALAPTÉRURE, *Malapterus*, Lacép., Cuv.

Nageoire dorsale non rayonnée, et remplacée par une petite adipeuse proche la queue; point d'épine pectorale; tous les rayons de cette nageoire mous; épiderme de la tête et du corps lisse; dents en velours et disposées sur un large croissant; sept rayons à la membrane branchiale; mâchoires et viscères comme dans les Silures.

On ne connaît qu'une espèce de ce sous-genre qui est le fameux Silure électrique, le *Raad* ou *Raasch* des Arabes, qui vit dans le Nil et dans le Sénégal. Ce Poisson, parfaitement figuré par Geoffroy Saint-Hilaire dans l'ouvrage de la Commission d'Egypte, pl. 12, fig. 1 à 4, et décrit par Isidore Geoffroy, p. 147 du texte in-8°, est le *Silurus electricus* de Linné. Il a été l'objet d'un Mémoire lu à l'Académie royale des Sciences, en 1782, par Broussonnet. Le nom de ce sous-genre vient du grec qui signifie *mollis*, *pinna* et *cauda*, pour dire nageoire adipeuse au-dessus de la queue. Les caractères tirés des nageoires se trouvent être : branchiale, sept rayons; dorsale, zéro; pectorale, neuf; ventrale, six; anale, onze; et caudale, dix-huit. Sa taille varie entre douze et dix-huit pouces; une mucosité abondante recouvre le corps, et fait saillir un assez grand nombre de taches noires ou noirâtres sur un fond grisâtre; mais ce qui rend ce Poisson remarquable, est l'appareil électrique qui est étendu autour du corps, et qui est formé par un amas considérable de tissu cellulaire tellement serré et épais qu'au premier aspect on le prendrait pour une couche de lard; mais cet organe est composé de fibres tendineuses et aponévrotiques fortement entre-croisées, et donnant lieu à un réseau. Les mailles de ce tissu sont remplies d'une matière albumino-gélatineuse que traversent de nombreuses ramifications nerveuses. Pour ce Silure, de même que pour la Gymnote et la Torpille, on en est encore à préciser les phénomènes si remarquables de l'électricité animale qui les caractérisent. Le nom que ce Poisson porte chez les Arabes annonce qu'ils le comparent à l'électricité céleste, car le nom de *Raad* signifie tonnerre; malgré cela, ils mangent sa chair et se servent de sa graisse en fumigations et comme remède en diverses maladies. Hasselquitz paraît ne pas avoir connu ce Silure.   (LESS.)

* SILURELLE. *Silurella*. CRUST. Nous avions, dans nos articles BRACHIONIDES et MICROSCOPIQUES, formé un genre sous ce nom en le rapportant à la classe des Microscopiques. Nous avons reconnu depuis que l'Animal qui lui servait de type n'était qu'un jeune individu du genre Cyclope. *V.* ce mot. Aussi ne l'avons-nous pas reproduit dans les planches de ce Dictionnaire où se trouve un exemple de chaque genre. Il est toujours essentiel de se rétracter lorsqu'on a été induit en erreur.   (B.)

SILUROÏDE. POIS. *V.* OMPOK.

SILUROÏDES. POIS. Cuvier a nommé Siluroïdes sa cinquième (et dernière) famille des Poissons Malacoptérygiens abdominaux. Cette tribu se distingue en ce que le corps n'est jamais recouvert de véritables écailles, car la peau est nue ou couverte de grandes plaques osseuses.

Les intermaxillaires sont suspendus sous l'ethmoïde, formant le rebord de la mâchoire supérieure : les maxillaires sont rudimentaires ou allongés en barbillons. Le canal intestinal est ample, replié, sans cœcums ; la vessie est grande ; le premier rayon de la dorsale et des pectorales le plus souvent épineux : ordinairement une membrane adipeuse pour deuxième dorsale. Les grands genres admis dans cette famille sont les suivans : Silure, Malaptérure, Asprède ou Platyste, et Loricaire. *V*. ces mots, et surtout SILURE.   (LESS.)

SILURUS. POIS. *V*. SILURE.

SILUS. MOLL. Adanson (Voy. au Sénég., pl. 9, fig. 33) désigne ainsi une petite espèce de Buccin qui n'a point été revu depuis lui, ni mentionné par aucun auteur.   (D..H.)

SILVAIN ou SYLVAIN. INS. Sous ce nom on désigne communément plusieurs espèces de Papillons. Ainsi le Grand Silvain est le Papillon du Peuplier, le Petit Silvain le Papillon Sibylle, etc.   (A. R.)

SILVANDRE ou SYLVANDRE. INS. Espèce de Papillon (*Papilio Hermione*, L.)   (A. R.)

SILVANE. *Silvanus*. INS. Genre proposé par Latreille pour quelques espèces du genre Ips d'Olivier. *V*. Ips.   (A. R.)

SILVIUS. INS. Genre de Diptères, établi par Meigen, aux dépens de celui des Taons ou *Tabanus*, et ayant pour caractères : antennes sensiblement plus longues que la tête, avec le premier article plus long que le suivant et cylindrique, celui-ci en forme de coupe, et le troisième ou dernier en forme d'alène et divisé en cinq anneaux ; yeux lisses, apparens. Ce savant ne cite qu'une seule espèce, le *Tabanus vituli* de Fabricius, et auquel il rapporte son *T. italicus*.   (LAT.)

SILYBUM. BOT. PHAN. Le genre constitué sous ce nom par Vaillant, fut réuni par Linné aux *Carduus* ; mais il a été rétabli par Haller, Gaertner et De Candolle. Il a pour type le *Carduus Marianus*, vulgairement nommé Chardon Marie, et que nous avons suffisamment décrit à l'article CHARDON.

Adanson a encore employé, d'après Rauwolff, le nom de *Silybum* pour désigner le genre *Gundelia* de Tournefort. *V*. ce mot.   (G..N.)

SIMABA. BOT. PHAN. Genre de la famille des Simaroubées ainsi caractérisé : fleurs hermaphrodites ; calice petit, à quatre ou cinq dents ou divisions plus profondes ; pétales en nombre égal, plus longs et ouverts ; étamines, au nombre de huit à dix, un peu plus courtes que les pétales ; ovaires portés sur un gynophore qui les déborde quelquefois, égaux, ou plus rarement inférieurs en nombre aux pétales ; autant de styles distincts à leur base, puis soudés en un seul que termine un stigmate à quatre ou cinq lobes, dents ou sillons ; fruit composé de quatre ou cinq drupes, souvent sèches. Huit espèces, originaires de la Guiane ou du Brésil, se rapportent à ce genre. Ce sont des Arbres ou des Arbrisseaux dont les feuilles alternes se montrent sur la même branche, les unes simples, les autres, et ce sont les plus nombreuses, terminées ou pennées avec ou sans impaire, à folioles opposées ou plus rarement alternes, très-entières, ordinairement coriaces et luisantes, plus rarement pubescentes. Les fleurs, blanches, verdâtres ou d'un jaune rosé, d'une odeur qui rappelle quelquefois le miel, sont disposées aux aisselles des feuilles ou plus communément à l'extrémité des rameaux, en panicules, tantôt courtes et simulant des grappes, tantôt grandes et ramifiées un grand nombre de fois. L'amertume qu'on observe dans l'écorce, les feuilles et les fruits, est un caractère commun aux Plantes de cette famille. C'est Aublet qui est l'auteur de ce genre, dont Schreber a changé le nom en celui de *Zwingera*. Il en avait établi, sous le nom d'*Aruba*, un autre qui paraît devoir lui être réuni, puisqu'il ne présente de différence que dans le nombre variable des parties.   (A. D. J.)

SIMAROUBÉES. BOT. PHAN. Le professeur Richard avait le premier indiqué la formation de cette famille pour réunir les genres *Simaruba*, *Simaba* et *Quassia*. Mais cette famille est devenue une simple tribu des Rutacées. *V.* ce mot.   (A. R.)

SIMARUBA. BOT. PHAN. Ce genre, type de la famille des Simaroubées, présente les caractères suivans : fleurs diclines ; calice petit, cupuliforme, à cinq dents ou cinq divisions plus profondes ; cinq pétales plus longs et ouverts ; dans les mâles : dix étamines, à peu près égales en longueur aux pétales, insérées autour d'un gynophore qui porte cinq petits lobes, rudimens d'autant d'ovaires, ou qui ne porte rien ; dans les femelles : cinq ovaires placés sur un gynophore à peu près aussi large qu'eux et qu'entourent à sa base dix écailles courtes et velues, rudimens d'autant d'étamines ; cinq styles courts, distincts à leur base, mais bientôt confondus et soudés en un seul que couronne un stigmate quinquélobé ; fruit composé de cinq drupes. Les espèces de ce genre, dont trois sont connues, sont des Arbres originaires de l'Amérique intertropicale, des Antilles, de la Guiane, du Brésil. Leurs feuilles sont alternes, pennées, à folioles alternes, très-entières, luisantes en dessus. Leurs fleurs, petites, de couleur verdâtre ou blanchâtre et souvent rouge sur le bord des pétales, sont disposées en petites grappes qu'accompagne une foliole bractéiforme, et qui se groupent en panicules axillaires ou terminales. Une amertume intense se fait sentir dans les feuilles de ces Arbres, dans leur bois, et surtout dans leur écorce tant du tronc que de la racine. Cette propriété a fait employer cette écorce avec suc-

cès dans le traitement de plusieurs maladies contre lesquelles l'usage des amers est indiqué, et nous la trouvons préconisée dans plusieurs ouvrages de matière médicale d'une date déjà ancienne. L'espèce dont on se servait était le *Simaruba officinalis*, rapporté par Linné au genre *Quassia*, dont Aublet l'a distingué pour établir le genre dont il est ici question. On a ajouté une quatrième espèce aux précédentes, le *S. excelsa* de la Jamaïque, qui, présentant des fleurs polygames et pentandres, un stigmate trifide, un fruit composé de trois capsules bivalves et des folioles opposées, n'appartient certainement pas à ce genre, et pas même peut-être à la même famille.   (A. D. J.)

* **SIMBI. OIS.** Ce nom se trouve dans quelques anciens Voyages pour désigner une espèce d'Aigle des côtes occidentales de l'Afrique qui donne la chasse aux autres Oiseaux.   (B.)

SIMBLEPHILE. *Simblephilus.* **INS.** Jurine donne ce nom aux Hyménoptères dont Latreille a formé son genre PHILANTHE. *V.* ce mot.
(G.)

SIMBULETA. BOT. PHAN. Forskahl (*Flor. Ægypt. Arab.*, p. 115) a décrit sous ce nom un genre dont les rapports naturels ne sont pas déterminés, mais qui, selon Vahl, est très-voisin de l'*Anarrhinum*, dans la famille des Scrophularinées. La Plante sur laquelle ce genre a été fondé, a reçu de Gmelin le nom de *Simbuleta Forskalei*, et Poiret, dans le Dictionnaire encyclopédique, lui a donné celui de *S. arabica*. Cette Plante a une tige annuelle, haute d'environ un pied, grêle, simple, dressée, anguleuse, garnie de feuilles éparses, rapprochées, linéaires-filiformes, les supérieures simples, les inférieures bipartites, acuminées et glabres. Les fleurs sont blanchâtres, brièvement pédicellées, et forment une grappe terminale, longue d'environ quatre pouces. Chacune d'elles offre un calice campanulé, découpé en cinq segmens linéaires, égaux et persistans; une corolle blanche, ir-régulière, dont le tube est campa-niforme, plus long que le calice, le limbe à deux lèvres, la supérieure réfléchie, bifide; l'inférieure plus longue, droite, trilobée, le lobe du milieu infléchi; quatre étamines di-dynames, insérées sur la corolle, à anthères noires, soudées en une lame à quatre faces; ovaire ovoïde, surmonté d'un style filiforme et d'un stigmate capité, globuleux, oblique; fruit inconnu. Le *Simbuleta Forskalei* a le port d'un Réséda ou d'un Poly-gala. Cette Plante croît sur le mont Kurma en Arabie.   (G..N.)

SIMERI. MOLL. Adanson (Voy. au Sénég., pl. 5, fig. 5) avait fait avec de jeunes Porcelaines un genre *Péribole* qui n'a point été adopté. (*V.* ce mot.) Il y rangea plusieurs es-pèces de Volvaires, entre autres celle-ci que Lamarck nomme *Volvaria tri-ticea. V.* VOLVAIRE.   (D..H.)

SIMIA. MAM. C'est, dans les ou-vrages de Linné, le nom d'un grand genre comprenant tous les Singes de l'Ancien et du Nouveau-Monde; dans ceux de Cuvier et de quelques autres auteurs modernes, le nom latin du genre Orang; enfin dans ceux de la plupart des zoologistes de nos jours, le nom de la première famille de l'ordre des Quadrumanes, famille qui correspond au genre *Simia* de Linné.   (IS. G. ST.-H.)

SIMILOR. MIN. *V.* CUIVRE.

SIMIRA. BOT. PHAN. Ce genre de Rubiacées établi par Aublet a été réuni au *Psychotria.*   (A. R.)

SIMON. MAM. L'un des noms vul-gaires du *Delphinus Delphis. V.* DAU-PHIN.   (B.)

*SIMPAI. MAM. Sir Raffles nomme ainsi un Singe de Sumatra qui est son *Simia melalophos*, et que F. Cuvier a nommé *Cimepaye*, *Semnopithecus melalophus.*   (LESS.)

SIMIA-NOBLA. BOT. PHAN. Syn. de Phyllis. *V.* PHYLLIDE.   (H.)

SIMPLEGADE. *Simplegades.* MOLL.

Genre proposé par Montfort dans le premier volume de sa Conchyliolo-gie systématique (pag. 82) pour une Coquille qu'on ne saurait admettre ailleurs que dans le genre Ammo-nite. (*V.* ce mot.)   (D..H.)

*SIMPLICIFOLIÉES. BOT. PHAN. (De Candolle.) *V.* OXALIDE.

SIMPLICIPÈDES. INS. Nom donné par Dejean à sa quatrième tribu des Carabiques, ordre des Coléoptères. Elle se compose des Carabiques dont les palpes extérieurs ne sont point subulés et qui n'ont point d'échan-crure au côté interne des jambes an-térieures. Nous avions déjà établi cette division, sous la dénomination d'Abdominaux, que dans la seconde édition du Règne Animal de Cuvier nous avons remplacée par celle de Grandipalpes, soit parce qu'elle est plus caractéristique, soit parce que la précédente avait déjà été employée en ichthyologie. Dejean (Spécies gé-néral des Col., 11) partage d'abord les Simplicipèdes en ceux dont les élytres sont carenées latéralement et embrassent une partie de l'abdomen, et en ceux qui ne présentent point ces caractères. Les premiers forment les genres *Cychrus, Sphæroderus* et *Scaphinotus.* Dans les seconds le men-ton n'a point de dent au milieu de son échancrure, et c'est ce qui est exclusivement propre au genre *Pam-borus;* ou bien cette échancrure en a une, soit entière, soit bifide. Main-tenant le labre est tantôt bilobé ou trilobé comme dans les genres *Pro-cerus, Procrustes, Carabus, Calo-soma;* et tantôt entier. Ici le dernier article des palpes est fortement sécu-riforme, tels sont ceux des *Tefflus;* là cet article est peu ou point sé-curiforme; les genres *Leistus, Ne-bria, Omophron, Pelophila, Blethisa, Elaphrus, Notiophilus.* Celui de *Tef-flus* nous paraissant trop éloigné des *Procerus,* il vaudrait mieux prendre la forme du dernier article des pal-pes pour point de départ. Nous re-marquerons encore que dans les cinq derniers genres on voit des traces, plus ou moins prononcées, de l'échancrure intérieure des deux premières jambes.   (LAT.)

* SIMPLICORNES. INS. *V*. APLOCÈRES.

SIMPULUM. MOLL. Des Tritons, des Ranelles, des Fasciolaires et un Strombe, tel est l'assemblage de Coquilles que Klein rassemble sous ce nom générique, parce qu'elles ressemblent, à ce qu'il prétend, à un vase antique dont on se servait dans les sacrifices.   (D..H.)

SIMSIA. BOT. PHAN. Le genre établi sous ce nom par Persoon et qui avait pour type le *Coreopsis fœtida* de Cavanilles, n'a pas été adopté. *V*. CORÉOPSIDE.
Robert Brown (Transact. de la Soc. Linn. T. X, p. 162) a donné le nom de *Simsia* à un genre de la famille des Protéacées et de la Tétrandrie Monogynie, L., qu'il a ainsi caractérisé : périanthe tétraphylle, régulier, à divisions réfléchies ; étamines saillantes ; anthères finissant par être libres, mais d'abord cohérentes, leurs lobes rapprochés, constituant une loge ; stigmate dilaté, concave ; noix obconique. Ce genre ne se compose que de deux espèces originaires de la Terre de Leuwin, sur la côte australe de la Nouvelle-Hollande. L'une (*S. australis*) croît parmi les pierres sur le revers des montagnes ; l'autre (*S. acutifolia*) se trouve dans les endroits sablonneux, au bord de la mer. Ce sont des Arbrisseaux petits, glabres, à feuilles alternes, filiformes, dichotomes, dont le pétiole est dilaté à la base. Les fleurs sont jaunes, glabres, agglomérées en capitules globuleux, petits, formant entre eux une grappe ou une panicule, munie ou dépourvue d'involucre.   (G..N.)

SIMULIE. *Simulium*. INS. Latreille a établi ce genre aux dépens du grand genre *Culex* de Linné ; il appartient à l'ordre des Diptères, famille des Némocères, tribu des Tipulaires, division des Florales, et a pour carac-

tères : corps assez court ; tête presque globuleuse ; yeux grands, échancrés au côté interne et espacés dans les femelles ; se réunissant sur le front et sur le vertex dans les mâles ; point d'ocelles. Antennes courtes, presque cylindriques, épaisses, grossissant insensiblement de la base à l'extrémité, composées de onze articles, les deux premiers distinctement séparés des autres ; trompe courte, pointue, perpendiculaire. Palpes allongés, un peu recourbés, avancés, cylindriques, de quatre articles distincts, le premier le plus court de tous, les deux suivans plus longs, un peu renflés, le dernier encore plus long et plus menu. Corselet très-petit, peu visible. Ailes grandes, larges, parallèles et couchées l'une sur l'autre dans le repos. Pates assez longues ; tarses ayant le premier article au moins aussi long que les quatre autres pris ensemble. Abdomen cylindrique, composé de sept segmens outre l'anus. Ce genre se distingue des Scathopses, Penthetries, Dilophes, Bibions et Aspistes, parce que ceux-ci ont trois ocelles sur le vertex. Les Cordyles s'en distinguent par leurs antennes de douze articles, et parce que leurs yeux sont entiers dans les deux sexes.
Ce genre se compose d'une douzaine d'espèces européennes ; elles piquent assez fortement et attaquent les Animaux. Leurs mœurs sont inconnues ; nous citerons comme type du genre : la SIMULIE RAMPANTE, *Simulium reptans*, Latr. ; *Scathopse reptans*, Fabr. Elle est commune aux environs de Paris.   (G.)

* SIMUNG. MAM. Espèce du genre Loutre. *V*. ce mot.   (D.)

* SIMUS. REPT. OPH. (Latreille.) Nom scientifique d'une espèce de Crotale. *V*. ce mot.   (B.)

* SIN. Espèce du genre Gros-Bec. *V*. ce mot.   (B.)

* SINÆTHÈRE. MAM. Por. Sinèthère. *V*. ce mot et PORC-ÉP.   (B.)

* SINAPAN. BOT. PHAN. Aublet

donna ce nom comme celui du *Galega cinerea* qu'on cultive dans toutes les habitations pour en avoir la graine qui enivre le Poisson. (B.)

SINAPIS. BOT. PHAN. *V.* MOUTARDE.

SINAPISTRUM. BOT. PHAN. (Tournefort.) Syn. de Cléome, L. (B.)

SINCOIDIENS. REPT. SAUR. Pour Scincoïdiens. *V.* ce mot. (B.)

SINDOC ou SINDAC. BOT. PHAN. Nom de pays du *Laurus malabatrum*. *V.* LAURIER. (B.)

* SINÉTHÈRE. *Sinæther.* MAM. Sous-genre de Porc-Epic. *V.* ce mot. (B.)

* SINEUS. INT. (Oken.) *V.* NEMERTE.

SINGANA. BOT. PHAN. Aublet (Guian., p. 574) a établi sous ce nom un genre qui a été rapporté avec doute aux Guttifères. Néanmoins, dans la révision de cette famille par Cambessèdes, ce genre n'est pas mentionné parmi ceux qui en font partie. Voici ses caractères essentiels : calice divisé profondément en trois ou cinq segmens ; corolle à trois ou cinq pétales onguiculés, dont le limbe est finement denté en scie ; étamines nombreuses, à anthères presque rondes ; style unique, courbé au sommet ; stigmate capité, concave ; capsule longue, cylindrique, uniloculaire, polysperme ; graines grosses, se recouvrant mutuellement, enveloppées de pulpe, fixées à trois réceptacles latéraux. Le *S. guianensis*, Aublet, *loc. cit.*, tab. 230, est un Arbre des forêts de la Guiane. Schreber et Willdenow ont changé inutilement le nom de *Singana* en celui de *Sterbeckia*. (G..N.)

* SINGAPOUA. MAM. Le Tarsier (*Tarsius Spectrum*) porte ce nom à Sumatra, suivant sir Raffles (Trans. Soc. Linn. de Lond. T. XIII, p. 538). (LESS.)

SINGES. MAM. Première famille de l'ordre des Quadrumanes. — S'il est facile de reconnaître que toutes les espèces auxquelles on donne ordinairement le nom de Singes, appartiennent à une même famille, si les rapports qui les lient entre elles sont assez frappans pour être aperçus des personnes même les plus étrangères aux études de l'histoire naturelle, il n'est pas moins facile de reconnaître aussi qu'il existe entre elles des différences d'un ordre trop élevé pour qu'il soit possible de les réunir toutes dans un seul et même genre. En effet, les caractères par lesquels elles se distinguent, ne sont pas moins frappans que les ressemblances par lesquelles elles se rapprochent. Quel contraste, par exemple, entre le Mandrill aux formes trapues et hideuses, toujours empressé de nuire, toujours avide de commettre le mal, sans autre profit pour lui que le plaisir de l'avoir fait, et qui repousse nos regards par l'horrible alliance de la plus odieuse méchanceté et de la lubricité la plus révoltante, et le Semnopithèque si remarquable par la gracieuse légèreté de ses proportions, ou le Saï chez lequel la douceur égale l'intelligence et la docilité ! Sous un autre point de vue, quel contraste entre l'Atèle chez lequel la queue, plus longue que le corps tout entier, devient en quelque sorte un cinquième membre, l'Orang chez lequel elle manque entièrement, et le Maimon chez lequel elle existe encore, mais courte et inutile ! Ces dernières différences, étant tout extérieures, ne pouvaient échapper à aucun observateur ; et Linné lui-même, qui réunissait, comme chacun le sait, tous les Singes dans le genre *Simia*, crut devoir les noter. C'est ainsi qu'il a indiqué, dans quelques éditions de son *Systema Naturæ*, la division de ce genre en trois sections : les Singes sans queue, ceux à courte queue, et ceux à longue queue. Une telle division, si on l'eût adoptée, eût été nécessairement très-vicieuse, comme l'est toute division qui repose sur un caractère unique ; car, d'une part, il existe deux ou trois espèces, tel que le Magot, qui, privées de queue, sont cependant liées de la manière la plus intime par l'ensemble de leur organisation à la plupart de celles de la seconde section ; et de l'autre, la troisième, entièrement artificielle, eût réuni les espèces les plus disparates. Au reste, en indiquant ces divisions, il est évident que Linné s'était proposé pour but unique de faciliter les recherches dans un genre dès-lors fort nombreux en espèces ; et on ne peut douter que s'il eût voulu partager le genre *Simia* en plusieurs groupes secondaires, suivant les principes de la méthode naturelle que lui-même a créée pour la zoologie, il eût réussi tout aussi bien que son immortel rival de gloire, Buffon. Ce dernier, lorsqu'il entreprit les travaux qui ont attaché à son nom une illustration si grande et si bien méritée, dédaignait les secours si précieux de la méthode ; mais lorsque, arrivé à son quatorzième volume, il vint à s'occuper des Singes, il savait mieux que personne apprécier toute l'importance de cet art ingénieux, et la classification qu'alors il donna lui-même, a montré que son vaste génie pouvait se plier aux détails arides des travaux systématiques, aussi bien que s'élever aux plus hautes généralités, et à ces grandes et si fécondes pensées auxquelles la zoologie doit pour ainsi dire une seconde création. Buffon partageait les Animaux placés par Linné dans le genre *Simia*, en deux grandes sections, ceux de l'ancien monde et ceux du nouveau ; et ces sections étaient elles-mêmes subdivisées en plusieurs groupes que l'on doit, à quelques exceptions près, considérer comme très-naturels, et dont il est important de donner les caractères.

1°. Les SINGES proprement dits. Point de queue ; face aplatie ; dents, mains, doigts et ongles semblables à ceux de l'Homme ; marche bipède comme celle de l'Homme.

2°. Les BABOUINS. Queue courte ; face allongée ; museau large et relevé ; dents canines plus grosses à

proportion que celles de l'Homme ; des callosités sur les fesses.

3°. Les GUENONS. Mêmes caractères que les Babouins ; mais la queue aussi longue ou plus longue que le corps.

Ces trois groupes appartiennent à l'Ancien-Monde, et forment une section très-naturelle, distincte de la section des Singes du Nouveau-Monde par trois caractères que Buffon expose ainsi qu'il suit : « Le premier de ces caractères, dit l'illustre auteur de l'histoire naturelle, est d'avoir les fesses pelées, et des callosités naturelles et inhérentes à ces parties ; le second, c'est d'avoir des abajoues, c'est-à-dire des poches en bas des joues où elles peuvent garder leurs alimens ; et le troisième d'avoir la cloison des narines étroite, et ces mêmes narines ouvertes au-dessous du nez comme celles de l'Homme. » Tels sont les caractères que leur grande généralité rend très-remarquables : communs, à quelques exceptions près, à tous les Singes de l'ancien continent, ils manquent chez ceux du Nouveau-Monde, se divisent en deux groupes distingués de la manière suivante :

4°. Les SAPAJOUS. Cloison des narines épaisse ; les narines ouvertes sur les côtés du nez et non pas en dessous ; fesses velues et sans callosités ; point d'abajoues ; queue prenante. Ces derniers caractères se retrouvent constamment dans toutes les espèces ; mais nous devons rappeler ici à l'égard des premiers une exception très-remarquable que nous avons signalée dans notre article SAPAJOUS (*V.* ce mot) ; c'est qu'un des genres de ce groupe, auquel nous avons donné le nom d'Ériode, a les narines plutôt inférieures que latérales, et se rapproche beaucoup, sous ce rapport, des Singes de l'Ancien-Monde.

5°. Les SAGOUINS. Mêmes caractères que les Sapajous, mais la queue non prenante.

Les détails assez étendus que nous venons de donner, nous permettent de passer rapidement sur une classification proposée il y a quelques années par Geoffroy Saint-Hilaire (Tableau des Quadrumanes, Ann. du Mus. T. XVIII), qui ne diffère, comme on va le voir, de celle de Buffon que par quelques modifications rendues nécessaires par les progrès de la science. Geoffroy, à l'exemple de Buffon, divise d'abord les Singes en deux sections principales : les Singes de l'Ancien-Monde, qu'il embrasse sous le nom de Catarrhinins (Singes à narines ouvertes inférieurement); et les Singes américains, qu'il nomme Platyrrhinins (Singes à nez large et à narines ouvertes latéralement). Cette deuxième section est à son tour subdivisée, et comprend trois groupes secondaires : 1° les Singes à queue prenante ou Hélopithèques : ce sont les Sapajous de Buffon ; 2° les Géopithèques (Singes de terre): ce sont les Sagouins de Buffon, moins les Ouistitis; 3° les Arctopithèques, ou Singes à ongles d'ours. Le seul genre Ouistiti compose ce troisième et dernier groupe, que Buffon réunissait au précédent, mais qui présente une foule de caractères distinctifs de la plus haute importance; c'est ce que nous avons montré avec tout le détail nécessaire en faisant leur histoire générique (*V.* OUISTITI), et nous ne reviendrons pas ici sur ce sujet. Seulement nous rappellerons une remarque à laquelle nous avons été conduit par l'examen de l'organisation des Arctopithèques : c'est que le nombre et l'importance des caractères qui les séparent de tous les autres Singes, sont tels que, bien loin de former une simple section des Platyrrhinins et un groupe de même valeur que celui des Géopithèques ou des Hélopithèques, il devra, dans une classification vraiment naturelle, devenir l'une des divisions primaires de la grande famille des Singes. C'est ce que montrera le tableau méthodique suivant, dressé selon les principes que nous venons d'exposer, et dans lequel nous avons indiqué d'une manière

succincte et comparative les caractères de la famille et de ses divisions principales.

SINGES. Caractères généraux de la famille. — Formes générales se rapprochant plus ou moins de celles de l'Homme. Fosses orbitaires dirigées en avant, et séparées des fosses temporales par une cloison osseuse complète comme chez l'Homme. Incisives au nombre de quatre à chaque mâchoire. Ongles des doigts tous de même forme, à l'exception de ceux des pouces qui sont plus aplatis que les autres. Deux mamelles pectorales. Pouces des mains antérieures ordinairement plus courts que ceux des mains postérieures, quelquefois même rudimentaires et non apparens à l'extérieur.

Ier groupe : les Catarrhinins ou Singes de l'Ancien-Monde.—Cloison des narines étroite ; narines ouvertes au-dessous du nez. Cinq molaires de chaque côté et à chaque mâchoire. Presque toujours des abajoues et des callosités. Queue de longueur variable, mais jamais prenante ; quelquefois entièrement nulle. Ongles aplatis. Ce groupe renferme plusieurs genres qui ont été décrits aux mots CYNOCÉPHALE, GUENON, MACAQUE et ORANG.

IIe groupe : les Hélopithèques et Géopithèques de Geoffroy Saint-Hilaire. — Cloison des narines large ; narines ouvertes sur les côtés du nez (excepté dans notre genre *Eriodes*). Six molaires de chaque côté et à chaque mâchoire (1) ; ce qui porte le

(1) Nous n'avons pas besoin de prévenir qu'on trouve souvent un moindre nombre de molaires, soit chez les jeunes sujets qui n'ont pas encore toutes leurs dents, soit chez de très-vieux sujets qui en ont déjà perdu quelques-unes : c'est ainsi que l'on voit fréquemment des Singes du second groupe ayant cinq molaires comme ceux du premier et du troisième. C'est au contraire un fait très-remarquable, et sur lequel nous devons appeler l'attention de nos lecteurs, que celui de l'existence de sept molaires de chaque côté à la mâchoire supérieure, observé par Geoffroy Saint-Hilaire chez un Sajou très-adulte (Leçons sur les Mammifères). Nous avons nous-même tout récemment trouvé sept

nombre total des dents à trente-six. Jamais d'abajoues ni de callosités. Queue longue, tantôt prenante, tantôt non prenante. Ongles aplatis (excepté dans notre genre *Eriodes*). Ce groupe se subdivise en deux sections : 1° les Hélopithèques ou Sapajous, caractérisés par leur queue prenante ; 2° les Géopithèques ou Sagouins, dont la queue est lâche et non prenante ; plusieurs genres décrits aux mots SAPAJOUS et SAGOUINS, et qui tous appartiennent au Nouveau-Monde.

III° groupe : les Arctopithèques. — Cloison des narines large ; narines ouvertes sur les côtés du nez. Cinq molaires de chaque côté et à chaque mâchoire (comme chez les Singes de l'ancien monde). Point d'abajoues ni de callosités. Queue longue, non prenante. Ongles très-longs, comprimés, pointus. Un seul genre dont toutes les espèces sont américaines. *V.* OUISTITI.

Il n'entre pas dans notre plan de présenter dans cet article un tableau de l'organisation des Singes. L'histoire de chacun des genres de cette famille si remarquable a été traitée avec tout le soin que réclamait la haute importance du sujet ; et les détails anatomiques qui ont été donnés sur plusieurs d'entre eux ne nous permettent pas d'aborder ici l'une des questions les plus intéressantes que l'histoire naturelle offre à la méditation du philosophe, la comparaison des organes de l'Homme avec ceux du Singe. Qu'il nous suffise donc d'ajouter ici, comme résumé de tout ce qui a été dit dans d'autres articles, que la ressemblance extérieure qui existe entre ces deux êtres ne saurait peut-être, quelque grande qu'elle soit, donner une idée exacte du degré de ressemblance qui existe entre les organes intérieurs de l'un et de l'autre. On sait que Galien,

ne pouvant étudier l'organisation de l'Homme sur l'Homme lui-même, puisa dans de profondes connaissances anatomiques sur le Singe, des lumières que les préjugés superstitieux de ses contemporains semblaient lui avoir interdites pour jamais, et que, prenant confiance en de tels résultats, il n'hésita pas à en déduire la physiologie de l'Homme. On se rappelle également que Buffon, dans son article sur la nomenclature et la classification des Singes, l'un des plus beaux ornemens de son grand ouvrage, ne craignit pas de dire que, sous le rapport physique, « les Quadrumanes remplissent le grand intervalle qui se trouve entre l'Homme et les Quadrupèdes. » Nous ne pouvons développer ici cette conclusion ; mais nous ne pouvons nous dispenser d'appuyer sur ce résultat remarquable des méditations du naturaliste philosophe ; résultat qui, d'une haute importance par lui-même, semble prendre encore un nouveau degré d'intérêt au milieu des débats psychologiques qui se sont élevés dans ces derniers temps. En effet, quelle arme plus puissante en faveur des spiritualistes qu'une telle ressemblance physique entre deux êtres si différens sous le rapport moral et intellectuel? Et (pour nous servir des expressions qu'emploie, en discutant la grande question que nous venons d'indiquer, le profond et éloquent auteur de la Connaissance de Dieu et de soi-même) est-il une route plus directe pour arriver à ces conséquences, que « sous les mêmes apparences sont cachés divers trésors, et que l'intelligence n'est pas attachée aux organes ? »

D'autres remarques intéressantes peuvent encore être déduites de l'étude des Singes, faite sous un point de vue général. En indiquant les rapports qui les rapprochent de l'Homme, nous avons insisté sur les ressemblances, et nous avons en quelque sorte fait abstraction des différences. Revenons maintenant sur ces différences, et considérons les Singes

---

molaires aux deux mâchoires, mais sur un seul côté chez un Atèle (*V.* ce mot dans l'article SAPAJOU). Ces deux exceptions sont les seules connues.

comme des êtres semblables à l'Homme dans tout ce qu'il a d'organes essentiels à la vie, mais qui, dans leurs organes accessoires, présentent des modifications plus ou moins graves. C'est seulement en examinant ces modifications, c'est en cherchant, comme Geoffroy Saint-Hilaire l'a fait le premier, à nous rendre compte de l'influence physiologique qu'elles peuvent et doivent exercer, que nous pourrons concevoir les habitudes des Singes, et comprendre comment des Animaux, si voisins de l'Homme par l'essentiel de leur organisation, se trouvent contraints à des allures si différentes; comment ils sont en quelque sorte entraînés vers les branches des arbres, leur véritable domicile, puisque là seulement ils peuvent trouver repos et sûreté.

Ce qui doit d'abord arrêter notre attention chez le Singe, c'est la conformation de ses extrémités. Des doigts profondément divisés, et surtout le pouce séparé des quatre derniers doigts et opposable dans son action; voilà ce que nous trouvons en arrière comme en devant; et il est même à remarquer que lorsqu'il y a une exception à ce caractère, elle porte toujours sur les mains antérieures et non sur les postérieures, remarque qui n'est pas sans importance, mais sur laquelle nous ne devons pas nous arrêter ici, l'ayant déjà présentée avec quelque détail dans notre article QUADRUMANES. Au pied de derrière, nous ne trouvons d'autre exception au caractère général de la famille que celle que présente le Gibbon syndactyle, qui a deux doigts réunis et envelo   s sous les mêmes tégumens dans un   rande partie de leur longueur, et quelques espèces de l'ancien monde, telles que les Mangabeys, qui sont demi-palmés, principalement en arrière, la peau s'étant prolongée entre les doigts beaucoup plus loin qu'elle ne le fait communément. Mais ces anomalies, fort curieuses et sans aucun doute très-dignes de l'attention du zoologiste, n'ont qu'une très-faible influence physiologique, et n'empêchent pas que le Gibbon syndactyle et les Mangabeys n'aient en arrière comme en avant de véritables mains. Or, quels doivent être les effets de cette transformation des pieds de derrière en véritables mains? C'est ce que nous allons examiner, en considérant successivement ces parties comme constituant les organes principaux du toucher, et comme appartenant aux appareils de la locomotion et de la préhension.

Les quatre mains du Singe sont couvertes, dans la paume, d'une peau fine, très-délicate, entièrement nue, et organisée comme chez l'Homme. Nul doute que ces parties ne soient le siége d'un toucher très-délicat: l'anatomie indique ce fait, et l'observation le démontre. De plus, les mains postérieures, à cause de leur pouce très-opposable, peuvent, aussi bien que les antérieures, saisir les objets, les embrasser dans tout leur contour, et explorer tous les points de leur surface: ce que les unes et les autres font d'autant mieux, que tous leurs doigts, profondément divisés, peuvent être rapprochés ou écartés à la volonté de l'Animal. Ainsi, non-seulement le Singe jouit d'un toucher délicat comme l'Homme, mais, comme lui aussi, il peut palper les objets; et il le peut d'autant mieux, qu'il possède quatre mains au lieu de deux. Cette remarque, dont la vérité ne saurait être contestée, tire quelque intérêt de l'opinion célèbre d'Helvétius, suivant laquelle l'Homme serait redevable, à la conformation de ses mains, de son immense supériorité sur les Animaux. Plusieurs philosophes se sont donné la peine de réfuter longuement cette opinion, que son auteur étayait de quelques rapprochemens plus ingénieux que justes, mais qu'il cherchait en vain à établir sur une base solide: car qui ne voit que si l'on admettait le système d'Helvétius, on serait conduit nécessairement et d'une manière inévitable, à cette absurde conséquence, que le *roi de la nature* devrait être le Mandrill ou le Pongo pourvus de quatre mains, et non pas l'Homme qui n'en possède que deux?

Sous le rapport de leurs usages dans la station et la locomotion, les pieds postérieurs du Singe ne paraissent point au premier abord modifiés d'une manière désavantageuse par la présence d'un pouce opposable: car ce pouce opposable n'a par lui-même d'autre effet que d'élargir la base de sustentation à la volonté de l'Animal ; circonstance qui ne peut être qu'avantageuse dans la station, et qui pourrait même à peine devenir nuisible dans la course. Mais une modification d'une telle importance entraîne nécessairement d'autres modifications ; et quelques-unes de celles-ci sont réellement désavantageuses sous le point de vue qui nous occupe. Tout dans le pied du Singe est disposé de manière à faciliter la préhension : c'est à cet effet que tout est sacrifié dans son organisation. Ainsi, pour citer un exemple, les mains postérieures, sans être susceptibles de pronation et de supination comme les antérieures, jouissent d'une assez grande liberté de mouvement qu'augmente encore la laxité de l'articulation du genou et de l'articulation coxo-fémorale. Cette mobilité, très-favorable pour les actes de la préhension, nuit nécessairement à la solidité de la station, et rend la marche moins assurée. Aussi les Singes, qui pour la plupart sautent avec une extrême agilité, à cause de la force et de la longueur considérables de leurs membres postérieurs, marchent-ils lentement et d'une manière lourde et en quelque sorte contrainte, soit qu'ils marchent à quatre pieds, comme le font la plupart d'entre eux, soit qu'ils essaient de marcher à deux, comme le font les Orangs. Nous avons parlé ailleurs du mode de progression de ces derniers, qui, ainsi que nous l'avons dit, ne sont exactement ni bipèdes ni quadrupèdes (*V.* MAMMIFÈRES et ORANG), et dont la station

habituelle n'est ni entièrement verticale comme celle de l'Homme, ni horizontale comme celle de la plupart des Mammifères. Ce sont, et on peut en dire à peu près autant de la plupart des Singes, des êtres pour lesquels il n'est point à terre d'allure entièrement facile et commode, et, par conséquent, auxquels leur organisation interdit de vivre constamment sur le sol, et impose la nécessité de chercher un autre domicile.

Ce domicile, c'est sur les branches des arbres que les Singes le trouvent. A terre tout leur était obstacle : ici tout leur devient ressource. On comprend donc pourquoi les Singes vivent sur les arbres : c'est parce que là seulement ils sont à l'aise, là seulement ils peuvent mettre à profit tous les moyens de leur organisation : exemple remarquable d'où l'on voit comment toutes les habitudes d'un être se déduisent de son organisation, et en sont véritablement un résultat nécessaire. Doués d'une très-grande énergie musculaire, pourvus de membres postérieurs longs et très-robustes, les Singes sautent de branche en branche avec une incroyable agilité, et leurs quatre mains remplissent l'usage de crochets à l'aide desquels ils se suspendent et se fixent où il leur plaît. Mais ce n'est pas tout : la plupart des Singes ont reçu de la nature quelques autres organes dont ils usent avec grand avantage, en ce qu'ils peuvent aider ou suppléer les mains, et prévenir ainsi la fatigue que toute action musculaire long-temps prolongée entraîne nécessairement à sa suite. Un très-grand nombre de Singes du Nouveau-Monde, les Hélopithèques ou Sapajous, ont une queue longue, fortement musclée, qui peut s'enrouler autour des corps et les saisir; tels sont principalement les Hurleurs et les Atèles dont la queue, nue et calleuse en dessous dans son quart ou son cinquième terminal, jouit d'une force si grande, qu'elle peut suppléer entièrement les mains lorsqu'il s'agit d'assurer la station de l'Animal. Chez d'autres, tels que les Sajous, la queue, velue dans toute son étendue, devient beaucoup plus faible, et ne peut plus qu'aider à l'action des mains, et non lui suppléer. Chez tous les autres Singes elle est également velue, et, devenant plus faible encore, elle n'a plus que des usages tout-à-fait secondaires ou même entièrement nuls; tels sont les Arctopithèques, les Géopithèques et tous les Singes de l'Ancien-Monde, que la nature a ainsi privés d'un instrument puissant de préhension, mais auxquels, comme nous allons le voir, elle a accordé de bien précieux dédommagemens. Les Arctopithèques, qui non-seulement ont la queue non prenante, mais qui en même temps n'ont que des mains mal conformées et également impropres à la préhension, grimpent sur les arbres et s'y tiennent à la manière des Ecureuils (*V*. Ouistiti); ce qui leur devient possible en raison de leur extrême légèreté et de la forme acérée de leurs ongles changés en de véritables griffes. Ainsi toutes ces petites espèces parviennent, en mettant à profit des moyens d'organisation en quelque sorte étrangers à la famille des Singes, à se procurer le même domicile que leurs congénères, et vivent, comme les autres Quadrumanes, sur les branches élevées des arbres. Enfin, (comme si la nature eût voulu nous montrer par combien de voies elle peut arriver au même but, tout en se renfermant dans les étroites limites d'une même famille), c'est un troisième genre de modifications qui vient, chez les Singes de l'Ancien-Monde, suppléer à l'action des mains lorsque le repos devient nécessaire. Chez ces Singes la tubérosité sciatique est terminée inférieurement par une surface large, et recouverte à l'extérieur d'une peau nue, épaissie et calleuse, qui, lorsque l'Animal s'assied, supporte tout le poids du corps sans qu'il en résulte pour lui aucune fatigue. Pour faire concevoir toute l'importance de cette modification en apparence de peu de valeur, il suffit

de rappeler une observation faite récemment par Geoffroy Saint-Hilaire: c'est que tandis que les Singes de l'ancien monde sont presque continuellement assis, ceux du nouveau, qui tous sont dépourvus de callosités, ne s'asseoient jamais ou presque jamais, et se bornent, lorsqu'ils veulent reposer, à s'accroupir en plaçant sous eux leur queue sur laquelle ils s'appuient quelquefois. Une autre remarque, qui tend encore à faire comprendre l'importance de ce caractère, c'est sa grande généralité: l'Orang roux est le seul Singe de l'Ancien-Monde chez lequel nous n'avons pu le trouver. Les callosités existent en effet, malgré les assertions de Buffon, chez le Douc, ce que tous les naturalistes ont pu vérifier depuis quelques années, et chez le Chimpanzé (Troglodyte ou Orang noir), quoique le contraire se trouve affirmé dans tous les ouvrages, même les plus modernes. Les callosités du Chimpanzé n'ont été vues que par le seul Audebert qui les a indiquées dans la figure qu'il a donnée de ce Singe, mais qui n'y a fait aucune attention. Elles existent cependant réellement, ainsi que nous nous en sommes assuré par un examen attentif; et si on ne les a pas décrites jusqu'à ce jour, et si tous les auteurs modernes s'accordent à nier leur existence, c'est sans doute parce que les parties environnantes étant à peu près nues comme elles et de même couleur, les callosités sont beaucoup moins apparentes que chez les autres Singes où elles se trouvent environnées de poils épais et de couleur différente.

Ainsi la queue prenante des Hélopithèques, les ongles pointus et acérés des Arctopithèques, les callosités des Singes de l'Ancien-Monde, quelque différentes que soient anatomiquement de telles modifications, ont eu définitive de mêmes effets physiologiques. Quant aux Géopithèques, rien de semblable n'existe chez eux; aussi restent-ils moins long-temps que leurs congénères sur les branches des arbres, et sont-ils souvent contraints par la fatigue à descendre à terre et à venir se cacher dans les broussailles. Cependant la nature leur a aussi accordé quelque dédommagement et quelque secours contre les attaques des Hélopithèques, plus robustes et plus agiles qu'eux, et toujours disposés à les tourmenter lorsqu'ils les rencontrent. La plupart des Géopithèques sont nocturnes, tandis que les Hélopithèques sont diurnes : ils ont donc d'autres heures de repos et d'éveil que ceux-ci, et par conséquent ne sont que rarement exposés à être rencontrés par eux. Tels sont particulièrement les Sakis. D'autres, tels que les Callitriches, beaucoup plus rapprochés des Sapajous par leur organisation, et diurnes comme eux, n'ont plus les mêmes moyens d'éviter la rencontre de leurs ennemis. On concevrait même difficilement comment ces Singes, les plus petits et les plus faibles de tous après les Ouistitis, ont pu, quoique ne possédant aucun moyen particulier de se dérober aux recherches de leurs ennemis, se conserver jusqu'à nous, si l'extrême développement de leur intelligence ne nous faisait entrevoir une explication possible de ce fait. Il est probable que ces Animaux suppléent par la ruse à la force qui leur manque, et que, ne pouvant résister à leurs ennemis, ils savent, en mettant à profit les ressources de leur intelligence, se garantir de toute attaque. Tous les témoignages des voyageurs concourent à rendre ce fait vraisemblable, et les observations anatomiques que l'on a pu faire sur le cerveau et les organes des sens des Callitriches le confirment entièrement. Les yeux du Sakimiri sont si gros qu'ils sont presque en contact sur la ligne médiane ; et l'encéphale, principalement le cerveau, est tellement développé, qu'il surpasse en volume, non-seulement celui de tout autre Singe, mais celui de l'Homme lui-même (*V.* Geoffroy Saint-Hilaire, Leçons sur les Mammifères). On savait depuis long-temps que le cerveau de l'Homme le cède, quant à la quantité absolue de la matière nerveuse dont il se compose, à celui de plusieurs Mammifères, tels que l'Éléphant : il devient maintenant nécessaire d'ajouter qu'il n'est pas même le plus volumineux, proportion gardée avec l'ensemble de l'être.

Nous nous bornerons, à l'égard des habitudes des Singes, aux remarques générales que nous venons de présenter. Le genre de nourriture de ces Animaux, le degré de leur intelligence, leur naturel, varient d'un genre à l'autre ; et nous ne pourrions essayer d'en donner une idée sans entrer dans des détails, et sans exposer des faits particuliers qui seraient tout-à-fait déplacés dans un article général tel que celui-ci. Nous terminerons en présentant quelques remarques sur la distribution géographique des Singes. C'est uniquement dans les pays chauds, et principalement dans les zônes intertropicales, que se trouvent répandus ces Animaux : en Amérique, la Guiane, le Brésil, le Paraguay ; en Asie, les îles de la Sonde, Bornéo, le continent de l'Inde ; en Afrique, le Congo, la Guinée, le Sénégal, le cap de Bonne-Espérance, sont les contrées où ils existent en plus grand nombre. Une seule espèce vit sauvage en Europe, c'est le Magot (*V.* ce mot à l'article MACAQUE) ; et il n'en existe aucune dans le continent tout entier de l'Australasie. Quant à la distribution géographique des genres, nous n'avons pas besoin de dire qu'aucun ne se trouve à la fois en Amérique et dans l'Ancien-Monde, puisqu'on a vu que sur les trois tribus que nous avons distinguées dans la famille, la première appartient exclusivement à l'Ancien-Monde, et les deux dernières au Nouveau. Les lois de géographie zoologique posées par Buffon (*V.* MAMMIFÈRES), reçoivent donc ici une application remarquable. Mais, de plus, il est à observer que chaque genre de l'ancien monde appartient exclusivement ou presque exclusivement, soit à l'Afrique, soit à l'Asie, en sorte que les genres ont, aussi bien que les tribus, leur patrie particulière. Ainsi, sans parler du genre Troglodyte formé d'une seule espèce africaine, et du genre Orang, dans lequel on ne connaît encore d'une manière bien certaine qu'une espèce asiatique, tous les Gibbons et tous les Semnopithèques appartiennent à l'Inde, soit continentale, soit archipélagique ; tous les Colobes sont au contraire originaires de Sierra-Leone et de la Guinée. Les Macaques, à une ou deux exceptions près, ont la même patrie que les Gibbons et les Semnopithèques, tandis que les Cynocéphales, et surtout les Guenons, sont des espèces africaines. Ces remarques confirment d'une manière frappante le fait général que nous avons établi dans un autre travail (Ann. des Sc. nat. T. I, avril 1824), savoir, que plus on remonte dans l'échelle des êtres, plus la distribution géographique paraît soumise à des lois exactes. Or, un tel fait ne peut guère s'expliquer que si l'on suppose que les Animaux supérieurs ont été créés les derniers de tous et postérieurement à la formation des continens actuels, hypothèse dont la vraisemblance frappe vivement lorsqu'on se rappelle les beaux résultats des travaux de Cuvier. Dans ce monde antique qui a précédé l'Homme, et dont l'Homme, à force de science, a conquis l'entrée et s'est fait le contemporain ; dans ce monde que l'Homme ne vit jamais, et dont il a su écrire l'histoire et connaître les habitans, notre espèce ne fut pas seule absente : aucun Singe, aucun Quadrumane n'y parut également, puisqu'aucun débris n'est venu à travers les siècles nous transmettre les traces, et nous apporter les preuves de leur existence. Ainsi le même fait nous est révélé, et par l'étude de la distribution géographique des Animaux de l'âge actuel, et par celle des débris l'ancien ordre de choses ; remarque qui montre mieux que de longs raisonnemens combien tous les

faits de géographie zoologique doivent être recueillis avec soin, et dans quel vaste champ de méditations ils peuvent nous introduire. (IS. G. ST.-H.)

* **SINGE ROUGE.** MAM. Barrère nomme ainsi l'Alouate (*Mycetes Seniculus*, Desm.) ou le *Cercopithecus barbatus guineensis* de Marcgraaff, qui est très-commun à Cayenne.

(LESS.)

SINGE-VOLANT. MAM. Ce nom a été quelquefois donné aux Galéopithèques. *V.* ce mot. (IS. G. ST.-H.)

* **SINI.** BOT. PHAN. *V.* CONFUSI.

* **SINIQUE.** MAM. Espèce du genre Homme. *V.* ce mot. (B.)

SINISTROPHORUM ou **SINISTROPHUM.** BOT. PHAN. (Schrank cité par Steudel.) Syn. de *Camelina* ou de *Myagrum. V.* ces mots. (G..N.)

* **SINNINGIA.** BOT. PHAN. Genre de la famille des Gesnériées et de la Didynamie Angiospermie, L., établi par Nées d'Esenbeck (Ann. des Sc. nat., vol. 6, p. 292) qui l'a ainsi caractérisé : calice tubuleux, campanulé, quinquéfide, à cinq angles foliacés, ailés ; corolle presque bilabiée, renflée au-dessous de l'orifice, ayant le limbe ouvert, presque régulier, divisé en cinq lobes ovales, presque arrondis ; quatre étamines didynames, insérées à la base de la corolle, et plus courtes que le tube, ayant leurs filets glabres, ascendans, leurs anthères glabres, presque carrées, biloculaires, d'un jaune pâle, cohérentes au moyen d'un connectif charnu ; cinquième filet rudimentaire inséré à la base de la corolle ; cinq glandes nectarifères, alternes avec les filets ; ovaire infère, à cinq ailes, uniloculaire, avec des placentas doubles ; style hérissé ; stigmate cyathiforme ; capsule presque charnue, renfermant un grand nombre de graines. La Plante qui a servi de type à ce genre a été décrite et figurée par Nées d'Esenbeck (*loc. cit.*, tab. 12) sous le nom de *Sinningia Helleri*. Elle est haute d'un pied ou un peu moins. Sa tige est épaisse, charnue,

cylindrique, nue inférieurement. Ses feuilles sont opposées, pétiolées, cordiformes, ovales, dentées en scie, légèrement pubescentes. Les fleurs sont d'un vert pâle, entremêlées avec les feuilles, et formant ainsi une sorte de grappe. Cette Plante, originaire du Brésil, est provenue de graines qui ont germé en premier lieu dans le jardin de l'université à Bonn. Elle s'est ensuite répandue dans les jardins de botanique de l'Europe, notamment en Angleterre, où Lindley l'a décrite de nouveau, et en a donné une bonne figure dans le *Botanical Register*, n. 997. Cet auteur a récemment publié trois nouvelles espèces, dont deux, d'une rare élégance, sont figurées (*Bot. Regist.*, n. 1112 et 1134) sous les noms de *S. guttata* et *S. villosa*. (G..N.)

SINODENDRE. *Sinodendron*. INS. Genre de l'ordre des Coléoptères, section des Pentamères, famille des Lamellicornes, tribu des Lucanides, établi par Fabricius aux dépens du grand genre *Scarabæus* de Linné et dans lequel son auteur faisait entrer plusieurs Insectes appartenant à des genres différens. Les caractères du genre Sinodendre, tel qu'il a été adopté actuellement, sont : corps allongé, cylindrique ; tête petite, cornue ou tuberculée ; yeux petits ; antennes fortement coudées, composées de dix articles ; le premier fort long, égalant presque la longueur de la moitié de l'antenne ; le second globuleux, un peu turbiné ; les cinq suivans globuleux, allant un peu en grossissant du troisième jusqu'au septième inclusivement ; les trois derniers formant des feuillets disposés perpendiculairement à l'axe de l'antenne et imitant des dents de scie. Labre peu distinct ; mandibules cornées, presque entièrement cachées. Mâchoires presque membraneuses, peu avancées, composées de deux lobes, l'intérieur très-petit, en forme de dent. Palpes maxillaires peu avancés, filiformes, près de deux fois plus longs que les labiaux, leur se-

cond article plus grand que les autres, obconique, le troisième presque ovale, le dernier presque cylindrique ; le terminal des palpes labiaux plus gros que les précédens, presque ovale. Menton petit, triangulaire, caréné ; languette cachée par le menton ; corselet presque carré, convexe en dessus, sa partie antérieure concave, surtout dans les mâles, le bord antérieur échancré pour recevoir la tête. Écusson petit, arrondi postérieurement ; élytres recouvrant l'abdomen et les ailes ; pates de longueur moyenne ; jambes dentées sur deux rangs à leur partie extérieure ; dernier article des tarses muni de deux crochets entre lesquels est un appendice portant deux soies ; abdomen assez épais. Ce genre diffère des Passales et Paxiles, parce que ceux-ci ont le labre grand et toujours à découvert et que leurs antennes sont simplement arquées. Les Æsales en diffèrent par leur corps court et par leur languette qui est découverte. Les mœurs des Sinodendres sont à peu près semblables à celles des Lucanes ; leurs larves vivent dans les troncs des Pommiers ou des Hêtres. Fabricius en mentionne neuf espèces dont huit appartiennent à des genres très-éloignés de la famille. Deux espèces composent actuellement le genre Sinodendre tel que Latreille l'admet. Nous citerons la suivante :

Le SINODENDRE CYLINDRIQUE, *Sinodendron cylindricum*, n° 1, Fabr., Syst. Eleuth. ; Panzer, Faun. Germ., fasc. 1, f. 1, mâle, et fasc. 2, f. 11, fém. ; *Scarabæus cylindricus*, Oliv. Il se trouve communément en Normandie et en Flandre. On en connaît une autre espèce très-voisine que Palisot de Beauvois a découverte dans l'Amérique du nord et à laquelle il a aussi donné le nom de *Sinodendron cylindricum*. (G.)

SINOPE ou **SINOPIS.** MIN. Les anciens donnaient ce nom, qui est celui d'une ville de Paphlagonie, à une Ocre d'une belle couleur rouge et qui était très-usitée chez

les peintres de l'antiquité. *V.*
OCRE.   (A. R.)

SINOPLE. MIN. Nom d'une variété
de Quartz Hyalin d'un rouge vif et
d'un Jaspe.   (A. R.)

SINSIGNOTTE. OIS. Syn. vulgaire de la Farlouse (Gmel.) et du
Pipit des Buissons. *V.* PIPIT. (DR..Z.)

SINTOXIE. *Sintoxia.* MOLL. Sous-
genre que Rafinesque (Monographie
des Coquilles de l'Ohio) établit dans
son genre Obliquaire pour les Coquilles de forme ovale, oblique, à
dent lamellaire et ligament courbe.
Ce genre Obliquaire n'ayant pas été
adopté, les sous-genres qui le composent ne l'ont pas été non plus. *V.*
OBLIQUAIRE et MULETTE.   (D..H.)

SION ET SIUM. BOT. PHAN. Ce
nom, sous lequel les anciens désignaient une Plante peu connue, a été
appliqué par Tournefort et Linné à
un genre d'Ombellifères nommé en
français Berle. *V.* ce mot. Les vieux
auteurs de botanique l'ont employé,
les uns pour désigner le *Cicuta vi-
rosa,* les autres le *Veronica Beccabunga.*   (G..N.)

SIPALUS. INS. Genre de Charansonites établi par Schœnherr. *V.*
RHYNCHOPHORES.   (G.)

SIPANEA. BOT. PHAN. Genre de la
famille des Rubiacées, établi par
Aublet (Guian., t. 56) et auquel on
doit réunir le *Virecta* de Linné fils
et de Vahl qui ne paraît pas en différer. Voici ses caractères : le calice,
adhérent par sa base avec l'ovaire, est
à cinq divisions étroites; la corolle
est infundibuliforme, allongée, à
tube cylindrique très-peu renflé dans
sa partie supérieure; le limbe est
plan et à cinq divisions; l'entrée du
tube est bouchée par un bouquet de
poils jaunes; les étamines sont incluses, sessiles et insérées vers la partie supérieure du tube; le style est
simple, terminé par deux stigmates
subulés: le fruit est une capsule
ovoïde, couronnée par les divisions
du calice, à deux loges contenant
chacune un très-grand nombre de

graines très-petites, irrégulièrement
ovoïdes ou polydriques et à surface
chagrinée; leur tégument est crustacé, recouvrant un endosperme
charnu, dans lequel est placé un
embryon dressé. Les espèces de ce
genre sont toutes originaires de l'Amérique méridionale. Ce sont des Plantes herbacées, vivaces, ordinairement
très-velues, à feuilles opposées, munies de stipules intermédiaires; leurs
fleurs sont ou rapprochées en faisceaux ou formant des grappes qui
naissent à l'aisselle des deux feuilles
supérieures de la tige qui, le plus
souvent, se termine par une seule
fleur solitaire.   (A. R.)

SIPARUNA. BOT. PHAN. Aublet a
décrit sous ce nom un genre de
Plantes resté long-temps fort imparfaitement connu, mais dont nous
avons déjà indiqué les rapports avec
le genre *Citrosma* de Ruiz et Pavon,
rapports qui sont tels, que ces deux
genres devront probablement être
réunis quand on aura étudié comparativement leur structure avec
plus d'attention. Néanmoins nous
allons faire connaître ici les caractères du genre *Siparuna,* tels que
nous les a présentés le *Siparuna guianensis,* Aubl., 2, tab. 353, seule espèce dont se compose ce genre. Les
fleurs sont petites, unisexuées, monoïques, les mâles et les femelles
réunies et mélangées à l'aisselle des
feuilles. Les fleurs mâles ont un involucre commun, régulier, turbiné,
épais, offrant quatre petites dents à
son sommet. Les étamines, dont le
nombre varie de cinq à dix, sont
insérées à la paroi interne de l'involucre, sans ordre, et sont caduques.
Dans les fleurs femelles, l'involucre
commun est pyriforme, à quatre
dents; les pistils sont au nombre de
quatre à huit, et même au-delà, attachés à la paroi interne de l'involucre qui est resserré à sa partie supérieure, par laquelle sort l'extrémité des styles. Le fruit est semblable à celui du Figuier, c'est-à-dire
que l'involucre commun devient

charnu, qu'il est ombiliqué à son sommet, et qu'il renferme un à huit nucules qui sont les véritables fruits. Ceux-ci sont arrondis, un peu comprimés, à surface chagrinée, et enveloppés dans une substance charnue qui paraît différente de celle de l'involucre, lequel finit par se rompre irrégulièrement et par devenir plan. L'espèce unique qui forme ce genre est un Arbrisseau à feuilles opposées, entières, très-aromatiques, dont les différentes parties sont couvertes d'un duvet étoilé. Il croît dans les forêts de la Guiane. Si l'on compare les caractères du genre *Siparuna* à ceux du *Citrosma*, on verra qu'il y a presque identité entre eux, à moins qu'on n'admette comme suffisante pour les distinguer la différence que présente l'involucre du *Siparuna*, qui est ruptile et devient plan, caractère de fort peu d'importance, mais qui n'a pas été mentionné dans les espèces de *Citrosma*. Si l'on se décidait à réunir ces deux genres, il faudrait nécessairement adopter le nom d'Aublet comme de beaucoup antérieur à celui des auteurs de la Flore du Pérou. (A. R.)

SIPÈDE. REPT. OPH. Espèce du genre Couleuvre. *V*. ce mot. (B.)

*SIPHANTHERA. BOT. PHAN. Genre de la famille des Mélastomacées et de la Tétrandrie Monogynie, L., récemment établi par Pohl (*Plant. Brasil. Icon. et Descript.* T. 1, p. 102) qui l'a ainsi caractérisé : calice dont le tube est campanulé, un peu renflé à la base, le limbe quadridenté, avec des folioles persistantes placées entre les dents et plus longues que celles-ci ; corolle à quatre pétales orbiculés, plans, munis à la base d'un court onglet, insérés sur le sommet des dents du calice ; quatre étamines ayant leurs filets égaux, filiformes, beaucoup plus longs que les pétales, insérés sur le bord du calice et entre ses dents ; anthère oblongue, presque cylindrique, convexe du côté externe, marquée au côté interne d'un sillon longitudinal, munie à la base

d'un processus blanc ascendant, ou, pour nous servir des expressions du professeur De Candolle, ayant le connectif très-court, renflé en deux oreillettes à son articulation ; l'anthère se termine par un bec long, cylindrique, tubuleux et tronqué ; ovaire elliptique, surmonté d'un style long, filiforme à la base, et terminé en massue ; capsule déprimée, obovée, obcordée au sommet, biloculaire, bivalve, déhiscente par le sommet, à cloison membraneuse insérée sur le milieu des valves ; graines nombreuses, ovées et réticulées. Ce genre a été adopté par De Candolle (*Prodrum. Syst. Veget.*, 3, p. 120) qui l'a placé immédiatement avant le genre *Rhexia*. Il se compose de trois espèces qui croissent au Brésil dans la capitainerie de Goyaz, et qui ont été décrites et figurées (*loc. cit.*, tab. 84 et 85) avec beaucoup de soins par l'auteur, sous les noms de *Siphanthera cordata*, *tenera* et *subtilis*. Ce sont de petites Herbes très-élégantes, hérissées, glanduleuses, croissant dans les localités montueuses. Leurs feuilles sont opposées, sessiles, dentées, couvertes de poils glanduleux ; les fleurs sont roses ou blanches, agglomérées en capitules axillaires ou terminaux, entourés chacun d'un involucre composé de bractées foliacées et ciliées. Les anthères ont une belle couleur bleue qui contraste agréablement avec le rose des pétales. (G..N.)

SIPHO. MOLL. Genre de Klein dans lequel on trouve en plus grand nombre des Fuseaux à queue courte, des Mitres, des Buccins, etc. ; il n'a été adopté de personne. (D..H.)

SIPHON. *Sipho*. BOT. PHAN. Très-belle espèce du genre Aristoloche. Les Grecs donnaient aussi ce nom à une Graminée qu'on dit être un Agrostide. (B.)

SIPHONAIRE. *Siphonaria*. MOLL. Ce genre ne pouvait manquer d'être créé, car il fut pressenti par Blainville d'abord et par nous-mêmes depuis long-temps dans notre collection, et enfin définitivement établi par Sowerby dans son *Genera*. Adanson le premier, dans son excellent ouvrage sur les Coquilles du Sénégal, nous fit connaître, sous le nom de Mouret, une Coquille qu'il rangeait dans les Patelles tout en reconnaissant qu'elle en diffère sous plusieurs rapports; il indique même des différences très-notables entre l'Animal du Mouret et celui des autres Patelles. Ainsi, à l'aide de ces connaissances et par l'étude des Coquilles rangées autrefois dans les Patelles, on pouvait arriver à un bon genre en groupant toutes celles qui, n'étant pas symétriques, ont en dedans et latéralement une gouttière plus ou moins profonde indiquée ordinairement au-dehors, soit par un prolongement du bord, soit par une côte plus saillante. Les caractères pris de l'Animal étaient fort incomplets lorsqu'on ne pouvait avoir recours qu'à Adanson. Depuis cet auteur, Savigny, dans les magnifiques figures de l'ouvrage d'Egypte, dont on doit la publication récente au zèle de notre ami Audouin, représenta une espèce de Siphonaire avec son Animal. Blainville en profita pour compléter les caractères génériques qui se ressentaient nécessairement de l'ignorance presque complète où l'on était à l'égard de l'Animal. L'auteur que nous venons de citer a exprimé les caractères génériques de la manière suivante, à son article *Siphonaire* du Dictionnaire des Sciences naturelles : corps subcirculaire, conique, plus ou moins déprimé; tête subdivisée en deux lobes égaux, sans tentacules, ni yeux évidens; bords du manteau crénelés et dépassant un pied subcirculaire comme dans les Patelles; cavité branchiale transverse, contenant une branchie probablement en forme d'un grand arbuscule (la branchie est inconnue), ouverte un peu avant le milieu du côté droit et pourvue à son ouverture d'un lobe charnu de forme carrée située dans le sinus, entre le manteau et le pied; muscle rétracteur du pied divisé en deux parties, une beaucoup plus grande, posté-rieure, en fer-à-cheval; l'autre très-petite à droite et en avant de l'orifice branchial. Coquille non symétrique, patelloïde, elliptique ou suboibiculaire, à sommet bien marqué, un peu sénestre et postérieur; une espèce de canal ou de gouttière sur le côté droit, rendue sensible en dessus par une côte plus élevée et le bord plus saillant. L'impression musculaire divisée comme le muscle qu'elle représente.

D'après ces caractères, on peut juger que l'Animal des Siphonaires est fort différent de celui des Patelles, puisqu'il n'a ni tentacules, ni yeux apparens, et que l'organe branchial, au lieu d'être placé autour du pied comme dans les Patelles, est contenu, à ce qu'il paraît, dans une cavité branchiale, transverse et cervicale. Cependant les figures d'Adanson et de Savigny laissent dans le doute à ce sujet, et même on voit dans celle de ce dernier une sorte de frange ou de bourrelet entre le manteau et le pied, ce qui pourrait bien représenter l'organe branchial des Patelles; cependant cela n'est pas probable, puisque la gouttière paraît destinée à transmettre dans la cavité branchiale le liquide ambiant. On voit qu'il existe encore des doutes sur l'Animal des Siphonaires, doutes qui seraient depuis long-temps éclaircis, si une longue et douloureuse maladie n'avait pas empêché Savigny de fournir des détails sur les figures qu'il a fait faire avec tant de soins et de perfection. Les Coquilles de ce genre vivent sur les rochers; quelques espèces semblent rester long-temps à la même place, car les difformités qui résultent d'un même accident de l'endroit où elles sont attachées et qui se succèdent depuis long-temps, comme les stries d'accroissement le démontrent, indiquent une habitude semblable à celle de plusieurs Cabochons, et nous croyons que, sous plus d'un rapport, les Siphonaires se rapprochent de ce genre et devront entrer dans la famille des Calyptraciens, ce que l'on ne pourra décider au reste que lorsque l'Animal sera plus complétement connu.

Le nombre des espèces n'est point encore considérable ; nous en possédons quatorze : parmi elles il s'en trouve une fossile de Valognes; elle a été confondue, soit parmi les Patelles, soit parmi les Cabochons. Ce nombre est néanmoins plus considérable, car nous sommes certain d'en avoir vu plus de six espèces dans diverses collections et que nous ne possédons pas ; nous allons en indiquer quelques-unes.

SIPHONAIRE A CÔTES BLANCHES, *Siphonaria leucopleura*, *Patella leucopleura*, L., Gmel., pag. 3699, n° 54; *ibid.*; Lamk., Anim. sans vert. T. VI, pag. 332, n° 31 ; Lister, Conch., tab. 539, fig. 22 ; Martini, Conch. T. I, tab. 7, fig. 56, 57.

SIPHONAIRE SIPHON, *Siphonaria Sipho*, Sow., *Genera of recent and fossil Shells*, n° 2 ; genre Siphonaire, fig. 1.

SIPHONAIRE EXIGUE, *Siphonaria exigua*, Sow., *loc. cit.*, fig. 4.

SIPHONAIRE D'ADANSON, *Siphonaria Adansonis*, Blainv., le Mouret, Adans., Voy. Sénég., pag. 34, pl. 2.
(D..H.)

SIPHONANTHE. *Siphonanthus.* BOT. PHAN. Genre de la famille des Verbénacées et de la Tétrandrie Monogynie, L., offrant les caractères suivans : calice ample, à cinq divisions persistantes ; corolle infundibuliforme, dont le tube est très-long, filiforme, le limbe petit, à quatre segmens étalés; quatre étamines ayant leurs filets plus longs que le limbe de la corolle, terminés par des anthères oblongues, triangulaires; ovaire supère, très-court, quadrilobé, surmonté d'un style filiforme, de la longueur des étamines, et terminé par un stigmate simple; fruit formé de quatre baies arrondies, renfermées dans le calice, et contenant chacune une seule graine ronde. Il paraît certain, d'après les observations de Gaertner et de Jussieu (Ann. du Mus., 7, p. 65), que l'*Ovieda mitis* de Burmann est la même Plante que

celle qui a servi de type à Linné pour fonder son genre *Siphonanthus*, lequel a été réuni aux *Clerodendrum* par divers auteurs. Cette Plante a reçu le nom de *S. indica*, L.; Lamk., Illustr., tab. 79, fig. 1 et 2. C'est une Herbe à tige très-simple, garnie de feuilles sessiles, opposées, ternées, lancéolées, entières, acuminées, glabres et marquées de nervures latérales simples. Les fleurs, dont la corolle est jaunâtre, sont disposées en petits corymbes opposés, situés dans l'aisselle des feuilles supérieures. Cette Plante croît dans les Indes-Orientales. Willdenow a formé une espèce distincte sous le nom de *S. angustifolia*, de la Plante figurée n° 2 dans les Illustrations de Lamarck. Ce dernier auteur ayant lui-même reconnu que la figure n° 1 est inexacte, il y a lieu de croire qu'elle ne représente qu'une simple variété, malgré les différences qu'offrent ses feuilles, soit dans leur forme, soit dans leur disposition. (G..N.)

SIPHONANTHEMUM. BOT. PHAN. (Ammann.) Pour Siphonanthe. *V.* ce mot. (G..N.)

SIPHONAPTÈRES. *Siphonaptera.* INS. Latreille (Fam. nat. du Règn. Anim.) désigne sous ce nom le dernier ordre des Insectes Aptères ; cet ordre est ainsi caractérisé : bouche consistant en un rostelle (ou petit bec) composé d'un tube extérieur ou gaîne (lèvre inférieure) divisé en deux valves articulées, renfermant un suçoir de trois soies (deux mâchoires et la langue) et de deux écailles (palpes) recouvrant la base de ce tube; pates postérieures servant à sauter; corps très-comprimé sur les côtés; antennes très-rapprochées de l'extrémité antérieure de la tête, presque filiformes ou un peu plus grosses au bout, de quatre articles : une lame que l'Animal élève et abaisse très-souvent, située au-dessous de chaque œil et dans une fossette.

Ces Aptères paraissent intermédiaires entre les Hémiptères et les Diptères; ils subissent des métamorphoses complètes ; de même que les Parasites, ils vivent sur divers Quadrupèdes et sur quelques Oiseaux ; cette dernière considération les rapproche des derniers Diptères ou des Pupipores qui vivent aussi sur les Oiseaux. Cet ordre ne renferme que le genre Puce. *V*. ce mot.   (G.)

SIPHONCULÉS. *Siphonculata.* INS. Seconde famille de l'ordre des Parasites établie par Latreille (Fam. nat. du Règn. Anim.) et renfermant les Parasites qui n'ont point de mandibules et dont la bouche consiste en un museau d'où sort à volonté un siphoncule servant de suçoir. Latreille divise ainsi cette famille :

I. Thorax très-distinct , les six pates terminées en manière de pince.

Genres : POU, HÆMOTOPINE.

II. Thorax très-court, presque nul; corps comme formé simplement d'une tête et d'un abdomen ; les deux pates antérieures monodactyles , les autres dydactyles.

Genre : PHTIRE. *V*. ces mots. (G.)

SIPHONE. *Siphona.* INS. Meigen (Dipt. d'Europe) désigne ainsi un genre de Diptères auquel Latreille avait donné depuis long-temps le nom de Bucente. *V*. ce mot.   (G.)

SIPHONIA. BOT. CRYPT. (*Lichens.*) Fries a proposé de donner ce nom au genre *Dufourea*, attendu qu'il en existe déjà un, fondé sur des Plantes phanérogames de l'Amérique méridionale; plus tard ce même savant a proposé de le nommer *Siphula. V*. ce mot ainsi que DUFOUREA. (A. F.)

SIPHONIE. *Siphonia.* BOT. PHAN. Genre de la famille des Euphorbiacées, ainsi caractérisé : fleurs monoïques ; calice quinquéfide ou quinquéparti, à préfloraison valvaire, et se détachant après la floraison par une fente circulaire près de sa base; pas de corolle ; fleurs mâles ; filets soudés en une colonne libre au sommet, lequel doit peut-être se considérer comme un rudiment de pistil, portant au-dessous de ce sommet un ou deux verticilles de cinq anthères

adnées et extrorses. Fleurs femelles : trois stigmates sessiles, légèrement bilobés ; ovaire marqué de six côtes et creusé de trois loges dont chacune contient un ovule unique; fruit capsulaire, assez grand, revêtu d'une écorce fibreuse, se séparant en trois coques bivalves. Les deux espèces de ce genre, dont l'une a été observée à la Guiane et l'autre au Brésil, sont des Arbres à feuilles longuement pétiolées, et composées de trois folioles très-entières, glabres, veinées. Leurs fleurs petites forment des grappes paniculées, axillaires ou terminales ; une fleur femelle unique termine chacune de ces grappes dont le reste est couvert de mâles.

L'espèce de la Guiane est connue par la production de la gomme élastique ou caoutchouc, qui n'est autre chose que le suc laiteux dont ses diverses parties sont remplies, concrété après qu'il en a été extrait. Il paraît aussi, d'après le rapport d'Aublet, que ses amandes se recueillent et se mangent. Le nom de *Siphonia*, qui rappelle les usages du caoutchouc, a été substitué avec raison par Richard à celui d'*Hevea*, qu'Aublet donnait à ce genre, et qui présentait absolument la même consonnance qu'un autre déjà connu. C'était pour Linné fils une espèce de *Jatropha*.   (A. D. J.)

SIPHONIFÈRE. MOLL. D'Orbigny, en séparant distinctement en trois grands ordres la classe des Céphalopodes, appliqua cette dénomination qui devra être conservée au second de ces ordres, par opposition au troisième, les Foraminifères. Les Siphonifères ne renferment que les Céphalopodes dont les Coquilles sont toujours pourvues d'un siphon véritable, quelle que soit d'ailleurs sa position. La juste appréciation de ce caractère de première valeur avait été faite aussi par De Haan, et a servi de point d'appui pour la séparation définitive des Coquilles microscopiques, d'avec celles-là. Nous renvoyons à l'article MOLLUSQUE où nous avons fait voir le grand avantage de la nouvelle classification de D'Orbigny. (D..H.)

SIPHONOBRANCHES. *Siphonobranchiata.* MOLL. Dénomination employée par Blainville dans son Traité de Malacologie et appliquée au premier ordre de ses Paracéphalophores. Cet ordre renferme la grande série des Mollusques dont la Coquille est canaliculée ou échancrée à la base ; il se partage en trois familles, les Siphonostomes, les Entomostomes et les Angystomes (*V.* ces mots, les deux derniers au Supplément). Nous renvoyons également à l'article MOLLUSQUE où nous avons parlé de la distribution générale de ces êtres dans les diverses méthodes. (D..H.)

SIPHONOSTOME. POIS. (Duméril.) *V.* ABDOMINAUX.

SIPHONOSTOMES. *Siphonostomata.* MOLL. Blainville (Traité de Malac.) a formé sous ce nom une famille qui représente le genre Murex de Linné ; elle est la première de l'ordre des Siphonobranches ; il la caractérise aussi bien d'après les Animaux que d'après leur opercule et leur Coquille, ce qui donne la conviction qu'elle éprouvera peu de changemens. Il la sous-divise en deux sections : la première pour les Coquilles qui n'ont point de bourrelet ou bord droit ; elle renferme les genres Pleurotome, Rostellaire, Fuseau, Pyrule, Fasciolaire et Turbinelle ; la seconde pour les Coquilles qui ont un bourrelet persistant au bord droit ; les genres qu'elle contient sont : Colombelle, Triton, Ranelle et Rocher. *V.* tous ces mots. Nous avons dit, en traitant l'article ROSTELLAIRE, pourquoi nous n'admettions pas ce genre à la place indiquée par Blainville ; nous pensons qu'on ne peut le séparer des Struthiolaires, des Ptérocères et des Strombes. Nous croyons aussi que le genre Colombelle n'est pas ici à sa véritable place. Ce genre n'est pas canaliculé, mais seulement échancré à la base, ce qui le reporte naturellement dans une autre famille, celle des Entomostomes. (D..H.)

SIPHORINS. OIS. Vieillot a nommé ainsi la cinquième famille de la tribu des Atéléopodes. Ces Siphorins, du grec *Narines en tubes* à cause de cette particularité de l'organisation du bec, ne comprennent que deux genres, les Pétrels, *Procellaria*, et les Albatros, *Diomedea*. Ce sont des Oiseaux de haute mer dont les narines s'ouvrent sur le bec en tubes roulés et solides. (LESS.)

SIPHOSE. *Siphosis.* POLYP. Rafinesque, qui a établi avec si peu de discernement un grand nombre de genres, a fondé celui-ci (Journ. de Phys., juin 1819, p. 429) pour y placer deux Polypiers fossiles et calcaires, voisins des Millépores. (AUD.)

SIPHOSTOME. *Siphostoma.* ANNEL. Genre fondé par le docteur Otto qui l'a fait connaître très en détail dans une dissertation publiée à Breslau en 1820. Ses caractères sont : corps cylindrique, allongé, articulé, atténué aux deux extrémités, enveloppé dans une peau extrêmement mince, diaphane, pourvu de chaque côté d'une double série de soies dirigées en avant, et dont les antérieures, rapprochées, forment deux espèces de peignes avancés ; bouche inférieure, subterminale, avec une masse de cirres extrêmement nombreux en avant, et une paire de cirres tentaculaires en arrière, composée de deux orifices placés l'un en avant l'autre. Le premier plus petit, canaliculé à la base d'une avance en forme de trompe, et le second beaucoup plus large et arrondi plus en arrière. Le docteur Otto a observé cette Annelide curieuse sur les côtes de Naples au mois de décembre 1818, et il paraît en avoir donné une figure dans sa dissertation ; mais nous ne connaissons cette dissertation que par l'article Siphostome du Dictionnaire des Sciences naturelles de Levrault, et nous emprunterons les détails qui vont suivre à l'auteur de cet article qui paraît avoir eu sous ses yeux le travail du docteur Otto. «Son corps cylindrique, allongé, flexueux, d'environ trois pouces de long, s'atténue aux deux extrémités, mais surtout en arrière; à la distance d'un demi-pouce environ de l'antérieur, il offre un renflement, indice de la place qu'occupent les viscères. Le nombre des segmens du corps est d'environ quarante; mais ils sont peu distincts si ce n'est du côté du ventre qui est aplati. Les côtés du corps sont hérissés par un grand nombre de soies roides, longues, épaisses, surtout au milieu, peu brillantes, blanchâtres, formant deux rangées longitudinales, distantes; chaque anneau portant deux de ces soies de chaque côté. Ce qu'elles offrent encore d'assez singulier, c'est qu'elles sont toutes dirigées en avant, au contraire de ce qui a lieu dans tous les autres Chétopodes. Les soies des anneaux qui composent l'extrémité antérieure comme tronquée, sont fort grandes, serrées les unes contre les autres horizontalement, de manière à imiter de chaque côté une sorte de peigne dirigé en avant comme dans les Pectinaires de Lamarck, et pourvu à sa racine d'une quantité considérable de cirres tentaculaires extrêmement courts et labiaux. Entre ces deux faisceaux et à la face inférieure est la tête proprement dite, de forme conique, adhérente au corps par le sommet du cône, et se prolongeant antérieurement en une petite trompe. C'est à la base de ce prolongement proboscidiforme qu'est le premier orifice buccal qui se continue en gouttière durant toute sa longueur, et que le docteur Otto regarde comme servant de suçoir. La seconde bouche est plus en arrière; elle est beaucoup plus grande et entourée par un bourrelet labial en fer-à-cheval, à la partie postérieure duquel est une paire de tentacules subcomprimés, mobiles, subarticulés et avec un sillon profond sur le bord. L'anus est arrondi, grand et tout-à-fait terminal. » Malgré cette description, que nous avons été obligé de donner en entier à cause de la singularité des faits, il serait difficile d'assigner la place de cette Annelide dans la série méthodique. La présence de deux ouvertures buccales est un fait si étrange que, si l'on n'est pas erreur sur ce point, il constitue à lui seul un caractère distinctif d'une grande valeur; mais, à part ce caractère, il est impossible de déterminer la famille à laquelle on devra rapporter cette espèce. La présence d'une tête, d'une trompe et de soies qui semblent subulées, la range, il est vrai, dans l'ordre des Néréidées; mais, comme on ne sait rien des branchies, des antennes, des yeux et des mâchoires, il serait hasardeux de préciser davantage le rapprochement. La dissertation du docteur Otto présente quelques autres faits assez curieux, mais qui n'ajoutent rien à la connaissance de l'organisation extérieure de cette Annelide. L'espèce unique qui compose ce nouveau genre a reçu le nom de Diplochaite, *Diplochaites*, à cause du double rang de ses acicules. (AUD.)

SIPHOSTOMIA. POIS. Rafinesque a proposé sous ce nom une famille comprenant les *Colubrinia* et les *Aulostomia*, ayant dix genres. (LESS.)

SIPHULA. BOT. CRYPT. (*Lichens.*) Fries a donné ce nom au genre décrit par Acharius sous celui de *Dufourea*, nom qui a été réservé, comme on sait, à un genre de Phanérogames. *V.* ce mot. Le genre Siphula est ainsi caractérisé par Fries : apothécies en forme de disque ouvert, régulier, fixées aux extrémités renflées du thallus; cupule analogue au thallus, presque oblitérée, bordant à peine les apothécies; thallus membraneux, d'une couleur uniforme, presque fistuleux. Ces Plantes croissent sur la terre et sur les rochers; deux habitent les Alpes ou le nord de l'Europe; deux autres croissent au cap de Bonne-Espérance.

(AD. B.)

SIPHUNCULUS. FOSS. Luid (Lit. Brit., n° 1201) a donné ce nom à une Serpule ou Vermilie fossile. *V.* SERPULE.

(A. R.)

SIPHYTUS. zool. ? bot. ? Il est impossible de deviner ce que peut être le genre de corps marin que Rafinesque rapporte à la botanique, et qui, d'après le peu qu'il en dit, appartiendrait à la classe des Polypiers. Il en décrit trois espèces des mers de Sicile qu'il faudrait mieux connaître.   (B.)

SIPONCLE. *Sipunculus.* echin. Genre d'Echinodermes sans pieds, ayant pour caractères : corps allongé, cylindracé, nu, se rétrécissant postérieurement avec un renflement terminal, et ayant antérieurement un col étroit, cylindrique, court et tronqué ; bouche orbiculaire, terminant le col ; une trompe cylindrique, finement papilleuse à l'extérieur, rétractile, sortant de la bouche ; anus placé vers l'extrémité antérieure. Les Animaux de ce genre encore très-peu connus sont fort remarquables par la faculté dont ils jouissent de faire saillir de leur extrémité antérieure, et rentrer à volonté, une sorte de trompe au sommet de laquelle est la bouche. On retrouve une organisation et une faculté analogue dans un ordre de Vers intestinaux, les Acanthocéphales ; deux grands muscles situés dans l'intérieur du corps sont les principaux moteurs de cette trompe ; l'intestin part de la bouche, va jusque vers l'extrémité opposée et revient en se roulant en spirale autour de sa première partie ; on n'y trouve que du sable ou des fragmens de coquilles ; de nombreux vaisseaux paraissent s'unir à l'enveloppe extérieure, et il y a de plus, le long d'un des côtés, un filet qui pourrait être nerveux. Deux longues bourses situées en avant ont leurs orifices extérieurs un peu au-dessous de l'anus, et l'on voit quelquefois intérieurement, près de ce dernier orifice, un paquet de vaisseaux branchus, qui pourrait appartenir à la génération.

Ces Animaux se tiennent dans le sable à peu de distance des côtes. Les auteurs en indiquent trois espèces qui, peut-être, n'en forment qu'une, ce sont les *S. nudus*, *saccatus* et *edulis*.   (E. D..L.)

SIQUE. *Sicus.* ins. Latreille a le premier formé ce genre auquel Meigen a donné ensuite le nom de *Tachydromia* qui a été adopté par Fabricius et par Fallen. Ce genre, tel que Latreille le conçoit, appartient à la tribu des Empides, famille des Tanystomes, ordre des Diptères, et a été ainsi caractérisé par son auteur : corps allongé ; tête sphérique ; yeux ordinairement espacés dans les deux sexes ; trois ocelles placés sur le vertex et disposés en triangle. Antennes avancées, insérées sur le haut du front, rapprochées à leur base et composées seulement de deux articles ; le premier cylindrique, court, peu hérissé de poils ; le second ovale ou oblong, muni d'une soie terminale quelquefois ciliée. Trompe avancée, courte, perpendiculaire, de la longueur de la tête au plus. Palpes cylindriques ou en forme d'écailles couchées sur la trompe ; corselet ovale ; écusson demi-circulaire, assez étroit ; ailes obtuses, velues vues à la loupe, couchées l'une sur l'autre dans le repos. Balanciers découverts. Pates assez déliées, les postérieures toujours grêles, plus longues que les autres ; cuisses antérieures ou intermédiaires renflées. Premier article des tarses aussi long que les quatre autres pris ensemble. Abdomen oblong, cylindrique, de sept segmens, pointu dans les femelles. Ce genre se distingue facilement des Empis, Ramphomyies, Hilares, Brachistomes et Glomes, parce que ceux-ci ont trois articles aux antennes. Les Drapétis en diffèrent parce que le second et le dernier article de leurs antennes sont lenticulaires ; enfin les Hémérodromyies en sont distinguées par leurs hanches antérieures qui sont très-longues. Les Siques se tiennent sur les plantes et sur le tronc des arbres ; ils saisissent d'autres petits Insectes dont ils font leur proie. Leurs métamorphoses ne sont pas

encore connues. Ce genre se compose
d'environ soixante espèces toutes
européennes ; elles sont distribuées
dans deux divisions ainsi qu'il suit :

I. Deuxième article des antennes
déprimé, elliptique; palpes cylindriques ; cuisses antérieures renflées.
Cette division contient deux espèces
parmi lesquelles nous citerons seulement le *Sicus arrogans*, Latr. ; *Musca
arrogans* et *cimicoides*, Oliv., Encycl.;
Tachydromia arrogans, Meig.) Dipt.
d'Europe.

II. Deuxième article des antennes
ovale, terminé en pointe; palpes en
forme d'écailles aplaties. Cuisses intermédiaires renflées, finement épineuses en dessous. A cette division
appartiennent quarante-trois espèces
de Meigen, parmi lesquelles nous
nous contenterons de citer le *Sicus
cursitans*, Latr. ; *Tachydromia cursitans*, Meig., Dipt. d'Eur.; *Musca
cursitans*, Oliv., Encycl.   (G.)

SIRAPHAP, MAM. Nom arabe de
la Girafe. *V.* ce mot.   (IS. G. ST.-H.)

SIRAT. MOLL. Cette espèce de Rocher qu'Adanson (Voy. au Sénég.,
pl. 9, fig. 19) a nommée Sirat, a été
mentionnée par Gmelin sous le nom
de *Murex senegalensis*. D'après la
figure et la description, on ne peut
guère douter que ce ne soit une variété du *Murex tenuispina* de Lamarck.   (D..H.)

SIREA. BOT. PHAN. Adanson cite
ce nom comme synonyme du *Schœnanthus* des anciens et de l'*Ischœmum*
de Linné. Une mauvaise figure et
une longue description de cette Graminée a été donnée sous le nom de
Sirea ou *Schœnanthum amboinicum*,
par Rumph (*Herb. Amb.*, vol. 5,
tab. 72).   (G..N.)

SIRÈCE. INS. Pour Sirex. *V.* ce
mot.   (B.)

SIRÈNE. *Siren.* REPT. BATR. L'un
des genres les plus remarquables de la
classe des Reptiles et de tout le règne animal par la combinaison insolite d'un organe de respiration aérienne et d'un organe de respiration

aquatique, existant simultanément
et d'une manière permanente. Pourvu
de poumons complétement développ-
pés et mis en communication avec le
monde extérieur par l'intermédiaire
d'une trachée artère et d'un larynx,
il porte en même temps sur chaque
côté du col trois branchies en forme
de houppe; organisation que le Protée (*V.* ce mot) partage seul avec les
Sirènes, et qui, à quelques égards,
réalise d'une manière permanente les
conditions que présentent d'une manière transitoire les larves des Salamandres, les têtards des Batraciens
Anoures et même, d'après de nouvelles et très-curieuses recherches, les
jeunes embryons des classes supérieures. La Sirène peut donc être considérée comme un Animal qui reste pendant toute sa vie à l'état de larve ou
d'embryon, et c'est ce qu'indique au
reste tout l'ensemble de son organisation. Comme l'embryon des Mammifères à l'une des premières époques de son développement (*V.* SER-
PENS), la Sirène est entièrement privée
de membres postérieurs; les membres
antérieurs, quoique assez courts,
sont au contraire bien complets et
terminés par quatre doigts bien distincts. Le corps très-allongé a été
comparé par plusieurs auteurs à celui
d'une Anguille. La queue est comprimée comme celle du Protée. Les
yeux, placés latéralement, sont extrêmement petits, ronds et sans paupières. Les oreilles sont cachées. La
mâchoire inférieure est armée de
dents attachées à la face interne des
branches, et non implantées sur leur
bord, et il existe aussi plusieurs rangées de dents palatines.

Nous venons de voir que la Sirène
est, sous le point de vue de l'anatomie philosophique, comparable à
une larve de Salamandre. Quelques
auteurs ont été plus loin, et ont pensé
que la Sirène est réellement une larve
de Salamandre; suivant eux, tous
les individus qui ont été examinés
par les naturalistes sont de jeunes
sujets chez lesquels, à un état plus
adulte, lors de la métamorphose, les.

membres postérieurs se seraient développés, et qui, en même temps, auraient perdu leurs branchies. Cette opinion a été soutenue par plusieurs auteurs, et récemment encore, en 1821, un savant médecin de Milan, Rusconi, la regardait comme mise hors de contestation, et annonçait (Amours des Salamandres, p. 11) l'existence, au Muséum Huntérien à Londres, d'une Sirène quadrupède et sans branchies. Cuvier, dans son Mémoire sur les Reptiles douteux (Observations zoologiques de Humboldt, T. 1), s'est fait le défenseur de l'opinion inverse, et il a établi, par des preuves multipliées, que la Sirène est un Reptile d'un genre à part; qu'elle reste bipède pendant toute sa vie, et ne perd jamais ses branchies; enfin, qu'elle peut, véritable amphibie, respirer dans l'air par ses poumons et dans l'eau par ses branchies. Depuis, dans son ouvrage sur les Ossemens fossiles (T. v) et dans son Mémoire sur le genre *Amphiuma* (Mém. du Mus. T. xiv, p. 1), il a cité de nouveaux faits à l'appui de son opinion qui aujourd'hui nous semble incontestable. Nous citerons ici ceux de ces faits qui nous paraissent les plus concluans : 1° le squelette de la Sirène diffère essentiellement de celui des Salamandres; 2° d'après le témoignage de plusieurs voyageurs et naturalistes, la longueur des Sirènes varie, selon leur âge, depuis quatre pouces jusqu'à trois pieds et demi, et les plus grandes, comme les plus petites, ont des branchies et n'ont point de membres postérieurs; 3° il est certain que les Sirènes, à l'époque où elles se reproduisent, ont encore leurs branchies; 4° relativement à la possibilité de la respiration aérienne chez les Sirènes, on avait objecté que les Sirènes ne peuvent inspirer l'air, parce qu'elles sont dépourvues de diaphragme et de côtes, et qu'elles ne peuvent non plus le faire entrer par leurs narines et l'avaler, parce que les narines ne donnent pas dans la bouche, et que d'ailleurs les ouvertures branchiales laisseraient échapper ce gaz. Mais, d'après de nouvelles recherches de Cuvier, les narines communiquent avec la bouche par un trou percé, comme dans le Protée, entre la lèvre et l'os du palais qui porte les dents, et l'appareil branchial est complété par des opercules membraneux, en partie musculaires, et capables de fermer hermétiquement les ouvertures branchiales. En outre, Cuvier a vu sur plusieurs individus pourvus de branchies des poumons entièrement développés et riches en vaisseaux sanguins. 5° Quant à la prétendue Sirène quadrupède, il n'est pas douteux aujourd'hui qu'elle n'appartienne au genre *Amphiuma*; c'est ce que Cuvier a parfaitement démontré dans le travail qu'il a publié récemment sur ce genre remarquable.

On ne connaît encore d'une manière bien certaine dans le genre Sirène qu'une seule espèce, la *Siren lacertina* de Linné, qui vit dans les marais de la Caroline, principalement dans ceux que l'on établit pour la culture du riz. Elle est généralement noirâtre, et parvient à la taille de plus de trois pieds. Elle se nourrit de Mollusques, d'Insectes et de Lombrics; mais, d'après Barton, il est faux qu'elle se nourrisse aussi de Serpens et qu'elle fasse entendre un chant semblable à celui du Canard; habitudes que lui avait attribuées Garden, auquel on doit la connaissance de ce Reptile si remarquable.

Ce n'est que récemment (en 1822) qu'une seconde espèce de Sirène a été décrite par le docteur Mitchill de New-York, dans une note adressée au Muséum de Paris, et mentionnée par Cuvier dans la seconde édition de l'ouvrage sur les Ossemens fossiles. Cette seconde espèce, dont l'existence n'est point encore bien constatée, est rayée et tachetée de blanc. Sa taille est de beaucoup inférieure à celle de la Sirène lacertine.

(IS. G. ST.-H.)

SIRENIA. **MAM.** Sous ce nom,

Illiger dans son Prodrome a proposé une famille de Mammifères de son quatorzième ordre des *Natantia*, et destinée à recevoir les trois genres *Manatus*, *Halicore* et *Rytina*. Cette trente-huitième famille du Prodrome a pour caractères : dents incisives et canines nulles; molaires lamelleuses ou sinuées; évens nuls, deux mamelles pectorales; membres antérieurs enveloppés d'une membrane et munis d'ongles; les postérieurs soudés en une queue aplatie et horizontale.   (LESS.)

SIREX. INS. Linné désignait ainsi un genre d'Hyménoptères aux dépens duquel Latreille a formé les genres Urocère, Tremex, Xyphidrie et Céphus. *V.* ces mots et UROCÉRATES.   (G.)

SIRI. BOT. PHAN. *V.* SIRIUM.

SIRIDIUM. BOT. CRYPT. (Sprengel.) Pour *Seiridium*. *V.* ce mot.   (A. R.)

SIRINGA. BOT. PHAN. Pour Syringa. *V.* ce mot.   (B.)

SIRINGIA. POLYP. Il paraît que la prétendue Plante marine de l'Adriatique que Donati a désignée sous ce nom, est l'*Amathia lendigera* de Lamouroux. *V.* AMATHIE.   (B.)

SIRIUM. BOT. PHAN. Le genre établi sous ce nom par Linné a été réuni au *Santalum* du même auteur.

Rumph a décrit, sous le nom de *Sirium decumanum*, une espèce de Poivre que Linné rapportait à son *Piper decumanum*, mais qui, selon Willdenow, est le *Piper methysticum* de Forster. Au reste, ce nom de *Sirium* vient du mot *Siri*, que les peuples malais donnent aux espèces de Poivres qui leur servent à composer le masticatoire vulgairement connu sous le nom de Bétel. (G..N.)

SIRO. INS. *V.* CIRON.

SIRO. BOT. PHAN. Adanson dit que c'est l'un des noms vulgaires du *Bunium bulbocastanum*, L.   (B.)

SIRTALE. REPT. OPH. Espèce du genre Couleuvre. *V.* ce mot.   (B.)

SISARUM. BOT. PHAN. On ne sait trop ce qu'était le *Sisarum* ou plutôt le *Sisaron* des Grecs; on a donné aujourd'hui ce nom à une espèce de Berce. *V.* ce mot.   (B.)

SISELLE. OIS. Syn. vulgaire de la Draine. *V.* MERLE.   (DR..Z.)

SISIN. OIS. L'un des noms vulgaires de la Linotte. *V.* GROS-BEC.   (DR..Z.)

* SISOR. POIS. F. Hamilton a, sous ce nom, institué un genre trèsvoisin du Callicthe, et dont un Poisson du Gange est le type.   (B.)

SISSITE. MIN. Syn. de Fer hydraté limoneux et géodique. *V.* OÉTITE.   (G. DEL.)

SISTOTRÈME. *Sistotrema*. BOT. CRYPT. (*Champignons.*) Ce genre établi par Persoon a été réduit dans des limites beaucoup plus circonscrites par Fries, qui a rapporté la plupart des espèces de ce genre aux *Hydnum*. Le genre *Sistotrema* ne comprend plus, suivant cet auteur, que le *Sistotrema confluens* dont le caractère est ainsi tracé : membrane fructifère presque distincte du chapeau, divisée en lamelles dentelées; lamelles interrompues, en forme de pointes aplaties, dilatées, disposées irrégulièrement, courtes, planes ou flexueuses portant les thèques sur leurs deux surfaces; le chapeau est irrégulier, continu avec le pédicule qui est central ou oblique. Cette Plante croît sur la terre, particulièrement dans les bois de Pins; sa forme générale est celle d'un cône renversé, sa couleur est d'un blanc jaunâtre. Bulliard en a donné une bonne figure sous le nom de *Hydnum sublamellosum*, Champ., pl. 453, f. 1.   (AD. B.)

SISTRE. *Sistrum*. MOLL. Genre proposé par Montfort dans sa Conchyliologie systématique (T. II, pag. 594) pour les Coquilles que Lamarck avait déjà rangées sous la dénomination générique de Ricinule *V.* ce mot.   (D..H.)

SISYMBRE. *Sisymbrium*. BOT. PHAN. Genre de la famille des Cru-

cifères et de la Tétradynamie Siliqueuse, L., offrant les caractères
suivans : calice composé de quatre folioles égales à la base, tantôt conniventes, tantôt étalées ; corolle à quatre pétales onguiculés, entiers ; étamines libres, à filets non denticulés ;
silique sessile, cylindrique ou un
peu anguleuse, à valves concaves,
surmontée d'un style ordinairement
à peine sensible, à deux loges séparées par une cloison membraneuse ;
graines ovées ou oblongues, placées
sur un seul rang, pourvues de cotylédons plans, incombans, quelquefois d'une manière oblique. Ces caractères ne conviennent qu'à une partie des *Sisymbrium* de Linné. Plusieurs
espèces en ont été éloignées par les
botanistes modernes pour la formation des genres *Nasturtium*, *Brachy-
lobos* et *Diplotaxis*. D'un autre côté,
De Candolle (*Syst. Veget.*, 2, p. 459)
a réuni à ce genre l'*Erysimum officinale* et plusieurs autres espèces placées dans divers genres de Crucifères. Le genre *Sisymbrium* diffère de
l'*Erysimum* par sa silique non tétragone ; de l'*Hesperis* par son calice qui
n'est pas en forme de sac à sa base,
et par ses stigmates non connivens ;
du *Nasturtium* et de l'*Arabis* par ses
cotylédons non accombans ; enfin du
Sinapis, du *Brassica* et du *Diplotaxis*
par ses cotylédons plans et non condupliqués. Plus de cinquante espèces constituent ce genre, sur lesquelles l'Europe en nourrit à peu près la
moitié. Les autres espèces sont réparties entre les diverses régions du
globe, de la manière suivante · quatre en Amérique, une à Ténériffe,
cinq à la pointe australe d'Afrique,
quatre dans l'Afrique septentrionale
et douze dans les contrées occidentales d'Asie. Ce sont des Herbes annuelles ou vivaces, rarement sous-
frutescentes. Leurs feuilles varient
beaucoup de formes ; il y en a de
très-découpées, de lyrées, de pinnatifides, de sinuées et de presque
entières. Les fleurs sont jaunes ou
blanches, disposées en grappes qui
s'allongent après la floraison.

Les cinquante-cinq espèces de *Sisymbrium*, décrites dans le *Systema
Vegetabilium* du professeur De Candolle, ont été réduites à cinquante-
trois dans son *Prodromus*, à cause
de la formation du genre *Andrzeiows-
kia* fondé sur les *Sisymbrium integri-
folium* et *eglandulosum*. Ces espèces
ont été groupées en six sections de la
manière suivante : 1° VELARUM. Siliques subuliformes, appliquées contre l'axe, plus larges à la base, finissant au sommet en un style très-court ;
fleurs jaunes. C'est dans cette section
qu'est placé le *Sisymbrium officinale* ou *Erysimum officinale*, L., vulgairement nommé Vélar ou Herbe
aux Chantres. Cette Plante est très-
commune le long des chemins dans
toute l'Europe.—2°. NORTA. Siliques
cylindriques ; calice étalé ; fleurs jaunes disposées en grappes dépourvues
de bractées ; graines oblongues. Cette
section, érigée en genre particulier
par Adanson, a pour type le *S. stric-
tissimum* qui croît dans les localités
montueuses de l'Europe tempérée.—
3° PSILOSTYLUM. Siliques cylindriques, apiculées par un style long et
grêle ; calice fermé ; fleurs jaunes ;
graines oblongues. D'après le caractère que fournit ce style, cette section sera peut-être un jour distinguée
comme genre particulier. Elle ne renferme que le *S. exacoides*, D. C. et
Deless., *Icon. Select.*, 2, tab. 63 ;
espèce du mont Liban.—4°. IRIO. Siliques cylindriques ; fleurs jaunes,
à pédicelles dépourvus de bractées ;
graines ovées, presque triquètres. Ce
groupe renferme vingt-six espèces
dont les feuilles offrent des formes
tellement diversifiées qu'on peut en
former trois subdivisions. Parmi celles qui ont les feuilles entières ou
dentées, on remarque le *S. hispani-
cum*, Jacq., *Icon. rar.*, tab. 124.
Dans les espèces à feuilles pinnées,
et à lobes entières ou dentées, De
Candolle place les *S. obtusangulum*,
acutangulum, *Irio*, *Columnæ*, etc.,
qui croissent sur les murs et dans les
lieux montagneux de l'Europe. Enfin
la troisième subdivision a pour type

le *S. Sophia*, qui a les feuilles découpées en folioles nombreuses.—5°. KI-
BERA. Fleurs petites, jaunes ou blanches, à pédicelles pourvus de bractées à la base; style court, épais et
tronqué. Adanson avait encore formé
un genre de ce groupe qui se compose d'espèces en général originaires des pays chauds de l'Europe,
à l'exception du *S. peruvianum*.
Parmi ces espèces, nous citerons le
S. supinum qui croît aux environs de
Paris.—6°. ARABIDOPSIS. Siliques linéaires, comprimées, terminées par
un stigmate sessile et tronqué; fleurs
blanches portées sur de courts pédicelles dépourvus de bractées; à ce
groupe appartiennent les *Sisymbrium
bursifolium* et *pinnatifidum* que l'on
trouve dans les montagnes de l'Europe. On y a aussi placé quelques
Plantes indigènes de l'Afrique septentrionale.

Quant aux *Sisymbrium Nasturtium*
et *sylvestre*, que l'on connaît vulgairement sous les noms de Cresson de
fontaine, Cresson d'eau, etc., ces
Plantes font partie du genre *Nasturtium. V.* ce mot.   (G..N.)

* SISYMBRÉES. *Sisymbreæ.* BOT.
PHAN. De Candolle (*Syst. Veget.*, 2,
pag. 438) a ainsi nommé la septième
tribu de la famille des Crucifères,
caractérisée par sa silique biloru-
laire, déhiscente longitudinalement,
à valves concaves et carénées; graines ovées ou oblongues, non bordées, à cotylédons plans, incombans, opposés à la cloison. Cette
tribu se rapproche de celle des Arabidées et elle tire son nom du genre
Sisymbrium qui en est le type. *V.* SI-
SYMBRE.   (G..N.)

SISYPHE. *Sisyphus.* INS. Latreille
a le premier distingué ce genre, qu'il
a établi aux depens du grand genre
Scarabæus de Linné et d'Olivier.
Geoffroy, ainsi qu'Olivier, dans l'Encyclopédie, l'avait confondu avec
les Copris; enfin Weber et Fabricius
n'en distinguaient pas les espèces de
leur genre *Ateuchus.* Les Sisyphes
font partie de la tribu des Scara-

béides, famille des Lamellicornes,
section des Pentamères; ces Coléoptères ont pour caractères : corps
court, épais, convexe en dessus;
tête presque circulaire, un peu prolongée postérieurement, mutique
dans les deux sexes; chaperon muni
au bord antérieur de deux à six petites dents; yeux paraissant très-peu
en dessus; antennes de huit articles,
le premier long, presque cylindrique, un peu comprimé; le second
globuleux, plus gros que les suivans : ceux-ci peu distincts; les
quatrième et cinquième cupulaires;
les trois derniers formant une massue libre, lamellée, plicatile, ovale;
labre et mandibules de consistance
membraneuse, cachées; mâchoires
terminées par un grand lobe membraneux; palpes maxillaires de quatre articles, le second et le troisième
courts, coniques; le quatrième plus
long que les deux précédens réunis,
fusiforme, se terminant presque en
pointe; palpes labiaux velus, leur
dernier article peu distinct; lèvre
membraneuse, cachée par le menton; corselet mutique, très-bombé,
son bord antérieur échancré pour
recevoir la tête; écusson nul; élytres
recouvrant des ailes, ayant une
forme triangulaire, n'ayant ni échancrure ni sinuosité à leur partie extérieure, et laissant l'extrémité de
l'abdomen à découvert; pates assez velues, les postérieures beaucoup
plus longues que le corps; hanches
intermédiaires très-écartées entre
elles, les autres rapprochées; abdomen presque triangulaire, court et
épais. Ce genre se distingue des *Ateuchus*, parce qu'ils ont neuf articles
aux antennes; les Gymnopleures et
Hybômes ont un sinus profond à
l'angle extérieur de la base des élytres; enfin les Bousiers, Ontho-
phages, Phanées et Chœridies s'en
distinguent par leurs jambes postérieures qui sont courtes et dilatées
à l'extrémité. Des caractères de la
même valeur séparent les Sisyphes
des autres genres voisins. Leurs
mœurs sont les mêmes que celles des

Ateuchus; comme eux, ils forment une boule avec des excrémens, et la placent avec un œuf dans un trou qu'ils ont creusé en terre. On n'en connaît que cinq à six espèces propres aux parties chaudes de l'ancien continent ; la seule espèce que l'on trouve aux environs de Paris est :

Le Sisyphe de Schoeffer, *Sisyphus Schœfferii*, Latr. ; *Copris Schœfferii*, Oliv., Encycl., figuré pl. 152, fig. 7. On ne le rencontre que dans les lieux secs et exposés au midi. (G.)

SISYRINCHIUM. bot. phan. *V.* Bermudiène.

SISYROPHORE. bot. phan. Dans le Dictionnaire des Sciences naturelles, Cassini décrit sous ce nouveau nom son propre genre *Chlœnolobus*. *V.* ce mot au Supplément. (G.-N.)

SITARIS. ins. Genre de l'ordre des Coléoptères, section des Hétéromères, famille des Trachélides, tribu des Cantharidies, établi par Latreille aux dépens du genre Cantharis de Geoffroy et d'Olivier, et que Fabricius confondait avec ses Nécydalis ; les caractères de ce genre sont : corps oblong ; tête penchée ; yeux échancrés à leur partie inférieure ; antennes filiformes, longues, insérées dans l'échancrure des yeux, composées de onze articles presque cylindriques, le second trois fois plus petit que le suivant ; labre transversal, un peu coriace, entier ; mandibules fortes, arquées et pointues à l'extrémité ; mâchoires composées de deux lobes courts, membraneux, un peu velus à l'extrémité ; palpes filiformes, leur dernier article plus long que le précédent, ovale, cylindrique et obtus ; lèvre membraneuse, presque cordiforme, courte, large, surtout à l'extrémité, profondément échancrée ; corselet presque carré, plan, ayant ses angles latéraux un peu arrondis ; écusson assez grand ; élytres à peine de la longueur de l'abdomen, se rétrécissant fortement avant leur milieu, béantes à l'extrémité, terminées en pointe, et ne recouvrant pas com-

plétement les ailes ; pates fortes ; jambes postérieures terminées par deux épines très-courtes, assez larges, tronquées à l'extrémité ; articles des tarses entiers, le dernier terminé par deux crochets bifides, à divisions simples et sans dentelures ; abdomen court. Ce genre se distingue de tous ceux de sa tribu par ses élytres rétrécies en pointe à l'extrémité postérieure. Il se trouve ordinairement sur les vieux murs exposés au soleil. Les larves des Sitaris vivent dans le nid de quelques Abeilles maçonnes, et surtout dans celui des Osmies. Elles se nourrissent probablement de la pâtée destinée à la larve de l'Hyménoptère, ou peut-être dévorent-elles aussi cette larve ; ce fait n'est pas encore éclairci. On connaît deux ou trois espèces de ce genre ; elles se trouvent en Europe. Celle que l'on rencontre aux environs de Paris est :

Le Sitaris huméral, *Sitaris humeralis*, Latr. ; *Cantharis humeralis*, Oliv., Geoff. Il est long de quatre ou cinq lignes, noir, luisant ; ses élytres sont jaunes à leur base. (G.)

*SITHODENDRON. polyp. (Schweigger.) Syn. d'Oculine. *V.* ce mot. (B.)

SITNIC. mam. Espèce du genre Rat. *V.* ce mot. (B.)

SITODIUM. bot. phan. Sous ce nom, Gaertner (*De Fruct.*, 1, p. 344, tab. 71, 72) a établi, d'après Banks, un genre qui a pour type l'*Arctocarpus integrifolia*, L. Voici les caractères qu'il lui a assignés : fleurs de sexes distincts sur le même tronc ; les mâles forment un petit châton un peu en massue, à écailles bivalves ; leur corolle est nulle, et elles n'ont qu'une étamine ; les fleurs femelles sont disposées en un châton presque globuleux, involucré de deux folioles colorées et caduques ; elles n'ont point de corolle ; le stigmate est sessile et sphérique ; le fruit est une baie très-grande, muriquée, à un grand nombre de facettes, composée d'un grand nombre de carpelles uniloculaires, monospermes et soudés intimement.

Le *Sitodium cauliflorum*, Gaertn., loc. cit.; *Artocarpus integrifolia*, L., f. suppl., 412; *Artocarpus Jaca*, Lamk.; *Rademachia integra*, Thunberg, *Act. Holm.*, vol. 56, p. 251, est la Plante qui porte réellement le nom de *Jacquier* ou *Jack* dans les colonies. C'est un assez grand Arbre dont la cime est fort rameuse, et dont l'écorce est épaisse et pleine d'un suc laiteux; ses branches sont garnies de feuilles alternes, pétiolées, ovales, entières, glabres et coriaces. Les fruits naissent sur les branches et sur le tronc de l'Arbre; ils acquièrent une grosseur considérable, car il y en a qui ont au-delà d'un pied et demi dans leur plus grand diamètre. Leur chair est jaunâtre, d'une saveur en général douce et agréable, mais quelquefois d'un mauvais goût. Les graines que l'on fait rôtir comme des châtaignes, sont assez agréables à manger. Cet Arbre croît dans les Indes-Orientales, et il est cultivé à l'Ile-de-France.   (G..N.)

* SITOLOBIUM. BOT. CRYPT. (*Fougères*.) Desvaux (Ann. de la Soc. Linn. de Paris, juillet 1827, p. 262) a érigé en un genre particulier le *Nephrodium punctilobum* de Michaux que divers auteurs avaient placé dans d'autres genres tels que l'*Aspidium* et le *Dicksonia*. Voici les caractères essentiels de ce nouveau genre : sores globuleux; involucre en voûte, globuleux, déhiscent de la base au sommet.   (G..N.)

SITONE. *Sitona*. INS. Genre de Charansonites établi par Germar et adopté par Schœnherr. *V.* RHYN-CHOPHORES.   (G.)

* SITOSPELOS. BOT. PHAN. (Adanson.) Syn. d'*Elymus*, L.   (B.)

SITTA. OIS. *V.* SITTÈLE.

* SITTASOMUS. OIS. W. Swainson a proposé sous ce nom un nouveau genre d'Oiseaux dont le type serait le *Dendrocolaptes sylviellus* de Temminck, et qui serait caractérisé par un bec grêle, petit, droit, un peu échancré, à arête légèrement

recourbée; les ailes médiocres, la queue assez allongée et rigide.

                                    (LESS.)

SITTELLE. *Sitta.* (Linné.) Genre de l'ordre des Anysodactyles. Caractères : bec médiocre, droit, cylindrique, conique, déprimé, tranchant vers la pointe; narines placées à la base du bec, arrondies, recouvertes à clair-voie par des poils dirigés en avant; quatre doigts : trois en avant, l'extérieur soudé par sa base à l'intermédiaire; un derrière très-allongé, muni d'un ongle long et courbé; douze rectrices terminées carrément, faiblement étagées, à tiges flexibles; première rémige très-courte, seconde moins longue que les troisième et quatrième qui dépassent toutes les autres. Grimpeurs par excellence, les Oiseaux compris dans ce genre ont en général des habitudes qui tiennent beaucoup de celles des Pics et des Mésanges; comme les premiers, ils courent avec beaucoup de rapidité sur le tronc des arbres, et, de plus qu'eux, s'y dirigent également de haut en bas et de bas en haut; ils y cherchent les insectes réfugiés sous la couche corticale, les effraient par les coups de bec dont ils frappent cette couche, et au moment où les pauvres victimes croient échapper par la fuite à un danger qui n'est qu'apparent, elles sont saisies et avalées par l'Oiseau. Ces coups, ordinairement redoublés, rendent un son très-fort, et qui se fait entendre de bien loin; l'on est même surpris en approchant de l'endroit d'où il part qu'il soit occasioné par un aussi petit Animal. Les Sittelles partagent avec les Mésanges l'habitude de se suspendre à l'extrémité des branches et de s'y balancer; au moyen de ce manége elles prennent une quantité de petits insectes qui viennent imprudemment voltiger autour d'elles. Les Sittelles ne sont point seulement insectivores, elles font aussi usage de graines et surtout d'amandes; lorsqu'elles ont détaché une noisette de sa branche, elles la fichent solidement dans une crevasse en frappant la coque jusqu'à ce qu'elles soient parvenues à la percer; alors, faisant de leur bec un levier, elles enlèvent des éclats qui agrandissent l'ouverture et leur permettent d'extraire l'amande par morceaux. Elles quittent rarement les grandes forêts et les bois pour se rapprocher des habitations; elles ne se perchent point comme la plupart des autres Oiseaux sylvains, mais se retirent la nuit dans un trou qu'elles ont adopté. C'est aussi dans un trou pratiqué le plus souvent dans un vieux tronc, et presque toujours l'ouvrage d'un Oiseau plus grand, qu'elles déposent leurs œufs. La construction de ce nid est assez remarquable pour que nous en donnions une idée : lorsqu'au retour du printemps le besoin de la reproduction vient se faire sentir aux époux que les frimas ne désunissent point, ceux-ci se mettent de concert à la recherche d'un trou favorable à la ponte; s'il n'est point assez grand, ils l'élargissent à grands coups de bec, et les éclats qu'ils détachent sont balayés, à l'exception des plus menus qui, avec un peu de duvet, constituent le matelas de l'incubation; le trou arrangé, il s'agit de le mettre à l'abri de toute attaque, et pour cela on travaille avec zèle aux clôtures extérieures que l'on élève avec de la terre glaise gâchée. L'adresse avec laquelle les Sittelles se servent du bec en guise de palette ou de truelle pour transporter et disposer les matériaux de leurs bâtisses, les ont fait comparer à des maçons ou à des potiers, et de-là leur sont venus les noms vulgaires et surtout celui de Torche-Pot que plusieurs ornithologistes leur ont conservé. La ponte consiste en cinq ou sept œufs blanchâtres, ordinairement tachetés de roux; la femelle les couve avec tant de constance que rien n'est capable de lui faire abandonner le nid; pendant tout ce temps elle reçoit la nourriture du mâle qui la lui porte avec une assiduité admirable. Excepté sous les latitudes équatoriales, on a trouvé des Sittelles dans toutes les parties

habitées du globe. Nous citerons les espèces suivantes comme les principales.

SITTELLE FOLLE, *Sitta stulta*, Vieill.; *Sitta Jamaicensis*, var., Lath. Parties supérieures d'un gris ardoisé; sommet de la tête noir; cette nuance se termine en pointe sur la nuque; sourcil blanc, se prolongeant sur le cou et accompagnant un trait noir; rémiges et rectrices les plus extérieures noires, terminées de blanc. Parties inférieures d'un brun rougeâtre; bec noir; pieds d'un vert obscur. La femelle a les teintes beaucoup moins prononcées, et les parties inférieures d'un roux obscur. Les jeunes sont cendrés en dessus et d'un roux brun en dessous. Taille, quatre pouces et demi. Amérique septentrionale. Peut-être n'est-ce, comme le pense Latham, qu'une variété de la *Jamaicensis* ou de la *Carolinensis*.

SITTELLE TORCHE-POT, *Sitta europæa*, Lath.; *Sitta cæsia*, Meyer, Buff., pl. enl. 623, fig. 1. Parties supérieures d'un bleu cendré; trait oculaire noir; rémiges noirâtres; les deux rectrices intermédiaires cendrées, les suivantes noires, terminées de cendré, les latérales noires; gorge blanche; devant du cou, poitrine et ventre d'un roux jaunâtre; flancs et cuisses d'un brun marron; bec d'un gris brunâtre; iris brun; pieds cendrés. Taille, cinq pouces. La femelle a les couleurs moins vives et moins tranchantes. Sa taille est aussi moindre. D'Europe.

SITTELLE VOILÉE, *Sitta velata*, Temm., pl. color. 72, fig. 3; *Sitta frontalis*, Horsf. Parties supérieures d'un bleu d'azur; joues et côté du cou d'un bleu tirant sur le pourpré; un large bandeau noir sur le front ainsi qu'une bande de cette couleur au-dessus des yeux; rémiges et rectrices d'un bleu nuancé de cendré; menton blanc: parties inférieures d'un cendré pâle, nuancé de pourpre; bec jaune avec la pointe noire; pieds bruns. Taille, cinq pouces. Des Moluques.

Espèces qui paraissent appartenir à ce genre.

Sitta cafra, Lath.; *Sitta Chinensis*; *Sitta Chloris*, Lath.; *Sitta longirostra*, Lath.; *Sitta surinamensis*, Lath.

(DR..Z.)

SITTINE. *Xenops.* OIS. Genre de l'ordre des Anysodactyles. Caractères : bec court, grêle, très-comprimé, subulé, pointu, retroussé; pointe des mandibules recourbée en haut, la supérieure à peu près droite, l'inférieure plus étroite et plus relevée vers la pointe, conséquemment très-bombée en dessous. Narines placées de chaque côté du bec, près de la base, ovoïdes, couvertes d'une membrane; pieds médiocres. Quatre doigts, trois en avant, ceux des côtés à peu près égaux, l'externe uni à l'intermédiaire jusqu'à la seconde articulation, et l'interne jusqu'à la première. Ongles forts, comprimés et arqués. Ailes médiocres : la première rémige plus courte que la seconde qui l'est un peu moins que la troisième. Queue conique, à tiges flexibles. Tout ce que l'on connaît des mœurs et des habitudes des Sittines a le plus grand rapport avec ce que nous avons dit relativement aux Sittelles, conséquemment nous croyons inutile de répéter les mêmes choses, fût-ce en d'autres termes. Les trois espèces connues jusqu'à ce jour sont propres au continent de l'Amérique. Nous citerons l'espèce suivante comme une des plus remarquables.

SITTINE ANABATOÏDE, *Xenops anabatoïdes*, Temm. Ois. color., pl. 150, fig. 1. Parties supérieures d'un brun roux; bande occipitale blanche; un collier blanc sur la nuque; rectrices d'un roux vif; gorge blanche; poitrine et milieu du ventre d'un roux terne; le reste des parties inférieures d'un roux foncé; bec blanchâtre; pieds gris. Taille, sept pouces. Du Brésil.

(DR..Z.)

SITULE. REPT. OPH. Espèce du genre Couleuvre. *V.* ce mot.   (B.)

SIU. OIS. Nom chilien dans Molina d'un Oiseau que ce jésuite nomme *Fringilla barbata*, mais qui est un *Muscicapa* sans nul doute. Son plumage est jaune, avec du vert sur les ailes et tacheté de noir et de rougeâtre. Il vit des semences du *Madia sativa*.

(LESS.)

SIUM. BOT. PHAN. *V.* BERCE.

SIZERIN. OIS. Espèce du genre Gros-Bec. Vieillot en a fait le type d'un genre particulier dans lequel il a encore placé le Cabaret. *V.* GROS-BEC.   (DR..Z.)

SJOK-EDSJEMEL. BOT. PHAN. C'est-à-dire Chardon du Chameau, même chose que Chasjir. *V.* ce mot.   (B.)

SKIB. POIS. Espèce du genre Pomatome. *V.* ce mot.   (B.)

SKIMMIA. BOT. PHAN. Genre de la famille des Célastrinées et de la Tétrandrie Monogynie, L., établi par Thunberg dans sa Flore du Japon, et ainsi caractérisé : calice très-petit, persistant, et divisé profondément en quatre segmens; corolle à quatre pétales concaves; quatre étamines très-courtes : ovaire libre; style unique; baie ovée, ombiliquée, marquée obscurément de quatre sillons, presque à quatre valves, intérieurement pulpeuse-farineuse; quatre graines presque trigones, oblongues. Ce genre douteux n'est peut-être qu'un double emploi de l'*Ilex*, de l'*Évonymus* ou du *Rhamnus*. Sprengel a même placé dans le premier de ces genres la seule espèce dont il se compose, savoir : le *S. japonica*, Thunb., *loc. cit.*, figurée par Kæmpfer (*Amœn. exot.*, tab. 5). C'est un Arbrisseau à feuilles alternes, très-rapprochées, toujours vertes, oblongues et ondulées. Les fleurs sont disposées en panicules.

(G..N.)

* SKINK. REPT. SAUR. Pline mentionne sous ce nom (liv. 8) un Saurien du Nil ressemblant au Crocodile, mais moins grand. Les modernes ont regardé ce *Skink*, dont ils ont fait *Scincus*, comme étant un petit Lézard, tandis qu'il est très-probable que le Scinque de Pline est le

Ouaran du Nil, Monitor, dont la taille est de quatre pieds y compris la queue, quoique sa grosseur soit peu considérable. Sa chair était estimée alors comme aphrodisiaque, de même qu'aujourd'hui ou recherche aux Antilles celle de l'Iguane.   (LESS.)

SKINKORE. REPT. BATR. Shaw a figuré sous ce nom la Salamandre pointillée.   (IS. G. ST.-H.)

SKINNERA. BOT. PHAN. Le genre établi sous ce nom par Forster a été réuni au *Fuchsia*. De Candolle a donné ce nom à la seconde section de ce dernier genre, laquelle ne se compose que d'une seule espèce, *F. excorticata*, L. fils, *Suppl*. Arbrisseau de la Nouvelle-Zélande. (G..N.)

SKITOPHYLLUM. BOT. CRYPT. (*Mousses.*) Bachelot-La-Pylaie avait séparé sous ce nom les *Fissidens* d'Hedwig que la plupart des botanistes considèrent comme une simple section des *Dicranum* bien distincte par son port, mais qui n'offre pas de caractères propres à la séparer comme genre. *V.* DICRANUM.   (AD. B.)

SKORODITE. MIN. *V.* FER ARSENIATÉ.

SKUNK. MAM. Nom de pays des Moufettes dans l'Amérique du nord.
        (IS. G. ST.-H.)

SLATERIA. BOT. PHAN. Desvaux (Journ. de Botanique, 1, pag. 243) a donné ce nom au genre *Fluggea* de Richard père, publié en 1807 avec figure dans le Journal de botanique de Schrader. Ce genre a depuis reçu le nom d'*Ophiopogon*, qui lui a été imposé par Gawler dans le *Botanical Magazine*. Il est formé aux dépens des *Convallaria* de Linné, et il appartient, comme celui-ci, à la famille des Asparagées et à l'Hexandrie Monogynie. Voici ses caractères principaux : périanthe corolloïde, sans tube manifeste, profondément découpé en six segmens égaux, ovales, un peu ouverts lors de la floraison; six étamines insérées à la base et au contact de l'ovaire, à filets très-courts, à anthères presque sagittées, linéai-

res, dressées, adnées par leur base aux filets; ovaire à demi infère, triloculaire, renfermant dans chaque loge six ovules oblongs, ascendans, surmonté d'un style un peu épais, atténué en cône au sommet, portant trois stigmates très-petits et connivens; baie bleue, ovoïde, ovalée au sommet, triloculaire, renfermant un petit nombre de graines, quelquefois une seule, par suite de l'avortement des ovules.

Le *Slateria japonica*, Desv.; *Convallaria japonica*, L.; Redouté, Liliacées, t. 80; *Ophiopogon japonicus*, Gawler, *Bot. Mag.*, t. 1063, est une Plante herbacée, vivace, formant des touffes, munie de feuilles radicales linéaires, longues, pointues, du milieu desquelles s'élèvent quelques hampes plus courtes que les feuilles, chargées de fleurs en épis, ayant le périanthe bleuâtre. Cette Plante croît en Chine et au Japon.   (G..N.)

SLÈPES. MAM. Syn. de Zemmi. *V.* ASPALAX.   (B.)

SLOANE. *Sloanea*. BOT. PHAN. Genre de la famille des Tiliacées, et de la Polyandrie Monogynie, L., offrant les caractères suivans : calice composé de quatre à sept sépales lancéolés, linéaires, couverts extérieurement d'un duvet doux, colorés intérieurement, soudés entre eux depuis la base jusqu'à leur milieu; corolle nulle; étamines en nombre indéfini, à filets presque nuls, à anthères très-longues, surmontées d'un petit appendice en pointe; ovaire terminé par un style filiforme; capsule coriace, ligneuse, presque arrondie, couverte de pointes ligneuses, nombreuses et rapprochées, à quatre ou cinq valves et à autant de loges renfermant une à trois graines couvertes d'une arille charnue. Ce genre se compose d'Arbres indigènes de l'Amérique équinoxiale, à feuilles alternes, très-grandes, et à fleurs munies d'une petite bractée. De Candolle (*Prodr. Syst. Veget.*, 1, p. 515) partage le genre *Sloanea* en cinq sections composées chacune d'une seule espèce. La première, sous le nom de *Sloanea*, a le calice à six ou sept divisions; un style long; une capsule quadrivalve, couverte de piquans diversement infléchis; des graines enveloppées d'un arille charnu. Le *Sloanea dentata*, L.; *Castanea Sloanea*, Miller, Dict.; *Sloanea Plumierii?* Aubl., Guian., p. 536, Plum., Ed. Burm., t. 244? est un Arbre de l'Amérique méridionale, à feuilles ovales, aiguës, dentées, accompagnées de stipules cordiformes, triangulaires. — La seconde section porte le nom de *Gynostoma*. Calice à cinq lobes égaux; torus épais; anthères hérissées extérieurement; style subulé; stigmate perforé, à peine denticulé; capsule couverte de soies diversement infléchies, à quatre valves déhiscentes de la base au sommet. Le *Sloanea Massoni*, Swartz, *Fl. Ind.-Occid.*, 2, p. 938, croît dans les Antilles. Ses feuilles sont cordiformes, elliptiques, obtuses, entières, munies de stipules linéaires. — La troisième section, sous le nom de *Myriochœta*, a le calice divisé en cinq lobes dont un est plus petit que les autres; torus velu; style court; quatre à cinq stigmates simples; capsule à quatre ou cinq loges, à autant de valves, couvertes de soies piquantes très-nombreuses et rapprochées. Le *Sloanea sinemariensis*, Aubl., Guian., tab. 212; Lamk., Illustr., t. 469; *S. Aubletii*, Swartz, est un Arbre de la Guiane et de l'île Saint-Christophe. Ses feuilles sont ovales, presques rondes, entières, munies de stipules longues, acuminées et caduques. — Le nom d'*Oxyandra* a été imposé à la quatrième section qui est caractérisée par son calice à cinq lobes linéaires, acuminés; son torus petit; son style filiforme long et simple; sa capsule vraisemblablement dépourvue de piquans. Cette section devra peut-être constituer un genre distinct; elle renferme le *S. corymbiflora*, D. C., qui croît dans la Guiane française. — Enfin sous le nom de *Foveolaria*, De Candolle forme une cinquième section qui a

des caractères tellement tranchés qu'on pourrait en former un genre. Le *Sloanea? Berteriana* est une Plante de Saint-Domingue, recueillie par Bertero. Son calice est à quatre lobes; son torus est marqué de fossettes; ses étamines sont velues, et il y a trois stigmates.   (G..N.)

SMALT. MIN. On nomme ainsi le verre bleu qu'on obtient en fondant les matières vitrifiables avec de la mine de Cobalt grillée. C'est cette matière réduite en poudre fine qui forme l'azur.   (A.R.)

SMARAGD. MIN. (Werner.) *V.* EMERAUDE.

SMARAGDITE. MIN. (Saussure.) *V.* DIALLAGE.

SMARAGDUS. MIN. *V.* EMERAUDE.

SMARE. POIS. Traduction du mot *Smaris* employé dans le Dictionnaire Levrault pour désigner le genre Picarel. *V.* ce mot.   (B.)

SMARIDIE. *Smaridia.* INS. Genre d'Aptères, de la famille des Parasites ou Rhinaptères, établi par Latreille et offrant pour caractères principaux : corps globuleux; la tête, le corselet et l'abdomen simplement indiqués par des lignes transversales; deux yeux; palpes allongés; pates de devant plus longues que les autres.
                                        (A.R.)

SMARIS. POIS. *V.* PICAREL.

SMARIS. ARACH. Genre de l'ordre des Trachéennes, famille des Tiques, établi par Latreille, et ayant pour caractères, suivant ce naturaliste : palpes guère plus longs que le suçoir, droits et sans soies au bout; yeux au nombre de deux; pieds antérieurs plus longs que les autres. Ce genre se distingue facilement du genre Bdelle parce que, dans celui-ci, les palpes sont très-allongés, qu'ils sont coudés et ont des soies au bout. Les Bdelles diffèrent encore des Smaris par le nombre de leurs yeux qui est de quatre. Les Smaris sont de très-petites Acarides vagabondes; leur corps est mou, ovoïde, roussâtre et parsemé de poils. L'espèce qui sert de type à ce genre est :

Le Smaris du Sureau, *Smaris Sambuci*, Latr., *Gen. Crust. et Ins.* T. I, p. 153, Germ.; Smaris, Précis des caract. génér. des Ins., p. 180; Hist. nat. des Crust. et des Ins. T. VIII, p. 54; *Acarus Sambuci*, Schrank; *Enum. Ins. aust.*, n° 1085; Herm., Mém. apt., p. 30, pl. 2, fig. 8, et pl. 9, fig. L, M, N. Il est rouge, parsemé de quelques poils un peu longs; les antennes et les pates sont plus pâles. Cet Insecte se trouve en France sur le sureau; il marche lentement. Latreille pense que les *Trombidium*, *miniatum*, *papillosum* et *squammatum* d'Hermann fils (*Mém. apter.*) doivent appartenir à ce genre. (G.)

* SMEATHMANNIA. BOT. PHAN. Genre de la famille des Passiflorées, établi par Solander dans l'herbier de Banks et décrit par R. Brown (*Botany of Congo*, p. 20) qui l'a ainsi caractérisé : corolle à cinq pétales; nectaire monophylle, urcéolé, entourant les étamines qui sont nombreuses, à filets réunis par la base, à anthères incombantes; quatre ou cinq stigmates peltés; capsule renflée à quatre ou cinq valves, renfermant des graines très-petites. Ce genre est placé, avec le *Paropsia* de Du Petit-Thouars, dans la première tribu des Passiflorées. Il ne renferme que deux espèces (*S. pubescens* et *lœvigata*) qui sont des Arbrisseaux indigènes de Sierra-Leone. (G..N.)

SMECTITE. MIN. Espèce d'Argile désignée aussi sous le nom de Terre à foulon ou Argile à foulon. *V.* ARGILE. (A. R.)

SMEGMADERMOS. BOT. PHAN. (Ruiz et Pavon.) Syn. de Quillaja de Jussieu et Molina. *V.* QUILLAJA. (G..N.)

SMEGMARIA. BOT. PHAN. (Willdenow.) Pour Smegmadermos de Ruiz et Pavon. *V.* SMEGMADERMOS et QUILLAJA. (G..N.)

* SMERC. BOT. PHAN. Nom vulgaire du *Myrica Gale* dans le Marancin, canton maritime des Landes aquitaniques. (B.)

SMERDIS. CRUST. Nom donné par Leach à un genre de l'ordre des Stommapodes auquel Latreille et Lamarck avaient déjà donné le nom d'Erichte. *V.* ce mot. (G.)

SMÉRINTHE. *Smerinthus*. INS. Nous avons désigné ainsi un genre de Lépidoptères, famille des Crépusculaires, tribu des Sphingides, qu'on avait jusqu'alors confondu avec celui des Sphinx. Fabricius, dans son Système de Glossates, a adopté cette coupe générique, mais en lui donnant le nom de *Laothoe*. Ochsenheimer et la plupart des entomologistes ont néanmoins retenu la dénomination primitive.

Les métamorphoses des Smérinthes sont presque les mêmes que celles des Sphinx proprement dits. Les chenilles ont aussi postérieurement une corne, et, comme la plupart de celles des Lépidoptères précédens, des raies obliques sur les côtés; mais leur tête est triangulaire et non arrondie. L'insecte parfait présente des différences plus remarquables. Les dents, arrondies et barbues du côté interne des antennes, sont plus saillantes, dans les mâles au moins; la spiritrompe est très-courte ou presque nulle; les ailes inférieures n'ont point le crochet qui caractérise les Lépidoptères crépusculaires et nocturnes; elles débordent, du moins dans le plus grand nombre, les supérieures, et les Smérinthes semblent, sous cette considération et la précédente, représenter les Lasiocampes et les Bombyx; ils sont d'ailleurs lourds et paresseux.

On n'en a découvert en Europe que quatre espèces, et formant, sous le rapport de la manière dont se terminent leurs ailes, trois divisions : 1° celles où le bord postérieur des ailes n'est point dentelé, et dont les supérieures ont l'angle du sommet avancé, aigu, presque en faulx; leur bord postérieur n'offre ensuite qu'une seule saillie angulaire, suivie d'un sinus. A cette division appartient la SMÉRINTHE DEMI-PAON, *Sphinx ocellata*, L.; God., Hist. nat. des Lépid. de Fr. T. III, 68, pl. 20, f. 2, bien distinct d'ailleurs des autres espèces indigènes par ses ailes inférieures rosées et marquées d'une tache oculaire bleuâtre. Sa chenille est d'un vert tendre en dessus, d'un vert bleuâtre en dessous et latéralement, avec sept lignes blanches et obliques de chaque côté; la corne est bleue, avec sa pointe verte; la tête est bordée de jaune. Sur le pommier, le saule, l'osier, le pêcher, l'amandier, etc. 2° Les Smérinthes dont les ailes inférieures se terminent de même, mais où le bord postérieur des supérieures offre plusieurs sinus avec des dentelures et des angles dans les intervalles, et paraît tronqué à l'angle du sommet, tel que le SMÉRINTHE DU TILLEUL, *Sphinx Tiliæ*, L.; God., *ibid.*, 64, pl. 20, fig. 1. Le dessus des ailes supérieures est mélangé de vert et de roussâtre, avec deux taches d'un vert plus foncé au milieu; les inférieures sont roussâtres, avec une bande peu prononcée, noirâtre. Sa chenille est d'un vert pâle, avec sept lignes obliques de chaque côté, blanchâtres et bordées antérieurement de vert foncé ou de rouge; la corne est bleue, avec le sommet verdâtre. Très-commun sur l'orme, le tilleul et le marronnier d'Inde. 3° La troisième et dernière division comprendra les Smérinthes dont les quatre ailes sont dentelées ou présentent plusieurs angles et sinus au bord postérieur. Ici se range d'abord le SMÉRINTHE DU PEUPLIER, *Sphinx Populi*, L., God., *ibid.* T. III, 71, pl. 20, fig. 3. Le dessus des ailes est d'un gris cendré, avec des raies et des bandes sinuées plus obscures ou tirant sur le brun; le milieu des supérieures a un point blanc; la base des inférieures est roussâtre. La chenille est d'un vert pâle, avec sept lignes obliques, jaunâtres de chaque côté; la corne est de

cette couleur avec la base bleue; les stigmates sont jaunes avec le milieu bleu; les pates écailleuses sont entrecoupées de jaunâtre et de rose; la tête est bordée de jaune; le corps présente quelquefois quatre ou six rangées longitudinales de taches fauves. Sur les peupliers et sur le saule. Le SMÉRINTHE DU CHÊNE, *Sphinx Quercûs*, God., *ibid.*, 181, pl. 17, *tert.*, fig. 3. Femelle. Le dessus des ailes supérieures est d'un jaunâtre pâle avec des raies transverses noirâtres; celui des inférieures roussâtre avec du blanc à l'angle anal. La chenille est d'un vert jaunâtre avec les bords de la tête, les pates écailleuses, le contour des stigmates d'un rouge jaune, et sept lignes obliques alternativement plus larges, d'un blanc jaunâtre de chaque côté. Sur le chêne. Très-rare en France. (LAT.)

SMIGUET. BOT. PHAN. L'un des noms vulgaires du *Smilax aspera*, L. *V.* SMILACE. (B.)

SMILACE. *Smilax.* BOT. PHAN. Genre de la famille des Asparaginées et de la Diœcie Hexandrie, L., offrant pour caractères: des fleurs dioïques, ayant un calice formé de six sépales unis par leur base, égaux entre eux et étalés; dans les fleurs mâles on trouve six étamines libres dont les anthères sont dressées; dans les fleurs femelles le calice est persistant, l'ovaire est libre et à trois loges, qui contiennent chacune un seul ovule; le style, qui est très-court, se termine par trois stigmates, et le fruit est une baie contenant d'une à trois graines; celles-ci sont globuleuses et contiennent un embryon dans un endosperme cartilagineux. Les espèces de ce genre sont assez nombreuses. Ce sont des Plantes vivaces, sarmenteuses, souvent munies d'aiguillons; à la base des pétioles on trouve souvent deux vrilles opposées et roulées; les fleurs sont petites, jaunâtres, disposées en sertules ou en grappes axillaires; leurs racines sont composées de grosses fibres cylindriques et simples, ou de tubercules plus ou moins réguliers. Parmi ces espèces deux seulement croissent en France, savoir : *Smilax aspera*, L., désigné sous les noms vulgaires de Salsepareille d'Europe, de Liseron épineux, Gramen de montagne, etc. ; il est fort commun dans les haies des provinces méridionales de la France. L'autre, *Smilax mauritanica*, Desf., Alt., est moins répandu que le précédent; nous l'avons recueilli aux environs de Toulon; il est bien plus commun sur les côtes de Barbarie. Mais les deux espèces les plus intéressantes de ce genre sont celles dont les racines sont usitées en médecine sous les noms de Salsepareille et de Squine. La première, *Smilax Salsaparilla*, L., est originaire de différentes contrées de l'Amérique méridionale, du Mexique, du Pérou, du Brésil et même de l'Amérique septentrionale. C'est un Arbuste sarmenteux dont les feuilles alternes et coriaces, glabres, sont cordiformes, entières et pétiolées. Les fleurs sont blanchâtres, disposées en sertules axillaires; les fruits sont charnus, globuleux et bleuâtres. La racine de cette espèce, et très-probablement celle de quelques autres du même genre, et entre autres du *Smilax syphilitica*, Humboldt, est employée en médecine sous le nom de Salsepareille. Elle est formée de longues fibres cylindriques, grosses comme une plume à écrire, ridées par suite de la dessiccation, d'une couleur grise ou quelquefois d'un brun rougeâtre. Sa saveur est faible. Les chimistes y ont trouvé de l'amidon et une matière particulière qui a été nommée *Parigline* par le docteur Galilée Palotta. Cette racine est un puissant sudorifique. On l'emploie en décoction contre les maladies vénériennes, le rhumatisme, etc. La seconde espèce dont nous devons parler est le *Smilax China*. Cette Plante croît en Chine et aux Grandes-Indes. Sa racine est noueuse, de la grosseur du poing; d'un brun rougeâtre, dure; sa saveur est faible. On l'a trouvée composée en grande partie d'amidon, de gomme

et d'une matière colorante, rougeâtre, soluble dans l'eau. Très en vogue autrefois comme sudorifique et diurétique, la racine de Squine est employée dans les mêmes circonstances que la Salsepareille; mais elle est moins active.   (A. R.)

SMILACÉES. BOT. PHAN. *V.* ASPARAGINÉES.   (A. R.)

SMILACINE. *Smilacina.* BOT. PHAN. Genre de la famille des Asparaginées et de l'Hexandrie Monogynie, L., établi par le professeur Desfontaines, et qui a pour type le *Convallaria racemosa*, L. Voici ses caractères : le calice est formé de six sépales unis seulement par leur base; les étamines, au nombre de sept, ont leurs filets distincts et écartés. Le fruit est charnu, globuleux et à trois loges. Ce genre a reçu un grand nombre de noms; Heister le nommait *Salamonia*, Adanson *Wagnera*, Necker *Toraria*, Mœnch *Polygonastrum*. Mais le nom de *Smilacina*, donné par le professeur Desfontaines, a été généralement adopté, quoique les autres lui fussent antérieurs. Les espèces de ce genre sont des Plantes herbacées, vivaces, à racine fibreuse; les feuilles sont radicales ou portées sur la tige; les fleurs sont blanches, disposées en sertule, en épis ou en grappes terminales. Nuttal réunit à ce genre le *Meanthemum* de Desfontaines qui n'en diffère que par le nombre quaternaire de ses parties.   (A. R.)

SMILACINÉES. BOT. PHAN. Pour Smilacées. *V.* ce mot.   (B.)

SMILAX. *V.* SMILACE.

SMITHIE. *Smithia.* BOT. PHAN. Genre de la famille des Légumineuses et de la Diadelphie Décandrie, L., établi par Aiton (*Hort. Kew.*, éd. 1, vol. 3, p. 496), et offrant les caractères suivans : calice biparti; corolle papilionacée; étamines formant deux faisceaux égaux; gousse articulée, plissée, renfermée dans le calice. Ce genre, auquel Gmelin avait donné le nom de *Petagnana*, fait partie de la tribu des Hédysarées de De Candolle. Il est extrêmement rapproché de l'*Æschinomene*, et ne s'en distingue que par sa gousse renfermée dans le calice, et divisée en articles incombans, organisation semblable à celle du fruit du *Lourea*; d'où il suit que le *Smithia* a le calice, les étamines et le port de l'*Æschinomene* avec le fruit des *Lourea*. On ne connaît que trois espèces appartenant à ce genre. Le *Smithia Sensitiva*, Ait., loc. cit.; Salisbury, *Parad. Lond.*, tab. 92, est l'espèce principale. C'est une Plante annuelle originaire de l'Inde orientale, ainsi que le *S. geminiflora* de Roth qui en diffère à peine. Le *Smithia conferta*, Smith, ou *S. capitata*, Desv., croît dans la partie intertropicale de la Nouvelle-Hollande. Quant au *S. spicata* de Sprengel, indiqué comme originaire de la Sénégambie, c'est une Plante de genre inconnu, mais qui paraît totalement différent du *Smithia*.   (G..N.)

SMITTEN. MAM. Singe mentionné par Bosman, et que l'on croit être le Chimpanzé, *Simia troglodytes*. *V.* Orang.   (IS. G. ST.-H.)

SMYNTHURE. *Smynthurus*. INS. Genre de l'ordre des Thysanoures, famille des Podurelles, établi par Latreille aux dépens du genre *Podura* de Linné, et ayant pour caractères: antennes plus grêles vers leur extrémité, terminées par une pièce annelée ou composée de petits articles; tronc et abdomen réunis en une masse globuleuse ou ovalaire.

Ces Insectes ressemblent beaucoup aux Podures, mais ils en diffèrent par les antennes qui, dans ceux-ci, sont de la même grosseur dans toute leur longueur et sans anneaux ou petits articles à leur extrémité. Le tronc des Podures est distinctement articulé, et leur abdomen est étroit et oblong. Le genre Smynthure correspond exactement à la seconde section des Podures de Degéer; cet auteur a donné quelques détails sur les habitudes de la plus grande espèce (Sm.

brun) qui habite ordinairement les morceaux de bois et les branches d'arbres restées long-temps sur un terrain humide; on n'en voit jamais dans des lieux secs, et il paraît que leur nourriture consiste dans les particules humides du bois à demi pourri. Les Smynthures font de grands sauts quand on les touche, et on aperçoit aussitôt après le saut que leur queue se trouve étendue en arrière et dans une même ligne avec le corps; mais peu après elle se remet dans la première position, et l'Animal aide ce mouvement en haussant un peu le derrière. Outre cette queue, qui ressemble beaucoup à celle des Podures, ces Insectes sont pourvus d'un organe très-extraordinaire et que l'on ne trouve pas aux Podures: en dessous du corps, justement entre les pointes des deux dents de la queue fourchue, il y a une partie élevée cylindrique, de laquelle il sort deux longs filets membraneux, transparens, très-flexibles et gluans ou humides. Ces filets, qui sont arrondis au bout et presque de la longueur de tout l'Animal, sont élancés avec force et vitesse hors de la partie cylindrique dont nous avons parlé, l'un d'un côté et l'autre de l'autre, et cela uniquement lorsque l'Insecte a besoin de s'en servir, après quoi ils rentrent dans le court tuyau cylindrique comme dans un étui, et en même temps dans eux-mêmes de la même manière que les cornes des Limaçons rentrent dans leur tête. Voici l'usage que Degéer a vu que les Smynthures faisaient de ces organes remarquables: quand l'Insecte, qu'il avait placé dans un vase de terre, marchait contre les parois, il lui arrivait souvent de glisser; dans l'instant même les deux filets paraissaient, et étant lancés avec rapidité hors de leur étui, s'attachaient dans le moment au vase par la matière gluante dont ils étaient enduits, en sorte que l'Animal se trouvait alors comme suspendu à ces deux filets; et qu'il avait le temps de se raccrocher de nouveau avec les pieds. Il est probable, comme le pense Degéer, que l'Insecte se sert de ces filets pour s'attacher aux corps sur lesquels il retombe après avoir fait un saut.

Ce genre se compose de cinq à six espèces, la plus grande et celle qui peut lui servir de type est :

Le Smynthure brun, *S. fuscus*, Latr. (*Gen. Crust. et Ins.* T. 1, p. 166); *Podura atra*, L. La Podure brune enfumée, Geoff.; Podure brune ronde, Degéer, T. VII, p. 35, pl. 5, fig. 7, 8.; *Podura atra*, Fabr. Il est d'une belle couleur brune, luisante. Commun dans toute l'Europe. (G.)

SMYRIS. MIN. D'après ce qu'en dit Dioscoride, ce devait être notre Emeril, appelé *Smiriglio* par les Italiens.   (G. DEL.)

* SMYRNÉEN. POIS. Espèce du genre Gobioïde. *V.* GOBIE.   (B.)

SMYRNIUM. BOT. PHAN. *V.* MACERON.

SOA-SOA-AJER. (Valentin.) REPT. SAUR. Syn. de Basilic Porte-Crête. *V.* ce mot.

SOAJER ou SOA-AJER dans Seba est un synonyme de l'Iguane ordinaire.   (B.)

SOB. BOT. PHAN. L'un des noms de pays du Monbin, espèce du genre Spondias. *V.* ce mot.   (B.)

SOBOLE. *Soboles*. BOT. PHAN. Link nomme ainsi le rudiment d'une nouvelle branche ou d'un nouveau pied. Thouin s'est servi de ce mot pour désigner les bulbilles renfermées dans le péricarpe de certaines Plantes, lesquelles sont quelquefois de véritables graines.   (G..N.)

SOBOLEWSKIA. BOT. PHAN. Genre de la famille des Crucifères et de la Tétradynamie Siliculeuse, établi par Marschall-Bieberstein (*Flor. Taur. Suppl.*, p. 41) et adopté par De Candolle avec les caractères suivans : calice étalé; pétales égaux, elliptiques; étamines à filets non denticulés, les quatre grandes élargies à la base, les deux latérales très-courtes ; ovaire

ovoïde, surmonté d'un stigmate sessile, punctiforme ; silicule oblongue, presque membraneuse, sans valves, uniloculaire, monosperme ; graine pendante, oblongue, à cotylédons linéaires, un peu courbés et incombans. Ce genre se distingue des autres Crucifères par son port. Il offre l'inflorescence du *Crambe*; mais ses étamines non denticulées, et surtout ses cotylédons plans, non condupliqués, suffisent pour le distinguer. Il ne se compose que d'une seule espèce, *Sobolewskia lithophila*, Bieb., *Cent. Pl. rar. ross.*, 2, tab. 59; *Cochlearia Siberica*, Willd. C'est une Plante à tige herbacée, un peu frutescente à la base, dressée, rameuse, presque paniculée. Ses feuilles caulinaires sont pétiolées, réniformes, dentées. Les fleurs sont blanches, disposées en grappes allongées. Cette Plante croît sur les rochers dans la Taurie, non loin de la mer Noire, ainsi que dans l'Ibérie, mais non en Sibérie, ainsi que semblerait l'indiquer le nom spécifique imposé par Willdenow.   (G..N.)

SOBRALIA. BOT. PHAN. Genre de la famille des Orchidées et de la Gynandrie Hexandrie, L., établi par les auteurs de la Flore du Pérou et du Chili, et qui présente les caractères suivans : les trois divisions externes du calice sont égales, allongées, étalées, et même un peu réfléchies; les deux intérieures sont plus étroites, également étalées; le labelle est supérieur par suite du renversement des fleurs; il est cordiforme, frangé, terminé en pointe allongée et trifide. Ce genre, encore assez mal connu, se compose de trois espèces originaires du Pérou. Elles sont toutes les trois parasites.   (A. R.)

SOBREYRA. BOT. PHAN. Le genre établi sous ce nom par Ruiz et Pavon dans leur Flore du Pérou, est le même que le *Meyera* de Schreber ou que l'*Enydra* de Loureiro. *V.* ENYDRE.   (G..N.)

SOCO. OIS. (Latham.) *V.* HÉRON BLEU.

*SODA. bot. phan. Nom scientifique d'une espèce du genre *Salsola*, L. *V*. Soude. (B.)

SODADA. bot. phan. Genre de la famille des Capparidées et de l'Octandrie Monogynie, L., établi par Forskahl (*Fl. Ægypt.-arab.*, *Descr.* 81), et offrant les caractère● essentiels suivans : calice à quatre sépales dont le supérieur est concave et le plus grand ; corolle à quatre pétales ; huit étamines ; torus petit ; ovaire longuement stipité, ové, marqué de quatre sillons. Le *Sodada decidua*, Forsk., *loc. cit.*; Delil., Fl. d'Egypte, tab. 26; *Hombak*, Adanson, est un Arbrisseau muni de stipules épineuses, et ayant des fleurs pédicellées nombreuses axillaires. Cette Plante croît en Arabie et dans la Haute-Egypte. (G..N.)

SODAITE. min. Minéral trouvé à Ahlvidaberg et à Esselkulla, en Suède, et que l'on croit n'être autre chose qu'une variété de Néphéline. *V*. ce mot. (G. DEL.)

SODALITE. min. Ce nom fort impropre a été donné par le docteur Thomson à un Minéral du Groënland, qu'il a décrit le premier dans les Transactions de la Société royale d'Edimbourg, T. I, p. 590. Ce Minéral a d'abord été pris pour une Natrolithe, parce que sa composition chimique a beaucoup d'analogie avec celle de cette variété principale de Mésotype; mais on a été forcé de l'en séparer à raison des différences que présentent les caractères extérieurs des deux substances, et on lui a donné un nom qui signifie la même chose que le premier, et fait allusion à la grande quantité de Soude que renferme ce Minéral. On a réuni depuis à la Sodalite une Pierre du Vésuve qui renferme aussi beaucoup de Soude, et qu'on croit être de la même espèce. Comme l'identité de ces deux Minéraux ne paraît pas encore suffisamment démontrée aux yeux de quelques minéralogistes, nous les décrirons ici séparément sous les dénominations respectives de Sodalite

du Groënland et de Sodalite du Vésuve.

SODALITE DU GROENLAND. En cristaux assez nets, présentant la forme du dodécaèdre rhomboïdal, et plus ordinairement en masses composées de grains cristallins, clivables, avec assez de netteté, parallèlement aux faces du dodécaèdre primitif, et quelquefois de grains à texture compacte. La couleur de cette Sodalite est le vert obscur plus ou moins intense; elle est translucide, a l'éclat vitreux, la cassure conchoïde et un peu inégale. Elle est facile à casser; sa dureté est inférieure à celle du Feldspath, et supérieure à celle de l'Apatite; sa pesanteur spécifique est de 2,378. Chauffée seule dans le matras, elle dégage une petite quantité d'eau sans perdre sa transparence; sur le charbon, elle fond en se boursouflant en un verre incolore; avec le sel de Soude, elle donne un verre opaque. Elle est soluble en gelée dans l'Acide nitrique. Elle est composée, suivant le docteur Thomson, de Silice, 38,52; Alumine, 27,48; Soude, 23,50; Acide muriatique, 5; matières volatiles, 2,10; Chaux et oxide de Fer, 3,10. En faisant abstraction de l'Acide muriatique, et se bornant aux Silicates, on trouve que cette composition est analogue à celle du *Lapis lazuli*.

La Sodalite forme au Groënland une couche de six à douze pieds d'épaisseur dans du Micaschiste, et elle y est associée avec le Grenat, l'Amphibole hornblende, le Pyroxène, le Feldspath et une substance roussâtre nommée *Eudialyte*. Monteiro, en examinant un fragment de cette roche, a remarqué un cristal de Zircon de la variété dodécaèdre. Ce gisement a été observé par Giesecke, au mont Nunasornaursak, situé dans une langue de terre dite Kangerdluarsuk, de la partie occidentale du Groënland.

SODALITE DU VÉSUVE. Les couleurs de cette Sodalite sont le blanc verdâtre pâle, le bleuâtre, le grisâtre ou le jaunâtre; sa forme ordinaire est celle du dodécaèdre rhomboïdal combinée avec celle du cube, et allongée dans le sens d'un des axes qui aboutissent aux angles solides trièdres, ce qui donne aux cristaux l'apparence de prismes hexaèdres terminés par des sommets à trois faces rhombes; souvent aussi deux de ces cristaux se réunissent en un groupement régulier, de manière que le plan de jonction est perpendiculaire à l'un des pans du dodécaèdre, et parallèle en même temps à l'axe qui a subi un allongement. Cette disposition fait naître des angles rentrans vers les sommets du groupe.

Le clivage a lieu très-distinctement parallèlement aux faces du dodécaèdre. La cassure transversale est quelquefois conchoïde; la texture des masses, et même des cristaux, est généralement granulaire. La dureté de la Sodalite du Vésuve est intermédiaire entre celles de l'Apatite et du Feldspath; sa pesanteur spécifique est de 2,349 (Haid.); elle est quelquefois limpide, mais communément sa transparence est imparfaite. Chauffée seule dans le matras, elle ne donne point de traces d'eau; sur le charbon, elle ne subit aucune altération; elle se dissout dans le Borax avec une extrême lenteur en formant un verre incolore et transparent. Elle est composée, suivant le comte Dunin Borkousky, de Silice, 44,87; Alumine, 23,75; Soude, 27,50; oxide de Fer, 0,12.

L'analyse de la Sodalite du Vésuve a été faite presque en même temps par le comte Dunin Borkousky et par Arfwedson. Les résultats auxquels ces deux chimistes sont parvenus diffèrent essentiellement de celui qu'a obtenu plus récemment Wachtmeister, qui considère la Sodalite du Vésuve comme formée d'un atome de Bisilicate de Soude et de deux atomes de Silicate d'Alumine. En comparant le Minéral qu'il avait analysé avec celui d'Arfwedson, Wachtmeister observa que ces Minéraux présentaient entre eux d'assez grandes différences, soit dans leurs caractères extérieurs, soit dans la manière de se comporter au chalumeau.

Les cristaux réguliers et les grains de Sodalite tapissent les cavités ou font partie de la masse de ces blocs de la Somma qui proviennent des premières éruptions du Vésuve, et qui n'ont point été altérés par le feu; ils sont fréquemment engagés dans des druses calcaires et associés au Grenat, au Mica vert pâle, au Feldspath gris, au Pyroxène augite et à l'Idocrase brune. Plus rarement on rencontre dans ces mêmes druses des cristaux fort petits de Fer pyriteux, de Fluorite et de Spinelle pléonaste. Une Sodalite grenue, parfaitement semblable à la Sodalite verdâtre et massive du Vésuve, a été observée dans ces derniers temps à Marino, sur le lac Albano, dans la Campagne de Rome; elle y est engagée dans une roche micacée que l'on prendrait pour l'une des roches de la Somma, tant leur ressemblance est frappante.

(G. DEL.)

* **SODIUM.** CHIM. MIN. Corps simple métallique, dont le premier degré de combinaison avec l'Oxigène forme la Soude. *V.* ce mot. (G..N.)

SOEPIA ET **SOEPIACÉES.** MOLL. Pour *Sepia* et Sépiacées. *V.* ces mots.

(B.)

* **SOFRÉ.** OIS. Nom brésilien d'une espèce de Troupiale que le prince de Neuwied nomme à tort *Oriolus Jamacaï,* L., dont le plumage est d'un orangé fort vif et mêlé de noir. Auguste de Saint-Hilaire écrit ce nom *Soffré,* et l'espèce a été regardée comme nouvelle, et nommée dans les galeries du Muséum *Oriolus aurantius.* Il paraît que c'est le *Guira Tangeima* de Marcgrave, voisin de l'*Icterus* de Linné dont il diffère par plusieurs caractères, ainsi que du *Jamacaï.* (LESS.)

SOGALGINE. *Sogalgina.* BOT. PHAN. H. Cassini (Bulletin de la Société Philomatique, février 1818) a établi sous ce nom un genre de la famille des Synanthérées, tribu des Hélianthées, et qui a pour type la

Galinsoga trilobata de Cavanilles, *Icon. et Descr.*, 3, p. 42, tab. 282. Ce genre est le même que le *Galinsogea* de Kunth, mais Cassini n'admet pas ce nom qui est appliqué à un genre distinct, dont le *Galinsoga parviflora* (*Wiborgia* de Kunth) est la principale espèce. Le genre *Sogalgina* diffère du vrai *Galinsoga*, non-seulement par l'aigrette plumeuse, mais encore par les fleurs de la circonférence qui sont à deux languettes, par l'involucre imbriqué, par le réceptacle presque plan, et par les branches stigmatiques pourvues d'un appendice à demi-conique, glabre, prolongé en un filet pénicellé. Le *Sogalgina trilobata*, Cass., est une Plante mexicaine, herbacée, annuelle, à feuilles opposées, oblongues-lancéolées, dentées, les inférieures hastées, trilobées. Les calathides sont jaunes, terminales et portées sur de longs pédoncules. Une autre espèce également mexicaine a été décrite et figurée par Kunth (*Nov. Gen. et Spec. Amer.*, 4, p. 255, tab. 386) sous le nom de *Galinsogea balbisioides*.   (G..N.)

SOGO. pois. Espèce du genre Holocentre. *V.* ce mot.   (B.)

SOGUR. mam. Nom tartare de la Marmotte Bobac. *V.* Marmotte.
            (Is. G. st.-II.)

*SOHAR. pois. Espèce d'Acanthure. *V.* ce mot.   (B.)

SOHER. pois. Bosc, dans Déterville, nous dit que c'est un grand Poisson du Gange dont la chair est excellente, et dont les écailles vertes sont bordées d'or avec les nageoires nacrées; il ajoute qu'il ignore le genre dont il fait partie.   (B.)

SOHIATAN. mam. Nom d'un Rat de l'Amérique du nord, mentionné par Thevet.   (Is. G. st.-H.)

SOIE. *Sericum.* Cette substance, d'une utilité si éminente pour la fabrication des plus beaux tissus, est produite par un Insecte de l'ordre des Lépidoptères, nommé *Bombyx Mori* par Fabricius, et qui est originaire des contrées orientales de l'Asie, particulièrement de la Chine; il a été transporté en Europe sous le règne de Justinien, d'abord à Constantinople, d'où il a passé dans la Grèce, l'Italie, l'Espagne et le midi de la France. Les larves de cet Insecte (Vers à Soie) se nourrissent des feuilles du Mûrier blanc, *Morus alba*; au bout de vingt-cinq à trente jours, les Vers à Soie s'enferment dans des cocons, qu'ils filent et entrelacent de manière à s'y nicher et à subir leur métamorphose en chrysalide. On fait périr celles-ci en trempant les cocons dans l'eau bouillante, et l'on dévide ces cocons qui ne sont autre chose que la Soie elle-même. Cette Soie écrue est ordinairement jaune; elle a besoin d'être blanchie par l'opération du décreusage, qui consiste à lui enlever, de la cire, de la matière colorante et de la gomme, par la macération et l'action des agens chimiques. Il y a une variété de Soie naturellement blanche, dont la qualité est bien supérieure à la jaune, parce qu'elle n'a pas besoin d'être soumise au décreusage, opération qui diminue nécessairement la force de la Soie.

Les usages de la Soie, comme substance textile, sont connus de tout le monde, et forment une des branches les plus considérables de l'industrie manufacturière. Elle fut usitée jadis dans la pharmacie; on la distillait à feu nu pour en obtenir un sous-carbonate d'Ammoniaque sali par de l'huile empyreumatique, qui formait la base des gouttes céphaliques d'Angleterre. Mais la Soie n'est préférable à aucune autre substance animale, pour l'obtention de ce produit. (G..N.)

SOJA. bot. phan. *V.* Dolic.

SOL. moll. Klein, dans sa Méthode de conchyliologie, donne ce singulier nom générique à quelques Troques dont le bord est profondément découpé en rayons divergens plus ou moins allongés. Ce genre peut faire un petit groupe parmi les Trochus.
            (D..H.)

SOL. GÉOL. Surface découverte de l'enveloppe terrestre qui varie quant à son aspect et à ses propriétés, suivant la nature des substances minérales qui entrent dans la composition du Terrain dont le Sol est pour ainsi dire l'épiderme visible. On dit un Sol granitique, calcaire, argileux, sablonneux, tandis qu'on dit un Pays de montagne, de plaine, etc., un Terrain primitif, secondaire, volcanique, etc., une formation marine, d'eau douce, etc. *V*. TERRAINS.   (C. P.)

SOLANASTRUM. BOT. PHAN. (Heister.) Syn. de *Solanum Sodomeum*, L.   (B.)

SOLANDRA. BOT. PHAN. Ce nom a été appliqué à plusieurs genres différens. Ainsi le genre *Solandra* de Linné a été réuni au genre *Hydrocotyle* dans la famille des Ombellifères; le *Solandra* de Murray est le même que le *Lagunœa*, genre de Malvacées; et enfin le *Solandra* de Swartz est un *Datura*, qui diffère des autres espèces de ce genre par son fruit charnu.   (A. R.)

SOLANÉES. *Solaneæ* BOT. PHAN. Famille naturelle de Plantes dicotylédones monopétales à étamines hypogynes, qui a pour type le genre *Solanum* ou Morelle, et qui se reconnaît aux caractères suivans : les fleurs sont hermaphrodites; leur calice est monosépale, persistant, à cinq divisions plus ou moins profondes; la corolle est monopétale, généralement régulière, à cinq lobes, dont la préfloraison est valvaire ou plissée. Les étamines sont en même nombre que les lobes de la corolle, à laquelle elles sont insérées; leurs filets sont libres et le plus souvent égaux entre eux; très-rarement ces filets sont unis entre eux et monadelphes. Les anthères sont à deux loges, rarement à une seule, et s'ouvrent, soit par un sillon longitudinal, soit par un trou qui se pratique au sommet de chaque loge. L'ovaire est libre, sessile, appliqué sur un disque hypogyne et annulaire qui environne sa base. Coupé transversalement, cet ovaire offre le plus souvent deux, plus rarement quatre loges, contenant chacune un grand nombre d'ovules, attachés à des trophospermes saillans et axilles. Le style est simple, terminé par un stigmate ordinairement à deux lobes. Le fruit est tantôt sec et tantôt charnu, accompagné à sa base par le calice qui quelquefois le recouvre en totalité. Dans le premier cas, c'est une capsule à deux ou à quatre loges polyspermes, s'ouvrant en deux valves, dont les bords rentrans forment la cloison; d'autres fois on compte quatre valves; plus rarement encore c'est une capsule s'ouvrant en deux valves superposées ou pyxides. Les graines sont très-nombreuses; souvent réniformes, à surface chagrinée. Elles contiennent sous un épisperme crustacé un endosperme charnu, dans lequel est un embryon plus ou moins arqué, et quelquefois roulé sur lui-même et comme en spirale. La radicule est dirigée vers le hile ou point d'attache de la graine. Les Solanées sont des Plantes herbacées, annuelles ou vivaces; quelquefois ce sont des Arbustes ou même des Arbres plus ou moins élevés; les feuilles sont alternes, quelquefois géminées vers la sommité des rameaux. Ces feuilles sont simples, plus ou moins profondément lobées et pinnatifides. Les fleurs, qui sont quelquefois très-grandes et très-odorantes, sont ou solitaires ou diversement groupées en épis, en sertules, en grappes ou en corymbes. La famille des Solanées, sur laquelle le docteur Pouchet, professeur de botanique au Jardin des Plantes de Rouen, a récemment publié une excellente Dissertation, est fort naturelle, a néanmoins de tels rapports avec celle des Scrophulariées, qu'il devient extrêmement difficile de distinguer ces deux familles. En effet, il y a certains genres qui semblent en quelque sorte tenir le milieu entre les deux ordres; mais néanmoins on a observé que dans les Scrophulariées les feuilles sont généralement opposées; les étamines, au nombre de deux à quatre, inégales et didynames ; la corolle irrégulière, et surtout l'embryon, est toujours droit au centre de l'endosperme, et jamais arqué comme dans les Solanées. Ce dernier caractère est quelquefois le seul qui puisse servir à distinguer ces deux familles. Les genres de cette famille sont assez nombreux ; on les a généralement groupés en deux tribus, suivant que le fruit est sec et capsulaire, ou suivant qu'il est charnu.

1. Fruit sec et capsulaire.

NICOTIANÉES.

A. Fruit à deux loges.

* Valves parallèles.

Anthoarcis, Labill. ; *Verbascum*, L. ; *Nicotiana*, L. ; *Petunia*, Juss. ; *Marckea*, Richard ; *Nierembergia*, R. et Pav. ; *Brunfelsia*, Plum. ; *Nicandra*, Adans.

** Valves superposées.

Hyosciamus, L.

B. Fruit à quatre loges.

Datura, L.

2. Fruit charnu.

ATROPÉES.

Solandra, Swartz ; *Atropa*, L. ; *Nectouxia*, Kunth ; *Physalis*, L ; *Solanum*, Tourn. ; *Lycopersicum*, Tourn. Dunal ; *Witheringia*, L'Hérit. ; *Capsicum*, L. ; *Lycium*, L. ; *Cestrum*, L. ; *Dunalia*, Kunth.

Genres rapprochés des Solanées, mais en différant par quelques caractères.

Duboisia, Brown ; *Diplanthera*, Banks ; *Bontia*, Plum. ; *Jaborosa*, Juss. ; *Triguera*, Cavan.

Nous pensons qu'on doit retirer de la famille qui nous occupe les genres suivans : *Hemimeris*, L. fils, qui est une Scrophularinée ; *Ramondia*, Richard, une Gesnériacée ; *Celsia*, L., une Scrophularinée ; *Crescentia*, L., probablement une Bignoniacée, ou peut-être une Gesnériacée ; *Billardiera*, Smith, qui appartient aux Pittos-

porées ; *Fabiana*, Ruiz et Pavon, qui se rapproche davantage des Scrophularinées ; et *Saracha*, Ruiz et Pavon.

(A. R.)

SOLANOIDES. BOT. PHAN. Genre établi par Tournefort, mais réuni au *Rivinia* par Linné. *V.* RIVINIE.

(A. R.)

SOLANUM. BOT. PHAN. *V.* MORELLE.

SOLARIUM. *Cadran.* MOLL. Les conchyliologues qui écrivirent avant Linné confondirent tous les Cadrans avec les *Trochus*, ou ce qu'ils nommaient Coquilles turbinées. Linné lui-même, trouvant la plus grande analogie entre ces Coquilles, ne les sépara pas des Trochus ; en cela il fut imité par tous les auteurs qui suivirent sa méthode, et Bruguière est du nombre. Le genre Cadran fut établi par Lamarck, lorsqu'en débutant dans la zoologie ce savant rendit de si grands services à la partie des sciences qu'il cultiva depuis avec tant de succès. Dès 1801, le genre Cadran a été placé dans la méthode entre les Troques et les Turbos avec lesquels il a en effet de grands rapports ; depuis il fut adopté par tous les zoologistes, et tous furent d'accord sur la place qu'il devait occuper, elle resta la même que celle indiquée par Lamarck.

Quelques Coquilles fossiles des environs de Paris, que Lamarck ne connut peut-être pas dans leur intégrité, furent rangées par lui dans le genre Cadran lorsqu'il décrivit dans les Annales du Muséum les Coquilles connues alors dans la célèbre localité de Grignon. Dans son dernier ouvrage, ces Coquilles sont conservées dans ce genre, et il n'est point de conchyliologue qui ne leur donne le nom générique que Lamarck leur a attribué ; cependant ayant eu à notre disposition plusieurs individus bien conservés de ces Coquilles, nous les trouvâmes tellement dissemblables d'avec les Cadrans, quant à leurs caractères essentiels, que nous prîmes la résolution de faire un nouveau genre que nous avons nommé Omalax, *Oma-*

laxis (*V.* ce mot au Supplément), et qui a pour type le *Solarium disjunctum*.

On ne connaît pas encore l'Animal des Cadrans, et malgré cela on peut avoir la conviction que c'est un bon genre ; car il se distingue non-seulement par les caractères que lui ont assignés les naturalistes jusqu'à présent, mais encore par un autre qui était resté inconnu ; ce caractère est relatif à l'opercule, qui diffère d'une manière très-notable de celui des Trochus et de celui des Turbos. Nous devons la connaissance de cet opercule à Herbert de Saint-Simon qui aux Antilles le recueillit avec soin et voulut bien nous le communiquer. Cet opercule est corné, conique, diminuant bien régulièrement de la base à la pointe ; la base est arrondie, lisse et présente à son centre un axe saillant, sur lequel s'insère le muscle d'attache. En dessus la lame cornée qui sert de base, après avoir fait un tour complet de spire, au lieu de se souder, se détache et continue de tourner un grand nombre de fois en lame spirale diminuant graduellement de largeur et restant fixée à l'axe par son centre. Le nombre des tours de spire que présente l'opercule, n'est point en rapport avec celui des tours de spire de la Coquille ; ainsi l'opercule que nous possédons a seize ou dix-sept tours lorsque la Coquille d'où il sort n'en a que sept. Les caractères génériques sont les suivans : Animal inconnu ; coquille orbiculaire en cône déprimé, à ombilic ouvert, conique, le plus souvent crénelé à son bord interne, quelquefois lisse ; ouverture subquadrangulaire ; point de columelle ; opercule corné, conique, formé d'une lame spirale, continue, enroulée sur un axe saillant à la base. Les Cadrans sont de jolies Coquilles marines qui presque toutes sont aplaties à la base où elles sont ouvertes plus ou moins fortement par un ombilic crénelé, du moins dans toutes les espèces que Lamarck a introduites dans le genre. Mais Blainville, ayant voulu y join-

dre les espèces du genre Maclurite de Lesueur, genre qui est le même que Sowerby a nommé Evomphale (*V.* ce mot), a été obligé de modifier la caractéristique pour ce qui a rapport à l'ombilic, parce qu'en effet les Evomphales et les Cadrans ne diffèrent que par ce point.

Lamarck n'a connu qu'un petit nombre d'espèces de ce genre ; il en a cité quinze, soit vivantes, soit fossiles, en y comprenant trois espèces qui font maintenant partie du genre Omalax ; ce genre s'est beaucoup accru, car nous comptons trente-quatre espèces de véritables Cadrans. Nous allons en citer quelques-uns pour servir d'exemple au genre.

CADRAN STRIÉ, *Solarium perspectivum*, Lamk., Anim. sans vert. T. VII, pag. 3, n. 1 ; *Trochus perspectivus*, L., Gmel., p. 3566, n. 5 ; Lister, Conch., tab. 636, fig. 24 ; Favanne, Conch., pl. 12, fig. k ; Encyclop., pl. 466, fig. 1, a, b. Elle est la plus grande espèce du genre ; elle se rencontre dans tout l'océan Indien.

CADRAN GRANULÉ, *Solarium granulatum*, Lamk., *loc. cit.*, n. 2 ; Lister, Conch., tab. 634, fig. 22 ; Encyclopédie, pl. 446, fig. 5. Espèce un peu moins grande que la précédente, toute granuleuse ; on ignore sa patrie.

CADRAN TACHETÉ, *Solarium hybridum*, Lamk., *loc. cit.*, n. 5 ; *Trochus hybridus*, L., Gmel., pag. 3567, n. 4 ; Chem., Conch., tab. 173, fig. 1702, 1703 ; Encyclop., pl. 446, fig. 3, a, b. On le dit de la Méditerrannée et de la mer des Indes.

CADRAN BIGARRÉ, *Solarium variegatum*, Lamk., *loc. cit.*, n. 6 ; *Trochus variegatus*, L., Gmel., p. 3575, n. 60 ; Chemnitz, Conch. T. v, tab. 173, fig. 1708, 1709 ; Encyclop., pl. 446, fig. 6, a, b. Il est des mers Australes. D'après Lamarck, une variété se trouve fossile en Italie. (D..H.)

SOLART. ois. L'un des anciens noms de la Bécasse. *V.* ce mot.

(DR..Z.)

SOLAT. MOLL. Par une erreur dont on se rend difficilement compte,

Blainville a décrit le Sirat (*V.* ce mot) à l'article Solat, et, par inattention sans doute, il dit que Gmelin l'a nommé *Murex semilunaris*, tandis qu'il l'a désigné par le nom de *Murex senegalensis*; il ajoute même que Lamarck le rapporte avec doute au *Murex Brandaris*, et pourtant Lamarck ne le cite ni à l'occasion du *Murex Brandaris*, ni ailleurs.

Quant au Solat figuré par Adanson (Voy. au Sénég., pl. 8, fig. 15), il se pourrait bien que ce fût une Coquille du genre Cancellaire; la description de cet auteur, tout en laissant quelques doutes, est néanmoins assez précise pour que l'on ait la certitude que ce n'est point un Buccin. (D..H.)

SOLDADO, pois. Ce mot, qui est purement espagnol, et qui dans cette langue signifie un soldat, a été donné sans qu'on en voie la raison, comme nom français, au genre Holocentre dans le Règne Animal de Cuvier. *V.* Holocentre. (B.)

SOLDANELLE. *Soldanella*. bot. phan. Genre de la famille des Primulacées et de la Pentandrie Monogynie, L., offrant les caractères suivans : calice divisé profondément en cinq parties; corolle campanulée, divisée à son orifice en un grand nombre de petites découpures; cinq étamines dont les filets portent des anthères adnées et sagittées; capsule multivalve, striée, oblongue, s'ouvrant par le sommet, et polysperme. Ce genre ne se compose que d'une ou deux espèces. Le *Soldanella alpina*, L., est une jolie petite plante à feuilles pétiolées, cordiformes, orbiculées; ses fleurs sont d'une couleur bleue clair et portées sur des hampes filiformes; elle croît en abondance dans les Alpes, les Pyrénées, le Jura, sur le bord des neiges, à mesure qu'elles fondent. Le *Soldanella Clusii* considéré par divers auteurs comme une simple variété de la précédente espèce, se distingue par l'exiguité de ses feuilles et la grandeur de sa corolle qui est moins profondément laciniée.

Le nom de *Soldanella* était ancien-nement appliqué à une espèce de Liseron (*Convolvulus Soldanella*, L.). (G..N.)

SOLDANIE. *Soldania*. moll. Ce genre, établi par D'Orbigny dans son Mémoire sur les Céphalopodes (Annales des Scienc. nat. T. vii), a pour but de rassembler cinq espèces de Coquilles multiloculaires, microscopiques, figurées par Soldani et connues seulement par lui; car personne, depuis son immortel ouvrage, ne les a retrouvées pour les décrire de nouveau; on ne doit donc l'admettre qu'avec réserve, et ce sera avec d'autant plus de raison qu'il y a quelque doute relativement au principal caractère. Ce genre a beaucoup d'analogie avec les Operculines; aussi est-ce immédiatement après lui dans la famille des Hélicostègues, que D'Orbigny le place en lui donnant les caractères suivans : Coquille libre, déprimée; spire régulière, également apparente des deux côtés; ouverture présumée marginale, ou à l'angle extérieur des loges. Nous ferons observer que les Operculines ne diffèrent que par la position de l'ouverture, laquelle est placée contre le retour de la spire. On remarquera que, dans les Soldanies, c'est précisément le point qu'il est difficile de constater, puisque les figures sont insuffisantes et qu'il est seulement à présumer que l'ouverture est placée différemment. Cette seule induction est certainement de trop peu de valeur pour un caractère de genre. Les espèces au nombre de cinq sont tirées de l'ouvrage de Soldani et ne sont connues que par lui; nous ne pouvons en donner que la nomenclature. *Soldania carinata*, D'Orbigny, Mém. sur les Céphal., Ann. des Scienc. nat. T. vii, p. 281, n. 1; Soldani, 4, App., tab. 18, fig. p, q, fossile de la Coroncine; *Soldania spirorbis*, D'Orbigny, *loc. cit.*, n. 2; Soldani, App., pl. 4, fig. g, h; *Soldania nitida*, D'Orbigny, *ibid.*, n. 5; Soldani, T. ii, tab. 135, fig. 1. Ces deux espèces sont fossiles du même lieu que la première; *Soldania limia*, D'Orb., *loc. cit.*, n. 4; Soldani, T. ii,

t. 53, fig. 1, G; *Soldania orbicularis*, D'Orb., *loc. cit.*, n. 5; Soldani, T. 1, tab. 47, fig. H. Ces deux dernières espèces sont vivantes et se trouvent dans la Méditerranée.   (D..H.)

SOLDANITE. MIN. Thomson de Naples a proposé de désigner par ce nom les Météorites en l'honneur de Soldani.   (G. DEL.)

SOLDAT. ZOOL. L'un des noms vulgaires du Combattant, *Tringa pugnax*, L., parmi les Oiseaux. On a aussi donné le même nom aux Pagures parmi les Crustacés, aux Mantes parmi les Orthoptères, ainsi qu'au *Turbo pica* parmi les Mollusques.   (B.)

SOLDEVILLE. BOT. PHAN. (Lagasca.) *V.* HISPIDELLE.— (Persoon.) *V.* ARCTOTIDE.

SOLE. *Solea*. POIS. Espèce de Pleuronecte qui est le type d'un sous-genre. *V.* PLEURONECTE.   (B.)

SOLE. MOLL. Les marchands donnent ce nom à une espèce de Peigne fort plat et dont les valves sont de couleurs différentes; c'est le *Pecten pleuronectes*, Lamk. On désigne quelquefois mais rarement le *Pecten zig-zag*, sous le nom de SOLE EN BÉNITIER. *V.* PEIGNE.   (D..H.)

SOLEA. BOT. PHAN. Sprengel a donné ce nom au genre *Ionidium* de Ventenat qui appartient à la famille des Violariées. De Gingins, dans le premier volume du Prodrome de De Candolle, l'applique à un autre genre de la même famille auquel il assigne les caractères suivans : calice dont les sépales sont à peu près égaux entre eux, carénés, non munis à la base d'un éperon, mais décurrens sur le pédicelle, réfléchis après l'anthèse; corolle à pétales presque inégaux, roulés dans l'estivation, l'inférieur un peu plus petit que les autres, légèrement gibbeux à la base; étamines rapprochées, dont deux portant extérieurement une glande nectarifère, à filets munis à la base d'un onglet un peu large à peu près de la longueur de l'ovaire ; stigmate en hameçon. Le *Solea concolor*, Ging.,

loc. cit.; *Viola concolor*, Forst., Trans. Soc. Linn., 6, pag. 309, tab. 28, est une Herbe velue, à tiges effilées, garnies de feuilles alternes ; les pédoncules sont géminés, quelquefois réduits à un seul par avortement, axillaires, uniflores, courts et accompagnés de deux bractées. Cette Plante croît dans les lieux humides de la Pensylvanie.   (G..N.)

SOLEARIA. MOLL. FOSS. On trouve quelquefois ce nom chez des oryctographes pour désigner les Nummismales. *V.* ce mot.   (B.)

*SOLÉCURTE. *Solecurtus*. CONCH. Lamarck a partagé le genre Solen en différentes sections, d'après la position de la charnière, soit à l'extrémité, soit au tiers de la longueur, soit dans le milieu du bord dorsal. Il est certain qu'en examinant attentivement les Coquilles qui ont la charnière médiane, on trouve des caractères assez différens de ceux des Solens qui ont la charnière terminale ; ces différences se remarquent aussi bien dans la disposition des impressions musculaires et du manteau, que dans la forme particulière des dents cardinales. Ce sont ces motifs qui ont déterminé Blainville à proposer le démembrement du genre Solen de Lamarck et d'en extraire d'abord celui qu'il nomme Solécurte qui a pour type le *Solen strigillatus* et auquel il donne les caractères suivans : Animal inconnu. Coquille ovale, allongée, équivalve, subéquilatérale, à bords presque droits et parallèles ; les extrémités également arrondies et comme tronquées, les sommets très-peu marqués ; charnière médiane, formée d'une dent saillante en crochet sur une valve reçue entre deux dents, quelquefois avortées de l'autre valve. Ligament saillant, bombé, porté sur des callosités nymphales épaisses ; deux impressions musculaires, distantes, arrondies ; l'impression palléale, étroite, profondément sinueuse en arrière et se prolongeant bien au-delà de la sinuosité.

S'il est vrai, comme il est naturel

de le penser, que l'Animal des Solécurtes ne diffère pas de celui des Solens, on devra supprimer ce genre et
le considérer avec Lamarck comme
une sous-division des Solens. Il n'en
sera peut-être pas de même d'un autre
genre extrait également des Solens
par Blainville, sous le nom de Soletelline (*V.* ce mot). Les Solécurtes
sont des Coquilles ovales, très-allongées, très-transverses, arrondies et
très-bâillantes à leur extrémité. Leur
charnière est assez variable ; ordinairement l'une des valves présente une
grande dent en crochet qui s'enfonce
dans l'intervalle de deux dents lamellaires de l'autre valve ; quelquefois
ces deux dents sont presque nulles ;
dans quelques espèces, il y a deux
dents cardinales égales à chaque valve;
dans d'autres enfin la dent en crochet
est accompagnée d'une autre beaucoup plus petite.

Les espèces de ce genre se trouvent
dans presque toutes les mers et plusieurs sont fossiles, mais dans les terrains tertiaires seulement. Nous citerons quelques-unes des espèces les
plus remarquables.

Le SOLÉCURTE ROSE, *Solecurtus strigillatus*, Blainv., Malac., pl. 79, fig.
4; *Solen strigillatus*, L., Lamk., Anim.
sans vert. T. v, pag. 455, n. 18 ;
Lister, Conch., tab. 516, fig. 260 ;
Chemn., Conch. T. VI, tab. 6, fig.
41, 42; Encyclop., pl. 224, fig. 3 ;
eadem fossilis, Brocchi, Conch. foss.
subap., pag. 497 ; Basterot, Bassin
tert. du sud-ouest de la France, Mém.
de la Soc. d'Hist. nat. de Paris, T. II,
pag. 96, n. 1. On a confondu, selon
nous, plusieurs espèces distinctes dans
celle-ci ; les matériaux que nous avons
sous les yeux maintenant nous en donnent l'assurance. L'espèce vivante rose
avec des zônes blanches se distingue
très-bien du *Solen candidus* de Re-
nieri que l'on y avait joint comme
variété ; elle se distingue aussi du
Solen strigillatus fossile des environs
de Paris, qu'on ne peut pas confondre non plus avec le *Solen candidus;*
ainsi le *Solen strigillatus* de Linné,
que l'on trouve vivant dans la Médi-

terranée, au Brésil, au Sénégal, dans
la mer des Indes, se trouve fossile en
Italie, et une variété également fossile
à Dax, Bordeaux et aux environs de
Vienne, tandis que le *Solen candidus* que l'on rencontre vivant dans la
Méditerranée, dans l'Océan, sur les
côtes de la Manche et fossile en Italie,
n'est point du tout l'analogue du fossile de Grignon qui constitue, selon
nous, une troisième espèce fossile seulement.

SOLÉCURTE GOUSSE, *Solecurtus Legumen*, Blainv., *loc. cit*, pl. 80, fig. 1;
Solen Legumen, Lamk., *loc. cit.*, p.
455, n. 11, *ibid.*; L., Gmel., p. 5224,
n. 4; Planc., Conch., tab. 3, fig. 5;
Born., *Mus. Cœs. vind.*, tab. 2, fig. 1,
2; Encyclop., pl. 225, fig. 3. Cette
espèce commune se trouve dans la
Méditerranée, sur nos côtes de l'Océan
et dans l'océan Atlantique.   (D..H.)

SOLEIL. CONCH. La disposition
rayonnante des appendices marginaux de certaines Coquilles ou de
quelques Astéries, leur a fait donner par le vulgaire le nom de Soleil
ou Soleil marin. Les marchands ont
donné le nom de SOLEIL LEVANT ou
SOLEIL COUCHANT à quelques Coquilles bivalves qui ayant des couleurs
rosées ou aurore d'une grande fraîcheur et toujours rayonnantes, pouvaient être sous ce rapport comparées
au lever et au coucher du Soleil. Des
Tellines, des Soletellines et des Solens ont reçu ces dénominations.

            (D..H.)

SOLEIL. BOT. PHAN. L'un des noms
vulgaires et des plus répandus de l'*Helianthus annuus. V.* HÉLIANTHE. (B.)

SOLÉMYE. *Solemya.* MOLL. On
doit ce genre à Lamarck qui l'a établi
dans son dernier ouvrage sur les Animaux sans vertèbres. Adopté depuis
par les auteurs, il a été constamment rapproché des Solens avec lesquels il a en effet des rapports plus
peut-être qu'avec les genres de la famille des Mactracées (*V.* ce mot) dans
laquelle Lamarck l'avait compris.
Blainville, Traité de Malacologie, p.
570, l'a placé dans la famille des Py-

loridés (*V*. ce mot), entre les Solens et les Panopées, non loin des Glycimères. Latreille adopta l'arrangement de Lamarck ; mais avec le doute de savoir si le genre Solémye ne serait pas mieux placé dans la famille des Mactracées ou celle des Solénides.

Lorsque l'on examine ce genre dont l'Animal n'est point connu, on ne lui trouve que fort peu de rapports avec d'autres des familles avoisinantes ; tout dans sa structure et ses caractères semble en faire un type à part pour lequel on sera peut-être obligé par la suite d'établir une famille particulière. Ceci paraîtra plus probable, lorsqu'on aura comparé les caractères du genre à ceux de la famille dans laquelle les auteurs ont voulu le faire entrer. Voici ces caractères : Coquille mince, fragile, ovale-oblongue, bâillante, très-transverse, très-inéquilatérale, épidermée ; épiderme épais, très-débordant, profondément découpé en lanières plus ou moins larges ; bord dorsal, droit ; charnière sans dents ; ligament interne porté par des œillerons obliques, profondément creusés en gouttière et saillans dans l'intérieur des valves sur le côté le plus court ; deux impressions musculaires, petites ; aucune trace de l'impression palléale. Si nous cherchons à faire coïncider ces caractères avec ceux des genres de la famille des Solénacées, par exemple, nous ne pouvons y réussir ; car ils ont toujours le ligament externe, une charnière articulée, une impression palléale profondément échancrée. Cependant, parmi ces genres, il en est un, dont Audouin vient de faire connaître l'Animal, le genre Glycimère (*V*. ce mot), qui paraît avoir avec celui qui nous occupe la plus grande ressemblance ; mais le ligament est extérieur ; l'échancrure palléale peu profonde, il est vrai, existe ; néanmoins la coquille est beaucoup plus solide et plus bâillante. Si nous prenons la famille des Myaires, nous ne trouvons également que des rapports éloignés avec les Solémyes ; il en est de même

des Mactracées, quoique les Lutraires semblent s'en rapprocher davantage ; mais ce genre a une charnière articulée, une impression palléale et un épiderme d'une toute autre nature. Quant aux genres Onguline et Amphidesme entre lesquels Lamarck place les Solémyes, ils ont évidemment moins de ressemblance avec lui que celui que nous citions tout-à-l'heure. Il semble que des observations précédentes on peut conclure que le genre Solémye, ne pouvant s'accorder dans les caractères essentiels et même secondaires avec aucun de ceux qui s'en rapprochent, devra probablement former à lui seul une petite famille voisine de celle des Myes, très-rapprochée par conséquent des Solénacées.

On ne connaît encore que deux espèces appartenant à ce genre ; elles sont d'un médiocre volume et ont entre elles beaucoup d'analogie quoiqu'elles soient de pays fort éloignés.

SOLÉMYE AUSTRALE, *Solemya australis*, Lamk., Anim. sans vert. T. v, pag. 489, n. 1 ; Blainv., Malac., pag. 570, pl. 79, fig. 1 ; *Mya marginipectinata*, Péron et Lesueur. Elle vient des mers de la Nouvelle-Hollande au port du Roi George.

SOLÉMYE MÉDITERRANÉENNE, *Solemya mediterranea*, Lamk., *loc. cit.*, n. 2 ; Solen, Poli, *Test. utr. Sicil.* T. 1, pl. 15, fig. 20 ; Encyclop., pl. 225, fig. 4. Elle vit dans la Méditerranée, on l'a trouvée à Marseille ; mais elle est plus commune dans l'Adriatique.

(D..H.)

SOLEN. *Solen*. CONCH. Solen en grec signifie tuyau, un tube, aussi chez les anciens ; cette dénomination ne s'employa jamais que pour les serpules et autres tuyaux marins. Par suite d'une comparaison peu exacte, on assimila des Coquilles bivalves, longues et étroites, ouvertes aux deux bouts, aux tuyaux marins, et on leur donna le même nom quoiqu'en effet il ne leur convînt pas. Par une bizarrerie qu'il est difficile d'expliquer, mais qui offre plus d'un exemple dans l'histoire de la conchyliologie, les véritables tuyaux marins ne conservèrent pas le nom de *Solen* qui leur convenait; on l'appliqua au contraire aux seuls corps qui mal à propos amalgamés parmi eux n'auraient dû jamais le recevoir. Quoi qu'il en soit, consacré depuis long-temps, adopté par Adanson, Linné et tous les auteurs qui vinrent après lui, le mot *Solen* ne s'applique plus maintenant qu'à un genre de Coquilles bivalves. Ce genre, très-abondant sur les plages sablonneuses de nos mers, fut bien connu des anciens qui étudièrent avec assez de soin les habitudes des Animaux qui l'habitent. Linné en formant le genre Solen y fit entrer non-seulement des Coquilles tubiformes, mais encore d'autres aplaties et larges, assez semblables aux Vénus ou aux Tellines, de sorte que le nom de Solen perdit au moins pour ces espèces toute application possible. Cela devait arriver pour les genres anciens établis comme celui-ci sur un seul caractère, à l'exclusion de tous les autres. Les progrès qu'avait faits la science ne permettaient plus une marche arbitraire; il fallait que les genres fussent faits d'une manière rationnelle; on ne devait plus en conséquence donner autant de valeur et d'importance à la forme extérieure que l'on sait être très-variable; mais au contraire en donner beaucoup à des caractères plus difficiles à étudier sans doute, mais beaucoup plus constans. C'est à Linné que l'on doit cette sage réforme; si elle rencontra quelque opposition, elle trouva un bien plus grand nombre d'imitateurs. Bruguière était du nombre; mais plus attaché à l'esprit qu'à la lettre du *Systema Naturæ* de Linné, il y porta une sage réforme. Le genre Solen aurait mérité d'être démembré un des premiers; Bruguière le laissa tel que Linné l'avait fait. Lamarck fut le premier qui le réforma; il en sépara d'abord les Sanguinolaires et les Glycimères, puis le genre Anatine, et forma en même temps la famille des Solénacées (*V.* ce mot); et

enfin le genre Solémye dans son dernier ouvrage. Lamarck eut plus de facilité que Bruguière à réduire le genre Solen à de plus justes limites; car il put profiter des connaissances anatomiques que l'on doit au bel ouvrage de Poli, dans lequel on trouve des détails précieux sur le genre qui nous occupe; sa place dès-lors put être marquée avec certitude dans la série; ses rapports devinrent faciles à saisir, et restèrent à peu près invariables dans les diverses méthodes qui ont été publiées depuis quelques années. Il semblait difficile après les travaux de Lamarck de pousser plus loin le démembrement des Solens, et de le faire du moins d'une manière rationnelle. Blainville, dans son Traité de Malacologie, a proposé deux genres nouveaux sous les noms de Solécurte et de Soletelline (*V.* ces mots), pour des Coquilles prises parmi les Solens de Lamarck. Elles diffèrent, sous plusieurs rapports, des autres Solens; mais il manque, pour en faire des genres incontestables, une condition bien essentielle, la connaissance des Animaux; jusque-là il est raisonnable de conserver du doute. En adoptant les nouveaux genres de Blainville, le genre Solen se trouverait réduit uniquement aux espèces allongées en manche de couteau dont la charnière est terminale ou subterminale, et que Lamarck avait fort bien distinguées par une section particulière, la première de son genre Solen. En admettant avec Blainville les deux genres nouveaux qu'il a proposés, le genre Solen devra être caractérisé de la manière suivante : Animal cylindroïde, allongé, les deux bords du manteau réunis dans toute leur longueur et couverts d'un épiderme épais; manteau ouvert aux deux bouts, l'extrémité antérieure donnant passage à un pied cylindrique terminé par un empâtement; l'extrémité postérieure terminée par deux siphons réunis. Coquille équivalve, très-inéquilatérale, les sommets très-petits, terminaux, à peine sensibles; charnière linéaire, droite, garnie vers les sommets d'une ou deux dents cardinales ; ligament bombé, extérieur, assez long ; deux impressions musculaires très-distantes, l'antérieure longue et étroite, la postérieure ovalaire, toutes deux réunies par une longue impression palléale, bifurquée postérieurement.

Les Solens sont des coquillages littoraux qui vivent enfoncés dans le sable où ils se creusent un trou assez profond dans lequel ils montent et descendent au moyen de l'empâtement de leur pied qui sert à les fixer dans un point quelconque de la longueur du trou. On aperçoit facilement les Solens, à marée basse, faire sortir leurs siphons qui font saillie au-dessus du trou qu'ils habitent ; on croirait qu'il est facile alors de s'en saisir ; mais on est dans l'erreur à moins que l'on ait acquis à cette pêche une grande habileté. Le Solen échappe presque toujours, tant il met de promptitude à s'enfoncer dans son trou. Les habitans des côtes emploient un moyen plus sûr pour s'en saisir ; lorsque la mer a laissé à découvert les plages de sable dans lesquels les Solens se plaisent, ils voient les trous qu'ils habitent et y jettent une pincée de sel ; l'Animal, irrité par son âcreté, sort du trou pour rejeter ce qui le blesse ; il le fait rapidement, et c'est dans ce moment qu'il faut le saisir ; car si on le manque, le même moyen ne le fait plus ressortir, préférant supporter l'âcreté du sel que de courir un nouveau danger.

Nous ne pourrions, sans entrer dans des détails beaucoup trop longs pour ce Dictionnaire, donner l'anatomie des Solens ; nous ne ferions que répéter d'ailleurs ce qui a été dit par Poli dans son magnifique ouvrage sur les Testacés des Deux Siciles auquel nous renvoyons. Les Solens, tels que Blainville les a réduits, ne comptent plus qu'un fort petit nombre d'espèces, soit vivantes, soit fossiles. On ne doit plus y comprendre que les cinq espèces de la première section de Lamarck et y joindre quelques espèces fossiles ; nous allons indiquer les principales.

SOLEN GAINE, *Solen Vagina*, L., Gmel., pag. 3223, n. 1; Lamk., Anim. sans vert. T. v, p. 451, n. 1; Lister, Conch., t. 409, fig. 255; Chemnitz, Conch. T. vi, t. 4, fig. 26; Encycl., pl. 222, fig. 1, a, b, c. Des mers d'Europe, d'Amérique et de l'Inde ; on le trouve fossile à Grignon, d'après Lamarck ; mais il est très-douteux que l'analogie soit complète, comme nous l'avons fait observer dans notre ouvrage sur les fossiles des environs de Paris. Ce Solen a presque sept pouces et demi de long.

SOLEN SILIQUE, *Solen Siliqua*, L., Gmel., n. 2; *ibid.*, Lamk., *loc. cit.*, n. 4; Pennant, Zool. Brit. T. iv, pl. 45, fig. 20; Chemnitz, Conch. T. vi, pl. 4, fig. 29; Encyclop., pl. 222, fig. 2, a, b, c. La charnière est moins terminale. Cette espèce très-commune dans les mers d'Europe est moins grande que la première.

SOLEN SABRE, *Solen Ensis*, L., Gmel., n. 3, *ibid.*, Lamk., *loc. cit.*, n. 5; Schrœber, cint. Conch., 2, p. 626, tab. 7, fig. 7; Encyclop., pl. 223, fig. 1, 2, 3; Lister, Conch., tab. 411, fig. 257; Chemnitz, Conch. T. vi, tab. 4, fig. 29. Espèce très-commune dans les mers d'Europe, remarquable par sa courbure.   (D..H.)

SOLENA. BOT. PHAN. Schreber a donné ce nom au genre *Posoqueria* d'Aublet. Mais comme nous pensons que ce genre n'est pas différent du *Tocoyena* du même auteur, nous renvoyons à ce mot pour en tracer le caractère. *V.* TACOYENA.   (A. R.)

SOLÉNACÉES. CONCH. La famille des Solénacées fut instituée par Lamarck dans sa Philosophie zoologique. Dès son origine, elle fut composée des six genres Glycimère, Solen, Sanguinolaire, Pétricole, Rupellaire, Saxicave ; elle éprouva des changemens notables dans l'Extrait du Cours : la famille des Lithophages en fut extraite, et d'un autre côté elle fut augmentée du genre Panopée, que Ménard de la Groye avait publié depuis peu de temps. Quoique la famille des Solénacées fût composée d'élémens assez naturellement groupés, elle ne fut cependant pas adoptée par Cuvier, et son genre Solen ne la représente que d'une manière très-imparfaite. En la reproduisant dans son dernier ouvrage, Lamarck la réforma en écartant le genre Sanguinolaire, et elle se trouva réduite aux trois genres Solen, l'anopée et Glycimère. Nous renvoyons à ces mots ainsi qu'à SOLEN et à SOLÉNIDES. Cette dernière dénomination est celle employée par Latreille pour une famille à peu près équivalente à celle des Solénacées.   (D..H.)

SOLÉNANDRIE. *Solenandria.* **BOT. PHAN.** Palisot de Beauvois a publié sous ce nom un genre qui fut adopté par Ventenat (Jard. de Malm., p. 69), mais qui avait déjà été fondé par Michaux sous celui d'*Erythrorhiza.* Il appartient à la famille des Ericinées et à la Monadelphie Pentandrie, L. Voici ses caractères essentiels : calice persistant, divisé profondément en cinq parties; corolle du double plus longue que le calice, à cinq pétales soudés avec le tube des étamines, jusqu'au sommet de celui-ci, et tombant avec lui; cinq étamines de la moitié plus courtes que les pétales, soudés en un tube cylindrique, à dix dents, dont cinq alternes, sétacées, stériles; cinq plus courtes, anthérifères; ovaire presque arrondi, aminci au sommet en un style court et épais, terminé par un stigmate capité, trilobé; capsule un peu plus longue que le calice qui l'entoure, triloculaire, s'ouvrant par le sommet en trois valves qui portent ces cloisons sur le milieu, renfermant un grand nombre de graines fixées à un axe central.

Le *Solenandria cordifolia*, Palis. Beauv.; *Solanandra cordifolia*, Pers.; *Erythrorhiza rotundifolia*, Mich., *Fl. bor. Amer.*, 2, p. 35, tab. 36, est une Plante vivace dont la racine est rampante, d'un rouge foncé, à peu près comme celle de Garance. Les feuilles sont radicales, cordiformes et dentées. Les fleurs sont petites, blanches, disposées en épi au sommet d'une hampe haute de plus d'un pied, et qui offre à sa base quelques écailles imbriquées. Cette Plante croît dans les montagnes de la Caroline.   (G..N)

SOLENARIUM. **BOT. CRYPT.** (*Hypoxylées.*) Sprengel a donné ce nom au genre établi par Muhlenberg sous celui de *Glonium.* Ce genre, rapproché par Fries des *Actidium*, dans l'ordre des Phaeidiacées, est ainsi caractérisé : périthécium composé de rameaux étendus en forme de rayon et s'ouvrant par une fente longitudinale rameuse; ce périthécium est posé sur une base filamenteuse, qui elle-même est fixée sur les bois morts. On ne connaît qu'une seule espèce de ce genre, découverte dans l'Amérique septentrionale par Muhlenberg; c'est le *Glonium stellatum.*   (AD. B.)

SOLENIA. **BOT. CRYPT.** (*Champignons*). Genre très-peu connu, établi par Persoon, et rapproché par lui des Pezizes, mais dont il doit peut-être s'éloigner beaucoup. Ces Plantes se présentent sous la forme de tubes droits, membraneux, ouverts supérieurement, et dont l'orifice est un peu resserré; on n'y a pas reconnu de thèques; les sporules en sortent élastiquement, et sont à peine distinctes. Persoon a figuré l'espèce qui sert de type à ce genre dans sa Mycologie européenne, tab. 12, fig. 8 et 9. Toutes ces Plantes croissent sur les bois morts. Fries en distingue quatre espèces.   (AD. B.)

SOLENIDES. *Solenidæ.* **CONCH.** Latreille, dans ses Familles naturelles du Règne Animal (p. 222) a proposé cette famille qui, en remplaçant celle des Solénacées de Lamarck, est destinée à rassembler un plus grand nombre de genres, sans cependant en contenir autant que la famille des Pyloriides de Blainville. Toutes les coquilles qui sont bâillantes aux deux extrémités sont pour Latreille des Solénides; c'est ainsi qu'il place dans un même cadre les genres Panopée, Hyatelle, Glycimère, Solen, Gastrochêne, Pholadomye et Lepton. S'il est permis de joindre quelques genres aux Solénacées de Lamarck, tels que les Hyatelles par exemple, nous croyons que pour les autres ils n'ont aucun des caractères pour faire de leur réunion une famille naturelle. Le genre Gastrochène qui est un double emploi des Fistulaires n'y est pas convenablement placé. *V.* SOLÉ-NACÉES et les mots de genres que nous avons mentionnés. (D..H.)

* SOLÉNIE. *Solenia.* BOT. CRYPT. (*Hydrophytes.*) Genre de la famille des Ulvacées dans l'ordre des Encœ-liés, que nous avons établi dans les Hydrophytes de *la Coquille*, indiqué d'abord par Agardh, dans son *Species*, comme une simple section de son genre *Ulva*, mais qu'il distingua dans son *Systema* en réunissant très-judicieusement la plupart des espèces de *Scytosiphon* de Lyngbye. Linné et Lamouroux n'y voyaient que des Ulves. Ses caractères sont : expansions tubuleuses, simples, pro-lifères, à gongyles petits, épars à la surface de la Plante, sur laquelle ils se développent habituellement en ex-pansions nouvelles ; le tissu est aréo-laire. Les espèces de ce genre sont très-difficiles à distinguer, et ne sont peut-être que des variétés les unes des autres, que modifient les circons-tances locales qui président à leur naissance et à leur développement. On a pu voir à l'article GÉOGRAPHIE combien l'*Ulva compressa*, L., qui est une Solénie, est polymorphe. Nous avons montré cette Plante, véritable protée, passant pour plu-sieurs espèces aux yeux des crypto-gamistes. Autant les Solénies sont variables, autant elles sont cosmopo-lites. La plus commune se trouve in-différemment dans la mer, dans les marais, dans les rivières et dans les lacs de l'intérieur, souvent à trois ou quatre cents lieues de toute côte. Les modifications les plus communes, qui passent pour espèces, sont : 1° la Solénie intestinale, *Solenia intesti-nalis*, Ag., *Syst.*, 185; *Ulva intesti-*

nalis, L., qui, boursouflée d'air, ressemblerait parfaitement à des in-testins plus ou moins gros, entassés dans l'eau, si sa couleur n'était d'un beau vert. Très-commune dans les canaux saumâtres des bords de la mer, on la retrouve en abondance dans la rivière des Gobelins, où sou-vent on la prendrait pour des touf-fes de Conferves, tant les individus nombreux, qui se développent sur ces vieilles expansions, sont souvent longs et soyeux. L'*Ulva Linza* des auteurs n'en est qu'une très-légère modification, ainsi que le *Ventricosa*, le *Maxima*. 2°. Le *Solenia compressa*, Ag., 189, N., *Coq.*, p. 201, si com-mune sur nos côtes, et que nous avons de la Nouvelle-Hollande. (B.)

SOLENIER. CONCH. L'Animal du Solen. *V* ce mot. (B.)

SOLÉNITES. CONCH. Les Solens ou Manches-de-Couteau fossiles. (B.)

* SOLENOPUS. INS. Genre de Charansonites établi par Schœnherr. *V.* RHYNCHOPHORES, (G.)

* SOLENORHINUS. INS. Genre du Charansonites établi par Schœn-herr. *V.* RHYNCHOPHORES. (G.)

* SOLENOSTERNUS. INS. Genre de Charansonites établi par Schœn-herr. *V.* RHYNCHOPHORES. (G.)

SOLÉNOSTOME. POIS. (Duméril.) *V.* CENTRISQUE.

SOLENOSTOMES. ARACHN. La-treille avait établi sous ce nom, dans ses premiers ouvrages, un ordre de la classe des Arachnides qui se trou-vaient alors réunies aux Insectes. Il renfermait les *Acarus* de Linné. La famille actuelle des Holètres lui cor-respond en partie. (AUD.)

SOLENUS. INS. Suivant Duméril, ce genre d'Insectes a été établi par Mégerle et est voisin des Scolytes. (AUD.)

SOLETELLINE. *Soletellina.* CONCH. Comme nous l'avons vu aux articles SOLEN et SOLÉCURTE, Blain-ville a démembré ce premier genre, et en a séparé, outre les Solécurtes, les

Soletellines qui rassemblent ceux des Solens de Lamarck qui, avec la charnière médiane, sont larges et aplatis, tels que le *Solen rostratus*, par exemple. La manière dont Blainville a envisagé le genre Sanguinolaire (*V.* ce mot) nous fait penser que dans sa méthode l'un de ces genres est inutile. Dans le genre Sanguinolaire, en effet, il n'admet que les espèces que nous en rejetons, parce que nous croyons qu'elles ne diffèrent pas des Solens, et qu'elles doivent y être replacées. Blainville, en faisant le contraire, n'aura pas sans doute comparé le *Sanguinolaria occidens* ou *Sanguinolaria rosea*, Lamk., avec ses deux espèces de Soletellines; il en aurait facilement reconnu l'identité. Quant aux caractères génériques, il les aurait rassemblés sous une même dénomination. Ceci explique comment Blainville a été conduit à rapprocher les Sanguinolaires des Solens plus que des Tellines.

Nous pouvons résumer en peu de mots les observations que nous avons faites à l'égard des genres dont nous venons de parler. Nous pensons, 1° qu'en admettant le *Sanguinolaria rugosa* comme type du genre, on devra en écarter les autres espèces de Lamarck et le laisser à côté des Tellines; 2° que ces espèces, prises dans les Sanguinolaires, au lieu de constituer un genre à part, devront entrer dans celui des Soletellines par suite de leur identité générique, et par conséquent elles seules se rapprocheront naturellement des Solens, ce qui n'aurait pas lieu en admettant sans réforme le genre Sanguinolaire. Il serait possible que, par la suite, ces discussions devinssent inutiles, car l'Animal des Soletellines est inconnu; il pourrait arriver que sa ressemblance avec celui des Solens déterminât à ne considérer le genre dont nous nous occupons que comme une sous-division des Solens; mais ce résultat nous semble moins probable que pour les Solécurtes; les différences avec les Solens sont plus considérables. Voici les caractères

que Blainville a donnés à son nouveau genre : Animal inconnu. Coquille ovale-oblongue, comprimée, équivalve, subéquilatérale, plus large et plus arrondie antérieurement que postérieurement; sommets submédians, peu saillans; charnière formée par une ou deux petites dents cardinales; ligament épais, bombé, supporté par des nymphes saillantes, et le plus souvent larges et calleuses. Deux impressions musculaires arrondies; impression palléale très-sinueuse et très-profonde en arrière.

Nous n'avons rien changé d'important dans la caractéristique de Blainville, et cependant les *Sanguinolaria occidens* et *rosea* peuvent s'y ranger d'une manière facile, ce qui prouve, ce nous semble, leur identité et la nécessité des changemens que nous avons proposés.

Le genre Soletelline est encore peu nombreux en espèces; il serait possible que quelques-unes des Psammotées de Lamarck vinssent en augmenter le nombre. Blainville ne c'te que deux espèces; nous y ajoutons deux Sanguinolaires et le *Psammobia Labordei* de Basterot qui se trouve fossile aux environs de Bordeaux.

SOLETELLINE SOLEIL-COUCHANT, *Soletellina occidens*, Nob., *Sanguinolaria occidens*, Lamk., Anim. sans vert. T. v, p. 510, n° 1; *Solen occidens*, L., Gmel., p. 3228, n° 21; Chemn., Conch. T. vi, tab. 7, fig. 61; Encycl., pl. 226, p. 2, a. b. Coquille très-rare, grande, dont on ignore la patrie.

SOLETELLINE ROSTRÉE, *Soletellina rostrata*, Bl., Malac., pl. 77, fig. 5; *Solen rostratus*, Lamk., *loc. cit.*, n° 21; *Solen diphos*, L., Gmel., n° 13; Chemn., Conch. T. vi, tab. 7, fig. 53, 64; Encycl., pl. 226, fig. 1. Elle est assez rare; elle vient de l'océan des Grandes-Indes. (D..H.)

SOLFATARE. MIN. C'est-à-dire Soufrière. Terrain volcanique d'où s'exhalent des vapeurs sulfureuses qui déposent du Soufre sur les parois des fissures qui leur donnent passage. La Solfatare la plus célèbre est celle de Pouzzole, près de Naples, qui était connue et même exploitée du temps de Pline.   (G. DEL.)

SOLHAG. MAM. L'un des noms de pays de l'Antilope Saïga.
                        (IS. G. ST.-H.)

SOLIDAGO. BOT. PHAN. Genre de la famille des Synanthérées, tribu des Astérées, et de la Syngénésie superflue, L., offrant les caractères essentiels suivans : involucre cylindracé, composé de folioles imbriquées et appliquées; réceptacle nu; calathide radiée, composée à la circonférence d'environ cinq demi-fleurons ligulés et femelles, et au centre d'un grand nombre de fleurons hermaphrodites; akènes surmontés d'une aigrette simple. Ce genre est trèsvoisin de l'*Aster*, dont il serait difficile de le distinguer par les caractères, mais toutes les espèces de *Solidago* ont une couleur jaune et un port particulier qui les fait reconnaître au premier coup-d'œil. Elles sont excessivement nombreuses, et par conséquent difficiles à distinguer entre elles. Elles croissent pour la plupart dans l'Amérique septentrionale, et plusieurs sont assez élégantes pour qu'on les cultive comme Plantes d'ornement dans les jardins d'Europe. La plus anciennement connue est le *Solidago Virga aurea*, L., vulgairement nommé *Verge d'or*. C'est une Plante herbacée dont la tige est rougeâtre, cannelée, terminée supérieurement par des fleurs d'une belle couleur jaune, disposées en grappes droites, allongées. Les feuilles inférieures sont ovales-lancéolées; les supérieures sont plus étroites. Cette Plante croît dans les bois et les prés secs de l'Europe. Elle passait autrefois pour diurétique et détersive, mais aujourd'hui on n'en fait plus d'usage.   (G..N.)

SOLIDICORNES ou **STÉRÉOCÈRES.** INS. Duméril donne ce nom à la septième famille des Coléoptères pentamérés; il lui donne pour caractères : élytres dures, couvrant tout le ventre; antennes en masse ronde, solide. Cette famille renferme les genres Lethrus, Escarbot et Anthrène.
                        (G.)

SOLIPÈDES. MAM. Nom adopté par Cuvier pour désigner la troisième division des Mammifères de l'ordre des Pachydermes; ils ont été ainsi nommés par une extension forcée du mot, car ils sont caractérisés par quatre pieds, n'ayant chacun et à l'intérieur qu'un seul doigt et un seul sabot. Le nom de *Solidungula*, que leur donne Illiger, est donc plus vrai et plus convenable, et répond à celui de Monochires donné plus anciennement par Klein. Linné plaçait les Solipèdes, sans les distinguer, à la tête de son ordre des *Belluæ*. Les Solipèdes ne renferment qu'un seul genre, le Cheval, *Equus*. Mais dans ces derniers temps Gray a proposé de remplacer le nom de Solipèdes par celui d'Equidées, et de diviser le genre *Equus* en deux autres genres qui seraient le Cheval, *Equus*, et l'Ane, *Asinus*. Ces idées n'ont été admises jusqu'à présent par aucun zoologiste. *V.* CHEVAL.   (LESS.)

SOLITAIRE. OIS. Nom donné à une espèce de Dronte qui n'est connue que par les relations de plusieurs voyageurs qui ont abordé à l'île Rodrigue au temps de sa découverte. Deux de ces Oiseaux que, dit-on, l'on envoyait en France, sont morts pendant la traversée. C'était tout ce que l'on avait recueilli de cette race massive et informe qui s'est éteinte presque aussitôt après que l'île fut peuplée et civilisée. On a donné du Solitaire quelques détails concernant ses formes, ses couleurs et ses habitudes; mais il est fort douteux qu'on puisse les garantir.   (DR..Z.)

SOLITAIRE. INS. Papillon du genre Coliade. Goeddart donnait ce nom à une Mouche qui était sortie d'une chenille qu'il élevait.   (B.)

SOLIVA. BOT. PHAN. Genre de la famille des Synanthérées, établi par Ruiz et Pavon, et adopté par Kunth qui l'a placé dans la tribu des

Anthémidées, en lui assignant les caractères essentiels suivans : involucre polyphylle, à folioles disposées sur un seul rang ; réceptacle plan et nu ; fleurons du centre très-grêles, tubuleux et mâles ; ceux des bords à pétales et femelles ; akènes comprimés, ailés, tronqués ou échancrés au sommet. Le genre *Gymnostyles* de Jussieu est le même que le *Soliva*. Ce genre se compose d'un petit nombre d'espèces qui croissent au Pérou, à la Colombie et dans les contrées adjacentes de l'Amérique méridionale. Une seule (*Gymnostyles pterosperma*, Juss.) croît à la Nouvelle-Hollande, et a été décrite par Poiret sous le nom de *Ranunculus alatus*. Ces Plantes sont des herbes rampantes, à feuilles alternes, pinnatifides ou bipinnatifides. Leurs fleurs sont ordinairement sessiles dans les aisselles des feuilles.

(G..N.)

SOLLEIKEL. ois. Espèce du genre Tantale. *V*. ce mot.　　　　(B.)

SOLORINE. *Solorina*. bot. crypt. (*Lichens.*) Ce genre fait partie du sous-groupe des Peltigères, Lichens à expansions larges, obtuses et coriaces, qui s'étendent sur la terre et sur les Mousses dans les endroits humides. Il est ainsi caractérisé : thalle coriace, foliacé, fibrilleux et légèrement veiné en dessous ; l'apothécie est un peu arrondi, sessile, dépourvu de marge, recouvert d'une membrane colorée, presque gélatineux à l'intérieur, celluleux - vésiculifère. Deux espèces très-anciennement connues constituent, avec une nouvelle espèce qui se trouve sur les écorces des Quinquina, ce genre formé aux dépens du *Peltigera*. Les espèces d'Europe sont : 1° le *Solorina saccata*, Ach., Lich. univ., p. 149, ainsi nommé parce que ses apothécies forment des dépressions assez profondes dans le thalle, et qu'elles sont à demi-cachées dans des sortes de fossettes. Mieux étudiée, cette espèce pourra peut-être constituer un genre ; elle croît, ainsi que la suivante, à d'assez grandes hauteurs. 2° Le *Solorina cro-*

cea, Ach., Lich. univ., p. 149, remarquable par sa belle couleur safranée. Il abonde au sommet du pic Sancy (Mont-d'Or).

Le genre *Solorina* a été conservé par Eschweiler parmi les Dermatocarpées. Meyer le réunit au genre *Peltigera* avec lequel il a en effet quelques rapports d'organisation ; néanmoins assez de dissemblances justifient leur séparation. Les espèces du genre *Solorina* croissent à une grande élévation au-dessus de la mer. On en trouve là, où depuis longtemps ont disparu les Peltigères, qui se plaisent au contraire dans les lieux bas et humides.　　　　(A. F.)

SOLPUGA. arachn. Fabricius donne ce nom au genre qu'Olivier a nommé Galéode. *V*. ce mot.　　(G.)

* SOMBOC. bot. phan. Syn. de *Dracæna terminalis* à Banda. *V*. DRAGONIER.　　　　　　　(B.)

SOMBRE. rept. Espèce d'Agame du sous-genre Lophyre et du genre Couleuvre.　　　　　　　(B.)

SOMERVILLITE. min. Brooke a décrit sous ce nom dans le Tome XVI du Journal de Brande, p. 274, un Minéral que l'on trouve au Vésuve, associé à un Mica noir et à d'autres substances ; il ressemble à l'Idocrase par quelques-uns de ses caractères extérieurs, mais il en diffère par une dureté moins grande et un éclat plus vitreux dans la cassure transversale. Sa couleur est le jaune pâle ; ses formes cristallines se rapportent à la variété d'Idocrase qu'on nomme Unibinaire : elles dérivent, selon Brooke, d'un octaèdre à base carrée, dans lequel deux faces voisines sur une même pyramide font entre elles l'angle de 134° 48', tandis que les faces de la pyramide supérieure s'inclinent sur celles qui leur sont adjacentes inférieurement de 65°, 50'. Cet octaèdre se divise par une coupe très-nette dans le sens perpendiculaire à l'axe ; il n'offre au contraire aucun clivage sensible, parallèlement à cet axe. Traité seul au chalumeau, ce

Minéral décrépite et fond en un globule grisâtre; avec le Borax, il donne un verre sans couleur. (G. DEL.)

SOMION. BOT. CRYPT. (Champignons.) C'est le nom d'un genre établi par Adanson pour quelques Champignons que les mycographes modernes ont rangé parmi les espèces du genre *Hydnum;* tels sont les *Hydnum occarium* et *orbiculatum*, Pers., *H. pectinatum*, Fries. (A. R.)

SOMMITE. MIN. Nom donné à la Néphéline, parce que c'est un des Minéraux les plus abondans à la Somma qui fait partie du Vésuve.
(G. DEL.)

SOMMOSE. POIS. Nom scientifique d'un sous-genre proposé par Lesueur parmi les Squales. Ce sont des Aiguillats dont la tête est plus raccourcie et plus obtuse, et ce sous-genre n'est encore composé que d'une seule espèce qui vit sur la côte des Etats-Unis. (LESS.)

SOMOINITE. MIN. Minéral trouvé avec le Platine des Monts-Ourals ; il ressemble beaucoup à la variété de Corindon bleu qu'on nomme Saphir.
(G. DEL.)

SONARD. OIS. L'un des noms vulgaires du Milouin. *V.* CANARD.
(DR..Z.)

SONCHUS. BOT. PHAN. *V.* LAITRON.

*SONCORUS. BOT. PHAN. (Rumph, *Amb.* T. V, tab. 69, fig. 2.) Syn. de *Kœmpferia Galanga*. (B.)

*SONERILA. BOT. PHAN. Genre de la Triandrie Monogynie, L., établi par Roxburgh, mais encore trop imparfaitement connu pour que ses affinités naturelles puissent être déterminées. Lindley l'a rapporté à la famille des Mélastomacées; mais ses caractères essentiels sont exprimés si succinctement, que nous ne pouvons avoir aucune idée à cet égard ; on lui attribue une corolle rosacée monopétale, profondément divisée en trois lobes. Ce genre se compose de quatre espèces qui croissent au Bengale et dans le Népaul. Elles ont reçu les noms de *Sonerila maculata, emaculata, Moluccana* et *squarrosa*. (G..N.)

SONGAR. MAM. Petite espèce du genre Hamster, *Mus Songarus*, L.
(B.)

SONGE. BOT. PHAN. Les espèces de Gouets mangeables aux îles de Madagascar, de Mascareigne et de Maurice. Probablement dérivé de *Songo* qui, dans l'Inde, est l'*Arum esculentum*, L. (B.)

SONI. MOLL. Adanson (Voy. au Sénég., pl. 10, fig. 6) a donné ce nom à une très-petite Coquille de son genre Buccin. Bruguière, dans l'Encyclopédie, l'a décrite sous le nom de *Buccinum Soni. V.* BUCCIN. (D..H.)

SONICÉPHALE. INS. On a donné ce nom à quelques Insectes qui produisent du bruit avec leur tête ; tel est entre autres l'*Anobium pertinax*.
(AUD.)

SONNANT ou SONNANTE. REPT. BATR. Le *Bufo bombinans. V.* CRAPAUD. (B.)

SONNERATIA. BOT. PHAN. Genre de la famille des Myrtacées, tribu des Myrtées, et de la Polyandrie Monogynie, établi par Linné fils (*Suppl.*, pag. 38) et offrant les caractères suivans : calice adhérent à la base de l'ovaire, campanulé, à quatre ou six lobes aigus, à estivation valvaire; corolle nulle, ou quand elle existe, composée de pétales en nombre égal aux lobes calicinaux, alternes avec ceux-ci et étalés ; étamines nombreuses, à filets libres, à anthères presque rondes ; style filiforme, surmonté d'un stigmate presque capité; baie adhérente par sa base au calice persistant, du reste semi-supère, presque globuleuse, recouverte d'une écorce membraneuse, divisée en dix à quinze loges séparées par des cloisons minces ; graines nombreuses, nichées dans une pulpe charnue, dépourvues d'albumen, munies d'un embryon courbé, d'une radicule longue, de cotylédons foliacés, courts, roulés et inégaux. Ce genre a été nommé par Gaertner *Aubletia*, nom qui a été appliqué à d'autres Plantes. Il ne renferme que trois espèces qui croissent dans les Moluques et d'autres contrées des Indes-Orientales. Ce sont des Arbustes à rameaux tétragones, garnis de feuilles opposées, entières, ovales, un peu épaisses, munies d'une seule nervure, et non parsemées de points glanduleux. Les fleurs sont terminales, ordinairement solitaires et fort grandes. La principale espèce est le *Sonneratia acida*, L. fils ; Lamarck, Illustr., tab. 420 ; *Pagapate*, Sonnerat, Voyages, pag. 16, tab. 10 et 11 ; *Aubletia caseolaris*, Gaertn., *De fruct.*, tab. 78 ; *Mangium caseolare*, Rumph, *Amb.*, 3, tab. 74 ; *Blatti*, Rheede ; *Hort. Malab.*, 3, tab. 40, etc.

Une nouvelle espèce a été décrite par Hamilton (*Trans. Soc. Linn.*, vol. 15, p. 106) sous le nom de *Sonneratia apetala*. C'est un très-bel Arbre, originaire du Bengale, et qui par son port ressemble au Saule pleureur.

(G..N.)

* **SONNETTE**. MOLL. Même chose que Cloche ou Clochette. *V*. ces mots.   (B.)

SONNEUR. OIS. Syn. du Pyrrhocorax Coracias. *V*. PYRRHOCORAX.

(DR..Z.)

SONZES. BOT. PHAN. (Flaccourt.) Même chose que Songe. *V*. ce mot.

(B.)

* **SOOJU**. BOT. PHAN. *V*. DOLIC.

SOOTY. OIS. Ce nom, dans certains voyageurs, désigne l'Albatros gris brun.   (B.)

SOPE. POIS. Espèce de Cyprin. *V*. ce mot.   (B.)

SOPHAR ET **SOPHERA**. BOT. PHAN. Noms de pays devenus spécifiquement scientifiques d'une espèce de Casse du Darfour, appelés quelquefois dans le commerce Casse sauvage.   (B.)

SOPHIA. BOT. PHAN. Espèce du genre Sisymbre. *V*. ce mot.   (B.)

* **SOPHIE**. INS. Nom d'un Agrion dans l'Entomologie Parisienne de Geoffroy.   (B.)

SOPHIO. POIS. L'un des noms vulgaires de la Vaudoise, espèce du genre Able. *V*. ce mot.   (B.)

SOPHISTHÈQUE. BOT. PHAN. (Commerson.) Syn. de *Gomphia*. *V*. ce mot.   (G..N.)

* **SOPHONE**. *Sophona*. CRUST. Risso désigne ainsi (Hist. nat. de l'Europe mérid. T. v, p. 131) un nouveau genre de l'ordre des Isopodes qu'il caractérise de la manière suivante : corps ovale; abdomen plus étroit que le corselet; tête semi-circulaire; yeux grands, arrondis, rapprochés, granulés. Antennes à plusieurs articles, les supérieures un peu plus courtes que les inférieures; corselet à sept segmens, le premier fort grand; douze pieds égaux; ongles très-courbes, aigus; le dernier segment de l'abdomen semi-circulaire; appendices foliacées égales. Ce genre ne contient qu'une seule espèce, c'est :

La **SOPHONE DE NICE**, *Sophona nicæensis*, Risso, *loc. cit.* Son corps est de couleur de corne; les antennes, les pieds, le dernier article de l'abdomen et les appendices jaunâtres; les yeux d'un noir pourpre. Longueur, 0,011. Séjour, les régions des Algues; apparaît en hiver et au printemps. Telle est la description que Risso donne de ce genre; il n'en donne pas de figure.   (G.)

SOPHORA. BOT. PHAN. Genre de la famille des Légumineuses et qui forme le type de la tribu des Sophorées. Il se distingue par les caractères suivans : le calice est monosépale, subcampaniforme et à cinq dents; la corolle est papilionacée; les dix étamines sont tout-à-fait libres ou légèrement et inégalement soudées ensemble par leur base. La gousse est très-allongée, étranglée de distance en distance, polysperme et dépourvue d'ailes. Les espèces de ce genre, au nombre d'environ douze ou treize, sont très-variables dans leur port. Ce sont des Plantes herbacées, des Arbustes ou même des Arbres très-élevés. Leurs feuilles sont imparipinnées, et leurs fleurs forment des épis ou des grappes qui terminent les ramifications de la tige. Nous avons adopté ce genre dans les limites qui lui ont été assignées par R. Brown et De Candolle, qui en ont retiré plusieurs espèces pour les transporter dans d'autres genres ou en faire les types de genres nouveaux, comme l'*Edwarsia* et l'*Ormosia*. Le professeur De Candolle a divisé les espèces du genre *Sophora* en deux sections : la première, sous le nom d'*Eusophora*, renferme les espèces qui ont les étamines entièrement libres ; ce sont la plupart des espèces du genre. La seconde, qu'il nomme *Pseudosophora*, ne se compose que du *Sophora Alopecuroides*, L., qui a les étamines diadelphes. Plusieurs des espèces de ce genre sont cultivées dans nos jardins ; mais parmi ces espèces il n'en est pas de plus intéressante que le SOPHORA DU JAPON, *Sophora japonica*, L., Mant., 68 ; Duham., édit. nouv., 3, tab. 31. C'est un grand et bel Arbre originaire de la Chine et du Japon. Son introduction en France ne remonte pas au-delà du milieu du siècle précédent. En 1747, le P. Incarville, missionnaire à la Chine, en envoya des graines à Bernard De Jussieu. Ces graines réussirent parfaitement, et devinrent l'origine de tous les individus qui furent peu de temps après répandus en Europe. Le *Sophora* du Japon peut s'élever à une très-grande hauteur. L'écorce, qui recouvre ses branches et ses rameaux, est lisse et d'un vert foncé. Les feuilles sont alternes, imparipinnées, composées de six à sept paires de folioles ovales, aiguës, pétiolées et glabres. Les fleurs sont d'un jaune pâle, disposées en grappes rameuses à l'extrémité des rameaux. Cet Arbre mérite d'être cultivé dans nos parcs, à cause de la beauté de son port et de sa croissance très-rapide.

(A. R.)

* SOPHORÉES. *Sophoreæ.* BOT. PHAN. L'une des tribus établies dans la famille des Légumineuses par Brown, De Candolle et Sprengel. Elle est extrêmement naturelle et distincte, et renferme les genres à corolle papilionacée qui ont les étamines libres, le fruit non articulé, l'embryon crochu et les cotylédons foliacés. Cette tribu diffère des Cassiées par sa radicule crochue et non droite, des Lotées par ses étamines libres, des Hédysarées par son fruit continu et non articulé. Pour l'énumération des genres qui la composent, *V.* LÉGUMINEUSES. (A. R.)

* SOPHRONIA. BOT. PHAN. Nouveau genre de la famille des Orchidées et de la Gynandrie Monandrie, L., établi par Lindley (*Bot. Regist.*, n. 1129) qui l'a ainsi caractérisé : huit masses polliniques, parallèles antérieurement et postérieurement, portées sur une caudicule double ; anthère terminale operculaire, à huit loges ; stigmate concave, à rostelle obtus ; gynostème libre, muni au sommet et de chaque côté d'ailes entières, conniventes au-dessus de la crête du labelle ; celui-ci entier, linguiforme, soudé à sa base avec le gynostème, portant sur son milieu une crête transversale ; sépales presque égaux, imbriqués, libres à la base. Ce genre appartient à la tribu des Vandées ; il est voisin de l'*Octomeria* qui en diffère par ses masses polliniques, sessiles, son gynostème non ailé, son labelle trilobé, etc. Il ne renferme qu'une seule espèce, *Sophronia cernua*, Lindl., *loc. cit.*, petite Plante vivant sur les troncs des Arbres, parmi les Mousses, aux environs de Rio de Janeiro.

Rœmer et Schultes (*Syst. Veget.* T. I, p. 482) ont publié, d'après les manuscrits de Lichtenstein, une Plante du cap de Bonne-Espérance formant un genre qu'ils ont nommé *Sophronia*. Ker et Sprengel réunissent cette Plante au *Witsenia. V.* ce mot.

(G. N.)

SOPI. POIS. Même chose que Sope. *V.* ce mot. (B.)

* SOPSOPIYA. BOT. PHAN. Nom vulgaire au Bengale d'un Arbre qui a été rapporté avec doute au genre *Oxycarpus* de Loureiro par F. Hamilton (*Mem. of Soc. Wern.*, vol. 5, part. 2, p. 345.)   (G..N.)

* SOPUBIA. BOT. PHAN. Genre de la famille des Scrophularinées et de la Didynamie Angiospermie, L , établi par Hamilton dans le *Prodromus Floræ Nepalensis* de Don , et offrant les caractères suivans : calice campanulé, à cinq lobes égaux ; étamines saillantes , à anthères profondément divisées en deux , ayant les loges tubuleuses , stériles ; stigmate indivis ; capsule biloculaire , bivalve , polysperme ; cloison parallèle , continue. Le *Sopubia trifida* , Hamilt. , est une Herbe hérissée , à feuilles opposées , linéaires , très-étroites , trifides , à fleurs rouges , pédonculées. Cette Plante croît au Népaul.   (G..N.)

SORA. ZOOL. Ce mot en espagnol signifie proprement Renard , d'où par corruption on l'a donné en français à divers Animaux que, dans les pays étrangers, les premiers voyageurs espagnols appelèrent Renard à cause de leur ressemblance plus ou moins éloignée. Ainsi Flaccourt appelle ainsi les Tenrecs de Madagascar , Humboldt des Quadrumanes du Nouveau-Monde , et les matelots jusqu'au Milandre, espèce de Squale. Le nom de Zorilles (*V.* MARTE) n'a pas d'autre origine. Il signifie petits Renards.   (B.)

SORAMIE. *Soramia.* BOT. PHAN. Aublet (Guian., 1, p. 552 , tab. 219) a décrit et figuré, sous le nom de *Soramia guianensis*, un Arbrisseau grimpant qui croît sur les bords de la rivière Sinamari dans la Guiane. Schreber a changé le nom générique de cette Plante, et lui a donné celui de *Mappia.* Willdenow l'a placée dans le genre *Tetracera* en la nommant *T. obovata.* Enfin De Candolle (*Syst. Veget.*, 1, p. 406) l'a réunie avec doute au *Doliocarpus.* *V.* ce mot.   (G..N.)

SORANTHE. BOT. PHAN. (Salis-

bury.) Syn. de *Sorocephalus* , Rob. Brown. *V.* ce mot.   (G..N.)

SORBIER. *Sorbus.* BOT. PHAN. Ce genre , établi par les anciens botanistes , avait été réuni par Gaertner avec les Poiriers, dont en effet il ne se distingue par aucun caractère important. Cet exemple a été suivi par John Lindley, dans son excellent Mémoire sur la tribu des Pomacées, et par le professeur De Candolle. Ainsi donc le genre *Sorbus* ne doit plus être considéré que comme une simple tribu des Poiriers, qui se distingue par une corolle formée de pétales étalés, par des styles qui varient de deux à cinq, et par un fruit globuleux ou turbiné, offrant de deux à cinq loges dont les parois sont cartilagineuses. Les espèces qui forment cette tribu sont remarquables par leurs feuilles imparipinnées ou simplement divisées et pinnatifides, et par des fleurs blanches, petites et disposées en corymbes terminaux. Parmi ces espèces , nous mentionnerons la suivante : le SORBIER DOMESTIQUE ou CORMIER , *Sorbus domestica*, L., ou *Pyrus Sorbus*, Gaertn., 2, p. 45, tab. 87. C'est un Arbre très-élevé qui croît naturellement dans nos forêts et que nous cultivons aussi dans nos haies et nos vergers. Ses feuilles, alternes et imparipinnées, se composent de sept à huit paires de folioles dentées et blanchâtres en dessous. Les fleurs sont blanches et en corymbes. Les fruits, qu'on désigne sous le nom de Cormes ou Sorbes, sont de petites poires presque globuleuses, rougeâtres, extrêmement âpres avant leur parfaite maturité, mais se ramollissant à la manière des nèfles et en prenant à peu près la saveur. Dans les campagnes on en retire une boisson fermentée analogue au cidre. Le bois de Cormier est très-dur, rougeâtre, et recherché par les ébénistes. C'est avec ce bois que l'on fait les rabots et autres outils de menuiserie.

On cultive aussi dans les jardins

le Sorbier des Oiseaux, *Sorbus aucuparia*, L., et le Sorbier hybride, *Sorbus hybrida*, L., qui dans l'automne font uu effet très-pittoresque, à cause de leurs corymbes de petits fruits d'un rouge éclatant. (A. R.)

* SORBIQUE. min. *V*. Acide.

SORBUS. dot. phan. *V*. Sorbier.

SORCIÈRE. zool. Une Murène parmi les Poissons ; le *Trochus majus* et le *Trochus Ziziphinus* parmi les Mollusques ; les Manthes parmi les Orthoptères. (B.)

SORCIÈRES. ins. *V*. Devin et Devineresse.

SORDAWALITE. min. C'est le nom sous lequel Nordenskiold a décrit un Minéral noir, ayant l'apparence du Charbon, et qui se trouve près de la ville de Sordawala, en Finlande, dans le roc sur lequel l'église est bâtie. Sa ressemblance avec le Grenat noir de Swaphawara, analysé par Hisinger, l'avait fait regarder d'abord comme un Grenat mélanite massif ; mais on ne peut douter que ce ne soit une espèce distincte, d'après la description et l'analyse qu'en a données Nordenskiold, Journal Philos. d'Edimbourg, T. IX, p. 162.

La Sordawalite se présente en masse compacte sans aucun indice de clivage. Elle est plus dure que le Fluorite et même que l'Apatite, mais elle est rayée par le Quartz. Sa pesanteur spécifique est de 2,53. Elle est absolument opaque ; sa couleur est le noir tirant quelquefois sur le grisâtre ou le verdâtre ; sa poussière est grise ; son éclat est vitreux, et passe au métalloïde. Elle est facile à casser, surtout dans un sens perpendiculaire à la direction de ses couches ; sa cassure est conchoïdale. Elle devient rougeâtre par une longue exposition à l'air ; chauffée seule dans le matras, elle dégage une grande quantité d'eau ; sur le charbon, elle fond, sans se boursouffler, en un globule noirâtre, et avec addition de Borax, en un verre d'une

teinte verdâtre. Elle est en partie soluble dans l'Acide muriatique.

D'après l'analyse de Nordenskiold, elle contient sur cent parties, Silice, 49,40 ; Alumine, 13,80 ; Magnésie, 10,67 ; Peroxide de Fer, 18,17 ; Acide phosphorique, 2,68 ; Eau, 4,58.

La Sordawalite a été trouvée en lits d'un demi-pouce d'épaisseur, dans une Roche trapéenne, à Sordawala, dans le gouvernement de Wiborg, en Finlande. (G. DEL.)

SORE. bot. crypt. (*Fougères.*) On donne ce nom aux amas de capsules de formes diverses qui se trouvent sur la surface inférieure des feuilles des Fougères, particulièrement dans la tribu des Polypodiacées. Ces sores ou groupes de capsule sont tantôt nus et tantôt recouverts par un tégument membraneux. *V*. Fougères. (AD. B.)

SORÉDIE. *Soredia*. bot. crypt. (*Lichens.*) Linné et Hedwig ont regardé comme organes mâles des corps de forme variable, plus ou moins pulvérulens, plus ou moins saillans, qui se remarquent sur le thalle de certains Lichens. On croit que ces Sorédies peuvent servir à la propagation, ce qui leur a valu le nom de Propagules que leur donnent certains auteurs. Nous pensons que toutes les parties du Lichen sont susceptibles de reproduire l'individu. Le thalle des *Parmelia*, des *Sticta*, des Usnées, des Ramalines, etc., est fréquemment envahi par des Sorédies. (A. F.)

SOREL (vert et rouge). bot. phan. Variétés de Cotonnier. *V*. ce mot. (B.)

SORELL. pois. (Delaroche.) Syn. de *Caranx Trachurus*, Lacép., aux îles Baléares. *V*. Caranx. (B.)

SOREX. mam. Nom latin du genre Musaraigne. *V*. ce mot. (IS. G. ST.-H.)

SORGHO et SORGHUM. bot. phan. *V*. Andropogon et Houque.

SORIA. bot. phan. (Adanson.) *V*. Euclidie.

SORICIENS. *Soricii.* MAM. Desmarest avait anciennement formé sous ce nom une petite famille de Carnassiers qui renferment les genres Musaraigne, Desman, Scalops et Chrysochlore. *V.* ces mots.   (B.)

SORINDEIA. BOT. PHAN. Genre de la famille des Térébinthacées, établi par Du Petit-Thouars (*Genera Madag.*, pag. 24), et offrant les caractères suivans : fleurs polygames, dioïques ; calice urcéolé, à cinq dents ; corolle à cinq pétales lancéolés, élargis à la base, à estivation valvaire. Les fleurs mâles ont seize à vingt-huit étamines insérées sur le fond du calice. Les hermaphrodites ont cinq étamines stériles, à filets courts ; un ovaire conique ; trois stigmates sessiles. Le fruit est une drupe renfermant un noyau oblong, comprimé, filamenteux ; la graine contient un embryon nu et épais. La Plante qui sert de type à ce genre est un petit Arbuste (*Sorindeia madagascariensis*), à feuilles alternes, imparipinnées, à fleurs petites, en grappes axillaires. Il croît à Madagascar où on lui donne vulgairement le nom de Manguier à grappes, à cause de la ressemblance de son fruit avec celui du Manguier. R. Brown, dans sa Botanique du Congo, a mentionné une espèce nouvelle (*S. africana*, D. C.), mais dont il n'a pas donné de description.
             (G..N.)

SORMET. *Sormetus.* MOLL. C'est à Adanson que l'on doit la connaissance du Sormet ; depuis lui, cet Animal singulier n'a pas été retrouvé et observé ; il fut même pour ainsi dire oublié. Cuvier fut le premier qui le considéra comme une espèce de Bullée (Règne Animal, pag. 399), et Férussac, dans ses Tableaux systématiques des Animaux Mollusques, a proposé d'en faire un genre distinct des Bullées et de dédier à Adanson l'espèce unique qui soit connue. Latreille (Fam. nat. du Règ. Anim., pag. 177) adopta le genre Sormet de Férussac qu'il laissa à côté des Bulles et des Bullées. Blainville, par les mê-

mes raisons probablement que Férussac, a établi aussi dans son Traité de Malacologie le genre Sormet et il a dédié à Adanson l'espèce de ce genre. Plus tard, à son article *Sormet* du Dictionnaire des Sciences naturelles, Blainville n'ayant pas eu connaissance de ce que nous venons de rapporter, a cru être le premier et le seul qui en eût parlé ; mais, comme on le voit, c'est une erreur.

Le genre Sormet n'est qu'incomplètement connu et seulement d'après la description d'Adanson ; on ne peut douter qu'il ne soit très-voisin des Bullées. Sa coquille, très-petite, unguiforme, mince et transparente, offre de l'analogie avec celle des Bullées ; elle ne recouvre non plus qu'une petite partie de l'Animal ; celui-ci est demi-cylindrique, plat en dessous où existe un plan locomoteur entouré d'un sillon ; mais il n'y a ni tête, ni tentacules, seulement une ouverture buccale antérieure et une plus grande, latérale et postérieure, qui est l'entrée de la cavité branchiale. Adanson dit que les excrémens sortent par cette ouverture branchiale, ce qui est peu croyable, à ce que pense Blainville. Comme on le voit, le genre Sormet a besoin, pour être confirmé, d'être un peu mieux connu. Il n'est pas rare, à ce qu'il paraît ; nous recommandons aux voyageurs qui vont au Sénégal de le chercher dans les sables de l'embouchure du Niger où il vit à un pouce de profondeur.   (D..H.)

SORMULE. POIS. L'un des synonymes vulgaires de Surmulet. *V.* MULLE.   (B.)

SOROCEPHALUS. BOT. PHAN. Genre de la famille des Protéacées et de la Tétrandrie Monogynie, L., établi par R. Brown (*Transact. Linn. Soc.*, 10, p. 139) qui l'a ainsi caractérisé : calice quadrifide, égal, caduc en totalité ; stigmate vertical, en forme de massue ; noix ventrue, brièvement pédicellée ou échancrée à la base ; involucre composé de trois à six folioles placées à peu près sur un

seul rang, renfermant une seule fleur ou un petit nombre défini de fleurs, ne changeant point après la fructification ; réceptacle dépourvu de paillettes. Ce genre est très-voisin, par son port et ses caractères, du genre *Spataia* ; il en diffère cependant par son stigmate vertical et son calice toujours régulier ; il se compose de neuf espèces qui croissent toutes dans l'Afrique australe, près du cap de Bonne-Espérance. Thunberg en avait décrit deux sous les noms de *Protea lanata* et *P. imbricata*. Les autres sont de nouvelles espèces décrites par Brown. Ce sont des Arbrisseaux à branches effilées, garnies de feuilles éparses, filiformes ou planes, indivises, les inférieures rarement éparses, bipinnatifides. Les fleurs sont légèrement purpurines, renfermées dans des involucres presque sessiles, accompagnés d'une seule bractée et ramassés en un épi capituliforme.
(G..N.)

SORON. MOLL. Nom sous lequel Adanson (Voy. au Sénég., pl. 2, fig. 3) désigne une petite espèce de son genre Lépas. Gmelin lui a donné le nom de *Patella nivea*. (D..U.)

SOROSE. BOT. PHAN. Le professeur Mirbel appelle ainsi le fruit du Figuier, du *Dorstenia*, du *Monimia*, etc. Il se compose d'un réceptacle charnu, globuleux ou pyriforme, rétréci à son sommet en une très-petite ouverture, ou élargi et presque plan, et sur la surface interne duquel sont implantées un grand nombre de fleurs femelles qui se changent en de petits fruits crustacés.
(A. R.)

SORROCUCO. REPT. OPH. On ne sait encore à quel genre appartient le Serpent très-venimeux du Brésil désigné sous ce nom vulgaire. (B.)

SORS. OIS. En terme de fauconnerie on nomme ainsi les jeunes Faucons ; les vieux s'appellent Hagards. *V.* FAUCON. (B.)

SORTRAEV. MAM. Nom danois du Loup noir, *Canis Lycaon. V.* CHIEN. (IS. G. ST.-H.)

SORY. MIN. Suivant Brongniart, le Sory des anciens serait un Sulfate de Cuivre, provenant de la décomposition du Chalcitis ou Cuivre pyriteux que l'on tirait de Chypre ou d'Égypte. Sa consistance était spongieuse ; il avait un aspect gras quand on le broyait, et une odeur nauséabonde. (G. DEL.)

SOSO. BOT. PHAN. Nom vulgaire, au Mexique, du *Wigandia urens* de Kunth. *V.* WIGANDIE. (G..N.)

SOT. POIS. L'un des noms vulgaires de la Raie oxyrhinque. (B.)

SOTART. OIS. Nom vulgaire de la Bécasse. *V.* ce mot. (DR..Z.)

SOTERIAU. POIS. On ne sait plus ce qu'était ce Poisson fort estimé sur les marchés de Paris vers le douzième siècle. (B.)

SOTTELITTE. OIS. L'un des synonymes vulgaires du Guignard. *V.* PLUVIER. (DR..Z.)

SOUBEYRANIA. BOT. PHAN. Le genre formé sous ce nom par Necker, et qui a pour type le *Barleria cristata*, n'a pas été adopté. (G..N.)

SOUBUSE. OIS. On a long-temps regardé sous ce nom, comme espèce distincte, la femelle du Busard Saint-Martin. *V.* FAUCON. (DR..Z.)

SOUCHET. OIS. Espèce du genre Canard. Cette espèce est devenue pour Cuvier le type d'une sous-division du genre Canard dans son Règne Animal. *V.* CANARD. (DR..Z.)

SOUCHET. *Cyperus*. BOT. PHAN. Genre de la famille des Cypéracées et de la Triandrie Monogynie, L., qui se compose d'un nombre extrêmement considérable d'espèces dispersées dans toutes les régions du globe, mais réunies en plus grand nombre dans les contrées chaudes et humides de l'Inde et de l'Amérique méridionale. Les caractères principaux de ce genre sont les suivans : fleurs hermaphrodites, disposées en épillets multiflores, allongés, composés de fleurs sessiles, alternes et distiques ; chaque fleur elle-même se compose d'une écaille, d'une à trois étamines, d'un ovaire triangulaire surmonté d'un style simple inférieurement, divisé à sa partie supérieure en deux ou trois stigmates subulés et poilus. Le fruit est un akène triangulaire, nu, c'est-à-dire sans écailles ni soies hypogynes; assez souvent les écailles inférieures des épillets sont vides et stériles. Ce genre diffère des *Scirpus* par ses épillets formés d'écailles distiques et non imbriquées en tous sens, et par l'absence de soies sous l'ovaire. Il se rapproche beaucoup plus du *Kyllingia* et surtout des *Mariscus* qui n'en diffèrent réellement que par leurs épillets composés seulement de deux ou trois fleurs, car du reste ces deux genres ont le même port et la même disposition des fleurs. On a séparé du genre *Cyperus*, sous le nom de *Papyrus*, les espèces qui, comme le *Cyperus Papyrus*, L., ont, en outre de l'écaille florale commune à toutes les espèces de Souchets, deux petites écailles opposées et hypogynes. *V*. PAPYRUS. Les Souchets sont des Plantes herbacées, vivaces, à racine souvent rampante et quelquefois garnie de tubercules charnus. Les chaumes, quelquefois très-élevés, sont cylindriques ou triangulaires, sans nœuds, pleins intérieurement, nus ou portant des feuilles alternes, étroites, terminées inférieurement par une gaîne entière. Les fleurs sont disposées en épillets sessiles ou pédonculés, mais diversement groupés sur la partie supérieure des rayons d'une ombelle simple, accompagnée d'un involucre, de plusieurs feuilles; plus rarement les épillets sont réunis en une sorte de tête. Le nombre des espèces de ce genre excède deux cents. Parmi ces espèces nous citerons les suivantes:

Le SOUCHET LONG ou ODORANT, *Cyperus longus*, L. C'est une espèce assez commune dans les lieux humides de l'Europe. Ses tiges souterraines ou racines sont rampantes, rameuses, et donnent naissance à des chaumes triangulaires, de deux à trois pieds de hauteur, portant des feuilles étroites, linéaires et comme carenées; ses fleurs forment une ombelle simple, longue de cinq à six pouces, composée d'un grand nombre de rayons; les épillets sont linéaires et formés d'écailles très-rapprochées les unes des autres. Les souches souterraines de cette Plante ont une odeur aromatique et agréable, une saveur amère et également aromatique: autrefois on les employait en médecine comme toniques et excitantes. Les parfumeurs s'en servent encore pour faire des poudres odorantes.

Le SOUCHET ROND, *Cyperus rotundus*, L., est une autre espèce ressemblant beaucoup à la précédente qui, comme elle, croît en Europe, mais qui présente sur ses tiges souterraines des tubercules renflés et charnus dont la saveur est âcre et amère. Une autre espèce du même genre, *Cyperus esculentus*, L., présente des tubercules analogues; mais ceux-ci ont une saveur douce et agréable, et on les mange dans les pays où croît cette espèce, c'est-à-dire dans les régions méditerranéennes. (A. R.)

SOUCHETS. BOT. PHAN. Pour Cypéracées. *V*. ce mot. (B.)

SOUCI. OIS. L'un des synonymes vulgaires de Roitelet. *V*. SYLVIE. (DR..Z.)

SOUCI. INS. Ce nom a été donné par Geoffroy aux *Coliades hyale* et *edusa*. *V*. COLIADE. (G.)

SOUCI. *Calendula*. BOT. PHAN. Genre de la famille des Synanthérées, et dont H. Cassini a formé le type d'une tribu particulière sous le nom de CALENDULÉES, après en avoir retiré plusieurs espèces pour en former des genres particuliers. Voici les caractères du genre Souci: les capitules sont radiés; l'involucre est composé de deux rangées d'écailles linéaires; le réceptacle est nu et plan; les demi-fleurons de la circonférence sont en grand nombre, composés d'un limbe plan et tridenté, et d'un tube court ; ils sont femelles ; l'ovaire est irrégulier, concave et lisse intérieurement, convexe et rugueux à l'extérieur ; les fleurons du centre sont réguliers et purement mâles avec un rudiment de pistil ; les fruits, qui occupent la circonférence du capitule, sont très-irréguliers ; ils sont plus ou moins recourbés à leurs deux bouts vers le côté interne ; quelquefois ils se prolongent latéralement en forme d'ailes également recourbées, lisses, tandis que la partie dorsale du fruit est rugueuse et inégale. Les espèces de ce genre sont des Plantes herbacées et annuelles, portant des fleurs jaunes, disposées en capitules solitaires ; elles sont plus ou moins velues, visqueuses, et répandent une odeur assez désagréable. On trouve dans nos champs cultivés et nos vignes les deux suivantes : *Calendula arvensis*, L., petite Plante très-commune dans les vignes et les champs aux environs de Paris ; et *Calendula officinalis*, ou Grand-Souci, beaucoup plus grande dans toutes ses parties, ayant ses fleurs d'un beau jaune orangé.

H. Cassini a formé plusieurs genres nouveaux avec des espèces auparavant placées dans le genre *Calendula*. Tels sont les genres : *Blaxium* qui a pour type le *Calendula fruticosa*, L. ; *Meteorina*, qui renferme les *Calendula pluvialis*, *hybrida*, *tomentosa*, etc. ; *Arnoldia*, le *Calendula chrysanthemifolia* de Ventenat ; *Castalis*, le *Calendula flaccida* de Ventenat, etc. *V*. ces mots. (A. R.)

SOUCOUPE. BOT. CRYPT. Paulet, dans sa bizarre nomenclature, nomme SOUCOUPE D'EAU DOUCE, SOUCOUPE DE LIÉGE, SOUCOUPE A SEGMENS, des Agarics et des Pezizes. (B.)

*SOUCOURROUS ET SOUCOUR-RYS. REPT. Noms de deux énormes Reptiles, de genre indéterminé, mais paraissant être des Ophidiens, qui vivent dans quelques lacs du Brésil. Les Soucourrous ne diffèrent des Soucourrys que parce que les premiers

sont bleus, et les seconds gris. On a tué, dit-on (Nouv. Ann. des voy., janvier 1823) quelques individus dont la longueur était de soixante pieds. (IS. G. ST.-H.)

SOUCROUROU. OIS. *Anas discors*, L. Espèce du genre Canard, sous-division des Sarcelles. *V*. CANARD. (B.)

SOUCROURETTE. OIS. Femelle de la Sarcelle de Cayenne, espèce du genre Canard. *V*. ce mot. (B.)

SOUDE. *Salsola*. BOT. PHAN. Genre de Plantes de la famille des Atriplicées et de la Pentandrie Digynie, L., que l'on peut reconnaître aux caractères suivans : le calice est formé de cinq sépales cohérens entre eux par leur base, persistans et munis à leur face interne d'un appendice foliacé qui prend de l'accroissement après la floraison et recouvre le fruit. Les étamines, au nombre de cinq, sont hypogynes, exsertes et opposées aux sépales. L'ovaire est sessile, globuleux, à une seule loge contenant un seul ovule suspendu au sommet d'un podosperme filiforme qui naît de la base de la loge ; le style est simple, terminé par deux stigmates filiformes et glanduleux. Le fruit est un akène déprimé, recouvert par le calice, dont le limbe est étalé, souvent scarieux, et dont la partie interne porte un appendice membraneux qui recouvre le sommet du fruit. La graine a la même forme que le péricarpe qui la recouvre. Son tégument est mince et revêt immédiatement un embryon cylindrique, filiforme, roulé en spirale sur lui-même. Les espèces de ce genre sont fort nombreuses. Elles abondent surtout sur les bords de la mer et dans les marais salins. Ce sont des Plantes herbacées ou sous-frutescentes, ayant des feuilles petites, étroites, charnues, quelquefois épineuses à leur sommet ; des fleurs très-petites, peu apparentes, verdâtres, munies de bractées, et placées à l'aisselle des feuilles ou au sommet des rameaux. On a retiré de ce genre quelques espèces distin-

guées par leur calice charnu à sa
base, leur embryon dressé et non
horizontal, pour en former un genre
particulier sous le nom d'*Anabasis*.
V. ce mot. Les espèces de Soude,
mais plus particulièrement les *Salsola Soda*, *S. sativa* et *S. Kali*, fournissent par leur incinération le sous-
carbonate de Soude dont on fait un
si grand usage dans les arts. Pour
cet effet, non-seulement on recueille
ces Plantes sur les bords de la mer,
mais encore on les cultive dans les
terrains salins.   (A. R.)

SOUDE. CHIM. et MIN. Substance
alcaline provenant de la combinaison de l'Oxigène avec le Métal nommé
Sodium. On lui donnait anciennement le nom d'Alcali minéral, pour
la distinguer de la Potasse, que l'on
appelait Alcali végétal; ces dénominations étaient fort impropres, puisque la Potasse et la Soude se rencontrent toutes deux dans les Végétaux
et dans les Minéraux. Celle-ci existe
en effet dans un grand nombre de
Végétaux marins; toutes les espèces
du genre *Salsola* peuvent en donner,
et l'on en retire aussi des Algues et
des Fucus. On ne la trouve jamais à
l'état de pureté dans la nature; elle
est toujours à l'état de sel, et combinée le plus souvent avec les Acides
carbonique, hydrochlorique, sulfurique, nitrique, borique, oxalique,
et avec la Silice. On l'a regardée
comme un corps simple jusqu'en
1807, époque à laquelle Davy la dé-
composa par le moyen de la pile, et
parvint à en extraire le Sodium, Métal qui est solide à la température
ordinaire, mou et ductile comme la
cire; d'un blanc d'argent très-éclat-
tant; un peu plus léger que l'Eau;
fusible à 90° centigrades; volatil,
mais moins que le Potassium; absor-
bant l'Oxigène, et décomposant subitement l'Eau à la température ordinaire. Projeté sur ce liquide, il y
brûle en tournoyant, développe du
Gaz hydrogène et se transforme en
Alcali, mais sans produire d'inflammation comme le fait le Potassium.

La Soude est un Protoxide de Sodium,
composé d'un atome de Métal et de
deux atomes d'Oxigène, ou en poids
de 74 de Sodium et 26 d'Oxigène.
Elle est blanche, très-caustique, déliquescente et par conséquent soluble
dans l'Eau pour laquelle elle a une
grande affinité. Exposée à l'air libre,
à la température ordinaire, elle en
absorbe d'abord l'humidité et l'Acide
carbonique, mais bientôt elle se des-
sèche et s'effleurit, en quoi elle diffère
de la Potasse. On peut encore distinguer ces deux Alcalis l'un de l'autre,
en versant leurs solutions dans une
dissolution de Platine : la Soude n'y
produit point de précipité; la Potasse
en donne un qui est jaune. Combinée
à l'Acide carbonique, elle donne le
sous-carbonate de Soude que l'on
retire immédiatement des Végétaux,
ou que l'on fabrique au moyen du
sulfate de Soude du commerce : ce
sel est employé pour les lessives, pour
la fabrication du verre et du savon
dur. Combinée avec les Acides borique, hydrochlorique, nitrique et
sulfurique, la Soude forme aussi des
sels, qui ont leur existence dans la
nature, et dont nous allons présenter
ici l'histoire en peu de mots.

SOUDE BORATÉE, vulgairement *Borax* et *Tinckal*. Substance d'une saveur douceâtre, soluble dans l'eau,
remarquable par son extrême fusibilité qui la fait rechercher dans les
arts; exposée à la simple flamme
d'une bougie, elle se boursouffle et
se réduit en un verre transparent;
elle est d'une transparence gélatineuse; sa pesanteur spécifique est de
1,74. Dans la nature, le Borax ne se
présente qu'en masses informes plus
ou moins impures, provenant de l'é-
vaporation des eaux dans lesquelles
il est ordinairement en solution : les
cristaux de Borax, que l'on rencontre
dans le commerce, sont des produits
de l'art; ces cristaux sont des prismes
à six ou à huit pans, terminés par
des sommets irréguliers; ils dérivent
d'un prisme rectangulaire oblique,
dont la base est inclinée à l'axe de
106° 30'. Suivant Gmelin, le Borax

est composé d'Acide borique, de Soude et d'Eau dans les proportions suivantes : Acide borique, 36 ; Soude, 18 ; Eau, 46.

Le Borax, qui est employé principalement dans les arts et dans quelques opérations métallurgiques comme fondant, à cause de sa grande fusibilité, était autrefois entièrement tiré de l'Inde où il paraît qu'il existe tout formé dans certains lacs qui avoisinent les montagnes du Thibet ; ces lacs ne reçoivent que des eaux salées et gèlent la plus grande partie de l'année, à cause de leur position élevée ; le Borax forme des couches cristallines au fond et près de leurs bords, tandis que vers le milieu on ne trouve que du Sel marin. Le Borax brut de l'Inde nous arrive enveloppé d'une matière grasse, dont l'objet est de garantir ce Sel du contact de l'air qui le fait effleurir. Depuis quelques années, on fabrique le Borax en Europe avec les eaux des Lagonis de Toscane ; ces eaux sont chargées d'Acide borique, auquel il suffit de fournir la base alcaline.

SOUDE CARBONATÉE, vulgairement *Natron*. Substance soluble dans l'eau, efflorescente à l'air, ayant une saveur urineuse, verdissant fortement le sirop de violettes et faisant effervescence avec les Acides. On ne la trouve point cristallisée dans la nature ; elle n'existe qu'en solution dans les eaux de certains lacs, ou en efflorescences pulvérulentes sur leurs bords. Les cristaux qu'on en obtient par l'art, sont des octaèdres à base rhombe. Le Natron est formé d'un atome de bicarbonate sec de Soude, et de vingt atomes d'Eau ; ou en poids, Soude, 22 ; Acide carbonique, 15, et Eau, 63. Le Natron abonde en Égypte, dans une vallée qui porte le nom de Vallée des lacs de Natron, et qui est située à vingt lieues du Caire. Suivant Berthollet, il s'y forme journellement par la décomposition réciproque du Sel commun et du carbonate de Chaux que renferment leurs eaux saumâtres. Les lacs de Natron se trouvent au milieu d'un terrain calcaire

qui renferme très-probablement des dépôts de Sel gemme. Les lacs natrifères de Debreczin en Hongrie se trouvent également dans le voisinage de montagnes calcaires, près desquelles existent des dépôts salifères considérables. Le Natron se présente aussi sous la forme d'efflorescences neigeuses à la surface du sol dans les plaines, sur de vieilles murailles, dans les caves des villes, etc. — Les principaux usages du Natron, qui est connu dans le commerce sous le nom de Soude, sont d'entrer dans la composition du verre, et de former avec l'huile la base des savons durs. Une grande partie des Soudes du commerce sont aujourd'hui préparées artificiellement.

Il existe une autre espèce de carbonate de Soude, qui paraît être un quadri-carbonate aqueux, mélangé de bicarbonate ; il n'est point efflorescent comme le premier, et ses cristaux dérivent d'un prisme rectangulaire à base oblique. On le trouve à la surface du sol, en masses solides, striées, auprès de Sukena, dans le Fezzan, en Afrique ; il est connu dans le pays sous le nom de *Trona*. Il est assez dur et assez inaltérable à l'air, pour qu'on l'emploie comme pierre de construction. Rivero et Boussingault ont trouvé, dans l'Amérique du Sud, un Sel nommé *Urao* par les naturels, et qui a beaucoup d'analogie avec le Trona d'Afrique. Cet Urao existe en assez grande quantité dans une lagune située près de Mérida. La couche de ce Sel est recouverte par une Argile au milieu de laquelle se trouve disséminée une autre espèce minérale découverte par Boussingault et qu'il a nommée Gay-Lussite. Elle est composée de carbonate de Soude, de carbonate de Chaux et d'Eau ; elle est blanche, translucide, et cristallise en prismes rhomboïdaux obliques, dont les pans font un angle de 70° 1/2.

SOUDE HYDROCHLORATÉE OU MURIATÉE, vulgairement *Sel gemme*, *Sel commun* et *Sel marin* ; regardée aujourd'hui par les chimistes comme un chlorure de Sodium. C'est une substance facile à reconnaître à la saveur qui lui est propre ; cette saveur est fraîche , salée , agréable, et la fait rechercher des Animaux. Le Sel gemme se présente toujours en masses cristallines , ayant souvent une structure laminaire qui conduit au cube pour forme primitive ; quelquefois ces masses ont une texture lamellaire , grenue ou fibreuse. Le Sel gemme est moins dur que le carbonate de Chaux; il pèse spécifiquement 2,12. Il est parfaitement limpide , quand il est pur ; son éclat est vitreux ; exposé au feu, il fond sans altération et se volatilise à une haute température. Il est soluble dans l'eau : l'eau chaude n'en dissout guère plus que l'eau froide. Mélangé avec le Peroxide de Manganèse et traité par l'Acide sulfurique, il dégage du Chlore. Il est composé d'un atome de Sodium et de quatre atomes de Chlore, ou en poids, de Chlore, 6o et Sodium, 4o. — Le Sel gemme se présente quelquefois cristallisé régulièrement sous les formes ordinaires du système cubique : les plus communes sont celles du cube et du cubo-octaèdre. On obtient la forme octaédrique en faisant cristalliser ce Sel dans l'urine. Dans les salines où l'on se le procure par l'évaporation des eaux , on l'obtient sous la figure d'une trémie , sorte de pyramide quadrangulaire creuse et renversée , composée de cadres décroissans et appliqués les uns sur les autres , et dont les bords sont formés de petits cubes réunis en ligne droite. C'est la variété connue sous le nom d'Infundibuliforme ; elle ne s'est point encore offerte dans la nature. — Le Sel gemme se rencontre plus communément en masses volumineuses à structure laminaire ou grenue, ou en veines composées de fibres plus ou moins déliées , droites ou sinueuses. Il est parfaitement limpide et incolore quand il est pur ; mais il se colore accidentellement en rouge, en bleu et en gris par le mélange d'une certaine quantité de matière argileuse ou bitumineuse.

Le Sel gemme se présente naturellement sous deux états différens , en bancs ou amas plus ou moins considérables dans le sein de la terre, et en dissolution dans certaines eaux, telles que celles des sources salées , des lacs salés et de la mer. Le Sel, sous forme solide et qui est connu plus particulièrement sous les noms de Sel gemme ou Sel marin rupestre, n'existe point dans le sol primitif; il ne commence à se montrer que dans les dernières couches du sol intermédiaire ; il est subordonné aux Calcaires et aux matières arénacées de cette période, et se trouve toujours accompagné de sulfate de Chaux anhydre ou Karsténite. Les salines de Bex en Suisse, de Cardona en Espagne, sont rapportées à cette époque de formation. Dans le sol secondaire , le Sel gemme se montre d'abord dans les dépôts calcaires (Zechstein), qui reposent immédiatement sur le Grès houiller, puis au milieu du terrain de Grès bigarré, au-dessous du Muschelkalk. C'est dans ces deux positions que se présentent les plus grandes masses connues de Sel gemme : elles ne forment point de couches distinctes au milieu des Calcaires ou des Grès qui composent la partie principale de ces terrains ; mais elles sont subordonnées à des couches d'Argiles qu'on nomme Salifères , parce qu'elles caractérisent les dépôts de Sel gemme, comme les Argiles schisteuses et impressionnées caractérisent les dépôts de Houille. Ces Argiles sont généralement grises, quelquefois brunes ou d'un rouge de brique, et elles sont presque toujours mélangées d'une petite quantité de carbonate de Chaux. Elles renferment aussi des couches subordonnées de Gypse grenu , mêlé quelquefois de Calcaire fétide et de Dolomie. Les débris organiques y sont rares; cependant on y a observé du Lignite en fragmens épars, des feuilles de Plantes dicotylédones , de petites Coquilles multiloculaires et des fragmens de Madrépores. C'est à ces dépôts d'Argile que l'on rapporte les mines de Sel du

Tyrol et du Salzbourg, celles de Norwich en Angleterre, de Vic dans le département de la Meurthe en France, et de Wieliczka en Pologne. Les bancs ou amas de Sel gemme ont quelquefois une puissance telle, qu'on n'a pu les traverser en entier; telle est, par exemple, la masse de Sel de Wieliczka, dont l'épaisseur est encore inconnue. Ordinairement cette puissance varie depuis quelques centimètres jusqu'à douze et quinze mètres. Il n'est pas encore bien prouvé qu'il existe du Sel gemme dans les terrains postérieurs à la Craie, comme le pensent quelques géologues, entre autres de Humboldt. — Le Sel gemme se trouve aussi en dissolution dans les eaux de différentes sources, qui sont en beaucoup d'endroits l'objet d'exploitations. On a remarqué que ces sources sortaient en général des terrains salifères, qu'elles lavent en quelque sorte sur leur passage; il en existe ordinairement dans les lieux où se trouve le Sel en masse.

Le Sel gemme se trouve aussi en solution dans les eaux de certains lacs, situés au milieu de plaines sableuses qui sont elles-mêmes imprégnées de Sel. Ces lacs n'ont aucune communication avec la mer et ne sont jamais traversés par de grands cours d'eau. Le Sel qu'ils contiennent provient très-probablement du lessivage des terres environnantes, où peut-être il se reforme successivement. — Enfin, le Sel gemme se trouve aussi en solution dans les eaux de la mer; l'Océan est, suivant Kirwan, la mine la plus abondante de Sel marin, puisque ce Sel forme environ la trentième partie de cette masse immense de liquide. Le Sel marin a été observé quelquefois dans les produits volcaniques; on en a trouvé à la surface de masses scoriacées, provenant de l'éruption du Vésuve en 1812.

Les usages du Sel gemme sont très-nombreux; on s'en sert pour l'assaisonnement des mets, pour les salaisons, pour l'amendement des terres, pour la nourriture des bestiaux, pour la fabrication de la Soude artificielle et du Sel Ammoniac; pour la préparation du Chlore, de l'Acide hydrochlorique. Tout le Sel dont on a besoin s'extrait, soit des mines de Sel gemme, soit des eaux qui le tiennent en dissolution. On exploite les mines de Sel gemme de deux manières; lorsque le Sel est pur, on l'arrache du sein de la terre à l'aide du pic, on l'amène au jour par des moyens mécaniques, et on le verse immédiatement dans le commerce; mais lorsqu'il est impur, on le soumet auparavant au raffinage, opération qui consiste à le faire dissoudre dans l'eau et évaporer. Quelquefois on fait arriver l'eau dans la masse du Sel même, et, quand elle est chargée de matière saline, on la porte par des conduits dans les chaudières d'évaporation; quant à la manière d'extraire le Sel des eaux salées, V. l'article SALINES.

Il y a des mines de Sel gemme et des sources salées dans toutes les parties connues du globe; elles se trouvent en général au pied des chaînes de montagnes. Les mines de Sel les plus célèbres sont celles de la Pologne et de la Hongrie; elles s'étendent le long de la chaîne des Carpathes, dans un espace de plus de deux cents lieues, depuis Wieliczka jusqu'à Rymnick en Moldavie. La bande de terrain qui les renferme a près de quarante lieues de large dans certains points; on y compte environ seize mines de Sel exploité, et plus de quatre cents sources salées. Les plus importantes parmi ces mines sont celles de Wieliczka près de Cracovie, et celles de Bochnia; elles sont remarquables par l'énorme puissance de leurs couches et célèbres par les relations qu'en ont données presque tous les voyageurs. On descend dans les mines de Wieliczka par six puits qui ont quatre ou cinq mètres de diamètre; ces puits ne vont que jusqu'à soixante-quatre mètres de profondeur; la mine a été approfondie jusqu'à trois cent douze mètres, ce qui établit son fond à cinquante mètres au-dessous du niveau de la mer. La masse de Sel est assez solide pour se soutenir sans boisage ; on y a pratiqué des travaux nombreux ; on voit dans ces mines une écurie, des chapelles, des chambres, dont tous les ornemens sont en Sel. Cette mine produit environ cent vingt mille quintaux de Sel par an , et elle occupe près de deux mille ouvriers. — On ne connaissait point en France de mine de Sel gemme, avant la découverte de celle de Vic, qui eut lieu en 1819 par un sondage dont l'objet était de rechercher de la Houille : deux causes auraient pu faire présumer la présence dans cette localité d'une grande masse de Sel ; d'abord l'existence de nombreuses sources salées dans cette partie du pied de la chaîne des Vosges ; ensuite, l'analogie frappante entre le terrain des salines de ce département et celui de Wieliczka. Le dépôt de Sel marin de Vic a été reconnu sur une étendue d'environ trente lieues carrées. Il se compose de plusieurs bancs de Sel, dont un a quatorze mètres de puissance. Il existe aussi en France un très-grand nombre de sources salées que l'on exploite, mais dont l'importance est bien diminuée depuis la découverte de la mine précédente. Les plus remarquables sont celles de Salins et Montmorot, dans le département du Jura ; de Dieuze, Moyenvic et Châteausalins, dans le département de la Meurthe ; de Salies , dans le département de la Haute-Garonne.

Soude nitratée ; substance blanche , soluble , non déliquescente , cristallisant en rhomboïde obtus de 106° et 74° ; pesant spécifiquement 2,096. Elle est formée d'un atome de Soude et de deux atomes d'Acide nitrique , ou en poids , de Soude, 37, Acide nitrique, 63. Ce Sel se trouve dans la nature sous forme de couches minces et très-étendues dont les fragmens présentent une structure granulaire ; elles sont placées près de la surface du sol, et recouvertes par des matières sablonneuses et argileuses. On les a observées dans une seule localité , dans le district d'Atacama au Pérou.

Soude sulfatée. On connaît maintenant deux espèces de Soude sulfatée, l'une anhydre et l'autre hydratée. La première est connue sous le nom de Thénardite , la seconde sous celui de Sel de Glauber.

1. Soude sulfatée anhydre ; Thénardite. Substance blanche, soluble, cristalline ; transparente, quand elle est pure , et perdant sa transparence par son exposition à l'air , dont elle absorbe l'humidité. Elle cristallise en octaèdres rhomboïdaux, qui dérivent d'un prisme droit à base rhombe de 125° et 55° ; elle est susceptible de clivage dans trois sens différens. Sa pesanteur spécifique est de 2,73 ; elle est composée d'un atome de Soude et de deux atomes d'Acide sulfurique, ou en poids, de Soude, 43, Acide sulfurique , 57. Elle est ordinairement mélangée d'une petite quantité de carbonate de Soude. Cette substance a été découverte en Espagne, à cinq lieues de Madrid, dans un endroit connu sous le nom de Salines d'Espartines. Dans l'hiver, des eaux salines transsudent du fond d'un bassin ; et, dans l'été, le liquide se concentre par l'évaporation. Parvenu à un certain degré de concentration , il laisse déposer, sous forme de cristaux plus ou moins réguliers, une partie de Sel qu'il retenait en dissolution. Cette substance est employée avec beaucoup d'avantage pour la préparation de la Soude artificielle.

2. Soude sulfatée hydratée ; Sel de Glauber. Substance très-soluble dans l'eau , d'une saveur salée et amère ; très-efflorescente à l'air , ayant une transparence parfaite lorsqu'elle est pure, et un éclat vitreux dans les cassures fraîches. Sa solution ne donne aucun précipité par les alcalis ; elle ne se présente jamais dans la nature sous la forme de cristaux déterminables ; elle cristallise artificiellement en octaèdres à base rectangle ; sa pesanteur spécifique est de 2,24 ; sa dureté est à peine supérieure à celle du Gypse. Elle est composée d'un atome

de Sulfate sec et de vingt atomes d'Eau : ou en poids, d'Acide sulfurique, 25, de Soude, 19, et d'Eau, 56. — La Soude sulfatée anhydre existe dans la nature sous trois formes différentes : en plaques ou croûtes cristallines de plusieurs lignes d'épaisseur, dans un Gypse secondaire du canton d'Argovie, en Suisse ; en efflorescence, d'un blanc sale ou jaunâtre, à la surface des Roches schisteuses, calcaires ou marneuses, qui font partie des terrains de Sel gemme ; dans les galeries de mines et sur les vieux murs ; enfin, en dissolution dans les eaux de plusieurs lacs et de plusieurs fontaines.

Soude sulfatée magnésienne. *V.* Reussine.   (G. DEL.)

* SOUETTE. ois. L'un des noms vulgaires du Hibou Brachyate. *V.* Chouette.   (DR..Z.)

SOUFFLET. pois. Espèce de Chelmon. *V.* Chœtodon.   (B.)

SOUFFLEUR. ois. Espèce peu connue du genre Faucon. *V.* ce mot.   (DR..Z.)

SOUFFLEURS. mam. *V.* Cétacés et Mammalogie.

SOUFRE ou SOUFRÉ. ins. Espèce de Papillon du genre Coliade.   (B.)

SOUFRE. min. Substance simple, combustible, non métallique, d'un jaune citrin, très-fragile, solide, fusible à 108° ; ayant, lorsqu'elle a été fondue, une pesanteur spécifique de 1,99 ; faisant entendre, lorsqu'on la serre dans la main, un petit craquement, dû à la rupture de ses parties intérieures ; développant, à l'aide du frottement, l'électricité résineuse avec une odeur assez forte. Le Soufre brûle sans laisser de résidu, et en répandant des vapeurs âcres et suffocantes, accompagnées d'une flamme bleue qui devient blanche et vive si la combustion est rapide ; lorsqu'on le traite par l'Acide nitrique, on obtient de l'Acide sulfurique, avec un dégagement de Gaz nitreux. Le Soufre est assez abondamment répandu dans la nature, où il existe tantôt pur ou simplement mélangé, tantôt à l'état de combinaison intime avec l'Oxigène et différens Métaux, et formant ainsi des Sulfates et des Sulfures métalliques. Lorsqu'il est libre de toute combinaison, il constitue une espèce minérale bien déterminée sous le nom de Soufre natif.

Soufre natif. Dans l'état de pureté, il est transparent, d'un jaune pur ou tirant sur le verdâtre, et d'un éclat vitreux dans sa cassure. Il se présente fréquemment en masses cristallines et en cristaux complets et réguliers. Ces cristaux dérivent d'un octaèdre rhomboïdal, dont les angles sont de 107° 18' et 84° 24' vers un même sommet, et de 143° 7' à la base. Le clivage, parallèle aux faces de cet octaèdre, est sensible dans quelques cristaux. La cassure est généralement conchoïde et éclatante. La dureté du Soufre natif est inférieure à celle du Carbonate calcaire. Il est doué d'un pouvoir réfringent considérable ; il double fortement les images des objets, même à travers deux faces parallèles. Le Soufre est susceptible de cristalliser artificiellement sous des formes qui appartiennent à deux systèmes différens de cristallisation : par la simple fusion dans un creuset, il donne des cristaux aciculaires que Mitscherlich a reconnus le premier pour être des prismes obliques à base rhombe, inclinée de 85° 54' sur les pans qui font entre eux l'angle de 90° 52' : dissous dans le Carbure de Soufre, il cristallise par évaporation en octaèdres à base rhombe, dont la forme est la même que celle des cristaux naturels. Jusqu'ici le Soufre de la nature n'a offert que des formes qui appartiennent à un seul et même système. Ces formes portent toutes l'empreinte de l'octaèdre primitif ; elles en dérivent par de légères modifications sur les angles et sur les arêtes. Les principales variétés de couleur sont le jaune pur (cristaux de Conilla, en Espagne), le jaune miellé (cristaux de Sicile), le jaune verdâtre (cristaux de Césène, en Italie), le brunâtre, le grisâtre et le blanchâtre. Ces dernières couleurs, qui sont jointes à l'opacité, paraissent dues à un mélange du Soufre avec une matière argileuse ou bitumineuse. Quant à la teinte rouge, assez ordinaire dans les cristaux de Sicile et dans ceux des terrains volcaniques, quelques minéralogistes l'attribuent à la présence d'une certaine quantité de Réalgar ; d'autres à celle du Fer combiné avec le Soufre. Stromeyer ayant recherché la nature du principe qui colore en rouge orangé le Soufre sublimé de Vulcano, une des îles Lipari, a reconnu que c'était une combinaison naturelle de Soufre et de Sélénium. Le Soufre se présente quelquefois en masses compactes à texture vitreuse, ou en masses amorphes à cassure terne, d'un blanc ou d'un gris jaunâtre ; on l'a trouvé en nodules d'un brun hépatique à Radaboy en Croatie ; en concrétions cylindroïdes d'un jaune orangé, dans le cratère de Vulcano ; en masses stratiformes à texture fibreuse, de plusieurs pouces d'épaisseur, dans la grotte de San-Fedele en Toscane ; enfin on le rencontre en masses terreuses, composées de particules faiblement agrégées ; sous la forme d'un enduit jaunâtre ou d'une poudre blanchâtre à la surface des laves, dans l'intérieur des Silex (la Charité près Besançon), dans les marnes argileuses (Montmartre près Paris), dans le lignite d'Artern en Thuringe, et dans les lieux où il y a des eaux sulfureuses ou des matières organiques en décomposition. — Le Soufre affecte différentes manières d'être dans la nature. Il ne forme point à lui seul de Roche proprement dite ; mais on le rencontre dans des terrains de diverses époques, tantôt implanté en cristaux déterminables sur les Roches qui les composent, tantôt disséminé dans leur intérieur en lits de peu d'étendue, en rognons ou en amas plus ou moins volumineux, quelquefois en enduit pulvérulent à leur surface. On le trouve

aussi au milieu des filons qui traversent les Roches de différens âges. Dans le sol primitif, le Soufre n'est pas très-abondant, et c'est presque uniquement dans le Nouveau-Monde que l'on cite des exemples de ce gisement. Humboldt l'a observé au milieu d'une couche de Quartz subordonné au Micaschiste, dans les Andes de Quito ; Eschwege, dans l'Itacolumite et dans un Calcaire subordonné à un Schiste argileux du même âge, à Serro-do-Frio au Brésil. On a cité du Soufre dans le Calcaire saccharoïde de Carrare sur la côte de Gènes. Dans le sol intermédiaire, le Soufre se rencontre aussi, mais assez rarement. On le trouve en masse au milieu des Gypses de Gébrulaz près de Pesay, dans la Tarentaise ; et dans ceux de l'Oisans en Dauphiné. Dans le sol secondaire, le Soufre est beaucoup plus abondant. Son principal gisement est au milieu des Gypses, des Calcaires et des Marnes argileuses des dépôts salifères. On le trouve dans ces Roches en nids plus ou moins étendus, qui vont quelquefois jusqu'à plusieurs pieds d'épaisseur. Il y est associé presque constamment au Gypse, au Sel gemme et au sulfate de Strontiane. C'est de ces terrains que proviennent les plus beaux groupes de cristaux connus, savoir : ceux de Conilla, près de Gibraltar, à huit lieues de Cadix ; ceux de Césène, à six lieues de Ravenne, sur l'Adriatique ; et ceux de la Catholica près de Girgenti, du val de Noto et du val de Mazzara en Sicile. On a aussi trouvé du Soufre dans les mines de Sel de Wieliczka en Gallicie ; dans les Gypses ou les Argiles des salines de la Lorraine ; enfin on le rencontre quelquefois sous forme pulvérulente dans l'intérieur des Silex, à la Charité, département du Doubs, et dans le département de la Haute-Saône. Dans les terrains tertiaires, le Soufre a été observé à l'état pulvérulent au milieu des Lignites, à Artern en Thuringe ; dans la Pierre à plâtre aux environs de Meaux ; dans la Marne argileuse, à **Montmartre** près Paris. Il se rencontre fréquemment dans le voisinage des eaux thermales, dans lesquelles il est tenu en dissolution par le moyen du Gaz hydrogène; ces eaux déposent journellement du Soufre en poudre autour des lieux d'où elles sortent; enfin ce combustible se forme journellement dans nos marais, dans nos étangs, et dans tous les lieux où se trouvent des matières animales et végétales en putréfaction, tels que les égouts, les fosses d'aisance, etc. Le Soufre a été trouvé dans l'intérieur de quelques filons métallifères : dans des filons de Cuivre pyriteux, en Souabe; dans des filons de Galène, au pays de Siegen; dans les filons aurifères d'Ekaterinebourg en Sibérie. Le Soufre est extrêmement rare dans les terrains pyrogènes anciens : le Trachyte en a offert dans quelques points ; les Basaltes de l'île de Mascareigne en contiennent, et c'est à notre collaborateur Bory de Saint-Vincent que l'on doit la connaissance de ce gisement. Mais c'est principalement dans les volcans en activité et dans les volcans à demi-éteints que l'on trouve le Soufre en grande abondance. Cette substance, sublimée par l'action des feux volcaniques, se dépose à la surface des laves, où elle forme des croûtes et des concrétions cristallines, et on la retrouve à la profondeur de quelques pieds dans le sol encore fumant qui avoisine les vieux cratères. Le Soufre est surtout répandu dans les solfatares ou soufrières naturelles, qui sont des cratères encore fumans d'anciens volcans affaissés. Il abonde dans l'île de Vulcano, une des îles Lipari; à Pouzzoles près de Naples, dont le vieux cratère porte le nom de solfatare par excellence, qui a été exploité de toute antiquité, et où le Soufre se renouvelle perpétuellement.

Le Soufre est employé à différens usages; il sert à la fabrication des allumettes, à celle de l'Acide sulfureux et de l'Acide sulfurique, et surtout à la fabrication de la poudre à canon, dans laquelle il entre pour un dixième, et où il est mêlé au Nitre et au Charbon. On l'emploie pour sceller le fer dans la pierre, pour former des moules, et pour prendre des empreintes de pierres gravées. La médecine s'en sert à l'extérieur contre les maladies de la peau, et à l'intérieur contre les maladies chroniques du poumon et des viscères abdominaux; enfin il est la base des eaux dites sulfureuses ou hépatiques. On se procure tout le Soufre dont on a besoin de deux manières : en le recueillant immédiatement dans les solfatares ou soufrières naturelles, et le séparant des matières terreuses avec lesquelles il est mélangé; ou bien en l'extrayant des Pyrites, c'est-à-dire des composés qu'il forme avec le Fer et le Cuivre, et qui sont abondamment répandues dans la nature.

SOUFRE ROUGE DES VOLCANS. *V.* ARSENIC SULFURÉ ROUGE. (G. DEL.)

SOUFRE VÉGÉTAL. BOT. CRYPT. On nomme ainsi dans le commerce la poussière des Lycopodes, particulièrement du *Lycopodium clavatum*, dont on recueille de grandes quantités dans le Nord pour faire les éclairs à l'Opéra. (B.)

SOUFRÉE A QUEUE. INS. Nom vulgaire du *Phalœna sambucaria* dans Geoffroy. (B.)

SOUFFRETEUSE. INS. *V.* MANGE-BOUILLON.

SOUFRIÈRE. MIN. On donne ce nom aux soupiraux volcaniques par lesquels se dégage du Soufre en vapeur, dont une partie se condense en petits cristaux aciculaires sur les parois de ces ouvertures. Telle est la célèbre Soufrière de l'île de la Guadeloupe. (G. DEL.)

SOUI. MOLL. Dans quelques Dictionnaires on a ainsi orthographié ce mot pour SONI. *V.* ce mot. (D..H.)

* **SOUILLONS.** BOT. CRYPT. *V.* SIALLONS.

SOUIMANGA. *Nectarinia.* OIS. Genre de l'ordre des Anisodactyles.

Caractères : bec de la longueur de la tête ou la dépassant, faible, plus ou moins courbé, élargi et déprimé à sa base, trigone, comprimé et effilé à la pointe ; mandibules égales : bords de l'inférieure fléchis en dedans et cachés en partie par ceux de la supérieure ; langue très-extensible, tubulaire, bifide ; fosse nasale grande ; narines placées de chaque côté du bec et près de sa base, fermées en dessus par une grande membrane nue ; pieds médiocres ; tarse plus long ou de la longueur du doigt intermédiaire ; trois doigts en avant, les latéraux soudés à la base, un en arrière ; première rémige très-courte, la seconde plus longue, mais moins que les troisième et quatrième qui dépassent toutes les autres.

Les Souimangas sont à l'ancien monde ce que les Colibris et les Oiseaux-Mouches sont au nouveau ; c'est-à-dire que les uns et les autres ne se trouvent point hors de leurs continens respectifs ; du reste, chez tous, les mœurs et les habitudes sont tellement semblables que ce qui a été dit à l'article COLIBRI, page 315 du T. IV, peut s'appliquer en entier aux Souimangas. Ceux-ci sont assujettis à deux mues annuelles, et il en résulte des modifications périodiques dans le plumage qui rendent souvent les mêmes espèces méconnaissables, et ont plus d'une fois occasioné de grandes erreurs dans l'énumération de ces espèces. Pendant la saison des amours, la robe brille de l'éclat le plus vif ; elle se nuance des couleurs les plus pures ; immédiatement après la ponte et l'incubation, cette belle parure est remplacée par un plumage ordinairement sévère ; et les dégradations, qui se font remarquer entre les deux mues, présentent quelquefois tant de bizarrerie qu'il est bien difficile de retrouver le caractère spécifique.

SOUIMANGA AUX AILES DORÉES, *Certhia chrysoptera*, Lath. Tête et cou variés de jaune brillant et de noirâtre ; rémiges et rectrices noires ; tectrices alaires d'un jaune d'or ; bec

et pieds noirs. Taille petite. Du Bengale.

SOUIMANGA ANGOLAÏTAN, *Certhia lotenia*. Lath., Ois. dorés, pl. 3 et 4 des Souimangas. Tête, dos, croupion et gorge d'un vert irisé en bleu ; rémiges et rectrices vertes ; tectrices alaires et caudales d'un vert irisé en violet ; haut de la poitrine bleu, le bas violet ; le reste des parties inférieures noirâtre ; bec et pieds noirs. Taille, quatre pouces. La femelle a les couleurs plus ternes. Le jeune a la tête brune, tachetée de vert doré ; les rémiges et les rectrices d'un brun verdâtre, les parties inférieures d'un blanc sale, tacheté de noir. Madagascar.

SOUIMANGA AURORE, *Cinnyris subflavus*, Vieill. Parties supérieures vertes ; front doré ; tête et dessus du cou d'un rouge très-clair ; gorge et devant du cou d'un bleu métallique ; parties inférieures d'un rouge orangé ; bec noir ; pieds bruns. Taille, quatre pouces. De l'Inde.

SOUIMANGA A BEC FALCIFORME. *V.* HÉOROTAIRE A BEC EN FAUCILLE.

SOUIMANGA A BOUQUETS, *Cinnyris cirrhatus*, Vieill. ; *Certhia cirrhata*, Lath. Parties supérieures d'un vert olivâtre avec le bord des plumes brun ; grandes rémiges brunes ; poitrine brunâtre avec un bouquet de petites plumes jaunes de chaque côté ; parties inférieures et rectrices noires ; bec et pieds noirâtres. Taille, quatre pouces. De l'Inde.

SOUIMANGA BRONZÉ, *Cinnyris œneus*, Vieill., Levaill., Ois. d'Afr., pl. 297. Parties supérieures d'un vert bronzé, irisé de bleu et de vert ; rémiges et rectrices d'un noir bronzé ; parties inférieures, bec et pieds noirs. Taille, quatre pouces. La femelle a les parties supérieures d'une vert olivâtre ; les inférieures d'un brun noirâtre, nuancé de vert ; le bec et les pieds noirâtres. De l'Afrique.

SOUIMANGA BRONZÉ A AILES BRUNES, *Certhia œnea*, Lath. Parties supérieures d'un vert cuivré ; rémiges et tectrices alaires d'un brun roussâtre ; rectrices, bec et pieds noirs. Taille, quatre pouces. Afrique méridionale.

SOUIMANGA BRUN ET BLANC, *Cinnyris nigralbus*, Less. Parties supérieures vertes; dessous du coû, rémiges et gorge d'un vert brunâtre; croupion d'un rouge pourpré; parties inférieures blanches; rectrices noires; bec noir et blanc à la base; pieds bruns. Taille, quatre pouces.

SOUIMANGA BRUN A GORGE BLEUE. *V.* GUIT-GUIT A GORGE BLEUE.

SOUIMANGA A CAPUCHON VIOLET, *Certhia violacea*, Lath. Ois. dorés, pl. 39 des Souimangas. Parties supérieures d'un vert irisé; tête, cou et gorge d'un violet sombre; rémiges et rectrices brunes, bordées de vert olive; devant du cou vert, irisé en bleu; parties inférieures d'un jaune orangé; rectrices étagées, les intermédiaires plus longues. Bec et pieds noirs. Taille, six pouces. Afrique méridionale. La femelle a les parties supérieures d'un vert jaunâtre et les inférieures olives; la queue uniformément étayée; le bec et les pieds bruns.

SOUIMANGA CARDINAL, *Cinnyris Cardinalis*, Vieill., Levaill., Ois. dorés, pl. 20. Parties supérieures d'un vert à reflets dorés; rémiges et rectrices noires, bordées de vert; parties inférieures d'un rouge vif; rectrices intermédiaires plus longues; bec et pieds noirs. Taille, cinq pouces. La femelle est plus petite; elle a les parties inférieures jaunes; les jeunes sont d'un brun olivâtre. Afrique méridionale.

SOUIMANGA CARMÉLITE, *Cinnyris fuliginosus*, Vieill., Ois. dorés, pl. 20. Parties supérieures d'un brun clair, velouté; front, petites tectrices alaires et gorge d'un violet éclatant; rémiges et rectrices d'un brun noirâtre; une touffe de plumes jaunes de chaque côté de la poitrine; le reste des parties inférieures brun; bec et pieds noirs. Taille, quatre pouces six lignes. La femelle est entièrement d'un brun sombre. De la côte de Malimbe.

SOUIMANGA CARONCULÉ. *V.* PHILÉDON CARONCULÉ.

SOUIMANGA CENDRÉ, *Certhia cinerea*, Lath. Parties supérieures d'un brun cendré avec les tectrices alaires, le bas du dos et le croupion d'un vert brillant; rémiges et rectrices brunes; un trait jaune sur la joue; gorge et poitrine jaunes, tachetées de vert doré; abdomen blanc; bec et pieds noirs. Taille, huit pouces six lignes. Afrique méridionale.

SOUIMANGA CHALYBÉ, *Certhia Chalybea*, Lath., Buff., pl. enl. 246, fig. 3. Parties supérieures d'un vert doré, à reflets métalliques; rémiges et rectrices d'un brun clair; croupion d'un bleu d'azur; gorge verte, bordée de bleu; parties inférieures rouges; abdomen ou plutôt anus et cuisses d'un gris cendré; bec et pieds noirs. Deux petits bouquets jaunes à la poitrine. Taille, cinq pouces six lignes. La femelle a la gorge et le croupion vert doré; l'abdomen noirâtre, séparé de la poitrine par deux ceintures orangées et bleues. De l'Afrique méridionale.

SOUIMANGA DE CLÉMENCE, *Cinnyris Clementia*, Less. Parties supérieures d'un jaune olivâtre; rémiges brunes, bordées de jaune; rectrices brunes; gorge, devant du cou et poitrine d'un noir métallique irisé en violet; un bouquet de plumes orangées de chaque côté de la poitrine; le reste des parties inférieures d'un noir velouté; anus et flancs olivâtres; bec et pieds noirs. Taille, trois pouces six lignes. D'Amboine.

SOUIMANGA COLIBRI. *V.* GUIT-GUIT COLIBRI.

SOUIMANGA A CRAVATE VIOLETTE, *Certhia currucaria*, Lath., Buff., pl. enl. 596, fig. 3, Ois. dorés, pl. 15. Parties supérieures d'un gris brun; ailes brunes; croupion d'un gris violâtre; petites tectrices alaires et bande pectorale d'un violet métallique, brillant; parties inférieures grisâtres; un petit bouquet de plumes jaunes orangées de chaque côté de la poitrine; bec et pieds bruns. Taille, quatre pouces. Des Philippines. Malgré quelques rapprochemens, il y a beaucoup de probabilité que cette espèce diffère essentiellement de la précédente.

SOUIMANGA CUIVRÉ, *Certhia polita*, Lath. Parties supérieures d'un vert pourpré, doré; gorge, devant du cou noirs, bordés de violet pourpré, puis de roux; un bouquet de plumes jaunes de chaque côté de la poitrine; parties inférieures brunes; rectrices, bec et pieds noirs. Taille, cinq pouces. De l'Afrique méridionale.

SOUIMANGA DÉCORÉ, *Cinnyris eques*, Less. Plumage d'un brun ferrugineux; une tache d'un rouge de feu au bas de la gorge; bec et pieds noirs. Taille, trois pouces six lignes. De l'île de Waigiou.

SOUIMANGA A DOMINO ROUGE ET NOIR. *V.* PHILÉDON.

SOUIMANGA ÉBLOUISSANT, *Cinnyris splendidus*, Vieill., Levaill., Ois. d'Afr., pl. 295. Parties supérieures d'un vert éclatant, à reflets dorés; tête et cou violets, à reflets bleus et pourprés; rémiges et rectrices d'un noir velouté; poitrine et flancs d'un bleu brillant, tachetés d'un rouge ponceau avec des reflets dorés; bec et pieds noirs. Taille, quatre pouces. La femelle a les parties supérieures brunes, les rémiges et les rectrices olivâtres, les parties inférieures grisâtres. De l'Afrique méridionale.

SOUIMANGA FIGUIER, *Cinnyris Platurus*, Vieill., Levaill., Ois. d'Afrique, pl. 293, fig. 2. Parties supérieures d'un vert bronzé, irisé en violet sur les tectrices caudales et le croupion; rémiges et rectrices d'un beau noir; les deux intermédiaires très-longues, d'un vert doré, à reflets violets, terminées par une palette; gorge vert doré; parties inférieures jaunes; bec court, grêle, droit et noir; pieds bruns. Taille, six pouces. La femelle a le plumage d'un gris roussâtre avec quelques reflets dorés; les rémiges, les rectrices et les tectrices variées de brun et de verdâtre; sa queue est égale. De l'Afrique.

SOUIMANGA A FRONT DORÉ, *Cinnyris auratifrons*, Vieill., Ois. dorés, pl.

5 des Souimangas. Plumage noir, à l'exception de la tête qui est verte, de la gorge et du croupion qui sont d'un violet irisé; épaulettes d'un bleu d'acier; bec et pieds noirs. Taille, cinq pouces et demi. La femelle, Levaill., Ois. d'Afrique, pl. 294, fig. 2, a les parties supérieures d'un gris brun; les inférieures olivâtres, tachetées de noir avec la gorge et le devant du cou d'un gris verdâtre; le bec et les pieds bruns. Les jeunes ont la tête, le cou, les petites tectrices alaires et caudales d'un brun clair, le dessus du cou, les grandes tectrices et les rémiges d'un brun foncé; les parties inférieures grisâtres, tachetées de brun. Du cap de Bonne-Espérance.

SOUIMANGA A FRONT ET JOUES GRIS. *V.* GUIT-GUIT A TÊTE GRISE.

SOUIMANGA GAMTOCIN, *Cinnyris collaris*, Vieill., Levaill., Ois. d'Afrique, pl. 299, fig. 1 et 2. Parties supérieures d'un vert doré, brillant, tirant sur le jaunâtre; rémiges brunes, bordées de vert; parties inférieures d'un jaune pâle; un collier bleu sur la poitrine; bec et pieds noirs. Taille, trois pouces trois lignes. La femelle a le plumage moins brillant, sans collier bleu sur la poitrine. De l'Afrique méridionale.

SOUIMANGA A GORGE VIOLETTE ET POITRINE ROUGE, *Certhia sperata*, var., Lath., Ois. dorés, pl. 30 des Souimangas. Parties supérieures mordorées; croupion, tectrices caudales et rectrices d'un bleu d'acier poli; ailes noires; gorge d'un violet brillant; poitrine rouge; parties inférieures jaunes; tectrices subcaudales vertes; bec et pieds noirs. Taille, trois pouces sept lignes. Les jeunes ont les parties supérieures d'un brun terne; la gorge et la poitrine blanches; les parties inférieures jaunâtres. De l'Inde.

SOUIMANGA GRIS DE LA CHINE, *Dicæum flavipes*, Vieill.; *Certhia grisea*, Lath. Parties supérieures d'un gris cendré; rémiges d'un gris brunâtre; rectrices intermédiaires brunes, terminées de noir; les latérales grises, traversées à l'extrémité par une bande demi-circulaire noire; gorge, poitrine et abdomen d'un roux très-clair; bec noir; pieds jaunes. Taille, quatre pouces.

SOUIMANGA HISTRION. *V*. PHILÉDON NÉGLIOBARRA.

SOUIMANGA A JOUES JAUNES, *Nectarinia chrysogenis*, Temm., pl. col. 388, fig. 1. Parties supérieures d'un vert olivâtre; un bouquet de plumes jaunes sur le méat auditif; sourcils d'un jaune vif; poitrine nuancée de gris et de vert; **parties** supérieures d'un vert jaunâtre; bec très-long, brun, ainsi que les pieds. Taille, cinq pouces six lignes. De Java.

SOUIMANGA DE KUHL, *Nectarinia Kuhlii*, Temm., pl. color. 376, fig. 2 et 3. Sommet de la tête d'un vert brillant; parties supérieures vertes, nuancées d'olivâtre; croupion jaune; rémiges et rectrices brunes; les intermédiaires plus longues; gorge et poitrine d'un rouge vif; un demi-collier bleu qui s'élargit sur les côtés; ventre vert; abdomen blanc; tectrices subcaudales verdâtres; bec et pieds bruns. Taille, quatre pouces. La femelle est plus petite; elle a les parties supérieures d'un vert olivâtre; les rémiges brunes; les parties inférieures vertes à l'exception de l'abdomen qui est blanc, et de la gorge qui est d'un vert plus brillant. De Java.

SOUIMANGA A LONGUE QUEUE DE CONGO, *Cinnyris caudatus*, Vieill., Ois. dorés, pl. 40. Plumage d'un vert doré brillant; rémiges et rectrices brunes, les deux intermédiaires d'un vert doré; haut de la poitrine bleuâtre, le milieu d'un rouge vif; abdomen grisâtre; bec et pieds bruns.

SOUIMANGA DE MALACCA, *Certhia lepida*, Lath. Parties supérieures d'un beau violet chatoyant; front d'un vert foncé irisé; une bande longitudinale d'un gris verdâtre, partant de l'angle du bec, passant sous les yeux, et descendant le long des côtés du cou et s'y élargissant; une raie d'un beau violet s'étendant de-

puis l'angle du bec jusqu'à l'épaule; petites tectrices alaires d'un bleu d'acier; les moyennes d'un brun mordoré, les grandes brunes; gorge d'un rouge brun; parties inférieures jaunes; bec noir; pieds bruns. Taille, cinq pouces. La femelle et les jeunes sont d'un vert olivâtre, avec quelques variations de nuances.

SOUIMANGA MALACHITE, *Certhia formosa*, Lath., Ois. dorés, pl. 37 et 38 des Souimangas. Plumage d'un brun vert brillant; un trait noir velouté entre le bec et l'œil; deux bouquets de plumes jaunes aux côtés de la poitrine; rémiges et rectrices d'un noir violet, bordé de vert doré; les deux intermédiaires plus longues; bec et pieds noirs. Taille, neuf pouces six lignes.

SOUIMANGA MARRON-POURPRÉ A POITRINE ROUGE, *Certhia sperata*, Lath., Buff., pl. enl. 246. Parties supérieures d'un violet changeant en vert doré; tête, gorge et devant du cou variés de fauve et de noir irisé; dessus du cou et haut du dos marron-pourprés; moyennes tectrices alaires brunes, terminées de marron-pourpré; les grandes et les rémiges brunes, bordées de roux; rectrices noirâtres à reflets bleus métalliques, bordées de violet irisé en vert doré; poitrine et haut du ventre rouges; parties inférieures d'un jaune olivâtre; bec noir, jaune en dessous; pieds bruns. Taille, quatre pouces. Des Philippines.

SOUIMANGA MODESTE, *Nectarinia inornata*, Temm., Ois. color., pl. 84, fig. 2. Parties supérieures d'un vert olivâtre; rémiges et rectrices d'un brun verdâtre, bordées de verdâtre plus clair, et terminées de noir en dessus et de gris blanchâtre en dessous; gorge et devant du cou gris, striés de brun; parties inférieures d'un cendré blanchâtre, tacheté de brun. De Java.

SOUIMANGA MORDORÉ, *Cinnyris rubescens*, Vieill. Parties supérieures d'un brun mordoré brillant; front vert doré qui se change en bleu d'azur sur le sommet de la tête; capistrum et lorum noirs; rémiges et rectrices noirâtres, irisées de mordoré; gorge et devant du cou d'un vert doré brillant; haut de la poitrine bordé de bleu; parties inférieures d'un noir velouté; bec et pieds bruns. Taille, quatre pouces six lignes. De l'Afrique.

SOUIMANGA MOUSTAC, *Nectarinia mystacalis*, Temm., Ois. color., pl. 126, fig. 3. Parties supérieures, cou, gorge et petites tectrices alaires d'un rouge pourpré très-éclatant; sommet de la tête, moustaches, croupion et rectrices d'un bleu changeant en violet; rémiges et grandes tectrices alaires brunes, bordées de vert olivâtre; parties inférieures blanches; bec et pieds bruns. Taille, quatre pouces trois lignes. De Java.

SOUIMANGA NAMAQUOIS, *Cinnyris fuscus*, Vieill., Levaill., Ois. d'Afr., pl. 296. Parties supérieures d'un brun irisé; rémiges et rectrices noirâtres; gorge violette à reflets bleus; parties inférieures blanches; bec et pieds bruns. Taille, trois pouces neuf lignes. La femelle a les couleurs beaucoup plus ternes, et les parties inférieures d'un blanc sale. De l'Afrique méridionale.

SOUIMANGA NOIR ET VIOLET. *V.* GUIT-GUIT NOIR ET BLEU.

SOUIMANGA OLIVE DE MADAGASCAR, *Certhia olivacea*, Lath. Parties supérieures d'un vert olive foncé; sommet de la tête d'un vert noirâtre; rémiges et rectrices brunes, bordées de vert olive; auréole des yeux blanchâtre; gorge et parties inférieures d'un gris brun; bec et pieds noirâtres. Taille, quatre pouces.

SOUIMANGA A OREILLON VIOLET, *Nectarinia phœnicotis*, Temm., Ois. color., pl. 108, fig. 1, et pl. 388, fig. 2. Parties supérieures d'un vert doré brillant; rémiges et tectrices alaires brunes, bordées de vert; rectrices noirâtres, lisérées de vert brillant; méat auditif recouvert d'un bouquet de plumes violettes, en dessous une bandelette ondulée, orangée, tachetée de violet; gorge et poitrine orangée; parties inférieures

jaunes; bec et pieds bruns. Taille, quatre pouces. La femelle est un peu plus petite; elle a les parties supérieures vertes; les rémiges et les tectrices brunâtres, bordées de vert olive; la gorge et le devant du cou d'un orangé tirant sur le marron; les rectrices noirâtres; les parties inférieures jaunes, nuancées de verdâtre. De Java.

SOUIMANGA PAPOU, *Cinnyris Novæ-Guineæ*, Lesson. Parties supérieures d'un vert olivâtre qui tire au jaune sur le croupion; rémiges brunes, bordées extérieurement d'olivâtre; rectrices courtes, égales, d'un brun olivâtre; gorge et devant du cou d'un vert jaunâtre; abdomen jaune; le reste des parties inférieures verdâtre; bec noir; pieds cendrés. Taille, trois pouces quatre lignes.

SOUIMANGA PECTORAL, *Nectarinia pectoralis*, Temm., Ois. color., pl. 138, fig. 3. Parties supérieures d'un violet pourpré très-foncé; sommet de la tête d'un vert doré; petites tectrices alaires et caudales d'un vert métallique foncé; rémiges brunes; menton, gorge et poitrine antérieure d'un rouge vif; haut du ventre bleu d'azur; parties inférieures noires; un bouquet de plumes dorées de chaque côté de la poitrine; bec et pieds noirs. Taille, quatre pouces. De Java.

SOUIMANGA PERREIN, *Cinnyris Perreinii*, Vieill. Parties supérieures d'un vert doré très-éclatant, les inférieures d'un beau noir velouté; bec et pieds d'un noir mat; queue échancrée. Taille, cinq pouces six lignes. De l'Afrique.

SOUIMANGA A PLASTRON ROUGE, *Cinnyris smaragdinus*, Levaill., Ois. Parties supérieures d'un vert d'émeraude, doré; croupion et tectrices caudales d'un bleu pourpré; rémiges d'un brun noirâtre, bordé d'olivâtre; une tache jaune sous les aisselles; rectrices noires, irisées de bleu; un collier de cette dernière nuance; poitrine rouge; parties inférieures d'un gris olivâtre; bec et pieds noirs. Taille, cinq pouces. La femelle est plus petite ; elle a les parties supérieures d'un gris brun cendré, et les inférieures blanchâtres, avec la poitrine d'un gris olivâtre. De l'Afrique méridionale.

SOUIMANGA POURPRÉ, *Cinnyris purpuratus*, Vieill., Ois. dorés, pl. 11 des Souimangas. Parties supérieures d'un vert irisé ; front d'un brun noir ; sommet de la tête irisé en violet pourpré ; rémiges noires ; tectrices alaires bleues ; rectrices noirâtres, nuancées de bleu ; gorge d'un violet foncé ; deux ceintures, l'une d'un vert irisé en violet, et l'autre rouge sur la poitrine ; un bouquet de plumes jaunes de chaque côté ; ventre, bec et pieds noirs. Taille, quatre pouces six lignes. La femelle et les jeunes ont les parties supérieures d'un gris brun olivâtre, et les inférieures d'un blanc jaunâtre. De l'Afrique méridionale.

SOUIMANGA ROUGE DORÉ, *Cinnyris nibarus*, Vieill. ; *Cinnyris rubrofusca*, Cuv., Ois. dorés, pl. 27. Plumage rouge doré ; rémiges et rectrices brunes ; petites tectrices alaires d'un violet brillant ; bec et pieds noirs. Taille, trois pouces neuf lignes.

SOUIMANGA ROUGE ET GRIS, *Nectarinia rubrocana*, Temm., Ois. color., pl. 108, fig. 2 et 3 ; Levaill., Ois. d'Afriq., pl. 236. Parties supérieures, gorge et haut de la poitrine d'un rouge de vermillon ; rémiges et rectrices d'un brun noirâtre, avec un reflet bleu ; tectrices alaires d'un bleu métallique ; parties inférieures blanches, nuancées de grisâtre ; bec et pieds bruns. Taille, trois pouces six lignes. La femelle a la tête, le dessus du cou et du corps d'un gris cendré plus pâle vers le front et les yeux ; le croupion rouge ; les rémiges et les rectrices brunes ; la gorge et toutes les parties inférieures d'un gris de perle. De Java.

SOUIMANGA ROUX. *V.* GUIT-GUIT FAUVE.

SOUIMANGA ÉCARLATE, *Certhia rubra*, Lath., Ois. dorés, pl. 54 des Héorotaires. Parties supérieures, gorge, poitrine et haut du ventre d'un

beau rouge écarlate ; rémiges et rectrices noires ; parties inférieures blanches ; bec et pieds noirs. Taille, quatre pouces six lignes. De l'Océanie.

SOUIMANGA SIFFLEUR, *Certhia cantillans*, Lath. Parties supérieures d'un gris cendré bleuâtre ; une tache triangulaire d'un jaune orangé sur le dos ; tectrices caudales d'un jaune clair ; gorge et devant du cou d'un blanc grisâtre tirant sur le bleu ; le reste des parties inférieures blanchâtre ; cuisses cendrées ; bec et pieds noirs. Taille, trois pouces quatre lignes. De l'Inde.

SOUIMANGA SOLA, *Cinnyris Sola*, Vieill. Parties supérieures d'un vert doré brillant ; rectrices latérales blanches à l'extrémité ; gorge d'un bleu foncé, irisé ; devant du cou et parties inférieures d'un jaune pâle ; bec noir ; pieds bruns. Taille, quatre pouces. Du Bengale.

SOUIMANGA SOUCI, *Nectarinia solaris*, Temm., Ois. color., pl. 347, fig. 5. Parties supérieures d'un vert olive foncé ; sommet de la tête d'un bleu brillant, irisé en vert doré ; rémiges, rectrices et tectrices d'un brun noirâtre, bordées de brunâtre ; gorge et devant du cou d'un beau bleu changeant en violet ; parties inférieures d'un jaune de souci très-éclatant ; bec et pieds bruns. Taille, quatre pouces. D'Amboine.

SOUIMANGA SOUGNIMBINDOU, *Cinnyris superbus*, Vieill. Parties supérieures d'un vert doré brillant ; sommet de la tête d'un bleu d'azur ; rémiges et rectrices d'un brun noirâtre ; gorge d'un violet pourpré à reflets d'or et d'azur ; poitrine d'un rouge velouté ; un collier ou plutôt une ceinture d'un vert doré éclatant ; parties inférieures d'un rouge foncé ; bec et pieds noirs. Taille, six pouces. De l'Afrique.

SOUIMANGA SUCRION, *Cinnyris pusillus*, Vieill., Levaill., Ois. d'Afriq., pl. 298. Parties supérieures d'un marron pourpré ; croupion et tectrices caudales d'un violet éclatant ; rectrices intermédiaires et bord des latérales d'un vert bronzé; poitrine et parties inférieures d'un jaune orangé foncé; bec et pieds noirs. Taille, trois pouces huit lignes. La femelle est un peu plus petite; elle a les parties supérieures d'un vert olivâtre; les inférieures d'un jaune très-pâle, plus foncé sur la poitrine et les flancs. De l'Afrique méridionale.

SOUIMANGA A TOUFFES JAUNES. *V*. SOUIMANGA A BOUQUETS.

SOUIMANGA TRICOLORE, *Cinnyris tricolor*, Vieill., Ois. dorés, pl. 23 des Souimangas. Parties supérieures d'un rouge cuivreux, à reflets violets et verdâtres; rémiges et rectrices brunes; gorge cuivreuse; parties inférieures noires ainsi que le bec et les pieds. Taille, quatre pouces neuf lignes. De l'Afrique occidentale.

SOUIMANGA A VENTRE ÉCARLATE, *Nectarinia coccinigaster*, Temm., pl. color. 388, fig. 3. Parties supérieures d'un marron pourpré foncé; sommet de la tête d'un vert métallique; croupion et tectrices caudales d'un bleu d'acier à reflets verts et violets; tectrices alaires d'un mordoré pourpré, les grandes bordées de bleu d'acier, ainsi que les rectrices; rémiges brunes, bordées de fauve; gorge, devant du cou et poitrine d'un bleu violet métallique; ventre d'un rouge écarlate; le reste des parties inférieures olivâtre; bec et pieds bruns. Taille, trois pouces six lignes. Des Philippines.

SOUIMANGA VERT ET BRUN, *Cinnyris nitens*, Vieill., Ois. dorés, pl. 24 des Souimangas. Parties supérieures d'un beau vert à reflets métalliques; rémiges et rectrices brunes; gorge d'un vert doré; poitrine d'un bleu violet, nuancée de rouge terne; abdomen d'un brun noirâtre; bec et pieds noirs. Taille, quatre pouces six lignes. De l'Afrique occidentale.

SOUIMANGA VERT ET GRIS, Ois. dorés, pl. 25 des Souimangas. Parties supérieures vertes; rémiges et rectrices brunes, bordées de vert; sommet de la tête d'un vert cuivreux irisé; parties inférieures grises; bec et pieds noirs. Taille, quatre pouces six lignes. De l'Afrique occidentale.

SOUIMANGA VERT A VENTRE BLANC, *Cinnyris leucogaster*, Vieill. Parties supérieures d'un vert doré; rémiges et rectrices noires; gorge verte à reflets brillans; poitrine d'un bleu d'acier; parties postérieures blanches; bec noir; pieds bruns. Taille, cinq pouces. De Timor.

SOUIMANGA VIOLET A POITRINE ROUGE, *Certhia senegalensis*, Lath.; *Cinnyris discolor*, Vieill., Ois. dorés, pl. 8 des Souimangas. Parties supérieures d'un brun pourpré; rémiges, rectrices et tectrices d'un brun jaunâtre; tête et haut de la gorge d'un vert doré brillant; un trait du même éclat qui part du bec, passe sous les yeux et descend sur les côtés du cou; gorge et poitrine variées de reflets bleus, violets et rouges; parties inférieures d'un rouge vineux; bec et pieds noirs. Taille, quatre pouces trois lignes. La femelle a les parties supérieures d'un brun roussâtre; le devant du cou et la poitrine d'un blanc tacheté de bleu; le reste des parties inférieures d'un gris blanchâtre.   (DR..Z.)

SOULAMEA. BOT. PHAN. Genre de la famille des Polygalées, établi par Lamarck (Dict. encycl., 1, p. 449) et offrant les caractères suivans: calice à cinq sépales dont trois extérieurs très-petits, deux intérieurs plus grands, concaves; un seul pétale concave; six étamines?; capsule ou samare indéhiscente, comprimée, subéreuse, orbiculée, échancrée, biloculaire; graines dépourvues d'albumen. Ce genre n'est que provisoire, attendu l'insuffisance des renseignemens que l'on possède sur son organisation florale. Il se compose d'une seule espèce, *Soulamea scabra*, Lamk., *loc. cit.*; *Rex amaroris*, Rumph., *Herb. Amb.*, 2, p. 129, tab. 41. Cette Plante est munie de grandes feuilles ovales-oblongues, à peu près comme celles du *Polygala*

SOU

venenosa. Elle croît dans les Moluques. (G..N.)

SOULCIE ET SOULCIET. OIS. Espèces du genre Gros-Bec. *V.* ce mot. (DR..Z.)

SOULGAN. MAM. Espèce de Lagomys. (B.)

SOULIER DE NOTRE-DAME. BOT. PHAN. L'un des noms vulgaires du *Cypripedium Calceolus.* (B.)

- SOULILI. MAM. Espèce du genre Guenon. *V.* ce mot. (B.)

* SOUMEA. BOT. PHAN. (Bory de Saint-Vincent, Ann. des Sc. phys. de Bruxelles.) Syn. de *Calycera* de Richard. *V.* CALYCÈRE. (G .N.)

* SOUMLO. BOT. PHAN. *V.* CAMEO.

* SOUNI. BOT. PHAN. (Gaimard.) Ce nom de l'*Arum esculentum* dans les îles Marianes, paraît encore être un dérivé de Songer. *V.* ce mot et CHAUCHAN. (B.)

SOURBEIRETTE. BOT. PHAN. L'un des noms vulgaires de l'Aigremoine dans le midi de la France. (B.)

SOURCES. GÉOL. Les eaux pluviales et celles qui proviennent de la fonte des neiges et des glaces des hautes montagnes, s'infiltrent en partie dans les fissures du sol et à travers les terrains meubles ou perméables, et elles descendent ainsi dans l'intérieur de la terre jusqu'à ce qu'elles rencontrent des couches qui leur soient imperméables; alors elles glissent dessus en suivant les sinuosités des fissures ou des intervalles qui les séparent des couches supérieures, et, après un trajet plus ou moins long, elles viennent sortir à la surface du sol sous la forme de Sources. Les Sources sont en général plus abondantes dans les montagnes que dans les pays de plaines. Tantôt elles coulent avec calme et régularité, tantôt elles sortent avec impétuosité et jaillissent à des hauteurs quelquefois considérables. C'est à ces dernières que l'on a donné le nom de *Fontaines jaillissantes.* Il en existe

dans un grand nombre de localités en France; mais les plus célèbres sont celles d'Islande, qui sont connues sous le nom de *Geyser;* elles sont situées dans la vallée de Rikum, près de la ville de Skalholt. Le jet de ces eaux s'élève souvent à plus de cent cinquante pieds de hauteur; elles recouvrent le sol, sur lequel elles retombent, d'incrustations siliceuses en forme de choux-fleurs; leur température varie de 80 à 100° centigrades. On peut dans beaucoup d'endroits où il existe des nappes d'eau souterraines, se procurer artificiellement des Sources jaillissantes en perçant, à l'aide d'une sonde, les couches solides qui recouvrent ces nappes d'eau; on donne aux Sources que l'on obtient de cette manière, le nom de *Sources artésiennes.* La disposition du réservoir souterrain et la forme du canal par lequel l'eau en sort, et que l'on peut comparer à une sorte de siphon, donne lieu quelquefois au phénomène des fontaines intermittentes; les intermittences sont de courte durée, ou bien elles durent des mois ou des années entières. La température des eaux de Sources est très-variable : il en est qui sont chaudes, et quelquefois presque autant que l'eau bouillante; et d'autres dont le degré de chaleur égale seulement la température moyenne du lieu d'où elles sortent: de-là la distinction que l'on a établie entre les Sources chaudes ou thermales et les Sources d'eaux froides. Le phénomène des eaux thermales paraît avoir pour cause unique un fait aujourd'hui bien constaté, celui de l'élévation de la chaleur dans les couches situées à une certaine profondeur au-dessous du sol. Des observations nombreuses prouvent que, sur chaque point de la terre, les températures fixes des lieux profonds sont croissantes à mesure qu'on descend à de plus grandes profondeurs. Or, la température des eaux de Sources doit représenter celles des couches dans lesquelles elles ont séjourné. On peut voir à l'article EAUX de ce

Dictionnaire, les principales distinctions que l'on peut établir entre les eaux de Sources, d'après la nature des principes qu'elles contiennent. Pour compléter les détails qui ont été donnés sur ce sujet, nous nous bornerons à considérer ici les Sources minérales sous le double rapport de leur gisement et de leur composition chimique. On voit des eaux minérales sortir de toute espèce de terrains, depuis les plus anciens jusqu'aux plus modernes; mais ces eaux pouvant venir d'un terrain très-différent et quelquefois très-éloigné de celui qui leur donne issue, il n'est pas facile de remonter à leur véritable origine. Alex. Brongniart a essayé de distribuer les eaux minérales connues d'après l'époque de formation des terrains d'où elles sortent : il résulte clairement de son travail, que les matières dissoutes dans les eaux minérales n'ont souvent aucun rapport avec les matériaux qui entrent dans la composition des Roches qu'elles traversent; que les eaux des terrains primordiaux sont presque toutes thermales, et possèdent même en général une haute température; que les matières qui dominent dans leur composition sont le Gaz hydrogène sulfuré, l'Acide carbonique libre, des Sels à base de Soude, de la Silice, peu de Sels à base de Chaux, excepté le Carbonate, et peu de Fer; que les eaux des terrains intermédiaires et secondaires participent des propriétés des eaux inférieures, et qu'on y trouve peu de Silice, peu d'Acide carbonique libre, beaucoup de Carbonate de Soude et de Sulfate de Chaux; que les eaux des terrains tertiaires sont froides, c'est-à-dire n'ont que la température moyenne du lieu d'où elles sourdent; qu'elles appartiennent aux assises inférieures de ces terrains, et renferment principalement du Carbonate de Chaux, du Carbonate de Fer, du Sulfate de Chaux et du Sulfate de Magnésie. Afin de mettre à même d'apprécier la nature des substances que renfer-

ment les eaux minérales de ces différentes classes de terrains, nous indiquerons ici les principaux résultats de l'analyse de quelques-unes des plus célèbres.

A. Eaux minérales sortant des terrains primitifs.

1°. Eaux de Baréges (Hautes-Pyrénées) : température, 38° centigrades ; substances dominantes : Hydrogène sulfuré, Acide carbonique, Sulfate de Chaux, Carbonate de Chaux et Hydrochlorate de Soude.

2°. Eaux de Bagnères de Luchon (département de la Haute-Garonne) : température, au-dessus de 30°; substances dominantes : Hydrogène sulfuré, Acide carbonique, Sulfate de Chaux, Sulfate de Magnésie, Hydrochlorate de Magnésie, Silice.

3°. Eaux de Carlsbad en Bohême : température, 74°; substances dominantes : Acide carbonique, Sulfate de Soude, Carbonate de Soude, Hydrochlorate de Soude, Carbonate de Chaux, Silice.

B. Eaux sortant des terrains intermédiaires et secondaires.

1°. Eaux de Vichy (département de l'Allier) : température, de 22 à 46° centigrades ; substances dominantes : Acide carbonique, Carbonate de Soude, Carbonate de Chaux.

2°. Eaux de Plombières, dans les Vosges : température, 38 à 67°; substances dominantes : Sulfate de Soude, Carbonate de Soude, Silice, Hydrochlorate de Soude.

3°. Eaux de Pyrmont, en Westphalie : température moyenne; substances dominantes : Acide carbonique, Hydrochlorate de Soude, Sulfate de Soude, Hydrochlorate de Magnésie, Carbonate de Magnésie, Carbonate de Chaux.

c. Eaux sortant des terrains tertiaires.

1°. Eaux d'Enghien, près Paris : température moyenne; substances dominantes : Hydrogène sulfuré, Sulfate et Hydrochlorate de Magnésie, Sulfate de Chaux, Carbonate de Chaux.

2°. Eaux d'Epsom, comté de Surrey : température moyenne ; substance dominante : Sulfate de Magnésie. (G. DEL.)

SOURCIL. POIS. (Bonnaterre.) Syn. de Vagabond, espèce du genre Chœtodon. *V.* ce mot. (B.)

SOURCIL D'OR. POIS. Syn. de Pompile. *V.* CORYPHOENE. (B.)

SOURCIL DE VÉNUS. BOT. PHAN. L'un des noms vulgaires de l'Achillée millefeuille. (B.)

SOURCILE. OIS. L'un des noms vulgaires du Roitelet. (B.)

SOURCILIER. POIS. *Blennius superciliosus*, L. Espèce du genre Blennie. *V.* ce mot. (B.)

* SOURCILLEMENT. GÉOL. *V.* MONTAGNES.

SOURD. REPT. L'un des noms vulgaires de la Salamandre. On nomme aussi SOURD au Sénégal un Lézard qui détruit les Blattes qui sont si incommodes dans tous les pays chauds. (B.)

SOURDE. OIS. Espèce du genre Bécasse. *V.* ce mot. (DR..Z.)

SOURDON. CONCH. L'un des noms vulgaires sur nos côtes du *Cardium edule*, L. (B.)

SOURICEAU. MAM. La Souris dans le jeune âge. (B.)

SOURIS. MAM. Espèce du genre Rat. *V.* ce mot. On a improprement appelé :
Souris D'AMÉRIQUE, une Musaraigne.
Souris DE BOIS, les Didelphes.
Souris D'EAU, le *Sorex fodiens*.
Souris DE MONTAGNES, le Lemming.
Souris DE MOSCOVIE, la Marte Zibeline.
Souris A DEUX PIEDS, le Gerbo, etc. (B.)

* SOURIS. OIS. Espèce du genre Perroquet, Perruche-Souris. *V.* PERROQUET. On a aussi donné ce nom à un Pigeon. *V.* ce mot. (DR .Z.)

SOURIS. POIS. L'un des noms vulgaires de Baliste caprisque. *V.* BALISTE. (B.)

SOURIS. MOLL. Nom vulgaire et marchand d'une Porcelaine, *Cypræa lurida*, Lamk. (D.-H.)

SOURIS-CHAUVE. MAM. On appelle ainsi les Chauve-Souris dans certains cantons de la France. (B.)

SOURIS DE MER. POIS. Des Baudroies et un Cycloptère ont été vulgairement appelés de la sorte sur certaines côtes. (B.)

SOURIS GRISES, ROSES, etc. BOT. CRYPT. Paulet nomme ainsi quelques Agarics. (B.)

SOUROUBEA. BOT. PHAN. (Aublet.) Ce genre a été réuni au *Ruyschia*, genre de la famille des Marcgraviacées. *V.* RUYSCHIE. (A. R.)

* SOUROUCOUA. OIS. Nom brésilien du Couroucou à ventre jaune, *Trogon viridis*. (LESS.)

SOUS - ARBRISSEAUX. *Suffrutices*. BOT. PHAN. On appelle ainsi les Végétaux à racine vivace dont la tige est ligneuse dans sa partie inférieure qui est persistante, tandis que les rameaux ou les extrémités sont herbacés et meurent chaque année ; tels sont la Vigne-Vierge, la Rue officinale, etc. (A. R.)

SOUSLIC. MAM. Espèce type du genre Spermophile. *V.* ce mot. (B.)

SOUTENELLE. BOT. PHAN. Plusieurs espèces d'Arroches maritimes ont reçu ce nom vulgaire sur nos côtes, mais non le Pourpome comme il est dit dans Déterville, où l'on trouve aussi écrit SOUTESCELLE pour l'*Atriplex maritima*. (B.)

SOUTHWELLIA. BOT. PHAN. La Plante décrite et figurée par Salisbury (*Parad. Lond.*, tab. 69) sous le nom de *Southwellia nobilis*, est la même que le *Sterculia monosperma* de Ventenat (Malmaison, tab. 91) ou *S. nobilis* de Smith et de DeCandolle. *V.* STERCULIE. (G..N.)

SOUVENEZ VOUS DE MOI ET

SOUVENEZ-VOUS-EN. bot. phan.
Le *Myosotis perennis*, De Cand. *V.*
MYOSOTIDE.   (b.)

SOWERBÆA. bot. phan. Genre
de la famille des Asphodélées et de
l'Hexandrie Monogynie, L., établi
par Smith (*Transact. Soc. Linn.*, 4,
p. 218) et adopté par R. Brown qui
l'a ainsi caractérisé : périanthe à six
divisions profondes, égales, étalées,
persistantes; étamines insérées à la
base du périanthe; les trois opposées
aux folioles de celui-ci et fertiles,
ayant les loges des anthères séparées,
les trois autres stériles; ovaire à trois
loges dispermes; style filiforme, persistant, surmonté d'un stigmate simple; capsule renfermée dans le périanthe persistant, à trois loges et à
autant de valves qui portent les cloisons sur leur milieu; graines peu
nombreuses, ordinairement solitaires, peltées. Ce genre est rapproché
de l'*Allium*, et ne se compose que
d'une seule espèce, *S. juncea*, Smith,
loc. cit.; Andr., *Repos.*, 81; *Bot.
Magaz.*, 1104. Cette Plante croît à la
Nouvelle-Hollande, aux environs du
port Jackson. C'est une Herbe vivace,
à racines fasciculées, fibreuses. Les
feuilles sont radicales, filiformes,
s'engaînant à la base par deux membranes latérales qui se terminent en
une sorte de stipule foliacée comme
dans les Graminées. La hampe porte
une sorte d'ombelle globuleuse de
fleurs roses, soutenues par un involucre de bractées membraneuses. (g..n.)

SOYEUX. bot. crypt. L'une des
familles de Champignons de Paulet
dont les espèces sont le Soyeux gris
blanc, le Soyeux marron, le Soyeux
noisette et le Soyeux tors.   (b.)

SOY-IE. ois. Espèce peu connue
du genre Héron. *V.* ce mot. (dr..z.)

SPACK. min. C'est ainsi qu'on
nomme, dans les salines de Pologne,
le Sel gemme mêlé avec l'Argile.
                            (g. del.)

SPADACTIS. bot. phan. H. Cassini (Dict. des Sciences naturelles) a
proposé sous ce nom un genre ou

sous-genre formé aux dépens des
Atractylis. Ce genre se distingue des
vrais *Atractylis*, 1° par la calathide
vraiment radiée, composée au centre
de fleurs égales, régulières, hermaphrodites, et à la circonférence de
fleurs ligulées, neutres, beaucoup
plus longues que celles du centre;
2° par les folioles de l'involucre qui
sont aiguës au sommet, au lieu d'être
tronquées. A ce genre appartient l'*A-
tractylis flava* de Desfontaines, et
peut-être la variété β de l'*Atractylis
humilis* de Linné.   (g..n.)

SPADICE. *Spadix.* bot. phan. On
appelle ainsi un mode d'inflorescence
dans lequel un grand nombre de
fleurs unisexuées ou hermaphrodites
sont portées sur un pédoncule ou
axe commun, plus ou moins renflé,
simple, sans enveloppes florales propres, ou quelquefois simplement
munies d'une écaille qui est tout-à-
fait distincte de la fleur, ce qui distingue surtout la Spadice du chaton,
puisque dans cette dernière sorte
d'inflorescence ce sont les écailles
elles-mêmes qui supportent les organes sexuels. Le Spadice ne s'observe que dans les Plantes monocotylédones. Quelquefois il est nu
comme dans les Poivriers; d'autres
fois il est enveloppé d'une spathe
comme dans les Aroïdées.   (a. r.)

SPADON. pois. (Dutertre.) Syn.
d'Espadon, l'un des noms donnés
mal à propos au *Squalus pristis*, L.
V. PRISTOBATE. Le véritable Espadon
appartient au genre *Xiphias. V.* ce
mot.   (b.)

SPADONIA. bot. crypt. Fries
dans les *Novitiæ Suecicæ*, pag. 80
(1814), avait indiqué sous ce nom un
genre établi d'après le *Phalloidas-
trum bononiense alpinum Bassii* de
Battara, *Fung. Arim.*, p. 75, tab. 40,
fig. a, e. On ne retrouve ce genre
dans aucun de ses ouvrages postérieurs, tels que son *Systema mycologicum* et son *Systema orbis vegetabilis*, d'où l'on peut présumer qu'il
aura trouvé la description et la figure
de Battara trop vagues pour fonder

sur cette simple indication un genre qui ne paraît pas avoir été revu depuis cet auteur qui lui-même ne le décrit que d'après les notes de Bassius. Si la description est exacte, cette Plante diffère des Phallus par son chapeau imperforé, couvert d'une couche gélatineuse en dehors et garni de feuillets en dessous.   (AD. B.)

SPAENDONCÉE. BOT. PHAN. Et non *Spandoncée*. (Desfontaines.) *V.* CADIA.

SPALANGIE. *Spalangia*. INS. Genre d'Insectes de l'ordre des Hyménoptères, famille des Pupivores, tribu des Chalcidites, ayant pour caractères : antennes coudées, insérées très-près de la bouche, proportionnellement plus longues que celles des autres Chalcidites, simples, de dix articles ; mandibules bidentées ; palpes très-courts ; corps allongé avec le thorax rétréci en devant, l'abdomen ovale, les pates droites ; ailes supérieures ayant près de la côte une nervure longitudinale, se recourbant avant le milieu pour s'unir au bord extérieur, et émettant ensuite un peu plus bas un petit rameau commençant la cellule radiale. La seule espèce décrite, la SPALANGIE NOIRE, *Spalangia nigra*, est longue de trois lignes, noire, ponctuée, avec les ailes un peu velues, et les tarses bruns. Des environs de Paris. *V.* notre *Gener. Crust. et Insect.*, et l'article SPALANGIE de l'Encyclopédie méthodique.   (LAT.)

SPALAX. MAM. *V.* ASPALAX.

SPALLANZANIA. BOT. PHAN. Le genre établi sous ce nom par Pollini (*Plant. nov. hort. Veron.*, pag. 10, tab. 1) et qui a pour type l'*Agrimonia agrimonoides*, L., a été publié à la même époque par Nestler, sous le nom d'*Amonia*. *V.* ce mot. Le même genre avait déjà été proposé par Necker, sous celui d'*Aremonia*.

Necker avait anciennement donné le nom de *Spallanzania* au *Pirigara* d'Aublet, ou *Gustavia*, L. *V.* PIRIGARA.   (G. N.)

SPALME. MIN. C'est le nom que l'on donnait autrefois au Bitume malte qu'on faisait entrer dans la composition du goudron dont on enduisait les navires.   (G. DEL.)

SPANANTHE. BOT. PHAN. Le genre ainsi nommé par Jacquin a été réuni aux Hydrocotyles sous le nom d'Hydrocotyle Spananthe.   (A. R.)

* SPANDONCÉE. *V.* SPAENDONCÉE.

SPARACTE. *Sparactes*. OIS. Genre de l'ordre des Insectivores. Caractères : bec dur, épais, un peu déprimé à la base, très-dilaté sur les côtés, sans arête saillante, un peu courbé et comprimé à la pointe ; mandibule supérieure convexe, bombée dès sa naissance, échancrée de chaque côté vers le milieu ; mandibule inférieure forte, large, évasée, à peine obtuse ; narines placées vers la base, latérales, percées dans la masse cornée en un sillon qui s'étend un peu en avant du trou nasal ; pieds forts ; tarse plus long que le doigt du milieu ; doigts divisés, les latéraux inégaux ; ailes longues ; la première rémige courte, les troisième et quatrième plus longues. Le genre Sparacte, vulgairement nommé *Bec-de-Fer*, a été institué par Illiger et Vieillot, d'après un Oiseau décrit et nommé par Levaillant dans son Histoire naturelle des Oiseaux d'Afrique, pl. 79. Les mœurs, comme la patrie de cet Oiseau dont jusqu'à présent l'on ne connaît que deux individus en Europe, sont complétement ignorées. Levaillant a jugé qu'il devait être insectivore par la brièveté de la langue qu'il a trouvée collée au fond de la gorge dans l'individu qu'il a possédé.

SPARACTE ORDINAIRE, *Lanius superbus*, Shaw. Parties supérieures noires ; tête surmontée d'une huppe d'environ quatre pouces de hauteur, formée par des plumes étroites, de longueur inégale et creusées en gouttière, qui se redressent verticalement sur le front, et dont l'extrémité retombe en avant ; croupion et tectrices caudales supérieures d'un jaune verdâtre; gorge couverte de plumes roides d'un rouge vif avec quelques traits jaunes; poitrine et ventre noirs; une large bande jaune marquée de rouge et de noir sur le milieu du corps; bec d'un gris de fer; pieds bleuâtres; ongles noirs; ailes pliées dépassant la moitié de la longueur de la queue. Longueur, dix pouces.

(DR..Z.)

SPARALION ou **RASPAILLON.** pois. Espèce du genre Spare.   (B.)

SPARASION. ins. Genre de l'ordre des Hyménoptères, de la famille des Pupivores, tribu des Oxyures, distingué des autres de cette tribu par les caractères suivans : ailes supérieures ayant une cellule radiale, mais sans nervures basilaires; palpes maxillaires saillans; antennes insérées près de la bouche, de douze articles dans les deux sexes, plus grosses vers le bout ou en massue dans les femelles; abdomen aplati. Nous avons distingué sous le nom de Frontal l'espèce la plus commune; c'est le *Ceraphron cornutus* de Jurine, Hyménopt., pl. 13.   (LAT.)

SPARASSE. *Sparassus.* ARACHN. (Walkenaer.) *V.* MICROMMATE.

SPARASSIS. BOT. CRYPT. (*Champignons.*) Genre de la tribu des Clavariées, établi par Fries et caractérisé ainsi : réceptacle charnu, très-rameux; rameaux dilatés, comprimés, lisses, formés de deux membranes appliquées les unes contre les autres, portant les thèques sur leurs deux faces. Le type de ce genre est le *Clavaria crispa*, Wulfen, *in Jacq. Miscel.*, 2, pag. 100, tab. 14, fig. 1. Espèce qui croît dans les bois de Sapins du nord de l'Allemagne; elle atteint plus d'un pied et est formée de rameaux nombreux d'un blanc jaunâtre; son goût est très-délicat et la fait rechercher comme aliment; on connaît une seconde espèce de ce genre originaire d'Amérique et désignée par Schweinitz sous le nom de *Merisma spathulatum.* (AD. B.)

SPARAXIS. BOT. PHAN. Genre de la famille des Iridées et de la Triandrie Monogynie, L., établi par Ker dans le *Botanical Magazine*, sur quelques espèces qui appartenaient aux genres *Gladiolus* et *Ixia*. C'est surtout de ce dernier genre qu'il est très-rapproché; car il ne s'en distingue que par de faibles caractères dont voici les plus essentiels : spathe scarieuse, lacérée sur ses bords, divisée en deux valves; corolle tubuleuse, à limbe régulier ou à deux lèvres; trois étamines; trois stigmates recourbés; capsule oblongue, globuleuse. Les plantes qui composent ce genre sont semblables par le port aux Glayeuls et aux Ixies. On en compte aujourd'hui environ dix espèces qui, comme ces dernières, sont originaires du cap de Bonne-Espérance, et que l'on cultive en Europe dans quelques jardins. Parmi ces espèces, nous citerons les *Sparaxis tricolor* et *S. grandiflora*, *Bot. Magaz.*, n. 381 et 541, le *S. liliago* ou *Ixia liliago*, Redouté, Liliacées, tab. 109.   (G..N.)

SPARCETTE. BOT. PHAN. L'un des synonymes vulgaires de Sainfoin. *V.* ce mot.   (B.)

SPARE. *Sparus.* POIS. Genre démembré par Cuvier et bien plus nombreux en espèces dans Linné et Lacépède; les vrais Spares, Poissons osseux acanthoptérygiens et de la famille des Percoïdes, ont les mâchoires peu extensibles et garnies sur les côtés de molaires rondes, semblables à des pavés. Leur nourriture consiste principalement en fucus. L'ancien Scare, *Scarus* des Latins, qui vivait d'herbes et ruminait, devait appartenir à ce genre suivant Cuvier. On les divise ainsi qu'il suit :

† SARGUE, *Sargus*, Cuv.

Des dents incisives larges et développées en avant.

Les espèces de ce sous-genre sont : la Sargue, *Sparus Sargus*, L., Bloch, 264; *Sparus annularis*, La Roche, Ann. Mus. T. XIII, pl. 24, f. 13 (*Sp. haffara*, Risso); *Sp. acutirostris*,

La Roche, *ibid.*, f. 12 (*Sp. annularis*, Risso); *Sp. puntazzo*, La Roche, *id.*; *Sp. ovicephalus*, La Roche, *ibid.*

†† DAURADE, Cuv.

Quatre ou six dents coniques en avant et placées sur un seul rang, les autres en pavé.

Le type de ce sous-genre est la Daurade, *Sp. aurata*, L., Bl., 266. Treize autres espèces figurées par Bloch ou décrites par Lacépède et Forskahl lui appartiennent.

††† PAGRE, *Pagrus*, Cuv.

Dents nombreuses, en brosse, en avant : celles du premier rang plus grandes.

Les trois espèces de ce sous-genre les plus remarquables sont : le Pagre, *Sparus argenteus*, et le Pagel, *Sparus erythrinus*, L.; le *Pagrus*, Bloch, pl. 267.   (LESS.)

SPARÈDRE. *Sparedrus*. INS. Genre de l'ordre des Coléoptères, famille des Sténélytres, tribu des Œdémérites, indiqué dans le Catalogue du comte Dejean, d'après Megerle, mais qui n'en a pas, à notre connaissance, donné les caractères. L'Insecte servant de type avait été rangé avec les *Calopus* sous le nom spécifique de *testaceus* (Schœnh., *Synon. Insect.*); il s'en rapproche en effet beaucoup; mais ses antennes ne sont point en scie, et leur second article est proportionnellement plus allongé, en forme de cône renversé, tandis que dans les Calopes il est en forme de nœud et transversal. Ces organes sont insérés dans une échancrure des yeux; les élytres ne sont point rétrécies en pointe vers leur extrémité, et les pieds sont semblables dans les deux sexes. Ces caractères serviront à distinguer les Sparèdres des Dytiles de Fischer, et des Dryops et Nécydales de Fabricius, ou les Œdémères d'Olivier. Le genre *Pedilus* du premier (Entom. de la Russ., 1, p. 35, pl. 5) nous semble avoir beaucoup d'affinité avec celui qui est l'objet de cet article.   (LAT.)

SPARGANIER. *Sparganium*. BOT. PHAN. Ce genre, que l'on désigne encore sous les noms de Rubanier ou Ruban d'eau, appartient à la famille des Typhinées et à la Monœcie Triandrie, L. Ses fleurs sont unisexuées, monoïques, disposées en chatons globuleux, les mâles occupant la partie supérieure de la tige, et les femelles situées au-dessous. Les fleurs mâles se composent en général de trois écailles et de trois étamines; mais le plus souvent ces écailles et ces étamines sont disposées sans ordre, de telle sorte qu'il serait plus rationnel d'admettre ici, comme dans un grand nombre d'autres Monocotylédones, que chaque étamine constitue une fleur mâle. Les fleurs femelles ont une structure plus régulière. Elles se composent d'un pistil sessile, allongé, à une ou plus rarement à deux loges contenant chacune un seul ovule pendant. Le stigmate est allongé, sessile, linguiforme et unilatéral, terminant insensiblement le sommet de l'ovaire. Le fruit est ovoïde, terminé en pointe, offrant une ou deux loges contenant chacune une seule graine pendante; le péricarpe est assez épais et indéhiscent. La graine se compose de son tégument propre, d'un endosperme farinacé, dans le centre duquel est placé un embryon cylindrique renversé comme la graine. Les espèces de ce genre sont très-peu nombreuses. Elles croissent dans les ruisseaux et les lieux inondés de l'Europe et de l'Amérique septentrionale. Leurs feuilles sont alternes, étroites et rubanaires. Leurs fleurs sont très-petites et verdâtres. On en compte trois espèces en France, savoir : *Sparganium ramosum*, *S. simplex* et *S. natans*.   (A. R.)

SPARGANOPHORE. *Sparganophorus*. BOT. PHAN. Genre de la famille des Synanthérées, tribu des Vernoniées, anciennement établi par Vaillant, puis réuni aux *Ethulia* par Linné. En 1789, Jussieu adopta le genre *Struchium* de P. Browne (*Athe-*

nœa d'Adanson), qui est identique avec le *Sparganophorus* de Vaillant. Enfin, c'est sous ce dernier nom qu'il a été rétabli par Gaertner et admis par les botanistes modernes. Voici ses caractères principaux, d'après Cassini : involucre presque hémisphérique, composé de folioles imbriquées, appliquées, membraneuses sur leurs bords, larges, concaves, elliptiques, spinescentes au sommet qui forme une sorte d'appendice étalé. Réceptacle légèrement plan et nu. Calathide sans rayons, composée de fleurons égaux, nombreux, réguliers et hermaphrodites. Corolles parsemées de glandes, dont le limbe est divisé en trois ou quatre lanières longues et lancéolées ; anthères munies de longs appendices apiciliaires, lancéolés, très-aigus. Ovaires courts, obovoïdes, ordinairement tétragones, parsemés de glandes, pourvus, au lieu d'aigrette, d'un énorme bourrelet en forme de couronne, tubuleux, très-élevé, épais, subéreux, à bord presque arrondi et ordinairement entier.

Le genre *Sparganophorus* a beaucoup d'affinité avec l'*Ethulia* et le *Rolandra* près desquels il doit être placé. Il ne renferme qu'une seule espèce (*Sparganophorus Vaillantii*, Pers., ou *Ethulia Sparganophora*, L.), originaire des Antilles et non de l'Inde-Orientale, comme Linné l'avait pensé ; le *Sparganophorus Struchium*, Pers., étant spécifiquement semblable à cette espèce. Quant au *Sparganophorus verticillatus* de Michaux, il forme le type du genre *Sclerolepis* de Cassini. *V.* ce mot.

Adanson a établi un genre *Sparganophorus* ou *Sparganophoros* qui correspond au *Balsamita* de Desfontaines.   (G..N.)

SPARGELLE. BOT. PHAN. Syn. vulgaire de *Genista sagittalis*. *V.* GENÊT.   (B.)

SPARGELSTEIN. MIN. Nom donné par Werner à la Chaux phosphatée d'un jaune verdâtre ou d'un vert d'asperge, qu'on a nommée aussi Chrysolite. *V.* CHAUX PHOSPHATÉE.   (G. DEL.)

SPARGOUTE. *Spergula.* BOT. PHAN. Genre de la famille des Caryophyllées, tribu des Alsinées et de la Décandrie Pentagynie, L., offrant les caractères suivans : calice divisé en cinq folioles persistantes, concaves, ovales et obtuses ; corolle à cinq pétales ouverts, très-entiers, plus grands que le calice ; dix étamines ou quelquefois cinq, à filets subulés plus courts que la corolle ; ovaire ovoïde, surmonté de cinq styles filiformes et réfléchis ; capsule ovale, uniloculaire, à cinq valves, se séparant jusqu'à la base, renfermant des graines nombreuses, très-petites et globuleuses. Ce genre comprend environ quinze espèces que l'on a partagées en deux sections ; la première caractérisée par ses feuilles verticillées et munies de stipules ; la seconde, par ses feuilles opposées, dépourvues de stipules. Parmi les Plantes de la première section, on remarque la Spargoute des champs, *Spergula arvensis*, L., Lamk., Illustr., tab. 392, fig. 1. C'est une petite Plante herbacée, à tiges noueuses, légèrement coudées et renflées à leurs articulations, garnies de feuilles verticillées, un peu charnues, linéaires. Les fleurs sont blanchâtres, disposées, à l'extrémité des tiges, en une sorte de panicule étalée. Cette Plante croît dans les champs sablonneux de l'Europe. On a essayé de cultiver la Spargoute comme Plante fourragère ; on la fait manger en vert aux chèvres, aux moutons, aux chevaux et aux cochons, mais les vaches n'en veulent point. En Norvège, sa graine sert à faire un assez mauvais pain. Cette graine convient mieux aux poulets et aux pigeons.

Les autres espèces de Spargoutes sont des Herbes en général fort petites et peu apparentes. Elles croissent en différentes contrées de l'Europe et de l'Amérique.   (G..N.)

SPARGUS. POIS. Nom scientifique du Sparaillon. *V.* ce mot.   (B.)

SPARKIES. MIN. (Werner.) C'est le Fer sulfuré blanc uniquaternaire d'Haüy. *F*. FER SULFURÉ BLANC.

(G. DEL.)

SPARMANNIE. *Sparmannia*. BOT. PHAN. Genre de la famille des Tiliacées et de la Polyandrie Monogynie, L., offrant les caractères suivans : calice à quatre sépales entiers, lancéolés, réfléchis; corolle à quatre pétales égaux, plans, cunéiformes, entiers; étamines fort nombreuses, celles du rang extérieur stériles, composées de filets plus courts que les autres, toruleux à la base; ovaire supère, presque globuleux, hispide, pentagone, surmonté d'un style filiforme plus long que les étamines et terminé par un stigmate tronqué, papilleux; capsule hérissée de toutes parts de pointes roides, à cinq angles et à cinq loges, dont chacune renferme deux graines.

La SPARMANNIE D'AFRIQUE, *Sparmannia africana*, L. f., *Suppl.*; Venten., Malm., tab. 78; Sims, *Bot. Magaz.*, tab. 726, est la seule espèce de ce genre. C'est un Arbrisseau d'un aspect fort agréable, à cause de ses fleurs blanches sur le fond desquelles se dessinent les filets des étamines d'un beau jaune doré ou de couleur purpurine. Les tiges de cet Arbrisseau se divisent en branches cylindriques, garnies de feuilles alternes, pendantes, portées sur de longs pétioles, cordiformes à leur base, acuminées au sommet, et légèrement velues sur les deux faces. Cette Plante croît sur le penchant des montagnes, près du cap de Bonne-Espérance, et on la cultive facilement en Europe dans les jardins de Botanique. (G..N.)

SPAROIDES. POIS. Première section de la famille des Percoïdes. *V.* ce mot. (A. R.)

SPARRIUS. OIS. (Vieillot.) *V.* AUTOURS à l'article FAUCON.

SPART. *Lygeum*. BOT. PHAN. Genre de la famille des Graminées et de la Triandrie Monogynie, L., qui offre quelques caractères anomaux :

les fleurs sont hermaphrodites, disposées en épillets biflores et terminaux qui sont enveloppés par plusieurs spathes qui ne sont que les gaînes des feuilles supérieures dont le limbe a avorté; chaque épillet se compose de deux, très-rarement de trois fleurs. La glume est à deux valves; la valve extérieure de chaque fleur est soudée avec celle de la seconde fleur par son bord interne dans environ le tiers inférieur de sa hauteur qui est recouvert de poils longs, fins et très-touffus, de la longueur de ces valves externes qui sont pointues et mutiques à leur sommet, carenées extérieurement; la valve interne est plus longue, plus étroite, mince, membraneuse, bifide à son sommet, soudée avec celle de la seconde fleur par la partie inférieure de sa face interne. Les étamines, au nombre de trois, sont saillantes; l'ovaire porte à son sommet un style simple qui se termine par un stigmate également simple, subulé et presque glabre. Le fruit consiste dans la partie inférieure des valves qui, soudées entre elles, représentent en quelque sorte un péricarpe à deux loges monospermes. Chacun des véritables fruits renfermés dans ce faux péricarpe est allongé et terminé en pointe à son sommet. Ce genre se compose d'une seule espèce, *Lygeum Spartum*, L., Rich., Mém. Soc. Hist. nat. Paris, p. 28, tab. 3. C'est une Plante vivace originaire d'Espagne. Les chaumes sont hauts d'environ un pied; les feuilles linéaires, étroites et roides. C'est avec les chaumes de cette Graminée que l'on fait les ouvrages en paille connus sous le nom de sparterie. On se sert également pour le même usage de la *Stipa tenacissima*.

(A. R.)

* SPARTIANTHUS. BOT. PHAN. (Link.) Syn. de *Spartium* de De Candolle. *V.* ce mot. (G..N.)

SPARTIER. BOT. PHAN. Pour *Spartium*. *V.* ce mot. (B.)

SPARTINE. *Spartina*. BOT. PHAN. Genre de la famille des Graminées et de la Triandrie Digynie , L., qui porte également les noms de *Limnetis* dans Persoon , et de *Trachynotia* dans la Flore de l'Amérique du nord de Michaux. Ce genre se reconnaît aux caractères suivans : les fleurs sont disposées en épis géminés ou alternes et en nombre variable. Les épillets sont uniflores, très-allongés, sessiles, sur un axe trigone, et tous tournés d'un seul côté ; la lépicène est à deux valves inégales , coriaces, carénées et terminées en pointe à leur sommet. La glume se compose de deux paillettes membraneuses, bifides à leur sommet ; les deux paléoles sont unilatérales et obtuses ; le style se termine par deux stigmates subulés. Les espèces de ce genre sont assez nombreuses ; elles croissent surtout dans les différentes contrées de l'Europe et de l'Amérique septentrionale. Ce sont des Plantes vivaces et rampantes, qui viennent en général dans les lieux sablonneux voisins de la mer. La *Spartina stricta*, Lois., *Fl. Gall.*, est très-commune en Bretagne. Dans l'Amérique septentrionale, on trouve les *Spartina juncea, cynosuroides, polystachia, glabra*, etc.   (A. R.)

SPARTIUM. BOT. PHÁN. Tournefort avait établi sous ce nom un genre de Légumineuses qui fut adopté par Linné, mais que la plupart des botanistes modernes réunirent au *Genista*. *V.* GENÊT. Quelques espèces de *Spartium* de Linné, et particulièrement celles du cap de Bonne-Espérance, furent ensuite rapportées à un autre genre de Légumineuses créé par Thunberg sous le nom de *Lebeckia*. Enfin De Candolle (*Prodr. Syst. Veget.*, 3, p. 145) a rétabli le genre *Spartium* en le limitant au seul *Spartium junceum*, L., dont Link (*Enum.*, 2, p. 223) avait formé son genre *Spartianthus*, remarquable surtout par son calice membraneux spathacé. Cette Plante a été décrite à l'article GENÊT, T. VII, p. 223.   (G..N.)

SPARTOPOLIA. MIN. L'un des

synonymes anciens d'Amianthe. *V.* ce mot.   (B.)

SPARTOPOLIS. MIN. Pline a mentionné sous ce nom une Pierre noire dont la nature nous est inconnue.   (G. DEL.)

SPARTUM. BOT. PHAN. *V.* SPART.

SPARZ. MIN. On trouve souvent ce mot dans les anciennes minéralogies pour celui de Spath.   (G. DEL.)

SPASME. *Spasma.* ZOOL. Un Mégaderme parmi les Cheiroptères , et une espèce de Mantide parmi les Insectes, portent ce nom.   (B.)

SPATALLA. BOT. PHAN. Salisbury, dans son *Paradisus Londinensis*, a indiqué la formation de ce genre que R. Brown (*Trans. Soc. Linn. Lond.*, 10, pag. 143) a adopté, et qui appartient à la famille des Protéacées et à la Tétrandrie Monogynie , L. Voici ses caractères essentiels : calice caduc en totalité, quadrifide, le segment intérieur ordinairement plus grand que les autres ; stigmate oblique, dilaté ; noix ventrue, brièvement pédicellée ; involucre composé de deux à quatre folioles sur un seul rang, renfermant une seule fleur ou un petit nombre défini de fleurs ; réceptacle dépourvu de paillettes. Ce genre se compose de quinze espèces qui croissent toutes dans l'Afrique australe, près du cap de Bonne-Espérance. Les *Protea racemosa, prolifera, incurva* et *caudata* de Thunberg, appartiennent à ce genre. Les autres espèces sont décrites pour la première fois par R. Brown. Ce sont des Arbrisseaux munis de feuilles éparses, filiformes et indivises. Leurs fleurs sont purpurescentes ; l'anthère située sur le plus grand segment du calice est proportionnellement plus grande que les autres, et, dans quelques espèces, la seule qui soit fertile. Les involucres sont terminaux, disposés en épis ou en grappes, et accompagnés d'une seule bractée ; ils ne changent pas après la floraison.   (G..N.)

SPATANGUE. *Spatangus.* ECHIN. Genre d'Echinodermes pédicellés , ayant pour caractères : corps irrégulier!, ovale ou cordiforme, subgibbeux, garni de très-petites épines ; quatre ou cinq ambulacres bornés et inégaux; bouche inerme, transverse, labiée, rapprochée du bord ; anus latéral, opposé à la bouche. Les Spatangues et les Ananchites (*V.* ce mot) offrent beaucoup de rapports entre eux ; leurs formes ont en général beaucoup d'analogie ; et ces deux genres se distinguent des autres Echinides par la situation de leur bouche qui n'est point au centre de la surface inférieure, mais rapprochée du bord. Les Spatangues ont une forme symétrique si on compare leur côté droit à leur côté gauche, mais il n'y a plus de régularité lorsqu'on compare la moitié antérieure avec la postérieure ; la plupart sont renflés, cordiformes ou ovalaires, quelques-uns assez aplatis ; leur parquetage est souvent fort singulier et mériterait une étude particulière ; les tubercules sont petits, à peu près égaux, excepté dans quelques espèces ; les épines sont petites et faibles. La bouche ovale transversalement a son bord postérieur ou lèvre, situé un peu plus bas que l'antérieur; elle n'est point armée de mâchoires comme la bouche des autres Oursins; l'auus est situé en arrière sur le bord, et souvent au haut d'une surface plus ou moins aplatie; les ambulacres sont tantôt au nombre de cinq, tantôt au nombre de quatre suivant les espèces; ils s'étendent rarement jusqu'à la circonférence, et n'arrivent jamais jusqu'à la bouche; ils sont tantôt enfoncés, tantôt au niveau du test. Quelques Spatangues présentent sur le dos et au bord antérieur une gouttière plus ou moins profonde, prolongée jusqu'à la bouche. Il en existe de vivans et de fossiles.

Lamarck a formé deux sections dans le genre *Spatangus*; la première renferme les espèces n'ayant que quatre ambulacres, ce sont : les *Spatangus pectoralis, ventricosus, purpureus, ovatus, carinatus, columbaris, compressus, Crux-Andreæ, sterna-* lis, planulatus, ornatus, suborbicularis; la seconde, les espèces à cinq ambulacres : *Spatangus canaliferus, atropos, arcuarius, punctatus, coranguinum, retusus, subglobosus, gibbus, prunella, bufo, lævis, radiatus.* (E. D..L.)

SPATH. min. Les anciens minéralogistes avaient d'abord réuni sous ce nom, d'origine allemande, plusieurs espèces de Minéraux qui avaient pour caractère commun un tissu lamelleux et chatoyant; ainsi il y avait des Spaths calcaires, des Spaths pesans, des Spaths fluors, etc. L'abus de ce mot a pullulé dans les nomenclatures modernes, et l'on a eu des Spaths boraciques, des Spaths adamantins, des Spaths amianthiformes et jusqu'à des Spaths compactes. Aujourd'hui ce nom est entièrement proscrit de la langue minéralogique ; on peut juger de la confusion qu'il a dû occasioner dans la science par le tableau suivant de ses nombreuses acceptions. On a nommé :

SPATH ACICULAIRE, une variété de Chaux carbonatée ou de Baryte sulfatée.

SPATH ADAMANTIN, le Corindon harmophane.

SPATH AMER, la Dolomie.

SPATH AMIANTHIFORME, le Gypse FIBREUX.

SPATH EN BARRES, la Baryte sulfatée bacillaire.

SPATH DE BOLOGNE, la Baryte sulfatée radiée des environs de Bologne.

SPATH BORACIQUE, la Magnésie boratée.

SPATH BRUNISSANT, la Chaux carbonatée ferro-manganésifère.

SPATH CALCAIRE, la Chaux carbonatée laminaire; c'était le Spath par excellence.

SPATH CALCAIRE PRISMATIQUE, l'Arragonite d'Espagne.

SPATH CALCARÉO - SILICEUX, la Chaux carbonatée quartzifere de Fontainebleau.

SPATH DES CHAMPS, le Feldspath commun.

Spath changeant, la Diallage brouzée.

Spath chatoyant, la Diallage métalloïde et chatoyante.

Spath chrysolite, la Chaux phosphatée cristallisée du cap de Gates.

Spath en colonne, la Chaux carbonatée et l'Amphibole prismatique.

Spath compacte, plusieurs variétés de Chaux carbonatée compacte, de Feldspath, de Chaux fluatée.

Spath cristallisé, toutes les variétés cristallines de Chaux carbonatée, de Baryte sulfatée, etc.

Spath cubique, la Chaux sulfatée anhydre.

Spath decatessaron, la Baryte sulfatée.

Spath dent de cochon, la Chaux carbonatée métastatique.

Spath disdiaclastique, la Chaux carbonatée rhomboïdale d'Islande.

Spath doublant, la Chaux carbonatée limpide.

Spath drusiforme, une variété de Chaux sulfatée.

Spath drusique, une variété de Chaux carbonatée.

Spath dur, le Feldspath.

Spath d'Etain, le Schéelin calcaire, qui accompagne souvent les minerais d'Etain.

Spath étincelant, le Feldspath.

Spath farineux, la Baryte sulfatée terreuse.

Spath ferrugineux, le Fer carbonaté laminaire.

Spath fétide, la Chaux carbonatée bituminifère.

Spath fissile, la Chaux carbonatée nacrée.

Spath fixe, le Feldspath.

Spath fluor, la Chaux fluatée.

Spath fusible, la Baryte sulfatée, la Chaux fluatée et le Feldspath.

Spath de glace, une variété d'Albite.

Spath gypseux, la Chaux sulfatée laminaire.

Spath d'Islande, la Chaux carbonatée rhomboïdale et limpide.

Spath du Labrador, le Feldspath opalin.

Spath lamelleux, la Chaux carbonatée nacrée.

Spath lunaire, le Feldspath nacré, dit Pierre de lune.

Spath magnésien, la Dolomie.

Spath octogone, la Baryte sulfatée cristallisée.

Spath ondé, la Chaux carbonatée laminaire à feuillets curvilignes.

Spath perlé, la Chaux carbonatée ferro-magnésifère et manganésifère.

Spath pesant, la Baryte sulfatée laminaire.

Spath pesant vert, l'Urane phosphaté vert.

Spath phosphorique, la Chaux phosphatée cristallisée, et la Baryte sulfatée radiée.

Spath de Plomb, le Plomb carbonaté.

Spath pyromaque, le Feldspath compacte.

Spath de roche, le Feldspath.

Spath saure, la Chaux fluatée.

Spath schisteux, la Chaux carbonatée nacrée.

Spath scintillant, le Feldspath, le Quartz, etc.

Spath sédatif, la Magnésie boratée.

Spath séléniteux, la Strontiane sulfatée et la Baryte sulfatée.

Spath siliceux, une variété de Quartz.

Spath solide, la Chaux fluatée compacte.

Spath stalactitique, la Chaux carbonatée concrétionnée.

Spath en table, la Wollastonite.

Spath talqueux, la Chaux carbonatée magnésifère.

Spath tessulaire, la Chaux carbonatée concrétionnée.

Spath en tête de clou, la Chaux carbonatée dodécaèdre.

Spath transparent, la Chaux fluatée.

Spath variant, la Diallage.

Spath versicolore, le Feldspath opalin.

Spath vitreux, la Chaux fluatée.

Spath vulgaire, la Baryte sulfatée crêtée.

SPATH ZÉOLITIQUE, la Stilbite.

SPATH DE ZINC, le Zinc silicaté.

(G. DEL.)

SPATHE. *Spatha*. BOT. PHAN. On appelle ainsi de grandes bractées qui, dans certaines Plantes monocotylédones, recouvrent en totalité la fleur ou les fleurs avant leur épanouissement, et qui souvent persistent et accompagnent le fruit. Les familles des Iridées, des Narcissées, des Palmiers, des Aroïdées, etc., présentent des exemples de Spathe. Cet organe peut varier quant à sa consistance, sa coloration, sa forme, etc. (A. R.)

SPATHE. BOT. PHAN. *V.* SPA-THÉLIE.

SPATHÉLIE. *Spathelia*. BOT. PHAN. Genre de la famille des Térébinthacées et de la Pentandrie Trigynie, offrant les caractères suivans : Fleurs hermaphrodites. Calice membraneux, coloré, à cinq divisions profondes ; cinq pétales hypogynes, à estivation imbriquée ; cinq étamines à filets courts, tricuspidés, dilatés à la base et velus ; ovaire presque conique, triangulaire et à trois loges biovulées ; trois stigmates sessiles ; drupe oblongue, à trois angles ailés et à trois loges, quelquefois à deux angles et à deux loges ; graines oblongues, solitaires dans chaque loge, munies d'un albumen charnu, d'un embryon droit inverse, à cotylédons linéaires, oblongs, mince et à radicule courte. Le *Spathelia simplex*, L.; *Bot. Regist.*, tab. 670, est un Arbre dont le tronc est à peine rameux, les feuilles imparipinnées, ressemblant à celles du Sorbier, les fleurs en grappes paniculées, presque terminales. De Candolle (*Prodr., Syst. veget.*, 2, p. 84) a mentionné une seconde espèce du Mexique sous le nom de *S. rhoifolia*; mais cette espèce, établie d'après un simple dessin inédit, n'appartient peut-être pas au genre *Spathelia*. (G..N.)

SPATHELLE. *Spathellula*. BOT. PHAN. Il arrive assez souvent que dans un assemblage de fleurs muni d'une spathe générale, chaque fleur est accompagnée d'une petite spathe particulière à laquelle on a donné le nom de Spathelle. (A. R.)

SPATHILLES. BOT. PHAN. On donne ce nom, ainsi que celui de Spathelle, aux petites spathes partielles qui accompagnent les fleurs dans certaines Iridées, etc. (A. R.)

* SPATHIOSTEMON. BOT. PHAN. Genre de la famille des Euphorbiacées, établi par Blume (*Bijdr. Fl. ned. Ind.*, p. 621) qui l'a ainsi caractérisé : fleurs dioïques. Les mâles ont un calice à trois divisions étalées ; corolle nulle ; filets nombreux, rameux en verticilles, soudés par la base en une colonne, à anthères didymes. Les femelles ont un calice à cinq divisions ; un ovaire à trois loges uniovulées, surmonté de trois styles longs, plumeux au côté interne ; capsule tricoque, muriquée. Ce genre est voisin du *Rottlera* et de l'*Adelia*; mais il se distingue suffisamment par la structure particulière des étamines. Le *Spathiostemon javense* est un Arbrisseau des montagnes de Java, à feuilles alternes, elliptiques, acuminées, très-entières, un peu glabres. Les fleurs forment des épis axillaires, latéraux, solitaires ou géminés ; les femelles sont pédicellées ; les mâles sessiles. (G..N.)

SPATHIUM. BOT. PHAN. Le genre établi sous ce nom par Loureiro (*Flor. Cochinch.*, 1, p. 270) est identique avec l'*Aponogeton* de Linné fils. *V.* ce mot. (G..N.)

SPATHIUS. INS. Genre de l'ordre des Hyménoptères, famille des Pupivores, tribu des Ichneumonides, établi par Nées d'Esenbeck, ayant pour type le *Cryptus clavatus* de Panzer, et que nous avons réuni provisoirement à celui de Bracon. (LAT.)

SPATHODÉE. *Spathodea*. BOT. PHAN. Genre de la famille des Bignoniacées et de la Didynamie Angiospermie, L., établi par Palisot de Beauvois, et adopté par les auteurs modernes pour quelques espèces de Bignones qui se distinguent par les caractères suivans : le calice est en forme de spathe fendu d'un côté, entier ou denté à son sommet ; la corolle infundibuliforme, ayant son limbe partagé en cinq lobes inégaux ; les étamines, au nombre de quatre, sont didynames, avec une cinquième étamine rudimentaire ; le style est simple, terminé par un stigmate bilamellé. Le fruit est une capsule allongée, siliquiforme, à deux loges séparées par une cloison qui, en se dédoublant, semble partager le fruit en quatre loges. Les graines sont membraneuses et ailées dans leur pourtour. Ce genre se compose d'Arbustes ou d'Arbres plus ou moins élevés, portant des feuilles opposées, très-rarement alternes, imparipinnées, quelquefois simples. Les fleurs sont grandes et disposées en une sorte de panicule. Parmi ces espèces, les unes sont originaires de l'Amérique méridionale ; telles sont les *Spathodea laurifolia*, Kunth *in* Humb. ; *orinocensis*, Kunth ; *obovata*, Kunth ; *fraxinifolia*, Kunth ; *corymbosa*, Vent., Choix., tab. 40. Les autres d'Afrique, *Spathodea campanulata*, Beauv., Ow., tab. 27 et 28 ; *levis*, Beauv., tab. 29. Une croît dans l'Inde ; *S. longiflora*, Vent., *loc. cit.*   (A. R.)

* SPATHOGLOTTIS. BOT. PHAN. Genre de la famille des Orchidées et de la Gynandrie Monogynie, L., établi par Blume (*Bijdr. Fl. nederl. Ind.*, p. 400) qui lui a imposé les caractères suivans : sépales du périanthe un peu étalés ; les intérieurs plus larges que les extérieurs. Labelle bilobé inférieurement (à lobes connivens), muni un peu au-dessus de sa base d'une callosité déprimée, pubescente ; le limbe dressé, spatulé ; gynostème un peu courbé, dilaté au sommet ; anthère terminant le gynostème au côté interne, biloculaire, appuyé sur le rostelle qui est glanduleux vers le bord. Masses polliniques au nombre de deux, quadrilobées, en massue, farineuses-pulpeuses, cohérentes par des filets élasti-

ques, et fixées au rostelle. Ce genre se compose d'une seule espèce, *Spathoglottis plicata*, qui croît dans les forêts de l'île de Java. C'est une Herbe naissant sur le sol, à racines fibreuses, à feuilles radicales, lancéolées, plissées, engaînantes à la base. La hampe porte au sommet un épi de fleurs pédicellées, accompagnées à la base de chaque pédicelle de bractées colorées.   (G..N.)

* SPATHULARIA. BOT. PHAN. Auguste Saint-Hilaire (Plant. rema. du Brésil, p. 317, tab. 28) a décrit sous ce nom un nouveau genre de la famille des Violacées ayant le port du *Conohoria*, et formant le passage des *Ionidium* aux Violacées régulières. Voici les caractères qu'il lui attribue : calice petit, inégal, caduc, divisé profondément en cinq parties ; corolle à cinq pétales insérés à la base du calice, spatulés, un peu inégaux, caducs, à onglets longs, connivens en un tube oblique ; cinq étamines, alternes avec les pétales, à filets aplatis, à anthères formant au sommet une pointe membraneuse, et s'ouvrant par les côtés ; style unique, denticulé au sommet ; stigmate à peine manifeste ; ovaire libre, uniloculaire, renfermant plusieurs ovules fixés à trois placentas pariétaux. Le *Spathularia longifolia* est un Arbrisseau très-glabre, rameux, à feuilles alternes ou opposées sur le même rameau, portées sur de courts pétioles, oblongues, lancéolées, bordées de quelques dentelures éloignées. Les fleurs sont assez grandes, à corolle blanche ou violâtre, disposées, au nombre de une à trois, sur des pédicelles axillaires. Cette Plante croît au Brésil près de Saint-Sébastien.

Sprengel (*Cur. post.*, p. 99) a donné à ce genre le nom d'*Amphirrhox*, à cause de l'existence d'un genre *Spathularia* créé par Persoon dans les Champignons. *V.* SPATHULEA.   (G..N.)

SPATHULEA. BOT. CRYPT. (*Champignons.*) Fries a modifié aussi le nom de *Spathularia* donné par Persoon à un genre voisin des Clavaires, parce que ce nom était déjà employé en zoologie ; ce genre ne renferme qu'une espèce connue anciennement sous le nom de *Clavaria spathulata*, Fl. Dan., t. 658; c'est un Champignon simple, dressé, en forme de spatule, d'un jaune fauve, dont la membrane fructifère recouvre les deux surfaces de la partie élargie en spatule ; inférieurement il est rétréci en un pédicule bien distinct. Ce Champignon croît dans les bois, dans le nord de l'Europe et dans les pays montueux. (AD. B.)

SPATULARIA. POIS. (Shaw.) Syn. de Polyodon. *V.* ce mot. (B.)

SPATULE. *Platalea.* OIS. Genre de la seconde famille de l'ordre des Gralles. Caractères : bec très-long, robuste, très-aplati, dilaté et arrondi en forme de spatule à la pointe ; mandibule supérieure cannelée, sillonnée transversalement à la base ; narines placées à la surface du bec, rapprochées, oblongues, ouvertes, bordées par une membrane ; face et tête nues entièrement ou en partie ; pieds longs et forts ; quatre doigts, trois devant réunis jusqu'à la seconde articulation par des membranes profondément découpées ; un derrière, assez long pour porter à terre ; ailes médiocres, amples ; première rémige à peu près de la longueur de la seconde qui surpasse toutes les autres. Toutes les espèces appartenant à ce genre fréquentent les plages marécageuses, voisines des bords de la mer, pourvu qu'elles soient ombragées par d'épais bosquets ; elles s'y tiennent en petites troupes, et ne les quittent guère qu'à deux instans de la journée, pour se rapprocher du rivage et y guetter les petits Poissons qu'y poussent les vagues. Lorsque cette nourriture n'est point assez abondante pour satisfaire leur appétit, ces Oiseaux se mettent à la recherche des petits Reptiles, des larves et des Insectes aquatiques, des faibles Mollusques, mais surtout du frai dont ils paraissent extrême-

ment friands. Dès que l'approche de la saison rigoureuse se fait sentir, les Spatules se recherchent, se réunissent en plus grand nombre, attendent le passage des Cigognes, se joignent à ces dernières, et toutes ensemble gagnent des contrées plus rapprochées de l'équateur pour en revenir au printemps jouir, dans nos climats, d'une uniformité de température qui paraît nécessaire à leur existence. On trouve en quelque sorte la preuve de cette conjecture dans l'observation que l'on est à même de faire sur les Spatules tenues sous le joug de la domesticité, joug auquel on parvient sans peine à les soumettre. Elles éprouvent, à l'époque des migrations automnales, un embarras, une sorte d'inquiétude très-sensible, et, après avoir passé tout l'hiver dans un état de malaise et de souffrances, elles récupèrent brusquement au printemps la fraîcheur et la santé. Leur mue est simple, et le jeune Oiseau, sous diverses modifications de plumage subordonnées aux gradations de son âge, est assez différent de ce qu'il doit être invariablement lorsqu'il a atteint trois ans. De même encore que la plupart des autres Oiseaux de rivage, les Spatules choisissent des Arbres très-élevés pour y établir leur nid qu'elles construisent avec des bûchettes parfaitement arrangées et liées avec des joncs ; elles le tapissent intérieurement d'herbes plus molles qu'elles revêtent en outre d'un abondant matelas de duvet. Il arrive quelquefois, mais assez rarement, qu'elles préfèrent cacher ce nid au milieu des joncs et des roseaux ; il doit y avoir sans doute pour cette préférence quelques raisons déterminantes, mais jusqu'ici elles ont échappé à l'observateur. Dans l'un et l'autre cas, le nid renferme ordinairement deux ou trois œufs blancs, marqués de quelques taches roussâtres peu caractérisées ; la femelle les couve avec la plus grande assiduité, et les petits, immédiatement après leur naissance, se couvrent de plumes duveteuses.

Les Spatules ont été jusqu'ici reconnues dans toutes les parties habitées du globe.

SPATULE BLANCHE, *Platalea leucorodia*, L., Buff., pl. enl. 505. Tout le plumage blanc avec un large collier d'un jaune roussâtre qui descend en plastron sur la poitrine; une huppe très-touffue et longue, à plumes déliées et subulées, ornant l'occiput; front, joues, auréoles des yeux, menton et milieu de la gorge, nus et de couleur jaunâtre, pâle, avec une nuance rouge au bas de la gorge; bec noir, onduleusement sillonné en travers, avec le creux des sillons bleuâtre, du blanc jaunâtre à l'extrémité de la palette dont les bords sont noirs; la mandibule inférieure noire, avec un canal triangulaire, creusé depuis la base jusque vers la moitié, puis terminé par un sillon; iris rouge; pieds noirs. Taille, trente pouces; longueur du bec, huit pouces et demi. La femelle est moins grande, sa huppe est moins allongée, et le collier ainsi que le plastron d'un roux beaucoup plus faible. Les jeunes, *Platalea nivea*, Cuv., ont les tiges des rémiges noires; la tête entièrement couverte de plumes courtes et arrondies; ils n'ont point de huppe, et la teinte rousse du cou et de la poitrine ne commence à paraître qu'au bout de la seconde année. Le bec très-mou et très-flexible est d'une teinte cendrée, une peau lisse le recouvre. Dans toute l'Europe.

SPATULE CHLORORHINQUE, *Platalea chlororhynchus*. Tout le plumage blanc; front, face, menton et partie de la gorge nus et d'un jaune rougeâtre; nuque garnie de plumes longues, effilées et décomposées; bec strié longitudinalement, d'un vert jaunâtre; pieds rouges. Taille, vingt-neuf pouces. Cet Oiseau, ou plutôt sa dépouille, nous a été envoyé du cap de Bonne-Espérance.

Le SOUCHET, espèce de Canard (*V.* ce mot), a aussi été nommé vulgairement Spatule. (DR..z.)

SPATULE. POIS. Espèce du genre

Pégase. *V.* ce mot. On a aussi nommé de la sorte un Cycloptère. (B.)

SPATULE. BOT. PHAN. L'un des noms vulgaires de l'*Iris pseudo-acorus*. (B.)

SPATULÉ, ÉE. *Spatulatus*. BOT. PHAN. On dit d'une feuille, d'un pétale ou de tout autre organe plan, qu'il est Spatulé, quand il est obtus et arrondi à son sommet, et qu'il se rétrécit insensiblement à sa base de manière à avoir quelque ressemblance avec la forme d'une spatule; telles sont les feuilles de quelques Globulaires et Statices. (A. R.)

SPECTRE. MAM. *V.* VESPERTILION.

SPECTRE. *Spectrum*. INS. Scopoli donne ce nom à un genre de Lépidoptères crépusculaires qu'il compose de Sphingides. Ses espèces appartiennent au genre Smérinthe et à quelques divisions des Sphinx. *V.* ces mots. Stoll donne aussi ce nom à un genre d'Orthoptères qui correspond à la famille des Spectres de Latreille. *V.* SPECTRES. (G.)

SPECTRES. *Spectra*. INS. Latreille donne ce nom (Fam. nat. du Règne Animal) à une famille de l'ordre des Orthoptères, première section, qui correspond entièrement au genre Spectre (*Spectrum*) créé par Stoll. Les caractères généraux de cette famille sont : corps souvent filiforme ou linéaire; ocelles souvent peu distincts ou nuls. Antennes insérées sur la partie de la tête antérieure aux yeux. Élytres et ailes horizontales, celles-ci plissées dans leur longueur, point entièrement recouvertes par les élytres. Pates de forme identique, toutes propres à la marche; cuisses antérieures plus ou moins comprimées, toujours échancrées à leur base. Corselet plus court que le mésothorax ou tout au plus de sa longueur. Insectes se nourrissant de végétaux. Ces Insectes affectent des formes très-bizarres, et qui se confondent avec celles des végétaux sur lesquels la nature les a appelés à

vivre : les uns ressemblent à de petites branches sèches tant pour la forme que pour la couleur; d'autres ont
des ailes et des élytres dilatées qui
leur donnent la forme d'une feuille;
ceux-là sont d'un beau vert et sont
très-difficiles à distinguer entre les
feuilles des orangers et autres arbres
sur lesquels ils habitent. On trouve
ces Insectes dans les contrées chaudes de l'Amérique, de l'Asie et de
l'Afrique; on n'en rencontre qu'une
espèce dans les provinces méridionales de la France. Celles qui vivent
entre les tropiques atteignent quel-
fois une très-grande taille. Latreille
(Fam. nat., etc.) partage cette famille
en quatre genres qui sont : les Phil-
lies, Phasmes, Bactéries et Bacilles;
mais nos savans collaborateurs de
l'Encyclopédie méthodique, Lepelletier de Saint-Fargeau et Serville, y
ont introduit trois nouveaux genres,
ce qui les a obligés de diviser la famille de la manière suivante :

I. Trois ocelles très-distincts.

Genre : PHASME.

II. Point d'ocelles distincts.

A. Corps ailé ou ayant au moins
des élytres.

a. Prothorax égalant presque le
mésothorax en longueur.

Genre : PHYLLIE.

b. Prothorax plus long que la moitié du mésothorax.

Genre : PRISOPE.

c. Prothorax court, n'égalant pas
en longueur la moitié du mésothorax.

Genres : CLADOXÈRE, CYPHO-
CRANE.

B. Corps aptère, sans ailes ni élytres.

Genres : BACTÉRIE, BACILLE. *V.*
ces mots à leur lettre ou au Supplément.   (G.)

SPÉCULATION. MOLL. Nom vulgaire et marchand du *Conus papilio-
naceus* de Bruguière.   (B.)

SPEISE. MIN. Nom donné par les

minéralogistes allemands au Fer sulfuré magnétique, et à un minerai
arsenical qui donne, par la fusion,
un mélange d'Arsenic et de plusieurs
autres substances métalliques.
                (G. DEL.)

SPEISKOBALT. MIN. Le Cobalt
arsenical. *V.* ce mot.   (G. DEL.)

* SPENNERA. BOT. PHAN. Genre
de la famille des Mélastomacées, établi par Martius en manuscrit, et publié par De Candolle (*Prodr. Syst.
Veg.*, 3, p. 115) avec les caractères
suivans : calice dont le tube est globuleux, le limbe à quatre ou cinq
lobes courts, excepté dans une espèce
(*S. Chœtodon*) où les lobes sont sétacés; bouton conique, composé de pétales lancéolés pointus; huit à dix
étamines ayant leurs anthères ovales
obtuses, à un seul pore terminal, munies d'un connectif long sans appendices; capsule libre à deux ou rarement à trois loges; graines en forme
de limaçon, revêtues de petites aspérités. Ce genre se compose de dix-neuf
espèces dont douze sont entièrement
nouvelles et recueillies dans l'Amérique méridionale, principalement dans
le Brésil, par Richard, Martius et le
prince de Neuwied. Ce sont des Herbes annuelles ou quelquefois ligneuses et vivaces, dont le port rappelle
celui des *Circœa*; leurs tiges sont
dressées, garnies de feuilles pétiolées
à cinq nervures membraneuses bordées de cils ou de fines dentelures.
Leurs fleurs sont blanches ou roses
et forment une panicule lâche et terminale. C'est à ce genre que se rapportent les *Rhexia aquatica*, *circœi-
folia*, *polystachia*, *indecora*, etc., du
bel ouvrage de Bonpland sur les
Rhexies.   (G..N.)

* SPENOPTERIS. BOT. CRYPT.
FOSS. (Ad. Brongniart.) *V.* FILICITES.

SPERCHÉE. *Spercheus.* INS. Genre
de l'ordre des Coléoptères, section
des Pentamères, famille des Palpicornes, tribu des Hydrophiliens,
établi par Fabricius et adopté par
Latreille et par tous les entomologistes avec ces caractères : corps

ovale, hémisphérique, très-bombé en dessus. Tête forte, ayant le chaperon très-échancré en devant; antennes insérées sous les côtés du chaperon, de la longueur de la tête et composées de six articles dont les cinq derniers forment une massue cylindrique, perfoliée, pubescente et arrondie à son extrémité. Labre en carré transversal, coriace, caché sous le chaperon, et ayant ses bords latéraux arrondis en devant; mandibules très-arquées au côté extérieur, aiguës à l'extrémité et bidentées; mâchoires composées de deux lobes, l'extérieur en forme de palpe allongé, arqué, grêle, pointu et soyeux à son extrémité; l'intérieur en carré long, tronqué obliquement à son extrémité et cilié; son angle antérieur formant une dent allongée. Palpes presque filiformes, leur dernier article n'ayant guère plus d'épaisseur que les autres; les maxillaires deux fois plus longs que les labiaux, leur article terminal ovale-allongé, aminci à sa base, aigu à l'extrémité; dernier article des labiaux ovale; lèvre linéaire, transversale; menton en forme de carré long transversal, trois fois plus large que long. Corselet transversal, plus large que la tête, échancré en avant pour la recevoir, et à peu près de la même largeur, portant un écusson fort petit. Élytres arrondies à leur partie humérale, recouvrant en totalité l'abdomen et les ailes, et beaucoup plus larges que le corselet; pates toutes propres à la marche; abdomen ovale. Ce genre se distingue facilement des Hydrochus, Elophores, Hydrænes et Ochtébies, parce que ceux-ci ont les mandibules sans dents à leur extrémité. Les Hydrophiles, Hydrochares, Globaires et Hydrobies, qui ont comme les Sperchées les mandibules bidentées, en diffèrent cependant par leurs antennes qui sont composées de neuf articles. On ne connaît pas les mœurs de la seule espèce connue de ce genre; on la trouve dans les pays tempérés et froids de l'Europe, en Angleterre, dans l'Allemagne, le nord de la France, et quelquefois, mais très-rarement, aux environs de Paris. Elle a reçu le nom de SPERCHÉE ÉCHANCRÉ, *Sperchœus emarginatus*, Latr., *Gen. Crust.*, etc. T. II, p. 63, figurée T. I, pl. 9, fig. 4.; Encycl. méth., pl. 359, fig. 36 et 37. (G.)

SPERCHIUS. CRUST. Rafinesque donne ce nom à un genre qui paraît appartenir à l'ordre des Amphipodes, et semble être voisin du genre *Cerapus* de Say. Cet auteur le caractérise ainsi (*Annals of nature*, n° 1): antennes deux fois plus longues que la tête, à peu près égales entre elles, avec de longs articles tronqués; celles de la paire supérieure étant néanmoins un peu plus grosses et plus grandes que les inférieures. Corps comprimé, formé de sept segmens, pourvu d'une large écaille de chaque côté; le quatrième de ces segmens étant grand, avec un appendice additionnel en arrière; partie postérieure du corps (ou abdomen) formée de quatre segmens; queue avec des appendices courts et recourbés; pieds au nombre de quatorze, terminés par un seul ongle ou crochet; ceux de la quatrième paire forts, pourvus d'une main grande, épaisse et arrondie.

La seule espèce décrite de ce genre, le *Sperchius lucidus* de Rafinesque, vit dans les eaux des sources et des ruisseaux, aux environs de Lexington, dans le Kentucky, aux Etats-Unis. Il a trois quarts de pouce de long; sa couleur est le brun luisant; ses yeux sont noirs. Les appendices et la queue sont plus courts que le dernier segment de celle-ci, courbés en dehors et composés de deux articles et d'un filament terminal. (G.)

SPERGULA. BOT. PHAN. *V.* SPARGOUTE.

SPERGULARIA. BOT. PHAN. Persoon avait établi sous ce nom une section dans les *Arenaria*, composée d'espèces qui ont le port des *Spergula*, et dont les feuilles sont munies de stipules scarieuses. Cette section a été élevée au rang de genre par Presl dans son ouvrage sur les Plantes de Sicile, mais ce genre n'a pas été adopté. *V*. SABLINE. (G..N.)

SPERGULASTRUM. BOT. PHAN. Genre de la famille des Caryophyllées et de la Décandrie Tétragynie, établi par Richard père (*in Michx., Flor. boreal. Amer.*, 1, p. 275) et offrant les caractères suivants : calice à cinq sépales ; corolle à cinq pétales entiers, plus courts que le calice ou nuls ; dix étamines ; quatre stigmates sessiles, ligulés-sétacés ; capsule ovée, plus longue que le calice, à quatre valves. Le nom de ce genre a été changé inutilement en celui de *Micropetalum* par Persoon. Il diffère du *Spergula* par le nombre des stigmates, et dans quelques espèces par l'avortement des pétales. Dans l'ouvrage de Michaux, trois espèces se trouvent décrites sous les noms de *Spergulastrum lanuginosum, lanceolatum* et *gramineum*. Ce sont de petites Plantes herbacées qui ont le port des Spargoutes ou des Stellaires, et qui croissent en diverses localités de l'Amérique septentrionale. (G..N.)

* **SPERGULUS.** BOT. PHAN. Le genre proposé sous ce nom par Brotero, ayant pour type le *Drosera lusitanica*, est maintenant reçu sous celui de *Drosophyllum* que Link lui a imposé. *V*. DROSOPHYLLE. (G..N.)

SPERMA-CETI ou **BLANC DE BALEINE.** MAM. Substance particulière que l'on trouve au-dessus du crâne des Cachalots (*V*. ce mot), et qui est formée en grande partie de Cétine, principe immédiat gras, solide, cristallisable en lames brillantes et incolores, presque inodore et insipide, fusible à 49°. La Cétine se saponifie très-difficilement et seulement en partie. Le *Sperma-Ceti* entre dans la composition de plusieurs emplâtres, et est surtout utile dans les arts pour la confection des bougies diaphanes. (IS. G. ST.-H.)

SPERMACOCE. *Spermacoce.* BOT. PHAN. Genre de la famille des Rubiacées et de la Tétrandrie Monogy-

nie, L., que l'on peut caractériser de la manière suivante : calice adhérent avec l'ovaire, offrant de quatre à huit dents égales ou inégales ; corolle tubuleuse ou infundibuliforme, à quatre divisions égales ; quatre étamines incluses ou à peine saillantes ; style terminé par un stigmate bifide. Le fruit est une capsule à deux loges monospermes. La graine est peltée, attachée à un trophosperme qui naît de la cloison ; le péricarpe se sépare tantôt en deux coques closes et indéhiscentes (*Diodia*, Chamisso), tantôt en deux coques fendues longitudinalement sur le milieu de leur face interne (*Borreria*, Meyer, Chamisso), tantôt enfin en deux coques dont l'une entièrement close, emporte avec elle la lame de la cloison de la seconde coque qui ne se compose alors que de sa paroi externe et convexe (*Spermacoce*, Chamisso). Tel que nous le caractérisons ici, le genre Spermacoce réunit le genre *Diodia* de Linné, rétabli récemment par Chamisso (*Linn.*, 1828, p. 309) et le *Borreria* de Meyer (*Fl. Esseq.*) ou *Bigelowia* de Sprengel. Les caractères sur lesquels on a fondé la distinction de ces trois genres ne sont que de légères modifications d'un même type d'organisation. En effet, que les deux coques restent parfaitement closes comme dans les *Diodia*, ou bien qu'elles offrent une fente longitudinale sur leur face interne comme dans les *Borreria*, ou enfin que la cloison reste complétement adhérente à l'une des coques, que l'autre ne se compose que de sa paroi externe comme dans les véritables espèces de Spermacoce ; nous ne voyons là qu'une seule et même organisation, et nous pensons que ces modifications peuvent être seulement employées pour établir de simples subdivisions dans le genre Spermacoce. Quant au genre *Richardsonia*, il diffère non-seulement par une troisième ou quelquefois une quatrième partie ajoutée à son ovaire et à son fruit, mais encore par la forme du limbe de son calice, qui tombe d'une seule pièce au moment où le fruit va se séparer en trois coques. On a retiré avec juste raison du genre Spermacoce les espèces dont la capsule s'ouvre transversalement en deux valves superposées pour en former le genre *Mitracarpum* de Zuccharini. Le genre *Psyllocarpus* de Martius a aussi de très-grands rapports avec le Spermacoce, mais néanmoins on peut l'en distinguer par sa capsule à deux loges septifrages, dont la cloison est entière et opposée aux valves, et encore par ses graines comprimées et membraneuses.

Le nombre des espèces de Spermacoces est très-considérable; ce sont des Plantes herbacées, vivaces ou légèrement sous-frutescentes, ayant la tige carrée ou anguleuse, des feuilles opposées ou verticillées, réunies entre elles par une sorte de gaîne stipulaire et ciliée. Les fleurs sont fort petites, groupées aux aisselles des feuilles ou réunies en capitules, plus rarement en grappes ou en panicules. Toutes ces espèces sont exotiques, et croissent en abondance dans les régions chaudes du nouveau et de l'ancien continent.   (A. R.)

*SPERMACOCÉES. *Spermacoceæ.* BOT. PHAN. On appelle ainsi l'une des tribus de la famille des Rubiacées. *V.* ce mot.   (A. R.)

SPERMADICTYON. BOT. PHAN. Roxburgh avait établi sous le nom d'*Hamiltonia* un genre de la famille des Rubiacées et de la Pentandrie Monogynie, L., mais pour lequel Brown proposa le nom de *Spermadictyon*, celui d'*Hamiltonia* étant appliqué à un autre genre. Dans son ouvrage sur les Plantes de Coromandel, vol. 3, p. 32, t. 256, il décrivit donc et figura, sous le nom de *Spermadictyon suaveolens*, la Plante qui forme le type de ce nouveau genre dont voici les caractères essentiels : calice supère, quinquéfide, à segmens subulés; corolle infundibuliforme, à tube grêle, un peu dilaté vers l'orifice, à limbe découpé en cinq segmens oblongs et étalés; cinq étamines dont les filets sont

très-courts, insérés un peu au-dessous de l'orifice du tube; ovaire ovale, surmonté d'un style de la longueur du tube de la corolle et terminé par un stigmate quinquéfide; capsule infère, oblongue, déhiscente par le sommet, uniloculaire, à cinq valves renfermant cinq graines munies d'un arille réticulé.

Le *Spermadictyon suaveolens*, Roxburgh, *loc. cit.*; *Bot. Regist.*, n. 348, est un Arbrisseau à feuilles opposées, elliptiques, et à fleurs blanches, exhalant une odeur délicieuse, terminales, disposées en corymbes ombelliformes. Cette Plante a été trouvée dans l'Inde-Orientale, sur les montagnes de Rajamahl, et de-là transportée au jardin de Calcutta, puis en Europe dans l'année 1816. Don, dans sa Flore du Napaul, a décrit sous le nom générique d'*Hamiltonia* une espèce nouvelle qui a beaucoup de rapports avec la précédente.   (G..N.)

* SPERMAGRE. *Spermagra.* OIS. Sous ce nom, Swainson a établi un genre d'Oiseaux (*Zool. Journ.*, n° 11, p. 343) pour recevoir l'Embérizoïde longibandes de la pl. col. 114, fig. 2, de Temminck.   (LESS.)

SPERMAXYRUM. BOT. PHAN. Genre de la famille des Olacinées et de la Triandrie Monogynie, L., établi par Labillardière (*Nov.-Holl.*, 2, p. 84, tab. 233) et ainsi caractérisé : calice petit, entier, ne s'agrandissant pas après la floraison; corolle à cinq pétales, dont quatre soudés deux à deux avec les filets des étamines, et conséquemment semi-bifides; le cinquième pétale libre, entier; appendices filiformes, simples; trois étamines dont deux soudées avec les pétales, la troisième libre; ovaire uniloculaire, à trois ovules suspendus au sommet d'une colonne centrale filiforme; drupe sèche, monosperme. Ce genre a été réuni par R. Brown au genre *Olax*; il ne renferme que deux espèces (*S. Phyllanthi* et *S. strictum*, Labill., *loc. cit.*), qui croissent à la Nouvelle-Hollande, à la Terre de Van-Leuwin et au Port-Jackson. Ce sont des Arbrisseaux à feuilles distiques et disposées le long des branches comme les folioles de feuilles pinnées le long d'un pétiole commun; quelquefois, mais rarement, ils sont dépourvus de feuilles. Les fleurs sont polygames par avortement. (G..N.)

SPERME. zool. C'est la substance fécondante renfermée dans les organes sexuels du mâle. *V.* GÉNÉRATION. (A. R.)

SPERMODÉE. bot. crypt. *V.* Spermoedia.

SPERMODERME. bot. phan. Nom proposé par le professeur De Candolle pour le tégument propre de la graine. *V.* ÉPISPERME. (A. R.)

SPERMODERMIA. bot. cnypt. (*Hypoxylées.*) Le genre décrit sous ce nom par Tode (*Fung. Meckl.*, 1, pl 1, fig. 1) a été long-temps enveloppé de beaucoup d'obscurité; Chaillet a trouvé dans le Jura une Cryptogame qu'il a considérée, ainsi que De Candolle, comme la Plante indiquée par Tode; ces échantillons étudiés par Fries sont considérés par ce savant mycologue comme un état imparfait d'une espèce de *Sphæria* (*Sph. Leiophemiæ*, Fries, *Syst. myc.*, 2, pag. 399); car il a reconnu des périthéciens très-petits cachés dans la substance interne. Tode avait donné à l'espèce qu'il a décrite le nom de *Spermodermia clandestina;* elle croît sous l'écorce à moitié pourrie des vieux Chênes. (AD. B.)

SPERMOEDIA. bot. crypt. (*Champignons.*) Fries désigne sous ce nom le genre de Champignons parasites qui forme l'Ergot des Céréales et que De Candolle avait nommé *Sclerotium Clavus. V.* ERGOT, SEIGLE et SPHACÉLIE. (A. R.)

SPERMOGONIA. bot. crypt. Genre établi par Bonnemaison et qui ne diffère peut-être pas du *Bangia* de Lyngbye; il a pour type le *Conferva atropurpurea* de Roth, rangé parmi les *Bangia* par Lyngbye. Bonnemaison caractérise ainsi son genre

Spermogonia : filamens simples ou rameux ; rarement cloisonnés, contenant des locules de forme variable. Les espèces sont toutes marines, à l'exception de celle que nous avons citée qui croît également dans les eaux douces et salées. (AD. B.)

* SPERMOLOGOS. ois. Syn. de Freux chez les anciens. *V.* CORBEAU. (B.)

SPERMOPHILE. *Spermophilus.* mam. Genre de Mammifères rongeurs créé par Fr. Cuvier aux dépens des Marmottes, *Arctomis*, de la plupart des zoologistes. Les Spermophiles fout le passage des Marmottes aux *Tamia* ou Ecureuils de terre, et se distinguent des premières par des formes plus élancées et plus grêles, par des pieds plus longs et plus étroits, et par leurs doigts presque entièrement libres, avec un seul tubercule à la base de chacun, dépouillé de poils. Les dents présentent entre autres particularités d'être plus étroites que celles des Marmottes, et les différences les plus fondamentales se trouvent également établies dans les modifications qu'éprouve la boîte osseuse crânienne. On peut donc caractériser ce genre ainsi qu'il suit: hélix bordant l'oreille; pupille ovale; de grandes abajoues; doigts des pieds étroits et libres; talon couvert de poils, tandis que les doigts des pieds de derrière sont nus; vingt-deux dents : quatre incisives, dix molaires en haut et huit en bas. Les détails donnés au mot MARMOTTE de ce Dictionnaire leur sont entièrement applicables. Le type de ce genre est :

Le SOUSLICK, *Spermophilus citillus;* le Zizel et le Souslick, Buff., pl. 31; *Arctomis citillus*, Pallas, pl. 5 et 6; le *Jevraschka*, Buff.; la Marmotte de Sibérie, var., Buff. Ce Spermophile est d'un gris brun en dessus, ondé ou tacheté de blanc par gouttelettes, blanc en dessous. On en connaît plusieurs variétés : l'une, tachetée (*Sp. guttata*); l'autre ondulée (*Sp. undulata*), ou le Zizel; enfin une troisième, d'un brun jaunâtre uniforme, ou la Marmotte de Sibérie. Cet Animal se nourrit de graines, et vit isolé dans des terriers et dans le nord de l'Europe et de l'Asie, ainsi que dans la Perse, l'Inde et la Tartarie.

A ce genre il faut joindre sans aucun doute les Marmottes des Etats-Unis, décrites sous les noms d'*Arctomis Parryi, Richardsonii, Franklinii, Hoodii, missouriensis, griseus. V.* MARMOTTE.   (LESS.)

* SPERMOPHILE. *Spermophila.* OIS. Swainson a proposé ce genre pour recevoir des Bouvreuils de l'Amérique du sud, et notamment les *Pyrrhula falcirostris* et *P. cinereola.*   (LESS.)

SPET. POIS. *V.* SPHYRÈNE.

* SPHACELARIA. BOT. CRYPT. (*Céramiées.*) Lyngbye a donné ce nom à un genre séparé des *Ceramium* et qui a pour type le *Ceramium scoparium* ou *Conferva scoparia,* L., et dans lequel se groupent assez naturellement plusieurs autres Plantes marines. Ce sont de petites Plantes croissant en touffes serrées, à filamens articulés, roides, d'un vert olive foncé, à rameaux pinnés ou bipinnés, distiques; les articles des tiges sont marqués de bandes colorées; les extrémités des rameaux sont gonflés, tronqués, brunâtres et comme brûlés et desséchés; ils renferment les corpuscules reproducteurs qui s'échappent plus tard par leurs extrémités. Notre collaborateur Bory de Saint-Vincent a établi deux nouveaux genres aux dépens des Sphacelaires de Lyngbye et d'Agardh, sous les noms de *Delisella* et de *Lyngbyella. V.* ces mots.   (AD. B.)

* SPHACÉLIE. *Sphacelia.* BOT. CRYPT. (*Champignons.*) Nom donné par le docteur Léveillé au genre de Champignons parasites qui, selon lui, constitue l'Ergot du Seigle. (*V.* SEIGLE). Ce Champignon se développe sur le sommet de l'ovaire et s'oppose à sa fécondation. Il est mou, visqueux, variable dans sa forme, sillonné de rides inégales,

formé de trois à quatre lobes réunis à leur sommet, séparés à leur base. Les sporules sont ovoïdes, presque globuleuses, éparses dans la substance même du germe. Ce Champignon se développe sur le Seigle et plusieurs autres Graminées, et même quelques Cypéracées. L'espèce unique de ce genre a été décrite par le docteur Léveillé sous le nom de *Sphacelia segetum.*   (A. R.)

SPHACELLOS. BOT. PHAN. (Théophraste.) Le *Salvia officinalis* selon les uns, le *Stachys germanica* et le *Teucrium Scorodonia* selon les autres.   (B.)

SPHÆNOCARPUS. BOT. PHAN. Pour *Sphenocarpus. V.* ce mot et LAGUNCULARIA.   (G..N.)

SPHÆNOCLÉE. *Sphænoclea.* BOT. PHAN. Pour Sphénoclée. *V.* ce mot.   (G..N.)

SPHÆNOPLEA. BOT. CRYPT. (Sprengel.) Syn. de *Sphæroplea* d'Agardh. *V.* ce mot.   (AD. B.)

SPHÆRA. CONCH. Sowerby, dans son *Mineral Conchology,* a établi ce genre fort incertain encore pour une Coquille fossile dont il n'a vu que des parties fort incomplètes de charnières; il a représenté cette Coquille globuleuse, comme l'indique son nom, pl. 334 de l'ouvrage précité. Nous ne croyons pas que l'on puisse admettre ce genre avant d'avoir des caractères plus satisfaisans. (D..H.)

SPHÆRA. BOT. CRYPT. (Acharius.) *V.* GYROME.

* SPHÆRALCÉE. *Sphæralcea.* BOT. PHAN. Genre de la famille des Malvacées et de la Monadelphie Polyandrie, L., établi par Auguste de Saint Hilaire, Adrien De Jussieu et Cambessèdes (*Flor. Brasil.,* 1, p. 209), qui l'ont ainsi caractérisé : calice double; l'extérieur triphylle, plus court, caduc; l'intérieur quinquéfide, persistant. Corolle à cinq pétales, alternes avec les découpures calicinales, obliquement subbilobées. Tube staminal plus court que les pétales, divisé au sommet en filets nombreux portant chacun une anthère. Ovaire divisé en loges nombreuses (quinze à vingt), chacune contenant trois ovules fixés à l'angle interne. Styles en nombre égal à celui des loges, soudés par la base, libres par le sommet, et surmontés d'autant de stigmates capitellés. Capsule globuleuse, ombiliquée, tomenteuse, à plusieurs coques circulairement placées, déhiscentes par le dos en deux valves, renfermant une à deux graines dont la structure est semblable à celle des autres Malvées. Ce genre est formé de la section des *Malva* à laquelle De Candolle a donné le nom de *Sphæroma*. On doit donc y comprendre les espèces placées dans cette section, plus le *Sphæralcea cisplatina*, Aug. St.-Hil., Juss. et Camb., Plant. usuell. bras., n. 52. Ces Plantes croissent pour la plupart dans l'Amérique méridionale. Ce sont des Arbustes ou des Arbrisseaux à feuilles alternes, dentées ou lobées, à fleurs rougeâtres ou violacées, disposées en grappes peu fournies ou en bouquets.   (G..N.)

SPHÆRANTHE. *Sphæranthus.* BOT. PHAN. Genre de la famille des Synanthérées et de la Syngénésie nécessaire, établi par Vaillant, et placé avec doute par Cassini dans la tribu des Inulées. Voici, d'après ce dernier auteur, les caractères principaux de ce genre : capitule globuleux, composé de petites calathides nombreuses, sessiles et immédiatement rapprochées. A la base de ce capitule, sont des bractées obovales-acuminées, concaves, coriaces, membraneuses sur les bords, spinescentes au sommet; chaque bractée accompagnant extérieurement une calathide. Celle-ci est composée au centre d'un petit nombre de fleurons réguliers et mâles par avortement de l'ovaire qui est rudimentaire, et à la circonférence d'un rang de fleurons tubuleux et femelles. L'involucre de chaque calathide est formé d'environ cinq folioles à peu près égales, appliquées, oblongues, concaves, mutiques; récep-

tacle très-petit et nu ; l'ovaire des fleurs femelles et marginales est cylindracé, hispidule, privé d'aigrette et muni d'un bourrelet basilaire. Le style est terminé par deux branches divergentes, un peu arquées en dehors, arrondies au sommet, glabres, ayant la face intérieure bordée de deux gros bourrelets stigmatiques, confluens au sommet. Le genre *Polycephalos* de Forskahl est identique avec le *Sphæranthus*; la description générique et spécifique qu'en donne cet auteur s'applique exactement au *Sphæranthus indicus*, L., qui est le type du genre. C'est une Plante herbacée, à odeur aromatique, à feuilles alternes décurrentes, à fleurs rouges disposées en capitules terminaux. On connaît cinq autres espèces de *Sphæranthus*; elles croissent dans les pays chauds de l'Asie et de l'Afrique.   (G..N.)

SPHÆRIACÉES. BOT. CRYPT. (*Hypoxylées.*) On donne ce nom à une des quatre sections de la famille des Hypoxylées qui se distingue par ses sporules renfermées dans des thèques qui forment un noyau globuleux contenu dans un périthécium qui leur donne issue par une ouverture arrondie ou allongée. Cette section se rapproche surtout de celle des Phacidiacées qui s'en distingue par ses thèques droites, fixées, réunies en forme de disque plat et par son périthécium qui s'ouvre en plusieurs valves. Fries rapporte dans son *Systema orbis vegetabilis*, les genres suivans à cette section, et les groupe ainsi en quatre tribus.

I. SPHÆRINÉES. *Hypocrea*, Fries; *Hypoxylon*, Bull.; *Valsa*, Fries; *Sphæria*, Hall.

II. DICHÆNÉES. *Dichæna*, Fries; *Hypospila*, Fries; *Ostropa*, Fries; *Gibbera*, Fries.

III. STRIGULINÉES. *Corynella*, Ach.; *Strigula*, Fries; *Meliola*, Fries.

IV. DOTHIDINÉES. *Vermicularia*, Tode; *Dothidea*, Fries; *Ascosphora*, Fries.

Beaucoup de ces genres, publiés depuis l'impression des volumes du Dictionnaire où ils devraient se trouver, seront décrits dans le Supplément.   (AD. B.)

SPHÆRIDIE. *Sphæridium.* BOT. CRYPT. (*Mousses.*) Nom donné par Bridel, dans la table de son *Methodus Muscorum*, au genre qu'il désigne dans l'ouvrage par le nom de *Pleuridium*, nom qui a été adopté par les auteurs qui ont cru devoir séparer ce genre des *Phascum*, distinction qui ne nous paraît pas naturelle. (AD. B.)

SPHÆRIDIOPHORUM. BOT. PHAN. Desvaux (Journ. de Bot., 3, p. 125, tab. 6) a fondé sous ce nom un genre qui a pour type l'*Indigofera linifolia* de Retz, et qui ne diffère des autres *Indigofera* que par ses gousses globuleuses et monospermes. Ce genre n'a pas été adopté. (G..N.)

SPHÆRIDIUM. INS. *V.* SPHÉRIDIE.

SPHÆRIE. *Sphæria.* BOT. CRYPT. (*Hypoxylées.*) Le genre immense auquel Haller a donné ce nom a été depuis lui démembré un grand nombre de fois, et, malgré les soustractions qu'il a ainsi subies, il contenait encore dans le *Syst. Mycologicum* de Fries plus de cinq cents espèces distribuées dans vingt-sept tribus. Plus récemment (*Syst. orb. Veget.*, 1, p. 105) ce même auteur, qui a fait une étude très-approfondie de cette famille, a considéré le *Sphæria* comme une section de la famille des Hypoxylées, et a divisé le genre *Sphæria* en quatre genres principaux sous les noms de *Hypocræa*, *Hypoxylon*, *Valsa* et *Sphæria*. Les caractères de la section des Sphærinées ou de l'ancien genre *Sphæria* sont les suivans : périthécium s'ouvrant par un pore arrondi dont le bord est plus ou moins proéminent, quelquefois prolongé en un long tube. Les quatre genres que Fries a formés aux dépens des *Sphæria* ainsi limités, sont ainsi caractérisés :

Hypocrea; périthécium membraneux, thèques filiformes; sporidies simples, pâles, s'échappant sous forme de filamens ou de globules. Ces espèces de couleurs variées, dont la base est charnue, ont été quelquefois rapportées anciennement aux Clavaires ou aux Pézizes

Hypoxylon, Bull.; périthécium presque corné; thèques en forme de massue; sporidies cloisonnées, opaques, s'échappant sous la forme d'une poussière noire, grossière.

Valsa; périthécium membraneux; thèques en forme de massue; sporidies transparentes, presque simples, sortant en une masse gélatineuse.

Sphæria; périthécium de consistance cireuse, rempli d'une masse gélatineuse; thèques en forme de massue; sporidies simples, transparentes, s'échappant comme une poussière très-fine ou comme une sorte de fumée.

Dans chacun de ces genres, les espèces sont réparties dans plusieurs sections, d'après la forme des périthéciums et de la base charnue qui les enveloppe ou les supporte dans beaucoup de cas; ainsi tantôt cette base charnue ou presque ligneuse a la forme d'une Clavaire, tantôt elle est étendue à la surface du bois en une couche épaisse et charnue; dans d'autres cas elle ne fait que servir de moyen d'union aux périthéciums qui sont groupés comme les fruits d'une mûre; enfin elle manque dans beaucoup d'espèces, ou bien elle est remplacée par le tissu même des Végétaux dans lequel ces Cryptogames parasites se développent; en effet un grand nombre d'espèces, particulièrement dans les véritables *Sphæria*, se développent sous l'épiderme des feuilles vivantes ou malades, sur lesquelles elles forment des taches analogues à celles des *Xyloma*, mais pourvues d'une ouverture régulière et arrondie.   (AD. B.)

SPHÆROBOLUS. BOT. CRYPT. (*Lycoperdacées.*) Ce genre ayant été parfaitement décrit par Micheli sous le nom de *Carpobolus*, nous avons cru devoir adopter ce nom de préférence à celui de *Sphærobolus* que Tode lui a donné depuis, et qui a cependant été adopté par la plupart des mycologues. *V*. CARPOBOLUS.

(AD. B.)

SPHÆROCAPNOS. BOT. PHAN. (De Candolle.) *V*. FUMETERRE.

SPHÆROCARPA. BOT. CRYPT. (*Lycoperdacées*.) Schumacber a donné ce nom à un genre très-voisin du *Craterium*, et qui paraîtrait en différer par l'absence des filamens mêlés aux sporules. Fries ne l'a pas considéré comme assez solidement établi pour l'admettre. (AD. B.)

* SPHÆROCARPOS. BOT. PHAN. Kœnig a donné le nom de *Sphærocarpos Hura* à une Plante réunie par Retz au genre *Hura* sous le nom de *Hura Kœnigii*. Cette Plante est si peu connue, que quelques auteurs ont pensé qu'elle pourrait bien être une espèce d'*Alpinia* ou de *Globba* dans la famille des Cannées. (G..N.)

* SPHÆROCARPUS. BOT. PHAN. (Steudel.) Pour *Sphenocarpus*. *V*. ce mot. (G..N.)

SPHÆROCARPUS. BOT. CRYPT. (*Hépatiques*.) Micheli a désigné par ce nom un genre très-voisin du *Targionia* auquel il a été long-temps réuni sous le nom de *Targionia Sphærocarpus*. Les auteurs modernes ont rétabli le genre *Sphærocarpus* qui est ainsi caractérisé : calice membraneux, ovoïde, percé à son sommet d'une petite ouverture arrondie; capsule incluse, sessile, globuleuse, surmontée d'un petit mamelon; sporules nombreuses, trigones, chagrinées. Ces organes reproducteurs sont réunis en assez grand nombre (quinze à vingt) au centre d'une rosette de petites feuilles ovales, à peine plus longues que les calices. Léman a cru pouvoir distinguer deux espèces de ce genre, celle décrite par Micheli, et celle figurée par Gay dans l'Atlas du Dictionnaire des Sciences naturelles; mais cette distinction nous paraît fondée sur des caractères bien légers, et qui dépendent peut-être plutôt des figures que des différences réelles dans la Plante. Cette Plante n'est pas très-commune, ou peut-être échappe-t-elle plutôt par sa petitesse, les rosettes qu'elle forme n'ayant pas plus de cinq à six lignes de large. (AD. B.)

SPHÆROCARPUS. BOT. CRYPT. (*Lycoperdacées*.) Bulliard avait donné ce nom à un genre de petits Champignons maintenant subdivisé en un grand nombre de genres très-voisins les uns des autres et répartis dans la tribu des Trichiacées. (AD. B.)

* SPHÆROCARYA. BOT. PHAN. Genre nouveau de la Pentandrie Monogynie, L., établi par Wallich (*Flora indica*, T. II, p. 371) qui l'a rapporté avec doute à la famille des Rhamnées. Ce rapport est loin d'être naturel, et n'a pas été adopté par notre collègue Brongniart qui a publié une Monographie de cette famille. Voici au surplus les caractères essentiels de ce genre : calice à cinq divisions profondes; corolle à cinq pétales alternes avec les étamines; cinq écailles frangées entre les étamines et les divisions calicinales opposées; ovaire sans disque, surmonté d'un style entier; fruit drupacé infère, contenant un noyau lisse, sans sutures. Ce genre ne renferme qu'une seule espèce (*S. edulis*, W.) qui croît dans les forêts du Napaul. C'est un grand Arbre rameux, revêtu d'une écorce cendrée, muni de feuilles alternes, ovales-oblongues, acuminées et très-entières. Les fleurs sont disposées en grappes axillaires; le fruit est assez estimé par les habitans du Napaul; mais les Européens ne le trouvent pas agréable. Le bois est blanc, d'une texture ferme, et pourrait être employé en menuiserie; mais on ne s'en sert que pour faire du feu. (G..N.)

SPHÆROCEPHALUS. BOT. PHAN. (Lagasca.) Syn. de *Caloptilium*. *V*. ce mot. (A. R.)

SPHÆROCEPHALUS. BOT. CRYPT. (*Lycoperdacées*.) Nom donné par

Haller au genre qu'il a ensuite désigné par celui de *Trichia*, et qui correspond en partie au *Sphærocarpus* de Bulliard. *V.* Trichia.

(AD. B.)

SPHÆROCOCCUS. BOT. CRYPT. (*Hydrophytes*.) Stackhouse a donné ce nom à un vaste genre de Plantes marines, comprenant toutes les espèces dont la fructification forme des tubercules saillans à la surface des frondes. Agardh y a en outre réuni le genre *Chondrus* du même auteur. Lamouroux, au contraire, a distribué ces Plantes dans plusieurs genres, et n'a pas conservé la dénomination de *Sphærococcus*; ainsi les espèces indiquées par Agardh font partie des genres *Chondrus*, *Gelidium*, *Hypnea*, *Plocamium*, *Gigartina* et *Delesseria* de Lamouroux. Cette différence d'opinions dépend entièrement du principe sur lequel on croit devoir fonder les distinctions des genres dans cette famille. Agardh, n'admettant comme caractères génériques que ceux fournis par la fructification, a dû réunir toutes ces Plantes en un seul genre, car jusqu'à présent on ne connaît pas de différence essentielle dans leur mode de reproduction. Lamouroux, admettant comme caractères génériques la structure de la fronde, son tissu et le mode de distribution de ses nervures, a dû subdiviser beaucoup un genre qui, en effet, renferme des Plantes très-diverses par leur port extérieur, tandis que Agardh n'a formé de ces groupes naturels que des sections de son genre *Sphærococcus* qu'il caractérise ainsi : fruit uniforme; capsules renfermant un amas sphérique de séminules très-tenues. Cent sept espèces sont contenues dans ce genre, l'un des plus nombreux et des plus généralement répandus. *V.* pour l'histoire plus détaillée des diverses sections de ce genre et des espèces, les genres de Lamouroux que nous avons cités plus haut.

(AD. B.)

SPHÆROLOBIUM. BOT. PHAN. Genre de la famille des Légumineuses, tribu des Sophorées et de la Décandrie Monogynie, L., établi par Smith (*Ann. Bot.*, 1, p. 509), et offrant les caractères essentiels suivans : calice quinquéfide, bilabié, dépourvu de bractéoles à la base; style muni d'une membrane au sommet d'un seul côté, et imberbe de l'autre; stigmate terminal; gousse sphérique, pédicellée, renfermant une ou deux graines. Ce genre ne renferme que deux espèces originaires de la Nouvelle-Hollande, et cultivées dans les jardins d'Europe sous les noms de *Sphærolobium vimineum* et *S. medium*. Ce sont de petits Arbrisseaux à rameaux effilés, munis dans leur jeunesse d'un petit nombre de feuilles simples, dépourvus de feuilles dans l'âge adulte. Les fleurs sont jaunes ou rouges, et forment des épis ou des grappes peu serrées.

(G..N.)

* **SPHÆROMA.** BOT. PHAN. Nom d'une section établie dans le genre *Malva* par De Candolle, et qui a été élevé au rang de genre sous le nom de *Sphæralcea* par Auguste Saint-Hilaire, Jussieu et Cambessèdes. *V.* Sphæralcée.

(G..N.)

SPHÆROMYXA. BOT. CRYPT. (*Hypoxylées*.) Nom donné par Sprengel au genre *Sphæronema* de Fries. *V.* ce mot.

(AD. B.)

SPHÆRONEMA. BOT. CRYPT. (*Hypoxylées*.) Ce genre comprend de petites Plantes autrefois classées, la plupart parmi les *Sphæria*, et quelques-unes parmi les *Calycium*, et que Fries en a séparé; il se distingue des *Sphæria*, comme tous les genres de la section des Cytisporées, par l'absence des thèques, le périthécium ne renfermant que des sporidies nues. Les caractères suivans empêchent de le confondre avec les autres genres de cette section : périthécium corné, superficiel, à moitié plongé dans le corps qui le supporte, renfermant des sporidies mucilagineuses, contenues dans un sac très-mince, se durcissant et s'échappant ensuite sous la forme d'un globule qui se réduit en poussière. Ce genre renferme une douzaine d'espèces, entre autres les *Sphæria acrosperma*, *cylindrica*, *conica*, *pyriformis*, et les *Calycium ventricosum* et *cladoniscum*. Toutes croissent sur les bois morts, soit sur l'écorce, soit sur le bois lui-même ; leur couleur est noire, et leur aspect les fait ressembler aux Sphæries simples. Fries en a séparé, dans son *Syst. orb. Veg.*, les *Sphæronema subulatum*, *rufum* et *aciculare*, dont il a fait son genre *Zythia*. *V.* ce mot. (AD. B.)

SPHÆROPHORE. *Sphærophoron.* BOT. CRYPT. (*Lichens.*) Ce genre fait partie du groupe des Sphærophores dont il est le genre le plus important. Il est ainsi caractérisé : thalle rameux, fruticuleux, stuppeux à l'intérieur, solide et revêtu d'une partie corticale-cartilagineuse ; l'apothécie est presque globuleux, terminal, formé par le thalle, renfermant une masse pulvéracée et agglomérée, qui affecte la forme même de l'apothécie. Ce dernier organe se déchire lorsque la Plante est adulte. Après l'émission de la poussière qu'il renferme, l'apothécie prend une forme cupuloïde. On voit, par les caractères que nous venons de donner, que ces Lichens se comportent de même que certaines Hypoxylées, Plantes dont pourtant elles diffèrent beaucoup. Un fort petit nombre d'espèces constituent ce genre dont l'habitat est très-variable. Le SPHÆROPHORE CORALLOÏDE, *Sphærophoron coralloides*, Ach., *Syn. meth. Lich.*, 287, croît sur les monts escarpés, attaché aux troncs des Pins. Le SPHÆROPHORE FRAGILE, *Sphærophoron fragile*, Ach., *loc. cit.*, se trouve sur les rochers parmi les Mousses. Le SPHÆROPHORE COMPRIMÉ, *Sphærophoron compressum*, Ach., *loc. cit.*, sur les roches humides sous-alpines dans les deux continens. Nous possédons dans notre collection deux espèces de l'Ile-de-France, qui sont évidemment des espèces nouvelles ; nous nommerons la première SPHÆROPHORE A SOMMITÉS PALMÉES,

Sphærophoron palmatum ; elle est remarquable, en effet, par ses expansions qui se terminent en ramifications courtement digitées. Les rameaux principaux sont renflés vers la base, çà et là impressionnés, et portent de courtes expansions bifurquées ou trifurquées. Les rameaux fructifères sont très-gros et fortement renflés. Les cistules sont noires, leur surface est granuleuse. Ce Lichen est redressé ; ses expansions, fortement appliquées les unes contre les autres, semblent partir d'une souche commune ; il vit sur les rochers, et nous a été communiqué par Aubert Du Petit-Thouars. La deuxième espèce, le SPHÆROCARPE FAUSSE RAMALINE, *Sphærophoron dilatatum*, diffère essentiellement du *depressum ;* ses ramifications sont de deux espèces : les unes arrondies, courtes, nombreuses ; les autres aplaties, impressionnées ou scrobiculées, surtout sur l'un des côtés et divisées en expansions palmées ; les cistules sont fort petites, noirâtres et terminales. (A. F.)

SPHÆROPHORES. BOT. CRYPT. (*Lichens.*) Ce sous-groupe de la famille des Lichens renferme ceux dont le thalle est fruticuleux, simple ou rameux, solide, dont les apothécions (*cistulæ*) émettent une poussière noire, sporulescente. Nous avons placé dans ce sous-groupe le genre *Isidium*, quoique ses rameaux soient très-courts, serrés, et qu'ils offrent l'apparence d'une croûte ; les apothécies, d'abord orbiculaires, deviennent ensuite globuleux. Trois genres composent ce groupe qui est assez isolé ; cependant il se lie très-bien aux Cénomycées par le genre *Stereocaulon* dont les apothécies diffèrent peu de ceux du *Pycnothelia*. Les roches, la terre humide, l'écorce des arbres, servent d'habitat aux Sphærophores dont les espèces sont éparses sur tout le globe, sans paraître préférer une localité particulière. Le sous-groupe des Sphærophores est représenté dans la Méthode d'Eschweiler sous le nom de Plocariées. (A. F.)

* SPHÆROPHYSA, BOT. PHAN. Genre de la famille des Légumineuses et de la Diadelphie Décandrie, L., établi par De Candolle (*Prodr. Syst. Veget.*, 2, p. 270) qui l'a ainsi caractérisé : calice à cinq dents ; corolle papilionacée dont l'étendard est plan, la carène obtuse ; dix étamines diadelphes ; style un peu barbu longitudinalement d'un côté ; gousse stipitée, renflée, globuleuse, de consistance assez ferme, uniloculaire et mucronée par le style. Ce genre se compose de deux espèces, *S. salsula* et *S. caspica*, qui ont été décrites sous le nom de *Phaca* par Pallas, et transportées dans les *Colutea* par Marschall-Bieberstein. Ce sont des Plantes herbacées, vivaces, droites, qui croissent l'une et l'autre dans les lieux salés des contrées orientales de la Russie asiatique. Leurs feuilles sont imparipinnées, accompagnées de stipules très-petites. Leurs fleurs sont rouges, disposées en grappes allongées. (G..N.)

SPHÆROPLEA. BOT. CRYPT. (*Conservées.*) Agardh a établi sous ce nom un genre très-voisin des *Bangia* qu'il caractérise ainsi dans son *Systema Algarum* : filamens continus, remplis intérieurement de globules. Ces Plantes ne diffèrent des *Bangia*, auprès desquels elles sont placées dans la famille des Oscillaires, que par la forme des corpuscules contenus dans les filamens qui sont sphériques dans les *Sphæroplea* et oblongs dans les *Bangia*. Ce genre, auquel Agardh rapporte le *Conferva annulina* de Roth et le *Cadmus sericea* de Bory de Saint-Vincent, ne paraît pas différer du genre *Cadmus* de notre savant collaborateur. Les deux espèces que nous avons indiquées vivent dans les eaux douces. (AD. B.)

SPHÆROPSIS. BOT. CRYPT. (*Hypoxylées.*) Rafinesque a donné ce nom, dans son Analyse de la Nature, à un genre voisin du *Sphæria*, qui n'est pas suffisamment connu pour qu'on puisse savoir s'il mérite d'être adopté ou s'il doit être rejeté. (AD. B.)

SPHÆROPTERIS. BOT. CRYPT. (*Fougères.*) Le genre établi sous ce nom par Bernhardi a pour type le *Polypodium medullare*, et paraît correspondre à tout le genre *Cyathea* de Smith. R. Brown, en divisant le genre *Cyathea*, pense qu'il méritera d'être rétabli ; mais les caractères qui lui sont propres ne sont pas bien connus. (AD. D.)

SPHÆROPUS. BOT. CRYPT. (*Champignons.*) Paulet avait proposé de réunir en un genre particulier auquel il donnait ce nom, les Agarics à chapeau globuleux et à stipe plein. (AD. B.)

SPHÆROSIDÉRITE. MIN. Variété de Fer carbonaté en masses sphéroïdales, d'un jaune brunâtre, à structure radiée. Ces sphéroïdes sont ordinairement groupées dans les fissures des roches basaltiques ; leurs fibres ont un éclat intermédiaire entre l'éclat perlé et l'éclat gras. On la trouve à Steinheim, près de Hanau, à Bodenmais en Bavière, et dans quelques autres localités d'Allemagne. *V.* FER CARBONATÉ. (G. DEL.)

* SPHÆROSTEMMA. BOT. PHAN. Genre de la Monœcie Monadelphie, L., établi par Blume (*Flor. ned. Ind.*, p. 22) qui l'a placé près de son genre *Sarcocarpon*, dont il diffère par ses étamines à filets soudés, et par ses carpelles disposés en épi et distans le long d'un axe, au lieu d'être imbriqués. Ce genre se compose de deux espèces, *S. axillaris* et *S. elongata*, Arbrisseaux grimpans qui croissent dans les montagnes de l'île de Java. (G..N.)

* SPHÆROSTIGMA. BOT. PHAN. Seringe a donné ce nom à la première section du genre *OEnothera*, caractérisé principalement par son stigmate globuleux, et qui a pour type l'*OEnothera dentata* de Cavanilles. (G..N.)

SPHÆROTHECA. BOT. CRYPT. (*Urédinées.*) Desvaux avait donné ce nom à un genre très-voisin des *Uredo*, et qui n'est même considéré que comme une section de ce genre. *V.* UREDO. (AD. B.)

SPHÆRULA. INS. *V.* SPHÉRULE.

SPHÆRULITE. MOLL. *V.* SPHÉRULITE.

SPHÆRULITE. MIN. Feldspath globulaire, Beudant. Werner a donné ce nom aux globules lithoïdes, de nature feldspathique, qui sont disséminés dans les Roches volcaniques à pâte vitreuse telles que les Obsidiennes, les Perlites, les Rétinites. Ce ne sont probablement que des parties dévitrifiées et cristallisées confusément de la pâte même de la Roche. C'est principalement en Hongrie que ce Minéral abonde, notamment dans la vallée de Glashutte, près Schemnitz.   - (G. DEL.)

SPHAGÉBRANCHES. *Sphagebranchus.* POIS. Genre de Malacoptérygiens Apodes, de la famille des Anguilliformes, voisin des Murènes dont il ne diffère qu'en ce que les ouvertures branchiales sont rapprochées l'une de l'autre sous la gorge. Les nageoires dorsales ne commencent chez plusieurs espèces à devenir saillantes que vers la queue; leur museau est avancé et pointu; leur estomac est en long cul-de-sac; l'intestin est droit; la vessie est longue, étroite et placée en arrière. Il y a des espèces absolument sans nageoires pectorales, d'autres où elles sont à l'état rudimentaire. On y comprend les Aptérichtes de Duméril, les Cécilies de Lacépède, et peut-être doit-on y rapporter notre genre *Icthyophis*. Le type de ce genre est la *Murœna cœca* de Linné, décrite par De Laroche, Ann. Muséum, tab. 15, pl. 21, 6.   (LESS.)

* **SPHAGNOIDÉES. BOT. CRYPT.** (Arnott.) *V.* MOUSSES.

SPHAGNUM. BOT. CRYPT. *V.* SPHAIGNE.

SPHAIGNE. *Sphagnum.* BOT. CRYPT. (*Mousses.*) Ce genre, tel qu'il est limité actuellement, ne renferme que des Mousses qui croissent dans les tourbières ou dans les marécages, et qui se ressemblent telle-ment par leur aspect, qu'on pourrait presque les considérer comme des variétés d'une seule espèce. Le caractère essentiel de ce genre est d'avoir une urne sessile au sommet d'un pédoncule charnu, court et entouré à sa base par les débris de la partie inférieure de la coiffe; la partie supérieure et libre de cette coiffe est petite et tombe promptement; l'ouverture de la capsule est nue, entière; l'opercule est plat. Ces Plantes présentent une tige principale presque simple, couverte de petits rameaux plus serrés et plus longs vers le haut où ils forment une sorte de tête du centre de laquelle s'élèvent les capsules. Ces Mousses croissent en grandes touffes qui forment des sortes de coussinets dans les tourbières et autres terrains humides. Quelques-unes croissent dans l'eau et viennent flotter à sa surface.

On en a distingué parmi les espèces d'Europe six à huit dont plusieurs ne sont peut-être que des variétés. Ces mêmes Plantes se retrouvent dans presque toutes les parties du monde. Linné avait placé dans ce genre, outre le *Sphagnum palustre*, qui comprend à lui seul toutes les espèces du genre *Sphagnum* tel qu'il est limité actuellement, deux autres espèces, le *Sph. alpinum* qui est un *Dicranum*, et le *Sphagnum arboreum* qui est le *Daltonia heteromalla*, Hook. *V.* ces mots.   (AD. B.)

SPHASE. ARACHN. *V.* OXYOPE.

SPHÉCODE. *Sphecodes.* INS. Latreille a établi sous ce nom un genre de l'ordre des Hyménoptères, section des Porte-Aiguillons, famille des Mellifères, tribu des Andrénètes, qui faisait partie du grand genre Sphex de Linné, que Degéer plaçait dans son genre Proapis, et dont Fabricius avait fait entrer quelques espèces dans son genre Nomade. Olivier, Panzer, Jurine et Spinola le confondaient avec leurs Andrènes; Illiger et Klug en avaient fait le genre *Dichroa*; enfin Kirby ne le distinguait pas de ses *Melitta*. Les caractères de ce genre sont : corps allongé, ponctué, presque glabre. Tête assez forte, transversale, de la largeur du corselet. Yeux de grandeur moyenne; trois ocelles placés en triangle sur la partie antérieure du vertex. Antennes filiformes, coudées dans les femelles, et composées de douze articles cylindriques, simplement arquées, et composées de treize articles noueux et renflés au milieu dans les mâles. Labre trigone, déprimé après sa base; son extrémité obtuse, point carénée, échancrée dans les femelles, entière dans les mâles. Mâchoires et lèvre n'égalant pas deux fois la longueur de la tête; la lèvre courte et presque droite, ayant sa division intermédiaire peu courbée inférieurement; les latérales presque aussi longues que l'intermédiaire, et tridentées à leur extrémité. Palpes de forme ordinaire. Corselet globuleux. Ecusson peu saillant. Ailes supérieures ayant une cellule radiale un peu appendicée, rétrécie depuis son milieu et se terminant presque en pointe, et quatre cellules cubitales : la première assez grande; la seconde la plus petite de toutes, recevant la première nervure récurrente; la troisième très-rétrécie vers la radiale, recevant la seconde nervure récurrente; la quatrième très-grande, n'atteignant pas le bout de l'aile. Pates de longueur moyenne; les jambes antérieures munies à leur extrémité d'une épine bordée intérieurement par une membrane. Abdomen ovale, un peu tronqué à sa base, de cinq segmens, outre l'anus, dans les femelles, en ayant un de plus dans les mâles. Ce genre se distingue des Hylées et des Collètes, parce que la division intermédiaire de la languette est lancéolée, tandis qu'elle est en forme de cœur dans les deux genres que nous venons de citer. Les Dasypodes et les Andrènes en diffèrent, parce que cette division lancéolée de leur languette est repliée en dessous dans le repos, tandis qu'elle est droite chez les Sphécodes, Nomades et Nomies. Mais dans ces deux genres cette division intermédiaire de la languette est beaucoup plus longue que les latérales. Les Sphécodes sont des Andrénètes parasites qui pondent leurs œufs dans le nid de quelques espèces de Mellifères récoltantes, et dont les larves se nourrissent avec la pâtée destinée à celles des propriétaires légitimes qui meurent alors de faim. On trouve les Sphécodes pendant la belle saison, et ce sont des Hyménoptères assez communs. On n'en connaît que peu d'espèces. Une d'elles habite les environs de Paris, c'est :

Le Sphécode gibbeux, *Sphecodes gibbosus*, Latr., *Gen. Crust. et Ins.* T. IV, p. 153; Apis, n° 17, Geoff.; Proabeille noire et rousse, Degéer, etc., pl. 32, fig. 6; *Nomada gibba*, Fabr.; *Meletta gibba*, Kirby; *Dichroa analis*, Illig.; *Tiphia rufiventris*, Panzer, *Faun. Germ*, fasc. 55, tab. 5, femelle.   (G.)

SPHÉCOMYIE. *Sphecomyia*. INS. Genre d'Insectes de l'ordre des Diptères, famille des Athéricères, établi sur une seule espèce, rapportée de la Caroline par Bosc, et très-voisin de celui de Chrysotoxe, mais très-distinct par un caractère unique dans cet ordre d'Insectes, celui d'avoir la soie des antennes insérée sur le second article; cet article, ainsi que le précédent, est long, presque cylindrique; le troisième ou dernier est beaucoup plus court. La soie est simple. Ce genre a été indiqué pour la première fois dans notre ouvrage sur les Familles naturelles du Règne Animal, mais sans signalement. L'espèce qui lui a servi de type sera consacrée au célèbre naturaliste précité. *V.* SYRPHIDES.   (LAT.)

SPHÉCOTHÈRE. *Sphecotheres*. ois. Nom appliqué par Vieillot à un genre de sa création, correspondant au *Graucalus* de Cuvier, et qui signifie *chasseur de mouches*. Ce genre est caractérisé par un bec droit, épais et glabre à la base, robuste, convexe en dessus, fléchi vers la pointe de la mandibule supérieu-re, à orbites nus ; les première et deuxième rémiges les plus longues. Le type de ce genre est le *Graucalus viridis*, figuré pl. 147 de la galerie du Muséum, par Vieillot et Oudart, et pl. 21 de la Zoologie de Quoy et Gaimard. Cet Oiseau est de Timor où les habitans le nomment *Kakraya*. (LESS.)

SPHÉGIDES. INS. Tribu de l'or-dre des Hyménoptères, section des Porte-Aiguillons, famille des Fouis-seurs, établie par Latreille qui lui donne pour caractères : prothorax prolongé latéralement jusqu'à la nais-sance des ailes supérieures, formant une sorte de cou en manière d'ar-ticle ou de nœud, et rétréci en de-vant. Base de l'abdomen rétrécie en un long pédicule. Trois cellules cu-bitales complètes dans tous. Les Hy-ménoptères de cette tribu vivent en général dans les lieux chauds et sa-blonneux ou dans nos maisons; les uns (Ammophiles et Sphex) creusent la terre pour y déposer différentes espèces d'Insectes qu'elles mutilent sans les tuer entièrement, et avec lesquels elles déposent leurs œufs qui ne tardent pas à éclore; les lar-ves qui en proviennent dévorent les Insectes qui ont été déposés pour être leur nourriture. D'autres (Pélo-pées) construisent dans les maisons des nids de terre qu'ils placent aux angles des plafonds, et qui sont com-posés de plusieurs cellules dans les-quelles ils ont déposé des Insectes comme les précédens. Enfin d'autres, manquant d'organes propres à fouir et à maçonner, doivent être parasi-tes. Latreille divise cette tribu ainsi qu'il suit :

I. Mandibules dentées au côté in-terne.

1. Palpes filiformes, presque d'é-gale longueur ; division médiane de la languette longue, bifide, profon-dément échancrée.

A. Mâchoires et lèvre beaucoup plus longues que la tête, formant une proinuscide ou fausse-trompe,

coudée vers le milieu de sa longueur. Palpes très-grêles, à articles cylin-driques.

Genres : AMMOPHILE, MISCUS de Jurine (à abdomen pétiolé).

B. Mâchoires et lèvre plus courtes ou guère plus longues que la tête, fléchies au plus vers leur extrémité. Presque tous les articles des palpes obconiques.

Genres : SPHEX, PRONÉE, CHLO-RION.

2. Palpes maxillaires sétacés, beau-coup plus longs que les labiaux. Division intermédiaire de la lan-guette de la longueur des latérales ou guère plus longue, presque en-tière.

Genre : DOLICHURE.

II. Mandibules sans dents au côté interne. Palpes et languette comme dans la division précédente.

Genres : AMPULEX, PODIE, PÉ-LOPÉE. *V*. tous ces mots à leurs lettres ou au Supplément. (G.)

SPHÉGIMES. *Sphegimæ*. INS. La-treille désignait sous ce nom, dans ses anciens ouvrages, la tribu des Hyménoptères à laquelle il donne le nom de Sphégides dans ses Familles naturelles du Règne Animal. *V*. SPHÉGIDES. (G.)

SPHÉGINE. *Sphegina*. INS. Genre d'Insectes de l'ordre des Diptères, famille des Athéricères, tribu des Syr-phides, que nous signalerons ainsi : point d'éminence nasale; abdomen en forme de massue ; cuisses posté-rieures renflées et épineuses en des-sous; ailes couchées sur le corps; antennes plus courtes que la tête, à palette presque orbiculaire. Meigen en décrit deux espèces, qui sont pe-tites et se trouvent aux environs de Paris. L'une (*clavipes*) noire, avec une bande jaune sur l'abdomen ; et l'autre (*nigra*) entièrement noire, à l'exception des pates. *V*. cet auteur et l'article *Sphégine* de l'Encyclo-pédie méthodique. (LAT.)

SPHÈNE. *Sphena*. CONCH. Ce genre, établi par Turton, n'a été adopté que par un petit nombre de personnes, et cela devait être ainsi, car il est peu nécessaire. Fait aux dépens des Corbules, il renferme celles qui, au lieu d'avoir une grande dent épaisse et conique, plongeant profondément dans la cavité qui doit la recevoir, ne présentent qu'une petite dent triangulaire, lamelleuse, reçue dans une cavité superficielle de l'autre valve : c'est là la différence essentielle. Les Coquilles qui ont ces caractères sont généralement plus allongées, plus transverses que les autres Corbules; mais, pour tous les autres caractères, il existe une identité absolue. Ces considérations nous avaient fait conclure depuis longtemps que le genre Sphène devait former une petite section des Corbules, et non un genre distinct; d'autres motifs nous ont encore conduit à ce résultat : c'est qu'il existe un passage insensible entre les Corbules et les Sphènes, de sorte qu'il serait très-difficile dans une grande série d'espèces de déterminer la limite des deux genres. Lorsque nous avons donné l'article Corbule dans ce Dictionnaire, nous ne connaissions pas le genre Sphène; il nous a été impossible d'en parler, et ce ne fut qu'un peu plus tard, dans notre ouvrage sur les Fossiles des environs de Paris, que nous avons fait les observations précédentes. Néanmoins Blainville a conservé ce genre dans son Traité de Malacologie; mais depuis, dans le Dictionnaire des Sciences naturelles, il dit qu'à peine on peut le conserver, et semble par-là l'abandonner.

(D..H.)

SPHÈNE. MIN. Silicio-Titanate de Chaux, Beudant; Titane Silicéo-Calcaire, Haüy; Titanite, Klaproth. Substance vitreuse, translucide, de couleur claire ou brune et d'un éclat assez vif, tirant parfois sur l'adamantin. Le Sphène ne s'est encore trouvé qu'à l'état cristallin; il offre des clivages assez sensibles dans trois directions parallèles aux faces d'un prisme oblique rhomboïdal, dont les pans font entre eux l'angle de 133° 48' (Rose), et dont la base est inclinée sur ces mêmes pans de 94° 38'. Le clivage, parallèle aux pans, est ordinairement très-facile; celui qui est dans le sens de la base se voit plus difficilement; cette base est très-brillante et toujours striée dans la direction de la diagonale oblique. La cassure du Sphène est conchoïde et inégale. Ce Minéral est fragile; sa dureté est inférieure à celle du Feldspath et supérieure à celle de l'Apatite; sa pesanteur spécifique est de 3,5; il est difficilement fusible au chalumeau en un verre de couleur sombre; avec le Borax, il fond aisément en un verre transparent d'un jaune clair qui se rembrunit par l'addition d'une nouvelle quantité de Sphène; avec la Soude, il donne constamment un verre opaque. Le résultat du traitement du Sphène par la Potasse est en partie soluble dans les Acides; le résidu ne renferme que de l'Oxide de Titane. Il est composé en poids, d'Oxide de Titane, 48; Silice, 33; Chaux, 19.

Considéré sous le rapport de ses variétés de formes, le Sphène offre un grand nombre de modifications différentes; les cristaux sont simples ou maclés; parmi les premiers on trouve : 1° des prismes rhomboïdaux, à base oblique, dont les pans sont quelquefois si petits que les cristaux se présentent sous la forme de tables très-minces (cristaux chloritès du Saint-Gothard, cristaux gris d'Arendal); 2° des prismes quadrangulaires à sommets dièdres (octaèdres cunéiformes), variété ditétraèdre d'Haüy; c'est la forme la plus simple et l'une des plus ordinaires des cristaux bruns du Titanite proprement dit; 3° des octaèdres irréguliers dont les sommets sont remplacés chacun par une facette trapézoïde oblique, forme ordinaire de la variété de Sphène à laquelle on a donné le nom de Spinthère, et que l'on trouve à Maromme, en Dauphiné, où elle est engagée dans des cristaux calcaires. Les cristaux de Sphène se groupent ordinairement deux à deux par les faces de la base, de manière que l'une des moitiés du cristal semble avoir fait une demi-révolution sur l'autre; quelquefois aussi ils présentent des accolemens par une autre face terminale oblique; ces réunions donnent naissance à des angles rentrans, espèces de sillons qui, par l'élargissement considérable de certaines faces, forment une sorte de gouttière. C'est à ces accolades, très-communes dans les cristaux du Saint-Gothard, que Saussure avait donné le nom de *Rayonnante en gouttière*, et Lamétherie celui de *Pictite*; Haüy les a décrits sous la dénomination de *Sphène canaliculé*. Les seules variétés de formes et de structures accidentelles qu'ait présentées le Sphène sont les suivantes: le SPHÈNE LAMINAIRE, en petites masses lamelleuses d'un blanc jaunâtre, trouvées à Rendal avec le Fer oxidulé et l'Epidote; le SPHÈNE GRANULIFORME en petits cristaux d'un jaune citrin, disséminés dans les Sables et les Roches volcaniques d'Andernach (Séméline de Fleuriau de Bellevue); en grains irréguliers d'un jaune de miel engagés dans une Roche composée principalement de Feldspath vitreux des bords du lac de Laach (Spinelline de Noie). Les couleurs du Sphène sont variables, les plus ordinaires sont le jaunâtre, le verdâtre et le brun. Le Sphène se rencontre dans la nature en cristaux, tantôt disséminés ou implantés dans les Roches primordiales, tantôt engagés dans les Roches pyrogènes ou volcaniques. Dans les terrains primitifs, le Sphène a été observé, mais très-rarement au milieu du Gneiss; on le cite dans la contrée d'Arendal, en Norvège, où il se rencontre en même temps dans les amas métallifères subordonnés; il est plus commun dans le Granite alpin (vallée de Chamouny, Chalanches en Dauphiné); dans les Roches amphiboliques qui lui sont subordonnées (Kalligt en Tyrol, Nantes et France); on le trouve aussi dans

le Micaschiste au milieu des veines et nids de Chlorite qui existent dans cette Roche (Saint-Gothard, vallées de Tawetsch, de Sainte-Marie, des Grisons, du Dissentis); dans les Roches feldspathiques, à Gustafsberg en Suède, à Sparta et Newton dans le New Jersey; dans les Roches siénitiques, à Skeen en Norvège, et sur les bords de l'Elbe en Saxe; dans des Roches calcaires, à Kingsbridge, état de New-York; enfin il existe dans les Roches trachytiques du Puy-Chopine, de Sanadoire, du Velay et du Vivarais; dans les Phonolites basaltiques de Marienberg en Bohème; dans les Roches volcaniques du Kayserstuhl, et dans les laves de Laach et d'Andernach sur les bords du Rhin.

(G. DEL.)

SPHÉNISQUE. *Spheniscus.* OIS. Genre de l'ordre des Palmipèdes. Caractères: bec plus court que la tête, dur, robuste, très-gros, droit, comprimé, sillonné obliquement, crochu à la pointe; mandibules ayant leurs bords recourbés en dedans, l'inférieure couverte de plumes à la base, obtuse ou tronquée à l'extrémité; fosse nasale très-petite; narines placées de chaque côté du bec, vers le milieu, fendues dans le sillon; pieds très-courts, robustes, entièrement retirés dans l'abdomen; quatre doigts dirigés en avant, trois réunis, le pouce excessivement court, articulé sur le doigt interne; ailes membraneuses, épaisses, impropres au vol, plus ou moins garnies de petites plumes courtes et serrées. Partageant avec les Manchots la triste condition de n'avoir pour domaines que les mers et leurs âpres rivages, les Sphénisques n'ont en quelque sorte de l'Oiseau que le nom; ce qui leur tient lieu d'ailes sont deux larges appendices aplatis qui leur tombent des deux côtés, et dont ils ne peuvent se servir que comme de fortes rames pour vaincre la résistance de l'eau. Ces êtres, que l'on serait tenté de considérer comme une simple ébauche ou plutôt comme un oubli de la nature, s'il était sorti quelque chose d'imparfait des mains de cette mère prévoyante, semblent destinés à former le chaînon qui unit deux grandes classes de la zoologie. En effet, par leurs habitudes, les Sphénisques sont autant et même plus Poissons qu'Oiseaux ; hors de l'humide élément, leur contenance est indécise, incertaine ; élevés perpendiculairement sur deux jambes qui ne sont pas faites pour un point d'appui aussi ferme que le sol, aussi scabreux que le roc, ce n'est qu'avec infiniment de peine qu'ils gravissent les côtes où la nécessité les pousse comme malgré eux ; et, s'ils y rencontrent un ennemi, il faut que sur la place même ils succombent à son attaque, lorsqu'à force de coups de bec ils ne parviennent pas à l'intimider, à le fatiguer, plutôt qu'à le mettre en fuite. Les Sphénisques nichent dans des trous qu'ils trouvent pratiqués sur le rivage ou très-près les uns des autres au milieu des broussailles ; ils déposent sur le sable, ou dans des nids très-négligemment construits, deux œufs d'un gros volume relativement à celui de l'Oiseau. La femelle les couve avec tant de constance, que rien ne peut la décider à quitter le nid. On trouve ces Oiseaux en grandes bandes sur les réduits les plus sauvages des mers australes. Les espèces principales sont :

Le SPHÉNISQUE ANTARCTIQUE, *Aptenodytes antarctica*, Lath. ; *Eudyptes antarctica*, Vieill. Taille, dix-huit pouces. Dans le voisinage du pôle.

Le SPHÉNISQUE SAUTEUR, *Aptenodytes chrysocome*, Lath. ; *Eudyptes chrysocome*, Vieill., Buff., pl. enl. 984. Parties supérieures noires ; sourcils d'un blanc jaunâtre ; face, menton et gorge d'un noir un peu plus cendré que le dessus du corps ; sommet de la tête garni d'une touffe de plumes allongées qui s'épanouissent de chaque côté en forme d'une double aigrette ; parties inférieures et dessous des ailes, ou de ce qui en tient lieu, d'un blanc soyeux pur ; bec et iris rouges ; pieds jaunes. Taille, dix-huit pouces. Le jeune a les plumes

du dessus de la tête, du dos et du croupion noirâtres, tachetées de blanc ; un demi-collier et des sourcils blancs ; les côtés du cou et la gorge d'un brun noirâtre ; une bande arquée de la même nuance sur la poitrine ; les parties inférieures blanches ; le bec et les pieds d'un jaune orangé. Des mers du Sud.

Le SPHÉNISQUE TACHETÉ, *Aptenodytes demersa*, Lath. ; *Eudyptes demersa*, Vieill., Buff., pl. enl. 382. Taille, vingt pouces. La femelle, figurée par Buffon, pl. enl. 1005, a les nuances plus pâles et le collier moins large. Des mers du Sud.

(DR..Z.)

SPHÉNISQUE. *Spheniscus*. INS. Genre de l'ordre des Coléoptères, section des Hétéromères, famille des Sténélytres, tribu des Hélopiens, établi par Kirby dans les Mémoires de la Société Linnéenne de Londres, T. XII. Il se compose d'Insectes ayant tous les caractères essentiels des Hélops de Fabricius, mais ayant presque le port et les couleurs de plusieurs Erotyles. Le corps est presque ovoïde, avec le corselet transversal, plan, et les derniers articles des antennes un peu dilatés en manière de dents de scie. L'espèce figurée par Kirby, dans les Mémoires précités, a reçu le nom d'Erotyloïde. Elle se trouve dans l'Amérique méridionale.

(LAT.)

SPHENOCARPUS. BOT. PHAN. Richard père (Analyse du Fruit, p. 92) a donné ce nom à un genre fondé sur le *Conocarpus racemosa*, L., et que Gaertner fils a publié sous le nom de *Laguncularia*. *V.* ce mot.

(G..N.)

* SPHÉNOCÉPHALE. ZOOL. *V.* ACÉPHALE.

SPHÉNOCLÉE. *Sphenoclea*. BOT. PHAN. Gaertner (*de Fruct.*, 1, p. 113, tab. 24) a établi sous ce nom un genre de la Pentandrie Monogynie, L., qui a pour type la Plante nommée *Pongati* par Rheede (*Hort. Malab.*, 2, p. 47, tab. 24). Jussieu et Lamarck ont donné au même genre le nom de *Pongatium*, et Retz lui a imposé celui de *Gaertnera* qui est aujourd'hui appliqué à un autre genre. Voici les caractères essentiels du *Sphenoclea* : calice urcéolé, semi-adhérent, accompagné d'une bractée à la base, persistant, à cinq découpures ovales; corolle quinquéfide, plus petite que le calice; style nul; stigmate capité, persistant; capsule pyriforme, comprimée, fendue transversalement, contenant des graines nombreuses, très-petites, cylindracées. Le *Sphenoclea zeylanica*, Gaertn., *loc. cit.*; *Pongatium indicum*, Lamk., Illustr., p. 443, est une Plante aquatique qui a le port d'un *Phytolacca*; ses tiges sont simples ou rameuses, cannelées, pleines d'une moelle tendre, garnies de feuilles éparses, pétiolées, lancéolées, amincies aux deux bouts, très-entières, marquées de quelques nervures simples et peu apparentes. Les fleurs, dont la corolle est jaunâtre, forment des épis courts et très-fournis. Cette Plante croît non-seulement dans l'Inde, à Ceylan, et à la côte de Malabar, mais encore en Afrique, dans la Guinée et au Sénégal. (G..N.)

SPHENOGYNE. BOT. PHAN. Genre de la famille des Synanthérées, tribu des Anthémidées, établi par R. Brown, dans le cinquième volume de la seconde édition de l'*Hortus Kewensis*, et ainsi caractérisé par ce savant botaniste : involucre composé de folioles imbriquées, dont les intérieures ont le sommet dilaté, scarieux; réceptacle muni de paillettes distinctes; stigmate ayant le sommet dilaté, presque tronqué; aigrette paléacée simple. Ce genre est formé sur plusieurs espèces d'*Arctotis* de Linné, et notamment sur les *A. anthemoides*, *paleacea*, *scariosa*, *abrotanifolia* et *dentata*, ainsi que sur l'*Anthemis odorata*, Plantes qui croissent dans l'Afrique australe, près du cap de Bonne-Espérance. Cassini a établi, mais postérieurement au *Sphenogyne* de R. Brown, le même genre sous le nom d'*Oligocrion*, mot qui fait allu-

sion à l'existence d'un caractère omis par Brown, et qui consiste dans la présence de poils laineux très-longs, mais peu nombreux, qui naissent de la base même de l'ovaire et s'élèvent jusqu'au-dessus de son sommet. Le genre *Sphenogyne* a d'ailleurs les plus grands rapports avec l'*Ursinia* de Gaertner, car la seule différence qui existe entre eux se réduit à la présence ou à l'absence d'une petite aigrette intérieure très-peu apparente. (G..N.)

* SPHÉNOIDE. ZOOL. *V.* CRANE.

* SPHENOPUS. BOT. PHAN. Trinius a formé sous ce nom un genre de Graminées qui a pour type le *Poa divaricata* de Gouan. Ce genre n'a pas été adopté généralement. (G..N.)

SPHÉNORAMPHES. OIS. (Duméril.) Même chose que Cunéirostres. *V.* ce mot. (B.)

SPHERIDIE. *Sphæridium*. INS. Genre de l'ordre des Coléoptères, famille des Palpicornes, établi par Fabricius, et ainsi désigné d'après la forme presque hémisphérique de leur corps. La consistance membraneuse des lobes maxillaires, la longueur du premier article des tarses qui égale au moins celle du suivant, le renflement du troisième article des palpes maxillaires, et des habitudes différentes, distinguent les Sphéridies des autres Palpicornes. Les antennes sont composées de neuf articles, ou simplement de huit, si l'on considère le dernier comme un appendice du précédent. Les palpes maxillaires sont un peu plus longs qu'elles, avec le troisième article gros et en forme de cône renversé. Les jambes sont épineuses, et dans les plus grandes espèces, les antérieures sont palmées ou digitées. Le présternum se prolonge postérieurement en pointe. Ces Insectes sont de très-petite taille, et fréquentent les bouses et autres matières excrémentitielles. Quelques-uns se tiennent près des bords des eaux. Fabricius avait rapporté à ce genre diverses espèces qui s'en éloignent par le nombre des articles des tarses et d'autres caractères. Olivier l'a épuré. Depuis, le docteur Leach en a réduit l'étendue, en n'y comprenant que les espèces dont les mâles ont les tarses antérieurs dilatés. De ce nombre est le SPHÉRIDIE A QUATRE TACHES (*Dermestes Scarabœoides*, L.). Il est d'un noir luisant, lisse, avec l'écusson allongé, les pieds très-épineux, une tache d'un rouge de sang à la base de chaque élytre, et leur extrémité rougeâtre. Ces taches diminuent de grandeur et s'effacent en partie dans quelques individus. Les espèces dont les tarses sont identiques dans les deux sexes, comme celles qu'on a nommées *unipunctatum*, *melanocephalum*, forment le genre Cercydion du naturaliste anglais (*Zool. Miscell.* T. III, p. 95).

(LAT.)

SPHÉRIDIOTES. *Spheridiota.* INS. Tribu de l'ordre des Coléoptères, section des Pentamères, famille des Palpicornes, établie par Latreille qui la caractérise ainsi (Fam. nat. du Règne Animal) : les pieds sont simplement ambulatoires, et les tarses ont cinq articles très-distincts, le premier étant aussi long au moins que les suivans. Les mâchoires sont terminées par des lobes membraneux.

† Tarses antérieurs dissemblables dans les deux sexes.

Genre : SPHÉRIDIE.

†† Tarses antérieurs semblables dans les deux sexes.

Genre : CERCYON, Leach. *V.* ces mots à leurs lettres ou au Supplément.

(G.)

SPHÉRIE ET **SPHÉRIACÉES.** BOT. CRYPT. Pour Sphærie et Sphæriacées. *V.* ces mots.

(B.)

SPHÉRITE. *Sphærites.* INS. Nom donné par Duftschmid à un genre de l'ordre des Coléoptères, section des Pentamères, famille des Clavicornes, tribu des Silphales, et ne comprenant qu'une seule espèce rangée avec

les Histers (*glabratus*) par Fabricius, et avec les Nitidules par Gyllenhal. Déjà Fischer, sans connaître le travail de Duftschmid, avait institué le même genre sous la dénomination de *Sarapus* (Mém. de la Société des Sc. nat. de Moscou). Sturm avait encore représenté toutes les parties caractéristiques de cet Insecte (*Deutsch. Faun.*, 1, pl. 20). Les antennes se terminent brusquement en une massue courte et solide, formée par les quatre derniers articles. Le corps est presque carré, avec les élytres tronquées ; les pieds insérés à égales distances les uns des autres ; les jambes dentées, et les tarses simples ; les mandibules sont bidentées au côté interne. Les mâchoires ont une dent cornée au côté interne ; le dernier article de leurs palpes est aussi long que les deux précédens réunis.

(LAT.)

SPHÉROCÈRE. *Sphærocera.* INS. Genre de l'ordre des Diptères, famille des Athéricères, tribu des Muscides, le même que celui de *Borborus* de Meigen, et celui de *Copromyza* de Fallen. Il appartient à notre division des *Scatomyzides* (Règne Animal, 2ᵉ édit.), et se rapproche beaucoup des Thyréophores et des Scatophages. Le corps est déprimé, avec la tête arrondie, brusquement concave au-dessous du front, et se relevant vers la cavité orale qui est bordée supérieurement. Les antennes sont courtes, saillantes, avec la palette presque hémisphérique et transverse. La trompe est très-épaisse. Les ailes sont couchées sur le corps, et la dernière des deux cellules, occupant leur milieu, est fermée avant le bord postérieur. Les pieds postérieurs sont grands, écartés, avec les cuisses comprimées, et les deux premiers articles des tarses plus larges que les suivans. Ces Diptères sont petits, d'un brun uniforme plus ou moins foncé et se trouvent près des fumiers. Nous rapportons à ce genre le *Musca grossipes* de Linné. Dalman en décrit, dans ses *Analecta Entomologica*, deux espèce exotiques, sous la dénomination générique de *Copromyza*. (LAT.)

SPHÉRODÈRE. *Sphæroderus*. INS. Genre de l'ordre des Coléoptères, section des Pentamères, famille des Carnassiers, tribu des Carabiques abdominaux, établi par Dejean dans le Spéciès des Coléoptères de sa Collection, et auquel il assigne pour caractères : antennes filiformes ; labre bifide ; mandibules étroites, avancées, dentées intérieurement. Dernier article des palpes très-fortement sécuriforme, presqu'en cuiller, et plus dilaté dans les mâles. Menton très – fortement échancré ; corselet arrondi et nullement relevé sur les côtés. Elytres soudées, carenées latéralement, et embrassant une partie de l'abdomen. Tarses antérieurs ayant leurs trois premiers articles dilatés dans les mâles, les deux premiers très-fortement, le troisième beaucoup moins. Ce genre ressemble beaucoup aux Cychres, mais il en diffère parce que ceux-ci ont les tarses antérieurs semblables dans les deux sexes. Les Scaphinotes en diffèrent par leur corselet qui est carené, et les l'ambores, parce que leurs élytres n'embrassent pas les côtés de l'abdomen. Ce genre se compose de quatre espèces propres à l'Amérique septentrionale. Nous citerons l'espèce que l'auteur a dédiée à l'entomologiste américain qui les a découvertes, c'est :

Le SPHÉRODÈRE DE LECONTE, *Sphæroderus Lecontei*, Dejean, *loc. cit.* T. II, p. 15. Long de six lignes, noir ; corselet ovale, bleuâtre, ayant une impression transversale à sa partie postérieure, outre deux lignes longitudinales. Elytres ovales-oblongues, un peu cuivreuses, bordées de bleu le long de leur carène, ayant des stries pointillées à leur partie antérieure. Leur extrémité couverte de points élevés, un peu oblongs, arrondis.

Nous avons figuré dans notre Iconographie du règne animal, deuxième livraison, Ins., pl. 7, fig. 1, une espèce nouvelle de ce genre appartenant à la collection de Chevrollat, et à laquelle il a donné le nom de *Sphæroderus nitidicollis*. Elle est longue de sept lignes, d'une couleur bronzée à reflets légèrement verdâtres ; son corselet est lisse et luisant au milieu, et rugueux à sa partie postérieure ; les élytres ont des stries et des élévations oblongues, ce qui, joint à sa couleur, lui donne la plus grande ressemblance avec le *Cychrus attenuatus* de Dejean ; ses pates sont noires. Chevrollat a reçu cet Insecte de Terre-Neuve. (G.)

SPHÉROGASTRE. *Sphærogaster*. INS. Genre de l'ordre des Coléoptères tétramères, établi par Dejean (Catalogue des Coléoptères, p. 95) et ne contenant qu'une espèce originaire de la Chine. Les caractères de ce nouveau genre, qui appartient à la grande famille des Charansonites, ne sont pas encore publiés. (AUD.)

SPHÉROIDE. POIS. Lacépède avait proposé sous ce nom un genre de Poisson qui reposait sur une espèce dessinée par Plumier, et dont la nageoire dorsale manquait ; mais tout porte à croire que cette nageoire avait été oubliée par le peintre ou qu'il n'a pas jugé à propos de la montrer dans son dessin vu de face. Il en résulte que le Sphéroïde tuberculé doit être une espèce de Tétraodon. *V.* ce mot. (LESS.)

SPHÉROIDINE. *Sphæroidina*. MOLL. Nouveau genre proposé par D'Orbigny, dans son Mémoire sur les Céphalopodes microscopiques, pour une petite Coquille des côtes de Rimini. Elle est la seule connue qui se rapporte à ce genre que l'auteur place dans sa famille des Enalostègues (*V.* ce mot au Supplément) ; il la caractérise de la manière suivante : test sphéroïdal ; loges en partie recouvrantes, quatre seulement apparentes à tous les âges ; ouverture latérale, semi – lunaire. Nous avons vu la Sphéroïdine en nature, et nous pouvons dire que le modèle que D'Orbigny en a donné est d'une parfaite exactitude; mais nous sommes surpris que ce zoologiste, qui a fait preuve de tant de sagacité et de savoir, n'ait pas placé son genre dans une autre famille. Il nous semble qu'il a beaucoup plus de rapports avec ceux qui forment la famille des Agathistègues (genre Miliole des auteurs). Nous savons que pour l'y introduire il faudrait modifier un peu les caractères donnés à cette famille qui n'admet que les genres qui ont l'ouverture alternativement aux deux extrémités; mais ce caractère doit-il l'emporter sur celui tiré de la forme de l'ouverture, par exemple ? Nous ne le pensons pas; et, comme cette ouverture est absolument semblable à celle des Milioles, nous ne voyons pas pourquoi on en séparerait le genre qui nous occupe. Si on vient à le comparer avec le genre nommé Biloculine (*V.* ce mot au Supplément) notamment, on s'apercevra encore bien plus facilement de l'analogie dont nous parlons. Dans les Biloculines, en effet, on voit les loges s'emboîtant l'une dans l'autre dans le même plan, sur le même axe, de manière qu'il y en ait constamment deux de visibles. Dans les Sphéroïdines, les loges, placées obliquement les unes sur les autres dans des plans et des axes différens, s'emboîtent de manière à ce que la dernière loge en laisse trois à découvert au lieu d'une seule; et, par la même raison, l'ouverture n'est plus alternativement aux deux extrémités de la Coquille. D'Orbigny, dans sa caractéristique, dit : *Ouverture semi-lunaire.* Nous admettons ce caractère, mais nous devons ajouter qu'il en est de même dans les Milioles dont l'ouverture, comme ici, est rendue semi-lunaire par un appendice stiloïde, saillant dans l'ouverture, et la divise symétriquement. Il nous semble que les motifs que nous venons de développer justifient l'opinion que nous avons, que la Sphéroïdine appartient par ses rapports à la famille des Agathistègues bien plus qu'à celle où D'Orbigny

l'a placée. On ne connaît encore qu'une seule espèce.

SPHÉROÏDINE BULLOÏDE, *Spheroidina Bulloides*, D'Orb., Ann. des Sc. nat. T. VII, p. 267; *ibid.*, Modèles de Céphalopodes, n° 65, 3ᵉ liv. Elle se trouve à Rimini, à l'Ile-de-France, et fossile à Sienne. (D..H.)

SPHÉROME. *Sphœroma.* CRUST. Genre de l'ordre des Isopodes, section des Aquatiques, famille des Sphéromides, établi par Latreille aux dépens du grand genre *Oniscus* de Linné, et que Leach a encore restreint pour former à ses dépens plusieurs genres qui ont été adoptés dans ces derniers temps par l'entomologiste français. Le genre Sphérome, tel qu'il le conçoit aujourd'hui (Fam. nat. du Règne Anim.), a pour caractères : appendices postérieurs de l'abdomen ayant leurs deux lames saillantes, l'extérieure étant plate et de même forme que l'intérieure; corps susceptible de se rouler en boule. Ce genre diffère des Zuzares (*V.* ce mot) par les appendices postérieurs de l'abdomen, dont l'extérieur est plus grand que l'intérieur et concave en dessus; les autres genres de la même tribu en sont distingués par des caractères organiques qui sont développés à l'article SPHÉROMIDES. *V.* ce mot. Les Sphéromes ont beaucoup de ressemblance au premier coup-d'œil avec les Armadilles; comme eux, ils se roulent en boule au moindre danger, et se laissent glisser et rouler entre les pierres ou les plantes marines qu'ils habitent; ils restent presque toujours réunis en grandes troupes; la plupart se tiennent au fond de l'eau, et se portent en foule sur les différens corps marins dont elles font leur proie. Certaines espèces restent toujours cachées sous les pierres ou les plantes amoncelées par les flots sur les rivages de la mer; là elles sont à portée de leur élément, et peuvent s'y jeter à volonté à la moindre crainte de danger. D'autres vivent toujours loin des bords; elles se plaisent sur les Fucus et les Ulves qui tapissent le fond de l'eau. Ces petits Crustacés marchent et nagent avec une grande dextérité ; les Spares et autres Poissons en font leur nourriture suivant Risso. Desmarest dit que quelques espèces de Sphéromes sont phosphoriques à certaines époques. Audouin et Edwards en ont figuré plusieurs espèces dans leur intéressant voyage à Granville et aux îles Chaussey. Ce genre se compose d'une dixaine d'espèces que Leach a distribuées dans deux coupes.

1. Dernier article de l'abdomen ayant à son extrémité deux légères échancrures.

Sphérome court, *Sphæroma curtum*, Leach, Dict. des Sc. nat. T. XII, p. 345 ; *Oniscus curtus*, Montagu. Cette espèce est très-rare et habite les côtes d'Angleterre ; le troisième article de son abdomen est légèrement échancré postérieurement, le dernier est pointu à son extrémité. Les *Sphæroma prideuxianum* et *Dumerilii* de Leach appartiennent à la même division.

2. Dernier article de l'abdomen sans échancrure.

Sphérome denté, *Sphæroma serratum*, Leach, Dict. des Sc. nat. T. XII, p. 346 ; Desm., Cons. gen. sur les Crust., etc., pl. 47, fig. 3 ; *Oniscus serratus*, Fabr., Mant. Ins. T. I, p. 242 ; *Oniscus glabrator*, Pallas, *Spic. Zool.*, fasc. 9, p. 70, tab. 4, fig. 18 ; *Sphæroma cinerea*, Latr., Risso. Cette espèce peut être considérée comme le type du genre ; elle est fort commune sur nos côtes, et vit en grandes réunions sous les pierres, dans le gravier et sous les tas de Fucus. (G.)

SPHÉROMIDES. *Sphæromides.* crust. Famille de l'ordre des Isopodes, section des Aquatiques, établie par Latreille dans ses Familles naturelles du Règne Animal, et à laquelle il donne pour caractères : dernier segment abdominal ayant de chaque côté une nageoire à deux feuillets, ou terminé, lui compris, par cinq lames foliacées. Post-abdo-

men composé de deux segmens ; appendices branchiaux repliés transversalement sur eux-mêmes. Ces petits Crustacés, que Linné avait placés dans son genre *Oniscus* à cause, sans doute, de la propriété qu'ils ont de se contracter en boule comme certains Cloportes, diffèrent cependant de ces derniers par leur manière de vivre et par beaucoup d'autres caractères tirés de leur organisation intérieure et extérieure. La famille des Asellotes en est bien séparée par la composition du dernier segment abdominal qui n'a point d'appendices natatoires latéraux ; enfin les Cymothoadés n'ont qu'une nageoire de chaque côté de l'extrémité postérieure du corps. Les Sphéromides ont quatre antennes insérées et rapprochées par paires sur le front, composées chacune d'un pédoncule et d'une tige sétacée, multiarticulée ; les deux supérieures plus courtes ; leur pédoncule composé de trois articles, celui des inférieures de quatre. Les pieds-mâchoires extérieurs sont en forme de palpes sétacés, rapprochés à leur base, divergens, ensuite ciliés au côté interne, et de cinq articles distincts ; le corps est ovale, convexe en dessus, voûté en dessous, et se contractant en boule, en repliant et rapprochant en dessous ses deux extrémités ; il est composé d'une tête et de neuf segmens tous transversaux, à l'exception au plus du dernier ; les sept antérieurs composent le tronc, et portent chacun une paire de pates ; ces pates sont terminées par un petit onglet sous lequel est ordinairement une petite dent ; il n'y a que le genre Anthure dont les pieds antérieurs soient terminés par une main monodactyle ; le premier segment est fortement échancré pour recevoir la tête ; le huitième segment est marqué de chaque côté de deux lignes enfoncées ; incisions ébauchées, transverses et parallèles, plus ou moins allongées, et que Leach considère comme les traces de segmens, d'où il suit qu'il considère l'abdomen des Sphéromes comme composé de cinq segmens, dont les quatre premiers sont soudés ensemble et le dernier très-grand ; ce dernier segment est fixé aux autres par deux espèces de Genglymes ; il est grand, tronqué obliquement de chaque côté et a la forme d'un triangle arrondi, convexe en dessus, très-voûté en dessous, et renfermant dans sa cavité des branchies molles ; le dessous des deux derniers anneaux recouvert par deux rangées longitudinales d'écailles imbriquées, formée d'un pédicule ou d'un support attaché transversalement et d'une lame ovale ou triangulaire, très-ciliée sur les bords ; de chaque côté et à la base du dernier segment se voit un appendice en forme de nageoire, composé de trois articles ; le radical petit, tuberculiforme ; le second dilaté au côté interne en manière de lame ou de feuillet ovale ou elliptique ; le troisième le plus souvent aussi en forme de feuillet, et composant avec le précédent une sorte de nageoire. Ces Crustacés habitent les bords de la mer ; quelques genres aiment mieux les endroits profonds : ils vivent en général sous les pierres, les rochers ou sous les tas de plantes marines. Quand ils sont dans l'eau, ils nagent avec beaucoup de vitesse, et sont alors tournés le ventre en haut. Latreille divise ainsi cette famille :

I. Corps vermiforme ; les quatre antennes à peine de la longueur de la tête, coniques, de quatre articles ; pieds antérieurs terminés par une main monodactyle ; feuillets du bout de l'abdomen formant par leur disposition (deux supérieurs, deux latéraux, et le cinquième inférieur) et leur rapprochement une sorte de capsule.

Genre : ANTHURE.

II. Corps ovale ou oblong (se mettant en boule) ; tige des quatre antennes de plusieurs articles ; les inférieures au moins notablement plus longues que la tête ; point de dilatation en forme de main monodactyle

aux pieds ; chaque appendice latéral de l'extrémité postérieure du corps formé de deux feuillets portés sur un article commun, et composant avec le segment intermédiaire une nageoire en éventail.

1. Sutures ou lignes imprimées du premier segment post-abdominal n'atteignant pas les bords ; ces bords entiers ; premier article des antennes supérieures en palette presque triangulaire.

Genres : ZUZARE, SPHÉROME.

2. Sutures du premier segment post-abdominal atteignant ses bords et les coupant ; premier article des antennes supérieures en palette allongée, soit plus ou moins carrée, soit linéaire.

Genres : CAMPÉCOPÉE, CYLICÉE, NÉSÉE, DYNAMÈNE et CYMODOCE. V. ces mots à leurs lettres ou au Supplément.   (G.)

SPHÉROTE. *Sphærotus*. INS. Kirby, dans le douzième volume des Transactions de la Société Linnéenne de Londres, a établi sous ce nom un nouveau genre de l'ordre des Coléoptères, section des Hétéromères, famille des Sténélytres, tribu des Hélopiens, auquel il donne pour caractères : labre transversal, arrondi à son extrémité, cilié ; lèvre petite, son extrémité tronquée ; mandibules à peine dentées ; mâchoires ouvertes à leur base ; palpes maxillaires grossissant vers l'extrémité ; leur dernier article très-grand, sécuriforme ; le même article dans les labiaux un peu plus grand que les autres, presque en cloche ; menton tronqué à l'extrémité, arrondi à sa base, très-convexe dans son milieu ; antennes allant en grossissant vers leur extrémité, composées de onze articles ; le dernier assez gros, tronqué obliquement ; corps ovale-globuleux, point recourbé. La seule espèce qui compose ce genre est :

Le SPHÉROTE CURVIPÈDE, *Spherotus curvipes*, Kirby, *loc. cit.*, pl. 21, fig. 15. Il est long de cinq lignes et demie; son corps est très - glabre, assez brillant, d'un noir cuivreux; les élytres sont presque globuleuses, avec des séries de gros points enfoncés dans l'intérieur de chacun desquels on voit une petite ligne enfoncée. On le trouve au Brésil. (G.)

SPHÉRULACÉES. *Sphœrulacea.* MOLL. Dans son Traité de Malacologie, Blainville a proposé cette famille dans son ordre des Cellulacées, pour réunir les Coquilles microscopiques multiloculaires qui ont une forme globuleuse. Elles sont rassemblées dans quatre genres qui sont les suivans : Miliole, Mélonie, Saracénaire et Textulaire. *V.* ces mots. Pour peu que l'on examine ces genres, on verra bientôt qu'ils appartiennent à des familles fort différentes par leur organisation. Blainville est lui-même convenu, depuis la publication de son Traité de Malacologie, que ce groupe, étant artificiel, devait être abandonné. (D.-H.)

SPHÉRULÉES. MOLL. La famille des Sphérulées de Lamarck n'est plus admissible dans l'état de nos connaissances sur les Céphalopodes microscopiques. Les travaux de D'Orbigny, en jetant une grande lumière sur cette classe d'êtres si nombreuse et si digne de l'intérêt du zoologiste, ont fait voir les lacunes nombreuses des méthodes et les erreurs de ceux qui les avaient faites. C'est ainsi que l'on doit rejeter cette famille proposée par Lamarck dans l'Extrait du Cours, et reproduite sans changemens dans le Traité des Animaux sans vertèbres; elle contient les trois genres Miliole, Gyrogonite et Mélonie. *V.* ces mots. (D.-H.)

SPHÉRULITE. *Sphœrulites.* MOLL. Bruguière confondit ce genre avec ses Acardes, et Lamarck, dans ses premiers travaux, adopta ce groupe sans y rien changer. Cependant ce fut à peu près dans le même temps que Lamétherie publia, dans le Journal de Physique, un Mémoire dans lequel il proposa le genre Sphérulite pour une des espèces de Radiolites

de Bruguière. Ce travail, long-temps oublié, ne fut point mentionné depuis sa publication, si ce n'est par Lamarck qui, dans son dernier ouvrage, a adopté le genre Sphérulite, et, dès ce moment, il apparut dans les diverses Méthodes qui furent publiées depuis. Lamarck plaça ce genre dans la famille des Rudistes, et en cela il fut imité par tous les auteurs, comme nous l'avons fait voir à l'article RUDISTE auquel nous renvoyons. Nous ferons observer cependant que, par une fausse appréciation de caractères, Lamarck fut conduit à faire trois genres pour un, et que, par le même principe, Defrance en ajouta un quatrième (Jodamie) aussi peu nécessaire que les Birostrites et les Radiolites de Lamarck. Nous avions depuis long-temps l'opinion qu'il était nécessaire de rassembler en un seul genre tous ceux que nous venons de citer. Notre article JODAMIE, qui n'est qu'un renvoi au genre que nous allons traiter, prouve ce que nous venons d'avancer. Il était difficile, en étudiant soigneusement la matière, de ne pas arriver à ce résultat. C'est aussi celui que, dans le même temps, Des-Moulins de Bordeaux obtint après de longues et de laborieuses recherches. Ainsi aujourd'hui il est hors de doute que les Birostrites, les Radiolites et les Jodamies sont du même genre que les Sphérulites et ne sauraient en être séparés comme genres. Nous avons dit à l'article RUDISTE pour quelles raisons et d'après quels principes cette réunion devait avoir lieu. Nous ne nous occuperons plus de ce point; mais nous entrerons dans des détails que nous croyons indispensables pour faire bien connaître notre nouvelle manière d'envisager les Rudistes en général et le genre Sphérulite en particulier.

Depuis que l'on sait que le Birostre n'est autre chose qu'un moule intérieur de Sphérulite, les zoologistes, pour expliquer toutes les anomalies qu'il présente relativement à la Coquille qui le contient, ont éprouvé de très-grandes difficultés; elles sont même de telle nature, que jusqu'à présent les théories qui se sont succédées ont toujours eu pour base principale des hypothèses et quelques faits entièrement différens des faits applicables à toute la conchyliologie. Ainsi on trouve une Coquille contenant un moule entre deux valves sans charnière; entre ce moule et la paroi interne de la coquille, on voit un espace vide; il n'y a plus de rapports de forme et de grandeur entre la cavité de la Coquille et ce moule lui-même. Bien plus, le moule interne porte des traces constantes d'une organisation, d'une structure dont la coquille elle-même ne présente aucun vestige, et cependant ce n'est pas le hasard qui a placé l'un dans l'autre des corps étrangers. Il est constant, il est indubitable qu'ils appartiennent à un seul et même être. Il a fallu expliquer toutes les anomalies de ce corps singulier, et, selon qu'on les a examinés d'après telles ou telles idées, il en est résulté des systèmes différens. Le premier que nous devions mentionner, est celui de Lamarck; il est le plus simple, parce qu'il ignorait que le Birostre fût contenu dans la Sphérulite. Il ne voyait dans ces Coquilles ni charnière ni ligament. On avait un exemple d'une de ces Coquilles dont la valve supérieure était munie d'apophyses saillantes. Il lui a paru tout simple de comparer les Sphérulites aux Cranies, et de les mettre dans la même famille. Ce résultat était la conséquence nécessaire des connaissances que Lamarck avait de ces Coquilles.

Defrance fut le premier qui démontra que le Birostre est le moule intérieur de la Jodamie ou d'une Sphérulite, puisque c'est la même chose. Ce savant, qui observait ce fait pour la première fois, le trouva si peu d'accord avec ce que l'on connaissait déjà, qu'il créa un nouveau genre, et, si l'observation a prouvé depuis qu'il était inutile, cer-

tainement on ne saurait blâmer Defrance, car tout autre à sa place aurait agi de même. Ce qui est très-remarquable, c'est qu'il ne paraît pas que Defrance ait reconnu le Birostrite dans le moule de Jodamie qu'il décrivait, quoique ce fût bien effectivement lui qu'il avait sous les yeux. Nous ferons observer que Defrance s'était bien aperçu que le moule de la Jodamie portait des impressions qui ne pouvaient résulter que de l'intérieur d'une Coquille, que cet intérieur avait été dissous, avait disparu après la solidification du moule, et, certes, aucune explication n'était plus satisfaisante que celle-là; mais malheureusement elle était dénuée de preuves directes, et personne n'y fit attention. On ne remarqua que deux choses dans ce travail de Defrance, la preuve que le Birostre dépend d'une Sphérulite, et la preuve qu'il n'est point un os intérieur d'un Animal, quoiqu'il y ait entre lui et la paroi du test actuel de la coquille un espace vide.

Au lieu de suivre les erremens de Defrance, Des-Moulins s'attacha à créer une théorie au moyen de laquelle tous les faits s'expliquassent facilement. Pour y parvenir, il fut obligé d'admettre comme non contestables des suppositions auxquelles il ne manque rien que d'être prouvées par des faits ou seulement par des analogies un peu concluantes. Ces hypothèses et la théorie qui en découle l'ont conduit à cette conclusion qu'il faut conserver le groupe des Rudistes et en faire une troisième grande division des Mollusques qui servira d'intermédiaire entre les Acéphales et les Tuniciers. Par des faits nombreux et incontestables, Des-Moulins prouva que les Radiolites appartiennent pour le genre aux Sphérulites. Nous ne réfuterons pas les hypothèses de Des-Moulins, car cela nous entraînerait à rendre cet article beaucoup plus long qu'il ne doit être dans un ouvrage de cette nature; nous opposerons des faits à ses suppositions.

Dans l'état où se trouvait la science au sujet des Sphérulites, il fallait, ou adopter les opinions de Des-Moulins ou créer encore une nouvelle théorie. Nous avons tenté ce dernier moyen pour tâcher de ramener à des explications simples et naturelles les faits connus, et à faire ainsi rentrer les Rudistes dans toutes les conditions des autres Coquilles bivalves. La route que Defiance avait indiquée nous parut la meilleure, et nous y avons été conduit par un fait qui, bien qu'étranger aux Sphérulites, peut y trouver une utile application. Ce fait, que avons consigné dans notre article PODOPSIDE (*V*. ce mot), prouve d'une manière évidente la possibilité de la dissolution de certaines parties des Coquilles bivalves. Il fallait prouver que ce qui était arrivé aux Podopsides avait eu lieu pour les Sphérulites; il fallait démontrer dans ce genre cette dissolution de la couche interne de la Coquille; il ne suffisait plus de raisonner par induction, car le moule intérieur des Sphérulites est si différent de tous les moules de Conchifères, qu'il y aurait eu des objections à faire et du doute à laisser sur plusieurs points. Il nous semble que le moyen que nous avons employé pour régénérer l'intérieur des valves des Sphérulites, à l'aide du Birostre, était le plus simple et le meilleur, puisqu'il nous faisait retrouver toutes les parties constituantes des Coquilles bivalves : charnière, ligament, impressions musculaires. Quoique ces dernières eussent éprouvé une modification particulière dans la valve supérieure, leur usage n'en est pas moins évident; ainsi deux sortes de preuves nous sont données pour notre théorie, l'induction qui met en évidence la possibilité de la dissolution de la couche interne de la Coquille et la preuve directe. Puisque l'impression du Birostre régénère l'intérieur de la Coquille, certainement cette régénération n'aurait pas lieu si le birostre, comme le suppose Des-Moulins, s'était moulé dans la partie cartilagineuse d'un Animal, car

comment croire que cette partie cartilagineuse aurait formé une charnière, aurait contenu un ligament et aurait donné attache à des muscles puissans, sans que rien de ces parties, qui ont besoin de corps solides pour s'attacher, ait pénétré jusqu'au test ; il nous semble bien plus simple d'admettre la disparition de la couche interne de la Coquille. Cette circonstance explique tout ce qui paraît si difficile de concevoir. En décrivant succinctement toutes les parties d'une Sphérulite régénérée, et en indiquant sur le Birostre de quelle manière elles s'y trouvent représentées, ou pourra facilement juger si notre théorie approche plus de la vérité que celles qui nous ont précédé. La Sphérulite foliacée est une grande Coquille dont la valve inférieure adhérente est formée par une couche corticale, épaisse, divisée à l'extérieur par un grand nombre de lames circulaires, épaisses, irrégulièrement découpées sur leur bord ; en dedans, chacune des lames, qui est le produit d'un accroissement, est marquée par une strie circulaire qui aboutit sur la paroi à une crête peu saillante qui la parcourt perpendiculairement de la base au sommet. La valve supérieure est conoïde, surbaissée, foliacée comme l'inférieure, mais moins profondément ; sa cavité, beaucoup moins considérable, laisse apercevoir en dedans des stries semblables à celles de l'autre valve, aboutissant également à une carène qui correspond à celle de la valve inférieure lorsque les valves sont réunies. Le sommet de ces valves est infiniment plus mince que les bords, ce qui devrait être le contraire si la Coquille était complète. Entre ces valves, qui n'ont ni charnière, ni ligament, ni impressions musculaires, on trouve quelquefois un moule singulier présentant des cavités, des anfractuosités, en apparence insolites, et qui cependant n'est que la représentation pure et simple de la cavité interne de la Coquille avant la dissolution de la couche interne. Cela est si vrai que, si l'on prend l'empreinte de ce moule, on retrouve toutes les parties constituantes d'une Coquille bivalve. Dans la valve supérieure on remarque postérieurement une cavité conique, assez profonde, qui correspond par son extrémité à la carène que nous avons mentionnée sur la surface de la couche corticale. Dans cette cavité, on voit des stries parallèles dont la disposition est semblable à celle de toutes les cavités à ligament corné et interne. Cette cavité, par sa position et par sa disposition, ne nous laisse aucun doute sur la fonction qu'elle avait de contenir derrière la charnière un ligament très-puissant; en avant de cette cavité on aperçoit deux énormes dents cardinales, pyramidales, triangulaires, larges et placées l'une à côté de l'autre sous un angle presque droit; elles sont séparées profondément, vis-à-vis le ligament, par une rainure terminée par une gouttière oblique, dont un des côtés se relève pour participer à la cavité du ligament. Ainsi séparées à leur bord interne, les dents cardinales le sont aussi latéralement de deux éminences placées latéralement en avant des dents cardinales: elles forment l'extrémité d'une courbe en fer à cheval dont l'intersection médiane des dents cardinales est le point central. Ces éminences latérales, ovalaires, rugueuses, offrent à leur extrémité libre, ainsi que sur leur face externe, des accroissemens en tout semblables à celles des impressions musculaires. La correspondance de ces éminences avec les impressions musculaires aplaties de la valve inférieure ne laisse point de doute sur la fonction qu'elles avaient à remplir; elles donnaient attache aux muscles adducteurs des valves. Ce sont ces impressions musculaires assez bien conservées dans un bel individu du *Spherulites foliacea* de la collection de De Drée, qui donnèrent lieu à cette comparaison avec les Cranies. L'ensemble des impressions musculaires et de la charnière saillant dans la

valve, en forme de fer à cheval, limite postérieurement une cavité conique, profonde, occupée par la masse principale de l'Animal, et ce fer à cheval est limité lui-même en dehors par une cavité ou plutôt une large gouttière séparée en deux parties par la cavité du ligament, et destinée sans aucun doute à contenir les lobes du manteau et une partie des feuillets branchiaux.

La valve inférieure coïncide en tout à la supérieure; on trouve derrière la charnière une cavité triangulaire profonde, correspondant à la cavité du ligament de la valve supérieure, mais plus profonde qu'elle, et destinée à recevoir la plus grande partie du ligament. En avant, on voit deux grandes cavités profondes, subtrigones, à parois minces, et recevant dans leur intérieur les deux grandes dents cardinales de la valve supérieure de chaque côté, et en avant de ces cavités sont placées les impressions musculaires, larges et aplaties, obliquement inclinées vers l'intérieur de la valve, et correspondant parfaitement et par leur position et par leur accroissement aux impressions musculaires saillantes de la valve supérieure; la cavité de cette valve est profonde, conique comme la supérieure, mais plus arrondie et plus obtuse; on trouve également à la partie postérieure la gouttière du manteau, mais elle est moins large et moins profonde que dans la valve supérieure.

Si maintenant nous prenons un Birostre complet, ou si, pour nous faire mieux comprendre, nous renvoyons à une figure bien faite de ce moule (*V.* Des-Moulins, Bulletin de la Société Linnéenne de Bordeaux, T. 1, pl. 4, fig. 3), on verra un bourrelet circulaire partageant le Birostre en deux parties inégales. Ce bourrelet a été moulé dans la gouttière circulaire du manteau; postérieurement il est interrompu par la cavité du ligament; il est dominé dans le centre par un saillie conique, inclinée postérieurement. Cette partie du Birostre a été moulée dans la cavité centrale de la valve supérieure ; aussi à sa base et de chaque côté on remarque deux cavités profondes, obliques, qui sont dues aux impressions musculaires, saillantes, de cette valve supérieure ; enfin, plus postérieurement et plus profondément entre ces deux cavités, le bourrelet et la cavité du ligament, on voit deux cavités qui ont remplacé les deux dents cardinales ; dans la valve inférieure, on voit sur les parties latérales du Birostre deux impressions musculaires superficielles ; postérieurement, entre le grand cône du Birostre ; et ce que Des-Moulins nomme l'appareil accessoire se trouve deux, quelquefois trois appendices allongés, perpendiculaires, coniques, creux en dedans, lesquels ont été moulés dans les cavités cardinales de la valve inférieure, lorsque, articulée avec la supérieure, les dents de celle-ci occupaient un espace qui est représenté par la partie actuellement creuse de ces appendices. L'appareil accessoire n'est autre chose que la cavité du ligament remplie, après la destruction de cette partie. Dans plusieurs espèces, ce ligament devait être très-grand et très-puissant ; il était divisé en deux parties inégales, et adhérait sur un grand nombre de lamelles dans le fond de l'espace qu'il occupait.

D'après ce que nous venons de dire, on ne sera pas étonné des changemens considérables que nous apportons, et dans les caractères du genre et dans ses rapports avec d'autres bien connus. Ainsi, ce genre, avec celui des Hippurites qui sera vraisemblablement conservé, devra constituer une petite famille que l'on ne saurait éloigner de celle des Cames : ce rapprochement est fondé sur des analogies incontestables. Ces genres sont adhérens comme le sont les Cames : ils sont irréguliers, non symétriques, le plus souvent foliacés, comme le sont également les Cames ; ils ont deux impressions musculaires, caractère qui les distingue essentiellement des Huîtres ; enfin ils ont une charnière et un ligament, parties qui se retrouvent dans les Cames ; mais ces parties ont éprouvé des modifications telles, que les caractères qu'elles ont déterminés justifient l'établissement d'une famille particulière.

Les caractères génériques peuvent être exprimés de la manière suivante : coquille conique, adhérente, très-inéquilatérale, non symétrique, le plus souvent foliacée, parfaitement close ; deux impressions musculaires, saillantes dans la valve supérieure, aplaties, obliques dans l'inférieure ; charnière ayant deux très-fortes dents longues et coniques à la valve supérieure, reçues dans deux cavités proportionnelles (de la valve inférieure ; ligament interne ou subinterne placé dans une fossette plus ou moins grande, souvent divisée en deux parties inégales, toujours comprise entre la charnière et le bord postérieur.

Les Sphérulites sont des Coquilles ordinairement fort grandes, en corne d'abondance ou en champignon, adhérentes par le sommet de la valve inférieure, quelquefois par les parois. Cette adhérence au sommet rend compte du trou presque constant que l'on observe dans certaines espèces, ouverture que l'on a cru naturelle et qui ne l'est cependant pas. Le sommet des valves est le plus souvent central et perpendiculairement opposé ; quelques espèces ont ce sommet incliné vers le bord postérieur, et ressemblent en cela à des Cames ou des Huîtres ; d'autres sont beaucoup plus obliques et ont la forme des Spondyles et de certaines Cames à long talon, ce qui, par une dégradation de formes, établit entre ces deux genres une liaison incontestable, qui donne une plus grande force au rapprochement que nous avons proposé entre la famille des Cames et celle des Rudistes. Le genre qui nous occupe n'est connu qu'à l'état de pétrification ; il est d'une abondance extraordinaire, ainsi que les Hippurites, dans les lieux où on le trouve. C'est principalement dans le calcaire du Jura et dans la craie qu'il se montre. On n'en a pas rencontré dans les terrains tertiaires, et nous n'avons pas connaissance qu'il se soit trouvé dans la craie supérieure. On compte aujourd'hui un assez grand nombre de Sphérulites, depuis surtout qu'on y a joint les Radiolites et les Jodamies. Ces espèces sont très-variables pour la forme, souvent subcylindriques et fort longues. Elles se rapprochent des Hippurites, et l'on serait tenté de les confondre avec elles, si elles n'avaient la valve supérieure conique et dépourvue des deux ocelles distinctifs des Hippurites. Dans ces espèces allongées, il existe des concamérations ou cloisons transverses qui dépendent, comme nous l'avons fait voir pour les Hippurites, du mode d'accroissement de la coquille. Nous allons citer quelques-unes des espèces, celles entre autres que nous avons pu étudier en les régénérant à l'aide des impressions, soit complètes, soit partielles.

SPHÉRULITE FOLIACÉE, *Sphærulites foliacea*, Lamk., Anim. sans vert. T. VI, p. 252, n. 1; Sphérulite de Lamétherie, Journ. de Phys., an XIII, p. 396; Favanne, pl. 67, fig. B 1 à B 5; *ibid.*, Décades de Zoologie, n. 3, pl. 9, fig. 2 et 5; Encycl., pl. 172, fig. 7, 8 et 9. On la trouve à l'île d'Aix.

SPHÉRULITE CRATÉRIFORME, *Sphærulites crateriformis*, Des-Moul., Essai sur les Sphérul., Bull. de la Soc. Linn. de Bord. T. I, p. 241, n. 1, pl. 1 et 2.

SPHÉRULITE DE JOUANNET, *Sphærulites Jouannetii*, Des-Moul., *ibid.*, *loc. cit.*, p. 236, n. 2, pl. 5, fig. 1 et 2.

SPHÉRULITE ROTULAIRE, *Sphærulites rotularis*, Des-Moul.; *Radiolites rotularis*, Lamk., Anim. sans vert. T. VI, p. 253, n. 1; Ostracite, Picot de la Peyr., Monog. des Orth., pl. 12, fig. 4; Encycl., pl. 172, fig. 1. Fossiles des Pyrénées.

SPHÉRULITE TURBINÉE, *Sphærulites turbinata*, Des-Moul., *loc. cit.*, p. 259, n. 8; *Radiolites turbinata*, Lamk., *loc. cit.*, n. 2; Atlas du Dict. des Sc. nat. et Trait. de Malac., pl. 58, fig. 5, a, b; Picot de la Peyr., *loc. cit.*, pl. 12, fig. 1 et 2; Encycl., pl. 172, fig. 2 et 3.   (D.-H.)

SPHEX. INS. Linné a le premier établi ce genre qui a été adopté par tous les entomologistes, et que Latreille a restreint en n'y faisant entrer que les espèces qui ont pour caractères : corps assez long, pubescent; tête transversale, de la largeur du corselet; chaperon bombé; yeux grands, ovales; trois ocelles disposés en triangle sur le vertex; antennes de douze articles dans les femelles, de treize dans les mâles, sétacées, insérées vers le milieu de la face antérieure de la tête; mandibules crochues, dentées au côté interne; mâchoires et lèvre guère plus longues que la tête, fléchies seulement vers leur extrémité; palpes filiformes, les maxillaires guère plus longs que les labiaux, de six articles presque tous allongés et obconiques; palpes labiaux de quatre articles, les deux premiers beaucoup plus longs que les suivans, obconiques; les deux derniers presque ovales; corselet long; prothorax court, petit, aminci en devant en un cou un peu déprimé, conique; mésothorax moins long que le métathorax; celui-ci long, convexe, comme tronqué postérieurement; écusson peu relevé; ailes supérieures ayant une cellule radiale arrondie au bout, ovale-allongée, et quatre cellules cubitales, la première aussi grande que les deux suivantes réunies; la seconde assez large, presque carrée, recevant la première nervure récurrente près de la nervure d'intersection qui la sépare de la troisième cubitale; celle-ci rétrécie vers la radiale, recevant la seconde nervure récurrente; la quatrième point commencée, mais souvent esquissée en partie; pattes grandes, fortes; jambes et tarses garnies d'un grand nombre d'épines et de cils roides, propres à fouir; leurs articles élargis vers l'extrémité et triangulaires; jambes antérieures terminées par deux épines, l'interne garnie d'une membrane étroite qui s'élargit dans son milieu, lequel est soutenu par une petite dent; l'extrémité de cette épine interne est bifurquée, et cette bifurcation est garnie de cils roides; jambes intermédiaires ayant deux épines terminales assez courtes, simples, aiguës; tarses longs, leur premier article plus long que les autres, et le dernier terminé par deux crochets ayant dans leur entre-deux une assez forte pelotte; abdomen globuleux ou elliptique, très-distinctement pédiculé, composé de cinq segmens, outre l'anus dans les femelles, en ayant un de plus dans les mâles, la moitié du premier segment formant le pédicule. Les Sphex construisent leur nid dans des trous qu'ils se creusent dans le sable; ils y déposent des Arachnides et des Insectes qu'ils ont étourdis en les piquant avec leur aiguillon envenimé, et pondent un œuf à côté de cette proie qui doit servir à la nourriture de leur larve. A l'état parfait, ces Hyménoptères se plaisent dans les lieux sablonneux où ils font leur nid; ils se nourrissent alors du miel des fleurs. On n'en trouve que dans les pays chauds ou dans les contrées méridionales de l'Europe et de la France. Ils sont d'assez grande taille et piquent fortement. On connaît environ une dizaine d'espèces de ce genre; parmi celles qui se trouvent en Europe, nous citerons :

Le SPHEX RAYÉ, *Sphex albicincta*, Lepellet. Saint-Farg. et Serv., Encycl. méth. Long de huit à neuf lignes, noir, avec la base de l'abdomen ferrugineuse, le bout du pétiole de l'abdomen noir, et ayant tous les autres segmens bordés de blanchâtre. On le trouve dans le Piémont. Les *Pepsis rufipennis, pensylvanica, albifrons, argentata* et *flavipennis* de Fabricius appartiennent à ce genre.   (G.)

* SPHIGGURE. *Sphiggurus*. MAM. Genre proposé par F. Cuvier pour séparer du genre *Hystrix* de Linné, le *Couiy* de D'Azara, et l'*Orico* découvert au Brésil par Auguste de Saint-Hilaire. L'un et l'autre ont été décrits au mot PORC-ÉPIC de ce Dictionnaire, T. XIV, p. 215.   (LESS.)

SPHINCTÉRULE. MOLL. Pour Spinctérule. *V.* ce mot.   (D.-H.)

SPHINCTRINA. BOT. CRYPT. (*Hypoxylées.*) Genre séparé des *Sphæria* par Fries qui le place dans la section des Xylomacées, quoique ces caractères paraissent plutôt le classer dans celle des Cytisporées; il a pour type le *Sphæria Sphinctrina*, D. C., ou *Calicium turbinatum*, Ach., et est caractérisé ainsi : périthécium simple, régulier, d'abord fermé, s'ouvrant ensuite par un orifice arrondi et renfermant des sporidies globuleuses, agglomérées en une sorte de disque. La Plante qui seule constitue ce genre a été désignée par Bulliard sous le nom d'*Hypoxylon Sphinctrinum*, pl. 444, fig. 1. Elle croît sur le bois mort.   (AD. B.)

SPHINGIDES. INS. Tribu de Lépidoptères, de la famille des Crépusculaires, ainsi nommée du genre *Sphinx* de Linné, tel qu'il avait été d'abord restreint par Fabricius. Les chenilles de ces Lépidoptères vivent toujours à nu, ont le corps ras, allongé, plus gros postérieurement, avec une corne ou une petite éminence, en forme de plaque ou d'écusson, sur le dessus de l'avant-dernier segment. Quelques-unes au moins tiennent dans le repos la partie antérieure de leur corps élevée, ce qui les a fait comparer au Sphinx de la Fable. Ces larves se nourrissent de feuilles, entrent en terre pour s'y métamorphoser, ne filent point de coque proprement dite, et se contentent de lier avec quelques fils de soie des parcelles de terre ou des débris de végétaux. Les antennes de l'Insecte parfait sont toujours terminées par un petit faisceau ou houppe d'écailles. Les palpes inférieurs ou labiaux sont très-fournis d'écailles, larges, et leur troisième article est peu distinct. Ce caractère et celui tiré des habitudes des chenilles distinguent les Sphingides des Sésies, dont les antennes finissent d'ailleurs de même. Cette tribu ne comprend, dans notre Méthode, que deux genres, Sphinx et Smérinthe; mais dans celle de Bois-Duval, qui nomme cette tribu *Sphingidi*, elle se compose des suivans : *Macroglossa*, *Pterogon*, *Sphinx*, *Brachyglossa* et *Smerinthus*. *V.* Sphinx et Smérinthe. (LAT.)

SPHINX. MAM. (Linné.) Syn. de Papion. *V.* Cynocéphale. (B.)

SPHINX. *Sphinx.* INS. Genre de l'ordre des Lépidoptères, qui, considéré dans son étendue primitive ou dans la méthode de Linné, de Geoffroy, de Degéer, etc., embrasse notre famille des Crépusculaires, et qui, beaucoup plus resserré aujourd'hui, ne comprend plus que les espèces de cette famille, offrant les caractères suivans : antennes en massue prismatique, simplement ciliée ou striée transversalement, en manière de râpe, au côté interne, terminées par une petite houppe d'écailles; spiritrompe distincte; palpes inférieurs larges, très-fournis d'écailles, avec le troisième article généralement peu distinct; ailes inférieures ne débordant point, dans le repos, les supérieures; vol très-rapide. Chenilles vivant à découvert, allongées, rétrécies en devant, rases, à tête arrondie, rayées, tantôt longitudinalement, tantôt et le plus souvent obliquement sur les côtés; une élévation en forme de corne sur l'avant-dernier segment de la plupart. Métamorphoses s'opérant dans la terre; coque simplement formée de parcelles de terre ou de portions de végétaux, liées avec de la soie. Nous avons exposé à l'article Sphingides l'origine de la dénomination donnée à ce genre d'Insectes. Fabricius y réunit d'abord nos Smérinthes, et en détacha quelques espèces dont l'abdomen se termine par une brosse, et dont plusieurs

ont les ailes vitrées, ou les Macroglosses de Scopoli, pour les placer dans son genre Sésie. Plus tard, dans son Système des Glossates, il a restreint ce genre à ces seules espèces, et ses autres Sésies en forment un nouveau, celui d'*Ægeria*. Ochsenheimer admet les genres Macroglosse et Smérinthe; mais il en forme, avec quelques Sphinx proprement dits, deux autres, ceux de *Deilephila* et d'*Acherontia*, et qui avaient été déjà proposés par Scopoli sous d'autres noms. Aux Macroglosses, il associe deux espèces qui s'en éloignent évidemment, soit dans leur état parfait, soit sous la forme de chenilles, savoir : le Sphinx de l'OEnothère et Gorgon. En établissant avec elles une nouvelle coupe générique, celle de Ptérogon, Boisduval (*Europ. Lepid. index Method.*) a épuré la précédente; il ne distingue point les Deiléphiles des Sphinx; mais, avec Ochsenheimer, il sépare de ceux-ci l'espèce nommée Atropos. La dénomination de *Brachyglossa*, sous laquelle il désigne ce genre, est sans doute plus caractéristique que celle d'*Acherontia*; nous pensons cependant qu'il aurait dû conserver la dernière, parce que, dès que l'on se permettra, d'après le même motif, de telles substitutions, la nomenclature, déjà trop embrouillée, deviendra un véritable chaos. Feu Godart (Hist. nat. des Lépid. de France) et ensuite Lepelletier et Serville(Encycl. méthod.) ont partagé le genre Sphinx tel que nous le composons ou avec la même étendue que Fabricius lui avait d'abord donnée, sauf les retranchemens des Smérinthes, en plusieurs petites coupes propres à en faciliter l'étude, et dont la pénultième répond au genre Ptérogon de Boisduval, et la dernière à celui de Macroglosse. L'abdomen, dans l'un des sexes au moins, est terminé par une brosse. Ce caractère et celui tiré de la nudité d'une partie des ailes qui est propre à plusieurs espèces, semblent à la première vue rapprocher ces Lépidoptères de nos Sésies ou des

Égéries de Fabricius. Mais, pour passer immédiatement des uns aux autres, il faudrait porter plus haut les Smérinthes qui paraissent cependant, par leurs habitudes, leurs antennes et la brièveté de leur spiritrompe, avoisiner davantage les derniers Crépusculaires et les Nocturnes. Occupant naturellement le milieu de la série des Lépidoptères, les Sphinx semblent être le point de réunion ou la souche des Diurnes et des Nocturnes, et surpasser les uns et les autres par l'élégance de leurs formes. Leur corps est robuste, avec la tête allant un peu en pointe; le thorax uni; les ailes disposées en toit un peu incliné, triangulaires, et l'abdomen conique. Son dessus offre, sans en excepter l'abdomen, qui est ordinairement rayé ou tacheté, un mélange agréable de couleurs. Peu d'Insectes volent avec autant de rapidité : passant avec une extrême promptitude d'une fleur à l'autre, ils s'arrêtent plus particulièrement au-dessus de celles dont la corolle est tubulaire, y plongent l'extrémité de leur spiritrompe, paraissant alors comme suspendus en l'air et stationnaires ; aussi l'épithète d'Eperviers, donnée par Geoffroy à ces Insectes, leur convient assez bien. Les espèces du sous-genre Macroglosse paraissent le jour, mais les autres se tiennent pendant ce temps-là cachées, et ne volent qu'après le coucher du soleil ou la nuit. Les nymphes de la plupart de celles de notre pays passent l'hiver dans cet état, et l'Insecte parfait n'éclot qu'au printemps de l'année suivante comme les autres; celles de l'Atropos et du Laurier-Rose ne demeurent guère qu'environ deux mois ou six semaines sous cette forme, lorsque la chaleur moyenne des mois d'août et de septembre, époque à laquelle ces Lépidoptères sont dans cet état, est suffisamment élevée et continue ; dans le cas contraire leur dernière métamorphose est pareillement reculée jusqu'au printemps suivant. Les chenilles de quel-

ques espèces changent au préalable de couleur; dans d'autres, leur corne postérieure disparaît après les premières mues, ou bien elle est remplacée par une légère éminence. Le Sphinx Atropos produit un certain cri; ce qui, avec le dessin d'une tête de mort que présente le dessus du thorax, avait, du temps de Réaumur, répandu l'alarme dans un canton de la Bretagne, où ce Lépidoptère fut une année plus commun. Ce savant attribuait ce son au frottement de la spiritrompe contre les palpes. Lorey prétend que l'Animal le produit encore lorsqu'on l'a privé de sa tête, et l'explique au moyen de l'air qui s'échapperait, selon lui, d'une trachée placée de chaque côté de l'abdomen, et qui, dans l'état de repos, se trouve fermée par un faisceau de poils très-fins, réunis par un ligament prenant naissance des parois latérales et internes de la partie supérieure de l'abdomen. Mais ce Sphinx, comparé sous ce rapport avec d'autres espèces, ne nous a offert aucune différence extérieure notable; aussi Passerini (Ann des Sc. natur. T. XIII, p. 332) a-t-il rejeté cette opinion, et pense-t-il que l'organe excitant ce bruit a son siége dans l'intérieur de la tête, fait que nous n'avons pas encore vérifié, faute de posséder d'individu vivant. Dans son ouvrage intitulé Nouvelles Observations sur les Abeilles, François Huber nous apprend que ce Lépidoptère s'introduit en automne dans les ruches, met en fuite les Abeilles et pille le miel; mais, ainsi que l'ont dit avant nous Lepelletier et Serville (Encycl. méth.), quelques faits semblables ne suffisent point pour nous convaincre que tel est l'instinct habituel de cet Insecte. Ce genre se compose d'un grand nombre d'espèces : parmi les indigènes, nous citerons les suivantes :

I. Point de brosse à l'extrémité postérieure de l'abdomen dans aucun sexe; ailes jamais presque entièrement vitrés.

A. Extrémité antérieure du corps

de la chenille non rétrécie et prolongée en manière de groin ou de museau ; la tête ne se retirant point sous le troisième anneau.

a. Corne postérieure de la chenille contournée; spiritrompe de l'Insecte parfait plus courte que la tête et le thorax.

Nota. Les antennes sont aussi proportionnellement plus courtes que dans les autres espèces.

Genre : ACHERONTIA, Ochs.

SPHINX ATROPOS OU A TÊTE DE MORT, *Sphinx Atropos*, God., Hist. nat. des Lépidopt. de France, T. III, p. 16, pl. 14. Dessus des premières ailes d'un brun foncé, parsemé de bleuâtre, avec des lignes et un point central blanchâtres; dessus des inférieures d'un jaune foncé avec deux bandes noires transverses; celui de l'abdomen d'un jaune foncé, avec six lignes noires transverses, et une bande longitudinale au milieu d'un bleu cendré; thorax d'un brun noirâtre avec son milieu jaunâtre, ponctué et tacheté de noir, imitant une tête de mort. Sa chenille est jaune, avec sept lignes vertes et obliques de chaque côté, et pareil nombre de chevrons bleus, piqués de noir, formant une série longitudinale au milieu du dos; queue raboteuse. Sur différentes plantes, mais plus particulièrement sur la Pomme de terre, le Lyciet jasminoïde, le Jasmin et le Fusain.

b. Corne postérieure de la chenille non contournée. Spiritrompe de l'Insecte parfait de la longueur au moins de la tête et du thorax (beaucoup plus grêle que dans l'espèce précédente).

Genre : SPHINX, Ochs.

**Spiritrompe de la chrysalide logée dans un fourreau saillant, en forme de corne.

SPHINX DU PIN, *Sphinx Pinastri*, L.; God., *ibid.*, 30, pl. 17, fig. 1. Dessus des ailes cendré, avec le bord postérieur tacheté de blanc ; trois petites lignes noires sur le disque des

supérieures; côtés de l'abdomen entrecoupés alternativement en dessus de bandes noires et blanches, transverses; milieu du dos cendré, avec une ligne noire au milieu. La chenille vit principalement sur le Pin de Corse. Après les premières mues, elle est verte, avec le dos brun, trois raies longitudinales d'un jaune citron de chaque côté, la tête et la corne fauves. Au nord de la France et des autres contrées de l'Europe.

SPHINX DU LISERON, *Sphinx Convolvuli*, L.; God., *ibid.*, III, p. 26, pl. 16; Sphinx à cornes de Bœuf, Geoff. Dessus des ailes cendré; les supérieures mélangées de noir et de noirâtre; des bandes noires sur les inférieures; dessus de l'abdomen entrecoupé alternativement de bandes noires et rouges, transverses; les premières bordées postérieurement de noir; l'intervalle dorsal compris entre ces bandes en formant une cendrée, longitudinale, avec une ligne noire au milieu; deux chevrons de cette couleur sur le thorax. Ce Sphinx répand une odeur d'ambre. La couleur de sa chenille varie; elle est le plus souvent verte, avec sept raies blanches, obliques de chaque côté ; la corne est fauve en dessus et noire en dessous; les pates sont noires. Elle vit sur le Liseron des champs, le Liseron pourpre, la Belle-de-Nuit, l'Ipomée écarlate, etc.; elle s'enterre vers la fin de juillet. L'Insecte parfait éclot quelquefois au commencement de septembre de la même année.

*** Spiritrompe de la chrysalide point saillante.

*† Chenilles rayées obliquement de chaque côté.

SPHINX DU TROENE, *Sphinx Ligustri*, L.; God., *ibid.*, III, 22, pl. 15. Dessus des ailes supérieures d'un gris rougeâtre, veiné de noir, avec le milieu d'un brun obscur; celui des inférieures rose, avec trois bandes noires transverses; des anneaux alternes de ces deux couleurs sur le dessus de l'abdomen. Chenille d'un vert pomme, avec sept raies obliques, violettes antérieurement et blanches postérieurement, de chaque côté; corne d'un noir luisant en dessus, jaunâtre en dessous. Sur le Troène, le Frêne, la Spirée Aruncus, etc.

†† Chenilles tachetées, dans leur longueur, de chaque côté.

SPHINX DU TITHYMALE, *Sphinx Euphorbiæ*, L.; God., *ibid.*, III, 33, pl. 17, fig. 2. Corps verdâtre en dessus, roussâtre en dessous, avec les antennes, et cinq bandes transverses sur l'abdomen dont les deux antérieures bordées de noir postérieurement, blanches; dessus des ailes supérieures d'un gris roussâtre, avec trois taches arrondies et une bande d'un vert d'olive; dessus des ailes inférieures d'un rouge tirant sur le rose, avec deux bandes noires et une tache blanche et interne dans l'entredeux. Chenille noire, avec la tête, les pates, la base de la corne d'un rouge brun; des points jaunes très-rapprochés, formant des anneaux; deux rangées longitudinales de taches rondes, tantôt de cette couleur, tantôt blanches roussâtres de chaque côté; une ligne d'un rouge brun le long du dos, et deux autres, une de chaque côté, au-dessus de l'origine des pates, entrecoupées de rouge brun et de jaune. Sur diverses espèces de Tithymales, mais plus particulièrement sur celles que l'on distingue sous les noms de *cupressifolia* et *linifolia*. Le *Sphinx nicæa* de Prunner ne diffère du précédent que par sa taille qui est d'un tiers plus grande; mais la chenille est autrement colorée, et vit sur d'autres Euphorbes.

B. Chenilles terminées antérieurement en forme de groin; tête susceptible de se retirer sous le troisième anneau du corps.

Genre : DEILEPHILA, Ochs.

SPHINX DU LAURIER-ROSE, *Sphinx Nerii*, L.; God., *ibid.*, III, 12, pl. 13. Vert; des bandes ou des lignes angulaires les unes plus foncées, les autres blanchâtres, sur le dessus des

supérieures; leur base ayant une tache de cette dernière couleur avec un gros point verdâtre; leur milieu traversé obliquement par une bande rougeâtre; dessus des ailes inférieures noirâtre depuis leur base jusque vers le milieu, ensuite verdâtre; une raie blanchâtre séparant les deux teintes; vert du dessus de l'abdomen entrecoupé de jaunâtre. Chenille verte, pointillée de blanc, avec les premiers anneaux d'un jaune pâle, et une tache oculaire bleue, bordée de blanc avec du noir au centre, de chaque côté; une bande d'un blanc bleuâtre, s'étendant depuis le quatrième anneau jusqu'à l'origine de la corne qui est jaunâtre. Sur le Laurier rose. De l'Ile-de-France, de l'Italie, du département de Maine-et-Loire, et même, mais très-rarement, dans celui de la Seine.

SPHINX DE LA VIGNE, *Sphinx Elpenor*, L.; God., *ibid.*, III, 46, pl. 18, fig. 3. Dessus du corps d'un vert olive, rayé longitudinalement de rouge; celui des supérieures mélangé de ces deux couleurs; les inférieures rouges, bordées postérieurement de blanc, avec une bande noire et transverse près de la base. Chenille de couleur brune, entrecoupée de noir, avec six raies obliques grisâtres et deux taches oculaires noires, offrant chacune une lunule d'un brun olivâtre, bordée de blanc violâtre, sur les quatrième et cinquième anneaux; corne noire avec le sommet blanchâtre. Sur diverses sortes d'Epilobes, la Salicaire à épis, la Vigne, le Caille-lait jaune et le Gratteron.

SPHINX PETIT POURCEAU, *Sphinx Porcellus*, L.; God., *ibid.*, III, 50, pl. 19, fig. 1. Dessus du corps rosé, avec quelques lignes blanches, transverses, près de l'extrémité de l'abdomen: dessus des ailes d'un jaune verdâtre, avec une bande sur le limbe postérieur, une autre le long de la côte des ailes supérieures se dilatant et les traversant à son origine, roses; base des inférieures noirâtre. Chenille ordinairement brune, ayant antérieurement de chaque côté trois taches oculaires noires, à prunelle blanche et à iris roussâtre; corne très-courte. Sur l'Epilobe à feuilles étroites et le Caille-lait jaune.

II. Abdomen terminé dans les deux sexes ou dans le mâle par une brosse; ailes de plusieurs vitrées.

A. Abdomen des femelles sans brosse; bord postérieur des ailes anguleux et denté; corne postérieure et dorsale de la chenille remplacée par une petite plaque. Point d'ailes vitrées.

Genre : PTÉROGON, Boisduval.

SPHINX DE L'OENOTHÈRE, *Sphinx OEnotheræ*, Fabr.; God., *ibid.*, p. 52, pl. 15, fig. 2. Corps verdâtre; dessus des ailes supérieures de cette couleur, avec une bande plus foncée, transverse dans le milieu; dessus des inférieures jaune, avec une bande terminale noire. Chenille brune, avec les côtes blanchâtres et les stigmates rouges, entourés de noir. Sur quelques espèces d'Epilobes.

B. Abdomen des deux sexes terminé par une brosse; bord postérieur des ailes (vitrées dans plusieurs) sans angles ni dentelures. Chenille ayant postérieurement une corne très-distincte.

Genre : MACROGLOSSUM, Scop.

a. Ailes entièrement écailleuses.

SPHINX DU CAILLE-LAIT ou MORO-SPHINX, *Sphinx Stellatarum*, L.; God., *ibid.*, III, 55, pl. 14, fig. 3. Dessus du corps et des ailes supérieures d'un brun cendré; côtés de l'abdomen tachetés dans leur milieu de blanc et de noir; trois lignes noires, transverses sur le dessus des ailes supérieures; celui des inférieures jaunâtre avec le bord postérieur en grande partie roussâtre. Chenille verte, avec quatre lignes longitudinales, dont deux supérieures blanches et se terminant à la corne, et dont deux inférieures jaunes et se réunissant à l'anus; stigmates noirs; pates fauves. Sur le Caille-lait jaune et diverses autres Plantes analogues.

b. Ailes, à l'exception des bords,

dépourvues d'écailles et transparentes ou vitrées.

SPHINX FUCIFORME, *Sphinx fuciformis*, L.; God.; *ibid.*, III, 58, pl. 19, fig. 4. Dessus du corps d'un vert d'olive, avec une large bande et transverse sur le milieu de l'abdomen, le limbe postérieur des ailes, une tache près du milieu de la côte des supérieures, ferrugineux; dessous de la brosse de cette couleur; ses côtés supérieurs noirs. Chenille chagrinée, d'un vert pâle en dessus, d'un rouge brun en dessous; les pates, la corne et le pourtour des stigmates de cette couleur; les stigmates noirs avec le milieu blanc. Sur les Chèvrefeuilles, le Caille-Lait jaune, etc.

SPHINX BOMBYLIFORME, *Ægeria bombyliformis*, Fabr.; God., *ibid.*, III, 61, pl. 15, fig. 6. Dessus du corps d'un vert jaunâtre; une bande noire mêlée de verdâtre, traversant le milieu de l'abdomen; milieu du dessus des anneaux suivans fauve; dessous de la brosse et ses côtés supérieurs noirs; point de tache ferrugineuse près du milieu de la côte des supérieures; bande de cette couleur, les terminant postérieurement, moins large que dans l'espèce précédente. Chenille vivant sur la Scabieuse des champs et le Lychnis dioïque, et paraissant différer plus particulièrement de la précédente en ce qu'elle a de chaque côté du corps, depuis le second anneau jusqu'à l'anus, une ligne blanchâtre; les stigmates sont blancs avec le milieu rougeâtre.

V., pour quelques autres espèces se trouvant aussi en France, tels que celui de la Garance, le Livournien, le Phénix, le Sphinx Chauve-Souris, celui de l'Hippophaë, l'ouvrage précité de feu Godart. (LAT.)

SPHIRÆNE. POIS. Pour Sphyræne. *V.* ce mot. (B.)

SPHODRE. *Sphodrus.* INS. Genre de l'ordre des Coléoptères pentamères, de la famille des Carnassiers, tribu des

Carabiques; établi par Clairville sur le *Carabus leucophthalmus* de Linné ou le *C. planus* de Fabricius, distingué seulement de quelques espèces de Féronies à corselet cordiforme et rangées par Bonelli dans son genre *Pterostichus*, par la longueur du troisième article qui égale au moins celle des deux suivans réunis, et des *Lœmosthenus* de ce naturaliste par les crochets des tarses n'offrant point de dentelures. Si l'on compare les antennes des espèces de ces deux genres, l'on voit que la longueur du troisième article, quoique généralement plus grande que dans les Carabiques analogues, diminue graduellement. Il en est de même des dentelures des crochets des tarses; ils sont très-peu sensibles dans quelques espèces. Ces coupes génériques sont donc très-artificielles. Dans notre ouvrage sur les familles naturelles du Règne Animal, nous avions fait usage de ce dernier caractère, que nous avions le premier observé, pour séparer les Lœmosthènes des Sphodres. Nous avons ensuite (seconde édition du Règne Animal de Cuvier) substitué la dénomination de CTÉNIPE, *Ctenipus*, à celle de Lœmostène. Le comte Dejean, dans le troisième volume de son Spéciès des Coléoptères, a pareillement rejeté ce nom et l'a remplacé par celui de *Pristonychus*, que nous adopterons pour ne pas augmenter la confusion. Il a épuré ces deux genres et fait connaître plusieurs nouvelles espèces. Des six Sphodres qu'il mentionne, le *planus* appartient seul à l'Europe. Sur les cinq autres, quatre sont de Sibérie et le dernier de la Géorgie russe. Le S. plan est long de dix à douze lignes, entièrement noir, avec le corselet en forme de cœur tronqué postérieurement, et des rangées de petits points formant des stries très-fines sur les élytres. Il est ailé, caractère qui le distingue des autres espèces. Les Sphodres, ainsi que les *Pristonychus*, se tiennent dans les lieux humides et couverts, dans les caves particulièrement.   (LAT.)

*SPHONDYLOCOCCA. BOT. PHAN. Schlectendal et Schultes (*Syst. Veget.*, vol. 6, p. 799) ont publié, d'après les manuscrits de Willdenow, une Plante sous le nom de *Sphondylococca malabarica* qui forme un genre nouveau de la Pentandrie Monogynie, L., dont voici les caractères essentiels : calice à cinq folioles; corolle à cinq pétales; cinq à huit étamines; ovaire pentagone; capsule à cinq loges polyspermes. Le *Sphondylococca malabarica* est une Plante herbacée, à tiges pubescentes, divisées en branches divariquées, garnies de feuilles opposées, oblongues, très-entières, ciliées et atténuées en pétiole. Les fleurs sont petites et disposées en agglomérations qui forment des sortes de verticilles. Cette Plante est originaire de l'Inde-Orientale.
(G..N.)

SPHONDYLOCOCCOS. BOT. PHAN. (Mitchell.) Syn. de *Callicarpa*. *V.* ce mot.   (G..N.)

SPHRAGIDE ou SPHRAGIS. MIN. C'est le nom que donnaient les anciens à la terre Sigillée de l'île de Lemnos, sorte de Terre bolaire dont on faisait usage comme médicament, et dont on garantissait l'authenticité par l'empreinte d'un cachet. Suivant Pline, on donnait aussi ce nom à une variété de Jaspe plus propre que les autres à être gravée pour servir de cachets.   (G. DEL.)

SPHYRÆNE. POIS. Espèce d'Argentine. *V.* ce mot.   (B)

SPHYRÈNE. *Sphyræna.* POIS. Genre créé par Lacépède dans les Acanthoptérygiens de la famille des Persèques, ayant pour caractères : un corps allongé, un museau pointu, une gueule très-fendue; la mâchoire inférieure dépassant la supérieure et formant, quand la gueule est fermée, comme la pointe d'un cône. Le maxillaire inférieur est armé d'une rangée de dents coniques dont les deux antérieures sont les plus fortes. La première dorsale est au-dessus des ventrales et la seconde sur l'anale. Les rayons des ouïes sont au nombre de sept ; les joues et les opercules sont écailleux. Les Sphyrènes sont des Poissons voraces des océans Atlantique et Indien, aussi bien que de la Méditerranée. Les principales sont le Spet ou Brochet de mer, *Esox Sphyræna*, L., Bloch, pl. 389, que Lacépède a décrit sous le nom de Sphyrène chinoise, T. v, pl. 8, fig. 3; la Bécune, Lacép. T. v, pl. 9, fig. 3. L'Orverd et l'Aiguille de Lacépède sont, la première d'un genre différent, et la seconde l'Orphie commune mal dessinée. L'Orverd n'est connue que par un dessin de Plumier.

(LESS.)

SPIC. BOT. PHAN. Espèce de Lavande. *V.* ce mot.   (B.)

SPICANARD. BOT. PHAN. Syn. de ce qu'on appelait Nard indien dans l'ancienne droguerie. *V.* ANDROPOGON et NARD.   (B.)

SPICARA. POIS. Le genre fondé sous ce nom par Rafinesque (*Sicil.*, p. 24) pour des Labres qui n'ont pas de dents, n'est pas adopté.   (B.)

SPICE. BOT. PHAN. L'un des synonymes vulgaires d'Alpiste. *V.* ce mot.   (B)

SPICIFÈRE. OIS. (Buffon.) Espèce du genre Paon. *V.* ce mot. (DR..Z.)

SPICULARIA. BOT. CRYPT. (*Mucédinées.*) Le genre désigné sous ce nom par Persoon, dans sa Mycologie Européenne, comprenait six espèces dont trois sont rapportées par Link au genre *Botrytis*, tel est particulièrement le *Botrytis racemosa*, D. C., et les trois autres au genre *Polyactis*, de sorte qu'on peut considérer ce nom comme synonyme du *Polyactis* de Link, établi plus anciennement, et qui lui-même ne diffère du *Botrytis* que par des caractères si peu importans qu'il serait peut-être préférable de réunir ces deux genres sous le nom ancien de *Botrytis*; nous partageons même tout-à-fait la manière de voir de Fries qui, sous ce nom, réunit les genres *Botrytis*, *Spicularia*, *Cladobotryon*, *Virgaria*,

Stachylidium, *Polyactis*, *Acladium* et *Haplaria*. *V.* ces mots.   (AD. B.)

SPIELMANNIE. *Spielmannia.* BOT. PHAN. Genre de la famille des Verbénacées et de la Tétrandrie Monogynie, L., offrant les caractères essentiels suivans : calice persistant, divisé en cinq découpures subulées; corolle hypocratériforme, ayant l'entrée du tube barbue; le limbe à cinq lobes à peu près égaux; quatre étamines égales et non didynames; stigmate crochu; fruit drupacé, insipide, globuleux, nu, un peu acuminé, partagé en deux par un sillon, et contenant un noyau à deux loges qui chacune renferment une graine. Le *Spielmannia africana*, Willd.; *Spielmannia Jasminum*, Médic.; *Lantana africana*, L., *Hort. Cliff.*, p. 320, est un Arbrisseau dont la tige est droite, haute d'environ deux mètres, divisée en rameaux étalés, opposés, tétragones, velus et munis dans les parties supérieures d'ailes crénelées. Les feuilles sont sessiles et opposées, les supérieures alternes, un peu décurrentes, ovales, aiguës, dentées en scie et nombreuses. Les fleurs, dont la corolle est petite et blanche, sont sessiles et solitaires dans les aisselles des feuilles. Cette Plante croît au cap de Bonne-Espérance.

Cusson avait donné le nom de *Spielmannia* à un genre fondé sur le *Pimpinella divica*; mais ce genre n'a pas été adopté, du moins sous cette dénomination.   (G..N.)

SPIESIA. BOT. PHAN. Necker a fait sous ce nom un genre du *Phaca muricata*; mais ce genre n'a pas été adopté.   (A. R.)

SPIGÉLIE. *Spigelia.* BOT. PHAN. Genre de la Pentandrie Monogynie, L., placé par les auteurs dans la famille des Gentianées, mais ayant peut-être plus d'affinités avec les Rubiacées, à raison des stipules opposées qui existent à la base des pétioles. Ce genre est ainsi caractérisé : calice à cinq divisions profondes; corolle infundibuliforme dont le limbe est quinquéfide, égal, l'orifice du tube imberbe; cinq étamines; un style terminé par un stigmate linéaire, comprimé, indivis; capsule biloculaire et à deux coques bivalves; graines nombreuses, anguleuses, convexes sur le dos. Ce genre se compose de cinq à six espèces originaires de l'Amérique septentrionale, du Mexique et de la Colombie. Ce sont des Plantes herbacées ou rarement frutescentes, à feuilles opposées, très-entières, accompagnées de stipules interpétiolaires. Les fleurs sont rouges, unilatérales, munies de bractées et disposées en épis terminaux et axillaires, quelquefois roulés en crosses ou courbés au sommet. Les *Spigelia marylandica* et *anthelmia*, L., jouissent de propriétés vermifuges et sont fréquemment usitées par les médecins américains.   (G..N.)

SPIGGURE. MAM. Pour Sphiggure. *V.* ce mot.   (B.)

SPIGOLA. POIS. Syn. de Loup, *Perca labrax*, L.   (B.)

SPILACRE. *Spilacron.* BOT. PHAN. Sous ce nom, H. Cassini a proposé un genre de la famille des Synanthérées, tribu des Centauriées, et qui a pour type le *Centaurea arenaria* de Marschall, Plante qui croît dans la Russie, près de l'embouchure du Volga. Le genre *Spilacron* a une très-grande affinité avec le *Crupina;* aussi Cassini donne-t-il le nom de *Spilacron Crupinoides* à l'espèce qui le constitue. Les différences signalées par l'auteur consistent : 1° dans les écailles de l'involucre du *Spilacron* appendiculées au sommet, tandis que celles du *Crupina* sont absolument privées d'appendice; 2° dans la corolle glabre du *Spilacron;* celle du *Crupina*, au contraire, est munie de poils composés très-remarquables; 3° dans l'aigrette, simple sur le *Spilacron*, c'est-à-dire privée de la petite aigrette intérieure qui est très-manifeste sur le *Crupina*. Malgré l'affinité qui lie entre eux ces nouveaux genres, Cassini les a placés dans deux sections différentes de la tribu des

Centauriées. Le *Spilacron* est placé au commencement de la section des Chryséidées.   (G..N.)

SPILANTHE. *Spilanthes* ou *Spilanthus.* BOT. PHAN. Genre de la famille des Synanthérées, tribu des Hélianthées et de la Syngénésie égale, L., établi par Jacquin et offrant les caractères suivans : involucre presque hémisphérique, composé de folioles sur deux ou un petit nombre de rangs, à peu près égales, appliquées, oblongues et obtuses. Réceptacle élevé, cylindracé, garni de paillettes oblongues, membraneuses. Calathide globuleuse, sans rayons, composée de fleurons égaux, nombreux, réguliers et hermaphrodites. Akènes très-comprimés sur les deux côtés, obovales, garnis de poils sur les deux arêtes, surmontés d'une aigrette composée de deux paillettes filiformes souvent avortées. Ce genre est intermédiaire entre le *Salmea* dont il diffère principalement par la forme et la structure de l'involucre, et l'*Acmella* dont il se distingue par la calathide absolument privée de rayons. Kunth a, en outre, séparé du *Spilanthes* le *Spilanthus crocatus* du *Botanical Magazine*, dont il fait un genre sous le nom de *Platypteris. V.* ce mot. Les Spilanthes sont des Plantes herbacées, à feuilles opposées, à calathides solitaires, terminales ou axillaires, longuement pédonculées et composées de fleurs ordinairement jaunes. On n'en connaît qu'un petit nombre d'espèces qui croissent dans les contrées chaudes de l'Amérique. L'une d'elles (*Spilanthes oleracea*) est cultivée dans quelques jardins d'Europe sous le nom de Cresson du Brésil ou Cresson de Para. Sa saveur est très-âcre et excite fortement la salivation. Elle possède à un haut degré la propriété antiscorbutique.   (G..N.)

* SPILE. *Spilus.* BOT. PHAN. Le professeur Richard avait proposé ce nom pour le point d'attache de la graine des Graminées, qui est indiqué par une tache brunâtre ou une

ligne roussâtre, placées sur la face interne de cette graine.   (A. R.)

SPILITE. MIN. Nom donné par Al. Bronguiart à une Roche dont la base est une pâte d'Aphanite ou de Xérasite (Aphanite décomposée), renfermant des noyaux et des veines calcaires, les uns contemporains, les autres postérieurs à la pâte. Cette Roche comprend au nombre de ses variétés quelques-unes de celles qui ont été nommées Variolites et Amygdaloïdes par les minéralogistes français; Perlstein, Mandelstein et Schaalstein par les minéralogistes allemands. La pâte de cette Roche a la structure essentiellement compacte et terreuse; les noyaux sont formés par voie de concrétion, et la succession des matières qui les composent est presque toujours la même; c'est, en allant de l'extérieur à l'intérieur, la Terre verte, la Calcédoine, le Quartz hyalin incolore, l'Améthyste, et le Carbonate de Chaux dans le milieu. La couleur la plus ordinaire de cette Roche est le brun rougeâtre, le vert sombre et le noir; les noyaux sont blancs ou rouges. Elle est susceptible de désagrégation, et les globules qui y sont renfermés, venant à se détacher, y produisent des cellules arrondies qui ont fait souvent regarder ces Roches comme des laves; elles présentent d'ailleurs par elles-mêmes, et dans l'intérieur de leur masse, la structure cellulaire. Bronguiart rapporte aux Spilites les Roches amygdalaires d'Oberstein et de Montecchio-Maggiore, près de Vicence; les Variolites du Drac; la Pierre nommée *Toadstone* par les Anglais, et qu'on trouve à Bakewell en Derbyshire, et le Schaalstein de Dillembourg. Les Spilites appartiennent aux terrains pyrogènes anciens (terrains d'épanchement trappéens de Brong.). Ils forment quelquefois des montagnes peu élevées, des espèces de cônes sans stratification, mais divisées en masses prismatiques; ils renferment quelques Métaux disséminés, notamment du Cuivre; ils sont criblés de cavités irrégulières, remplies ou tapissées d'une multitude de Minéraux divers, et principalement de matières siliceuses ou zéolitiques.   (G. DEL.)

SPILOCÆA. BOT. CRYPT. (*Urédinées.*) Fries a établi ce genre dans ses *Novitiæ Floræ suecicæ.* Il forme des taches brunes ou noirâtres sur l'épiderme des Plantes vivantes; ces taches sont produites par des sporidies simples, presque globuleuses, adhérentes les unes aux autres et à la substance qui leur sert de base, et mises à nu par la destruction de l'épiderme. La première espèce connue de ce genre a été observée sur les pommes sauvages fraîches, en Suède. Link en a ajouté une seconde découverte sur les tiges des grands *Scirpus.*   (AD. B.)

SPILOMA. BOT. CRYPT. (*Lichens.*) Ce genre a été fondé par De Candolle sous le nom de *Coniocarpon* que nous lui avons conservé dans notre méthode. Il est placé dans les Lichens à gongyles nus, réunis en paquets ou en glomérules dont la couleur est différente de celle du thalle. Meyer, dans sa disposition méthodique des Lichens, a cru devoir nous imiter et conserver au *Spiloma* le nom primitif de *Coniocarpon.* On retrouve la plupart des espèces de ce genre parmi les *Conioloma* dans la méthode d'Eschweiler. Tous ces Lichens vivant sur les écorces, nous avons décrit trois nouveaux *Spiloma* dans notre Essai sur les Cryptogames des écorces exotiques officinales, savoir: le *Coniocarpon caribæum*, p. 99; le *C. Myriadeum*, loc. cit., tab. 15, f. 5, et le *C. Cascarillæ*, loc. cit., tab. 15, fig. 4. Nous en possédons un assez grand nombre d'espèces inédites.   (A. F.)

* **SPILOTE.** REPT. OPH. Lacépède a donné ce nom scientifique à une belle Couleuvre tachetée de la Nouvelle-Hollande.   (B.)

SPINACHE. POIS. Espèce du genre Gastérostée. *V.* ce mot.   (B.)

SPINACHIA. POIS. *V.* GASTRÉ.

SPINACIA. BOT. PHAN. *V.* ÉPINARD.

SPINARELLA. POIS. (Belon.) *V.* ÉPINOCHE COMMUNE au mot GASTÉROSTÉE.

SPINAX. POIS. *V.* AIGUILAT au mot SQUALE.

SPINCTERULE. *Spincterules.* MOLL. Genre proposé par Montfort dans le premier volume de sa Conchyliologie systématique (pag. 322), pour une Coquille qui appartient au genre Robuline. *V.* ce mot. (D..H.)

SPINELLANE. MIN. Espèce minérale établie par Nose qui lui a donné ce nom, parce que les caractères de cette substance semblaient lui indiquer une sorte de passage au Spinelle proprement dit. C'est une Pierre grise ou brunâtre, fusible, assez dure pour rayer le verre, et se présentant sous la forme de petits cristaux opaques ou translucides, en prismes hexaèdres terminés par des sommets à six faces. Ces cristaux dérivent, suivant Haüy, d'un rhomboïde obtus de 117° 23'. Le Spinellane est soluble en gelée dans les Acides ; sa pesanteur spécifique est de 2,28 ; il est composé, d'après Klaproth, de Silice, 43 ; Alumine, 29,5 ; Soude, 19 ; Eau, 2,5 ; Fer et Chaux, 4,5. Cette analyse rapproche le Spinellane de la Néphéline. Haüy a cru reconnaître quelque analogie entre ce Minéral et la Sodalite, et Léonhard le regarde comme une variété d'Haüyne. Il a été trouvé par Nose sur les bords du lac de Laach, dans la Prusse rhénane, en cristaux disséminés dans une roche volcanique composée de petits grains de Feldspath vitreux, de Mica noir, de Fer oxidulé octaèdre, etc.; il y est accompagné de Titane oxidé rouge et d'Haüyne. On le cite encore dans des Roches analogues qui viennent du cap de Gates en Espagne. (G. DEL.)

SPINELLE. BOT. PHAN. Nom francisé, dans certains Dictionnaires, du genre *Spinifex.* *V.* ce mot. (B.)

SPINELLE. MIN. Aluminate de Magnésie. Cette espèce minérale, appartenant à l'ancienne classe des Pierres, a été composée d'abord des seules variétés rouges connues des lapidaires sous les noms de Rubis Spinelle et de Rubis Balais, et dont le principal caractère était d'être infusibles, et de cristalliser sous des formes dérivées de l'octaèdre régulier. On y a réuni successivement d'autres substances, qui présentaient le même caractère avec des couleurs différentes, telles que la Ceylanite ou le Pléonaste, la Gahnite ou Automalite, et le Spinelle bleu d'Acker en Sudermanie. Le Spinelle ne s'est encore offert dans la nature qu'à l'état cristallin, et toujours en cristaux disséminés dans les Roches solides ou dans les terrains meubles. Ses formes dérivent de l'octaèdre régulier : les clivages parallèles aux faces de cet octaèdre sont peu sensibles et s'obtiennent avec difficulté. Il est infusible ; sa dureté est inférieure à celle du Corindon, et supérieure à celle du Feldspath, au moins dans les variétés rouges. La pesanteur spécifique varie de 3, 5 à 4. Il a la réfraction simple, l'éclat vitreux, la cassure imparfaitement conchoïde. Ses formes cristallines sont communément des octaèdres isolés, tantôt simples et tantôt émarginés ; ces octaèdres sont quelquefois transposés, c'est-à-dire qu'ils sont accolés deux à deux et en sens contraires, de manière à offrir le même assortiment que présenterait un octaèdre que l'on aurait coupé par le milieu, et dont une des moitiés aurait fait une demi-révolution sur l'autre. Les variétés noires ont aussi offert la forme d'un octaèdre tronqué sur les arêtes, et dont les angles seraient remplacés par un pointement à quatre faces, et en outre la forme du dodécaèdre rhomboïdal. On peut établir deux sous-espèces dans le Spinelle, d'après les caractères extérieurs, le Spinelle Rubis et le Spinelle Pléonaste.

SPINELLE RUBIS, en cristaux d'un rouge ponceau, colorés par l'Acide chromique, *Rubis Spinelle* des lapidaires ; en cristaux d'un rouge de rose intense, ou d'un rouge violâtre, faible, avec teinte laiteuse, *Rubis Balais* des lapidaires. Ces cristaux sont ordinairement d'un très-petit volume, fort nets, et rarement groupés entre eux. Le Spinelle Rubis se présente aussi en grains roulés, qui ne sont que des cristaux déformés et plus ou moins arrondis par le frottement ; il est transparent ou au moins translucide, et sa teinte offre différentes nuances de rouge. Son éclat vitreux est extrêmement vif. Sa pesanteur spécifique est de 3,5. Au chalumeau, il n'éprouve aucune altération constante. Il est composé de quatre atomes d'Alumine et d'un atome de Magnésie, si l'on fait abstraction des principes accidentels. Une analyse de Vauquelin a donné les proportions suivantes : Alumine, 82,47 ; Magnésie, 8,78 ; Acide chromique, 6,18 : il renferme presque toujours du Silicate de Fer, en plus ou moins grande quantité. Le Spinelle Rubis occupe un des premiers rangs parmi les Pierres précieuses, à raison de sa grande dureté et de son vif éclat. On le taille ordinairement en brillant à degrés, à petite table et à haute culasse. Les cristaux de Spinelle sont en général fort petits ; on en rencontre cependant qui pèsent plus de cent grains. Le Spinelle d'un rouge vif ou le Rubis Spinelle est le plus estimé, on le fait passer quelquefois pour le Rubis oriental. Les Spinelles d'une teinte rosâtre ou d'un rouge de vinaigre, et qu'on nomme Rubis Balais, ont moins de valeur ; on les confond souvent avec les Topazes brûlées.

SPINELLE PLÉONASTE, *Ceylanit*, Wern., en cristaux bleus, verts, purpurins et noirs. Sa dureté est un peu moins grande que celle du Spinelle Rubis. Il est seulement translucide et souvent opaque. Il diffère de la première sous-espèce par l'absence du Chrôme, et la présence constante de l'Oxide de Fer, comme principe colorant. Il a d'abord porté le nom de *Ceylanite*, parce que,

pendant long-temps, on n'a connu de ce Minéral que la variété noire, trouvée à Ceylan dans les sables des rivières. On rapporte au Pléonaste le Minéral connu sous le nom de Spinelle bleu d'Aker en Sudermanie, où on le trouve disséminé dans un Calcaire grenu. Une autre substance vitreuse d'un noir luisant, que Leschenault a rapportée de Ceylan, où on la trouve dans le district de Candi, paraît avoir les plus grands rapports avec le Spinelle Pléonaste. Sa pesanteur spécifique est de 3,7 ; sa texture est laminaire ; elle est fragile, infusible et inattaquable par les Acides. Laugier, qui l'a analysée, l'a trouvée composée de la manière suivante : Alumine, 65 ; Magnésie, 13 ; Oxide de Fer, 16,5 ; Silice, 2 ; Chaux, 2. De Bournon, qui le premier a fait connaître cette substance, la croyant nouvelle, a proposé de lui donner le nom de *Candite*. On a aussi rapproché de l'espèce Spinelle, sous le nom de *Spinelle zincifère*, un Minéral que la plupart des minéralogistes considèrent maintenant comme une espèce à part : c'est la Gahnite ou l'Automalite des Suédois. *V.* GAHNITE.

Le Spinelle paraît appartenir au terrain de Micaschiste, comme le prouvent les observations de John Davy, et les diverses Roches ou gangues de Spinelle rapportées de Ceylan par Leschenault, et décrites par le comte de Bournon. C'est principalement dans des Dolomies lamelloires, dans des Calcaires, et des Quartz micacés qu'on le trouve en cristaux disséminés, associés à du Phosphate de Chaux. Le Spinelle bleu d'Aker en Sudermanie est aussi dans un Calcaire lamellaire, analogue à ceux de Ceylan. On trouve en outre le Spinelle en cristaux isolés ou en grains roulés, dans le sable des rivières de cette île ; il y est mêlé à des cristaux de Corindon, de Zircon, de Tourmaline, de Topaze, de Grenat, etc. On a trouvé aussi du Spinelle Pléonaste dans des Roches calcaires à Sparta et Franklin, dans le New-Jersey, et à Warwick dans l'État de New-York en Amérique : il se présente dans ces localités en cristaux noirs, d'un volume remarquable. Il en est qui sont de la grosseur d'un boulet de canon. Les Roches de la Somma, qui proviennent des anciennes éruptions du Vésuve, renferment aussi une multitude de petits cristaux de Spinelle noir, bleu-verdâtre ou purpurin. Ces cristaux sont disséminés dans un Calcaire grenu, ou tapissent les cavités de blocs composés de Mica, d'Idocrase, de Pyroxène, de Néphéline, de Grenat, etc. Enfin le Spinelle a été aussi observé dans les produits volcaniques : on le trouve au milieu des sables et des détritus de Basaltes, au pied de la colline de Montferrier, près de Montpellier, et dans les Roches d'Andernach, sur les bords du Rhin. (G. DEL.)

SPINELLINE. MIN. Nom donné par Nose à la variété de Sphène, que Fleuriau de Bellevue a fait connaître le premier sous celui de Séméline. V. SPHÈNE. (G. DEL.)

SPINIFEX. BOT. PHAN. Genre de Graminées appartenant à la Polygamie Diœcie de Linné et offrant les caractères suivans : les fleurs sont polygames et dioïques, ayant la lépicène à deux valves égales ; les fleurs mâles sont composées de trois étamines et disposées en épis sur un axe nu ; les fleurs hermaphrodites sont solitaires à la base du rachis qui se prolonge à son sommet sous la forme d'une arête ; le fleuron extérieur est neutre ou mâle formé d'une ou deux paillettes ; l'intérieur est femelle. Ce genre se compose de plusieurs espèces toutes exotiques qui croissent dans l'Inde ou à la Nouvelle-Hollande. Ce sont de grandes Plantes vivaces roides, qui croissent en général dans les sables maritimes où leurs souches tracent et s'étalent au loin ; les fleurs mâles sont disposées en épis agglomérés ; les femelles sont réunies en une sorte de capitule, muni de pointes acérées, formées par les appendices du rachis. (A. R.)

* SPINIPÈDE. REPT. SAUR. Nom spécifique d'un Stellion. V. ce mot. (IS. G. ST.-H.)

SPINTHÈRE. MIN. Nom donné par Haüy à un Minéral, en petits cristaux d'un vert grisâtre, mélangés de Chlorite, que l'on trouve implantés sur des cristaux de Carbonate de Chaux, à Maromme, dans le département de l'Isère, au milieu d'une Chlorite schisteuse. Ce n'est qu'une variété du Sphène. (V. ce mot.) (G. DEL.)

* SPINULARIA. BOT. CRYPT. (Hydrophytes.) Roussel dans sa Flore de Calvados avait établi sous ce nom un genre dont le Desmarestia aculeata fait le type. (B.)

SPINUS. OIS. (Linné.) Nom scientifique du Tarin. V. GROS-BEC. (DR..Z.)

SPIO. ANNEL. Genre de l'ordre des Nééidées et de la famille des Néréides, établi par Othon Fabricius (Schrift der Berl. naturf. T. VI, p. 259 et 264, n. 1 et 2) et dans lequel il range quelques espèces d'Annelides qu'on n'avait point distinguées des Nereis. Savigny (Syst. des Annelides, in-f°, édit. royale, p. 45) mentionne ce genre ; mais comme il n'a examiné par lui-même aucune des espèces qui s'y rapportent, il se contente de l'indiquer en note. Déjà Gmelin l'avait adopté, et plus récemment il a été admis par Lamarck (Hist. nat. des Anim. sans vert., T. V, p. 318) qui lui a assigné pour caractères : corps allongé, articulé, grêle, ayant de chaque côté une rangée de faisceaux de soies très-courtes. Branchies latérales non divisées, filiformes ; deux tentacules extrêmement longs, filiformes ou sétacés, imitant des bras. Bouche terminale ; deux ou quatre yeux. Ce genre, qui mérite d'être étudié avec plus de soin, renferme plusieurs espèces qui vivent dans des tubes enfoncés dans la vase. La Spio séticorne, Sp. seticornis d'Othon Fabricius, loc. cit., tab. 6, fig. 1, 7, ou la Nereis seticornis du même auteur (Fauna Groenl., p. 306) est une des espèces qui sert de type au genre ; elle habite l'Océan européen.

La Spio filicorne, *Sp. filicornis* d'Othon Fabricius (*Schrift der Berl. naturf.* T. VI, tab. 5, fig. 8-12), ou la *Nereis filicornis* du même auteur, est la seconde espèce servant de type au genre ; elle habite les côtes du Groënland.

Savigny observe que ces deux espèces sont remarquables par deux gros filets portés en avant de la tête et qui sont vraisemblablement deux cirres tentaculaires ; elles ont, en outre, une trompe courte et dépourvue de mâchoires ; les pieds à une seule rame, le cirre supérieur allongé et courbé en arrière, le cirre inférieur très-court ; point d'autres branchies que les cirres. Cet auteur cite une troisième espèce, la *Spio crenaticornis*, décrite et représentée par Montagu (*Trans. Linn. Soc.* T. XI, tab. 14, fig. 3); elle offre, dit Savigny, entre les deux grands filets des précédentes, deux autres filets courts et frontaux qui ne peuvent être que deux antennes.

Lamarck, qui a eu sous les yeux la figure de Montagu citée par Savigny, s'en est laissé imposer par une erreur de chiffre que présente cette figure, et, n'ayant pas consulté le texte anglais, il a cité comme une *Spio* la *Diplotis hyalina* qui est toute autre chose et qui en effet porte le numéro qui devait être placé à la figure représentant le *Spio crenaticornis;* enfin on réunit généralement aux Spios le genre Polydore de Bosc (Histoire nat. des Vers, T. 1, pag. 150) que ce savant plaçait près des Néréides et dans lequel il range une espèce, la Polydore cornue, *Polydora cornuta;* elle ressemble beaucoup aux Spios, mais elle est pourvue suivant Bosc d'une ventouse anale ; elle est fort commune sur les côtes de la Caroline.   (AUD.)

* SPIONCELLE. ois. Espèce du genre Pipit. *V.* ce mot.   (DR..Z.)

SPIPOLETTE. ois. Même chose que *Spioncelle. V.* PIPIT.   (B.)

SPIRACANTHE. *Spiracantha.* BOT. PHAN. Genre de la famille des Synanthérées et de la Syngénésie séparée, établi par Kunth (*Nov. Gen. Plant. æquin.* T. IV, pag. 29, tab. 513) qui l'a placé dans la tribu des Echinopsidées, et lui a imposé les caractères suivans : glomérules capités, munis de bractées imbriquées, prolongées en épines au sommet et soutenant chacune une seule fleur ; involucre composé de quatre à cinq folioles égales renfermant une seule fleur; fleuron tubuleux, hermaphrodite ; akène obovécunéiforme, un peu comprimé, couronné par une aigrette de poils courts, roides et persistans. Ce genre est voisin du *Rolandra* et du *Trichospira ;* mais il s'en distingue suffisamment par la structure de l'involucre et de l'aigrette, ainsi que par son inflorescence. Le *Spiracantha cornifolia* est un petit Arbuste très-rameux dont les branches et les feuilles sont alternes, les fleurs violettes, portées sur des pédoncules terminaux et axillaires. En dehors de chaque capitule est un assemblage de quatre à cinq folioles bractéiformes. Cette Plante croît dans les lieux humides, près de Rio-Sinu, dans l'Amérique méridionale.   (G..N.)

* SPIRADICLIS. BOT. PHAN. Genre de la famille des Rubiacées, et de la Pentandrie Monogynie, L., établi par Blume (*Bijdr. Fl. nederl. ind.*, p. 975) et ainsi caractérisé : calice à cinq dents ; corolle dont le tube est court, le limbe à cinq segmens ouverts ; cinq étamines incluses ; style unique entouré de quatre glandes ; stigmate bilobé ; capsule oblongue, couronnée par le calice, à deux valves biparties, qui finissent par se tordre en dedans ; graines nombreuses, anguleuses. Ce genre se compose d'une espèce (*Spiradiclis cæspitosa*) qui a le port du *Necteria.* Les feuilles sont ovales, un peu ondulées, glabres. Les fleurs sont petites, tournées du même côté, disposées en épi terminal. Cette Plante

croît au pied de la montagne de Salak à Java.   (G..N.)

SPIRANTHE. *Spiranthes.* BOT.
PHAN. Genre de la famille des Orchidées établi par le professeur Richard,
pour quelques espèces rangées par
Linné dans le genre *Ophrys* et par
Swartz dans les *Neottia.* Quoique très-
voisin de ce dernier genre, le *Spiranthes* s'en distingue néanmoins très-
facilement, surtout par son mode
d'inflorescence. Les fleurs dans toutes
les espèces sont petites, unilatérales,
disposées en épi qui se compose d'une
seule rangée de fleurs qui sont disposées en spirale sur l'axe commun. Le
calice, adhérent par sa moitié inférieure avec l'ovaire qui est infère et
tordu en spirale, a son limbe dans
une direction presque transversale au
sommet de l'ovaire; ce limbe est
comme tubuleux, allongé et à deux
lèvres; les trois divisions externes
sont allongées et aiguës; les deux intérieures latérales sont en général
soudées avec la division supérieure et
externe; le labelle est simple, creusé
en gouttière, le plus souvent ondulé
sur ses bords; le gynostème est court;
le stigmate en occupe presque toute
la face antérieure et l'anthère est terminale et presque postérieure, à deux
loges, contenant chacune une masse
de pollen pulvérulent. Les deux
masses sont réunies ensemble au
moyen d'une glande rétinaculifère
qui occupe leur face inférieure. Les
espèces de ce genre ont une racine
composée de deux ou d'un plus grand
nombre de tubercules allongés et cylindriques: leur tige est nue, squa-
meuse ou feuillue. Aux environs de
Paris on trouve deux espèces de ce
genre, savoir: *Spiranthes æstivalis* et
Sp. autumnalis, Rich. A ce genre appartiennent encore parmi les espèces
exotiques les *Neottia cernua, N. tor-
tilis, N. diuretica, N. elata,* Willd.,
et quelques autres.   (A. R.)

SPIRANTHERA. BOT. PHAN. Le
genre qu'Auguste de Saint-Hilaire
a fait connaître sous ce nom, tandis que Nées et Martius l'établis-

saient de leur côté sous celui de
Terpnanthus, appartient à la tribu
des Cuspariées dans la famille des
Diosmées; ses caractères sont les suivans: calice court, quinquéfide;
cinq pétales très-longs, libres, linéaires, légèrement inégaux et courbés en faux. Cinq étamines un peu
plus courtes que les pétales, libres,
dont les filets fins sont parsemés de
petits tubercules et dont les anthères
linéaires se roulent en spirale après
la floraison. Cinq ovaires velus, élevés sur un support qu'entoure un
disque tubulé, et soudés entre eux par
leurs bases. Cinq styles nés de l'angle interne des ovaires, bientôt réunis en un seul qui dépasse les pétales,
et qui hérissé inférieurement se termine par un stigmate en tête quinquélobé. Fruit composé de cinq capsules, réduites fréquemment à un
moindre nombre par suite d'avortement. La seule espèce jusqu'ici connue de ce genre est un Arbrisseau
observé au Brésil; ses feuilles sont
alternes et ternées. Les pédoncules
sont tantôt terminaux et ramifiés en
corymbes, tantôt situés aux aisselles
des feuilles supérieures, simples et
nus en bas, partagés à leur sommet
en trois branches chargées chacune
d'une fleur. Celles-ci sont blanches,
d'un bel aspect et d'une odeur très-
agréable qui rappelle celle de notre
Jasmin.   (A. D. I.)

SPIRATELLE. *Spiratella.* MOLL.
Cuvier créa le genre qui va nous occuper, mais il lui donna le nom de
Limacine qui, pour un Mollusque
marin pourvu d'une coquille en spirale et très-voisin des Clios, nous
paraît, comme à Lamarck et à Blainville, assez mal approprié, puisqu'il
rappelle involontairement l'idée des
Limaces ou d'un genre tout voisin.
Blainville a proposé de changer ce nom
de Limacine pour celui de Spiratelle
qui ne peut produire aucune confusion. Ce genre était connu depuis
long-temps; mais Gmelin le confondait avec les Clios, et Fabricius avec
les Argonautes. Le rapprochement

de Gmelin était certainement le meilleur ; la création du genre et la place qu'on lui assigna auprès des Clios le prouvent suffisamment aujourd'hui. Ce genre est mieux connu qu'autrefois, depuis que Scoresby a publié son grand ouvrage sur la Baleine, dans lequel il donne des détails et de fort bonnes figures d'après lesquelles Blainville a fait sa caractéristique qui diffère peu de celle de Cuvier et de Lamarck ; la voici : corps conique, allongé, mais enroulé longitudinalement, élargi en avant, et pourvu de chaque côté d'un appendice aliforme, subtriangulaire, arqué ; bouche à l'extrémité de l'angle formé par les deux lèvres inférieures ; branchies en forme de plis à l'origine du dos ; anus et organes de la génération inconnus. Coquille papyracée, très-fragile, planorbique, subcarénée, enroulée latéralement de manière à voir d'un côté un très-large ombilic peu profond, et de l'autre une spire d'un tour et demi à deux tours, peu élevée ; ouverture grande, entière, élargie à droite et à gauche ; le péristome tranchant. La Spiratelle est un Mollusque presque microscopique, mais il se multiplie avec une telle abondance qu'il peut servir, ainsi que la Clio, de nourriture à la Baleine. On ne connaît encore qu'une seule espèce ; elle diffère essentiellement, d'après les caractères donnés par Blainville, en quelques point simportans de ce qu'on l'avait jugée d'abord. On avait cru que les organes de la respiration étaient placés sur les nageoires, ce que l'on avait supposé aussi dans les Hyales, les Pneumodermes, les Atlantes, etc. ; mais, loin de se confirmer, cette supposition se détruit chaque jour davantage, et le genre Spiratelle en donne une nouvelle preuve ; cela est d'une grande importance, puisque la nature de l'organe de la respiration, la place qu'il occupe dans l'Animal, sont les moyens les plus sûrs qu'aient les zoologistes pour établir des rapports naturels entre ces êtres ; aussi ne doit-on pas s'étonner des changemens considérables que Blainville a proposés dans son Traité de Malacologie à l'égard de toute cette famille des Ptéropodes.

SPIRATELLE LIMACINE, *Spiratella Limacina*, Blainv., Traité de Malac., p. 494, pl. 48, fig. 5 ; Scoresby, Pêch. de la Baleine, T. II, pl. 5, fig. 7 ; *Limacina*, Cuv., Règn. Anim. T. II, p. 380 ; *Limacina helicialis*, Lamk., Anim. sans vert. T. VI, p. 291, n° 1 ; *Clio helicina*, Gmel., p. 3149 ; *Argonauta arctica*, Oth. Fabr., Faun. Groënl., 386. La Coquille est vitrée, très-mince, formée de quatre à cinq trous.   (D..H.)

SPIRÉACÉES. BOT. PHAN. L'une des tribus de la famille des Rosacées, qui comprend les genres : *Purshia*, *Kerria*, *Spiræa*, *Gillenia*, *Neillia*, *Kagenekia*, *Quillaja*, *Vauquelinia* et *Lindleya*. V. ROSACÉES.   (A. R.)

SPIRÉE. *Spiræa*. BOT. PHAN. Genre de la famille des Rosacées, qui sert de type à la tribu des Spiréacées et sur lequel notre ami et collaborateur Cambessèdes a publié une excellente monographie insérée dans le Tome Ier des Annales des Sciences naturelles. Voici les caractères de ce genre : le calice est monosépale, persistant, à cinq divisions ; la corolle est formée de cinq pétales réguliers ; les étamines sont généralement nombreuses, quelquefois on n'en compte que dix ; elles sont ainsi que les pétales, insérées sur un disque périgyne qui tapisse la face interne du calice, dans sa portion inférieure et indivise. Les carpelles sont généralement en grand nombre ou quelquefois il n'y en a qu'un seul. Dans le premier cas, ils sont ou libres ou plus ou moins adhérens entre eux, et sont sessiles ou stipités. Chacun de ces carpelles est à une seule loge et contient de deux à six graines attachées à la suture interne ; ils sont ou indéhiscens, ou s'ouvren par cette suture. Les graines sont dépourvues d'endosperme et leur embryon est renversé. Les espèces de c genre sont ou des Arbustes, ou de

Plantes herbacées ; ayant des feuilles alternes , simples ou plus rarement composées : des fleurs blanches ou rosées, mais jamais jaunes , très-diversement disposées.

Cambessèdes dans sa Monographie a réuni au genre *Spiræa* , les deux genres *Kerria* de De Candolle et *Gillenia* de Mœnch. Néanmoins le savant professeur de Genève, dans le second volume de son Prodrome, distingue encore ces trois genres les uns des autres. On compte environ trente-cinq à trente-six espèces de Spirées dont au moins la moitié croissent dans les diverses contrées de l'Europe. Les Spirées , dit Cambessèdes , habitent pour la plupart les contrées septentrionales et tempérées de l'hémisphère boréal , où elles s'étendent à presque toutes les latitudes ; le nord de l'Europe, de l'Asie, de l'Amérique, en possède un grand nombre ; quelques-unes croissent en France , en Italie, en Espagne, en Chine, au Japon ; Sonnerat a rapporté le *Spiræa cœrulescens* des Indes-Orientales. On ne connaît dans l'hémisphère austral que deux espèces de ce genre recueillies par Commerson, l'une au détroit de Magellan, l'autre à l'île de France. Enfin, le *Spiræa argentea* croît à la Nouvelle-Grenade, sous l'équateur.

Les espèces de Spirées présentent de si grandes modifications dans leur port et les caractères de leur fructification, qu'elles ont été groupées en plusieurs sections naturelles , qui souvent diffèrent tellement les unes des autres, qu'elles semblent former des genres distincts. Nous allons faire connaître ces sections et indiquer les espèces principales qui se rapportent à chacune d'elles.

1. PHYSOCARPOS , Camb. Ovaires soudés ensemble par la base ; disque tapissant le calice ; carpelles vésiculeux , membraneux , contenant de deux à trois graines. Le *Spiræa opulifolia,* L., si commun dans nos jardins, constitue à lui seul cette section.

2. CHAMÆDRYON, Seringe, *in D. C. Prodr.* Ovaires distincts ; disque libre dans sa partie supérieure. Arbustes à fleurs hermaphrodites, en corymbes , à feuilles entières ou dentées, simples, dépourvues de stipules. Parmi les espèces nombreuses de cette section, nous citerons les *Spiræa ulmifolia , trilobata , hypericifolia* , etc.

3. SPIRARIA, Ser. Ovaires distincts ; disque libre dans sa partie supérieure; carpelles non vésiculeux ; fleurs hermaphrodites, en panicule. Feuilles dentées en scie et sans stipules ; exempl. *Spiræa betulifolia , salicifolia , tomentosa , discolor*, etc.

4. SORBARIA, Ser. Ovaires au nombre de cinq soudés ensemble ; disque tapissant la paroi interne du calice ; fleurs hermaphrodites, en panicule ; feuilles sans stipules et pinnatifides. Cette section ne se compose que du *Spiræa sorbifolia,* L.

5. ARUNCUS , Ser. Carpelles au nombre de cinq, distincts ; disque libre et très-épais à sa partie supérieure ; feuilles tripinnées , sans stipules ; fleurs dioïques ; Plantes herbacées. Le *Spiræa Aruncus* est la seule espèce de cette section.

6. ULMARIA, Cambess. Disque presque nul , style renflé en massue et réfléchi; ovaires libres, nombreux, distincts , contenant deux ovules. Plantes herbacées à feuilles pinnatifides, munies de stipules , et à fleurs hermaphrodites disposées en cimes. Les espèces principales de cette section sont les *Spiræa Ulmaria* et *Filipendula.*   (A. R.)

* SPIRIDENS. BOT. CRYPT. (*Mousses.*) Nées d'Esenbeck a fondé ce genre d'après une Mousse de Java, recueillie par Reinvardt ; il est ainsi caractérisé : capsule latérale ; péristome double ; l'externe a seize dents lancéolées, subulées, dont l'extrémité est tordue en spirale ; l'interne a seize cils réunis à la base par une membrane, et soudés deux ou trois ensemble par leur sommet ; coiffe en forme de capuchon , glabre. Ce genre est très-voisin du *Leskea* dont il diffère surtout par la longueur des

dents du péristome externe; il ne renferme qu'une seule espèce dont la tige droite ou ascendante a plus d'un pied de long. C'est la plus grande des Mousses terrestres connues; une belle figure de cette Plante a été publiée dans les *Nova Act. Acad. nat. curios.*, vol. 11, pl. 17. Nées présume que le *Bartramia gigantea* de Schwægrichen est peut-être une seconde espèce de *Spiridens.*   (AD. B.)

SPIRIFÈRE. *Spirifer.* CONCH. Ce genre fut établi par Sowerby dans son *Mineral Conchology*, pour quelques Coquilles pétrifiées que l'on confondait avec les Térébratules dont, en effet, elles ne sauraient se distinguer par des caractères extérieurs. Ce qui a servi le plus à l'établissement de ce genre, c'est l'enroulement en spirale et en forme de dé à coudre des bras de l'Animal qui, probablement calcaires, ont pu être conservés par la pétrification. Ces organes occupent une grande partie de la cavité des valves, et, tout singuliers qu'ils paraissent, ils ne sont pas pour nous des caractères génériques suffisans; il faudrait, pour qu'ils le devinssent, qu'ils s'accordassent avec d'autres de l'extérieur, ce qui n'a pas lieu, et l'ouvrage de Sowerby en donne la preuve, puisque parmi les Spirifères on trouve des espèces qui ont le crochet percé comme les Térébratules, d'autres qui n'ont aucune ouverture à cette partie, d'autres enfin qui ont une fente triangulaire au-dessus du crochet. Ces motifs nous paraissent suffisans pour joindre les Spirifères aux Térébratules. *V.* ce mot.   (D..H.)

SPIRLIN. POIS. Espèce d'Able. *V.* ce mot.   (B.)

SPIROBRACHIOPHORA. MOLL. Gray, dans sa distribution méthodique des Mollusques insérée dans le n. 2 du Bulletin des Sciences naturelles de l'année 1824, donne ce nom à une classe de Mollusques Acéphalés qui correspond complètement aux Brachiopodes des auteurs. *V.* BRACHIOPODES.   (D..H.)

SPIROBRANCHE. ANNEL. Genre établi par Blainville pour placer quelques espèces d'Amphitrites de Lamarck ou Sabelles de Cuvier. *V.* SABELLE.   (A. R.)

* **SPIROCARPÆA.** BOT. PHAN. (De Candolle.) *V.* HÉLICTÈRE.

SPIROGLYPHE. ANNEL. Genre formé par Daudin aux dépens des Serpules de Linné. *V.* SERPULE.   (A. R.)

SPIROGRAPHE. ANNEL. Viviani a établi sous ce nom un genre du groupe des véritables Amphitrites, mais ce genre n'a pas été adopté par Cuvier ni par Savigny, qui font du *Spirographis Spallanzanii*, la seule espèce de ce genre, une espèce de Sabelle sous le nom de *Sabella unispira. V.* SABELLE.   (A. R.)

SPIROGYRA. BOT. CRYPT. (*Arthrodiées.*) Le genre que Link a décrit sous ce nom, et qui comprend les Conjuguées de Vaucher, dont la matière verte est disposée en spirale, répond au genre *Salmacis* de Bory de Saint-Vincent, et à la deuxième section des *Zygnema* d'Agardh, dans son *Systema Algarum;* le *Globulina* du même auteur comprend le *Tendaridea* et le *Leda* de Bory, et le *Conjugata* de Link se rapporte au *Zygnema* de Bory ou au *Mougeotia* d'Agardh (*Syst. Alg.*), nom qui ne peut être admis, puisqu'il est déjà employé pour un genre de Phanérogames.   (AD. B.)

SPIROLINE. *Spirolina.* MOLL. Avant le moment où on sépara les Coquilles multiloculaires microscopiques des Polythalames à siphon, la forme seule et non l'organisation décidait des rapports de ces corps entre eux; on sait que ces rapports, étant établis d'après des caractères mal appréciés et souvent mal observés, ont dû être très-défectueux; c'est ce qui a eu lieu pour les Spirolines aussi bien que pour les autres genres de la même classe. C'est ainsi que, créé par Lamarck et placé par lui près des Spirules et des Lituoles, tous les auteurs qui l'adoptèrent le laissèrent dans ces faux rapports qui durent être détruits aussitôt qu'un examen plus attentif et une étude approfondie eurent déterminé D'Orbigny à poser les principes d'une meilleure et plus naturelle classification. Dans celle proposée par cet auteur (Annales des Sciences naturelles, janvier 1826), les Spirolines se trouvent dans la famille des Hélicosthègues, entre les genres Pénérople et Robuline (*V.* ces mots) avec lesquels il a des rapports incontestables, avec le premier surtout. On a de la peine à concevoir pourquoi Lamarck sépara une des espèces de ce genre pour la placer parmi les Lituolites. Cette espèce, qui provient de la craie, ne diffère en effet en rien d'essentiel de toutes les Spirolines connues. Ce genre peut être caractérisé de la manière suivante : coquille en forme de crosse, commençant par une spire médiane, symétrique, à tours contigus un peu enveloppans, se projetant à un certain âge en ligne droite, et formant un tube cylindrique ou ovalaire, divisé comme la spire par des cloisons plus ou moins nombreuses ; la dernière cloison se termine par une seule ouverture ; on en voit plusieurs dans le jeune âge. Les Spirolines ne sont encore connues qu'à l'état fossile, et, ce qui est remarquable, c'est qu'elles sont toutes particulières au bassin de Paris. D'Orbigny en compte six espèces, mais nous croyons qu'il en existe davantage. Nous allons citer les principales :

SPIROLINE CYLINDRACÉE, *Spirolina cylindracea*, Lamk., Ann. du Mus. T. v, p. 245, et VIII, pl. 62, fig. 15 ; D'Orbigny, Annales des Sciences naturelles et Modèles de Céphal., 1ʳᵉ liv., n° 24; *Spirula cylindracea*, Blainv., Malac., p. 582, pl. 5, fig. 3. Espèce assez variable et assez commune à Grignon.

SPIROLINE DÉPRIMÉE, *Spirolina depressa*, Lamk., Ann. du Mus., *loc. cit.*, n° 1, fig. 14.

SPIROLINE NAUTILOÏDE, *Spirolina nautiloides*, D'Orb., *loc. cit.*, n° 6; *Lituolites nautiloides*, Lamk., Ann. du Mus., *loc. cit.*, n° 1, et *Lituolites irregularis*, pl. 62, fig. 12, 13, a, b ; *Spirula convolvans*, Blainv., Malac., p. 581.

La seconde espèce que nous venons de citer se trouve à Grignon, à Parnes, à Mouchy-le-Châtel, dans le Calcaire grossier, et la troisième se trouve à Meudon dans la Craie. Graves nous a dit l'avoir également rencontrée dans la Craie supérieure des environs de Beauvais. (D..H.)

SPIROLOBÉES. *Spirolobeæ*. BOT. PHAN. De Candolle (*Syst. Veget.*, 2, p. 670) a donné ce nom au quatrième sous-ordre des Crucifères, qui comprend les espèces pourvues de graines, presque globuleuses, dont les cotylédons sont linéaires, roulés en spirale ou en crosse. Ce sous-ordre se subdivise en deux tribus, les Buniadées et les Erucariées. (G..N.)

SPIROLOCULINE. *Spiroloculina*. MOLL. Genre établi par D'Orbigny (Ann. des Scienc. nat. T. VII, p. 298) dans sa famille des Agathistègues pour des Coquilles dont les caractères génériques peuvent être exprimés de la manière suivante : Coquille aplatie formée de loges opposées dans un même plan, non embrassantes, toutes visibles, terminées par une ouverture petite, garnie d'une dent saillante ; cette ouverture étant terminale et les loges formant la longueur de la moitié de la coquille, se trouve alternativement aux deux extrémités.

Les Coquilles de ce genre ont des rapports intimes avec les Biloculines d'une part, puisqu'elles sont, comme elles, symétriques et formées de loges opposées dans le même plan ; mais elles en ont aussi avec les Triloculines et surtout avec certaines Quinquéloculines par l'aplatissement et la manière dont les loges se découvrent et paraissent plus en spirale. Dans le genre qui nous occupe, les Coquilles étant presque discoïdes peuvent se comparer aux Ammonites dont les tours sont peu embrassans ; on voit alors de chaque côté un ombilic très-large et peu profond, ce qui peut également se remarquer dans les Spiroloculines, en même temps que l'enroulement spiral des loges ; toutes sont symétriques aussi bien que l'ouverture qui les termine. Cette ouverture est petite, quelquefois garnie d'un bourrelet marginal et rétréci par une dent saillante qui la partage en deux parties égales ; quelquefois cette dent est bifurquée à son sommet et prend assez bien la forme d'un Y. Le nombre des espèces est déjà assez considérable. D'Orbigny en cite quinze vivantes ou fossiles, quelques-unes ont été figurées dans le bel ouvrage de Soldani ; mais les autres étant nouvelles, D'Orbigny n'en a donné que les noms, de sorte qu'il nous est impossible d'y rapporter plusieurs espèces que nous avons, et d'éviter les doubles emplois sans que cela puisse dépendre de nous. Nous allons indiquer quelques espèces figurées par Soldani ; on pourra par ce moyen prendre une idée exacte du genre.

SPIROLOCULINE PERFORÉE, *Spiroloculina perforata*, D'Orb., Mém. sur les Céphal., Ann. des Scienc. nat. T. VII, p. 498, et Modèles de Céphal., n. 92, 4e livraison.

SPIROLOCULINE MARGINÉE, *Spiroloculina limbata*, D'Orb., loc. cit., n. 12 ; *Frumentaria sigma*, Soldani, Test. microsc. T. III, tab. 19, fig. m. Fossile à Castel-Arquato.

SPIROLOCULINE ARRONDIE, *Spiroloculina rotunda*, D'Orb., loc. cit., n. 14 ; Soldani, T. IV, tab. 154, fig. h, h, i, i. De la Méditerranée.

SPIROLOCULINE PLISSÉE, *Spiroloculina plicata*, D'Orb., loc. cit., n. 15 ; Soldani, ibid. T. III, tab. 155, fig. n, n. Elle vit dans la Méditerranée.
(D..II.)

* SPIROPORE. *Spiropora*. POLYP. Genre de l'ordre des Milléporées dans la division des Polypiers entièrement pierreux, ayant pour caractères : Polypier fossile, pierreux, rameux, couvert de pores ou de cellules placées en lignes spirales, rarement transversales ; cellules se prolongeant intérieurement en un tube parallèle à la surface, se rétrécissant graduellement, et se terminant à la ligne spirale située immédiatement au-dessous ; ouverture des cellules rondes et un peu saillantes. Parmi les nombreux Polypiers fossiles, si fréquens dans les dépôts des anciennes mers, il en est peu de plus beaux et de plus remarquables que ceux auxquels Lamouroux a donné le nom de Spiropores. Tous sont élégamment ramifiés, et toutes leurs divisions, principales ou secondaires, ont partout le même diamètre. Il est difficile de juger précisément quel était leur port ou faciès, puisqu'ils sont toujours engagés plus ou moins dans une gangue calcaire dont on ne peut les débarrasser entièrement ; ils devaient pourtant offrir quelques ressemblances par le port avec le *Millepora truncata* ou les Sériatopores, mais ils formaient des touffes plus petites et plus délicates. Leurs cellules ou pores ne sont point perpendiculaires à l'axe du Polypier, elles sont au contraire très-obliques ; néanmoins l'ouverture de la cellule ne conserve point sa direction, elle se courbe un peu et fait une légère saillie en dehors de la tige. On peut considérer les cellules comme de petits tubes, ayant chacune des parois qui leur sont propres, mais fortement unies entre elles latéralement, excepté au point où se trouve l'ouverture, le tube étant libre dans une petite étendue. On peut reconnaître facilement cette disposition sur les échantillons bien conservés du Spiropore élégant, où l'on voit des stries ou lignes très-apparentes qui limitent chaque cellule. Elles tournent autour de la tige en formant une spirale plus ou moins régulière, ou plutôt elles constituent ainsi cette tige ; car il n'y a point de substance entre les parois des cellules ; dans certains points, au lieu d'une spirale, elles forment des anneaux. L'intervalle, qui sépare la

retour des spires, varie suivant les espèces : il est plus grand dans le Spiropore élégant que dans les deux autres; la ligne spirale est également moins fournie de cellules dans cette espèce. Ces Polypiers s'accroissent par l'extrémité des rameaux et non par toute leur surface.

Lamouroux a rapporté trois espèces à ce genre : les *Spiropora elegans*, *tetragona* et *cespitosa*, qui se trouvent fossiles dans le Calcaire à Polypiers des environs de Caen.

(E. D..L.)

* SPIROPTÈRE. *Spiroptera*. INTEST. Genre de l'ordre des Nématoïdes, ayant pour caractères : corps cylindrique, élastique, atténué aux deux extrémités ; bouche orbiculaire; queue du mâle roulée en spirale, garnie d'ailes latérales entre lesquelles sort un organe génital unique. Ce genre, qui comprend un grand nombre d'espèces, paraît très-voisin des Strongles; ses caractères sont, comme dans ceux-ci, tirés de la forme de la queue des mâles seulement; les Spiroptères en diffèrent néanmoins par leur queue toujours contournée en spirale, et par deux appendices membraneux en forme d'ailes qui ne forment point une bourse comme dans les Strongles. Ils ont encore de très-grands rapports avec les Physaloptères; ces derniers n'en différant que parce que leur queue n'est point contournée en spirale. Les Spiroptères sont tous de petite taille; les plus grands atteignent à peine trois pouces, et la plupart sont beaucoup plus petits. On les trouve très-rarement dans l'intérieur des voies digestives, mais beaucoup plus souvent entre les tuniques de l'estomac des Mammifères et surtout des Oiseaux, ou bien dans l'intérieur de tubercules situés dans l'épaisseur des parois de cet organe. Le corps dans les deux sexes est atténué aux deux extrémités, davantage antérieurement; sa surface est finement annelée ; il est rarement droit, mais plus ou moins contourné ; du reste ces courbures n'ont rien de constant, et varient suivant les mouvemens qui sont en général très-lents. La tête est rarement distincte du corps par quelque rétrécissement ou par des saillies de la peau; la bouche est orbiculaire, tantôt nue, tantôt pourvue de papilles arrondies dont le nombre n'est pas constant. La queue des femelles est le plus souvent droite ou légèrement infléchie ou relevée; l'intestin paraît très-peu flexueux; nous croyons qu'il n'y a qu'un ovaire. Nous n'avons pas, au reste, disséqué avec assez de détails ces petits parasites pour connaître parfaitement leur organisation intérieure; l'anus est une petite fente transversale placée un peu en avant du bout de la queue : toutes les espèces connues sont ovipares. Les mâles, plus petits et plus rares que les femelles, ont leur queue ou extrémité postérieure du corps roulée en spirale et formant un à trois tours, suivant les espèces. On trouve toujours sur les parties latérales de cette portion contournée deux petits prolongemens membraneux ou ailes plus ou moins larges; l'organe génital extérieur est unique, très-grêle et plus ou moins long; il sort près du bout de la queue entre les ailes ; dans plusieurs espèces il sort au travers d'une petite gaîne qui paraît quelquefois divisée à son sommet.

Les espèces de Spiroptères sont rapportées par Rudolphi à deux sections. La première comprend les espèces à tête nue : *Spiroptera megastoma*, *stereiira*, *strongylina*, *gracilis*, *nasuta*, *denudata*, *acutissima*, *laticeps*. La seconde les espèces à tête munie de papilles : *Spiroptera alata*, *laticauda*, *bidens*, *bicuspis*, *strumosa*, *quadriloba*, *contorta*, *anthuris*, *attenuata*, *cystidicola*, *uncinata*, *elongata*, *revoluta*, *leptoptera*, *euryoptera*, *sanguinolenta*, *obtusa*.   (E. D..L.)

SPIRORBE. *Spirorbis*. ANNEL. Genre établi par Lamarck et renfermant la Spirorbe nautiloïde que Savigny range parmi les Serpules. *V.* ce mot.   (A. R.)

SPIROSATIS. bot. phan. Du Petit-Thouars (Orchidées d'Afrique, tab. 9 et 12) a figuré sous ce nom le *Satyrium spirale* ou *Habenaria spiralis* d'Achille Richard. (G..N.)

SPIROSPERME. *Spirospermum.* bot. phan. Genre de la famille des Ménispermées, établi par Du Petit-Thouars (*Gen. Madag.*, p. 19, n. 63) qui l'a ainsi caractérisé : fleurs unisexuées. Les mâles ont un calice dont les sépales sont disposés sur deux rangs de trois chacun, les pétales intérieurs plus longs; six pétales concaves, plus courts que le calice; six étamines, les trois filets intérieurs réunis entre eux par la base ; anthères bilobées insérées au sommet des filets. Les fleurs femelles ne sont connues que par leur fruit qui se compose de huit noix stipitées et disposées circulairement, chacune contenant une seule graine dépourvue d'albumen, ayant un embryon cylindrique très-long, roulé en spirale. Ce genre diffère du *Cissampelos* par l'absence de l'albumen, du *Cocculus* par le nombre des parties de ses tégumens floraux, et du *Burasaia*, par ses étamines intérieures réunies à la base. Il ne renferme qu'une seule espèce, *Spirospermum penduliflorum*, petit Arbrisseau à feuilles alternes et à fleurs en grappes pendantes; il croît à Madagascar. (G..N.)

SPIRULE. *Spirula.* moll. La Coquille qui appartient à ce genre est connue depuis long-temps; les auteurs s'étaient assez généralement accordés, même avant Linné, à la placer près des Nautiles, et même à la confondre dans ce genre. Ce ne fut donc pas une innovation de la part de Linné que de ranger la Coquille dont nous parlons dans son genre Nautile (*V*. ce mot), sous le nom de *Nautilus Spirula*. Ce rapprochement est le résultat des rapports évidens qui existent entre les Spirules et les Nautiles. Mais, comme la Spirule n'a pas une dernière loge grande et engaînante comme le Nautile, on concevait difficilement comment elle était attachée à son Animal, et puis comme on ne connaissait l'Animal du Nautile que d'une manière fort incomplète, on devait nécessairement éprouver de grandes difficultés pour établir des rapports définitifs ; on reconnaissait bien entre les Coquilles des analogies, mais il était impossible de savoir à quelle sorte d'Animaux Mollusques elles appartenaient.

La découverte de l'Animal de la Spirule, que l'on doit à Péron, est une des plus importantes qui ait été faite depuis long-temps dans cette partie de la zoologie qui traite des Mollusques : elle a mis Lamarck et les autres naturalistes sur la voie des inductions les plus précieuses pour l'arrangement de toutes les Coquilles cloisonnées, qui appartiennent sans aucun doute à des Animaux Céphalopodes. Ce point une fois établi, on a présenté divers arrangemens méthodiques pour grouper dans l'ordre le plus naturel tous les genres appartenant aux Céphalopodes. Nous ne mentionnerons ici que ce qui a rapport à la Spirule. Nous avons vu que Linné la confondait avec les Nautiles, et Bruguière l'imita ainsi que Cuvier (Tab. élém. d'his. nat., 1798). Lamarck proposa le premier le genre Spirule dans les Mémoires de la Société d'Histoire naturelle (1799), et il le plaça entre les Camérines et les Baculites dans sa classe des Coquilles multiloculaires. Roissy, dans le Buffon de Sonnini, mentionna l'Animal de la Spirule d'une manière toute particulière : il l'avait vu entre les mains de Péron, et il le décrivit avec une grande précision. Cette description est d'autant plus importante qu'elle a été faite sous l'influence de souvenirs très-récens. Nous la notons avec d'autant plus de soin qu'elle ne se rapporte pas complétement avec la figure que Péron et Lesueur, un peu plus tard, donnèrent du même Animal dans l'Atlas du voyage aux Terres Australes. La famille des Lituolacées de la Philosophie zoologique de Lamarck contient le genre Spirule à la suite de quelques genres de Coquilles microscopiques, à côté des Orthocères, des Hippurites et des Bélemnites, assemblage qui, il faut l'avouer, n'est point naturel. Dans le dernier volume des planches de l'Encyclopédie, Lamarck donna au trait, d'après un dessin qu'il avait fait *de visu* pour son cours, la figure de l'Animal de la Spirule. Cette figure est d'accord avec la description de Roissy et de Montfort, mais point avec la figure de Péron. Depuis, cette dissidence entre des personnes qui avaient vu l'Animal rapporté par le célèbre voyageur, détermina parmi les zoologistes deux opinions que la disparition de l'unique Animal ne permet plus à personne de vérifier. Dans l'opinion de Péron, la Spirule aurait dix bras, mais égaux entre eux, ce qui diffère des Sèches qui en ont un nombre égal, mais deux beaucoup plus grands que les autres; dans l'opinion de Roissy, Lamarck et Cuvier, les dix bras existeraient, mais comme dans les Sèches. Cette différence est fort importante relativement à la classification qui ferait de la Spirule, ou un nouveau type de Céphalopodes, ou seulement une modification des Sèches, et le rapprocherait ou l'éloignerait de ce dernier genre. Il est à présumer que deux zoologistes aussi habitués que Roissy et Lamarck à juger de l'importance des caractères de cette nature, n'ont pu se tromper; leur opinion est donc la plus probable. Nous avons vu que Cuvier l'avait adoptée, et, en conséquence, il plaça le genre qui nous occupe non loin des Sèches. Lamarck, dans son dernier ouvrage, négligea les caractères qu'il aurait pu tenir de l'Animal, et plaça les Spirules dans la famille des Lituolées, fort loin des Sèches et des Nautiles. Latreille (Fam. nat. du Règ. Anim., pag. 164) suivit à peu près la méthode de Lamarck, sans que, cependant, il lui ait fait subir de changemens utiles. Blainville, dans son Traité de Malacologie, modifia davantage la méthode. Les Spirules se voient en effet dans la famille des Lituacés (*V.* ce mot au Suppl.) à côté des Ichthyosarcolites et des Li-

tuoles, et suivies des Hamites et des Ammonocératites. Non-seulement cette famille, comme on le voit avec étonnement, contient des êtres fort différens quant à l'organisation de la coquille, mais le genre Spirule lui-même rassemble aussi des corps qu'il n'est plus permis de confondre avec lui, et que personne n'avait jusque-là réunis : ce sont les genres Hortole, Montf., et Spiroline, Lamk. (*V.* ces mots), le premier très-voisin, sans doute, des Spirules, mais suffisamment distinct, et l'autre appartenant à un type d'organisation tellement dissemblable que D'Orbigny en a fait depuis une des grandes divisions des Céphalopodes (Annales des Sciences naturelles). Le zoologiste que nous venons de citer, dans son grand travail sur les Céphalopodes, n'imita en rien ses devanciers pour ce qui a rapport aux Spirules; il admet avec Roissy et Lamarck que l'Animal a dix bras, dont deux sont plus longs et pédonculés; mais, trouvant dans l'ensemble de son organisation et dans ses rapports avec sa coquille des différences considérables avec les autres Céphalopodes, il propose de former pour le genre Spirule lui seul une famille sous le nom de Spirulées (*V.* ce mot). Il l'introduit la première dans son ordre des Siphonifères de manière à ce qu'elle suive immédiatement les Décapodes, que les Sèches terminent, et entre ainsi en rapport avec elles tout en servant de point intermédiaire et de liaison avec les Nautiles. Cet arrangement nous semble le plus rationnel de tous ceux qui ont été proposés jusqu'à ce jour. Il fait voir que, dans l'appréciation des caractères, D'Orbigny place en première ligne la présence ou l'absence du siphon, et ne prend le nombre des bras et leur forme que comme un caractère propre à trancher des familles dans l'une et l'autre grande division. De Haan, dans sa classification des Siphonifères, fut moins heureux que D'Orbigny; il ne considérait que la coquille et non l'Animal; ce qui le porta à la mettre dans la famille des Nautiles, à côté des Lituites.

La Spirule, qui fut trouvée flottant à la surface de l'eau dans les hautes mers, est un Animal de petite dimension; il est bursiforme; sa tête peu distincte du corps est armée de dix bras garnis de ventouses; deux de ces bras, pédonculés et plus longs que les autres, s'élargissent et ne sont munis de ventouses que sur l'élargissement; au milieu de ces bras doit se trouver une mâchoire en bec comme celle des Sèches; le sac se termine postérieurement par deux lobes cachant en grande partie la coquille qui est retenue par un filet tendineux qui pénètre dans le siphon. Cette coquille a à peine un pouce de diamètre : elle est symétrique, à tours de spire disjoints, formée d'une suite de loges régulières, séparées par des cloisons concaves, percées par un siphon ventral, continu d'une cloison à l'autre; toute la coquille est comme poreuse, nacrée en dedans, blanche et légèrement rugueuse en dehors.

Les caractères génériques peuvent être exprimés de la manière suivante : Animal céphalopode, bursiforme, portant dix bras sur la tête, deux de ces bras contractiles, pédonculés, tous munis de ventouses; corps terminé postérieurement par deux lobes cachant presque complétement une coquille; celle-ci cylindroïde, mince, presque transparente, multiloculaire, discoïde, à tours disjoints; cloisons transverses, concaves, régulièrement espacées; siphon ventral non interrompu.

On ne connaît qu'une seule espèce de Spirule, connue depuis long-temps dans les collections sous le nom de Cornet de Postillon; Lamarck l'a nommée SPIRULE DE PÉRON, *Spirula Peronii*, Anim. sans vert. T. VII, pag. 601; Lister, Conch., tab. 550, fig. 2; Favanne, Conch., pl. 7, fig. E; Martini, Conch., tab. 20, fig. 184, 185; *Spirula australis*, Encycl., pl. 465, fig. 5, a, b; Spirule, Guér., Icon. du Règ. Anim., pl. 1 des Mollusques, fig. 8, a, b, c. Habite les mers Australes, celles de l'Amérique méridionale et de l'Inde. (D..H.)

SPIRULÉES. *Spirulæa.* MOLL. D'Orbigny (Annales des Sciences naturelles) a proposé le premier cette famille pour le genre Spirule lui seul (*V.* ce mot); trouvant des différences considérables entre ce genre et tous les autres Céphalopodes, voyant d'ailleurs qu'il pouvait servir d'intermédiaire entre les Sèches et les Nautiles, il se détermina à un arrangement méthodique qui est la conséquence de ces opinions : il présente sur toutes les classifications proposées jusqu'à ce jour cet avantage d'être aussi l'expression des faits connus, pour ce qui a rapport à la Spirule et à son Animal. La famille des Spirulées est placée la première de l'ordre des Siphonifères (*V.* ce mot), de manière à se trouver le plus près possible des Sèches qui terminent les Décapodes. Nous pensons que cet arrangement de D'Orbigny sera adopté, car la famille qui nous occupe est suffisamment justifiée, dans sa création et ses rapports, par la combinaison particulière qu'elle offre d'un Animal décapode, porteur d'une coquille enroulée en spirale, non engaînante et à siphon. *V.* SPIRULE. (D..H.)

SPIRULIER. MOLL. Animal de la Spirule. *V.* ce mot. (B.)

* SPIRULINE. *Spirulina.* PSYCH. ? Genre de production microscopique fondé par Turpin, dont nous ne pouvons donner une idée exacte qu'en transcrivant ce qu'il en dit. On n'en connaît qu'une espèce appelée Oscillarioïde, qui est intermédiaire aux Oscillaires et aux Salmacis. « L'organisation de ce Végétal consiste en un tube ou filet muqueux, obtus, arrondi par ses extrémités, dépourvu de toute espèce de cloisons ou diaphragmes, d'une blancheur et d'une transparence telle, que bien souvent on a peine à apercevoir ses bords au milieu de la goutte d'eau dans laquelle on l'observe. On distingue dans l'intérieur un autre tube d'un diamètre trois ou quatre fois moindre, tourné en spirale comme un ressort de bretelle. La Spiruline oscillarioïde manifeste des mouvemens graves, lents et progressifs dans toute l'étendue du filament. Il naît et se développe dans les eaux douces des fossés, mais isolément, et ce n'est que par hasard qu'on le trouve de temps à autre sur le champ du microscope. On n'y distingue absolument aucune cloison, ce qui ne permet point de rapporter ce genre aux Oscillariées. La spirale interne est d'un vert très-élégant. » Nous n'avons jamais eu occasion d'observer cette production.   (B.)

* SPIXIA. BOT. PHAN. Le père Leandro do Sacramento, botaniste brésilien (*Nov. Pl. Gen. in Act. Monach.*, tab. 7) a publié sous ce nom un genre placé par Sprengel (*Cur. post.*, p. 317) dans la Polygamie, et offrant les caractères suivans : les fleurs hermaphrodites sont accompagnées de deux bractées. Les périanthes sont monophylles, quadridentés, disposés par trois entre les pistils. Il y a quatre étamines dans la petite fleur centrale, et seulement deux dans les latérales. Les fleurs femelles ont un involucre monophylle, biparti, caduc: deux bractées opposées, biparties; point de périanthe; quatre styles surmontés de stigmates peltés; quatre capsules pédicellées, triloculaires, à loges bivalves; des graines munies d'un arille. Ce genre, encore trop peu connu pour qu'on ait des idées bien arrêtées sur ses affinités naturelles, ne renferme qu'une seule espèce nommée par Schrank *Spixia heteranthera.* C'est un Arbre indigène du Brésil, rameux, à feuilles alternes, oblongues, aiguës, ondulées, couvertes en dessous d'un duvet ferrugineux, à fleurs axillaires, fasciculées.   (G..N.)

SPIZAÈTE. *Spizaetus.* OIS. Vieillot, dans son Analyse élémentaire d'Ornithologie, avait donné ce nom, qui signifie *accipitre* en grec, à un genre que Cuvier avait formé, dans le Règne Animal, sous celui de Morphné, *Morphnus.* Ce sont les Aigles-Autours des ornithologistes. *V.* FAUCON.   (LESS.)

SPLACHNE. *Splachnum.* BOT. CRYPT. (*Mousses.*) Ce genre, fondé par Linné, est un des plus remarquables de la famille des Mousses; aussi a-t-il subi peu de modifications dans sa circonscription. Il présente pour caractères essentiels une capsule terminale dont le péristome est simple, à seize dents réunies par paires ou quelquefois quatre par quatre, se réfléchissant complétement en dehors après l'ouverture de la capsule; la coiffe est petite, campanulée; la capsule est supportée par une apophyse ou renflement plus ou moins développé, mais devenant dans quelques espèces une vésicule ou une sorte de parasol, colorée en jaune ou en rouge et beaucoup plus grande que la capsule. On connaît quinze à vingt espèces de *Splachnum*, toutes propres aux montagnes ou aux régions froides. Elles croissent en touffes serrées sur la terre ou sur les bouses de vache; plus rarement sur le bois ou sur les rochers. Leurs feuilles, quelquefois grandes et étalées, sont élégamment réticulées; leurs capsules sont longuement pédicellées, droites, et l'apophyse, dans deux espèces de Laponie, forme une large ombrelle jaune dans l'une et rouge dans l'autre. Quelques espèces de *Splachnum* constituent le genre *Dissodon* d'Arnott ou *Cyrtodon* de Brown.   (AD. B.)

* SPLACHNOÏDÉES. BOT. CRYPT. (Arnott.) *V.* MOUSSES.

SPLACHNON. BOT. On ne sait encore à quelle Plante appliquer ce nom de Théophraste; on l'a considéré comme indiquant une Ulve, une Mousse ou un Lichen; Adanson l'a appliqué à un genre qui comprend les *Ulva intestinalis* et *compressa*, et qui répond par conséquent au *Solenia* d'Agardh.   (AD. B.)

SPODIAS. BOT. PHAN. (Théophraste.) Le Prunelier ou Prunier épineux. (b.)

SPODITE. MIN. Nom donné par Cordier aux cendres blanches des volcans, qui paraissent venir de la désagrégation des Roches leucosti-niques. *V.* LAVES. (G. DEL.)

SPODUMÈNE. MIN. Le Spodu-mène de D'Andrada n'est autre chose que le Triphane d'Haüy. *V.* TRI-PHANE. (G. DEL.)

* SPONDIACÉES. *Spondiaceæ.* BOT. PHAN. Kunth (Ann. des Scien-ces naturelles, T. II, p. 33o) a donné ce nom à une tribu de la famille des Térébinthacées, qui comprend les genres *Spondias* et *Poupartia.* *V.* ces mots. (G..N.)

SPONDIAS. BOT. PHAN. Vulgai-rement *Mombin.* Genre de la famille des Térébinthacées, tribu des Spon-diacées et de la Décandrie Pentagy-nie, L., offrant les caractères sui-vans : fleurs quelquefois diclines. Ca-lice quinquéfide coloré ; corolle à cinq pétales oblongs, ouverts, à pré-floraison presque valvaire; dix éta-mines insérées sur un disque glan-duleux, crénelé; un ovaire ovoïde renfermant deux ovules, surmonté de cinq styles droits, écartés, sim-ples; drupe ovoïde ou ronde, cou-ronnée par cinq points qui sont les vestiges des styles, renfermant une noix revêtue extérieurement de fibres et quinquéloculaire; une seule graine, par avortement d'un des ovules, dé-pourvue d'albumen, à embryon droit, à cotylédons un peu charnus et à ra-dicule infère. Ce genre renferme qua-tre espèces qui sont des Arbres de l'Inde-Orientale et de l'Amérique équinoxiale, munis de feuilles impa-ripinnées ou rarement simples, et de fleurs en grappes ou en panicules axillaires. De Candolle (*Prodrom., Syst. Veget.,* 2, p. 75) a divisé le genre *Spondias* en deux sections : la première, sous le nom de *Mombin,* renferme les *S. purpurea,* L.; *S. lu-tea,* L., et *S. Mangifera,* Pers. Deux de ces espèces sont très-abondantes

aux Antilles et dans le continent voisin de l'Amérique. On les connaît sous les noms vulgaires de *Prunier d'Espagne, Prunier Mombin, Hobo,* etc. Leurs fruits sont ovales ou longs, colorés extérieurement en pourpre ou en jaune, contenant une pulpe d'une saveur douce, légèrement acide et assez agréable. Ces fruits ont été ad-mis au nombre des Myrobolans dans les anciennes Pharmacopées. La faci-lité avec laquelle le Prunier Mombin reprend de boutures, le fait servir à former des haies vives dans l'île de Saint-Domingue. Le *Spondias Man-gifera,* Pers., est synonyme du *Man-gifera pinnata,* L., et peut-être du *Sorindeia* de Du Petit-Thouars. *V.* ce mot. La seconde section, nommée *Cytherea,* ne renferme que le *Spon-dias dulcis,* Forster; *Sp. cytherea,* Sonnerat, Voy. aux Indes, 2, tab. 123; Lamk., Illustr., tab. 384. C'est un Arbre indigène des îles de la So-ciété d'où il fut apporté par Commer-son à l'île de France où on le cultive maintenant. On le connaît vulgaire-ment sous les noms d'*Hévy* ou d'*Ar-bre de Cythère.* Son fruit est une sorte de noix ovale, dont le brou est entre-lacé de filamens particuliers qui nais-sent de la surface du noyau. Celui-ci est divisé intérieurement en cinq lo-ges qui renferment chacune une seule graine. Ce fruit est estimé des habi-tans de l'Ile-de-France; son goût ap-proche de celui de nos pommes de reinette ; mais il n'est pas aussi agréa-ble. (G..N.)

SPONDYLE. *Spondylus.* CONCH. Ce genre fut créé par Linné dans les dernières éditions du *Systema naturæ,* et séparé des Huîtres avec lesquelles il le confondait. Avant cette époque, les conchyliologues donnaient le plus ordinairement le nom d'Huîtres épi-neuses à toutes les espèces de Spon-dyles. Formé d'abord sur les carac-tères de la coquille seulement, ce genre fut justifié par les belles ana-tomies de Poli, qui ne laissèrent plus de doute sur la place qu'il devait occuper dans les méthodes. On peut dire que , sous tous les rapports , ce genre est intermédiaire entre les Huîtres et les Peignes : on voit en effet que la coquille , quoique adhérente, est cependant plus régulière que celle des Huîtres , qu'elle a des oreillettes cardinales comme les Peignes , mais de plus qu'eux une charnière très-puissante et un talon plat en dessus plus ou moins long à la valve inférieure. Dépourvu de byssus , l'Animal des Spondyles , très-voisin des Huîtres, a, comme les Peignes , des ocelles dans l'épaisseur de son manteau , ce qui a décidé Poli à le placer dans son genre Argoderme. Tous les auteurs ont été d'accord , depuis Linné , pour l'admission du genre Spondyle , et les rapports qu'on lui a donnés n'ont presque pas changé ; ils sont devenus beaucoup plus certains depuis la création du genre Hinnite proposé par Defrance (*V.* HINNITE), et qui est un nouveau point intermédiaire entre les Spondyles et les Peignes.

Des Coquilles pétrifiées , en partie altérées par leur séjour dans un terrain de craie , ayant à l'extérieur la forme et les caractères des Spondyles, mais présentant d'ailleurs des caractères singuliers dans la contexture du test , etc., furent le sujet , de la part de Lamarck et des auteurs qui le suivirent , d'un nouveau genre qui reçut le nom de Podopside (*V.* ce mot). Nous avons fait voir pour quelles raisons ce genre n'était point admissible ; nous avons démontré que, le test ayant été décomposé , on avait fondé le genre sur des apparences trompeuses , en un mot que les Podopsides n'étaient autre chose que des Spondyles, d'où nous avons conclu à la réunion des deux genres. Malgré cette circonstance , les caractères du genre ne seront point modifiés ; ils peuvent être exprimés de la manière suivante : Animal plus ou moins épais, ovalaire ; manteau fendu dans toute sa longueur , ocellé , couvrant quatre grands feuillets branchiaux ; un rudiment de pied sans byssus ; ouverture buccale garnie de lèvres épaisses et frangées ; coquille

inéquivalve , adhérente, auriculée , hérissée ou rude , à crochets inégaux ; la valve inférieure offrant une facette cardinale, externe, aplatie, divisée par un sillon , et qui grandit avec l'âge ; charnière ayant deux fortes dents en crochets sur chaque valve, et une fossette médiane pour le ligament, communiquant par sa base avec le sillon externe ; ligament interne.

Les Spondyles sont d'assez grandes Coquilles épineuses ou couvertes de côtes rayonnantes du sommet à la base des valves : ces rayons sont , selon les espèces, couvertes d'aspérités , d'épines ou de lames plus ou moins nombreuses. Les épines sont tantôt arrondies , lisses et subcylindriques , tantôt aplaties , anguleuses, spatulées , quelquefois foliacées ; les couleurs sont généralement vives, ce qui, joint à la rareté des espèces, les fait généralement rechercher des collectionneurs.

Linné n'a indiqué que quatre espèces de Spondyles ; il en connaissait cependant un bien plus grand nombre, car on les retrouve presque toutes dans les quarante variétés de son *Spondylus gœdaropus.*

SPONDYLE PIED D'ANE, *Spondylus gœdaropus*, Lamk. , Anim. sans vert. T. VI , pag. 188 , n° 1 ; *ibid.*, L. , Gmel. , pag. 3296 , n° 1 ; *Variet. exclusis* , List. , Conch. , tab. 206 , fig. 40 ; Poli , Test. des Deux-Siciles, T. II , tab. 21 , fig. 20, 21 ; Chemn. , Conch. T. VII , tab. 44 , fig. 459 ; Encyclop. , pl. 190 , fig. 1 , a, b : il se trouve vivant dans la Méditerranée et fossile dans plusieurs lieux d'Italie.

SPONDYLE TRONQUÉ , *Spondylus truncatus* , Nob. ; *Podopsis truncata* , Lamk. ; Blainv. , Malac. , pl. 15 , fig. 5 ; Brong. , Géol. paris. , pl. 5 , fig. 2, a , b , c ; Nob. , Obs. sur le gen. Podop. , Ann. des Scien. nat. T. XV , pl. 6. (D..H.)

SPONDYLE. *Spondylis.* INS. Genre de l'ordre des Coléoptères, section des Tétramères , famille des Longicornes , tribu des Prionies , établi par Fabricius, et adopté par tous les entomologistes avec ces caractères : corps allongé; tête courte, presque carrée, un peu plus étroite que le corselet, dans lequel sa partie postérieure est reçue; yeux étroits, peu saillans, allongés et échancrés antérieurement; antennes filiformes, de la longueur du corselet, insérées près de l'échancrure et en avant des yeux, composées de onze articles aplatis à partir du troisième, et obconiques, excepté le dernier; labre très-petit, à peine apparent, coriace et un peu velu intérieurement; mandibules fortes, pointues à l'extrémité, échancrées à la base de leur côté interne, ayant dans cette partie deux petites dents obtuses, et une autre vers le milieu; mâchoires à deux lobes, l'externe un peu plus grand; palpes ayant leur dernier article obconique, les maxillaires un peu plus longs que les labiaux, de quatre articles; les labiaux, de trois articles en cône renversé, allant en augmentant de longueur du premier au dernier; lèvre cordiforme, concave en dessus, demi-crustacée, velue, carénée dans sa longueur et postérieurement; menton transversal, linéaire et crustacé; son bord supérieur arrondi vers les côtés, et sa partie moyenne échancrée à l'endroit de l'insertion de la lèvre; corselet presque orbiculaire, tronqué antérieurement et à sa partie postérieure, convexe, arrondi sur les côtés, non rebordé; écusson en triangle curviligne; élytres dures, presque linéaires, arrondies postérieurement, couvrant les ailes et l'abdomen; poitrine grande; pattes courtes, les intermédiaires très-rapprochées des antérieures, les postérieures fort éloignées des autres; cuisses assez grosses, ovales, comprimées; jambes presque coniques, dentelées extérieurement, munies à leur extrémité de deux épines courtes; tarses courts, leurs deux premiers articles presque égaux, triangulaires; le troisième bilobé; le dernier le plus long de tous, conique et muni de deux cro-

chets; abdomen court. Ce genre, que Linné plaçait parmi ses *Attelabus* et dont Degéer faisait une espèce de ses Cérambyx, diffère des autres genres de sa tribu, parce que ceux-ci ont les antennes toujours plus longues que la moitié du corps et composées d'articles allongés. Il est probable que la larve des Spondyles vit dans l'intérieur des vieux arbres, et l'on est d'autant plus porté à le croire, qu'on trouve l'Insecte parfait dans les forêts, surtout dans celles de Pins. On ne connaît jusqu'à présent que deux espèces de Spondyles : l'une est propre à la France et à l'Allemagne; la seconde ne se trouve que dans cette dernière contrée.

Le Spondyle buprestoïde, *Spondylis buprestoides*, Fabr., Encycl., pl. 368, fig. 1. Long de sept à huit lignes, noir, avec des côtes peu élevées sur les élytres. On le trouve rarement en France et en Allemagne.

(G.)

SPONDYLES. mam. On a quelquefois donné ce nom à des vertèbres fossiles. (b.)

SPONDYLOCOCCOS. bot. phan. Pour Sphondylococcos. *V.* ce mot.

(G..N.)

SPONDYLOCLADIUM. bot. crypt. (*Mucédinées.*) Martius a dénommé ainsi un genre qui ne renferme qu'une espèce, *Sp. fumosum*, observée en Allemagne sur les bois pourris. Il est caractérisé par ses filamens droits, peu rameux, moniliformes, portant des sporidies verticillées quatre par quatre, cloisonnées et moniliformes. L'espèce qui sert de type à ce genre est d'un brun noirâtre. (AD. B.)

SPONDYLOITE. moll. Quelques oryctographes ont donné ce nom à des portions détachées de Nautile pétrifié, et quelquefois aussi à des valves d'Huître ou de Spondyle dans le même état. (D..H.)

SPONDYLOLITE. moll. Même chose que le Spondyloïte. *V.* ce mot.

(D..H.)

SPONDYLOLITHE. foss. Les anciens oryctographes appellent ainsi les portions de pâte, qui moulées et pétrifiées entre les cloisons des Ammonites, ont leurs bords découpés et sans adhérence entre eux. *V.* AMMONITE.   (A. R.)

SPONGIA. PSYCH. *V.* ÉPONGE.

SPONGIAIRES. PSYCH. (Blainville.) Même chose que Spongiées de Lamouroux. *V.* ce mot.   (B.)

SPONGIÉES. PSYCH. Lamouroux, qui considérait encore les Eponges comme des Polypiers, forma sous le nom de Spongiées un ordre de la section des Corticifères, dont les caractères sont : Polypes nuls ou invisibles ; Polypiers formés de fibres entrecroisées en tout sens, coriaces ou cornées, jamais tubuleuses et enduites d'une humeur gélatineuse, très-fugace et irritable suivant quelques auteurs. Cet ordre de Polypiers à Polypes nuls renfermait les deux genres Ephydatie et Eponge. *V.* ces mots.   (E. D..L.)

SPONGILLE. *Spongilla.* POLYP. Nom donné par Lamarck à un genre de Polypiers précédemment nommé par Lamouroux Ephydatie. *V.* ce mot.   (E. D..L.)

SPONGIOLES. *Spongiolæ.* BOT. PHAN. Le professeur De Candolle a imposé ce nom à du tissu cellulaire d'une nature particulière qui se trouve soit à l'extrémité des filets radicellaires, soit sur les stigmates, soit enfin à la surface des graines, tissu qui a la propriété d'absorber l'eau avec la plus grande facilité, et qui néanmoins ne présente même à l'œil armé des plus forts microscopes, aucun pore ; ce tissu est encore remarquable en ce qu'il se laisse traverser sans difficulté par les matières colorantes, tandis qu'elles ne passent jamais par les pores corticaux. D'après la position des Spongioles, le professeur De Candolle les distingue en Spongioles radicales, pistillaires et séminales. (A. R.)

SPONGODIÉES. BOT. CRYPT. (*Hydrophytes.*) Dans la méthode de Lamouroux, ce nom est celui du cinquième ordre de la grande famille des Hydrophytes. Le genre *Spongodium* forme cet ordre à lui seul. *V.* ce mot.   (A. R.)

SPONGODIUM. BOT. CRYPT. (*Hydrophytes.*) Lamouroux a désigné ainsi un genre qui comprend les *Fucus tomentosus* et *Bursa* de Turner ; Agardh y a ajouté l'*Ulva flabelliformis* de Wulfen, ainsi que quelques espèces peu connues, et lui a donné le nom de *Codium.* Cabrera avait donné à ce même genre le nom d'*Agardhia.* Malgré les rapports de l'*Ulva flabelliformis* avec ce genre, nous pensons qu'on doit, avec Lamouroux, en faire un genre distinct qu'il a désigné par le nom de *Flabellaria,* et conserver le nom de *Spongodium* au premier qui comprend des Plantes formées de filamens tubuleux, continus ou étranglés de distance en distance, entrecroisés avec régularité et formant ou des masses arrondies ou des rameaux cylindriques, rameux, dont la partie externe est formée de filamens courts, obtus et rayonnans. Outre les deux espèces les plus communes sur nos côtes, et que nous avons citées plus haut, on en connaît quelques autres voisines du *Spongodium dichotomum.* Savigny a donné une excellente figure de deux espèces de ce genre dans l'ouvrage d'Égypte, à la suite des Zoophytes. Ces Plantes sont d'un beau vert foncé, analogue à celui des Ulves auprès desquelles on doit les ranger ; elles se rapprochent surtout du genre *Valonia* d'Agardh. Le *Spongodium dichotomum* croît dans presque toutes les mers du globe.   (AD. B.)

SPONIA. BOT. PHAN. Genre de Commerson réuni au *Celtis.* (A. R.)

SPONTHAMIUM. BOT. CRYPT. PSYCH. Le genre ainsi nommé par Rafinesque est très-voisin des Eponges ; mais il est trop imparfaitement connu pour que nous puissions en tracer les caractères.   (A. R.)

SPORANGE. *Sporangium.* BOT. CRYPT. (*Mousses.*) Hedwig nomme ainsi la partie externe de l'urne des Mousses dont la partie interne a reçu le nom de *Sporangidium. V.* Mousses. (A. R.)

SPORENDONEMA. BOT. CRYPT. (*Mucédinées.*) La Plante qui sert de type à ce genre, d'abord figurée par Bulliard sous le nom de *Mucor crustaceus*, tab. 504, fig. 2, est devenue l'*Ægerita crustacea* de De Candolle, Fl. Fr.; l'*Oïdeum rubens* de Link., *Obs. ord. nat*, 11, p. 37, et le *Sepedonium caseorum* du même auteur (*Willd Spec.* T. VI, p. 29). Mieux étudiée dans toutes les périodes de son développement par Desmazières, ce savant a reconnu qu'elle devait constituer un genre particulier qu'il a décrit et figuré dans les Annales des Sciences naturelles (T. II, p. 247, juillet 1827, tab. 21, A); il décrit ainsi cette Plante : tubes ou filamens courts, simples ou rarement continus, presque hyalins, dressés, groupés, d'un cent-vingtième de millimètre de grosseur, contenant dans leur intérieur, et presque toujours dans toute leur étendue, de très-grosses sporules rougeâtres, arrondies, un peu inégales en diamètre et souvent fort serrées et comprimées les unes contre les autres; mais placées bout à bout sur une seule ligne, de manière que les filamens paraissent comme pourvus de cloisons. La sortie des sporules a lieu par le sommet des filamens qui, après la dissémination, deviennent tout-à-fait hyalins et un peu plus étroits; quelquefois aussi les sporules sont mises en liberté par la destruction de la membrane excessivement mince qui constitue ces filamens. Cette petite Cryptogame croît sur la croûte des fromages salés; elle commence par être blanche et devient ensuite d'un beau rouge cinabre.

(AD. H.)

SPORES. *Sporæ.* BOT. CRYPT. Quelques auteurs nomment ainsi les corpuscules reproducteurs des Plantes agames, plus généralement désignés sous les noms de Sporules et de Gongyles. (A. R.)

SPORIDESMIUM. BOT. CRYPT. (*Urédinées.*) Link a établi ce genre qui ne comprend qu'une seule espèce croissant sur les corps en putréfaction; il est voisin, suivant cet auteur, du *Ceratium* dont il diffère cependant beaucoup par son aspect qui nous l'a fait placer à la suite des Urédinées; il présente une base épaisse, noire, étendue à la surface des corps sur lesquels il croît, et couverte de sporidies cloisonnées; cette base paraît compacte et non filamenteuse comme celles des Mucédinées du groupe des Isariées : c'est ce qui nous engage à rapprocher cette Plante des Urédinées. (AD. B.)

SPORISORIUM. BOT. CRYPT. (*Urédinées.*) Ehrenberg a donné ce nom à un genre que Link vient de décrire et qui ne renferme qu'une seule espèce de Cryptogame parasite qui se développe dans les ovaires du Sorgho en Égypte. Le *Sporisorium Sorghi*, Link (*Willd. Spec.* T. VI, p. 86), est ainsi décrit; la substance farineuse des ovaires du Sorgho est séparée par plusieurs fentes qui déchirent le grain; les sporidies se développent, remplacent toute la substance du grain; les glumes elles-mêmes, ainsi que les autres parties de la fleur, se développent et se remplissent de sporidies. Sous le microscope, on observe des filamens cloisonnés, mêlés à des sporidies simples, non pédicellées, agglomérées. Ce genre est très-voisin des *Uredo*, et particulièrement de ceux qui se développent dans les fruits et les organes floraux des autres Céréales; il n'en diffère que par les filamens qui sont mêlés aux sporidies. (AD. B.)

SPOROBOLUS. BOT. PHAN. Genre de la famille des Graminées, établi par R Brown pour quelques espèces du genre *Agrostis* de Linné, qui se distinguent par les caractères suivans : la lépicène est uniflore composée de deux valves mutiques, inégales, l'extérieure étant plus petite. La glume est à deux paillettes également mutiques, aiguës, glabres, plus longues que la lépicène; les étamines varient de deux à trois; les deux styles sont terminés chacun par un stigmate velu. Le fruit est obovoïde, renflé, nu. Ce genre qui a pour type les *Agrostis indica* et *diandra*, L., se compose d'espèces qui croissent sous les tropiques. Leurs fleurs sont disposées en panicule; R. Brown en a trouvé deux espèces à la Nouvelle-Hollande; Palisot de Beauvois en a décrit et figuré une espèce nouvelle sous le nom de *Sporobolus pyramidalis* dans sa Flore d'Oware et Benin, tab. 80. (A. R.)

SPOROCHNUS. BOT. CRYPT. (*Hydrophytes.*) Agardh a fondé ce genre pour les *Fucus pedunculatus*, *radiciformis*, *rhizodes* et *Cabrera* de Turner, auquel il a joint ensuite les espèces placées par Lamouroux dans son genre *Desmarestia*, espèces dont l'aspect est fort différent et dont la fructification n'est pas encore connue, mais qu'il paraît convenable de maintenir dans un genre distinct. Le genre *Sporochnus* ainsi limité peut être caractérisé ainsi : fronde filiforme, irrégulièrement et lâchement ramifiée, à conceptacles petits, arrondis, sessiles ou pédonculés, formés de corpuscules articulés, claviformes, disposés concentriquement et souvent couronnés de filamens pénicillés. Les Plantes de ce genre croissent sur les côtes de France et d'Espagne. (AD. B.)

SPOROCYBE. BOT. CRYPT. (*Mucédinées.*) Genre de la tribu des Isariées, établi par Fries (*Syst. orb. Veget.*, 1, p. 170), et qui correspond au *Periconia* de Nées que Fries regarde comme différent du genre *Periconia* établi en premier par Tode. Il le caractérise ainsi : réceptacle subulé, terminé par un capitule farineux couvert de sporidies, sans filamens. Ces petites Plantes croissent sur les bois morts. Les Plantes connues sous le nom de *Periconia* se rapportent à ce genre ou au *Cephalotrichum*, et le vrai *Periconia* de Tode, que Fries ne paraît pas admettre comme genre, est suivant lui une Byssacée. (AD. B.)

SPORODERMIUM. BOT. CRYPT. (*Urédinées.*) Link avait modifié ainsi le nom de son genre *Sporidesmium*; mais il a depuis conservé ce dernier nom. (AD. B.)

SPORODINIA. BOT. CRYPT. (*Mucédinées.*) Link a formé un genre particulier sous ce nom, de l'*Aspergillus globosus*, Link. *Obs.*, ou *Monilia spongiosa*, Pers., et d'une espèce nouvelle à laquelle il donne le nom de *Sporodinia carnea*. Il donne à ce genre les caractères suivans : filamens principaux couchés, ceux qui portent les vésicules droits; vésicules après leur déhiscence se transformant en une extrémité renflée à laquelle les sporules adhèrent par leur viscosité. Ehrenberg, qui a étudié ce développement, a vu les sporules passer des filamens dans le péridium vésiculaire, ce qui confirme l'opinion que nous avons déjà émise, que les sporules se développent toujours dans l'intérieur des tubes et non à leur surface. (AD. B.)

SPOROPHLEUM. BOT. CRYPT. (*Mucédinées.*) Nées a formé sous ce nom un genre distinct de l'*Arthrinium Sporophleum* de Kunze (*Myc. heft.*, 2, p. 104). Link le caractérise ainsi : filamens presque droits, simples, cloisonnés; sporidies fusiformes, simples, non cloisonnées. La seule espèce connue de ce genre, *Sporophleum gramineum*, croît sur les feuilles sèches des Graminées sur lesquelles il forme des taches oblongues, convexes, brunes. (AD. B.)

SPOROTRICHUM. BOT. CRYPT. (*Mucédinées.*) Genre très-nombreux de Mucédinées établi par Link et auquel cet auteur a réuni divers genres dont quelques-uns avaient été établis par lui-même, tels sont les *Aleurisma*, Link; *Pulveraria*, Ach.; *Collarium*, Link; *Byssocladium*, Link, et diverses espèces d'autres genres de Mucédinées; il le caractérise ainsi : filamens rameux, cloisonnés, décombans; sporidies éparses, nues, simples, n'adhérant pas aux filamens; elles paraissent formées par les articles des filamens qui se séparent les uns des autres. Les filamens sont plus ou moins entre-croisés, toujours blancs; les spori-dies plus ou moins abondantes va-rient de couleur suivant les espèces; elles sont blanches, grises, jaunes, brunes, roses, rouges, verdâtres ou noires, et c'est sur ces diverses cou-leurs qu'on a fondé la division de ce genre en plusieurs sections. Fries a séparé de ce genre, sous le nom de *Trichosporum*, les espèces qui crois-sent sur les pierres, le bois, etc., et qui diffèrent suivant lui par le mode de formation des sporules; mais ce point est encore fort douteux. Les espèces qui servent de type à ce genre croissent sur les Champignons pourris, sur les excrémens et les ma-tières en putréfaction, qu'elles cou-vrent d'un duvet diversement coloré.

(AD. B.)

SPORULIE. *Sporilus*. MOLL. Mont-fort, dans sa Conchyliologie systéma-tique, a créé ce genre pour une petite Coquille microscopique qui a du rapport avec les Cristellaires, mais qui s'en distingue néanmoins assez facilement. D'Orbiguy, dans son travail sur les Céphalopodes (An-nales des Sciences naturelles) a com-pris ce genre dans celui des Poly-stomelles que nous avons adopté tel que D'Orbigny l'a conçu. *V.* POLY-STOMELLE. (D..H.)

SPRAT. POIS. Syn. anglais de Sar-dines. *V.* CLUPE. (B.)

*SPREKELIA. BOT. PHAN. Genre proposé par W. Herbert (*Bot. Magaz.*, n. 2606) pour y placer quelques es-pèces d'Amaryllidées probablement du genre *Pancratium* des auteurs, qui ont le tube du périanthe à peine manifeste; les divisions inférieures infléchies, les supérieures réfléchies; les filets des étamines déclinés, re-courbés, fasciculés, réunis par une membrane et insérés sur la corolle. Il ne paraît pas que ce genre ait été adopté postérieurement. (G..N.)

SPRENGÉLIE. *Sprengelia*. BOT. PHAN. Genre de la famille des Epa-

cridées et de la Pentandrie Monogy-nie, L, établi par Smith (*Act. Stockh.*, 1794, p. 260, tab. 8) et adopté par R. Brown qui l'a ainsi caractérisé : calice coloré; corolle quinquépartite, rotacée, imberbe; étamines hypo-gynes, à anthères connées ou libres, à cloison dépourvue de rebord; point d'écailles hypogynes; capsule munie de placentas adnés à une colonne cen-trale. Ce genre, auquel Cavanilles a donné le nom de *Poiretia*, se com-pose de deux espèces (*Sprengelia incarnata* et *Sprengelia montana*, R. Brown) qui croissent à la Nouvelle-Hollande. Ce sont de petits Arbustes dressés, à rameaux nus, à peine mar-qués de cicatrices annulaires; les feuilles sont cuculliformes à la base, à demi-engaînantes; les fleurs sont terminales aux extrémités des petits rameaux latéraux. Leur corolle est purpurine, de la longueur du calice, et à tube très-court.

Schultes a établi un genre *Spren-gelia* sur le *Brotera ovata* de Cava-nilles, qui a été réuni au *Pentapetes* par De Candolle. (G..N.)

SPREO. OIS. Espèce du genre Merle. *V.* ce mot. (DR..Z.)

SPRINGEN. MAM. C'est, d'après Lacépède, un des noms norvégiens du Dauphin ordinaire. (IS. G. ST.-H.)

SPUMARIA. BOT. CRYPT. (*Lyco-perdacées.*) La Plante qui sert de type à ce genre avait été figurée par Bul-liard sous le nom de *Reticularia alba*, Champ., pl. 326. Persoon en a fait le genre *Spumaria* dont le nom ex-prime bien l'aspect de cette Plante et sa ressemblance avec de l'écume. Il est formé par un péridium irrégulier, sans forme déterminée, simple; son inté-rieur est spongieux, mol et creux dans son centre; il reste une mem-brane plissée, irrégulière, mêlée à des sporidies agglomérées; cette Crypto-game, d'abord d'un beau blanc, de-vient ensuite d'un gris noirâtre; elle croît sur le bois et les feuilles mortes. Le genre *Eudoconia* de Rafinesque ne paraît pas en différer, et le genre

Enteridium d'Ehrenberg doit peut-être aussi être réuni au *Spumaria*.

(AD. B.)

SPURINE. **MIN.** Jurine avait proposé ce nom pour une espèce de Porphyre composé d'une pâte de Stéatite enveloppant des grains de Quartz et de petits Cristaux de Feldspath ; mais cette distinction n'a pas été admise.

(A. B.)

SQUALE. *Squalus.* **POIS.** Artédi a le premier appliqué à un genre de Poissons le nom de *Squalus*, que les anciens donnaient à une espèce de la Méditerranée, sans qu'on puisse savoir à laquelle. Ce genre, très-nombreux aujourd'hui en sous-genres, forme une famille naturelle très-distincte parmi les Poissons cartilagineux ou Chondroptérygiens, à branchies fixes, ou Sélaciens du Règne Animal de Cuvier. Duméril range les Squales dans sa deuxième famille de Plagiostomes, et les caractérise de cette manière : Poissons cartilagineux sans opercules ni membranes des branchies, à quatre nageoires latérales, à bouche large, située en travers sous le museau. Les Squales, dit Cuvier, forment un grand genre qui se distingue par un corps allongé, une grosse queue charnue, des pectorales de médiocre grandeur, en sorte que leur forme générale se rapproche des Poissons ordinaires ; les ouvertures des branchies se trouvent ainsi répondre aux côtés du cou, et non au-dessous du corps. Leurs yeux sont également placés sur les parties latérales de la tête. Leur museau est soutenu par trois branches cartilagineuses qui tiennent à la partie antérieure du crâne. La plupart des Squales sont vivipares ; quelques-uns émettent des œufs dont l'enveloppe est cornée. Ce sont les Poissons les plus voraces des mers ; leur appétit glouton leur fait rechercher avec avidité les proies vivantes. Leurs dimensions deviennent considérables, et ce n'est qu'accidentellement qu'on peut citer quelques espèces de petite taille ; leurs tribus nombreuses et rapaces sont répandues dans toutes les mers, et quelques-uns de ces Poissons ont acquis une grande célébrité dans les relations des voyages nautiques ; leur chair dure et coriace n'est point un aliment agréable, cependant on fait sur nos côtes une grande consommation des jeunes individus de quelques espèces connues sous le nom de *Chiens de mer*. Leurs dents, qu'on trouve en grand nombre à l'état fossile, sont nommées *Glossopètres*, et indiquent que des individus d'une taille gigantesque existaient autrefois.

† ROUSSETTE, *Scyllium*, Cuv. *Scylliorhinus*, Blainv.

Museau court et obtus ; narines percées près de la bouche, continuées en un sillon qui règne jusqu'au bord de la lèvre, et sont plus ou moins fermées par un ou deux lobules cutanés. Dents munies d'une pointe au milieu et de deux plus petites sur les côtés ; des évents ; une nageoire anale ; les dorsales très-déjetées en arrière, la première n'étant jamais placée plus en avant que les ventrales ; caudale allongée, non fourchue, tronquée au bout ; ouvertures des branchies situées en partie au-dessus des pectorales.

Les espèces indigènes ont l'anale répondant à l'intervalle des deux dorsales ; d'autres étrangères ont cette même anale répondant à la deuxième dorsale. La cinquième ouverture branchiale est souvent cachée. Dans la quatrième, les lobules des narines sont communément prolongés en barbillons. *Scyllium* est le nom que les Roussettes portaient chez les anciens.

Les espèces de Roussettes sont : la grande Roussette, *Squalus canicula*, L., Bloch, pl. 114, Lacép. T. 1, pl. 10, f. 1 ; le Rochier, *Squalus Catulus* et *Stellaris*, L., Lacép. T. 1, pl. 9, f. 2 ; le Squale d'Edwards, Edw, pl. 289, *Squalus africanus* de Broussonnet ; le Squale dentelé, *Squalus tuberculatus*, Schn., Lacép. T. 1, pl. 9, f. 1 ; le *Squalus Blochii*,

Squalus canicula, Bloch, pl. 112;
Squalus elegans, Blainv., Faun. Fr.,
pl. 18, f. 1; *Squalus Delarochianus*,
Blainv., pl. 18, f. 2; *Squalus melas-
tomus*, Blainv., pl. 18, f. 3.

Risso, dans l'histoire des Poissons
de Nice, T. III, p. 116, admet trois
espèces qui sont : les *Scyllium Stellaris*, *Caniculus* et *Artedi*. Cette dernière Roussette est nouvelle, ou du
moins était inédite en 1812, époque
où sa description fut insérée dans les
Mémoires de l'Institut. Otto la décrivit sous le nom de *Squalus prio-
nurus*. L'*Artedi* a le corps d'un gris
rougeâtre, varié de taches argentées,
et la nageoire dorsale est épineuse à
son extrémité. Ce Poisson est le *Lam-
barda* des habitans de Nice, et n'acquiert point de dimensions considérables ; il ne pèse guère au-delà de
cinq livres.

Les Roussettes pondent plusieurs
fois dans l'année dans les fucus des
œufs arrondis qui varient en couleurs
et même en formes. Leur chair est peu
délicate et par suite peu estimée.

†† SQUALES proprement dits,
Squalus.

Museau proéminent; narines simples, c'est-à-dire, ni prolongées en
sillons ni garnies de lobules; nageoire
caudale munie d'un lobe en-dessous,
lui donnant la forme fourchue.

* REQUIN, *Carcharias*, Cuv.

Dents tranchantes, pointues et le
plus souvent dentelées sur les bords ;
première dorsale placée bien avant
les ventrales, et la deuxième à peu
près vis-à-vis l'anale; des évens fort
petits ; museau déprimé ayant les
narines à sa partie moyenne; dernières ouvertures des branchies atteignant les pectorales.

Les Requins forment une nombreuse tribu dont les mœurs glou-
tonnes et féroces ont rendu leur nom
depuis long-temps célèbre. Les Grecs
appelaient *Carcharias* une espèce de
Lamie, et le nom de Requin vient du
latin *Requiem*, que les anciens navigateurs appliquèrent indistinctement

à plusieurs espèces, parce que leur
voracité est telle qu'un homme tombé
à la mer n'avait plus qu'à recom-
mander son ame à Dieu, lorsqu'il
était en vue des Requins. Les Grecs
connurent ces grands Squales et confondirent beaucoup de leurs mœurs
dans l'histoire qu'ils donnèrent du
Dauphin. Les Requins sont donc des
Poissons d'une force considérable,
d'une grande taille, dont la gloutonnerie et la voracité, servies par des
dents disposées en quatre et cinq
rangées, les rendent redoutables par
la manière dont elles sont aiguisées. Ce
sont les tigres de la mer, et les hommes
qu'ils ont dévorés témoignent de
leur vorace appétit ; ils ne dédaignent
point de suivre les vaisseaux et de recueillir les cadavres des individus,
expirés par suite de maladies, qu'on
jette dans le sein de l'éternité, et
dont le tombeau est le plus souvent
l'estomac de ces Animaux. Les navires négriers, chargés et encom-
brés d'esclaves, et à bord desquels
la mortalité est par conséquent considérable, sont, dit-on, suivis par
eux. Toutefois les Requins ne nagent
point avec vélocité, et même, par
une sage précaution de la nature, ils
ne peuvent saisir leur proie qu'en se
renversant, ce qui lui permet, lorsqu'elle est agile, de se soustraire à
leurs dents meurtrières. Quant à
leur odorat qu'on dit être très-développé, nous croyons que ce sens est
chez eux très-obtus; car les Requins
sont aisément pris à des crocs en
fer amorcés d'un morceau de lard,
qu'ils saisissent avec voracité, et sur
lequel ils se dirigent plutôt à l'aide
de la vue et obliquement. Les Requins
fréquentent les attérages, et rarement
on les rencontre dans la haute mer.
Cependant, entre les tropiques, ils
s'éloignent assez de toute terre. Dans
les baies, ils vivent par troupes atti-
rées par les mêmes besoins, bien que
leurs habitudes soient solitaires. Leur
génération est ordinairement de deux
petits vivans, contenus dans deux
cornes allongées de la matrice. Leur
chair est dure, indigeste et coriace.

L'huile qu'on retire de leur foie est fort douce, et leur peau est employée dans les arts. Les œufs des femelles ne sont point pondus à l'extérieur, mais se développent dans l'intérieur même de l'Animal. Les Requins, surtout les espèces des climats chauds, sont ordinairement accompagnés par des Poissons nommés *Rémora* et par ceux qu'on appelle *Pilotes*. Commerson dans ses Manuscrits s'était exprimé ainsi sur ces Pilotes : « J'ai toujours regardé comme une fable ce qu'on racontait des Pilotes du Requin. Convaincu par mes propres yeux, je n'en puis plus douter. Mais quel est l'intérêt qu'ont ces deux Poissons de le suivre ? L'on comprend assez aisément que quelques parcelles de la proie, échappées au Requin, peuvent fort bien être l'attrait du petit Pilote qui en fait son profit. Mais on ne devine pas pourquoi le Requin, qui est le Poisson le plus vorace, ne cherche pas à engloutir ce parasite qui est rarement seul : j'en ai vu fort souvent cinq ou six autour du nez du Requin. Le Pilote lui serait-il donc de quelque utilité ? Verrait-il plus loin que lui ? L'avertirait-il de s'approcher de sa proie ? Serait-il véritablement un espion à gages, ou seulement un faible petit Poisson qui navigue sous la protection d'un fort, pour n'avoir rien à craindre de ses ennemis ? J'ai remarqué assez souvent que, quand on jetait l'émerillon, le Pilote allait reconnaître même le lard, et revenait tout aussitôt au Requin, qui ne tardait pas d'y aller lui-même. Quand le Requin est pris, ses Pilotes le suivent jusqu'à ce qu'on le hale. Alors ils s'enfuient, et s'il n'y a pas d'autre Requin qu'ils puissent aller joindre, on les voit passer en poupe du navire, où ils s'entretiennent souvent plusieurs jours jusqu'à ce qu'ils aient trouvé fortune. »

Les principales espèces de Requins sont : le Requin proprement dit, *Squalus Carcharias*, L., figuré sous le nom de *Canis Carcharias*, par Belon, dans son traité de *Aquatilibus*, p. 58 et figure de la page 60 ; le *Lamia*, *Carcharias Lamia*, Risso, T. III,

p. 119, figuré par Rondelet, p. 305 ; Blainville, Faune franc., p. 88, pl. 19; le Renard, *Carcharias Vulpes*, Rond., pl. 387 ; Risso, T. III, p. 120; le Rondelet, *Carcharias Rondeletii*, Risso, T. III, p. 120; le Requin féroce, *Carcharias ferox*, Risso, T. III, p. 122; le *Squalus ustus* de Duméril, ou *Squalus Carcharias*, *minor*, de Forskahl et de Lacép. T. 1, pl. 8, f. 1; le Squale glauque, Lacép. T. 1, pl. 9, f. 1; le Bleu, *Squalus glaucus*, Bloch, pl. 86; le *Squalus ciliaris*, Schneid., pl. 31; le *Squalus Malapterus*, Quoy et Gaimard, Zool. de l'Uranie, pl. 43; le *Squalus Maou*, N., Zool. de la Coquille, etc., etc.; le *Squalus galens*, L., type du sous-genre Milandre de Cuvier; le *Squalus obscurus*, Lesueur; le *Squalus littoralis*, Lesueur.

** LAMIE, *Lamia*, Cuv., Risso.

Museau pyramidal; narines situées à la base; dents aiguës, tranchantes; trous des branchies placés en avant des pectorales; évents très-petits.

On n'en connaît que deux espèces. L'une dont Rafinesque a fait le type de son *Isurus Oxyrhincus*. C'est un Squale de la Méditerranée, connu de Galien, et dont les Latins estimaient la chair. C'est le *Squalus cornubicus* de Schneider et de Lacépède, T. 1, pl. 11, f. 3. L'autre espèce est le *Squalus monensis* de Shaw.

*** MARTEAU, *Zygæna*, Cuv.

Corps de la forme de celui des Requins; tête aplatie, dilatée sur les côtés, tronquée en avant, se prolongeant en branches qui la font ressembler à un marteau; les yeux sont aux extrémités des branches, et les narines à leur bord antérieur.

Les espèces bien distinctes sont : le Marteau commun, *Zygæna malleus*, *Squalus Zygæna* de Linné, Valenc. Mus.; le *Zygæna Blochii*, Cuv., Bloch, pl. 117; le Pantouflier, *Zygæna tudes*, Lacép. T. 1, pl. 7, f. 3; Risso, T. III, p. 126; le Tiburon, *Squalus Tiburo*, L., décrit par Marcgraaff, 181. Les Grecs donnaient à ces Poissons le nom de *Zigœna*, les Latins celui de *Libella* qu'on trouve dans Belon, p. 61.

**** ÉMISSOLE, *Mustellus*, Cuv.

Formes corporelles des Requins ; dents en petits pavés.

Les espèces de ce sous-genre sont : le Lentillat, *Mustellus stellatus*, Risso, T. III, p. 126 ; le Lisse, *Mustellus lœvis*, Risso, T. III, 127 ; le Ponctué, *Mustellus punctulatus*, Risso, T. III, p. 128.

***** GRISET, *Notidanus*, Cuv.

Corps allongé, renflé, très-aplati en arrière ; six ouvertures branchiales de chaque côté ; dents en pyramides renversées, en scie sur leur tranchant ; une seule nageoire dorsale.

On y range le Griset Monge, *Notidanus Monge*, Risso, T. III, p. 129 ; le Griset, *Squalus Griseus*, L. Le nom de *Notidanus*, tiré du grec, signifie *dos sec*, et se trouve employé par le poëte Athénée.

****** PÉLERIN, *Selache*, Cuv.

Fentes des branchies entourant presque le cou ; dents petites, coniques et sans dentelures.

Les Pélerins sont les plus gigantesques des Squales : leurs mœurs sont lourdes et n'ont rien de la férocité propre aux Requins. Le type de ce sous-genre est le *Squalus maximus* que Blainville a figuré et décrit dans les Annales du Muséum, T. XVIII, pl. 6, f. 1, et dont on possède la peau montée au cabinet du Jardin du Roi. Lesueur a publié dans le deuxième volume du Journal de l'Académie des Sciences naturelles de Philadelphie, page 343, et figuré une seconde espèce de Pélerin qu'il nomme *Squalus Elephas*, et qui diffère principalement du *Selache maximum* par la forme des dents qui, au lieu d'être coniques, sont comprimées.

Nous ne savons à quel sous-genre rapporter les *Squalus Spallanzani* de Péron et Lesueur, et le *Squalus Cuvier*, l'un et l'autre des côtes de la Nouvelle-Hollande et trop brièvement décrits dans le même volume.

****** CESTRACION, *Cestracion*, Cuv.

Évents, anale, dents en pavé, comme chez les Émissoles ; une épine en avant de chaque dorsale comme aux Aiguillats ; mâchoires pointues avançant plus que le museau, et portant au milieu des dents petites, pointues, et vers les angles d'autres fort larges, rhomboïdales.

On ne connaît qu'une espèce de ce genre qui vit dans les baies de la Nouvelle-Galles du Sud, où l'observa Phillipp qui l'a dessinée, pl. 283 de son Itinéraire. Nous l'avons figurée pl. 2 de la Zoologie de la Coquille. C'est le *Cestracion Phillippii*, dont on trouve des dents fossiles en plusieurs parties de l'Europe.

******* SOMNIOSE, *Somniosus*, Lesueur.

Point d'évents ; point de nageoire anale ; cinq petites ouvertures branchiales, voisines des nageoires pectorales ; nageoires toutes très-petites ; la dorsale sans épines ; la caudale analogue à celle des Aiguillats.

La seule espèce connue est le *Somniosus brevipinna* de Lesueur, ayant une ligne latérale noire, ondulée sur la tête, et marquée dans sa longueur de petites lignes transversales ; la queue large, échancrée ; la première dorsale placée entre les pectorales et l'anale ; la deuxième un peu plus éloignée de la ventrale, et toutes les deux proches de la queue. Le corps est en entier d'un gris pâle, parfois plus foncé sur le dos. La peau est rude, hérissée d'aspérités pointues, triangulaires, recourbées et striées. Ce Squale, rare sur les côtes de la province de Massachussets, y est nommé *Nurse* ou *Sleeper*. Ses habitudes sont paresseuses et de-là découle son nom de *Sleeper* ou dormeur.

******** AIGUILLAT, *Spinax*, Cuv. ; *Acanthias*, Risso.

Dents petites, tranchantes ; l'aiguillon avant les nageoires dorsales ; point d'anale ; des évents assez marqués.

Les Aiguillats sont les *Squalus Acanthias*, Bloch, pl. 85, Risso, T. III, p. 131 ; le Sagre, *Squalus Spinax*, L., Risso, T. III, p. 132 ; l'Acanthia de Blainville, Risso, T. III, p. 133.

********** CENTRINE, *Centrina*, Cuv. ; HUMANTIN.

Corps prismatique ; dents supérieures grêles, pointues ; les inférieures tranchantes ; un aiguillon avant les dorsales ; la queue courte.

L'espèce principale est le *Squalus centrina*, L., Bloch, pl. 115, qui paraît être le *Centrina Salviani* de Risso, T. III, p. 135 ; le *Squalus squammosus* de Gmelin paraît appartenir à ce sous-genre.

*********** LEICHE, *Scymnus*, Cuv.

Corps svelte, allongé, tuberculé ; dents aiguës, pyramidales, tranchantes et dentelées ; queue courte.

Le type de ce sous-genre est la Leiche ou Liche, *Squalus americanus* des mers d'Europe. Ce nom d'*Americanus* ayant été donné par erreur par Broussonnet. On doit y ajouter le *Squalus Carcharias* de Gunner et de Fabricius ; le *Squalus spinosus* de Schneider. Risso a décrit, sous le nom de *Scymnus spinosus*, l'espèce commune, et y ajoute le *Scymnus nicœensis*, Risso, T. III, p. 137 ; et le *S. rostratus*, Risso, T. III, p. 138.

††† SQUATINE, ANGE, *Squatina*, Duméril, Cuvier.

Corps déprimé ; bouche à l'extrémité d'un museau arrondi, plus large que le tronc ; ouvertures branchiales presque latérales, dents aiguës ; deux nageoires dorsales en arrière des ventrales ; les pectorales larges et échancrées.

Les anciens connaissaient sous le nom de *Squatina* le Squale qui sert de type à ce genre. C'était le *Rhyna* des Grecs, le *Squaro* des Italiens. On en trouve une figure dans Belon, p. 78, *de Aquatilibus*. L'Angelot ou l'Ange est le *Squatina lœvis* de Cuvier,

le *Squalus Squatina* de Linné. Bloch en a donné une figure, pl. 116 ; c'est le *Squatina angelus* de Risso, T. III, p. 159. La chair de ce Poisson est peu estimée ; elle est blanchâtre et sans goût.

Lesueur a figuré et décrit dans le deuxième volume des Mémoires de la société de Philadelphie, p. 225 et pl. 10, une belle espèce des mers des Etats-Unis qu'il a nommée *Squatina Dumeril*.   (LESS.)

SQUAMMAIRE. *Squammaria*. BOT. CRYPT. (*Lichens*.) Ce genre nous a servi de type pour fonder le groupe des Squammariées ; il a été établi par Hoffmann, puis modifié par De Candolle, et en dernier lieu par nous. Il est ainsi caractérisé dans notre méthode : thalle squammeux, figuré, étalé, orbiculaire et étoilé, à squammes adhérentes, souvent imbriquées et divergentes. Apothécie (scutelle) marginé, discoïde et à marge discoloie. On ne trouve presque jamais les Squammaires sur les écorces ; elles paraissent préférer la terre et les rochers ; les lieux découverts et élevés leur conviennent beaucoup. La France possède le plus grand nombre des espèces connues, et leur nombre total ne dépasse pas dix-huit ; parmi elles on ne trouve que deux espèces exotiques. Le *Squammaria crassa*, D. C., Fl. Fr., si commun en Europe, se trouve aussi à Saint-Domingue. Le *Squammaria elegans*, N. ; *Lecanora elegans*, Ach., Lich. univer., p. 435, a été récolté dans l'Amérique du Nord. La plupart de ces Plantes se trouvant parmi les *Lecanora* d'Acharius, il faut aujourd'hui les chercher dans le genre *Parmelia* de Meyer.   (A. F.)

SQUAMMARIÉES. BOT. CRYPT. (*Lichens.*) Ce sous-groupe établit le passage des Lichens à thalle crustacé aux Lichens à thalle foliacé. Les Squammariées ont un thalle crustacé, mais il est figuré et imite des folioles qui adhèrent dans toute leur surface aux corps qui les supportent ; les expansions en sont épaisses, disposées en rosettes qui divergent du centre à la circonférence ; elles supportent des patellules ordinairement marginées dont la marge est concolore ou discolore. Les Squammariées vivent sur les écorces, sur les vieux bois, sur la terre et sur les pierres ; plusieurs espèces croissent sur les feuilles vivantes, dans les régions lointaines. Nous les avons réunies dans une section particulière sous le nom de Squammariées épiphylles. Les genres en sont assez nombreux, assez bien tranchés ; mais il faudrait toutefois les étudier encore sur le lieu natal, ou du moins en réunir un grand nombre d'échantillons pour les soumettre à l'analyse. La délicatesse des formes de ces charmantes Plantes, ainsi que leur mode d'accroissement, les fait différer des véritables Squammariées, mais comme leur thalle est figuré en foliole et adhérent, nous ne pouvions les placer dans une autre tribu. Une étude approfondie des Lichens épiphylles pourra donner la solution de plusieurs questions importantes qui s'attachent à la physiologie des Lichens.   (A. F.)

SQUAMMIFÈRES. REPT. (Blainville.) *V.* AMOSTOZOAIRES.

SQUAMMIPENNES. POIS. Nom adopté par Cuvier dans son Règne Animal pour désigner la sixième famille des Poissons acanthoptérygiens, que caractérisent des écailles recouvrant en grande partie les portions molles des nageoires dorsale et anale, et souvent les rayons épineux. Leur corps a quelque analogie de forme avec les Scombéroïdes, et leurs intestins sont longs, munis de nombreux cœcums. Cette famille se divise en deux tribus. La première, dont les dents sont en soie ou en velours, comprend les genres *Chætodon, Acanthopode, Osphronemus, Trichogaster, Toxotes, Kurtus, Anabas, Cæsio* et *Brama* ; la deuxième tribu a les dents sur une seule rangée bien régulière, et les genres qui lui appartiennent sont les *Stromateus, Fiatola, Seserinus, Pimelepterus, Kyphose, Gly-*

physodon, Pomacentre, Amphiprion, Premnas, Temnodon, Eques et *Polynemus.*   (LESS.)

SQUAMODERMES. POIS. Blainville appelle ainsi la classe des Poissons gnathodontes, dont la peau est couverte d'écailles.   (A. R.)

SQUAMOLOMBRIC. *Squamolumbricus.* ANNEL. Blainville a proposé ce nom pour une division des Lombrics, qui comprend les espèces dont le corps cylindrique est formé d'anneaux distincts, pourvus d'appendices composés d'une écaille pellucide, recouvrant un fascicule flabelliforme de soies droites et munies d'un cirrhe. Ici se rapportent les *Lumbricus squamosus, armiger* et *fragilis. V.* LOMBRIC.   (A. R.)

SQUATINE. *Squatina.* POIS. *V.* SQUALE.

SQUELETTE. ZOOL. On nomme ainsi l'assemblage des parties dures qui soutiennent le corps, en forment la charpente, et donnent attache aux muscles, principalement à ceux qui font exécuter au corps tout entier ou à quelqu'une de ses parties, des mouvemens étendus, et qui fournissent ainsi à l'Animal des moyens d'action sur les corps extérieurs. Nous employons à dessein le mot de parties dures et non celui d'os, parce que ce dernier a, dans divers ouvrages, un sens beaucoup plus restreint, et que, suivant plusieurs auteurs, il est un grand nombre d'Animaux qui auraient un Squelette sans avoir de véritables os : tels sont ceux des Animaux du dernier embranchement et des Mollusques chez lesquels il existe des parties dures ; tels sont même les Arachnides, les Insectes et les Crustacés. Pour d'autres zoologistes, au contraire, les parties dures d'une grande partie des Animaux inférieurs, principalement celles des Crustacés et des Insectes, sont de véritables os. Nous nous bornerons à indiquer cette diversité d'opinions entre les zoologistes, sans chercher à établir la vérité de tel ou de tel système, et sans essayer même de présenter l'ensemble des faits et des théories sur lesquelles se sont appuyés les partisans de l'un et de l'autre : les limites étroites dans lesquelles nous sommes obligés de nous renfermer, nous permettent seulement de présenter quelques remarques sur les os considérés de la manière la plus générale : remarques d'ailleurs utiles en ce qu'elles tendront à donner une idée exacte des principales modifications de l'ensemble du Squelette dans la série animale. On conçoit que lorsqu'il s'agissait de déterminer quels sont les Animaux chez lesquels on doit admettre l'existence des véritables os, et ceux chez lesquels on ne doit admettre que des parties dures non osseuses, on ne pouvait s'entendre sur cette question, si l'on ne s'était d'abord entendu sur la définition de l'*os* en général. Or c'est précisément ce qu'on n'a pu faire. Rien de plus facile que de donner cette définition en anatomie humaine; mais rien de plus difficile que de l'étendre à l'ensemble du règne animal, que de lui donner de la généralité en lui conservant de l'exactitude et de la précision. La position des os, leur dureté, leur composition chimique, leurs usages, leur mode de développement, ont tour à tour fourni des caractères qui, tour à tour aussi, ont été récusés, et qui devaient l'être, ainsi que nous allons le montrer par de courtes réflexions.

1°. *Position.* Les os, suivant quelques auteurs, diffèrent des parties dures non osseuses par leur position intérieure, les parties dures non osseuses étant ordinairement situées à la périphérie de l'Animal. Mais il y a, de part et d'autre, de nombreuses exceptions : beaucoup d'Animaux, parmi ceux où il est le plus difficile d'admettre l'existence de véritables os, la Sèche par exemple, ont leurs parties dures placées à l'intérieur de leurs parties molles, tandis que des parties dures, reconnues comme de véritables os par tous les auteurs,

sont situées à la périphérie de l'Animal, et recouvertes seulement par une lame épidermique. Le Squelette presque entier des Tortues est l'exemple le plus souvent cité; mais il n'est pas le seul que l'on connaisse; une grande partie du crâne chez les Crocodiles, les pièces operculaires chez les Poissons, et surtout les rayons des nageoires, sont absolument dans le même cas. Enfin il en est à peu près de même des phalanges onguéales de quelques Mammifères, des mâchoires des Oiseaux, et des bois des Cerfs qui, à la vérité, forment une exception d'un genre particulier.

2°. *Dureté.* Les caractères, tirés de la dureté des os, se retrouvent indiqués dans presque toutes les définitions; ils peuvent avoir une valeur réelle pour l'anatomie humaine, mais ils n'en ont aucune en anatomie comparée. Beaucoup de Coquilles, d'Oursins, de Polypiers même, sont extrêmement durs; le Squelette des Poissons chondroptérygiens est, au contraire, toujours mol. Il n'est composé que de cartilages, et il est parmi eux des espèces telles que les Lamproies (*V.* PÉTROMYZON) où il n'atteint pas même, durant une portion de l'année, au degré de consistance qui est le propre du cartilage. Chacun sait que chez tous les Animaux supérieurs les os, même ceux qui doivent par la suite acquérir le plus de dureté, commencent par être mols et cartilagineux, et qu'il en est même quelques-uns qui restent dans cet état jusqu'à l'époque où s'achève le développement de l'être. Enfin il n'est pas hors de notre sujet de rappeler qu'il est quelques maladies dans lesquelles les os, déjà complètement ossifiés, viennent pour ainsi dire à rétrograder dans l'ordre de leurs développemens, perdent leur dureté, et repassent à l'état cartilagineux; d'où l'on voit que le caractère tiré de la dureté n'a de valeur, même pour l'anatomie humaine, que tout autant que l'on fait abstraction de l'influence de l'âge et des altérations pathologiques.

3°. *Composition chimique*. Les os des Mammifères, que l'on peut prendre pour type, sont formés d'une grande quantité de phosphate de Chaux, d'une grande quantité de Gélatine, d'un peu de carbonate et d'hydro-chlorate de Chaux, de quelques sels de Soude et de Magnésie, etc. Ceux des Poissons osseux en diffèrent d'une manière notable : ils contiennent plus de carbonate de Chaux et beaucoup moins de phosphate de Chaux. Si maintenant nous passons aux parties dures des Animaux inférieurs, des Crustacés par exemple, nous ne trouvons qu'une différence de même ordre, mais à la vérité beaucoup plus prononcée; la quantité du carbonate de Chaux augmente encore chez eux, et celle du phosphate diminue telle-ment que le premier de ces sels forme à lui seul presque la moitié du poids total de l'os. Du reste, les parties dures des Crustacés contiennent aussi, comme celles des Animaux supérieurs, un peu de phosphate de Magnésie et d'hydrochlorate de Soude. Il n'y a donc qu'un changement dans la quan-tité, mais non dans la nature des élé-mens constituans; et comme on sait qu'entre des os d'espèces diverses, même entre des os appartenant à des individus de même espèce, mais d'âge différent, il existe des différences no-tables sous le rapport de la quantité proportionnelle de phosphate de Chaux qu'ils renferment, nous ne pouvons attacher une grande impor-tance aux modifications que nous venons d'indiquer. Qui ignore d'ail-leurs que le Squelette des Poissons Chondroptérygiens qui, sous le point de vue anatomique, offre une analogie incontestable avec celui des Poissons osseux, en diffère presque entièrement sous le point de vue de sa composition chimique? Et qui ne sait aussi, tout au contraire, que les dents, très-semblables aux os sous le point de vue de leur composition chimique, en diffèrent d'une manière tranchée sous le point de vue anatomique (*V*. Dents); remarques qui nous mettent en droit de conclure que,

lorsqu'il s'agit d'une définition géné-rale du système osseux, les caractères chimiques doivent être rejetés comme ceux de la position ou de la dureté, ou que du moins on ne doit y attacher qu'une importance secondaire?

4°. *Usages*. Trois usages ont été assignés aux os, celui de soutenir le corps et de lui servir de charpente, celui de donner attache aux muscles, et celui de protéger les organes mols en se plaçant autour d'eux. Or, il n'est rien là qui puisse être employé dans une définition générale, non-seulement parce qu'aucun de ces usages n'est commun à tous les os, mais aussi parce qu'ils ne sont nulle-ment propres aux parties dures aux-quelles on voudrait restreindre le nom d'os.

5°. *Mode de développement*. Le mode de développement des organes est ce qu'il y a en eux de plus difficile à étudier, parce qu'il ne suffit pas pour le connaître de quelques observations isolées et faciles, mais qu'une longue série de recherches délicates peut seule donner des résultats satisfaisans. Aussi, si l'on peut dire que le mode de développement des parties dures ne peut non plus servir à les carac-tériser d'une manière exacte et pré-cise, c'est moins d'une manière ab-solue qu'eu égard à l'état présent de la science. Le développement des os des vertébrés supérieurs, celui des parties dures des articulés, sont déjà connus d'une manière satisfaisante; mais il reste encore à acquérir un grand nombre de faits sur le déve-loppement des parties dures des ver-tébrés et des invertébrés inférieurs. C'est seulement lorsque ces faits se-ront connus, que la question que nous venons de poser pourra être complétement résolue. Au reste, ce qui ressort dès à présent des remar-ques que nous venons de présenter, et ce qu'il nous semble important d'établir, c'est que la définition de l'os devra sans doute différer suivant qu'on l'envisagera sous le point de vue de la composition chimique, des usages, de la structure anatomique, du mode de développement, et même des rapports généraux avec les autres systèmes d'organes, ou en d'autres termes, que ce mot ne peut toujours avoir la même valeur en chimie, en physiologie, en anatomie comparée, en anatomie générale et en anatomie philosophique. C'est ainsi que la dent a pu être considérée comme un os par la chimie; comme un organe d'un genre particulier par l'anatomie générale, l'anatomie comparée et la physiologie; et comme une partie analogue à l'ongle par l'anatomie philosophique. C'est ainsi, pour citer un second exemple, que les vertèbres et le reste du Squelette des Poissons chondroptérygiens sont des cartilages pour la chimie et l'anatomie générale, et des os pour l'anatomie philosophique.

Après avoir indiqué dans les paragraphes précédens les modifications les plus générales de l'ensemble du Squelette dans la série animale, nous devons passer aux modifications plus spéciales que présentent ses diverses portions dans les différentes classes. Tout ce qui concerne les Articulés, les Mollusques et les Animaux du dernier embranchement, ayant été exposé ou devant l'être dans d'autres articles (*V.* ARTICULÉS, COQUILLES, CRUSTACÉS, INSECTES, MOLLUSQUES, etc.); nous ne devons ici nous occuper que des Vertébrés, et déjà même, dans les articles consacrés à chacune des classes de cet embranchement, on a indiqué presque tout ce qui leur était relatif, en sorte qu'il nous reste seulement ici à donner une description sommaire du Squelette considéré sous le point de vue le plus général.

Le Squelette des Animaux vertébrés est composé de deux portions principales, l'une centrale placée sur la ligne médiane et qui existe constamment; et en second lieu, les appendices. La portion centrale est composée du crâne placé antérieurement, et d'un nombre plus ou moins grand de vertèbres, placées en série et ordinairement mobiles les unes

sur les autres; et comme, d'après les recherches récentes de plusieurs anatomistes français et allemands, le crâne doit lui-même être considéré comme la réunion de plusieurs vertèbres soudées entre elles, toute la portion centrale du Squelette peut être réunie sous le nom d'axe vertébral.

La portion crânienne de cet axe sur laquelle nous ne devons pas nous étendre (ses modifications ayant été exposées dans un article spécial, *V.* CRANE), n'est pas la seule qui soit composée de vertèbres réunies entre elles et immobiles les unes sur les autres : les vertèbres de toutes les autres régions sont également soudées dans différentes classes. Les vertèbres cervicales sont réunies entre elles chez les Cétacés, parmi les Mammifères (*V.* ce mot) et chez un grand nombre de Poissons soit osseux, soit cartilagineux; les vertèbres dorsales et lombaires sont immobiles et soudées dans la carapace chez les Tortues; les vertèbres, placées entre les membres abdominaux, sont le plus souvent, comme chez l'Homme, réunies en une seule pièce qu'on nomme sacrum, et même chez les Oiseaux. Le sacrum comprend toutes les vertèbres depuis le thorax jusqu'à la queue, c'est-à-dire les lombaires et les sacrées. Enfin lorsque les vertèbres caudales sont très-peu nombreuses et ne se montrent pas en dehors de manière à former une queue, elles se soudent ordinairement en une pièce que l'on nomme coccyx. L'Homme fournit un exemple de cette disposition.

Le nombre des vertèbres est très-variable dans la série animale, très-souvent même les espèces des genres les plus naturels diffèrent entre elles sous ce point de vue, mais à la vérité dans des limites peu étendues. Quelquefois on remarque qu'il existe une ou deux vertèbres de plus dans une région, et une ou deux de moins dans une autre; en sorte qu'il s'établit une véritable compensation, et que, malgré d'importantes différences numériques dans diverses régions, le nombre total des vertèbres peut être le même. Toutefois, malgré les différences que nous venons d'indiquer, l'étendue de quelques-unes des régions de la colonne vertébrale offre ordinairement quelque chose de constant pour toute une classe, comme nous l'avons montré ailleurs (*V.* MAMMIFÈRES, p. 76), et l'on peut même déduire de ce fait quelques caractères généraux d'une haute importance. La classe si peu naturelle des Reptiles est la seule dans laquelle le nombre proportionnel des vertèbres, dans les différentes régions, varie très-irrégulièrement; ce qui n'étonnera pas lorsque nous aurons fait connaître les variations considérables de leur nombre total. Un grand nombre de Serpens en ont plus de trois cents; telle est en particulier notre Couleuvre à collier, qui, d'après Cuvier, en a trois cent seize; l'Orvet n'en a, au contraire, que quarante-neuf; et, parmi les Batraciens anoures, la Grenouille n'en a que dix, et le Pipa huit seulement. Il n'est, parmi les Mammifères et les Oiseaux, et même parmi les Poissons, aucune espèce qui ait autant de vertèbres que la Couleuvre à collier; il n'en est pas non plus qui en ait aussi peu que la Grenouille ou le Pipa.

Une vertèbre complétement développée est, suivant Geoffroy Saint-Hilaire, composée de neuf pièces élémentaires, savoir : une centrale, nommée cycléal, de forme ordinairement circulaire; deux paires de pièces placées au-dessus du cycléal : ce sont les périaux et les épiaux; deux autres paires, placées au-dessous : les paraaux et les cataaux. Presque toujours les périaux et les épiaux se disposent au-dessus du cycléal de manière à laisser entre eux et lui un intervalle plus ou moins étendu; et c'est dans le canal qui résulte de la succession des intervalles ou des trous existant ainsi dans chaque vertèbre, qu'est logée la moelle épinière (*V.* CÉRÉBRO-SPINAL). Les der-

nières vertèbres caudales sont les seules qui ne présentent pas cette disposition. En outre, dans un grand nombre de Poissons, les paraaux et les cataaux forment au-dessous des cycléaux un canal semblable à celui que forment en dessus les périaux et épiaux, et ce second canal loge le tronc aortique. Dans ce dernier cas, dont les Pleuronectes fournissent un exemple, il y a une ressemblance complète, non-seulement entre la moitié droite et la moitié gauche, mais aussi entre la moitié supérieure et la moitié inférieure de la colonne vertébrale, et chaque vertèbre est formée de quatre portions entièrement semblables entre elles. Cette remarque est la seule que nous puissions présenter sur les formes générales des vertèbres; formes qui varient à l'infini suivant les espèces, et dans la même espèce suivant les régions que l'on observe.

Les côtes peuvent être considérées comme une dépendance de la colonne vertébrale : Geoffroy Saint-Hilaire les regarde même comme étant des cataaux et des paraaux considérablement agrandis, afin de pouvoir entourer et protéger les viscères de la cavité thoracique. Ces os existent très-généralement parmi les Vertébrés, et leurs modifications sont presque toujours en rapport avec celles du sternum (*V.* TORTUE, etc.); cependant elles manquent chez les Grenouilles qui ont un sternum, et existent chez les Serpens qui n'en ont pas. Parmi les espèces où elles existent, leur nombre est très-variable; les Oiseaux en ont généralement de sept à douze, et les Mammifères de douze à vingt-trois; les Serpens, principalement les Boas et quelques genres voisins, en ont un très-grand nombre. Les côtes du sternum, que l'on a désignées en anatomie humaine sous le nom de cartilages costaux, sont tantôt osseuses et tantôt restent à l'état cartilagineux. Le sternum est presque toujours entièrement ossifié, et il est même quelquefois d'un tissu très-compacte; cependant il reste aussi cartilagineux, au moins en partie, dans plusieurs genres : tels sont les Crocodiles où cet os est, en outre, remarquable en ce qu'il se prolonge sur toute la longueur du tronc et s'étend jusqu'au pubis; sa portion postérieure porte des côtes cartilagineuses, placées dans les parois de l'abdomen, et donnant attache à plusieurs muscles. Cette disposition très-remarquable est liée, suivant Geoffroy Saint-Hilaire, à l'existence de deux canaux particuliers qui mettent en communication l'intérieur du cloaque avec la cavité du péritoine, et que nous avons fait connaître, conjointement avec notre ami Martin de Saint-Ange, sous le nom de canaux péritonéaux (Annales des Sciences naturelles, février 1828). *V.* Tortue.

La composition du sternum, de même que celle de l'appareil hyoïdien, nous resteraient maintenant à indiquer, si nous ne l'eussions déjà fait dans d'autres articles. *V.* Mammifères, Langue, etc. Nous nous bornerons ici à remarquer que l'appareil hyoïdien, à quelques exceptions près, et surtout en faisant abstraction des modifications très-remarquables qu'il subit chez les Poissons, est en général isolé et entièrement séparé des autres parties dures, et que, sur les trois fonctions que l'on attribue ordinairement aux os, savoir, de soutenir le corps et d'en former la charpente, de protéger les parties molles, enfin de donner attache aux muscles, cette dernière est la seule qu'il remplisse ordinairement.

L'existence du sternum chez les Poissons est encore un fait douteux, non pas que sa petitesse ou son état rudimentaire ait rendu difficiles les recherches à son sujet, mais parce que les zootomistes ne sont pas d'accord entre eux dans leurs déterminations. La même incertitude règne encore dans l'état présent de la science à l'égard de plusieurs autres parties du Squelette de cette classe, dans laquelle le type des Vertébrés a subi de si nombreuses et de si graves altérations.

Il nous reste maintenant à donner une idée générale des modifications que subissent les membres dans la série des Vertébrés. La plupart d'entre eux ont deux paires de ces appendices; mais un assez grand nombre de genres de différentes classes n'en ont qu'une seule; d'autres n'en ont point du tout. Au contraire, aucune espèce n'en a plus de deux. Les Oiseaux, sous ce rapport comme sous presque tous les autres, forment la classe la moins variable; tous ont deux paires, dont l'antérieure est ordinairement, mais non toujours, convertie en instrumens de vol ou ailes. Parmi les Mammifères, les Cétacés sont privés de la paire postérieure, et la paire antérieure, non terminée par des doigts, est changée en nageoires. Les deux paires d'extrémités existent, au contraire, dans tous les autres ordres de cette classe : elles sont le plus souvent construites pour la marche, mais peuvent aussi l'une et l'autre être converties en nageoires, en instrumens propres à fouir et en organes de préhension. De plus, l'antérieure peut être changée en ailes. Les Reptiles présentent toutes les combinaisons possibles; ils peuvent avoir les deux paires à la fois, la paire antérieure ou la postérieure seulement, ou bien manquer entièrement de membres. De plus, leurs membres peuvent être des instrumens de marche, de natation, de préhension, et leur forme et leur position varient à l'infini. Les Poissons présentent aussi de fréquentes variations quant au nombre, à la position et à la forme de leurs membres, mais point quant à leurs fonctions. Les deux paires sont toujours des instrumens de natation, et se trouvent si profondément modifiées, que ce n'est qu'avec la plus grande difficulté qu'on parvient à établir leur analogie avec les organes de la locomotion des autres Vertébrés; aussi des noms particuliers ont-ils été donnés, soit à leurs diverses portions, soit à leur ensemble (*V.* Poissons au Supplément). Les nageoires pectorales sont les analogues des membres antérieurs ; les ventrales les analogues des postérieurs. Quant aux nageoires impaires auxquelles on a donné le nom de dorsale, d'anale et de caudale, elles sont considérées comme des dépendances de l'axe vertébral, et ne peuvent être, quelques modifications qu'elles viennent à subir, confondues avec les membres auxquels elles ne ressemblent que par leurs fonctions.

Les faits que nous venons d'indiquer suffisent pour donner une idée des modifications principales que subissent, dans les différentes classes de Vertébrés, les membres considérés dans leur ensemble. Quelques remarques doivent cependant encore être présentées à leur sujet. En comparant ensemble toutes les variations du nombre des membres dans les différentes classes, il est facile de voir que la paire antérieure est beaucoup plus constante que la postérieure. Le genre Bipède ou Hystérope paraît même être le seul qui ait des membres abdominaux sans avoir des membres thoraciques ; encore existe-t-il sous la peau quelques rudimens de ceux-ci. Le fait général que nous venons d'indiquer est digne d'attention en lui-même, et surtout on ne le regardera pas comme dénué d'importance si on le rapproche de cet autre fait, que les membres antérieurs apparaissent constamment les premiers dans l'ordre des développemens chez l'embryon de l'Homme et des Mammifères supérieurs.

Un fait qu'il importe aussi de noter, c'est que quand les membres viennent à manquer, il est quelquefois impossible d'en retrouver le plus léger vestige sous la peau (*V.* Lamantin) ; mais que le plus souvent, au contraire, une dissection attentive fait découvrir des rudimens plus ou moins complets. Chez quelques Cétacés, par exemple, tel que le Dugong, les os pelviens n'ont point

entièrement disparu. Chez les Ophidiens eux-mêmes on retrouve très-généralement les rudimens des membres postérieurs : on les connaissait depuis long-temps chez les Orvets et dans quelques autres petits groupes voisins des Sauriens ; tout récemment le docteur Mayer les a trouvés aussi dans un très-grand nombre de genres parmi les vrais Serpens (Ann. Sc. nat. T. VII).

Nous avons montré ailleurs (*V.* Mammifères) que les membres, soit antérieurs, soit postérieurs, peuvent être divisés en quatre portions, savoir : l'épaule, le bras, l'avant-bras et la main pour les premiers ; le bassin, la cuisse, la jambe et le pied pour les seconds. L'existence de ces quatre segmens est manifeste dans toutes les classes, les Poissons exceptés.

Ainsi que nous l'avons établi (*V.* Mammifères), en mettant à profit quelques observations récentes de Geoffroy Saint-Hilaire et de Serres, quatre os élémentaires composent le premier segment de l'un et de l'autre membre, savoir : l'omoplate, l'os coracoïdien, l'acromial et la clavicule pour l'épaule ; l'iléum, l'ischium, le pubis et le marsupial pour le bassin ; mais on ne trouve presque jamais dans l'état adulte ces quatre os isolés et distincts. Le plus souvent, chaque moitié du bassin n'est formée que d'une seule pièce, et l'on ne distingue que deux pièces scapulaires. Il est même un très-grand nombre de Mammifères, les Ongulés et quelques autres, où il n'existe pour l'épaule (comme pour le bassin) qu'une seule pièce résultant de la soudure de l'omoplate, complétement développée, avec les autres os scapulaires devenus, ou très-petits, ou entièrement rudimentaires. Dans ce cas il n'existe plus de clavicule, et le membre antérieur tout entier est isolé et séparé du reste du Squelette. Chez l'Homme, les Singes, les Chauve-Souris et quelques autres Mammifères, la clavicule unit au contraire l'omoplate et par son intermédiaire tout le membre antérieur, avec le sternum. Chez les Oiseaux, l'omoplate et le sternum sont également unis par la clavicule dont l'extrémité se soude sur la ligne médiane avec celle du côté opposé; la pièce composée qui résulte de cette soudure est connue sous le nom de fourchette. De plus, dans cette classe, l'os coracoïdien se développe et s'étend aussi de l'omoplate au sternum. Les membres antérieurs des Oiseaux ont donc de doubles moyens d'union avec le reste du Squelette, savoir : par la clavicule ordinaire ou clavicule furculaire, et par l'os coracoïdien ou clavicule coracoïde; et, en outre, ils sont unis entre eux par l'intermédiaire de la fourchette, c'est-à-dire de la pièce unique qui résulte de la soudure des deux clavicules proprement dites. Les pièces scapulaires présentent chez les Reptiles des variations très-nombreuses : dans quelques genres leur disposition offre quelque analogie avec celle que nous avons décrite chez les Mammifères; dans d'autres, avec celle que présentent les Oiseaux; mais dans la plupart ce sont des modifications qui n'offrent qu'une analogie très-éloignée avec ce qui a lieu dans les autres classes. Nous ne pouvons indiquer ici toutes ces variations des pièces scapulaires; et nous devons également renvoyer aux articles moins généraux pour l'exposé des caractères qu'elles offrent chez les Poissons.

Les membres postérieurs sont toujours unis avec la colonne vertébrale par l'intermédiaire du bassin, dont les modifications, très-nombreuses sans cependant l'être autant que celles de l'épaule, fournissent, à l'égard de quelques classes, des caractères généraux d'une haute importance (*V.* MAMMIFÈRES, etc.). Ces remarques, de même que celles qu'il nous reste à présenter sur les autres portions des membres, ne sont point pour la plupart applicables aux Poissons. Dans cette der-

nière classe, le bassin n'adhère que très-rarement à l'axe vertébral, tandis que les membres antérieurs ou nageoires pectorales sont ordinairement unis au reste du Squelette par les pièces scapulaires. C'est, comme on voit, l'inverse de ce qui a lieu chez un grand nombre de Mammifères.

Le second segment des membres, soit antérieur, soit postérieur, n'est jamais formé que d'un seul os, savoir : l'humérus pour le bras, le fémur pour la cuisse. Le troisième segment est au contraire très-souvent composé de deux os, tantôt entièrement séparés, tantôt soudés ensemble par leurs deux extrémités ou par l'une d'elles; le radius et le cubitus pour l'avant-bras, le tibia et le péroné pour la jambe; et il est à remarquer que, lorsqu'on n'en trouve qu'un seul, ou aperçoit très-souvent un sillon longitudinal, indice de la séparation primitive de cet os en deux pièces. En outre, chez les Mammifères et chez presque tous les Oiseaux, il existe au membre postérieur, au-devant de l'articulation de la jambe avec la cuisse, un petit os de forme arrondie analogue par son mode de développement aux os sésamoïdes, et donnant attache au tendon des extenseurs de la jambe : c'est la rotule. L'apophyse olécrâne du cubitus est son analogue au membre antérieur : cette apophyse forme, chez les jeunes sujets, une pièce distincte, et son usage est analogue à celui de la rotule : elle donne, en effet, attache à l'extenseur de l'avant-bras. Au reste (d'après des recherches que nous n'avons point encore publiées, mais dont nous avons indiqué quelques résultats dans notre article ROUSSETTE), il est quelques Mammifères, les Chauve-Souris, chez lesquels le membre antérieur présente, non-seulement une apophyse analogue à la rotule, mais bien un os particulier absolument disposé comme la rotule du membre postérieur, et qui, pour cette raison, peut être désigné sous le nom de rotule antérieure ou rotule du coude.

Les Reptiles manquent généralement de rotule postérieure, ou l'ont rudimentaire et à peine visible. Un grand nombre d'entre eux ont, au contraire, uue rotule antérieure. Rudolphi l'a découverte le premier chez le Pipa, et Meckel l'a trouvée depuis chez d'autres Batraciens, chez la Tortue grecque, chez plusieurs Lézards et chez quelques autres Sauriens.

Le dernier segment des membres antérieurs et postérieurs se subdivise en trois portions, savoir : le carpe, le métacarpe et les phalanges pour la main ; le tarse, le métatarse et les phalanges pour le pied. Les petits os, dont la réunion constitue le carpe et le tarse, varient beaucoup pour leur nombre, leur forme et leur disposition, non-seulement d'une classe, mais même d'une famille ou d'un genre à l'autre; mais l'existence de quelques-uns d'entre eux paraît un fait constant. Chez les Oiseaux eux-mêmes on retrouve facilement le carpe dans l'aile; et nous ne voyons pas pour quel motif les os que Meckel nomme tarso-métatarsiens, ne seraient pas considérés comme de véritables os du tarse : leur disposition générale et leur forme les rendent, il est vrai, assez semblables aux os du métatarse, mais leurs connexions sont celles des os du tarse.

Les os du métacarpe et du métatarse ne sont véritablement que les premières phalanges des doigts; aussi, dans un grand nombre d'Animaux, sont-ils à peine différens par leur forme et leur disposition des os auxquels on donne plus spécialement ce dernier nom. D'après Meckel, il n'y aurait ni métacarpe ni métatarse chez la Tortue grecque. Le Protée serait également, d'après le même auteur, privé de métacarpe; mais le célèbre anatomiste allemand ne s'appuie, pour arriver à ces conclusions, que sur des analogies de forme et sur quelques autres considérations qui ne paraissent

pas d'une plus haute valeur. Rien ne s'oppose à ce que l'on détermine, comme des métacarpiens et des métatarsiens, les pièces qu'il considère comme les premières phalanges des doigts.

Le nombre des doigts et le nombre des phalanges qui entrent dans la composition de chaque doigt, sout sujets à un très-grand nombre de variations sur lesquelles nous n'insisterons pas, parce qu'elles ont été ou seront exposées dans l'histoire de chaque classe. Qu'il nous suffise de dire que les doigts sont le plus ordinairement au nombre de quatre ou de cinq, et qu'ils sont presque toujours composés de deux à cinq phalanges. Une exception très-remarquable est celle qui a lieu chez divers Cétacés : l'un des doigts a, chez quelques Baleines, jusqu'à neuf phalanges; ce qui rapproche à quelques égards les nageoires de ces Mammifères des nageoires des Poissons, dont les rayous sont souvent composés d'un grand nombre de pièces distinctes.

Il est à remarquer que, parmi les Vertébrés, on ne trouve jamais, dans l'état normal, de différeuces entre les appendices d'un côté et ceux de l'autre, comme cela a lieu quelquefois chez les Animaux inférieurs, même parmi les Articulés. Les vertèbres sont aussi toujours parfaitement symétriques. Il résulte de-là que la symétrie est un caractère plus constant pour le Squelette des Vertébrés que pour celui des Articulés, et à plus forte raison des autres Invertébrés. Il est cependant une région du Squelette qui présente quelquefois chez les premiers eux-mêmes un défaut de symétrie : c'est le crâne. Ainsi un assez grand nombre de Poissons, les Pleuronectes, ont les deux yeux placés du même côté, et la tête tout entière modifiée d'une manière très-remarquable; et ce défaut de symétrie dans la portion antérieure de l'axe vertébral est d'autant plus digne d'attention, que dans aucune autre famille de Poissons, la portion postérieure de ce même axe ne présente une plus parfaite régularité. Les Becs-Croisés parmi les Oiseaux, le Narval et (d'après les observations de Cuvier) quelques Cachalots, parmi les Mammifères, présentent aussi dans la partie antérieure de leur tête un défaut de symétrie, à la vérité beaucoup plus léger que celui que nous venons d'indiquer chez les Pleuronectes.

Nous devons, en terminant cet article, exposer les raisons qui nous ont décidé à passer sous silence, en décrivant les diverses portions du Squelette des Vertébrés, les divisions les plus généralement adoptées dans les livres d'anatomie humaine, et même dans la plupart des ouvrages d'anatomie comparée. Ces divisions sont, sans aucun doute, d'une grande utilité lorsqu'on étudie un être en particulier, ou même une famille, un ordre, une classe en général; mais elles cessent de l'être dès qu'on veut s'élever encore à un plus haut degré de généralité. Tous les Vertébrés ont un axe vertébral et des appendices plus ou moins nombreux, plus ou moins complexes; chez tous aussi, l'axe vertébral peut être divisé en crâne et en vertèbres : mais au-delà de cette division, il n'est plus rien de général, et rien par conséquent qui ait dû nous occuper dans un article consacré, nous le disons encore, non à une description anatomique du Squelette, mais à un résumé sommaire de ses conditions essentielles d'organisation considérées dans leur plus grande généralité. (IS. G. ST.-H.)

SQUILLAIRES. CRUST. L'ordre de Crustacés ainsi nommé par Latreille et qui comprend les genres Squille et Mysis est plus généralement désigné aujourd'hui sous le nom de Stomapodes. V. ce mot. (A. R.)

SQUILLE. *Squilla.* CRUST. Genre de l'ordre des Stomapodes, famille des Unipeltés, établi par Fabricius, qui comprenait sous ce nom toutes les espèces formant actuellement la fa-

mille des Unipeltés. Ce genre, tel qu'il est restreint par Latreille, a pour caractères essentiels : appendice latéral des six pieds postérieurs linéaire ou filiforme. Doigt des serres (les seconds pieds-mâchoires ou leurs analogues) très-comprimé, en forme de faux (le plus souvent denté); une rainure très-étroite, dentelée sur l'un de ses bords, épineuse sur l'autre, s'étendant dans toute la longueur du côté interne de l'article précédent. Ce genre se distingue facilement des Gonodactyles, parce que ceux-ci ont l'ongle ou le doigt des serres ventru ou plus épais à sa base, et finissant simplement en pointe. Les Coronides en diffèrent par l'appendice latéral des six pieds postérieurs qui est large, aplati et arrondi, tandis qu'il est linéaire chez les deux autres genres. Les genres Erichte et Aline en diffèrent, parce que le bouclier recouvre la moitié antérieure du corps en ne laissant à découvert que les cinq à six derniers segmens, tandis que dans les trois premiers genres dont nous avons parlé, ce bouclier ne recouvre au plus que le premier segment du thorax. Le corps des Squilles est étroit, allongé, demi-cylindrique, recouvert d'un test assez mince et composé de douze segmens. Le premier est beaucoup plus long que les autres; il est recouvert d'un test ou bouclier presque carré, plus étroit en avant, et en forme de triangle allongé et tronqué; c'est ce segment qui forme la tête; on voit en avant une pièce articulée, ayant la forme d'un triangle renversé et qui sert de support à deux yeux portés sur deux pédicules et aux antennes intermédiaires. Les antennes latérales sont plus courtes que les précédentes et accompagnées d'un appendice en forme de feuillet elliptique cilié ou velu sur ses bords. La bouche est composée d'un labre, de deux mandibules, d'une languette composée de deux pièces et de deux paires de mâchoires; après ces mâchoires viennent les dix premières pates, toutes terminées par une pince en griffe et dirigées en avant ; elles sont très-rapprochées et disposées autour de la bouche en manière d'angle dont le sommet est supérieur. Les deux premières sont insérées près des bords latéraux de la tête, à la hauteur des deux dernières mâchoires. Celles de la seconde paire ou les serres proprement dites sont beaucoup plus grandes et terminées par l'ongle mobile ou la griffe dont il a été question plus haut. Toutes ces pates onguiculées, à l'exception des deux dernières, ont à leur base postérieure un petit corps membraneux, vésiculaire, plus ou moins susceptible de tuméfaction et attaché au moyen d'un court pédicule. Latreille pensait que ce corps orbiculaire servait à la respiration ; mais des observations de Cuvier ont démontré qu'aucun vaisseau n'y aboutissait, de sorte que leur usage reste inconnu. Le segment qui vient après la tête est plus court que les suivans et sans aucun organe spécial ; il tient lieu de col. Les trois segmens suivans portent chacun une paire de pates grêles, filiformes et terminées par un article triangulaire ou conique, comprimé et garni de poils au côté intérieur ; à l'extrémité postérieure du troisième article de ces pates est inséré un petit appendice ou rameau cylindrique, menu, linéaire, prolongé jusque près du bout de l'article suivant et offrant à son extrémité des divisions annulaires superficielles et quelques poils. Viennent ensuite sept segmens formant la queue ; au-dessous de chacun des cinq premiers, on voit une paire de nageoires ou de pieds-nageoires formés de deux pièces foliacées en partie membraneuses, vésiculeuses, triangulaires ou ovales, bordées de cils nombreux et plumeux, situées sur un pédicule commun avec une branchie composée de filets très-nombreux, articulés et remplis d'une matière molle partant d'un axe commun et rassemblés en manière de houppe. Chaque côté de l'avant-dernier segment donne attache à un appendice en nageoire composé de trois articles ; enfin le dernier seg-

ment est plus grand que les anneaux précédens, presque carré, avec le bord postérieur un peu arqué et arrondi. Ses bords offrent dans leur contour des sinus plus ou moins profonds et dont les plus forts ressemblent à des épines ; l'anus est placé près du milieu de la base de ce segment. L'organe digestif des Squilles est composé d'un petit estomac situé sous le test, armé de dents très-petites et peu nombreuses ; il est suivi d'un intestin grêle et droit qui règne dans toute la longueur du post-abdomen ou de la queue, et accompagné à gauche et à droite d'un certain nombre de lobes glanduleux qui paraissent tenir lieu de foie. Audouin et Edwards, dans leur travail sur la circulation des Crustacés (Ann. des Scienc. nat.), ont fait connaître avec détail celle des Squilles.

Les Grecs désignaient sous le nom de Squilles quelques Crustacés des genres Pénée (Squilles proprement dites) et Palémon. Dans le midi de la France on donne aux Squilles le nom de *Prega-Diou* (Prie-Dieu) ; on les appelle aussi Mantes de mer. D'après Risso, les Squilles se tiennent dans les profondeurs de la mer ; leur accouplement a lieu au printemps, et les femelles se cachent sous les rochers lorsqu'elles veulent pondre leurs œufs. On mange ces Crustacés qui sont fort bons ; suivant Lesson, les habitans des îles de l'archipel des Amis les vendent aux voyageurs, comme on le fait du Poisson. On trouve des Squilles dans toutes les mers des pays chauds, et le nombre des espèces se monte à peu près à douze. Latreille les place dans deux divisions, ainsi qu'il suit :

I. Point d'épines mobiles au bord postérieur du dernier segment. Une seule ligne étroite au milieu de ce segment.

La Squille Mante, *Squilla Mantis*, L., Degéer, Fabr., Latr. Longue de six à sept pouces ; crochet des pinces ayant six dents ; corps ayant en dessus plusieurs lignes élevées. Segment postérieur portant deux taches rougeâtres. Cette espèce n'est pas rare dans la Méditerranée ; on l'a trouvée très-rarement sur les côtes de l'Océan.

II. Les deux épines du milieu du bord postérieur du dernier segment mobile ; cinq lignes élevées au milieu de ce segment.

La SQUILLE STYLIFÈRE, *Squilla stylifera*, Latr., De Lam. ; *Squilla ciliata*, Fabr. Longue d'environ deux ou trois pouces ; crochet des pinces ayant trois dents. Corps lisse en dessus, excepté les deux derniers segmens. On la trouve à l'Ile-de-France. Nous avons découvert une autre espèce de cette division parmi les Crustacés rapportés du voyage autour du monde par le capitaine Duperrey. Nous la décrirons dans la partie entomologique de la relation de ce voyage, et nous l'avons consacrée à notre collaborateur Lesson qui a recueilli tous les Crustacés de cette belle expédition. (G.)

SQUINE. BOT. PHAN. Espèce du genre Smilace dont la racine est employée en médecine. *V.* SMILACE.
(A. R.)

STAAVIA. BOT. PHAN. Genre de la famille des Bruniacées et de la Pentandrie Digynie, L., établi par Dahl dans le Prodrome des Plantes du Cap de Thunberg, et offrant les caractères suivans : calice adhérent à l'ovaire, divisé supérieurement en cinq lobes subulés et calleux ; corolle à cinq pétales lancéolés, épais, alternes avec les lobes calicinaux ; cinq étamines opposées aux pétales ; deux styles cohérens à la base, distincts seulement au sommet ; capsule à deux coques souvent bipartibles à la maturité, renfermant une graine dans chaque coque. Ce genre, formé aux dépens des *Phylica* et des *Brunia* de Linné, a été nommé par Schreber *Levisanus*, nom qui avait été appliqué à une Protéacée ; il a reçu en outre et fort inutilement de Necker celui d'*Astrocoma*. Il ne renfermait dans l'origine que deux Plantes du cap de Bonne-Espérance, nommées *Staavia*

radiata et *S. glutinosa*. Adolphe Brongniart, dans son Mémoire sur la famille des Bruniacées, a décrit deux espèces nouvelles sous les noms de *S. nuda* et *S. ciliata*. Ce sont des sous-Arbrisseaux à feuilles linéaires, étalées, calleuses au sommet, à fleurs agrégées en capitules terminaux, discoïdes, involucrés par des bractées tantôt luisantes et plus longues que les feuilles, tantôt semblables à celles-ci. (G..N.)

STACHIDE. *Stachys*. BOT. PHAN. Genre de la famille des Labiées et de la Didynamie Gymnospermie, L., offrant les caractères suivans : calice persistant, tubuleux, anguleux, divisé jusqu'à la moitié en cinq dents presque égales ; corolle dont le tube est court, la lèvre supérieure droite, presque égale, concave, souvent échancrée, l'inférieure plus grande, à trois lobes dont les deux latéraux sont réfléchis en dehors, celui du milieu plus grand, quelquefois échancré ; quatre étamines didynames, les deux extérieures rejetées sur les côtés de la corolle après la fécondation ; ovaire quadrilobé surmonté d'un style filiforme et d'un stigmate bifide ; quatre akènes ovales, anguleux, cachés au fond du calice. Ce genre se compose d'un nombre considérable d'espèces (environ soixante-dix) qui croissent en général dans le bassin de la Méditerranée. La plupart de ces Plantes sont, pour ainsi dire, ambiguës entre le vrai genre *Stachys* et les genres *Betonica*, *Sideritis* et *Galeopsis*. Les caractères essentiels de ces divers genres sont si faibles, qu'il est bien difficile de leur assigner des limites absolument tranchées. Néanmoins les espèces de Stachides peuvent former plusieurs groupes qui ont été considérés comme des genres distincts par certains auteurs ; tels sont les genres *Trixago*, *Eriostemum*, *Tetrahitum* de Mœnch et d'Hoffmansegg, fondés sur les *Stachys arvensis*, *S. germanica*, et *S. hirta*. Le genre *Zietenia* de Gleditsch a pour type le *Stachys lavandulæfolia* de Vahl. Parmi les Stachides qui croissent en France, nous citerons, 1° le *S. sylvatica*, L., vulgairement nommé Ortie puante. C'est une Plante herbacée, très-commune dans les bois, et qui se distingue par ses feuilles grandes, ovales, cordiformes et par son odeur forte, désagréable ; 2° le *S. palustris*, L., vulgairement Ortie morte des marais ; ses feuilles sont linéaires, allongées ; ses fleurs purpurines panachées de jaune ; son odeur désagréable ; 3° le *S. germanica*, nommé vulgairement Epi fleuri. Cette espèce a un aspect assez agréable ; elle est recouverte d'un duvet soyeux et blanchâtre. On la trouve abondamment, en certaines localités d'Europe, sur le bord des chemins et dans les lieux arides.

(G..N.)

STACHYARPAGOPHORA. BOT. PHAN. (Vaillant.) Syn. d'Achyranthes.

(A. R.)

STACHYGYNANDRUM. BOT. CRYPT. (*Lycopodiacées.*) Palisot de Beauvois a donné ce nom à un genre formé aux dépens des Lycopodes et qui renferme les espèces dont les capsules de deux sortes, les unes renfermant une poussière fine, les autres des graines grosses et en nombre défini, sont disposées en épis distincts du reste de la Plante et renferment les deux sortes d'organes dans le même épi. La présence de deux sortes d'organes aussi différens que les capsules à poussière fine, semblable à celle des vrais Lycopodes, et les capsules qui contiennent des graines sphériques assez grosses et en nombre déterminé (trois à cinq), nous paraît bien suffisante pour distinguer ces Plantes des vrais Lycopodes qui ne présentent que le premier de ces organes ; mais la disposition de ces capsules entre elles, c'est-à-dire leur réunion sur le même épi ou leur séparation sur des épis différens, ainsi que la forme de cet épi, ne nous paraissent pas des caractères suffisans pour distinguer des genres, et nous pensons qu'on doit réunir sous le nom de *Stachygynandrum* les genres

Selaginella, *Diplostachyum* et *Stachygynandrum* de Palisot de Beauvois, genres qui tous présentent les deux sortes d'organes que nous avons indiquées ci-dessus et qui diffèrent par ce caractère des vrais Lycopodes ; toutes ces Plantes, à l'exception du *Stachygynandrum Selaginoides (Lycopodium Selaginoides*, L.; *Selaginella*, Pal.-Beauv.), ont un port particulier qui les distingue parfaitement des vrais Lycopodes ; leurs feuilles distiches sont de deux formes, les unes plus grandes, plus étalées, les autres plus petites et plus dressées, recouvrant la base des premières comme des sortes de stipules. Outre l'espèce que nous avons citée plus haut, ce genre comprend deux autres espèces indigènes que leur petitesse et la disposition de leurs feuilles font ressembler à de grandes Jungermannes ; ce sont les *Lycopodium helveticum*, L., et *denticulatum*. Les espèces exotiques sont fort nombreuses ; beaucoup d'entre elles sont d'une taille remarquable, s'élevant presque de deux ou trois pieds, et d'un port extrêmement élégant ; tels sont, parmi les espèces les plus communes, les *Lycopodium flabellatum*, L., *plumosum*, L., *circinale*, L., etc. (AD. B.)

STACHYLIDIUM. BOT. CRYPT. (*Mucédinées.*) Genre établi par Link qui renferme deux espèces de petites moisissures formées de filamens couchés d'où naissent des filamens dressés, cloisonnés, qui portent les sporidies ; ces sporidies, qui d'après Fries sont de petits péridiums avortés, opinion qui nous paraît très-vraisemblable, sont placées le long des filamens, opposés ou verticillés ; ces sporidies peuvent donc être regardées comme de petits rameaux latéraux, renflées et contenant des sporules. Link indique deux espèces de ce genre que Persoon a placées parmi les Botrytes ; l'une croît sur la terre, l'autre sur les branches sèches.

(AD. B.)

STACHYOIDES. BOT. PHAN. Rencauline faisait sous ce nom un genre

de l'*Ornithogalum pyrenaicum*, L.
(A. R.)

STACHYOPTERIDES. BOT. CRYPT.
Ce nom, dans le *Species* de Willdenow, indique un groupe de Végétaux qui correspond à la famille des Lycopodiacées. *V.* ce mot. (AD. B.)

STACHYS. BOT. PHAN. *V.* STACHIDE.

STACHYTARPHETA. BOT. PHAN. Genre de la famille des Verbénacées et de la Didynamie Angiospermie, L., établi par Vahl aux dépens des *Verbena* de Linné, et offrant les caractères suivans : calice tubuleux, à quatre dents ; corolle dont le tube est courbé, le limbe quinquéfide, inégal ; quatre étamines didynames, dont deux sont stériles ; stigmate à peu près capité ; drupe sèche, biloculaire, bipartible, à loges monospermes. Ce genre a été nommé *Cymburus* par Salisbury ; il renferme au moins quinze espèces presque toutes originaires des Antilles et de l'Amérique méridionale. Ce sont des Plantes herbacées ou frutescentes, à feuilles opposées, dentées en scie ou crénelées. Les fleurs sont alternes, disposées en épis, sessiles et à demi enfoncées dans l'axe charnu. Leur corolle est tantôt violette ou bleuâtre, tantôt purpurine ou rose. Parmi les espèces les plus remarquables, nous citerons les suivantes qui sont cultivées dans les jardins de Botanique : 1° *Stachytarpheta angustifolia*, Vahl, *Enum. Plant.*, 1, p. 205, ou *Verbena indica*, Jacq., *Observ.*, 4, p 7, tab. 86 ; 2° *S. mutabilis*, Vahl, *loc. cit.* ; Ventenat, Malm., p. 36 ; Jacq., *Icon. rar.*, 2, tab. 207 ; 3° *S. prismatica*, Vahl, *loc. cit.* ; Jacq., *loc. cit.*, tab. 208 ; 4° *S. squamosa*, Vahl, *loc. cit.* ; Jacq., *Hort. Schœnbr.*, p. 3, tab. 5. D'après Auguste Saint-Hilaire, le genre *Stachytarpheta* ne diffère aucunement du *Verbena*. (G..N.)

STACKOUSIA. BOT. CRYPT. (*Hydrophytes.*) Lamouroux avait proposé de former sous ce nom un genre d'une espèce d'Algue de la Nouvelle-Hollande qui ne paraît pas différer du *Fucus dorycarpus* de Turner, qu'Agardh rapporte avec doute à son genre *Cystoseira*. (AD. B.)

STACKOUSIE. *Stackousia.* BOT. PHAN. Ce genre, établi par Smith (*Lin. Soc. Trans.*, 4, p. 218) pour un Arbuste originaire de la Nouvelle-Hollande, a été considéré par Brown comme formant le type d'une famille naturelle distincte et nouvelle qu'il nomme *Stackousiées*. Les caractères du genre *Stackousia* sont les suivans : le calice est monosépale, turbiné, à cinq divisions ; la corolle est pseudo-monopétale, c'est-à-dire composée de cinq pétales soudés ensemble par leurs onglets et formant ainsi une corolle tubuleuse et à cinq divisions ; les étamines au nombre de cinq sont distinctes, insérées au calice, deux d'entre elles sont constamment plus courtes que les trois autres ; l'ovaire est libre, à trois ou cinq loges, qui forment autant de côtes saillantes ; chaque loge contient un seul ovule dressé ; les styles, en même nombre que les loges, sont quelquefois cohérens entre eux par leur base et terminés chacun par un stigmate simple. Le fruit est une capsule à trois ou cinq coques monospermes, indéhiscentes, réunies à un axe ou columelle persistant. La graine se compose d'un endosperme charnu au centre duquel est un embryon dressé. Ce genre ne se compose que d'une seule espèce décrite et figurée par Labillardière sous le nom de *Stackousia monogyna* (Nouv.-Holl., 1, tab. 104). C'est une Plante sousfrutescente à sa base, ayant les rameaux grêles et effilés ; ses feuilles alternes, entières, petites, sans stipules ; ses fleurs fort petites, disposées en très-longs épis à la partie supérieure des ramifications de la tige. Elle croît à la Nouvelle-Hollande. Nous avons déjà dit en commençant cet article que R. Brown avait proposé (*Gen. rem.*, p. 25) de faire du *Stackousia* et d'un genre encore inédit, une famille distincte sous le nom de *Stackousiées*. Cette famille serait placée par cet habile botaniste auprès des Euphorbiacées et des Célastrinées. Smith au contraire rapprochait le genre *Stackousia* des Térébinthacées. A.-L. De Jussieu ne partage pas entièrement ces opinions. Le genre *Stackousia* lui semble avoir d'assez grands rapports même avec quelques Ficoïdées, ou même les Hygrobiées ; mais néanmoins il regarde la place de ce genre comme encore indéterminée.   (A. R.)

STACKOUSIÉES. BOT. PHAN. Cette famille ne se composant que du seul genre *Stackousia*, nous renvoyons à ce mot pour en connaître les caractères. *V.* STACKOUSIE.   (A. R.)

STADMANNIE. *Stadmannia*. BOT. PHAN. Lamarck avait figuré sous ce nom un Arbre nommé vulgairement *Bois de fer* à Mascareigne, et qui se distinguait des autres Sapindacées à fleurs régulières par son fruit uniloculaire et par ses fleurs dépourvues de pétales. Ayant récemment trouvé de nombreux passages entre l'organisation de cette Plante et celle du *Cupania tomentosa*, que l'on peut considérer comme le type du genre *Cupania* de Plumier, nous avons cru devoir réunir à ce dernier le *Stadmannia*, et nous l'avons mentionné dans notre Mémoire sur la famille des Sapindacées sous le nom de *Cupania Sideroxylon*.   (CAMB.)

STÆHÉLINE. *Stæhelina*. BOT. PHAN. Genre de la famille des Synanthérées, tribu des Carlinées, et de la Syngénésie égale, L., offrant les caractères suivans : involucre oblong, cylindracé, plus court que les fleurs, composé de folioles sur plusieurs rangs, régulièrement imbriquées, appliquées, coriaces, très-aiguës au sommet ; réceptacle garni de paillettes ; calathide composée de fleurons égaux, réguliers et hermaphrodites; ovaires comprimés, un peu anguleux, surmontés d'une aigrette de poils soudés ensemble par la base. Cassini divise ce genre en trois sous-genres : le premier, sous le nom de *Stæhelina*, renferme le *S. dubia*, L., pour lequel il propose le nom de *S.*

rosmarinifolia. Cette Plante, que l'on peut considérer comme type du genre, a une tige ligneuse ascendante, divisée en rameaux nombreux, garnis de feuilles rapprochées, sessiles, linéaires, denticulées, tomenteuses en dessous. Les fleurs sont purpurines, entourées d'un involucre rougeâtre, un peu cotonneux. Cette Plante croît dans les lieux secs et stériles de toute la région méditerranéenne. Le second sous-genre nommé *Barbellina* se distingue du précédent par son aigrette composée de paillettes ou squamellules très-barbellulées, tandis qu'elles sont nues dans le *Stæhelina*. Ce sous-genre ne comprend que le *S. arborescens*, L., Arbrisseau qui croît dans l'île de Candie, et probablement dans d'autres localités de la Grèce; on la dit aussi indigène des îles d'Hyères. Enfin, sous le nom d'*Hirtellina*, Cassini décrit un sous-genre qui se compose du *S. fruticosa*, L., Plante qui habite également les montagnes de l'île de Candie. Ce sous-genre est très-remarquable en ce que l'ovaire est entièrement couvert d'une couche épaisse de poils très-longs.

De Candolle a établi son genre *Syncarpha* sur le *Stæhelina gnaphaloides*, L. *V.* SYNCARPHA.   (G..N.)

STAG. MAM. *V.* CERF DU CANADA.

STALACTITES ET STALAGMITES. MIN. On donne le nom de Stalactites aux concrétions allongées, coniques ou cylindriques, qui résultent de l'infiltration d'un liquide chargé de molécules pierreuses ou métalliques à travers les voûtes des cavités souterraines. Ces cônes ou cylindres sont creux ou pleins à l'intérieur; leur surface est tantôt lisse et tantôt hérissée de pointes cristallines. Ce sont des formes accidentelles qui dépendent uniquement du mouvement lent et vertical que possédait le liquide qui a déposé leurs particules. Les premières gouttes qui arrivent à la voûte de la cavité, et qui y restent suspendues, éprouvent un commencement d'évaporation à leur surface extérieure ; elles abandonnent alors une partie des molécules étrangères qu'elles tenaient en dissolution ; celles-ci forment un petit anneau solide ou un rudiment de tube ; ce rudiment de tube s'accroît et s'allonge par l'intermède de nouvelles gouttes qui arrivent à la suite des premières, et qui descendent soit le long de la surface externe, soit à travers la cavité intérieure ; mais cette cavité finit bientôt par se remplir, et alors la Stalactite ne prend plus d'accroissement qu'à l'extérieur, et, comme elle en prend plus vers sa base supérieure où l'eau commence à déposer avant d'arriver plus bas, on sent qu'elle doit avoir en général une forme conique. Les Stalactites sont quelquefois terminées par des espèces de rondelles cristallines ou des amas fongiformes de petits cristaux ; c'est ce qui a lieu lorsque la cavité dans laquelle elles se produisent se remplit en partie d'eau, et que ces Stalactites en atteignent la surface. Leur extrémité, plongée dans le liquide, devient un centre d'attraction pour les particules de matières minérales qu'il tient en dissolution. Les gouttes, qui tombent sur le sol des cavités souterraines, y forment d'autres dépôts ordinairement mamelonnés ; ce sont les Stalagmites. Quelquefois ces dépôts, en prenant de l'accroissement, vont joindre les Stalactites qui pendent aux voûtes et forment par la suite d'énormes colonnes. On en voit de semblables dans un grand nombre de grottes calcaires, et particulièrement dans les grottes d'Auxelles et d'Arcy, en France ; mais de toutes les grottes de ce genre, la plus célèbre est celle d'Antiparos dans l'Archipel, qui a été visitée et décrite par Tournefort. Ce botaniste, en la voyant, s'imagina que les Pierres végétaient à la manière des Plantes. Les suintemens qui ont lieu sur les parois latérales des cavernes y produisent aussi des concrétions dont la surface est comme ondulée, et qui représentent grossièrement des espèces

de franges ou de draperies. Les Stalactites se forment journellement dans les galeries de mines, dans les fissures des Roches, dans les grottes naturelles, dans l'intérieur des caves ou des vieux souterrains. Elles abondent principalement dans les pays calcaires ; aussi la matière qui compose le plus grand nombre des Stalactites est le Carbonate de Chaux ; mais il en existe aussi qui sont composées de matière siliceuse, d'Oxide de Fer, d'Oxide de Manganèse, etc.

(G. DEL.)

STALAGMITIS. BOT. PHAN. Genre de la famille des Guttifères et de la Polyandrie Monogynie de Linné, établi par Murray, et dont les différentes espèces découvertes depuis ont été décrites sous des noms génériques différens. Nous avons essayé de démontrer, dans un Mémoire sur la famille des Guttifères, que les genres *Xanthochymus*, Roxb. ; *Brindonia*, Du Pet.-Th., et *Oxycarpus*, Lour., ne pouvaient en être séparés ; nous allons tracer les caractères du *Stalagmitis*, ainsi constitué, soit d'après nos propres observations, soit d'après les descriptions de Murray, Roxburgh et Du Petit-Thouars. Les fleurs sont polygames ; dans les mâles, on trouve un calice dépourvu de bractées à sa base, et composé de quatre ou cinq folioles inégales entre elles ; quatre ou cinq pétales insérés sur le réceptacle, alternes avec les folioles du calice, égaux entre eux ; un réceptacle charnu, divisé en quatre ou huit lobes, couvert, dans quelques espèces, d'un grand nombre d'étamines avortées ; des étamines monadelphes ou disposées en quatre ou huit faisceaux divisés au sommet en nombreux filets, soutenant chacun une petite anthère didyme, à deux loges, qui s'ouvre longitudinalement par le côté ; un pistil réduit à l'état rudimentaire. Dans les fleurs hermaphrodites, le calice, les pétales, le réceptacle et les étamines présentent les mêmes caractères que dans les fleurs mâles ; le style est très-court ; le stigmate est divisé en plusieurs lobes; l'ovaire contient de trois à huit loges uniovulées ; le fruit porte à sa base les folioles du calice qui persistent, il est terminé par les restes du style et du stigmate, sa forme est arrondie ; il est très-charnu, divisé en plusieurs loges séparées par des cloisons peu épaisses ; les graines sont munies d'un arille; leur radicule est petite; leurs cotylédons, très-développés, sont soudés en une masse compacte.

Le genre *Stalagmitis* se compose d'Arbres originaires des Indes-Orientales et de la Chine. Leurs feuilles sont opposées ; leurs fleurs sont disposées en grappes ou en ombelles axillaires ; les mâles et les femelles se trouvent tantôt mêlées sur le même individu , tantôt sur des pieds différens. Ce genre est voisin du *Mammea*, L.; du *Garcinia*, Ach. Rich. (formé des genres *Garcinia* et *Cambogia*, L.), et du *Rhedia*, L. Il compose avec eux la troisième section que nous avons établie dans la famille des Guttifères.

(CAMB.)

* STALKER. ois. Nom africain de l'*Argala Marabou*, nommée Cigogne d'Afrique dans l'Hist. gén. des Voyages, T. III, p. 311.   (LESS.)

STANILITE. MIN. (Struve.) Syn. d'Etain concrétionné fibreux. (A. R.)

STANLEYA. BOT. PHAN. Nuttall (*Gen. Pl. amer.*, n° 166) a établi sous ce nom un genre de la famille des Crucifères que Pursh avait confondu avec les *Cleome*. Rafinesque a donné à ce nouveau genre le nom de *Podolobus* qui n'a pas été adopté. Voici les caractères assignés à ce genre par De Candolle : calice ample, coloré , ouvert; pétales dressés, connivens en un tube tétraèdre, et dont les onglets sont plus longs que le limbe; six étamines presque égales; quatre glandes dont deux situées en dedans et deux en dehors de la corolle ; silique longuement stipitée, trois fois plus longue que le stipe, grêle, cylindracée, bivalve, biloculaire, renfermant des graines oblongues, à cotylédons linéaires et incombans. Ce

genre a de l'affinité avec le *Sisymbrium*, mais il s'en distingue par sa silique longuement stipitée et par son port. Il se compose de deux ou trois espèces qui croissent dans l'Amérique septentrionale. Ce sont des Herbes glabres, glauques, dressées, à feuilles caulinaires alternes, pinnatifides-lyrées ou entières. Les fleurs sont jaunes et disposées en grappes allongées, terminales. Le *Stanleya pinnatifida*, Nuttall , *Cleome pinnata*, Pursh, est une Plante qui, d'après une certaine analogie avec le Chou, a été essayée comme Plante alimentaire lorsqu'on lui a fait subir la coction dans l'eau; mais, selon Nuttall, elle est violemment émétique.

(G..N.)

STAPÉLIE. *Stapelia*. BOT. PHAN. Genre de la famille des Asclépiadées de R. Brown, et de la Pentandrie Digynie, L., offrant les caractères suivans : calice court, à cinq divisions profondes; corolle rotacée, quinquéfide , charnue; couronne staminale soudée à la base en un urcéole, divisée supérieurement en dix parties qui forment deux rangées de prolongemens en forme de cornes ou de ligules, couvrant à la base les masses polliniques; celles-ci au nombre de dix, rapprochées par paires, céréacées-lisses; stigmate mutique, discoïde; deux follicules cylindracés , lisses, renfermant des graines aigrettées. Le genre *Stapelia* est un de ceux qui a été le plus subdivisé. Haworth, dans son *Synopsis Plantarum succulentarum*, a établi onze genres qui ont pour types diverses espèces de *Stapelia* décrites dans les auteurs. Comme ces genres n'ont pas été admis généralement, nous nous bornerons à les indiquer, mais sans exposer leurs caractères. 1° *Stapelia*. Le *S. grandiflora* et la plupart des espèces à fleurs larges et étoilées qui se cultivent dans les jardins, composent ce genre.—2° *Gonostemon*. Le *S. divaricata* est le type de ce genre — 5° *Huernia*, R. Brown (ou mieux *Heurnia*, selon Sprengel). Fondé sur le *S. reticulata* et autres espèces ana logues. — 4°. *Podanthes.* Genre qui renferme les *S. irrorata, verrucosa,* etc. — 5°. *Tridentea.* A ce genre appartiennent les *S. gemmiflora, moschata,* etc., des jardins. — 6°. *Tromotriche.* Ayant par type le *S. revoluta.* — 7°. *Orbea.* Le *S. variegata,* L., est une espèce de ce genre. — 8°. *Obesia.* Fondé sur les *S. punctata* et *decora.* — 9°. *Piaranthus,* R. Br. Le type de ce genre est le *S. pulla.* — 10°. *Duvalia.* Les *S. reclinata, elegans, cœspitosa,* etc., composent ce genre. — 11°. *Caralluma,* R. Br. Fondé sur le *S. ascendens* de Roxburgh.

Les espèces de Stapélies sont très-nombreuses, car on en connaît plus de soixante, et elles offrent cette particularité remarquable pour la géographie botanique, qu'elles croissent pour la plupart dans l'Afrique australe, non loin du cap de Bonne-Espérance. Le premier auteur qui ait fait mention d'une espèce de ce genre est un médecin hollandais, J. Bodœus à Stapel, qui la décrivit dans ses Commentaires sur Théophraste, sous le nom bizarre de *Fritillaria crassa.* Bientôt la singularité des tiges et des fleurs de ces Plantes, et la facilité de leur culture, les firent rechercher par les curieux. Les serres chaudes des jardins d'Europe en offrirent bientôt un grand nombre qui furent apportées du cap de Bonne-Espérance, à l'époque où cette colonie était sous la domination hollandaise. Deux ouvrages ornés de belles figures ont été consacrés à l'illustration de ce genre : l'un est dû à Francis Masson qui le publia à Londres, en 1796, sous le titre de *Stapeliæ novæ;* l'autre a pour auteur N. J. Jacquin, et a paru à Vienne en 1806 : il est intitulé : *Stapeliarum in hortis Vindobonensibus cultarum descriptiones.* Quelques espèces ont aussi été décrites et figurées avec soin dans d'autres ouvrages, telles que les Plantes grasses de De Candolle, le *Botanical Magazine,* etc.

Les Stapélies sont des Plantes à tiges analogues à celles des *Cactus,* char-

nues, laiteuses, vertes ou glauques, anguleuses, dentées, dépourvues de feuilles, portant des fleurs dont l'aspect est des plus agréables, étant ornées de couleurs vives, jaunes, violettes, purpurines, etc. ; mais la plupart d'entre elles exhalent une odeur extrêmement fétide qui rappelle celle de la viande pourrie, à tel point que la mouche de la viande, attirée par cette odeur, vient y déposer ses œufs. On les cultive facilement dans les serres chaudes où elles se multiplient de boutures, et fleurissent ordinairement depuis le mois d'août jusqu'à la fin d'octobre.

Parmi les plus remarquables, nous citerons les *S. grandiflora, asterias, bufonia, hirsuta* et *reticulata.* (G..N.)

* **STAPHYLÉACÉES.** BOT. PHAN. L'une des tribus de la famille des Célastrinées, qui comprend les genres *Staphylea* et *Turpinia.* V. CÉLASTRINÉES.   (A. R.)

STAPHYLIER. *Staphylea.* BOT. PHAN. Genre de la famille des Célastrinées et de la Pentandrie Trigynie, L., qui offre les caractères suivans : un calice à cinq divisions profondes, dressées, colorées; une corolle formée de cinq pétales égaux, réguliers, alternes, avec les divisions calicinales; cinq étamines libres, distinctes et dressées, alternes avec les pétales ; deux ou trois pistils soudés ensemble par leur côté interne ; chaque ovaire est à une seule loge qui contient plusieurs ovules attachés à un trophosperme longitudinal; le style, à peine distinct du sommet de chaque ovaire, offre un sillon longitudinal sur sa face interne, et se termine par un stigmate simple. Le fruit est une capsule membraneuse, à deux ou trois loges, s'ouvrant par leur côté interne et contenant un très-petit nombre de graines globuleuses, osseuses, et comme tronquées à leur base. Les graines sont munies d'un endosperme charnu, très-mince ou presque nul, qui recouvre un embryon dont les deux cotylédons sont épais. Les espèces de ce genre, au nombre de six, sont des Arbrisseaux à feuilles composées, opposées ou alternes, accompagnées à leur base de deux stipules ; les fleurs sont blanches, disposées en grappes ou en panicule. Parmi ces espèces nous ferons remarquer le *Staphylea pinnata*, L., Duham. Arbr., 2, tab. 77, qui croît naturellement dans les bois des régions méridionales de l'Europe, et que nous cultivons très-communément dans nos jardins d'agrément sous le nom vulgaire de *Faux Pistachier*. Ses feuilles sont imparipinnées, composées de cinq ou sept folioles ; ses fleurs sont blanches, assez grandes, disposées en grappes pendantes ; les capsules sont membraneuses, renflées, vésiculeuses, contenant dans chaque loge une ou deux graines globuleuses, luisantes, tronquées à leur point d'attache. Les graines ont une saveur qui a quelque analogie avec celles des pistaches, mais elle finit par être âcre et désagréable.   (A. R.)

STAPHYLIN. *Staphylinus*. INS. Genre de l'ordre des Coléoptères Pentamères qui, dans l'acception linnéenne, répond à notre famille des Brachélytres ou à celle des Microptères de Gravenhorst, et qui, tel que ce dernier auteur l'a restreint, ne comprend plus que les espèces du groupe primitif, offrant les caractères suivans : tête séparée du corselet par un étranglement ou sorte de cou, non rétractile ; labre échancré ; antennes insérées au-dessus de cette pièce et des mandibules ; tous les palpes filiformes. L'étymologie grecque du mot Staphylin semblerait indiquer un Insecte vivant sur le froment ; et comme Aristote, à l'occasion des maladies des chevaux, dit qu'on ne peut opposer aucun remède efficace au mal produit par le Staphylin, on pourrait soupçonner qu'il s'agit ici d'un Animal analogue à celui que l'on appelait aussi *Buprestis*. Laissant la question d'identité indécise, Mouffet, d'après un ancien passage où il est dit que le Staphylin est semblable aux Sphondyles que l'on trouve dans les maisons, mais plus grand, qu'il s'engendre partout dans les champs, et qu'il relève sa queue lorsqu'il marche, désigne réellement ainsi des Insectes portant aujourd'hui cette dénomination, et nul doute que la première figure, et peut-être aussi la seconde des espèces qu'il représente, ne soit celle du *S. olens* ; il est encore vraisemblable que la troisième est celle du *maxillosus*. Il parle des deux vésicules anales qu'il compare à deux sortes d'aiguillons, mais en observant qu'ils ne sont et ne peuvent être, d'après leur nature, offensifs. Il figure ensuite, comme congénères, une chenille à queue fourchue, celle du *Bombix fagi* de Fabricius. Voulant éviter des répétitions inutiles, nous renverrons à l'article BRACHÉLYTRES pour tout ce qui concerne les Staphylins, considérés en général ou selon la méthode de Linné. Tel qu'il est aujourd'hui circonscrit, ce genre comprend les plus grandes espèces de la famille et les plus carnassières. Ces Insectes ont le corps long et étroit, avec les antennes en grande partie moniliformes, grossissant vers le bout ou un peu en massue dans quelques-uns, souvent terminées par un article ovoïde et un peu échancré obliquement ; la tête ordinairement ovoïde ; les mandibules avancées, pointues et croisées, le corselet en carré plus ou moins long, mais arrondi en demi-cercle postérieurement ; l'écusson distinct, les élytres courtes, et les tarses antérieurs souvent dilatés, du moins dans les mâles. Les espèces présentant ce dernier caractère, et ayant en outre la tête peu allongée, les antennes écartées à leur naissance et peu coudées ; la longueur de leur premier article égalant à peine le quart de la longueur totale, formeront une première division. Dans l'une d'elles, le Staphylin dilaté (*Germ. Faun. Insect. Europ.*, VI, 14), ces organes composent une massue dentée en scie, et le corselet est grand, presque semi-orbiculaire. Le docteur

Leach la distingue génériquement; celles dont les antennes ne forment point de massue dentée en scie constituent seules son genre Staphylin. Quelques-unes, par leurs antennes plus courtes, plus épaisses et un peu perfoliées, ainsi que par leur corps moins allongé, et dont le corselet plus large et tronqué en devant forme presque un demi-cercle, paraissent se rapprocher, quant au port, des Oxypores. Telles sont les trois suivantes : le STAPHYLIN A MACHOINES, *S. maxillosus*, Panz., *Faun.*, XXVII, 2, qui est d'un noir luisant, avec une grande partie des élytres et de l'abdomen d'un gris cendré, tacheté de noir. Le STAPHYLIN BOURDON, *S. hirtus*, Panz., *ibid.*, XXVII, 1, dont le corps est noir, très-velu, avec le dessus de la tête, du corselet et le bout de l'abdomen garnis de poils épais d'un jaune doré, et les étuis noirs à leur base, et d'un gris cendré ensuite. Le STAPHYLIN GRIS DE SOURIS, *S. murinus*, Panz., *ibid.*, XXVI, 16, dont la tête, le corselet et les étuis sont d'un bronzé foncé, luisant, dont l'écusson est jaunâtre avec deux taches très-noires, et qui a l'abdomen noir. D'autres Staphylins avoisinent les précédens quant à la figure du corselet; mais le corps et les antennes sont comparativement plus allongés. De ce nombre sont : 1° le STAPHYLIN ODORANT, *S. olens*, Panz., *ibid.*, XXVII, 1, qui est la plus grande des espèces de notre pays; tout noir, très-finement pointillé, avec la tête plus large que le corselet. Ses œufs sont d'une grosseur très-remarquable. 2° Le STAPHYLIN ÉRYTHROPTÈRE, *S. erythropterus*, dont le corps est noir, avec la base des antennes, les élytres et les pieds fauves; le limbe postérieur du corselet a une tache près de ses angles antérieurs d'un jaune d'or, et l'écusson très-noir. On formera une troisième subdivision avec des espèces dont le corselet est plus arrondi, et se rapproche de la forme d'un ovale tronqué en devant; il offre dans plusieurs des points enfoncés, disposés en séries longitudinales plus ou moins nombreuses. Ici viennent les espèces suivantes de Fabricius : *S. splendens, nitidus, politus, marginatus, flavescens*, etc. La seconde division générale des Staphylins se composera des espèces dont le corps est encore plus étroit et plus long ou linéaire, avec les antennes rapprochées à leur base, fortement coudées et grenues; la tête et le corselet sont allongés ; les tarses antérieurs sont rarement dilatés; les jambes antérieures sont épineuses, avec une forte dent au bout. On a formé avec ces espèces le genre Xantholin, *Xantholinus*. Nous citerons le STAPHYLIN ALLONGÉ, *S. elongatus* d'Olivier; le STAPHYLIN POINTILLÉ, *S. punctulatus* de Fabricius; le STAPHYLIN ÉCLATANT, *S. fulgidus* de Paykull, etc. *V.*, pour d'autres espèces, Gravenhorst et Gyllenhal, et le Catalogue de la collection des Coléoptères de Dejean.   (LAT.)

STAPHYLINUS. BOT. PHAN. (Pline.) Syn. du *Daucus Carota*.   (A. R.)

STAPHYLODENDRON. BOT. PHAN. (Pline.) Syn. de *Staphylea*. *V.* STAPHYLIER.   (A. R.)

STAPHYSAIGRE. BOT. PHAN. Espèce du genre Dauphinelle qui sert de type à la quatrième section établie par De Candolle dans ce genre. (B.)

STARBIA. BOT. PHAN. Du Petit-Thouars (*Gen. nov. Madag.*, p. 7, n. 23) a établi sous ce nom un genre de la famille des Scrophularinées ou Rhinanthacées, et l'a caractérisé de la manière suivante : calice inégal, à cinq découpures aiguës ; corolle globuleuse, inégale, ventrue ; la lèvre supérieure plus courte, fendue ; l'inférieure trilobée; étamines didynames, incluses, à filets hérissés, à anthères dont les deux loges sont inégales, barbues au sommet, divariquées; style courbé, surmonté d'un stigmate oblong, comprimé; capsule biloculaire, renfermée dans le calice, s'ouvrant en quatre valves à la maturité, renfermant des graines nombreuses, très-petites, fixées à un placenta central, renfermées dans une gaîne cylindrique. La Plante qui constitue ce genre n'a pas encore reçu de nom spécifique. C'est une Herbe qui a le port des *Bartsia*. Sa tige est tétragone, munie de feuilles opposées ou alternes; ses fleurs sont axillaires, solitaires, presque sessiles, accompagnées de deux bractées linéaires.   (G..N.)

STARCKIA. BOT. PHAN. Le genre ainsi nommé par Willdenow est le même que l'*Andromachia*. *V.* ce mot.   (A. R.)

* STARIK. OIS. Pallas (*Spicileg.*, n. 5, p. 15 et 19), ainsi que Fleurieu dans le Voyage de Marchand (T. III, p. 166), ont nommé ainsi l'Oiseau, type du genre *Phaleris*.   (LESS.)

STARIQUE. *Phaleris*. OIS. Genre de l'ordre des Palmipèdes. Caractères : bec plus court que la tête, déprimé, dilaté sur les côtés, presque quadrangulaire, échancré à la pointe; mandibule inférieure formant un angle saillant; narines placées au milieu du bec près du bord, linéaires, à moitié fermées derrière et en dessus, percées de part en part; pieds courts, retirés dans l'abdomen; tarses grêles; trois doigts devant; ongles très-courbés; ailes médiocres; première rémige la plus longue. Confondus jusqu'à ce jour, avec les Macareux dont ils réunissent à la vérité différens caractères, les Stariques ont été érigés en genre par Temminck, dans son Analyse d'un Système général d'Ornithologie. Cet auteur a groupé autour de l'espèce principale, nommée *Starik* par les naturalistes russes, quelques autres Oiseaux qui lui paraissaient déplacés parmi les Macareux, et en a formé une petite famille qui semble bien naturelle. Les Stariques, comme les Macareux, les Guillemots et les Pingouins, quittent rarement les mers glaciales des deux pôles : ils nagent ou courent au milieu des glaçons avec une agilité admirable; eux seuls avec quelques monstrueux habitans des mers, animent ces immenses domaines des frimas. Les antres des rivages, les crevasses des rochers corrodés qui sourcillent au-dessus des flots, sont pour les Stariques des temples de l'hymen; c'est dans ces âpres retraites voisines du Groënland et du Kamtschatka que ces Oiseaux, rassemblés ordinairement en bandes extrêmement nombreuses, élèvent, sur quelque peu de duvet entouré de fucus, une famille à laquelle, suivant le rapport des voyageurs, ils témoignent le plus vif attachement. Leur nourriture consiste dans les parties les plus tendres des Plantes marines dont ils font usage, ainsi que des Mollusques et des petits Poissons.

STARIQUE CRISTATELLE, *Phaleris cristatella*, Temm., Ois. color., pl. 200. Parties supérieures d'un brun noirâtre; tête garnie d'une aigrette recourbée en avant formée par la réunion de six ou huit plumes; front et côtés du bec garnis de plumes très-longues, effilées, blanches, qui se dirigent en différens sens vers le derrière du cou; parties inférieures d'un brun cendré; poitrine d'un gris bleuâtre; abdomen tirant sur le jaunâtre; bec rouge, jaunâtre à l'extrémité; pieds noirâtres. Taille, six pouces, six lignes. Les jeunes, *Alca Pygmœa*, Lath., ont le bec plus déprimé que les adultes, ce qui fait que, faute d'avoir pu les mieux connaître, on les a rapportés à l'espèce suivante (Starique Perroquet); ils sont en général d'un brun noirâtre; ils n'ont point de huppe frontale, ni de longues plumes blanches aux côtés de la tête; les plumes qui garnissent la région des oreilles sont un peu plus longues que les autres et terminées par de petites soies blanches; toutes celles du front sont noires avec une partie de la tige blanche; les scapulaires ont une teinte cendrée; gorge et poitrine d'un blanc jaunâtre sale; le reste des parties inférieures blanc.

STARIQUE PERROQUET, *Alca Psittacula*, Lath.; *Fratercula Psittacula*, Dum. Parties supérieures noires; une tache blanche au milieu de la paupière supérieure; une raie blanche, oblique sous l'œil, descendant de chaque côté du cou; parties inférieures blanches, nuancées de gris sur le cou, de noir aux flancs et aux jambes; bec rouge; pieds d'un brun jaunâtre. Taille, neuf pouces. Les jeunes, *Alca tetracula*, Lath., ont le bec beaucoup moins fort et plus aplati sur son arête; son plumage est à peu près le même; mais les nuances, surtout celle du noir, sont beaucoup moins vives; le bec est d'un brun jaunâtre; les pieds livides.

STARIQUE DES ANCIENS, *Alca antiqua*, Lath. Parties supérieures noires; un petit faisceau de plumes blanches derrière l'œil, s'élevant sur les côtés du cou en forme de croissant; queue courte et arrondie; gorge noire; parties inférieures blanches; bec blanchâtre, noir vers la pointe; pieds bruns. Taille, onze pouces.

(DR..Z.)

STARON. MOLL. Le *Columbella mercatoria*, Lamk., a reçu ce nom d'Adanson, Voyage au Sénégal, pl. 9, fig. 29. *V.* COLOMBELLE. (D..H.)

STATICÉ. *Statice.* BOT. PHAN. Genre de la famille des Plumbaginées, et de la Pentandrie Pentagynie, L., offrant les caractères suivans: calice ou périanthe extérieur persistant, tubuleux, membraneux et plissé à son limbe; corolle ou périanthe intérieur coloré, infundibuliforme; le limbe à cinq lobes étalés, obtus, ou composé de cinq pétales libres, rapprochés seulement en tube; cinq étamines à filets insérés à la base des pétales; ovaire surmonté de cinq styles filiformes, terminés par autant de stigmates aigus; capsule enveloppée par le périanthe, indéhiscente, uniloculaire, renfermant une seule graine soutenue par un cordon ombilical, ayant son point d'attache au sommet de la capsule, mais qui, à la base de la capsule, prend une situation droite. Les espèces de Staticés sont extrêmement nombreuses, et se reconnaissent facilement à un port particulier qui n'est pas dépourvu d'élégance. La plupart habitent les côtes maritimes, particulièrement celles des régions chaudes et tempérées. On en trouve quelques espèces qui se plaisent dans l'intérieur des terres, sur les coteaux arides. Tournefort les divisait en deux genres nommés *Statice* et *Limonium*. Mœnch a distingué en outre le *Statice monopetala*, comme genre particulier, sous le nom de *Limoniastrum*. Les rapports intimes qui existent entre les espèces de ce genre, y ont occasioné un peu de confusion, et de même que dans tous les genres nombreux en espèces, la synonymie de ces Plantes est encore fort embrouillée, et appelle l'attention d'un monographe. Les fleurs des Staticés sont nombreuses et ornées de couleurs variées; on en voit de roses ou purpurines, de bleuâtres, de blanches et même de jaunes. Les tiges sont simples, scapiformes ou ramifiées, ordinairement dépourvues de feuilles ou seulement munies de feuilles radicales qui sont très-caduques. Parmi les espèces qui croissent en France et qui se font remarquer par leur beauté, nous citerons le *Statice Armeria*, L., Plante à feuilles linéaires, planes, obtuses, radicales, à hampe deux fois et même quatre fois plus longue que les feuilles, portant un capitule de fleurs roses. Cette Plante est commune sur les pelouses sèches de l'Europe. On cultive, sous le nom de Gazon d'Olympe, dans les jardins où elle sert à faire des bordures, une jolie petite espèce très-voisine de la précédente, dont elle n'est peut-être qu'une variété. Le *Statice Limonium* est une des espèces qui se trouvent en plus grande abondance sur le littoral de l'Océan et de la Méditerranée. Elle donne beaucoup de Soude par incinération.

(G..N.)

* STATYRE. *Statyra.* INS. Genre de l'ordre des Coléoptères, section des Hétéromères, famille des Trachélides, tribu des Lagriaires, établi par Latreille (Fam. nat. du Règ. Anim., et Règ. Anim., nouv. édit.) et ayant pour caractères, suivant Lepelletier de Saint-Fargeau et Serville: anten-

nes assez longues, filiformes, composées de onze articles, les dix premiers coniques, le second fort petit, le onzième cylindrique, surpassant en longueur les trois précédens réunis au moins dans les mâles, insérées latéralement sur un tubercule de la tête avant le prolongement de celle-ci. Bouche placée à l'extrémité du prolongement antérieur de la tête; labre très-avancé, transversal, coupé carrément en devant; mandibules et mâchoires fort courtes, peu apparentes. Palpes maxillaires fort grands, de quatre articles, le premier très-court, le second fort long, cylindrico-conique, le troisième très-petit, obconique, le dernier le plus long de tous, en couperet allongé; palpes labiaux très-courts, peu visibles. Tête rétrécie postérieurement en une sorte de cou, prolongée en devant et amincie en une espèce de museau; chaperon presque carré, un peu convexe; yeux très-grands, assez rapprochés sur le front ainsi qu'en dessous de la tête, échancrés, recevant dans cette échancrure la base du tubercule radical des antennes. Corps allongé, rétréci en devant. Corselet rebordé postérieurement, convexe, rétréci en devant. Ecusson très-petit, punctiforme; élytres allongées, plus larges que le corselet, très-peu dilatées avant leur extrémité, recouvrant les ailes et l'abdomen; pates assez fortes; cuisses antérieures un peu renflées; jambes un peu arquées à leur base; tarses très-velus, leur pénultième article bilobé; le premier des postérieurs aussi long que les trois autres pris ensemble. Les Lagries diffèrent du genre dont il est question ici, parce que leurs antennes vont en grossissant, et sont, en tout ou en partie, presque grenues; par leur corselet presque cylindrique ou carré, et leur tête peu avancée en devant et arrondie insensiblement en arrière. Le genre Hémipèple, que Latreille rapporte avec doute à la même tribu, en est bien distingué par ses antennes filiformes presque grenues et coudées, et par d'autres caractères

faciles à saisir. Jusqu'à présent on ne connaît que deux espèces de Statyres; elles ont été décrites pour la première fois par Lepelletier de Saint-Fargeau et Serville dans l'Encyclopédie, et se trouvent au Brésil. Nous citerons comme principale espèce :

La STATYRE AGROÏDE, *Statyra agroides*, Lep. et Serv., Encycl. Longue de cinq lignes, ressemblant au premier coup-d'œil à une Agra, et ayant une couleur testacée brune.

(G.)

STAUNTONIA. BOT. PHAN. Genre de la famille des Ménispermacées, établi par De Candolle (*Syst. Veget.*, ɪ, p. 5ɪ3) qui l'a ainsi caractérisé : fleurs dioïques. Les mâles ont un calice à six sépales linéaires, disposés sur deux rangs, les trois extérieurs un peu plus larges; point de corolle; des étamines monadelphes; six anthères presque réunies en anneau, déhiscentes extérieurement par une double fente, finissant au sommet en arêtes un peu charnues. Les fleurs mâles sont inconnues. Ce genre est encore trop peu connu pour que sa place soit bien définitive parmi les Ménispermacées. Il a un peu de rapport par son feuillage avec le *Sterculia* qui appartient à une famille différente; mais les caractères de sa fleur le rapprochent du *Lardizabala*. Le *Stauntonia chinensis* est un Arbuste de la Chine, sarmenteux, grimpant, glabre, à feuilles alternes, pétiolées, peltées, composées de cinq folioles ovales, oblongues, très-entières. Les bourgeons floraux sont axillaires, et de chacun d'eux s'élève un pédoncule qui se divise en deux ou trois pédicelles, dont l'un porte une fleur avortée. (G..N.)

STAURACANTHE. *Stauracanthus.* BOT. PHAN. Genre de la famille des Légumineuses, établi par Link (*in Schrad. neu. journ.*, 2, p. 52) et ainsi caractérisé : calice divisé en deux lèvres dont la supérieure est bifide, l'inférieure tridentée; toutes les étamines réunies par leurs filets; gousse longuement saillante hors du calice, plane, comprimée, poly-sperme. Ce genre est extrêmement voisin de l'*Ulex*, aux dépens duquel il a été formé. Le *Stauracanthus aphyllus*, Link, *loc. cit.* ; *Ulex genistoides*, Brotero, *Fl. Lusit.*, 2, p. 78, est un Arbrisseau dépourvu de feuilles, à branches divariquées et à gousses très-glabres. On le trouve dans le Portugal, au milieu des bois de Pins et dans des localités sablonneuses. (G..N.)

STAUROBARYTE. MIN. (Saussure.) Syn. de Harmotome. *V.* ce mot. (A. B.)

STAUROLITHE. MIN. (Werner et Lamétherie.) Syn. de Staurotide. Kirwan nomme aussi Staurolithe l'Harmotome. (A. R.)

STAUROPHORA. BOT. CRYPT. (*Hépatiques.*) Willdenow a formé sous ce nom un genre pour la *Marchantia cruciata*, qui est le *Lunularia* de Micheli, d'Adanson et de Raddi. *V.* LUNULARIA. (A. R.)

STAUROTIDE. MIN. Schorl cruciforme ; Pierre de Croix et Croisette ; Staurolithe. Substance d'un brun rougeâtre ou grisâtre, fusible en fritte, s'offrant toujours cristallisée sous la forme de prismes rhomboïdaux. Elle a une structure sensiblement laminaire, dont les joints mènent à un prisme droit rhomboïdal de 129°30', dans lequel la hauteur est à la grande diagonale des bases, comme un à six. Ce prisme se subdivise très-nettement dans le sens de la petite diagonale. La cassure de la Staurotide est conchoïde et inégale, un peu luisante et comme résineuse dans les cristaux bruns, terne et tirant sur celle de l'Argile dans les cristaux d'une couleur grise. Elle est seulement translucide sur les bords minces ; sa dureté est inférieure à celle de la Topaze et supérieure à celle du Quartz ; sa pesanteur spécifique varie de 3,2 à 3,9. Elle est composée de 6 atomes de bisilicate d'Alumine, et d'un atome de Silicate bi-ferrugineux ; ou en poids, de Silice 29, Alumine 53, Bi-oxide de Fer

18. Les cristaux de ce Minéral sont tantôt simples et tantôt maclés. Les variétés de formes simples ou sans groupement, se réduisent à trois ; ce sont : 1° la Staurotide primitive : en prisme rhomboïdal, ordinairement allongé dans le sens de son axe ; 2° la Staurotide périhexaèdre : c'est la forme précédente tronquée sur ses arêtes longitudinales aiguës ; 3° la Staurotide unibinaire (Haüy) ; la variété précédente, dans laquelle les angles obtus de la base sont remplacés par une facette triangulaire très-oblique. Les cristaux maclés résultent du croisement régulier de plusieurs cristaux simples, prismatiques. Ce groupement cruciforme a toujours lieu de manière que les prismes réunis paraissent se pénétrer mutuellement, et que leurs axes se croisent ou sous l'angle de 90°, ou sous ceux de 120° et 160°. De-là les variétés suivantes, que l'on distingue parmi les macles de Staurotide :

STAUROTIDE CROISÉE RECTANGULAIRE : offrant l'apparence de deux cristaux semblables à la variété périhexaèdre, qui se pénétreraient par leur milieu, et dont les axes seraient perpendiculaires entre eux. A Saint-Jacques de Compostelle ; en Bretagne.

STAUROTIDE CROISÉE OBLIQUANGLE : les deux prismes entiers, qui par leur pénétration apparente, donnent ce nouvel assortiment, ont leurs axes inclinés l'un à l'autre sous les angles de 60° et 120°. On la trouve au Saint-Gothard ; en France, dans la Bretagne.

STAUROTIDE TERNÉE : assemblage de trois prismes qui semblent se pénétrer, et produisent une sorte de groupement stelliforme.

Sous le rapport des caractères extérieurs, on distingue deux variétés principales de Staurotide, auxquelles Brongniart a conservé les dénominations spécifiques de *Grenatite* et de *Croisette*, qu'on leur avait anciennement données. L'une comprend tous les cristaux d'un brun-rougeâtre, translucides, en longs prismes simples ou rarement groupés entre eux, qui se rapprochent du Grenat par leur aspect : de-là le nom de *Grenatite*, donné à cette variété par Saussure, qui l'a découverte au Saint-Gothard ; l'autre comprend les Staurotides opaques d'un brun grisâtre, qui semblent affecter particulièrement et presque constamment la disposition cruciforme. Elles abondent en différens endroits du Finistère, et on les trouve aussi en cristaux assez volumineux, ayant quelquefois plusieurs pouces de longueur, à Saint-Jacques de Compostelle, où elles sont l'objet de la vénération des pélerins, ainsi que la Macle que l'on rencontre avec elles dans le même terrain.

Les Staurotides appartiennent exclusivement aux terrains primordiaux, et principalement aux Micaschistes et aux Schistes argileux. Les Minéraux qui l'accompagnent le plus fréquemment sont le Grenat et le Disthène. On trouve la Staurotide dans le Micaschiste même au Saint-Gothard ; dans les Roches qui lui sont subordonnées, à Greiner dans le Zillerthal eu Tyrol ; dans le Schiste argileux primitif, au passage de Grassoney dans les Pyrénées ; dans des Schistes argileux très-rapprochés du sol intermédiaire, dans le département du Finistère en France, principalement aux environs de Quimper, de Baud et de Coray ; à Saint-Jacques de Compostelle en Galice.

(G. DEL.)

STÉASCHISTE. MIN. Schiste talqueux ; Talc schistoïde ; Talkschiefer des Allemands. Roche cristalline, à structure schisteuse, composée essentiellement de lamelles de Talc, et renfermant différens minéraux disséminés, tels que le Grenat, l'Amphibole, le Pyroxène, le Quartz, le Fer oxidulé, le Fer sulfuré aurifère, etc. Cette espèce comprend les Roches à base de Chlorite schistoïde ; elle prend quelquefois l'aspect phylladiforme, avec des teintes noirâtres, qu'elle doit à un principe charbonneux. Elle renferme souvent des Macles et des espèces de nœuds qui sont dues à une substance (probablement la Macle ou la Staurotide) imparfaitement cristallisée et comme empâtée avec la matière du Talc. Les Stéaschistes phylladiformes sont quelquefois chargés de particules quartzeuses ; ils sont alors assez durs pour recevoir une sorte de poli. C'est à cette variété de Roche que l'on rapporte les Pierres qui servent à aiguiser les faulx. Les Stéaschistes appartiennent à la partie supérieure du sol primordial ; ils sont stratifiés et forment des terrains assez étendus et même des montagnes entières ; mais rarement ils les composent seuls, et sont presque toujours accompagnés de Schistes argileux et de Roches ophiolitiques. (G. DEL.)

STÉATITE. MIN. Variété compacte du Talc. *V.* ce mot. (G. DEL.)

STEBE. BOT. PHAN. *V.* STOEBE.

STEEN-BOCK. MAM. Ce mot, qui en hollandais signifie Bouc des pierres, est devenu le nom spécifique d'une Antilope du cap de Bonne-Espérance. *V.* ce mot. (IS. G. ST.-H.)

STEGANIA. BOT. CRYPT. (R. Brown.) *V.* LOMARIA.

STÉGANOPE. OIS. Genre d'Oiseaux de l'ordre des Echassiers, établi par Vieillot pour un Oiseau désigné par D'Azzara sous le nom de Chorlite à tarse comprimé. Ses caractères sont les suivans : le bec est droit, effilé et faible, avec des narines linéaires, placées dans une rainure ; les tarses sont extrêmement comprimés latéralement ; il y a quatre doigts dont les trois antérieurs sont bordés d'une membrane dans tout leur contour. L'espèce unique de ce genre, *Steganopus tricolor*, Vieillot, a été trouvée au Paraguay. (A. R.)

STÉGANOPODES. OIS. Trente-neuvième famille de la méthode zoologique d'Illiger, qui comprend les Oiseaux palmipèdes, dont les quatre doigts sont tous engagés dans la même membrane. (A. R.)

STEGIA. BOT. PHAN. *V.* LAVATÈRE.

STEGIA. BOT. CRYPT. (*Hypoxylées.*) Genre de la section des Phacidiées fondé par Fries qui l'a aussi désigné par le nom d'*Eustegia*, pour qu'on ne le confonde pas avec le genre *Stegia* de De Candolle que ce savant ne considère plus que comme une section des *Lavatera*. Le *Stegia* de Fries est ainsi caractérisé : périthécium en forme de cupule orbiculaire, entouré d'un rebord saillant, s'ouvrant au moyen d'un opercule ; thèques dressées, parallèles, diffluentes ; ce genre renferme une espèce qui croît sur les branches de Pins ; lorsque l'opercule est tombé, elle ressemble à une Pezize ; le *Sphæria complanata ilicis* de Mougeot et Nestler, *Stirp.*, n. 82, paraîtrait en être une seconde espèce.

(AD. B.)

* **STEGONOTUS.** BOT. PHAN. Cassini (Opusc. Phyt., 2, p. 64) a proposé, sous ce nom, un genre de la famille des Synanthérées, tribu des Arctotidées, et qui a pour type l'*Arctotis undulata* de Gaertner. Ce genre se distinguerait des vrais *Arctotis* par les caractères suivans : folioles extérieures de l'involucre en forme d'appendices, étalées, linéaires, subulées et foliacées ; réceptacle alvéolé à cloisons tronquées, portant des fimbrilles piliformes ; face extérieure de l'akène pourvue de trois saillies longitudinales, laminées, entières, celle du milieu en forme de cloison, les deux latérales en forme de valves, rapprochées sur leurs bords de manière à former deux loges vides ; aigrette composée de huit paillettes denticulées sur leurs bords. (G..N.)

STÉGOPTÈRES ou **TECTIPENNES.** INS. Duméril désigne sous ce nom une famille de Névroptères comprenant les genres Fourmilion, Ascalaphe, Termite, Psoque, Hémérobe, Panorpe, Raphidie, Semblide et Perle. *V.* ces mots. (G.)

STEGOSIA. BOT. PHAN. Ce genre de Loureiro est le *Rottboella exaltata*, L. (A. R.)

STEINHEILITE. MIN. Nom donné à la variété de Dichroïte ou Cordié-rite, que l'on trouve à Orijarvi, près d'Abo en Finlande. *V.* DICHROÏTE.

(G. DEL.)

STÉLÉCHITES. BOT. FOSS. *V.* LITHOCALAMES.

STÉLIDE. *Stelis.* INS. Genre de l'ordre des Hyménoptères, section des Porte-Aiguillons, famille des Mellifères, tribu des Apiaires, établi par Latreille et par Panzer aux dépens des *Apis* de Kirby, des *Megilla* de Fabricius, *Anthophora* d'Illiger et dont Latreille avait placé quelques espèces dans ses genres *Megachile* et *Anthidium*. Les caractères de ce genre peuvent être exprimés ainsi qu'il suit : corps oblong ; tête transverse ; antennes filiformes, brisées, composées de douze articles dans les femelles, de treize dans les mâles ; le premier long, les autres presque égaux entre eux. Labre en carré allongé, dépassant les mandibules ; celles-ci assez larges, cannelées en dessus, bidentées au côté interne. Palpes maxillaires très-courts, de deux articles, le premier long, cylindrique, le dernier cylindro-conique ; trois ocelles disposés en triangle sur le vertex. Corselet court, convexe ; écusson mutique. Ailes supérieures ayant une cellule radiale, rétrécie depuis son milieu jusqu'à son extrémité, celle-ci assez aiguë, un peu écartée de la côte, et trois cellules cubitales ; la première et la seconde presque égales entre elles, cette dernière rétrécie vers la radiale, recevant la première nervure récurrente ; troisième cubitale recevant la seconde nervure récurrente et n'atteignant pas le bout de l'aile. Pates de longueur moyenne ; jambes intermédiaires munies à leur extrémité d'une épine simple, aiguë ; premier article des tarses très-grand, aussi long que les quatre autres réunis ; crochets bifides. Abdomen cylindrique ovale, recourbé, convexe en dessus, un peu concave en dessous, dépourvu de poils dans cette partie chez les deux sexes, composé de cinq segmens entre l'anus dans les femelles, en ayant un de plus dans les mâles.

Les Stélides se distinguent des Cœlioxides, parce que ceux-ci ont deux dents à l'écusson, tandis que les premiers n'en ont pas ; les genres Anthidie, Osmie, Lithurge et Mégachile en diffèrent par leur abdomen et par d'autres caractères tirés des palpes et de la forme des cellules des ailes. Des caractères de la même valeur les distinguent des Ammobates, Philérèmes, Épéoles, etc. Le genre Stélide est peu nombreux ; les espèces qui le composent sont parasites des genres Osmie, Anthidie et Mégachile, c'est-à-dire qu'elles déposent leurs œufs dans les nids des espèces de ces genres. Nous citerons comme type :

La STÉLIDE PETITE, *Stelis minuta*, Lepell. St.-Farg. et Serv., Encycl. Longue de trois lignes, noire ; les trois premiers segmens de l'abdomen ayant de chaque côté une tache allongée blanchâtre. On la trouve aux environs de Paris.   (G.)

STÉLIDE. *Stelis*. BOT. PHAN. Genre de la famille des Orchidées, tribu des Malaxidées, qui comprend plusieurs espèces parasites, principalement originaires de l'Amérique méridionale, et en général remarquables par l'extrême ténuité de leurs fleurs qui sont souvent incomplétement unisexuées. Ces fleurs sont disposées en épis allongés ; les trois divisions extérieures du calice sont égales et semblables, étalées, soudées ensemble par leur partie inférieure ; le labelle est absolument de même forme que les deux divisions internes du calice, qui sont concaves et plus courtes que les extérieures ; le gynostême est court, terminé par une anthère operculiforme, à deux loges, contenant chacune une masse de pollen solide, ovoïde, allongée, réunie à celle de la loge contiguë par une substance comme glanduleuse. Les espèces de ce genre sont en général de petite taille ; leur racine est fibreuse ; leur tige est simple, nou renflée en bulbe à leur partie inférieure ; elle ne porte généralement

qu'une seule feuille coriace, entière, articulée à sa base. Les fleurs sont petites, verdâtres ou légèrement purpurines.   (A. R.)

STELLA. MOLL. Genre proposé par Klein (Méth. ostrac., p. 16) pour une espèce de Turbo dont la spire est garnie de cinq à six côtes rayonnantes qui aboutissent à autant de tubercules saillans sur le contour. Ce genre n'a point été adopté.

    (D..H.)

STELLAIRE. *Stellaria*. BOT. PHAN. Genre de la famille des Caryophyllées, tribu des Alsinées, et de la Décandrie Trigynie, L., ayant pour caractères principaux : un calice à cinq sépales ovales-lancéolés, ordinairement étalés ; une corolle à cinq pétales oblongs, bifides, marcescens ; dix étamines ; ovaire arrondi, surmonté de trois styles divergens, terminés par des stigmates obtus ; capsule ovoïde, uniloculaire, à six valves, renfermant plusieurs graines arrondies, comprimées. Ce genre est voisin de l'*Arenaria* et du *Cerastium* ; il se distingue du premier par ses pétales bifides, du second par le nombre de ses styles ; mais ces caractères ne sont pas tellement absolus qu'on n'ait confondu les espèces d'un genre à l'autre. Auguste Saint-Hilaire (Mém. du Mus., 2, p. 87) a fondé son genre *Larbrea* sur le *Stellaria aquatica*, Poll., qui a les étamines et les pétales périgynes. Les Stellaires sont en général de petites Plantes herbacées, la plupart européennes, à feuilles étroites, linéaires, à fleurs blanches, ouvertes en étoile, circonstance qui a fait naître l'idée du nom générique. Parmi les espèces les plus connues, et en même temps les plus agréables à la vue, nous mentionnerons le *Stellaria holostea*, L., qui croît abondamment dans les bois aux environs de Paris. Ses fleurs sont grandes, nombreuses, d'un beau blanc de lait, et forment une panicule terminale. Le *Stellaria graminea*, L., est une autre espèce assez répandue dans les haies et les fossés ; elle est plus petite dans toutes ses parties que la précédente; ses tiges sont très-grêles, garnies de feuilles linéaires, et portant des fleurs dont les pétales sont étroits et profondément divisés en deux, ce qui donne à la fleur l'aspect d'une étoile mieux que dans toute autre espèce.   (G..N.)

STELLARIS. ois. Syn. du Butor. *V*. Héron.   (DR..Z.)

STELLER. ois. Syn. de Canard à collier bleu. *V*. Canard.   (B.)

STELLÈRE. *Stellera*. mam. *V*. Rytine.

STELLÈRE ou STELLÉRINE. *Stellera*. bot. phan. Genre de la famille des Thymélées et de l'Octandrie Monogynie, L., offrant les caractères suivans : périanthe corolloïde, infundibuliforme, dont le tube est grêle et allongé, le limbe à quatre lobes; huit étamines dont les filets sont très-courts, insérés sur le périanthe; ovaire supère, surmonté d'un style très-court, terminé par un stigmate en tête; capsule dure, petite, luisante, enveloppée par le périanthe persistant, et terminée par une pointe courbée en forme de bec. Ce genre, qui a été réuni aux *Passerina* par quelques auteurs, ne se compose que de trois espèces, l'une d'Europe, et les autres de Sibérie. Le *Stellera Passerina*, L., vulgairement nommé *Herbe à l'Hirondelle*, est une Plante à tige divisée en rameaux grêles, presque filiformes, garnis de feuilles alternes, linéaires, très-glabres. Les fleurs sont petites et sessiles dans les aisselles des feuilles. Cette Plante croît dans les champs, mais seulement en quelques localités.   (G..N.)

STELLÉRIDES. échin. Section établie par Lamarck (Hist. des Anim. sans vert. T. ii, p. 527) dans la grande division des Radiaires échinodermes. Cette section comprend les genres Comatule, Euryale, Ophiure et Astérie. *V*. ces mots.   (AUD.)

STELLÉRINE. bot. phan. *V*. Stellère.

STELLIFÈRE. pois. Genre de Poissons Osseux Acanthoptérygiens de la famille des Percoïdes, et de la tribu des Percoïdes à dents en velours, créé par Cuvier. Leur tête est nue et creuse; les sous-orbitaires, le préopercule et l'opercule sont munis d'épines; leur museau est bombé, et leurs dents sont en velours; les ouïes n'ont que quatre rayons branchiaux.

Le type de ce genre est le Bodian Stellifère, *Bodianus Stellifer*, Bloch, pl. 231, fig. 1, qui vit au cap de Bonne-Espérance.   (LESS.)

STELLION. *Stellio*. rept. saur. Genre voisin des Agames, mais qui se distingue très-bien de ce groupe et des autres genres de la famille des Iguaniens par sa queue couverte de grandes écailles toujours disposées par bandes régulières, et le plus souvent épineuses. Ce sont des espèces assez semblables aux Lézards par les formes générales, par les organes du mouvement et par les organes des sens, mais qui manquent de dents palatines, et qui ont la langue épaisse, non extensible. et seulement échancrée à sa pointe. Du reste, les Stellions, en comprenant sous ce nom toutes les espèces que Cuvier rapporte à ce groupe, présentent entre eux de nombreuses différences sous le rapport de la forme, de la grandeur et de la disposition des écailles des membres, du corps et de la tête; et ce sont ces différences qui ont motivé l'établissement des quatre sous-genres suivans :

† Les Cordyles, *Cordylus*, Daud., sont remarquables par la grandeur des écailles de leur corps qui forment des bandes régulières, et qui leur composent une sorte de cuirasse ou d'armure complétée par les écailles de la queue, qui toutes se terminent en arrière par une pointe épineuse. Enfin leur tête est couverte de plaques, et leurs cuisses, qui sont revêtues, ainsi que leurs membres antérieurs, d'écailles un peu

plus petites que celles du corps, présentent une ligne de très-grands pores. Cuvier a distingué dans ce sous-genre plusieurs espèces que Linné avait confondues sous le nom de *Lacerta Cordylus*; elles habitent le cap de Bonne-Espérance, et se nourrissent d'Insectes. Elles atteignent généralement la taille de sept à huit pouces, et varient du gris au noir. L'une d'elles est remarquable par une ligne jaune placée sur le dos : Cuvier l'a nommée *Cordylus dorsalis*. Il faut bien se garder de confondre ces Sauriens avec le Cordyle des anciens, qui n'est autre chose que le Triton à l'état de larve.

†† Les STELLIONS proprement dits, *Stellio*, Daud. Ils ont la queue longue et grêle dans sa dernière portion; la tête renflée en arrière par les muscles des mâchoires; ils manquent de pores cruraux. Enfin, ce qui les distingue plus particulièrement, on remarque sur le corps, principalement à sa partie supérieure, au milieu des écailles très-petites qui le recouvrent presque partout, d'autres écailles beaucoup plus grandes et souvent épineuses, dont la plupart sont placées en séries les unes au-dessus des autres sur les flancs, et forment un certain nombre de lignes transversales.

Le STELLION DU LEVANT, *Stellio vulgaris*, Daud.; *Lacertia Stellio*, L., est la seule espèce connue dans ce sous-genre. Il a un pied environ du bout du museau à l'extrémité de la queue qui forme environ les trois cinquièmes de la longueur totale. Il est généralement d'un brun olivâtre. Cette espèce, fort anciennement connue, mais qui ne doit point être confondue avec le Stellion des Latins (*V.* GECKO DES MURAILLES à l'article GECKO), est devenue célèbre par les prétendus usages de ses excrémens long-temps répandus dans le commerce sous les noms de *Cordylea* ou *Crocodilea* et de *Stercus Lacerti.* Aujourd'hui cette substance, si long-temps regardée comme un précieux cosmétique et si recherchée

dans tout l'Orient, paraît être complètement tombée en discrédit. On assure même que les Musulmans ont pris en aversion le Stellion, parce qu'il a l'habitude de baisser sa tête; ce qu'il fait, disent-ils, pour imiter l'attitude qu'ils prennent pendant leurs prières, et pour les railler.

††† Les QUEUES-RUDES, *Doryphorus*. Cuvier vient d'établir ce sous-groupe dans la seconde édition du Règne Animal, et il le caractérise ainsi : point de pores cruraux; point de petits groupes d'épines sur le tronc. On ne connaît encore que deux espèces de *Doryphorus*, décrites par Daudin sous les noms de STELLION A COURTE QUEUE et de STELLION AZURÉ.

†††† Les FOUETTE-QUEUES, *Caudiverbera*, de la plupart des auteurs; *Uromastyx*, Merr. Ce quatrième sous-genre, qui correspond à la section des Stellions bâtards de Daudin, a pour caractères particuliers d'avoir toutes les écailles du corps petites, lisses et uniformes, et celles de la queue très-grandes et très-épineuses; une série de pores à la partie interne de la cuisse; enfin la tête non renflée en arrière par les muscles des mâchoires. Ce sous-genre renferme plusieurs espèces pour la plupart remarquables par la beauté de leurs couleurs, et qui se trouvent à la fois dans les parties chaudes des deux continens.

Le FOUETTE-QUEUE D'ÉGYPTE, *Stellio spinipes*, Daud.; *Uromastyx spinipes*, Merr. Nous citerons seulement cette espèce remarquable par sa belle couleur verte, par la grande taille à laquelle elle parvient (on trouve communément des individus de deux à trois pieds de long), et par l'existence sur ses cuisses de plusieurs écailles assez grandes et épineuses. Cette espèce, que nous avons décrite avec détail, dans notre Histoire naturelle des Reptiles d'Égypte (*V.* le grand Ouvrage sur l'Égypte, pl. 2), est principalement répandue dans la Haute-Égypte et dans le désert. Elle est fréquemment apportée au Caire par les bateliers qui l'emploient habituellement et de diverses manières dans leurs exercices. Dans l'état de nature, elle vit sous terre dans des trous. (IS. G. ST.-H.)

* STELLORCHIS. BOT. PHAN. Le genre ainsi nommé par Du Petit-Thouars, dans ses Orchidées des îles d'Afrique, correspond au genre *Aplostellis* établi récemment par Achille Richard. *V.* ce mot au Supplément. (G..N.)

STEMASTRUM. BOT. CRYPT. (*Lycoperdacées.*) Rafinesque a établi sous ce nom un genre qui ne renferme qu'une seule espèce, le *Lycoperdon heterogeneum* de Bosc, nommée par Rafinesque *Stemastrum Boscii*. Cette Plante a déjà été constituée en genre distinct, sous le nom de *Mitremyces*, par Nées d'Esenbeck. *V.* ce mot. (AD. B.)

STEMMACANTHE. BOT. PHAN. Genre de la famille des Synanthérées, tribu des Carduacées, établi par Cassini sur le *Cnicus centauroides*, L., ou *Serratula cynaroides*, D. C. Ce genre paraît être le même que le *Hookia* de Necker; mais comme ce dernier correspond également aux genres *Rhaponticum* et *Alfredia*, Cassini a dû rejeter la dénomination imposée par Necker. Le *Stemmacantha* est principalement caractérisé : 1° par les appendices des folioles de l'involucre longs et étroits, plus larges cependant que le sommet des folioles qui sont lancéolées-aiguës, coriaces-scarieuses; 2° par l'aigrette dont les paillettes intérieures sont très-larges inférieurement.

Le *Stemmacantha cynaroides*, Cass., est une Plante herbacée qui a quelques ressemblances avec l'Artichaut. Sa racine est vivace; sa tige, haute d'environ deux pieds et demi, est dressée, cannelée, simple ou peu rameuse, garnie de feuilles très-grandes, tomenteuses, les inférieures pinnatifides, les supérieures oblongues-lancéolées, portant une ou deux calathides très-grosses, ovoïdes et

purpurines. Cette Plante croît dans les Pyrénées. (G..N.)

STEMMATES. INS. On a donné ce nom aux yeux lisses placés au-dessus de la tête dans certains ordres d'Insectes. *V.* INSECTES. (A. R.)

STEMMATOPE. MAM. *V.* PHOQUE.

STEMMATOSPERMUM. BOT. PHAN. (Palisot-Beauvois.) *V.* BAMBOU.

STEMMODONTIA. BOT. PHAN. Genre de la famille des Synanthérées, tribu des Hélianthées, section des Rudbeckiées, établi par Cassini, dans son article *Rudbeckiées* du Dictionnaire des Sciences naturelles, qui l'a ainsi caractérisé : involucre campanulé, composé de folioles sur deux ou trois rangs, les extérieures oblongues-lancéolées, appliquées et coriaces inférieurement, foliacées au sommet, les intérieures plus courtes, à bords membraneux et frangés. Réceptacle un peu convexe, garni de paillettes. Calathide radiée, dont les fleurs centrales sont nombreuses, régulières, hermaphrodites; les marginales sur un seul rang, en languettes et femelles. Ovaire un peu comprimé des deux côtés, surmonté d'une aigrette sessile en forme de couronne. La Plante sur laquelle ce genre a été constitué est une Herbe hérissée de poils nombreux, ce qui la rend très-rude au toucher; et l'auteur lui a donné en conséquence le nom de *Stemmodontia scaberrima*. Sa tige est dressée, très-rameuse, divariquée, garnie de feuilles rhomboïdales, dentées ou quelquefois lobées. Les fleurs ont la corolle jaune orangée. Cette Plante est cultivée au Jardin du Roi à Paris, mais sans indication d'origine. Cassini présume que le *Wedelia hispida* de Kunth lui est spécifiquement semblable, et que le *W. helianthoides* du même auteur est une seconde espèce de ce genre. (G..N.)

STEMODIA. BOT. PHAN. Genre de la famille des Scrophularinées et de la Didynamie Angiospermie, L., offraut les caractères suivans : calice divisé profondément en cinq parties droites, égales, persistantes ; corolle irrégulière, dont le tube est de la longueur du calice, le limbe droit, presqu'à deux lèvres, la supérieure ovale, entière, l'inférieure trilobée ; quatre étamines bifides à leur sommet, chaque division surmontée d'une ou deux anthères ; ovaire portant un style simple et un stigmate obtus ; capsule ovale-oblongue, à deux loges et à deux valves séparées par une cloison étroite, opposée à ces valves, renfermant des graines nombreuses et fort petites. Ce genre est voisin du *Capraria*, mais il s'en distingue essentiellement par ses étamines à filets bifurqués. Il renferme une quinzaine d'espèces qui croissent dans les diverses régions chaudes du globe. Le *Stemodia maritima*, L., qui se trouve aux Antilles dans les terrains inondés par la mer, peut être considéré comme le type du genre. C'est un sous-Arbrisseau à tiges grêles, inclinées ou couchées, rameuses, à feuilles opposées, sessiles, lancéolées, denticulées et glabres, à fleurs sessiles dans les aisselles des feuilles supérieures. (G..N.)

STEMONA. BOT. PHAN. Loureiro (*Flor. Cochinch.*, 2, p. 490) a établi sous ce nom un genre de la Monadelphie Tétrandrie, L., auquel il a imposé les caractères suivans : périanthe corolloïde, à quatre pétales subulés, dressés, égaux, deux extérieurs recouvrant obliquement les deux intérieurs ; quatre étamines dont les filets sont semblables aux pétales, soudés au-dessus de la base et placés sur un réceptacle ; anthères linéaires, biloculaires, grandes, adnées latéralement de chaque côté du filet jusque vers son milieu ; ovaire comprimé, arrondi, portant un stigmate sessile ; baie sphéroïde, uniloculaire, polysperme. Le *Stemona tuberosa*, Lour., est une Plante frutescente, grimpante, dépourvue de vrilles, à racine tubéreuse, fasciculée, comestible, à feuilles ovales, acu-

minées, très-entières, opposées, marquées de sept nervures. La fleur est jaune rougeâtre, solitaire et pédonculée dans les aisselles des feuilles. Cette Plante croît sans culture en Cochinchine et en Chine. Ses racines tubéreuses passent pour rafraîchissantes, et on en conseille l'usage dans les maladies de poitrine. Loureiro cite comme synonyme de cette Plante l'*Ubium polypoides* de Rumph (*Herb. Amb.*, liv. 5, tab. 129), que Lamarck a décrite dans l'Encyclopédie sous le nom de *Canjalat*. Willdenow, éditeur de l'ouvrage de Loureiro, pense que le genre *Stemona* est extrêmement voisin du *Tamus*. Nous avons beaucoup de raisons pour croire que la Plante en question se rapporte à une espèce d'Igname (*Dioscorea*), et peut-être au *D. triphylla*, L.   (G..N.)

STEMONITIS. BOT. CRYPT. (*Lycoperdacées.*) Ce genre, l'un des mieux caractérisés de la tribu des Trichiacées, comprend quelques espèces dont le péridium se détruit lors de la maturité de la Plante, et laisse à découvert un réseau filamenteux, de même forme que lui, renfermant dans ses intervalles les sporules, et traversé dans son milieu par un axe solide, filiforme, qui s'étend jusqu'au sommet. Ces Plantes très-petites croissent par groupes ordinairement nombreux sur les bois morts. Ordinairement le péridium, soutenu sur un pédicelle assez long et très-fin, est cylindrique, oblong ; quelquefois il est ovale ou presque globuleux.   (AD. B.)

* **STEMONURUS.** BOT. PHAN. Genre établi récemment par Blume (*Bijdr. Flor. ned. Ind.*, p. 648) qui l'a placé à la suite des Santalacées et l'a ainsi caractérisé : fleurs hermaphrodites, quelquefois dioïques par avortement. Calice court, très-entier ou obscurément denté ; corolle à cinq ou rarement à six pétales soudés à la base ; cinq ou rarement six étamines hypogynes, à filets alternes avec les pétales, comprimés, munis à leur sommet d'un faisceau de poils,

à anthères biloculaires, introrses; ovaire oblong, uniloculaire, renfermant deux ovules pendans; stigmate sessile, obtus; drupe succulente, ombiliquée, à noyau monosperme; graine pourvue d'un embryon renversé, petit, placé au sommet de l'albumen. Ce genre est composé de quatre espèces nommées S. *pauciflorus*, *secundiflorus*, *javanicus* et *frutescens*. Ce sont des Arbres ou Arbrisseaux qui croissent à Java ou dans les îles adjacentes. Les feuilles sont alternes, très-entières; leurs fleurs sont petites, disposées en épis axillaires.   (G..N.)

STENACTIS. BOT. PHAN. Genre de la famille des Synanthérées, proposé par Cassini qui le compose de l'*Erigeron alpinum*, L., et d'autres espèces du même genre, remarquables par leur aigrette double; l'extérieure très-courte, composée de rudimens de paillettes sur un seul rang; l'intérieure longue, caduque, composée de poils à peine plumeux et sur un seul rang. Ce genre se distingue à peine du *Diplopappus*, du *Diplostephium* et d'autres genres démembrés des *Erigeron*.   (G..N.)

STÉNANTHÈRE. *Stenanthera*. BOT. PHAN. R. Brown (*Prodr. Flor. Nov.-Holl.*, p. 538) a établi sous ce nom un genre de la famille des Epacridées et de la Pentandrie Monogynie, L., auquel il a assigné les caractères suivans: calice accompagné de plusieurs bractées; corolle dont le tube est ventru, du double plus long que le calice, dépourvu à l'intérieur de faisceaux de poils, le limbe court, étalé, barbu dans sa moitié; étamines à filets inclus, charnus, plus larges que les anthères; ovaire à cinq loges; drupe presque sèche, avec un noyau solide, osseux. Ce genre ne se distingue de l'*Astroloma*, autre genre établi par R. Brown aux dépens des *Vintenatia* de Cavanilles, que par l'absence des faisceaux de poils à l'intérieur de la corolle. Il ne renferme qu'une seule espèce, *Stenanthera pinifolia*,

Arbrisseau de la Nouvelle-Hollande, dressé, à feuilles piquantes, ramassées, à fleurs axillaires, droites, ayant le tube écarlate et le limbe jaune verdâtre. Les fleurs ont un disque hypogyne, cyathiforme et entier.

(G.N.)

* STENARRHENA. BOT. PHAN. Don, dans son Prodrome de la flore du Népaul, a établi sous ce nom un genre de la famille des Labiées, auquel il a imposé les caractères suivans: calice divisé jusqu'à la moitié en cinq découpures; corolle à deux lèvres, la supérieure en casque, l'inférieure à trois lobes, celui du milieu étant le plus grand; anthères très-longues, uniloculaires; stigmate bifide. Le *Stenarrhena lanata* est une Plante herbacée, très-velue, à feuilles presque sessiles, lancéolées, aiguës, crénelées, rugueuses, blanches et laineuses en dessous, à fleurs rouges, disposées en verticilles espacés et accompagnés de bractées très-entières. Cette Plante croît dans le Népaul.   (G..N.)

STENCORE ou STÉNOCORE. *Stenocorus*. INS. Geoffroy, dans son Histoire des Insectes des environs de Paris, désigna ainsi un genre d'Insectes coléoptères, composé de diverses espèces de *Cerambyx* et *Leptura* de Linné, dont les antennes sont insérées au-devant des yeux, et non dans une échancrure de ces organes, et dont les étuis vont en se rétrécissant vers le bout. Il le divisa en deux familles, selon que le corselet est muni latéralement d'un tubercule ou d'une épine, ou qu'il en est dépourvu. Il plaça dans la seconde les Coléoptères du genre *Donacia*. Quelques espèces de la première famille, à antennes proportionnellement plus courtes, à corselet armé de deux fortes épines, formèrent ensuite, dans le Système de Fabricius, son genre *Rhagium*; et les autres Stencores, à l'exception des Donacies, celui de *Leptura*. Mais d'autres Coléoptères de la même famille, celle des Longicornes, et dont les caractères génériques lui paraissaient ambigus, furent réunis par lui dans une sorte de magasin, auquel il appliqua la dénomination commune de *Stenocorus*. C'est une réunion d'espèces appartenant à quatre ou cinq genres différens. Les Sténcores de Geoffroy devinrent pour Degéer des Leptures. Olivier le suivit, à cela près qu'il sépara de ce genre, les espèces composant celui de *Rhagium* de Fabricius, et qu'il remplaça ce dernier nom par celui de Sténcore. Il serait à désirer que l'on rejetât tout-à-fait cette désignation, employée dans tant de sens divers, et c'est ce que nous avons fait dans la nouvelle édition du Règne Animal de Cuvier. Les Longicornes, formant, dans le Catalogue des Coléoptères de Dejean, le genre *Stenocorus*, sont pour nous des Acanthoptères. Les élytres de la plupart de ces Insectes se terminent chacune par une ou deux épines; telle est l'origine de cette dénomination. Les antennes, insérées dans une échancrure des yeux, toujours longues et sétacées, sont composées, dans les mâles au moins, de douze articles, se terminant, dans le plus grand nombre, par une ou deux petites dents ou épines, et barbus dans d'autres. La tête est penchée en avant et non verticale. Les palpes sont petits, avec le dernier article un peu plus gros; les labiaux sont plus courts que les maxillaires. Le corselet est souvent inégal, tuberculeux ou épineux latéralement. Les élytres de plusieurs espèces offrent quelques taches jaunes, disposées par paires. L'Amérique méridionale et les Antilles sont les contrées les plus riches en Insectes de ce genre. Germar (*Insect. Spec. Nov.*, p. 505), qui en fait une division de celui de *Cerambyx*, en a décrit dix nouvelles espèces. *V.* pour les autres le Catalogue précité de Dejean, et quant aux autres genres confondus par Fabricius avec celui de *Stenocorus*, les articles COLOBOTHÉE, DESMOCÈRE, VESPERUS et LEPTURÈTES.

(LAT.)

STÈNE. *Stenus.* INS. Genre de l'ordre des Coléoptères pentamères, famille des Brachélytres, section des Longipalpes, que nous avons séparé de celui de Pédère, avec lequel il avait d'abord été confondu par Fabricius et ensuite par Olivier. Il s'en éloigne à raison des antennes insérées près du bord interne des yeux, terminées en une massue de trois articles, et par la grosseur de ces derniers organes. Ces Insectes fréquentent les lieux humides ou les bords des ruisseaux, sont tous de très-petite taille, de couleur noire, et souvent garnis d'un court duvet soyeux et luisant. On en a décrit une vingtaine d'espèces, toutes propres à l'Europe. L'une des plus remarquables est le STÈNE A DEUX POINTS, *S. 2-guttatus*; Panz., *Faun. Insect. germ.*, XI, 17. Elle est noire, très-ponctuée, avec des poils argentés, une excavation sur le front, faiblement carénée, et un point roussâtre près de l'extrémité de chaque élytre. *V.* pour les autres, Gravenhorst, Paykull et Gyllenhal.

(LAT.)

STÉNÉLYTRES. *Stenelytra.* INS. Famille de l'ordre des Coléoptères, section des Hétéromères, établie par Latreille, et renfermant des Insectes placés par Linné dans ses genres *Tenebrio*, *Necydalis*, *Cerambyx* et *Cantharis*. Les antennes des Sténélytres sont filiformes ou sétacées, et jamais grenues ni perfoliées, ce qui les distingue des Taxicornes, et leur extrémité, dans le plus grand nombre, n'est point épaissie. Leur corps est le plus souvent oblong, carré en dessus, avec les pieds allongés; les mâles, aux antennes et à la grandeur près, ressemblent aux femelles. Latreille, dans la première édition du Règne Animal, avait réuni les Sténélytres dans un seul grand genre, celui d'Hélops; mais dans la seconde édition du même ouvrage, il dit que l'anatomie, tant intérieure qu'extérieure, indique qu'on peut partager cette famille en cinq tribus se rattachant à autant de genres, savoir: les Hélops, les Cistèles et les

Dircées de Fabricius ; les OEdémères et les Myctères d'Olivier. Nous savons de Léon Dufour, dit-il, qu'à l'égard des vaisseaux biliaires, dont l'insertion est cœcale, ou celle des postérieurs, cette insertion ne s'effectue pas dans les deux derniers genres, comme dans les premiers et les autres Hétéromères précédens, par un tronc commun, mais par trois conduits, dont l'un simple, le second bifide, et le troisième à trois branches. Les OEdémères lui ont offert des vaisseaux salivaires; leur tête est plus ou moins rétrécie et prolongée antérieurement en forme de museau, et le pénultième article des tarses est toujours bilobé, caractères qui semblent rapprocher ces Insectes des Coléoptères rhynchophores. Sous le rapport du canal digestif et de plusieurs autres considérations, les Hélops et les Cistèles avoisinent les Ténébrious; mais les Cistèles ont le ventricule chylifique lisse, les mandibules entières, et vivent généralement sur les fleurs ou les feuilles, ce qui les distingue des Hélops. La plupart des Dircées ont la faculté de sauter, et le pénultième article de leurs tarses, ou de quelques-uns au moins, est bifide; quelques-uns vivent dans les champignons, les autres dans le vieux bois. Ces Insectes se lient d'une part avec les Hélops, et de l'autre avec les OEdémères, et encore mieux avec les Nothus, sous-genre de la même tribu. Ce sont ces considérations qui ont engagé le célèbre entomologiste que nous citons, à partager sa famille des Sténélytres en cinq tribus réparties dans deux grandes divisions ainsi qu'il suit :

I. Antennes rapprochées des yeux; tête point prolongée en manière de trompe, et terminée au plus en un museau fort court.

Les tribus des HÉLOPIENS, CISTÉLIDES, SERROPALPIDES (Sécuripalpes, Fam. nat.), OEDÉMÉNITES. *V.* ces mots à leurs lettres ou au Supplément.

II. Tête notablement prolongée en devant, sous la forme d'un museau allongé ou d'une trompe aplatie, portant à sa base et en avant des yeux qui sont toujours entiers ou sans échancrure, et les antennes.

Tribu des RHYNCHOSTOMES. *V.* ce mot. (G.)

* STÉNÉOSAURE. *Stencosaurus.* REPT. FOSS. Genre de la famille des Crocodiliens, nouvellement établi par Geoffroy Saint-Hilaire (Mém. du Mus. T. XII), et qui comprend les deux Reptiles fossiles précédemment connus sous le nom de Gavials de Honfleur (*V.* CROCODILE). Ces espèces ressemblent aux Gavials par la longueur de leur museau, et par les formes générales de leur crâne, mais elles présentent, d'après le travail de Geoffroy Saint-Hilaire, quelques caractères qui leur sont propres, et peuvent motiver leur séparation générique. Les yeux ont dû être d'une grandeur démesurée, et, de plus, se trouver placés non sur le haut du crâne, mais sur ses parties latérales. Le crâne est très-rétréci dans la région temporale, et la partie rétrécie se termine en haut par une crête aiguë. Les ailes occipitales sont plus relevées, et le frontal, assez large, diffère d'une manière remarquable par la forme du frontal des Crocodiles, et de celui des *Teleosaurus* (*V.* ce mot). Les deux espèces que l'on appelait en commun Gavials de Honfleur, ont été distinguées par Geoffroy Saint-Hilaire, d'après la proportion de leur museau, sous le nom de *Steneosaurus rostromajor* et *Steneosaurus rostro-minor.*
(IS. G. ST.-H.)

STENGELIA. BOT. PHAN. (Necker.) Syn. de *Mouriria* d'Aublet. (A. R.)

STÉNOCARPE. BOT. PHAN. Genre de la famille des Protéacées et de la Tétrandrie Monogynie, L., établi par R. Brown (*Linn. Trans.*, 10, p. 201) qui l'a ainsi caractérisé : périanthe irrégulier à folioles distinctes, disposées du même côté; étamines logées dans les cavités des sommets des folioles; glande hypogyne unique, semi-annulaire; ovaire pédicellé, poly-

sperme ; style caduc ; stigmate oblique, orbiculé-dilaté, un peu plan ;
follicule linéaire ; graines ailées à la
base. Le même genre avait été proposé
par Knight et Salisbury sous le nom
de *Cybele* ; mais le caractère que ces
auteurs lui avaient assigné était er-
roné quant à la structure des graines
qu'ils avaient décrites comme ailées
au sommet et non à la base. L'*Em-
bothrium umbellatum* de l'herbier de
Banks et Forster en était le type. R.
Brown en a publié une nouvelle espèce de la Nouvelle-Hollande sous le
nom de *Stenocarpus salignus*. Ces
Plantes sont des arbustes très-glabres,
à feuilles alternes très-entières, à
fleurs jaunâtres, en ombelles axillaires ou terminales, et pédonculés.
(G..N.)

STÉNOCÉPHALE. *Stenocephalus.*
INS. Dans notre ouvrage sur les Familles naturelles du Règne Animal,
(p. 421), nous avons désigné ainsi un
nouveau genre de la famille des Géocorises, ayant pour type le *Coreus
Nugax* de Fabricius. La tête est
étroite, cylindracée, avancée et rétrécie en pointe ; les deux articles inférieurs des antennes, dont le premier beaucoup plus épais, sont les
plus longs de tous. Tels sont les caractères qui distinguent ce genre du
précédent et de quelques autres analogues. ● (LAT.)

STENOCERUS. INS. Genre de
Charansonites établi par Schœnherr.
V. RHYNCHOPHORES. (G.)

* **STÉNOCHIE.** *Stenochia.* INS.
Genre de l'ordre des Coléoptères,
section des Hétéromères, famille des
Sténélytres, tribu des Hélopiens,
établi par Kirby dans les Transactions de la Société Linnéenne de
Londres, et que Latreille réunit
(Règne Animal, nouv. édit.) au genre
Strongylie de Kirby. Les caractères
que l'auteur assigne au genre Sténochie sont : labre transversal, arrondi à son extrémité ; mâchoires
ouvertes à leur base ; tous les palpes
ayant leur dernier article peu comprimé, presque triangulaire ; men-

ton presqu'en trapèze, son disque un
peu élevé ; antennes plus grosses à
leur extrémité, le dernier article
oblong ; corps linéaire, étroit. Ce
genre renferme plusieurs espèces
propres à l'Amérique méridionale ;
nous citerons parmi elles :

La STÉNOCHIE RUFIPÈDE, *Stenochia rufipes*, Kirby, Trans. Linn.,
Century of Ins., vol. 12, pl. 22, fig. 5.
Longue de huit lignes, verdâtre,
bleue en dessus ; élytres ayant deux
bandes jaunes réunies au bord extérieur ; antennes et pates rousses. On
la trouve au Brésil. (G.)

STENOCHILUS. BOT. PHAN. Genre
de la famille des Myoporinées, établi
par R. Brown (*Prod. Fl. Nov.-Holl.*,
p. 317) qui l'a ainsi caractérisé : calice quinquéparti ; corolle ringente ;
la lèvre supérieure dressée, quadrifide, l'inférieure indivise, étroite,
renversée ; étamines didynames saillantes ; ovaire à quatre loges monospermes ; stigmate obtus, indivis ; baie
drupacée quadriloculaire ; graines solitaires. Ce genre est voisin du *Bontia* ;
mais il en diffère par quelques caractères dans la corolle, le stigmate et le
fruit. Il se compose de deux ou trois
espèces qui croissent sur la côte australe de la Nouvelle-Hollande. Ce
sont des Arbrisseaux glabres (*S.
glaber*) ou revêtus d'un duvet fin
cendré (*S. longifolius*), à feuilles alternes, souvent entières, sans nervures apparentes. Les fleurs sont
purpurines ou jaunâtres, solitaires
au sommet de pédoncules, dépourvues
de bractées. (G..N.)

* **STENOCIONOPS.** CRUST. Genre
de l'ordre des Décapodes, famille des
Brachyures, tribu des Triangulaires,
établi par Leach et adopté par Latreille (Règne Animal, nouv. édit.)
qui le caractérise ainsi : pédicules
oculaires, longs, grêles, et très-
saillans hors de leurs fossettes ; serres avancées, ayant au plus le double de la longueur du corps ; longueur des pieds les plus longs, les
seconds n'excédant guère celle du
test, mesuré depuis les yeux jusqu'à

l'origine de la queue ; dessous des tarses épineux ou cilié. Ce genre diffère de tous les autres genres de la tribu , parce qu'ils n'ont pas les pédicules oculaires grêles, longs et très saillans hors de leurs fossettes , et par d'autres caractères tirés de la longueur et de la forme de leurs pates. Le type de ce genre est le *Cancer cervicornis*, LVIII , 2 , de l'Ile-de-France. Latreille , dans une note du Règne Animal , observe que Desmarest s'est trompé en citant , dans ses Considérations générales sur les Crust. , p. 153, pour type de ce genre , le *Maia Taurus* de Lamarck.
(G.)

STÉNOCORE. INS. V. STENCORE.

STENOCORYNUS. INS. Genre de Charansonites établi par Schœnherr. V. RHYNCHOPHORES. (G.)

* **STÉNODÈRE.** *Stenoderus.* **INS.** Genre de l'ordre des Coléoptères , section des Tétramères , famille des Longicornes, tribu des Lepturètes, proposé d'abord par Dejean dans le Catalogue de sa belle Collection, et établi avec ses caractères génériques par Lepelletier de Saint-Fargeau et Serville dans l'Encyclopédie , et par Latreille dans la nouvelle édition du Règne Animal. Les caractères assignés à ce genre sont : antennes rapprochées l'une de l'autre à leur insertion qui a lieu hors des yeux, longues, ayant le premier article aussi long au moins que la tête ; labre saillant, tronqué carrément en devant ; mandibules courtes, assez fortes, sans dentelures remarquables, mousses à leur extrémité ; palpes presque égaux, saillans ; les maxillaires de quatre articles , les trois premiers petits , très-courts ; le dernier un peu plus gros et un peu plus long, ovale , tronqué à son sommet; les labiaux de trois articles fort courts, le terminal à peu près conformé comme celui des maxillaires; tête rétrécie en manière de cou immédiatement après les yeux ; chaperou arrondi antérieurement ; yeux globuleux, entiers ; corps long , étroit

et presque linéaire ; corselet plus étroit que les élytres, rétréci antérieurement et à sa partie postérieure, inégal en dessus , un peu renflé sur les côtés et mutique ; écusson arrondi postérieurement ; élytres presque linéaires, arrondies et mutiques à leur extrémité , recouvrant les ailes et la totalité de l'abdomen ; pates de longueur moyenne. Ce genre, formé sur trois ou quatre espèces propres au Brésil, se distingue facilement des Leptures, parce que celles-ci ont la tête rétrécie brusquement et immédiatement derrière les yeux. Les Toxotes en diffèrent par la forme du corps et par leurs antennes dont le premier article est beaucoup plus court que la tête. Enfin les genres Rhagie et Rhamnusie s'en éloignent par leurs antennes qui sont plus courtes que le corps. Nous citerons , avec Latreille , comme type de ce genre le *Leptura ceramboides*, Kirby , *Linn. Trans.*, XII, XXIII , 2 ; le *Cerambyx abbreviatus* de Fabricius et le *Stenocorus suturalis* d'Olivier appartiennent à ce genre. (G.)

STÉNODERME. *Stenoderma.* **MAM.** (Geoffroy Saint-Hilaire.) Sous-genre de Chauve — Souris insectivores. V. **VESPERTILION.** (IS. G. ST.-H.)

STÉNOGLOSSE. *Stenoglossum.* **BOT. PHAN.** Genre de la famille des Orchidées , tribu des Malaxidées , établi par le professeur Kunth (*in Humb. nov. gen.* , 1 , p. 356, t. 87), et auquel il donne les caractères suivans : les fleurs sont renversées ; les divisions calicinales sont dressées et rapprochées; les trois extérieures sont à peu près égales, la supérieure, qui est inférieure par le renversement de la fleur, est un peu plus petite et concave ; les deux intérieures latérales sont plus étroites , mais de la même longueur que les externes ; le labelle est supérieur; il est très-petit, entier , longuement onguiculé à sa base qui va se souder au gynostème, lequel est disposé en forme d'urcéole ; l'anthère est terminale , operculiforme , et contient quatre masses polliniques , solides et sans caudicule. Le *Stenoglossum coriophorum*, Kunth , *loc. cit.*, est une Plante parasite, pourvue d'une tige feuillée , simple ; les feuilles sont alternes , striées , émarginées au sommet, et les fleurs forment un épi terminal. Elle a été trouvée par Humboldt et Bonpland dans les vallées humides des Andes de la Nouvelle-Grenade.   (A. R.)

STÉNOGYNE. BOT. PHAN. Genre de la famille des Synanthérées , proposé par Cassini (Dict. des Sc. nat. , vol. 5o , p. 491) sur une Plante du cap de Bonne-Espérance qui a les plus grands rapports avec l'*Eriocephalus*. Son caractère distinctif consiste en ce que les fleurs femelles sont petites , courtes, étroites, tubuleuses et occultes. Cassini a imposé cinq à six noms différens à ce même genre, savoir : Microgyne , Brachigyne , Sténogyne , Siphonogyne ou Solénogyne, et Cryptogyne : quoiqu'il lui semble indifférent qu'on adopte de préférence tel ou tel de ces noms, il s'est servi habituellement du dernier.   (G..N.)

STÉNOLOPHE. *Stenolophus*. INS. Ziégler a formé avec certains Insectes coléoptères de la famille des Carnassiers, des Harpales de Bonelli, n'ayant point de dent au milieu de l'échancrure du menton , deux nouveaux genres , *Ophonus* et *Stenolophus*, mais sans en assigner les caractères distinctifs. Les espèces du premier ne nous ont paru s'éloigner des Harpales proprement dits que par l'absence de cette dent, la ponctuation de leurs élytres, et en ce que les articles dilatés des quatre tarses antérieurs des mâles sont garnis en dessous de poils nombreux et serrés, composant une espèce de brosse ; le pénultième article est entier ; le dernier des palpes est tronqué ou très-obtus , comme d'ordinaire. Les autres Harpales à échancrure du menton simple et ne présentant point d'ailleurs cet ensemble de caractères propre aux Ophones , rentrent dans le genre Sténolophe. Mais dans la partie entomologique de

la nouvelle édition du Règne Animal de Cuvier , nous restreignons cette coupe aux espèces dont les mâles ont, comme dans le *Carabus Vaporariorum* de Fabricius , le pénultième article des quatre tarses antérieurs au moins bilobé. Dans les autres Sténolophes , tels que ceux qu'on a nommés *vespertinus, meridianus*, et confondus à tort , par quelques entomologistes , avec les Tréchus , les mêmes tarses sont très-peu dilatés , et composés d'articles qui, à l'exception du dernier, sont petits, arrondis et entiers. Le dernier des maxillaires est ordinairement plus aminci au bout que dans les Harpales précédens, souvent même assez aigu, comme dans les Tréchus , mais sans former avec le précédent un corps commun ou une petite massue ovalaire. Les Sténolophes de cette division composeront un nouveau genre que nous appellerons ACUPALPE.   (LAT.)

STÉNOLOPHE. *Stenolophus*. BOT. PHAN. Cassini , dans le Dictionnaire des Sciences naturelles , propose ce nom pour un genre de Synanthérées formé aux dépens des *Centaurea* de Linné, et qui aurait pour type le *C. Phrygia*. Il avait admis le genre *Lepteranthus* de Necker qui est fondé sur la même Plante ; mais comme ce genre , tel que Necker le caractérise, en comprend d'autres qui, selon Cassini , offrent des caractères suffisans pour être distingués, il pense que le nom de *Stenolophus* est plus convenable en ce que , signifiant *crête étroite* , c'est-à-dire appendices des folioles de l'involucre étroits, il exprime le vrai caractère du genre.
        (G..N.)

* STENOMESSON. BOT. PHAN. Genre de la famille des Amaryllidées, proposé par W. Herbert (*Bot. Magaz.*, n. 2606) aux dépens de quelques espèces de *Pancratium* des auteurs, et caractérisé principalement par le tube du périanthe qui est un peu resserré et comme étranglé vers son milieu, renflé vers son extrémité. Le même genre a été reproduit plus tard dans le *Botanical*

Register sous le nom de *Chrysophiala*. Les *Pancratium coccineum* et *flavum* de la Flore du Pérou rentrent dans ce genre, qui se compose d'espèces américaines d'un aspect agréable, et dont quelques-unes sont cultivées dans les serres des jardins d'Europe. (G..N.)

STÉNOPE ou STENOPS. *Stenopus.* crust. Leach donnait ce nom à un genre de la tribu des Triangulaires, qui est le même que celui auquel Lamarck a donné le nom de Leptope. *V.* ce mot. (G.)

STENOPETALUM. bot. phan. Genre de la famille des Crucifères, tribu des Camélinées, établi par R. Brown, et publié par De Candolle (*Systema Vegetabilium,* 2, p. 513) qui l'a ainsi caractérisé : calice inconnu; pétales étroits; étamines inconnues; silicule ellipsoïde, comprimée, surmontée d'un stigmate sessile, court et punctiforme, munie d'une cloison membraneuse, elliptique dans son plus grand diamètre; à valves un peu concaves, parallèles à la cloison et déhiscentes; graines sur deux rangées dans chaque loge, très-petites, presque ovées, à cotylédons ovés, convexes en dessous et incombans. Ce genre a la silicule du *Draba*, mais le port de la Plante ainsi que les caractères tirés de la structure des cotylédons le rapprochent du *Camelina*, dont il se distingue néanmoins par ses valves beaucoup moins concaves et par son stigmate sessile. Le *Stenopetalum lineare* est une Herbe haute d'environ un pied, annuelle, glabre, dont la tige est très-grêle, pas plus grosse qu'une soie de cochon, munie de feuilles longues, linéaires. Cette Plante croît sur la côte australe de la Nouvelle-Hollande. (G..N.)

STENOPS. mam. (Illiger.) *V.* Loris.

STÉNOPTÈRE. *Stenopterus.* ins. Illiger nomme ainsi un genre de l'ordre des Coléoptères, de la famille des Longicornes, comprenant toutes les espèces de celui de Nécydale d'O-livier, dont les élytres, presque de longueur ordinaire, vont en se rétrécissant vers le bout ou sont subulées. Ce sont des Nécydales pour Fabricius, et dont la plus commune en Europe est celle qu'il nomme *rufa*, et que Geoffroy appelle Lepture à étuis étranglés. Le corps est noir, avec les antennes fauves; l'écusson blanchâtre; les élytres roussâtres et des taches blanches sur les côtés de la poitrine et de l'abdomen; le premier article des antennes, quelquefois aussi l'extrémité des suivans, la base, le bord extérieur et l'extrémité des élytres sont noirs. On trouve en Provence une espèce (*atra*, Fabr.) très-voisine de la précédente, mais presque entièrement noire. L'Amérique méridionale en fournit quelques autres, remarquables par leurs antennes fortement comprimées et dentées en scie, ainsi que par le renflement de leurs cuisses. Le docteur Klüg en a représenté (*Entom. Bras.*) quelques-unes. *V.* les articles Molorque et Nécydale. (LAT.)

STÉNOPTÈRES ou ANGUSTI-PENNES. ins. Duméril, dans sa Zoologie Analytique, désigne ainsi une famille d'Insectes Coléoptères, section des Hétéromères, et qu'il caractérise ainsi : élytres dures, rétrécies; antennes filiformes, souvent dentées. Il la compose des genres Sitaride, OEdémère, Nécydale, Ripiphore, Mordelle et Anaspe; ils appartiennent, selon nous, à trois petites familles. Celui auquel il conserve le nom de Nécydale nous paraît être le même que celui de *Dytilus* de Fischer. (LAT.)

STÉNORHYNQUE. *Stenorhynchus.* mam. Nom du genre créé par F. Cuvier aux dépens des *Phoca* pour recevoir le Phoque leptonyx. *V.* Sténorhynque au mot Phoque de ce Dictionnaire, T. xiii, p. 402. (LESS.)

STÉNORHYNQUE. *Stenorhynchus.* ins. Schœnherr a donné ce nom à un genre de Rhynchophores, établi aux dépens des Brentes, et n'en différant que par la tête qui est fixée au corselet, presque immédiatement après les yeux, sans rétrécissement postérieur et graduel, tandis que, dans les vrais Brentes, elle a un étranglement et une espèce de cou avant de se joindre au corselet. Latreille avait adopté ce genre dans les familles naturelles, mais il l'a réuni à ses Brentes dans la nouvelle édition du Règne Animal. *V.* BRENTE. (G.)

STÉNORHYNQUE. *Stenorhynchus.* CRUST. Genre de l'ordre des Décapodes, famille des Brachyures, tribu des Triangulaires, établi par Lamarck et adopté par Latreille (Fam. nat. du Règ. Anim., et Règ. Anim., nouv. édit.). Ce genre correspond entièrement au genre *Macropodia* de Leach, ou à une partie du genre Macropode de Latreille (Règ. Anim., anc. édit.), et ses caractères sont : antennes extérieures distantes, ayant la moitié de la longueur du corps, sétacées, insérées en avant des yeux sur les côtés du rostre ; leur second article étant trois fois plus long que le premier ; pieds - mâchoires extérieurs ayant leur second article étroit à la base, dilaté à l'extrémité du côté interne, et le troisième ovalaire, allongé et beaucoup plus étroit ; espace du dessous du rostre, compris entre la bouche et la naissance des antennes (surbouche, Latreille), plus long que large, allant en se rétrécissant vers le haut ; serres égales, grandes, à main allongée et comprimée, avec le corps de moitié moins long ; celles des mâles deux fois aussi longues que le corps ; les autres pates grandes, grêles et filiformes, celles de la seconde paire ayant trois fois la longueur de l'Animal ; carapace triangulaire, avec ses régions branchiales tout-à-fait postérieures et bombées, diminuant graduellement de largeur en avant jusqu'à l'extrémité d'un rostre assez long qui est fendu dans son milieu ; yeux écartés, subréniformes, beaucoup plus gros que leur pédoncule, non susceptibles d'être retirés dans les orbites. Les Crustacés

de ce genre ont beaucoup de ressemblance avec les Inachus et avec les Leptopodies ; Latreille les avait même réunis à ce dernier genre (Règ. Anim., anc. édit.) : ils s'en distinguent par la longueur du rostre, et parce que ce rostre est entier dans les Leptopodies ; les Inachus en sont séparés suffisamment par un rostre court, arrondi, par leurs antennes plus longues que ce rostre, et surtout par leur surbouche qui est transversale, c'est-à-dire plus longue que large. Les yeux des Inachus sont rétractiles, ce qui les distingue encore des Sténorhynques ; les Camposcies et les Pactoles en sont distingués par la forme de leur corps qui est moins allongé, par leurs pates et par la composition des feuillets de l'abdomen. Enfin les Maias, les Parthenopes et autres genres voisins s'en éloignent par la forme de leurs pieds, mâchoires extérieures, qui ont le troisième article presque carré, échancré ou tronqué obliquement à son extrémité interne et supérieure, tandis qu'il est en forme de triangle renversé ou d'ovale rétréci inférieurement dans les genres précédens. Le genre Sténorhynque renferme peu d'espèces ; leur port est remarquable à cause de leurs longues pates qui les font ressembler à des Faucheurs ; nous citerons :

Le STÉNORHYNQUE FAUCHEUR, *S. Phalangium*, Lat. ; *Macropodia Phalangium*, Leach, Desm. (art. Malacostracés du Dict. des Sc. nat., et Consid. gén. sur les Crust., pl. 23, fig. 3) ; *Macropus longirostris*, Lat. ; *Cancer Dodecos*, L., Syst. nat. ; *Inachus longirostris*, Fabr., Rondel. (Hist. des Poissons, liv. XI, chap. 24), Seba (Mus., T. III, tab. 20, n. 13) ; il a un peu plus d'un pouce de long depuis la base de la carapace jusqu'à l'extrémité du rostre, qui a à peu près le tiers de la longueur du corps, et est bifide à l'extrémité et sillonné dans toute sa longueur en dessus. On en trouve sur les côtes de l'Océan et dans la Méditerranée. (G.)

*★ STENORRHYNCHOS. BOT.

PHAN. Sprengel (*Syst. Veget.*, 3 , p. 709) a adopté le genre d'Orchidées indiqué sous ce nom par Richard, et qui comprend plusieurs *Neottia* de Swartz et des auteurs qui ont écrit sur les Plantes d'Amérique. Ces Plantes croissent dans les Antilles et sur le continent de l'Amérique méridionale ; les plus remarquables sont les *Neottia speciosa, orchioides, flava* et *calcarata*. Voici le caractère essentiel assigné à ce genre : périanthe dont les trois sépales supérieurs sont connivens, les deux inférieurs gibbeux à la base, recouvrant le labelle qui est en sac acuminé et sillonné ; gynostème court, ayant le rostelle avancé; loges de l'anthère allongées. (G..N.)

STENOSIS. INS. Herbst désigne ainsi le genre auquel Latreille a donné le nom de Tagénie. *V.* ce mot. (G.)

STÉNOSOME. *Stenosoma.* CRUST. Genre de l'ordre des Isopodes, section des Idotéides (Latr., Règ. Anim., nouv. édit.), établi par Leach aux dépens du genre Idotée de Fabricius et Latreille, et n'en différant que par la forme linéaire du corps et la longueur des antennes qui surpasse la moitié de celle du corps. Les mœurs et l'organisation ne diffèrant pas autrement des Idotées, nous renvoyons à ce mot pour les autres détails descriptifs, en nous contentant de dire que les Idotées et les Sténosomes diffèrent du troisième genre composant la section des Idotéides, les Arctures, parce que ceux-ci ont les seconds et troisièmes pieds dirigés en avant et terminés par un long article barbu et mutique, ou faiblement onguiculé, ce qui n'a pas lieu chez les deux autres genres qui ont tous les pieds identiques. Leach divise le genre Sténosome en deux sections, ainsi qu'il suit :

I. Côtés du second segment du corps et des suivans ayant l'apparence d'une petite articulation.

Le STÉNOSOME LINÉAIRE, *Stenosoma lineare*, Leach ; Desm., Cous., etc. T. XLVI, p. 12; *Oniscus linearis*, Pennant ; *Idotea linearis*, Latr.,

Fabr. La longueur de son corps varie depuis un pouce jusqu'à deux ; elle est d'un brun noirâtre en dessus, et blanchâtre sur les côtés. On la trouve sur les côtes de l'Océan.

II. Pas de traces d'articulations sur les côtés des segmens du corps.

Le STÉNOSOME HECTIQUE, *Stenosoma hecticum*, Leach ; *Oniscus hecticus*, Pallas, *Spec. Zool.*, fasc. 9, tab. 4, fig. 10, a à d; *Idotea viridissima*, Risso, Crust., p. 136, tab. 3, fig. 8. Long d'un pouce à un pouce et demi, d'un vert brillant. On le trouve dans les moyennes profondeurs de la Méditerranée, à Nice, Toulon, etc. (G.)

STÉNOSTOME. *Stenostoma.* INS. Genre de l'ordre des Coléoptères, section des Hétéromères, famille des Sténélytres, tribu des Rhynchostomes, établi par Latreille aux dépens du genre Lepture de Fabricius, et ayant pour caractères : corps mou, allongé et étroit ; tête prolongée en devant en forme de museau aplati, un peu rétréci antérieurement ; yeux peu saillans ; antennes filiformes, insérées au-delà des yeux sur le museau, composées de onze articles cylindro-coniques , le dernier seul ovale, allongé, pointu à son extrémité; labre avancé, presque carré, un peu rétréci à sa partie antérieure ; mandibules bifides, allongées ; mâchoires longues ; dernier article des palpes cylindrique; palpes maxillaires fort longs; lèvre allongée; corselet allongé, presque cylindrique, un peu déprimé ; élytres molles, recouvrant les ailes et l'abdomen ; pates de longueur moyenne ; jambes intermédiaires et postérieures un peu arquées; tarses longs, leur pénultième article bifide; tarses postérieurs ayant leur premier article aussi long que les trois autres réunis. Les Sténostomes vivent sur les fleurs comme les Myctères ; ces derniers en différent parce que leur corps est ovoïde, de consistance solide avec le corselet trapéziforme. Les Rhynosimes en sont éloignés par leurs antennes qui sont terminées en une massue allongée. On connaît deux espèces de Sténostomes; celle qui habite l'Afrique et les parties chaudes de l'Europe est :

La STÉNOSTOME ROSTRÉE, *Stenostoma rostrata*, Lat., Nouv. Dict. d'his. nat.; *Leptura rostrata*, Fabr.; *Ædemera rostrata*, Lat., *Gen. Crust. et Ins.*; Charpentier, *Horæ Ent.*, IX, 8. Longue de quatre lignes, verte. Elle a été prise sur les côtes de l'île de Noirmoutiers par notre collaborateur Audouin. L'autre espèce a été nommée *Stenostoma variegata* par Germar, *Ent. Ins. spec. nov.*, p. 167. Elle se trouve en Portugal.   (G.)

* STENOSTOMUM. BOT. PHAN. Gaertner fils (*Carpolog.*, p. 69) a établi sous ce nom un genre de la famille des Rubiacées et qui a pour type le *Laugieria lucida* de Swartz, réuni par quelques auteurs au *Guettarda*. Ce genre qui, dans la planche 192 de l'ouvrage cité, porte le nom de *Sturmia*, n'a pas été généralement adopté. *V.* GUETTARDE et LAUGIÉRIE.   (G..N.)

STÉNOSTRÊME. *Stenostrema*. MOLL. D'après les caractères fort incomplets que Rafinesque (Journ. de Phys., 1819, tab. 88, pl. 425) assigne à ce genre, et surtout d'après sa figure, nous pouvons le regarder comme inutile, car il est le même que celui nommé Carocolle par Lamarck; et nous avons vu à l'article HÉLICE combien ce genre lui-même était peu nécessaire.   (D..H.)

STENTOR. MAM. *V.* HURLEURS au mot SAPAJOU.

STENYO. CRUST. Genre proposé par Rafinesque qui n'en a pas publié les caractères.   (G.)

STÉPHANE. *Stephanus*. INS. Genre de l'ordre des Hyménoptères, de la famille des Pupivores, tribu des Ichneumonides, établi par Jurine sous une dénomination signifiant en grec *couronne*, l'espèce qu'il mentionne et toutes les autres qui nous sont connues, ayant sur la tête de petits tubercules, disposés presque circulai-

rement. Ce genre appartient à la division des Ichneumonides dont les palpes maxillaires ont cinq articles très-inégaux, et les labiaux quatre; une tête arrondie ou presque globuleuse; des mandibules rétrécies en pointe, sans dentelures bien distinctes; un thorax allongé et de niveau à son extrémité postérieure avec la base de l'abdomen; une tarrière longue et saillante; le nombre des cellules cubitales qui n'est que de deux, le renflement et les dentelures des cuisses postérieures, signalent parfaitement ces Insectes rangés par Fabricius dans les genres *Bracon* et *Pimpla*.

Le STÉPHANE COURONNÉ, *Stephanus coronatus* (*Bracon serrator*, Fabr.) de Jurine, se trouve, ainsi que les Xorides et les Helcons, sur les troncs des arbres, sur ceux qu'on a coupés et mis en pièces, etc. Lepelletier et Serville ont exposé en détail (*Encycl. méthod.*) les caractères de ce genre, et décrit deux nouvelles espèces qui sont toutes les deux du Brésil. Les Indes-Orientales en fournissent une autre, la *Pimpla coronator* de Fabricius. L'Amérique septentrionale en possède aussi quelques-unes.   (LAT.)

STEPHANIA. BOT. PHAN. Deux genres ont reçu ce nom, l'un établi par Loureiro dans sa Flore de Cochinchine, l'autre par Willdenow qui l'a formé aux dépens des *Capparis*. Ce dernier a été adopté par De Candolle, qui probablement aura considéré le genre de Loureiro comme un double emploi d'un genre déjà établi; néanmoins Sprengel a maintenu le nom de *Stephania* pour le genre de Loureiro, et a nommé *Steriphoma* le genre de Willdenow. Ces changemens n'ayant pas encore reçu la sanction des botanistes, nous allons exposer successivement la description des deux *Stephania* en attendant que leur histoire soit complétement éclaircie.

Le *Stephania* établi par Loureiro (*Fl. Cochinch.*, 2, p. 746) appartient à la Diœcie Monandrie, et offre pour caractères essentiels : de fleurs mâles et des fleurs femelles sur des Plantes séparées. Les unes et les autres ont un périanthe simple à six folioles un peu aiguës; les mâles sont munies d'un nectaire triphylle et d'un filet couronné par une anthère circulaire; les femelles ont un ovaire supère, surmonté d'un stigmate sessile et dressé. Deux espèces, qui croissent à la Cochinchine, ont été décrites par l'auteur sous les noms de *Stephania rotunda* et *S. longa.* Ce sont des Arbustes grimpans, à feuilles peltées et à fleurs disposées en ombelles composées ou en capitules latéraux.

Le genre *Stephania,* établi par Willdenow (*Steriphoma* de Sprengel), est placé dans la famille des Capparidées, et présente, selon De Candolle (*Prodrom. Syst. Veget.,* 1, p. 253) les caractères essentiels suivans: calice campanulé, bilobé; corolle à quatre pétales; torus petit; six étamines; ovaire stipité, oblong. Ce genre se compose de deux espèces (*S. cleomoides* ou *Capparis paradoxa,* Jacq., *Hort. Schœnbr.,* tab. 3; et *S. elliptica,* D. C.), qui croissent dans l'Amérique méridionale. Ce sont des Arbustes inermes, à feuilles oblongues, lancéolées, acuminées et portées sur de longs pétioles.   (G..N.)

STEPHANIUM. BOT. PHAN. (Schreber.) Syn. de *Palicurea* d'Aublet.
(A. R.)

STÉPHANOMIE. *Stephanomia.* ACAL. Genre d'Acalèphes libres ayant pour caractères : Animaux gélatineux, agrégés, composés, adhérens à un tube commun, et formant par leur réunion une masse libre, très-longue, flottante, qui imite une guirlande feuillée, garnie de longs filets. A chaque Animalcule des appendices divers, subfoliiformes; un sucoir tubuleux, rétractile; un ou plusieurs filets simples, longs, tentaculiformes; des corpuscules en grappe ressemblant à des ovaires. Péron et Lesueur paraissent être les seuls naturalistes qui aient observé les Animaux dont il est ici question. D'après ce qu'ils ont appris, le corps

très-frêle des Stéphanomies est extrêmement long, et l'on ne peut guère s'en procurer que des portions telles que celles qu'ils ont représentées. On en connaît deux espèces : l'une, le *S. Amphitritis,* se trouve dans l'océan Atlantique austral; l'autre, *S. uvaria,* existe dans la Méditerranée.   (E.D..L.)

STEPHANOTIS. BOT. PHAN. Le genre établi sous ce nom par Du Petit-Thouars a été réuni au *Ceropegia.*
(G..N.)

STÉPHANUS. INS. *V.* STÉPHANE.

STERCORAIRE. *Lestris.* OIS. Genre de l'ordre des Palmipèdes. Caractères : bec médiocre, robuste, dur, cylindrique, tranchant, comprimé, courbé, crochu vers la pointe; mandibule supérieure couverte d'une cire, l'inférieure formant un angle saillant; narines placées vers la pointe du bec, diagonales, étroites, fermées en arrière, percée de part en part; pieds grêles, nus au-dessus du genou; tarses longs; quatre doigts; trois devant entièrement palmés, un derrière très-petit, presque nul, de niveau avec ceux de devant; ongles grands, très-crochus; queue faiblement arrondie; les deux rectrices intermédiaires toujours allongées; ailes médiocres, la première rémige la plus longue. La formation du genre Stercoraire est assez récente; la première est due à Brisson; cet excellent observateur avait pensé qu'il était inconvenant de laisser subsister une section dans le genre Mauve ou Mouette, lorsque les principaux caractères de cette section faisaient opposition avec ceux du genre. Illiger comprit fort bien la pensée de Brisson, et confirma son innovation jusque-là, en quelque sorte, hasardée; il fit plus, il échangea la dénomination peu exacte de *Stercorarius* contre celle de *Lestris.* Le nom de Stercoraire avait été primitivement imposé à cause de l'opinion vulgaire où l'on était que l'Oiseau poursuivait constamment les Mouettes afin de recueillir les excrémens qu'elles lâchaient en volant. On était en cela trompé par les apparences : le fait est que l'extrême gloutonnerie des Stercoraires les porte à poursuivre les Mouettes afin de les forcer à leur donner une partie des produits de leur pêche; celles-ci, intimidées par les cris de leurs poursuivans, laissent échapper la proie qu'elles avaient adroitement saisie ; mais cette proie, que l'Oiseau abandonne sans ralentir son vol, tombe derrière lui, et semble, à quelque distance, sortir de l'anus; c'est là ce qui a donné le change aux observateurs. Lorsque les Stercoraires ne trouvent pas l'occasion de signaler leur courage, non-seulement contre des êtres lâches et pusillanimes, tels que les Mouettes, mais contre des Oiseaux beaucoup plus forts et plus robustes qu'eux-mêmes, auxquels ils livrent des combats acharnés, ils sont obligés de recourir à la pêche; leur peu d'adresse les exposerait à de longs jeûnes s'ils ne trouvaient, pour satisfaire leur vorace appétit, quelques cadavres de Squales ou de Cétacés sur lesquels ils se jettent comme les Vautours sur les charognes. Ils ne s'éloignent qu'accidentellement des voisinages habitables des pôles; leurs bandes nombreuses nichent dans les anfractuosités de rochers, sur des entablemens abrités, au milieu des joncs et des carex qui couvrent les dunes marécageuses. Le nid est une bâtisse grossière d'herbes entrelacées et de mousse; la ponte consiste en trois ou quatre œufs pointus, olivâtres, tachetés de brun. Nous citerons les espèces suivantes :

STERCORAIRE LABBE, *Lestris parasiticus*; *Larus parasiticus*, Gmel.; *Cataracta parasitica*, Retz.; *Stercorarius longicaudus*, Briss.; le Labbe à longue queue, Buff., pl. enl. 762. Parties supérieures d'un brun cendré très-foncé; front blanchâtre; sommet de la tête d'un brun noirâtre; extrémité des rémiges et des rectrices noirâtre; région des yeux, cou, gorge, poitrine et abdomen blancs; flancs ondés de cendré;

filets de la queue terminés en pointe très-aiguë, excédant de trois à six pouces les rectrices; bec bleuâtre, noir à l'extrémité; iris brun; pieds noirs; tarse un pouce sept lignes. Taille, quinze pouces. Dans sa livrée du second âge (*Lestris crepidatus*, Temm.; Stercoraire ou Labbe, Buff., pl. enl. 991), cet Oiseau a toutes les parties supérieures d'un brun cendré uniforme; la base intérieure des rémiges, et seulement la partie supérieure des rectrices d'un blanc pur, les parties inférieures d'un brun clair uniforme. Les jeunes (*Larus crepidatus*, Gmel.; Labbe à queue courte, Cuv.) ont le sommet de la tête d'un gris foncé; les côtés et le dessus du cou d'un gris clair, tacheté de brun; une tache noire en avant des yeux; les parties inférieures brunes avec le bord des plumes roussâtre; les rémiges et les rectrices noirâtres, blanches à leur base, intérieurement et à l'extrémité; la queue arrondie, les parties inférieures irrégulièrement variées de noir, de brun et de jaunâtre sur un fond blanchâtre; les tectrices subcaudales et l'abdomen rayés de noirâtre; la base du bec verdâtre; les tarses d'un cendré bleuâtre; le bas des doigts et des membranes blancs. Des côtes de la Norvège et de la Suède.

STERCORAIRE POMARIN, *Lestris pomarinus*, Temm., *Stercorarius pomarinus*, Lacép. Parties supérieures d'un brun très-foncé uniforme; plumes de la nuque et du cou subulées, d'un jaune brillant; gorge, devant du cou, ventre et abdomen blancs; une large bande de taches brunes sur la poitrine; des taches semblables sur les flancs et les tectrices subcaudales; queue arrondie; filets d'une égale largeur; bec olivâtre, noir à la pointe; iris jaunâtre; pieds noirs. Taille, seize pouces, les filets excédent de trois pouces environ. Au second âge, toutes les parties sont d'un brun très-foncé; les longues plumes subulées du cou sont d'un brun jaunâtre, et les filets de la queue moins longs. Les jeunes (Stercoraire rayé,

Briss., vol. 6, pl. 13, fig. 2), ont la tête et le cou d'un brun terne, avec les plumes bordées d'un liséré brunâtre; un espace noir en avant des yeux; le dos, les scapulaires et les tectrices alaires d'un brun foncé, avec le bord de chaque plume d'un roux vif, ce qui dessine une multitude de croissans; la poitrine, le ventre et les flancs d'un brun cendré, marqués de zig-zags roux; l'abdomen, le croupion et les tectrices caudales rayés de larges bandes noirâtres et rousses; le bec d'un bleu verdâtre, avec la pointe noire; les pieds d'un bleu cendré; les doigts et la membrane noirs, avec la base blanche; les filets de la queue ne la dépassant que d'un demi-pouce.   (DR..Z.)

STERCORAIRE. INS. Espèce du genre Géotrupe. *V.* ce mot.   (B.)

STERCULIACÉES. *Sterculiaceæ.* BOT. PHAN. Ventenat avait séparé le premier le genre Sterculier des autres Malvacées pour en former le type d'une famille distincte que Jussieu établit plus tard sous le nom d'Hermanniées; mais cette famille a été réunie par Kunth à celle des Byttnériacées dont elle forme une tribu. *V.* BYTTNÉRIACÉES.   (A. R.)

STERCULIER. *Sterculia.* BOT. PHAN. Genre de la famille des Byttnériacées, tribu des Sterculiées, qui offre pour caractères : des fleurs unisexuées ou polygames, composées d'un calice à cinq divisions profondes, sans corolle; dans les fleurs mâles, les étamines au nombre de quinze à vingt, ont leurs filets courts et soudés en un urcéole placé sur le rudiment du pistil avorté; les anthères sont à deux loges réunies par un connectif épais et s'ouvrant par une fente longitudinale; dans les fleurs femelles, on trouve cinq pistils quelquefois soudés entre eux par leur côté interne; chaque loge contient de deux à vingt ovules insérés sur deux rangées longitudinales à l'angle interne où ils sont redressés; le style, formé de la réunion de cinq styles plus ou moins complétement soudés,

se termine à son sommet par un stigmate à cinq lobes. Le fruit consiste en cinq ou quelquefois en un moindre nombre de capsules distinctes, pédicellées, comprimées, ligneuses, s'ouvrant par une suture longitudinale et intérieure, et contenant une ou plusieurs grosses graines. Ces graines contiennent, dans un endosperme charnu, un embryon axile, dressé, ayant les cotylédons plans et foliacés. Les Sterculiers sont de grands Arbres originaires des régions intertropicales de l'ancien et du nouveau continent. Leurs feuilles alternes sont simples, lobées ou même digitées, avec deux stipules caduques à leur base. Les fleurs forment des panicules rameuses, axillaires, ou placées au-dessous du bourgeon terminal. Sur environ une trentaine d'espèces qui composent ce genre, sept seulement croissent dans l'Amérique méridionale, trois en Afrique, et toutes les autres dans les diverses contrées de l'Inde.   (A. R.)

STERCUS DIABOLI. BOT. PHAN. *V.* ASSA-FOETIDA.

STEREOCAULON. BOT. CRYPT. (*Lichens.*) Ce genre fait partie de notre sous-groupe des Sphærophores, et se caractérise ainsi qu'il suit : thalle presque ligneux, solide, fruticuleux, rameux, revêtu d'une partie corticale granuleuse et un peu fibrilleuse; apothécie turbiné, solide, sessile, marginé, devenant hémisphérique avec le temps, supérieurement tronqué; la substance interne est similaire; l'apothécie a quelque ressemblance avec les céphalodes. C'est Hoffmann qui a fondé ce genre aujourd'hui adopté par tous les botanistes. Les espèces qui le composent sont des Plantes terrestres qui se plaisent dans les lieux stériles et montueux, sur les rochers et la terre sablonneuse. Ces Lichens n'affectent point de station particulière; on les trouve épars sur tout le globe, au Cap, à Mascareigne, en Afrique, à Rio-Janeiro, à la Guadeloupe, à l'Ile-de-France, dans le détroit de Magellan. Delise nous a généreusement communiqué plusieurs espèces nouvelles ; nous lui laissons le soin de les faire connaître. Acharius en a décrit neuf espèces ; ce nombre est porté à treize dans le *Systema* publié récemment par Sprengel ; nous pensons qu'il s'élèvera à dix-huit ou vingt quand ces espèces inédites seront décrites ; toutefois elles sont assez étroitement unies entre elles. L'Europe possède le *Stereocaulon paschale*, Ach., *Lich. univ.*, p. 581 ; *Lichen paschalis* de Linné ; les *S. botryosum*, *condyloideum*, *pileatum* du même auteur ; les *S. incrustatum* et *dactyliphyllum* de Floerke. On doit à Bory la connaissance de deux charmantes espèces : les *S. salazianum*, Fée, Méth. lich. T. III, p. 82, fig. 7 ; *Lichen salazianus*, Bory, Voy. ; et le *S. cereolinum*, Ach. ; *Lichen Vulcani*, Bory, Voy. Toutes deux de Mascareigne.   (A. F.)

STÉRÉOCÈRES. INS. *V.* **SOLIDI-CORNES.**

STEREODON. BOT. CRYPT. (*Mousses.*) Bridel a donné ce nom à une division du genre *Hypnum* qui comprend les espèces dont les cils du péristome interne ne sont pas percées de trous. Soixante-dix espèces environ se rapportent à cette section. (AD. B.)

STÉRÉOTHALAMES. BOT. CRYPT. (*Lichens.*) On donne ce nom aux Lichens à expansions redressées ou fruticuleuses qui sont solides et non fistuleuses. L'étymologie du mot Stéréothalame (Rameau solide) rend compte de cette particularité. Nos Sphérophores (*Isidium*, *Stereocaulon* et *Sphærophoron*) sont des Lichens Stéréothalames.   (A. F.)

STÉRÉOXYLE. *Stereoxylum.* **BOT. PHAN.** (Ruiz et Pavon.) Syn. d'Escallonia.   (A. R.)

STEREUM. BOT. CRYPT. (*Champignons.*) Genre établi par Link et réuni par Fries avec les *Thelephora* ; il renferme les *Thelephora rubiginosa*, *tabacina*, *crocata* et *leprosa*. *V.* **THELEPHORA.**   (AD. B.)

STERIGMA. BOT. PHAN. Genre de la famille des Crucifères, tribu des Anchoniées et de la Tétradynamie siliqueuse, L., établi d'abord par Marschall-Bieberstein sous le nom de *Sterigmostemon*, puis adopté par De Candolle (*Syst. Veget.*, 2, p. 579) qui l'a ainsi caractérisé : sépales du calice ovales-oblongs, un peu redressés, presque égaux à la base ; pétales onguiculés, à limbe obové ; les plus grandes étamines à filets soudés par paires jusque vers leur milieu ; ovaire allongé, surmonté de deux stigmates sessiles ; silique cylindracée, un peu toruleuse, terminée par un stigmate bilobé, polysperme, indéhiscente, finissant par se rompre en plusieurs articles monospermes ; graines disposées sur deux rangées dans une substance celluleuse, dure, solitaires dans des fossettes, composées de cotylédons linéaires, incombans, légèrement plans. Ce genre est très-distinct par son port et ses caractères. Pallas, Lamarck et Willdenow l'avaient confondu avec les *Cheiranthus*, et, en effet, il a quelques rapports par ses feuilles cotonneuses avec certaines espèces qui composent le genre *Mathiola*, formé aux dépens des *Cheiranthus* de Linné ; mais il s'en distingue par ses étamines, ses siliques et ses graines. Les quatre espèces qui le constituent croissent dans les champs salés ou sablonneux de la Sibérie et de l'Asie-Mineure. Elles ont reçu les noms de *Sterigma tomentosum*, *sulfureum*, *torulosum* et *elychrysifolium*. Ce sont des Herbes dressées, vivaces, couvertes d'un coton blanc composé de poils étoilés. Leurs racines sont dures, presque ligneuses ; leurs feuilles sont alternes, tantôt entières, tantôt sinuées ou pinnatifides ; leurs fleurs d'un beau jaune, sont disposées en grappes qui s'allongent après la floraison.   (G..N.)

*STERIGMOSTEMON. BOT. PHAN. (Marschall-Bieberstein.) Syn. de *Sterigma*. *V.* ce mot.   (G..N.)

* STERIPHOMA. BOT. PHAN.

(Sprengel). Syn. de *Stephania* de Willdenow. *V.* ce mot. (G..N.)

STERNACHUS. POIS. (Schneider.) Syn. d'Aptéronote, sous-genre de Gymnote. *V.* ce mot. (B.)

STERNBERGIA. BOT. PHAN. Genre de la famille des Amaryllidées et de l'Hexandrie Monogynie, établi par Waldstein et Kitaibel (*Plant. rar. Hungar.*, 2, p. 172, tab. 159), et offrant les caractères essentiels suivans : fleur naissant immédiatement d'un bulbe radical, dressée, à périanthe tubuleux, divisé en six segmens ; six étamines dressées, à anthères quadriloculaires ; capsule oblongue, trigone ; graines globuleuses noires, presque à moitié entourées d'un arille blanc et fongueux. Le type de ce genre est le *Sternbergia colchiciflora*, Waldst. et Kitaib., *loc. cit.*, Plante qui a l'aspect d'un Colchique, mais dont la fleur est jaune. On la trouve dans les montagnes de Hongrie. On y a joint l'*Amaryllis lutea*, L.; Redouté, Liliac., tab. 148, qui croît dans les prés, à l'île de Noirmoutiers et en d'autres pays de l'Europe méridionale. Cette espèce ressemble beaucoup à certains *Crocus*. (G..N.)

STERNE. *Sterna*. OIS. Genre de l'ordre des Palmipèdes. Caractères : bec de la longueur de la tête ou plus long, droit, comprimé, effilé, tranchant et pointu ; mandibules égales, la supérieure légèrement courbée vers l'extrémité ; narines oblongues, s'étendant jusque vers le milieu du bec, percées d'outre en outre ; pieds courts, dénudés au-dessus du genou ; tarses grêles, un peu comprimés ; quatre doigts, trois en devant, réunis par une membrane échancrée ; un derrière, libre, portant à terre ; ongles petits et arqués ; ailes acuminées, dépassant de beaucoup la queue qui est plus ou moins fourchue ; première rémige la plus longue. Le nom appliqué primitivement à ce genre, auquel on voit avec regret quelques ornithologistes substituer un dérivé français du synonyme latin, donne

de suite une idée exacte des habitudes générales des espèces qui le composent ; en effet, il est difficile de trouver plus d'analogie entre des Oiseaux que leur conformation néanmoins destine à habiter des espaces bien différens. Les *Sterna* comme les *Hirundo* sont éminemment voyageurs, et parcourent alternativement diverses contrées pour s'y trouver presque constamment dans une température uniforme ; les uns et les autres sont toujours en mouvement, surtout pendant la saison des amours et dans le temps de l'incubation ; ils chassent de la même manière les insectes ailés, et se jouent dans les airs avec une égale légèreté en faisant des cris ou plutôt des sifflemens aigus. C'est aussi en effleurant d'un vol rapide la surface des flots, que les Sternes se baignent ou saisissent les petits Poissons qui font la base de leur nourriture ; souvent aussi elles tombent à plomb et avec la vitesse d'un corps très-lourd sur leurs petites proies. Elles arrivent au printemps sur les côtes par petites troupes ; bientôt après elles se dispersent, et chaque couple se choisit sur les bords de la mer un endroit paisible et abrité, où la famille prête à naître puisse être élevée avec sécurité. Un enfoncement dans le sable, un creux dans la surface d'un rocher reçoivent ordinairement trois ou quatre œufs bruns ou d'un vert grisâtre, plus ou moins largement tachetés de noirâtre. Quelques espèces font la nichée en assez grandes bandes ; mais celles là s'écartent un peu plus des bords de la mer, et préfèrent les prairies submergées en hiver. Temminck, qui, plus que tout autre, est dans une situation très-favorable pour observer les Palmipèdes, a dissipé bien des doutes relativement à l'histoire des Sternes ; il est encore résulté de ses observations intéressantes des notions fort exactes sur la double mue qu'éprouvent chaque année toutes les espèces connues ; elle occasione dans les couleurs d'une partie du plumage, dans celles surtout qui ornent la tête, des différences extrêmement sensibles. Nous ne citerons que les espèces principales.

STERNE ARCTIQUE, *Serna arctica*, Temm. Parties supérieures d'un gris bleuâtre; front, sommet de la tête et longues plumes de l'occiput noirs; parties inférieures d'un gris bleuâtre; moustaches, abdomen et tectrices caudales inférieures d'un blanc pur; bec grêle, entièrement rouge, ainsi que les pieds; longueur du tarse, six lignes; queue très-fourchue. Taille, treize pouces et demi. Du nord des deux continens.

STERNE BOYS, *Sterna Boysii*, Lath.; *Sterna cantiaca*, L.; *Sterna stuberica*, Bechst.; *Sterna canescens*, Meyer; *Sterna africana*, Gmel.; *Sterna striata*, Gmel. Parties supérieures d'un cendré bleuâtre très-clair; les inférieures et les rectrices d'un blanc soyeux; front et sommet de la tête d'un blanc mat, varié de petites taches noires vers l'occiput; longues plumes occipitales noires, frangées de blanc; sourcils noirs; rémiges cendrées, bordées intérieurement de blanc; bec long, noir, avec la pointe jaunâtre; pieds noirs; longueur du tarse, douze lignes; queue longue, très-fourchue. Taille, quinze à seize pouces. En robe de noces, les mâles adultes ont le front, la tête et les plumes occipitales entièrement noirs; le devant du cou et la poitrine d'un blanc rosé. Les jeunes ont la tête variée de blanc, de noir et de roussâtre; les parties supérieures d'un roux blanchâtre, rayées de brun noirâtre; partie des tectrices alaires et les rémiges d'un cendré noirâtre, frangées et terminées de blanc; le bec noirâtre avec la pointe jaune; les pieds d'un brun cendré. Cette espèce est très-abondante sur les côtes de la Nord-Hollande où elle se nourrit de Poissons vivans; elle niche en communauté, et les couveuses se tiennent si près les unes des autres qu'elles se touchent.

STERNE DOUGALL, *Sterna Dougalli*, Montagu. Parties supérieures d'un cendré clair; sommet de la tête et nuque noirs; rémige latérale très-longue et subulée, avec le bord externe noir, les autres cendrées avec le bord interne blanc; rectrices et parties inférieures blanches; une teinte rosée sur la poitrine; bec noir; pieds orangés; longueur du tarse, neuf lignes; queue fourchue, beaucoup plus longue que les ailes. Taille, quinze pouces. Du nord de l'Europe.

STERNE ÉPOUVANTAIL, *Sterna nigra*, L.; *Sterna obscura*, *Sterna fissipes*, Gmel., Lath.: *Sterna nœvia*, Gmel.; *Sterna Boysii*, Var., Lath. Buff., pl. enl. 333 et 924. Parties supérieures d'un cendré plombé; tête et dessus du cou noirs; front; joues, gorge et devant du cou blancs; parties inférieures d'un gris foncé; tectrices caudales inférieures blanches; bec noir; pieds d'un brun pourpré; longueur du tarse, huit lignes; membranes digitales très-découpées; queue peu fourchue. Taille, neuf pouces un quart. En robe d'amours, le front, les joues, la gorge et le devant du cou sont d'un cendré noirâtre. Les jeunes ont les parties inférieures blanches avec une grande tache noirâtre sur les côtés de la poitrine, un croissant en avant des yeux; le sommet de la tête et la nuque noirs; les parties supérieures brunes, variées de roussâtre; le bec et les pieds bruns. Nous ne savons ce qui a pu valoir à cette espèce l'affreuse dénomination qui sert à la distinguer de ses congénères, car, loin de porter l'épouvante, c'est peut-être de tous les Sternes le plus timide, le plus craintif et le moins importun par ses cris; ses couleurs, un peu sombres à la vérité, peuvent y avoir contribué; mais elles sont disposées avec tant d'élégance, que beaucoup d'autres Oiseaux que l'on trouve jolis, ne possèdent pas d'aussi beaux ornemens. L'Épouvantail semble préférer à la haute mer les rivières, les lacs et les marais; il ne se nourrit que d'Insectes qu'il poursuit sans cesse en décrivant, d'un vol infatigable, mille courbes entrelacées. C'est toujours dans les marais, au milieu des roseaux et quelquefois sur une feuille flottante du *Nymphœa lutea*, qu'il dépose ses trois ou quatre œufs olivâtres, tachetés circulairement de brun. Les couveuses sont ordinairement très-rapprochées les unes des autres.

STERNE HANSEL, *Sterna anglica*, Montagu; *Sterna avanea*, Wils. Parties supérieures d'un cendré bleuâtre clair; front, sommet de la tête, cou et parties inférieures d'un blanc pur; un croissant noir en avant des yeux et une tache de même nuance derrière; bec court, gros et noir; pieds élevés et noirs; longueur du tarse, quinze lignes; membrane digitale très-découpée; ongle postérieur droit; ailes longues; queue peu fourchue. Taille, treize pouces. En robe d'amour, cette espèce a toute la tête couverte de longues plumes noires. Les jeunes ont les parties supérieures variées de bleuâtre, de brun et de jaunâtre; le sommet de la tête blanc, tacheté longitudinalement de brun; l'extrémité des rectrices blanche; les rémiges brunâtres; la base du bec jaunâtre; les pieds bruns. De l'Europe.

STERNE LEUCOPTÈRE, *Sterna Leucoptera*, Temm. Tête, cou, poitrine, ventre, abdomen noirs; dos et scapulaire d'un noir cendré; petites et moyennes tectrices alaires; croupion, tectrices caudales et rectrices blancs; grandes tectrices alaires et rémiges d'un cendré bleuâtre; une bande longitudinale blanche sur les barbes internes des deux premières rémiges; bec brun; pieds d'un rouge vif; longueur du tarse, neuf lignes; membranes digitales très-découpées; l'interne presque nulle; queue très-fourchue. Taille, neuf pouces un tiers. Les jeunes ont le front et les rectrices cendrées; le noir du plumage varié de cendré, ainsi que toutes les parties supérieures; la pointe du bec noirâtre. Des bords de la Méditerranée.

STERNE MOUSTAC, *Sterna leucopareia*, Natterer. Parties supérieures d'un gris cendré; front, sommet de la tête, occiput, cou et parties inférieures d'un blanc pur; une tache noire derrière les yeux; bec et pieds d'un rouge de laque; longueur du tarse, dix lignes; queue très-peu fourchue. Taille, onze pouces. En robe d'amour, elle a la tête couverte d'un capuchon noir qui se prolonge sur la nuque; une large moustache blanche qui s'étend jusqu'aux oreilles; la gorge blanchâtre; la poitrine cendrée; le ventre et les flancs noirâtres; les parties supérieures d'un cendré noirâtre. Les jeunes ont le sommet de la tête roussâtre, varié de brun; les parties supérieures brunes, variées de fauve; le bec brun à la pointe; les pieds rougeâtres. Du midi de l'Europe. (DR..Z.)

STERNECHUS. INS. Genre de Charansonites établi par Schœnherr. *V*. RHYNCHOPHORES. (G.)

STERNICLE. POIS. Espèce du sous-genre Gastéroplèque dans le genre Saumon. *V*. ce mot, et non la Fénite qui est une Clupée. (B.)

STERNOPTIX. POIS. Sous-genre de Saumon. *V*. ce mot. (B.)

STERNOXES. *Sternoxi*. INS. Latreille donne ce nom à une section de sa famille des Serricornes, dans l'ordre des Coléoptères pentamères. Les Insectes qui la composent ont toujours le corps de consistance ferme et solide, le plus souvent ovale ou elliptique, avec les pieds en partie contractiles; leur tête est engagée verticalement et jusqu'aux yeux dans le corselet; et le présternum, ou la portion médiane de cette même partie du corps, est allongé, dilaté, et avancé en avant jusque sous la bouche, distingué ordinairement de chaque côté par une rainure où s'appliquent les antennes (qui sont toujours courtes), et prolongé postérieurement en une pointe reçue dans un enfoncement de l'extrémité antérieure du mésosternum. Les pieds antérieurs sont éloignés de l'extrémité antérieure du corselet. Ces Serricornes Sternoxes sont divisés par

Latreille en deux tribus. *V.* BUPRES-
TIDES et ÉLATÉRIDES. (G.)

STERNUM. ZOOL. *V.* SQUELETTE.

* STÉROPE. *Steropus.* INS. Mégerle a établi sous ce nom un genre
de l'ordre des Coléoptères, section
des Pentamères, famille des Carnassiers, tribu des Carabiques. Latreille
(Fam. nat.) l'avait mentionné et
adopté, mais, dans la deuxième
édition du Règne Animal, il l'a réuni
à son genre Féronie. L'espèce qui a
servi de type à Mégerle pour établir
son genre *Steropus* est le *Scarites
hottentotus* d'Olivier ; le *Carabus ma-
didus* appartient aussi à ce genre.
Dejean, dans le Spéciès des Coléoptères de sa riche Collection, forme
un nouveau genre avec le *Steropus
Hottentota*, à raison de ses pieds antérieurs dont les jambes sont arquées. Nous avons représenté une de
ces pates dans notre Iconographie
du Règne Animal, 2e livr., Insectes,
pl. 6, fig. 10. (G.)

* STÉROPÈS. *Steropes.* INS. Genre
de l'ordre des Coléoptères, famille
des Trachélides, tribu des Anthi-
cides, établi par Stéven, et auquel
Hoffmansegg avait donné le nom de
Blastanus. Ce genre a pour caractères essentiels, suivant son auteur :
quatre palpes inégaux, sécuriformes ; mâchoires unidentées ; antennes
ayant leurs trois derniers articles filiformes, beaucoup plus longs que les
précédens. Ce genre ne diffère pas
beaucoup des Notoxes, ou *Anthicus*
de ●●bricius, par la forme du corps
et ●● palpes, mais il en est distingué d'une manière bien nette par les
antennes qui, dans ces derniers, ne
se terminent pas brusquement par
trois articles beaucoup plus longs.
Les Scrapties en diffèrent par la
forme de leur corselet qui est transversal et presque demi-circulaire, et
par la forme de leur corps qui leur
donne le port des Cistèles. On ne
connaît qu'une espèce de Stéropès ;
elle habite les bords de la mer Caspienne à Kislar. On la trouve dans
les ordures, et elle vient quelquefois
à la lumière pendant la nuit. Stéven
lui a donné le nom de STÉROPÈS CAS-
PIEN, *Steropes caspius.* (G.)

STERREBECKIA. BOT. CRYPT.
(*Lycoperdacées.*) Ce genre, établi par
Link, a reçu de Nées d'Esenbeck le
nom d'*Actinodermium*, et a été réuni par Sprengel aux *Geastrum.* Il
ne renferme qu'une espèce qui habite les lieux sablonneux du midi
de l'Europe. C'est un Champignon
gros comme une noix, jaune soufré,
ressemblant aux *Geastrum*, sphérique, dont le péridium est double ;
l'extérieur distinct et dur ; l'intérieur
coriace ; tous les deux se divisent au
sommet en un grand nombre de lanières ; ils renferment des sporidies
mêlés à des filamens. Fries adopte
pour ce genre le nom d'*Actinodermium*, qui est cependant plus récent.
(AD. B.)

STERREBELLIA. BOT. CRYPT.
(*Champignons.*) Fries avait indiqué
sous ce nom (*Obs. myc.*, 2, p. 513)
un nouveau genre qui devait renfermer le *Peziza coriacea*, Bull.,
Champ., tab. 438, fig. 1, et une
nouvelle espèce de Suède ; mais il
n'a plus reproduit ce genre dans ses
nouveaux ouvrages, et ces espèces
sont rangées dans le genre *Patellaria*
de son Syst. mycol., 2, p. 159. *V.*
PATELLARIA. (AD. B.)

* STEUDELIA. BOT. PHAN. Le
genre établi sous ce nom par Sprengel, a été réuni par son auteur lui-
même à l'*Erythroxylon. V.* ce mot.
(G..N.)

STEVENIA. BOT. PHAN. Genre de
la famille des Crucifères, tribu des
Arabidées, et de la Tétradynamie siliqueuse, L., établi par Adams et Fischer (*Mem. Soc. nat. Mosc.*, 5, p. 84)
et ainsi caractérisé : calice un peu
étalé, renflé à la base en deux sacs ;
pétales à limbe entier ; étamines libres, non denticulées, lancéolées,
subulées ; silique sessile, oblongue,
comprimée, souvent sinuée et rétrécie entre les graines, apiculée par
le style persistant, à cloison mince,
à valves planes, un peu impression-

nées par les graines ; celles-ci peu nombreuses, ovées-comprimées, non bordées, à cotylédons accombans. Ce genre tient parfaitement le milieu entre les Crucifères Siliqueuses et les Siliculeuses. Il se compose de deux espèces, *Stevenia alyssoides* et *S. cheiranthoides*, Deless., *Icon. select.*, 2, tab. 20 et 21. Ce sont des Plantes herbacées qui croissent dans la Sibérie. Elles sont couvertes d'un duvet cendré. Leur tige est droite, plus ou moins rameuse, garnie de feuilles oblongues, entières. Leurs fleurs sont blanches ou légèrement purpurines, disposées en grappes terminales.	(G..N.)

STÉVENSIE. *Stevensia.* BOT. PHAN. Genre de la famille des Rubiacées établi par Poiteau (*Ann. Mus.*, 4, p. 235, tab. 60) pour un Arbrisseau originaire de Saint-Domingue, qu'il a décrit et figuré sous le nom de *Stevensia buxifolia*. Ses feuilles sont opposées, pétiolées, ovales, aiguës, assez petites, coriaces, glabres et luisantes à leur face supérieure, tomenteuses et blanchâtres inférieurement. Les fleurs sont solitaires à l'aisselle des feuilles, blanches et odorantes. Chaque fleur est accompagnée à sa base d'une sorte d'involucre cupuliforme, à quatre dents, dont deux opposées, beaucoup plus grandes ; le calice globuleux, et adhérent à sa base avec l'ovaire infère, offre un limbe coriace, à deux divisions allongées, concaves et valvaires ; la corolle est tubuleuse, un peu renflée dans la partie supérieure du tube, ayant son limbe à cinq, six ou sept lanières oblongues, étroites, obtuses et réfléchies ; les étamines, en même nombre que les divisions de la corolle, sont incluses, presque sessiles au haut du tube de la corolle ; le style se termine par un stigmate à deux lobes obtus ; le fruit est une capsule globuleuse, pisiforme, légèrement charnue en dehors, osseuse intérieurement, à deux loges polyspermes, s'ouvrant en deux valves dont les bords rentrans for-

ment la cloison et qui chacune se partagent en deux par leur partie moyenne ; d'autres fois, au contraire, la déhiscence est loculicide, c'est-à-dire que chaque valve porte avec elle la moitié de la cloison sur le milieu de sa face interne, et que, plus tard, chacune d'elles se sépare en deux par le dédoublement des deux feuillets de la cloison. Les graines sont nombreuses, planes, membraneuses dans leur contour.	(A.R.)

STEVIA. BOT. PHAN. Genre de la famille des Synanthérées, tribu des Eupatoriées, et de la Syngénésie égale, L., offrant les caractères suivans : involucre campanulé, composé d'un petit nombre de folioles presque égales ; réceptacle nu ; calathide ne renfermant qu'un petit nombre de fleurs ou tubuleux et hermaphrodites ; anthères incluses ; stigmates saillans ; akènes comprimés à cinq angles ; aigrette formée d'un rebord membraneux, fendu, ordinairement muni de quelques arêtes. Ce genre, créé par Cavanilles et adopté par tous les botanistes contemporains, a été nommé *Mustelia* par Sprengel. Il est voisin de l'*Ageratum* dont il se distingue par la forme de l'involucre, et par le petit nombre de ses fleurons. Il renferme environ vingt-cinq espèces, toutes originaires du Mexique et des contrées voisines de l'Amérique méridionale. Ce sont des Plantes herbacées ou rarement sousfrutescentes, à feuilles opposées ou alternes, entières, munies de petits points glanduleux ; les fleurs sont blanches, violettes ou purpurines, agglomérées ou disposées en corymbes et en panicules. Quelques-unes sont élégantes, et cultivées dans les jardins de botanique : nous citerons, sous ce rapport, les *Stevia serrata*, Cav., *S. eupatoria*, Willd., *S. ivæfolia*, Willd., *S. pedata*, Cav. Kunth en a décrit vingt espèces nouvelles, dont trois sont figurées (*Nov. gen. et sp. Plant. æquin.* T. IV, tab. 351, 352 et 353) sous les noms de *S. viscida*, *S. tomentosa*, *S. glutinosa*.	(G..N.)

STEWARTIE. *Stewartia.* **bot. phan.** Genre de la famille des Ternstrœmiacées et de la Polyandrie Monogynie, L., dont les caractères sont : un calice muni à sa base de deux bractées, divisé profondément en cinq lobes imbriqués. Cinq pétales à peu près égaux entre eux, insérés sur le réceptacle. Des étamines en nombre indéfini, soudées à leur base entre elles et avec les pétales ; à anthères mobiles, extrorses, biloculaires, s'ouvrant longitudinalement. Un seul style. Un stigmate à cinq lobes. Un ovaire à cinq loges, contenant chacune deux ovules attachés dans l'angle interne. Le fruit est une capsule ligneuse, s'ouvrant en cinq valves. Les graines sont dépourvues• d'ailes membraneuses. Ce genre ne renferme qu'un seul Arbuste originaire de la Caroline et de la Virginie, où il végète sur les plages maritimes. Ses feuilles sont alternes, entières. Ses fleurs sont très-grandes, blanches ; les filets des étamines sont d'un beau pourpre ; les anthères jaunes. Le *Stewartia* se distingue du *Malachodendron* de Cavanilles par son style unique, et probablement par la structure des graines, qui, vu la forme aplatie des ovules et le rebord très-mince qui les entoure, paraissent dans ce dernier genre devoir être pourvues, à l'époque de leur maturité, d'un rebord membraneux.   (CAMB.)

* STICHORCHIS. bot. phan. Du Petit-Thouars (Orchidées des îles Australes d'Afrique) donne ce nom à un genre qui correspond au *Malaxis* de Swartz.   (G..N.)

STICHOSTÈGUES. moll. D'Orbigny a institué cette famille dans le troisième ordre des Céphalopodes, les Foraminifères, qui ne contiennent que des Coquilles multiloculaires microscopiques. Cette famille ne renferme que des Coquilles droites, formées par un seul rang de loges superposées ; il n'y a jamais de spire. Elles offrent sans contredit le mode le plus simple d'accroissement.

Nous adoptons cette famille, parce que nous la croyons naturelle. Elle doit être la première de l'ordre, puisque les corps qu'elle contient sont les plus simples ; elle se compose des huit genres suivans : Nodosaire, Linguline, Frondiculaire, Rimuline, Vaginuline, Marginuline, Planulaire et Pavonine. *V.* ces mots. (D..H.)

STICKMANNIA. bot. phan. Necker a proposé de faire sous ce nom un sous-genre du *Commelina hexandra* d'Aublet. *V.* **COMMÉLINE. (a. r.)**

STICTA. bot. crypt. (*Lichens.*) Ce genre fait partie des Parméliacées, sous-ordre des Stictes, et se compose des genres *Plectrocarpon* et *Sticta.* Il est ainsi caractérisé : thalle coriace, cartilagineux, foliacé, largement lobé, inférieurement velu, et muni de cyphelles ou de sorédies maculiformes ; apothécie orbiculaire, un peu épais, appliqué sur le thalle, fixé au centre et libre vers les bords comme dans les *Parmelia*, mais dont la marge s'élève constamment au-dessus du disque ; la lame proligère est lisse, et non tuberculeuse comme dans le *Plectrocarpon.* On comprend généralement dans ce genre les Lichens à taches maculiformes qui étaient renfermées dans le genre *Lobaria* de De Candolle, quoique ses thalles ne soient point cyphelloïdes. Nous avons adopté cette réunion tout en convenant néanmoins que ces Lichens doivent constituer un sous-ordre parfaitement distinct. Indépendamment des différences de structure, dont la principale est l'absence de cyphelles, il en est d'autres assez curieuses, et qui peuvent suffire pour chercher si réellement les Stictes-Lobaires doivent rester dans les *Sticta* ou en disparaître tout-à-fait. Les *Lobaria* sont peu odorans ; les vrais *Sticta* sont fétides. On se tromperait fort si l'on concluait de cette particularité, que nous voulons regarder l'odeur comme un caractère propre à servir à la distinction des genres ; mais un caractère physique, qui manque à quelques espèces déjà distinctes par le port, est l'indice presque certain que des différences importantes dans l'organisation l'accompagnent. Trop de faits appuient cette assertion pour qu'on puisse la révoquer en doute. Il faut donc étudier de nouveau ces Plantes et s'assurer de leur identité avec les vrais *Sticta*. Schreber est le créateur du genre *Sticta*, adopté aujourd'hui par tous les botanistes. Acharius, dans le *Synopsis* de la famille des Lichens, en décrit vingt-deux. Delise en fait connaître soixante-deux dans sa belle Monographie du genre. Sprengel, dans le *Systema*, n'en énumère que vingt-quatre, dont deux sont empruntées à notre Essai sur les Cryptogames; mais ce savant n'avait sans doute pas connaissance du travail important de Delise. Le genre *Sticta* comprend actuellement au-delà de soixante espèces; mais ce nombre doit être augmenté un jour. Déjà le riche herbier de Bory nous en a offert plusieurs de parfaitement distinctes. Delise a placé le genre *Sticta* entre les genres *Solorina* et *Peltidea* dans le cercle méthodique des genres qui composent la famille des Lichens. Puisque nous avons occasion de parler de cette disposition systématique, nous profiterons de cette occasion pour dire qu'elle a précédé celle que nous avons donnée dans notre Essai sur les Cryptogames des écorces exotiques officinales, et nous avions eu soin de le déclarer dans ce dernier ouvrage. Nous ajouterons encore que nous avions eu connaissance du travail de Delise avant de publier le nôtre. Nous ajouterons toutefois que nos affinités des tribus naturelles n'ont point été établies sur les mêmes idées que celles de ce lichénographe, ainsi qu'on peut s'en convaincre par l'examen des deux tableaux que nous avons donnés au public. Nous avons fait figurer dans notre Atlas un *Sticta* dont le nom spécifique rappelle une preuve d'amitié que nous devons à Delise, c'est le *Sticta Feei*, Delise, Monogr., genre *Stict.* T. I, p. 44,

fig. 2. Elle est originaire de l'Amérique septentrionale. Les *Sticta sylvatica*, *limbata*, *fuliginosa*, *pulmonacea*, sont les principales espèces d'Europe. Cette dernière a eu quelque célébrité en médecine. On s'en sert aussi dans le nord de l'Europe pour remplacer le Houblon dans la fabrication de la bière. (A. F.)

STICTIS. BOT. CRYPT. (*Champignons.*) Ce genre appartient à la tribu des Pezizées, et se distingue des genres voisins par le caractère suivant: petits Champignons dépourvus de réceptacle propre, formés par une membrane fructifère, en forme de cupule, plongée dans le corps qui les supporte, et entourée par ce corps; thèques fines, sans paraphyses, fixées à cette base membraneuse; sporidies petites, globuleuses : il se distingue de tous les autres genres de Champignons cupulifères par sa cupule adhérente par toute sa face externe, et formée seulement par la membrane fructifère. Fries divise ce genre en quatre sections principales : 1° les *Stictis* proprement dits à membrane fructifère, adhérente, céreuse, persistante; 2° les *Corticia* à membrane presque libre, gélatineuse, persistante; 3° les *Xylographa* à membrane elliptique, déliquescente; 4° les *Propolis* à membrane de forme variable, se réduisant en poussière; tous ces petits Champignons, long-temps considérés comme de petites Pezizes, croissent sur les bois, les écorces ou les herbes sèches. (AD. B.)

STIFFTIA. BOT. PHAN. Genre de la famille des Synanthérées, établi par Mikan qui en a donné une belle figure et une description très-détaillée (*Delect. Flor. et Faun. brasil.*, Fasc. 1). Ce genre a été cité par Kunth (*Syn. pl. orb. nov.*, 2, p. 362) comme simple synonyme de son *Gochnatia*. D'un autre côté, Sprengel a fait de la Plante de Mikan une espèce du genre *Plazia* de Ruiz et Pavon. Ces opinions ne sont pas partagées par Cassini qui, ayant examiné la Plante en question dans les collections de Benjamin

Delessert, s'est assuré qu'elle forme un genre bien distinct, et qui se distingue du *Gochnatia* non-seulement par les folioles de l'involucre inermes et très-obtuses, par ses ovaires longs et glabres, mais encore par sa corolle à limbe plus étroit que le tube et divisé jusqu'à la base en lanières extrêmement longues, linéaires, roulées en spirale, et par les étamines dont les filets sont soudés avec la corolle jusqu'à la base de ses incisions. Le genre *Stifftia* appartient à la tribu des Carlinées, et se place auprès du genre *Chuquiraga* de Jussieu, qui, selon quelques-uns, lui est même identique. Il ne renferme qu'une seule espèce, *Stifftia chrysantha*, Mikan, *loc. cit.* C'est un petit Arbre non épineux qui atteint au plus quatre mètres de haut; et se ramifie en branches dressées, rapprochées, garnies de feuilles alternes, étalées, ovales, lancéolées, très-entières, glabres. Les calathides sont grandes, solitaires, composées de fleurs dont la corolle est frangée; l'aigrette est longue et rousse. Cette Plante croît dans le Brésil près de Rio de Janeiro.

(G..N.)

STIGMANTHE. *Stigmanthus.* BOT. PHAN. Genre de la famille des Rubiacées et de la Pentandrie Monogynie, L., établi par Loureiro, qui le caractérise de la manière suivante: calice turbiné à sa base, avec un limbe à cinq divisions profondes, étroites et filiformes; corolle infundibuliforme, à tube long, à limbe quinquéparti; étamines à filamens courts, insérées au-dessous du limbe, à anthères oblongues. Stigmate très-grand et sillonné. Baie comprimée, tuberculeuse, sèche, à une seule loge (selon Loureiro) contenant plusieurs graines anguleuses et osseuses. Ce genre a été rapproché par Jussieu du *Tocoyena* d'Aublet. Il se compose d'une seule espèce qui est un Arbuste sarmenteux, à fleurs disposées en cimes axillaires ou terminales, et qui croît au Japon. (A. R.)

STIGMAROTA. BOT. PHAN. Lou-

reiro, dans sa Flore de Cochinchine, a fondé sous ce nom un genre placé dans la famille des Flacourtianées, et qui a de si grands rapports avec le genre *Flacourtia*, que son admission est encore douteuse. Ce genre offre aussi beaucoup d'analogie avec le *Roumea* de Poiteau, dont il ne se distingue que par son calice caduc; son style court, cylindrique; ses stigmates, au nombre de six, étalés en rayons.

Le *S. Jangomas*, Lour., *Flor. Cochin.*, 2, p. 778; *Spina Spinarum*, Rumph, *Herb. Amboin.*, 7, tab. 19, fig. 1 et 2, est un petit Arbre à rameaux étalés, munis d'épines simples dans les individus femelles, rameuses dans les mâles, et à feuilles ovales, acuminées, dentées en scie. Le fruit est une baie d'un brun rouge, d'environ huit lignes de diamètre, comestible, d'une saveur douce, un peu astringente.

Le *S. africana*, décrit à la suite de la précédente espèce, paraît être le *Flacourtia Ramontchi* de L'Héritier.

(G..N.)

STIGMATE. *Stigma.* BOT. PHAN. L'une des parties constituantes du pistil, le Stigmate se présente sous l'aspect d'un corps glanduleux ou velu, de forme très-variée, et qui termine le style quand celui-ci existe, ou qui est sessile sur l'ovaire quand le style manque. Le Stigmate est une des parties essentielles d'un pistil parfait; il est destiné à recevoir et à fixer les grains polliniques qui s'échappent des anthères, et qui s'y rompent et y répandent les granules qu'ils contiennent. A cet effet le Stigmate présente une structure qui est en rapport avec la fonction qu'il doit remplir. Ainsi il est en général formé de petites utricules de forme variée, contenant chacune dans leur intérieur un petit nombre de granules diversement colorés en jaune, en violet, etc.; ces utricules sont lâchement unies entre elles au moyen d'une matière comme mucilagineuse, formée de granules très-petits. Telle est la structure la plus générale de.

cet organe. Mais dans un assez grand nombre de Végétaux, ces utricules, ainsi que Brougniart l'a fait voir, sont recouverts extérieurement par une lame d'épiderme qui tapisse toute la surface du Stigmate. Ces deux modifications exercent une influence très-marquée sur le mode d'action des granules polliniques sur la surface du Stigmate. Mais un point essentiel à remarquer, c'est que cet organe ne présente aucune ouverture quelconque qui puisse servir à la transmission des granules de pollen. La surface du Stigmate est en général recouverte d'une couche de matière épaisse et visqueuse, qui paraît une excrétion des utricules. Cette matière a deux usages, 1° de fixer par sa viscosité les grains de pollen sur la surface du Stigmate; 2° et par l'humidité qu'elle peut fournir à ces grains, elle favorise leur gonflement et leur rupture. Le nombre des Stigmates est en général déterminé par le nombre des styles ou des divisions des styles. Néanmoins on est quelquefois fort embarrassé de déterminer si telle Plante présente plusieurs Stigmates, ou bien un seul Stigmate plus ou moins profondément divisé. On remédie en partie à cette difficulté en remarquant qu'en général il y a autant de Stigmates qu'il y a de loges à l'ovaire, puisqu'en définitive chaque loge de l'ovaire peut être considérée comme un carpelle qui doit avoir son Stigmate. Ainsi, dans tous les cas de pluralité de loges, on peut considérer chaque lobe du Stigmate comme un Stigmate propre, mais soudé plus ou moins intimement avec ceux des autres carpelles. Quoique cette règle soit générale, elle souffre cependant quelques exceptions. Ainsi, dans la famille des Rubiacées, par exemple, on trouve fréquemment que des ovaires à cinq loges sont surmontés seulement de deux Stigmates. Le Stigmate peut offrir un grand nombre de modifications dans sa forme, sa position, sa couleur, etc. Nous croyons inutile d'entrer dans aucuns

détails à cet égard. On sait que c'est d'après le nombre des Stigmates bien distincts, que Linné a établi les ordres dans un grand nombre des classes de son Système. *V.* Système sexuel. (A. R.)

STIGMATES. ins. On appelle ainsi dans les Insectes les enfoncemens perforés que l'on aperçoit sur les parties latérales de leur corps où ils se montrent sous l'aspect de taches ordinairement colorées, et qui ne sont que les orifices extérieurs des trachées ou canaux aériens. *V.* Insectes et Thorax. (A. R.)

STIGMATIDIUM. bot. crypt. (*Lichens.*) Meyer est le fondateur de ce genre dont les caractères sont ainsi établis : sporocarpes ponctiformes, agrégés, presque disposés par séries, quelquefois isolés; sporanges membraneux, noirs, enfoucés dans le thalle, se détruisant par leur milieu; spores ou séminules contenus dans un noyau gélatinoso-céroïde, noir. Rien de moins naturel que ce genre auquel Meyer réunit plusieurs espèces de *Porina* d'Acharius, l'*Opegrapha crassa* de De Candolle, et nos genres fondés sur les Lichens épiphylles. En examinant ces singuliers Lichens, nous avons eu soin de prévenir que nos nouveaux genres avaient besoin d'être encore étudiés; mais toutefois nous ne pensions pas que la réunion en fût possible. Quoi qu'il en soit, Meyer énumère les *Stigmatidium proteum, dendritium, ellipticum* et *flavo-rufum*. Il est malheureux qu'aucune de ces espèces ne soit ni décrite ni figurée. Meyer et Eschweiler, en publiant des travaux intéressans sur les Lichens, leur eussent donné une véritable importance, s'ils eussent joint des figures à leurs méthodes, peut-être ingénieuses, mais difficiles à concilier avec les idées reçues. Sprengel, dans son Système universel, ne décrit aucune des espèces énumérées par Meyer, dont il suit néanmoins la méthode. (A. F.)

STIGME. *Stigmus.* ins. Genre de

l'ordre des Hyménoptères, section des Porte-Aiguillons, famille des Fouisseurs, tribu des Crabronites, établi par Jurine et adopté par Latreille. Les caractères de ce genre sont : corps étroit ; tête grosse, carrée ; chaperon court et large ; yeux entiers, grands, elliptiques ; antennes filiformes, insérées au-dessous du milieu de la face antérieure de la tête, composées de douze articles dans les femelles, de treize dans les mâles, la plupart de ces articles moniliformes ; mandibules grandes, tridentées vers leur extrémité ; palpes maxillaires fort longs, filiformes ; corselet ovale ; prothorax étroit, formant un rebord en avant du mésothorax, prolongé en cou à sa partie antérieure ; mésothorax bombé ; métathorax arrondi postérieurement, un peu cannelé en dessus ; écusson grand, peu saillant ; ailes supérieures ayant un point marginal grand et épais ; une cellule radiale assez grande, large à sa base, se rétrécissant fortement immédiatement après la seconde cubitale, terminée en pointe sans appendice ; trois cellules cubitales, la première assez grande, presque carrée, recevant dans son milieu la première nervure récurrente ; seconde cellule cubitale petite, carrée, la troisième ni commencée ni tracée ; trois cellules discoïdales, dont la troisième ou l'inférieure atteint le bout de l'aile, la seconde nervure manquant ; pates fortes ; cuisses renflées dans le milieu ; jambes point épineuses ; les postérieures ayant seulement deux ou trois épines ; tarses filiformes ; abdomen formé de cinq segmens, en ayant un de plus dans les mâles, manifestement pétiolé ; ce pétiole composé de la moitié antérieure du premier segment qui s'évase ensuite subitement. Ce genre se distingue des Melline, Alyson et Gorytes, parce que ceux-ci ont quatre cellules cubitales aux ailes supérieures ; les Crabrons n'ont que deux cellules cubitales ; enfin les Pemphredons en sont distingués par la forme de leur troisième cellule dis-

coïdale. La conformation des pates des Stigmes fait présumer à Lepelletier de Saint-Fargeau et Serville que ces Insectes pondent leurs œufs dans le nid de quelques autres Fouisseurs. On ne connaît que deux espèces de ce genre ; nous citerons comme type le STIGME NOIR, *Stigmus ater*, Jurine, Hyménopt., p. 139, pl. 9 ; Latr., *Gen. Crust. et Ins.*, etc. On le trouve aux environs de Paris.   (G.)

STIGMITE. MIN. Al. Brongniart a réuni sous ce nom spécifique toutes les Roches mélangées, composées d'une pâte de Rétinite ou d'Obsidienne, renfermant des Cristaux ou des grains feldspathiques. Les Stigmites comprennent donc toutes celles que les géologues allemands ont appelées *Pechstein-Porphyr, Obsidian-Porphyr* et *Perlstein-Porphyr*, et qui sont mentionnées dans ce Dictionnaire aux articles RÉTINITE et OBSIDIENNE, comme des variétés porphyroïdes de ces dernières Roches.

(G. DEL.)

STIGNITES. MIN. (Pline.) Syn. de Granite rose d'Egypte.   (A. R.)

STIGONEMA. BOT. CRYPT. (*Arthrodiées.*) Genre fondé par Agardh, et dans lequel il place des Plantes voisines des *Bangia* et des *Scytonema*; il lui donne les caractères suivans : filamens continus, coriaces, nus, non mucilagineux, contenant des points disposés en cercle ou en anneaux. Il rapporte à ce genre trois espèces dont la consistance est plus ferme, plus dure et plus lichénoïde que celle des *Scytonema*; les filamens rameux, presque épineux, et la couleur brune ou noirâtre. Le type du genre est le *Stigonema atrovirens*, Ag., *Bangia atrovirens*, Lyngb., ou *Cornicularia pubescens* d'Acharius. Ce genre a encore besoin d'être étudié avant de pouvoir être admis.   (AD. B.)

STILAGO. BOT. PHAN. Nom du *Plantago coronopus* chez les anciens botanistes et que Linné a appliqué à un genre qui depuis a été réuni par Smith au genre *Antidesma*. *V.* ce mot.

(A. R.)

STILBE. *Stilbum*. INS. Genre de l'ordre des Hyménoptères, section des Térébrans, famille des Pupivores, tribu des Chrysides, établi par Spinola aux dépens du genre Chrysis de Linné et d'Olivier, et adopté par Latreille. Les caractères de ce genre sont : corps convexe; tête transversale, un peu plus étroite que le corselet, ayant une dépression frontale large, ovale-arrondie; yeux ovales, presque anguleux à leur partie supérieure; trois ocelles placés en triangle sur le front; l'antérieur, dans la dépression frontale, a son bord supérieur, les latéraux hors de la dépression, très-près des yeux à réseau; antennes filiformes, coudées, vibratiles, insérées près de la bouche, composées de treize articles; le premier fort long, les autres presque égaux, courts; labre corné, court, arrondi; mandibules triangulaires, aiguës, sans aucunes dentelures ni échancrures à leur côté interne; mâchoires s'avançant conjointement avec la lèvre et le menton; palpes inégaux, les maxillaires de cinq articles, les labiaux plus courts que la lèvre, triarticulés; lèvre simple, membraneuse, plus longue que les mâchoires et les palpes, son bord externe profondément échancré; menton corné, arrondi à son extrémité; corselet très-bombé en dessus; ailes supérieures ayant une cellule radiale très-incomplète et deux cellules cubitales; pates de longueur moyenne; jambes postérieures légèrement comprimées; tarses allongés, leur premier article le plus grand de tous; abdomen très-bombé en dessus, composé de trois segmens apparens; le second beaucoup plus grand que les autres; le troisième ou anus ayant un bourrelet transversal très-prononcé. Femelles pourvues d'une tarrière rétractile; un aiguillon. Ce genre se distingue facilement des Parnopès, parce qu'il n'a pas la bouche avancée en promuscide comme celui-là. Les Chrysis, Élampes et Hédychres en diffèrent, parce que leurs palpes maxillaires sont beau-

coup plus longs que les labiaux. Les mœurs de ces Insectes sont les mêmes que celles des Euchrées et Chrysis. On en connaît trois ou quatre espèces propres à la France. Nous citerons comme type du genre le STILBE SPLENDIDE, *Stilbum splendidum*, Spinola, *Ins. Ligur.*, fasc. 1, p. 9; *Chrysis splendida*, Fabr., Lepell. St.-Farg., Mém. du Muséum, n° 9. On le trouve dans le midi de la France.

(G.)

STILBE. BOT. PHAN. Ce genre établi par Thunberg n'a pas encore été classé définitivement dans les familles naturelles. Lamarck avait pensé qu'il pouvait être rapporté à la famille des Globulariées; mais Cambessèdes, dans sa Monographie des Globulaires, l'en éloigne à raison de son ovaire à une ou deux loges contenant chacune un ovule dressé. Ce caractère le distingue aussi des Sélaginées dont il a le port et paraît le rapprocher des Verbénacées. Voici les caractères essentiels attribués à ce genre : fleurs polygames; les hermaphrodites ont un calice coriace, à cinq dents, accompagné de bractées en forme de paillettes; une corolle infundibuliforme, à quatre ou cinq divisions, velue à son orifice; quatre étamines insérées sur le tube et alternes avec les divisions de la corolle; ovaire supérieur, surmonté d'un style et d'un seul stigmate; fruit pseudosperme recouvert par le calice. Les fleurs mâles ne diffèrent des hermaphrodites que par l'absence du pistil. Le genre Stilbe comprend un petit nombre d'espèces (*S. pinastra, ericoides, virgata, myrtifolia*) qui croissent toutes au cap de Bonne-Espérance. Ce sont des Arbrisseaux à tiges droites, très-rameuses, garnies de feuilles nombreuses, imbriquées ou verticillées; quelques-unes ressemblent à certaines bruyères. Les fleurs sont réunies en petits capitules ou en épis courts, à l'extrémité des rameaux. (G..N.)

STILBITE. MIN. Les Stilbites ont, comme les Feldspaths et les Micas, les caractères communs qui les rapprochent et en forment un groupe assez naturel ; elles possèdent toutes en effet un seul clivage fort net, joint à un éclat nacré des plus vifs, et presque la même dureté et la même pesanteur spécifique : aussi pendant long-temps les a-t-on réunies dans la famille des Zéolithes, en une seule espèce qui paraissait bien circonscrite. Mais depuis qu'on apprécie avec une exactitude scrupuleuse et des moyens d'observation plus parfaits, les plus légères différences que peuvent offrir les substances minérales dans leurs caractères cristallographiques et dans le rapport de leurs élémens, l'ensemble des Stilbites a été partagé, comme le groupe des Feldspaths, en plusieurs espèces dont le nombre est au moins de deux, suivant Mohs et Phillips, et va peut-être jusqu'à cinq, d'après les recherches de Brooke, Brewster et G. Rose. Comme la division en deux groupes fondamentaux repose sur une donnée positive et généralement admise, la distinction de deux systèmes de formes cristallines incompatibles, nous nous y conformerons ici, en ayant soin de faire connaître, dans l'énumération des variétés qu'on peut rapporter à chacun de ces groupes, celles qui ont été érigées en espèces distinctes par les minéralogistes que nous avons cités, ainsi que les caractères qu'ils leur ont assignés.

I. STILBITE proprement dite : Strahlzeolith, W., Zéolithe radiée. Substance ordinairement blanche, à cassure vitreuse et à éclat nacré dans le sens du clivage le plus net et le plus facile. C'est un trisilicate d'Alumine uni à un trisilicate de Chaux et à l'Eau, composé en poids de Silice, 58, Alumine 16, Chaux, 9 et Eau, 17. Ses cristaux dérivent d'un prisme droit rectangulaire, que l'on rencontre quelquefois parmi les formes naturelles; ou, ce qui revient au même, d'un prisme rhomboïdal droit de 94° 15' (Brooke.) Le clivage est très-facile et très-net parallèlement à l'une des faces latérales du prisme rectangulaire, c'est-à-dire au plan qui passe par les grandes diagonales du prisme rhomboïdal. On observe de légers indices de joints dans le sens des petites diagonales du même prisme. La base ou la face terminale des cristaux est souvent arrondie ; les pans sont striés longitudinalement. La Stilbite est fragile ; sa dureté est supérieure à celle du Calcaire spathique, et presque égale à celle du Fluorite. Sa pesanteur spécifique est de 2,16. Elle possède la double réfraction (Biot) ; elle a l'éclat nacré dans le sens des joints qui cèdent le plus facilement à leur séparation ; dans tout autre sens, la cassure est vitreuse et généralement inégale. Elle ne fait point gelée avec l'Acide nitrique, à moins qu'on ne fasse chauffer celui-ci à plusieurs reprises. Mise sur un charbon ardent, elle blanchit et s'exfolie. Chauffée dans le matras, elle donne de l'Eau. Au chalumeau, elle se boursoufle et fond en une globule opaque.

Les seules variétés de formes que l'on connaisse dans l'espèce qui nous occupe, proviennent de modifications simples sur les arêtes du prisme rhomboïdal, combinées entre elles et avec les faces de ce prisme. Elles sont au nombre de quatre :

1°. La *Stilbite prismatique*. Stilbite primitive d'Hauy. En prisme rectangulaire, simple, provenant de troncatures tangentes sur les arêtes du prisme rhomboïdal.

2°. La *Stilbite dodécaèdre*, Haüy. En prisme rectangulaire, terminé par un pointement à quatre faces tournées vers les arêtes longitudinales du prisme. Cette variété est quelquefois amincie entre deux des pans, au point qu'on la prendrait pour une lame hexagonale à biseaux.

3°. La *Stilbite épointée*, Haüy. La variété précédente, dont les faces terminales n'ont pas atteint leur limite, en sorte qu'il reste une facette perpendiculaire à l'axe.

4°. La *Stilbite dioctaèdre*. C'est la forme la plus ordinaire des cristaux de Stilbite. Prisme octogone terminé de part et d'autre par un pointement à quatre faces.

Les variétés de couleurs sont peu nombreuses dans la Stilbite. C'est en général la couleur blanche qui domine ; mais elles présentent aussi différentes nuances de jaunâtre, de rouge et de brun. Les cristaux ont une demi-transparence, ou sont translucides. Parmi les variétés de formes accidentelles et de structure, on distingue particulièrement : la *Stilbite arrondie*. C'est une altération de la variété épointée, dont les sommets sont déformés par des arrondissemens. En cristaux jaunâtres, au bourg d'Oisans, département de l'Isère. La *Stilbite flabelliforme*, ou Stilbite en gerbes, en éventail ; en cristaux appartenant ordinairement à la variété dodécaèdre, et réunis par une de leurs extrémités. La *Stilbite radiée* : en cristaux aciculaires, qui partent tous d'un centre commun. La *Stilbite laminaire*. C'est l'une des variétés les plus communes ; en petits cristaux minces et tabulaires, implantés dans les Roches pyrogènes ou dans les filons métallifères. La Zéolithe d'OEdelfors paraît n'être qu'une Stilbite laminaire rougeâtre, qui a perdu un peu d'eau de cristallisation. La *Stilbite mamelonnée* : en petits cristaux groupés et formant des globules ou des druses à la surface de diverses espèces de Roches. La *Stilbite compacte* : il est difficile de reconnaître si les variétés qu'on désigne ainsi dans les collections appartiennent réellement à la Stilbite, ou bien à l'espèce que nous allons décrire sous le nom de *Heulandite*. Suivant Leman, la Crocalite d'Estner se rapporterait à cette variété.

G. Rose a observé le premier et décrit comme espèce distincte de la Stilbite, une substance blanche, cristallisée, qui paraît avoir les plus grands rapports de forme et de composition avec ce minéral. L'analyse qu'il en a faite diffère peu de celle qu'Hisinger a obtenue pour la véritable Stilbite ; toutes deux ont un clivage facile joint à un éclat nacré ; la pesanteur spécifique est sensiblement la même de part et d'autre ; enfin les Systèmes cristallins sont du même genre. Mais la forme ordinaire sous laquelle se présente cette nouvelle substance ne s'accorde point avec celle de la Stilbite, et, suivant Rose, leurs angles sont incompatibles. Cette forme est celle d'un prisme rhomboïdal très-obtus (de 135°10'), terminé par un pointement à quatre faces posées sur les angles. Les cristaux sont implantés avec la Heulandite, dans une masse granulaire de la même substance, qui remplit les cavités d'une Amygdaloïde d'Islande ou des îles Féroë ; ils sont incolores ou transparens, font gelée dans les Acides, et ont pour pesanteur spécifique 2,25. Rose adopte pour forme fondamentale de cette nouvelle espèce, qu'il nomme *Epistilbite*, un Octaèdre rhomboïdal. D'après son analyse, l'Epistilbite est composée de : Silice, 58 ; Alumine, 17 ; Chaux, 7 ; Soude, 2 ; Eau, 15. Levy a publié dans le *Philosophical Magazine*, un Mémoire dans lequel il cherche à démontrer l'identité de l'Epistilbite avec la Heulandite, ou du moins à faire voir qu'il ne serait pas impossible de faire dériver la forme de l'Epistilbite, par des modifications simples et ordinaires, de celle qu'il a adoptée pour la Heulandite. Mais Brewster a confirmé depuis par l'examen des propriétés optiques des deux substances, leur séparation que Rose avait établie d'après la différence des systèmes cristallins.

La Stilbite paraît appartenir à trois ordres de terrains bien distincts, savoir : les terrains primordiaux, les terrains ignés anciens et les terrains volcaniques proprement dits ; mais c'est dans les terrains ignés qu'est son gîte spécial. Les substances qui lui sont associées le plus constamment sont : la Chabasie, l'Analcime, la Mésotype, l'Harmotome, la Prehnite, le Feldspath adulaire, le Calcaire spathique et le Quartz. Dans les terrains primordiaux, la Stilbite se montre principalement au milieu des fentes et des cavités qui les interrompent, tantôt en petites veines qu'elle constitue à elle seule, tantôt en cristaux implantés sur les parois des cavités, tantôt enfin dans les filons métallifères qui traversent ces mêmes terrains. On la connaît dans les Granites du Dauphiné, du Saint-Gothard, du Tyrol et des Pyrénées ; dans le gneiss de la vallée Peccia, en Suisse ; dans le Micaschiste, à Chester, aux Etats-Unis ; dans les Phyllades, à Kerrera en Ecosse et aux Pyrénées ; dans le Diorite, au Puy d'Euse, près de Dax, et au pays d'Oisans, en Dauphiné. Elle existe dans les amas métallifères d'Arendal en Norvège, et de Suède, où elle s'associe au Fer magnétique, à l'Epidote et à l'Amphibole ; dans les lits de Cuivre argentifère du Bannat de Temeswar ; dans les filons de Galène de Saint-Andréasberg, au Harz ; enfin dans ceux de Strontian en Ecosse, où elle est accompagnée d'Harmotome, de Calcaire spathique, de Plomb sulfaté et de Barytine. Dans les terrains pyrogènes, la Stilbite abonde au milieu des Roches amygdalaires, telles que les Spilites, les Wackes, les Dolérites, etc. Elle s'implante sur les parois de leurs cavités, souvent recouvertes de terre verte, avec d'autres substances de la famille des Zéolithes, et avec le Quartz et le Calcaire spathique ; c'est ainsi qu'on la trouve dans les terrains pyrogènes de l'Islande, du Groenland, des îles Féroë, de l'Ecosse et des îles Hébrides, de l'Irlande, de la Hesse, de la Bohême, de la Hongrie, du Tyrol, du Velay et du Vivarais. Dans les terrains volcaniques, la Stilbite s'est montrée au Vésuve dans une Roche altérée par le feu, mais non fondue ; elle y est en petits cristaux blanchâtres arrondis, associés au Spinelle, au Mica, au Pyroxène, et disséminés au milieu d'une pâte grisâtre. On la rencontre encore dans les laves de l'Etna et du Val di Noto en Sicile ; dans celles des îles de Mascareigne

et de Ténériffe, et même dans celles de l'Auvergne.   •

II. STILBITE HEULANDITE ; *Blätterzeolith*, W. Substance blanche ou d'un rouge mordoré, en cristaux dérivant d'un prisme rectangulaire à base oblique ; possédant, comme la Stilbite, un clivage latéral très-net, avec un éclat nacré très-vif, quelle que soit la couleur des cristaux. C'est encore une combinaison de trisilicate d'Alumine, de trisilicate de Chaux et d'Eau ; mais les proportions ne sont plus les mêmes. Elle est formée de huit atomes de trisilicate d'Alumine, de trois atomes de trisilicate de Chaux et de trente-six atomes d'Eau. Elle se présente ordinairement sous la forme de prismes obliques à base rectangulaire, modifiés par de petites facettes sur les angles et sur l'arête horizontale supérieure, et dans lesquels dominent les deux pans, parallèlement auxquels a lieu le clivage dont nous avons parlé. L'incidence de la base sur le pan situé en avant est de 129° 40' (Brooke). Les dimensions du prisme fondamental n'ont pas encore été déterminées avec une exactitude suffisante. Les faces des cristaux de Heulandite sont plus ou moins inégales. Les faces qui possèdent l'éclat nacré sont souvent concaves ; les autres faces sont ordinairement convexes, la cassure est vitreuse et imparfaitement conchoïdale. Quant aux caractères de dureté, de densité, et aux caractères pyrognostiques, ils sont les mêmes que ceux de l'espèce précédente. Brewster a fait voir que la Heulandite a deux axes de double réfraction, et que l'on aperçoit aisément les deux systèmes d'anneaux polarisés à travers une lame terminée par deux faces de clivage.

Les variétés de formes régulières sont au nombre de deux, parmi lesquelles nous citerons :

1°. La *Heulandite anamorphique*. Stilbite anamorphique d'Haüy, mais vue dans une position renversée. Prisme fondamental, modifié par une facette sur les angles inférieurs de la base et sur l'arête horizontale supérieure. Se trouve aux îles Féroë (cristaux blancs); à Fassa, en Tyrol (cristaux d'un rouge mordoré).

2°. La *Heulandite octoduodécimale*. Stilbite octoduodécimale d'Haüy. C'est la variété précédente, plus de petites facettes qui remplacent les angles solides supérieurs. Dans les îles Féroë, la Heulandite se présente aussi en masses cristallines, ou en druses formées d'une multitude de petits cristaux étroitement serrés; on la rencontre aussi en masses globulaires ou mamelonnées, dans les cavités des Roches amygdalaires, et en masses à texture presque compacte. Ses principales variétés de couleurs sont le blanc, le rouge obscur, le brun, le gris et le jaunâtre. Son gisement est absolument le même que celui de la Stilbite : ces deux substances sont presque toujours associées entre elles; mais dans certaines localités, c'est la Heulandite qui prédomine. Ainsi elle est plus commune que la Stilbite en Ecosse et dans les îles adjacentes, tandis que le contraire a lieu pour le Harz et la Norvège. Elle existe en gros cristaux fort nets au mont Old-Kill-Patrick, près de Glascow; elle se rencontre aussi en assez grande abondance dans la vallée de Fassa, en Tyrol, et dans les îles Féroë, toujours tapissant de ses cristaux les cavités des Roches trappéennes. On la cite encore dans le terrain de Mica-schiste, à Chester, dans l'Amérique septentrionale, où elle est accompagnée de Stilbite et de Chabasie, et aux monts Vendyah, dans l'Indoustan.

Il est une autre substance qui a la plus grande analogie avec la Heulandite, qui est souvent confondue avec elle, et qui paraît n'en différer chimiquement que par une proportion d'eau plus considérable. C'est la *Brewstérite*, ainsi nommée par Brooke, qui la considère comme constituant une nouvelle espèce. Cette substance est blanche, transparente ou translucide, et se présente en petits cristaux prismatiques à sommets dièdres très-surbaissés, associés au Cal-

caire spathique, à Strontian, dans l'Argyllshire, en Ecosse. Son système cristallin est du même genre que celui de la Heulandite; mais sa forme ordinaire la distingue des variétés connues de cette dernière substance. C'est d'après Brooke un prisme à dix-huit pans, terminé par des sommets dièdres très-surbaissés. L'inclinaison des faces de ces sommets, l'une sur l'autre, est de 172°; celle de l'arête d'intersection de ces faces sur la verticale est de 93°40'. Les cristaux de Brewstérite offrent un clivage très-net dans le sens du pan, qui est parallèle à l'arête terminale oblique; la surface des autres pans est striée longitudinalement. Ils ont la cassure inégale et l'éclat vitreux : mais les joints parallèles au pan dont nous venons de parler, ont un éclat nacré très-sensible. La couleur est ordinairement le blanc; mais elle passe quelquefois au jaune et au grisâtre. La dureté est supérieure à celle de l'Apatite et inférieure à celle du Feldspath; la pesanteur spécifique est de 2,2 (Brewster). Au chalumeau, la Brewstérite perd d'abord son eau de cristallisation et devient opaque; puis elle se boursoufle et fond avec difficulté; elle donne un squelette de Silice avec le sel de Phosphore.

On trouve aussi rangée dans les collections, avec la Stilbite Heulandite, une substance qui a beaucoup d'analogie avec la Brewstérite. Elle est blanchâtre ou gris-jaunâtre, et s'offre en petits cristaux brillans, ayant la forme de prismes octogones irréguliers, à sommets dièdres très-surbaissés. Elle se rencontre avec l'Harmotome dans les cavités d'une Roche amygdalaire, et n'a encore été trouvée qu'au mont Vésuve. Le docteur Brewster lui a donné le nom de *Comptonite*, qui avait été proposé par Allan; il la regarde comme une nouvelle espèce, dont il indique ainsi les principaux caractères : son système cristallin est celui du prisme droit rectangulaire, et le clivage mène à cette forme. Celle qu'on peut adopter comme fondamentale est le prisme rhomboïdal droit de 91° (suivant Brooke), ou celui de 93° 45' (suivant Brewster). L'éclat de la Comptonite est vitreux ; sa couleur est blanche ; ses cristaux sont transparens ; sa dureté est presque égale à celle de l'Apatite. Elle se comporte au chalumeau comme presque toutes les espèces de la famille des Zéolithes. Selon Brewster, elle forme une gelée, lorsqu'on la soumet en poudre à l'action de l'Acide nitrique.   (G. DEL.)

STILBOSPORA. BOT. CRYPT. (*Urédinées.*) Nous pensons qu'on doit réunir sous ce nom les genres *Stilbospora*, Link, *Didymosporium*, Nées, *Melanconium*, Link, et *Cryptosporium*, Kunze; c'est-à-dire qu'on doit le limiter comme Persoon l'avait fait primitivement. Ces Plantes se développent sous l'épiderme des rameaux ou des tiges herbacées mortes et desséchées ; elles forment de petites pustules composées d'un amas de sporidies libres, ovales ou fusiformes, simples et non cloisonnées dans les *Melanconium* de Link, divisées en deux loges par une cloison médiane dans le *Didymosporium*, partagées par plusieurs cloisons dans les *Stilbospora* de Link, obscurément cloisonnées dans le *Cryptosporium*. Ces sporidies finissent par rompre l'épiderme et se répandre, sous forme de poussière, au dehors ; presque toutes ces petites Cryptogames sont noires.   (AD. B.)

STILBUM. BOT. CRYPT. (*Mucédinées.*) Fries rapproche ce genre des véritables *Mucor*, mais sa véritable structure n'est pas encore parfaitement connue, et peut-être est-il plus voisin des petits genres de Lycoperdacées : il présente un petit péridium arrondi, pédicellé, gélatineux, rempli de sporidies qui se confondent en partie avec le péridium ; le pédicelle est cylindrique et spongieux. Malgré leur petitesse, ces Champignons n'ont pas la structure vésiculaire et membraneuse des vraies Mucorées ; le type ne paraît pas formé d'un simple filament tubuleux et le péridium par

une vésicule à parois simples et membraneuses; ce genre, dont on connaît une vingtaine d'espèces, a donc besoin d'être mieux étudié pour qu'on puisse déterminer s'il se rapproche des *Trichia*, des *Mucor* ou des *Isaria*.   (AD. B.)

STILIQUE. *Stilicus.* INS. Nous désignons ainsi un genre de Coléoptères, famille des Brachélytres, comprenant les espèces de celui de Pédère, dont tous les articles des tarses sont entiers. Telle est celle que Fabricius a nommée *orbiculatus* (Panz., *Faun. Insect. germ.*, XLIII, 21), à raison de sa tête très-grande et arrondie ; le corps est noir, avec la bouche, les antennes et les pieds tirant sur le fauve; le corselet est très-ponctué et caréné. Nous avons décrit dans le premier volume de notre *Genera Crustac. et Insect.*, une autre espèce que nous avons appelée *fragilis*.   (LAT.)

STILLINGIE. *Stillingia.* BOT. PHAN. Genre de la famille des Euphorbiacées, ainsi caractérisé : fleurs monoïques ; les mâles ont un calice tubuleux, à limbe crénelé ; deux étamines saillantes, à filets presque libres : les femelles ont un calice trifide; le style épais ; trois stigmates réfléchis; l'ovaire à trois loges contenant chacune un seul ovule ; le fruit globuleux, capsulaire, à trois coques. Les espèces de ce genre sont des Arbres ou des Arbrisseaux remplis d'un suc laiteux; à feuilles alternes, glanduleuses à leur base, entières ou dentelées ; à fleurs disposées en épis amentiformes. L'axe de ces épis est garni de bractées chargées vers leur base de deux glandes latérales, et présentant à leurs aisselles inférieures des fleurs femelles solitaires, peu nombreuses, portées sur un pédoncule épais; toutes les autres de petits pelotons de fleurs mâles, dont chacune est portée sur un court pédicelle accompagné d'une bractéole. En comparant ces caractères avec ceux du genre *Sapium*, on verra que le *Stillingia* n'en diffère que par la forme de son calice, et doit probablement , en conséquence , lui être réuni. Cinq espèces, toutes originaires d'Amérique , ont été rapportées à ce genre. Remarquons qu'on devrait peut-être en exclure le *S. ligustrina* de Michaux qui offre un calice triparti à préfloraison imbriquée et trois étamines. Remarquons aussi qu'une des cinq espèces se rencontre aussi en Asie et notamment en Chine: c'est le *Stillingia sebifera*, réunie à tort au Croton par Linné, et remarquable par une couche épaisse, sébiforme, qui environne ses graines et lui a fait donner le nom spécifique qu'elle porte. Gay nous en a communiqué des rameaux recueillis sur un pied croissant près de Perpignan , dans un terrain qui avait autrefois appartenu à un jardin botanique. C'était un grand Arbre qu'on avait , jusque-là , pris pour une espèce de Peuplier , à cause d'une certaine ressemblance de feuillage. Cette observation montre qu'on pourrait peut-être l'acclimater dans nos provinces méridionales : cet essai offrirait de l'intérêt, tant par l'introduction d'une nouvelle espèce d'arbre , que par l'emploi qu'on pourrait faire de ses graines, si néanmoins il fructifie sous cette latitude.   (A. D. J.)

STILONOSIDÉRITE. MIN. Breithaupt nomme ainsi un Minerai de Fer résinite , différent du Fer hydroxidé.   (A. R.)

STINCKARD. MAM. *V.* MYDAS.

STIPACÉES. BOT. PHAN. *V.* GRAMINÉES.

STIPE.. *Stipes.* BOT. PHAN. et CRYPT. On nomme ainsi la tige ligneuse des Arbres monocotylédons et celle des Fougères arborescentes. *V.* pour l'organisation de cette sorte de tige le mot MONOCOTYLÉDONES.   (A. R.)

STIPELLES. BOT. PHAN. On a donné ce nom aux petites stipules qui accompagnent les folioles d'une feuille composée , munie de stipules, comme dans un grand nombre de Légumineuses.   (A. R.)

STIPON. MOLL. Il est à présumer que cette Coquille, figurée par Adanson (*V.* au Sénég., pl. 5, fig. 4) dans son genre Péribole, est le Volvaire grain de riz de Lamarck. *V.* VOLVAIRE.   (D..H.)

STIPULAIRE. *Stipularia.* BOT. PHAN. Genre de la famille des Rubiacées et de la Pentandrie Monogynie, L. , établi par Beauvois (Flor. d'Ow. , 2 , p. 26 , t. 75) pour un Arbuste observé par lui dans les déserts , derrière le Galbar, royaume d'Oware. Les caractères de ce genre sont encore imparfaitement connus ; voici ceux que nous avons observés sur un échantillon que nous en possédons. Les fleurs sont réunies dans un involucre commun, caliciforme, allongé, monophylle , presque campanulé , ayant son bord entier et plissé. Ces fleurs sont nombreuses, portées sur une sorte de réceptacle plan ; elles sont sessiles, accompagnées d'écailles couvertes de poils soyeux ; chacune d'elles se compose d'un calice tubuleux , adhérent par sa base avec l'ovaire , glabre dans ses deux tiers inférieurs , divisé supérieurement en cinq lobes lancéolés et couverts de poils longs et soyeux, qui existent aussi sur la face interne du calice. La corolle est tubuleuse, à cinq lobes ; elle contient cinq étamines incluses, linéaires, attachées à la partie supérieure du tube. Tels sont les seuls caractères qu'il nous a été possible d'observer sur le petit nombre de fleurs en assez mauvais état que nous avons pu analyser. Il est assez difficile, dès-lors, de rapporter ce genre à l'une des tribus naturelles établies dans la famille des Rubiacées , la structure de son ovaire et par conséquent celle de son fruit étant inconnues. Ses tiges sont quadrangulaires , ses feuilles très-grandes , opposées , elliptiques , aiguës, glabres et d'un vert sombre à leur face supérieure , blanchâtres inférieurement. Les involucres sont sessiles et solitaires à l'aisselle des feuilles.   (A. R.)

STIPULARIA. BOT. PHAN. Une des subdivisions du genre *Arenaria*. *V.* SABLINE.   (G..N.)

STIPULES. *Stipulæ.* BOT. PHAN. Ce sont de petites folioles, le plus souvent en forme d'écailles, qui existent à la base des feuilles dans certaines familles, par exemple dans les Rosacées, les Légumineuses, les Rubiacées, les Amentacées, etc.; généralement on en trouve une de chaque côté du pétiole à son origine, quelquefois il n'y en a qu'une seule. Quoique le plus souvent ces stipules soient sous la forme de petites écailles, quelquefois elles revêtent des caractères tout-à-fait différens. Ainsi dans les Figuiers, les Magnoliers, elles sont larges et membraneuses; dans certains Groseilliers elles sont épineuses, etc.   (A. R.)

STIPULICIDA. BOT. PHAN. Genre de la famille des Paronychiées et de la Triandrie Monogynie, L., établi par Richard père (*in Michx. Flor. Bor. Amer.*, 1, p. 126, tab. 6), et ainsi caractérisé : calice divisé profondément en cinq sépales ovales, membraneux sur les bords; corolle à cinq pétales cunéiformes, entiers; trois étamines insérées avec les pétales sur le torus ou disque ovarifère; style court, surmonté de trois stigmates; capsule à une seule loge, à trois valves, renfermant un petit nombre de graines attachées par des cordons ombilicaux à un placenta central. Ce genre a été réuni au *Polycarpon* par Persoon, Pursh, Rœmer et Sprengel. Il tient le milieu entre ce dernier genre et le *Polycarpæa*, à raison de ses sépales un peu plans comme dans les *Polycarpæa*, et de ses étamines comme dans le *Polycarpon*; mais il se distingue essentiellement par ses pétales et ses étamines hypogynes, ce qui tendrait à le faire rejeter parmi les Caryophyllées. Le *Stipulicida herbacea* est une petite Herbe vivace à tige dichotome, munie de feuilles radicales, ovales, pétiolées; les caulinaires sessiles, opposées et petites, accompagnées de stipules déchiquetées. Les fleurs sont très-petites, ternées et terminales. Cette Plante croît dans les lieux arides et sablonneux de la Caroline inférieure.   (G..N.)

STISSERIA. BOT. PHAN. (Heister.) Syn. du *Stapelia* de Linné. Le même nom avait aussi été donné par Scopoli à l'*Imbricaria* de Commerson. (A. R.)

STIXIS. BOT. PHAN. Loureiro (*Flor. Cochinch.*, 1, p. 361) a nommé ainsi un genre de la Dodécandrie Monogynie, L., et que Willdenow, éditeur de l'ouvrage de Loureiro, soupçonne être le même que l'*Apactis* de Thunberg, parce que l'auteur mentionne comme congénère l'*Atunus* de Rumph (*Herb. Amb.*, liv. 1, tab. 66). Au reste ce genre est trop peu connu pour que son adoption soit définitive. Loureiro lui attribue les caractères suivans : calice nul; corolle campanulée, à six pétales oblongs, charnus et réfléchis; seize étamines à filets presque aussi longs que la corolle, insérés sur le réceptacle, les extérieurs plus courts; ovaire supère, ovoïde, pédicellé, surmonté d'un style court et de trois stigmates arrondis; drupe ovée, charnue, monosperme, ayant une écorce ponctuée. Le *Stixis scandens* est un grand Arbrisseau grimpant, rameux, sans vrilles ni épines, à feuilles oblongues, acuminées, très-entières et alternes. Les fleurs sont disposées en grappes simples, axillaires, et d'une couleur variée de rouge et de vert. Cet Arbrisseau croît dans les forêts de la Cochinchine.   (G..N.)

STIZE. *Stizus.* INS. Genre de l'ordre des Hyménoptères, section des Porte-Aiguillons, famille des Fouisseurs, tribu des Bembécides, établi par Latreille aux dépens des Bembex de Fabricius, qui plaçait une de ses espèces dans son genre Scolie. Les caractères des Stizes sont : corps gros; tête transversale; yeux grands; trois ocelles disposés en triangle; antennes grossissant insensiblement vers l'extrémité, amincies vers leur base, insérées un peu au-dessous du milieu du front; de douze articles dans les femelles, de treize dans les mâles;

le premier court, conique, le troisième allongé; mandibules sans dents ou n'en ayant qu'une très-petite à leur partie interne; mâchoires et lèvre avancées, mais non prolongées en une promuscide ni fléchies; palpes maxillaires avançant au-delà de l'extrémité des mâchoires, de six articles, le second et le troisième les plus longs de tous; tous deux cylindriques; les derniers courts; palpes labiaux de quatre articles; lèvre petite, semi-circulaire; corselet ovale; prothorax court, ne formant qu'un rebord transversal très-éloigné de la base des ailes; ailes supérieures ayant une cellule radiale dont l'extrémité postérieure s'arrondit un peu en s'appuyant contre le bord extérieur; quatre cellules cubitales, la seconde fortement rétrécie près de la radiale, recevant les deux nervures récurrentes; quatrième cubitale ordinairement commencée, et trois cellules discoïdales complètes; pates fortes, de longueur moyenne; jambes et tarses armées d'épines; dernier article de ceux-ci muni de deux forts crochets simples, ayant une grosse pelotte dans leur entre-deux. Le nom de Stize que Latreille a donné à ce genre vient d'un verbe grec qui signifie *piquer*. Ces Hyménoptères sont faciles à distinguer des Bembex et Monédules, parce que dans ceux-ci le labre forme un triangle allongé, et que leurs mâchoires et leur lèvre se prolongent en une promuscide fléchie. On ne connaît pas les mœurs des Stizes, mais leur organisation indique qu'ils creusent leurs nids dans le sable et qu'ils doivent l'approvisionner eux-mêmes. Ils vivent dans les localités chaudes des deux continens. Nous citerons, comme la plus remarquable des huit ou dix espèces connues, le STIZE BIFASCIÉ, *Stizus bifasciatus*, Latr., Jurine, Hyménoptères, pl. 14; Encycl. méthod., pl. 378, fig. 8; *Larra bifasciata*, Fabr. On le trouve dans le midi de la France. (G.)

STIZOLOBIUM. BOT. PHAN. (Pa-

trice Browne et Persoon.) Synonyme de *Mucuna* d'Adanson. *V.* ce mot. (G..N.)

STIZOLOPHE. *Stizolophus.* BOT. PHAN. Genre de la famille des Synanthérées, établi par Cassini aux dépens des *Centaurea* de Linné, et appartenant par conséquent à la tribu des Centaurièes. Il est un des plus remarquables de cette tribu, et il est essentiellement caractérisé par les folioles de l'involucre qui sont surmontées d'appendices étalés, roides, coriaces, scarieux, prolongés au sommet en une sorte d'arête longue, subulée, barbellulée, et bordée sur les deux côtés de longues lanières laminées et ciliées; les corolles des fleurs marginales sont fort courtes, ce qui donne à la calathide une apparence discoïde, et elles sont pourvues de cinq étamines rudimentaires en forme de lames subulées. Ce genre se compose de deux espèces nommées par Cassini, *Stilozophus balsamitæfolius* et *Stilozophus coronopifolius*, toutes les deux originaires de l'Arménie et décrites par Lamarck sous les noms de *Centaurea balsamita* et *Centaurea coronopifolia*: ce sont des Plantes suffrutescentes, à feuilles sinuées, dentées ou pinnées, à fleurs jaunes formant des calathides grosses et solitaires au sommet des rameaux. (G..N.)

STOBÆA. BOT. PHAN. Genre de la famille des Synanthérées, tribu des Carlinées, établi par Thunberg qui l'a ainsi caractérisé: involucre composé de folioles imbriquées, lancéolées, épineuses sur leurs bords; réceptacle hispide, alvéolé; calathide composée de fleurons tubuleux, hermaphrodites, dont le limbe offre cinq divisions égales: ovaire court, surmonté d'un style de la longueur des étamines; akènes couronnés par une aigrette de paillettes. Ce genre a été formé sur le *Carlina atractyloides*, L., qui diffère des autres *Carlina*, non-seulement par les folioles intérieures de l'involucre non scarieuses ni luisantes, mais encore par son aigrette qui n'est pas composée de poils plumeux. En outre du *Carlina xtractyloides*, ce genre renferme d'autres espèces indigènes du cap de Bonne-Espérance, et qui sont des Plantes à tiges dures, presque ligneuses, garnies de feuilles pinnatifides, roncinées ou dentées, épineuses. Les calathides sont terminales, grandes et jaunâtres.   (G..N.)

STOEBE. BOT. PHAN. Genre de la famille des Synanthérées, tribu des Inulées, établi par Linné, et si voisin du genre *Seriphium*, que tous les auteurs ont été fort embarrassés pour lui assigner des caractères bien exacts. Cassini croyait avoir trouvé le caractère essentiel du *Stœbe* dans son aigrette persistante, composée de squamellules libres à la base, entièrement filiformes, fines et barbées d'un bout à l'autre, tandis que dans le *Seriphium* l'aigrette est caduque, composée de squamellules soudées à la base, laminées et nues inférieurement, filiformes et barbées supérieurement. Cependant, ayant examiné avec plus d'attention l'aigrette du *Stœbe*, il a vu qu'elle ne différait pas en réalité de celle du *Seriphium*, c'est-à-dire que l'aigrette du *Stœbe* est moins caduque, que ses squamellules sont moins soudées entre elles, moins laminées, moins nues inférieurement. La distinction réelle de ces deux genres repose sur la forme du fruit qui, dans le *Stœbe*, offre un singulier rebord figurant une sorte de couronne autour de l'aigrette.

Le genre *Stœbe* a été partagé par Cassini en trois sections : la première (*Eustœbe*) est caractérisée par un capitule régulier, terminal, solitaire, globuleux, composé de calathides nombreuses, uniflores. C'est à cette section que se rapporte le *Stœbe œthiopica*, L., *Seriphium juniperifolium*, Lamk. Cette Plante, ainsi que ses congénères, croît dans l'Afrique orientale. La seconde section (*Etœranthis*) a les calathides uniflores, rapprochées ou groupées irrégulièrement en faisceaux très-inégaux, latéraux, axil-

laires et sessiles. Cassini décrit, comme type de cette section, une Plante qu'il nomme *Stœbe fasciculata*. La troisième section (*Eremanthis*) est caractérisée par ses calathides uniflores, qui ne sont ni capitulées ni fasciculées, mais absolument solitaires à l'extrémité des rameaux. Elle ne renferme qu'une seule espèce, *Stœbe paniculata*, qui est peut-être le *Seriphium passerinoides* de Lamarck.   (G..N.)

STOKÉSIE. *Stokesia.* BOT. PHAN. Genre de la famille des Synanthérées, tribu des Vernoniées et de la Syngénésie égale, établi par L'Héritier (*Sert. Angl.*, p. 27) et offrant les caractères suivans : involucre presque globuleux, muni à sa base de quelques bractées, composé de folioles disposées sur plusieurs rangs, imbriquées et coriaces ; les extérieures courtes, ovales, surmontées d'un long appendice foliacé, aigu, muni sur les côtés de cils spinescens ; les intérieures oblongues et sans appendices. Réceptacle épais et nu ; calathide composée de fleurons nombreux, hermaphrodites, à corolles palmées, très-grandes et divisées en segmens inégaux. Ovaires courts, épais, tétragones ou quelquefois trigones, munis au sommet d'un bourrelet épais, à quatre angles proéminens ; aigrette composée de quatre paillettes longues, membraneuses, très-caduques.

Cassini avait établi, en 1816, un genre *Cartesia* qu'il a reconnu pour être identique avec le *Stokesia*. Celui-ci ne renferme qu'une seule espèce décrite et figurée en 1769 par Hill (*Hort. Kew.*, p. 57, tab. 5), sous le nom de *Carthamus lœvis*, et nommé par L'Héritier (*loc. cit.*) *Stokesia cyanea*. C'est une Plante herbacée, ayant une tige droite, presque simple et pubescente. Les feuilles sont alternes, éloignées, glabres ; les inférieures lancéolées, aiguës, très-entières, rétrécies inférieurement en un pétiole semi-amplexicaule ; les supérieures plus courtes, plus larges, ovales et sessiles. Les calathides sont solitaires à l'extrémité des tiges et des rameaux. Cette Plante croît dans la Caroline méridionale. (G..N.)

STOLÉPHORE. POIS. (Lacépède.) *V.* CLUPE à l'article MÉLET. (B.)

STOLONS. BOT. PHAN. On a donné ce nom aux rejets grêles et effilés qui, partant du collet de la racine, s'étalent à la surface du sol où ils s'enracinent de distance en distance. On les nomme aussi courans ou gourmands, par exemple dans les Fraisiers. De-là le nom de tige stonifère, donné à celle qui présente cette disposition. (A. R.)

STOMACHIDE. INTEST. Ce nom avait été donné par Corneille Peremboom à un Ascaride lombricoïde femelle, dont les organes de la génération faisaient hernie à travers l'orifice anal; il proposait d'en former un genre particulier. (A. R.)

STOMAPODES. *Stomapoda.* CRUST. Latreille a formé sous ce nom un ordre comprenant le genre *Squilla* de Linné, et quelques genres nouveaux inconnus à ce naturaliste. Nous allons emprunter à Latreille la description qu'il donne de cet ordre dans la deuxième édition du Règne Animal. Les Stomapodes ont leurs branchies à découvert et adhérentes aux cinq paires d'appendices situés sous l'abdomen (la queue) que cette partie nous a offerts dans les Décapodes, et qui ici, comme dans la plupart des Macroures, servent à la natation ou sont des pieds natatoires. Leur test est divisé en deux parties, dont l'antérieure porte les yeux et les antennes intermédiaires, ou bien compose la tête sans porter les pieds-mâchoires. Ces organes, ainsi que les quatre pieds antérieurs, sont souvent rapprochés de la bouche, sur deux lignes convergentes inférieurement, et de-là la dénomination de Stomapodes donnée à cet ordre. Le cœur, à en juger par les Squilles, genre le plus remarquable de cet ordre et le seul où on l'ait encore étudié, est allongé et semblable à un

gros vaisseau. Il s'étend tout le long du dos, repose sur le foie et le canal intestinal, et se termine postérieurement et près de l'anus en pointe. Ses parois sont minces, transparentes et presque membraneuses. Son extrémité antérieure, immédiatement placée derrière l'estomac, donne naissance à trois artères principales, dont la médiane (l'ophtalmique), jetant des deux côtés plusieurs rameaux, se porte plus spécialement aux yeux et aux antennes mitoyennes, et dont les deux latérales (les antennaires) passent sur les côtés de l'estomac, et vont se perdre dans les muscles de la bouche et des antennes extérieures. La face supérieure du cœur ne produit aucune artère; mais on en voit sortir de ses deux côtés un grand nombre, et dont chaque paire, à ce qu'il nous a paru, correspond à chaque segment du corps, à commencer aux pieds-mâchoires, soit que ces segmens soient extérieurs, soit qu'ils soient cachés par le test, et même très-petits comme le sont les antérieurs. Au niveau des cinq premiers anneaux de l'abdomen ou de ceux portant les appendices natatoires et les branchies, cette face supérieure du cœur reçoit près de la ligne médiane cinq paires de vaisseaux (une paire par chaque segment) qui, suivant Milne Edwards et Audouin, sont les analogues des canaux branchiaux-cardiaques des Décapodes. Un canal central, situé au-dessous du foie et de l'intestin, reçoit le sang veineux qui afflue de toutes les parties du corps. Au niveau de chaque segment portant les pieds-nageoires et les branchies, il jette de chaque côté un rameau latéral, se rendant à la branchie située à la base du pied-nageoire correspondant. Les parois de ces conduits ont paru aux mêmes observateurs lisses et continus, mais formées plutôt par une couche de tissu lamellaire celluleux accolé aux muscles voisins, que par une membrane propre; il leur a semblé que ces conduits communiquaient entre eux vers le bord latéral des anneaux, mais ils n'osent l'assurer. Les vaisseaux afférens ou internes des branchies, qui, dans ces Squilles, forment des houppes en panaches, se continuent avec les canaux branchiaux-cardiaques, ne sont plus logés dans des cellules, passent entre des muscles, contournent obliquement la partie latérale de l'abdomen, gagnent le bord antérieur de l'anneau précédent, et vont se terminer à la face supérieure du cœur près de la ligne médiane, en chevauchant légèrement l'un sur l'autre. Le cordon médullaire n'offre, outre le cerveau, que dix ganglions, dont l'antérieur fournit les nerfs des parties de la bouche; les trois suivans ceux des six pieds natatoires, et les six derniers ceux de la queue. Ainsi les quatre derniers pieds-mâchoires, quoique représentant les quatre pieds antérieurs des Décapodes, font néanmoins partie des organes de la mastication. L'estomac des mêmes Crustacés (Squilles) est petit, et n'offre que quelques très-petites dents vers le pylore. Il est suivi d'un intestin grêle et droit qui règne dans toute la longueur de l'abdomen, accompagné à droite et à gauche de lobes glanduleux paraissant tenir lieu de foie. Un appendice en forme de rameau, adhérent à la base interne de la dernière paire de pieds, paraît caractériser les individus mâles. Les tégumens des Stomapodes sont minces, et presque membraneux ou diaphanes dans plusieurs; le test ou carapace est tantôt formé de deux boucliers, dont l'antérieur correspond à la tête et l'autre au thorax, tantôt d'une seule pièce, mais libre par derrière, laissant ordinairement à découvert les segmens thoraciques, portant les trois dernières paires de pieds, et ayant en devant une articulation servant de base aux yeux et aux antennes intermédiaires; ces derniers organes sont toujours étendus et terminés par deux ou trois filets. Les yeux sont toujours rapprochés. La composition de la bouche est essentiellement la même que

celle des Décapodes; mais les palpes des mandibules, au lieu d'être couchés sur elles, sont toujours relevés. Les pieds-mâchoires sont dépourvus de l'appendice en forme de fouet qu'ils nous offrent dans les Décapodes; ils ont la forme de serres ou de petits pieds; et dans plusieurs au moins (les Squilles) leur base extérieure, ainsi que celle des deux pieds antérieurs proprement dits, offre un corps vésiculaire; ceux de la seconde paire, dans les mêmes Stomapodes, sont beaucoup plus grands que les autres et que les pieds mêmes; aussi les a-t-on considérés comme de véritables pieds et en a-t-on compté quatorze. Les quatre pates antérieures ont aussi la forme de serres, mais terminées, ainsi que les pieds-mâchoires, en griffe, ou par un crochet qui se replie du côté de la tête, sur la tranche inférieure et antérieure de l'article précédent ou de la main. Mais dans quelques autres, tels que les Phyllosomes, tous ces organes sont filiformes et sans pince. Quelques-uns d'entre eux au moins, ainsi que les six derniers et pareillement simples des Stomapodes pourvus de serres, ont un appendice ou rameau latéral. Les sept derniers segmens du corps, renfermant une bonne partie du cœur et servant d'attache aux organes respiratoires, ne peuvent plus, sous ce rapport, être assimilés à cette portion du corps qu'on nomme queue dans les Décapodes; c'est un abdomen proprement dit. Son avant-dernier segment a de chaque côté une nageoire composée de même que celle de la queue des Macroures, mais souvent armée, ainsi que le dernier segment ou la pièce intermédiaire, d'épines ou de dents.

Tous les Stomapodes sont marins, habitent de préférence les contrées situées entre les tropiques, et ne remontent point au-delà des zônes tempérées. Leurs habitudes sont inconnues. A la suite de cette description tout-à-fait originale et que nous avons reproduite scrupuleusement, Latreille dit que les seuls Stomapodes counus des Grecs, les Squilles, portaient chez eux les noms de Cragones et Cragines; il nous apprend que les espèces à corps aplati vivent habituellement à la surface des eaux et s'y meuvent lentement; enfin il partage cette classe en deux familles. *V.* UNICUIRASSÉS et BICUIRASSÉS à leurs lettres ou au Supplément.   (G.)

STOMATACÉES. MOLL. Tel est le nom que Lamarck donna d'abord dans la Philosophie zoologique à une famille qu'il composa des genres Haliotide, Stomate et Stomatelle (*V.* ces mots); il abandonna bientôt cette dénomination qu'il remplaça par celle de Macrostome qu'il a conservé dans son dernier ouvrage. *V.* MACROSTOME.   (D..H.)

STOMATE. *Stomatia.* MOLL. Genre créé par Lamarck aux dépens des Haliotides de Linné, pour celles des Coquilles de ce genre qui sont dépourvues de trous; toutes celles qui présentent ce caractère furent comprises dans le nouveau genre, sans distinction; il dut prendre place dans la méthode entre les Haliotides et les Sigarets, pouvant servir d'intermédiaire entre ces genres. Lamarck le conserva dans le Système des Animaux sans vertèbres, et bientôt après Roissy l'adopta dans le Buffon de Sonnini. Il ne tarda pas à être démembré, et c'est accompagné des Stomatelles (*V.* ce mot) que Lamarck le fit entrer, avec les Haliotides, dans la composition de la famille des Stomatacées (*V.* ce mot), qu'il proposa pour la première fois dans la Philosophie zoologique. Dans l'Extrait du Cours, le nom de la famille fut changé, ainsi que les rapports précédemment établis entre les genres que nous avons cités. Les deux genres Stomate et Stomatelle restèrent ensemble. Cuvier (Règne Animal) rangea à titre de sous-genre les Stomates dans le genre Ormier, qui appartient à la famille des Scutibranches non symétriques. Dans son dernier ouvrage, Lamarck revint à la première opinion qu'il avait eue

de rassembler dans une même famille à laquelle il conserva le nom de Macrostome (*V.* ce mot), les genres Haliotide, Stomate, Stomatelle et Sigaret. Dans sa Malacologie, Blainville apporta de très-grands changemens dans les rapports admis jusqu'alors. Parmi les genres que nous venons de citer, les uns font partie des Chismobranches, les autres des Otidés, familles fort éloignées l'une de l'autre. Le genre qui nous occupe est placé dans cette dernière, confondu avec les Haliotides dont il ne fait qu'une section secondaire. S'il est difficile, en effet, de séparer beaucoup les Stomates des Haliotides, il ne nous semble pas moins difficile d'en éloigner aussi quelques espèces de Stomatelles; cependant nous croyons qu'il existe des caractères suffisans pour distinguer réellement les Stomates des Haliotides ainsi que des Stomatelles. Ces caractères peuvent être exprimés de la manière suivante: Animal inconnu; Coquille auriforme, imperforée; à spire proéminente; ouverture entière, ample, plus longue que large; le bord droit aussi élevé que le columellaire; une crête longitudinale et tuberculeuse sur le dos, Lamk. On ne connaît encore du genre Stomate que les deux espèces indiquées par Lamarck; car il est impossible d'y admettre, avec Brocchi, une Coquille fossile qui appartient évidemment au genre Cabochon. Quant à la Coquille que Risso nomme Stomatia, est-elle bien de ce genre? Les deux espèces vivantes sont très-rares; l'une d'elles cependant, celle que nous allons mentionner, est plus connue quoiqu'elle n'existe que dans un petit nombre de collections.

STOMATE ARGENTINE, *Stomatia phymosis*, Lamk., Anim. sans vert. T. VI, 2e part., pag. 211, n° 1; *Haliotis imperforata*, L., Gmel., pag. 3690, n° 11; *ibid.*, Chem., Conch. T. x, tab. 166, fig. 1600, 1601; Encyclop., pl. 450, fig. 5, A, B. Coquille nacrée intérieurement, assez étroite, garnie d'un côté sans perforation, ce qui la distingue de toutes les Haliotides;

elle a un pouce de long et se trouve dans l'Océan des Grandes-Indes.

(D..H.)

STOMATELLE. *Stomatella*. MOLL. Les Stomatelles aussi bien que les Stomates furent séparées en genre distinct par Lamarck, qui en trouva les élémens dans les Haliotides de Linné. Le genre Stomate lui seul contint d'abord toutes les Haliotides imperforées de Linné, et ce ne fut que dans la Philosophie zoologique que ce genre subit un démembrement auquel son auteur (Lamarck) donna, par analogie, le nom de Stomatelle. Les rapports qu'il lui trouva avec les Stomates l'engagèrent à ne plus séparer ces deux genres ; ils restèrent constamment dans la même famille, soit qu'elle ait le nom de Stomatacées, soit qu'elle ait reçu celui de Macrostomes (*V*. ces mots et STOMATE). Le genre Stomatelle fut adopté par presque tous les zoologistes, et n'éprouva presque point de changement dans ses rapports. Blainville, dans son Traité de Malacologie, est celui des auteurs qui lui en a fait subir les plus importans, puisqu'il le sépare considérablement des Stomates. Il serait possible que l'auteur que nous citons ait fait un double emploi involontaire en établissant son genre Cryptostome qui pourrait bien être, comme il le soupçonne lui-même, absolument le même que celui de la Stomatelle. S'il en était ainsi, la séparation des genres Stomate et Stomatelle devrait paraître moins surprenante, sans que pour cela elle fût entièrement justifiée. La connaissance de l'Animal lui seul pourra décider définitivement les rapports avec telle famille plutôt qu'avec telle autre. Lamarck a caractérisé ce genre de la manière suivante : Coquille orbiculaire ou oblongue, auriforme, imperforée ; ouverture entière, ample, plus longue que large ; bord droit, évasé, dilaté, ouvert ; Animal inconnu. Ce qui distingue particulièrement les Stomatelles des Stomates, c'est qu'elles sont dépourvues d'une côte décurrente sur le dos ; leur ouverture est plus ver-

sante, et le bord droit n'est pas aussi haut que le gauche ; la spire, dans la plupart, est moins saillante et plus centrale : quelques-unes sont subturbinées, ressemblent assez bien à des Turbos, mais leur défaut de columelle et d'opercule, ainsi que la forme de l'ouverture, ne permettent pas de les confondre avec ce genre. Au reste, comme l'observe très-bien Blainville à l'article *Stomatelle* du Dictionnaire des Sciences naturelles, on peut distinguer deux formes bien tranchées parmi les Coquilles de ce genre, ce qui, malgré le petit nombre des espèces, peut déterminer à y former deux sections : dans la première seraient les Coquilles orbiculaires, dans la seconde les Coquilles ovalaires. On ne connaît encore que cinq espèces dans ce genre ; aucune n'est fossile. Nous allons en citer quelques-unes.

STOMATELLE IMBRIQUÉE, *Stomatella imbricata*, Lamk., Anim. sans vert. T. VI, 2ᵉ part., pag. 209, n° 1 ; Encyclop., pl. 450, fig. 2, A, B ; Blainv., Malac., pl. 49 *bis*, fig. 5. Couverte de sillons égaux, écailleux en dehors, d'une nacre brillante en dedans. Des mers de Java.

STOMATELLE AURICULE, *Stomatella auricula*, Lamk., *loc. cit.*, n° 4 ; *Patella lutea*, L., Gmel., pag. 3710, n° 94 ; Favanne, Conch., pl. 5, fig. E ; Martini, Conch. T. I, t. 17, fig. 154, 155 ; Encyclop., pl. 450, fig. 1, A, B ; Coquille lisse, transverse, nacrée en dedans. De la Nouvelle-Hollande.

(D..H.)

STOMATELLE. BOT. CRYPT. Turpin a donné ce nom à des vésicules isolées, percées d'une ouverture, et que l'on trouve dans les liquides où ont infusé des substances organiques.

(A. R.)

*STOMATES. *Stomata*. BOT. PHAN. L'épiderme offre un grand nombre de petites ouvertures microscopiques, nommées *Pores corticaux*, *Glandes corticales*, *Glandes épidermoïdales*, ou *Stomates*. Plusieurs auteurs en avaient nié l'existence, mais les observations microscopiques du professeur Amici de Modène ne laissent plus aucun doute à cet égard. Il les a observés dans un grand nombre de Végétaux, et en a donné de très-bonnes descriptions et d'excellentes figures, mais qui nous présentent ces organes d'une manière tout-à-fait différente de celle sous laquelle on les avait considérés jusqu'alors. En effet, ce ne sont pas de simples pores, mais bien des espèces de petites poches, placées dans l'épaisseur de l'épiderme, s'ouvrant à l'extérieur par une fente ou ouverture ovalaire, allongée, bordée d'une sorte de bourrelet formé par des cellules particulières de l'épiderme. Ce bourrelet, qui manque très-rarement, joue l'office d'une sorte de sphincter qui resserre ou dilate l'ouverture suivant différentes circonstances. Ainsi l'humidité ou l'eau, en gonflant le bourrelet, ferme l'ouverture des pores; tandis que la sécheresse et l'action des rayons solaires les tiennent ouverts. Les mouvemens de dilatation et de resserrement s'exécutent non-seulement sur la Plante vivante, mais aussi sur des fragmens d'épiderme détachés de la Plante. Par leur fond, ces pores ou petites poches correspondent toujours à des espaces vides, remplis d'air, qui résultent de l'arrangement des cellules ou des tubes entre eux. Les espaces intercellulaires communiquent presque toujours les uns avec les autres, et servent ainsi de moyen de transmission aux fluides aériformes qui existent dans l'intérieur des Végétaux. Quelques parties cependant paraissent dépourvues de Stomates : tels sont les racines, les pétioles non foliacés, les pétales, l'épiderme des vieilles tiges, celui des fruits charnus, des graines, les parties qui sont habituellement plongées dans l'eau, etc. Certaines feuilles n'en présentent qu'à l'une de leurs faces; d'autres, au contraire, à toutes les deux. Un point fort important de l'histoire des Stomates, c'est de connaître leurs usages dans les phénomènes de la végétation. Sont-ils destinés à l'absorption de l'humidité? Non, puisque nous avons

vu qu'ils correspondent à des espaces vides, privés de sucs; que l'eau les fait fermer, que la lumière et la sécheresse les font s'ouvrir; en outre ils manquent dans les racines qui sont, comme on sait, les principaux organes de l'absorption, ainsi que dans les Plantes qui vivent constamment sous l'eau; ils ne servent donc pas à l'absorption des liquides. Concourent-ils à l'évaporation? Pas davantage; car si on laisse sécher une Plante détachée de sa racine, bien que les pores se ferment au bout de quelque temps, l'évaporation n'en continue pas moins, tant qu'il reste des fluides dans son intérieur; d'un autre côté on a observé que les corolles et les fruits charnus, qui n'ont pas de pores corticaux, produisent néanmoins une abondante évaporation. Ils ne peuvent être non plus mis, ainsi que Link l'avait pensé, au nombre des organes excrétoires, puisqu'ils correspondent toujours à des espaces vides. Mais il paraît que la véritable fonction des pores corticaux consiste à livrer passage à l'air ou aux autres fluides gazeux. Il n'est pas facile de déterminer avec certitude s'ils servent à l'inspiration plutôt qu'à l'expiration, ou bien encore s'ils concourent à ces deux fonctions à la fois. Si nous considérons que, pendant la nuit, lorsque les Stomates sont fermés, les feuilles absorbent l'Acide carbonique dissout dans la rosée, et si nous réfléchissons en outre que ces feuilles décomposent le Gaz acide carbonique, lorsque ces pores sont ouverts, c'est-à-dire pendant le jour, nous pouvons conjecturer qu'ils sont uniquement destinés à l'exhalation de l'Oxigène. Cet usage devient encore plus probable, si nous ajoutons que les corolles, qui, d'après les observations du professeur De Candolle, manquent de Stomates, sont également privées de la propriété de dégager de l'Oxigène. (A. R.)

STOMATIA. MOLL. *V.* STOMATE.

STOMATOPTEROPHORA. MOLL. Gray, dans sa Classification

naturelle des Mollusques (Bull. des Scienc., fév. 1824), a donné ce nom à une classe qui est la quatrième de sa méthode; elle renferme tous les Ptéropodes des auteurs (*V.* PTÉROPODES). (D..H.)

* STOMENCÉPHALE. ZOOL. *V.* ACÉPHALE.

STOMIDE. *Stomis.* INS. Genre de l'ordre des Coléoptères, section des Pentamères, famille des Carnassiers, tribu des Carabiques, établi par Clairville et adopté par Latreille (Règne Animal, 2ᵉ édit.). Les caractères de ce genre peuvent être exprimés ainsi : mandibules aussi longues que la tête, la droite offrant près du milieu de son côté interne une forte entaille; corps oblong, avec le corselet en forme de cœur allongé; antennes plus longues que la moitié du corps, composées d'articles allongés, et dont le premier est plus long que les deux suivans réunis; labre échancré. Ce genre se distingue facilement des Féronies, parce que ces derniers ont les mandibules beaucoup plus courtes et moins avancées. Les Céphalotes, qui en sont les plus voisins, en diffèrent, parce que leurs antennes égalent au plus la longueur de la moitié du corps. Les Catascopes de Kirby se distinguent des *Stomis* et des Céphalotes par la forme aplatie de leur corps, et par leurs élytres qui sont fortement échancrées latéralement à leur extrémité postérieure; enfin les Colpodes, Mormolyces, Sphodres, etc., s'en éloignent par des caractères de la même valeur et aussi faciles à saisir. On connaît deux espèces de *Stomis* propres aux parties tempérées et froides de l'Europe. Nous citerons comme type du genre le *Stomis pumicatus* de Clairville, Entom. Helv., 2, VI, que l'on trouve aux environs de Paris, dans les lieux humides, sous les pierres ou les gazons. (G.)

STOMIE. *Stomias.* POIS. Sous-genre d'Ésoce. *V.* ce mot. (B.)

* STOMOBLÉPHARÉS. MICR.

Troisième ordre des Microscopiques de Bory de Saint-Vincent. *V.* MICROSCOPIQUES. (A. R.)

* STOMODE. *Stomodes.* INS. Genre de Charansonites établi par Schœnherr. *V.* RHYNCHOPHORES. (G.)

STOMODES. INS. Genre de Rhynchophores établi par Schœnherr. *V.* RHYNCHOPHORES. (A. R.)

STOMOTECHIUM. BOT. PHAN. Genre de la famille des Borraginées et de la Pentandrie Monogynie, L., établi par Lehmann qui l'a ainsi caractérisé : calice quinquéfide, à cinq angles; corolle tubuleuse, presque cylindrique, l'orifice fermé par des appendices arrondis, charnus et muriqués; anthères oblongues, incluses; quatre noix uniloculaires presque rondes, fixées au fond du calice et perforées à la base. Ce genre, placé par l'auteur entre le *Cerinthe* et l'*Echium*, se compose d'une seule espèce, *Stomotechium papillosum*, Lehm. *Asperifol.*, 2, p. 396. C'est une Plante frutescente, rameuse, à feuilles sessiles presque amplexicaules, linéaires, lancéolées, obtuses, très-entières, couvertes de papilles qui les rendent scabres. Les fleurs sont petites, très-rapprochées les unes des autres, sessiles, tournées du même côté, et disposées en épis composés au sommet des rameaux. Cette Plante croît au cap de Bonne-Espérance. (G..N.)

STOMOXE. *Stomoxys.* INS. Genre de l'ordre des Diptères, famille des Athéricères, tribu des Conopsaires, établi par Geoffroy, et qui avait été confondu par Linné avec celui de Conops. De tous les Diptères dont les antennes sont composées de deux ou trois articles, les Conopsaires nous offrent seuls une trompe constamment saillante, avec un suçoir de deux pièces. Plusieurs d'entre eux ont le corps étroit et allongé, l'abdomen en forme de massue, courbé en dessous à son extrémité, avec les organes sexuels saillans dans les mâles. Le second article de leurs antennes est aussi long au moins que le troisième, qui forme, soit seul, soit, et le plus souvent avec celui-ci, une massue en fuseau, ou ovoïde et comprimée. Ces Conopsaires composent une sous-tribu, dont les principaux genres sont ceux de Conops, de Zodion et de Myope. Les autres Conopsaires ont le port de la Mouche domestique : leurs ailes sont écartées ; l'abdomen est triangulaire ou conique, sans appendices extérieurs. Les antennes se terminent en une palette accompagnée d'une soie latérale, le plus souvent velue ou plumeuse. Dans la méthode de Meigen, ces Diptères constituent une petite famille propre, celle des *Stomoxydæ*, et qui comprend deux genres, *Stomoxys* et *Siphona* (*Bucentes*, Latr.). La trompe des Stomoxes, à partir du coude qu'elle fait à peu de distance de son origine, se porte en avant, sans changer de direction ; mais celle des Siphones, d'abord coudée et avancée comme dans les Stomoxes, présente, vers le milieu de sa longueur, un second coude et se replie ensuite en dessous ; c'est aussi ce qui a lieu dans les Myopes.

Le STOMOXE PIQUANT (*S. calcitrans*, Fab.) est très-commun dans toute l'Europe et l'un des Insectes des plus incommodes par sa piqûre. Il s'attache principalement aux jambes, perce la peau avec facilité, et la plaie qu'il fait est telle, que le sang continue de couler pendant quelque temps. Les Bœufs et les Chevaux n'en sont pas garantis par l'épaisseur de leur cuir. C'est surtout en été et en automne, et particulièrement aux approches des orages, que ce Diptère nous harcelle et nous tourmente. On le confond avec la Mouche ordinaire ou domestique, et l'on suppose que cette habitude sanguinaire ne se manifeste que dans l'arrière-saison : voilà pourquoi l'on a dit que les Mouches d'automne piquaient. Suivant les observations de Lepelletier et Serville (Encyclop. méthod.), plusieurs individus, probablement des femelles vierges, passent l'hiver dans un état d'engour-

dissement, et ils en ont trouvé, dans un tronc d'Arbre, une vingtaine réunis presque en tas. Ils ont surpris un individu de ce sexe faisant sa ponte dans du fumier, et le doute émis à cet égard par Meigen n'est pas fondé. Degéer ne distingue pas ce genre de celui des Mouches. Les naturalistes précédens ont séparé des Stomoxes l'espèce que Fabricius nomme *Siberita*. La trompe est beaucoup plus longue que celle des Stomoxes ordinaires, moins renflée à sa base, et la soie des antennes est plumeuse des deux côtés et triarticulée ; ils appellent PROSÈNE, *Prosena*, ce nouveau genre. Quelques autres Stomoxes, tels que le *Stimulans* de Meigen, l'*Irritans* et le *Pungens* de Fabricius, distingués des autres en ce que leurs palpes sont aussi longs que la trompe et dépassent la cavité buccale même dans le repos, composent le genre HÉMATOBIE (*Hæmatobia*) de Robineau-Desvoidy. (LAT.)

STOMOXYDES. *Stomoxydæ*. INS. Famille de Diptères de Meigen, composée des genres *Stomoxys* et *Siphona*. *V.* STOMOXE. (LAT.)

STOMPHACE. *Stomphax*. INS. Genre de l'ordre des Coléoptères, de la famille des Lamellicornes, dont la seule espèce connue (*crucirostris*) et qui avait été trouvée près de Téflis, dans la Géorgie russe, avait été rangée d'abord par Eschsholtz (Mémoires de l'Académie des Sciences de Saint-Pétersbourg) avec les Léthrus. Il s'était ensuite proposé d'en former un genre propre sous le nom de *Codocera*, auquel Fischer (Entomologie de la Russie, II, p. 159), qui avait eu la même pensée, a substitué celui de *Stomphax*. N'ayant point vu cet Insecte, et la description qu'en a publiée ce naturaliste étant incomplète, il nous reste quelque doute sur sa place naturelle. Lepelletier et Serville soupçonnent qu'il appartient plutôt aux Scarabéides qu'aux Lucanides, auxquels Fischer l'a associé. Il ne nous dit point de combien d'articles se composent les antennes; mais si la figure qu'il donne de l'une d'elles est exacte, ce nombre serait de onze, caractère insolite dans la tribu des Lucanides et qui ne convient qu'aux Géotrupes et à quelques genres voisins. La forme des jambes antérieures fortifie ce rapprochement ; cependant, d'après tout son ensemble, ce genre paraît avoir une grande affinité avec celui d'*Æsale*. Il s'en éloignerait ainsi par ses antennes, terminées d'ailleurs en une massue de quatre feuillets. Les mandibules sont encore beaucoup plus grandes et ne se recourbent point.

(LAT.)

STOR ET STORE. POIS. *V*. ESTURGEON COMMUN.

STORAX. BOT. PHAN. On nomme ainsi un baume naturel et solide que l'on connaît aussi sous les noms de Styrax solide ou Styrax calamite. Quelques naturalistes le croient produit par le *Styrax officinale*, Arbrisseau de la famille des Ebénacées, qui croît en Orient et jusque dans les régions méridionales de la France ; d'autres au contraire, avec Bernard de Jussieu, pensent qu'il provient du *Liquidambar orientale* de Lamarck. Il est en larmes ou en morceaux plus ou moins volumineux, composés de larmes transparentes jaunâtres, unies par une pâte brune. Son odeur est suave et assez analogue à celle de la vanille ; sa saveur est douce, parfumée, devenant un peu amère. Il est aujourd'hui fort peu usité en médecine, tandis qu'on emploie plus fréquemment le Styrax liquide. *V*. STYRAX.   (A. R.)

STORÈNE. ARACHN. Genre d'Arachnides proposé par Walckenaër, mais non adopté.   (A. R.)

STORILLE. *Storilus*. MOLL. Genre établi par Montfort (Conch. Syst. T. 1, p. 130) pour une Coquille multiloculaire microscopique que l'on ne connaît que par la mauvaise figure et la description incomplète qu'il en a données. Il est impossible avec de tels matériaux d'adopter ce genre, et même

de déterminer rigoureusement sa place dans une méthode naturelle.

(D..H.)

STOURNE. *Lamprotornis*. OIS. Genre de l'ordre des Omnivores. Caractères : bec médiocre, convexe en dessus, déprimé à la base, comprimé à la pointe qui est échancrée ; arête s'avançant entre les plumes du front ; narines placées de chaque côté du bec et à sa base, ovoïdes, à moitié fermées par une membrane voûtée, souvent couverte de plumes ou cachée par les plumes du front ; pas de poils au bec ; pieds allongés ; tarse plus long que le doigt intermédiaire ; doigt interne soudé à la base, l'externe divisé ; ailes médiocres : première rémige très-courte, seconde et troisième moins longues que les quatrième et cinquième qui dépassent les autres. Il paraît que c'est à Levaillant qu'est due la première idée de la formation du genre Stourne, dont quelques espèces, anciennement connues, avaient toujours été considérées comme des Merles : cette idée, réalisée par Temminck, sera vraisemblablement adoptée par tous les ornithologistes, qui trouveront le genre Stourne aussi naturel que peut l'être un genre, quand à chaque instant nous voyons la nature confondre toutes nos combinaisons systématiques. Du reste, sans les différences que nous venons d'établir par le développement des caractères génériques, il serait fort difficile, quant aux mœurs et aux habitudes, de retrouver autre chose que des Merles dans les Oiseaux qui composent notre petit groupe, tout-à-fait étranger aux deux Amériques.

STOURNE BRONZÉ, *Lamprotornis metallicus*, Temm., pl. color., 266. Tout le plumage d'un vert métallique, foncé avec des reflets violets, brillans ; tête couverte de plumes longues et pointues qui se trouvent également sur la nuque, le devant du cou et le haut du dos ; rectrices longues, étagées et très-brillantes ; les deux intermédiaires dépassant les autres de plus de six lignes. Bec et

pieds noirs. Taille, huit pouces et demi.
Les jeunes sont grisâtres avec quelques nuances d'un vert métallique ; les longues plumes de la tête et du cou sont vertes, bordées et terminées de blanc, ce qui fait paraître ces organes blanchâtres, striés de vert métallique. De l'Archipel des Indes.

STOURNE CHANTEUR, *Lamprotornis cantor*, Temm., Ois. color., pl. 149, fig. 1 et 2. Tout le plumage d'un vert noirâtre, bronzé, avec des reflets cuivreux et bronzés, mais moins brillans que dans l'espèce précédente ; tête et cou garnis de plumes allongées, étroites et pointues ; rémiges et rectrices noires, bordées de vert bronzé ; celles-ci étagées uniformément ; bec et pieds noirs. Taille, sept pouces. La femelle a les parties supérieures d'un cendré verdâtre, irisé vers le bord et l'extrémité des plumes ; les parties inférieures sont blanchâtres parsemées de taches d'un vert métallique. Les jeunes sont d'un gris cendré, terne. De Java.

STOURNE CHOUCADOR, *Sturnus ornatus*, Daud., Levaill, Ois. d'Afriq., pl. 86. Plumage noir à reflets irisés et dorés ; rectrices courtes, presque égales ; bec et pieds noirs. Taille, neuf pouces. De l'Abyssinie. (DR..Z.)

STRAHLSTEIN. MIN. Même chose qu'Actinote. *V.* AMPHIBOLE. (B.)

STRALITE. MIN. Syn. d'Actinote. (A. R.)

STRAMOINE. BOT. PHAN. Espèce du genre Datura. *V.* ce mot. (B.)

STRAPAROLLE. *Straparollus.* MOLL. Sous le nom de Straparolle, Montfort, dans sa Conchyliologie systématique (T. II, p. 174) a établi un genre pour une Coquille pétrifiée des environs de Namur ; elle appartient au genre Évomphale de Sowerby et par conséquent au genre *Solarium. V.* ces mots. (D..II.)

STRATES. GÉOL. Divisions parallèles que l'on observe dans la plupart des masses minérales considérées en grand et comme constituant des terrains. *V.* ce mot et STRATIFICATION (C. P.)

STRATIFICATION. GÉOL. Disposition que présentent les substances minérales lorsqu'elles forment dans les divers terrains (*V.* ce mot) des tables très-étendues, plus ou moins épaisses, et dont les surfaces sont parallèles ou à peu près ; les Roches stratifiées se distinguent des Roches en amas ou grandes masses, et les strates ou divisions parallèles qu'elles présentent forment des bancs, des couches, des lits, des feuillets, expressions souvent confondues, mais auxquelles on peut donner une valeur relative différente en Géologie (*V.* TERRAINS). La Stratification se remarque principalement dans les Roches formées par voie de sédiment sous les eaux : elle est ordinairement horizontale, et lorsque les lignes de séparation entre diverses Roches ou qui séparent la même Roche en plusieurs assises sont plus ou moins inclinées et même verticales par rapport à l'horizon, c'est presque toujours par suite d'un dérangement. (C. P.)

STRATIOME. *Stratiomys.* INS. Genre de l'ordre des Diptères, famille des Notacanthes, tribu des Stratiomydes, établi par Geoffroy qui comprenait sous ce nom un grand nombre d'espèces dont on a formé plusieurs sous-genres, et restreint par Latreille qui l'a caractérisé de la manière suivante : antennes beaucoup plus longues que la tête, le premier et le dernier articles étant fort allongés ; celui-ci en forme de fuseau ou de massue étroite et allongée, rétréci aux deux extrémités, de cinq anneaux au moins distincts, sans stylet brusque au bout ; trompe courte, charnue, grosse, comprimée, rétractile et cachée dans la cavité buccale ; palpes insérés sur les côtés de la base de la trompe, de trois articles à peu près égaux en longueur, le troisième plus épais, velu ; tête hémisphérique ; yeux grands, se touchant dans les mâles ; trois ocelles disposés en triangle sur le vertex ; corps pubescent ; corselet ovale, velu ou même cotonneux dans les mâles , l'étant beaucoup moins dans les femelles ; écusson semi-circulaire, armé postérieurement de deux dents ; ailes lancéolées, sans poils, couchées sur le corps dans le repos ; cuillerons petits, ne recouvrant point les balanciers ; pates assez grêles ; tarses ayant les derniers articles munis de deux crochets, avec une pelotte trilobée dans le milieu ; abdomen composé de cinq segmens, plan et un peu voûté. Ce genre se distingue des Odontomyies , parce que ceux-ci ont les antennes moins longues , ne dépassant presque pas la longueur de la tête, et ayant leurs deux premiers articles courts. Les Ephippies en diffèrent par le troisième article des antennes qui forme un cône plus court, plus épais, et terminé par un stylet de deux articles ; enfin les Oxycères en diffèrent par les antennes et par le corps. Les mœurs de ces Diptères ont été étudiées par Réaumur et Geoffroy. Les larves ont le corps long, aplati, revêtu d'une peau coriace ou assez solide, divisée en anneaux, dont les trois derniers, plus longs et moins gros, forment une queue terminée par un grand nombre de poils à barbes ou plumeux, et qui partent de l'extrémité du dernier anneau comme des rayons. La tête est écailleuse, petite, oblongue, et garnie d'un grand nombre de petits appendices et de crochets qui servent aux larves à agiter l'eau où elles font leur demeure. Elles y respirent en tenant le bout de leur queue suspendu à la surface du liquide, et une ouverture située entre les poils de son extrémité donne passage à l'air. Leur peau devient la coque de la nymphe. Elles ne changent point de forme ; mais elles deviennent roides et incapables de se plier et de se mouvoir. La queue fait souvent un angle avec le corps. Elles flottent sur l'eau. La nymphe n'occupe qu'une des extrémités de sa capacité intérieure. L'Insecte parfait en sort par une fente

qui se fait au second anneau, se pose sur sa dépouille où son corps se raffermit et achève de se développer. On connaît sept ou huit espèces de Stratiomes presque toutes propres à l'Europe. Nous citerons parmi celles-ci le STRATIOME CAMÉLÉON, *Stratiomys Chamæleon*, Fabr., Meigen, Dipt. d'Europe ; Macq., Dipt. du nord de la France, etc. ; Rœsel, Ins., 2, Musc., 5. Il est long de six lignes, noir, avec trois taches d'un jaune citron de chaque côté de l'abdomen. Commun aux environs de Paris et dans toute la France.   (o.)

STRATIOMYDES. *Stratiomydes.* INS. Latreille désigne ainsi (Familles naturelles du Règne Animal) une tribu de Diptères de la famille des Notacanthes, qui forme la troisième section de cette même famille dans la deuxième édition du Règne Animal, et à laquelle il assigne pour caractères : antennes de trois articles, dont le dernier offre tout au plus le stylet ou la soie non compris, cinq à six anneaux ; ce stylet ou cette soie existant dans presque tous ; dans ceux qui n'en ont pas, le troisième article est long , en fuseau allongé, et toujours divisé en cinq ou six anneaux ; ailes toujours couchées l'une sur l'autre ; écusson point épineux dans plusieurs des espèces dont les antennes se terminent en massue ovalaire et globuleuse , et toujours pourvues d'une soie ou d'un stylet. Cette section ou tribu comprend le grand Stratiome de Geoffroy , qui a été partagé en sous-genres, ainsi qu'il suit :

I. Les uns ont le troisième article des antennes allongé , en forme de fuseau ou de cône, sans soie au bout, et presque toujours terminé par un stylet de deux articles. L'écusson est armé de deux épines ou dents dans le plus grand nombre. Cette division renferme les genres Stratiome, Odontomyie, Ephippie, Oxycère et Némotèle. *V.* ces mots.

II. Dans les autres, le troisième article des antennes forme, avec le précédent, une massue ovoïde ou globuleuse, terminée par une longue soie : l'écusson est rarement épineux. Ici viennent se placer les genres Sargue et Vappou. *V.* ces mots. (G.)

STRATIOTES. BOT. PHAN. Genre de la famille des Hydrocharidées, et qui a été ainsi caractérisé par le professeur Richard, dans son excellent travail sur cette famille : les fleurs sont unisexuées et dioïques, renfermées dans des spathes avant leur développement ; les fleurs mâles ont un calice à six divisions, dont trois extérieures vertes, et trois intérieures pétaloïdes et plus grandes. Les étamines, au nombre de douze environ, ont leurs filets courts et subulés, leurs anthères linéaires ; en dehors des étamines sont des appendices subulés en nombre double de celles-ci. Dans les fleurs femelles, le calice est semblable à celui des fleurs mâles ; l'ovaire est infère, ovoïde-allongé, surmonté de six stigmates linéaires et bifides ; on trouve aussi des appendices semblables à ceux des fleurs mâles. Le fruit est une péponide ovoïde, à six angles, nue à son sommet, à six loges contenant chacune plusieurs graines ovoïdes. Ce genre ne se compose aujourd'hui que d'une seule espèce, *Stratiotes aloides*, L.; Rich., Hydroch., tab. 6. C'est une Plante vivace et dioïque, sans tige, à feuilles radicales, étroites et analogues à celles de quelques *Bromelia*, et qui croît dans les marais du nord de l'Europe. Le *Stratiotes Nymphoides* de Willdenow forme un autre genre qui appartient à la famille des Gentianées, et le *Stratiotes acoroides*, L., Suppl., forme le genre *Enhalus* de Richard. *V.* ce mot. (A. R.)

STRATUM. BOT. CRYPT. (*Lichens.*) On regarde généralement les Lichens comme étant formés de plusieurs couches qui constituent le thalle. Chacune d'elles porte le nom de *Stratum*, mot latin qui signifie *couche*; mais ce nom ne s'étend qu'aux thalles crustacés. (A. F.)

STRAVADIUM. BOT. PHAN. Jussieu, dans son *Genera Plantarum*, établit sous ce nom un genre de la famille des Myrtacées, que Sonnerat (Voyage à la Nouvelle-Guinée, p. 138, tab. 92) avait indiqué sous celui de *Menichea*. Persoon changea inutilement la désinence du nom imposé par Jussieu, et nomma ce genre *Stravadia*. Gaertner et Blume ne l'ont considéré que comme une simple section du *Barringtonia*, dont il offre tous les caractères, excepté que le limbe du calice est divisé profondément en quatre parties profondes ; que l'ovaire est semi-biloculaire, à loges biovulées, le fruit oblong et tétragone. Ces différences ne paraissent pas d'une grande importance, car les caractères de quelques *Barringtonia*, et notamment du *Barringtonia racemosa*, en offrent des modifications. De Candolle (*Prodr. Syst. Veget.*, 3, p. 289) admet cinq espèces de *Stravadium*, savoir : les *Stravadium album* et *rubrum* mentionnés par Persoon sous le nom générique de *Stravadia*, et par quelques auteurs sous celui de *Barringtonia*; le *S. coccineum* ou *Meteorus coccineus* de Loureiro ; les *S. spicatum* et *excelsum* de Blume. Ce sont de beaux Arbres qui croissent dans les forêts des Moluques, de Java et de la Cochinchine. (G..N.)

STRÈBLE. *Strebla.* INS. Genre de Diptères établi par Dalman dans ses *Analecta Entomologica*, et dont la seule espèce connue (*Vespertilionis*) vit sur des Chauve-Souris de l'Amérique méridionale. Les yeux sont très-petits et situés aux angles postérieurs de la tête. Les ailes sont couchées sur le corps et offrent plusieurs nervures longitudinales et parallèles, avec de petites transverses. Nous ne parlons de ce genre que d'après ce savant. (LAT.)

STREBLOTRICHUM. BOT. CRYPT. (*Mousses.*) Genre établi par Palisot de Beauvois, et qui a pour type le *Mnium setaceum*, L. Il n'a point été adopté. (A. R.)

STREBLUS. bot. phan. (Loureiro.) Syn. d'*Achymus* de Vahl. *V.* ACHYME. (G..N.)

STRELET. pois. Espèce du genre Esturgeon. *V.* ce mot. (B.)

STRÉLITZIE. *Strelitzia.* bot. phan. Genre de la famille des Musacées et de la Pentandrie Monogynie, L., établi par Banks et adopté par tous les botanistes, pour une des plus belles Plantes connues, qui est originaire des contrées de l'Afrique voisines du cap de Bonne-Espérance. Les fleurs sont renfermées dans une spathe monophylle, allongée, placée horizontalement au sommet de la hampe, fendue dans sa partie supérieure, contenant de trois à six fleurs qui s'élèvent de son fond. Chaque fleur offre un calice adhérent par sa base avec l'ovaire qui est infère; le limbe est double; l'extérieur plus grand, et à trois divisions à peu près semblables, la supérieure ou externe un peu plus étroite et fortement carénée; l'intérieur également à trois divisions; deux supérieures soudées ensemble par leur côté interne, étroites, roulées sur elles-mêmes à leur face interne, et munies chacune latéralement d'une sorte d'oreillette arrondie et libre dans sa partie inférieure; la troisième est beaucoup plus courte, arrondie, concave, mucronée à son sommet, et offrant une côte médiane assez saillante. Les étamines, au nombre de cinq, sont insérées au tube du calice, en face des deux divisions internes et supérieures qui les recouvrent en totalité. Les filets sont libres et grêles; les anthères linéaires, très-grêles et aiguës. Le style est simple, de la longueur des étamines, terminé par un stigmate à trois divisions profondes, linéaires et contournées. L'ovaire est infère, à trois loges qui contiennent chacune un assez grand nombre d'ovules insérés sur deux rangs à l'angle interne de chaque loge. Les espèces de ce genre sont de grandes Plantes herbacées, vivaces, à feuilles radicales, très-longuement pétiolées, à hampe plus ou moins élevée, terminée par une seule spathe qui forme un angle droit avec son sommet. La première espèce que l'on ait décrite dans ce genre est la *Strelitzia Reginæ*, Ait., Red. Lil., tab. 77 et 78. Ses fleurs sont des plus belles et des plus singulières. Les trois divisions externes du calice sont d'une couleur jaune de safran, les trois intérieures sont du bleu le plus pur. On la cultive dans les serres où elle fleurit dans le courant de l'été. Plusieurs autres espèces sont également cultivées, telles sont les *S. juncea*, *S. humilis*, *S. macrophylla*, etc. (A. R.)

STREPHIDIUM. bot. crypt. (Beauvois.) Syn. de Funaire. *V.* ce mot. (B.)

STREPSICEROS. mam. C'était, selon Pline, livre II, chap. 37, un Animal d'Afrique dont les cornes figuraient en quelque sorte une lyre et qui paraît être une espèce d'Antilope. Belon dit que de son temps on donnait encore ce nom à un Animal semblable à nos Brebis, comme elles réduit à l'état de domesticité dans les montagnes, et dont les cornes droites sont cannelées en spirale. On a rapporté tour à tour ces deux Strepsicéros à diverses espèces d'Antilope, tels que le Condoma et le Saïga, etc.; et enfin à une variété de Moutons. (B.)

STREPSIPTÈRES. ins. Ordre établi par Kirby, dans la classe des Insectes parasites, pour y ranger les genres Stylops et Xénos. Le même ordre a été désigné par Latreille sous le nom de Rhipiptères. (A. R.)

STREPSIRRHINS. mam. Syn. de Lémuriens. *V.* ce mot. (B.)

STREPTACHNE. bot. phan. Genre de la famille des Graminées et de la Triandrie Digynie, L., établi par R. Brown (*Prodr. Flor. Nov.-Holl.*, p. 174) et ainsi caractérisé : lépicène uniflore, à deux valves écartées et mutiques; glume bivalve, la valve extérieure roulée cylindriquement en dedans, terminée par une arête simple, inarticulée, tordue à sa partie inférieure; la valve intérieure incluse et mutique; trois étamines; deux styles; stigmates plumeux. Ce genre diffère du *Stipa* par son arête non articulée avec la valve. L'espèce sur laquelle il a été fondé (*S. stipoides*) croît dans les pays intertropicaux de la Nouvelle-Hollande. Kunth a ajouté à ce genre trois espèces sous les noms de *S. scabra*, *pilosa* et *tenuis*. La première est figurée dans les *Nova Gen. Plant. œquin.*, vol. 1, tab. 40. Ce sont des Plantes qui ont le port des *Aristida* ou des *Stipa*, et qui croissent au Mexique et dans l'Amérique méridionale aux environs de Cumana.

(G..N.)

STREPTICÈRES. MAM. Sousgenre d'Antilope. *V.* ce mot. (B.)

STREPTIUM. BOT. PHAN. (Roxburgh.) Syn. de Priva. *V.* ce mot. (A. R.)

* **STREPTOCARPUS.** BOT. PHAN. Lindley (*Botan. Regist.*, septembre 1828, n. 1173) a établi sous ce nom un genre qui appartient à la famille des Bignoniacées, tribu des Didymocarpées, et à la Diandrie Monogynie, L. Voici ses caractères : calice à cinq folioles égales; corolle infundibuliforme, dont l'entrée du tube est renflée, le limbe oblique à cinq lobes à peu près égaux; deux étamines antérieures, fertiles, à anthères glabres, connées, ayant leurs loges écartées; deux étamines supérieures stériles, en forme de tubercules; ovaire droit, linéaire, cylindrique, uniloculaire, pourvu de deux placentas didymes, dont les lamelles se reploient en dedans pour former une fausse cloison et portent les ovules sur leurs bords, ce qui fait paraître l'ovaire quadriloculaire; style linéaire, comprimé, surmonté d'un stigmate bilabié, dilaté, à lobes réniformes, l'inférieur le plus grand; capsule siliqueuse, tordue en spirale, ayant une déhiscence loculicide et renfermant un grand nombre de graines très-petites

et glabres. Ce genre diffère du *Didymocarpus* par son calice divisé en cinq folioles jusqu'à la base, par la forme de son stigmate, la structure et la torsion spirale de son fruit. Le *Streptocarpus Rexii*, Lindl., *loc. cit.*; *Didymocarpus Rexii*, Hooker, *Exot. Flor.*, tab. 227, est une Plante herbacée sans tige, qui a l'aspect d'un *Gloxinia*, et qui par conséquent est d'une grande élégance. Ses corolles sont grandes et d'une couleur violacée, avec des raies longitudinales bleues et larges dans l'intérieur du tube. Elle est originaire de l'Afrique australe; on la cultive facilement en Angleterre et en France où elle réussit parfaitement par le moyen des graines. (G..N.)

STREPTOGYNE. *Streptogyne.* BOT. PHAN. Genre de la famille des Graminées et de la Triandrie Digynie, L., établi par Palisot de Beauvois (*Agrostogr.*, p. 80) qui l'a ainsi caractérisé : fleurs disposées en épi composé; épillets épars, sessiles, composés de trois à cinq fleurs; lépicène à valves inégales, l'inférieure plus petite des deux tiers que la supérieure; valves de la glume roulées en dedans, échancrées, portant une soie; écailles hypogynes, lancéolées, oblongues; ovaire allongé, barbu au sommet; style surmonté de stigmates hérissés, à pointes épineuses, rebroussées, tortillées par la dessiccation. Le *Streptogyne crinita*, Palis. de Beauv., est une Plante des États-Unis d'Amérique (Caroline), et qui probablement croît en d'autres localités de l'Amérique, car Palisot de Beauvois regarde comme la même espèce une Graminée rapportée de la Guiane par Richard, et qui ne diffère de celle de l'Amérique du nord que par son style trifide. (G..N.)

STREPTOPUS. BOT. PHAN. Genre de la famille des Asparagées et de l'Hexandrie Monogynie, L., établi par Richard (*in Michx. Flor. Bor. amer.*, 1, p. 200) et admis par De Candolle, dans sa Flore Française, avec les caractères suivans : périgone divisé en six segmens marqués à la base d'une fossette nectarifère ; six étamines dont les anthères sont plus longues que les filets ; stigmates très-courts ; baie presque globuleuse, tri-loculaire, lisse, ayant une écorce chartacée, renfermant des graines ovoïdes, ayant le hile nu. Ce genre est formé aux dépens des *Uvularia* de Linné, et se rapproche du *Convallaria*. Il ne renferme qu'un petit nombre d'espèces qui croissent dans les hautes montagnes de l'Europe et de l'Amérique septentrionale. Celle qui se trouve dans les Alpes, les Pyrénées, les Vosges et les montagnes d'Auvergne, est le *Streptopus amplexifolius*, D. C., *loc. cit.*, Plante d'un port élégant, à feuilles amplexicaules, et à fleurs blanches, solitaires et pédonculées dans les aisselles des feuilles.　(G..N.)

STREPTOSTACHYS. BOT. PHAN. Genre de la famille des Graminées et de la Triandrie Digynie, L., établi par Desvaux et adopté par Palisot de Beauvois (*Agrostogr.*, p. 49) avec les caractères suivans : fleurs disposées en panicule simple, à ramifications dissemblables, les unes stériles, les autres fertiles. Les épillets stériles sont oblongs, arqués, composés d'écailles nombreuses et imbriquées. Les épillets fertiles ont la lépicène biflore, à valves entières, presque égales, l'inférieure plane-déprimée à la base. La petite fleur inférieure est neutre, univalve et semblable à la valve de la lépicène. La petite fleur supérieure est hermaphrodite, à valves coriaces. Les écailles hypogynes sont tronquées et frangées-dentées ; l'ovaire échancré ; le style biparti ; les stigmates en goupillon ; la caryopse bicorne. Le *Streptostachys hirsuta*, Beauv., *loc. cit.*; *S. aspera*, Desv., Journ. de Bot., 1815, p. 73, est une Graminée de l'Amérique équinoxiale, à feuilles larges, lancéolées, couvertes, surtout sur la graine, d'un duvet de poils longs et roides.　(G..N.)

* **STRIANGIS.** BOT. PHAN. Nom donné par Du Petit-Thouars (Orchidées des îles Australes d'Afrique, tab. 72) à l'*Angræcum striatum* décrit de nouveau par Achille Richard dans sa Monographie des Orchidées des îles de France et de Bourbon, p. 72.　(G..N.)

STRIATULE. BOT. CRYPT. (*Mousses.*) Nom français donné par Léman au genre *Gliphocarpha* de Schwægrichen. *V.* ce mot dans le Supplément.　(AD. B.)

STRIDULE. INS. Espèce du genre Criquet. *V.* ce mot.　(B.)

STRIGA. BOT. PHAN. Loureiro (*Fl. Cochinch.*, 1, p. 27) a décrit, sous le nom de *Striga lutea*, une Plante formant le type d'un genre qui appartient à la Diandrie Monogynie, L., mais qui est trop imparfaitement connu pour qu'on puisse déterminer ses affinités naturelles. Les caractères de ce genre sont les suivans : calice quadrifide, à segmens subulés, égaux, dressés, velus et persistans ; corolle hypocratériforme, à tube long, grêle, recourbé près du limbe ; celui-ci divisé en quatre lobes courts, arrondis, dont les trois inférieurs égaux, le supérieur plus grand et échancré ; deux étamines à filets très-courts et insérés sur la courbure du tube, et à anthères oblongues, fixes ; ovaire oblong, surmonté d'un style de la longueur du tube et d'un stigmate simple ; capsule ovoïde-oblongue, uniloculaire, polysperme. Le *Striga lutea* est une Plante herbacée, très-simple, dressée, marquée de quatre sillons, à feuilles petites, lancéolées-linéaires, très-entières, sessiles, glabres et éparses. Les fleurs sont jaunes et solitaires dans les aisselles des feuilles. Cette Plante croît dans les environs de Canton en Chine. (G..N.)

STRIGÉE. *Strigea.* INTEST. Plusieurs auteurs ont adopté cette dénomination générique pour des Vers intestinaux que nous appelons avec Rudolphi *Amphistomes. V.* ce mot.
　(E. D..L.)

STRIGILIA. BOT. PHAN. Le genre établi sous ce nom par Cavanilles (*Dissert.*, 7, p. 358) est le même que celui qui a été nommé postérieurement *Foveolaria* par Ruiz et Pavon, et *Tremanthus* par Persoon. Il appartient à la famille des Méliacées et à la Monadelphie Décandrie, L., et il offre les caractères suivans : calice campanulé, à cinq dents; corolle à cinq pétales soudés par la base, linéaires, soyeux extérieurement; dix étamines dont les filets sont soudés en tube, et les anthères, placées tout-à-fait au sommet du tube, forment une étoile sétacée après la déhiscence; drupe-obovée, triloculaire et monosperme par avortement, selon Ruiz et Pavon, mais vraisemblablement à six loges, chaque loge monosperme, selon Cavanilles. Ce genre comprend quatre espèces (*S. racemosa*, *oblonga*, *ovata* et *cordata*), Arbrisseaux à feuilles oblongues, acuminées ou cordiformes, marquées de nervures ferrugineuses ou de fossettes glandulifères, et à fleurs disposées en grappe. Ces Plantes croissent au Pérou.   (G..N.)

STRIGILLE. *Strigilla.* CONCH. Turton nomme ainsi un genre qui a pour type la *Lucina divaricata*, Lamk., Coquille très-commune sur nos côtes. Ce genre n'a pas été adopté.   (A. R.)

STRIGLIA. BOT. CRYPT. (*Champignons.*) Adanson a établi sous ce nom un genre ayant pour type le Champignon figuré par Battara, pl. 58 de ses *Fungi ariminenses*, qui représente l'*Agaricus labyrinthiformis* de Bulliard; cette Plante est devenue le type du genre *Dædalea* des botanistes modernes. *V.* DÆDALEA.   (AD. B.)

STRIGOCÉPHALE. CONCH. Genre que Defrance a proposé pour une Coquille de la forme d'une Térébratule, mais qui est pourvue à l'intérieur d'osselets singuliers et articulés. Blainville a fait de ce genre une section des Térébratules. *V.* TÉRÉBRATULE.   (D..H.)

STRIGULA. BOT. CRYPT. (*Hypoxylées.*) Ce genre vient d'être établi par Fries dans son *Systema orbis vegetabilis*; il est voisin du *Corynelia* du même auteur, et constitue avec lui et le *Meliola*, autre genre nouveau, la petite tribu des *Strigulinées*; toutes ces Plantes croissent sur les feuilles toujours vertes des Plantes des tropiques. Le *Strigula* est caractérisé ainsi : périthécium charbonneux, globuleux, plein, s'ouvrant par une fente irrégulière; noyau intérieur sec, se réduisant en poussière; ces périthéciums sont fixés sur une base cornée de forme déterminée; ces Plantes ont beaucoup de rapport avec les Lichens et surtout avec les *Endocarpon* et les *Pyrenula*.   (AD. B.)

STRIX. OIS. *V.* CHOUETTE.

STROBILANTHE. *Strobilanthes.* BOT. PHAN. Genre de la famille des Acanthacées et de la Didynamie Angiospermie, L., établi par Blume (*Bijdr. Flor. ned. Ind.*, p. 796) qui l'a ainsi caractérisé : calice à cinq divisions égales; corolle infundibuliforme, dont le tube est un peu allongé et recourbé; le limbe presque bilabié, à cinq lobes; quatre étamines didynames dont les anthères sont à deux loges presque parallèles; ovaire supère, biloculaire, renfermant deux ovules dans chaque loge; capsule comprimée, bivalve; cloison incomplète et soudée; graines suspendues par des filets. D'après ces caractères, trop abrégés néanmoins pour qu'il soit permis de prononcer un jugement définitif, on serait tenté de regarder le genre *Strobilanthes* comme excessivement rapproché du *Lepidagathis* de Willdenow ou de l'*Etheilema* de Robert Brown, qui a fixé les caractères de ces genres dans son *Prodromus*, pag. 478. En effet, les loges de l'ovaire, biovulées, et la cloison adnée dans ces genres établis aux dépens des *Ruellia* des auteurs, en forment le caractère essentiel; cette organisation se retrouve aussi dans le *Strobilanthes*, qui a pour type le *Ruellia* *hirta* de Vahl. Sept autres espèces nouvelles sont décrites par Blume sous les noms de *S. cernua*, *crispa*, *involucrata*, *bibracteata*, *filiformis*, *speciosa* et *glandulosa*. Ce sont des Plantes à tige herbacée ou fruticuleuse, souvent géniculée et couchée sur la terre, rameuse, garnie de feuilles dentées ou sinuées. Les fleurs sont disposées en épis courts ou capitules allongés, ordinairement accompagnés de bractées. Ces espèces croissent dans les forêts montueuses de Java.   (G..N.)

STROBILE. BOT. PHAN. Ce nom est aussi employé pour désigner l'espèce de fruit plus généralement appelé Cône. *V.* ce mot.   (A. R.)

STROBON. BOT. PHAN. (Théophraste.) Syn. de *Cistus Ladanum*, L.
(A. R.)

STROEMIA. BOT. PHAN. (Vahl.) *V.* CADABA.

STROHSTEIN. MIN. *V.* KARPHOLITE.

STROMATÉE. *Stromateus*. POIS. Genre de Poissons Acanthoptérygiens Osseux créé par Linné, conservé par tous les ichthyologistes, et caractérisé ainsi qu'il suit : dents très-fines, tranchantes, pointues et placées sur une seule rangée ; point de nageoires ventrales ; d'ailleurs tous les caractères des Poissons du genre Castagnole, *Brama*, de Schneider, excepté que la bouche est moins verticale et que le museau est avancé. On connaît quatre espèces de ce genre, qui vivent dans les mers chaudes et qui sont les *St. Paru*, Bloch, p. 160 ; *St. niger*, Bloch, p. 422 : *St. argenteus*, Bloch, p. 421 ; *St. cinereus*, Bloch, p. 420 ? et *St. chinensis*, Euphr.   (LESS.)

STROMATOSPHÆRIA. BOT. CRYPT. (*Hypoxylées*.) Greville a formé sous ce nom un genre de quelques espèces de *Sphæria*, telles que le *Sphæria rubiginosa*, Pers., et le *Sphæria typhina*, Pers. Le premier fait maintenant partie du genre *Hypoxylon* de Fries, et le second est

placé par le même auteur dans le genre *Dothidea*. Le *Stromatosphæria* n'a pas été adopté jusqu'à présent.

(AD. B.)

STROMBE. *Strombus*. MOLL. En créant le genre Strombe, Linné ne fit que généraliser les opinions de plusieurs conchyliologues, et surtout de Lister que l'on pourrait regarder comme le véritable auteur de ce groupe auquel il donna le nom de *Purpuræ Bilinguæ* ; il n'y admit que de véritables Strombes et quelques Rostellaires, mais les Ptérocères en furent séparés sous la dénomination ancienne d'Aphorraïs. Linné n'adopta pas cet Aphorraïs d'Aristote comme Aldrovande et d'autres l'avaient fait ; il les confondit dans ses Strombes jusqu'au moment où Lamarck publia son Système des Animaux sans vertèbres. Tous les conchyliologues adoptèrent le genre Strombe tel que Linné l'avait conçu ; mais l'auteur que nous venons de citer réforma le genre et en sépara les Rostellaires et les Ptérocères (*V.* ces mots). Le genre Strombe devint par ce moyen beaucoup plus naturel ; aussi tous les zoologistes s'empressèrent d'imiter Lamarck. Ce fut seulement plusieurs années après que ce savant professeur indiqua les rapports des Strombes avec d'autres genres voisins, en établissant la famille des Ailées (*V.* ce mot) qui représente le genre Strombe de Linné, et qui a été jugée un groupe bien naturel ; car personne, jusque dans ces derniers temps, ne le contesta. Cuvier (Règn. Anim.) ne les changea pas quoiqu'il n'admît pas la famille des Ailées ; mais on peut regarder son genre Strombe avec ses sous-genres, comme la représentant d'une manière complète. Blainville fut le premier qui dérangea l'ordre adopté. On trouve en effet le genre Rostellaire placé dans la même famille que les Fuseaux et dans le voisinage de ce genre ; tandis que les Strombes auxquels les Ptérocères sont réunis, font partie de la famille des Rugistômes (*V.* ce mot au Suppl.) avec les Cônes, les Olives, les Tarières, les Porcelaines, etc. Il nous semble que l'opinion de Lamarck, qui était une suite de celle de Linné, était préférable à celle de Blainville; car, bien que l'on ne connût pas l'Animal des Rostellaires, ces rapports avec les Ptérocères et les Strombes sont tellement évidens d'après les coquilles, qu'il n'est pas probable que l'Animal diffère beaucoup de celui des Strombes. Quant au rapprochement des Cônes avec le genre qui nous occupe, nous ne pensons pas qu'il puisse être adopté tel que Blainville le propose, sur cette raison que les jeunes Strombes ont tout-à-lait la forme des Cônes, ce qui est vrai; mais il est vrai aussi qu'en principe on ne peut fonder un rapprochement de cette nature par la comparaison du jeune âge de l'un des genres avec l'âge adulte de l'autre; puisque les deux termes de la comparaison ne sont pas identiques, la conclusion qui s'en déduit ne peut être qu'erronée.

L'Animal des Strombes n'est point encore connu : celui des Ptérocères, rapporté par Quoy et Gaimard, a été figuré et décrit par Blainville dans la partie zoologique de la relation du voyage de circumnavigation de la corvette l'Astrolabe. Conduit par une analogie sans doute bien fondée, Blainville, réunissant en un seul les deux genres, tira la caractéristique des Strombes (Trait. de Malac., p. 41), de l'Animal des Ptérocères. Doit-on adopter cette marche, ou bien attendre que l'Animal d'un Strombe véritable soit connu ? Il nous semble plus rationnel d'attendre que l'observation nous ait appris si l'identité présumée est réelle. En conséquence nous caractérisons ce genre à la manière de Lamarck, dans les termes suivans : Animal probablement analogue à celui des Ptérocères; coquille ventrue, terminée à la base par un canal court, échancré ou tronqué; bord droit se dilatant avec l'âge en une aile simple, lobée ou crénelée supérieurement, et ayant inférieurement un sinus séparé du canal ou de l'échancrure de la base.

Les Strombes très-nombreux en espèces affectent presque toutes les dimensions; il y en a de fort petits, d'autres sont presque les géants de la conchyliologie : ces derniers servent à l'ornement des cabinets non-seulement à cause de leur grandeur et de leur forme assez bizarre, mais encore par la fraîcheur, la beauté de la couleur rose incarnat, qui se voit à l'intérieur. Tous marins et presque tous des mers intertropicales, les Strombes sont couverts d'un épiderme mince, brunâtre et assez facile à détacher. On les distingue facilement des Ptérocères en ce qu'ils n'ont pas le bord droit découpé et que le canal de la base est beaucoup plus court et plus relevé vers le dos; on le sépare plus facilement des Rostellaires, puisque ceux-ci n'ont pas les deux échancrures à la base et que le canal qui s'y trouve est droit le plus ordinairement, toujours très-étroit et peu profond; jamais il ne remonte vers le dos, il se rejette plutôt à droite. Le nombre des espèces de Strombes est assez considérable : Lamarck en compte trente-trois, mais nous en connaissons au moins quarante, sans y comprendre les espèces fossiles dont on compte huit ou dix; nous mentionnerons ici quelques espèces pour servir d'exemple au genre.

STROMBE AILE D'AIGLE, *Strombus gigas*, L., Gmel., pag. 3515, n. 20; Lamk., Anim. sans vert. T. VII, pag. 200, n. 1; Lister, Conch., tab. 863, fig. 18, b; Gualtierri, Test., tab. 53 et 34, fig. A; Favanne, Conch., pl. 20, fig. c; Martini, Conch. T. III, tab. 80, fig. 824. Il est le plus grand des Strombes; il se trouve aux Antilles; sa belle couleur rose en dedans le fait rechercher comme ornement.

STROMBE AILE D'ANGE, *Strombus gallus*, L., Gmel., n. 11; Lamk., *loc. cit.*, n. 5; Lister, Conch., tab. 874, fig. 30; Rumph, Mus. tab. 37, fig. 5; Knorr, Verg. T. IV, tab. 42, fig. 1; Martini, Conch. T. III, tab. 84, fig. 841, 842, et tab. 85, fig. 846. Des mers d'Amérique et d'Asie.

STROMBE BITUBERCULÉ, *Strombus bituberculatus*, Lamk., *loc. cit.*, n. 6; Lister, Conch., tab. 871, fig. 25; Knorr, Verg., III, tab. 21, fig. 1; Martini, Conch., tab. 83, fig. 856, 857; de l'Océan, des Antilles. Fort commun dans les collections.

STROMBE GRENOUILLE, *Strombus lentiginosus*, L., Gmel., n. 8, Lamk., *loc. cit.*, n. 10; Lister, Conch., tab. 861, fig. 18; Rumph, Mus., tab. 37, fig. 9; Dargenville, Conch., pl. 15, fig. c; Martini, Conch. T. III, tab. 80 et 81, fig. 825 à 828. De l'Océan des grandes Indes.

STROMBE BOUCHE DE SANG, *Strombus lechuanus*, L., Gmel., n. 16; *ibid.*, Lamk., *loc. cit.*, n. 15; Lister, Conch., tab. 851, fig. 6; Rumph, Mus., tab. 37, fig. 8; Martini, Conch. T. III, tab. 77, fig. 789, 790; des mers de l'Inde : Coquille fort commune.   (D..H.)

STROMBONA. BOT. CRYPT. (*Uredinées.*) Draparnaud avait nommé ainsi un genre dans lequel il plaçait l'*Ascophora disciflora* de Tode ou *Puccinia bulbosa*, Rohl., type du genre *Phragmidium*, l'*Ascophora limbiflora* de Tode, et plusieurs des *Puccinia* de Persoon ; ce genre, dont les caractères n'ont jamais été bien tracés, n'est pas adopté.   (AD. B.)

STROMBOSIA. BOT. PHAN. Blume (*Bijdr. Flor. ned. Ind.*, p. 1154) a établi sous ce nom un genre de la famille des Rhamnées et de la Pentandrie Monogynie, L., qui est ainsi caractérisé : calice plan, entier ou à peine crénelé; corolle à cinq pétales connivens, en forme de cloche, et velus à l'orifice; cinq étamines courtes; ovaire supère, enfoncé dans un disque, à cinq loges; style court, terminé par un stigmate, un peu obtus et denticulé; baie drupacée, turbinée, un peu pédicellée, ne renfermant souvent qu'une seule graine par avortement. Le *Strombosia Javanica* est un grand Arbre à feuilles alternes, oblongues, acuminées, très-

entières, luisantes, glabres sur les deux faces. Les fleurs sont verdâtres, peu nombreuses, et fasciculées dans les aisselles des feuilles. Cet Arbre croît dans les forêts montueuses de l'île de Java.   (G..N.)

STRONGLE. *Strongylus*. INTEST. Genre de l'ordre des Nématoïdes ayant pour caractères : corps cylindrique, élastique, atténué aux deux extrémités; queue du mâle terminée par une bourse du milieu de laquelle sort une verge unique. Les espèces réunies dans ce genre se conviennent assez quant à leurs formes extérieures; il n'en est pas tout-à-fait de même de l'organisation intérieure où l'on trouve quelques différences remarquables. Il deviendra probablement nécessaire de diviser ce genre par la suite; mais comme on n'a disséqué qu'un petit nombre des espèces, il serait prématuré d'établir de nouvelles coupes avant que l'on ait des notions précises sur l'anatomie de toutes les espèces comprises aujourd'hui sous le nom de Strongles. Leur tête, quelquefois munie de membranes latérales, est rarement distinguée du corps par un rétrécissement; la bouche, située au centre, toujours orbiculaire, est tantôt munie de cils roides, tantôt de nodules ou papilles dont le nombre varie, tantôt d'une sorte de rebord de la peau; le plus souvent elle est tout-à-fait nue. Quelques espèces ont dans la tête une bulle cornée à parois très-minces, ayant deux ouvertures dont l'une fait suite à la bouche, et l'autre donne naissance à l'œsophage. Le corps est le plus souvent atténué aux deux extrémités, et l'enveloppe cutanée est formée de la peau extérieure et de deux couches de fibres musculaires. Le seul caractère bien constant et essentiel des Strongles se tire de la forme de la queue des mâles; la peau, dans ce point, s'élargit circulairement, et forme un organe particulier que Rudolphi nomme bourse; elle est tantôt entière dans sa circonférence comme le pavillon d'une trompette, quelquefois échancrée ou coupée obliquement; le plus ordinairement elle est divisée en plusieurs lobes par des scissures plus ou moins profondes, et radiée par des lignes opaques, divergentes, que Rudolphi regarde comme des vaisseaux. L'organe génital mâle extérieur, ou la verge, est toujours unique; c'est une petite soie roide, très-fine, souvent très-longue, rétractile, qui sort du fond de la bourse par une petite ouverture distincte de l'anus; celui-ci en est séparé par une cloison et se trouve également dans la bourse. La queue des femelles n'a rien de particulier, elle est toujours amincie, tantôt droite, tantôt diversement fléchie; l'anus est situé à une petite distance du bout de la queue, et la position de la vulve varie suivant les espèces; dans la plupart, elle avoisine l'anus; dans d'autres, elle en est assez éloignée. Le tube digestif des Strongles est en général droit, et forme rarement quelques courbures; de nombreux filamens l'unissent au plan musculaire interne, disposition analogue à celle que l'on regarde dans les Ascarides, et probablement dans tous les Nématoïdes. Le Strongle géant a présenté un système nerveux bien distinct: il consiste en un nerf unique qui s'étend de la tête à la queue, et qui fournit dans son trajet plusieurs ganglions d'où naissent une foule de filets qui se distribuent aux parties environnantes. On ignore si les autres Strongles ont des nerfs. L'organe génital mâle interne est formé d'un canal unique, assez allongé, très-mince à l'une de ses extrémités; Rudolphi dit qu'il se termine par l'autre à la verge. La plupart des Strongles femelles ont deux ovaires fort longs qui aboutissent à l'utérus; ces ovaires sont différemment disposés suivant les espèces; l'une d'elles, le *Strongylus inflexus*, nous a présenté une suite de renflemens séparés par des structures qui les faisaient ressembler à une sorte de

chapelet. Le Strongle géant femelle n'a qu'un seul ovaire en forme de long tube; quelques espèces sont vivipares, la plupart produisent des œufs. On a observé plusieurs espèces de Strongles pendant l'accouplement: la bourse du mâle est étalée, et fortement appliquée contre le corps de la femelle dans le point où se trouve la vulve; ils sont unis assez intimement pour ne point être séparés l'un de l'autre lorsqu'on les plonge dans l'esprit de vin. La plupart des Strongles sont de taille petite ou médiocre; une espèce, le *Strongylus gigas*, atteint néanmoins jusqu'à trois pieds de long et égale en grosseur le petit doigt; quelques-uns de ces Vers se trouvent dans le canal digestif, d'autres dans les voies aériennes, d'autres dans des tubercules morbides et dans le parenchyme des organes de quelques Mammifères, Oiseaux et Reptiles.

Rudolphi a distribué les Strongles en trois sections: la première renferme les espèces à bouche armée de soies roides, *Strongylus armatus*, *dentatus*, *costatus*; la seconde, les espèces à bouche munie de papilles: *Strongylus gigas*, *papillosus*, *tubifex*, *galeatus*, *contortus*, *filicollis*; la troisième, les espèces à bouche nue: *Strongylus filaria*, *hypostomus*, *radiatus*, *venulosus*, *ventricosus*, *auricularis*, *subauricularis*, *denudatus*, *striatus*, *inflexus*, *retortæformis*, *nodularis*, *capitellatus*, *leptocephalus*, *trigonocephalus*, *tetragonocephalus*, *criniformis*, *tubæformis*. (E. D..L.)

STRONGYLE. *Strongylus.* INS. Nom générique donné par Herbst à des Coléoptères du genre *Nitidula* de Fabricius, et composé d'Insectes dont le corps est généralement plus convexe, avec les côtés du corselet non aplatis. Gyllenhal, dans son ouvrage sur les Insectes de Suède (1, p. 230), les comprend dans sa seconde section des Nitidules. Nous citerons les espèces suivantes: *strigata*, *imperialis*, *pedicularia*, *œnea*, *ferruginea*. Quelques autres de cette section, plus arrondies et plus bombées, sont rangées par Fabricius avec les Sphéridies, et par Kugelan dans son genre *Cychramus*. La *Nitidula glabrata*, que Gyllenhal place dans la même division, compose maintenant le genre Sphérite.

(LAT.)

STRONGYLIE. *Strongylium*. INS. Kirby (*Linn. Trans.*, 12) a ainsi nommé un nouveau genre de Coléoptères de la famille des Sténélytres, qui, par ses caractères essentiels, rentrerait dans celui d'*Helops* de Fabricius, mais qui s'en éloigne sous le rapport du faciès, le corps étant plus étroit, presque cylindrique ou linéaire, avec le corselet presque carré, sans rétrécissement postérieur. Les derniers articles des antennes sont un peu dilatés, sans différer brusquement des précédens. On peut réunir à ce genre celui de *Stenochia* du même savant. Germar en a décrit plusieurs espèces (*splendidus*, *auricalceus*, *azureus*, *interstitialis*, *flavicrus*, *luteicornis*, *limbatus*, etc.), mais sous la dénomination générique d'*Helops*. *V.* l'article *Strongylie* de l'Encyclopédie méthodique.

(LAT.)

STRONGYLIUM. BOT. CRYPT. (*Lycoperdacées*.) Genre établi par Dittmar, et qui ne comprend qu'une seule espèce, *Strongylium fuliginoides*. Ce genre ne diffère pas sensiblement des *Reticularia* de Bulliard auxquels Fries le réunit. (AD. B)

STRONGYLOCÉROS. MAM. (Schreber.) *V.* WAPITI au mot CERF.

STRONTIANE. MIN. Substance alcaline; Protoxide de Strontium des chimistes. On l'a regardée comme un corps simple jusqu'en 1808, époque à laquelle Davy parvint à la réduire au moyen de l'électricité voltaïque. D'après sa capacité de saturation, elle doit contenir 15,45 d'Oxigène sur 100 et 84,55 de Strontium. Elle est la base d'un genre composé de deux espèces minérales : la Strontiane sulfatée et la Strontiane carbonatée. Ces deux sels se distinguent par la propriété qu'ils ont de colorer en rouge la flamme des corps brûlans, et lorsqu'ils sont dissous dans les Acides de précipiter par les Sulfates solubles.

STRONTIANE SULFATÉE ou CÉLESTINE. C'est une substance pierreuse, blanche ou bleuâtre, transparente ou translucide, remarquable par sa pesanteur; elle a une structure laminaire dont les joints conduisent à un prisme droit à bases rhombes, de 104° 48' et 75° 12' (Haüy); le rapport du côté de la base à la hauteur est à peu près celui de 114 à 113, en sorte que les pans sont sensiblement des carrés. Le clivage est plus facile dans le sens de la base que dans le sens parallèle aux faces latérales. La cassure est raboteuse et imparfaitement conchoïde. Elle est facile à casser; sa dureté est inférieure à celle du Fluorite, et un peu supérieure à celle du Calcaire spathique; sa pesanteur spécifique est de 3,86. Elle a un éclat vitreux tirant sur celui de la résine, et quelquefois sur l'éclat perlé, au moins dans le sens du clivage le plus net. Elle décrépite au feu; elle est facilement fusible sur le charbon. Calcinée et placée sur la langue, elle y excite une saveur caustique; mise dans l'Acide muriatique, elle s'y dissout, et forme un sel qui colore en rouge la flamme de l'alcohol. Elle est formée d'un atome de Strontiane et de deux atomes d'Acide sulfurique; ou en poids de Strontiane, 56; et Acide sulfurique, 44.

Selon Stromeyer, les variétés d'un bleu céleste contiennent une petite quantité de matière bitumineuse; et, d'après Brandes, la variété radiée du Tyrol renferme un peu de Strontiane carbonatée.

La Célestine, considérée sous le rapport de ses formes cristallines, présente la plus grande analogie avec la Barytine ou la Baryte sulfatée. Le nombre des variétés est seulement moins considérable. Haüy en a décrit onze qui proviennent de six modifications différentes, combinées soit entre elles, soit avec les faces primitives. Nous citerons les plus importantes :

1. La *Strontiane sulfatée unitaire* : provenant d'une modification sur les angles aigus, qui a atteint sa limite et a fait disparaître les bases. Le cristal se présente sous l'aspect d'un octaèdre rectangulaire, allongé et devenu cunéiforme ; ou comme un prisme rhomboïdal terminé par des sommets dièdres. A la Catholica en Sicile, à Newhaven en Connecticut.

2. La *Strontiane bisunitaire* : en cristaux tabulaires très-aplatis, de forme hexagonale, et composant par leur réunion des masses lamelleuses ; le *Blœttriger Célestin* de Karsten.

3. La *Strontiane dodécaèdre* : en prismes rhomboïdaux, terminés par des pointemens à quatre faces, et semblables à la variété de Barytine qui porte le même nom. En Sicile, dans les vals de Noto et de Mazzara, etc.

4. La *Strontiane apotome* : le même prisme rhomboïdal, terminé par des pyramides quadrangulaires très-aiguës, dont les faces remplacent les arêtes des bases. A Bougival, à Arcueil et à Montmartre près Paris.

5. La *Strontiane dioxynite* : c'est la variété précédente augmentée de deux facettes vers chaque sommet. A Meudon près Paris, dans la Craie et dans l'intérieur des Silex.

Les cristaux de Strontiane sulfatée sont ordinairement groupés entre eux par leurs extrémités ; et lorsqu'ils sout aplatis, ils composent des masses flabelliformes ou dentelées, tout-à-fait semblables à celles de la variété de Barytine, à laquelle on donne le nom de Crétée. Considérée sous le rapport de la texture, la Strontiane sulfatée nous offre les variétés suivantes :

1. La *Strontiane laminaire* : en masses lamelleuses, limpides, blanches, bleuâtres ou rougeâtres, provenant souvent de l'accumulation de cristaux plats de la variété bisunitaire. Elle est très-répandue dans les terrains secondaires et dans les terrains pyrogènes. A Vic, département

de la Meurthe, dans le Calcaire compacte ; variété rougeâtre, au Seisseralpe dans le Tyrol.

2. La *Strontiane fibreuse* : en fibres déliées, réunies suivant leur longueur, ordinairement droites, rarement contournées, et formant des couches d'un demi-pouce à un pouce d'épaisseur environ. La direction des fibres est perpendiculaire à celle de la couche. La couche de cette variété varie du blanc au grisâtre et au bleuâtre. On l'a d'abord trouvée à Frankstown en Pensylvanie, dans une marne feuilletée brunâtre : puis à Carlisle, dans l'État de New-York ; à Dornburg près Iéna, à Bristol en Angleterre ; en France, à Beuvron près de Toul, dans le département de la Meurthe, et à Vezenobres, dans le département du Gard. On trouve aussi la même variété, sous la forme de lentilles très-aplaties, à Monte-Viale dans le Vicentin.

3. La *Strontiane aciculaire* : en aiguilles tapissant les parois des cavités de la Célestine compacte. A Montmartre près Paris, ou implantée dans les masses de Barytine des collines de Montferrât.

Les variétés de mélanges sont les suivantes :

1. La *Strontiane sulfatée barytifère* : en masses radiées ou fibreuses, bleuâtres ou jaunâtres, formant une couche de plusieurs pieds d'épaisseur dans la formation du Calcaire coquillier. A Süntel près de Münder, dans le Hanovre ; et à Derhshelf près de Karlshütte. On la trouve aussi dans la vallée de Fassa en Tyrol. D'après les analyses de Stromeyer et Brandes, cette variété contient deux à trois centièmes de sulfate de Baryte.

2. La *Strontiane sulfatée calcarifère, compacte* ou *terreuse* : en masses tuberculeuses, ellipsoïdes ou ovoïdes, à cassure terne et écailleuse, rarement grenue, dont la couleur varie du blanc grisâtre au blanc jaunâtre ; quelquefois en masses lenticulaires, pseudomorphiques, dont la forme est empruntée aux lentilles de Gypse

du même terrain. Certains rognons de Célestine compacte ont éprouvé un retrait qui les a divisés intérieurement, comme les Ludus, en portions prismatiques, sur les parois desquelles sont implantées des cristaux aciculaires de la même substance. On connaît la Célestine compacte à Montmartre près Paris, dans les marnes marbrées, jaunâtres et vertes, qui appartiennent à la formation gypseuse; à Dresde en Saxe, et à Laubenheim près de Mayence.

Le sulfate de Strontiane ou la Célestine, qui a tant d'analogie avec le sulfate de Baryte par ses caractères extérieurs, en diffère à plusieurs égards par sa manière d'être géologique. Sa formation est en général plus récente; et il ne commence guère à se montrer dans la série des terrains que vers les points où finit la Baryte sulfatée. Mais à partir de-là on le rencontre aux diverses étages du sol de sédiment jusqu'aux formations les plus supérieures. Dans le sol secondaire, on connaît la Célestine en cristaux gris dans la Karsténite ou Pierre de Vulpino; en nodules dans un Psammite, aux environs de Bristol en Angleterre, et à Inverness en Ecosse; mais son gîte principal est dans les formations gypseuses des terrains de sédiment moyens, où elle s'associe fréquemment au Soufre et au Gypse sélénite. La Célestine cristallisée a été découverte pour la première fois par Dolomieu en Sicile, dans les mines de Soufre du val de Noto et du val Mazzara, et dans celle de la Catholica près Girgenti. C'est de ces localités que proviennent les plus beaux groupes de cristaux de nos collections. On a retrouvé depuis la Célestine cristallisée à Conilla près Cadix, où elle est implantée en cristaux d'un bleu verdâtre dans la marne qui renferme le Soufre. On la connaît encore à Leogang près de Salzbourg, et aux environs de Greden, dans le cercle de l'Iun, en Tyrol. La variété laminaire a été observée dans une marne calcaire

endurcie aux environs d'Aarau en Suisse. La variété fibreuse est en lits dans une marne argileuse feuilletée à Frankstown en Pensylvanie, et à Carlisle dans l'État de New-York, à Dornburg près d'Iéna, et en France à Beuvron, près de Toul, département de la Meurthe. En 1818, on a découvert la Célestine en petits cristaux d'un bleu azuré, appartenant à la variété dioxynite, à Meudon près Paris, dans la Craie supérieure et dans les cavités des rognons de Silex noir, situés au milieu même de la masse crayeuse. On a trouvé aussi des Oursins siliceux dont l'intérieur était tapissé de ces mêmes cristaux. Suivant les auteurs de la Description géologique des environs de Paris, cette Célestine n'est pas essentiellement de la même époque de formation que la Craie, mais elle peut appartenir à une époque postérieure, contemporaine de celle des Argiles plastiques, et avoir pénétré dans le sol crayeux à la manière des Minéraux qui remplissent les filons.

La Célestine existe dans les Roches amygdalaires de Montecchio-Maggiore dans le Vicentin, où elle est disséminée dans une Brecciole trappéenne ou Pépérine grisâtre, avec des Coquilles fossiles; et aussi à Monte-Viale auprès de Vicence. Dans les terrains tertiaires, la Célestine a été observée en petits cristaux appartenant à la variété apotome sur des fragmens de Lignite, à Auteuil près Paris, et dans l'intérieur de Géodes calcaires situées vers la partie supérieure de l'Argile plastique. C'est pareillement dans des Géodes d'un calcaire compacte blanc jaunâtre, qui recouvre la Craie à Bougival près de Marly, que Cuvier et Brongniart ont observé pour la première fois cette variété de Célestine, en cristaux limpides, ayant plus de deux centimètres de longueur. La Célestine compacte calcarifère se trouve dans les bancs de Marnes qui appartiennent à la formation gypseuse des environs de Paris, et qui y sont intercalés ou qui la recouvrent immédiatement. On commence à la rencontrer en rognons épars dans les Marnes argileuses marbrées de la première masse de Gypse à Montmartre, et qui servent de pierres à détacher. Ces rognons sont aplatis, et percés de canaux tortueux à peu près perpendiculaires. Les ouvriers donnent à ces rognons les noms d'*œufs*, de *miche* ou *pain de quatorze sous*. On retrouve ensuite la Célestine calcarifère terreuse en rognons dans un banc de Marne jaunâtre feuilletée, qui recouvre les Marnes blanches, et qui renferme de petites Coquilles bivalves du genre Cythérée. Dans les Marnes vertes situées au-dessus, la Célestine se présente de nouveau en rognons, qui forment des cordons horizontaux à un pied les uns des autres. On en compte cinq dans la Marne verte des escarpemens entre Bagnolet et Montreuil. Il en existe également plusieurs à Ménilmontant. On y observe aussi des Géodes argilo-calcaires, dont les cavités sont tapissées de petites aiguilles de Calcaire et de Célestine.

STRONTIANE CARBONATÉE ou la STRONTIANITE, nommée aussi Strontite et Stronite. Substance pierreuse, transparente ou translucide, blanche ou verdâtre, pesante, soluble avec effervescence dans l'Acide nitrique, s'offrant rarement en cristaux nets, et plus ordinairement en masses fibreuses et radiées. Ses formes cristallines peuvent être dérivées d'un rhomboïde obtus de 99° 35' (Haüy), dans lequel le rapport des diagonales est celui de 2 à 3. Elle est clivable dans des directions parallèles à l'axe de ses cristaux; la cassure est raboteuse et a un certain luisant de résine. Elle est facile à casser; sa dureté est inférieure à celle du Fluorite, et supérieure à celle du Calcaire spathique; sa pesanteur spécifique est de 3,605. Elle a en général l'éclat vitreux, avec un certain degré de transparence. Elle est facilement fusible au chalumeau, et communique une teinte rougeâtre à la flamme.

Elle se dissout avec effervescence dans l'Acide nitrique. Si l'on plonge un papier dans la solution, et qu'après l'avoir laissé sécher, on l'allume, on le voit brûler en répandant une lueur purpurine. Elle est composée d'un atome de Strontiane et de deux atomes d'Acide carbonique; ou en poids, de Strontiane, 70, et Acide carbonique, 50.

Les formes régulières de Strontianite se réduisent à un petit nombre. Ce sont toujours des prismes hexaèdres, plus ou moins modifiés sur les arêtes des bases. Haüy en compte trois :

La *Strontianite prismatique* : en prisme hexaèdre régulier, sans modifications. Se trouve à Strontian en Écosse.

La *Strontianite annulaire* : un anneau de facettes à l'entour des bases. A Leogang près de Salzbourg.

La *Strontianite bisannulaire* : les arêtes des bases remplacées par deux rangées de facettes situées l'une au-dessus de l'autre. A Leogang.

Suivant Phillips et Haidinger, qui rapportent les cristaux de Strontianite au système prismatique, et lui assignent pour forme fondamentale un prisme droit rhomboïdal de 117° 19', cette substance présenterait des groupemens tout-à-fait semblables à ceux que l'on remarque dans le Calcaire arragonite, et entre autres un prisme à six pans, ayant quatre angles de 117° 19' et deux de 128° 22'.

Les variétés de couleurs de la Strontianite se bornent aux suivantes : le blanc, le verdâtre, le brun jaunâtre-pâle, le jaune et le gris.

Indépendamment des cristaux simples ou groupés, qui sont toujours forts petits, on observe encore cette substance sous la forme d'aiguilles entrelacées et très-brillantes (à Braunsdorf en Saxe), et en masses cristallines composées d'aiguilles ou de fibres tantôt radiées et tantôt réunies suivant leur longueur, très-serrées et présentant une surface comme striée. La Strontianite n'a encore été observée que dans les filons métallifères des terrains primordiaux, à Strontian en Ecosse, dans l'Argyleshire, où elle a été découverte pour la première fois; elle est dans un filon de Galène qui traverse des couches de Gneiss, associée à la Barytine et au Calcaire spathique. A Braunsdorf en Saxe, en cristaux blancs-jaunâtres ayant un éclat presque perlé, dans des druses calcaires avec Cuivre et Fer pyriteux. A Leogang près de Salzbourg, en cristaux d'un assez beau volume, avec des cristaux semblables d'Arragonite. On la cite encore au Pérou, à Pisope, dans les environs de Popayan.

La substance désignée sous le nom de Strommite, et qui a été trouvée à Orkney, n'est qu'un mélange de carbonate de Strontiane avec du sulfate de Baryte et du carbonate de Chaux. Elle est composée : de carbonate de Strontiane, 68,60 : sulfate de Baryte, 27,50; carbonate de Chaux, 2,60.

(G. DEL.)

STROPHANTHUS. BOT. PHAN. De Candolle (Ann. du Muséum, T. I, p. 408, tab. 27) a établi ce genre qui appartient à la famille des Apocynées et à la Pentandrie Monogynie, L. En l'adoptant, R. Brown (Mem. Soc. Wern., 1, p. 72) en a ainsi fixé les caractères : calice divisé profondément en cinq segmens ovales-oblongs; corolle infundibuliforme, dont la gorge est couronnée par dix squamules indivises; étamines insérées sur le milieu du tube, à anthères sagittées, aristées ou mucronées; deux ovaires surmontés d'un style filiforme, dilaté au sommet, et terminé par un stigmate presque cylindrique. Un caractère que R. Brown n'a pas mentionné et d'après lequel De Candolle a formé le nom générique, c'est la longueur des divisions de la corolle qui se terminent en filets allongés et contournés en spirale. Ces singuliers prolongemens de la corolle du Strophanthus le distinguent du genre Nerium avec lequel une espèce (Strophanthus dichotomus) a été confondue par Lamarck; la présence des écailles à l'entrée du

tube de la corolle ne permet pas de le confondre avec le genre Echites dans lequel Linné avait placé l'espèce que nous venons de citer. Dans le Mémoire de De Candolle, quatre espèces sont décrites sous les noms de S. glaber, laurifolius, dichotomus et hispidus, auxquelles Poiret a adjoint le Nerium scandens de Loureiro. Ce sont des Végétaux à tiges ligneuses et sarmenteuses, munis de feuilles entières et opposées. Les fleurs sont portées sur de courts pédicelles, et le plus souvent rapprochées par faisceaux. Ces Plantes croissent dans les contrées chaudes de l'Afrique occidentale, principalement à la côte de Sierra-Leone et au Sénégal. Une espèce est indigène de l'Inde-Orientale.

(G..N.)

STROPHITE. Strophitus. MOLL. C'est sous ce nom que Rafinesque a proposé un sous-genre parmi les Anodontes pour une seule espèce de ce genre qui est l'Anodonta undulata de Say. V. ANODONTE. (D. H.)

STROPHOMÈNE. Strophomena. CONCH. Blainville a adopté ce genre dont on doit la création à Rafinesque, établi sur des Coquilles pétrifiées très-voisines des Térébratules ou plutôt des Productus. Nous ne voyons pas en quoi il en diffère d'une manière essentielle, ce qui nous détermine à ne pas l'admettre dans la méthode. V. PRODUCTUS et TÉRÉBRATULE.

(D..H.)

STROPHOSOMUS. INS. Genre de Charansonites établi par Schœnherr. V. RHYNCHOPHORES. (G.)

STROPHOSTOME. Strophostoma. MOLL. Nous avions établi sous cette dénomination (Annales des Sciences naturelles) un genre de Coquilles fossiles très-voisin des Anostomes. Grateloup l'avait établi antérieurement à nous sous le nom de Férussine. Ce double emploi n'a été occasioné que par suite du retard que nous avons éprouvé dans l'envoi du Bulletin de la Société Linnéenne de Bordeaux. Nous adopterons donc le nom de Grateloup si Férussac re-

coit la dédicace de ce genre, car nous savons que D'Orbigny a dédié à la même personne un genre fort différent. *V.* Férussine au Supplément.
(D..H.)

STROPHOSTYLES. BOT. PHAN. Elliott (*Sketch of the Bot. of Carol.*, vol. 2, p. 229) a établi sous ce nom un genre de la famille des Légumineuses et de la Diadelphie Décandrie, L., qui se compose d'espèces placées par les auteurs dans les genres *Phaseolus* et *Glycine*. Il lui a attribué pour caractères essentiels : une corolle papilionacée, dont la carène est tordue en spirale avec les étamines et le style, comme cela s'observe dans les *Phaseolus;* une gousse cylindracée, presque biloculaire ; des graines cylindracées-réniformes. Ce genre se compose de trois espèces indigènes de l'Amérique septentrionale, savoir : 1° *Straphostyles angulosa* ou *Glycine angulosa*, L.; 2° *S. helvola* ou *Phaseolus helvotus*, Willd.; 3° *S. peduncularis* ou *Ph. vexillatus*, Pursh. Ce genre ressemble aux *Phaseolus* par sa corolle, et au *Dolichos* par sa gousse. Cependant il n'a pas été adopté par De Candolle qui l'a réuni aux *Phaseolus*. (G..N.)

STRUMARIA. BOT. PHAN. Genre de la famille des Amaryllidées ou Narcissées et de l'Hexandrie Monogynie, L., offrant les caractères essentiels suivans : spathe à deux valves inégales; périanthe à six divisions étalées; six étamines insérées sur le réceptacle, ayant leurs filets (dans quelques espèces) adhérens en partie avec le style; celui-ci renflé vers son milieu ; stigmate trifide; capsule presque arrondie, trigone, marquée de trois sillons, à trois valves et autant de loges, renfermant des graines arrondies. Ce genre diffère du *Leucoium*, non-seulement par le port, mais encore par le renflement du style qui est au milieu et non pas au sommet, par son stigmate trilobé et par l'adhérence d'une portion des filets des étamines avec le style dans certaines espèces. Les

Plantes qui composent ce genre sont au nombre de dix environ, toutes originaires du cap de Bonne-Espérance; quelques-unes sont cultivées dans les jardins de botanique, et ont été figurées par Jacquin dans ses *Icones rariores*, vol. 2, tab. 356 à 361. Ce sont de belles Plantes à feuilles radicales, planes, linéaires, du milieu desquelles s'élève une hampe portant des fleurs disposées en ombelle simple, mais assez nombreuses, de couleur blanche ou rouge.
(G..N.)

STRUMEA. BOT. PHAN. On croit généralement que la Plante ainsi désignée par les anciens, parce qu'elle guérissait les scrophules, est la *Ficaria ranunculoides*. (A. R.)

STRUMELLA. BOT. CRYPT. (*Urédinées.*) Fries a donné ce nom à des tubercules noirs qui se développent sur les légumes du *Vicia faba*, et qu'il hésite encore à considérer, soit comme une Cryptogame parasite, soit comme une simple transformation du tissu ; ce sont des tubercules hémisphériques saillans, passant insensiblement à la substance dans laquelle ils se sont développés et couverts extérieurement d'une poussière qui est peut-être formée par les sporules.
(AD. B.)

STRUMPFIA. BOT. PHAN. Genre établi par Jacquin qui le plaça dans la Syngénésie, mais qui fut ensuite transporté dans la Monadelphie par Persoon, et dans la Pentandrie Monogynie par Schultes. Ses affinités naturelles ne sont pas encore déterminées; cependant, notre collaborateur A. Richard, qui a fait une étude approfondie des Rubiacées, pense qu'il se rapporte à cette famille. Ce genre a été ainsi caractérisé : calice très-petit, persistant, à cinq dents; pétales ovales-oblongs, obtus, étalés; anthères sessiles, réunies en un corps ovoïde, marqué de cinq sillons et offrant quatre dents à la base; baie uniloculaire, couronnée par le calice, renfermant une seule graine globuleuse. Le *Strumpfia ma-*

ritima, Jacquin, *Amer. pict.*, p. 107; Plumier, Spec. 17, tab. 251, f. 1, est un Arbrisseau dressé, haut d'environ trois pieds, à branches cendrées, marquées de cicatrices annulaires formées par la chute des feuilles. Celles-ci sont ternées, semblables aux feuilles de Romarin et accompagnées de stipules petites, aiguës et noires. Les fleurs sont blanches, petites, portées au nombre de cinq environ sur des pédoncules axillaires. Cette Plante croît sur les rochers maritimes de Curaçao. (G..N.)

STRUTHIO. ois. (Linné.) Syn. d'Autruche. *V.* ce mot.   (DR..Z.)

STRUTHIOLA. bot. phan. Genre de la famille des Thymelées et de la Tétrandrie Monogynie, L., offrant les caractères suivans : périanthe extérieur, à deux folioles (bractées) opposées, droites, linéaires, aiguës ; périanthe intérieur corolloïde, infundibuliforme ; le tube filiforme, allongé ; le limbe à quatre segmens ouverts, et muni à l'entrée du tube de huit écailles glanduleuses, ovales, obtuses, entourées de poils soyeux à la base. quatre étamines dont les filets sont très-courts, renfermés dans le tube, terminés par des anthères oblongues ; ovaire supère, ovale, surmonté d'un style filiforme, terminé par un stigmate capité ; baie sèche, ovale, uniloculaire et monosperme. Ce genre se distingue des *Stellera* et des *Passerina*, avec lesquels il a de grands rapports, par le nombre des étamines, les divisions du périanthe, et surtout par les glandes ou nectaires qui ornent l'orifice du tube. Bergius, dans ses Observations sur les Plantes du Cap, a donné le nom générique de *Nectandra* à l'espèce que Linné a décrite sous le nom de *S. glabra*, et Thunberg sous celui de *S. erecta*. On connaît environ quinze espèces de *Struthiola*, qui sont toutes originaires des environs du cap de Bonne-Espérance. Ce sont des Arbrisseaux ou Arbustes d'un aspect agréable ; leurs feuilles sont nombreuses, petites, appliquées contre

la tige et ordinairement opposées. Les fleurs sont axillaires, blanches ou roses, et répandent une odeur agréable, surtout le matin et le soir. On en cultive quelques-unes dans les jardins d'Europe ; telles sont les *S. virgata, imbricata, tomentosa* et *ovata*. (G..N.)

STRUTHIOLAIRE. *Struthiolaria.* moll. C'est à Lamarck que l'on doit la création de ce genre ; il le proposa pour la première fois, sans le caractériser, dans l'Extrait du Cours (1812) où on le voit placé à la fin de la famille des Canalifères, immédiatement après les Rancles. Ayant divisé autrement cette famille dans son dernier ouvrage, Lamarck mit en tête de la seconde section le genre qui nous occupe, le distinguant des Rancles, des Tritons et des Rochers, en ce qu'il n'a qu'un bourrelet à l'ouverture, tandis que les autres genres en ont plusieurs persistans sur la spire. La plupart des auteurs adoptèrent le genre Struthiolaire, Blainville cependant le confondit dans le genre Triton, quoiqu'il n'en présente pas les caractères. Non-seulement nous n'admettons pas l'opinion de Blainville, mais nous croyons devoir rejeter aussi celle de Lamarck. Pour peu que l'on examine ce genre avec soin et qu'on le compare avec les Rostellaires, on s'apercevra bientôt qu'il a beaucoup plus d'analogie avec les genres de la famille des Ailées, qu'avec ceux des Canalifères. Le canal de la base est court et très-peu profond, terminé en gouttière superficielle comme dans les Ptérocères ; la columelle, très-excavée dans le milieu, se termine en pointe également comme dans les Rostellaires ; cette pointe est plus courte, ce qui constitue un des caractères du genre. Le bord droit, épaissi en dehors par un large bourrelet, est festonné par deux larges sinus que sépare une éminence arrondie ; on peut considérer ces sinuosités comme un commencement des digitations que l'on remarque dans plusieurs espèces de Ptérocères ; enfin à l'angle postérieur de l'ouverture, on trouve une callosité saillante comme dans quelques Strombes. Tous les caractères essentiels de ce genre se trouvent dans la famille des Ailées et point dans celle des Canalifères ; nous croyons que ces motifs sont bien suffisans pour qu'on place à l'avenir les Struthiolaires à côté des Rostellaires et dans la même famille. Lamarck a caractérisé ainsi le genre Struthiolaire. Animal inconnu ; coquille ovale, à spire élevée ; ouverture ovale, sinueuse, terminée à sa base par un canal très-court, droit, non échancré ; bord gauche calleux, répandu ; bord droit bisinué, muni d'un bourrelet externe. Les Struthiolaires sont des Coquilles marines restées très-rares dans les collections ; on n'en cite encore que deux espèces vivantes et une troisième fossile des environs de Paris. Cette dernière est douteuse, parce que provenant d'une couche de Sable quartzeux inférieure au Calcaire grossier, dans laquelle les Coquilles sont extrêmement friables, on ne l'a jamais vue encore avec le bord droit entier ; elle présente du reste assez bien les caractères et la forme des Struthiolaires.

STRUTHIOLAIRE NODULEUSE, *Struthiolaria nodulosa*, Lamk., Anim. sans vert. T. VII, p. 148, n. 1 ; *Murex stramineus*, L., Gmel., p. 3542, n. 55 ; Chemnitz, Conch. T. X, tab. 160, fig. 1520, 1521 ; Martyns, Conch. T. II, fig. 53, 54 ; Encyclop., pl. 431, fig. 1, a, b ; Triton, Blainv., Traité de Malac., pl. 17, fig. 1. Coquille très-rare à spire étagée et noduleuse. De la Nouvelle-Hollande.

STRUTHIOLAIRE CRÉNULÉE, *Struthiolaria crenulata*, Lamk., *loc. cit.*, n. 2 ; Chemn., Conch. T. II, tab. 210, fig. 2086, 2087. On ne connaît pas sa patrie. Elle est toujours plus petite que l'autre.   (D..H.)

STRUTHIOPTERIS. BOT. CRYPT.

(*Fougères*.) Ce nom a été donné anciennement par Haller et ensuite par plusieurs autres auteurs à l'*Osmunda Spicant* de Linné, qui a depuis été placé dans le genre *Blechnum*, et plus récemment encore parmi les *Lomaria*.

Le nom de *Struthiopteris* a été appliqué par Willdenow à une autre Plante, l'*Osmunda Struthiopteris* de Linné, que Swartz avait rangée parmi les *Onoclea* dont elle se rapproche en effet à plusieurs égards. Le genre Struthiopteris présente des frondes fertiles différentes des frondes stériles ; elles sont plus étroites, et les pinnules sont recourbées en dessous et bordées d'écailles ou membranes scarieuses, distinctes, qui recouvrent les capsules. Ces capsules sont disposées par lignes et recouvertes par des tégumens propres, qui plutôt les séparent par groupes. On ne connaît que deux espèces de ce genre ; elles sont très-analogues et croissent l'une dans le nord de l'Europe, l'autre dans le nord de l'Amérique ; ce sont de très-belles Fougères se rapprochant par leur port des *Onoclea* et *Lomaria* arborescentes ; le *Struthiopteris germanica* présente même une tige droite de quelques pouces, d'où naissent des feuilles nombreuses formant une sorte de corbeille, les extérieures stériles, celles du centre fertiles. Ces feuilles sont doublement pinnées et d'une forme très-élégante.   (AD. B.)

* STRYCHNÉES. BOT. PHAN.

La famille que l'on a cherché à établir sous ce nom pour quelques genres placés dans les Apocynées, n'offre aucun caractère de quelque valeur qui la distingue suffisamment des Apocynées. *V.* ce mot. Nous avons donc cru devoir n'en former qu'une simple tribu des Apocynées, qui renferment encore plusieurs autres genres à fruit charnu.   (A. R.)

STRYCHNINE. CHIM. Principe immédiat découvert dans les Strychnos et auquel plusieurs des espèces de ce genre doivent leurs redoutables propriétés. *V.* STRYCHNOS.   (A. R.)

STRYCHNOS. *Strychnos.* BOT.

PHAN. Ce genre, que l'on désigne encore sous les noms de *Caniram* et de *Vomiquier*, appartient à la famille des

Apocynées et à la Pentandrie Digynie, L., où il se distingue par les caractères suivans : le calice est à cinq divisions profondes ; la corolle monopétale tubuleuse, ayant son limbe à cinq divisions égales, étalées, à préfloraison valvaire ; les étamines au nombre de cinq sont insérées sur la gorge de la corolle ; l'ovaire est à deux loges polyspermes ; le style simple se termine par un stigmate capitulé. Le fruit est crustacé extérieurement, charnu et pulpeux intérieurement, contenant un nombre variable de graines peltées et déprimées ; ces graines se composent d'un endosperme corné, quelquefois creux à son intérieur et contenant un embryon mince et foliacé. Les espèces de ce genre sont des Arbres ou des Arbrisseaux sarmenteux contenant un suc blanc et laiteux ; les feuilles sont opposées, rarement alternes par l'avortement d'une des deux, entières ; les fleurs sont disposées en corymbes ; quelquefois les fleurs placées dans l'aisselle des feuilles inférieures avortent, et le pédoncule se recourbe en forme de vrille axillaire. Les espèces de ce genre sont originaires de l'Inde et quelques-unes de l'Amérique méridionale ; Rob. Brown en a décrit une espèce qu'il a observée à la Nouvelle-Hollande. Les auteurs modernes ont réuni à ce genre l'*Ignatia* de Linné fils ou *Ignatiana* de Loureiro, qui ne diffère des autres Strychnos, que par la forme de ses graines. Nous croyons devoir mentionner ici quelques-unes des espèces de ce genre, qui par leurs propriétés énergiques méritent de fixer notre attention.

STRYCHNOS VOMIQUIER, *Strychnos Nux vomica*, L., Sp., Rich., Bot. méd., 1, p. 325. Cette espèce est un Arbre originaire de l'Inde, dont les fruits, de la grosseur d'une orange, contiennent un grand nombre de graines déprimées, orbiculaires, peltées, grisâtres, recouvertes d'une pellicule composée de plusieurs feuillets et qui est luisante et comme nacrée ; ce sont ces graines que l'on connaît dans le commerce sous le nom de *Noix vomiques*. Elles sont d'une amertume excessive, et leur action sur l'Homme et les Animaux est tellement énergique, qu'elles sont à juste titre considérées comme un des poisons les plus violens du règne végétal. Les recherches de Pelletier et Caventou nous ont fait connaître la nature du principe vénéneux de la Noix vomique. C'est une matière alcaloïde à laquelle ils ont donné le nom de *Strychnine*. Elle se présente sous la forme d'une poudre blanche, composée de petits cristaux à quatre pans, terminés par des pyramides à quatre faces ; presque insoluble dans l'Eau et dans l'Ether, mais facilement soluble dans l'Alcohol. Sa saveur est excessivement amère. Dans la Noix vomique, la Strychnine est combinée à un Acide particulier qu'on a nommé *Acide igasurique*. Des expériences multipliées ont prouvé que la Strychnine était la partie active et vénéneuse de la Noix vomique et de la Fève de Saint-Ignace dans laquelle elle existe également, de même que dans toutes les autres espèces vénéneuses de ce genre. On a remarqué qu'en général cette substance exerce une action particulière sur la moelle épinière et sur les muscles qui en reçoivent leurs nerfs ; aussi plusieurs praticiens, parmi lesquels nous devons citer le professeur Fouquier, ont-ils tenté d'introduire la Noix vomique et même la Strychnine dans la thérapeutique médicale. C'est surtout contre les paraplégies qu'on en a fait usage ; mais ce sont des substances tellement violentes, qu'il ne faut les donner qu'à des doses extrêmement faibles et en surveillant leurs effets avec la plus scrupuleuse attention. Ainsi un huitième ou un quart de grain d'extrait alcoholique de Noix vomique, ou la même quantité de Strychnine, détermine souvent des soubresauts ou secousses tétaniques, dans les parties affectées de paralysie.

Une seconde espèce de ce genre est celle dont les graines sont connues sous le nom de Fèves Saint-Ignace ;

c'est le *Strychnos Ignatia*, L., Rich., Bot. méd., 1, p. 326, ou *Ignatia amara*, L. fils, qui est originaire des Philippines. Ses graines sont irrégulièrement anguleuses, larges d'environ un pouce; leur surface d'un brun pâle est striée et glabre; leur intérieur est corné, dur et verdâtre; elles sont aussi excessivement amères. D'après l'analyse qui en a été faite par Pelletier et Caventou, ces graines contiennent aussi de la Strychnine et de l'Acide igasurique; elles agissent de la même manière que la Noix vomique. Parmi les espèces vénéneuses de ce genre, nous devons encore en citer deux autres, savoir: le *Strychnos colubrina*, L., dont le bois et la racine, qui sont extrêmement vénéneux, sont connus sous le nom de *Bois de Couleuvre* ou de *Couleuvrée*. Les mêmes chimistes y ont constaté l'existence de la Strychnine; l'autre est le *Strychnos Tieute* de Leschenault, dont le suc sert aux habitans de Java, pour préparer le fameux poison qu'ils nomment *Upas tieuté* et avec lequel ils empoisonnent leurs flèches. Mais un fait bien digne de remarque, c'est qu'au milieu de ce grand nombre d'espèces qui s'accordent si bien entre elles par la violence de leurs propriétés délétères, le genre Strychnos en renferme quelques autres dont l'innocuité ne saurait être révoquée en doute. Ainsi Auguste de Saint-Hilaire a décrit et figuré dans ses Plantes usuelles des Brasiliens, T. 1, une espèce qu'il nomme *Strychnos pseudoquina*. Elle est originaire du Brésil où les habitans la connaissent sous le nom de *Quina do campo;* son écorce, qui est très-amère, est employée comme fébrifuge, à la manière du Quinquina du Pérou. D'après l'analyse qui en a été faite par le célèbre professeur Vauquelin, l'écorce de *Quina do campo* ne contient aucune trace de Strychnine. Le professeur Delile de Montpellier a récemment fait connaître dans la centurie de Plantes recueillies par le voyageur Cailliaud dans la Haute-Egypte, une espèce qu'il nomme *Strychnos innocua*. Dans la province de Qamamyl, dit-il, Cailliaud a découvert une nouvelle espèce de Strychnos, Arbrisseau dont le fruit, de la forme d'une petite orange, quoique sans usage, est connu pour n'être pas malfaisant. Il n'est pas amer.

(A. R.)

STUC. MIN. *V.* GYPSE.

STURIONIENS. POIS. Le deuxième ordre des Poissons du Règne Animal de Cuvier a reçu le nom de Sturioniens, parce que les Esturgeons en sont regardés comme le type. Ce sont des Poissons à branchies libres, à ouïes très-fendues et garnies d'un opercule; mais sans rayons à la membrane. On n'en connaît que deux genres, les *Acipenser* et *Spatularia*.

(LESS.)

STURMIE. *Sturmia.* BOT. PHAN. (Hope.) *V.* CHAMAGROSTIDE.

Gaertner a figuré sous le nom de *Sturmia* le fruit d'un genre que dans le texte il a nommé *Stenostomum. V.* ce mot.

(G. N.)

STURNUS. OIS. *V.* ETOURNEAU.

* **STYGIDE.** *Stygides.* INS. Genre de l'ordre des Diptères, famille des Tanystomes, tribu des Anthraciens, ou faisant partie du grand genre Anthrax de Fabricius; établi par Meigen, qui lui avait donné le nom de Stygie, déjà employé pour un genre de Lépidoptères, et auquel il a substitué celui de *Lomatia*. Latreille n'a pas adopté cette substitution, et a laissé son premier nom à ce genre en le terminant de manière à le distinguer des Stygies, genre de Lépidoptères. Les caractères des Stygides sont: corps assez déprimé; tête sphérique, creusée postérieurement; yeux réniformes, réunis sur le front dans les mâles, espacés dans les femelles; trois ocelles distincts, disposés en triangle équilatéral sur le vertex; antennes avancées, rapprochées à leur base, courtes, composées de trois articles; le premier court, épais, soyeux, un peu plus gros et arrondi

au sommet qui est échancré latéralement ; le second inséré sur cette échancrure, encore plus court que le premier, cyathiforme ; le troisième long, conique, nu, muni d'un style mince et petit ; trompe retirée dans la cavité buccale, que son extrémité dépasse à peine, et terminée par deux lèvres charnues, réunies en forme de gouttières ; palpes courts, presque cylindriques ; corselet ovale, sans ligne transversale, enfoncée ; ailes lancéolées, velues vues au microscope, à moitié ouvertes dans le repos ; cuillerons très-petits, leurs bords frangés ; balanciers découverts ; pates grêles, les postérieures allongées ; tarses munies de deux pelottes ; abdomen long, elliptique, très-peu convexe. Ce genre se distingue facilement des Mulions, Némestrines, Fallénies et Colax, parce que dans ceux-ci la tête est proportionnellement plus courte, que les antennes sont très-écartées, et que la trompe est plus longue que la tête. Les Anthrax ont trois yeux lisses très-rapprochés ; enfin les Hirmoneures en diffèrent encore par les yeux lisses dont l'antérieur est très-éloigné des deux autres. Les Stygides ressemblent beaucoup aux Anthrax, mais ils se tiennent toujours sur les fleurs. On en connaît trois ou quatre espèces propres à l'Europe ; celle qui est commune aux environs de Paris a reçu le nom de STYGIDE LATÉRALE, *Stygides lateralis*, Latr. ; *Lomatia lateralis*, *Stygia lateralis*, Meigen, Dipt. d'Eur. ; Macquart, Ins. Dipt. du nord de la France, etc., p. 62, n. 1.   (G.)

STYGIE. *Stygia.* INS. Genre de l'ordre des Lépidoptères, famille des Nocturnes, section ou tribu des Hépialites de Latreille, deuxième édition du Règne Animal, qui le plaçait dans ses autres ouvrages et dans ses Familles naturelles, parmi ses Zygænides. Les caractères, qui ont été donnés par Draparnaud, sont exprimés ainsi qu'il suit : corps écailleux ; antennes courtes, diminuant insensiblement de grosseur, arquées, ayant, dans toute leur longueur, un double rang de petites dents courtes, étroites, dilatées et arrondies au bout ; point de langue distincte ; palpes épais, cylindriques, entièrement garnis d'écailles, s'élevant au-delà du chaperon ; ailes en toit dans le repos ; les supérieures oblongues, les inférieures presque arrondies ; cellule sous-marginale de celles-ci fermée par une nervure arquée, d'où partent deux rameaux parallèles qui aboutissent au bord postérieur ; jambes postérieures munies à leur extrémité d'éperons de grandeur remarquable ; abdomen conique, terminé par une brosse de poils. Les Cossus diffèrent des Stygies parce que leurs antennes n'ont qu'un seul rang de dents lamellaires. Dans les Zeuzères les antennes diffèrent beaucoup dans les deux sexes ; enfin les Hépiales s'en distinguent par leurs antennes moniliformes et grenues, sans dents latérales. On ne connaît que deux espèces de ce genre : l'une d'Amérique, l'autre de France ; cette dernière a reçu de Draparnaud le nom de STYGIE AUSTRALE, *Stygia australis*. Elle est figurée dans le *Gen. Crust. et Ins.* de Latreille, T. 1, pl. 16, f. 4, et dans beaucoup d'autres auteurs. On la trouve mais rarement dans le midi de la France.   (G.)

STYLAIRE. *Stylaria.* ANNEL. Genre établi par Lamarck et réuni par quelques auteurs aux Naïdes. *V.* ce mot.   (LAT.)

STYLANDRA. BOT. PHAN. Ce genre appartient à la famille des Apocynées ou Asclépiadées de R. Brown et à la Pentandrie Digynie, L. Il a été fondé par Nuttall (*Gener. of north. Amer. Plants*, vol. 1, p. 170) sur l'*Asclepias pedicellata* de Walter, et il est le même que le *Podostigma* d'Elliott. Voici ses caractères principaux : calice petit, divisé en cinq segmens ; corolle sans tube, partagée en cinq segmens longs, droits et connivens ; couronne staminale (*Lepanthium*, Nutt.) simple, à cinq segmens en forme de sac, comprimés avec des pointes recourbées et operculoïdes ; tube styloïde, très-long, supportant les parties de la fructification ; étamines comme dans le genre *Asclepias*, à masses polliniques pendantes ; deux follicules longs et grêles ; graines aigrettées ? La Plante qui fait le type de ce genre, *Stylandra pumila*, Nutt. ; *Podostigma pubescens*, Elliott (*Sketch of Botany of Carol.*), a un tige dressée, munie de feuilles opposées ou alternes, sessiles, linéaires, aiguës, pelites, pubescentes, et même scabres sur les bords. Les fleurs forment, au nombre de trois ou quatre, une sorte d'ombelle axillaire. Cette Plante croît dans les localités sèches et sablonneuses de l'Amérique septentrionale, depuis les Carolines jusqu'en Floride.   (G..N.)

STYLE. *Stylus*. BOT. PHAN. L'une des parties constituantes du pistil. C'est le prolongement filiforme du sommet de l'ovaire, qui porte le stigmate. Le style manque assez fréquemment, sans que pour cela les fonctions du pistil s'exécutent moins bien. Le style peut être simple ou divisé plus ou moins profondément ; il peut y avoir plusieurs styles sur un ovaire à plusieurs loges, et alors le nombre des premiers est le même que celui des seconds. Quant à la forme du style, elle peut varier singulièrement. *V.* PISTIL.   (A. R.)

STYLÉPHORE. POIS. Shaw a créé ce genre qui est placé dans l'ordre des Acanthoptérygiens, famille des Ténioïdes pour une espèce de Poisson des mers des Antilles. Ce genre est ainsi caractérisé : corps très-allongé ; nageoire dorsale s'étendant tout le long du dos ; une caudale distincte ; queue terminée par un long filet qui paraît être le dernier rayon de la caudale ; point de ventrale ni d'anale. Le type de ce genre est le *Stylephorus chordatus*, Shaw, Gen. Zool. T. IV, pl. 11.   (LESS.)

STYLIDIÉES. *Stylidieæ*. BOT. PHAN. R. Brown a établi sous ce nom une famille de Plantes dicotylédones, monopétales, épigynes, qui a pour type le genre *Stylidium*, et qui pourrait être considérée comme une des tribus naturelles de la grande famille des Campanulacées. *V.* ce mot. Les Stylidiées se distinguent par un calice monosépale adhérent, ayant son limbe divisé en deux à six lanières régulières ou disposées en deux lèvres ; la corolle est monopétale, régulière, campaniforme ou irrégulière, à préfloraison imbriquée. Les étamines, au nombre de deux seulement, ont leurs filets soudés avec le style en une colonne grêle et allongée, saillante, au sommet de laquelle sont placées transversalement les deux anthères, qui sont à deux loges et s'ouvrent par un sillon longitudinal ; entre ces deux anthères est une aréole glanduleuse, convexe, de forme variée, et qui est le véritable stigmate. L'ovaire est infère, à deux loges, dont la cloison est quelquefois incomplète à sa partie moyenne ; chaque loge contient un grand nombre d'ovules attachés à un trophosperme qui naît de la partie moyenne de la cloison. Le fruit est une capsule ombiliquée à son sommet, à deux loges polyspermes, s'ouvrant par son sommet en deux valves, dont une emporte quelquefois toute la cloison ; quelquefois la capsule est uniloculaire par suite de la disparition de la cloison. Les graines sont redressées, ovoïdes, contenant, dans un gros endosperme charnu, un très-petit embryon placé vers le point d'attache de la graine. Les Plantes, réunies dans cette famille, sont herbacées ou sousfrutescentes, non lactescentes, souvent couvertes de poils simples ou glanduleux ; leurs feuilles sont alternes ou éparses, quelquefois imbriquées ; les fleurs sont solitaires, généralement terminales, quelquefois en épis allongés ou en corymbes. Les genres *Stylidium*, *Phyllachne*, *Levenhookia*, constituent cette famille.
                    (A. R.)

STYLIDIUM. BOT. PHAN. Ce genre forme le type de la famille des Stylidiées, et offre les caractères suivans : le calice, adhérent par sa base avec l'ovaire, a son limbe à deux divisions :

la corolle est monopétale, irrégulière, tubuleuse inférieurement, ayant son limbe à cinq divisions, quatre supérieures presque égales et semblables, et la cinquième généralement plus petite formant un labelle triparti; le gynostème est recourbé en Z; les deux anthères sont séparées par le stigmate qui est convexe et glanduleux; le fruit est une capsule ovoïde, couronnée par les deux lobes du calice, et à deux ou quelquefois à une seule loge par suite de l'avortement de la cloison; les graines sont nombreuses, ovoïdes, chagrinées extérieurement. Les espèces de ce genre sont très-nombreuses: Robert Brown en a décrit quarante-cinq espèces dans sa Flore de la Nouvelle-Hollande. Ce sont des Plantes herbacées ou sous-frutescentes, munies de tiges ou dépourvues de cet organe, ayant les feuilles alternes ou éparses, entières, allongées et étroites; les fleurs sont très-diversement disposées, en épis plus ou moins allongés, ou réunis en petit nombre au sommet de la hampe. Parmi ce grand nombre d'espèces, quelques-unes sont cultivées dans nos serres. Tels sont les *Stylidium laricifolium*, *graminifolium*, etc. Dans ces espèces, on a constaté une irritabilité bien manifeste dans le gynostème. Dès qu'on l'irrite à sa partie inférieure au moyen d'une pointe, il se recourbe immédiatement en sens opposé, et reprend peu de temps après sa première position.   (A. R.)

STYLIDIUM. bot. phan. (Loureiro.) *V.* Stylis.

STYLIMNUS. bot. phan. (Rafinesque.) Syn. de *Pluchea* de Cassini. *V.* ce mot.   (G..N.)

STYLINE. *Stylina.* polyp. Genre de l'ordre des Madréporées dans la division des Polypiers entièrement pierreux, ayant pour caractères: Polypiers pierreux, formant des masses simples, hérissées en dessus; tubes nombreux, cylindriques, fasciculés, réunis, contenant des lames rayonnantes et un axe solide, les axes styli-

formes, saillans hors des tubes. Les Stylines constituent des masses pierreuses, épaisses, composées de tubes verticaux, cylindriques et réunis. Chacun de ces tubes est sans doute la cellule d'un Polype, et néanmoins leur intérieur est rempli de lames rayonnantes autour d'un axe central, plein, solide, cylindrique, qui laisse aux lames très-peu d'espace entre lui et la paroi interne du tube. Cet axe, strié longitudinalement à l'extérieur, fait une assez grande saillie hors du tube; ce qui est cause que la surface du Polypier paraît hérissée d'une multitude de cylindres, séparés, tronqués et styliformes. On n'en connaît qu'une espèce que Lamarck nomme *Stylina echinulata*: elle vient de l'océan Austral.   (E. D..L.)

STYLIS. bot. phan. Poiret, dans le supplément de l'Encyclopédie méthodique, a ainsi nommé le genre *Stylidium* de Loureiro, parce que ce dernier nom a été appliqué par la plupart des botanistes à un autre genre de Plantes. *V.* Stylidium. D'un autre côté, Jussieu a proposé le nom de *Pautsauvia* pour le genre dont il est ici question. Ce genre appartient à l'Heptandrie Tétragynie, L., et a été ainsi caractérisé: calice nul; corolle infère à sept pétales linéaires, dressés, cohérens, en forme d'un long cylindre, quelquefois réfléchis en vieillissant; sept étamines dont les filets sont courts, plans, presque réunis entre eux et insérés sur le réceptacle; les anthères linéaires, fixes, de la longueur de la corolle; ovaire presque rond, surmonté d'un style filiforme, dépassant la corolle et portant un stigmate échancré; drupe ovée, petite, renfermant une nucule comprimée, scabre, biloculaire, composée de deux noyaux presque arrondis. Ce genre est trop peu connu pour qu'on puisse en déterminer les affinités. Il ne se compose que d'une seule espèce, *Stylis chinensis*, Poir. *loc. cit.*, ou *Stylidium chinense*, Lour. *Fl. Cochinch.*, 1, p. 273. C'est un Arbuste dressé, haut de cinq pieds, rameaux nombreux et dichotomes; ses feuilles sont ovales, inégales à la base, très-entières, acuminées, alternes, pétiolées et glabres; les fleurs sont jaunes, axillaires, portées sur des pédoncules dichotomes. Cette Plante croît sans culture dans les environs de Canton où la décoction de sa racine est employée comme fébrifuge. (G..N.)

STYLLARIA. BOT. CRYPT. (*Bacillariées.*) Genre fondé par Bory de Saint-Vincent, et qui a pour type les *Echinella cuneata, geminata* et *paradoxa :* il est spécialement caractérisé par la présence d'un stipe rameux qui porte des corps cunéiformes ou en forme d'urne, qui s'isolent plus tard et nagent librement. *V.* BACILLARIÉES et ECHINELLA. (AD. B.)

STYLOBASIS. BOT. CRYPT. (*Chaodinées.*) Genre indiqué par Sprengel, comme établi par Schwabe; il est rapporté par ce savant au *Linkia* sous le nom de *S. Amblyonema*, et ne paraît nullement différer des autres espèces de ce genre; il croît sur les eaux stagnantes de l'Allemagne.
(AD. B.)

STYLOBASIUM. BOT. PHAN. Desfontaines (Mém. du Muséum, vol. 5, p. 37, tab. 2) a établi sous ce nom un genre de la Polygamie Monœcie, L., et qui a été placé avec doute dans la famille des Térébinthacées auprès du genre *Heterodendron* du même auteur, mais qui peut-être devra faire partie de la famille des Chrysobalanées. Voici ses caractères essentiels : calice urcéolé, à cinq lobes obtus, colorés; corolle nulle; dix étamines hypogynes, à anthères biloculaires; ovaire obové, biovulé, portant à sa base et latéralement un style filiforme, capité au sommet; drupe uniloculaire, arrondie, monosperme? entourée par le calice.

Ce genre ne se compose que d'une seule espèce, *Stylobasium spathulatum*, qui est un Arbrisseau à feuilles alternes, presque spatulées, glabres et très-entières, à fleurs souvent polygames par avortement, brièvement pédicellées dans les aisselles des feuilles supérieures. Cet Arbrisseau croît sur la côte orientale de la Nouvelle-Hollande. (G..N.)

STYLOBATE. MIN. Nom donné par Breithaupt à un Minéral cristallisé en prisme quadrangulaire, qu'il regardait d'abord comme une espèce particulière, mais qu'il a reconnu depuis pour être une variété de Macle ou de Gehlénite. (G. DEL.)

STYLOCERAS. BOT. PHAN. Genre de la famille des Euphorbiacées, ainsi caractérisé : Fleurs monoïques ou dioïques. Mâles : écailles portant des anthères oblongues, inégales, introrses, le plus souvent au nombre de dix. Femelles : calice court, 3-5-parti; ovaire globuleux, à deux ou quatre loges, contenant chacune un ovule solitaire, surmonté de deux styles oblongs, recourbés, épais, qui partent comme deux cornes de ses deux côtés; feuilles alternes, très-entières, glabres, luisantes; inflorescence axillaire; pédoncules accompagnés à leur base de nombreuses bractées imbriquées; tantôt épis solitaires ou géminés, bisexuels, dans lesquels plusieurs fleurs mâles sont situées en dessous d'une seule femelle terminale; tantôt épis entièrement mâles sur d'autres pieds que les fleurs femelles, qui sont solitaires et courtement pédonculées. Trois espèces appartiennent à ce genre : ce sont des Arbres de l'Amérique méridionale. L'un, d'après lequel nous l'avons établi et figuré, avait été observé par Dombey, dont une note nous apprend que le péricarpe du fruit (d'ailleurs jusqu'ici inconnu) se mange, et que ce fruit renferme quatre graines semblables à des châtaignes. Kunth en a figuré deux (*Nov. Gen.*, tab. 637 et 638), dont l'une avait été antérieurement indiquée par Willdenow sous le faux nom de Trophis. (A. D J.)

STYLOCORINA. BOT. PHAN. Genre de la famille des Rubiacées et de la Pentandrie Monogynie, L., établi

par Cavanilles, et présentant les caractères suivans : le calice turbiné à
sa base et denté à son sommet; la
corolle monopétale rotacée, à cinq
divisions lancéolées ; les étamines
presque sessiles, attachées à la gorge
de la corolle, ayant les anthères longues et saillantes ; le style est renflé
dans sa partie supérieure et comme
fusiforme, terminé par un stigmate
à deux lobes rapprochés ; le fruit est
une baie pisiforme, ombiliquée, à
deux loges polyspermes. Ce genre ne
se composait d'abord que d'une seule
espèce. *Stylocorina racemosa*, Cav.,
Ic., 368; Arbrisseau à fleurs axillaires
en corymbes dichotomes, originaire
de l'île de Luçon. Labillardière, dans
son *Sertum austro-caledonicum*, t. 48,
en a décrit et figuré une espèce qu'il
nomme *Stylocorina corymbosa*. Elle
diffère des autres espèces du genre
par une baie à quatre loges; enfin
Blume (*Bijdrag. Tot. de Fl.*) en a fait
connaître trois espèces nouvelles qu'il
a observées dans l'île de Java. (A. R.)

* **STYLOGLOSSUM**. BOT. PHAN.
Dans le magnifique ouvrage sur les
Orchidées de Java que Van Breda
publie en ce moment, cet auteur a
établi, sous le nom de *Styloglossum*,
un genre qui est ainsi caractérisé :
périanthe étalé, dont les divisions
sont presque égales, les intérieures
rhomboïdales; labelle à trois lobes
(celui du milieu aigu), adné au dos
du gynostème par ses côtés et sa
base, prolongé en un long éperon;
gynostème épais, terminé par un
rostelle long, aminci, filiforme, qui
ferme l'orifice stigmatique; anthère
terminale, dont les loges sont à
peine subdivisées en locelles; masses
polliniques, au nombre de huit, céréacées, dures, en massue, inégales, ayant une gaîne membraneuse, et unies au rostelle obtura-
teur. Ce genre paraît être le même
que l'*Amblyglottis* de Blume, mais
Van Breda a cru plus convenable de
conserver le nom de *Styloglossum*
imposé par Kuhl qui a découvert la
Plante, et il est probable que les

botanistes se rangeront à son avis,
puisque le genre en question est il-
lustré ici par une superbe figure. Le
Styloglossum nervosum est une Orchidée haute d'environ deux pieds,
à racine fibreuse, à feuilles radicales, distiques, engaînantes à la
base, oblongues-lancéolées, nerveuses; la hampe est cylindrique, portant à son sommet un épi de fleurs
d'un jaune orangé. Cette Plante croît
à Java, dans les forêts de la province
de Bantam.   (G..N.)

STYLOPHORUM. BOT. PHAN.
Nuttall (*Gener. of north Am. Pl.*,
n. 361) a formé sous ce nom un genre
de la famille des Papavéracées, composé de deux espèces, dont l'une est
le *Chelidonium diphyllum* de Michaux. Ce genre a été réuni par De
Candolle (*Syst. Veget.*, 2, p. 87) au
Meconopsis de Viguier, dont il forme
la seconde section. V. MÉCONOPSIDE.
                                 (G..N.)

STYLOPS. INS. Genre de l'ordre
des Rhypiptères, établi par Kirby et
adopté par Latreille, et par tous les
entomologistes, avec ces caractères :
antennes partagées en deux branches, dont la supérieure se divise en
trois petits articles; élytres insérées
sur les côtés du prothorax; écusson
avancé, couvrant l'abdomen; ailes
n'ayant que de faibles nervures toutes
longitudinales, se reployant en éventail; abdomen presque cylindrique,
rétractile, entièrement charnu. Ce
genre et celui de Xénos forment seuls
l'ordre des Rhypiptères, le dernier
diffère des précédens par son abdomen
corné, à l'exception de l'anus, et par
la branche supérieure de ses antennes
qui n'est pas articulée. On ne connaît
qu'une espèce qui vit en parasite sur
les Andrènes, c'est :

Le STYLOPS DES ANDRÈNES, *Stylops
Melittæ*, Kirby, Monogr. Ap. Angl.
T. II, p. 113. Il est long d'une ligne
et demie, très-noir; ses ailes sont
plus longues que le corps, et ses pates
sont brunes; sa larve est molle, presque cylindrique, blanchâtre; sa tête
est avancée, cornée, cordiforme, un

peu aplatie, roussâtre, avec sa partie postérieure noire, un peu concave en dessous. Elle vit dans le corps de plusieurs espèces d'Andrènes ; pour se transformer en nymphe, elle sort en grande partie de l'intérieur, et se fixe sous le recouvrement des lames abdominales. On trouve cet Insecte en France et en Angleterre.   (G.)

STYLOSANTHE. *Stylosanthes.*
BOT. PHAN. Genre de la famille des Légumineuses, tribu des Hédysarées, établi par Swartz (*Prodr. Flor. Ind. occid.*, 108) et offrant les caractères suivans : calice dont le tube est très-long, grêle, le limbe profondément découpé en cinq lobes inégaux ; corolle papilionacée, insérée sur l'entrée du tube du calice, ayant l'étendard arrondi et rabattu, la carène très-petite, bifide au sommet ; dix étamines monadelphes, ayant le tube fendu ; ovaire sessile, surmonté d'un style filiforme, très-long, droit, et d'un stigmate capité, hispide ; gousse composée de deux articles monospermes, le supérieur un peu crochu, acuminé par la base du style. Ce genre se compose de dix espèces qui croissent dans les pays chauds de l'Amérique méridionale et septentrionale, des Antilles, de l'Inde asiatique et de l'Afrique. Le type du genre est le *Stylosanthes procumbens,* Swartz, *Act. Holm.*, 1789, tab. 11, fig. 1, Plante qui a le port d'un *Ononis*, et que l'on trouve dans les champs arides, non-seulement aux Antilles, mais encore au Sénégal. Aublet en a décrit une espèce sous le nom de *Trifolium guianense.* Les diverses variétés d'*Hedysarum hamatum* de Linné appartiennent encore à ce genre. Enfin Kunth en a décrit trois espèces nouvelles de l'Amérique méridionale et du Mexique. Ce sont des Herbes ou de petites Plantes ligneuses à la base, dont les tiges sont rameuses, garnies de feuilles à trois folioles, celle du milieu presque sessile, munies de stipules adhérentes au pétiole. Les fleurs sont petites, accompagnées de bractées im-

briquées, et disposées en épis denses et terminaux.   (G..N.)

STYLURUS. BOT. PHAN. Rafinesque (*Flor. Ludov.*, p. 28) a décrit, sous le nom de *Stylurus fistulosus*, une Plante de la Louisiane, formant un genre nouveau qui offre tous les caractères des Clématites, à l'exception des étamines qu'il dit être seulement au nombre de quatre à six. Ce genre, comme la plupart de ceux établis par le même auteur, est trop douteux pour qu'on puisse l'admettre sans révision.

Knight et Salisbury ont établi, sur le *Grevillea buxifolia*, un genre *Stylurus* qui n'a pas été adopté.   (G..N.)

STYPANDRA. BOT. PHAN. Genre de la famille des Asphodélées et de l'Hexandrie Monogynie, L., établi par R. Brown (*Prodr. Flor. Nov.-Holl.*, p. 278) qui l'a ainsi caractérisé : périanthe à six divisions égales, étalées et caduques ; six étamines dont les filets sont amincis à la base, courbés, glabres, munis à la partie supérieure de poils ressemblant à de l'étoupe, les anthères échancrées à la base ; ovaire à loges polyspermes, portant un style filiforme, terminé par un stigmate simple ; capsule triloculaire, trivalve ; graines peu nombreuses, ovales, lisses, à ombilic nu ; embryon droit. Ce genre a de l'affinité d'un côté avec le *Dianella*, de l'autre avec l'*Anthericum ;* l'auteur pense que les *Anthericum coarctatum* et *cœruleum* de la Flore du Pérou lui appartiennent. Il en a décrit cinq espèces partagées en deux groupes qu'il faudra peut-être ériger en genres distincts. Le premier a des fleurs penchées, portées sur des pédicelles dépourvus de bractées ; des feuilles caulinaires distiques, à gaînes entières ; des semences ternes. A ce groupe appartiennent les *Stypandra glauca* et *imbricata*, R. Brown. Le second groupe offre des fleurs dressées, à pédicelles munis de petites bractées à la base ; des feuilles caulinaires alternes, à demi-engaînantes à la base, les radicales distinctes ;

des graines luisantes. Les trois espèces de ce genre ont reçu les noms de *S. cespitosa*, *umbellata* et *scabra*. Toutes ces Plantes croissent dans la partie méridionale de la Nouvelle-Hollande. Elles sont vivaces, ayant des rhizomes rampans, garnis de fibres fasciculées, filiformes. Leurs feuilles sont roides, linéaires-cusiformes. Leurs fleurs sont bleues ou blanchâtres, avec les barbes des filets staminaux jaunes; elles ont une inflorescence en panicule ou en corymbe.   (G..N.)

STYPHÉLIE. *Styphelia*. BOT. PHAN. Ce genre de la famille des Épacridées et de la Pentandrie Monogynie, L., a été établi par Smith, et caractérisé de la manière suivante par R. Brown (*Prodr. Flor. Nov.-Holl.*, p. 537): calice accompagné de quatre ou d'un plus grand nombre de bractées; corolle allongée, tubuleuse, le tube muni en dedans et à sa base de cinq faisceaux de poils, les divisions du limbe réfléchies en dehors et barbues; filets des étamines saillans hors de la corolle; ovaire à cinq loges, entouré à sa base de cinq écailles distinctes, rarement connées; drupe presque sèche, contenant un noyau solide, osseux. Ces caractères ne conviennent qu'à une partie des espèces de Smith et de Labillardière. Un grand nombre de celles-ci en ont été séparées par R. Brown pour former les genres *Lissanthe*, *Leucopogon*, *Monotoca*, *Acrotriche*, *Trochocarpa* et *Cyathodes*. Au moyen de ces éliminations, les vraies espèces de Styphélies sont peu nombreuses. R. Brown en décrit sept, parmi lesquelles nous citerons le *S. tubiflora*, Smith, *New-Holland.*, 45, tab. 14; les *Styphelia triflora* et *S. viridiflora*, Andr., *Reposit.*, 72 et 312. Ce sont des Arbrisseaux qui croissent à la Nouvelle-Hollande, aux environs de Port-Jackson et à la Terre de Van-Diémen. Leurs tiges sont dressées, ascendantes, rameuses, un peu glabres, garnies de feuilles éparses, mucronées, portées sur

de très-courts pétioles. Les fleurs sont très-belles, penchées ou divariquées, solitaires ou rarement au nombre de deux ou trois sur des pédoncules axillaires.   (G..N.)

STYPHLUS. INS. Genre de Charansonites établi par Schœnherr. *V.* RHYNCHOPHORES.   (G.)

STYPNION. BOT. CRYPT. (*Chaodinées.*) Ce genre a été établi par Rafinesque, et caractérisé très-incomplétement ainsi qu'il suit: masse gélatineuse et floconneuse, homogène à la vue simple, présentant au microscope quelques filets entourés de gelée. Il n'en décrit qu'une espèce sous le nom de *S. fluitans*: elle flotte sur les eaux de l'Ohio; sa couleur est un jaune brunâtre. Il est impossible par ces caractères de distinguer ce genre des *Linkia* ou *Rivularia*.
          (AD. B.)

* STYRACÉES. *Styraceæ*. BOT. PHAN. Déjà à l'article EBÉNACÉES (*V.* ce mot) nous avons indiqué la formation de cette famille nouvelle par le professeur Richard, pour un certain nombre de genres auparavant placés dans la famille des Guayacanées. Cette division a été adoptée par tous les botanistes modernes, entre autres par Robert Brown, De Jussieu, Kunth, etc. Les Styracées renferment des Arbres ou des Arbrisseaux à feuilles alternes sans stipules, à fleurs axillaires et pédonculées, quelquefois terminales; leur calice est libre ou adhérent, avec l'ovaire infère; le limbe est divisé en lanières ou entier; la corolle est monopétale, régulière, divisée plus ou moins profondément en un nombre variable de segmens; les étamines, dont le nombre varie de six à seize, sont libres ou monadelphes par l'extrémité inférieure de leurs filets; elles sont insérées vers la base de la corolle; leurs anthères sont allongées, à deux loges, s'ouvrant chacune par un sillon longitudinal; l'ovaire est tantôt libre et tantôt adhérent, ordinairement à quatre loges séparées par des cloisons membraneuses et très-minces; chacune de

ces loges contient généralement quatre ovules attachés à un trophosperme axillaire, et dont deux sont dressés et deux renversés ; le style est simple, terminé par un stigmate petit et simple ; le fruit est légèrement charnu ; il contient une à quatre nucules osseuses et plus ou moins irrégulières ; outre son tégument propre, la graine est formée d'un endosperme charnu, dans lequel est un embryon cylindrique, ayant la même direction que la graine.

Cette petite famille se compose des genres *Styrax*, *Halesia*, *Symplocos*, auxquels on a réuni les genres *Alstonia* et *Ciponima*. Elle diffère des Ebénacées par son insertion périgynique, par son ovaire dont les loges contiennent chacune quatre ovules, dont deux dressés et deux renversés, et enfin par son style simple. (A. R.)

STYRAX. *Styrax.* BOT. PHAN. Ce genre, que l'on connaît en français sous le nom d'Aliboufier, forme le type de la famille des Styracées (*V.* ce mot). Il se distingue par les caractères suivans : le calice est monosépale, turbiné, offrant cinq à sept dents extrêmement courtes ; la corolle est monopétale, divisée dans les trois quarts de sa hauteur en trois à sept lanières oblongues, recourbées en dehors ; les étamines varient de six à seize et sont insérées au tube de la corolle ; leurs filets sont cohérens et monadelphes par leur base, et leurs anthères sont oblongues, dressées et obtuses à leur sommet ; l'ovaire, adhérent au calice environ dans le tiers de sa hauteur, est ordinairement à quatre loges contenant chacune quatre ovules, deux dressés et deux renversés ; le style est simple, grêle, terminé par un stigmate entier et obtus ; le fruit est une drupe presque sèche à une ou quatre loges incomplètes, par l'avortement des cloisons, et contenant d'une à quatre graines osseuses. Les espèces de ce genre sont des Arbres plus ou moins élevés, ou des Arbrisseaux à feuilles alternes, entières et pétiolées ; les fleurs sont pédonculées, axillaires ou terminales. Parmi ces espèces, nous devons citer ici les espèces suivantes : *Styrax officinale*, L., Rich., Bot. méd., 1, p. 351. Cet Arbrisseau est commun en Orient, dans les contrées méridionales de l'Europe et jusque dans le midi de la France. On s'accorde généralement à penser que c'est de lui que découle, en Orient, le baume connu sous le nom de Styrax ou Storax calamite, que quelques auteurs rapportent au *Liquidambar orientale*. Une autre espèce non moins intéressante est le *Styrax Benzoin* de Dryander, qui croît à Java et dans d'autres parties de l'Inde, et qui produit le Benjoin ou Benzoin. *V.* ce mot. Enfin on cultive quelquefois dans les jardins une espèce originaire de l'Amérique septentrionale, et désignée par Lamarck sous le nom de *Styrax glabrum*. (A. R.)

STYRAX LIQUIDE. BOT. PHAN. Baume que l'on croit généralement extrait du *Liquidambar orientale*, Lamk., et que l'on trouve dans le commerce sous l'aspect d'un liquide épais, à peu près de la consistance du miel, d'un gris brunâtre, opaque, d'une odeur forte et presque désagréable, et d'une saveur aromatique très-intense. Tel qu'il est en général dans le commerce de la droguerie, le Styrax liquide paraît être un mélange de différentes substances balsamiques, falsifié par plusieurs matières étrangères, tels que de l'huile de noix, de la terre, du vin, de l'eau, etc. Ce baume entre dans plusieurs préparations pharmaceutiques, et entre autres dans l'onguent de Styrax et l'emplâtre mercuriel de Vigo. (A. R.)

STYRAX SOLIDE ou **CALAMITE.** *V.* STORAX.

SUÆDA. BOT. PHAN. Le genre, fondé sous ce nom par Forskahl dans la Flore d'Égypte et d'Arabie, et adopté par Pallas, Desfontaines et Delile, se compose d'espèces qui ont été réunies par plusieurs auteurs aux genres *Salsola*, *Chenopodium*, *Anabasis* et *Kochia*. *V*. ces mots. (G. N.)

SUBAPLYSIENS. MOLL. Nom de la première famille des Monopleurobranches, établie par De Blainville dans son Système de Malacologie.

(A. R.)

SUBBRACHIENS. POIS. Sixième ordre des Poissons, établi par Cuvier.

(A. R.)

SUBENTOMOZOAIRES. INTEST. De Blainville a proposé ce nom pour désigner un sous-type d'Animaux intermédiaires aux Entomozoaires et aux Actinozoaires, comme les Siponcules et genres voisins. (A. R.)

SUBER. BOT. PHAN. *V*. LIÉGE et CHÊNE. (A. R.)

SUBÉRIQUE. MIN. *V*. ACIDE.

SUBHOMOMÉRIENS. ANNEL. Ordre de Chétopodes proposé par De Blainville et qui ne contient que le seul genre Arénicole. (A. R.)

SUBICULUM. BOT. CRYPT. (*Lichens*.) On donne quelquefois ce nom au thalle crustacé de divers Lichens des genres *Lecanora*, *Lecidea*, etc. *V*. THALLE et STRATUM. (A. F.)

SUBLET. *Coricus*. POIS. Les Poissons nommés ainsi par Cuvier forment un petit genre dans la famille des Labroïdes et dans l'ordre des Osseux acanthoptérygiens, remarquable par leurs caractères intermédiaires avec les Crénilabres et les Filous; leur corps est ovalaire, inégal; le museau est prolongé, la bouche est très-protactile; les dents sont aiguës et la queue est tronquée. On n'en connaît que trois espèces de la Méditerranée, les Sublets verdâtre de Lamarck, et rubescent de Risso, décrits dans le Tome III, p. 332 de son Histoire des productions de Nice. *V*. LABRE.

(LESS.)

SUBMYTILACÉS. *Submytilacea*. CONCH. Famille que Blainville proposa dans son Traité de Malacologie dans l'ordre des Lamellibranches; il y réunit en deux sections distinctes les Mulettes et les genres voisins, et les Cardites dans lesquelles il mit les Cypricardes et les Vénéricardes. Cet arrangement, basé sur la connaissance des Animaux, peut cependant recevoir des modifications qui rendraient nécessaire la formation d'une famille pour chacune des sections de celle-ci, ce qui ramènerait à la manière dont Férussac a envisagé cette matière. Nous croyons qu'il existe dans l'organisation intime des Animaux des différences suffisantes pour justifier cette séparation; on trouvera ces différences dans la forme du cœur et des oreillettes, la forme du pied et des branchies, et surtout dans le nombre et la disposition des tentacules labiaux et la longueur de l'œsophage. *V*. CARDITE et MULETTE. (D. H.)

SUBOSTRACÉS. *Subostracea*. CONCH. La famille que Blainville nomme ainsi dans son Traité de Malacologie ne diffère pas de celle que Lamarck avait établie depuis longtemps sous le nom de Pectinides; son antériorité doit la faire préférer. *V*. PECTINIDES, ainsi que SPONDYLE, PLICATULE, HINNITE, PEIGNE, HOULETTE et LIME. (D. H.)

SUBULAIRE. *Subularia*. BOT. PHAN. Ce genre, de la famille des Crucifères et de la Tétradynamie siliculeuse, L., forme à lui seul la tribu des Subulariées ou Diplécolobées latiseptées. Il est ainsi caractérisé : calice un peu dressé; pétales ovales atténués à la base; étamines libres, non denticulées; silicule ovale, mutique, biloculaire, bivalve, à cloison membraneuse, elliptique, à valves ventrues; stigmate punctiforme; graines ovées, au nombre de quatre dans chaque loge, à cotylédons linéaires, incombans, à double repli. La seule espèce de ce genre a été décrite par Linné sous le nom de *Subularia aquatica*. Lamarck en faisait une espèce de *Draba*. C'est une très-petite Plante herbacée, aquatique, glabre et dépourvue de tige; ses racines sont fibreuses, simples et fasciculées; ses feuilles toutes radicales, linéaires, subulées, ce qui la faisait considérer comme un Gramen par les vieux botanistes; la hampe est nue, portant un petit nombre de fleurs petites et blanches. Cette Plante croît dans les lieux inondés de l'Europe boréale, principalement en Laponie, en Norvège et en Suède. Elle se trouve aussi en Écosse et en Irlande, dans le nord de l'Allemagne, et, selon quelques botanistes, jusque dans les Vosges; mais cette dernière localité est encore douteuse. De Candolle (*Syst. veget.*, 2, p. 697) fait remarquer que c'est la seule Crucifère européenne qui ait les cotylédons à double repli, organisation qui la rapproche des Héliophiles, Crucifères du cap de Bonne-Espérance.   (G..N.)

SUBULARIÉES. BOT. PHAN. Vingtième tribu établie par De Candolle dans les Crucifères. *V.* ce mot.
                           (B.)

SUBULÉS. *Subulata.* MOLL. Latreille (Fam. nat. du Règn. Anim., p. 196), croyant que le genre Vis est dépourvu d'opercule, profita de cette circonstance pour faire de lui seul une famille; mais Latreille était dans l'erreur, car les Vis sont operculées comme les Buccins. On ne peut donc admettre la famille basée sur cette erreur. *V.* VIS.   (D..H.)

SUBULICORNES. INS. Latreille désigne ainsi la première famille de l'ordre des Névroptères; elle se compose de l'ordre des Odonates de Fabricius et du genre Éphémère. Les antennes sont en forme d'alêne, guère plus longues que la tête, de sept articles au plus, dont le dernier sous la figure d'une soie. Les mandibules et les mâchoires sont entièrement couvertes par le labre et la lèvre, ou par l'extrémité antérieure et avancée de la tête. Les ailes sont toujours très-réticulées, écartées, tantôt horizontales, et tantôt élevées perpendiculairement; les inférieures sont de la grandeur des supérieures, ou quelquefois très-petites ou même nulles. Ils ont tous les yeux ordinaires gros ou très-saillans, et deux à trois yeux lisses situés entre les précédens. Ils passent les deux premiers

âges de leur vie au sein des eaux où ils se nourrissent de proie vivante. La larve et les nymphes, dont la forme se rapproche de celle de l'Insecte parfait, respirent par le moyen d'organes particuliers, situés sur les côtés de l'abdomen ou à son extrémité. Elles sortent de l'eau pour subir leur dernière métamorphose. Cette famille comprend deux grands genres, ou tribus', caractérisés ainsi qu'il suit:

1. Les uns ont des mandibules et des mâchoires cornées, très-fortes, et recouvertes par les deux lèvres; trois articles aux tarses; les ailes égales, et l'extrémité postérieure de l'abdomen terminée par des crochets ou des appendices en lames ou en feuillets. Ils forment l'ordre des Odonates de Fabricius, et comprennent les sous-genres Libellule, OEshne et Agrion. *V.* ces mots.

II. Les autres ont la bouche entièrement membraneuse ou très-molle, et composée de parties peu distinctes; cinq articles aux tarses; les ailes inférieures beaucoup plus petites que les supérieures ou même nulles; l'abdomen terminé par deux ou trois soies. Ils forment le genre unique des Éphémères. *V.* ce mot.   (G.)

* **SUBULIPALPES.** *Subulipalpi.* INS. Latreille désigne ainsi, dans ses Familles naturelles du Règne Animal, une division de la tribu des Carabiques, dans laquelle il n'entre que le genre Bombidion qui a été divisé en plusieurs autres, mais d'après des caractères peu importans ou peu tranchés.   (G.)

SUCCÉ. OIS. Espèce du genre Canard. *V.* ce mot.   (B.)

SUCCIN. MIN. *Electrum* des anciens; *Bernstein*, Wern. Vulgairement Ambre jaune et Karabé. Substance solide, jaune, d'un aspect semblable à celui de la Résine copal et combustible, avec flamme et fumée, en répandant une odeur résineuse plus ou moins agréable. Le Succin brûle facilement avec bouillonnement; la fumée qu'il produit, recueillie dans le tube du matras, se condense en petites aiguilles cristallines, ou en une liqueur aqueuse qui rougit le papier blanc. Il renferme un Acide particulier que l'on nomme Acide succinique, ce qui le distingue du Mellite et des Résines fossiles ou végétales qui lui ressemblent. Il fond à une température assez élevée, en coulant comme de l'Huile. Ce caractère peut servir encore à le distinguer du Mellite, qui blanchit sans se fondre par l'action de la chaleur. Sa pesanteur spécifique est de 1,08. Il est cassant, d'une dureté médiocre; il se laisse rayer par le carbonate de Chaux; cependant il peut recevoir un poli assez brillant. Il est composé à la manière des substances organiques; aussi le regarde-t-on généralement comme un produit du Règne Végétal, à l'état fossile. Le Succin est éminemment électrique par le frottement, et c'est de son nom latin qu'est venu celui d'*Électricité*, que l'on donne à la science qui a pour objet les phénomènes électriques. Le Succin présente peu de variétés réelles; il se trouve presque constamment en masses mamelonnées ou en rognons disséminés dans des matières terreuses. Ces masses sont ordinairement compactes, à cassure conchoïde; quelquefois feuilletées ou fendillées et comme celluleuses. Quant à la couleur, elle varie du jaune pur ou du jaune de miel au blanc jaunâtre; il devient quelquefois d'un gris-brunâtre, par suite des matières étrangères qui le souillent. Le Succin se trouve au milieu des Sables, des Argiles et des morceaux de Lignite qui appartiennent à la formation de l'Argile plastique, située entre la Craie et le Calcaire parisien. Il s'y présente presque constamment en nodules disséminés, dont la grosseur varie depuis celle d'une noisette jusqu'à celle de la tête d'un Homme; il est quelquefois interposé en petites plaques dans les couches minces des Lignites. Il renferme différens corps organiques qui semblent prouver son état primitivement fluide; ce sont générale-

ment des Insectes ou des débris d'Insectes, et quelquefois des feuilles, des tiges, ou d'autres parties de Végétaux. Les lieux où l'on trouve le Succin en quantité suffisante pour être exploité, et en morceaux d'un volume assez considérable, sont peu nombreux; ceux au contraire où il se montre en petites parties éparses, sont extrêmement multipliés. C'est surtout dans la Prusse orientale qu'il abonde, sur les côtes de la mer Baltique, depuis Memel jusqu'à Dantzick, et principalement dans les environs de Kœnigsberg. On l'y extrait pour le compte du gouvernement; mais il s'en détache des portions qui sont entraînées par les vagues, et les habitans du pays profitent de la marée montante, pour le pêcher avec de petits filets. On trouve aussi du Succin en France, à Saint-Pollet dans le département du Gard; à Noyer près Gisors; à Villers-en-Prayer près Soissons; à Auteuil près Paris. Le Succin est exploité et mis dans le commerce comme objet d'ornement; on le travaille, soit en le taillant à la manière des Pierres, soit en le mettant sur le tour, et l'on en fait des vases, des pommes de Canne et de petits meubles d'agrément. On le recherche aussi pour les propriétés chimiques et médicinales de son Acide et de ses produits.   (G. DEL.)

SUCCINÆA. MOLL. *V.* AMBRETTE.

SUCCINIQUE. MIN. *V.* ACIDE.

SUCCINITE. MIN. (Bonvoisin.) Variété de Grenat jaune.   (A. R.)

SUCCOWIA. BOT. PHAN. Medikus et Mœnch ont établi sous ce nom un genre de la famille des Crucifères et de la Tétradynamie siliculeuse, L., qui a été ainsi caractérisé par De Candolle (*Syst. Veget.*, 2, p. 642) : calice dressé, presque égal à sa base; pétales onguiculés, dont le limbe est entier; étamines libres; ovaire ové, portant un style tétragone-subulé; silicule ovée-globuleuse, terminée par le style biloculaire, bivalve, à valves concaves, déhiscentes, hérissées de pointes, à cloison membraneuse; graine solitaire dans chaque loge, pendante, globuleuse, à cotylédons condupliqués. Ce genre est placé dans la tribu des Vellées et ne renferme qu'une seule espèce, *Succowia balearica*, qui était placée par Linné dans le genre *Bunias*, et par Lamarck dans le *Myagrum*. C'est une Herbe annuelle, dressée, rameuse, glabre, à racine grêle, fibreuse, à tige cylindrique, garnie de feuilles pinnatilobées. Les fleurs sont jaunes, disposées en grappes allongées. Cette Plante croît aux îles Baléares, en Sicile et à Ténériffe.   (G..N.)

* **SUCE-CHÈVRES.** *Ægotheles.* ois. Vigors et Horsfield ont proposé le genre *Ægotheles* pour recevoir le *Caprimulgus Novæ-Hollandiæ* de Latham. Ce genre Suce-Chèvres diffère très-peu de l'ancien genre Engoulevent, et n'a pas encore été adopté.   (LESS.)

SUCET. pois. Syn. de Remora. *V.* ce mot.

SUCEURS. pois. Syn. de Cyclostomes. *V.* ce mot.   (B.)

SUCEURS. *Suctoria.* ins. Latreille donnait ce nom, dans ses anciens ouvrages, au quatrième ordre des Insectes; dans ses Familles naturelles, il l'a changé en celui de Syphonaptères. *V.* ce mot.   (G.)

* **SUÇOIR.** *Haustellum.* ins. On désigne ainsi la bouche d'un grand nombre d'Insectes. *V.* BOUCHE. (G.)

SUÇOIRS. bot. phan. *Haustoria.* Le professeur De Candolle a appliqué ce nom à de petits tubercules qui se développent sur la tige des Plantes parasites et qui servent à sucer ou à absorber, dans la substance du Végétal auquel elles sont attachées, les sucs nutritifs, comme par exemple dans la Cuscute.   (A. R.)

SUCRE. *Saccharum.* CHIM. ORG. Substance végétale neutre, essentiellement caractérisée par sa saveur douce, agréable, et par la propriété de pouvoir être transformée en Acide carbonique et en Alcohol, lorsque, après l'avoir fait dissoudre dans l'eau et mise en contact avec du ferment, on place cette solution dans des conditions convenables. Ce principe immédiat varie d'ailleurs dans ses qualités physiques : à l'état de pureté, il se présente ordinairement sous forme cristalline; mais quelquefois il offre un aspect gras, pulvérulent, et il n'a de commun avec le Sucre ordinaire que les propriétés générales énoncées en tête de cet article. Il y a même de ces Sucres dont la saveur est à peine douceâtre, et par conséquent qui ne peuvent être absolument assimilés au Sucre cristallisé. A plus forte raison, nous en éloignons le Sucre de lait qui n'est aucunement susceptible de produire de l'Alcohol par la fermentation.

Ce fut seulement après les conquêtes d'Alexandre que le Sucre a été connu des Grecs; car l'Inde et les contrées les plus orientales de l'Asie sont la partie originaire de la Canne, et les peuples de ces régions furent naturellement les premiers qui en retirèrent du Sucre. D'après les descriptions de Dioscoride et de Pline, le *Saccharon* ou *Saccharum* des anciens était un produit un peu différent de notre Sucre, peut-être à cause de son imparfaite purification. A l'époque des croisades, les Vénitiens apportèrent d'Orient cette substance, que l'on n'employa alors que comme médicament; le commerce lucratif qu'ils en firent d'abord passa bientôt entre les mains des Portugais, lorsque la découverte du cap de Bonne-Espérance eut ouvert à ces derniers la voie maritime des Indes-Orientales. La culture de la Canne se répandit peu à peu dans l'Arabie, l'Égypte, la Sicile, l'Espagne, les Canaries; enfin elle passa en Amérique, où elle a tellement prospéré que cette partie du globe en fournit à l'Europe une quantité peut-être plus considérable que celle qui est importée de l'Asie. C'est même seulement depuis la culture de la Canne dans les colonies du Nouveau-Monde, que le Sucre est devenu une substance de première nécessité pour les peuples civilisés, vu les usages nombreux auxquels ils l'ont soumise.

A l'article SACCHARUM, nous avons fait connaître la Canamèle officinale, Graminée que l'on cultive en grand pour l'extraction du Sucre. Sa présence a été reconnue dans les diverses parties d'un grand nombre de Végétaux, mais ce fut seulement au commencement du siècle présent, et lorsque la guerre maritime empêchait les peuples du continent de l'Europe de communiquer avec les colonies, qu'on chercha à retirer en grand le Sucre des Végétaux indigènes et d'une facile culture; ainsi on en a obtenu des Chataignes, des Carottes, des tiges de Maïs et de Sorgho, etc. Mais aucune substance n'en a fourni plus avantageusement que la Betterave. Achard de Berlin fut le premier qui démontra que le Sucre pouvait être obtenu en grand de cette racine, et les chimistes, encouragés par le gouvernement français sous le régime impérial, portèrent l'art de le fabriquer à un très-haut degré de perfection.

Le Sucre, à l'état de pureté, est solide, blanc, d'une saveur très-douce, phosphorescent par la percussion, d'une pesanteur spécifique de 1,606. Il cristallise facilement en prismes à six faces dont deux sont ordinairement plus larges, et qui sont terminés par des sommets dièdres ou quelquefois trièdres. La forme primitive est le prisme tétraèdre ayant pour base un rhombe. Ces cristaux, auxquels on donne vulgairement le nom de *Sucre candi*, contiennent à peu près 5 pour 100 d'eau de cristallisation. Les élémens du Sucre sont dans les proportions suivantes : en poids, d'après Gay-Lussac et Thénard, Carbone, 42,47; Oxigène, 50,63; Hydrogène, 6,90. En volume, d'après Berzélius, Carbone, 12; Oxigène, 10; Hydrogène, 21.

Les usages du Sucre, comme substance alimentaire et comme condiment, sont si nombreux que nous ne pouvons ici les signaler que d'une

manière générale. Ses qualités nutritives ne peuvent être révoquées en doute, car on sait que les Nègres, employés dans les sucreries, prennent rapidement de l'embonpoint et jouissent d'une bonne santé, lorsqu'on leur donne à manger beaucoup de matières sucrées, et surtout quand on ne les excède pas de mauvais traitemens. Cependant il ne paraît pas aussi bien convenir, sous le rapport alimentaire, aux peuples de l'Europe, et, d'après les expériences de Magendie, il ne pourrait être employé seul pendant long-temps. La saveur agréable du Sucre le fait rechercher pour la préparation d'une foule de mets de fantaisie. La consommation que l'on en fait dans l'art du confiseur et dans la cuisine est immense. Les pharmaciens préparent avec le Sucre leurs sirops, conserves, pastilles, pâtes et électuaires, médicamens où le Sucre est employé à deux fins; non-seulement il masque ou adoucit la saveur rebutante de ces médicamens, mais encore il agit comme moyen de conservation. Le Sucre a été préconisé comme antidote des sels de cuivre : cette assertion n'a pas été pleinement confirmée par les expériences d'Orfila.

La plupart des fruits, et particulièrement les raisins, doivent la saveur douce à la présence d'une espèce de Sucre qui n'est point identique avec celui de Cannes ou de Betteraves. Il est absolument semblable à celui que l'art a obtenu par l'action de l'Acide sulfurique ou de l'eau sur la fécule de pomme de terre à l'état de pureté. Il est grenu, pulvérulent, très-blanc, sec, non hygrométrique, imprimant une saveur douce avec un sentiment de fraîcheur dans la bouche. On avait d'abord pensé que ce Sucre n'était pas susceptible de cristallisation; mais tout récemment un chimiste italien, dont nous ignorons le nom, est parvenu à faire cristalliser le Sucre de raisins; et J.-B. Mollerat, qui a établi une belle fabrique de Sucre de fécule dans le département de la Côte-d'Or, a obtenu le même résultat. (G..N.)

SUCRIER. ois. Espèce du genre Guit-Guit. *V.* ce mot. Quelques auteurs ont étendu ce nom à une petite famille qui comprend plusieurs espèces de genres différens. (DR..Z.)

SUCRIER. bot. phan. On donne vulgairement dans les Antilles le nom de Sucrier de montagne au Gomart, *Bursera gummifera*, L. *V.* GOMART. (G..N.)

SUCS PROPRES. bot. phan. On appelle ainsi les liquides plus ou moins denses et de nature diverse, qui existent dans certains Végétaux et qui s'en échappent lorsqu'on les entame ; ainsi dans les Euphorbes, les Figuiers, les Pavots, les Apocynées, etc., ce Suc est blanc et laiteux ; il est jaune dans la Chélidoine, rouge dans la Sanguinaire. Ce Suc est en général une sorte d'émulsion, composée d'une résine dissoute ou pour mieux dire tenue en suspension dans l'eau au moyen de la gomme. Ainsi les Sucs propres des Apocynées, des Ombellifères, etc., en se desséchant à l'air, forment-ils des gommes résines. Dans les Conifères, au contraire, le Suc propre est une résine dissoute dans une huile essentielle. Les Sucs propres se rencontrent en général dans le tissu cellulaire de l'écorce, quelquefois dans le bois, plus rarement dans la moelle ; ils sont contenus dans des espèces de tubes allongés que l'on a nommés vaisseaux propres ou réservoirs du Suc propre ; leur forme et leur longueur sont extrêmement variables. Jamais ces vaisseaux ne présentent de pores, ni de fentes dans leurs parois, et, selon quelques auteurs, ce ne sont que des cellules accidentelles formées aux dépens du tissu cellulaire voisin, par les fluides propres, à mesure qu'ils sont sécrétés. Beaucoup de physiologistes considèrent les Sucs propres comme la sève élaborée et descendante ; mais il nous paraît difficile d'admettre cette opinion. Les Sucs propres sont le résultat d'une sécrétion particulière qui est propre à certains Végétaux, et sont tout-à-fait distincts de la sève nutritive ; en effet on trouve des Sucs propres dans le bois et dans la moelle ; or chacun sait que ce n'est pas par ces parties que descend la sève élaborée, et d'ailleurs dans certains Végétaux les Sucs propres se montrent au moment où les jeunes branches commencent à se développer, et disparaissent un peu plus tard. (A. R.)

SUCUDUS. bot. phan. (Daléchamp.) Syn. de *Lavandula Stœchas*. (A. R.)

* **SUCURIU.** rept. Le *Boa anacondo* est ainsi nommé à *Minas-Geraës*, et *Sucuriuba* sur le Rio-Belmonte. (LESS.)

SUDIS. pois. Pline paraît avoir nommé *Sudis* la Sphyrène. Cuvier applique ce nom aux Vastrés. *V.* ce mot. (LESS.)

SUFA. bot. crypt. (*Champignons.*) Adanson appelait ainsi l'espèce de Lycoperdon que Micheli a représentée, pl. 97, f. 2 de ses *Nova Genera*, et il en faisait un genre distinct. *V.* LYCOPERDON. (A. R.)

SUFFRÉNIE. *Suffrenia.* bot. phan. Genre de la famille des Salicariées ou Lythraires, et de la Diandrie Monogynie, L., établi par Bellardi (*Act. Taurin.*, 7, tab. 1, f. 1), et ainsi caractérisé : calice tubuleux, campanulé, à quatre lobes dressés, ovales, aigus, pourvus de quatre denticules situés dans les sinus ; corolle nulle ; deux étamines incluses, insérées sur le tube du calice ; style filiforme ; stigmate capité ; capsule oblongue, bivalve, biloculaire dans la jeunesse, presque uniloculaire dans l'état adulte, la cloison se détruisant au sommet, renfermant plusieurs graines. Le *Suffrenia filiformis* est une très-petite Plante herbacée, à feuilles opposées, très-entières, à fleurs petites, solitaires et sessiles dans les aisselles des feuilles. Elle croît en abondance dans les rizières du Piémont. (G..N.)

SUGA. moll. Petite Coquille figurée par Adanson (Voy. au Sénég., pl. 9, fig. 24), qui a été oubliée depuis et que Blainville indique comme devant faire partie du genre Fuseau de Lamarck. (D..H.)

* SUHAC. MAM. Aldrovande a figuré sous ce nom une Antilope qu'on croit être l'*Antilope Saiga*. (LESS.)

SUILLUS. BOT. CRYPT. (*Champignons*.) Les Romains donnaient ce nom à des Champignons très-estimés qu'on conservait souvent en les enfilant et les faisant sécher, comme on le fait actuellement pour les Mousserons. Il est difficile d'établir, d'après leur description, si ce sont des Agarics ou des Bolets ; mais il est probable, d'après le nom de *Silli* que les Cèpes ou Bolets comestibles portent encore en Italie, que c'est à ces Plantes que s'appliquait le nom de *Suillus*. Micheli l'a employé comme terme générique pour tous les vrais Bolets des auteurs modernes. On ne sait pourquoi Linné a rejeté ce nom et l'a remplacé par celui de *Boletus* qui comprend les *Suillus* et les *Polyporus* de Micheli, genres qu'on a de nouveau séparés en laissant le nom de *Boletus* au premier. *V.* ces mots.

(AD. B.)

SUINDA. OIS. (Azara.) Espèce du genre Chouette, *Strix Suinda*, Vieillot. (A. R.)

* SUINHALL. MAM. Ce nom désigne évidemment dans le *Museum Wormianum* (p. 279) un Cétacé du genre Marsouin. (LESS.)

* SUIRIRI. OIS. Azara nomme *Suiriri* les *Lanius Pitanga* et *sulphuratus*. (LESS.)

SUKOTYRO. MAM. On trouve sous ce nom, dans la Relation du Voyage aux Indes de Nieuhoff, la description fort incomplète d'un grand Animal que Sloane a cru être le Taureau carnivore, mais qui est évidemment le Rhinocéros de Java, mal spécifié.

(LESS.)

SULA. OIS. *V.* FOU.

SULFATES. CHIM. INORG. Sels qui résultent de la combinaison de l'Acide sulfurique avec les bases. On les a divisés en Sulfates avec excès d'Acide (sur-Sulfates), en Sulfates neutres (qui ne sont ni acides ni alcalins), en sous-Sulfates (Sulfates avec excès de base), en Sulfates doubles (Sulfates dont l'Acide est combiné avec plusieurs bases, le Sulfate d'Alumine et de Potasse, par exemple). La composition de ces Sels a présenté les résultats généraux suivans : 1° dans les Sulfates neutres la quantité d'Oxigène de l'Oxide est à la quantité d'Oxigène de l'Acide, comme 1 est à 3, ou dans le rapport de l'Acide, comme 1 est à 5 ; 2° les sous-Sulfates n'ont pas de proportions constantes dans leur composition ; tantôt ils contiennent une fois et demie autant d'Oxide que les Sulfates neutres, tantôt trois fois ou même six et douze fois la quantité, nombres qui sont des multiples de la plus petite quantité par 2, 4, 8 ; 3° les Sulfates acides contiennent pour la même quantité de base, une proportion d'Acide qui est deux fois aussi grande que celle contenue dans les Sulfates neutres ; 4° enfin dans les Sulfates doubles la quantité d'Oxigène de l'une des bases est proportionnelle à la quantité d'Oxigène de l'autre base : ainsi dans l'Alun que nous avons dit être un Sel double à base d'Alumine et de Potasse, la quantité d'Oxigène de la Potasse est à la quantité d'Oxigène de l'Alumine dans le rapport de 1 à 3 ; il en résulte que la quantité d'Acide unie à l'Alumine doit être trois fois plus grande que la quantité d'Acide unie à la Potasse, puisque les quantités d'Acides sont en rapport avec les quantités d'Oxigène contenues dans les bases.

Les Sulfates, exposés à l'action de la chaleur, laissent d'abord dégager leur eau de cristallisation, et à l'exception des Sulfates alcalins, tels que ceux de Chaux et de Soude, tous sont décomposés, si la température est suffisamment élevée ; leur Acide se transforme en Acide sulfureux et en Oxigène. L'Oxide, mis à nu, se comporte alors comme s'il était libre et qu'on l'eût chauffé, c'est-à-dire qu'il est réduit, si c'est de l'Oxide d'Argent, de Mercure, de Platine, etc. ; dans quelques cas, lorsque le Métal a beaucoup d'affinités pour l'Oxigène, ce dernier principe, provenant de la décomposition de l'Acide, se porte sur l'Oxide et le fait passer à un état plus avancé d'oxidation, comme, par exemple, le Sulfate de Fer. Les Sulfates peuvent se reconnaître aux caractères suivans : 1° chauffés convenablement avec du charbon sec et en poudre, ils sont presque tous convertis en Sulfures ; le produit de la calcination, dissous dans l'eau, laisse dégager une grande quantité d'Acide hydro-sulfurique lorsqu'on le traite par les Acides ; 2° tous les Sulfates solubles sont décomposés lorsqu'on les met en contact avec une dissolution d'un Sel barytique ; on obtient alors un précipité insoluble dans l'eau et dans l'Acide nitrique.

Le nombre des Sulfates qui existent dans la nature est assez considérable. Les plus remarquables d'entre eux sont les Sulfates de Baryte, de Chaux, de Magnésie, de Soude et de Strontiane, dont l'histoire a été exposée aux mots qui désignent les bases salifiables. *V.* BARYTE, CHAUX, MAGNÉSIE, SOUDE et STRONTIANE.   (G..N.)

SULFITES. CHIM. INORG. Sels obtenus par la combinaison de l'Acide sulfureux avec les bases. On n'en rencontre aucun dans la nature, si ce n'est peut-être dans le voisinage de quelques volcans, où ils ne tardent pas à se transformer en Sulfates.
(G..N.)

SULFUREUX ET SULFURIQUE. CHIM. INORG. *V.* ACIDE.

SULIN. MOLL. La Coquille qu'Adanson (Voy. au Sénég., pl. 2, fig. 8) a décrite et figurée sous ce nom est le *Patella porcellana* de Linné qui depuis est devenu le type du genre Crépidule. *V.* ce mot.   (D..H.)

SULTAN-TERNATE. POIS. (Valentin.) Syn. de *Balistes vetula*, L. *V.* BALISTE.   (B.)

* SULZERIA. BOT. PHAN. Schultes (*Syst. Veget.*, n. 851) a donné ce nom à un genre que Willdenow, dans ses manuscrits inédits, avait décrit sous celui d'*Anabata*. Il appartient à la Pentandrie Monogynie, L., et il offre les caractères essentiels suivans : calice campanulé, entier, très-petit ; corolle campanulée, dont le limbe est profondément découpé en cinq segmens lancéolés, acuminés et étalés ; cinq étamines à anthères sessiles, insérées sur le tube de la corolle ; style saillant ; stigmate simple ; fruit inconnu. Ce genre est un de ceux dont Kunth n'a pu vérifier l'origine ; peut-être a-t-il pour type une des nombreuses Plantes que ce savant botaniste a décrites avec tant d'exactitude ; mais les notes de Willdenow ne sont pas assez complètes pour que cette question puisse être décidée sans l'examen des échantillons. Le *Sulzeria odorata* est un Arbuste grimpant dont les fleurs sont blanches et exhalent une forte odeur de jasmin. Humboldt et Bonpland l'ont trouvé près d'Esmeraldas, dans la partie supérieure de l'Orénoque.   (G..N.)

SUMAC. *Rhus.* BOT. PHAN. Genre de la famille des Térébinthacées offrant les caractères suivans : les fleurs sont incomplètement unisexuées ; le calice est petit, monosépale, à cinq divisions profondes ; la corolle est formée de cinq pétales réguliers ; l'ovaire est environné d'un disque périgyne plus ou moins saillant, au pourtour duquel s'insèrent les cinq étamines qui sont dressées, libres, à filamens subulés, et à anthères allongées et à deux loges introrses s'ouvrant par un sillon longitudinal. L'ovaire est libre, globuleux, à une seule loge qui contient un seul ovule porté sur un long podosperme filiforme naissant du fond et un peu latéralement dans la loge de l'ovaire ; le sommet de celui-ci se termine par trois styles très-courts qui portent chacun un stigmate simple. Le fruit est une sorte de petite noix contenant un noyau monosperme. Les espèces de ce genre sont fort nombreuses ; le professeur De Candolle en mentionne quatre-vingt-six dans le second volume de son Prodrome; ce sont des Arbrisseaux ou des Arbustes à feuilles alternes, simples, digitées ou pinnées, et à fleurs disposées en grappes axillaires ou terminales. Cinq sections naturelles, portant des noms particuliers, ont été établies par les auteurs pour grouper les espèces de ce genre. Nous allons en exposer ici brièvement les caractères.

1°. Cotinus, Tournefort.

Fleurs hermaphrodites; drupe glabre, échancrée à la base; feuilles simples; fleurs en panicule, dont un grand nombre avortent et dont les pédoncules s'allongent et se couvrent de poils plumeux.

Le *Rhus Cotinus*, L., qui croît dans les régions méridionales de l'Europe, forme à lui seul cette section. On le connaît et le cultive dans les jardins sous les noms de Fustet, ou d'Arbre à perruques.

2°. Metopium, D. C.

Fleurs hermaphrodites; drupe glabre, ovoïde, oblongue, contenant un noyau grand et membraneux; feuilles imparipinnées.

Cette tribu ne contient que le *Rhus Metopium*, L., qui croît à la Jamaïque.

3°. Sumac.

Le professeur De Candolle réunit ici les deux genres *Rhus* et *Toxicodendron* de Tournefort. Les fleurs sont en général unisexuées et polygames; le fruit velu, ovoïde, arrondi, le noyau lisse ou strié; les feuilles imparipinnées ou palmées. Ici se trouvent réunies la majeure partie des espèces de ce genre, parmi lesquelles nous ferons remarquer les suivantes : *Rhus coriaria*, L.; on le nomme aussi Sumac des corroyeurs, Roux, Vinaigrier, etc. Il croît dans l'Europe méridionale; ses fruits sont astringens; on les employait autrefois pour assaisonner les viandes. Son écorce et ses jeunes pousses étaient employées au tannage des cuirs. *Rhus typhinum*, L., originaire de l'Amérique septentrionale; on le cultive dans nos jar-

dins où il forme en automne un très-bel effet par ses longües grappes de fruits rouges et serrés et par la teinte purpurine de son feuillage. *Rhus copallinum*, L., de l'Amérique septentrionale; on en retire une résine connue sous le nom de Gomme Copal d'Amérique, *Rhus toxicodendron*, L. Cette espèce de même que le *Rhus radicans*, qui en est fort voisin, est originaire de l'Amérique septentrionale. Elle est fort remarquable par l'énergie de ses propriétés délétères; le suc qui s'en écoule, placé sur la peau, y détermine une violente inflammation, et on a vu fréquemment les émanations qui s'échappent de cet Arbrisseau occasioner les accidens les plus graves. Selon Van-Mons, ces émanations sont essentiellement composées de gaz hydrogène carboné. Le docteur Dufresnoy de Valenciennes dit avoir employé avec succès l'extrait du Sumac vénéneux contre les dartres chroniques les plus rebelles.

4°. Thezera, D. C.

Fleurs dioïques; drupe arrondie surmontée de trois tubercules; noyau comprimé; feuilles palmées.

Le *Rhus pentaphyllum*, Desf., *Fl. Atl.*, 1, p. 267, tab. 77; *Rh. ziziphinum*, Tineo.

5°. Lobadium, Rafin.

Fleurs polygames; drupe comprimée, velue; noyau lisse. Arbrisseaux aromatiques à feuilles palmées. Le *Rhus suaveolens*, Aiton, et le *Rhus aromaticum*, Ait.　　　(A. R.)

* SUMACHINÉES. bot. phan. L'une des tribus établies par le professeur De Candolle dans la famille des Térébinthacées, et qui comprend les genres *Rhus*, *Mauria*, *Duvaua*, et *Schinus*. V. Térébinthacées.

(A. R.)

SUMET. conch. Le Sumet est une Coquille du genre Vénus, qu'Adanson (Voy. au Sénég., pl. 17, fig. 13) a placée dans ses Cames. Blainville dit que Gmelin lui donne le nom de *Venus scripta*; c'est en vain que nous avons cherché à vérifier cette citation. *V.* VÉNUS.   (D..II.)

SUMPIT. POIS. Syn. d'Armé, espèce du genre Centrisque. *V.* ce mot.   (B.)

SUMUQUE. ANNEL. Bosc (Dict. de Déterville) dit avoir établi sous ce nom un genre qui renfermerait la *Piscicola Piscium* de Lamarck et correspondrait par conséquent au genre HÆMOCHARIS. *V.* ce mot.   (AUD.)

* SUNIPIE. *Sunipia.* BOT. PHAN. Genre de la famille des Orchidées établi par J. Lindley (*Selectos Orchidearum*), et dont il ne trace pas les caractères. Mais comme il donne à la fin de cette liste la figure analytique d'une fleur de ce genre, voici les caractères que nous avons pu en tirer : les fleurs sont renversées ; les trois divisions externes sont allongées, la supérieure, qui est devenue inférieure par le renversement de la fleur, est ovale, allongée, concave surtout à la base et étalée; les deux latérales sont dressées et planes; les deux intérieures et latérales sont beaucoup plus courtes, arrondies et obtuses; le labelle est plus court que les divisions externes, entier, allongé, un peu en gouttière ; le gynostême est court, concave antérieurement ; l'anthère est operculiforme à deux loges bilocellées, contenant chacune deux masses de pollen solide portées sur une caudicule commune qui se réunit à sa base avec celle du côté opposé. Ce genre, qui appartient à la tribu des Vandées, est placé par Lindley entre les genres *Pholidota* et *Telipogon.*   (A. R.)

SUNSA. MAM. Syn. de Mangouste au Bengale. *V.* CIVETTE.   (B.)

* SUPERBANGIS. BOT. PHAN. Nom donné par Du Petit-Thouars (Hist. des Orchidées des îles Australes d'Afrique, tab. 63 et 64) à l'*Angræcum superbum.*   (G..N.)

SUPERBE. OIS. Espèces des genres Guêpier et Manakin. *V.* ces mots.   (B.)

SUPERBE. REPT, OPH. Espèce du genre Couleuvre. *V.* ce mot.   (B.)

SUPERBE DU MALABAR. BOT. PHAN. *V.* MÉTHONIQUE.

* SUPERPOSITION GÉOL. Expression fréquemment employée dans les ouvrages de Géologie pour indiquer les rapports de position qui existent entre les divers Terrains (*V.* ce mot), ou les Roches différentes qui entrent dans la composition d'un même terrain. On dit que la Superposition est concordante entre deux Terrains, deux formations ou deux Roches immédiatement superposées, lorsque les strates qui séparent l'un sont parallèles à ceux qui divisent l'autre; au contraire on les dit en Superposition non concordante, contrastante ou transgressive, lorsque les lignes de division n'ont pas la même direction. Dans les masses qui se recouvrent, ce dernier caractère est l'un des plus importans à bien constater dans les descriptions géologiques, parce qu'il établit l'indépendance des formations, et prouve qu'il s'est écoulé un temps plus ou moins long et souvent un bouleversement entre le premier dépôt et celui qui le recouvre. *V.* TERRAINS.   (C. P.)

SUPRAGO. BOT. PHAN. Gaertner avait formé sous ce nom un genre fondé sur plusieurs espèces placées par Linné dans le genre *Serratula* et qui ont été distribuées par Michaux, Schreber et Willdenow dans les genres *Liatris* et *Vernonia.* Cassini trouvant ce nom sans emploi, l'a appliqué à un sous-genre qui ne diffère des vrais *Liatris* que parce que son aigrette est courtement plumeuse au lieu d'être longuement plumeuse. Ce sous-genre se compose des *Liatris spicata* et *sphæroidea*, qui sont des Plantes de l'Amérique septentrionale. *V.* LIATRIDE.   (G..N.)

SURA. BOT. PHAN. (C. Bauhin.) On nomme ainsi dans l'Inde la noix du Cocotier.   (A. R.)

SUREAU. *Sambucus.* BOT. PHAN. Genre de la famille des Caprifolia-

cées, section des Sambucées ou Vi-
burnées, et de la Pentandrie Trigynie, L., offrant les caractères essentiels suivans : calice supère, petit, à cinq dents; corolle urcéolée-
rotacée, à cinq lobes; cinq étamines;
ovaire portant trois à cinq stigmates
sessiles; drupe bacciforme, globuleuse, renfermant un noyau qui contient trois à cinq graines, ou plutôt
trois à cinq noyaux soudés, chacun
d'eux monospermes. Ce genre se
compose d'environ huit espèces, dont
trois croissent en Europe, les autres
en diverses régions du globe, deux
dans l'Amérique septentrionale, une
au Pérou, et deux à la Cochinchine
et au Japon. Ces Plantes sont des
Arbrisseaux ou des Arbustes à feuilles imparipinnées, dentées en scie,
ayant leurs pétioles munis à la base
de glandes ou rarement de stipules.
Les fleurs sont blanches, disposées
en corymbes ou en grappes. Parmi
les espèces européennes, nous citerons particulièrement le SUREAU
NOIR, *Sambucus nigra*, L., Arbrisseau très-élevé qui se trouve abondamment dans les haies et les buissons. On en cultive plusieurs variétés, dont une est fort remarquable
par ses feuilles laciniées, et une autre par ses feuilles panachées de
jaune et de blanc. Tout le monde
connaît cet Arbrisseau, qui est si
vulgaire, qu'une description serait
superflue. Ses fleurs nombreuses,
disposées en corymbe, d'une odeur
agréable, sont fréquemment employées en médecine comme sudorifiques. Les marchands de vin se servent de ces fleurs pour donner aux
vins un faux goût de muscat. La seconde écorce et les baies sont aussi
quelquefois usitées comme purgatives
et antihydropiques. Le SUREAU A
GRAPPES, *Sambucus racemosa*, L.,
est une autre espèce originaire des
contrées montueuses de l'Europe; on
en décore les jardins paysagers. Enfin
l'HIÈBLE, *Sambucus Ebulus*, L., est
une espèce qui croît abondamment
sur le bord des chemins et dans les
lieux humides. Ses fleurs sont blan-

ches, disposées en corymbes, ombelliformes, et il leur succède des
baies noires analogues pour les propriétés à celles du Sureau commun.
Toute la Plante exhale une odeur
forte et désagréable, ce qui la fait
respecter par les bestiaux.   (G..N.)

SUREGADA. BOT. PHAN. Ce genre
établi par Roxburgh, d'après un Arbre de la côte de Coromandel, a été
décrit dans les Actes des Curieux de
la nature de Berlin par Willdenow qui
le caractérise ainsi : fleurs dioïques:
calice à cinq folioles. Fleurs mâles :
étamines nombreuses, à filets linéaires, à anthères ovales et dressées.
Fleurs femelles : trois stigmates sessiles et bipartis; ovaire ovoïde, sexan-
gulaire; capsule à trois coques le
plus souvent monospermes. Feuilles
alternes, entières, glabres, veinées;
fleurs courtement pédonculées, opposées aux feuilles. Ce genre avait
été rapproché avec doute des Euphorbiacées, et, dans notre travail
sur cette famille, nous avions exprimé l'opinion qu'il pourrait avoir
quelque affinité avec le *Gelonium* des
mêmes auteurs. Elle a été confirmée
depuis par l'examen d'échantillons
authentiques, qui nous a prouvé
qu'il en est même congénère.

(A. D. J.)

SURIANA. BOT. PHAN. Genre placé
dans la Décandrie Pentagynie, L.,
mais dont les affinités naturelles sont
encore incertaines. On avait pensé
qu'il pouvait être rapporté aux Rosacées, mais De Candolle (*Prod. Syst.
veget.*, 2, p. 91) l'a relégué à la fin
des Térébinthacées, tout en indiquant
ses rapports avec le *Cneorum* et l'*Heterodendron*. D'un autre côté, Kunth
(*Nov. Gen. Amer.*, 6, p. 234 *in adn.*)
a regardé ce genre comme plus voisin
des Géraniacées. Voici ses caractères
essentiels : calice profondément divisé
en cinq parties; corolle à cinq pétales
hypogynes ou insérées au fond du
calice; cinq à dix étamines dont quelques-unes avortent; cinq carpelles
portant chacun latéralement et au
côté interne un style filiforme, se

changeant en une noix coriace, sans valve, indéhiscente; graine unique, fixée à la base, obovée-réniforme, dépourvue d'albumen, ayant un embryon replié, à radicule cylindrique dirigée vers le bas, à cotylédons plans, incombans. Le *Suriana maritima*, L., est un Arbrisseau à feuilles simples, oblongues-spatulées, un peu épaisses, couvertes d'un léger duvet, ramassées au sommet des rameaux. Les fleurs sont jaunes, presque terminales et munies de bractées. Cette Plante croît dans les localités maritimes de l'Amérique équinoxiale, de l'Inde, de la Nouvelle-Calédonie, etc.

(G..N.)

SURIER. BOT. PHAN. Nom vulgaire du Chêne à Liége. *V.* CHÊNE.

(B.)

SURIKATE. *Ryzæna*. MAM. Buffon nommait Surikate un Animal que la plupart des auteurs, à l'exemple de Linné, ne distinguaient point des Viverres, *Viverra*. Illiger le premier l'en sépara en proposant le nom de *Rizæna*. Le genre Surikate n'a qu'une espèce qui appartient à la classe des Animaux carnivores et à l'ordre des Digitigrades, et que Geoffroy Saint-Hilaire, dans son Catalogue imprimé, a placé parmi les Mangoustes, *Ichneumon*. Les caractères génériques du Surikate, d'après Illiger, sont les suivans : six incisives; la deuxième externe de la mâchoire inférieure plus épaisse à sa base; canines coniques et aiguës; les molaires comme chez les Viverres : museau aigu, terminé par un nez allongé et obtus; langue terminée en pointe; oreilles petites, arrondies; corps assez vêtu de poils longs; queue longue; deux mamelles; deux follicules glanduleux à l'anus; pieds digitigrades, tétradactyles, à plante velue; ongles recourbés, très-aigus, plus longs aux extrémités antérieures. A ces caractères on peut ajouter que les dents sont au nombre de trente-six, c'est-à-dire dix-huit à chaque maxillaire, savoir : six incisives, deux canines et dix molaires. F. Cuvier les décrit ainsi (Dents, p. 105) : à la mâchoire

supérieure, les incisives et les canines présentent le nombre et les formes de celles des Civettes. Il n'y a que deux fausses molaires, toutes deux avec les formes normales, et la première un peu plus petite que la seconde. La carnassière ne diffère point de celle des Mangoustes. A la mâchoire inférieure, la troisième fausse molaire, la carnassière et la tuberculeuse ont cela de remarquable, qu'elles ont évidemment été taillées sur le même modèle, quoiqu'elles présentent quelques différences. La fausse molaire est identique avec celle du Paradoxure, ayant une pointe principale en avant et un talon divisé en plus petits tubercules. La carnassière antérieurement a un gros tubercule divisé en trois petits mamelons, un moyen, le plus petit de tous en avant, un à la face externe, l'autre à la face interne de la dent; elle a en arrière un talon, divisé en trois ou quatre petits tubercules. Enfin la tuberculeuse a la plus grande ressemblance avec la carnassière, pour les formes et les dimensions; seulement son tubercule antérieur n'est divisé qu'en deux mamelons. Desmarest, dans sa Mammalogie, remplace le nom de *Ryzæna* par celui de *Suricata*. Les caractères qu'il adopte sont les suivans : museau pointu; oreilles petites et arrondies; langue couverte de papilles cornées; pieds antérieurs et postérieurs, à quatre doigts armés d'ongles arqués et robustes. Une poche semblable à celle des Mangoustes près de l'anus; queue assez longue et pointue; pelage composé de poils annelés de différentes teintes.

Le genre Surikate ne renferme qu'une espèce du cap de Bonne-Espérance que Linné a nommée *Viverra tetradactyla*, et Buffon *Surikate*. Sonnerat, en publiant sa figure sous le nom de *Zenick* (Voy. aux Indes, pl. 92), donna lieu à Gmelin de créer nominalement, dans la douzième édition du *Systema naturæ*, son *Viverra Zenick*, qui est le Surikate ordinaire, Animal habitué à se creuser des terriers, à vivre de petits Animaux, d'œufs et de tout ce qu'il peut attraper. Son urine exhale une odeur fétide.

SURIKATE DU CAP, *Ryzæna capensis; Suricata capensis*, Desm., Sp., 330; *Ichneumon tetradactylus*, Geoff., Cat.; Miller, pl. 20; Schreb., pl. 117. Animal que Buffon avait indiqué à tort comme de l'Amérique méridionale. Son museau est allongé en forme de boutoir mobile; son pelage est mêlé de brun, de blanc, de jaunâtre et de noir; le corps en dessous et les quatre membres sont jaunâtres; la queue est moins longue que le corps, et noire à son extrémité. Le nez, le tour des yeux et des oreilles, ainsi que le chanfrein, sont de couleur brune. Le Surikate a de longueur totale, y compris la queue, trois pieds dix pouces. On le trouve aux environs du cap de Bonne-Espérance.   (LESS.)

SURIRELLE. MICR. Turpin a donné ce nom à un petit être microscopique qui, examiné à un grossissement de quatre cents fois, consiste en deux valves appliquées parallèlement l'une contre l'autre, de forme ovoïde, plus pointues à l'une des extrémités, planes ou peut-être légèrement convexes, offrant sur leur partie médiane une sorte de rachis composé de quinze à dix-huit petites bosselettes, auxquelles viennent se rendre un nombre double de côtes qui partent du bord des valves, qu'elles rendent comme crénelées. Ces petits êtres sont immobiles et ont été trouvés dans les eaux saumâtres et stagnantes des environs du Hâvre, par le docteur Suriray.   (A. R.)

SURMULET. POIS. Espèce du genre Mulle. *V.* ce mot.   (D.)

SURMULOT. MAM. Espèce du genre Rat. *V.* ce mot.   (B.)

SURNIE. *Surnia.* OIS. Duméril a fait sous ce nom un genre des Chevêches qui ont la queue longue et étalée et le corps allongé; ce genre ne paraît pas avoir été adopté.   (A. R.)

SURON OU TERRE-NOIX. BOT. PHAN. *V.* BUNIUM.

SURUCUA. OIS. Espèce du genre Couroucoa. *V.* ce mot.   (B.)

* SUTERA. BOT. PHAN. Roth a établi sous ce nom un genre qui a pour type le *Manulea fœtida*, Pers., ou *Buchnera fœtida*, d'Andrews. Ce genre n'a pas été adopté. Le nom de *Sutera* est encore donné par quelques jardiniers au *Colutea perennans*, L., Plante qui fait partie du genre *Lessertia* de De Candolle.   (G..N.)

SUTHERLANDIA. BOT. PHAN. Gmelin donnait ce nom au *Balanopteris* de Gaertner ou *Heritiera* d'Aiton. *V.* ce dernier mot. R. Brown (*in Hort. Kew.*, éd. 2, T. IV, p. 327) a constitué un autre genre *Sutherlandia* qui est le même que le *Colutia* de Mœnch. Ce genre diffère des vrais *Colutea* ou Baguenaudiers par la forme de sa corolle, dont l'étendard, privé de callosités, est plus court que la carène, et par son stigmate terminal. Le type de ce genre est le *Colutea frutescens*, vulgairement Baguenaudier d'Ethiopie. *V.* BAGUENAUDIER. De Candolle en a mentionné, d'après Burchell, une seconde espèce trouvée au cap de Bonne-Espérance par ce voyageur, et nommée *S. microphylla*.   (G..N.)

SUTURE. CONCH. Petit espace qui se voit dans certaines Coquilles bivalves au-dessous du point qui sépare les nymphes et qui est formé par le bord interne de la circonférence des valves. Ce mot s'emploie aussi dans les Coquilles univalves pour désigner le point de jonction des tours de la spire. *V.* COQUILLES, MOLLUSQUES.   (A. R.)

SUTURES. BOT. PHAN. Ce sont les lignes, soit rentrantes, soit saillantes, qui dans un péricarpe marquent le point de jonction des valves. *V.* PÉRICARPE et FRUIT.   (A. R.)

SUZYGIUM. BOT. PHAN. Ce genre de Browne a été réuni par Swartz au Calyptranthes.   (A. R.)

SWAINSONE. *Swainsona.* BOT.

PHAN. Genre de la famille des Légumineuses et de la Diadelphie Décandrie, L., établi par Salisbury (*Parad. Londin.*, n. 28), et ainsi caractérisé : calice à deux callosités et à cinq dents; corolle papilionacée dont l'étendard est grand, plan; la carène obtuse, un peu plus longue que les ailes; dix étamines diadelphes; stigmate terminal; style barbu dans sa partie postérieure; gousse renflée. Ce genre a été constitué par Ventenat sous le nom de *Loxidium*. Il se compose de trois espèces; savoir : 1° *S. coronillæfolia*, Salisb., *loc. cit.*; Sims., *Bot. mag.*, tab. 1725; 2° *S. galegifolia*, R. Br., *in Hort. Kew.*; *Vicia galegifolia*, Andr., *Reposit.*, tab. 139 : *Colutea galegifolia*, Sims, *Bot. Mag.*, tab. 792; 3° *S. lessertiæfolia*, D. C. Ce sont des Plantes sous-frutescentes, analogues par le port aux *Lessertia*, et ayant pour patrie la Nouvelle-Hollande. Leurs feuilles sont imparipinnées; leurs fleurs purpurines, disposées en grappes allongées et axillaires.

(G..N.)

SWARTZIE. *Swartzia*. BOT. PHAN. Deux ou trois genres ont été dédiés à Swartz, un des botanistes les plus célèbres du commencement de ce siècle, sans compter celui qui a été institué parmi les Mousses, par Hedwig. Nous mentionnons ici le *Swartzia* de Gmelin, comme étant le même que le *Solandra* de Linné fils. Schreber appliqua le nom de *Swartzia* au *Tounatea* de Tublet, et bientôt Willdenow réunit à ce genre le *Possira* du même auteur. De Candolle, dans ses Mémoires sur les Légumineuses (p. 597), et dans le troisième volume de son *Prodromus*, a adopté le genre *Swartzia*, tel que l'a constitué Willdenow; il en a fait le type d'un sous-ordre parmi les Légumineuses, et il l'a ainsi caractérisé : calice dont les sépales sont soudées entre eux avant la floraison, de manière à former un bouton ové-globuleux où l'on n'aperçoit aucune suture; au moment de l'épanouissement, ce calice se rompt en deux, trois, quatre ou cinq valves souvent irrégulières et réfléchies; la

corolle n'est composée habituellement que d'un pétale unique, très-grand, cunéiforme; quelquefois ce pétale manque entièrement. Le nombre des étamines est variable, de dix, quinze ou vingt-cinq; elles sont hypogynes, et quelquefois il y en a deux, trois ou quatre libres, grandes, assez épaisses, stériles, représentant les pétales qui manquent; les autres étamines sont filiformes, souvent réunies par la base; la gousse est ordinairement stipitée, bivalve, biloculaire, contenant un petit nombre de graines munies d'arille, réniformes, attachées à la suture supérieure. Elles n'ont point d'albumen; leur embryon se compose de cotylédons épais et d'une radicule courte et courbée en crochet. Ce singulier genre forme deux sections : la première comprend le genre *Possira* d'Aublet, nommé *Rittera* par Schreber, et *Hælzelia* par Necker. Cette section est caractérisée par ses fleurs qui n'ont qu'un seul pétale ou rarement trois, dont l'un est un peu plus grand. Elle renferme quinze espèces parmi lesquelles on remarque le *Swartzia grandiflora*, Willd., ou *Rittera grandiflora*, Vahl, *Plant. amer.*, décad. 1, tab. 9; les *S. ochnacea*, *tomentosa* et *parviflora*, D. C., Mém. sur les Légumineuses, tab. 58, 59 et 60. Le *Robinia Panacoco* d'Aublet est synonyme du *S. tomentosa*, du moins quant à son feuillage. Les nègres lui donnent à Cayenne le nom de *Bois de Pagaye blanc*, parce qu'il leur sert à faire des rames. La seconde section conserve le nom de *Tounatea* qui lui avait été imposé par Aublet; elle est caractérisée par l'absence de corolle et par la gousse crochue au sommet. C'est ici que se place le *Swartzia alata*, Willd., ou *Tounatea guianensis*, Aubl. Une seconde espèce a été décrite par Raddi sous le nom de *S. apetala*.

Les Swartzies sont des Arbres ou des Arbrisseaux inermes, à feuilles simples ou pinnées, à fleurs en grappes axillaires. Les diverses espèces croissent sur le continent de l'Amérique méridionale , à Caracas, à la Guiane, au Brésil, ainsi que dans les îles qui avoisinent ces vastes contrées.

(G..N.)

SWARTZIÉES. *Swartzieæ*. BOT. PHAN. De Candolle a donné ce nom à la seconde division de la famille des Légumineuses , formant une seule tribu composée du genre *Swartzia*, à la suite duquel il a placé , avec doute, le genre *Baphia* d'Afzelius , qui est encore trop peu connu. (G..N.)

* SWEETIA. BOT. PHAN. Genre de la famille des Légumineuses et de la Diadelphie Décandrie, établi par De Candolle (*Mémoires sur les Légumineuses*, p. 358) qui l'a formé aux dépens de quelques *Galega* de Jacquin, et l'a placé dans la tribu des Phaséolées, quoique sa germination soit trop peu connue pour qu'il soit possible d'affirmer s'il appartient plutôt à cette tribu qu'à celle des Lotées. Le *Sweetia* diffère du *Galega* et du *Tephrosia* par son calice à quatre lobes presque égaux : c'est ce qui l'a fait rapprocher des Phaséolées où ce caractère est fréquent, et avec lesquelles ses espèces conviennent en outre par un port analogue. Le *Sweetia* a surtout des rapports avec le *Galactia* , mais il s'en distingue par son calice non muni de deux bractéoles à sa base, par sa carène dont les pétales sont soudés excepté à l'onglet, et par sa gousse très-comprimée. Du reste , la corolle a l'étendard cunéiforme ; les étamines sont diadelphes ; l'ovaire est sessile , portant un style glabre, filiforme; les gousses sont linéaires , pubescentes, polyspermes, uniloculaires. Ce genre se compose de trois espèces, savoir : *Sweetia longifolia* et *S. filiformis*, D. C., figurées par Jacquin (*Icon. rar.*, tab. 572 et 573), sous le nom générique de *Galega*; *Sweetia? lignosa*, D. C., ou *Glycine lignosa*, Turp. , *in Pers. Enchir.*, 2 , p. 301. Ce sont des Arbrisseaux très-grêles et volubiles, qui croissent dans les Antilles. Leurs feuilles sont ailées avec impaire, à trois folioles oblongues , légèrement velues ; les fleurs

sont purpurines , petites , disposées par deux ou quatre sur des pédoncules axillaires.

Sprengel (*Syst. veget.*, 2 , p. 213) a établi un genre *Sweetia* qui, étant postérieur au genre de De Candolle, n'a pu être adopté. (G..N.)

SWERTIE. *Swertia*. BOT. PHAN. Genre de la famille des Gentianées et de la Pentandrie Digynie, L., offrant les caractères essentiels suivans : calice plan , à cinq divisions lancéolées ; corolle rotacée, dont le limbe est plan , divisé en cinq segmens lancéolés, marqués à la base de deux impressions nectarifères ciliées, quelquefois réduites à deux points noirs placés dans le point de jonction des deux principaux faisceaux vasculaires qui de-là divergent et s'irradient dans les pétales ; cinq étamines à anthères sagittées; style court, terminé par deux stigmates simples ; capsule presque cylindrique, acuminée, uniloculaire, bivalve, renfermant des graines nombreuses très-petites. Ce genre est voisin du *Gentiana*, dans lequel on a confondu quelques-unes de ses espèces qui, à la vérité, n'offrent pas de nectaires à la base des pétales , mais qui sont marquées à cet endroit de points noirs que l'on doit regarder comme les rudimens de ces nectaires ; c'est ce qu'on peut voir dans les *S. rotata* et *carinthiaca*. Le *Swertia corniculata*, L., a été érigé en un genre distinct par Borckhausen , sous le nom de *Halenia*, et nous croyons que ce genre mérite d'être adopté à raison des cornes subulées que l'on remarque sur la partie postérieure des pétales. D'ailleurs cette Plante n'est point la seule qui fasse partie de ce nouveau genre; on doit y joindre une autre espèce de l'Amérique septentrionale, et probablement toutes les Swerties des montagnes de l'Amérique du sud , décrites par Kunth , et qui offrent le caractère que nous venons de mentionner. En excluant ces Plantes du genre *Swertia*, celui-ci se trouve réduit à un petit nombre d'espèces qui croissent dans les hautes montagnes de l'Europe , et dans le nord de la Russie asiatique. On admet comme type du genre le *Swertia perennis* , L. , Plante herbacée, droite, haute d'environ un pied, munie de feuilles presque toutes radicales, pétiolées , ovales ou elliptiques ; les fleurs sont d'une couleur cendrée-rougeâtre , foncée , et forment un épi terminal. Cette Plante est assez abondante au Mont-Cenis, ainsi que dans les montagnes de l'Auvergne , et en d'autres localités analogues.

Vahl a réuni à ce genre le *Parnassia polynectaria* de Forskahl, sous le nom de *Swertia decumbens*. Quant au genre *Swertia* de Heister , adopté par Allioni, c'est le même que le *Tolpis* d'Adanson ou *Drepania* de Jussieu. *V*. ce dernier mot.   (G..N.)

SWIÉTÉNIE. *Swietenia*. BOT. PHAN. Ce genre de la famille des Méliacées , tribu des Cédrélées, et de la Décandrie Monogynie , L. , offre les caractères suivans : calice très-petit , caduc, à quatre ou cinq divisions peu profondes; corolle à quatre ou cinq pétales; huit à dix étamines dont les filets sont soudés en un tube denté au sommet, portant intérieurement les anthères ; un seul style surmonté d'un stigmate capité; capsule ovoïde, ligneuse , à cinq loges polyspermes , les valves s'ouvrant par la base ou par le sommet, et adnées par leurs bords à un placenta central à cinq angles ; graines imbriquées, ailées, munies d'un albumen charnu, d'un embryon droit à cotylédons foliacés. De Candolle (*Prod. Syst. veget.*, 1 , p. 625) a détaché de ce genre le *Swietenia Chloroxylon* de Roxburgh , pour en former le genre *Chloroxylon*. Les véritables espèces de Swiéténies sont au nombre de trois, et croissent dans les diverses régions des pays intra-tropicaux. Ce sont des Arbres à feuilles alternes , pinnées , sans impaire , et n'ayant qu'un petit nombre de folioles. Le *Swietenia Mahagoni* , L. , Cavan. , *Dissert.*, 7, p. 365 , tab. 209, est un Arbre des pays chauds de l'Amérique, qui fournit le bois d'A-

cajou. Le *Swietenia febrifuga*, Roxburgh (*Corom.* , 1 , p. 18 , tab 17), croît dans les montagnes de l'Inde-Orientale; son écorce y est employée comme fébrifuge. Enfin le *S. senegalensis* se distingue surtout du *S. Mahagoni*, en ce que sa capsule, au lieu de s'ouvrir par la base , est déhiscente par le sommet. Comme son nom spécifique l'indique , cet Arbre a été trouvé au Sénégal.   (G..N.)

SYACOU. OIS. *V*. TANGARA.

SYÆNA. BOT. PHAN. (Schreber.) Syn. de Mayaca d'Aublet.   (A. R.)

* SYAGRUS. BOT. PHAN. Martius (*Gener. et Spec. Palm. brasil.* , t. 89 et 90) a établi sous ce nom un genre de Palmiers, qui est ainsi caractérisé : fleurs sessiles , monoïques , sur le même régime, et renfermées dans une spathe double. Les mâles ont un calice à trois folioles , une corolle à trois pétales et six étamines. Les femelles ont un calice aussi à trois folioles , une corolle à trois pétales un peu planes ; un ovaire biloculaire, surmonté de trois stigmates presque sessiles ; le fruit est une drupe fibreuse, renfermant un noyau muni à la base d'un seul trou , et deux noyaux rudimentaires ; la graine est pourvue d'un albumen homogène, et d'un embryon basilaire, placé à l'intérieur du trou. Ce genre est voisin du *Cocos*, dont il se distingue par sa spathe double , et ses fleurs dont le calice et la corolle ne sont pas enroulés. La Plante qui constitue ce genre (*S. cocoides*) a un style peu élevé, dont les bois sont fibreux et de couleur pâle. Les frondes sont pinnées; les fleurs sont jaunâtres, et leurs fruits sont à peu de chose près les mêmes que ceux du Cocos. Ce Palmier croît au Brésil.   (G..N.)

SYBISTROME. *Sybistroma*. INS. Genre de l'ordre des Diptères, famille des Tanystomes, tribu des Dolichopodes, qu'il est facile de distinguer des autres de la même division aux caractères suivans : palette ou dernier article des antennes allongée, en forme de lame de couteau, avec une soie très-longue, offrant avant son extrémité un renflement nuduliforme. **Meigen**, qui a établi ce genre, en mentionne trois espèces. Lepelletier et Serville ont présenté, dans l'Encyclopédie méthodique, un extrait de ses observations. Il faut y ajouter celles qu'a publiées Macquart dans son excellente Monographie des Diptères du nord de la France.   (LAT.)

SYCALIS. OIS. (Belon.) Syn. de Fauvette des bois (*Motacilla Schœnobenus*, L.).   (A. R.)

SYCHINIUM. BOT. PHAN. Desvaux (Ann. de la Société Linnéenne de Paris, juillet 1825, p. 216) a décrit sous ce nom un genre de la famille des Urticées, très-voisin du *Dorstenia*, dont il se distingue par la singularité de son inflorescence. En effet, au lieu d'avoir un involucre arrondi ou angulaire, il offre un très-long réceptacle bifurqué, portant dans une partie de son étendue les fleurs recouvertes par un rebord membraneux, s'étendant de chaque côté, absolument à la manière de l'involucre marginal de plusieurs Fougères, et notamment du genre *Lomaria*. Ce genre ne comprend qu'une seule espèce, *Sychinium ramosum* Desvaux, *loc. cit.*, tab. 12, Plante à racine fibreuse, jaunâtre, à rhizome simple, droit, couvert d'écailles charnues. Les feuilles sont radicales, pétiolées, palmées, lobées, ayant la base échancrée, cordiforme, les lobes lancéolés, aigus. L'involucre est pédonculé, fourchu, un peu charnu, émettant de chaque côté des ramifications ou pinnules stériles. Cette Plante croît dans le Brésil. Loddiges (*Bot. cab.*, tab. 1216) a figuré une espèce de *Dorstenia* sous le nom de *D. ceratosanthes* que Hooker a reproduit dans le *Botanical Magazine*, n. 2760. Cette Plante offre une fructification semblable à celle du *Sychinium ramosum*; mais elle en diffère par sa feuille qui est ovale, oblongue, acuminée, dentée en scie sur les bords et non palmée, lobée, comme

dans la Plante de Desvaux. Si le genre *Sychinium* est adopté, le *D. ceratosanthes* en sera une seconde espèce, ou peut-être une simple variété; car il est possible que la feuille ne doive la différence qu'on y observe, qu'à l'effet de la culture.   (G..N.)

SYCITES. ÉCHIN. Quelques oryctographes ont donné ce nom à des pointes d'Oursins fossiles. (E. D..L.)

SYCOMORE. BOT. PHAN. Espèces des genres Érable et Figuier. *V*. ces mots.   (B.)

SYCONE. BOT. PHAN. Le professeur Mirbel, dans sa classification des fruits, a donné ce nom à celui des Figuiers, des *Dorstenia*, etc. Il consiste en un réceptacle charnu, plan ou pyriforme, ouvert à son sommet, portant sur sa face interne un grand nombre de petites drupes, qui proviennent chacune d'autant de fleurs femelles.   (A. R.)

SYCOPHANTE. INS. Espèce du genre Calosome. *V*. ce mot.   (B.)

SYCOURRIS ET **SICOUWOUS.** REPT. *V*. SOUCOURROUS et SOUCOURRYS.

SYÉNILITHE. MIN. Nom donné par Haberlé à une Roche qu'il regarde comme une sorte de Syénite, dont la texture grenue a disparu; c'est probablement la même Roche que le Basalte noir antique.   (G. DEL.)

SYÉNITE. MIN. Roche cristalline feldspathique des terrains primordiaux et de transition, composée essentiellement de grains de Feldspath et d'Amphibole, irrégulièrement mêlés entre eux. L'Amphibole y est quelquefois si abondant, que la Roche paraît tout-à-fait noire. Werner ayant cru reconnaître de la ressemblance entre les Roches de ce genre qu'il avait observées en Saxe, et le Granite rose tacheté de noir des environs de Syène dans la Haute-Égypte, les a confondues sous le nom commun de Syénite; mais la Roche de Syène est un véritable Granite à Mica noir, renfermant de l'Amphibole en petite quantité ; c'est un Granite amphibolifère. Les véritables Syénites de cette contrée se trouvent au mont Sinaï, comme l'a fait remarquer de Rozière, qui pour éviter la confusion dans laquelle Werner était tombé, a proposé de changer leur dénomination en celle de *Sinaïtes*. Mais le nom de Syénite a prévalu. Le Feldspath et l'Amphibole sont les élémens essentiels de la Syénite ; mais parfois cette Roche semble s'associer d'autres élémens accessoires, dont les principaux sont le Mica, le Quartz, le Sphène et le Zircon. Considérée minéralogiquement, la Syénite offre trois variétés distinctes : 1° la Syénite ordinaire ou Granitoïde (Syénite ancienne, souvent quartzifère) ; 2° la Syénite basaltoïde (sorte de Syénite compacte qui accompagne la variété précédente et à laquelle Cordier rapporte les Roches nommées Basalte antique et Basalte noir égyptien) ; 3° la Syénite zirconienne ou Syénite de transition, composée de Feldspath quelquefois opalin, et d'Amphibole lamellaire ; elle contient souvent des cristaux de Zircon (Syénites de Friederichswarn en Norvège ; de l'île de Portusok au Groënland) ; on y trouve aussi accidentellement du Molybdène sulfuré, de l'Eléolithe verdâtre ou brun-rougeâtre, et du Fer oxidulé. Elle est quelquefois cellulaire et les cellules sont remplies par de l'Epidote. Les Syénites anciennes appartiennent au sol primitif ; on les observe en Egypte, principalement dans la péninsule du mont Sinaï ; en Corse, en France, dans la presqu'île du Cotentin et dans les Vosges ; en Saxe sur les bords de l'Elbe. Les terrains qu'elles composent sont considérés par quelques géologues comme les équivalens des terrains granitiques ; comme ceux-ci, ils ne sont point stratifiés, renferment peu de Roches subordonnées, point de filons métallifères, mais seulement des filons épidotifères ; les seules substances métalliques qu'on y rencontre, sont le Fer oxidulé et les Pyrites. La Syénite zirconienne

diffère par son gissement de la Syénite ordinaire ; elle appartient au sol intermédiaire où elle se lie avec des Porphyres dioritiques, et compose la formation mixte de Syénite et Porphyre (Humboldt), ou Syénite et Grunstein-Porphyrique (Beudant), qui est si riche en minerais d'Or et d'Argent, et que l'on trouve très-développée dans les Andes du Pérou et du Mexique, et dans la Hongrie, surtout aux environs de Schemnitz. La Syénite zirconienne renferme quelquefois des cristaux linéaires de Feldspath vitreux, semblables à ceux des Roches trachytiques. Les Syénites sont des Roches solides et généralement très-dures ; elles ont la cassure droite et raboteuse et reçoivent un poli brillant ; elles sont susceptibles de se désagréger et de se décomposer à la manière du Granite ; le résultat de leur décomposition est une sorte d'Argile verdâtre. Les Syénites ont été, comme les Granites, employées dans les arts de construction et dans les ornemens des édifices. Les Egyptiens surtout en ont fait des statues et des obélisques.

(G. DEL.)

* SYLLA. MAM. On désigne sous ce nom dans le T. III de l'Histoire générale des Voyages, p. 587, la Gazelle Corinne. (LES.)

SYLLIS. ANNEL. Genre de l'ordre des Néréidées, famille des Néréides et de la section des Sylliennes, établi par Savigny (Descript. d'Egypte, Syst. des Annel., in-f°, p. 13, 45 et 46) qui lui donne pour caractères distinctifs : trompe sans tentacules, mais armée d'une petite corne à son orifice. Antennes extérieures et impaire moniliformes ; les mitoyennes nulles. Première paire de pieds convertie en deux paires de cirres tentaculaires moniliformes ; les cirres supérieurs de tous les pieds suivans, également moniliformes ; point de branchies. Les Syllis se distinguent des genres nombreux de la famille des Néréides par des antennes longues composées de beaucoup d'ar-

SYL   SYL   719

licles et surlout par la présence d'une antenne impaire. Ces Annelides ont, suivant Savigny, un corps linéaire à segmens très-nombreux, le premier étant un peu plus long que celui qui suit; leur tête qui est arrondie, saillante et libre en avant, a les côtés renflés en deux lobes et le front échancré; elle donne insertion aux antennes; l'impaire est insérée fort près de la nuque, longue, filiforme ou plutôt moniliforme, c'est-à-dire composée d'articles nombreux et globuleux; les extérieures qui sont écartées lui ressemblent beaucoup, mais elles sont plus courtes; les yeux sont apparens et disposés sur une ligne courbe. La bouche qui manque de mâchoires est pourvue d'une trompe de grandeur moyenne partagée en deux anneaux cylindriques; le second, plus petit et plissé à son orifice, porte sur son bord supérieur une petite corne solide dirigée en avant. Les pieds sont dissemblables; les premiers se trouvent privés de soies et consistent de chaque côté en une paire de cirres tentaculaires, moniliformes, dont l'inférieur est plus court; les seconds et les suivans sont ambulatoires à une seule lame pourvue d'un seul faisceau de soies simples et d'un seul acicule; les cirres supérieurs de ces pieds sont longs, gros, moniliformes et assez semblables aux antennes et aux cirres tentaculaires; les inférieurs sont courts, inarticulés, simplement coniques. Il existe à l'extrémité du corps deux pieds stylaires formant deux filets moniliformes; les branchies sont nulles. Les Syllis sont des Annelides très-agiles qui se déplacent en serpentant. Savigny décrit et figure avec soin une seule espèce qui est nouvelle, la SYLLIS MONILAIRE, *Syllis monilaris* (figures d'Égypte, pl. 4, fig. 3); elle habite les côtes de la mer Rouge. Savigny rapporte avec doute au même genre la *Nereis prolifera* de Muller (*Zool. Dan.*, part. 2, tab. 52, fig. 5, 9).
(AUD.)

SYLPHION ou SYLPHIUM. BOT. PHAN. Les anciens donnaient ce nom à une Plante célèbre par ses propriétés médicales, et que Viviani a reconnue pour une espèce de *Thapsia*. Il en a été question à l'article SILPHIUM. *V.* ce mot.   (G..N.)

SYLVAIN. OIS. Espèce du genre Chevalier. *V.* ce mot.   (DR..Z.)

SYLVAIN. *Sylvanus.* INS. Genre de l'ordre des Coléoptères, section des Tétramères, famille des Xylophages, tribu des Trogossitaires, établi par Latreille, et qui faisait partie avant ce savant des genres *Tenebrio* de Degéer, *Dermestes* de Fabricius et de Panzer, *Colydium* de Fabricius, Paykull et Herbst, et du grand genre *Ips* d'Olivier. Les caractères du genre Sylvain, tel qu'il est adopté aujourd'hui, sont: corps allongé, étroit, presque linéaire, très-déprimé; tête avancée en devant, sans ligne transversale enfoncée, séparant le chaperon; antennes un peu plus longues que le corselet, non insérées sous un rebord, composées de onze articles courts, le second et les suivans jusqu'au huitième inclusivement presque égaux, les trois derniers formant une masse presque perfoliée; labre petit, avancé, membraneux, transversal, entier; mandibules déprimées, presque trigones, à pointe bifide; l'angle externe de leur base avancée presque en forme d'oreillette; mâchoires composées de deux lobes; l'extérieur plus grand, presque trigone, l'intérieur petit, dentiforme; palpes très-courts, presque filiformes, leur dernier article un peu plus grand, presque cylindrique; les maxillaires presque deux fois aussi longs que les mâchoires; lèvre coriace, en carré transversal, entière; menton deux fois plus grand que la lèvre, coriace, carré, un peu plus large que long; corselet aussi large que la tête et l'abdomen; élytres recouvrant l'abdomen et des ailes; pates assez courtes; cuisses un peu en massue; jambes minces à leur base, allant en grossissant vers l'extrémité; tarses filiformes; abdomen déprimé, linéaire. Ce genre se dislongue des Latridies, qui en sont les plus voisins, parce que dans ces derniers le second article des antennes est plus long que le troisième et par sa tête qui porte un sillon. Les Colydies en sont séparés, parce que leurs antennes ne sont guère plus longues que la tête. Enfin les genres Méryx, Trogossite, etc., en diffèrent par des caractères de la même valeur. Les Sylvains vivent dans les maisons, les herbiers, les magasins de grains, etc. On ne connaît pas leur larve. Ce sont de très-petits Insectes de couleur brun marron. Nous citerons parmi les trois ou quatre espèces connues :

Le SYLVAIN UNIDENTÉ, *Sylvanus unidentatus*, Latr., *Gen. Crust.*, etc. T. 1, pl. 11, fig. 2; *Dermestes unidentatus*, Fabricius, etc. Des environs de Paris.   (G.)

SYLVAIN ou BANDE NOIRE. INS. Espèce du genre Hespérie. *V.* ce mot.   (B.)

* SYLVALISIMIS ou SYLVALISMIS. BOT. PHAN. Du Petit-Thouars (Orchidées des îles Australes d'Afrique, tab. 35 et 36) a donné ces noms à une Plante qu'il a aussi nommée *Alismorchis centrosis*, et *Centrosis sylvatica*. C'est sur cette espèce que notre collaborateur Achille Richard a établi le genre *Centrosia*. *V.* ce mot au Supplément.   (G..N.)

SYLVAN ET SYLVANITE. MIN. Werner nommait ainsi le Tellure et ses Minerais. *V.* ce mot.   (A. R.)

SYLVICOLA. OIS. (Latham.) Syn. latin de la Sylvie siffleuse. *V.* ce mot.   (DR..Z.)

SYLVICOLES ou ORNÉOPHILES. INS. Duméril donne ces noms à la troisième famille de ses Coléoptères pentamérés; elle a pour caractères : élytres dures, larges; antennes filiformes, souvent dentées. Cette famille renferme les genres Hélops, Serropalpe, Cistèle, Calope, Pyrochre et Horie.   (G.)

SYLVIE. *Sylvia.* OIS. Genre de l'ordre des Insectivores. Caractères : bec droit, grêle, plus élevé que large à sa base; mandibule supérieure souvent échancrée à sa pointe, l'inférieure droite; narines placées à la base du bec, latérales, ovoïdes, à moitié fermées par une membrane; trois doigts devant, l'extérieur soudé, vers la base, à l'intermédiaire qui est moins long que le tarse; un derrière muni d'un ongle assez court et arqué; première rémige très-courte, presque nulle, seconde égale à la troisième ou presque aussi longue qu'elles; rémiges dépassant de beaucoup les tectrices. Les Sylvies sont, pour la plupart, les Oiseaux chanteurs par excellence; ce sont eux qui, dans les plus beaux jours de l'année, prêtent aux bosquets comme aux forêts ce charme inexprimable dont voudraient en vain se défendre ceux que le hasard ou l'attrait du plaisir conduit dans ces vastes conservatoires : des chants variés et modulés à l'infini, se renouvelant sans cesse et se correspondant de distance en distance, font, avec le majestueux silence des bois, un contraste qui porte à l'ame des émotions que n'effacent pas même l'habitude de les recevoir. Souvent il arrive que la nuit, loin d'apporter un obstacle à ces doux concerts, ne fait que les rendre plus animés; il semble que ces petits êtres s'interdisent tout repos dans la crainte de laisser échapper, sans en jouir, un de ces instans qui embellissent leur existence. Presque tous ces Oiseaux sont voyageurs; ne cherchant que le plaisir, ils fuient la tristesse des frimas et suivent à la piste cette uniformité de température qui, chaque année, fait en quelque sorte le tour du monde. Amis d'une entière liberté, ils se font difficilement à l'esclavage, et leurs chants alors, quoique devenus de toutes les saisons, expriment un caractère de monotonie que l'on ne remarque pas dans l'Oiseau libre; aussi périssent-ils long-temps avant l'âge de la caducité. Les Sylvies ont des habitudes diverses pour la construction de leur nid, et ces habitudes se perpétuent dans les espèces; les unes le placent entre les branches les plus basses d'une épaisse fourrée, d'autres sur les arbres de moyenne élévation ; des trous de murailles, de rochers, de vieux arbres conviennent à d'autres espèces ; enfin celles qui sont constamment à la poursuite des Insectes aquatiques préparent leur nid sur le bord des eaux, presque au milieu des roseaux, entre les broussailles qui en sont les plus voisines. La ponte, pour la plupart des espèces, est de quatre à cinq œufs ; quelques-unes la portent jusqu'à six, sept, huit et même onze. L'incubation ordinairement de quatorze à seize jours est prolongée un peu au-delà chez quelques espèces, mais dans toutes elle est accompagnée des soins les plus constans qu'égaient les chants continuels du mâle qui ne quitte pas le voisinage de la couveuse et lui apporte sa nourriture ; l'un et l'autre dégorgent d'abord la pâtée aux nouveaux-nés, puis leur apportent à l'envi des larves d'abord et enfin de petits Insectes.

On a proposé diverses sous-divisions dans ce genre très-nombreux en espèces, mais les caractères assignés aux sections que l'on a voulu former n'établissent aucune limite exacte ; ils sont souvent très-équivoques et n'atteignent point le but désiré, celui de faciliter les recherches dans les déterminations spécifiques ; conséquemment il a paru préférable de laisser le champ dans son entier, plutôt que de risquer d'y tracer de fausses routes. Parmi ce grand nombre d'espèces, nous nous contenterons de citer les suivantes :

SYLVIE ACUTIPENNE, *Sylvia axyura*, Vieill., Levaill., Ois. d'Afriq., pl. 133. Parties supérieures rousses ; parties inférieures jaunes, avec abdomen blanc ; les deux premières rémiges entièrement brunes, les autres à l'extrémité seulement. Longueur, quatre pouces six lignes. La femelle n'a que la gorge jaune avec les flancs roussâtres. De l'Afrique.

SYLVIE BABILLARDE, *Sylvia Curruca*, Lath. ; *Curruca garrula*, Briss. ; *Motacilla dumetorum*, Gmel., Buff., pl. enl. 580, f. 2. Parties supérieures

brunes, variées de cendré ; sommet de la tête cendré ; un espace plus foncé entre l'œil et le bec ; parties inférieures blanches, nuancées de roussâtre ; rectrices noirâtres, l'extérieure bordée et terminée de blanc qui est la couleur de l'une de ses barbes, les deux suivantes terminées par une tache blanche seulement. Longueur, cinq pouces. De l'Europe.

SYLVIE BARBUE, *Sylvia barbata*, Vieill. Parties supérieures noirâtres ; le dos moins fourré ; gorge et sourcils blancs ; rectrices latérales plus longues et blanches en dedans ; parties inférieures blanchâtres ; rémiges très-longues. Longueur, quatre pouces six lignes. De la Nouvelle-Hollande.

SYLVIE A BEC NOIR, *Sylvia nigrirostris*, Lath. Parties supérieures d'un brun olive, varié de noir ; un trait blanchâtre sur les joues, et une tache roussâtre au-dessus ; parties inférieures blanches, tachetées de noir sur les flancs ; gorge et poitrine rousses, celle-ci tachetée de noir ; rémiges bordées de jaune ; rectrice latérale blanche. Longueur, six pouces six lignes. Patrie inconnue.

SYLVIE BLEUATRE, *Sylvia cœrulescens*, Lath. ; *Motacilla cœrulescens*, Gmel., Ois. de l'Amér. septent., pl. 80 ; Figuier bleu d'Amérique, Buff. Parties supérieures cendrées, bleuâtres, mélangées de brun ; tour des yeux, joues, gorge et côtés de la poitrine noirs ; tectrices noirâtres, bordées de gris bleu ; rémiges brunes, bordées de vert bleuâtre ; rectrices d'un gris bleuâtre ; les trois latérales blanches en dessous. Longueur, cinq pouces.

SYLVIE BLONDE DU SÉNÉGAL, *Sylvia subflava*, Lath., Buff., pl. enl. 584, p. 2. Parties supérieures brunes, variées de noirâtre ; parties inférieures blanchâtres avec une nuance blonde sur les flancs et les côtés de la poitrine. Longueur, quatre pouces neuf lignes.

SYLVIE BORÉALE, *Sylvia borealis*, Lath. ; *Motacilla borealis*, Gmel. Parties supérieures vertes, les inférieures jaunâtres ; front, côtés de la tête et de la gorge ferrugineux ; rectrices, à l'exception des intermédiaires, terminées de blanc ; bec blanchâtre. Longueur, quatre pouces neuf lignes. Du Kamtschatka.

SYLVIE BOUSCARLE, *Sylvia Cetti*, Marmora. Parties supérieures brunes, nuancées de roux ; parties inférieures rousses ; gorge, devant du cou et milieu du ventre blancs ; un trait cendré au-dessus de l'œil ; rémiges et rectrices noirâtres ; tectrices caudales rousses, terminées de blanchâtre. Longueur, cinq pouces. De l'Europe.

SYLVIE BRUNETTE, *Sylvia fuscescens*, Vieill. Parties supérieures d'un gris brun, ardoisé ; parties inférieures et gorge jaunes ; poitrine et flancs gris ; rémiges et rectrices noirâtres, bordées de gris. Longueur, cinq pouces deux lignes. De l'Europe.

SYLVIE CAFRE, *Sylvia cafra*, Lath., *Motacilla cafra*, Gmel. Parties supérieures olivâtres ; sourcils blancs ; une tache noire sous l'œil ; parties inférieures blanchâtres ; gorge et croupion ferrugineux ; rémiges brunes ; rectrices ferrugineuses, terminées de brun. Longueur, sept pouces. Du Cap.

SYLVIE CAP-NÈGRE, *Sylvia nigricapilla*, Levaill., Ois. d'Afriq., pl. 140, f. 1 et 2 ; *Agithina atricapilla*, Vieill. Parties supérieures d'un vert olivâtre ; parties inférieures jaunes ; rectrices latérales terminées de blanc. Longueur, cinq pouces. Cette espèce décrite par Levaillant à la suite de ses Mésanges d'Afrique, est devenue pour Vieillot le type d'un genre nouveau dont les caractères se tirent principalement d'une légère courbure du bec. On le trouve aussi à l'île de Ceylan.

SYLVIE CENDRÉE, *Sylvia cinerea*, L. ; *Motacilla Sylvia*, Gmel., Buff., pl. enl. 579, fig. 3. Parties supérieures d'un gris lavé de roux ; sommet de la tête cendré ; tectrices alaires noirâtres, bordées de roux ; rémiges lisérées de roux à l'exception de la première qui l'est de blanc ; parties inférieures blanches avec les flancs roussâtres et la poitrine rosée ; rec-

trice latérale bordée et terminée de blanc : la suivante terminée de même. Longueur, cinq pouces six lignes. La femelle a les teintes moins pures et plus rousses ; elle n'a point de rose à la poitrine. Les jeunes sont encore plus roux, et la rémige extérieure n'est pas bordée de blanc : c'est alors la fig. 1 de la pl. 581 de Buffon. De l'Europe.

SYLVIE CHIVI, *Sylvia Chivi*, Lath. Parties supérieures d'un vert obscur, mêlé de jaunâtre ; trait oculaire arqué, blanchâtre et bordé de noir ; moustache noire ; sommet de la tête ardoisé ; grandes tectrices, rémiges et rectrices brunes, bordées de jaunâtre ; parties inférieures blanches avec le ventre jaune. Longueur, cinq pouces. De l'Amérique méridionale.

SYLVIE CITRINE, *Sylvia subcitrina*; *Sylvia subflava*, Vieill., Levaill., Ois. d'Afrique, pl. 127, f. 1 et 2. Parties supérieures brunes, nuancées de jaunâtre, les inférieures blanches, teintées de jaune avec quelques taches brunes au bas du cou ; rémiges et rectrices isabelles ; queue longue, étagée. Longueur, cinq pouces. Du Sénégal. Vieillot soupçonne que c'est le Figuier à ventre gris, Buff., pl. enl. 684, f. 1.

SYLVIE A COLLIER, *Sylvia torquata*, Vieill. ; *Parus americanus*, Gmel., Lath., Buff., pl. enl. 731, f. 1. Parties supérieures olivâtres, cendrées sur la tête, le cou et le croupion ; une tache noire entre le bec et l'œil, une petite marque blanche au-dessus et une autre au-dessous de l'œil ; rémiges et rectrices noires, bordées de gris bleuâtre ; tectrices noirâtres, bordées de bleuâtre et terminées de blanc ; parties inférieures blanches ; gorge, devant du cou et poitrine jaunes ; un collier rouge-brun sur cette dernière. Longueur, quatre pouces. De l'Amérique septentrionale.

SYLVIE A CORDON NOIR, *Sylvia melanoleucos*, Vieill., Levaill., Ois. d'Afrique, pl. 150, f. 1 et 2. Tête, dessus du cou, scapulaires inférieures, milieu des trois rectrices latérales et poignet blancs ; scapulaires supérieures et tectrices alaires d'un noir lavé de brun ; rectrices intermédiaires longues et blanches ; les latérales plus courtes , noires , lisérées de blanc. Longueur, six pouces. La femelle a la queue égale et du roux sur la poitrine. De l'Afrique.

SYLVIE COUTURIÈRE , *Sylvia sutoria*, Lath. ; *Motacilla sutoria*, Gmel. Entièrement d'un jaune pâle. Longueur, trois pouces. Cette très-petite espèce est de l'Inde ; elle s'y fait remarquer par son adresse à coudre, pour ainsi dire , son nid entre deux feuilles de l'extrémité d'une branche ; ce nid , suspendu comme un petit guêpier, est hors de l'atteinte des singes et des serpens.

SYLVIE A CRAVATE NOIRE , Buff. ; *Sylvia virens* , Lath. , *Motacilla virens*, Gmel. , Ois. de l'Amér. septent., pl. 95. Parties supérieures olivâtres ; côtés de la tête et du cou jaunes ; parties inférieures blanches avec quelques taches noires sur les flancs ; gorge noire ; poitrine jaunâtre ; deux bandes blanches sur les ailes noirâtres ; rémiges et rectrices d'un cendré foncé avec des taches blanches sur les rectrices latérales. Longueur, quatre pouces trois lignes. La femelle n'a point de noir à la gorge.

SYLVIE FAUVETTE , *Sylvia hortensis* , Bechst. , Buff. , pl. enl. 679 , f. 2. Parties supérieures d'un gris brun , nuancé d'olivâtre ; aréole de l'œil blanc ; une tache d'un brun cendré de chaque côté du cou ; gorge blanchâtre ; poitrine et flancs d'un gris roussâtre ; ventre blanc. Longueur, cinq pouces six lignes. De l'Europe.

SYLVIE FITERT, *Sylvia Sibylla* , Lath. Parties supérieures noires, ondulées de roussâtre ; parties inférieures blanches , avec la poitrine rousse et la gorge noire ; tectrices alaires et rémiges bordées de blanc. Longueur, cinq pouces quatre lignes. De Madagascar.

SYLVIE FLAVÉOLE, *Sylvia flaveola*, Vieill. *V*. SYLVIE A POITRINE JAUNE. Les caractères spécifiques ne paraissent pas assez suffisans pour établir deux espèces qui, d'ailleurs, ont absolument les mêmes habitudes.

SYLVIE A GORGE BLEUE, *Sylvia succica*, L. ; *Motacilla succica* , Gmel. ; *Sylvia cyanecula*, Meyer, Buff. , pl. enl. 510 et 351, f. 2. Parties supérieures brunes, nuancées de noirâtre ; menton blanc ; de chaque côté une moustache bleue suivie d'une tache noire ; gorge blanche ; un collier bleu, bordé d'une zône noire et d'une blanche ; poitrine rousse ; ventre blanchâtre ; côtés de l'abdomen fauves ; rectrices à moitié rousses à la base. Longueur, cinq pouces six lignes. Les vieux mâles ont la gorge bleue ; les femelles ont rarement de cette couleur dans leur plumage. De l'Europe.

SYLVIE GRIGNETTE , *Sylvia subcærulea*, Vieill., Levail., Ois. d'Afriq., pl. 126, f. 1. Parties supérieures d'un cendré bleuâtre ; parties inférieures d'un brun roux ; gorge cendrée avec de petites taches oblongues ; rectrices brunes , les latérales en partie blanches. Longueur , cinq pouces six lignes. Du Sénégal.

SYLVIE GRISE A GORGE JAUNE , *Sylvia flavicollis*, Lath. ; *Motacilla flavicollis*, Gmel. ; Mésange grise à gorge jaune, Buff. Parties supérieures grises ; parties inférieures blanches, avec la gorge et la poitrine jaunes ; une petite tache jaune sur les joues ; un bandeau noir qui forme le front et descend de chaque côté du cou ; tectrices alaires brunes , terminées de blanc ; rectrices brunes, bordées de blanc , à l'exception des deux intermédiaires. Longueur, cinq pouces trois lignes. De l'Amérique septentrionale.

SYLVIE GRIVETINE, *Sylvia leucophrys*, Vieill., Levaill. , Ois d'Afriq., pl. 118, f. 1 et 2. Parties supérieures d'un gris brun , roux sur le croupion ; parties inférieures brunâtres , avec la gorge blanche tachetée de noir ; front et sourcils blancs ; tectrices alaires bordées de blanc. Longueur, cinq pouces neuf lignes.

SYLVIE LOCUSTELLE, *Sylvia Locustella* , Lath. , Buff. , pl. enl. 581 ;

f. 5. Parties supérieures olivâtres, nuancées de brun et variées de taches ovoïdes noirâtres; parties inférieures blanches, avec une zône de petites taches ovoïdes sur la gorge; tectrices caudales inférieures d'un jaune roussâtre, tachetées de brun; queue longue, étagée, unicolore. Longueur, cinq pouces. De l'Europe.

SYLVIE A LUNETTES, *Sylvia conspicillata*, Marmora, Temm., pl. color. 6, f. 1. Parties supérieures d'un roux vineux, varié de noir sur les ailes; sommet de la tête et joues cendrés; œil entouré d'un double cercle blanc et noir; une tache noire entre l'œil et le bec; gorge blanche; parties inférieures roussâtres sur les côtés, vineuses au centre; rectrices noirâtres, l'extérieure presque entièrement blanche, la suivante tachée de blanc, et la troisième terminée seulement de cette couleur. Longueur, quatre pouces quatre lignes. Du midi de l'Europe.

SYLVIE MÉLANOCÉPHALE, *Sylvia melanocephala*, Lath.; *Motacilla melanocephala*, Gmel. Parties supérieures d'un gris foncé; front, sommet de la tête, occiput et joues noirs; orbites nus; nuque, flancs et abdomen gris; gorge, devant du cou et milieu du ventre blancs; ailes noirâtres ainsi que la queue, dont la première rectrice latérale est blanche en dehors et au bout, la seconde à l'extrémité seulement; bec assez gros et fort. Longueur, cinq pouces. La femelle a le capuchon d'un cendré noirâtre. De l'Europe méridionale.

SYLVIE MITRÉE, *Sylvia mitrata*, Lath.; *Motacilla mitrata*, Gmel., Buff., pl. enl. 666, f. 2; Ois. de l'Amériq. septent., pl. 75. Parties supérieures d'un vert foncé; occiput, nuque et plastron sur la poitrine noirs; sinciput et côtés de la tête jaunes; parties postérieures jaunâtres, avec les flancs verts. Longueur, quatre pouces neuf lignes. La femelle n'a point la tête noire ni les couleurs aussi vives.

SYLVIE MORDORÉE, *Sylvia rubida*, Vieill. Parties supérieures mordorées;

sommet de la tête brun roussâtre; parties inférieures jaunes; grandes tectrices alaires, rémiges et rectrices brunes; queue étagée. Longueur, cinq pouces. De l'Amérique méridionale.

SYLVIE ORPHÉE, *Sylvia Orphea*, Temm.; Fauvette proprement dite, Cuv., Buff., pl. enl. 579, f. 1. Parties supérieures noires, nuancées de cendré; tête et joues noirâtres; tectrices alaires noirâtres, bordées de cendré brun; parties inférieures blanchâtres, avec une teinte rose sur la poitrine et les flancs, et l'abdomen roux; rectrices noirâtres, terminées de blanc; l'extérieure blanche, bordée de cendré, avec la baguette noire; bec long avec quelques poils à la base; la mandibule supérieure fortement échancrée, l'inférieure jaune à son origine. Longueur, six pouces trois lignes. La femelle n'a point de noir sur la tête, seulement entre l'œil et le bec où se trouve un trait blanc; une teinte de roux remplace le rose. Dans le midi de l'Europe.

SYLVIE PASSERINETTE, *Sylvia Passerina*, Lath.; *Motacilla Passerina*, Gmel.; *Curruca minor*, Briss.; Passerinette, Buff., pl. enl. 679, f. 2, Temm., pl. color. 24, f. 1. Parties supérieures d'un cendré olivâtre, avec le sommet de la tête, les joues, la nuque et les côtés du cou d'un cendré très-clair; tectrices alaires frangées de roussâtre; parties inférieures blanches; rectrices d'un cendré clair, avec les deux latérales tachées de blanc, et les deux suivantes de chaque côté seulement terminées de cette couleur; mandibule supérieure brune, l'inférieure blanche. Longueur, quatre pouces six lignes. La femelle a les parties supérieures d'une seule nuance de cendré roussâtre, les parties inférieures roussâtres, avec la gorge et le milieu du ventre blancs; les rectrices, à l'exception des quatre intermédiaires qui sont toutes cendrées, ont l'extrémité rousse, l'extérieure est tachée et frangée de blanc. Du midi de l'Europe.

SYLVIE PETIT-SIMON, *Sylvia bor-*

bonica , Lath. ; *Motacilla borbonica* , Gmel. , Buff. , pl. enl. 705 , f. 2. Parties supérieures ardoisées , les inférieures grises avec la gorge blanche ; rémiges et rectrices brunes , bordées de bleuâtre. Longueur, trois pouces huit lignes. De l'Ile-Bourbon.

Sylvie Philomèle, *Sylvia Philomela*, Bechst. ; *Luscinia major*, Briss. ; *Motacilla Luscinia major* , Gmel. Parties supérieures d'un gris-brun terne ; parties inférieures blanchâtres ; gorge blanche, entourée de gris foncé ; poitrine grise , tachetée ; première rémige presque nulle, les seconde et troisième égales entre elles et plus longues que la quatrième. Longueur, six pouces six lignes. De l'Europe.

Sylvie Pit-Chou , *Motacilla provincialis* , Gmel. ; *Sylvia dartsordiensis* , Lath. , Buff. , pl. enl. 655, f. 1. Parties supérieures d'un gris foncé ; parties inférieures d'un pourpre vineux , avec le milieu du ventre blanc ; rémiges cendrées extérieurement, noires à l'intérieur ; ailes très-courtes ; rectrices noirâtres, la première terminée de blanc ; queue très-longue ; bec noir, jaunâtre à sa base ; pieds jaunes. Longueur, cinq pouces. Les femelles et les jeunes ont des traits noirs à la gorge. De l'Europe méridionale.

Sylvie Pivote, *Sylvia albicapilla*, Lath. Parties supérieures noires, avec des taches blanches sur la tête et vers les yeux ; parties inférieures blanchâtres. Longueur, sept pouces. De la Chine.

Sylvie a plastron noir, *Sylvia lunata*, Vieill., Levaill., Ois. d'Afriq., pl. 123, f. 1 et 2. Parties supérieures olivâtres ; les inférieures d'un blanc jaunâtre ; une tache noire sur la joue et l'œil, et un croissant de même couleur sur la gorge ; rémiges noirâtres, bordées d'olivâtre ; rectrices latérales en partie blanches. Longueur, quatre pouces six lignes. La femelle n'a point de croissant à la gorge.

Sylvie a poitrine jaune , *Sylvia Hippolais*, Lath. ; *Motacilla Hippolais*, Gmel. ; Fauvette des roseaux, Buff. , pl. enl. 581, f. 2 ; grand Pouillot,

Cuv. Parties supérieures cendrées , nuancées de verdâtre ; un cercle autour de l'œil , et un espace entre cet organe et le bec jaunes ; tectrices alaires brunes, bordées de blanchâtre ; rémiges et rectrices brunes , bordées de verdâtre ; parties inférieures d'un jaune pâle ; bec noirâtre en dessus et blanc en dessous. Longueur , cinq pouces quatre lignes. De l'Europe.

Sylvie Pouillot, *Sylvia Trochilus*, Lath. ; *Motacilla Trochilus*, Gmel. ; *Sylvia Filis*, Bechst. ; *Motacilla acredula* , L. , Le Chantre, Buff. , pl. enl. 651, f. 1. Parties supérieures olivâtres ; une raie jaunâtre de chaque côté de la tête ; parties inférieures d'un blanc jaunâtre ; rémiges et rectrices d'un brun cendré , bordées d'olivâtre ; rémige extérieure courte, la seconde égale à la sixième. Longueur, quatre pouces six lignes. La femelle a le jaune moins prononcé. De l'Europe.

Sylvie Pouillot d'Australasie, *Sylvia australasis*, Vieill. Parties supérieures d'un vert jaunâtre, les inférieures blanches ; rémiges et rectrices noirâtres , bordées de vert jaunâtre. Longueur, quatre pouces trois lignes.

Sylvie Pouillot , collybite ou véloce , *Sylvia collybita* , Vieill. ; *Sylvia rufa*, Meyer, Lath. : *Motacilla rufa*, Gmel. Parties supérieures brunes , nuancées d'olivâtre ; un trait blanc jaunâtre au-dessus des yeux ; côtés de la tête d'un brun très-clair ; parties inférieures blanches, nuancées de fauve et de jaunâtre, avec la gorge blanche ; rémiges et rectrices brunes, l'extérieure de ces dernières lisérées en dehors de grisâtre ; la rémige extérieure courte , la deuxième plus courte de trois lignes que la troisième, et de la même longueur que la septième. Longueur, quatre pouces cinq lignes. De l'Europe.

Sylvie Pouillot d'Espagne, *Sylvia mediterranea* , Lath. Parties supérieures d'un brun verdâtre ; parties inférieures fauves et ferrugineuses ; mandibule supérieure un peu crochue à l'extrémité. Longueur , quatre pouces six lignes. Espèce douteuse.

SYLVIE POUILLOT GRAND, Buff., *Sylvia Trochilus major*, Lath. Parties supérieures mélangées de noirâtre et de roussâtre; parties inférieures d'un blanc roussâtre; un trait blanchâtre sur l'œil; tectrices alaires noirâtres, frangées de blanchâtre. Longueur, cinq pouces neuf lignes. Espèce douteuse.

SYLVIE POUILLOT, SYLVICOLE OU SIFFLEUR, *Sylvia Sylvicola*, Lath.; *Sylvia sibilatrix*, Bechst. Sommet de la tête et parties inférieures d'un beau vert clair; une raie jaune de chaque côté de la tête; parties inférieures blanches, avec les côtés de la tête, le devant du cou, la gorge et les cuisses jaunes; rémiges et rectrices noirâtres, bordées de vert clair; la première rémige presque nulle, la deuxième de la longueur de la quatrième. Longueur, quatre pouces six lignes. De l'Europe.

SYLVIE PROTONOTAIRE, *Sylvia Protonotarius*, L. Parties supérieures d'un vert olivâtre, les inférieures ainsi que la tête, le cou et la poitrine d'un beau jaune; croupion et tectrices caudales supérieures d'un gris ardoisé; tectrices alaires et rectrices grises, bordées de verdâtre; les latérales de ces dernières blanches en partie. Longueur, quatre pouces dix lignes. De l'Amérique septentrionale.

SYLVIE ROITELET ORDINAIRE, *Sylvia regulus*, Lath. Parties supérieures olivâtres; sommet de la tête garni d'une petite huppe d'un jaune d'or; joues d'un cendré pur, avec une seule bande noire sur chacune; parties inférieures et côtés du cou d'un cendré légèrement lavé de roux; deux bandes transversales, blanchâtres sur l'aile: rémiges et rectrices brunes, bordées d'olivâtre d'un côté et de blanchâtre de l'autre. Longueur, trois pouces six lignes. Les femelles et les jeunes ont la huppe d'un jaune pâle ou verdâtre et les nuances moins prononcées. De l'Europe.

SYLVIE DES ROSEAUX, *Sylvia arundinacea*, Lath.; *Motacilla arundinacea*, Gmel.; *Curruca arundinacea*,

Briss. Parties supérieures d'un brun roussâtre; ailes brunes, bordées de brun olivâtre; une bande jaunâtre au-dessus des yeux; parties inférieures d'un blanc fauve, avec la gorge blanche; queue longue arrondie; bec comprimé, plus haut que large dans toute sa longueur. Les jeunes n'ont point le trait oculaire blanchâtre. Longueur, cinq pouces deux lignes. De l'Europe.

SYLVIE ROSSIGNOL, *Motacilla Luscinia*, Gmel.; *Sylvia Luscinia*, Lath., Buff., pl. enl. 615. Parties supérieures d'un brun roux; gorge et ventre blanchâtres; poitrine et flancs cendrés; première rémige courte: la deuxième plus courte que la troisième et égale à la cinquième. Longueur, six pouces deux lignes. De l'Europe, de l'Egypte et de la Syrie.

SYLVIE ROUGE-GORGE, *Sylvia rubecula*, Lath.; *Motacilla rubecula*, L., Buff., pl. enl. 361, f. 1. Parties supérieures d'un gris olivâtre; front, espace entre l'œil et le bec, devant du cou et poitrine d'un roux orangé; côtés du cou cendrés; flancs olivâtres; ventre blanc. Longueur, cinq pouces neuf lignes. La femelle a les couleurs moins vives, et les jeunes ont des traits roussâtres sur les plumes. De l'Europe.

SYLVIE ROUGE-GORGE BLEU, *Sylvia sialis*, Lath.; *Motacilla sialis*, L., Buff., pl. enl. 390, f. 1, 2. Parties supérieures d'un beau bleu d'azur; extrémités des rémiges brunes; gorge rousse tachetée de bleu; devant du cou et poitrine roux, avec le ventre blanc. Longueur, cinq pouces six lignes. La femelle a moins de bleu sur les parties supérieures. De l'Amérique septentrionale.

SYLVIE ROUGE-QUEUE, *Sylvia Tithys*, Scop.; *Motacilla atrata*, Gmel.; *Motacilla gibraltariensis*, Gmel. Parties supérieures d'un cendré bleuâtre; espace entre l'œil et le bec, joues, gorge et poitrine noirs; ventre et flancs d'un cendré foncé; abdomen blanchâtre; tectrices caudales inférieures, croupion et rectrices d'un roux vif; les deux intermédiaires de ces dernières sont brunes, frangées de roux ; grandes tectrices alaires bordées de blanc ; rémige extérieure courte, la deuxième égale en longueur à la septième, et plus courte que les quatrième et cinquième qui sont les plus longues. La femelle a les parties supérieures d'un cendré terne ; les tectrices caudales inférieures d'un roux jaunâtre ; le croupion et les rectrices d'un roux terne. Les jeunes ressemblent assez aux femelles ; mais ils ont les parties inférieures d'un cendré moins clair. Longueur, cinq pouces trois lignes. De l'Europe.

SYLVIE ROUGE-QUEUE OU ROSSIGNOL DE MURAILLES, *Sylvia phœnicurus*, Gmel. ; *Motacilla phœnicurus*, Buff., pl. enl. 361, f. 1, 2. Parties supérieures d'un cendré bleuâtre ; front et sourcils blancs ; moustaches, joues, gorge et devant du cou noirs ; poitrine, flancs, croupion et rectrices latérales d'un roux vif ; abdomen blanchâtre ; tectrices caudales d'un roux clair ; les deux rectrices intermédiaires brunes ; première rémige très-courte, la deuxième égale à la sixième et plus courte que la troisième qui est la plus longue. La femelle a les teintes plus pâles, la gorge blanche et les grandes tectrices alaires bordées de jaune roussâtre : les jeunes n'ont point le front blanc ; ils ont le noir de la gorge maculé de blanchâtre et le roux de la poitrine varié de blanc. Longueur, cinq pouces trois lignes. De l'Europe.

SYLVIE TROGLODYTE AÉDON, Vieill., Ois. de l'Amériq. septent., pl. 107. Parties supérieures d'un brun obscur, rayées transversalement de noir ; tectrices alaires et rémiges brunes, rayées de noir et de gris ; parties inférieures grises, rayées transversalement de noirâtre ; queue allongée, cunéiforme, traversée de noir et de gris ; bec long, courbé légèrement vers le bout. Longueur, quatre pouces.

SYLVIE TROGLODYTE ARADE, *Sylvia Turdus arada*, Lath. Parties supérieures d'un brun foncé, teinté de roux ; du bleu sans mélange sur le dos et les ailes ; parties inférieures rousses ; côtés du cou noirs, tachetés de blanc ; rémiges et rectrices rayées transversalement de brun et de noir. Longueur, quatre pouces. De l'Amérique méridionale.

SYLVIE TROGLODYTE ORDINAIRE OU D'EUROPE, *Sylvia Troglodytes*, Lath. ; *Motacilla Troglodytes*, Gmel., Buff., pl. enl. 651, f. 2. Parties supérieures brunes, rayées transversalement de roux et de noir ; un trait blanc au-dessus des yeux ; gorge et poitrine d'un blanc bleuâtre ; parties inférieures brunes, marquées de taches blanches, rayées de noir ; rémiges, tectrices alaires et rectrices rayées transversalement de noir et de brunâtre. Longueur, trois pouces six lignes. La femelle est un peu plus petite ; elle a les couleurs moins prononcées. De l'Europe.   (DR..Z.)

SYME. *Syma*. OIS. Genre proposé par nous dans la Zoologie de la Coquille, pour recevoir un Martin-Pêcheur de la Nouvelle-Guinée s'éloignant par quelques caractères des autres espèces du genre, et qui est pour nous le *Syma Torotoro*, Zool., pl. 31 *bis*, f. 2, et Manuel, T. II, p. 97. Dans le genre *Syma* le bec est fortement dentelé.   (LESS.)

* SYMÉTHIS. CRUST. Fabricius établit sous ce nom et aux dépens de ses *Hippa*, un nouveau genre dont le type est son *Hippa variolosa* ; il caractérise ce genre par la brièveté de ses antennes quadriarticulées et cachées dans une avance du rostre. Il n'a pas été adopté.   (G.)

* SYMETHUS. CRUST. Rafinesque désigne ainsi un genre de Crustacés macroures qui vit dans les ruisseaux, en Sicile, et qu'il caractérise d'une manière si vague, qu'il est impossible de s'en faire une idée nette. Voici sa description : antennes antérieures à deux filets ; palpes filiformes, allongés ; première paire de pates chéliformes ou pincefères. (G.)

* SYMMETRIA. BOT. PHAN. Blume (*Bijdr. Flor. ned. Ind.*, p. 1130) a

établi sous ce nom un nouveau genre de la famille des Lythraires, auquel il a imposé les caractères suivans : calice infère, campanulé, sexfide ; six pétales petits, insérés sur le calice ; douze étamines dont les filets sont insérés au même point, alternativement plus courts, finissant par se recourber en dedans et marcescens ; ovaire entouré par le disque, à quatre loges biovulées ; style épais, surmonté d'un stigmate obtus, à quatre angles ; drupe succulente, revêtue par le calice, à une, deux ou rarement trois loges, renfermant chacune un noyau réniforme, monosperme ; graine munie d'un arille fibreux ; embryon courbé, inverse, renfermé dans l'albumen. Le *Symmetria obovata* est un Arbre qui croît dans les forêts montueuses de l'île de Java. Ses feuilles sont opposées, obovées, obtuses, denticulées, coriaces, glabres, marquées faiblement de veines parallèles. Les fleurs sont petites, disposées en corymbes axillaires. (G..N.)

SYMNUS. POIS. *V*. LEICHE.

* SYMPHIOPODA. BOT. PHAN. De Candolle (Mémoires sur les Légumineuses, p. 480) a ainsi nommé une section du genre *Bauhinia*, qui offre pour principal caractère d'avoir l'ovaire stipité, et son support soudé avec le calice. C'est à cette section que se rapportent les *Bauhinia coromandelia* et *corymbosa*, et avec doute les *B. purpurea*, *retusa*, ainsi que deux autres espèces peu connues. (G..N.)

SYMPHODE. POIS. Sous le nom de *Symphodus*, Rafinesque a établi un genre de Poissons osseux et thoraciques, voisin du genre Labre, dont il diffère parce que les deux nageoires pectorales, au lieu d'être libres, sont réunies à leur base. L'espèce qui sert de type à ce genre est le *Russolida* des Siciliens ou le *Symphodus fulvescens* de Rafinesque. (LESS.)

SYMPHONIA. BOT. PHAN. Syn. de Moronobéa. *V*. ce mot. (B.)

SYMPHONIÉES. *Symphonieæ*. BOT. PHAN. Nom donné par Choisy à une tribu de la famille des Guttifères qui comprenait les genres *Canella*, *Moronobea* et *Chrysopia*. Cette tribu correspond à la seconde des sections que nous avons adoptées dans notre Mémoire sur cette famille ; mais il faut, selon nous, en exclure le *Canella* qui n'appartient pas aux Guttifères. (CAMB.)

SYMPHOREMA. BOT. PHAN. Roxburgh (*Plant. Coromand.*, 2, p. 46, tab. 186) a décrit et figuré sous le nom de *Symphorema involucratum*, une Plante de l'Inde qui forme un genre nouveau de l'Octandrie Monogynie, mais dont les affinités naturelles n'ont pas été déterminées. Ce genre offre les caractères essentiels suivans : involucre composé de six à huit feuilles renfermant six à neuf fleurs ; calice à six ou huit dents ; corolle monopétale, tubuleuse, ayant le limbe divisé en six à huit segmens réfléchis ; six à huit étamines alternes avec les segmens de la corolle ; style plus long que les étamines, terminé par un stigmate bifide ; fruit pseudosperme renfermé dans le calice. L'espèce unique qui constitue ce genre est un grand Arbrisseau grimpant, rameux, à feuilles opposées, oblongues, dentées en scie et pubescentes, à fleurs blanches, pédonculées, renfermées dans des involucres velus. Cette Plante croît dans l'Inde orientale. (G..N.)

SYMPHORICARPOS ou SYMPHORICARPUS. BOT. PHAN. Genre de la famille des Caprifoliacées et de la Pentandrie Monogynie, L., anciennement établi par Dillenius, puis réuni au *Lonicera* par Linné. Il en a été séparé de nouveau par Jussieu, Desfontaines, Kunth, et tous les auteurs modernes qui lui ont assigné les caractères suivans : calice fort petit, à quatre ou cinq dents ; corolle infundibuliforme, dont le limbe est à cinq divisions presque égales ; cinq étamines courtes, saillantes ; ovaire infère, à quatre loges, deux alternes renfermant chacune un seul ovule fertile, les deux autres renfermant un petit nombre d'ovules qui avortent; un style surmonté d'un stigmate hémisphérique; baie couronnée par le calice, à quatre loges, dont deux monospermes, les deux autres vides. Les espèces de *Symphoricarpos* sont peu nombreuses, et croissent dans l'Amérique septentrionale et au Mexique. Ce sont des Arbustes très-rameux, à rameaux opposés, garnis de feuilles opposées, très-entières. Les fleurs sont accompagnées de deux bractées, et portées sur des pédoncules axillaires. On cultive dans les jardins, comme Arbuste de décoration, le *Symphoricarpos parviflora*, qui est originaire de l'Amérique septentrionale. Il a un port très-élégant, et s'élève seulement à la hauteur de trois à quatre pieds; ses branches sont grêles, pubescentes, étalées et inclinées, garnies de feuilles ovales-obtuses, pubescentes et cendrées en dessus. Les fleurs sont petites, campanulées, disposées en capitules axillaires. Il leur succède des baies qui ont de la ressemblance avec les fruits du Gui ou de certains Groseilliers. (G..N.)

SYMPHYONEMA. BOT. PHAN. Genre de la famille des Protéacées et de la Pentandrie Monogynie, L., établi par R. Brown (*Transact. Linn. Soc.*, vol. 10, p. 157) qui l'a ainsi caractérisé : calice ou périanthe régulier, à quatre folioles cohérentes par la base, staminifères sur leur milieu; filets des étamines cohérens à leur sommet; anthères distinctes; point de glandes hypogynes; ovaire biovulé, surmonté d'un stigmate tronqué; noix monosperme, cylindracée. Ce genre n'a de rapports avec aucun des nombreux genres de Protéacées, si ce n'est peut-être avec l'*Agastachys*. Il se compose de deux espèces, *Symphyonema paludosum* et *S. montanum*, qui sont des Plantes herbacées ou sous-frutescentes, glabres ou munies de poils ras et glanduleux. Leurs feuilles sont triparties, à lobes divisés;

les inférieures sont opposées. Les fleurs, dont le périanthe est jaune, caduc, sont alternes, sessiles, disposées en épis axillaires, munies d'une bractée cuculliforme et persistante. Ces Plantes croissent près du port Jackson, à la Nouvelle-Hollande.

(G. N.)

* SYMPHYSANDRIE. *Symphysandria*. BOT. PHAN. Dans le système sexuel modifié par le professeur Richard, la Symphysandrie est la vingtième classe; elle renferme les Plantes à fleurs distinctes ou réunies, qui ont les étamines soudées à la fois par les filets et par les anthères, et que Linné avait rangées dans le sixième ordre de la Syngénésie. *V.* SYSTÈME SEXUEL. (A. R.)

* SYMPIEZA. BOT. PHAN. Le *Blæria bracteata* de Wendland (*Collect.* 2, tab. 37) a été séparé sous ce nom générique adopté par quelques auteurs. Les caractères de ce nouveau genre nous sont inconnus. (G..N.)

SYMPLOCARPE. *Symplocarpus*. BOT. PHAN. Genre de la famille des Aroïdées et de la Tétrandrie Monogynie, L., établi par Salisbury et adopté par Nuttall (*Gen. of north Amer. Plants*, 1, p. 105) avec les caractères suivans : spathe renflée, ovale, acuminée; spadice arrondi, couvert de fleurs hermaphrodites; calice ou périanthe profondément divisé en quatre segmens persistans, cuculliformes, tronqués, devenant épais et spongieux; style pyramidal à quatre faces, surmonté d'un stigmate simple très-petit; graines solitaires immergées dans un réceptacle spongieux. Ce genre a été nommé *Ictodes* par Bigelow dans sa Botanique médicale de l'Amérique septentrionale. Il a pour type le *Pothos fœtida* de Michaux. C'est une Plante qui croît dans les lieux humides de l'Amérique du Nord, depuis la Caroline jusqu'au Canada. Ses feuilles sont très-grandes, veinées et entières; la hampe paraît avant les feuilles; la spathe est d'un pourpre livide avec des taches verdâtres. (G..N.)

SYMPLOQUE. *Symplocos.* BOT. PHAN. Genre de la famille des Styracinées, et placé par les uns dans la Polyandrie Monogynie, et par d'autres dans la Polyadelphie ou dans la Monadelphie du Système sexuel de Linné. Voici ses caractères principaux : calice divisé profondément en cinq folioles ; corolle rotacée dont le limbe est partagé profondément en segmens très-étalés, dont le nombre est de cinq à dix, disposés sur deux rangs, les intérieurs alternes et plus petits, et à préfloraison imbriquée ; étamines fort nombreuses, placées sur le tube de la corolle sur un triple ou quadruple rang, ayant leurs filets pointus au sommet, monadelphes ou polyadelphes à la base ; les anthères dressées, elliptiques, biloculaires ; ovaire infère ou semi-infère, à trois ou cinq loges, renfermant dans chaque loge quatre ovules fixés à diverses hauteurs de la partie supérieure de la paroi intérieure ; les deux supérieurs péritropes, les deux inférieurs pendans ; un style terminé par un stigmate presque en tête, à trois ou quatre lobes ; drupe un peu charnue, couronnée par le calice, renfermant un noyau à trois ou cinq loges monospermes.

Plusieurs genres créés par divers auteurs ont été réunis au *Symplocos.* Ainsi L'Héritier a fait une espèce de ce genre de l'*Alstonia theæformis*, L., Suppl. Le *Ciponima* d'Aublet et l'*Hopea*, L., ont depuis long-temps été reconnus comme appartenant au genre dont il est ici question. On connaît aujourd'hui plus de dix espèces de *Symplocos*, qui pour la plupart sont de nouvelles Plantes décrites et figurées par Humboldt et Bonpland dans le premier volume de leurs Plantes équinoxiales. Le type du genre est le *Symplocos martinicensis*, qui croît aux Antilles et dans les contrées voisines du continent de l'Amérique méridionale. Les autres espèces croissent dans le Mexique, la Colombie, la Guiane et le Pérou. Ce sont des Arbres à rameaux alternes, garnis de feuilles alternes, entières, dépourvues de stipules. Les fleurs, dont la couleur est blanche ou rouge, sont axillaires, sessiles ou pédonculées, solitaires ou disposées en grappes ou en fascicules, munies à la base de bractées imbriquées. (G..N.)

SYNAGRE. *Synagris.* INS. Genre de l'ordre des Hyménoptères, tribu des Guépiaires, division des espèces solitaires ou composées uniquement de mâles et de femelles, distincte des autres genres dont elle se compose par sa lèvre allongée, partagée en quatre filets longs, plumeux, et sans points glanduleux au bout. Les mandibules sont grandes, en forme de triangle étroit et allongé, et cornues et unirameuses dans quelques mâles. On n'en connaît qu'un petit nombre d'espèces et qui sont généralement propres à l'Afrique. Elles ressemblent d'ailleurs, quant au faciès, à celles de notre pays, formant le genre Odynère. (LAT.)

SYNALISSA. BOT. CRYPT. Genre établi par Fries, et placé par cet auteur dans sa cohorte des Byssacées et dans sa tribu des Rhizomorphées avec les caractères suivans : faux péridiums obovales, percés, soutenus par un thallus solide, corné, très-rameux ; sporidies contenues dans des thèques très-petites. Ce genre très-voisin des *Thaumomycetes* d'Ehrenberg ne comprend qu'une seule espèce, suivant Fries, le *Synalissa ramulosa*, qui est le *Collema ramulosum* d'Hoffmann, *Collema symphoreum* de De C., *C. synalissum* d'Acharius ; Plante noire, roide et cornée, très-rameuse, courte et ramassée, parasite, croissant sur le *Lecidea lurida*, et qui a été placée à tort, suivant Fries, parmi les Lichens. (AD. B.)

SYNALLAX. *Synallaxis.* OIS. Genre de l'ordre des Insectivores ; caractères : bec grêle, pointu, très-comprimé, nu à sa base ; mandibules un peu recourbées en dedans vers les bords ; la supérieure légèrement arquée, l'inférieure droite ; narines placées à la base du bec, oblongues, couvertes d'une petite membrane voûtée et garnies de plumes à son origine ; pieds médiocres, quatre doigts : trois devant, les deux extérieurs égaux , unis à l'intermédiaire qui est de la longueur du pouce; ailes très-courtes, arrondies ; la première rémige très-courte , les deuxième et troisième étagées, la quatrième la plus longue : queue longue, étagée à rectrices larges et terminées en pointe. Ce genre , dont l'institution appartient à Vieillot, se rapproche beaucoup, quant aux caractères physiques , du genre Mérion , et Temminck dit même que les Synaliax sont, dans le Nouveau-Monde, les représentans des Mérions de l'ancien continent. Du reste on ne connaît encore rien de bien exact en ce qui concerne leur manière de vivre et de se reproduire : constamment relégués dans les forêts les plus inaccessibles, jamais ils ne se montrent en plaine, et c'est là vraisemblablement la cause qui a rendu leur existence aussi long-temps ignorée.

Synallax Albane, *Synallaxis albescens*, Temm., Ois. color., pl. 227, fig. 2. Parties supérieures d'un cendré olivâtre; sommet de la tête et occiput d'un roux vif; front, sourcils et joues d'un gris foncé; petites tectrices alaires rousses ; rectrices olivâtres : menton, milieu du ventre et abdomen blancs ; gorge nuancée de noirâtre ; poitrine et flancs d'un gris roussâtre ; bec noir, avec la mandibule inférieure blanchâtre; pieds noirs ; queue très-large. Taille, cinq pouces huit lignes. Du Brésil.

Synallax Ardent , *Synallaxis rutilans* , Temm. , Ois. color. , pl. 227, fig. 1. Parties supérieures d'un gris olivâtre, nuancé de gris foncé; front, sourcils, joues, côtés du cou, poitrine et tectrices alaires d'un roux très-vif; rémiges noirâtres , liserées de roux châtain ; rectrices noirâtres ; une tache longitudinale noire à la gorge; le reste des parties inférieures d'un gris verdâtre, nuancé de roux foncé; bec d'un gris blanchâtre, noir à la pointe ;

pieds noirs. Taille, six pouces. Du Brésil.

Synallax Damier, *Synallaxis tessellata* , Temm. , Ois. color., pl. 311, fig. 1. Parties supérieures parsemées de taches régulières plus obscures ; sommet de la tête d'un roux foncé ; tectrices alaires et rémiges brunes , lisérées de brunâtre ; rectrices étagées brunes ; région oculaire blanchâtre , finement tachetée de brun ; joues d'un blanc bleuâtre ou verdâtre avec de petites mouchetures noirâtres ; menton jaune ; une grande tache noire sur la gorge ; poitrine, flancs et abdomen d'un fauve très-clair, le reste des parties inférieures blanchâtre; bec noirâtre, cendré à la base ; pieds bruns. Taille, sept pouces. Du Brésil.

Synallax a filets , *Synallaxis setaria*, Temm. , Ois. color., pl. 311, fig. 2. Parties supérieures d'un roux marron , brillant; front d'un gris cendré; sommet de la tête, nuque et devant du cou d'un gris brun, finement strié de blanchâtre ; une tache de cette nuance sous le poignet de l'aile ; rémiges d'un brun noirâtre , bordées de roux marron ; rectrices très-étagées , brunes , bordées de marron clair; menton, gorge et poitrine d'un blanc grisâtre , pointillé de noir; le reste des parties inférieures d'un fauve clair ; bec cendré, avec la base des mandibules blanchâtre ; pieds noirâtres. Taille, sept pouces. Du Brésil.

Synallax Grisin, *Synallaxis cinerascens*, Temm. , Ois. color., pl. 227, fig. 3. Parties supérieures d'un brun olivâtre ; rémiges brunes ; bordées de roux marron ; rectrices étagées, rousses ; un trait cendré , obscur entre l'angle du bec et l'œil ; menton blanc, finement rayé de noir , une tache noire sur la gorge ; sourcils, joues et parties inférieures d'un gris ardoisé foncé ; bec cendré ; pieds bruns. Taille, six pouces. Du Brésil.

Synallax a queue rousse, *Synallaxis ruficauda* , Vieill. Parties supérieures d'un brun légèrement nuancé de roux : rémiges et rectrices rousses ; menton jaune ; gorge, poitrine et abdomen blancs ; le reste des parties inférieures gris ; bec et pieds noirâtres. Taille, cinq pouces. Du Brésil.

SYNALLAX A TÊTE ROUSSE, *Synallaxis ruficapilla*, Vieill. Parties supérieures d'un brun olivâtre ; sommet de la tête roux ; trait oculaire jaunâtre ; front et joues d'un gris cendré, foncé ; rémiges brunes, bordées de roux ; rectrices étagées, d'un roux marron clair ; gorge blanchâtre, variée de grisâtre ; poitrine grise ; flancs olivâtres ; abdomen blanchâtre ; bec noir ; pieds bruns. Taille, cinq pouces. Du Brésil.   (DR..Z.)

SYNANCÉE. POIS. *V.* SCORPÈNE.

SYNANDRA. BOT. PHAN. Genre de la famille des Labiées et de la Didynamie Gymnospermie, L., établi par Nuttall (*Genera of north Amer. Plants*, 2, p. 29) qui l'a ainsi caractérisé : calice à quatre segmens inégaux, subulés, connivens sur un des côtés ; corolle renflée à son orifice, ayant la lèvre supérieure entière et voûtée, l'inférieure à trois lobes obtus et inégaux ; quatre étamines didynames, la paire la plus longue ayant leurs anthères cohérentes et les filets tomenteux. C'est cette soudure des anthères dans les plus longues étamines qui forme le caractère essentiel de ce genre, et qui lui a valu le nom de *Synandra* ; d'ailleurs ce genre a beaucoup de rapports avec le *Lamium*. Le *Synandra grandiflora* est une Plante herbacée, à feuilles ovales, cordiformes, celles de la tige sessiles et amplexicaules. Ses fleurs dépourvues de bractées sont sessiles et solitaires dans les aisselles des feuilles. Leur calice est petit et embrasse le tube de la corolle qui est grand et ressemble à celle du *Melittis Melissophyllum*. Cette Plante croît dans les localités pierreuses des bords de l'Ohio.   (G..N.)

SYNANTHÉRÉES. *Synanthereæ.* BOT. PHAN. La plus nombreuse de toutes les familles du règne végétal,

puisqu'on estime en général qu'à elle seule elle forme environ la douzième partie de tous les Végétaux connus. Les travaux de plusieurs auteurs, et en particulier ceux de Robert Brown, de Kunth, et surtout ceux d'Henri Cassini, ont jeté la plus vive lumière sur toutes les particularités d'organisation de cette famille. Mais comme la nature de ce Dictionnaire, et surtout la marche que nous avons toujours suivie dans l'exposition des caractères propres aux diverses familles, nous empêcheront d'entrer dans de trop longs détails sur les Synanthérées, nous nous contenterons de tracer ici les caractères propres à cette famille ; après quoi nous indiquerons les diverses subdivisions qui y ont été établies et les genres qui s'y rapportent.

La famille des Synanthérées doit être placée à la tête de ces groupes essentiellement naturels, dont tous les individus et tous les genres sont unis entre eux par les liens les plus étroits. Elle se compose de Végétaux herbacés ou ligneux, portant des feuilles alternes, plus rarement opposées, simples ou plus ou moins profondément découpées. Les fleurs offrent constamment le même mode d'inflorescence. Elles sont petites, formant des capitules d'une structure particulière et auxquels on a donné le nom de *calathides*. Ce sont ces calathides que l'on désignait autrefois sous le nom de fleurs composées. De-là le nom de *Composées*, que l'on donnait à cette famille avant que le professeur Richard lui substituât celui de Synanthérées qui a été généralement adopté. La calathide se compose de l'involucre, du réceptacle commun et des fleurs qu'il supporte, ainsi que des écailles ou des poils qui les accompagnent. Examinons chacune de ces parties.

1°. L'involucre, qui a reçu les noms de calice commun, de périphoranthe et de péricline, est un assemblage de bractées squammiformes qui constitue la partie la plus extérieure de la calathide. Sa forme générale est très-variable; il est tantôt cylindracé (*Tragopogon*), tantôt globuleux (*Carduus, Arctium*), tantôt hémisphérique (*Anthemis*), tantôt renflé dans sa partie inférieure et plus étroit supérieurement (*Sonchus*). Le nombre, la disposition relative, la forme et la nature des squammes dont il se compose, varient singulièrement. Ainsi elles sont quelquefois en très-petit nombre, d'autres fois en nombre indéterminé; dans plusieurs genres l'involucre est composé d'une seule rangée de squammes; dans d'autres elles forment deux rangs, mais le plus souvent elles sont en très-grand nombre et imbriquées les unes sur les autres. Tantôt ces squammes sont foliacées, tantôt elles sont minces et membraneuses, tantôt enfin sèches et scarieuses; leur sommet est nu, ou prolongé en une pointe quelquefois épineuse, simple ou diversement ramifiée, etc.

2°. Le réceptacle, que l'on appelle aussi phoranthe, clinanthe, etc., est l'espèce de plateau environné par l'involucre et qui porte les fleurs. Il peut être plan, concave, ou plus ou moins convexe, et quelquefois comme cylindrique; quant à sa nature, il est quelquefois mince, d'autres fois épais et charnu; indépendamment des fleurs, il porte souvent des écailles de forme variée ou des poils simples qui accompagnent les fleurs; mais très-souvent aussi il est *nu*, c'est-à-dire ne supportant que les fleurs qui laissent toujours sur sa surface, après qu'elles s'en sont détachées, de petites cicatrices de formes différentes; quelquefois ce sont des espèces d'alvéoles plus ou moins profondes, dans lesquelles les fleurs sont enchâssées par leur base (*Onopordon*). Quant aux écailles qui naissent du réceptacle, elles sont extrêmement variées, quelquefois plus longues que les fleurs elles-mêmes; elles sont le plus souvent plus courtes; leur forme et leur nature offrent une foule de modifi-

cations qu'il serait trop long de signaler ici. Elles deviennent quelquefois tellement étroites, qu'il est fort difficile de tracer une ligne de démarcation entre elles et les poils proprement dits.

3°. Une fleur de Synanthérée offre à considérer, comme celle de toute autre Plante dicotylédone complète, un calice, une corolle, des étamines et un pistil. Le calice est monosépale, adhérent et soudé avec l'ovaire qui est infère; son limbe est quelquefois presque nul, quelquefois formant un petit rebord membraneux et entier; d'autres fois composé de petites écailles en nombre variable; plus souvent enfin il se compose de poils simples ou plumeux, formant une couronne à laquelle on a donné le nom d'aigrette, et sur laquelle nous reviendrons tout à l'heure en parlant du fruit. Il nous paraît fort difficile d'admettre dans cette famille, ainsi que l'a avancé l'habile observateur Henri Cassini, un calice tout-à-fait épigyne, c'est-à-dire qui naîtrait du pourtour du sommet de l'ovaire, mais sans adhérer avec lui dès la base de ce dernier. Le calice des Synanthérées se compose et offre la même disposition que celui de toutes les autres Plantes à ovaire infère; c'est-à-dire qu'il naît du même point que l'ovaire, qu'il le recouvre dans toute son étendue et se soude avec lui, et qu'il s'en sépare seulement à sa partie supérieure où son limbe seul est distinct.

La corolle des Synanthérées est monopétale, épigyne, régulière ou irrégulière. Dans le premier cas, elle est en général infundibuliforme, à cinq divisions égales, bordées sur chacun de leurs côtés d'une nervure qui conflue au sommet avec celle du côté opposé. Ce caractère, qui est constant dans toutes les Synanthérées, est un de ceux qui distinguent le mieux cette famille de celles qui l'avoisinent. Aussi Henri Cassini, sentant toute l'importance de ce signe, avait-il eu l'intention de donner à cette famille le nom de *névramphi-*

pétales. Ces cinq lobes de la corolle ont une préfloraison valvaire avant l'épanouissement de la fleur. Quelquefois la corolle est un peu irrégulière, soit dans l'inégale profondeur de ses incisions, soit dans la disposition de ses lobes qui forment comme deux lèvres; de-là le nom de *Labiatiflores*, donné par De Candolle aux Synanthérées, qui offrent cette disposition et dont il faisait une tribu distincte; quelquefois aussi la corolle est simplement tubulée, sans limbe dilaté comme dans les Armoises, par exemple. Enfin il est une autre irrégularité de la corolle qui se rencontre dans une multitude de genres, c'est celle qu'on a nommée *corolle ligulée* ou en languette, c'est-à-dire celle dont le limbe se déjette latéralement en une languette plane, terminée à son sommet par trois ou cinq dents. On donne le nom de *demi-fleurons* aux fleurs dans lesquelles la corolle est en languette, et celui de *fleurons* à celles dont la corolle est infundibuliforme.

Les étamines, au nombre de cinq, sont épipétales; leurs filets, en général très-grêles, sont libres et distincts, divisés en deux parties par une articulation; les anthères sont au contraire soudées ensemble, et forment par leur réunion un tube plus ou moins allongé, que traversent le style et le stigmate. Chaque anthère est à deux loges, s'ouvrant chacune par un sillon longitudinal, et unies par un connectif linéaire, visible surtout à la face externe, et qui se termine à son sommet en un appendice *apicilaire* qui surmonte les deux loges; inférieurement celles-ci présentent dans un grand nombre de tribus deux appendices nommés basilaires. L'adhérence des anthères entre elles est quelquefois très-grande, d'autres fois elle est faible et facile à détruire.

Le style des Synanthérées est en général grêle, simple dans sa partie inférieure; il est bifide supérieurement; quelquefois il est manifestement renflé au-dessous de sa bifurcation, dont chaque branche est glanduleuse sur sa face interne, et poilue sur l'externe. La partie interne et glanduleuse est le stigmate, qui est ainsi plus ou moins profondément biparti: les poils, situés à la face interne du stigmate et sur le renflement placé au-dessous, ont été nommés poils collecteurs par H. Cassini, parce que quand le style traverse le tube anthérique, ces poils ont pour usage d'en balayer en quelque sorte la face interne et de se charger des granules polliniques qui y existent. Quelquefois la partie glandulaire n'est pas confluente à la base des deux divisions du style, en sorte qu'il y a en réalité deux stigmates distincts par leur base. Dans les fleurs purement femelles, les poils collecteurs manquent en général, parce qu'alors ils n'ont plus de fonctions à remplir.

L'ovaire dans toutes les Synanthérées est infère; il est articulé par sa base sur le réceptacle ou clinanthe par une sorte de cicatrice qu'on nomme *aréole basilaire* (H. Cassini). Quelquefois à son sommet ou seulement à sa base, et souvent à ses deux extrémités en même temps, l'ovaire se prolonge en un col plus ou moins allongé. Le col supérieur forme le stipe ou pédicule de l'aigrette qui, dans ce cas, est dite stipitée. Cet ovaire est à une seule loge qui contient un seul ovule dressé; sur le sommet de l'ovaire on trouve très-fréquemment un petit disque épigyne avec lequel le style est articulé. Selon H. Cassini, le type normal de cet ovaire serait d'être à trois loges, dont deux avorteraient constamment, et dont on trouve quelques traces dans certaines Arctotidées. Le fruit, qui succède à cet ovaire, est un akène de forme extrêmement variée, lisse ou tuberculeux; la graine est dressée et se compose d'un tégument propre, très-mince, quelquefois composé de deux feuillets, et recouvrant un embryon dicotylédoné, dressé comme la graine. Au pourtour de la partie supérieure du fruit se trouve le calice qui constitue l'aigrette. Ce dernier organe est extrêmement varié et fournit d'excellens caractères pour la distinction des genres. Les modifications principales qu'elle présente sont les suivantes : elle est sessile ou stipitée, formée de petites écailles ou de poils ; dans le premier cas, le nombre de ces écailles est variable, de même que leur forme ; les poils de l'aigrette peuvent être simples ou ramifiés latéralement ; dans le premier cas, l'aigrette est simplement poilue, dans l'autre elle est plumeuse ; quelquefois l'aigrette consiste en un rebord membraneux, entier ou denté ; enfin dans certains genres elle manque totalement.

Les calathides ou capitules de fleurs n'offrent pas toutes la même composition, c'est-à-dire que fréquemment les fleurs qu'ils réunissent ne présentent pas toutes la même organisation. Voici les modifications qui se rencontrent le plus fréquemment. Tantôt toutes les fleurs partielles sont des fleurons parfaits et réguliers comme dans les Chardons, par exemple ; tantôt toutes ces fleurs sont des demi-fleurons, ainsi qu'on l'observe dans les Laitues, les Chicorées, les Pissenlit, etc. Enfin ces deux modifications peuvent se réunir dans un même capitule, dont toutes les fleurs centrales seront des fleurons, et celles de la circonférence ou du disque des demi-fleurons, comme on le voit dans le grand Soleil, les Marguerites, les Camomilles, etc. Quant au sexe des fleurs d'un capitule, il varie souvent. Ainsi quelquefois toutes les fleurs sont hermaphrodites, comme dans les Onopordons, les Laitues ; d'autres fois elles sont complétement unisexuées, mâles ou femelles ; dans quelques genres, les fleurs de la circonférence ne sont pas du même sexe que celles du centre. Ainsi les fleurs du centre sont hermaphrodites, celles de la circonférence sont femelles dans les Tussilages, etc. Celles du centre sont hermaphrodites et celles de la circonférence mâles dans les *Helian-*

thus, etc. Dans les Soucis, les *Othonna*, les fleurs du centre sont mâles et celles de la circonférence femelles. Dans les Centaurées, les fleurs de la circonférence sont neutres et stériles. Enfin dans un petit nombre de genres, *Echinops*, *Gundelia*, etc., chaque fleur est accompagnée d'un petit involucre particulier, composé souvent de plusieurs écailles.

La famille des Synanthérées est sans contredit une des plus distinctes et une des mieux limitées de tout le règne végétal. Elle a néanmoins du rapport avec quelques autres, et en particulier avec les Dipsacées et les Calycérées. Mais les premières par leur calice double, leurs anthères distinctes et leur ovule renversé ; les secondes par leurs étamines à la fois monadelphes et synanthérées, leur stigmate capitulé, leur ovule pendant et leur embryon placé au centre d'un endosperme charnu, s'en distinguent suffisamment.

Après avoir exposé les caractères généraux de la famille des Synanthérées, nous devons faire connaître ici les divisions qui y ont été établies pour grouper les genres nombreux qui la composent. Tournefort avait partagé les Synanthérées en trois classes, savoir : les Flosculeuses, les semi-Flosculeuses et les Radiées. Cette division primaire, qui fut depuis reproduite par Vaillant sous les noms de Cynarocéphales, de Chicoracées et de Corymbifères, et adoptée ensuite par Jussieu et un très-grand nombre d'autres botanistes, est une de celles dont l'application est la plus facile dans la pratique. En effet, des capitules composés de fleurons dans le premier de ces groupes, de demi-fleurons dans le second, et de fleurons et de demi-fleurons dans les Corymbifères, sont des caractères faciles à saisir. Néanmoins ces divisions ne suffisant pas pour grouper en assez de tribus distinctes les genres de Synanthérées. Plusieurs botanistes, parmi lesquels nous devons citer ici les professeurs Richard, De Candolle, Kunth, Lagasca, etc., ont successivement proposé plusieurs subdivisions nouvelles. Kunth surtout, dans le quatrième volume des *Nova Genera* de Humboldt, a proposé une nouvelle division des Synanthérées qu'il partage en six sections, savoir : les CHICORACÉES ; les CARDUACÉES, qu'il subdivise, 1° en Onoséridées ; 2° Barnadésiées ; 3° Carduacées vraies ; 4° Échinopsidées ; 5° Vernoniacées ; 6° Astérées ; les EUPATORIÉES ; les JACOBÉES ; les HÉLIANTHÉES et les ANTHÉMIDÉES. Mais les travaux de H. Cassini, qui a fait de cette famille une étude toute spéciale, étant les plus complets, nous croyons devoir exposer ici sa méthode de classification, et tracer, d'après lui, le tableau des genres rapportés à chaque groupe, sans oser néanmoins nous prononcer sur la valeur des caractères qu'il a employés, soit pour l'établissement des tribus, soit pour celui des genres, qu'il nous semble avoir un peu trop multipliés.

Voici les principales idées de l'auteur sur les principes qui l'ont guidé dans la distribution des genres en tribus. «La famille des Synanthérées, dit-il (Dict. Sc. nat., art. *Composées*, p. 155), forme un ensemble tellement lié, qu'il est absolument impossible d'y faire un petit nombre de grandes coupes naturelles, et qu'on ne peut la diviser naturellement qu'en une vingtaine de petits groupes ou tribus. Les caractères des tribus naturelles doivent être fournis tout à la fois par le style avec son stigmate et ses collecteurs, par les étamines, par la corolle et par l'ovaire avec ses accessoires ; les autres organes ne peuvent fournir que des caractères génériques. Les fleurs hermaphrodites sont les seules qui puissent présenter, sans aucune altération, la réunion complète de tous les caractères de la tribu à laquelle elles appartiennent. On ne peut assigner aux tribus naturelles que des caractères *ordinaires* ou habituels, très-souvent démentis par des caractères insolites. Beaucoup de Synanthérées offrent un mélange de caractères appartenant à plusieurs tribus différentes. » C'est d'après ces principes que l'auteur divise la famille des Synanthérées en vingt tribus naturelles. Nous allons indiquer les genres qu'il place dans chacune d'elles. Quant aux caractères de ces tribus, ils ont été donnés successivement au nom spécial que chacune d'elles porte.

Ire Tribu. — Les LACTUCÉES.

1°. LACTUCÉES PROTOTYPES.

a. Prototypes anomales : clinanthe squammellifère.

Scolymus, L. ; *Myscolus*, H. C.

b. — — : aigrette barbée.

Urospermum, Scop.

c. Prototypes vraies : aigrette barbellulée.

Picridium, L. ; *Launœa*, H. C. ; *Sonchus*, Gaertn. ; *Mulgedium*, H. C. ; *Lactuca*, L. ; *Mycelis*, H. C.

2°. LACTUCÉES CRÉPIDÉES.

a. Aigrette nulle.

Lampsana, Gaertn. ; *Rhagadiolus*, Tourn.

b. Aigrette barbellulée.

Chondrilla, L. ; *Zacintha*, Tourn. ; *Nemauchenes*, H. C. ; *Gatyona*, H. C. ; *Hostia*, Mœnch ; *Barkhausia*, Mœnch ; *Catonia*, Mœnch ; *Crepis*, Mœnch ; *Intybellia*, H. C. ; *Pterotheca*, H. C. ; *Ixeris*, H. C. ; *Taraxacum*, Hall.

c. Aigrette barbée.

Helminthia, Juss. ; *Picris*, Juss. ; *Medicusia*, Mœnch.

3°. LACTUCÉES HIÉRACIÉES.

Prenanthes, L. ; *Nabalus*, H. C. ; *Hieracium*, L. ; *Drepania*, Juss. ; *Krigia*, Schreb. ; *Arnoseris*, Gaertn. ; *Hispidella*, H. C. ; *Moscharia*, R. et P. ; *Rothia*, Schreb. ; *Andryala*, L.

4°. LACTUCÉES SCORZONÉRÉES.

a. *Scorzonérées vraies :*

Aigrette barbée ; clinanthe squammellifère.

Robertia, D. C., non Merat ; *Se-*

riola, L.; *Porcellites*, H. C.; *Hypochœris*, Gaertn.; *Geropogon*, L.

Aigrette barbée; clinanthe nu.

Tragopogon, Tourn.; *Millina*, H. C.; *Thrincia*, Roth; *Leontodon*, Juss.; *Podospermum*, D. C.; *Scorzonera*, Vaill.; *Lasiospora*, H. C.

Aigrette barbellulée; clinanthe nu.

Gelasia, H. C.; *Agoseris*, Rafin.; *Troximon*, Gaertn.; *Hyoseris*, L.; *Hedypnois*, Tourn.

d. *Scorzonérées anomales :* aigrette de squammellules paléiformes, ou barbés au sommet; clinanthe nu ou fimbrillé.

Hymenonema, H. C.; *Catanancke*, Juss.; *Cichorium*, L.

IIᵉ Tribu. — Les CARLINÉES.

Acarna, Willd.; *Atractylis*, Willd.; *Bacazia*, R. et P.; *Barnadesia*, L. fils; *Cardopatium*, Juss.; *Carlina*, L.; *Carlowizia*, Mœnch; *Chardinia*, Desf.; *Chuquiraga*, Juss.; *Dasyphyllum*, Kunth; *Diacantha*, Lagas.; *Dicoma*, H. C.; *Gochnatia*, Kunth; *Lachnospermum*, Willd.; *Mitina*, Adans.; *Nitelium*, H. C.; *Saussurea*, D. C.; *Stæhelina*, D. C.; *Stobœa*, Thunb.; *Theodorea*, H. C.; *Turpinia*, Bonpl.; *Xeranthemum*, Gaertn.

IIIᵉ Tribu. — Les CENTAURIÉES.

Calcitrapa, Vaill.; *Centaurium*, Tourn.; *Chryseis*, H. C.; *Cnicus*, Vaill.; *Crocodilium*, Vaill.; *Crupina*, H. C.; *Cyanopsis*, H. C.; *Cyanus*, H. C.; *Goniocaulon*, H. C.; *Jacea*, Tourn.; *Kentrophyllum*, Neck.; *Lepteranthus*, Neck.; *Mantisalca*, H. C.; *Melanoloma*, H. C.; *Seridia*, Juss.; *Volutaria*, H. C.; *Zœgea*, L.

IVᵉ Tribu. — Les CARDUINÉES.

Alfredia, H. C.; *Arctium*, Lamk.; *Carduncellus*, Adans.; *Carduus*, L.; *Carthamus*, Gaertn.; *Cestrinus*, H. C.; *Cirsium*, Willd.; *Cynara*, L.; *Echenais*, H. C.; *Eriolepis*, H. C.; *Fornicium*, H. C.; *Galactites*, Mœnch; *Hohenwartha*, Vist.; *Jurinea*, H. C.; *Klosea*, H. C.; *Lamyra*, H. C.;

Lappa, Tourn.; *Leuzea*, D. C.; *Lophiolepis*, H. C.; *Mastrucium*, H. C.; *Notosasis*, H. C.; *Onopix*, Rafin.; *Onopordon*, Vaill.; *Onotrophe*, H. C.; *Orthocentron*, H. C.; *Picnomon*, Adans.; *Platyraphium*, H. C.; *Sternix*, Rafin.; *Ptilostemon*, H. C.; *Rhaponticum*, D. C.; *Serratula*, L.; *Silybum*, Vaill.; *Stemmacantha*, H. C.; *Tyrimnus*, H. C.

Vᵉ Tribu. — Les ÉCHINOPSIDÉES.

Cette tribu ne comprend que le seul genre *Echinops*, L.

VIᵉ Tribu. — Les ARCTOTIDÉES.

1°. ARCTOTIDÉES GORTÉRIÉES.

Hirpicium, H. C.; *Gorteria*, Adans.; *Gazania*, Gaertn.; *Melanchrysum*, H. C.; *Cuspidia*, Gaertn.; *Didelta*, L'Hérit.; *Favonium*, Gaertn.; *Cullumia*, R. Brown; *Apuleja*, Gaertn.; *Berkheya*, Ehrhart; *Evopis*, H. C.

2°. ARCTOTIDÉES PROTOTYPES.

Heterolepis, H. C.; *Cryptostemma*, R. Brown; *Arctotheca*, Vindl.; *Odontoptera*, H. C.; *Stenogotus*, H. C.; *Cymbonotus*, H. C.; *Arctotis*, R. Brown; *Damatris*, H. C.

VIIᵉ Tribu. — Les CALENDULÉES.

1°. CALENDULÉES PROTOTYPES.

Calendula, Neck.; *Blaxium*, H. C.; *Meteorina*, H. C.; *Arnoldia*, H. C.; *Castalis*, H. C.

2°. CALENDULÉES OSTÉOSPERMÉES.

Gibbaria, H. C.; *Garuleum*, H. C.; *Osteospermum*, L.; *Eriocline*, H. C.

VIIIᵉ Tribu. — Les TAGÉTINÉES.

Adenophyllum, Pers.; *Arnica?* L.; *Chithonia*, H. C.; *Clomenocoma*, H. C.; *Cryptopetalon*, H. C.; *Diglossus*, H. C.; *Dyssodia*, Cav.; *Enalcida*, H. C.; *Glyphia?* H. C.; *Hymenatherum*, H. C.; *Kleinia*, Juss.; *Libetina*, H. C.; *Microspermum?* Lagas.; *Pectis*, L.; *Porophyllum*, Vaill.; *Selloa*, Kunth; *Tagetes*, Tourn.; *Tetranthus?* Swartz; *Thymophylla*, Lagas.

IXe Tribu. — Les HÉLIANTHÉES.

1°. HÉLIANTHÉES HÉLÉNIÉES.

Achyropappus, Kunth; *Actinea*, Juss.; *Allocarpus*, Kunth; *Bahia*, Lagas.; *Balbisia*, Willd.; *Balduina*, Nutt.; *Calea*, R. Brown; *Caleacte*, R. Brown; *Calydermos?* Lagas.; *Cephalophora*, Cav.; *Dimerostemma*, H. C.; *Eriophyllum*, Lagas.; *Florestina*, H. C.; *Gaillardia*, Fouger; *Galinsoga*, Cav.; *Helenium*, L.; *Hymenopappus*, L'Hérit.; *Leontophthalmum*, Willd.; *Leptopoda*, Nutt.; *Marshallia*, Schreb.; *Mocinna*, Lag.; *Polypteris*, Nutt.; *Psilostephium*, Kunth; *Schkuria*, Roth; *Sogalgina*, H. C.; *Trichophyllum*, Nutt.

2°. HÉLIANTHÉES CORÉOPSIDÉES.

Aspilia, Du Petit-Th.; *Baillieria*, Aubl.; *Bidens*, Tourn.; *Chrysanthellina*, H. C.; *Coreopsis*, L.; *Cosmos*, Cavan.; *Espeletia?* Boupl.; *Georgina*, Willd.; *Glossocardia*, H. C.; *Guardiola*, Bonpl.; *Heterospermum*, Cavan.; *Kerneria*, Mœnch; *Leachia*, H. C.; *Mnesiteon?* Rafin.; *Narvalina*, H. C.; *Neuractis*, H. C.; *Parthenium*, L.; *Peramibus*, Rafin.; *Silphium*, L.; *Synedrella*, Gaertn.; *Tetragonotheca?* Dilleu.

5°. HÉLIANTHÉES PROTOTYPES.

Acmella, Rich.; *Blainvillea*, H. C.; *Ditrichum*, H. C.; *Encelia*, Adans.; *Hamulium*, H. C.; *Harpalium*, H. C.; *Helianthus*, L.; *Isocarpha?* R. Brown; *Leighia*, H. C.; *Lipotriche*, R. Brown; *Melanthera*, Rohr; *Petrobium*, R. Brown; *Platypteris*, Kunth; *Pterophyton*, H. C.; *Salmea*, D. C.; *Sanvitalia?* Lamk.; *Simsia?* Pers.; *Spilanthes*, Jacq.; *Tragoceros*, Kunth; *Verbesina*, L.; *Viguiera*, Kunth; *Ximenesia*, Cavan.; *Zinnia*, L.

4°. HÉLIANTHÉES RUDBECKIÉES.

Baltimora, L.; *Chatiakella*, H. C.; *Diomedea*, H. C.; *Dracopis*, H. C.; *Echinacea*, Mœnch; *Eclipta*, L.; *Ferdinanda?* Lagas.; *Fougeria*, Mœnch; *Gymnolomia*, Kunth; *He-*

licta, H. C.; *Heliophthalmum*, Rafin.; *Heliopsis*, Pers.; *Kallias*, H. C.; *Obeliscaria*, H. C.; *Pascalia*, Orteg.; *Podanthus*, Lagas.; *Rudbeckia*, L.; *Stemmodontia?* H. C.; *Tilesia?* Meyer; *Tithonia*, Desf.; *Wedelia*, Jacq.; *Wulffia?* Necker.

5°. HÉLIANTHÉES MILLÉRIÉES.

Alcina, Cavan.; *Biotia*, H. C.; *Brotera*, Spreng.; *Cœsulia*, Roxb.; *Centrospermum*, Kunth; *Chrysogonum*, L.; *Dysodium*, Rich.; *Elvira*, H. C.; *Enydra*, Lour.; *Eriocoma*, Kunth; *Euxenia*, Cham.; *Flaveria*, Juss.; *Hybridella*, H. C.; *Jægeria*, Kunth; *Madia*, Molin.; *Melampodium*, L.; *Meratia*, H. C.; *Milleria*, Mart.; *Monactis*, Kunth; *Ogiera*, H. C.; *Phaethusa*, Gaertn.; *Polymnia*, L.; *Polymniastrum*, Lamk.; *Riencurtia*, H. C.; *Sclerocarpus*, Jacq.; *Siegesbeckia*, L.; *Unxia*, L. fils; *Villanova*, Lagas.; *Zaluzania?* Pers.

Xe Tribu. — Les AMBROSIÉES.

1°. AMBROSIÉES IVÉES.

Clibadium, L.; *Iva*, L.

2°. AMBROSIÉES PROTOTYPES.

Xanthium, L.; *Franseria*, Cavan.; *Ambrosia*, L.

XIe Tribu. — Les ANTHÉMIDÉES.

1°. ANTHÉMIDÉES CHRYSANTHÉMÉES.

a. *Artémisiées* : calathide non radiée; fruits inaigrettés, non obcomprimés.

Abrotanella, H. C.; *Oligosporus*, H. C.; *Artemisia*, Tourn.; *Absinthium*, Adans.; *Humea*, Smith.

b. *Cotulées* : calathide non radiée; fruits inaigrettés, obcomprimés.

Soliwœa, Ruiz et Pav.; *Hippia*, L.; *Leptinella*, H. C.; *Cenia*, Comm.; *Cotula*, Juss.

c. *Tanacétées* : calathide non radiée; fruits aigrettés.

Balsamita, Desf.; *Pentzia*, Thunb.; *Tanacetum*, Desf.

d. *Chrysanthémées vraies :* calathide radiée.

Gymnocline, **H. C.**; *Pyrethrum*, Haller; *Chrysanthemum*, Gaertn.; *Matricaria*, Gaertn.; *Lidbeckia*, Berg.

2°. ANTHÉMIDÉES PROTOTYPES.

a. *Santolinées :* calathide non radiée.

Hymenolepis, **H. C.**; *Athanasia*, **H. C.**; *Lonas*, Adans.; *Morysia*, **H. C.**; *Diotis*, Desf.; *Santolina*, Tourn.; *Nablonium*, **H. C.**; *Lyonnetia*, **H. C.**; *Lasiospernum*, Lagas.; *Marcelia*, **H. C.**

b. *Anthémidées prototypes vraies :* calathide radiée.

    * Aigrette stéphanoïde.

Anacyclus, **L.**; *Anthemis*, Gaertn.

    ** Aigrette nulle.

Chamæmelum, Hall.; *Maruta*, **H. C.**; *Ormenis*, **H. C.**; *Cladanthus*, **H. C.**; *Eriocephalus*, Dill.; *Achillæa*, **L.**; *Osmitopsis*, **H. C.**

*** Aigrette composée de squammellules.

Osmites, **H. C.**; *Lepidophorum ?* Neck.; *Sphenogyne*, R. Brown; *Ursinia*, Gaertn.

XIIᵉ Tribu. — Les INULÉES.

1°. INULÉES GNAPHALIÉES.

a. Aigrette stéphanoïde, paléacée ou mixte.

Relhania, Pers.; *Rosenia*, Thunb.; *Lapeyrousia*, Thunb.; *Leysera*, Neck.; *Leptophytus*, **H. C.**; *Longchampia*, Willd.

    b. Corolles très-grêles.

Chevreulia, **H. C.**; *Lucilia*, **H. C.**; *Facelis*, **H. C.**; *Podotheca*, **H. C.**

    c. Péricline à peine scarieux.

Syncarpha, D. C.; *Faustula*, **H. C.**

    d. Péricline peu coloré.

Phagnalon, **H. C.**; *Gnaphalium*, R. Brown; *Lasiopogon*, **H. C.**

    e. Clinanthe squammellifère.

Ifloga, **H. C.**; *Piptocarpha*, R. Brown; *Cassinia*, R. Brown; *Ixodia*, R. Brown.

    f. Péricline pétaloïde.

Lepiscline, **H. C.**; *Anaxeton*, Gaertn.; *Edmondia*, **H. C.**; *Argyrocome*, Gaertn.; *Helichrysum*, **H. C.**; *Podolepis*, Labill.; *Antennaria*, R. Brown; *Ozothamnus*, R. Brown; *Petalolepis*, **H. C.**; *Metalasia*, R. Brown.

g. Calathides rassemblées en capitules.

Endoleuca, **H. C.**; *Shawia*, Forst.; *Perotriche*, **H. C.**; *Seriphium*, **L.**; *Stœbe*, Gaertn.; *Disparago*, Gaertn.; *Œdera*, **L.**; *Elythropappus*, **H. C.**; *Siloperus*, Labill.; *Hirnellia*, **H. C.**; *Gnephosis*, **H. C.**; *Angianthus*, Wendl.; *Calocephalus*, R. Brown; *Leucophyta*, R. Brown; *Richea*, Labill.; *Leontonyx*, **H. C.**; *Leontopodium*, Pers.

    2°. INULÉES PROTOTYPES.

a. Clinanthe nu sur une partie et squammellé sur l'autre.

Filago, Willd.; *Gifola*, **H. C.**; *Logfia*, **H. C.**; *Micropus*, **L.**; *Oglifa*, **H. C.**

    b. Clinanthe nu.

Conyza, R. Brown; *Inula*, Gaertn.; *Limbarda*, Adans.; *Duchesnia*, **H. C.**; *Pulicaria*, **H. C.**; *Tubilium*, **H. C.**; *Jasonia*, **H. C.**; *Myriadenus*, **H. C.**; *Carpesium*, **L.**; *Denekia*, Thunb.; *Columellea*, Jacq.; *Pentanema*, **H. C.**; *Iphiona*, **H. C.**

    c. Clinanthe squammellé.

Rhanterium, Desf.; *Cylindrocline*, **H. C.**; *Molpadia*, **H. C.**; *Neurolæna*, R. Brown.

    3°. INULÉES BUPHTHALMÉES.

a. Clinanthe squammellifère.

Buphthalmum, Neck.; *Pallenis*, **H. C.**; *Nauplius*, **H. C.**; *Ceruana*, Forsk.

    b. Clinanthe inappendiculé.

Egletes, **H. C.**; *Grangea*, Adans.; *Centipeda*, Lour.

c. Calathides rassemblées en capitules.

Sphæranthus, **L.**; *Gymnarrhena*, Desf.

XIIIe Tribu. — Les Astérées.

Agathæa , H. C.; *Amellus* , L.; *Aster*, L.; *Aurelia*, H. C.; *Baccharis*, Rich.; *Bellidiastrum*, H. C.; *Bellis*, Tourn.; *Bellium* , L. ; *Boltonia* , L'Hérit.; *Brachycome*, H. C.; *Brachyris*, Nutt.; *Callistephus*, H. C.; *Charieis*, H. C.; *Chiliotrichum*, H.C.; *Chrysocoma* , L.; *Crinita* , Mœnch; *Dimosphanthes*, H. C.; *Diplopappus*, H. C.; *Elphigea* , H. C.; *Erigeron*, L.; *Eurybia* , H. C.; *Euthamia* , Nutt.; *Felicia*, H. C.; *Fimbrillaria*, H. C.; *Galatella* , H. C.; *Grindelia*, Willd.; *Gutieresia?* Lagas.; *Henricia*, H. C.; *Heterotheca*, H. C.; *Kalimeris* , H. C.; *Laennecia*, H. C.; *Lagenophora*, H. C.; *Lepidophyllum*, H. C.; *Olearia?* Mœnch; *Podocoma*, H. C.; *Psiadia* , Jacq.; *Pteronia*, L.; *Sarcanthemum* , H. C.; *Scepinia*, Neck.; *Sergillus* , Gaertn.; *Solidago*, L.; *Trimorphæa* , H. C.; *Xanthocoma*, Kunth.

XIVe Tribu. — Les Sénécionées.

Brachyglottis? Forst.; *Cacalia*, L.; *Carderina*, H. C.; *Cineraria*, L.; *Cremocephalum* , H. C.; *Culcitium*, Bonpl.; *Doria*, Thunb.; *Doronicum*, L.; *Emilia*, H. C.; *Erechtites*, Rafin.; *Eriotrix* , H. C.; *Eudorus* , H. C.; *Euryops*, H. C.; *Faujasia*, H. C.; *Grammarthron* , H. C.; *Gynura*, H. C.; *Hubertia*, Bory; *Jacobæa*, Tourn.; *Neoceis*, H. C.; *Obæjaca*, H. C.; *Othonna* , L.; *Sclerobasis*, H. C.; *Senecio*, L.

XVe Tribu. — Les Nassauviées.

1°. Nassauviées trixidées.

a. Aigrette barbée.

Dumerilia, Lagas.; *Jungia*, L. fils; *Martrasia*, H. C.; *Lasiorhiza*, Lagas.

b. Aigrette barbellulée.

Leucheria, Lagas.; *Trixis*, Browne; *Platycheilus*, H. C.; *Perezia*, Lagas.; *Clarionea* , H. C.; *Homoianthus* , Bonpl.; *Drozia*, H. C.

c. Aigrette nulle.

Panphalea , D. C.

2°. Nassauviées prototypes.

Triptilion , R. et Pav.; *Triachne*, H. C.; *Nassauvia*, Comm.; *Mastigophorus* , H. C.; *Caloptilium* , Lagas.; *Panargyrus* , Lagas.; *Polyachyrus* , Lagas.

5°. Nassauviées douteuses.

Plazia, R. et Pav.; *Microspermum*, Lagas.

XVIe Tribu. — Les Mutisiées.

1°. Mutisiées prototypes.

Proustia, Lagas.; *Cherinia*, H. C.; *Chætanthera*, R. et Pav.; *Guariruma* , H. C.; *Aplophyllum* , H. C.; *Mutisia*, L. fils; *Dolichlasium*, Lag.; *Lycoseris*, H. C.; *Hipposeris*, H. C.

2°. Mutisiées gerbériées.

Onoseris, Pers.; *Isotypus*, Kunth; *Pardisium*, Burm.; *Trichocline*, H. C.; *Gerberia*, L.; *Lasiopus*, H. C.; *Chaptalia*, Vent.; *Lopodon*, H. C.; *Luberkuhna*, H. C.; *Leria*, Kunth; *Perdicium*, Lagas.; *Leibnitzia*, H. C.

XVIIe Tribu. — Les Tussilaginées.

Tussilago, L.; *Nardosmia*, H. C.; *Petasites*, Tourn.

XVIIIe Tribu. — Les Adénostylées.

a. Calathide radiée.

Senecilles, Gaertn.; *Ligularia*, H. C.; *Celmisia*, H. C.

b. Calathide discoïde.

Homogyne, H. C.

c. Calathide couronnée.

Adenostyles , H. C.; *Paleolaria* , H. C.

XIXe Tribu. — Les Eupatoriées.

1°. Eupatoriées acératées.

Nothithes , H. C.; *Stevia*, Lagas.; *Ageratum* , L.; *Cœlestina* , H. C.; *Atomia*, Kunth; *Sclerolepis*, H. C.; *Adenostemma* , Forst.; *Piqueria* , Cavan.

2°. Eupatoriées prototypes.

Arnoglossum , Rafin.; *Mikania*, H. C.; *Batschia* , Mœnch; *Gyptis* , H. C.; *Eupatorium*, Adans.

3°. Eupatoriées liatridées.

Coleosanthus, H. C.; *Kuhnia*, L.; *Carphephorus*, H. C.; *Trilisa*, H. C.; *Suprago*, H. C.; *Liatris*, H. C.

XXe Tribu. — Les Vernoniées.

Achyrocoma, H. C.; *Ascaricida*, H. C.; *Cacosmia*, Kunth; *Centrapalus*, H. C.; *Centratherum*, H. C.; *Corymbium*, L.; *Dialesta*, Kunth; *Distephanus*, H. C.; *Distreptus*, H. C.; *Elephantopus*, Vaill.; *Epaltes*, H. C.; *Ethulia*, L.; *Gundelia*, Tourn.; *Gymnanthemum*, H. C.; *Heterocoma*, D. C.; *Hololepis*, D. C.; *Isonema*, H. C.; *Lepidaploa*, H. C.; *Liabum*, Adans.; *Lychnophora*, Martius; *Monarrhenus*, H. C.; *Munnozia?* R. et Pav.; *Noccæa*, Jacq.; *Odontoloma*, Kunth; *Oligactis*, H. C.; *Oliganthes*, H. C.; *Oligocarpha*, H. C.; *Pacourina*, Aubl.; *Pacourinopsis*, H. C.; *Piptocoma*, H. C.; *Pluchea*, H. C.; *Rolandra*, Rotth.; *Shawia*, Forst.; *Sparganophorus*, Vaill.; *Spiracantha*, Kunth; *Stokesia*, L'Hérit.; *Struchium*, Browne; *Tarchonanthus*, L.; *Tessaria*, R. et Pav.; *Trichospira*, Kunth; *Vernonia*, Schreb.; *Xanthocephalum?* Willd.   (A. R.)

* SYNANTHÉRIE. *Synantheria*. BOT. PHAN. Le professeur Richard dans le Système sexuel de Linné modifié appelle ainsi la dix-neuvième classe qui correspond en grande partie à la Syngénésie de Linné. *V.* Système sexuel.   (A. R.)

* SYNAPHE. *Synapha*. INS. Genre de l'ordre des Diptères, famille des Némocères, tribu des Typulaires, division des Fungivores, établi par Meigen, et adopté par Latreille et par tous les entomologistes avec ces caractères : corps oblong; tête globuleuse, aplatie en haut; yeux arrondis; trois ocelles, placés sur le front, disposés en ligne presque droite, l'intermédiaire à peine visible, même vu à la loupe; antennes assez courtes, avancées, cylindriques, ayant probablement seize articles; les deux inférieurs visiblement

séparés, les suivans cylindriques; palpes composés de quatre articles, le premier très-petit, à peine distinct; les suivans cylindriques, égaux entre eux; corselet élevé; écusson petit; ailes ayant une cellule ovale, formée par les deux branches de la nervure longitudinale du milieu, qui se réunissent avant d'arriver au bord postérieur; pates de longueur moyenne; jambes éperonnées à leur extrémité, les postérieures dépourvues d'épine latérale; abdomen très-comprimé sur les côtés, composé de sept segmens; anus des mâles terminé par une pince de deux articles, le premier grand, ovale, comprimé, velu; le second petit, en bouton. Ce genre se distingue des Mycétophiles qui en sont les plus voisins, en ce que ceux-ci ont les yeux oblongs. Les autres genres de la même tribu en sont séparés par des caractères de la même valeur, pris dans la forme des antennes, des ailes, de la tête, etc. On ne connaît qu'une seule espèce de Synaphe, c'est :

La SYNAPHE FASCIÉE, *Synapha fasciata*, Meigen, Dipt. d'Europe, T. I, p. 299, tab. 8, fig. 10-13. Elle est longue d'une ligne et demie, noire, avec les cuisses et les jambes de couleur ferrugineuse, ainsi que les palpes; les ailes sont hyalines. On la trouve en Allemagne sur les haies.   (G.)

SYNAPHEA. BOT. PHAN. Genre de la famille des Protéacées, établi par R. Brown (*Trans. Soc. Linn.*, vol. 10, p. 155) qui l'a ainsi caractérisé : périanthe tubuleux, à quatre divisions, la supérieure plus large que les autres; trois anthères incluses, l'inférieure bilobée; ces anthères sont d'abord cohérentes, et leurs lobes forment une loge par leur rapprochement; stigmate soudé avec le filet de l'étamine supérieure qui est stérile; noix obovée. Ce genre est excessivement voisin du Conosperme, qui en diffère principalement par son stigmate libre. R. Brown en a fait connaître quatre espèces, dont une est le *Conospermum reticulatum* de Smith.

Ce sont de petits Arbrisseaux qui croissent dans la partie australe de la Nouvelle-Hollande. Leurs feuilles sont éparses, planes, agréablement réticulées, cunéiformes, lobées; les inférieures ordinairement indivises, portées sur des pétioles dont la base est engaînante. Les fleurs sont jaunes, disposées en épis axillaires ou terminaux. (G..N.)

SYNAPSIUM. BOT. CRYPT. (*Mousses.*) Leman a modifié ainsi le nom d'*Hemisynapsium*, donné par Bridel à un genre de Mousses qui comprend les *Pohlia bryoides* et *arctica* de R. Brown, et qui ne nous paraît pas différer sensiblement des *Pohlia*. *V.* HEMISYNAPSIUM au Supplément.
(AD. B.)

SYNARTHRUM. BOT. PHAN. Genre de la famille des Synanthérées, tribu des Sénécionées, établi par Cassini sur le *Conyza appendiculata* de Lamarck. Il est voisin du *Sclerobasis* auquel il ressemble par la nature coriace et subéreuse de l'anticlinanthe, c'est-à-dire de la partie du réceptacle qui supporte les folioles de l'involucre; mais cette écorce remonte plus haut dans le genre *Synarthrum*, et enveloppe toute la partie basilaire des folioles, de manière à ce qu'elles se trouvent soudées entre elles et considérablement épaissies. Le *Synarthrum appendiculatum*, Cass., est une Plante dont la tige est ligneuse, divisée en rameaux tomenteux, blanchâtres, garnis de feuilles alternes, rapprochées, portées sur de courts pétioles qui sont accompagnés d'environ quatre appendices foliacés, latéraux, très-divergens, linéaires-lancéolés. Le limbe des feuilles est lancéolé, denté en scie sur les bords. Les calathides de fleurs sont jaunes, nombreuses, disposées en corymbe, et munies de bractées très-longues et linéaires. Cette Plante croît à l'Ile-de-France. (G..N.)

SYNBRANCHE. *Synbranchus.* POIS. Sous-genre de Murène. *V.* ce mot. (B.)

SYNCARPE. *Syncarpium.* BOT.

PHAN. Le professeur Richard appelle ainsi un fruit composé de plusieurs pistils agrégés provenant d'une seule fleur, mais plus ou moins intimement soudés ensemble; tel est celui des Magnoliacées, des Anonacées. Il ne faut pas confondre ce fruit avec la Sorose qui provient de plusieurs fleurs soudées ensemble par leurs enveloppes florales devenues charnues, comme dans l'Ananas, le Mûrier. (A. R.)

SYNCARPHA. BOT. PHAN. De Candolle (Ann. du Muséum, vol. 16, p. 135) a établi sous ce nom un genre de la famille des Synanthérées, que Cassini a placé dans la tribu des Inulées, et auquel il a rapporté le *Roccardia* de Necker. Ce genre offre les caractères suivans : involucre composé de folioles imbriquées, appliquées, oblongues, coriaces, laineuses sur le milieu de leur face externe, scarieuses et glabres sur les bords, terminées par un appendice très-long, subulé, droit et roide; réceptacle hérissé d'appendices ou paillettes irrégulières, coriace, la plupart soudées par la base; calathide composée de fleurons égaux, nombreux et hermaphrodites; ovaires courts, épais, couverts de papilles, surmontées d'une aigrette longue, blanche, composée de poils légèrement plumeux. Le *Syncarpha gnaphaloides* était confondu par Linné avec les *Stœhelina*. C'est une Plante herbacée ou ligneuse, tomenteuse, à feuilles linéaires, très-étroites, entières, et à calathides jaunes et terminales. Cette Plante croît au cap de Bonne-Espérance. (G..N.)

SYNCOLLESIA. BOT. CRYPT. (*Mucédinées ?*) Genre établi par Nées d'Esenbeck, et qui ne renferme qu'une Plante, d'abord décrite par Agardh sous le nom de *Conferva mucoroides*, et qui croît sur les boiseries des fenêtres dans les temps humides; ce sont des filamens rampans, réunis en gazon, et dont les articulations se gonflent, deviennent moniliformes, se séparent, se rompent et émettent des sporules qui se développent pour former de nouveaux filamens. Ce genre, que Nées avait d'abord nommé *Synaphia*, avait reçu d'Agardh le nom de *Cyclobion*, et de Fries celui de *Clisosporium*. Cet auteur le réunit maintenant au *Torula*, et le considère comme une espèce complétement développée de ce genre.   (AD. B.)

SYNDACTYLES. ois. Tribu d'Oiseaux proposée par Cuvier dans son Règne Animal pour réunir les genres Guêpier, Martin-Pêcheur et Calao. Les Syndactyles, ainsi que l'indique leur nom, ont le doigt externe presque aussi long que celui du milieu, et tous les deux soudés jusqu'à l'avant-dernière articulation. (LESS.)

* **SYNDÈSE.** *Syndesus.* INS. Mac-Leay a établi sous ce nom, dans ses *Horæ Entomologicæ*, p. 104, un nouveau genre de l'ordre des Coléoptères, section des Pentamères, famille des Lamellicornes, aux dépens du genre Sinodendron de Fabricius. Les caractères qu'il assigne à ce genre sont : second article des antennes presque globuleux, le troisième grand, conique; les sept autres, au moins dans les mâles, formant une massue lamellée, grande, arrondie, déprimée; mandibules allongées, presque droites, coniques; palpes maxillaires à peu près de la longueur des mandibules, leur dernier article cylindrique-ovale, plus long que les autres; corps cylindrique, à peine plus large que la tête, y compris la saillie des yeux; écusson petit; corselet convexe, ayant un sillon longitudinal sur le dos; jambes antérieures dentées en scie. L'espèce que Mac-Leay établit comme type de ce genre est :

Le SYNDÈSE CORNU, *Syndesus cornutus; Synodendron cornutum*, Fabr.; *Lamprima*, Latr.; *Lucanus parvus*, Donov., *Illustr. of Ins. New-Holl.*, tab. 1, fig. 4. On l'a trouvé à la Terre de Van-Diémen.   (G.)

SYNEDRELLA. BOT. PHAN. Genre de la famille des Synanthérées, tribu des Hélianthées, établi par Gaertner

(*de Fruct.*, 2, p. 456, tab. 171) sur le *Verbesina nodiflora*, L. Cette Plante avait anciennement été placée par Vaillant dans son genre *Ceratocephalus*, qui était mal caractérisé et composé d'espèces hétérogènes. Le genre *Ucacou* d'Adanson ne valait guère mieux, puisque cet auteur y réunissait non-seulement la Plante dont il est ici question, mais encore celles qui composent le genre *Melanthera* des auteurs modernes. Le *Synedrella* est voisin de l'*Heterospermum*, et présente les caractères essentiels suivans : involucre oblong, composé d'un petit nombre de folioles (environ quatre placées par paires opposées, dont deux plus grandes couvrant plus ou moins les bords des deux autres); réceptacle petit, plan, paléacé; calathide composée au centre de fleurons tubuleux, hermaphrodites, et à la circonférence de demi-fleurons en languette et femelles; akènes de diverses formes, ceux de la circonférence dentés-laciniés sur leurs bords, ceux du disque surmontés de deux arêtes persistantes. Le *Synedrella nodiflora*, Gaertn., *loc. cit.*, est une Plante herbacée, rameuse, dichotome, à feuilles opposées, entières, à fleurs axillaires, un peu agglomérées et presque sessiles. Elle croît sur le continent et dans les îles de l'Amérique équinoxiale.   (G..N.)

* **SYNÈME.** *Synema.* BOT. PHAN. Dans la famille des Orchidées, le professeur Richard appelle ainsi la partie du gynostème qui représente les filets des étamines.   (A. R.)

SYNGANA. BOT. PHAN. Pour Singana. *V.* ce mot.   (G..N.)

SYNGNATHES. *Syngnathus.* POIS. Artedi a créé ce genre de Poissons lophobranches, pour recevoir des êtres dont le museau est tubuleux, terminé par une bouche verticale, à évent sur la nuque, sans ventrale. Les œufs éclosent dans une sorte de matrice formée par une boursoufflure de la peau, soit sous le ventre, soit sous la queue. Les Syngnathes sont aujourdhui divisés en deux sous-genres qui sont les Syngnathes proprement dits et les Hippocampes ; les premiers se reconnaissent de prime-abord à leur corps mince et allongé, et presque du même diamètre sur toute sa longueur. Ce sont de petits Poissons qui habitent toutes les mers et dont les principales espèces sont les suivantes : *Syngnathus typhle*, Bloch, 91, f. 1 ; *S. pelagicus*, Risso ; *S. Rondeletii*, Laroche ; *S. viridis*, Risso ; *S. œquoreus*, Montagu, etc. (LESS.)

SYNISTATES. *Synistata*. INS. Fabricius donne ce nom à sa troisième classe des Insectes renfermant les genres *Ephemera*, *Phryganea*, *Semblis*, *Lepisma*, *Podura*, *Hemerobius*, *Termes*, *Raphidia*, *Panarpa* et *Myrmeleon*. *V*. ces mots.   (G.)

* SYNNOTIA. BOT. PHAN. Sweet (*British flower Garden*) a érigé en un genre nouveau sous le nom de *Synnotia* quelques *Gladiolus* et *Ixia* des auteurs. L'une des espèces est le *Gladiolus galeatus* de Jacquin (*Icon. rar.*, 2, tab. 258); l'autre est le *Gladiolus bicolor*, Willd. ; *Ixia bicolor*, Bot. *Magaz.*, n. 548, et dont Ker a fait une espèce de son genre *Sparaxis*. *V*. ce mot.   (G..N.)

SYNODE. POIS. Genre formé d'abord sous le nom d'Erythrinus, rétabli par Lacépède qui changea ce nom pour celui de Synode adopté jusqu'à l'époque où Cuvier a judicieusement rétabli le nom primitif. *V*. ERYTHRIN. Dans Linné une Esoce porte aussi le nom de Synode, mais elle n'a nul rapport avec le genre Synode de Lacépède.   (B.)

SYNODONTE. POIS. *V*. SHAL au mot SILURE.

SYNODUS. CRUST. Genre de l'ordre des Isopodes, section des Cymothoadés (Latr., Règne Animal, 2e édit.), établi par Latreille et auquel il donne pour caractères : post-abdomen de six segmens ; antennes supérieures plus courtes que les inférieures, insérées au bord antérieur

de la tête, ou paraissant la terminer lorsqu'elle est vue en dessus ; les six pieds antérieurs terminés par un fort crochet, ceux des autres petits ou moyens ; corps ovale-oblong ; yeux à facettes ; mandibules fortes et saillantes. Ce genre se distingue de tous ceux de sa section par ses mandibules fortes et saillantes. Il ne se compose jusqu'à présent que d'une seule espèce, *Synodus vorax*, Latr., que l'on trouve sur les côtes de France.   (v.)

SYNOIQUE. *Synoicum*. MOLL. Genre fondé par Phipps dans son Voyage au pôle, et adopté par Savigny qui en a précisé très-exactement les caractères : l'enveloppe commune est pédiculée, demi-cartilagineuse, et formée d'un seul système qui s'élève en un cylindre solide, vertical, isolé ou associé par son pédicule à d'autres cylindres semblables. Les Animaux sont parallèles et disposés sur un seul rang circulaire ; leur orifice branchial est fendu en six rayons égaux, et l'anal partagé en six rayons inégaux. Ce genre ne renferme encore qu'une espèce bien distincte, le SYNOÏQUE DE PHIPPS, *Synoicum turgens*, Savigny, Mém. sur les Anim. sans vert., p. 43, pl. 3, fig. 5 et pl. 15. Elle habite sur les côtes du Spitzberg. Gmelin, qui la confondait avec les Alcyons, l'a décrite sous le nom d'*Alcyonium synoicum*.   (AUD.)

* SYNORHIZES (VÉGÉTAUX). BOT. PHAN. Le professeur Richard a proposé ce nom dans sa division primaire du règne végétal, pour une classe qui renferme les Conifères et les Cycadées, et dont le caractère essentiel consiste dans un embryon ayant la radicule soudée par son sommet avec l'endosperme. (A. R.)

SYNOVIE. ZOOL. Fluide particulier qui baigne les surfaces articulaires des os, dont il facilite les mouvemens.   (A. R.)

SYNTOMIDE. *Syntomis*. INS. Genre de l'ordre des Lépidoptères, famille des Crépusculaires, tribu des Zygœnides, établi par Illiger aux dépens du grand genre Sphinx de Linné, et adopté par tous les entomologistes avec ces caractères : langue en spirale; antennes presqu'en fuseau, grossissant à peine, et insensiblement après le milieu, leur extrémité ne portant point de houppe écailleuse; palpes cylindriques, obtus, très-courts, ne s'élevant point au-delà du chaperon; ailes grandes, en toit dans le repos; les inférieures ayant leur cellule sous-marginale étroite, fermée en arrière par l'intersection des deux rameaux nerveux qui se prolongent jusqu'au bord postérieur; jambes postérieures n'ayant que deux épines très-petites à leur extrémité; abdomen cylindrique, obtus. Les Sésies se distinguent de ce genre, parce que leurs antennes sont terminées par une petite houppe d'écailles. Les OEgocères, Thyrides et Zygœnes, ont les palpes plus longs et s'élevant au-dessus du chaperon. Les chenilles des Syntomides sont diurnes et munies de faisceaux de poils ; lorsqu'on les inquiète, elles se roulent sur elles-mêmes. On connaît trois ou quatre espèces de ce genre. Celle qui lui sert de type est la *Syntomis phœgea*, Illig., Latr., Godard, Lépid. de France, p. 154, n. 49, pl. 22, fig. 14. On la trouve dans le midi de la France et dans la Suisse.   (G.)

SYNTRICHIA. BOT. CRYPT. (*Mousses.*) Ce genre ne diffère des *Tortula* que par les cils de son péristome, soudés entre eux par sa base; du reste ces cils très-longs sont également tordus en spirale, et tous les autres caractères sont les mêmes. Bridel y place huit espèces rapportées par beaucoup d'auteurs au genre *Tortula;* les deux plus communes sont les *Tortula subulata* et *ruralis* très-fréquentes en Europe, sur la terre, dans les fossés et les champs. (AD. B.)

SYNUCHUS. INS. Gylenhall, dans son Histoire des Insectes de la Suède, donne ce nom à un genre de Carabi-

ques établi précédemment par Bonelli sous le nom de Taphrie. *V.* ce mot.
                    (G.)

SYNZYGANTHERA. BOT. PHAN. Le genre que Ruiz et Pavon nomment ainsi et qui est le *Didymandra* de Willdenow, est rapporté avec doute à la famille des Euphorbiacées. Ces auteurs lui assignent les caractères suivans : les fleurs mâles sont monoïques; le calice infère, court, quadriparti; quatre pétales alternes, petits; le filet bifide au sommet et portant deux anthères insérées sous le côté d'un ovaire stérile à trois styles; les fleurs femelles ont trois styles très-courts; les stigmates aigus; la baie stipitée, ovoïde, sèche, à trois loges monospermes dont deux avortent quelquefois. La seule espèce de ce genre est un Arbrisseau du Pérou ; ses fleurs sont disposées en chatons dans lesquels elles sont séparées par des bractées squammiformes, les mâles entremêlés aux femelles dont deux à quatre seulement parviennent à maturité. Suivant Willdenow, les premiers seraient tout-à-fait hermaphrodites.   (A. D. J.)

SYNZOOECIPHYTES ou **ZOOECIES. POLYP.** Lamouroux, dans l'introduction de son Histoire des Polypiers flexibles, propose de substituer ces noms qui signifieraient Animaux dans une habitation semblable à une Plante, à celui de Polypier. Ce savant n'a cependant adopté lui-même ni l'une ni l'autre de ces dénominations.
                    (A. R.)

* **SYNZYGIE.** *Synzygia.* **BOT. PHAN.** C'est le point de jonction des cotylédons sur la radicule, quand ils sont opposés.   (A. R.)

SYPHARGE. *Syphargis.* **REPT.** Nom proposé par Merrem pour former un genre démembré des *Testudo* et destiné à recevoir le Luth, *Testudo coriacea* de Linné.   (I.ESS.)

* **SYRENIA. BOT. PHAN.** De Candolle cite ce nom comme celui d'un genre de Crucifères établi par Andrzeiowski, mais qui doit être réuni à l'*Erysimum.*   (G.,N.)

SYRICHTA. MAM. Sous ce nom, Petiver a figuré un Animal dont Gmeliu a fait son *Simia Syrichta*, Spéc. 33, qui n'est aucunement authentique. Cette grossière figure de Petiver représente sans nul doute le Couscou tacheté des Moluques, *Cuscus maculatus*, N. *V.* PHALANGER.   (LESS.)

SYRINGA. BOT. PHAN. *V.* LILAS et PHILADELPHE.

SYRINX. ÉCHIN. Bohadsch a décrit sous ce nom un genre de Zoophytes échinodermes qui appartient au genre Siponcle. *V.* ce mot.   (AUD.)

SYROMASTE. *Syromastes*. INS. Latreille établit sous ce nom, dans la nouvelle édition du Règne Animal, un genre de l'ordre des Hémiptères, famille des Géocorises, auquel il donne pour caractères distinctifs du genre Corée aux dépens duquel il l'a formé : le dernier article des antennes plus court que le précédent, presque ovalaire; celui-ci filiforme et simple. Ce genre renferme les espèces de Corée que Fabricius nomme *marginatus*, *Scapha*, *Spuciger*, *paradoxus* et *quadratus*, ainsi que son *Lygæus sanctus*. *V.* CORÉE.   (G.)

SYRPHE. *Syrphus*. INS. Genre de l'ordre des Diptères, famille des Athéricères, tribu des Syrphies, établi par Fabricius, mais très-modifié par Meigen, et restreint par lui aux espèces offrant les caractères suivans : une éminence nasale; antennes plus courtes que la tête, écartées, avancées presque parallèlement, à palette ovale ou presque orbiculaire, ayant une soie simple; ailes souvent écartées; côté extérieur de la cellule extérieure et fermée du limbe postérieur droit; abdomen triangulaire; corps simplement pubescent. Leurs larves sont aphidiphages, ou se nourrissent de Pucerons qu'elles tiennent ordinairement en l'air et qu'elles sucent très-vite. Leur corps a la figure d'un cône allongé, est inégal ou même épineux. Lorsqu'elles doivent passer à l'état de nymphe, elles se fixent sur des feuilles au moyen d'une liqueur visqueuse; leur corps se raccourcit, et son extrémité antérieure, auparavant plus menue, est maintenant la plus grosse. Nous citerons les espèces suivantes :

Le SYRPHE RUFICORNE, *Syrphus ruficornis*, Fabr., dont le thorax est cendré, avec trois lignes noires; dont l'abdomen est bronzé, et dont les ailes ont deux taches noirâtres. On le trouve sur le tronc des arbres.

Le SYRPHE FESTIVE, *Syrphus festivus*, Fabr., qui est noir, avec une ligne jaune de chaque côté du thorax, et quatre bandes de cette couleur, égales et interrompues sur le dessus de l'abdomen.

Le SYRPHE DU GROSEILLIER, *Syrphus Ribesii*, Fabr., dont le thorax est bronzé, avec l'écusson jaune; qui a l'abdomen noir, avec quatre bandes jaunes, dont la première interrompue, et les autres échancrées postérieurement; les pieds sont roussâtres et les antennes brunes. Meigen en décrit quatre-vingt-seize espèces.   (LAT.)

SYRPHIES. *Syrphiæ*. INS. SYRPHIDES, Règne Animal, 2ᵉ édition. Tribu de la famille des Athéricères, ordre des Diptères, ainsi nommée du genre *Syrphus* de Fabricius, et que nous signalerons ainsi : antennes de trois articles, dont le dernier sans divisions transverses, formant soit seul, soit avec le précédent, une palette plus ou moins allongée, avec une soie ou un stylet. Trompe longue, membraneuse, coudée près de sa base, bilabiée au bout, entièrement retirée lorsqu'elle est en repos dans la cavité buccale, renfermant un suçoir de quatre pièces, dont la supérieure plus grande, échancrée au bout, et dont deux des autres annexées chacune à un palpe linéaire, membraneux, se logeant aussi dans la gouttière supérieure de la trompe. Extrémité antérieure de la tête souvent prolongée et avancée en manière de bec. Deux cellules complètes à l'extrémité postérieure des ailes, immédiatement après la cubitale ; la plus extérieure des deux et la discoïdale situées au-dessus d'elle, coupées par une nervure longitudinale, insolite, n'atteignant point l'extrémité de la première de ces cellules. Larves à tête de forme variable, se transformant en nymphes sous leur propre peau, mais en se raccourcissant ; coque en forme d'œuf ou de barillet. Ces Insectes ont été réunis par Linné, Geoffroy et Degéer, dans leur genre *Musca* ; le dernier néanmoins avait bien observé que la composition du suçoir n'était pas identique dans les diverses espèces de ce groupe ; mais, ainsi que presque tous ses devanciers, il n'attachait point une grande importance à ces différences organiques. Scopoli seul avait fondé sur la forme et la composition de la trompe, les caractères des genres de l'ordre des Diptères, et ses Conops ainsi que ses Rhingies embrassent notre tribu des Syrphies. Fabricius, en adoptant ces deux coupes, se borna à remplacer la dénomination de Conops par celle de *Syrphus*. Il institua plus tard le genre *Ceria*. Ceux qu'il y a ajoutés depuis ont été établis par nous et par Meigen ; mais il en a dénaturé plusieurs par un mélange hétérogène. Si l'on en excepte quelques espèces dont le corps est proportionnellement plus allongé et ressemble par ses couleurs à celui d'une Guêpe, les Syrphies ont généralement le port de nos Mouches ordinaires. Les deux pieds postérieurs ont, dans plusieurs, les cuisses renflées, avec les jambes arquées. Ces Insectes vivent sur les fleurs, ont un vol rapide, souvent stationnaire, et font entendre un bourdonnement plus ou moins fort, selon qu'ils sont plus ou moins grands. On pourrait même, à raison de ce bruissement, et des poils nombreux qui revêtent le corps et leur coloration, confondre certaines espèces avec les Bourdons, Insectes de l'ordre des Hyménoptères ; un fait même très-singulier, c'est que ces Syrphies déposent leurs œufs dans les nids de ces derniers Insectes (*V.* Volucelle). Les larves des Syr-

phies ressemblent, ainsi que celles des autres Athéricères, à des Vers de consistance molle, allongés, déprimés, tantôt amincis en devant et plus épais en arrière ; tantôt, au contraire, plus gros du côté de la tête et rétrécis ensuite, et se terminant par une espèce de queue, ce qui les a fait nommer Vers à queue de rat. Les ouvertures destinées à l'entrée de l'air sont situées à l'extrémité postérieure du corps, au nombre de deux ; quelques espèces en offrent aussi deux autres, mais plus petites et placées près de la jonction du second et du troisième anneau. Deux crochets écailleux sont presque les seuls organes de manducation que la nature a accordés à ces larves ; leur peau devient la coque qui les renferme, lorsqu'elles ont passé à l'état de nymphe. De même que les autres Athéricères, ces nymphes ont d'abord la figure d'une boule allongée ou d'une masse presque gélatineuse et confuse ; les parties extérieures ne se dessinent que peu à peu ; l'Insecte parfait sort de sa coque, en faisant sauter une portion, en forme de calotte, de son extrémité la plus grosse. Les yeux des mâles sont plus étendus et plus rapprochés que ceux de l'autre sexe. Le nombre des larves qu'on a observées est trop petit, pour que l'on puisse diviser cette tribu d'après cette considération. Nous tâcherons néanmoins de coordonner notre distribution aux principales variétés de formes qu'elles nous présentent. Nous commencerons par les genres dont les larves offrent postérieurement des appendices rayonnés et qui vivent dans les nids des Bourdons. Nous passerons ensuite à celles qu'on a appelées Vers à queue de rat, et de-là à celles qui se nourrissent de Pucerons, ou les Aphidiphages. Les Rhingies nous paraissent par la longueur de leur trompe, l'avancement remarquable de leur espèce de museau, s'éloigner des autres Syrphies et devoir conséquemment occuper l'une des extrémités de la tribu. Les Brachyopes de Meigen les précèderont immédiatement, comme étant de toutes les Syrphies, celles qui ont le plus d'affinité avec le genre précédent. A l'autre extrémité nous placerons les Volucelles, les Séricomyies et autres Insectes qui, par leur taille, la soie plumeuse de leurs antennes, leurs ailes toujours écartées, la forme et les habitudes de leurs larves, nous semblent différer plus particulièrement des autres Insectes de cette tribu. Telles seront les bases de notre distribution méthodique.

I. Trompe plus courte que la tête et le thorax; museau nul ou court et perpendiculaire.

1. Une éminence nasale.

A. Antennes (toujours plus courtes que la tête) ayant une soie plumeuse.

Genres : VOLUCELLE, SÉRICOMYIE, ÉRISTALE.

B. Antennes (quelquefois aussi longues ou plus longues que la tête) à soie simple.

a. Antennes plus courtes que la tête.

* Cellule extérieure et fermée du limbe postérieur des ailes fortement unisinuée ou échancrée au côté externe; antennes très-rapprochées à leur base.

Genres : MALLOTE, HÉLOPHILE.

** Côté extérieur de la cellule extérieure et fermée du limbe postérieur des ailes droit (sans sinus profond); antennes ordinairement écartées à leur origine et avancées presque parallèlement.

Genres : PÉLÉCOCÈRE, SYRPHE, CHRYSOGASTRE, BACCHA.

b. Antennes de la longueur au moins de la tête.

* Soie des antennes latérale.

Genres : PARAGUE, PSARE, CHRYSOTOXE, SPHÉCOMYIE.

** Soie des antennes terminale.

Genres : CÉRIE, CALLICÈRE.

2. Point d'éminence nasale.

A. Antennes plus longues que la tête.

Genres : CÉRATOPHIE, APHRITE (MICRODON, Meig.).

B. Antennes plus courtes que la tête.

a. Palette (dernier article) des antennes oblongue, presque en forme de triangle allongé.

Genres : MÉRODON, ASCIE.

b. Palette des antennes courte ou peu allongée, presque orbiculaire ou presque ovoïde.

* Abdomen rétréci à sa base, en forme de massue.

Genre : SPHÉGINE.

** Abdomen point rétréci à sa base, soit triangulaire ou conique, soit presque cylindrique.

† Ailes ne dépassant guère l'abdomen.

Genres : EUMÈRE, XYLOTE, MILÉSIE, TROPIDIE, PIPIZE.

†† Ailes beaucoup plus longues que l'abdomen.

Genre : BRACHYOPE.

II. Trompe de la longueur au moins de la tête et du thorax, linéaire; museau long et avancé.

Genre : RHINGIE.   (LAT.)

SYRRHAPTES. OIS. *V*. HÉTÉROCLITE.

SYRRHOPODON. BOT. CRYPT. (*Mousses*.) Genre établi par Schwægrichen, et dont le nom a été changé par Bridel en celui de *Cleitostoma*; cet auteur le caractérise ainsi : péristome simple, à seize dents cunéiformes, étendues horizontalement sur l'orifice de la capsule, et le fermant complétement ou en partie; coiffe campanulée, glabre, fendue à la base; capsule égale, sans anneau. Il divise ce genre en deux sections; dans l'une la capsule est pendante, elle ne renferme qu'une seule espèce, le *Pterogonium ambiguum* de Hooker;

dans l'autre les capsules sont droites, ce sont les vraies *Syrrhopodon* de Schwægrichen , qui en a décrit cinq espèces toutes exotiques et des régions chaudes.   (AD. B.)

SYRTIS. INS. Genre de l'ordre des Hémiptères correspondant aux Phymates de Latreille. *V.* ce mot. (AUD.)

SYSTÈMES. HIST. NAT. GÉN. Au mot MÉTHODE (*V.* ce mot) dont le présent article n'est en quelque sorte qu'un complément, nous avons déjà fait connaître ce que l'on doit entendre par le mot Système. C'est, avons-nous dit, un genre de classification dans lequel on se propose de ranger un certain nombre d'êtres ou de corps, en se servant, pour établir les divisions ou classes, d'un seul organe ou d'une seule partie ; bien différent en cela d'une méthode proprement dite, dans laquelle les classes sont établies d'après les caractères tirés de toutes les parties des êtres ou des corps qu'on veut classer. Le but réel d'un Système, c'est de faciliter la recherche du nom d'un être, et d'y faire parvenir par une voie prompte et sûre. Il faut donc pour cela que les divisions soient fondées sur un organe constant, mais qui, néanmoins, présente assez de variations pour permettre un nombre assez considérable de subdivisions ; il faut de plus que ces modifications soient nettement tranchées, pour qu'il n'existe pas de doute sur la distinction des groupes. Entre deux organes également fixes dans leur existence, on devra, en général, donner la préférence à celui dont le rôle est le plus important dans la vie de l'être, parce qu'on sera plus certain, en l'employant, de rapprocher les uns des autres les êtres qui ont entre eux la plus grande somme d'affinités. On a souvent et longuement discuté pour savoir à qui l'on doit accorder la préférence des Systèmes artificiels ou des méthodes naturelles. Cette question nous paraît tout-à-fait oiseuse, car le but de ces deux sortes de classifications étant différent, on ne saurait, sous ce rapport, accorder la prééminence à aucune d'elles. Avec un Système on veut arriver avec facilité et avec promptitude à déterminer à quelle classe, puis ensuite à quel ordre, à quel genre, et enfin à quelle espèce appartient un être donné. Ainsi, plus les classes seront nettes et distinctes, plus nombreuses seront les subdivisions qui y ont été établies, et plus grands seront les avantages de cette classification. Mais tel n'est pas le but d'une méthode naturelle, et surtout l'esprit qui préside à sa formation est tout-à-fait différent : elle doit être un tableau fidèle des analogies qui existent entre les différens corps qu'elle embrasse, et les disposer de telle sorte qu'ils forment une chaîne continue, dans laquelle on n'aperçoit d'interruptions que celles qu'y apportent l'imperfection de nos connaissances ou le manque des matériaux nécessaires pour arriver à ce but. Dès-lors ces deux sortes de classifications ne sauraient être comparées, car si un Système a souvent le grave inconvénient d'éloigner des êtres que la somme de leurs caractères rapproche, parce qu'ils diffèrent uniquement par le seul point de vue sous lequel on les a considérés ; on peut aussi reprocher aux méthodes naturelles de ne pas offrir des caractères aussi nettement tranchés, et par conséquent de ne pouvoir être employées avec la même facilité à la détermination des espèces ou des genres dont on veut connaître le nom.

Nous avons pour but principal, dans cet article, de faire connaître les principaux Systèmes employés par les botanistes. Mais, comme le nombre en est excessivement grand, nous n'exposerons ici que ceux de Tournefort et de Linné, qui sont les seuls dont on fasse usage, surtout du dernier. Ceux qui désireraient des détails plus étendus sur les classifications botaniques liront avec fruit l'ouvrage de Linné, intitulé *Classes Plantarum,* dont Mouton-Fontenille a donné une traduction augmentée sous le titre de Systèmes des Plantes.

1°. *Système de Tournefort.*

Le Système de Tournefort, généralement connu sous le nom de Méthode de Tournefort, fut publié en 1694. Cette classification est principalement basée sur la considération des différentes formes de la corolle. Un reproche généralement adressé à Tournefort, c'est de n'avoir pas suivi l'exemple déjà donné par Rivin, en 1690, et d'avoir encore séparé dans des classes distinctes les Plantes herbacées et les Végétaux ligneux. Cet inconvénient est très-grand, puisque souvent, dans le même genre, on trouve des espèces ligneuses et des espèces herbacées, exemple les Luzernes, les Cytises, les Liserons, etc., et que même il arrive quelquefois que la même espèce peut être ou ligneuse ou herbacée, suivant diverses circonstances. Mais le mérite de Tournefort n'est pas seulement d'avoir créé une classification ingénieuse dans laquelle se trouvent rangées et décrites toutes les Plantes connues à cette époque; son titre principal de gloire est d'avoir le premier distingué d'une manière plus précise et plus rigoureuse qu'on ne l'avait fait jusqu'alors, les genres, les espèces et les variétés; et la perfection qu'il a mise dans cette distinction est telle que, chaque jour, les travaux des botanistes modernes tendent tous à se rapprocher de Tournefort pour la circonscription à donner aux genres.

Le Système de Tournefort se compose de vingt-deux classes, dont les caractères sont tirés : 1° de la consistance et de la grandeur de la tige; 2° de la présence ou de l'absence de la corolle; 3° de l'isolement de chaque fleur ou de leur réunion dans un involucre commun, ce qui constitue, selon Tournefort, les fleurs composées; 4° de la soudure des pétales ou de leur isolement, c'est-à-dire de la corolle monopétale ou polypétale; 5° de sa régularité ou de son irrégularité.

1°. Sous le rapport de la consistance et de la durée de leur tige, Tournefort divise les Végétaux en Herbes et sous-Arbrisseaux, et en Arbrisseaux et Arbres; les Herbes et les sous-Arbrisseaux réunis sont renfermés dans les dix-sept premières classes, les cinq dernières classes contiennent les Arbrisseaux et les Arbres. 2°. D'après la présence ou l'absence de la corolle, les Herbes et sous-Arbrisseaux sont divisés en pétalés et en apétalés; les quatorze premières classes des Herbes renferment toutes celles qui sont pourvues d'une corolle, les trois autres celles qui en sont dépourvues. 3°. Les Herbes pétalées ont leurs fleurs isolées et distinctes, ou réunies pour constituer des fleurs composées; les onze premières classes contiennent les Herbes à fleurs simples, les trois suivantes celles dont les fleurs sont composées. 4°. Parmi les Plantes herbacées à fleurs simples, les unes ont une corolle monopétale, les autres une corolle polypétale. Dans les quatre premières classes, Tournefort a réuni les corolles monopétales, dans les cinq qui suivent les Plantes à corolle polypétale. 5°. Mais cette corolle monopétale ou polypétale peut être régulière ou irrégulière, ce qui a permis de subdiviser encore chacune de ces divisions.

Quant aux Arbrisseaux et aux Arbres, ils forment, ainsi que nous l'avons dit, les cinq dernières classes du Système, et leur division est tirée des mêmes considérations.

Il est important de remarquer ici que Tournefort appelait corolle les périanthes simples et colorés, comme celui de la Tulipe, du Lis, qui sont, selon lui, des corolles monopétales régulières. Voici le tableau du Système de Tournefort.

SYSTÈME DE TOURNEFORT.

CLASSES.

HERBES	A FLEURS...	Pétalées...	Monopétales...	Régulières...	1 CAMPANIFORMES.
					2 INFUNDIBULIFORMES.
				Irrégulières...	3 PERSONNÉES.
					4 LABIÉES.
		Simples...	Polypétales...	Régulières...	5 CRUCIFÈRES.
					6 ROSACÉES.
					7 OMBELLIFÈRES.
					8 CARIOPHYLLÉES.
					9 LILIACÉES.
				Irrégulières...	10 PAPILIONACÉES.
					11 ANOMALES.
	Composées...				12 FLOSCULEUSES.
					13 SEMI-FLOSCULEUSES.
					14 RADIÉES.
	Apétales...				15 A ÉTAMINES.
					16 SANS FLEURS.
					17 SANS FLEURS NI FRUITS.
ARBRES	A FLEURS...	Apétales...			18 APÉTALES proprement diss.
					19 AMENTACÉES.
		Pétalées...	Monopétales...		20 MONOPÉTALES.
			Polypétales...	Régulières...	21 ROSACÉES.
				Irrégulières...	22 PAPILIONACÉES.

2°. *Système sexuel de Linné.*

Il y a peu d'exemples dans les sciences d'un enthousiasme pareil à celui qu'inspira le Système sexuel de Linné, dès l'époque de son apparition, en 1734. Cette vogue extraordinaire tient à plusieurs causes réunies. Et d'abord, on doit placer en première ligne le soin que prit l'immortel Suédois, de choisir pour base de sa classification des organes importans, dont les usages, jusqu'alors méconnus, venaient d'être démontrés par Camerarius, Grew, etc.; en second lieu, les considérations ingénieuses que l'auteur sut habilement en tirer, et la netteté et la précision des caractères de ses différentes classes et des ordres qu'il y avait établis. Mais ce qui contribua non moins puissamment à répandre le Système sexuel de Linné, c'est qu'il y créait en quelque sorte la nomenclature et la synonymie botanique. Tournefort lui en avait tracé la route, sans néanmoins en avoir fait disparaître tous les obstacles. Jusqu'alors, en effet, chaque espèce ne portait pas de nom spécial, mais était dénommée par une phrase caractéristique, dans laquelle il était souvent fort difficile de trouver le caractère propre à la faire distinguer. Or ces phrases étant plus ou moins longues, il était très-difficile d'en retenir un grand nombre. Linné donna à chaque genre un nom propre ou générique, ainsi que l'avait fait Tournefort; mais, de plus, il désigna chaque espèce de ces genres par un nom adjectif ou spécifique ajouté à la suite du nom générique. Par ce moyen neuf et ingénieux, il simplifia considérablement l'étude déjà fort étendue de la science des Végétaux; ensuite il traça dans une phrase caractéristique les traits principaux qui pouvaient servir à distinguer chaque espèce.

Les bases principales du Système sexuel de Linné reposent essentiellement sur les organes sexuels mâles ou les étamines pour les classes, et sur les pistils ou organes sexuels femelles pour les ordres ou subdivisions des classes : celles-ci sont au nombre de vingt-quatre. Linné partage d'abord tous les Végétaux connus en deux grandes sections fort inégales. Dans la première, il range tous ceux qui ont des organes sexuels et, par conséquent, des fleurs apparentes. Ce sont les Phanérogames ou Phénogames. La seconde section comprend les Végétaux dans lesquels les organes sexuels sont cachés ou plutôt qui en sont dépourvus : on les nomme Cryptogames. De-là les deux divisions primitives du règne végétal : les Phanérogames et les Cryptogames. Les premiers, beaucoup plus nombreux que les autres, forment les vingt-trois premières classes. Parmi les Phanérogames, les unes ont des fleurs hermaphrodites, c'est-à-dire pourvues des deux organes sexuels mâles et femelles ; les autres sont unisexuées. Les vingt premières classes du Système sexuel renferment les Végétaux phanérogames à fleurs hermaphrodites ou monoclines; dans les trois suivantes, sont placées les Plantes diclines ou unisexuées. Les Plantes monoclines ont les étamines détachées du pistil, ou bien les deux organes sont soudés ensemble. Les étamines, dégagées de toute espèce de soudure avec le pistil, peuvent être libres et distinctes les unes des autres ; elles peuvent être réunies et soudées entre elles soit par les filets, soit par les anthères. Les étamines libres sont égales ou inégales, en nombre déterminé ou indéterminé, etc. C'est par des considérations de cette nature que Linné est parvenu à former les vingt-quatre classes de son Système. On voit d'après cela qu'il repose sur les considérations suivantes : 1° le nombre des étamines ; 2° leur insertion ; 3° leur proportion ; 4° leur réunion par les filets ; 5° leur soudure par les anthères ; 6° leur réunion avec le pistil ; 7° la séparation des sexes dans des fleurs différentes ; 8° enfin sur l'absence des organes sexuels. Le tableau ci-joint fera connaître les caractères des classes et des ordres du Système sexuel de Linné.   (A. R.)

SYSTOLUS. ins. (Mégerle.) Syn. de Comasinus.   (A. R.)

SYSTROGASTRES ou **CHRY-SIDES. ins.** Famille de l'ordre des Hyménoptères établie par Duméril et comprenant les genres Chryside, Omalon et Parnopès. *V.* ces mots.   (AUD.)

SYSTROPE. *Systropus.* **ins.** Genre de Diptères, institué par Wiedemann, très-voisin de celui des Conops, dont il ne diffère qu'en ce que le dernier article des antennes forme seul la massue et n'offre point de stylet sensible. Ces Diptères ont d'ailleurs le port des Conops ; leur trompe est un peu ascendante. Les espèces, qui nous sont connues, sont propres à l'Amérique septentrionale.   (LAT.)

SYSTROPHE. *Systropha.* **ins.** Genre de l'ordre des Hyménoptères, famille des Mellifères, tribu des Apiaires, de la division de celles dont le tarse des deux pieds postérieurs est peu dilaté, dont les palpes labiaux sont composés d'articles linéaires, placés bout à bout et presque semblables aux palpes maxillaires, mais bien distinct de tous les autres genres de cette famille par la forme des antennes des mâles, qui sont recoquillées à leur extrémité. L'abdomen des mêmes individus est allongé, courbé à son extrémité, et offre en dessous, près de son milieu, des éminences en forme de dents ou de tubercules. Les femelles ressemblent à des Andrènes. Les mandibules sont étroites et terminées en pointe, sous laquelle est une petite dent. Les ailes offrent trois cellules cubitales complètes. Le corps est peu velu. Olivier avait décrit le mâle de l'espèce, qui a servi de type à l'établissement de cette coupe, sous le nom d'*Andrena spiralis.* Cet Insecte se trouve dans les départemens méridionaux de la France et en Espagne.   (LAT.)

SYSTYLE. *Systylium.* **bot. crypt.** (*Mousses.*) Genre voisin du *Splachnum,* établi par Hornschuch (Comm., 19, tab. 11), adopté ensuite par Schwægrichen, Hooker, Nées et Sturm, mais réuni par Arnott à son genre *Dissodon.* Il offre pour caractères : un péristome simple, à trente-deux dents, courtes, rapprochées par paires et soudées à leur base; l'opercule est uni avec la columelle; la coiffe campaniforme et pointue, à bords déchiquetés; la capsule est régulière, sans anneau, mais ayant un apophyse. On voit par ces caractères que le genre *Systylium* diffère des *Splachnum* par le nombre double de ses dents et par son opercule adhérent. Il se compose d'une seule espèce, *Systylium splachnoides,* Hornsch., qui croît dans la Haute–Carinthie.   (A. R.)

SYSTYLE. min. Minéral encore fort peu connu découvert par Zimmermann dans une carrière de Basalte de la contrée de Detmold en Hesse, et décrit dans les tomes III et IV du *Taschenbuch für Mineral* de Léonhard. Il a une forme prismatique; sa couleur est bleuâtre matte, légèrement brillante à l'intérieur, se cassant facilement et offrant une cassure conchoïde, se divisant en fragmens prismatiques, à trois ou cinq pans; étincelant sous le choc du briquet, et d'une pesanteur spécifique de 2,41.   (A. R.)

SYZYGITES. bot. crypt. (*Mucédinées.*) Ce genre, de la tribu des Mucorées, a été décrit et figuré par Ehrenberg; il ne renferme qu'une espèce qui croît sur les bois morts; elle présente des filamens droits, rameux, portant des sporanges (ou vésicules sporulifères) latéraux, opposés, soudés en un seul péridium.   (AD. B.)

SYZYGIUM. bot. phan. Gaertner (*de Fruct.,* 1, p. 166, tab. 33) a ainsi nommé un genre de la famille des Myrtacées, qu'il ne faut pas confondre avec le *Suzygium* de P. Browne. Celui-ci est une véritable espèce du genre *Calyptranthes* de Swartz. Willdenow et d'autres auteurs ont, à la vérité, placé parmi les *Calyptranthes* plusieurs espèces qui appartiennent aux vrais *Syzygium,* tandis que d'un autre côté Lamarck et Roxburgh en ont fait des *Eugenia*, Sprengel des *Myrtus*, etc. Enfin, le nom de *Calyptranthus*, qu'il faut éviter de confondre avec celui de *Calyptranthes*, a été donné récemment par Blume au genre dont il est ici question. Ces oscillations dans la nomenclature prouvent la difficulté qu'il y avait à déterminer les caractères génériques de la plupart des Myrtacées. Voici ceux qui ont été assignés au *Syzygium* par De Candolle (*Prodr. Syst. Veget.*, 3, p. 259): calice dont le tube est obové, le limbe presque entier ou à lobes fort obtus; corolle à quatre à cinq pétales presque arrondis, réunis en une sorte de coiffe ou d'opercule convexe, membraneux, qui tombe en se fendant transversalement; étamines nombreuses, libres; un style surmonté d'un stigmate simple; ovaire à deux loges contenant un petit nombre d'ovules; baie uniloculaire, ne renfermant qu'une seule ou un petit nombre de graines dont la radicule est petite, insérée au-dessous de la partie moyenne des cotylédons et cachée par ceux-ci. Ce genre diffère du *Calyptranthes*, en ce que l'opercule n'est pas formé par le calice, mais par la corolle; du *Caryophyllus* par le tube du calice qui n'est pas cylindracé ni divisé au sommet en lobes bien distincts; de l'*Eugenia* par ses cotylédons moins soudés intimement et par ses pétales réunis en coiffe. De Candolle a placé parmi les *Syzygium* les espèces du genre *Opa* de Loureiro, dont les affi-

nités nous étaient inconnues lorsque nous avons traité cet article. Le nombre des espèces de *Syzygium* est assez considérable, car De Candolle en a décrit vingt-neuf, dont quelques-unes à la vérité sont douteuses. A l'exception du *S. guineense*, elles croissent dans l'Inde-Orientale, ainsi qu'aux îles Maurice et Mascareigne. Dans ces dernières contrées, on donne les noms de *Bois de pomme* et de *Bois à écorce blanche* aux *S. glomeratum* et *paniculatum*. Le type du genre est le *S. caryophylleum*, Gaertn., *loc. cit.*, ou *Myrtus caryophyllata*, L. C'est un Arbre de Ceylan, dont l'écorce est connue dans la droguerie sous les noms de *Cannelle Giroflée*, *Bois de Girofle* et *Bois de Crabe*. Elle peut être employée comme aromate à la place des Clous de Girofle, dont elle offre les propriétés.

(G..N.)

SYZYGOPS. INS. Genre de Coléoptères de la famille des Rhynchophores, établi par Schœnherr, mais déjà indiqué par Dejean, dans le Catalogue de sa Collection, sous le nom de *Cyclopus*. Il a été formé sur une seule espèce qui se trouve à l'Ile-de-France. Les yeux sont situés au milieu du front et presque réunis. Ce caractère distingue cette coupe générique de toutes les autres de la division des Charansonites gonatocères ou à antennes coudées, à museau-trompe court et ayant le sillon antérieur courbe, et dont le corps est dépourvu d'ailes.   (LAT.)

FIN DU TOME QUINZIÈME.

www.ingramcontent.com/pod-product-compliance
Lightning Source LLC
Chambersburg PA
CBHW031532210326
41599CB00015B/1867